The Penguin Dictionary of
ELECTRONICS
fourth edition

edited by David Howard

ペンギン
電子工学辞典

ペンギン電子工学辞典編集委員会[訳]

朝倉書店

The Penguin Dictionary of

ELECTRONICS

Fourth Edition

edited by

David Howard

Copyright © Market House Books Ltd., 1979, 1988, 1998, 2005.
All rights reserved.
The moral rights of the author have been asserted.
The Penguin is a registered trademark of Penguin Books Ltd. and is being used under the license from Penguin Books Ltd.
Japanese translation rights arranged with Penguin Books Ltd., London through Tuttle-Mori Agency, Inc., Tokyo.

訳者まえがき

　本書は英国のペンギンブック社が1979年に初版を発行し，そして2005年には第4版を重ねる「Dictionary of ELECTRONICS」として世界的に重宝がられている辞典である．この分野を志す日本の学生や大学院生，企業技術者にとって身近な専門辞典はあまり存在しなかったが，このたび，朝倉書店の編集部から翻訳の依頼を受け，大学の電子工学分野を担当する教員グループとして刊行に協力することとした．

　この用語辞典の出版が必要となった時代背景と辞典に関連する分野を簡単に紹介しよう．電子工学分野は1965年頃まで増幅素子として高さ12 cmほどのST管の真空管が主流であり，当時，ラジオはデスクトップ・タイプのみであった．しかし，バッテリーを用いたポータブル・タイプの需要が生じ，それに応えて真空管の大きさもST管，GT管，MT管へと急激に小型化された．しかし，MT管とはいえ「大人の小指」の大きさであった．MT管の出現後10年ほどしてトランジスタが実用化し，それと共に電子機器が更に小型化する時代へと突入した．その後，シリコン・トランジスタの信号処理速度を高める必要が生じ，その動作の限界を調べるために構造の縮小化が進み，当初予想したより高い周波数まで動作することがわかり，オペアンプやディジタル集積回路の高集積化が加速した．現在もその延長上にあり，更なる超高密度化が進められている．この集積化によって音響分野をはじめ放送受信機や無線機器はいくつかの集積回路基板で構成されるようになり，素子の一部が故障してもその素子を交換せず基板ごと交換する時代になった．時を同じくして半導体物性の研究が進み，その動作がわかってくると，電気信号の増幅を対象としたシリコン半導体以外に周期律表のⅢ族－Ｖ族およびⅡb族―Ⅵ族の化合物半導体が登場してきた．これらの半導体は，そのPN接合部に数ボルトの直流電圧を加えると，接合部から輝線スペクトル光が放射し，発光ダイオード(LED)や半導体レーザ(LD)として身近に使われだした．特に高出力半導体レーザ光を用いてレーザ結晶を励起しスペクトル幅の狭い発振光を得て，その光を非線形結晶に入射すると，その波長の高調波を発生することができる．また二つの波長の和周波，差周波も発生することができる．この過程を重ねると紫外線も発生でき，現在，その光は高密度半導体素子を製造するステッパ装置の基準光源に使われている．また，当初から導線でつながれた通信ネットワークは，いまや光ファイバ

の通信ネットワークへと移行し，その光源として半導体レーザ光が使われている．そして，その光信号の増幅には別の波長をもつ光で励振を行っている．まさに電子工学と光工学が融合した時代に突入してきている．一方，スペースシャトルや宇宙探査衛星と地球間の通信には依然としてマイクロ波が使われている．これはマクスウェル方程式に基づき電界と磁界がそのエネルギーの姿を交互に変化させながら空間を伝搬することができ，真空中でも伝搬ができるためである．なお，その送受信機のマイクロ波増幅は以前の進行波管から化合物半導体の増幅器に置き換わり小型化がなされている．また映像業界においても撮像管が高密度のCCDイメージセンサに変わり，画像信号処理も高速ディジタル処理が行われている．このように電子工学分野は電子回路，電磁気学，半導体工学，通信工学，制御工学，超高周波工学，音響工学，物性工学，レーザ工学，放電工学，伝送工学，信号処理，無線機器学，コンピュータ工学などが有機的につながり，かつ国際的に競争して発展し続けている分野であり，各専門分野で独自に使われる用語も多く，若い世代にはどこからどこまで学習したら良いのか目標の立てにくい状況となっているが，この辞典はそこで学ぶべき重要なキーワードを敢えて4800個掲げている．その中には各分野の基礎用語のほか，重要な専門用語には数ページにわたり図を用いて解説している．用語によっては参照すべき用語を簡単に指定しているものもあるが，その参照用語の行き先は詳細に解説された個所につながっている．また，この原著はイギリス英語で書かれ，用語として貴族英語と大衆英語の2通りが存在するものもあり，日本の英語辞典には載っていない単語も少数ではあるが含まれている．

　翻訳に当たり，用語の対象分野が広いため，分野別に15名の翻訳者を揃え，一回目の翻訳が終了した段階で更に6名の担当者が用語統一と原著の説明文と図版の間違いを修正し，それが出来上がった段階で更に3名の担当者が全体の監修を行った．分野によっては用語の解説がかなり詳細に書かれている箇所もあり，慎重に解読したため刊行まで3年半を掛けたが，それでも言葉足らずの点が残っていることを危惧している．その節には是非編集部にお知らせいただきたい．

　長年にわたる翻訳・修正作業に忍耐強くお付き合いしていただいた朝倉書店の編集部の方々に心からお礼を申し上げます．

2010年4月

訳者代表　川瀬　宏海

序　文

　このペンギン電子工学辞典は最新の電子工学分野で用いられている単語，用語，短縮語の定義を簡潔に説明している．21世紀に入りナノテクや最新情報工学，オーディオ技術ならびにコンピュータ工学が電子工学の主要な分野に組み込まれてきた．その時流を配慮し，この第四版からは掲載する専門用語数を増やしたため第三版よりかなりページ数が増えた．さらに解説内容の理解を深めるため略図や短縮語，数表をできる限り掲載することにした．

　この第四版には過去の多数の研究成果が辞典として組み込まれており，理工系教員ならびに設計や技術を学ぶ生徒達，講師ならびに電子工学や物理，コンピュータ工学そして音楽技術を学ぶ学生，さらに電子機器を扱う技術者ならびにそれらの技術を仕事上扱う研究者達の座右の書となるため，最新の電子工学分野の専門用語を多岐にわたり集大成してある．

DHM
York 2004

訳 者

植野 彰規	東京電機大学工学部電気電子工学科
大内 幹夫	東京電機大学工学部電気電子工学科
大庭 勝實*	東京電機大学工学部電気電子工学科
小椋 靖夫	東京電機大学工学部情報通信工学科
金田 輝男	東京電機大学工学部電気電子工学科
川瀬 宏海**	東京電機大学工学部電気電子工学科
幸谷 智	東京電機大学工学部情報通信工学科
五島 奉文	東京電機大学工学部電気電子工学科
小林 保正*	東京電機大学工学部電気電子工学科
坂本 直志	東京電機大学工学部情報通信工学科
田中 忠明	東京電機大学工学部電気電子工学科
中村 克彦	東京電機大学理工学部サイエンス学系
平栗 健二	東京電機大学工学部電気電子工学科
星野 洋	東京電機大学理工学部生命理工学系
宮下 收	東京電機大学工学部電気電子工学科

**編集主幹事　*編集副幹事　　　　　　　（五十音順）

本辞典の利用案内

- 見出し語，すなわち本辞典にて意味を明らかにする用語はゴシック体で付し，すべて五十音順に記載されている．その次には英語を付した．
- 濁音・半濁音は相当する清音として扱った．拗音・促音は1つの固有音として扱い，音引き（ー）は配列のうえで無視した．アルファベットはカタカナ読みにして配列した．
- 略語または変異形は見出し語の直後のカッコ中に記載した．
- 同意語は，同意語の文字をその前部に付けて見出し語に続けて与えてある．
- 各見出し語の意味は，最もよく用いられる文体と用語，あるいは場合によって簡潔な文によって1種類あるいはそれ以上の記述項目により解説している．
- 解説文中に現れる＊付きの語は，項目として解説が与えられていることを示す．
- 本辞典の他所にある関連事項については，解説文章中にある単語および用語の前部に➡を付して示している．さらなる情報を与える関連事項の参照については⇒により示した．
- 本書の付録として，図示記号，物理量を表す記号とその単位，電磁波スペクトルおよび電子工学分野における主要な発明と発見等に関する資料を挙げている．
- 巻末には欧文索引を用意した．日本語表記も付しているので，用語集としても使用できる．

ア

IIR フィルタ　IIR filter

短縮語：無限インパルス応答フィルタ（infinite impulse response filter）．→ ディジタルフィルタ

IEC

略語：国際電気標準会議（International Electrotechnical Commission）．→ 標準化

ISM

industrial（産業）＋scientific（科学）＋medical（医学）の頭文字で構成した略語．

ISM バンド　Industrial, Scientific and Medical (ISM)

送信のための免許は要求されず，手数料がかからない無線スペクトルの領域であり，送信電力とデューティサイクルは定められた制限内に保たねばならない．このためこの領域は非常に普及しますます混んできている．無線ローカルエリアネットワーク*（WLANS）とブルートゥース*（コンピュータや周辺機器，携帯電話などを無線で接続するための無線通信規格）はISMバンド内で動作する．

ISDN

略語：総合ディジタル通信網（integrated servises digital network）．広域ディジタルデータ通信の1つの定義．人間，コンピュータ，その他の装置が標準化された接続設備上で通信し合えることを保証するのが目的．その基準には多目的インタフェースの限られたセットを通じて利用者がアクセスする方法における標準の設定を含んでいる．ISDNは各サービスにおけるデータ通信速度，容量，チャネル，チャネル数の定義をもつ．⇒ ディジタル通信

IF

略語：中間周波数（intermediate frequency）．→ ヘテロダイン受信；ミキサ

iff

略語：if および if のみ．→ 論理回路

IF ストリップ　IF strip　→ ヘテロダイン受信

IM

混変調．

IM 除去　IM rejection　→ IP_3

I/O

略語：入力/出力（input/output）．

i 形半導体　i-type semiconductor　→ 真性半導体

アイコノスコープ　iconoscope

高速電子光電撮像管*．その構造は薄い雲母板の上に電子ビームの焦点を定める．雲母板の片側は，数多くの非常に小さな光電材料でつくったモザイク*で覆われている．もう一方には図に示すように薄い金属箔の信号電極を用い，そこから映像に対応した出力信号を得る．モザイク上に映った光学像は，その各画素領域から電子を光電子放出*し正の電荷が残る．電荷の大きさは光学像の明るさの関数である．正の電荷が残留した画素領域に電子ビームを当てると，その正の電荷が中和され，各容量は蓄積した電荷量に相当する電気信号が信号電極を通して流れる．ここで雲母は各画素領域と信号電極間のコンデンサの誘電体として振舞う．高速電子ビームを順次モザイク上に移動し，画像面全体を掃引すれば光学像に対応した電気信号が得られる．

オルシコンはアイコノスコープと同様の方法であるが，低速の電子ビームで掃引している．

IC

略語：集積回路（integrated circuit）．

IGFET

略語：絶縁ゲート電界効果トランジスタ（insulated-gate field-effect transistor）．→ 電界効果トランジスタ

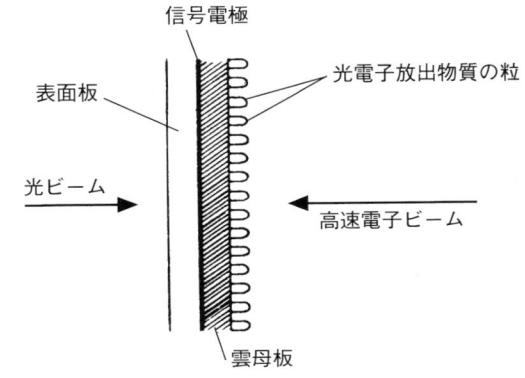

アイコノスコープのモザイク極板部分

IGMF フィルタ　IGMF filter

短縮語：無限利得多重帰還フィルタ (infinite-gain multiple-feedback filter). 低域通過，高域通過，帯域通過フィルタをつくるためのフィルタの構成で，セイレン-キーフィルタ*に似ているが部品が1つ少ない. 安定性に優れ，出力インピーダンスが低く，通過域で信号が反転する (→ 反転フィルタ).

I^2R 損失　I^2R loss

同義語：銅損. → 損失；電流の発熱効果

IGBT

略語：絶縁ゲートバイポーラトランジスタ (insulated-gate bipolar transistor).

I^2L

略語：集積注入論理 (integrated injection logic). 高機能高集積度を提供するバイポーラ集積回路ファミリー. 高速動作が可能な I^2L はダイオードトランジスタロジック (DTL) を改良して開発された. DTL の入力ダイオードとトランジスタは I^2L の中で負荷抵抗の代わりに p-n-p トランジスタによる電流源を組み込んだ組合せになっている. 非常にコンパクトな構成が容易なマルチトランジスタのパーツとして p-n-p トランジスタはチップ上の同じ領域に形成される.

代表的な構造が図 a に，またその等価回路が図 b に示されている. p-n-p トランジスタはチップ上横方向に配列されている. 多くのゲートと共通に接続された p 形エミッタはインジェクタと呼ばれる. n-p-n トランジスタは縦形トランジスタで，通常の製造方法とは逆である. n 形エピタキシャル層は p-n-p トランジスタのベース層および n-p-n トランジスタのエミッタを形成し，全ゲートに共通された構造である. p-n-p トランジスタの p 形コレクタであり，また n-p-n トランジスタの n^+ コレクタ群を内蔵した n-p-n トランジスタのベース領域でもある各区域を n^+ のガードリング*

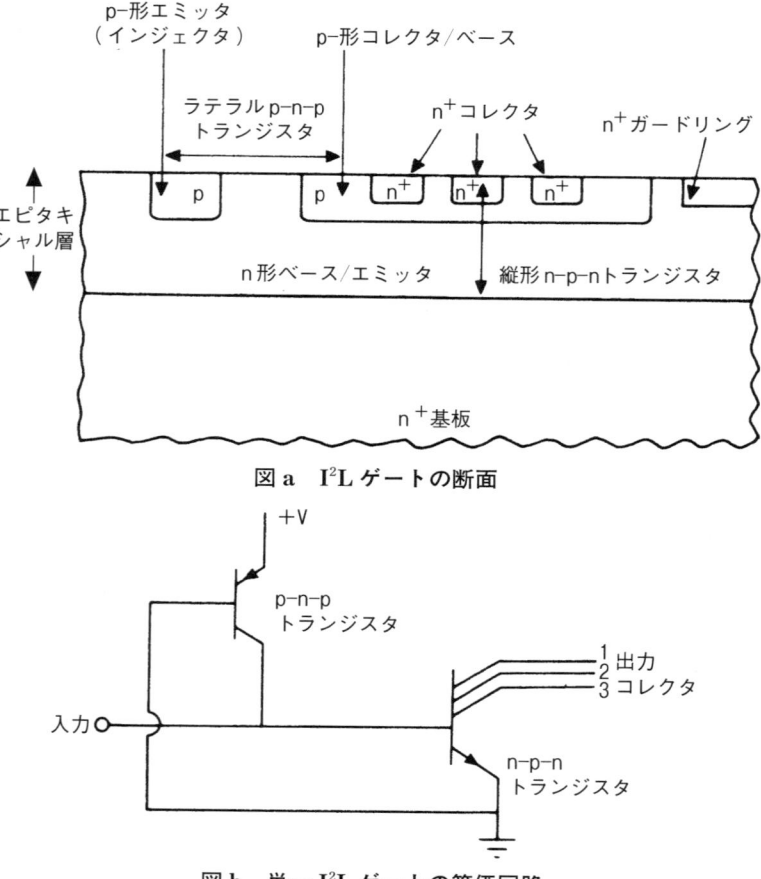

図 a　I^2L ゲートの断面

図 b　単一 I^2L ゲートの等価回路

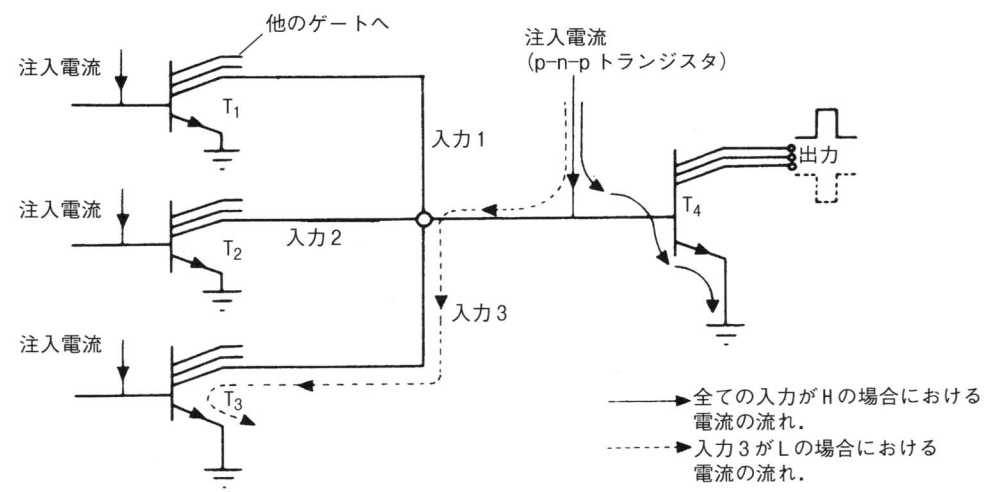

図c 基本的な NOR ゲート

で囲み各ゲート間のアイソレーションを行う．ファンアウト*はマルチコレクタの数によって決まる．

基本的な3入力NORゲートが図cに示してある．ゲート1, 2, 3, のいずれかが論理レベル"L"になるとp-n-pトランジスタから電流がコレクタに向かって流れ，（点線で示してある）トランジスタT_4は"オフ"になる．T_4のコレクタは論理レベル"H"になる．全入力がHレベルになるとT_4は"オン"になりp-n-pトランジスタからT_4を通って電流が流れ，コレクタ電圧は"L"レベルになる．p-n-pトランジスタは示されていないが"注入電流"と記載して示してある．

論理レベル"H"と"L"の相異はマルチコレクタトランジスタのベースエミッタ間順方向電圧の値で決まり，回路はその駆動電圧が約0.7 V を境として生じる．回路で消費する電力は動作周波数と直線関係にあり，回路がどのような状態にあっても速度と消費電力が最適になるように設計可能である．わずかな電圧変動は雑音パルスや干渉に対しI^2L回路に敏感な影響を与える．チップ上の入出力バッファ回路はTTL*論理レベルとI^2L論理レベルを互いに変換し，安定に動作するように作用する．

ショットキーI^2LはI^2L回路の一種であり，コレクタ部中にショットキーダイオード*が形成されている．コレクタ接合における過剰なキャリヤ蓄積*が減り，動作速度が増す．

ショットキーダイオードの低い立上り電圧特性によって出力電圧振幅を減らせる．

ショットキーI^2L回路の動作速度は，ベースコレクタ接合間にショットキーダイオードを接続することでトランジスタが深く飽和状態に入ることを防いで増大し，電荷蓄積*時間を最小にすることができる．I^2Lは多方面にわたる応用がある．標準的なバイポーラ技術を用いて製造され，LED駆動回路，演算増幅器，発振器といった他の回路が容易に同一チップ上に構成でき，自由度の高い設計が可能である．

アイソレーションダイオード isolation diode

1. 信号を一方向に通し，他の方向を妨げるために回路に用いられるダイオード*で，逆方向のサージからの損傷を防ぐ．2. バイポーラ*集積回路でコレクタ基板接合によって形成されるダイオード．集積回路の部品間の絶縁を保つために，これらの接合は常に逆バイアスされる．これは基板への電位を維持することで達成され，どのダイオードも順方向バイアスされることはない．同様のダイオードがMOS集積回路*でソース基板接合，ドレイン基板接合そしてチャネル基板接合により形成される．基板材料はバイポーラ回路のように回路の部品間の絶縁を維持するために適切な電位に保たれる．

アイソレータ（単向管） isolator

通常はフェライトでつくられ，マイクロ波のエネルギーを一方向にのみ通過し，損失はほとんどなく逆方向のマイクロ波成分を吸収する素

子.
IEE
略語：イギリスの電気技術者協会（institute of Electrical Engineers）. ➡ 標準化

I チャネル I channel
入力信号が同相成分ならびに直交位相（90°）に変換されるとき受信システムの同相信号経路のこと．例えば非同期ディジタルFSKの検出でこのことが生じる直交位相信号経路はQチャネルと呼ばれる．

IT
略語：情報技術（information technology）．

ITU
略語：国際電気通信連合（International Telecommunication Union）. ➡ 標準化

IEEE
略語：米国電気電子技術者協会（Institute of Electrical & Electronic Engineers）. ➡ 標準化

IEEE-488 標準 IEEE-488 standard
同義語：GPIB（一般目的インタフェースバス）．遠隔あるいは自動制御とデータ通信のために，コンピュータ化された検査機器と計器の制御器を結ぶ標準規格．

IP
略語：インターネットプロトコル（Internet Protocol）．インターネットで用いられる2つの基本的な通信プロトコルのうちの1つ（➡ TCP/IP）．IPはコネクションレスで信頼性のないネットワーク層のプロトコルで，ネットワーク内のコンピュータからコンピュータへパケットを運ぶものである．現在はバージョン4（IPv 4）は最も普及し，バージョン6（IPv 6）が登場しつつある．IPv 6はより多くのコンピュータをインターネットに接続することを可能にし，より単純な接続とマルチメディアのトラフィックのQOSを確実にするための規定を提供している．

IP_3 (or IP 3)
略語：三次インターセプトポイント（➡ 混変調）．三次の非線形（IP_3）はラジオ受信機*，増幅回路において生じるあらゆるひずみをもたらすのでIP_3は回路やシステムの線形性を示す重要な目安である．IP_3は大きい信号で回路における混変調（IM）ひずみの量を決めるために用いられる．例えば，IM排斥率はラジオ受信機で受信機の感度* S と混変調を生じる十分な入力レベルとの間の差異であり，システム入力インタセプトポイントから次式で計算される．

$$\text{IM 排斥率} = \frac{1}{3}(2\,IP_3 - 2\,S - CR)\ \text{(dB)}$$

ここで，CR は同一チャネル排斥率*または捕獲比率．

IP_2 (or IP 2)
略語：二次インターセプトポイント（➡ 混変調）．IP_2はミキサ内部で発生するハーフIF応答に関してミキサ*の性能を知るために用いられるもので局部発振器*とRF二次高調波のミキシングにより生じる．

half IF 排除
$$= \frac{1}{2}(IP_2 - S - CR)\ \text{(dB)}$$

ここで，Sはラジオ受信機*の感度*，CRは同一チャネル排斥率*または捕獲比率．ミキサIP_2だけがハーフIF応答を発生するステージとして考慮されなければならない．

アイレット形マイカコンデンサ eyelet-construction mica capacitor ➡ マイカコンデンサ

アインシュタイン光電効果の式 Einstein photoelectric equation ➡ 光電効果

亜鉛 zinc
記号：Zn．原子番号30の金属で，電解槽の電極として利用されている．

アーキテクチャ architecture ➡ コンピュータアーキテクチャ

アーク arc
高電流密度で電位勾配の小さな特性を呈するガス中の発光放電．アークは放電通路に沿ったガスがプラズマ*になったとき生ずる．アークは陰極上に生ずる局部的なスポットから発生し，その結果，陰極は加熱される．放電管内の電位降下によって熱的に電子・イオンの生成がなされるため，アーク放電管は数十Vの電圧降下で大電流を流すことができる．⇒ ガス放電管

アクセス時間 access time
コンピュータのメモリ*から情報を1つ読み出すのに要する時間．

アクセスシステム access system
　多くの個人へサービスしたり，ファックス，モデム，電子メールなど多くの異なるユーザに対する特定のサービスを提供するネットワークに対して通信を許可するシステム．

アクセスポイント access point
　インターネットへの接続を提供する装置で，通常無線LAN（WLAN）で接続するときに用いられる．

アーク接触子 arcing contacts
　主接触で連結動作する各種遮断器*の補助的な接触子で，遮断器が閉じる前に閉じたり，または開く前に開くことにより遮断器をアーク破壊から守る働きをする．

アクセプタ acceptor
　短縮形：アクセプタ不純物（acceptor impurity）．→ 半導体

アクチュエータ actuator
　電気信号をその信号に相当する機械的エネルギーに変換する装置．変換器*の特別な場合．

アクティブ区間 active interval
　同義語：追跡期間（trace interval）．→ のこぎり波形

アクティブネットワーク active network
→ ネットワーク；アクティブ

アクティブフィルタ（能動フィルタ） active filter → フィルタ

アーク灯 arc lamp
　発光光源としてアーク放電*を利用し，高輝度な光を発生するランプ．発生する光の色は放電管に封入したガスの種類に依存する．

アーク放電 arc discharge → ガス放電管

アークホーン arcing horn
　同義語：保護ホーン（protective horn）．絶縁物に密着したホーン形状の導電体で，電力事故時に発生するアーク放電*から絶縁物を守るためのもの．これはホーンギャップ*素子の一要素である．

ASCII → アスキーコード

アスキーコード ASCII
　略語：米国規格協会が制定した情報交換用標準符号（American standard code for information interchange）．128（2^7）個の文字と制御コードを個別な2進数で与える7ビット符号．例えば，'A' はアスキーコードでは100 0001$_2$ となり，'a' は110 0001$_2$ となる．

アストン暗部 Aston dark space
　ガス放電管の図を見よ．

アセンブラ assembler → アセンブリ言語

アセンブリ言語 assembly language
　基本となる原理的な機械言語．各種のコンピュータはそれぞれ異なるアーキテクチャをもつ（例えば，レジスタ*，データパス，フラグ*）．それらに応じた異なるアセンブリ言語がある．アセンブリ言語は，コンピュータの命令セット*に使用される機械コード*の命令を表すためにニーモニックコードが使われる記号言語である．このため，ニーモニックコードでの命令と実際の機械語との間には一対一の対応がある．各アセンブリ言語にはアセンブリ言語をプロセッサが理解できる二進コード（機械語）に変換するための特別なアセンブラプログラムがある．

アタック・ディケイ・サスティーン・リリース
attack decay sustain release（ADSR）
　電子楽器により生成される音の波形の包絡線を制御する一連のパラメータ．例えば，鍵盤を押して音を出したとき，振幅*があるレベルま

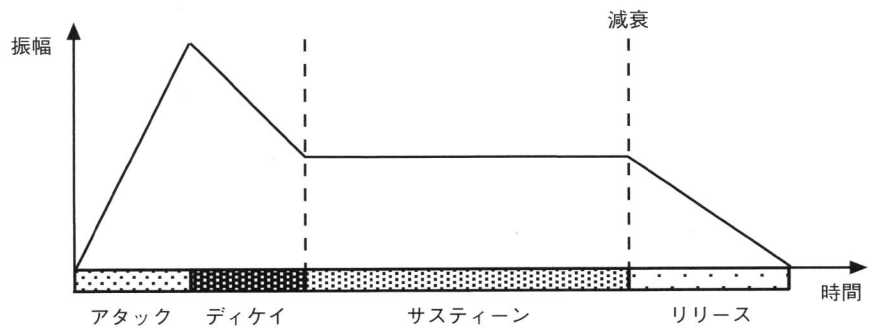

アタック・ディケイ・サスティーン・リリース

で立ち上がるまではアタックパラメータでセットされ，振幅が減衰してサスティーンレベルに達するまでの時間はディケイパラメータでセットされる（図参照）．このレベルは鍵盤を離すなどして音が終了するまで継続する．振幅が減衰してゼロになるまでの時間はリリースパラメータでセットされる．

圧縮 compression → データ圧縮

圧縮画像 compressed video

著しく低いデータ率で伝送される画像周波数信号．TV信号の伝送では例えば放送としての品質の標準的な符号化は90 Mbit/s以上のデータを要求する．同じ信号を圧縮したものでは約64 kbit/sのデータを要求する．

圧縮器 compressor → コンプレッサ

圧縮点 compression point

増幅器*では，一般的に小信号に対する利得*（ゲイン）は，入力信号が大きくなると維持されず，かえって減衰する．このことを利得圧縮と呼ぶ．この非線形性は，出力信号が線形利得値から1デシベル（dB）低下するときの，入力信号レベルにより数値化される．これが1 dB利得圧縮点（図参照）である．

圧伸器 compandor → コンパンダ

圧電気 piezoelectricity

圧電効果*の結果として生みだされる電気信号．

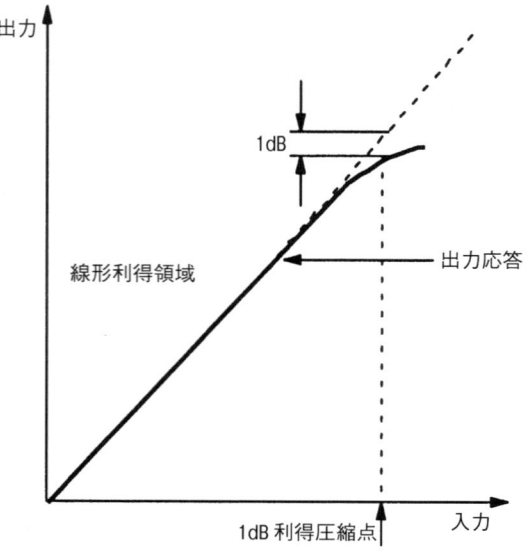

増幅器の入出力の関係．1 dB利得圧縮点を表している．

圧電結晶 piezoelectric crystal

圧電効果*を示す結晶．全ての強誘電体結晶はセラミックやある種の非強誘電体結晶と同様に圧電物質である．石英，ロッシェル塩やチタン酸バリウムなどは圧電結晶としてよく知られている．⇒ 圧電発振器

圧電発振器 piezoelectric oscillator

周波数を決定するために圧電結晶を用いた発振器．このような発振器は極めて安定である．もし，交流電界が圧電結晶の適切な方向に印加されると，機械的な振動が生ずる（→圧電効果）．もし，周波数が結晶の振動の自然周波数と一致するならば，本質的な機械的振動が生ずる．これは次に結晶に交流電界を発生する．機械的な振動はほとんど減衰せず，鋭い共振ピークをもつ．したがって，圧電結晶は周波数基準として利用することに適している．適切に切断された圧電結晶は交流電圧を印加するためにコンデンサの電極間に取り付けられる．コンデンサは普通，機械的な負荷を最小にするために大きな結晶面に金属膜をスパッタ*してつくられる．結晶は機械的な節を軽い支柱で支持される．極めて高い周波数安定性を得るために，部品は真空内に支持される．高電力な周波数送信機の制御に必要とされる最も高い周波数安定性を得るためには，結晶は電気炉内に置かれ，温度変動を0.1 K以内で制御される．この場合，発振周波数の温度係数は実質上ゼロであることが要求され，普通，Tカット結晶が使われる．このカットの薄い板はその面がX軸を含み，YZ面の線はZ軸から傾いている．この切断はXカットあるいはYカットより低い圧電効果を示す．圧電結晶はいろいろな方法で発振回路と接続できる．用いられる回路は主に2つの形に分類される．水晶発振器は発振器の同調回路*の代わりに水晶が使われ，共振周波数となる（図a参照）．ピアース水晶発振器が一例である（図b, c参照）．水晶制御発振器では水

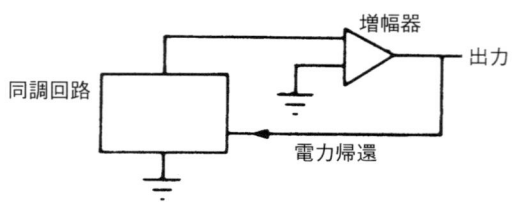

図a　基本的な圧電発振器

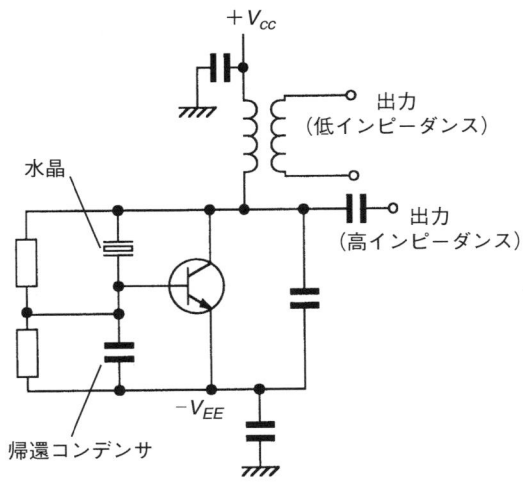

図b　ベースコレクタ間の水晶接続によるピアース水晶発振器

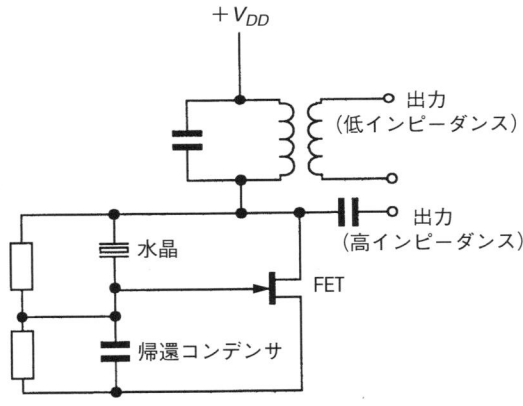

図c　FETを用いたピアース水晶発振器

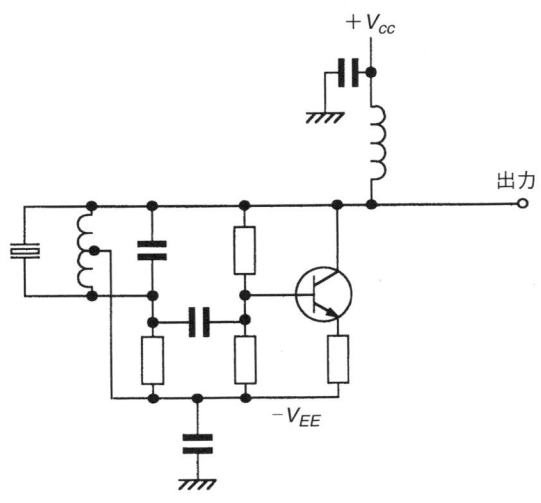

図d　ハートレー水晶発振器

晶が発振回路と結合され，おおよそ水晶周波数に同調する．水晶は発振器の周波数を水晶固有の周波数に引き込み*制御し，周波数ドリフトを防いでいる．ハートレー水晶制御発振器が一例である（図d参照）．

圧電ヒステリシス　piezoelectric hysteresis

圧電結晶*の特性を表し，その電気分極特性は結晶がそれまでに受けた歪力の影響に依存する．その特性は磁気特性（→ 磁気ヒステリシス）に類似である．

圧電ひずみゲージ　piezoelectric strain gauge
→ ひずみゲージ

圧電ひずみ定数　piezoelectric strain constant　→ 圧電効果

アップコンバージョン　up conversion

受信信号の周波数をより高い周波数に変換するための局部発信器とのミキシング．→ ヘテロダイン受信．⇒ ダウンコンバージョン

アップサンプリング　upsampling

標本化される信号の標本化率を上昇させていくような過程．

アップリンク　uplink

固定送信機から移動受信装置への無線通信回線．⇒ ダウンリンク

アップルトン層　Appleton layer

同義語：F層（F-layer）．→ 電離層

厚膜回路　thick-film circuit

回路はシルクスクリーン印刷のように厚膜技術によってつくられ，通常は受動素子*と内部配線を中に含んでいる．厚膜は抵抗材料，金属の合金および接合剤でつくられた複合剤からなり，最大で$20\mu m$までの厚さをもつ．また厚膜はガラスまたはセラミック基板の上に堆積している．したがって希望の内部配線や受動素子はその基板の上につくられている．厚膜回路は混成集積回路*を構成するのに使われる．完全な回路を構成するため能動素子*や電子素子を含むシリコンチップがその厚膜回路にワイヤ結線される．その後，回路はパッケージされる．

圧粒鉄心　powdered-iron core

微小な鉄粒子がプラスチックやセラミックなどの接合材内に組み込まれた構造の磁気鉄心*．その鉄心の低損失が高周波応用において有効となる．

アト　atto-

記号：a．10のべき乗で10^{-18}を示す．

アドコック方向探知器 Adcock direction finder

同義語：アドコックアンテナ（Adcock antenna）．複数の垂直アンテナをある間隔を置いて配置した構造をもつ無線方向探知器．受信波の水平偏波成分に起因する誤差は観測上ほとんど影響を与えないので実際上は無視される．

アドバンスデータ通信制御手順 advance data communication control procedure → ADCCP

アドミタンス admittance

記号：Y，単位：S．インピーダンス*の逆数．

$$Y = G + jB$$

で与えられる複素量．ここで G はコンダクタンス*，B はサセプタンス*，$j=\sqrt{-1}$ である．インピーダンス Z が

$$Z = R + jX$$

で与えられると，

$$Y = \frac{1}{Z} = \frac{1}{R+jX} = \frac{R-jX}{R^2+X^2}$$

である．ここで，R と X はそれぞれ抵抗とリアクタンスである．

アドミタンスギャップ admittance gap

空洞共振器*の壁のギャップで，速度変調電子ビームのような高周波エネルギー源で励起され，そのようなエネルギー源に影響を与える．

アドレス指定モード（アドレッシングモード） addressing mode

コンピュータシステムにおいて，ある特定のメモリ*のアドレス*を生成する方法．これらには，直接アドレス指定*，間接アドレス指定*，相対アドレス指定*，指標付きアドレス指定*が含まれる．アドレス指定モードは個々のプロセッサに対して記述されている，つまり，この記述はコンピュータ設計者の仕事の一部分である．

アドレスバス address bus

番地*情報だけをやりとりする，特別用途のコンピュータバス*．アドレスバスの大きさはアドレス可能なメモリ空間を指定する．n 個のアドレス線は 2^n 個の記憶場所が別個に識別されることを許容する．

アドレッシングモード addressing mode → アドレス指定モード

アートワーク artwork

IC製造に必要となるパターン図形であり，マスク用に縮小するのに適した形となるようにつくられる．各層に使う図形はコンピュータ支援設計*のレイアウトツールを使用してつくられる．→ リソグラフィ

アナフォレーシス anaphoresis → 電気泳動

アナモフィックビデオ anamorphic video

アスペクト比16：9のテレビジョンに映される場合，ワイド形テレビジョンフォーマットの水平方向の解像度を改善したDVDの特性．

アナログ回路 analogue circuit

入力に対して線形もしくは非線形な関数として連続的な変化を出力する回路．

アナログゲート analogue gate → ゲート

アナログコンピュータ analogue computer → コンピュータ

アナログ信号 analogue signal

振幅と時間が連続的に変化する信号*．

アナログスイッチ analogue switch

実質的にトランジスタで構成される半導体リレー*．バイポーラ接合トランジスタ*または電界効果トランジスタ*（MOSFET）が使われる．「スイッチ開」状態ではトランジスタは遮断状態，MOSFETでしきい値以下である．「スイッチ閉」状態でトランジスタ*は十分な飽和状態に切り替わり，わずかな電圧降下で大きな電流を流すことができる．「スイッチ閉」状態での典型的な抵抗は100Ω以下である．

アナログ遅延線 analogue delay line → 遅延線

アナログ−ディジタル変換器 analogue-to-digital converter（ADC）

連続的なアナログ*信号を離散的な2進信号*に変換するデバイスや回路，集積回路（IC）．ADCの形式は多数ある．連続平衡周波数変換器や電圧-周波数変換器，二重ランプ変換器（または二重積分変換器）が含まれている．図には簡単な連続平衡周波数変換器が示されている．変換回路のディジタル-アナログ変換器*（DAC）部からの信号 V_2 が零になるカウンタの初期値は零となっている．未知の入力 V_1 が V_2 より大きければ，比較器はゲートを開きパルスがカウンタに与えられるような電圧を出力する．ゲートが開かれている間，クロッ

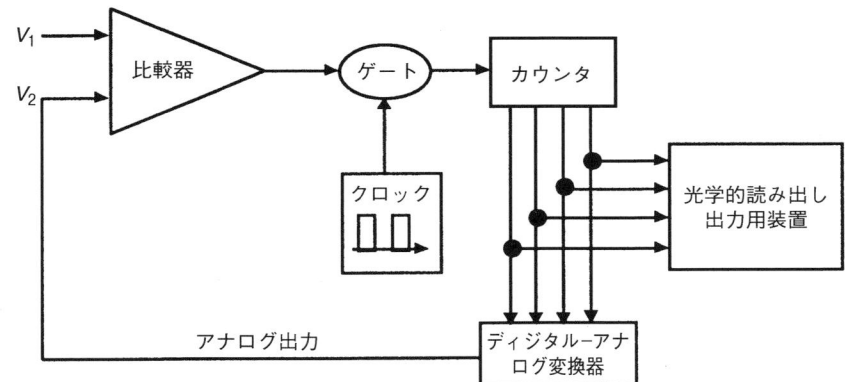

4ビットアナログ-ディジタル変換器

クパルスがカウンタに与えられ，V_2が増加し続ける．V_2とV_1が等しくなると比較器の出力は零となり，ゲートを閉じる．この動作がカウンタに蓄えられた数値を維持する．値はディジタル式読み出し装置に表示される．実用的な形では，カウンタは，追従すべきV_1の変化を許容するアップダウンカウンタである．

アナログ伝送　analogue transmission
　ディジタル通信*で使われるような2つの離散値（例えば0と1）などでデータを表す方式に対し，連続的に変化する値をもつ信号を用いて行われる伝送．

アニオン　anion
　負電荷を運ぶイオン，電解液中において陽極に向かって動く．すなわち，通常の電流の流れる向きとは反対方向に移動する．⇒ カチオン

アニソタイプヘテロ接合　anisotype heterojunction　➡ ヘテロ接合

アパーチャグリル　aperture grille　➡ カラー受像管

ARPANET
　アメリカの高等研究計画局（ARPA）で開発されたインターネットの先駆けで，その時代のスーパーコンピュータを遠隔操作できるようにした．

アフタグロー　afterglow　➡ 残光

アフタータッチ　aftertouch
　MIDI*制御できるキーボードで演奏する電気楽器でさらに強く鍵盤を押すことによりビブラート（周波数変調）やトレモロ（振幅変調）を与えること．アフタータッチによる効果は単音だけでなく重音はもとより全ての音に対しても働く．

アプリケーションソフトウェア　applications software　➡ ソフトウェア

アーマチュア継電器　armature relay　➡ 継電器

アマチュア無線　ham radio
　免許所有者間の非営利（アマチュア）の無線通信．使用周波数は，商用の放送通信や船舶用・航空用通信との干渉を防止するため，国際的に合意された周波数帯に制限されている．

網　mesh　➡ 回路網

網目電圧　mesh voltage
　同義語：六角形電圧（hexagon voltage）．➡ 線間電圧

網目電流　mesh current　➡ 回路網

網目の輪郭　mesh contour　➡ 回路網

アモルファスシリコン　amorphous silicon
　本質的に非晶質の構造を形成したシリコン．結晶状態とは異なり，アモルファスシリコンは，固体となってもシリコン原子が長距離秩序をもたない．30 nm程度までの非常に狭い短距離秩序を得ている．この物質は，結晶構造におけるエネルギー帯構造*をもたないが，移動度ギャップで隔てられ，他より移動度*の大きい電子エネルギーの範囲があるとして内部が描かれる．ドープによりアモルファスシリコンは多数キャリヤが確認できる材料となり，これによりアモルファスシリコンから電子素子の作成が可能になった．キャリヤの移動度は一般に非常に小さく，そのため電子素子の応答速度は限定されたものとなる．素子は薄膜で作成され，低温度あるいはプラズマ式化学気相堆積技術*が

用いられる．これらの技術の使用により，極めて均一で大面積な膜の作成を可能にしている．

アモルファスシリコンは薄膜トランジスタ*の作成にも利用され，このトランジスタは大面積フラットパネルディスプレイ技術*における駆動素子として採用されている．また，アモルファスシリコンは，効率は低いが高い電気出力を目的として大面積太陽電池*の作製に用いられている．

誤り検出 error detection

通信線で送られたデータやコンピュータで扱われるデータの誤り検出．誤り検出は介在チャネルが引き起こすいかなる誤りも高い確率で検出できるようにデータを符号化する．⇒ディジタル符号；ディジタル通信

誤り訂正 error correction

通信線で送られたデータやコンピュータで扱われるデータの誤り訂正．誤り訂正符号はインタリービングにより信号に発生するいかなる誤りも高い確率でデコーダが訂正できるようにデータを符号化する．⇒ディジタル符号；ディジタル通信

粗走査 coarse scanning　→レーダ；走査

アーラン erlang
→ネットワークのトラフィック測定

アーリー電圧 Early voltage

バイポーラ接合トランジスタ*のエミッタ共通回路の出力特性において，コレクタ電流曲線を外挿して，電圧軸との交点の電圧値．外挿すると1点に集まる．この電圧からトランジスタの小信号出力抵抗が求められ，この値が大きいほど高い出力抵抗を意味する．

RHEED

略語：反射高速電子回折（reflection high-energy electron diffraction）．→回折

RS-232 インタフェース RS-232 interface

コンピュータと通信システムのための標準インタフェースで，EIA（米国電子工業会）によってつくられた．

R-S フリップフロップ R-S flip-flop　→フリップフロップ

RF（あるいは rf）

略語：無線周波数．

RFI

略語：無線周波数障害（radiofrequency interference）．→電磁適合性

RFC

1. 略語：無線周波数チョーク（radiofrequency choke）．2. 略語：リクエストフォーコメンツ（request for comments）．インターネットのパッケージの伝送を統制する基準．

r.m.s.（あるいは RMS）

略語：実効値（root mean square）．

アルガン図 Argand diagram　→複素平面

アルコマックス Alcomax（商標）

特別に強い保磁力をもつことから，永久磁石に使用される材料．鉄，ニッケル，アルミニウム，コバルト，銅による合金．

アルゴリズム algorithm

コンピュータプログラム*において，ある特定の問題を解くために設計された，説明や手順の計画されたまとまり．

アルゴン argon

記号：Ar．希ガス，原子番号18．ガス入り管やエッチングおよび深さ方向の分析処理のスパッタリングガスとして広く用いられている．

R-C (or RC)

略語：抵抗-コンデンサ（resistance-capacitance）．動作が，抵抗とコンデンサあるいは抵抗-コンデンサの結合*に決定的に依存する回路またはデバイスを記述する場合に接頭辞として使われる．

R-C 回路網 R-C network

短縮語：抵抗-コンデンサ回路網（resistance-capacitance network）．→回路網

RCT

略語：逆導通サイリスタ（reverse conducting thyristor）．→サイリスタ

RZ

略語：ゼロ復帰．→非ゼロ復帰

RZ PCM

略語：ゼロ復帰パルス符号変調（return to zero pulse code modulation）．→パルス変調

RTL

略語：抵抗-トランジスタ論理回路（resistor-transistor logic）．

アルニコ Alnico（商標）

高エネルギー永久磁石に用いられる材料．ニッケル，鉄，アルミニウム，コバルト，銅の合金．

RBS
略語：ラザフォードの後方散乱．
RPLPC
略語：残留パルス線形予測法（residual pulse linear predictive coding）． → 線形予測

アルファ遮断周波数　alpha cut-off frequency
記号：f_α．バイポーラ接合トランジスタ*における共通ベースの電流増幅率 α が，低周波での値の $1/\sqrt{2}$（0.707 倍）になる周波数．

アルミナ　alumina
記号：Al_2O_3．固体電子工学においては，誘電体，薄膜コンデンサ，あるいは MOSFET のゲート誘電体などとして使用されている．電子管工業では，優れた電気絶縁および耐熱性により，絶縁材料として用いられている．

アルミニウム　aluminium
記号：Al．金属，原子番号 13．集積回路の接点や配線のために電子装置や素子に広く使用される．良導体で，延性，可鍛性，耐蝕性をもち軽量で，表面への蒸着が容易であり，そして資源が豊富である．

アレニウスの式　Arrhenius equation
動作温度 T の関数として，ある素子のパラメータすなわち物質の特性の変化 $R(T)$ を
$$R(T) = A \exp\left(\frac{-A_E}{kT}\right)$$
で表す物理モデル．ここで，k はボルツマン定数である．定数 A_E は要素集団の平均的な振舞いの尺度であり，物理過程の「経験的な」活性化エネルギーである．A は定数であり，温度の逆数に対するパラメータの対数プロットにおける切片である．

ALOHA システム　ALOHA system
ハワイ大で生まれたランダム多重アクセスプロトコルを使用したコンピュータの相互接続を行う衛星通信システム．ランダムアクセスの概念は基本的な 4 つのモードをもつ．任意のユーザは任意の時間に誤り検出符号により符号化されたメッセージを送信することができる．送信後，送信者は受理信号（ACK）を待つ．もし，同時に 2 つのメッセージが送信されたり，ちょうど重なり合ったりした場合，受信されたデータは正確でなく，衝突が起きたと呼ばれる．もし，衝突が検出されたら，受信者は否定的な受領証明（NAK）信号を生成する．送信者は NAK を受け取ったら，再送しなければならない．再送される信号が衝突する確率を減らすために，再送はランダムな待ち時間の後に行われる．このシステムはしばしばピュア ALOHA と呼ばれる．ピュア ALOHA システムの効率は，S-ALOHA（スロット ALOHA）のように送信者が同期することで改善できる．S-ALOHA ではあらかじめ定められたスロット内で全ての送信が行われ，各スロットは ALOHA のパケット長よりわずかに長い．これにより衝突の回数を減らすことができる．時間のスロットを送信者によって利用予約ができるようにすると，さらなる改良が得られる．これは R-ALOHA（ALOHA 予約）の基礎である．

ALOHA 予約　R-ALOHA
同義語：ALOHA 予約（reservation ALOHA）．→ ALOHA システム

暗号化　encryption
ディジタル通信においてプライバシーを増すことができるプロセスを意味する．メッセージの各部の符号化方法を変更すること（メッセージを暗号化すること）により，暗号化されたメッセージは，暗号化方法についての情報を受信しない限り，元の形式に戻す（つまり解読する）ことはできない．⇒ シーザー暗号；ディジタル通信

暗号解読　decryption　→ 暗号化

アンダーカレントレリーズ（不足電流遮断器）undercurrent release
スイッチ，サーキットブレーカ，または他種類の引き外し装置であり，回路中の電流が設定値を下回った場合に動作する．解除動作する電流を不足電流と名づけている．⇒ 過電流遮断器

アンダーシュート　undershoot
入力信号の変化に対する初期の過渡応答で，所望の応答に先行して逆方向に振れる応答のこと．⇒ オーバーシュート

アンダスキャンニング　underscanning　→ スキャンニング

アンダーソンブリッジ　Anderson bridge
マクスウェルブリッジ*を改良したブリッジ*．インダクタンス L は容量 C と比較される．零点検出装置* I（図参照）を用いて，抵

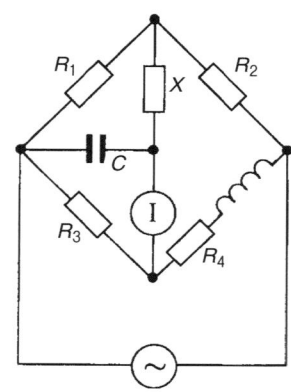

アンダーソンブリッジ

抗 R_4 と X は，ブリッジが以下のように平衡するまで調節される．

$$R_2R_3=R_1R_4\,;\,L=C[R_2R_3+(R_3+R_4)X]$$

アンチエイリアシング anti-aliasing ➡ エイリアシング

アンチエイリアシングフィルタ anti-aliasing filter

エイリアシング* を避けるために，離散システム* へのアナログ入力，またはシステムからの出力の最大周波数が，使われているサンプリング周波数，またはナイキスト周波数* の，半分を超えないことを確実にするために使用される低域通過（ローパス）フィルタ*．アンチエイリアシングフィルタのカットオフ周波数* は，ナイキスト周波数よりもわずかに低くなるよう設定される．

アンチモン化アルミニウム aluminium antimonide

記号：AlSb．500°Cの温度まで動作するすぐれた特性をもつ半導体．

安定化 stabilization

インダクタンスや静電容量を含み，かつ，入力と出力との間に実質的な利得* が生じる増幅器* などの回路に対して，過減衰（➡ 減衰）を与え，いかなる発振も発生させない対策を実施し，負帰還* により得られる特性．並列（分路）安定化は安定化の一種で，増幅器と帰還回路が並列に接続される．直列安定化は，帰還回路が増幅器に直列に接続されることで実現される．⇒ 補償器

安定回路 stable circuit

動作域の全域で不要な発振が生成されない回路．

安定化電源 regulator ➡ レギュレータ

暗抵抗 dark resistance ➡ 光電池

安定抵抗 ballast resistor

非常に大きな正の抵抗温度係数をもつ材料からつくられた抵抗．電圧のある範囲にわたってほぼ定電流となるようにつくられ，一定電流調整器として使われる．回路に直列に挿入され，印加された電圧のわずかな変動を吸収することにより回路の電流を安定化する．真空またはガス入りのガラスまたは金属の気密容器中に据え付けられた抵抗からなる安定抵抗は安定抵抗管といわれる．➡ 調整器

安定抵抗管 ballast lamp ➡ 安定抵抗

安定発振 stable oscillations

時間経過とともに振幅が減衰する傾向の発振．

アンテナ antenna, aerial

空間へエネルギーを放射（送信アンテナ）あるいは空間からエネルギーを受け取る（受信アンテナ）無線システムの一部である．アンテナは給電線* と一体になり，アンテナシステムを構成する．特別に設計されたアンテナは多岐にわたっており，ほとんどのアンテナはその形状から，傘型，クローバー，H．L．T．，葉巻，ダイポール*，指向性アンテナ* と呼ばれるものがある．⇒ 八木アンテナ

アンテナ温度 antenna temperature

アンテナの実効雑音温度で，アンテナの放射抵抗* により生ずる．

アンテナ給電点インピーダンス antenna feedpoint impedance

給電点におけるアンテナのインピーダンス*．インピーダンスの実部はアンテナ給電点の抵抗を，虚数部はアンテナ給電点のリアクタンスである．

アンテナ共用器 diplexer ➡ ダイプレクサ

アンテナ系 antenna system ➡ アンテナ

アンテナ係数 antenna factor

アンテナ上の入射電界とアンテナ端子における受信電圧の比．これは特に電磁気的互換性試験* において，測定されたアンテナ端子電圧が容易にアンテナ上の電界に変換される．

アンテナ効率 antenna efficiency

同義語：放射効率（radiation efficiency）．

指定された周波数において全供給電力に対してアンテナから放射される電力の比をいう．

アンテナ（空中線）指向性図 radiation pattern ➡ アンテナパターン

アンテナ抵抗 antenna resistance

アンテナに供給される全電力を，アンテナ上の特定な基準位置，通常は給電点または電流分布の腹の部分における電流の2乗平均値で除した値．この抵抗は放射されてアンテナ系により消費されるエネルギーを考慮したものである．

アンテナ電流 antenna current

アンテナの指定された位置で測定された実効値で，通常は給電点あるいは最大電流をいう．

アンテナパターン antenna pattern

同義語：放射パターン（radiation pattern）．送信アンテナ*のような送電源からの空間における放射の分布図，あるいは受信アンテナが受け取る有効性を示す図のこと．実際のアンテナでは全ての方向に対する送信時と受信時のアンテナパターンは同じになる．アンテナパターンは方向の関数として相対利得*をプロットする．利得は電圧応答または電力応答で示される．パターンは曲座標または直交座標で示される．送信時のアンテナパターンは受信時のそれに一致する．

代表的なアンテナパターンには1つないしそれ以上のローブ（葉形のパターン）があり，特定の方向に強く応答する領域を有する．主ローブまたは主要ローブは最大放射強度を示す領域を含むローブである．通常それは放射の伝搬方向に沿っており，他のローブはサイドローブと呼ばれている．後方ローブは伝搬方向と逆方向のローブである．代表的なアンテナパターンは曲座標表示した8の字パターンである（図参照）．図中の点A（r, θ）は放射の伝搬方向に対し角度θおよびrで表されるアンテナの感度を示している．

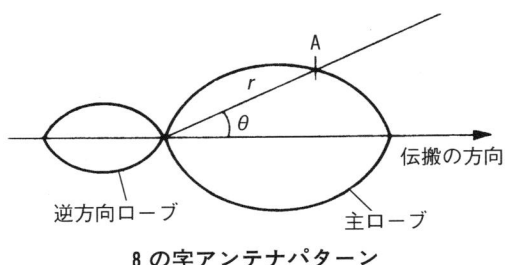

8の字アンテナパターン

アンテナ偏波 antenna polarization

与えられた方向に対するアンテナ偏極は与えられた方向θに対するアンテナ偏波1つまたは2つの方法で示される．送信アンテナが励起または送信状態であれば偏波は放射波の偏波になる．アンテナが受信状態であればアンテナ端子における有効電力が最大となる方向からの入射波の偏波をもってアンテナ偏波という．電波の到来方向が特定できない場合はアンテナが最大利得を示す方向の偏波をアンテナ偏波とする．

アンテナ放射抵抗 antenna radiation resistance ➡ アンテナ抵抗

アンテナ利得 antenna gain

1.（送信時）基準アンテナからの距離が同じで通常は最大放射を同じように選び，基準アンテナによる電界強度と厳密に等しくなるように供試アンテナに加えた電力の比をいう．2.（受信時）受信条件を同一にし，受信入力によって基準アンテナに生ずる信号電力と供試アンテナに生ずる信号電力の比をいう．いずれの場合とも基準アンテナは明記されなければならない．

アンテナ列 antenna array

指向特性を得るために送信または受信素子の間隔をあけて並べ，結合したもの．非常に強い指向特性を有するため，設計によっては非常に大きなアンテナ利得*を得ることが可能である．水平方向に沿って素子を配列したものはブロードサイドアレイあるいはエンドファイアアレイと呼ばれ水平面または配列されたアンテナと直角方向に指向性をもつ．配列は一般に水平方向と垂直方向に対して行われ，水平方向，垂直方向に指向性を有する．水平方向指向性はアンテナ素子を水平方向に配列することにより得られ，また垂直方向指向性はアンテナ素子を上下に配列あるいは水平指向アンテナを上下に何段か重ねることにより得られる．アンテナ列特性はシステムのアンテナパターンで示される．最大送信または受信方向はアンテナパターン*の主ローブで示される（⇨ 可動アンテナ）．

暗電流 dark current ➡ 暗導電

暗導電 dark conduction

光を照射してない状態において，光感度をもつ物質中で生じる低レベルな電気伝導．このよ

AND 回路（またはゲート）　AND circuit (or gate)　→ 論理回路

アンビソニックス（高忠実度再生）　ambisonics

三次元音源の録音，送信，再生の一方法．入力された全ての方向からの音圧および速度成分が記録される．このように録音された音は1チャネル（モノラール）あるいは2チャネル（ステレオ）として再生できるし，水平サラウンド*または垂直サラウンド*のように全二次元リスニングのような多チャネル方式に変換可能である．また，ペリフォノックサラウンド*再生のように全三次元再生が可能である．高忠実度再生では多くのスピーカが使用され，再生音が忠実に再生されるためには各スピーカが独立であることが要求される．理想的にはこれらのスピーカは聴取領域の周りに球状に一様に配置される．

アンペア　ampere

記号：A．電流*のSI単位*．2本の断面積が無視でき，無限長の直線状導体を真空中で間隔1m離して配置した場合，導体の単位長さ当たりに 2×10^{-7} N の力を生じさせる一定電流値として定義される．

アンペア時　ampere-hour

記号：Ah．アンペア単位で流れる電流を時間で積算することによって得られる電気量の単位．電池の容量に使われる．

アンペア周回定理　Ampere's circuital theorem　→ アンペアの法則

アンペアターン　ampere-turn

記号：At．電流 I が流れる全巻数 N のコイルで積 NI に等しい起磁力*の単位．

アンペア天秤　ampere balance　→ ケルビン天秤

アンペアの法則　Ampere's law

1．同義語：アンペア-ラプラスの法則 (Ampere-Laplace law)．真空中で2本の電流が流れている平行導線間に働く力は
$$dF = \mu_0 I_1 ds_1 I_2 ds_2 \sin\theta / 4\pi r^2$$
で与えられる．ここで，I_1 と I_2 は電流，ds_1 と ds_2 は電流要素長，r は電流要素長間の距離，

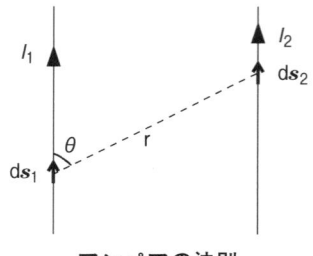

アンペアの法則

そして θ は角（図参照），μ_0 は真空の透磁率*である．上述のようにアンペアの法則は電気と力学との現象を関連づけている．⇒ クーロンの法則．2．同義語：アンペア周回定理．電流 I を囲む閉回路でなす周回積分は
$$\oint \bm{B}\cdot d\bm{s} = \mu_0 I$$
で与えられる．ここで，μ_0 は真空の透磁率*，$\bm{B}$ は磁束密度，$d\bm{s}$ は線素ベクトルである．全電流は閉回路で囲まれた領域内を流れる電流密度の積分によって与えられる．磁化* $\bm{M}$ の媒質中で，全電流密度 $\bm{j}_T$ は実電流密度 $\bm{j}$ と等価磁化電流密度 $\bm{j}_M$ の和で与えられる．ここで，
$$\bm{j}_M = \text{curl}\bm{M}$$
である．
$$\oint \bm{B}\cdot d\bm{s} = \int \text{curl}\bm{B}\cdot d\bm{A}$$
であるので，
$$\int \text{curl}\bm{B}\cdot d\bm{A} = \mu_0 \int \bm{j}_T\cdot d\bm{A}$$
であり，したがって，
$$\text{curl}(\bm{B}-\mu_0\bm{M}) = \mu_0\bm{j}$$
である．ここで，$d\bm{A}$ は面積要素ベクトルである．磁界の強さ $\bm{H}$ は
$$\mu_0\bm{H} = \bm{B}-\mu_0\bm{M}$$
で定義されるので，微分形でのアンペアの法則は
$$\text{curl}\bm{H} = \bm{j}$$
と書かれる．

アンペア/メートル　ampere per metre

記号：A/m．磁界の強さ*のSI単位*．軸方向に1m当たり1Aの電流密度の電流を流した細長く一様に巻かれたソレノイド内部の磁界の強さ．

アンペア-ラプラスの法則　Ampere-Laplace law　→ アンペアの法則

EIRP
略語：等価等方放射電力（effective isotropic radiation power）．アンテナの実効放射電力*（ERP）は全方向に放射するアンテナのそれに相当する．

EIA
略語：米国電子工業会（Electronics Industries Alliance）．➡ 標準化

ERDA
略語：弾性反跳粒子検出法（elastic recoil detection analysis）．

ERP
略語：実効放射電力（effective radiation power）．

EEG
略語：脳波計（electroencephalograph）または脳波（electroencephalogram）．

EEPROM
略語：電気的消去・プログラム可能ROM（electrical-erasable programmable ROM）．➡ ROM

EHF
略語：極高周波（extremely high frequency）．30～300 GHzの帯域を表す．➡ 周波数帯域

EHT
略語：超高圧（extra high tension）．通常，陰極線管またはテレビジョン撮像管の高電圧装置に適用される．

ESD
略語：静電放電．➡ 電磁適合性

esu
略語：静電単位（electrostatic unit）．➡ CGS単位系

EFM変調 EFM
略語：8対14変調（eight to fourteen modulation）．➡ コンパクトディスクシステム

EMI
略語：電磁妨害．➡ 電磁適合性

e. m. f (or EMF)
略語：起電力．

EMC
略語：電磁適合性．

EMP
略語：電磁パルス．➡ 電磁適合性

emu
略語：電磁単位（electromagnetic unit）．➡ CGS単位系

EAROM
略語：電気的消去・再書き込み可能ROM（electrically alterable read-only memory）．➡ ROM

イオン ion
電荷をもつ原子または分子さらに原子群，分子群を表す．負イオン*は，原子またはそのグループが電気的中性に必要な電子数以上の電子数を保有する状態．正イオン*は電気的中性に必要な電子数以下の電子数しか保有していない状態．

イオン打ち込み ion implantation
半導体*中にn形またはp形の領域をつくるために，ドナーやアクセプタの不純物を打込み導入させる技術．不純物原子はガスの状態でイオン化され，標的となる半導体層に向けて発射される．高エネルギーイオンは半導体の表面に侵入し，固体中に急速停止する．半導体中に不純物が侵入した平均の深さは加速電圧の関数であり，それゆえドーピングの深さは精密に制御することが可能である．打ち込んだイオンの数は，標的部でイオンは中和されることから標的を通って流れた電流および打ち込み処理の時間の長さから計算できる．非常に注意深く設計された不純物分布が，この処理技術によって形成可能になった．この技術は高速，高周波用の極めて微小なトランジスタ集積回路に利用されている．

イオン加工 ion milling ➡ エッチング

イオン結合 ionic bond, electrovalent bond
1個またはそれ以上の電子が化合物原子間を移動し，化合物の原子がイオン化することを許す結晶結合．結晶全体としては電荷の中性が維持される．そのイオンは，イオン群の系全体が保有するエネルギーを最小化し，最も高密度の構造を形成するよう静電引力で規則的な配列に

配置される．例えば塩化ナトリウム（NaCl）の場合，ナトリウム原子は安定な電子配置になるため価電子*を失い，正イオン（Na^+）になる．塩素原子は安定な電子配置になるため過剰な価電子を得て，負イオン（Cl^-）になる．電荷の中性を保つため結晶のナトリウムと塩素の配分を等しくすることで，それらのイオンは規則的な配列になる．

イオン結晶 ionic crystal

正と負の電荷イオンで配列構成された結晶であり，その原子間に働く力はクーロン型である．このイオン間の静電引力は，各イオンの外殻電子が近付きすぎるために生ずる反発力と平衡する．

イオン源 ion source

イオンを供給する装置であり，特に粒子加速器*に使用される．通常用いられる形式は使用するガスの微小なジェットで構成され，ガスに電子の衝撃を与える．その結果得られたイオン（陽子，アルファ粒子など）が加速器の中に注入される．

イオンスポット ion spot

1. 陰極線管*のスクリーン上に現れる暗い領域．重い負イオンの衝撃によって，スクリーンの発光が減少する（蛍光体である必要がない）．イオントラップ*を使用することで，この効果を最小にすることができる．
2. イオンの衝撃によってターゲットあるいは陰極上の電荷パターンが変わるために撮像管*や影像変換器*の出力に現れる誤った信号．

イオン伝導 ionic conduction

結晶格子内のイオンの変位によって半導体*内に生ずる電荷の移動．その運動は外部エネルギーの継続的な供給によって維持される．

イオントラップ ion trap

陰極線管*において，電子ビーム中にある重いイオンを引きつけ，それらがスクリーン上の蛍光体に衝突して，損傷して発行をとめるのを防止する装置．

イオン半導体 ionic semiconductor

移動性の荷電キャリヤ（電子*や正孔*）の動きより材料内のイオン*の動きがより導電率に寄与する半導体．

イオンビーム分析法 ion-beam analysis

薄膜や半導体のような物質の表面を，イオンビームを利用して分析する方法．弾性的に跳ね返る物質を検出分析する方法およびラザフォード後方散乱などを含めて様々な技術が開発されてきた．

イオンビームリソグラフィ ion-beam lithography

電子ビームをイオンビームに置き換えた，電子ビームリソグラフィ*と同様のリソグラフィ*方法である．イオンは電子ビームリソグラフィに用いる電子よりも重いため，レジスト内部において散乱を極めて少なくすることができ，二次電子のエネルギーも極めて低くなる．これらのことはレジストにより多くのエネルギーを与えることも可能にし，結果としてレジストの感度を高め，書き込み時間を減らせる．平行性のよいイオンビームをつくることや，レジスト膜の下にある半導体基板上へのイオンの影響などに難点がある．後者の影響を除くには多層レジスト*が必要とされる．

イオン雰囲気 ionic atmosphere

電解質中の1つのイオンを取り囲むイオン群が形成する雰囲気．電界がないとき，各個のアニオンはカチオン群によって対称的にその周りを囲まれ，また逆も同様．電界が印加されると，アニオンは陽極に移動し，カチオンは陰極に移動する．したがって，囲まれたイオンに対してイオン雰囲気の対称性は乱され，反対極性のイオン雰囲気の移動によりイオンは反対方向に減速力を受ける．もし，高周波交流あるいは高速パルス直流が電解質に印加されると，対称性はほとんど乱されず，より高い導電性の電解質となる．

イオンマイクロプローブ ion microprobe
→ 二次イオン質量分析

イオンミリング（イオン加工） ion milling
→ エッチング

生きていない（死んでいる） dead

アース電位にある導体または回路を表している．アース電位にない場合は，「生きている」と呼ばれる．

E級増幅器 class E amplifier

無線周波数の増幅に使われるスイッチング増幅器*で，たった1つのトランジスタ*を必要とし，動作周波数や出力中に含まれる高調波の制御のために共振器*をもつ．この構成では，

トランジスタの出力容量は負荷の共振回路の容量に組込むことができる．理想的なスイッチング動作では，理論的には100%の効率が得られる．

Ethernet

複数のコンピュータに単一の通信チャネルを通じて通信や資源を分け合うことを可能にするLAN*の一種．もともとは10 Mbpsで動作し，マンチェスタ符号を使用していた（→ディジタル符号*）．今では光ファイバを使用して10 Gbpsまで動作するものもある．イーサネットシステムはXerox社とDEC社（Digital Equipment Corporation）とインテル社が共同してつくり，IEEE 802.3委員会で標準化された．

EGA

略語：エンハンストグラフィックアダプタ（enhanced graphics adapter）．640×350ピクセル*で16色カラーの解像度をもつカラーディスプレイの標準．PC ATのためにIBMにより導入された．

ECL

略語：エミッタ結合論理．

ECG

略語：心電計（electrocardiograph）または心電図（electrocardiogram）．

EGG

略語：エレクトログロットグラム（electroglottogram）．→エレクトログロットグラフ

維持電圧 maintaining voltage →ガス放電管

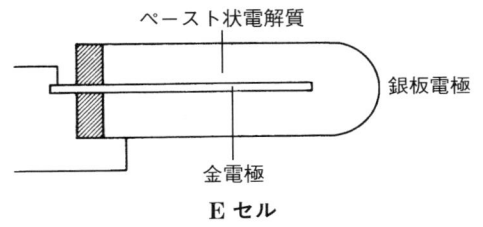

E セル

E セル E-cell

中央に金電極，外側に銀板電極をもち，その間は適当な銀塩を入れた指サック形の電解液セルで，固形のタイミング（計時）素子である．外側電極の銀板を陽極にして電流を流すと銀が流れ出し，中央にある金陰極表面に，ある比率で均一に堆積する（図参照）．外部の回路素子で定めたある時間，電流を流した後，今度は中央にある陰極を陽極側として電流を逆流すると，中央にある陰極の堆積した銀めっきがなくなり，その電流は停止する．そして同じ過程を繰り返せる．

E セルは非常に小型で強固であるため使いやすく多用なタイミング素子である．また外部回路を交換することで時間間隔を広範囲に簡単に変えることができる．なお，通常はコンデンサの充放電によって時間間隔を決める．

ISO

いろいろな分野で国際的な標準化を推進するため1947年2月に設立した国際標準化機構（International Standards Organization）の略語．→標準化

位相 phase

1．規則正しく繰り返す数量が進展した段階または状態を表す量．その量は，固定した観測点から測った周期*に対する割合で表される．

正弦波状に値が変わる振幅の変化は単振動に似ている．そのような値は，最大振幅を長さと

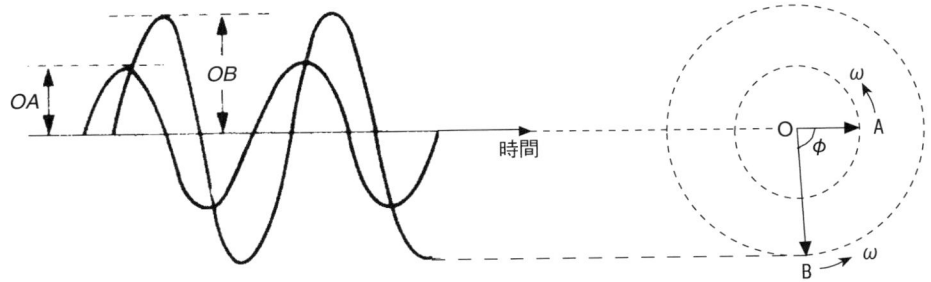

同じ周波数をもつベクトル *OA*，*OB* 間の位相角

し，角度 2π を波形の周期* T で1周する回転ベクトル **OA**（図参照）として表すことができる．そのベクトルは角速度 ω が $2\pi/T$ に等しく，波形の周波数 f と次式の関係にある．

$$f=\frac{\omega}{2\pi}$$

振幅 **OA** の位相は，ベクトル **OB** で示したもう1つの振幅を基準にすると，両者の間に存在する角度 ϕ で与えられる（図参照）．これが位相角*（⇒ 位相差）であり，2つの量が同一の周波数をもっているならその値は一定値となる．

進行する波の先端にある複数の質点は同じ方向に同じ変位で動いており，それらは振動の同じ位相にあるといわれる．波長は，波の先頭が伝搬する方向において，波が同じ位相値を繰り返す進行した2点間の距離に等しい．

同じ周波数と波形をもち，さらに同時に同じ値をもつ複数の数量は同相であるといわれる．他の場合は位相が外れているという．
2. 多相*システムまたは装置における個々の回路や巻線の様相．
3. 多相システムまたは装置における個々の線路や端末の様相．

E層 E-layer

同義語：E領域 (E-region)；ヘビサイド層 (Heaviside layer)；ケネリー・ヘビサイド層 (Kennelly-Heaviside layer)．➡ 電離層

位相応答 phase response

回路あるいは回路網の入出力信号間の位相差*の変化のことで，伝達関数*の位相は印加した信号の周波数の関数となる．この回路あるいは回路網はその位相変化が周波数に対し線形になるならば線形位相応答をもつといわれる．

位相遅れ phase lag ➡ 遅れ

位相遅れ phase delay

周波数に対して周期的な量により生じた，位相シフト*の割合．

位相角 phase angle

記号：ϕ．同一周波数で正弦波状に変化する数量を表す2つのベクトルの間の角（➡ 位相）．2つの数量が同じ基本周波数であるが非正弦波の場合，位相角は基本周波数*成分を表す2つのベクトル間の角度である．位相角 $\pi/2$ をもつ波形は直角位相にあるという．位相角が π に等しい場合は，それらは逆位相にある．

位相検出器 phase detector

2つの周波数の位相差に比例した出力を出すことにより入力周波数の比較をする装置．もし，2つの入力が異なる周波数であるとすると出力は周波数差の周期的な信号となる．2つの基本的な位相検出器がある．タイプⅠはアナログあるいは方形波信号で動作するようになっている．これは方形波信号に対して単に排他的論理和*を使うことで設計することができる．線形位相検出器は平衡ミクサ回路を使う．タイプⅡは2つのディジタル入力の立ち上がり，あるいは立下りエッジを比較時間に使うもので高感度の検出器となる．出力パルスは比較しているエッジ間の時間差に等しいパルス幅となり，進みあるいは遅れ位相差を示す出力パルスをつくりだす．2つの入力信号が完全に同相であるとき，出力パルスは全く現れない．➡ ミクサ回路

位相誤差 phase error ➡ 位相差

位相差 phase difference

1. 記号は ϕ．同一周波数の正弦波状に変化する2つの信号の位相の差．それは角度（位相角*）または時間で表される．2. 計器用変成器*の逆二次側ベクトルと一次側ベクトルの間の角度．ベクトルは変流器の電流を表し，また計器用変圧器の電圧を表す．位相差は逆二次側ベクトルが一次側より進んでいると正であり，遅れていると負である．位相誤差という用語は計器用変成器の応用では使われてきたが，普通は使用しない．➡ 進み；遅れ

位相シーケンス phase sequence

三相系（➡ 多相系）の3つの相が与えられた極性で最大値になる順である．特定の系で正規の順序は正相，逆の場合を逆相という．相順表示器はそのような系の相順を指示する計器である．➡ 位相

位相線形アレイ phased linear array ➡ 線形アレイアンテナ

位相速度 phase velocity

進行波の等位相面が媒質中を伝搬する速度，すなわち波頭および波の谷が伝搬する速度．その値は λ/T に等しく，ここで λ は波長，T は波の周期である．周波数が f，さらに単位距離当たりの波の個数が σ（波数）である場合，次

の関係となる．
$$\frac{\lambda}{T}=\frac{f}{\sigma}$$

位相中心　phase centre

放射電界が球面波を形成する空中線の中心または中心近くの点．実際には全方向に放射する信号点はないが通常主に放射された信号に対して1つの信号点がある．広帯域空中線*ではこの位相中心は周波数により周辺を移動するようにみえる．

位相定数　phase constant

同義語：位相変化定数（phase change coefcient）．→ 伝搬係数

位相同期ループ（PLL）　phase-lock loop (PLL)

位相検出器*，低域通過フィルタ*，増幅器*，電圧制御発振器*（VCO）からなる回路．位相検出器は入力信号とVCOの出力の周波数を比較する．もし，2つの周波数が異なると，異なる周波数で位相検出器は位相誤差信号を生成する．その信号は低域通過フィルタを通し，増幅し，VCOを入力信号の周波数に近づけるために使用される．PLL が 'ロック' すると，VCOの周波数は入力周波数と同一となり，決まった位相差を維持する．この条件のもとで，位相検出器出力は一定の周波数でVCOを駆動する直流電圧である．したがって，この直流電圧は入力周波数の尺度となる．さらに，入力信号に周波数変調*があれば制御電圧にもその量が現れ，PLL は FM 信号の復調器として動作する．VCO出力は入力信号周波数に等しい局部発振周波数であり，入力信号より低雑音の信号を供給できる．VCOと位相検出器の間に分周器を置くことにより，入力周波数の倍数となる周波数の交流信号がVCOで発生できる．これは周波数シンセサイザ*の基本技術である．

位相外れ　out of phase　→ 位相

位相反転器　phase inverter

入力信号の位相を π だけ変化させる回路．一般的にプッシュプル増幅器*の片側を駆動するために応用される．

位相ひずみ　phase distortion　→ ひずみ

移相偏移　phase shift, phase deviation

周期的な信号の位相を変えること，または2つあるいはそれ以上の信号の位相差を変えること．移相は特殊な装置あるいは回路を挿入することによって生ずる誤差の結果として起こるか，移相回路を挿入することによって起こすことができる．

位相偏移変調　phase shift keying (PSK)
→ 位相変調

位相偏移発振器　phase-shift oscillator　→ 発振器

位相変化係数　phase change coefficient

同義語：位相定数（phase constant）；波長定数（wavelength constant）．→ 伝搬係数

位相変調　phase modulation (PM)

搬送波*の位相が信号波の振幅に比例して変化する変調*方式，搬送波の振幅は一定である．変調信号が正弦波のとき被変調波は
$$e = E_m \sin(2\pi F t + \beta \sin 2\pi f t)$$
で表される．ここで，E_m は搬送波の振幅，F は搬送波周波数，β は最大位相変化，f は変調波の周波数．変調された波の瞬時位相角と搬送波の位相の差が位相偏移である．

もし変調信号が正弦波ではなく離散レベルで構成されているとき，この変調は位相偏移変調（PSK）として知られている．離散振幅レベルは何段階でもよい．一般的に変調信号が M 離散信号のとき M-aryPSK と呼ばれる．もし 2 値レベルのとき 2 値 PSK（BPSK）となる．

位相変調されている信号の位相を決定するため位相基準を用いる．位相基準の代わりに位相の差が搬送波を変調するのに活用される．この変調方式は位相偏移変調の1つで差動位相変調と呼ばれ，DPSKと略される．

位相弁別器　phase discriminator

振幅が入力の位相*の関数である出力波を生ずる検出回路*．

位相補正回路　phase corrector

位相ひずみ*の影響を受けた波形を，元の位相に修復する回路網．

板コイル　disc winding

変圧器用の巻線方法であり，板状に仕上がるようにコイルを平らに巻く．板コイルは通常高電圧用途に採用される．⇒ 円筒コイル

一次回路網　first-order network

1つのエネルギー蓄積素子（例えば，コンデンサあるいはインダクタ）のみを含むか，あるいは多数の素子を含んでいるが1つの等価素子

にすることができる回路網*あるいは回路*．
⇨ 二次回路網
一次故障　primary failure　→ 故障
一次電圧　primary voltage
1．変圧器*の一次（入力）側巻線両端間の電圧．
2．一次電池*に発生する電圧．
一次電子　primary electrons
　表面に当たる電子で，二次電子放出*の原因となる．この用語は二次放出とは異なり，電子放出*の一過程として原子から放出された電子を説明するときにも用いられる．このような電子は通常，熱電子を伴う電子放出として説明がなされる．
一次電子放出　primary emission
　二次電子放出*ではない電子放出*．
一次電池　primary cell　→ 電池
一次標準　primary standard
　与えられた単位に関する基本量として国内および国際的に使用される標準．⇨ 二次標準
一次放射器　primary radiator
　同義語：能動アンテナ（active antenna）．→ 指向性アンテナ
一次巻線　primary winding　→ 変圧器
1の補数表記法　ones' complement notation
　正の数には2進数*をそのまま使い，負の数に対しては，その正の数の各ビットと上位桁に並ぶ全ての0に対して補数をとること（0を1に変換，またその逆の変換をすること）で負の数をつくる整数の表記法．例えば，十進数14の10ビット表現は00 0000 1110$_2$である．-14に対する10ビットにおける1の補数表記法は11 1111 0001$_2$である．
位置表示ビーコン　locator beacon
　同義語：無線標識（homing beacon）．→ ビーコン
一方向電流　unidirectional current　→ 電流
一様な窓　uniform window　→ ウィンドウ機能
EDS
　略語：エネルギー分散分光法（energy dispersive spectroscopy）．→ 電子顕微鏡
遺伝的アルゴリズム　genetic algorithm
　最適化問題を解くために生物の進化の理論を模したアルゴリズム．計算において，遺伝的アルゴリズムは，問題を一連の文字列（0，1がよく使われる）に変換する．各文字列は可能性のある解を表す．このアルゴリズムは，解の探索のため，最も確からしい文字列を操作する．簡単な計算の繰り返しにより遺伝的アルゴリズムは実行される．計算の内容は，各文字列からなる世代の発生，各文字列の評価，優秀な文字列の選択，新しい世代を発生させる遺伝的操作（訳注：淘汰，交配，突然変異）である．
移動体無線　cellular mobile radio　→ セルラー移動通信
移動電話　mobile phone　→ セルラー移動通信
移動度　mobility　⇨ ドリフト移動度；ホール移動度
糸巻形ひずみ　pincushion distortion　→ ひずみ
イナートセル（不活性電池）　inert cell
　一次電池*であり，化学薬品類および他の必要な原材料を固体の形ですでに内蔵しているが，電解液をつくるための水が加えられるまでは機能しない状態に留めてある．
イネイブル　enabling
　大きな回路規模のうちから特定の回路または回路グループを動作可能にすること．イネイブルパルスまたは信号は必要とする回路の選択に使われる．例えば並列にあるいくつかの入力から特定の入力を選ぶとか，いくつかのチップ群から特定のチップを選ぶなどである．
E波　E-wave
　同義語：TM波（TM wave）．→ モード
EPIRB
　略語：非常用位置表示無線標識（electronic position-indicating radio beacon）．航空または海上における非常事態に警報を発するのに使用される無線標識．発見，救助に必要な位置などの情報を提供する．EPIRBは広く世界中で認められている非常通信周波数を使って符号化した信号を送信する．⇨ PLB
EBIC
　略語：電子ビーム誘導電流分析法（electron-beam induced current analysis）．
eビームリソグラフィ　e-beam lithography
　短縮語：電子ビームリソグラフィ（electron-beam lithography）．

e ビームレジスト　e-beam resist　➡ 電子ビームリソグラフィ

EPROM
　略語：消去・プログラム可能 ROM（erasable programmable ROM）．➡ ROM

異方性　anisotropic
　1．結晶構造の違いによって結晶材料の導電率や誘電率，透磁率を含む諸性質が結晶軸の方向ごとに異なる値を示すときに用いる言葉．2．もっと一般的には，任意の物性やエッチング*の速度が方向によって不均一な性質をもつ場合に用いる言葉．

E 曲り　E-bend
　同義語：E 面（E-plane）．電界ベクトルの面がゆっくり曲がる形状．➡ 導波管

イメージオルシコン　image orthicon
　薄いガラス面上に蒸着された光感度が高い物質からなる光電陰極*に場面（シーン）からの光が集束される構造と低速度の電子を利用する撮像管*．電子は光の強度に比例して光電陰極から放出され，光電陰極側にある精緻な網目をもつ薄いガラスディスクからなるターゲットに集束される（図参照）．光電陰極からの電子の衝撃はその電子密度に比例したより多くの二次電子を放出させる．二次電子はメッシュスクリーンにより集められ，電源に戻される．ターゲットには元の光の像に対して正に荷電したパターンが残される．
　ディスクの反対側は電子銃*から発生させた低速度電子ビームでスキャンされる．正に荷電した領域はビームの電子により中和されるが残りの電子ビームは原画の情報としてターゲットガラスにより反射され，電子銃の方向に戻ってくる．電子ビームは，電子銃を取り巻き，走査ビームに対して最終的な絞りのように振舞う電極により集められる．この電極は電子増倍管*の初段のダイノードのように働き，映像信号が得られる．
　イメージオルシコンは非常に高感度でスペクトル感度は人間の目に近く，応答速度は比較的速い．

イメージ周波数　image frequency
　ヘテロダイン受信*に使用される受信機から発生する不必要な入力周波数で，同調時出力に疑似信号が現れる．不必要な応答は中間周波数増幅器で発生する．疑似信号はイメージ信号と呼ばれ，局部発信周波数と受信周波数の差の周波数信号が中間周波数増幅器の帯域内に入ってくる．特別な受信機の特性はイメージ混信を生ずる入力条件を決定する．イメージ周波数は希望する入力信号と同じにすることは可能で，中間周波数にするか局部発信周波数を2倍にすればよい．イメージ比は同一の出力が発生した場合，希望する信号振幅とイメージ周波数信号振幅の比である．

イメージ電位　image potential
　電気影像*による金属表面の電位．

イメージ比　image ratio　➡ イメージ周波数

e-mail（email）
　短縮語：電子メール（electronic mail）．

E 面　E-plane
　同義語：E 曲り（E-bend）．➡ 導波管

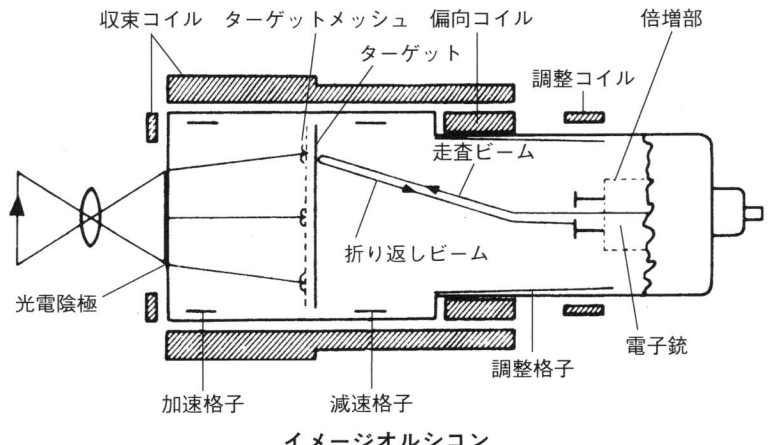

イメージオルシコン

イヤホン　earphone

耳に付けて使うように設計された小さなスピーカ．補聴器をはじめ，電話器の受話器，ACブリッジ測定器，ラジオなどの再生装置への応用がある．ヘッドセットには2つのイヤホンが使われる．

E領域　E-region

同義語：E層（E-layer）．→電離層

入れ子　nesting

あるものの中に同じ型のものが含まれているか，または埋め込まれているプロセス．プログラミングにおける入れ子は，例えばループやif文などのようによくみられる．

色合い調整　tint control　→テレビ受信機

色信号（クロミナンス信号）　chrominance signal　→カラーテレビジョン

色同期信号（カラーバースト）　colour burst

同義語：バースト信号（burst signal）．→カラーテレビジョン

色副搬送波　chrominance subcarrier　→カラーテレビジョン

色ぶち　colour fringing

カラー受像管*のスクリーン上に映し出される画像の縁の回りに現れる望ましくない疑似色．カラーキラーにより最小限化される．（→カラーテレビジョン）

色飽和度制御　colour saturation control　→テレビ受信機

陰極　cathode

電解槽や放電管，真空管または半導体整流器の負の電極．あるシステムに電子が流れ込む（慣例的には電流が流れ出す）電極．⇒陽極

陰極暗部　cathode dark space

同義語：クルックス暗部（Crookes dark space）．→ガス放電管

陰極グロー　cathode glow

グロー放電管の図を参照．

陰極接地増幅回路　cathode follower　→エミッタホロワ

陰極線　cathode rays

陰極と陽極をもつ真空管で，陰極から放出される電子*の流れ．これは最初に放電管で観測された．

陰極線オシロスコープ　cathode-ray oscilloscope（CRO）

電気信号の変化が陰極線管*上のスクリーン上に表示される．測定される信号は，CRTの電子ビームを一方向（通常垂直方向）に偏向する．一方既知の信号が他の方向に印加される．合成された信号がスクリーン上に示される．入力信号の可視化は，通常，時間発生器*と呼ばれる掃引発生器からの出力を用いて適当な掃引速度を選択して達成する．掃引はのこぎり波形*によって発生するか外部トリガーパルスによって掃引開始する．さらに複雑な陰極線オシロスコープには，X軸の偏向板への入力，遅延トリガーやビーム強度の変調器が備わっている．

陰極線管　cathode-ray tube（CRT）

電気信号を目に見えるように変換する漏斗形電子管．全てのCRTは，電子ビームを発生させる電子銃*，電子ビームの強度すなわち輝度を変化させる格子，さらに画像（図参照）を生成する発光面をもっている．電子ビームは，偏向板または偏向磁場の効果により発光面を横切るように動く．この管の偏向感度は，偏向場における単位変化に対する輝点の動く距離であ

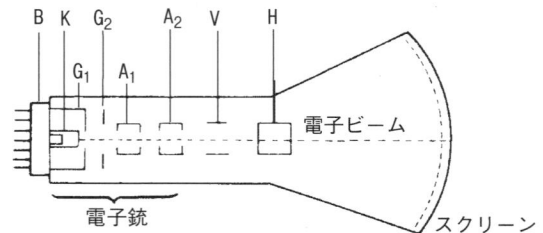

B：管ベース，A_1：焦点用陽極
K：陰極，A_2：加速用陽極
G_1：制御用電極（格子），V：垂直偏向板
G_2：加速用電極，H：水平偏向板

図a　CRT：静電集束と偏向

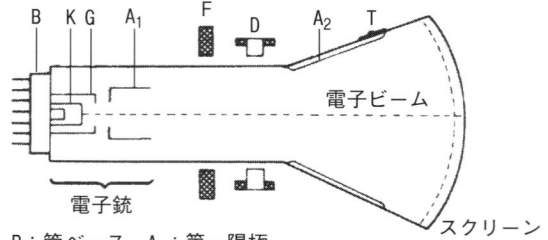

B：管ベース，A_1：第一陽極
K：陰極，F：集束コイル
G：制御用電極（格子），D：偏向コイル
　　　　　　　　　A_2：第二陽極
　　　　　　　　　T：端子

図b　CRT：電磁集束と偏向

る．陰極線オシロスコープ*のような高周波応用には静電偏向を使用している．一方，電磁偏向は，明るい映像が必要なテレビジョン*やレーダ受信機*のように，高速の電子ビームが必要なときに使用される．

　ビームの焦点調整は静電的あるいは電磁的に，または両者を併用して行う．より高度の焦点調整は，電子ビームをスクリーンの端に向かって曲げるときに必要である．電子ビームが焦点を結ぶその点は，クロスオーバー領域である．この領域から立てた電子の円錐の立体角がビーム角である．便利のため，偏向用と焦点用のコイルは一体化（scanning yoke と呼ばれる）して管の狭いネック部の回りに装備される．このような配置は，装置全体の寸法を小さくする働きがある．またそれは，管が二重ビーム CRT やカラー映像管の形式のように複数の電子ビームを有し，コイルセットが複数必要なとき，特に重要である．

陰極線方向探知 cathode-ray direction finding　→ 方向探知

インクジェットプリンタ inkjet printer
　テキストやグラフィックスを紙またはプラスチックフィルムに印刷する装置．その画像は紙またはプラスチックフィルム上にイオン化したインクを噴射して描く．イオン化したインクは電圧を供給した磁化プレートでその向きを定め，印加電圧の強さに比例してインクを引き寄せる．この印刷法は高速かつ良質の画像をつくることができ，この技術で 1 inch 当たり 600 ドットの印刷品質を得る．

インクリメント（増分） increment
　ある変数の値に 1 を加える操作．通常はコンピュータプログラムで使用される．デクリメント*の逆の操作である．

インジウムリン indium phosphide　→ 化合物半導体

Institution of Electrical Engineers
　イギリスの国際電気技術士会．→ 標準化

Institute of Electrical and Electronics Engineers, Inc (IEEE)
　米国電気電子技術者協会．→ 標準化

インタキャリア方式 intercarrier system
　同義語：映像 IF 方式（video IF system）．同一の中間周波数段（IF）で映像と音声を増幅するテレビ受信方式（→ ミキサ）．

インダクタンス inductance
1. 単位：H．回路に結合する磁束と，回路中または近くの回路中を流れる電流とを結びつける定数．→ 電磁誘導

　回路の自己インダクタンス（記号：L）は，ある回路に 1 A の電流が流れ，その回路に 1 Wb の全磁束 Φ が鎖交するとき，1 H と定義される．2 つの回路間の相互インダクタンス（記号：M or L_{12}）は，第 2 の回路に 1 A の電流が流れていることによって，第 1 の回路に 1 Wb の磁束が鎖交するとき 1 H と定義される．

2. → 誘導子

インターネット internet
　ARPANET の後継となる，TCP/IP* プロトコルが動作するコンピュータを相互接続する世界規模の基盤．

インターネットプロトコル Internet Protocol　→ IP

インタフェース interface
　2 つ以上の装置を接続するために用いられる電子回路技術．通常，接続する装置間の速度，信号レベル，あるいはコードの違いを補償するために必要となる．

インターライントランスファーデバイス interline transfer device　→ 固体カメラ

インタリービング interleaving
1. カラーテレビジョン* 信号伝送において，モノクロ信号のスペクトルの隙間にカラー情報

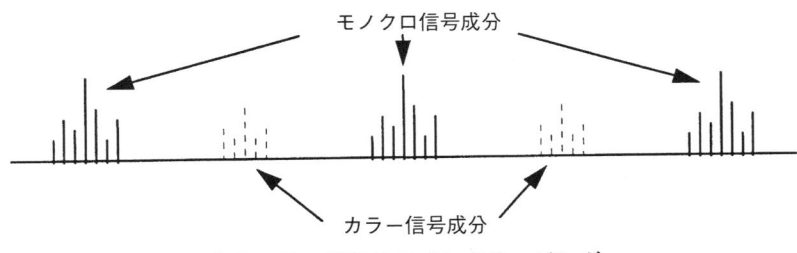

カラーテレビ信号のインタリービング

を割り付ける（図参照）．2. ➡ ディジタル符号

インターロック interlock

あらかじめ定められた状態が満たされたときだけ，機械の一部が機能するような安全装置．

インテグレーテッドインジェクションロジック
integrated injection logic ➡ I^2L

イントラネット（企業内ネットワーク）
Intranet

ある組織の内部では1つまたは複数のネットワークを超えて見ることが可能であるが，組織外からは見ることのできないコンピュータや関連ファイルの集合．ファイルやウェブページはファイアウォール*の内側に完璧に守られており，したがって，そのファイアウォールに守られた物理的な境界の内部にいる者しか利用（アクセス）することができない．典型的なイントラネットは，（外部からの）利用が制限されているという点以外は，インターネット*と非常によく似た機能をもつ．イントラネット内部の利用者が，とぎれなく（違和感なく）インターネットを利用できる場合もある．⇒ エクストラネット

インバータ inverter

1. 直流を交流に変換する素子あるいは回路．
2. 同義語：線形インバータ．信号の符号を反転する増幅器．すなわち，位相が180°変化する．
3. 同義語：ディジタルインバータ；NOT回路（NOT circuit）．入力信号のレベルを反転する論理回路*．すなわち，ハイ入力に対してロー出力あるいはその逆となる．

IMPATT ダイオード IMPATT diode

頭文字語：IMPact ionization Avalanche Transit Time．マイクロ波の強力な発生源となる半導体ダイオードである．p-n接合がなだれ降伏*に至るほどに逆バイアスされた場合，マイクロ波周波数において負性抵抗をもち，負性抵抗発振器*として使用できる．次に示す2つの効果によって信号電流は信号電圧に対して位相にずれを生じる．ダイオードに電圧を与えると，電圧の増大の後を追って電流はなだれ特性により遅れ時間 t_A を要して立ち上がるが，端子を流れる電流の増大はもっと遅れる．それはキャリヤが電極に集め終わるまでの t_t（遷移時間）を要するためである．このダイオード

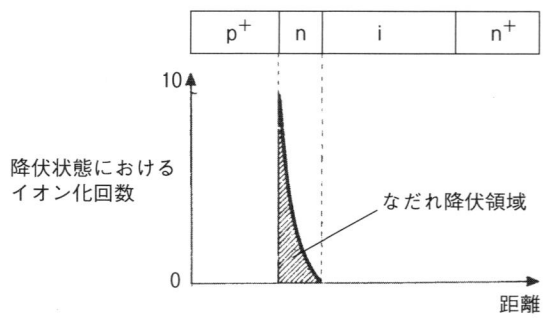

図a　典型的なIMPATTダイオード：リードダイオード

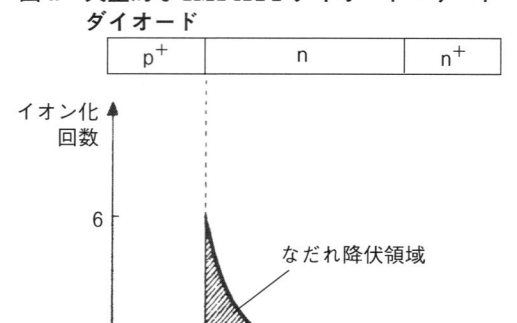

図b　片側階段p-n接合

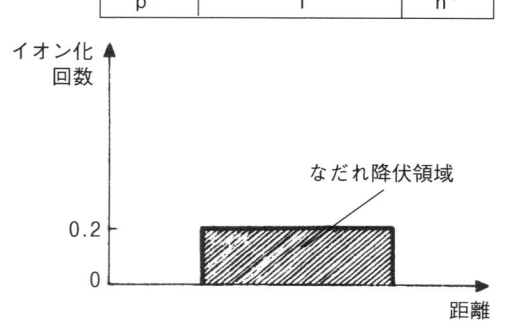

図c　PINダイオード

は，電流が電圧に対して半周期分遅れるようにつくられている．いずれのp-n接合ダイオードもIMPATT動作を示すと思われるが，利用できる典型的な素子はなだれ領域とそれに続くなだれを起こさせないドリフト領域とから構成されている．このダイオードの例が図に示されている．図aはp^+-n-i-n^+構造のリードダイオードを示す．正孔と電子の両者がなだれ降伏によって生成されるが，電子のみがドリフト領域を通り電極に集められる．この種類の形式の素子はシングルドリフトデバイスと呼ばれる．図bは改造を加えたリードダイオードで

あり，ハイ/ローリードダイオードとして知られ，その内部において図aの真性領域がn形領域に置き換えられている．図cはPINダイオード*を示し，その内部では真性領域の全体でなだれを発生させている．正孔と電子の両者にドリフト領域を与える変形構造はp^+-p-n-n^+である．なだれは中央のp-n接合のところで発生し，正孔と電子の両者が集められる．このような構造はダブルドリフトデバイスと名づけられている．ダイオードはマイクロ波共振器の中にマウントされ，ダイオードに整合したインピーダンスをもたせ，共振システムの構成を可能にしている．適切な回路中に挿入して自励発振が行える．

インパルス　impulse

短縮語：インパルス電圧あるいは電流 (impulse voltage or current). → インパルス電圧

インパルス応答　impulse response

（ディラックデルタ関数*のような）スパイク電圧すなわちインパルスに対する回路網，システム，あるいは回路の応答．

インパルス雑音　impulse noise

大きな振幅で極短幅の雑音*で，擾乱あるいは連続した擾乱から生ずる．

インパルス電圧　impulse voltage

目に見えるような振動が重畳していることもなく，急速に最大値まで上昇してその後ゼロになる単極性の電圧．インパルス電流は同様の特性をもつ単極性の電流．インパルスは一般に望ましいものではなく，電気機器や装置の故障によって発生したり，スイッチオンあるいはオフのような動作によって発生する．よく知られた大きなインパルス電圧は雷撃*である．

代表的な波形は図aに示される．インパルスの最大電圧 V はピーク値である．波面は上昇部分OAであり，波後部は下降部分ABCである．波面の期間は T_1 で，電圧がゼロからピーク値まで上昇する時間である．波後部の半値までの時間 T_2 はインパルスがゼロから上昇し，ピーク値に達して，その後減衰しピーク値の半分の値になるまでの時間である．図aの波形は T_1/T_2 インパルスと呼ばれる．時間に対する電圧上昇率は波面の急峻度である．雷で生ずる代表的なインパルス電圧は1/50波であ

る．ここで，T_1 と T_2 は μs で測定される．標準的な試験機はサージ発生器によってつくられるこのような形の波を用いる．

インパルス電圧あるいは電流はしばしば電気機器でフラッシュオーバ*や破壊を引き起こす．もしこれが起こるとインパルス電圧は急速に崩壊し，切断インパルス電圧と呼ばれる（図b参照）．フラッシュオーバや破壊は波面の期間あるいは波後部の期間で生ずる．波面の期間に生ずるフラッシュオーバや破壊のインパルス電圧の実際の値はインパルスフラッシュオーバ電圧あるいはインパルス破壊電圧である．もし，フラッシュオーバや破壊が波後部の期間で生ずるならば，インパルス電圧のピーク値が引用される．フラッシュオーバまでの時間あるいは破壊までの時間はインパルス電圧あるいは電流の開始と波が切断される瞬間（図bの点D）の間の時間間隔である．

交流伝送系で用いられる絶縁体において，フラッシュオーバあるいは破壊が絶縁体内で生ずるインパルス電圧は一般に故障が生ずる交流電力の電圧値とは異なっている．フラッシュオーバ（あるいは破壊）のインパルス比（衝撃比）はフラッシュオーバや破壊が生ずる交流電圧のピーク値に対するインパルスフラッシュオーバ電圧（あるいは破壊電圧）の比である．普通に用いられる絶縁体の代表的な値は1.5と1.2の間である．

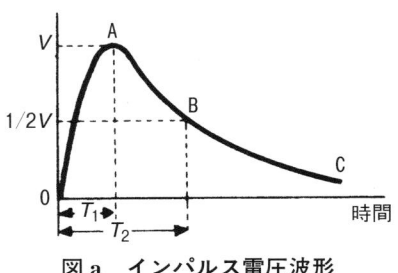

図a　インパルス電圧波形

図b　切断インパルス電圧波形

インパルス電流 impulse current ➡ インパルス電圧

インパルス破壊電圧 impulse puncture voltage ➡ インパルス電圧

インパルス発生器 impulse generator

同義語：サージ発生器（surge generator）．伝送線路への落雷によって発生するサージ*のような，単一パルスを発生する電子装置．代表的なインパルス発生器は1つ以上のコンデンサの充放電によって動作する．

インパルスフラッシュオーバ電圧 impulse flashover voltage ➡ インパルス電圧

インピーダンス impedance

1. 記号：Z, 単位：Ω．交流電流に対する電気回路の応答の尺度．電流は抵抗とともにコンデンサおよびインダクタンスによっても阻止される．電流に対する全阻止がインピーダンスであり，回路の電流に対する電圧の比で与えられる．

交流電流が
$$I = I_0 \cos \omega t$$
で与えられるとする．ここで，I_0 は電流の最大値，ω は角周波数である．コンデンサとインダクタンスによるリアクタンス*が回路に存在すると，電圧は電流の位相からずれ，
$$V = V_0 \cos(\omega t + \phi)$$
で与えられる．ここで，ϕ は位相角*である．抵抗 R，コンデンサ C，およびインダクタンス L，を含む回路で，電圧は
$$V_0 \cos(\omega t + \theta) = IR + L\frac{dI}{dt} + \frac{1}{C}\int I\, dt$$
で与えられる．この方程式を解くことで，電流は
$$I = V_0 \cos(\omega t + \phi)/\sqrt{R^2 + (\omega L - 1/\omega C)^2}$$
である．インピーダンスは電圧に対する電流の比であるから，
$$Z = \sqrt{R^2 + (\omega L - 1/\omega C)^2}$$
$$= \sqrt{R^2 + X^2}$$
ここで，X はリアクタンスである．したがって，Z は複素数量であり，その大きさ，すなわち絶対値 $|Z|$ は R と X のベクトル和の大きさに等しい．複素インピーダンスは
$$Z = R + jX$$
によって与えられる．ここで，j は $\sqrt{-1}$ である．実数部，抵抗，はエネルギー散逸による電力の損失を表す．虚数部，リアクタンス，は電圧と電流の間の位相差を表す．電圧より電流が遅れるか進むかによって，虚数部は，それぞれ正あるいは負となる．抵抗だけを含む回路では，電流と電圧は同相で，Z は単に抵抗性である．リアクタンスのみを含む回路で電流と電圧の位相は異なり，Z は純虚数であり，回路でのエネルギー散逸はない．複素インピーダンスは
$$V = V_0 \exp[j(\omega t + \phi)]$$
$$I = I_0 \exp(j\omega t)$$
で表される複素電流に対する複素電圧の比で，複素インピーダンスは
$$\boldsymbol{Z} = |\boldsymbol{Z}| \exp(j\phi)$$
$$\boldsymbol{Z} = |\boldsymbol{Z}| (\cos\phi + j\sin\phi)$$
で表される．

2. インピードル*．

インピーダンス安定化回路網 line impedance stabilization network（LISN）➡ 電磁適合性

インピーダンス換算 impedance scaling ➡ 非正規化

インピーダンス換算係数 impedance scaling factor ➡ 非正規化

インピーダンス結合 impedance coupling ➡ 結合

インピーダンス整合 impedance matching

システムの各部分のインピーダンス*が整合していること．これによりシステムのある部分から他の部分への電力の伝送が最適条件で行える．

もし回路規模が小さく，低周波であるとき，負荷のインピーダンスが増幅器*の出力インピーダンスの共役複素数であるとき増幅器から負荷へ最大電力を送ることができる．

一様でないフィルタ*でも各段のフィルタ部の反復インピーダンス*が等しいとすると，ひずみを起こすことなく波形を伝送できる．もし各段の反復インピーダンスが異なっていると接続部で生ずる反射波により電力損失を伴ってくる．1つのインピーダンスが反復インピーダンスに等しく，他が負荷インピーダンスに等しくなるような影像インピーダンス*で終端されたフィルタ段は負荷とフィルタを整合させるため

に使われる.

伝送線路*における波動の電力の反射は負荷インピーダンスを信号発生器の出力インピーダンスに等しくし,伝送路の線路インピーダンスを上記2つのインピーダンスに等しくすることにより除くことができる. → 共役

インピードル impedor

同義語:インピーダンス*. インピーダンスとして主に使われる抵抗,キャパシタ,インダクタンスのような回路素子.

インヒビット入力 inhibiting input

その信号がないときは出力が現れないようにディジタルゲートに加えられる信号.

ウ

ヴァンデグラーフ発電機 Van de Graaff generator

数百万Vの電圧を発生できる静電気電圧発生器*. 外部電源からの電荷が点Aで絶縁されたベルトに印加される. ベルトは垂直方向に移動して大きな中空の金属球に入り,点Bに電荷が集められる. この電化は球の外部に蓄積し,発生可能な電圧は電荷の漏れだけに制限される.

ヴィーデマン効果 Wiedemann effect → 磁気ひずみ

ウイナー-ホッフの方程式 Wiener-Hopf equation

通信の信号処理において唯一の最も重要な方程式. この方程式は多くのソースから源信号の最適な予測を生み出すため信号を線形で組み合わせ処理するための最適な方法を規定する. ウイナー-ホッフの方程式は次のように書ける.

$$w = P^* R^{-1}$$

ここで,w は重み係数のベクトル,P^* は相互相関マトリクス,R は入力間の自動相関マトリクスである.

ウィムズハースト起電機 Wimshurst machine

初期の静電気発生機*.

ウイルス virus

コンピュータ上にユーザの知らないうちに取り込まれ,ユーザの意に反して動作するプログ

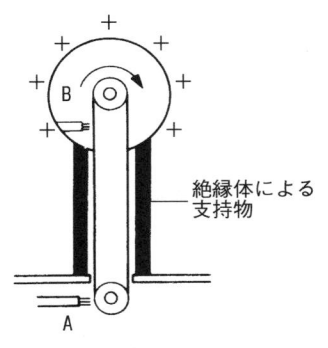

ヴァンデグラーフ発電機

ラムまたはコードの一部のこと．どのコンピュータウイルスも人間がつくりだしたもので，ウイルス自身を複製することができる．近年では，多くのアンチウイルスプログラム（抗ウイルスプログラム）が入手可能となっている．これらのプログラムは，すでに知られている型のウイルスへの対策としてコンピュータシステムにインストールされ，システムを定期的に検査する．また，もしウイルスが見つかった場合には，システムからウイルスを駆除するプログラムを実行する．

ウィルソン効果 Wilson effect

絶縁物が磁場の領域を通過するとき，絶縁物の両端に電位差が生ずるが，絶縁特性があるため電流の流れは生じない．その代わり電界が生じているため絶縁物内に電気分極が生ずる．

ウィンドウ機能 windowing

端面での不連続性の影響を減少するために変換に先立って行われる標本信号の加工．実際には，変換される時間領域の信号の部分に窓関数を乗ずることによって行われ，周波数領域での畳み込み*と等価である．例えば，フーリエ変換を適用するとき，適切な窓を選ぶことは個々のスペクトル成分の局所的な広がりを最小にすることとスペクトル広がりを他の場所で低く保つこととの妥協の結果としてなされる．たくさんの窓関数が提案されている．それらは，

$$-\frac{1}{2}(N-1) \leq n \leq \frac{1}{2}(N-1)$$

で定義され，その他の場所ではゼロである（以下参照）．

ブラックマン窓：
$$w_B[n] = 0.42 + 0.5 \cos\left(\frac{2\pi n}{[N-1]}\right) + 0.08 \cos\left(\frac{4\pi n}{[N-1]}\right)$$

バートレット窓すなわち三角窓：
$$w_T[n] = 1 - \frac{2|n|}{[N-1]}$$

ハミング窓：
$$w_H[n] = 0.54 + 0.46 \cos\left(\frac{2\pi n}{[N-1]}\right)$$

ハニング窓すなわち二乗余弦窓：
$$w_c[n] = 0.5 + 0.5 \cos\left(\frac{2\pi n}{[N-1]}\right)$$

カイザー窓：
$$w_K[n] = \frac{I_0(a\sqrt{1-(2n/[N-1])^2})}{I_0(a)}$$

ここで，I_0 はベッセル関数，a は端面の傾きを制御する．

矩形窓すなわち均一窓：
$$w_R[n] = 1$$

台形窓：
$$w_t[n] = 1$$
$$-\frac{1}{2(N-1)} < n < \frac{1}{2(N-1)}$$
$$w_t[n] = 0.5$$
$$n = -\frac{1}{2(N-1)} \text{ and } n = \frac{1}{2(N-1)}$$

フォン・ハン窓：
$$w_v[n] = 0.5 + 0.5 \cos\left(\frac{2\pi n}{[N+1]}\right)$$

ウィーンブリッジ Wien bridge

静電容量または周波数のどちらかを計測するために使われる，4つの腕木をもつブリッジ．典型的な回路網が図示されている．平衡状態，つまり指示計器からゼロの応答が得られるとき，

$$C_x/C_s = (R_b/R_a) - (R_s/R_x)$$
$$C_s C_x = 1/(\omega^2 R_s R_x)$$

となる．ただし，ω は角周波数である．周波数 f を計測する場合，$C_s = C_x$, $R_s = R_x$, $R_b = 2R_a$ とすると便利であり，このとき

$$f = (2\pi CR)^{-1}$$

となる．

ウェストン標準電池 Weston standard cell

同義語：カドミウム電池（cadmium cell）．

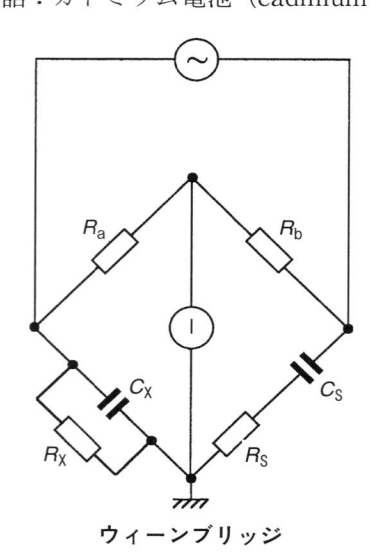

ウィーンブリッジ

この電池は，おおむね一定の端子電圧であり，起電力の参照基準として使用される．この電池はH型ガラス容器でつくられている．＋電極は水銀で－電極は電解液として飽和硫酸カドミウム溶液に浸したカドミウムや水銀アマルガムである．起電力は20度で1.01858 Vを発生させる．電池の起電力は，温度に対する変動が低い．⇒ クラーク電池

ウエハ wafer

同義語：スライス（slice）．たくさんのICチップ*を製造する基板として使われる半導体*材料の大きな単結晶．非常に大きな単結晶を表出したのち，IC製造の前にその単結晶はウエハ状に薄切りされる．

ウェーバ weber

記号：Wb．磁束*のSI単位*．1回巻きの閉回路を貫く磁束が一様に減少して1秒後に零になるとき1Vの起電力を生みだす磁束．

ウェーブトラップ wavetrap

回路が受信した電波に対する，ある特定の周波数をもつ不要な電波からの妨害を減らすために，ラジオ受信機*に組み込まれる同調回路．通常は並列共振回路*である．

ウォークアウト walk-out

繰り返しなだれ降伏*を受ける半導体デバイス内で観察される現象．それはデバイスのなだれ降伏電圧が急激に増加するが，その原因は表面の酸化層へホットエレクトロン*が注入されることによる．降伏特性の変化は，注入電子による表面電界の変化による．

ウォブレータ wobbulator

出力周波数に周期的変動を加え，事前に決定した値の範囲で出力周波数が変化する信号発生器*．電子回路や装置の周波数応答を調べるのに使用できる他，同調回路*用の試験計器としても使用できる．

ウォームアップ warm-up

電子部品，回路，装置がスイッチオンしてから熱的な均衡の状態に達するまでの期間．回路はウォームアップ期間中は構成部品の特性は安定値に向けて変化しているので完全ではないかもしれない．ウォームアップは装置に組み込まれている個々の部品が安定した温度にヒートアップするために要す時間を含む．

ウォラストン線 Wollaston wire

検電器*，微小ヒューズ，熱線形計器*で利用される極めて細いプラチナ線．これはプラチナ線を銀の鞘でおおい，その後一緒に比較的細い一様な直径の線に引き上げた後，適切な酸で銀を溶解する．この方法で1μm以下の直径でつくることができる．

渦電流 eddy current

導体が変化する磁場中に置かれたとき誘起する電流．エネルギーが渦電流によってふつう熱として散逸し（渦電流損），高周波の応用で重要となる．この効果は誘導加熱*に用いられる．運動している導体中の渦電流は磁場と反応し，運動を減速するので，ダンピングに使われる．これは時々フーコー電流と呼ばれる（ジュールによって発見されたけれども）．

渦電流加熱 eddy-current heating ➔ 誘導加熱

渦電流損 eddy-current loss ➔ 渦電流

渦巻走査 spiral scanning ➔ 走査

うなり beats

周波数がわずかに異なる2つの信号が合成されると干渉により周期的な信号が生ずる．振幅はもとの信号の振幅の和に等しく，周波数（うなり周波数）はもとの信号周波数の差に等しい．ビート発振器を使ってビートが生成される．この装置は1つが固定周波数発振器，他方が可変周波数発振器という2つの無線周波数発振器を組合せたもので出力は2つの周波数のビートになる．うなりはまた，電子楽器などの音程調整において弦やパイプの長さをうなり周波数が0 Hzになるように調整する．

うなり周波数 beat frequency ➔ うなり

うなり周波数発振器 beat-frequency oscillator ➔ うなり

ウーハー woofer

Hi-Fi再生システムで相対的に低い音を再生する口径の大きなスピーカ*．➔ ツイーター

埋め込み制御装置 embedded controller

レーザプリンタの装置などでは，制御プロセッサがその装置の不可欠な部品として組み込まれている．

埋込層 buried layer

高導電率な半導体*物質層のことであり，バイポーラ集積回路*およびバイポーラトランジ

スタ*の製作過程において，基板層中に不純物拡散してつくる．埋込層はコレクタ*の下部に配置され，コレクタ内部の抵抗値を減じさせる．

運動量空間　momentum space

　固体結晶中の電子の運動は，量子力学*のシュレーディンガー方程式の解から原理が見出される．その結果が電子のエネルギー帯構造*であり，電子のエネルギー E と結晶中の運動量 $\bm{p}$ の関係が記述されている．電子の運動は，このエネルギー－運動量 $(E-\bm{p})$ の関係として述べられ，この関係が運動量空間として知られている．

　ド－ブロイの関係式から，運動量 $\bm{p}$ と電子の波長 λ の関係は次式となる．
$$\bm{p}=h/\lambda=\hbar\bm{k}$$
ここで，$\bm{k}$ は波数ベクトルで，$\bm{k}$ と $\bm{p}$ は，プランク定数*を比例定数とし，比例関係にある．エネルギー－運動量の関係を表す他の方法として，エネルギー－波数ベクトル $(E-\bm{k})$ の関係があり，これは $\bm{k}$ 空間（k-space）として知られている．

雲母　mica　→マイカ

エ

AI

　略語：人工知能（artificial intelligence）．

エアギャップ　air gap

　磁気回路の空隙のことで，インダクタンスおよび飽和点を増加する．エアギャップは可動部が含まれる場合不可欠のものである．

エアトン分流器　Ayrton shunt　→万能分流器

エアーブリッジ　air bridge

　MMIC（→モノリシックマイクロ波集積回路）中において，相互接続や交差接続*の配線構築に用いられる方法．ブリッジ（架橋配線）は1枚のめっきによる金属板でつくられ，これと基板との間は空気のみとなる．利点は，低寄生容量であること，エッジ部の形成問題が解消されること，さらに十分な通電流能力を有することである．エアーブリッジ作成の主な段階を図中に示す．レジスト*膜を基板上に一層付着させ，必要とする相互接続パターンをつくるための処理を行う．次に，これを金属の非常に薄い膜で覆う．通常，この金属膜作成にはスパッタ技術*（図 a）が用いられる．二番目のレジスト膜が付加され，次のめっき加工を施す領域に位置する薄い金属膜部が露出状態となるよう

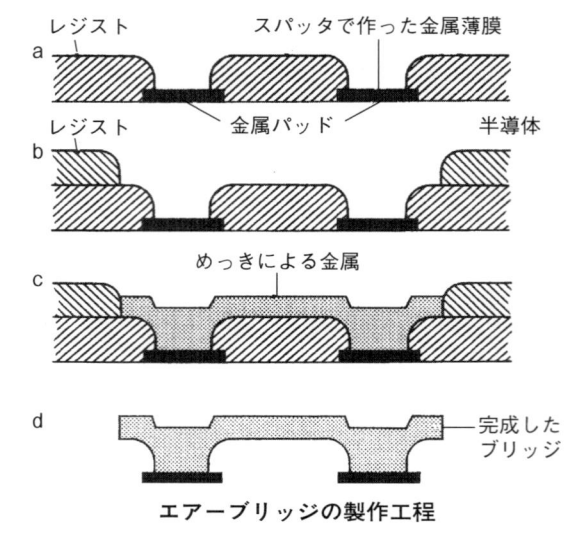

エアーブリッジの製作工程

処理される（図b）．続いて，基板にめっきする（図c）．この薄い金属膜の存在により基板の全部署にめっき電流を供給可能にしている．最終的に，目的とした相互接続が残され，ホトレジストと金属薄膜が取り除かれる（図d）．

ARQ
　略語：自動反復要求（automatic repeat request）．→ ディジタル通信

AES
　略語：オージェ電子分光法（Auger electron spectroscopy）．

永久磁石 permanent magnet
　鋼のような強磁性体材料を磁化した材料．高い保持力を有し，取り扱いが手頃である．残留磁気を破壊するためには限定的な反磁気力が必要である．簡単な磁石は，単純な棒状や，馬蹄の形をしている．複合磁石は，いくつかの適当な形をした棒ないしは，一端に締めつけて積層にした形状のものもある．⇒ 強磁性体；磁気ヒステリシス

英国規格協会 British Standards Institute (BSI) → 規格化

英数字 alphanumeric
　英語のアルファベット文字もしくは10進数の0～9の数字．

衛星 satellite
　地球から打ち上げた人工的な物体で，地球または太陽系の軌道に存在する．それらは情報衛星と通信衛星*の2つのタイプがある．前者のタイプは大気の状態，気象状態，赤外線，紫外線，天体物体のγ線やX線の研究，地球の形状，表面の調査，資源の調査，航行目的などのデータ取得用に使っている．通信衛星は高い指向性をもったアンテナを備え，地上からの電波を受信し，長距離電話やテレビ放送などのために他の地球局に電波を送り返している．

衛星放送 direct broadcast by satellite (DBS)
　静止軌道*にある通信衛星*を主たる送信機として用いる放送方法．放送される信号は地球上の発信点から送信され，これが衛星で受信され，増幅されて，広域をカバーするように再送信される．その信号は，受信に適したディッシュアンテナを用い，家庭などに設置された個々の受信機によって受信される．

影像 image
　略語：電子影像（electric image）．

映像IFシステム video IF system → インタキャリヤ方式

影像位相定数 image phase constant
　同義語：影像位相変化係数（image phase-change coefficient）．→ 影像伝達係数

影像インピーダンス image impedances
　次の条件を同時に満足するインピーダンス Z_{11} および Z_{12} の値．二端子対回路網*の一対の端子に Z_{11} を接続したとき，もう一対の端子間からみたインピーダンスが Z_{12} である．逆に，二番目の端子対に Z_{12} を接続したとき，一番目の端子対間からみたインピーダンスが Z_{11} である．

影像管 image tube → 影像変換器

影像減衰定数 image attenuation constant
　同義語：影像減衰係数（image attenuation coefficient）．→ 影像伝達定数

映像周波数 video frequency
　テレビカメラ*からの出力信号の周波数．ビデオ周波数は10～2MHz以内である．ビデオ周波数で動作するように設計された増幅器は映像増幅器と呼ばれる．

映像信号 video signal
　同義語：映像信号（picture signal）．→ 撮像管；テレビジョン

映像増幅器（ビデオ増幅器）video amplifier → 映像周波数；ビデオ周波数

影像電荷 image charge → 電気影像

影像伝達定数 image transfer constant
　同義語：影像伝達係数（image transfer coefficient）．記号：θ．影像インピーダンス*で終端された二端子対回路*で $(\alpha+j\beta)$ で与えられる複素量．回路網の定常状態での電圧-電流入力に対する出力の複素数比の自然対数の半分．

$$\theta = 1/2 \log_e (E_1 I_1 / E_2 I_2)$$

ここで，E_1，I_1 および E_2，I_2 はそれぞれ入力および出力端子の電圧と電流である．
　影像伝達定数の実数部（α）は影像減衰定数であり，虚数部（β）は影像位相定数である．⇒ 伝搬係数

影像変換器 image converter
　同義語：影像管（image tube）．赤外線画像のような可視できるスペクトル以外で画像を変

電子レンズ
光電陰極　　　　　　　蛍光性陽極
影像変換器

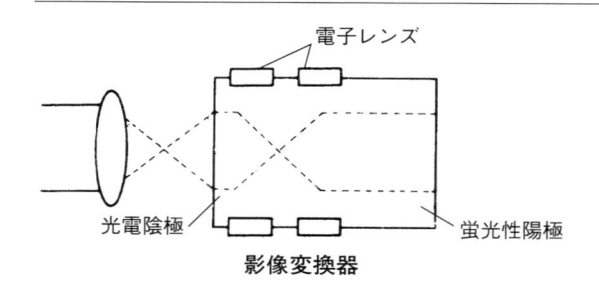

換する電子管*．非可視像は光電性の陰極に集束され電子を生じさせる．これらは正（プラス）に荷電されている蛍光陽極スクリーンに引きつけられ，電子レンズ*システム（図参照）によりスクリーンに集束される．可視画像がスクリーンに生じされる．影像変換器は多くの応用があり，X線影像増強，赤外（線）望遠鏡，カメラ，電子望遠鏡，顕微鏡に用いられる．

影像法　method of images
　大きな完全反射境界面がある問題での電界分布を求める方法．問題の中の源は反射によって，境界面から等距離の反対側に鏡像源が置かれる．そして，境界面を取り除き，これらの源を基にした電界分布は境界面が置かれたままの電界分布と同じとなる．

映像妨害　image interference　→ イメージ周波数

影像力　image force　→ 電気影像

影像力低下　image-force lowering　→ ショットキー効果

HRTF
　略語：頭部伝達関数（head-related transfer function）．聴取者の両耳に到達する音を決める伝達関数*．HRTFは聴取者一人一人によって違う．両耳HRTFは特定の位置の音源に対する左右の耳の周波数応答で，実際の両耳HRTF測定セットは聴取者またはダミーヘッドの頭の周りに球状にたくさんの音源を置いて行われる．その測定は床や壁からの反射がない部屋で，空間への反射が完全にない状態で測定されるのが理想的である．

HF
　略語：高周波（high frequency）．→ 周波数帯域

HMM
　略語：隠れマルコフモデル（hidden Markov model）．

H回路網　H-network
　同義語：Hパッド（H-pad）；H形（H-section）．→ 二端子対回路

H形　H-section
　同義語：H回路網（H-network）．→ 二端子対回路

H級増幅器　class H amplifier
　電源が高電圧電源に切り換わるよりももっと動的に電圧を上げる，という点をのぞけば，G級増幅器*と同様の増幅器．

HT
　略語：高電圧（high tension）．

HTS
　略語：高温超伝導体（high-temperature superconductor）．→ 超伝導

HTML
　略語：ハイパーテキストマークアップ言語（hypertext markup language）．

HDL
　略語：ハードウエア記述言語（hard ware description language）．

HDCD
　略語：高精細度互換ディジタル（high-definition compatible digital）．

HTTP
　略語：ハイパーテキスト転送プロトコル（hypertext transfer protocol）．

HDTV
　略語：高精細度テレビ，ハイビジョンテレビ（high-definition television）．
　走査線本数が現在のテレビジョン*システム（→ PALシステムで625本）から1000本と1500本の間の本数に改良され，かつ，モニタのアスペクト比が現在のシステムの4/3から5/3になったテレビシステム．

H波　H-wave
　同義語：TE波（TE wave）．→ モード

Hパッド　H-pad
　同義語：H回路網（H-network）．→ 二端子対回路

hパラメータ　h-parameter
　短縮語：ハイブリッドパラメータ（hybrid parameter）．→ 回路網

HB
 略語:水平ブリッジマン法(horizontal Bridgemann法).
HBT
 略語:ヘテロ接合バイポーラトランジスタ(heterojunction bipolar transistor).
H曲り H-bend
 同義語:H面(H-plane).貫層方向の屈曲.→導波管
H面 H-plane
 同義語:H曲り(H-bend).→導波管
エイリアシング aliasing
 アナログ信号 $f(t)$ が信号周波数の2倍(→ナイキスト周波数)以下のサンプリング周波数でディジタル信号に離散化されたときに生じる歪曲効果のこと.信号 $f(t')$ は,離散化された情報から元の入力信号とは異なる情報を読み出してしまう.読み出された信号(エイリアス信号)は,$f(t)$ の高周波成分である高調波に相当する周波数をもつ.アンチエイリアシングは,エイリアシング作用を低減する,あるいは取り除くために行われる全ての行為を指す.⇒アンチエイリアシングフィルタ
ASR
 略語:空港監視レーダ(airport surveillance radar).→精測進入レーダ
ASK
 略語:振幅偏移変調(amplitude shift keying).→振幅変調
ANSI
 略語:米国規格協会(The American National Standards Institute).→規格化
a. f.(AF)
 略語:可聴周波数(audiofrequency).
a. f. c.(AFC)
 略語:自動周波数制御(automatic frequency control).
a. m.(AM)
 略語:振幅変調(amplitude modulation).
AMI PCM
 略語:バイポーラパルス符号変調(AMI等号変調, alternate mark inversion pulse code modulation).→パルス変調
AM受信機 AM receiver
 振幅変調信号を検波するラジオ受信機*.

amp
 短縮語:アンペア*.
AMPS
 略語:改良形移動電話システム(advanced mobile phone system).
ALU
 略語:演算論理装置(arithmetic/logic unit).→中央処理装置
液晶 liquid crystal
 液体のように流動し,結晶構造を変化できる長鎖分子から構成された有機液体.電界を与えると,結晶の方向が変化する.電界中における変化は液体の反射率に変化を起こさせ,その特性は表示装置などの応用に極めて適している.
 液晶は温度に対しても敏感である.温度を高くすると明白な色の変化を生じ,温度指示器に十分使用できる.
液晶ディスプレイ liquid-crystal display (LCD)
 液晶*を使用した表示器.使用範囲の例として,ディジタル時計中に用いる7セグメント表示器からラップトップコンピュータ(ノート型)の画面ディスプレイにまで用いられている.ディスプレイの各画素に加える電圧を制御することにより画像をつくることができる.表示器が反射形であるならば,表示は入射光と同じ側から見られ,光源がディスプレイの裏に置かれているものでは表示は透過光(バックライト)により見る構造となる.
 コンピュータ画面,特にカラーディスプレイでは,より高度な動作をアクティブマトリックスLCDにより得ている.このLCDにおいては,スクリーンとなるガラス基板上に薄膜回路を付着させ,画面の個々のピクセル(画素)を制御するために用いている.
エキスパンダ expander
 1. MIDI*入力にのみ応答するシンセサイザ*でそれ自身,キーボードやインタフェースをもたない.2. サンプル信号アップサンプル*するシステム.3. 短縮形:音量拡張器(volume expander).→音量圧縮器 4. 短縮形:ゲート拡張.
液相エピタキシ liquid-phase epitaxy
 溶解材料から基板上にエピタキシャル層*を

成長させる方法．基板結晶は滑動部に置かれ，基板に堆積させる材料はボートの中に溶解状態で維持される．溶解物は，固化温度下に急冷される．基板は，融解物上でゆっくりと動き，結晶基板上に溶解物が凝固する．このエピタキシ法は，GaAs などの III-V 族，II-VI 族化合物半導体*でよく用いられる．いくつかの応用では限界があるが，多くの化合物材料では安価で適切な方法である．それゆえ，発光ダイオードの作製に利用されるが，マイクロ波デバイスなどの均一な高品質層には用いられない．

液相封入チョクラルスキー法 liquid-encapsulated Czochralski (LEC)

溶融状態の半導体から垂直方向に単結晶を緩やかに引き上げて半導体結晶を成長させる方法．溶融状態の半導体を封じ込めるため，その溶融液の表面に液化した酸化ホウ素 (B_2O_3) を浮遊させている．結晶成長は半導体溶液が最適な温度状態に達したとき，液化した酸化ボロンの中を通してその溶融物にその単結晶を送り込んで開始される．結晶成長に用いる装置は，結晶引き上げ装置として知られている．高圧 LEC 処理は 50 気圧を超える高気圧下で行われる．低圧 LEC 処理は約 1 気圧の圧力下で行われる．これらの処理過程での引き上げ機は異なっており，その理由は熱の流れ特性の違いによる．なお，2 つの型の成長装置の置き換えは簡単ではない．図はガリウムヒ素の結晶成長の例を示す．ガリウムとヒ素がその溶融物をつくるとき発熱反応が伴いかなり激しい反応のため，液相封じ込めと高圧が基本的に要求される．低圧での技術も進み，酸化ホウ素表面下の溶融ガリウムにヒ素を導入することができるようになった．

A級増幅器 class A amplifier

入力交流電流の全周期を通じて，出力電流が流れる線形増幅器*のこと．通電角*は 2π となる．このような増幅器のひずみは少ないが，効率が悪い．大信号動作では，素子の変換特性が非線形になり，ひずみが生じる場合がある（図参照）．

エクストラネット Extranet

ファイアウォール*の内側に存在するが，権限の与えられた個人に対してはファイアウォールの外側からの接続を可能にしている一連の連結された Web ページや情報源．⇒イントラネット

エコー echo

1. 反射された波あるいは直接波と識別できる十分な大きさと遅れを伴った波．無線通信ではやまびこが聞こえ，テレビジョンでは画面にゴースト*が現れる．2. 反射されて受信機に戻ってきた放射されたレーダ信号の一部．

エサキダイオード Esaki diode ➡ トンネルダイオード

a.c. (AC)

略語：交流 (alternating current)．

ACK信号 ACK signal

短縮語：確認応答信号 (acknowledgment signal)．➡ ディジタル通信

a. g. c. (AGC)

略語：自動利得制御 (automatic gain control)．

ASIC

略語：特定用途向け IC (application-specific integrated circuit)．一般化した大量生産用回路ではなく，特定の用途専用に設計した集積回路．

エージング ageing, aging

同義語：バーンイン (burn-in)．➡ 故障率

SIS

略語：超伝導体-絶縁体-超伝導体ミキサ (superconductor-insulator-superconductor mixer)．低い電圧で非線形電流-電圧特性を有するミキサ*．非常に高感度のヘテロダイン受信機*で雑音*を最小にするために低い温度で使用される．

SINGAD singing assessment and develop-

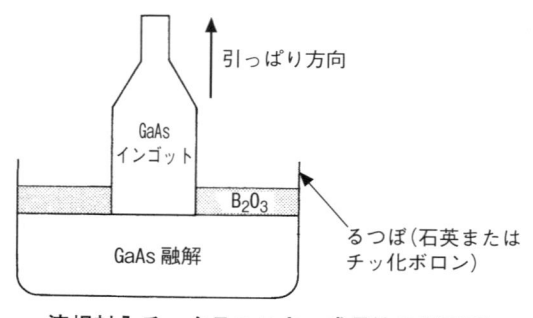

液相封入チョクラルスキー成長法の概略図

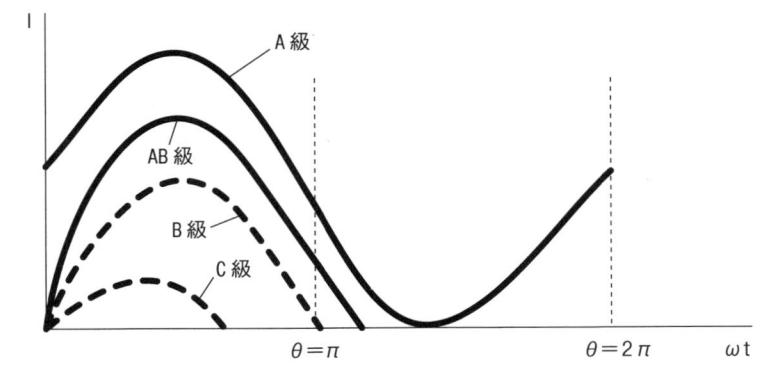

クラスの異なる増幅器に対する出力電流の通電角

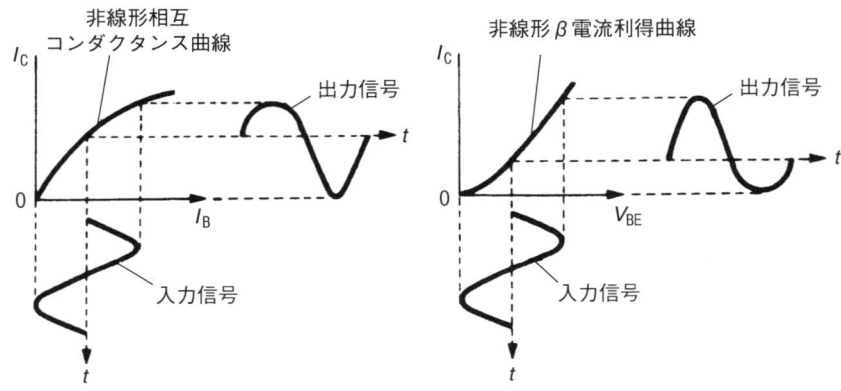

A級増幅器を大信号で動作させたときに生じるひずみ

ment
　歌唱評価および向上を行うコンピュータ支援実時間システム．

SI 単位系　SI units
　全ての化学的および技術的目的のための国際的に合意された単位システム*．そのシステムは MKS システム*に基づいており，CGS* や大英帝国単位系に替わるものである．SI システムにおける単位は基本単位系，誘導単位系および無次元単位系からできている．
　基本単位系は次元の独立した物理量の組合せを任意に定義したものである．純粋な機械システムにおける単位は質量，長さ，時間の3つのみの基本単位が必要である．電気および磁気システムの構成では4つの基本単位が必要とされる．SI システムには，7つの基本単位が存在する：メートル*；キログラム*；秒*；アンペア*；ケルビン*（絶対温度）；カンデラ（光度の単位）；モル（物質量の単位）．各基本単位は特別な記号をもっている．
　誘導単位は数値の係数は使用せずに，2または3種の基本単位を組合せ，掛けたり割ったりすることによりつくられている．例えば，速さの単位は1mを1秒で割る組合せからつくられる．このことは単位の記号によって表記できる：ms^{-1} または m/s．いくつかの誘導単位は，クーロン，ボルト，ヘルツ，ジュールなど特別な名称をもっている．電荷の誘導単位であるクーロンは1アンペアと1秒の積（記号の形では As）からつくられる．名前をつけた誘導単位は特別な記号をもつ．例として，C はクーロンに対する記号である．2つの名前のついた無次元単位，ラジアンとステラジアンがあり，これらはそれぞれ平面角と立体角の単位である．
　14の接頭語，マイクロおよびキロは，単位の10の乗数および約数をつくるために SI 単位系とともに利用される．接頭語の記号は，mA（ミリアンペア）のように，単位の記号と組合せることが可能である．
　SI 単位系および SI 接頭語は，それらの記号とともに本書巻末の表6-9に与えてある．
　電気および磁気の数量を考察する場合，単位

系を完全なものにするために基本単位の質量，長さ，そして時間に加えて第四の単位が要求される．MKS システムでは，第四の数量は真空の透磁率 μ_0 である．その値は $4\pi \times 10^{-7}$ H/m として定義される．SI システムにおいては，アンペアが基本単位となり，それにより μ_0 の値は $4\pi \times 10^{-7}$ H/m をもつ．

S-R フリップフロップ　S-R flip-flop
　同義語：R-S フリップフロップ．→ フリップフロップ

S-ALOHA
　短縮語：スロッテドアロハ（slotted ALOHA）．→ ALOHA システム．ハワイ大学が開発したランダムアクセス方式の無線パケットシステム．

SHF
　略語：超高周波数（superhigh frequency）．周波数 3～30 GHz，波長 1～10 cm の電磁波．→ 周波数帯域

SSI
　略語：小規模集積（small-scale integration）．→ 集積回路

SS/TDMA
　略語：衛星切換時分割マルチアクセス（satellite-switched time division multiple access）．衛星通信では異なる地域に TDMA 信号* を送るために別々のアンテナを使用．個々の地球局から衛星で受信された TDMA は周期的に個々の地球局に対向しているアンテナに接続される．このチャネルは 1 つの衛星により 1 つの地上局より広い区域の通信を双方向でサービスすることを可能にする．

SSB
　略語：単側波帯（伝送）（single sideband (transmission)）．

SN 比（信号対雑音比）　signal-to-noise ratio
　電子回路，装置，あるいは伝送系のある点で，信号の 1 つのパラメータと雑音* の同じパラメータかあるいは対応するパラメータの比．放送用通信において，信号対雑音比は dB* で示される．

SOIC
　略語：スモールアウトライン IC パッケージ（small-outline integrated circuit package）．

SOT
　略語：スモールアウトライントランジスタパッケージ（small-outline transistor package）．

SOD
　略語：スモールアウトラインダイオードパッケージ（small-outline diode package）．

S 級増幅器　class S amplifier
　出力電流に制限のある A 級増幅器*，または A 級として負荷に供給する電流を許容内にした B 級増幅器* を使った装置．

SCR
　略語：シリコン制御整流器（silicon-controlled rectifier）．→ サイリスタ

SCH laser
　短縮語：分離閉じ込め形ヘテロ構造レーザ（separate confinement heterostructure laser）．→ 半導体レーザ

STD
　略語：ダイヤル直通長距離電話（subscriber trunk dialling）．英国での国内長距離電話サービス．

STP
　略語：シールド付拠り対線（shielded twisted pair）．→ 遮蔽対線

s パラメータ　s-parameters　→ 散乱パラメータ

S バンド　S-band
　周波数範囲が 2.00～4.00 GHz（IEEE 指定）のマイクロ波周波数帯域を表す．→ 周波数帯域

SPM
　略語：走査プローブ顕微鏡法（scanning-probe microscopy）．

SPL
　短縮形：音圧レベル（sound pressure level）．

SVGA　→ VGA

s 平面　s-plane　→ s 領域回路解析

S メータ　S meter
　無線受信機における受信信号強度の視覚表示．

SRAM
　略語：スタティック RAM（static RAM）．→ 固体記憶装置

s領域回路解析　s-domain circuit analysis

回路の過渡現象を研究するときラプラス変換*を用いて簡単に行う数学的技法．この技術を用いると時間領域*に関する回路微分方程式を使わずに，s領域上の簡単な代数操作で回路方程式の過渡解を求めることができる．ラプラス変換で求める関数$F(s)$は次に示すように因数分解された2つの多項式で表される．

$$F(s) = \frac{K[(s+a_1)(s+a_2)\cdots(s+a_n)]}{[(s+b_1)(s+b_2)\cdots(s+b_n)]}$$

ここでsは，$s=\sigma+j\omega$と定義され，複素周波数または複素オペレータと呼ぶ．

多項式の分母の根，$-b_1, -b_2, \cdots, -b_n$は$F(s)$の極（poles）といい，sがこの値のとき，$F(s)$は無限大になる．分子の根，$-a_1, -a_2, \cdots, -a_n$は$F(s)$のゼロといい，sがこの値のとき，$F(s)$は0になる．ここで，$F(s)$の極やゼロを複素平面*すなわちs平面上の点で表すと解の安定・不安定を判断するのに便利なことが多い．

XRF

略語：蛍光X線（X-ray fluorescence）．→電子線微小分析

Xガイド　X-guide

表面波の伝搬に使われる断面がXの形をした長い誘電材料でできている伝送線路*．

XGA

略語：拡張グラフィックスアレイ（extended graphics array）．BM社によって1991年に導入されたカラービデオの標準．1024×768ピクセル*・256色，または640×480ピクセル・65536色をサポートする．

X軸　X-axis

陰極線管やスペクトルアナライザの画面上に描く水平軸．

Xシリーズ

CCITTによりつくられた規格のシリーズで，コンピュータやモデムのようなディジタル機器とディジタルネットワークとの通信を取り扱う．X.25規格はコンピュータやデータ端末とディジタルネットワークのインタフェースを扱い，このシリーズの中では最も一般的な規格である．X.21規格はモデムのインタフェースを扱う．このシリーズの他の規格はデータのブロックをどのようにフォーマットするか，公衆データネットワークはどのように番号を割り振るか，また，開放型システム相互接続（OSI）モデルを扱っている．

X線　X-rays

紫外線からガンマ線までの周波数域の電磁放射を表す．X線は物質に高速エネルギー電子を衝突させたときに発生し，1895年レントゲンによってはじめて観測された．X線は原子内の電子が高エネルギー準位から低エネルギー準位に遷移するときに発生する．物質の特定遷移によって発生したX線は特定X線と呼ばれる．電子が原子核に近づき急激な減速を受けたときもX線を発生する．このX線は制動放射*の形態であり，比較的広い周波数帯域をもち連続X線として知られている．X線には比較的低いエネルギーをもつ軟X線と周波数スペクトルの高いエネルギー部分を占める硬X線がある．

X線は反射，屈折そして偏光ができ，そのため干渉や回折を呈する．それらのことが物質内で起きると比較的高エネルギーの電子を発生する：その機構は光電子効果*と同じものである．これらの電子はガスを電離したり，物質から二次X線を発生するのに十分な高エネルギーをもつ．ガスの電離現象は電離箱*内でX線ビームの強度を測定するのに利用される．

可視光では不透明であるが，X線には透明となる物質を検査するために，X線はX線写真術に幅広く使われている．X線写真術は構造物内の傷検査や非接触診断のために使われる．また，人間の組織を破壊するほど高エネルギーで充分に高強度のX線は，病気組織の治療的破壊のため放射線治療に活用されている．X線はさらに結晶を三次元回折格子*として用いることで結晶を検査しその構造を決定するX線結晶学に使われている．X線リソグラフィ装置*も開発されている．

X線管　X-ray tube

X線を発生する電子管*．初期のX線管はガス入り管であり，比較的低いエネルギーの電子ビームが発生するだけであった．これはガスを通しての破裂放電のためである．近年のX線管は変形しない硬質の管（高真空にできる）であり，クーリッジ管を基に開発されている．初期のガス入りのものより安定している．陰極からの熱電子放出*により生成された電子線は，

ターゲット電極に対し加速され焦点を結ぶ.ターゲット電極はふつう陽極である.ターゲットからつくられるX線スペクトラムは,ターゲットの物質の特性を示す周波数を含んでおり,さらに,連続的な周波数を含んでいる.その短波(高エネルギー)の限界は,電子のエネルギーによって決まるので,管の加速電圧によって決まる.真空管の電流は,カソードの温度,すなわちそれから放出された電子の数を変化されることで制御できる.

高エネルギーX線を発生させるために,管の電圧を非常に高くする必要がある.1 MVより高い値が使われている.これらの非常に高い値は,昇圧変圧器から通常供給される.二次巻線が管に接続されれば,管自体が整流器として動作する.もし,この動作モードが適していなければ,例えば,連続的な出力が必要なとき,個別の整流器と平滑回路が必要である.

このようなエネルギー状態で動作しているとき,ターゲットの冷却が重要である.非常に小さい焦点スポットは局部的な高温の発生の原因となる.したがって,ターゲットは非常に高い融点をもつタングステンのような金属でできている.ターゲット電極の他の部分は,熱の良導体である銅のような金属でできている.回転陽極をもつ真空管は,電子ビームの焦点スポットではないところを中心として回転する陽極をもっている.このターゲットの同じ部分は必ずしも衝撃を受けるわけではない.水冷の回転ホローシリンダもまた使用されている.

X線結晶学 X-ray crystallography →X線
X線光電子分光法 X-ray photoelectron spectroscopy (XPS) →光電子分光法
X線写真術 radiography →X線
X線トポグラフィ X-ray topography →回折
X線リソグラフィ X-ray lithography

光ビームより波長の短いX線を用いるリソグラフィ法*.レジストを最適に露光するため軟X線(波長0.5～1.5 nm程度)を用いる基本的製法.波長が短いため回折効果がほとんどなく,さらに基材からの後方散乱や反射がほとんど存在しない.マスクは基材に接触せずに近接して置くことができる.また多くの埃はX線に対し透明となり,製造工程に対しほとんど悪影響を与えない.X線リソグラフィは卓越した分解能と場の深い到達性,垂直壁パターン,そしてシステムの簡便さ(複雑なレンズ系,ミラーまたは電子ビームレンズが不要)の利点を有する.今後の課題として最適なX線源,マスク,位置合わせ法の進展が必要である.

その最適なX線源はSOR (synchrotron orbital radiation)を用いてX線の精密かつ強度な出力をもつ平行ビームを発生する.しかし,この装置は台数が少なく,非常に高価である.マスクはX線に対し不透明にするため金などの大きな原子番号の材料でつくる必要がある.このようなマスクは壊れやすいため取扱いには十分な配慮が必要である.X線用レジストにも問題点が存在する.SORで発生したX線を除くと,それ以外の装置で発生したX線では強度な平行ビームを生成することができない.また十分な感度を有するレジスト材料は非常に少なく,特にポジレジストは少ない.レジストの最上層に非常に薄いパターンをつくり,ドライエッチングによってその下の層にパターンを転移するときは,多層レジスト技術*を用いなくてはならない.

X帯 X-band
8～12 GHzの範囲のマイクロ波周波数帯域(IEEE指定).→周波数帯域
X.21 →Xシリーズ
X.25 →Xシリーズ
XPS
略語:X線光電子分光法(X-ray photoelectron spectroscopy).→光電子分光法
X-Yプロッタ X-Y plotter
2つの変化する信号の関係を図示するグラフを作成する装置.一方の信号はペンをX軸*方向に動かし,もう一方は独立にペンをY軸*方向に動かす.各時点の2つに対応する値がグラフ上にプロットされる.
エッジコネクタ edge connector
プリント回路基板*面上に設けた電流を通じるための端子であり,それらはコネクタを構成するために基板の一端部に集結されている.各基板には数個のエッジコネクタを設置し,それらに適切なソケットを差し込み基板上の回路に

電気接続がなされる．

エッジトリガ edge triggering

クロックパルス*の能動エッジでディジタル装置をトリガ*すること．一般にフリップフロップ素子は正エッジまたは負エッジでトリガすることができる．固有のエッジはデータ伝送の最初に指定する．図に示すように，J-Kフリップフロップの2つの入力がともに論理1で，クロックが素子をトリガするときはいつでも出力Qは論理1から論理0または逆に論理0から論理1に反転する．エッジトリガの極性はこの反転動作が起こるときのエッジが正か負かで規定される．→ フリップフロップ

エッジプロファイル edge profile

メサ*型のシリカをエッチング*（特に，ウェットプロセス）した後に現れる半導体のエッジ形状．エッジプロファイルの形状は，半導体の結晶構造や結晶方位，使われるエッチング液によって決定される．

エッチピット密度 etch pit density

同義語：転位密度（dislocation density）．
→ 転位

エッチング etching

表面の選択した部分を化学的に腐食することであり，表面上に目的とするパターンを形成するために行う．その技術はミクロンサイズの微小電子技術に広く利用されている．ウェットエッチングは，エッチング薬剤に多種の酸あるいは他の腐食性化学薬品などの溶液を用いて行われる．エッチング処理は物質の表面における化学反応の発生によって進行する．この処理反応は，化学反応の進行する速さおよび化学反応で生じた生成物が除去される速さの両者によって制限される．これらの要因は使用溶液の性質やエッチングの温度などによって変化する．主要な制限要因が反応速度である場合のエッチングは，反応速度律速エッチング，表面律速エッチング，または運動エネルギー律速エッチングとして知られている．化学生成物の除去速度が主要な制限要因となっている場合には，そのエッチングは拡散律速エッチングまたは質量移送律速エッチングとして知られている．実用の際に，エッチング処理は電気的な助力を用いることも可能であり，エッチングされる試料を電解槽の陽極または陰極にして実施される．

ドライエッチングは，エッチングされる表面とそれに接する空間内の低圧力プラズマまたはグロー放電による化学的反応および物理的反応の両者を利用して行われる．その方法はウェットエッチングに対していくつかの優れたところ

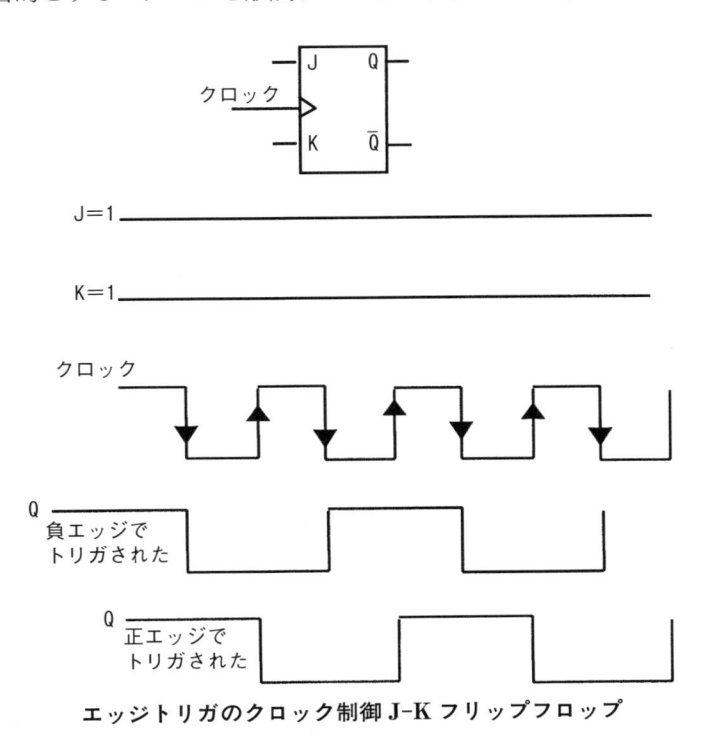

エッジトリガのクロック制御 J-K フリップフロップ

があるが，エッチングの過程それ自身は複雑であり，その結果は処理パラメータの小さな変化によって大きく影響される可能性がある．ドライエッチングはウェットエッチングよりもより細かな幾何学的形状の作成が可能である．側面方向のエッチング速度をある条件下でゼロに近くすることができ，それによって金属配線を交差させる必要がある場合に滑らかな縁部の形状*を製作可能にしている．ある種の半導体，特にガリウムヒ素は，深くて狭い溝構造の作成に適する液体エッチング剤をもたないため，ドライエッチングは特にこれらの材料において重要な方法である．

プラズマエッチングは，プラズマが反応種を生成して進む反応過程であり，そのためプラズマにごく近接して置かれた物質を化学的にエッチングする．化学反応がプラズマ中のイオンの運動エネルギーによって促進される場合は，その処理過程を運動エネルギー支援化学反応という．反応性イオンエッチングはプラズマエッチングと似ているが，運動エネルギー支援化学エッチングのみを用いている．加えた電圧は主に試料の表面部に加わっている．反応性イオンビームエッチングは，グリッドを用いてプラズマから試料を分離させており，グリッドはプラズマ中でつくられたイオンを試料に向けて加速させる．イオンエネルギーを高めると，それによるエッチングの一部は物理的な反応によって行われる．

スパッタエッチングは，表面から原子を物理的に削り取る（スパッタ）方法としてプラズマから生じる高エネルギーなイオンを利用する．化学的な反応は含まれていない．イオンミリングも純粋に機械的な方法であり，ボンバードメントによって表面を侵食させる目的で，高エネルギーなイオンを荒く収束させたビームにして用いる．イオンミリングはドライエッチング処理法とは異なり，他の方法が試料に対して垂直に実施されるが，この方法では角度をもたせた状態でも使用できる．

エッチングハウゼン効果 Ettinghausen effect

磁場中の導電体内に電流を流すと，その垂直方向に非常に小さな温度勾配が生ずる現象．その温度勾配は，磁界と電流の双方の向きに垂直な方向となる．

ATR スイッチ ATR switch

短縮語：anti-transmit-receive switch. ➔ TR スイッチ

ATE

略語：自動試験装置．

ADSR

エンベロープジェネレータ．略語：attack decay sustain release.

ADSL

略語：非同期ディジタル加入者線（asynchronous digital subscribe line）．

ATM

略語：非同期転送モード（asynchronous transfer mode）．

ADM

略語：適応デルタ変調（adaptive delta modulation）．➔ パルス変調

ADC

略語：アナログ-ディジタル変換器（analouge-to-digital converter）．

ADCCP

略語：アドバンスデータ通信制御手順（advance data communication control procedure）．通信分野において米国規格協会により開発されたプロトコル*．これは1つのメッセージの中でビットレベルで動作するもので，メッセージに含まれる特定のビットは送り手と受け手の識別子であり，誤り訂正に関係する．

エディタ editor

ユーザがテキストファイルを作成したり，修正したりすることを可能にするプログラムの一種．プログラムのソースコード*や，ハイパーテキストマークアップ言語*（HTML）のファイルを編集するのによく使用される．

ADPCM

略語：適応差分パルス符号変調方式（adaptive differential pulse code modulation）．

NIST

略語：米国標準技術局（National Institute of Standards and Technology）．➔ 標準化

NIL

略語：ナノインプリントリソグラフィ（nanoimprint lithography）．

NRZ
　略語:非ゼロ復帰(nonreturn to zero).
NRZ PCM
　略語:NRZパルスコード変調(NRZ pulse code modulation). ➜ パルス変調
NRZ符号　NRZ codes
　短縮語:nonreturn to zero codes. ➜ ディジタル符号;非ゼロ復帰
n形伝導　n-type conductivity
　半導体内で多数キャリヤである電子の動きによって電流が流れる半導体の伝導. ⇨ 半導体;p形伝導
n形半導体　n-type semiconductor
　正孔*の移動より導電性電子*の密度が高い外因性半導体.すなわち,電子が多数キャリヤである. ⇨ 半導体;p形半導体
nチャネル　n-channel
　チャネルがn形半導体でつくられている接合型FETやMOSFETを意味する. ➜ 電界効果トランジスタ. ⇨ pチャネル
NDR
　略語:負性微分抵抗(negative differential resistance). ➜ 負性抵抗
NDR効果　NDR effect
　同義語:ガン効果(Gunn effect).
NTSC
　略語:全国テレビジョン方式委員会(National Television System Committee),1953年に米国で採用されたカラーテレビジョンシステムの規格.すでに存在するモノクロテレビジョンと両立することが求められているこのシステムは,例えばカラー伝送でもモノクロ(黒-白)時にはカラー受信機でも黒-白として受信できることが求められた.NTSCでは色情報はモノクロと同一帯域幅の映像信号で送られる.このシステムは伝送においてわずかな差動利得と差動位相の変化に起因する色品質を劣化しやすい.この問題はヨーロッパでは克服された(➜ PALカラーテレビジョンシステム).
NTL
　略語:非閾値論理(nonthreshold logic).
n-p-nトランジスタ　n-p-n transistor (or NPN transistor) ➜ バイポーラトランジスタ
n-p接合　n-p junction ➜ p-n接合

NMOS　➜ MOSFET
エネルギーギャップ(禁制帯幅)　energy gap
　記号:Eg.電子がもつことを特に禁じられたエネルギーの範囲であり,価電子帯の最も高いエネルギーと伝導帯の最も低いエネルギーとの間の範囲である. ➜ エネルギー帯
エネルギー準位　energy levels
　原子や量子井戸*のような量子化された系において,電子に対して許容される不連続なエネルギーの値.そのような系における電子は,準位と準位との正確なエネルギー差の吸収や放出によってのみ準位間を移動できる.通常,このエネルギーは熱や光(➜ 特性波長の光(量)子*),または印加電界の形で与えられる. ➜ 量子論;量子力学. ⇨ エネルギー帯
エネルギー成分　energy component
　1.(電流あるいは電圧の)有効電流*あるいは有効電圧*.2.(電圧-電流の)有効電圧-電流*.
エネルギー帯　energy band
　結晶状態の固体において,原子は互いに密接した状態となり,それらのエネルギー準位*は重なり合う状態に近づく.量子論*によれば1つの系の中にある個々の電子はそれぞれ固有の量子番号*で表される状態に配列されているため,その1つ1つの準位が集まって帯となり,これを単にエネルギー帯といい,固体中の全電子はその中に所属する.エネルギー帯はエネルギーに対して連続している帯ではなく,エネルギーの範囲をもち,その中に近接してエネルギー準位が多数存在していることに注意しよう.エネルギー帯の形成は理論的に証明でき,結晶を構成する原子の配置によって生じる周期ポテンシャル$V(\boldsymbol{k})$の中を電子がどのように動けるかについて,量子力学*のシュレーディンガーの波動方程式を解いて得られる.その解によれば,電子のエネルギーは許容帯の中に存在し,それらは禁制帯のエネルギーで隔てられ,禁制帯中には電子が運動できる波動関数の解はなく,禁制帯のエネルギー範囲内では電子は結晶中を移動できないことを意味している.特に固体における一連のエネルギー帯はエネルギー帯構造と呼ばれている.
　絶対零度では,全電子はエネルギー帯構造の

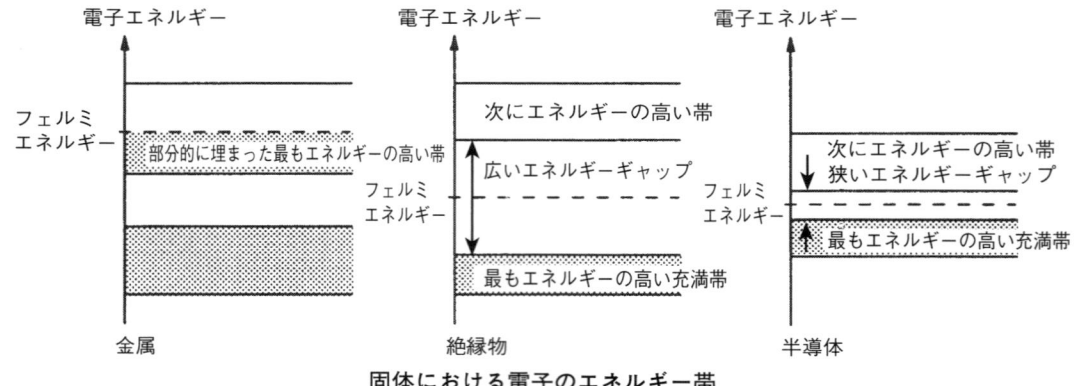

固体における電子のエネルギー帯

取りうる最もエネルギーの低い準位を埋め，個々の電子はそれぞれ1つのエネルギー準位を埋める（量子番号で表される個々の状態を占有する）．エネルギー帯はあるエネルギー値のところまで電子で満たされるが，このエネルギー値をフェルミエネルギー*またはフェルミ準位（E_F）と呼ぶ．絶対零度以上の温度では，少量の電子は周囲の結晶から熱エネルギーを吸収可能となる．このためエネルギー準位中の電子の分布は，あるエネルギー値のところに1個の電子を見出す確率を表すフェルミ-ディラックの統計*に従う．電子がそれぞれの帯を占有する様子，およびフェルミエネルギーの位置は金属，絶縁物および半導体などの物質間で根本的に異なることを図中に明確に示してある（図参照）．

金属中において，電子の存在するエネルギーの最も高い帯では一部しか電子で満たされていない．このことは電子が加えた電界から運動エネルギーを得たり，固体中を動くことを許し，電気伝導*を生じることとなる．絶縁物中では，電子が存在するエネルギーの最も高い帯は完全に電子で満たされており，このためエネルギー準位に空きがなく，電子は印加電界からエネルギーを受け取れない．この結果，電気伝導は起きない．半導体は絶縁物の特殊なものである．電子のいるエネルギーの最も高い帯は完全に電子で満たされていて，この帯の次にエネルギーが高く空となっている帯は少ないエネルギー幅の禁制帯で下の帯から隔てられて存在している．温度絶対零度の半導体は全く絶縁物のようであるが，温度の上昇に伴い少数の電子は禁制帯のエネルギー幅を超えてエネルギーのより高い次の帯に到達するに十分なエネルギーを吸収することが可能になる．この帯では，電子は印加電界からの運動エネルギーを受け取れ，空でエネルギーのより高い準位に移れるため，電気伝導を起こせる．ほんの少量の電子が電気伝導に寄与するので，導電率は金属に比べれば少ない．⇒ 半導体

エネルギー分散分光法 energy dispersive spectroscopy (EDS) → 電子線マイクロプローブ

エバース-モールモデル Ebers-Moll model → トランジスタパラメータ

AB級増幅器 class AB amplifier

入力交流電流の半周期以降から全周期までの区間において，出力電流が流れる線形増幅器*．通電角*はπと2πの間となる．入力信号レベルが低い場合にはA級*として動作し，入力信号レベルが高い場合にはB級増幅器*として動作することが多い．

ABC

略語：自動輝度調整（automatic brightness control）．→ テレビジョン受像機

APCVD

略語：常圧化学気相堆積（atmospheric pressure chemical vapour deposition）．→ 化学気相堆積

エピタキシ epitaxy

同義語：エピタキシャル成長（epitaxial growth）．シリコン結晶などの単結晶基板上に材料の薄膜を成長させる方法で，その結果できあがった薄膜の結晶構造は基板の結晶構造と同じになる．材料は基板と同じものか，全く異なったものでもよい．材料は通常，ガス状混合

物を堆積してつくる．この半導体技術は，基板に導電率の異なった層（→エピタキシャル層）が必要になったとき幅広く用いられる．→気相エピタキシ．⇨液相エピタキシ；分子線エピタキシ

エピタキシャル成長 epitaxial growth →エピタキシ

エピタキシャル層 epitaxial layer →エピタキシ

エピタキシャルトランジスタ epitaxial transistor →プレーナプロセス

FIR フィルタ FIR filter
短縮語：有限インパルス応答フィルタ（finite impulse response filter）．→ディジタルフィルタ；トランスバーサルフィルタ

a. v. c.
略語：自動音量制御（automatic volume control）．→自動利得制御

FET
略語：電界効果トランジスタ（field-effect transistor）．

FSM
略語：有限状態機械（finite-state machine）．

FSK
略語：周波数偏移キーイング（frequency shift keying）．→周波数変調

f.s.d.（FSD）
略語：最大振れ（full-scale deflection）．

fx
音声解析における基本周波数．→基本周波数の推定

FFT
略語：高速フーリエ変換（fast Fourier transform）．

f. m.（FM）
略語：周波数変調（frequency modulation）．

FM 合成 FM synthesis →合成

FM 受信機 FM receiver
周波数変調信号を検波するラジオ*またはテレビ受信機*．→周波数変調

F 級増幅器 class F amplifier
増幅トランジスタが電流源*として働くC級増幅器*に似た増幅器．ここでの増幅トランジスタ*はスイッチング動作をする．出力共振器*が動作周波数と出力中に含まれる高調波の制御に使われる．

FCS
略語：フレーム検査配列（frame check sequence）．

FCC
略語：連邦通信委員会（Federal Communications Committee）．→標準化

f_0
略語：基本周波数（fundamental frequency）．→基本周波数の推定．⇨ fx

F層，F_1層，F_2層 F-layer, F_1-layer, F_2-layer
同義語：アップルトン層（Appleton layer）．→電離層

FDNR
略語：周波数依存形負性抵抗器（requency-dependent negative resistor）．

FDM
略語：周波数分割多重化（frequency division multiplexing）．

FDMA
略語：周波数分割多元接続（frequency division multiple access）．→ディジタル通信

FDDI
略語：光ファイバ分散データインタフェース（fibre distributed data interface）．

FPGA
略語：フィールドプログラマブルゲートアレイ（field programmable gate array）．接続可能な基盤の中の論理素子アレイである．それぞれの論理素子は汎用で，機能的に完全な論理素子で，ある機能を実現するためのプログラム*が可能である．素子間の接続はプログラムで行われるが，他のプログラム可能な論理素子*（PLDs）とは異なる．それらの接続はいくつかのタイプがあり，回路の2点間の接続はいくつかの接続経路が可能である（図a参照）．回路の全ての最終的な経路が決まるまでタイミングを前もって設定することはできない．同様に入力出力素子はプログラムで決められるが，論理素子に比べて情報の方向，記憶要素および電気的レベルの発展性については劣る．FPGAの内部論理の複雑さはゲートアレイ*と同じく

図a　典型的なFPGA

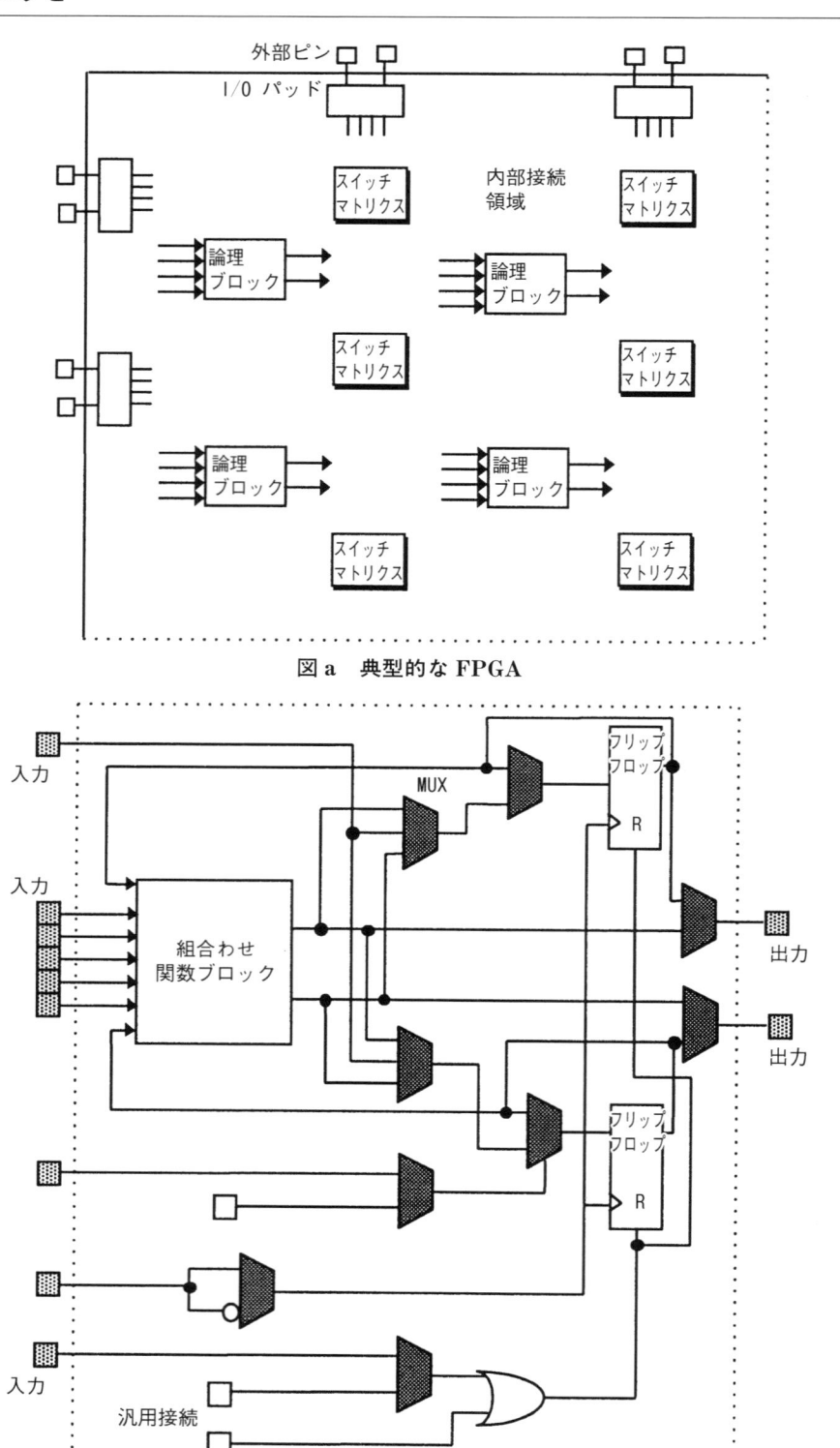

図b　典型的なFPGAの論理セル

らいで，設計の工程は全く同じである．その最も特長的なのは実現するための時間である．す なわち，すぐにプログラムできること，ゲートアレイでは数カ月の時間を要するのに比べて

FPGA 回路では設計終了の後，2，3 分で動作状態になる．FPGA と他のプログラム可能な素子の違いの 1 つは，1 つの FPGA 論理ブロックは 2 から 4 レベルの組み合わせ論理回路*で実行するようにプログラムできることであり，そしてそのブロックの出力が他のブロックの入力になるようにすることができることである．低レベルの論理ブロックの例が図 b に示されている．ここでは 2 つのフリップフロップ，9 つの多重切り換え器，7 入力の組み合わせ機能ユニットがある．組み合わせユニットは 2 つの 4 入力論理機能と 1 つの 5 入力論理機能（組み込み PLA と同様に）を実現するようにプログラムすることができる．論理ブロックは 8 入力，2 出力に適応できる．→ PLA

F 領域　F-region

同義語：F 層（F-layer）．地球大気の電離層は低高度から D，E，F 層に区分．D，E 層は電波の減衰，F 層は反射に寄与する一番高高度（200〜400 km）の層．高周波無線の長距離伝播は F 層の電波反射による．日中の F 層は F_1 層（だいたい 210 km 高度）と F_2 層（350 km 高度）に分かれる．冬は分離しない．F_2 層の 1 回の反射で電波伝搬は約 4000 km の遠方に達する．→ 電離層

エミッタ　emitter

1. 短縮語：エミッタ領域（emitter region）．バイポーラ接合トランジスタ*のこの領域からキャリヤが出発し，エミッタ接合を通ってベース*中へ流れ込む．この領域に取り付けられた電極がエミッタ電極と呼ばれる．⇒ 半導体
2. 短縮形：エミッタ電極（emitter electrode）．

エミッタ共通接続　common-emitter connection

同義語：エミッタ接地接続．エミッタ*が入力，出力の両方の回路に共通に入り，通常それを接地して用いる，バイポーラ接合トランジスタ*の動作方法の 1 つ（図参照）．ベース*は入力端子として使われ，コレクタ*は出力端子として使われる．このタイプの接続は，トランジスタを飽和させない動作範囲で用いて電力増幅に使用し，また飽和状態まで用いるスイッチング動作に使用する．電界効果トランジスタ*の等価な接続はソース共通接続，熱陰極電子管*ではカソード共通接続である．

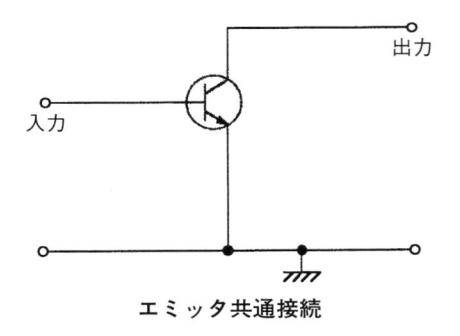

エミッタ共通接続

エミッタ結合論理　emitter-coupled logic (ECL)

集積回路の中でエミッタで結合されているトランジスタ群が回路の基本的な部分を形成していることからそのようにいわれている．基本的 ECL ゲートは必要とする論理機能とその補数を同時に出力することができる．

簡単な OR/NOR 回路は図 a に示されている．入力信号はバイポーラ接合形トランジスタ* $T_{1a,b,c}$ を通して入力される．これらのトランジスタはトランジスタ T_2 のエミッタに全て並列につながれて差動増幅器を構成している．これは良好な差動増幅器で，出力はエミッタホロワ構成となっている．トランジスタ T_2 は論理 1 と論理 0 の中間の大きさの電圧にベースが固定バイアスされている．もし論理 0 が 3 つ全ての入力トランジスタに入力されると T_2 を流れる電流は R_2 の電圧降下をもたらす．その結果 OR 出力に論理 0 を，NOR 出力に論理 1 が現れる．もし入力トランジスタ $T_{1a,b,c}$ のどれか 1 つに論理 1 が入力されると R_1 の電圧降下をもたらす電流が流れ，出力は反転し論理 1 が OR 出力に現れる．標準的な印加電圧は -1.55 V（論理 0），-0.75 V（論理 1），-1.15 V（固定バイアス）である．

トランジスタは未飽和モードで動作している．遅れ時間は非常に短く（約 1 nsec），その結果 ECL 回路が原理的に最も高速の論理回路*となる．

ECL のより簡単な回路は VLSI 用につくられている．それは高実装密度でつくられ，低電圧振幅で動作する．図 b は簡易な低電圧 ECL ゲートである．ここではエミッタホロワトランジスタはショットキーダイオードで電圧を固定された抵抗 R_1 と R_2 に置き換えられている．

トランジスタ T_2 に加えられる固定基準バイアスは外部から加えられるのでなく「on-chip」でつくられる．「論理1」と「論理0」論理レベルの電圧差はショットキーダイオードの順方向電圧 V_{DS} に等しい．

高実装密度のECL回路の別の形は直列（ゲート化された）接続のECL回路が使われる．これはさらに複雑な機能を可能とし，より小面積のチップ上に搭載されることができる．この直列ゲート回路設計法は広くFET回路で使われる．→ 差動増幅器；ロングテイルドペア；エミッタホロワ；遅延；実装密度；ショットキー

エミッタ接地接続 grounded-emitter connection → エミッタ共通接続

エミッタ電極 emitter electrode → エミッ

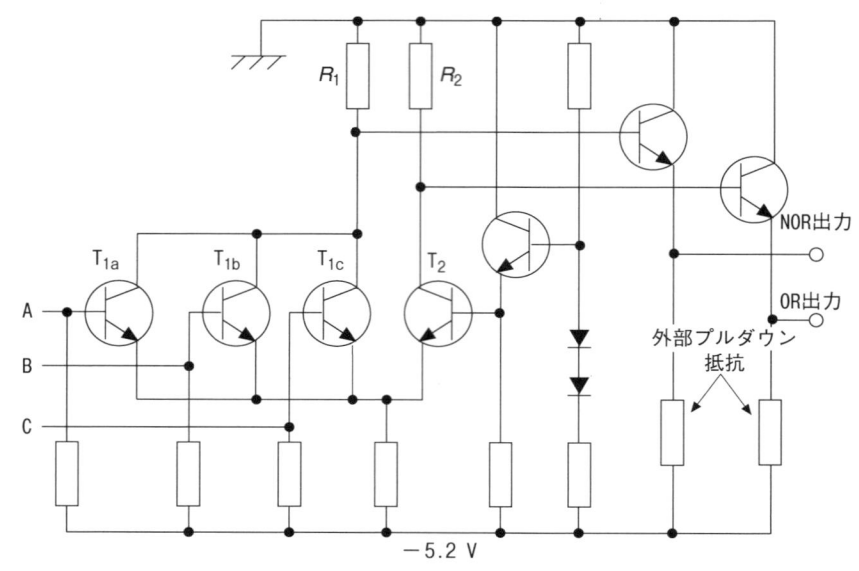

図a ECL OR/NOR 回路

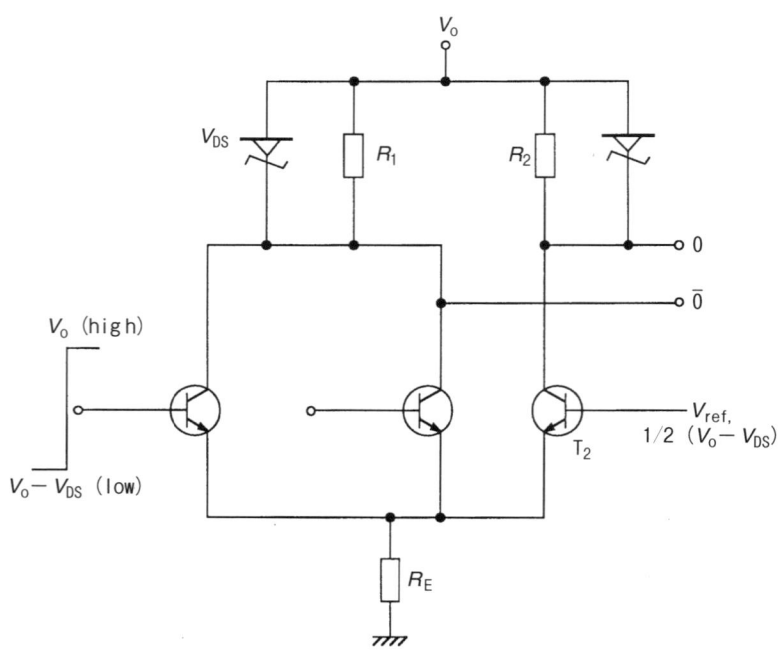

図b 低電圧 ECL ゲート

単純エミッタホロア

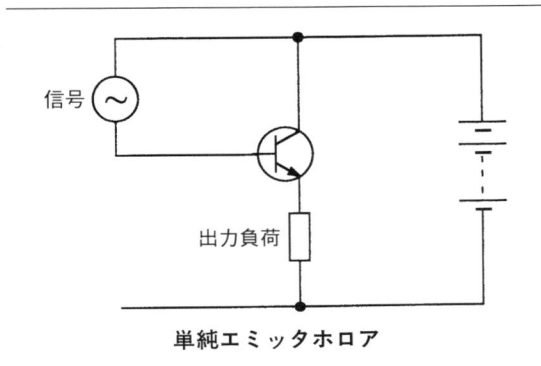

エミッタホロア emitter follower

コレクタ接地*のバイポーラ接合トランジスタ*による増幅器で，出力はエミッタ*から取られる（図参照）．トランジスタは適切にバイアスされ，飽和することなく動く．したがって，エミッタ電圧は常にベースに対して一定の値をもち，エミッタはベースに印加された信号に従う．増幅器の電圧利得はほぼ1であるが，電流利得は高い．この増幅器はしばしばバッファ*として用いられ，高い入力インピーダンスと低い出力インピーダンスで特徴づけられる．FET*による同様の回路はソースホロアであり，真空管による回路はカソードホロアである．このどちらの回路もエミッタホロアのように効率的な単一利得バッファ増幅器ではなく，特に，ソースホロアの電圧利得は1よりずれている．

エミッタ領域 emitter region → エミッタ

エミュレータ emulator

コンピュータに接続されたときに，そのコンピュータをまるで別のタイプのコンピュータであるかのように振舞わせるハードウェア（またはソフトウェア）コンポーネント．つまり，ある種類のコンピュータ用に準備されたプログラムが，エミュレータのおかげで別の種類のコンピュータ上で動作する．

MIM コンデンサ MIM capacitor

短縮語：金属-絶縁物-金属コンデンサ (metal-insulator-metal capacitor)．この薄膜コンデンサ（キャパシタ）は誘電体を2枚の金属で挟んだ構造であり，集積回路中にて用いられる．MIM コンデンサは MMIC（⇒ モノリシックマイクロ波集積回路）においてモノリシックコンデンサ*の形で最も広く利用されている．

Mike
マイクロホンの非公式表示．

MAR
略語：メモリアドレスレジスタ (memory address register)．

M-ary FSK → 周波数変調

M-ary PSK → 位相変調

MSK
略語：最小偏移キーイング (minimum shift keying)．→ 振幅変調

MSB
略語：最上位ビット (most significant bit)．

MFCC
略語：メル周波数ケプストラム係数 (mel frequency cepstral coefficients)．音声解析法を適用した結果，しばしば音声認識システムの入力段になる．すなわち，我々が通常聞く方法を反映して設計される．入力はサンプリングされ，窓関数が掛けられて（→ ウインドウ機能）から高速フーリエ変換が施されパワースペクトラム*が計算される．これをメル周波数間隔で分けられるバンド（→ メル）へ振り分け，各周波数帯の振幅の対数が使われる．MFCC を生成するのに離散余弦変換が用いられる．この出力はケプストラム*とも呼ばれるが，ケプストラムと直接的には等しくない．

MMIC
略語：モノリシックマイクロ波集積回路 (monolithic microwave integrated circuit)．

MMSE
略語：最小平均二乗誤差 (minimum mean square error)．

MLS
略語：マイクロ波着陸システム (microwave landing system)．

MLSE
略語：最尤系列推定 (maximum likelihood sequence estimation)．

M形マイクロ波管 M-type microwave tube

同義語：クロスフィールドマイクロ波管 (crossed-field microwave tube)．→ マイクロ波管

MCPC
複数のチャネルに対し1搬送波を割り当てる

方式．多元接続システム（→ ディジタル通信）において，複数のチャネルを，1つの広帯域チャネル*に組み合わせるもの．例として，複数の音声チャネルを1つのマイクロ波信号に乗せ，大西洋を横断するための中継衛星に送信するものなどがある．

MTTF
略語：平均故障時間（mean time to failures）．

MTBF
略語：平均故障間隔（mean time between failures）．

MBR
略語：メモリバッファレジスタ（memory buffer register）．

MBE
略語：分子線エピタキシ（molecular beam epitaxy）．

MPLPC
略語：マルチパルス線形予測符号化（multipulse linear predictive coding）．→ 線形予測

MP 3
略語：MPEG layer 3．映像・音声符号化の規格であるMPEG*の，音声符号化部分．非可逆圧縮*を採用している．最大で1/12にデータ量を圧縮できることから，音声データに対してよく使われる符号化規格の1つである．冗長性を除去し，音声品質を低下させることにより実現される．ある短時間区間の周波数スペクトルの高振幅成分は，他の周波数の低振幅成分をぼやけさせる，もしくは覆い隠す（マスクする）ことができ，このマスキング*を活用することで冗長性を除去できる．マスキングにより目立たなくなった成分は，元信号から全て削除される．音質は，ステレオ音声再生用の2チャネル分を減らしたり，サンプリング周波数*を落としたりすることにより，減らすことができる．様々な程度の音質低減がMP 3音声符号化システムに関連して使用される．MP 3は，インターネットを通じて音楽ファイルを転送するのに，最も一般的な規格である．

MFLOPS
略語：メガフロップス（megaflops）．

MPEG
略語：Moving Picutre Experts Group．
1．ディジタルの音声・映像信号の伝送における符号化形式について，標準規格の開発を担当している委員会．委員会が開発した規格は，ISO/IECの標準規格として受け入れられている．開発された規格には以下のものがある．MPEG-1：ビデオCDやMP 3*オーディオファイル内の情報の符号化に使用されている規格．MPEG-2：ディジタルテレビ用のセットトップボックス（信号変換装置）とDVDが準拠している規格．MPEG-4：固定またはモバイル用ウェブメディアの情報転送の規格である．MPEG-7は音声・映像コンテンツのファイルやフィルム，オーディオトラックを検索するための規格．また，つい最近では，MPEG-J（Java上で動作するMPEGの応用プログラム用インタフェースの枠組み）の開発を終えたところである．現在は，マルチメディア用の枠組みであるMPEG-21の開発に取り組んでいる．
2．ディジタル放送・記録において広く使用されているビデオ圧縮アルゴリズムの一種．

MRAM（MagRAM）
略語：磁気抵抗メモリ（magnetoresistive random access memory）．このメモリはDRAM*で用いられている電荷の代わりに電子スピンを使って情報ビットを記憶するデバイスである．MRAMの基本ユニットはGMR（→ 巨大磁気抵抗）あるいはTMR（トンネル磁気抵抗）の3層構造である．コンピュータチップ上で通常使用されているRAM*には半導体が使われ情報の記憶を担っている．半導体RAMは，ひとたび電源がオフになると情報は失われてしまう．これに対して，MRAMは電源がオフになっても磁区がその向きを維持するのと同様に情報を保持する．MRAMはスタティックメモリ（→ 固体メモリ）の高速性とDRAMの高集積性を合わせもち，コンピュータのスタートと同時に高速のアクセスが可能で，通常の半導体メモリよりも電力消費が少ない．

エラスタンス　elastance
記号：S．単位：F^{-1}．電気容量*の逆数．

LISN
略語：電源インピーダンス安定化回路網

(line impedance stabilization network). → 電磁適合性

LEED
略語：低速電子線回折 (low-energy electron diffraction). → 回折

LEOS
略語：低軌道衛星 (low earth orbit satellite). → GEOS（静止衛星）

LEC
略語：液相封入チョクラルスキー法 (liquid-encapsulated Czochralski).

LED
略語：発光ダイオード (light-emitting diode).

LSI
略語：大規模集積 (large-scale integration). → 集積回路

LSA モード LSA mode
略語：空間電荷制限蓄積モード (limited space-charge accumulation mode). → 移行形電子素子

LSB
略語：最下位ビット (least significant bit).

LADT
略語：ローカルエリアデータ転送 (local area data transport). ディジタル情報を通信するために音声電話接続の休止期間を利用すること.

LF
略語：低周波 (low frequency). → 周波数帯域

LFO
略語：低周波発振器 (low-frequency oscillator).

LMDS
略語：ローカルマルチポイント配信システム (local multipoint distribution system).

L回路網 L network
短縮語：インダクタンス回路網 (inductance network). → 回路網 (network)

L区間 L-section → 二端子対回路

LC回路網 L-C network (or LC network)
インダクタンスとコンデンサを含む同調回路．インダクタンスとコンデンサの積LCはあらゆる周波数に対して定数となる．

LCC
略語：リーダーレスチップキャリヤ (leadless chip carrier).

LCD
略語：液晶ディスプレイ (liquid-crystal display).

エルステッド oersted
記号：Oe. 旧CGS電磁単位系における磁界の強さの単位．1 Oe＝79.58（＝1000/4π）A/m．

LDM 略語：線形デルタ変調 (linear delta modulation). → パルス変調

LTP
略語：ロングテイルドペア (long-tailed pair).

Lバンド L band
マイクロ波1〜2 GHz帯（IEEEの呼称）．
→ 周波数帯域

LP
略語：線形予測 (linear prediction).

LPI
略語：低確率傍受 (low probability of intercept). 通信システムにおいて，LPIシステムは通信相手以外の者により容易に検出できないように設計されている一方式である．

LPC
略語：線形予測符号化 (linear predictive coding). → 線形予測

LPCVD
略語：低圧化学気相成長（成膜，堆積）(low pressure chemical vapour deposition).
→ 化学気相堆積

LPPF
略語：低確率の位置確定 (low probability of position fix). 位置を確認するのが低確率になるもの．通信またはレーダシステムでLPPFシステムは，たとえ信号の存在を検出できたとしても，発信源の方向を特定するのが難しいようなシステムのことである．拡散スペクトル信号*．

エレクトレット electret
常時帯電している物質で，両端は互いに逆符号の電荷を有している．エレクトレットは永久磁石の電気版といったところである．電位計*，コンデンサマイクロホン*に使用されている．

エレクトログロットグラフ electroglottograph

同義語：電子喉頭造影（electrolaryngograph）．人間が声を発している間，喉頭の周りの声帯振動をモニタする装置．声帯が振動するとき，普通は一区切りごとに声帯はくっついたり剝がれたりする．喉頭の位置の外側に2つの電極を置き，それらのどちらか片側を首の側に置く．高周波（1〜3 MHz）定電圧信号が2つの電極間に印加され電流波形が出力される．この信号はエレクトログロットグラム（EGG）として知られている．歌を歌っているときはもちろん，正常な場合，病気の場合の声帯振動はエレクトログロットグラムにより調べることができる．

エレクトログロットグラム electroglottogram（EGG） → エレクトログロットグラフ

Electronic Industries Alliance（EIA）
米国電子工業会． → 標準化

エレクトロマイグレーション electromigration

電荷キャリヤの流れを原因とする導体内の原子の移動．電荷キャリヤが固体結晶内の金属原子群に衝突すると，金属原子が物理的に固体結晶内から押し流され，電荷キャリヤの流れの方向に金属原子も移動する．この現象は電流密度が高いときに生じ，軽い原子質量の金属ではよく知られた現象である．例えば，集積回路上に相互連結した純度の高いアルミニウム導線が小さな横断面積をもっているとき，控えめな電流でも非常に大きな電流密度を担うことになる．その結果，導線内の多くのアルミニウム原子が動かされ，導線は細くなり，ゆくゆく物理的に断線し，その構成要素を破損することになる．

エレクトロルミネセンス electroluminescence

同義語：デストリオ効果（Destriau effect）．印加電界の影響下で，ある種のリン光材料から発光すること．例として，リン光を発する粉末を混入分散した誘電体平板を透明電極間にサンドイッチにし，その電極間に400〜500 Vの電圧を加えることにより発光が起こる．

遠隔計器 telemeter → 遠隔測定法

遠隔測定法 telemetry

遠方での測定．データは測定ポイントから記録装置へ特別な電気通信チャネルを介して送られる．量を測定し，そして遠方の記録ポイントに電気信号としてデータを送る装置は遠隔計器として知られる．宇宙探査や病院での生理学的モニタリングは遠隔測定が使用される．

遠距離通信システム telecommunication system

情報を伝送するための装置や回路の集合体．システムはテレビジョン，ラジオ，電話を含む．

演算増幅器 operational amplifier

積分や微分のような数学演算を実行するための高利得直結増幅器*．演算増幅器は計算の他にもフィルタのような信号処理を含む広範囲の応用をもっている．

遠視野領域 far-field region

直接波が到来しない程度アンテナ*から離れた位置から無限遠までに広がった領域．アンテナからその領域への向きに対して電磁界成分は横向きである（→ 電磁波放射）．長さがDであるアンテナの遠方界領域はおおよそアンテナから$2D^2/\lambda$より先になる．ここでλは放射波長である．この領域では電界はアンテナからの距離に逆比例して低下し，電力密度*はアンテナからの距離の2乗に逆比例して低下する．アンテナの近傍界領域は遠方界領域以外の所である．近傍界領域内のアンテナによる電磁界は全方向に放射され，電磁界はアンテナからの距離の2乗に逆比例して急激に減衰する．

円錐走査 conical scanning → 走査

遠端漏話 far-end crosstalk → 漏話

円筒コイル cylindrical winding

巻線方式の一種であり，コイルは単層あるいは多層いずれも螺旋形に電線を巻いてつくられる．コイルの軸方向の長さは通常直径の数倍になるように巻かれる． → 板コイル

エンハンスメントモード enhancement mode

ゲートバイアス電圧を増加させると電流が増加する動作をするFET． → 電界効果トランジスタ，⇒ デプレッションモード

円偏波 circular polarization → 偏波

オ

OR 回路（または OR ゲート）　OR circuit (or gate) ➔ 論理回路

オイラーの公式　Euler's identity

指数関数を正弦関数と余弦関数で表す方法．すなわち，
$$e^{j\phi} = \cos[\phi] + j\cdot\sin[\phi]$$
ここで，$j = \sqrt{-1}$ である．

OSI

略語：開放型システム間相互接続（open systems interconnection）．コンピュータのハードウェアとソフトウェアアプリケーションに関連するネットワーク通信に関する ISO により考案されたモデル．モデルは 7 つの層により定義されている．アプリケーション層，プレゼンテーション層，セッション層，トランスポート層，ネットワーク層，データリンク層，物理層である（図参照）．各層は上位，下位の層に直接データを渡す．アプリケーション層が通信線より一番遠く，物理層が一番近い．データは通信線を通じて対応する遠隔システム中の最下位層に渡る．図中の破線は仮想回路を示す．

OFC

略語：無酸素銅（oxygen-free copper）．

OFDM

略語：直交周波数分割変調（orthogonal frequency division modulation）．

OMVPE

略語：有機金属気相エピタキシ（organo-metallic vapour phase epitaxy）．➔ 化学気相堆積

オーエンブリッジ　Owen bridge

図に示すように既知の抵抗とコンデンサの値からインダクタンスを測定する 4 アームブリッジ＊．検流計 I がゼロ表示した平衡時は，次の条件式を満たす．
$$L_x = C_b R_a R_d$$
$$R_x = (C_b R_a / C_d) - R_c$$

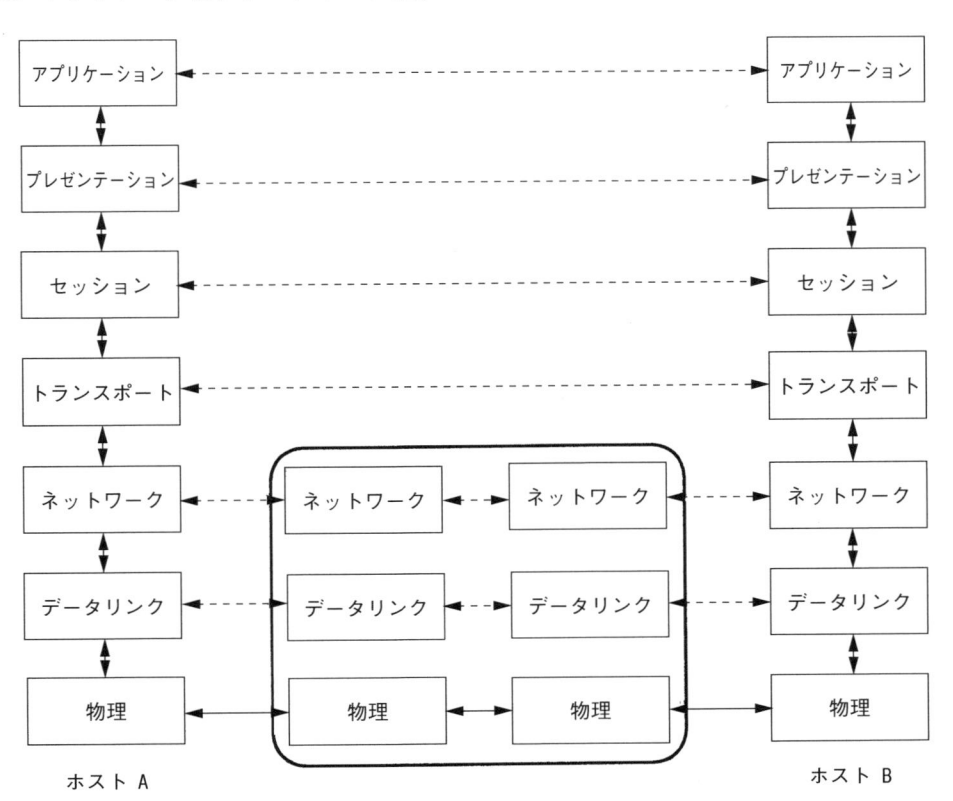

OSI モデル

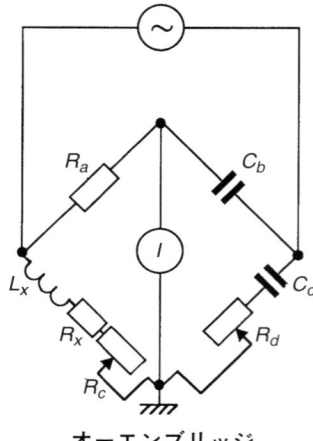

オーエンブリッジ

OOK
略語：オンオフキーイング（on-off keying）．→ 振幅変調

O形回路網　O-network　→ 二端子対回路

O形マイクロ波管　O-type microwave tube
同義語：線状ビームマイクロ波管（linear-beam microwave tube）．→ マイクロ波管

OQPSK
同義語：オフセット直交位相偏移キーイング（offset quadrature phase shift keying）．→ 変調

オクターブ（倍音）　octabe
周波数の比が2倍となる周波数の区間．

遅れ　lag
1. 周期的に変化する交流波形において他の交流波形の位相に関して位相遅れ部分として，あるいは時間間隔として測られる量．⇒ 進み（lead）．2. 信号の伝送と受信機による検出の間の時間間隔．3. 制御系で訂正信号とそれに対する応答の間の時間遅れ．4. テレビジョン撮像管*における残像．これは2, 3フレームの持続時間になる．

遅れ電流　lagging current
起電力を印加したとき，流れる電流がその電圧より遅れる交流電流．→ 遅れ．⇒ 進み電流

遅れ負荷　lagging load
同義語：誘導性負荷（inductive load）．誘導性リアクタンスが容量性リアクタンスより大きい誘導性負荷*である．したがって，負荷の端子間電圧より遅れている電流が流れる．純粋のインダクタンスは90°，または4分の1波長遅れた電流を流すことになる．→ 遅れ電流．⇒ 進み負荷

OCR
略語：光学式文字読取装置（optical character reader）．

オージェ過程　Auger process　→ 再結合過程

オージェ電子分光法　Auger electron spectroscopy（AES）
オージェ過程*により生じた電子を検出して調べる電子分光法．オージェ電子は1～3nm程度の平均自由行程しかないため，それらのもつエネルギーはその物質固有の値となる．オージェ過程は低原子番号の物質のものが主要となる．それゆえ，オージェ電子分光法は半導体表面部の低原子番号原子の検出に有用となる．電子ビームを用い，原子を励起して物質中に過剰な電子がつくられ，オージェ電子が検出されることとなる．検出された電子のエネルギースペクトルは物質中の原子の種類に関係づけることができる．走査型オージェ顕微鏡（SAM）は物質を励起するために焦点の定められる電子ビームを使用し，それを表面を横切るようにスキャニング（掃引）操作する．SAMを用いた横方向の分解能は使用した電子ビームの直径で限定され，良好な条件で50nmほどである．物質表面下における深さ方向の成分調査は，表面から物質をスパッタさせるためにイオンビームを用い（→ スパッタエッチング），そして発生したオージェ電子を連続的に検出するためにSAMを使用することで測定可能となる．

AESは融通性のある分析機器である．以下のように利用される．物質中の望ましくない粒子による物理的な欠陥の検出，高接触抵抗を生じさせる汚染物質の検出，ICと外部リード線との間の結合試験，薄膜成分の研究，さらに物質の化学的状態（例えば，シリコンは元素状態とその酸化状態とでは異なったスペクトルをつくる）に関する情報の提供などである．

オシロスコープ　oscilloscope
急激に変化する1つまたは多くの電気信号を可視化映像として見ることのできる装置．時間に対して電気信号の変化を映像化し，また他の電気量との関係を映像化することができる．最もよく使われるオシロスコープは陰極線オシロスコープ*である．

信号をフイルムや感磁紙に永久保存するためのオシロスコープはオシログラフといい，その作成した記録をオシログラムという．

OTA
略語：電圧電流変換アンプ（operational transconductance amplifier）．→ 従属電源

オーディオ装置　audio device
短縮語：オーディオ周波数装置（audiofrequency device）．→ 可聴周波数

OTDR
略語：光学遅延反射率計（optical time delay reflectometer）．→ 反射率計

音記録　sound recording　→ 録音

音の再生　reproduction of sound
可聴周波数の電気信号から音の情報を再生すること．完備した音の再生システムは，可聴情報の原音，プリアンプと調整回路，可聴周波数電力増幅器，そしてスピーカから構成される．音源はコンパクトディスク，レコード，磁気テープ，ラジオ放送あるいはサウンドオンフィルム録音を使用できる．

モノラル音の再生は可聴周波数の1チャネルのみを使用する．スピーカは1個，あるいは並列に接続した多数個を使用する．立体音響の再生は，オーディオ情報を伝えるために2チャネルと2個以上のスピーカを使用する．立体音響は，両方の耳のそれぞれに音が達するまでの時間差を判別して音の方向を，また頭部による音の遮蔽効果により生じる音量の差異を検知する人間のバイノーラル（両耳）処理能力によって感じ取られている．

立体音響信号を得るには最少2個のマイクロホンが必要である．適した方向にそれぞれを向けて同一の場所に設置した一対の特性の揃ったマイクロホンを用いる方法，または距離をとって設置した一対のマイクロホンを用いる方法がある．後者の場合，その出力は2つのチャネル間で適切な音量の割合にするために専用の電位分圧器―パノラミックポテンショメーター―を用いて分配される．ステレオ信号はモノラル音の再生にも利用できる信号の供給を目的に，和の信号と差の信号とを組合せた信号で構成する．すなわち，2つのチャネルの信号をそれぞれA，Bとすると，和（$A+B$），差（$A-B$）の信号が使用される．モノラルシステムは（$A+B$）信号のみを用いて出力する．ステレオシステムは，それらを組合せて元のAとBになる信号をつくる．ステレオ放送（stereophonic broadcast transmission）においては，和信号が主搬送波の変調に使用され，差信号は主搬送波とは離れた周波数の副搬送波の変調に用いられる．

高忠実度（high-fidelity）（hi-fi：ハイファイ）システムと呼ばれる音再生システムは高性能，高級部品で構成され，原音の情報を忠実かつ極めて低雑音レベルで再生する．このようなシステムでは種々の入力を利用できるようにしてあり，電力増幅器とスピーカを分けて使うこともできる．家庭用のシステムはコンパクトディスク，録音テープ，レコード，ラジオ放送受信の再生を容易に行えるようにしてある．それぞれの入力装置に合ったインピーダンス整合回路が用意されている．システムの標準化が行われており，各ユニットは個別な箱となっており，それら相互間の接続はコードとプラグを使用する．一方，全ユニットを1個のハウジング中に統合することもできる．音は次に述べる種々の技術を用い正確に2次元および3次元に再生可能である．その技術は，アンビソニック*またはHRTF*に基づいた技術であり水平サラウンド音*，垂直サラウンド音*および周囲サラウンド音*を生み出す．

オーバーシュート　overshoot　→ パルス
オーバースキャン　overscanning　→ 走査
オーバドライブ増幅器　overdriven amplifier
設計された回路の入力電圧よりも大きな電圧で動作する増幅器*．オーバドライブは出力波形にひずみ*を発生させる．

オーバーフロー　overflow
対象とする表示（表記）に対して数字が大きすぎる状態（例えば，8ビットの2進表示に対して255より大きな数字がそれにあたる）．

オーバレイネットワーク　overlay network
電話や遠隔通信システムにおいて，基本的なネットワークとして同一の地理的なエリアに据えられ，特定のサービスや特定の機能を果たしたネットワーク．

OP（オーピー）コード　op-code
短縮語：命令コード．

オブジェクトコード object code

あるソースコード*を，コンピュータが実行できる形式に変換したもの．ほとんどのコンピュータは，内部では実行命令を2進数を使って表している．したがって，プログラムのニーモニック（ソースコード）は実行されるまえにオブジェクトコードに変換され，コンピュータのメモリのある領域に格納される必要がある．C言語のような高級言語の場合，この変換はコンパイラと呼ばれるプログラムにより行われる．コンパイラの役割は，例えばC言語で書かれたソースプログラムを，コンピュータが実行可能で，かつソースプログラムと等価なオブジェクトコードに変換することである．

オフセットQPSK offset QPSK (OQPSK) → 振幅変調

オフライン offline

装置（オンライン*にもなる装置）について，電源が切れている，故障している，あるいはコンピュータから切り離されている状態を表す．もしコンピュータシステムがその装置を使うように指示されていない場合には，物理的に接続されていたとしてもオフラインである．→ オンライン

オープンフィールドテストサイト open-field test site

同義語：開放区域試験設備（open-area test site）．

オペアンプ op-amp

短縮語：演算増幅器（operational amplifier）．

オペランド operand

数学関数や論理関数に対する入力，もしくはコンピュータ命令に対する入力の1つ．

オペレーティングシステム（基本ソフト） operating system

コンピュータシステムの全ての制御を手助けする統合プログラムを1つにまとめたもの．コンピュータのハードウェアとユーザの（応用）プログラムの間の目に見えない処理を行う．オペレーティングシステムは周辺機器の制御，プログラムの保存・格納，ユーザのインタフェース，安全のための機能（パスワードやアクセス制限）の提供，ディスク操作の管理などを行う．大きなコンピュータシステムには，専用オペレーティングシステムが通常複数含まれており，高価な装備機器が最高の状態で機能するのを担っている．

オーミック ohmic → オームの法則

オーミック接触 ohmic contact

厳密には，電気的接触部に加わる電位差がそこを通って流れる電流に直線的に比例する電極のことである．実際には電流を流すのに最小限度の電圧降下を要する電極となるが，それもオーミックと呼んでいる．金属と半導体間の実際のオーミック接触をつくることは，半導体の表面層に高濃度のドープを行うことで形成可能である．これはキャリヤ（n形半導体中の電子）輸送の主要因をトンネル効果*にする方法である．→ 金属-半導体接触

オーミック損失 ohmic loss

電気回路，回路網，装置内でおきる電力損失であり，その原因は渦電流や逆起電力によるものではなく，抵抗によるものである．

オーム ohm

記号：Ω．SI単位系による電気抵抗*，リアクタンス*およびインピーダンス*の単位．導体に1Aの一定電流が流され，導体の外側の2点間の電位差が1Vになった場合，導体上の2点間の抵抗を1Ωとして定義される．この単位は国際オーム（Ω_{int}）を抵抗の標準単位として置き換えた．1Ω_{int}=1.00049Ω．

オームの法則 Ohm's law

導体あるいは抵抗中を流れる電流 I は，そこに印加された電位差に正比例する．抵抗*Rの定義から，オームの法則は

$$V = IR$$

と書ける．電流と電圧が正比例にある関係を保持しているような電気部品，回路，素子はオーミックという．ある点におけるオームの法則の形は，

$$\boldsymbol{J} = \sigma \boldsymbol{E}$$

と書くことができる．ここで $\boldsymbol{J}$ は，ある点の電流密度であり，$\boldsymbol{E}$ はその点の電界であり，σ は物質の導電率*である．

Ω/m^2 ohms per square meter → シート抵抗

オームメートル ohm meter

記号：Ωm．電気抵抗率*のSI単位．

Oracle
商標．→ 文字多重放送

折り返しダイポール folded dipole → ダイポール

オルシコン orthicon → アイコノスコープ

折れ点周波数 break frequency
同義語：バンド端（band edge）；コーナー周波数（corner frequency）；遮断周波数（cut-off frequency）．信号の角周波数が回路の時定数の逆数に等しい点のこと．

音圧波形 acoustic pressure waveform
音圧の時間変化で，例えば圧力に感度のあるマイクロホンの出力．→ マイクロホン

音圧レベル sound pressure level（SPL）
ある瞬間における音波の音圧の二乗平均*圧力（r. m. s.）で，通常 1 kHz における 20 マイクロパスカルの平均閾値に対する値をデシベル*であらわされる．

$$\mathrm{dBSPL} = 20\log_{10}\left(\frac{P_{\mathrm{actual}}}{P_{\mathrm{ref}}}\right)$$

オンオフキーイング on-off keying（OOK）
→ 振幅変調

音響カプラ acoustic coupler
電話回線を通してデータあるいは音声周波数情報を送る装置．音響カプラは電話機のハンドセットを保持する台で，電話回線を通してオーディオ周波数信号の送受信を行う変換器として使われる．⇒ モデム

音響帰還 acoustic feedback
オーディオ周波数スピーカの音響出力がマイクロホンを経由して再生システムに不必要な帰還*を生ずること．音波は再生システムで検出され，限界レベル以上の発振が電子回路で増幅され，スピーカから好ましくないハウリングが発生する．

音響測深 echo sounding
電波の代わりに音波を用いる違いだけで，レーダと同じ原理のシステム．→ ソナー

音響遅延線 acoustic delay line → 遅延線

音響波 acoustic wave
同義語：音波（sound wave）．機械振動により固体，液体，気体から放出される波である．材料を構成している粒子の伝搬公称モードは縦波である．音波という用語は約 20 Hz から 20 kHz の人間の可聴周波数帯域の周波数に限定されることがある．20 kHz 以上の波は超音波と呼ばれる．結晶質固体では結晶格子の平均位置からの変位音響波として放出される．波は弾性波として結晶格子から放射される．波の角周波数 ω は波数ベクトル K と

$$m\omega^2 = 2\sum_{p>0} C_p(1 - \cos pKa)$$

の関係がある．ここで，m は原子の質量，C_p は p だけ離れた原子間隔に働く力定数，p は整数である．物理的に波として存在する範囲は

$$\pi > Ka > -\pi$$

である．この範囲の限界は結晶格子の第一ブリューアンゾーンによって決まり，限界は波が定在波になり波動として伝搬できなくなる所である．格子振動エネルギーは量子化される．エネルギー量子はフォノン*と呼ばれ，電磁波エネルギー量子ホトンに相当する．フォノンエネルギーは $h\nu$ で与えられ，ν は周波数で $\omega/2\pi$ に等しい．固体中を伝搬する音波は結晶中に機械的なひずみを発生させ，その結果，磁気ひずみ*あるいは圧電効果*を生ずる．発生したフォノンは運動する結晶中の荷電体と相互作用をする．電磁波の磁気ベクトルに相当する伝搬方向と直交する約 1/4 波長の電気ベクトルとの相互作用が考えられる．

音響波デバイス acoustic wave device
信号処理システムで使用される装置で，様々な機能を達成するために小型基板上に音響波を送出する装置．アクティブ（能動），パッシブ（受動）信号処理装置は単結晶半導体チップ上に遅延線，減衰器，位相シフタ，フィルタ，増幅器，発振器，リミタが形成されている．バルク音響波はバルク基板材料内部を伝搬する音響波である．基板物質は硫化カドミウム（CdS）のような圧電半導体で構成されている．音響波は電気信号から圧電効果*により発生する．音響波の電界ベクトルは半導体中の伝導電子と相互作用し，印加された外部直流（dc）電界によりドリフト速度が発生する．ドリフト速度が十分な値に達すると運動エネルギーは音響場との相互作用の結果無線周波数エネルギーに変換され信号の増幅が行われる．表面弾性波（SAW）は基板表面に沿って伝搬する．その波に付随した電場は基板表面近くのみに働き，基板近くに設置された半導体の伝導電子と相互作用が可能となる．音響波伝搬基板と半導体の

間隔はシステム損失が最小となるように選ばれる．音響波伝搬基板は圧電材料で，大きな電気機械結合定数を有し，低音響損失をもつ．半導体材料は最適効率が得られるように，高電子移動度，最適抵抗率，低DC電力要求を満たすように選ばれる．

音響量子 phonon ➔ フォノン

オングストローム angstrom

記号：Å．10^{-10} m の長さの単位．

音質調整 tone control

音声の再生に用いられるオーディオ増幅器の相対的周波数応答を調整するのに使われる装置．

音声会議 audioconference ➔ テレビ会議

音声区間検出（発話区間検出） voice activity detection（VAD）

信号内に音声が存在することを検出する回路またはアルゴリズム．携帯電話において信号をいつ伝送すべきかを決定するのに使用される．これにより，無線周波スペクトルを利用者同士で共有したり，携帯電話の電池寿命を延長することが可能となる．

音声効果 audio effect

短縮語：音声周波数効果（audiofrequency effect）．➔ 可聴周波数

音声合成 speech synthesis

文書入力から音声出力を生成するシステムあるいはアルゴリズム．1組のルールが綴り字入力を合成器を駆動するための適切な低水準パラメータに変換するために採用される．フォルマント合成や複音合成など，いろいろな音声合成の方法がある．ホルマント合成では，声道の音響共鳴が四極帯域通過フィルタ*を用いてモデル化される．フィルタの中心周波数と帯域幅は調音器官（あご，舌，唇など）の動きの影響を満たすように修正される．有声音*は声帯の振動による音の励起をまねたある程度周期的な波形を用いて生成される．無声音*はランダム雑音で生成される．複音合成では，言語で可能な全ての音について実際の音声の録音が格納される．これらの音声はスピーチの定常状態部分（あるいは「音」）の連結である．したがって，「複音」と呼ばれる．話された言語はこれらを連結して生成される．複音が連結されるので，この過程はまた連結的合成として知られている．

音声信号 audio signal

人間が聴くことのできる音波*の周波数をもつ電気信号．⇒ テレビジョン

音声信号搬送波 sound carrier ➔ テレビジョン

音声認識装置 speech recognition device

人間の音圧波形*からつづりの正しい文章を作成する装置．

音声品質チャネル voice-grade channel

通信において，データが送信されうる経路が，300～3400 Hz の周波数帯域をもっているもの．通常音声通信，アナログデータまたはディジタル信号の場合はモデムやファックスに用いられるような低いデータレートのものに用いられる．

音声符号器 speech coder

ディジタル通信システムで音声標本を伝送形式に変換するプログラム．300 bit/s から 128 kbit/s まで多くの音声符号器が用いられている．標準的な電話回線は 64 kbit/s を用い，代表的な移動電話では品質を少し下げて 12 kbit/s を用いる．

音声妨害 tone jamming

レーダシステムにおいて，反射受信信号を妨害する連続波*の送信．

音節明瞭度 syllable articulation score ➔ 了解度

温度飽和 temperature saturation ➔ 熱電子管

音波 sound wave ➔ 音響波

オンライン online

コンピュータにつながれていて使用できる状態．⇒ 対話式，双方向性；オフライン

音量 volume

音声周波数帯伝送システムにおける音声周波数信号*の大きさ．

音量圧縮器 volume compressor

伝送システムにおいて，可聴周波数*信号の振幅変化の範囲を自動的に減らす装置．この装置は，信号の振幅が予め設定した振幅より大きくなると信号の振幅を減らし，設定した別の振幅値より下がると信号振幅を増大させるように動作する．音量拡大器は，逆の効果の機器である．すなわち，伝送される音響信号の振幅変化の範囲を自動的に拡大する．伝送システムのあ

る点で使用される良設計の拡大器は，そのシステムの他の点での減衰器の影響を補償するように働き，元の音響信号に戻す．このように，ともに使用される減衰器と拡大器は，コンパンダと呼ばれる．録音*において，減衰器は，録音しうるダイナミックレンジが録音すべき音のダイナミックレンジより小さいといったレコード，テープに録音される信号の音量を減衰させるために使用される．録音装置は補償用の拡大器をもっている．ラジオ電話システムのような通信システムは，システムの信号雑音比*を改善するためにコンパンダを使用している．音量の圧縮器は送信機で，拡大器は受信機で使われる．小さい伝送信号を相対的に増加させることは，信号に対するノイズの影響を低減する．

音量調節 volume control ➡ 自動利得制御；利得制御

音量膨張器 volume expander ➡ 音量圧縮器

音量リミタ volume limiter
　可聴周波数の信号に働く振幅リミタ*（制限器）．

カ

外因性半導体 extrinsic semiconductor
　不純物や格子欠陥がキャリヤ密度を決定している半導体*．➡ 真性半導体

ガイガーカウンタ Geiger counter
　イオン化された放射線（特にα粒子）を検出し，粒子数を数えるのに使用される気体で満たされた管．低圧気体を含んでおり，円筒陰極の内部には同軸上に取り付けられた細い針金の陽極が存在する．陽極と陰極間には電位差が生じており，放電に必要な電位差よりもわずかに低くなるよう状態が維持されている．窓の間隙を通って放射線が入射すると，その経路沿いの気体はイオン化される．イオンは電界により加速され，なだれ降伏を起こすとともに，急冷される．結果的に生じる電流パルスは，検出器（たいていは拡声器）または計数装置により増幅・記録される．広範な電圧に対しても，管の出力はだいたい一定である．出力が一定となる範囲がこの管の動作範囲である．動作範囲内であれば，発生した放射線のエネルギーに対しても管の出力は影響を受けない．

開口アンテナ aperture antenna
　同義語：スロットアンテナ（slot antenna）．導体壁に穴を開けて形成したアンテナ*で，終端点の近傍に接続された給電点により励振される．ホーンアンテナ*のように伝導体性の管を経由して給電される．開口アンテナは他のアンテナと比較して非常に薄いという利点より航空機への応用がきわめて有用で，あたかも航空機の皮膚のように瞬時に取り付け可能である．これらの場合，保護のために誘電材料*で開口アンテナを覆うことができる．

開口ひずみ aperture distortion ➡ ひずみ

カイザー窓 Kaiser window ➡ ウィンドウ機能

回折 diffraction
　電磁波または電子のような荷電粒子のビームが不透明な物体あるいは2つの媒質の境界面に遭遇したとき生ずる現象．ビームは直線状に厳

密には伝搬しないが，不連続に屈曲する．この効果は電磁放射の波動性と荷電粒子に関連するド-ブロイ波＊による．回折波どうしの干渉は強度の最大と最小を示す回折パターンを生ずる．回折パターンの生成は回折を起こす物体の大きさと形状および入射光の波長に依存する．したがって，結晶構造や表面構造の調査に使われる．

電子および X 線の回折は結晶構造を調査するのに使われる．発生した回折パターンは結晶面の間隔に依存する．電子回折は表面近傍の結晶性半導体の構造を評価するのに用いる．低エネルギー電子回折には，物質表面へ垂直に入射する低エネルギー電子ビームを用い，後方散乱電子から得られる回折パターンを検出する．反射型高エネルギー回折は，高エネルギー電子ビームを非常に小さなグレージング角で入射する．この場合，前方散乱電子が回折パターンを生ずる．電子の透過によって得られた回折パターン（→電子顕微鏡法）はバルク全体に関わる結晶性材料の情報を得ることができる．なお，この解析には時間がかかり，その解明は非常に困難が伴う．

X 線回折は，X 線回折投影法を用いて半導体結晶内の欠陥を検出するのに使われる．この方法は写真用フィルムの一片にその写像を記録するために 1 枚のスリットと写真乾板を用いる．この方位分解能は数 μm のオーダーであるが，この技術は素早くでき非破壊である．

回折の幾何学理論　geometric theory of diffraction (GTD)

幾何光学＊に基づき波動の伝搬を計算する方法．この場合，表面からの反射はもちろんのこと，数多くの表面や端からの回折＊の効果も考慮に入れる．この計算結果は幾何光学のみを用いた方法より長波長において信頼できるものとなり，特に，物体の背景領域に回折する波動を再現できる．

回線（通信線）　line

物理的な通信媒体．電話線や他の伝送線＊，情報を送信可能な仮想通信路などがある．

回線交換　circuit switching

ディジタル通信で使われる技術で，2 つの節点間に仮想的な回線を設定することでポイント間の接続を行うもの．この接続では節点が伝送すべき情報をもっているかどうかにかかわらず会話中のままである．⇒パケット交換

回線設計解析　link budget analysis

通信システムにおける各構成要素のアンテナ利得＊，伝搬損失＊，送信電力などから，最終的に要求される受信電力を決めるために実施される通信システム＊の解析．この目的は受信機で十分な信号が得られることを決定するもので，十分な信号伝送を保証するために通常回線マージンをもっている．

回線マージン　link margin　→回線設計解析

階層化設計　hierarchical design

大規模な製品やソフトウェアの複雑な部分を設計する際に，その設計を主要な構成要素（コンポーネント）またはモジュール，部分組立品（サブアセンブリ）などに分解し，さらにそれらをより小さな部分に分解していく一連の作業を，必要な最小モジュールが個人設計者または設計グループに割り当てられるまで繰り返す過程のこと．

解像管　image dissector

テレビカメラの一種で現在ほとんど使用されていない．光電性プレートの各部の電子は画像信号を取り出すためにコレクタ電極に集められる．これは光電性プレートの各部の静電気パターンが電子ビームにより走査されるアイコノスコープ＊やイメージオルシコン＊とは異なる．

外挿故障率　extrapolated failure rate　→故障率

外挿平均寿命　extrapolated mean life　→平均寿命

階段接合　abrupt junction

不純物濃度がアクセプタからドナーへと階段状に変化する構造の p-n 接合＊（→半導体）．実際には，このような接合は，接合の一方の側に他方の側よりも高濃度にドープし，すなわち p^+-n または n^+-p とする近似的な形で実現されている．この種の接合は片側階段接合である．

外鉄形変圧器　shell-type transformer

大半の巻線が磁気コア＊に囲まれた変圧器＊（図参照）．コアは薄板製で，通常，巻線を束ね，その周りに積層したコアを組み込んでいる．⇒内鉄形変圧器

回転子　rotor　→電動機

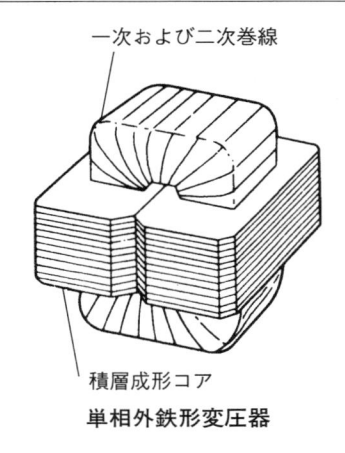

一次および二次巻線／積層成形コア

単相外鉄形変圧器

回転装置　rotator　→ 導波管
ガイド　guide
　短縮語：導波管（waveguide）．
外部光導電　extrinsic photoconductivity　→ 光導電
開閉　make-and-break
　仕組まれた回路動作によって自動的に動作するスイッチで，それぞれ，閉になったり，開になったりする．開閉の応用は電動ベルやブザーがある．
開放インピーダンス　open-circuit impedance　→ 回路網
開放形システム間結合　open systems interconnection　→ OSI
開放区域試験設備　open-area test site
　同義語：オープンフィールドテストサイト（open-field test site）．電磁適合性*の試験のために使用される区域．大地の表面は通常導電性シートや電気的な特性を有する導電性がある網で覆われている．試験する製品と受信アンテナは大地面上に置かれ，製品からの電波発射*がモニタされる．
改良形移動電話システム　advanced mobile phone system（AMPS）
　搬送波の間隔が30 kHz，周波数変調，周波数分割多重アクセスの第一世代アナログセルラーホンシステム．米国で主に使用された．
開ループ利得　open-loop gain
　外部回路による帰還ループのない増幅器の利得．→ 閉ループ利得
回路　circuit
　増幅，フィルタ，あるいは発振のような機能を有するいくつかの電気素子と導体の結合．回路は個別素子や集積回路*によって構成される．電荷結合素子*のような回路は集積回路でのみつくられる．
　電流の連続経路がつくられる回路は閉回路である．スイッチなどでこの回路を切ると開回路となる．配線以外の回路の構成部分が回路素子である．
開路（開放）　open circuit　→ 回路
回路基板モデル　breadboard model
　回路やシステムの実現可能性すなわち設計原理を試験するために，臨時的にボードに取り付けられる個別部品による粗い組合せ．
回路図　circuit diagram
　回路の機能および接続を表す図．それぞれの回路素子は適切な図示記号によって表される．後付けの表1．
回路図　schematic
　結線図または回路図を表す略語．公式には circuit diagram という．
回路素子（要素）　circuit element　→ 回路
開路電圧　open-circuit voltage
　指定の動作条件で動作させているときの無負荷時の電気または電子回路網，装置，機器，あるいはその他の機器の出力端子間の電圧．→ 無負荷
回路パラメータ　circuit parameters　→ パラメータ
回路網　network
　1．電子工学で，いくつかのインピーダンスが共に接続されて1つのシステムを構成すること．このシステムは相互に関係づけられた回路の集合であり，固有の機能を発揮する．回路網の挙動は回路素子の値に依存する．回路素子には抵抗，コンデンサ，インダクタンスで回路は形成され，それらの相互の関連で動きが決まる．素子の値は回路網パラメータまたは回路網定数といわれる．回路網の用語は回路素子の種類，相互の関連性，または回路網の期待される動作で記述される．
　回路網は抵抗回路網，抵抗-コンデンサ（R-C）回路網，インダクタンス-コンデンサ（L-C）回路網，インダクタンス（L）回路網などといわれる．格子型回路網は2つあるいはそれ以上の導体の接続点に入力，出力端子をもつ

（図a参照）．ブリッジ回路網は格子型回路網の特殊な回路である（図b参照）．

直列回路網と並列回路網は回路素子がそれぞれ直列になっているか，並列になっているかである．

線形回路網は電圧と電流の間に線形関係が成り立つ．そうでないときは，非線形である．

双方向回路網は両方向に電流が流れるのに対して一方向にのみ流れる回路網は単一方向回路網である．

受動回路網は通常の抵抗損以外にエネルギー源とかシンクをもっていない．エネルギー源やシンクをもっている回路は能動回路網である．

全域通過回路網はあらゆる周波数で等しい減衰となる．それ以外の回路網は周波数応答によって減衰が異なる．

3つあるいはそれ以上の素子が接続されている回路網内の1つの点は節（nodeまたは枝点）といわれる．例えば図cの1から8は節である．このような2つの点の導通路は枝（図cの1―2，3―4のように）といわれる．特定の節点に対して相対的に測定された回路網の中のある点の電圧は節点電圧といわれる．回路網の中の閉ループ（例えば1, 3, 7, 5, 1）は網目回路をつくる．網目回路で囲まれる回路の各部分は網目（mesh）といわれる．2つまたはそれ以上の共通するあらゆる枝は相互枝路（例えば5―6）である．回路網の2つの枝路は，もしもそれらのうちの1つの枝路の起電力が他の枝路の電流に何ら寄与していないとき，共役といわれる．網目の中を循環している電流は網目電流として知られている．

回路網の挙動は回路網の網目にキルヒホッフの法則*を適用すれば解析することができる．いいかえれば，回路内の複素インピーダンスの実部と虚部はともに同時に満足されなければならない．いろいろな形のフィルタ回路*のように多くの網目から成り立っている大きな回路網に対してはこの方法は厄介である．それに代わる方法は線形回路にテブナン*またはノートンの定理*を応用することである．しかしながら，この定理は非線形回路には適用できない．線形回路の解析は二端子対回路として考えるのが最も有用である．入力，出力での電流，電圧，インピーダンスに関する式を導くのが二端子対解析として知られている．図dは入力に

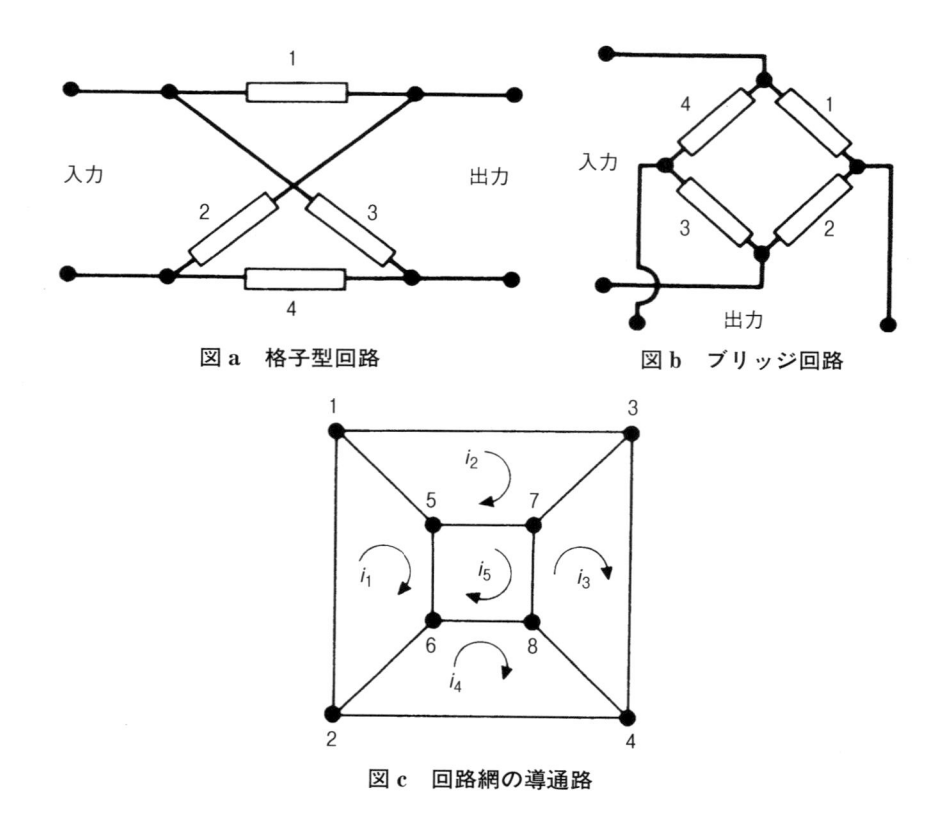

図a 格子型回路

図b ブリッジ回路

図c 回路網の導通路

図 d　受動二端子対回路

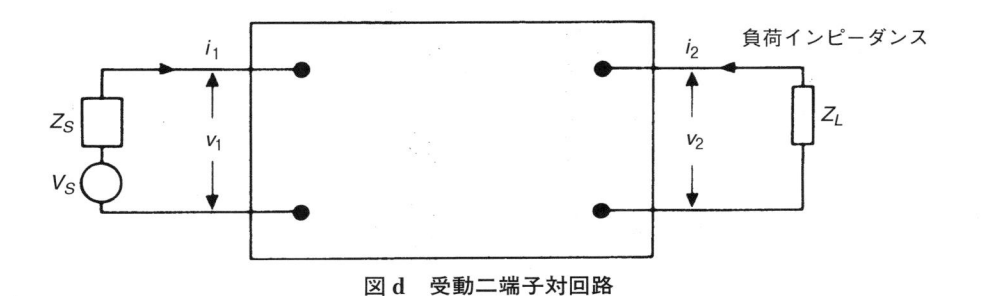

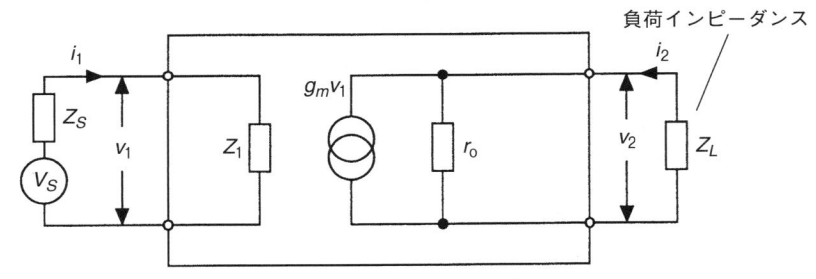

図 e　能動二端子対回路

電圧源 V_s とその内部インピーダンス Z_s をもつ受動二端子対回路である．図 e は内部インピーダンス Z_s をもつ入力電源 V_s に対して，入力インピーダンス Z_1 をもち，さらに抵抗 r_0 に並列に電流源 $g_m v_1$ を示して，出力回路に電圧 v_2 が生じている能動二端子対回路である（g_m は伝達コンダクタンスである）．

3つの異なる方程式を書き示すことができる．すなわち，インピーダンス方程式，アドミタンス方程式，およびそれらから導き出せる混成方程式である．インピーダンス方程式はマトリクスの形で書き表すことができる．

$$\begin{bmatrix} v_1 \\ v_2 \end{bmatrix} = \begin{bmatrix} z_{11} & z_{12} \\ z_{21} & z_{22} \end{bmatrix} \begin{bmatrix} i_1 \\ i_2 \end{bmatrix}$$

等価なマトリクスは混成方程式，アドミタンス方程式についても書き示すことができる．この式の中の定数はそれぞれ z，h および y パラメータといわれ，まとめて二端子対パラメータとして知られている．トランジスタのような三端子素子はともにつながれた二端子をもつ二端子対回路として表現することができる．

非線形回路網の場合にはマトリクス方程式は電流と電圧が小さな変化をしているときのみ正しい．このような場合，二端子対パラメータは小信号パラメータといわれ，その値は素子の動作条件で変動してくる．

回路網の入力，出力インピーダンス v_1/i_1，v_2/i_2 はマトリクス方程式から算出することができる．v_1/i_1 は出力につながれる負荷インピーダンス Z_L に依存する．逆に v_2/i_2 は入力に接続される電源のインピーダンス Z_s によって変わる．

駆動点インピーダンスは他の端子対の動作が明確になっている条件のもとで，4つあるいはそれ以上の端子をもつ回路網の一端子対に現れるインピーダンスである．限定した場合，二端子対回路に対しては，もしも入力（または出力）が開放であるなら出力（または入力）インピーダンスは開放インピーダンスである．他の限定した場合として，入力（または出力）が短絡されているとき，この場合には出力（または入力）インピーダンスは短絡インピーダンスである．v_2/i_1，v_1/i_2 の値は開放条件，すなわちそれぞれ $i_2=0$，$i_1=0$ である条件のもとで，回路網の伝達インピーダンス*である．→フィルタ；トランジスタパラメータ；駆動点インピーダンス

2．通信で，資源の集まりは利用者グループによって情報を交換するために使われる．ローカルエリアネットワーク（LAN）で利用者は1つあるいは2つ3つと近くにある組織に属し

ている．ワイドエリアネットワーク*（WAN）は通常，1つの組織で運用されるが，情報は長距離に及ぶ．ネットワークの情報経路はコンピュータ同士のターミナルの間でプロトコル*といわれる通信規約でつながれたり，切り替えられたりする．通信線はケーブル，光ファイバ，電話線，無線中継が含まれる．これらの通信線は節点と呼ばれる点で接続される．接続装置は電気的インタフェースまたはコンピュータである．⇒ ディジタル通信；バスネットワーク；環状ネットワーク；星型ネットワーク

回路網解析 network analysis
　与えられた入力信号に対して出力信号を決めるために与えられた回路網*を解析すること．

回路網合成 network synthesis
　同義語：フィルタ合成（filter synthesis）．与えられた入力信号に対して所望の出力が得られるような回路網伝達関数を決定する組織的な技術．これは与えられた回路網の入力に対する出力を決定する通常の解析に対する逆の作業である．回路設計過程で得られた解は必ずしも1つではない．入力信号と出力信号のある組合せで解は得られない場合がある．

回路網定数 network constants
　同義語：回路網パラメータ（network parameter）．➡ 回路網

回路網パラメータ network parameters ➡ 回路網

カウアフィルタ Cauer filter
　同義語：楕円フィルタ（elliptic filter）．

ガウシアンフィルタ Gaussian filter
　ベッセル形フィルタ*の一タイプ．

ガウス gauss
　記号：Gs または G．現在では使われない CGS 電磁気単位系の磁束密度の単位．1 Gs は 10^{-4} T．

ガウス消去法 Gaussian elimination
　線形代数方程式の解法に用いる方法．➡ 連立方程式

ガウス通信路 Gaussian channel
　通信システムにおいて，ある通信路にガウス特性の雑音を伝送中の信号に加えると，長時間の後，信号の雑音振幅はガウス分布*になる．

ガウスの定理 Gauss's theorem
　複数の電荷を含む閉曲面上において面の法線方向の電界強度 E を積分すると次の式を得る．

$$\int E \cdot dS = \Sigma q/\varepsilon_0$$

ここで dS は表面 S 上の微小面積要素を，ε_0 は自由空間中の誘電率*を，Σq はその閉曲面内の全電荷量を表す．

　もし，その表面で閉じられた体積内に分布電荷密度 ρ_e が分布していると，ガウスの定理は次のようになる．

$$\int E \cdot dS = (1/\varepsilon_0) \int \rho_e d\tau$$

ここで $d\tau$ は微小体積要素を表す．ところで

$$\int E \cdot dS = \int \mathrm{div} E d\tau$$

が成り立つので，その結果

$$\mathrm{div} E = \rho_e/\varepsilon_0$$

が成り立つ．誘電体媒質では全電荷密度が媒質内の原子や分子の分極によって見掛け上の電荷密度を含むため，ガウスの定理は

$$\mathrm{div} D = \rho_e$$

となる．ここで D は電束密度*を表す．この式はマクスウェル方程式の1つである．

　ガウス定理から2つの主要な結論が導かれる．最初に，電荷のない中空導体の内部電界はゼロである．なお同じ電位をもつ閉空間は導体を用いて構成できる．電気装置はそれを接地電位にして囲むことにより外部の低周波電界の影響から電磁遮蔽することができる．第2に，導体上の過剰な静電荷はその導体の表面上に存在せねばならない．

ガウス分布 Gaussian distribution
　同義語：正規分布（normal distribution）．次の式で表す連続密度分布をもつ．

$$f(x) = (2\pi\sigma^2)^{-1/2} \exp\left(-\frac{1}{2} \cdot \frac{(x-\mu)^2}{\sigma^2}\right)$$

ここで μ は分布の平均値，σ は分布の標準偏差である．この分布は平均値の周りで対称性をもつ．ランダム変数はこの分布形をもち，この可能な値を含む変数の集団はガウス分布または正規分布をもつという．

化学気相成長 chemical vapour deposition ➡ 化学気相堆積

化学気相成膜 chemical vapour deposition ➡ 化学気相堆積

化学気相堆積 chemical vapour deposition (CVD)

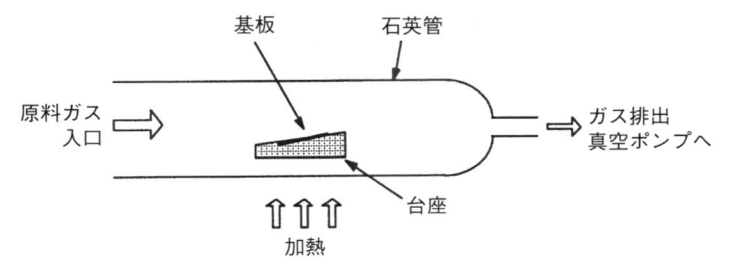

反応管中における化学気相堆積処理

金属，半導体，または絶縁物などの薄膜製造方法であり，半導体素子やプレーナ処理技術*を使用する集積回路の作成に採用されている．試料表面で反応させて堆積し成膜され，膜はその物質をガス化した気相材料源からつくられる．図に単純化した反応装置を示す．加熱はヒータの熱輻射または高周波電流を用いる誘導加熱により直接的に行うことができる．

膜の堆積速度は反応容器内部の試料温度や反応ガス圧力で決まる．これらのパラメータは作成された膜の品質にも影響を与え，膜の化学的純度や結晶化した膜中の欠陥密度で評価される．金属膜は通常多結晶状態である．金属層間の分離やコンデンサの誘電体として使われる二酸化シリコンあるいは窒化シリコンのような絶縁膜は非晶質である．半導体層はCVD技術を用いて堆積させることができる．非晶質あるいは多結晶膜が堆積され，結晶化の程度は温度によって制御され，温度が低いほど結晶化度は悪くなる．

エピタキシャル結晶*はCVD技術を使用して半導体表面の上に成長させることができ，下地層と同じ結晶の層を上につくるために半導体表面において反応が行われるよう反応物質と条件は選択される．このプロセスは気相エピタキシ（VPE）として知られている．反応物質には無機物質を多用するが，最近では金属原子を含む有機化合物の利用が化合物半導体*のVPEに採用されてきている．このプロセスは有機金属気相エピタキシ（OMVPE）と呼ばれる．

一般的に，これらの反応は減圧して進められ，そのプロセスは低圧CVD（LPCVD）と呼ばれる．堆積速度は圧力が高くなるほど速くなり，数種類のプロセス法が大気圧において行われている．大気圧CVS（APCVD）．反応速度は反応ガスのエネルギー化を利用しても速められる．エネルギーと反応速度を高めた種を多量に供給するため，低圧力のグロー放電*またはプラズマ励起CVD（PECVD）が利用されている．

化学発光 chemiluminescence ➡ 発光
書き込み可能コンパクトディスク compact disc recordable ➡ CD-R
書き込む write
メモリ*の記憶要素に情報を入力すること．
可逆変換器 bilateral transducer, reversible transducer ➡ 変換器
拡散 diffusion
1. 半導体内の電荷キャリヤの動き．➡ フィックの法則．2. 半導体*内のある領域の特性を変える目的で，設計した領域内に特に選定した不純原子を導入する過程．その半導体は必要とする不純物のガス状雰囲気内で所定温度まで加熱する．その結果，半導体の表面に蓄積した不純物原子は半導体材料の中に四方八方拡散していく．任意に与えられた温度での不純原子の数と拡散距離はフィックの法則*によって明確に決められる．ある半導体内の2つの異なった伝導領域の接合部分は拡散接合*として知られる．

初期の拡散素子は半導体の表面全域に選択性なく拡散して構成していた．すなわち，半導体の必要としない領域は（メサトランジスタ*のように）エッチングで除去し，その接合はその表面の下に表面と平行に構成していた．最近の製法技術は半導体の所定の領域に選択的に拡散するプレーナプロセス*を用いている．その接合の端面は半導体表面と垂直であり，素子は材料の表面に沿って構成することができる．

二重拡散は，半導体の定まった同じ表面に異なった不純物を引き続き拡散して拡散接合を形

成する方法である．拡散温度と拡散時間は所要の不純物密度を達成するよう調整する．接合間の距離を（DMOS 回路* のように）厳密に定める必要があるときは，この製造技術が用いられる．その理由は，その形状を拡散過程で定めておけば，マスクを用いる写真製版技術の作業中に生ずる恐れのある誤差を取り除くことができる．

拡散 spreading

1. 光ファイバ* 内の伝搬に伴う電気通信信号のスペクトル分散*．2. 経路損失に伴う空中信号の幾何学的分散（→フリース伝送方程式）．

拡散接合 diffused junction

半導体中に適切な不純物原子を拡散*（diffusion）させて形成させた 2 つの異なる伝導形の領域の間に存在する接合．

拡散定数 diffusion constant, diffusivity
→拡散電流；フィックの法則

拡散電位 diffusion potential

同義語：内蔵電界（built-in field）．→p-n 接合

拡散電流 diffusion current

より高い濃度または密度の領域からより低い濃度または密度の領域に向かってフィックの法則に従う拡散プロセスによって電荷キャリヤの流れが生ずる．この電荷の流れによって生ずる電流は

$$J_{\text{diffusion}} = eD(\partial n/\partial x)$$

となる．ここで D は材料内の電荷キャリヤの拡散定数であり，$\partial n/\partial x$ はその密度勾配である．

角周波数 angular frequency

記号：ω．rad/s で表される周期現象の周波数．Hz 単位の周波数に 2π を掛けたもの．

拡大掃引 expanded sweep →時間基準

拡大掃引発生器 expanded-sweep generator →時間基準

角度変調 angle modulation →変調

格納 store

データを記憶装置に蓄えること．→メモリ

攪乱反射体 confusion reflector

レーダ* 信号に偽の信号を発生させるのに使われる装置．攪乱体として紙，金属くず片，縄あるいは窓と称せられる長い金属箔が使われる．

確率過程 stochastic process

過程においてランダムな要素を含むもの全て．

隠れマルコフモデル hidden Markov model (HMM)

パタンの大量の例によって認識されるモデルが与えられる場合にトレーニング期間後の自動パタンマッチングに対して使われる統計的モデル．

影効果 shadow effect

放送信号として電波を送信したとき，送信側と受信側の間の地形の変化によって受信信号強度に影響が現れる．一様で平らな地域に送信したときに受信できる信号強度と比べ，同じ信号強度で送信しても受信側の信号強度に損失が常に観測されること．

過結合 overcoupling →結合

過減衰 overdamping

同義語：振動減衰（periodic damping）．→減衰

カー効果 Kerr effects

透明物質の光学的性質には電界と磁界の影響を受ける 2 つの効果がある．

電気光学効果とは，直線偏光面をもつ光が屈折性媒質内を通過するとき，その光の伝播方向と垂直な向きに印加された電界によって入射光の偏光面が垂直面内で回転する効果をいう．カーセルは，この効果を利用している．カーセルは，著しいカー効果を呈する液体の中に浸した 2 枚の平行なガラス板からできている．そのセルを通過する偏光された光は電界を印加することで遮断することができる．ポッケルス効果は圧電物質内で生ずるカー効果である．ポッケルス効果は光波測距儀として利用できる．この装置を使うと 50 m 当たり 0.05 mm の精度で距離を測ることができる．

磁気光学効果は，高度に研磨した強磁性体の磁極面に直線偏光した波を入射すると，その反射光がわずかに楕円偏光の光ビームになることで確認できる．

化合物半導体 compound semiconductor

周期律表* のⅢ族とⅤ族あるいはⅡB 族とⅥ族の元素を用いた化学化合物より得られる結晶の半導体物質*．これらの化合物はⅣ族のシリ

	IIB	III	IV	V	VI
		B	C	**N**	O
		Al	*Si*	**P**	**S**
	Zn	**Ga**	*Ge*	**As**	**Se**
	Cd	**In**	Sn	**Sb**	**Te**
	Hg	Tl	Pb	Bi	Po

化合物半導体で使用される元素を示した周期律表の一部分

コンやゲルマニウムのような半導体となる元素と同じ電気的性質の等電子性をもつ．表は化合物半導体に使用される元素を示す周期律表の一部分である．単独で半導体となる元素はイタリック体の字で示されており，化合物半導体に用いられる元素は太字で強調してある．製造された化合物半導体はシリコンと類似の半導体特性をもつが，いくつかの重要な実用面における相違点があり，これらの材料は特別な電子素子や集積回路の製造を可能にしている．

化合物半導体は一般には直接遷移エネルギーギャップ*によって特徴づけられ，それは伝導帯と価電子帯*との間に放射遷移が発生できることであり，その結果電磁波放射*がなされる．放射される波の波長はその禁制帯幅*のエネルギー値に関係し，化合物半導体製造には，可視光または光通信に必要な赤外発光に適した禁制帯幅を作成するための合金法も取り入れられている．この材料が発光ダイオード*(LED)や半導体レーザ*に使用されている．

広く使われるIII-V化合物半導体は約890 nmの赤外光を放射するガリウムヒ素*GaAsであり，これと他のIII-V半導体を合金させ1000～1550 nmの範囲を発光するInGaAsPなどの半導体レーザに利用されている．緑，黄，赤色のLEDを生産するには，ガリウムリンGaP，さらに窒化ガリウムGaNとの合金でつくられる．セレン化亜鉛ZnSeのようなII-VI化合物半導体は青色LEDの基礎材料として用いられる．カドミウム水銀テルルCdHgTeは赤外線に感応する特性をもち，熱線画像素子に応用される．ガリウムヒ素とインジウムリンInPはマイクロ波素子，集積回路*にも用いられ，遷移電子素子*，高電子移動度トランジスタ*，さらにヘテロ接合バイポーラトランジスタ*に用いられる．

重ね合わせ superposition ➡ 線形系
加算器 adder

コンピュータ*内部で加算演算を行う回路．全加算器は同一機能をもつ複数段の回路から構成される．各段では加算したい2つの数の対応する桁*の値(2進1桁)の和と，さらに，前段で計算された桁上げ値(2進1桁)との和を演算し，加算結果(2進1桁)および後段のための桁上げ値(2進1桁)を出力する．

半加算器は入力された2つの数(2進1桁)の和だけを計算し，加算結果(2進1桁)と桁上げ値(2進1桁)の2つを出力する．全ての入力パターンに対して正確な演算結果を得るには，半加算器の出力は別の半加算器に正しく接続される必要がある．もし，和を求めたい2つの数がそれぞれx桁の場合，全加算器はx段の回路に対して$2x$個の数値(2進1桁)を入力し，($x+1$)桁を出力する必要がある．

加算合成 additive synthesis ➡ 合成
加算増幅器 summing amplifier

演算増幅器*の回路構成法の1つで(図参照)，多入力 $\nu_1, \nu_2, \nu_3, \cdots, \nu_n$ に対して出力が
$$\nu_0 = -\left(\frac{R_f \nu_1}{R_1} + \frac{R_f \nu_2}{R_2} + \frac{R_f \nu_3}{R_3} + \cdots + \frac{R_f \nu_n}{R_n}\right)$$
で得られる回路．

カージオイドマイクロホン cardioid microphone

同義語：単一指向性マイクロホン(unidirectional microphone)．$(1+\cos\phi)$の指向性パターンを有するマイクロホン*でϕは音波の入射角である．指向性パターンは無指向性マイクロホン*応答(どの方向からの音に対しても1)と8の字特性($\cos\phi$)をもつマイクロホン*の組合せと考えられる．カージオイドマイ

加算増幅器

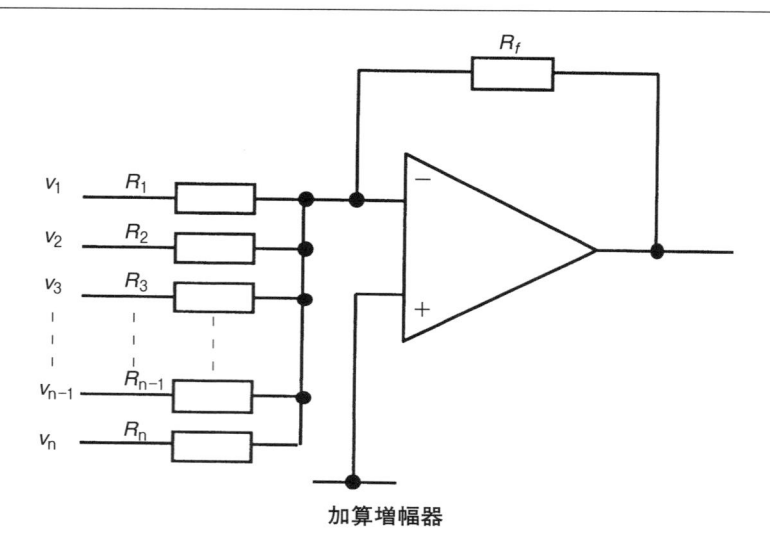

クロホンの指向特性はおおよそ心臓の形（図参照）になるのでカージオイドという名称になっている．マイクロホンの寸法と同じ波長あるいはそれより短い波長の音に対して同様の指向特性をもつようにすることは実際上難しい．

過剰集群　overbunching　→速度変調

画信号周波数　picture frequency

同義語：フレーム周波数（frame frequency）．→テレビジョン

ガス入り電子管　gas-filled tube

ガスあるいは水銀蒸気のような蒸気が十分な量入った電子管*で，電子管の特性は一度電離*が起こるとガスによって決定される．ガス放電管*はガス入り電子管の一種である．荷電粒子が動いて生ずる電離により動作するガス入り電子管は電離箱*やガイガーカウンタ*のような電離放射線の検出器として利用される．

ガスケット　gasket

装置筐体の部品間をつなぎ，導電路を確保す

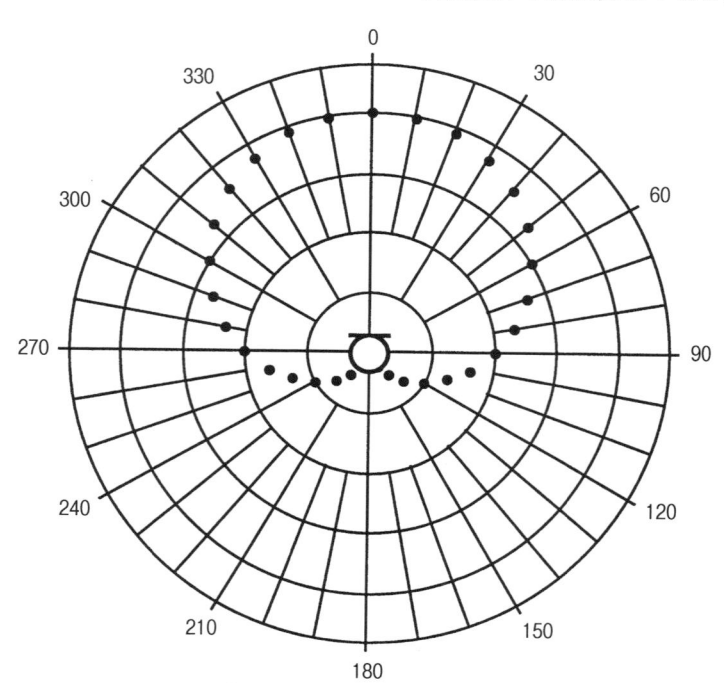

カージオイドマイクロホンの理想的な指向性（図中の数値は角度（°））

るために用いる柔軟性の導電性帯状コード．その部分は安全を確保するため両部分ともにガスケットをしっかり締め，外部から圧力を掛けて電気接触をよくしている．

カスケード　cascade

一連の列状に直列接続された電子回路や電子デバイスの状態．ひとつづきになっていることにより，1つの出力が次の入力となっている．

カスケード制御　cascade control

各々の制御部が後段の制御部を制御するコンピュータ自動制御システム．前段の制御部によって連鎖的に制御が行われる．

カスケード接続　cascade connection

入力段の能動素子の電圧利得を1にさせるなどの動作によって，2つのトランジスタや真空管を直列に接続された2段の増幅器．この接続は，ミラー効果*を取り除くことにより，増幅器の入力容量を最小にする．ミラー効果は電圧利得により1段目の素子の内部帰還容量の影響を倍増させ，高周波増幅を困難にする．この回路方式によりバンド幅の広い増幅や，高速のスイッチングが実現できる．

典型的な構成には，バイポーラトランジスタを用いたベース共通増幅器を負荷にしたエミッタ共通増幅器および，真空管を用いたゲート共通増幅器を負荷としたカソード共通増幅器などが含まれる．いずれの場合も，2段目の能動素子の電流利得は1であるが，1段目の電流利得と2段目の電圧利得のために，対になった素子の総電力利得は単素子のものに匹敵する．この特性はトランジスタの遮断周波数まで保持されている．

ガス絶縁破壊　gas breakdown

ガス入り電子管*で電圧がある電圧に達したとき生ずる絶縁破壊*．ガス中の電子は電界によって加速し，高運動エネルギーをもつ．高エネルギーのために電子はほとんど再結合しないが，電子とガス分子との衝突によってさらに電子が生成される．したがって，増殖効果がガスの急速な絶縁破壊を引き起こす．この過程は半導体のなだれ降伏*と似ている．

ガス増倍　gas multiplication

同義語：ガス増幅（gas amplification）．1. 十分に強い電界中で生成した電子による電子の生成．2. 初期電離に対する全電離の比．

ガス増幅　gas amplification　→ ガス増倍

ガス電極　gas electrode

ガスを吸収あるいは吸着する電極．電解物質と接触してガスが実質的に電極として動作する．ガス電池はガス電極をもっている．

ガス電池　gas cell　→ ガス電極

ガスプラズマスクリーン　gas-plasma screen　→ フラットパネルディスプレイ

ガス放電管　gas-discharge tube

電子管の特性にかなり影響するガス分子を含むガス入り電子管*．通常ガスは電気良導体ではないが，かなり高い電界により電極近傍において分子や原子の電離*を生ずる．これらのガスイオンは電極に引き寄せられ微小電流—前期伝導電流—が流れる．

もし電子管に十分に高電圧を印加すると，ガス絶縁破壊*が生じ，大きな電流が流れる．電子管にかかる電圧は比較的小さな電圧に減少し放電が自続する．電流のしきい値は放電が自続するときの電流である．放電が確立する過程は火花と呼ばれる．放電が自続するために必要な最低電圧は維持電圧である．

電流は電子管内の電子の多重衝突により流れる．電子の衝突は励起，電離および励起原子やイオンが基底状態に戻るときに生成する光を引き起こす．正および負のイオンの再結合も光の放出となる．

この現象は電子管の圧力に依存する．大気圧付近の圧力ではスパーク*が電極間を走る．圧力を減少すると，グロー放電が生ずる．比較的高い圧力でイオンの平均自由行程は短い．陽光柱は陽極付近で，負グローは陰極付近で観測され，電子管の中央は暗い．低ガス圧力では平均自由行程が増大し，陽光柱が電子管全体を満たすまで広がる．グロー放電の色は鮮やかで電子管中のガスの特性である．グロー放電管は発光看板や照明に用いられる．さらに圧力を減ずるとグローの形態に変化が起こる（図参照）．暗部が現れ，電離によって生じた電子が励起のための十分なエネルギーをもち，再結合の確率は小さい．電子管の最大の電圧降下はクルックス暗部にかかる．陽光柱の縞は電子管中で電離と再結合が交互に起こることにより生ずる．非常に低い圧力でクルックス暗部が電子管を覆い，衝突はほとんどない．高運動エネルギーをもつ

ガス放電管

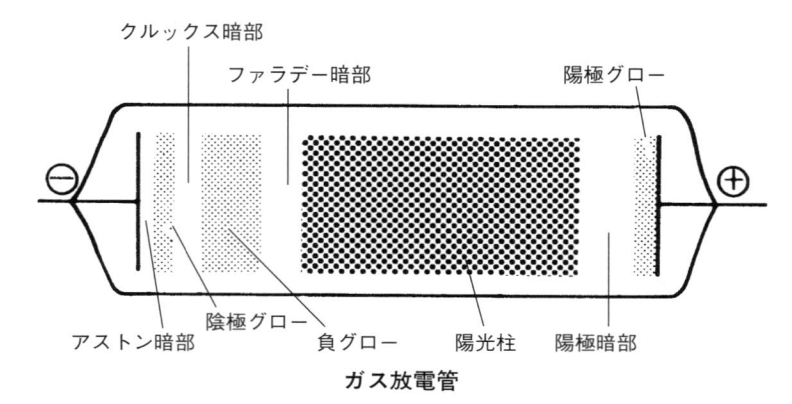

（図：ガス放電管の構造。陰極側から順にアストン暗部、陰極グロー、クルックス暗部、負グロー、ファラデー暗部、陽光柱、陽極暗部、陽極グロー）

イオンは陰極から二次電子放出*を引き起こす（初めは陰極線として知られる）。そして，十分に高い電界で陽極からイオンの二次放出が起こる。非常に高い電界で高エネルギー電子の衝撃により陽極からX線*が放出される。この現象は初期のX線*管に利用された。

もし電極が比較的短い間隔で置かれるとアーク*が生ずる。アークによって発生した熱は陰極から熱電子放出を引き起こし電流密度は非常に高い。アーク放電は広範囲の圧力で生じ，その発光は多くの紫外線を含む。

タウンゼント放電はグロー放電より低い電流密度で生ずる発光放電である。放電管の電圧は電流密度の関数である。低電流密度で，電圧降下は放電管にわたって均一で発光領域は放電管に広がる。

カセグレン給電　Cassegrain feed

ビーム状焦点と利得を改善するために放物面の"鍋"をマイクロ波領域のアンテナとして採用される。そのアンテナは2次反射器と同軸給電が使われる。その原理が図に示されており，アンテナへ給電する長さが傘型給電では本質的に短くなることを示している。

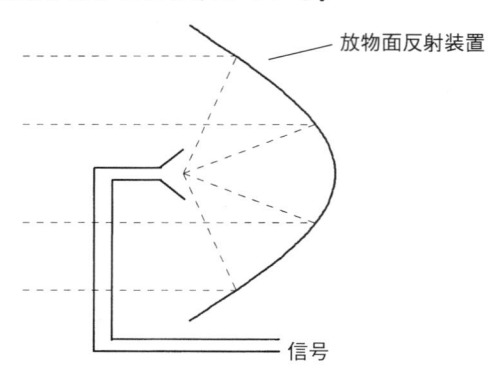

（図：放物面反射装置、信号）

マイクロ波鍋形アンテナへのカセグレン給電

カーセル　Kerr cell

同義語：光学シャッター（electro-optical shutter）. → カー効果

画素　picture element

テレビジョンシステム*において，走査の過程で分解される画面の最小部分。送信側においては，事実上認識可能なビデオ信号を生成する光学像の最小領域に相当する。受信側においては，受像（ブラウン）管の画面上において事実上分解可能な細部の最小面積に相当する。

仮想アドレス　virtual address

同義語：論理的なアドレス（logical address）.

仮想陰極　virtual cathode

熱電子管*の電極間の空間電荷*領域に位置する表面で電位が最小になり，電位勾配が零となる。あたかも電子源のように振舞うと考えられている。

仮想回線　virtual circuit

通信において，メッセージの伝送中異なる物理的な接続によりネットワークの2つのユーザ間の通信が実現される。仮想回路は普通パケット交換*を用いるネットワークで存在する。

仮想記憶　virtual memory

ユーザの論理的なアドレス*を物理的なアドレス*へ配置するメモリシステム。それゆえ，プログラムの一部は物理的なアドレスに留まり，論理的なアドレスとは全く関係がなくなる。

画像雑音　picture noise　→ GRASS

仮想サラウンドサウンド　virtual surround sound

2つのスピーカを使うだけでなく多チャネル音源も使ってサラウンドサウンドを合成する方

法．この方法は，しばしば周囲音*を使うことで2チャネルあるいはそれ以上の多チャネルを結合させるのに適切なHRTF*が使われる．

画像処理　image processing

ある画像表現の1つ以上の側面を修正する処理．特に興味のある特徴について，見た目のコントラストを強調する1つの手法としてしばしば使用される．

画像信号　picture signal

同義語：ビデオ信号（video signal）．→ テレビジョン

仮想接地（バーチャルアース）　virtual earth

仮想的にアース電位であると想定可能な，回路内の節点．この言葉は，反転増幅回路（図参照）内に接続された，演算増幅器*の反転入力（の電位）を表すのによく用いられる．増幅器の出力電圧は

$v_0 = A(v_2 - v_1)$ 　すなわち　 $v_2 - v_1 = v_0/A$

で与えられる．もしAが大きければ，$v_2 - v_1 = 0$であり，つまり仮想的にゼロとなる．

仮想値　virtual value　→ 2乗平均平方根値

画像認識　image recognition

ある画像を自動的に認識する処理．たいていはエッジ強調処理が含まれる．

画像白色　picture white

同義語：白ピーク（white peak）．→ テレビジョン

画像搬送波　picture carrier　→ テレビジョン

加速器　accelerator

原子核の構造や反応の研究のために高エネルギービームを生み出す目的で，電界中で荷電粒子またはイオンを加速するために用いられる機械．ビームのフォーカスや方向を決めるために磁界が用いられる．超高エネルギー荷電粒子ビームは比較的小さな直列の加速電圧装置で達成される．→ 線形加速器；シンクロトロン

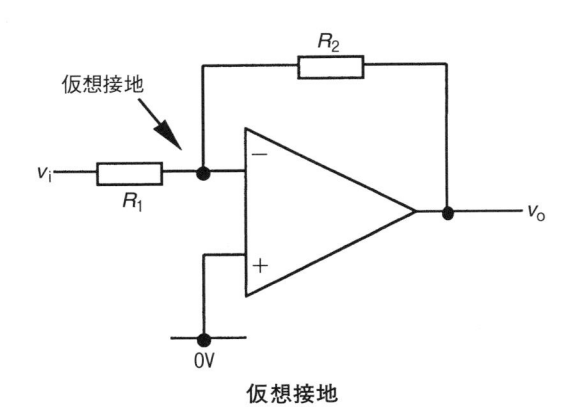

加速寿命試験　accelerated life test

回路あるいは装置の寿命試験*の形．テストの期間が，装置の通常期待される寿命よりかなり短く設定される．このことは通常のモードや欠陥機構やそれに関連する広く使用されているやり方を変えないで，装置に過度なストレスをかけることによって達成される．熱的ストレスが一般に応用されるストレスである．

加速電圧　acceleration voltage

一般的に，荷電粒子のビームを加速する電圧．この用語は，電子ビームがかなり加速される速度変調管のような装置で一般的に使用される．

加速電極　accelerating electrode

電子管*において電子ビーム中の電子を加速する電極．⇒ 電子銃

下側波帯　lower sideband　→ 搬送波

加速陽極　accelerating anode　→ 電子銃

カソードホロワ（陰極接地増幅回路）　cathode follower　→ エミッタホロワ

カソードルミネセンス　cathodo luminescence

物質に陰極線（電子群）を照射したとき，物質から放出される光．その放出光の周波数は照射を受ける物質の特性による．

片側階段接合　one-sided abrupt junction　→ 階段接合

カチオン　cation

正の電荷を運ぶイオンであり，電解液中において陰極に向かって動く，すなわち通常の電流の向きに移動する．⇒ アニオン

可聴周波数　audiofrequency（AF）

健聴者の耳に音として知覚される周波数．実際にはだいたい20～20000 Hzの範囲である．通話システムでは，300～3400 Hzの周波数帯が再生されると，明瞭な発話が得られる．この帯域で動作する増幅器*，チョーク*，変換器*などの電子素子（装置）は可聴域素子（装置）またはオーディオ素子（装置）として知られる．同様に，ひずみ*など，可聴周波数域を含む効果は可聴周波数効果，または音響効果と名づけられている．

仮想接地

可調整マグネトロン tunable magnetron → マグネトロン

楽器ディジタルインタフェース musical instrument digital interface → MIDI

活性度 activity
圧電結晶*中において，励起電圧の最大値に対する発振電圧の最大値の割合．

活性面 active area
半導体素子*中にて，電流が流れ通る金属接触の面，あるいは光が透過する表面．

活性領域 active region
半導体素子*中の特定領域であり，増幅やエネルギー変換などの電気的活動が行われるところ．例えば，バイポーラ接合トランジスタ*のベース領域．

カットオフ cut-off
同義語：消失点（black-out point）．電子素子を通る電流が制御電極*により遮断される点．トランジスタにおいてカットオフの点は，素子の導通におけるベース最小電流である．真空管においては，電流を阻止する負の最小グリッド電圧である．陰極線管では，カットオフバイアスは電子ビーム電流を零に減少させるバイアス電圧のことである．これら全ての場合において，その値は他電極における状態に依存しているが，特定される．

カットオフ電圧（テレビジョンカメラ撮像管の） cut-off voltage (of a television camera tube) → ターゲット電圧

過電圧 overvoltage
1．2つの導線間または導線と接地間に規格の電圧を超えて電圧を印加すること．2．特定な電解液内から任意の電極を用いて水素を発生するとき，その印加電圧が同じ電解液中の標準白金電極から水素を遊離するときに必要な起電力の値を超えること．

過電圧保護 overvoltage release
回路内の電圧が定格設定値を超えたとき，その回路のスイッチや回路遮断器または他の継電装置が動作して回路を保護すること．保護動作を開始する電圧値を過電圧という．⇒ 不足電圧保護

価電子 valence electrons
原子の最外殻（最大エネルギー）エネルギーレベルを占有している電子．結合のような化学的，物理的変化に関係する．

価電子帯 valence band
電子が自由に移動できず個々の原子に束縛されている固体のエネルギー帯．移動可能な正孔*は価電子帯でつくられる．⇒ 伝導帯；エネルギー帯

過電流 overcurrent → 過電流保護

過電流保護 overcurrent release
同義語：過負荷保護（overload release）．回路内電流が定格値を超えたとき，スイッチや回路遮断器または他の継電装置が動作する．保護動作が開始する電流値を過電流という．
継電装置は過電流を感知した後，その装置が動作するまでに遅延時間を設定している．遅延条件にはいくつかの方法がある．定限時遅れ形過電流保護は，過電流の大きさと無関係に既定遅延時間をもたせたもの，反限時遅れ形過電流保護は，過電流の大きさの逆関数に比例して遅延時間を設定したもの，反限時定限時遅れ形過電流保護は，最短の既定遅延時間に達するまでは過電流の大きさの逆関数で遅延時間を設定したものである．⇒ 不足電流保護

可動アンテナ steerable antenna
同義語：統括方向選択性アンテナ（ムサ）(multiple unit steerable antenna (musa))．最大感度の方向（すなわち，アンテナパターン*の主ローブ）が位相調整により可変できる数個の固定アンテナからなる指向性アンテナ*．

可動コイル計器 moving-coil instrument
検流計*に使われる測定計器．動作原理は，可動コイルを流れる測定電流により誘起される磁界と永久磁石による静磁界の相互作用に依存する．この計器は回転できるようになっているコイルが，ある磁束密度の中に置かれ，その回転角が電流に比例するように設計されている．可動コイル計器は相対的に低消費電力で目盛りは等間隔である．永久磁石（ときには電磁石も使われるが）に適当な形状に整形した磁極片を施すことにより適当な磁束密度を発生させている．用途は直流用に限定されるが，適当な整流器を付属させることで交流用にも使用できる（→ 整流形器）．大きな抵抗を直列に挿入すると電圧計*としても使用できる．

可動コイルマイクロホン moving-coil microphone → マイクロホン

図a 吸引型　　　図b 反発型
可動鉄片計器

可動磁気表面メモリ moving magnetic surface memory

動作中に記憶媒質が可動する記憶装置* で，非磁性基板に薄く塗布された磁性体にディジタル情報が記憶される．局所的に小さな領域にある磁性材料の磁化方向は情報によって決まる．記憶された情報を読み出すには，書き込み読み出しを行う小さなヘッド（→ 磁気記録）を高速で回転する記憶媒体に近づけて行う．同じ電磁石が書き込み，読み込みの両方を時分割方式で使われる．

装置の特性ならびに動作速度は基板材料に依存し，基板は曲がりやすいもの，硬いものの両方がある．磁気ディスク*，磁気テープ* は可動磁気表面メモリの代表である．それらは不揮発性メモリであり補助記憶として使用される（→ メモリ）．コンピュータシステムの情報量の増加により磁気テープから磁気ディスクへの移行がおきている．

可動磁石計器 moving-magnet instrument

固定コイルにつり下げられた微小永久磁石とコイルを流れる電流によって生ずる磁束の相互作用を原理とする計器である．この計器は可動コイル計器* とは本質的に動作が反対で磁気の最高点を正確に選ばなければならないという欠点がある．

稼働性（有効性） availability

ディジタル通信システムにおける1つの送信機で可能な通信チャネル数の測度．例えば，稼動性は外線電話を処理できる電話接続数である．

可動鉄片計器 moving-iron instrument

固定された電流を流すコイルと可動軟鉄片の相互作用を利用した計器である．吸引型はコイルを流れる電流による磁束が軟鉄片を吸い付けるように働く（図a参照）．反発型計器はコイルの中に設けた2個の軟鉄片が相互に反発し合う計器である．吸引型，反発型のいずれもコイルの中に鉄片があるので磁極が鉄片の端に現れる．

可動鉄片マイクロホン moving-iron microphone → マイクロホン

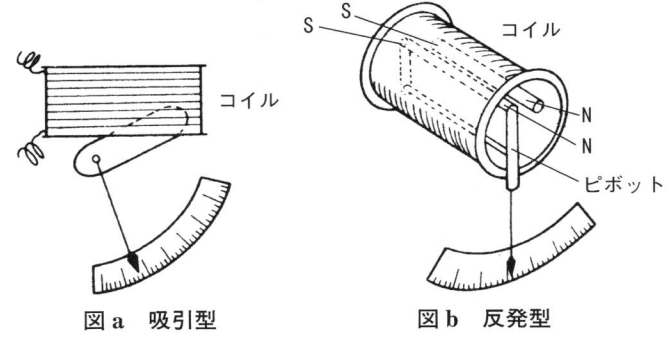

過渡応答 transient response → 過渡現象

過渡現象 transient

減衰振動あるいは電圧・電流のサージなどの現象．システムの動的な状態における急変によって電気システムに発生するもので，通常，比較的短時間で収束する．過渡現象はシステムへのインパルス電圧・電流の印加，あるいは駆動源の除去により発生する．過渡現象の性質は，システム自体に関係するが，その大きさはインパルスや駆動源の大きさに依存する．電子機器，例えば増幅器の過渡応答は，入力の特定の変化の結果として起こる出力の変化である．

過渡現象抑制 transient suppression

配電線レベルの電圧のスイッチングにおける高電圧ノイズを取り除く方法．例えば，家庭用セントラルヒーティングのサーモスタット，さらには冷蔵庫，蛍光灯の始動器などは，抑制を掛けなければ，数マイクロ秒の期間，kVまでのピークをもつ高電圧バーストが発生することとなる．過渡現象抑制器は，問題化しないように，高電圧成分を除去し，また電圧ピークの立ち上がり時間を緩やかにする．過渡現象抑制器は次のようになる．電圧依存の抵抗（VDR）は，印加電圧とともに変化（減少）する抵抗をもっている．それにより，配電線につながる装置を保護するため，高電圧ピークの低抵抗路を

もっている．バリスタは固体のデバイスであり，予め設定された最大値に高電圧ピークを効果的にクリップする．バリスタはVDRより高速動作する．各商標のもとに生産されている．ガス放電管は一対の電極をもつガス入り管で配電線に接続される．高電圧ピークがあるとき，ガスはイオン化*し，その電圧に対して低抵抗路が形成される．これらは，VDRより高速動作をする．

過渡サプレッサ transient suppressor ➡ 過渡現象抑制

ガードタイム guard time

1．時間分割多重アクセスにおいて，2人のユーザが伝送している間の干渉を防ぐために，伝送に使用しない時間．2．直交周波数分割多重（OFDM）において，2つのシンボルの間の干渉を防ぐために，伝送に使用しない時間．

ガードバンド guard band

2つの近隣の周波数帯の間で相互干渉を最小にするために，使用しないで空のままにする周波数帯．

カドミウム電池 cadmium cell ➡ ウェストン標準電池

過渡抑制器（過渡サプレッサ） transient suppressor ➡ 過渡現象抑制

ガードリング guard ring

均一電界を確保するために，そして絶対電位計や標準コンデンサの有効体積を決定するときに用いられる素子．小さな極板とそれを同一平面上に取り囲んだ金属電極板からなり，2つの電極間には狭い空隙がある．図はガードリングR-Rで囲まれた極板Aとそれに平行した接地極板Pの間の電気力線を示す．電極端の電界の乱れはガードリングR-Rのみに影響する．同様の補助電極の形の素子は半導体素子や真空管によく利用される．

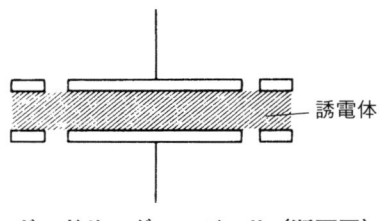

ガードリングコンデンサ（断面図）

ガードリングコンデンサ guard-ring capacitor

端効果を少なくするためにガードリング*を用いた標準コンデンサ（図参照）．ガード井戸コンデンサは特殊な形のガードリングコンデンサで0.1 pF以下の静電容量に用いられる．この型のガードリングは電極部分を正確に配置するためパイレックス製の円板を組み込み，その表面に円盤の電極とそれに同心状の円環電極（ガードリング）を形作る．

カートレコーダ cart recorder ➡ グラフ計測器

ガドン・ポール効果 Gudden-Pohl effect

電場を印加したとき，事前に紫外線照射を受けた燐が過渡的に発光をする現象．

加入者回線 subscriber's line

電話または通信システムにおいて，ユーザ装置に接続する通信回線またはチャネル．

加入者設備 subscriber station ➡ 電話

加熱コイル heat coil

コイル温度を検出し，それによるスイッチ動作が可能なコイル（➡ 電流の発熱効果）．このコイルは，コイルに流れる電流が設定上限値を超えて上昇した場合に，回路を遮断する保護素子として多くの場合使用される．

加熱深さ heating depth ➡ 誘電加熱

カバレージエリア coverage area

携帯電話などの通信システムにおいて，送信機からの信号がそのシステムにとって使用可能

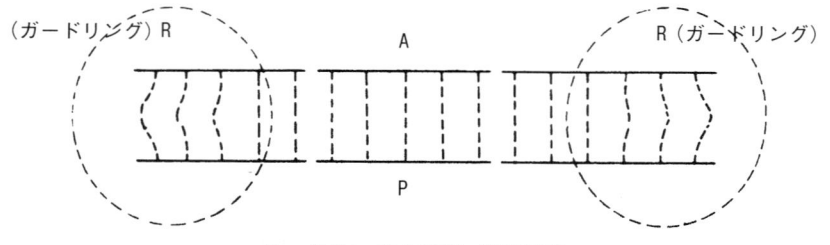

ガードリングの原理（断面図）

であると想定される地域．サービスエリア．

過負荷　overload

電気装置，電気回路，電気機械またはその他の装置の出力端につながれた任意の負荷*が各装置の定格出力を超えて動作する状態をいう．過負荷状態は過負荷値と定格値との差の値で表す．これは定格値に対し％で表すことに等しい．装置が過熱や波形ひずみを伴って不完全に動作している状態を過負荷レベルといい，装置に対し永久物理破壊に達する直前の最大許容負荷値を過負荷容量という．

過負荷管理　overload management

電話や遠隔通信システムにおいてサービスやチャネルの容量を超える要求のピークを処理する手法．過負荷管理の共通の手法には選択的な遅延，品質低下，呼の廃棄などがある．

過負荷保護　overload release　➡ 過電流保護

過負荷容量　overload capacity　➡ 過負荷

過負荷レベル　overload level　➡ ダイナミックレンジ；過負荷

可変インダクタンスゲージ　variable inductance gauge

同義語：電磁形ひずみゲージ（electromagnetic strain gauge）．➡ ひずみゲージ

可変インピーダンス　variable impedances

インピーダンス値を変化できるように調節可能にしたコンデンサなどのインピーダンス*．調節の方法としては，可動接触を用いたり，素子の大きさを物理的に調節することが通常行われる．

過変調　overmodulation　➡ 振幅変調

可変抵抗ゲージ　variable resistance gauge

同義語：抵抗形ひずみゲージ（resistance strain gauge）．➡ ひずみゲージ

可変容量ゲージ　variable capacitance gauge
➡ ひずみゲージ

カーボンマイクロホン　carbon microphone

圧力により炭素粒の接触抵抗が変化することを利用したマイクロホン*．カーボンマイクロホンには電話機の送話器をはじめ何種類かのタイプがある．音圧の変化は振動板を通して炭素粒に伝わり，抵抗の変化が炭素粒を流れる電流に揺らぎを発生させる．

紙コンデンサ　paper capacitor

中程度の損失および中程度の容量安定性をもつコンデンサであり，高電圧の交流および直流用として使用される．このコンデンサは薄紙でアルミニウム箔を挟んでともに巻き込んで製造する．紙の含有水分は適切な油や油脂を浸透させることで取り除いている．金属化紙コンデンサ*は，アルミニウム電極の替わりとして金属を蒸着させた薄膜を用いている．

カラーキラー　colour killer　➡ カラーテレビジョン

カラーコーダ　colour coder　➡ カラーテレビジョン

カラーコード　colour code

抵抗のような電子部品に，使用者のために情報をマークする方法．値，誤差，定格電圧などの部品の特性値を部品上にカラーバンドないし，カラードットで塗装して表示する．➡ 表2

カラー受像管　colour picture tube

カラーテレビジョン*においてカラー画像を発生するように設計された陰極線管*の一種．カラー画像は，光の三原色である赤，緑，青を出す3つの異なる蛍光体*の励起強度を変えることでつくり，加色法により，画像の元のカラーを再構成する．

三電子銃のカラー受像管は，赤の電子銃，青の電子銃，緑の電子銃がスクリーンの直前で電子ビームが交差するようにわずかに傾いている3つの電子銃*の構成からなる．各電子ビームは，専用のフォーカス用電子レンズシステムをもっており，3組の蛍光体の1つに向かう．いくつかのカラー受像管の型がある．主たる差異は電子銃の配置とスクリーンの蛍光体の配列である．

主要な型はドットマトリクス受像管で，その一例はカラートロンである．これは，電子銃の三角配置（デルタガン型）と，カラードット三角形配置としての蛍光体をもつ（図a）．各電子ビームが正しい蛍光体を励起することを保証するため，金属シャドウマスクが，電子ビームの交差する平面にあるスクリーンの背後に接触して置かれる（図b）．このマスクは電子ビームに対して物理的な遮蔽である．それは，1つの位置から次の位置へ順に進めていくこと，間違った蛍光体の励起による間違った色の発生を最小限にすることを行うからである．

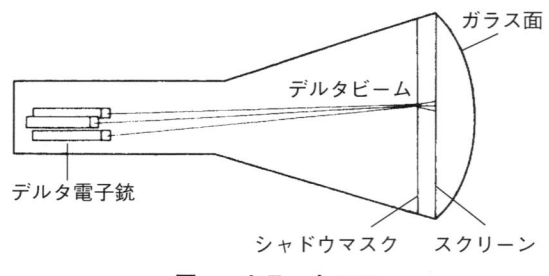

図a カラートロン

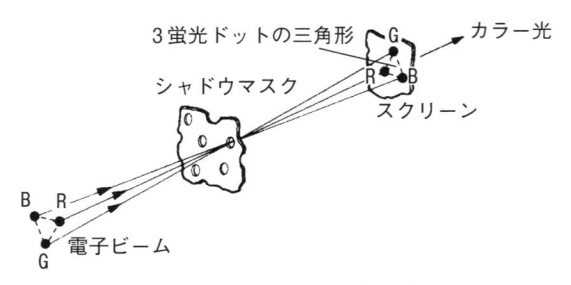

図b カラートロンの光の発生

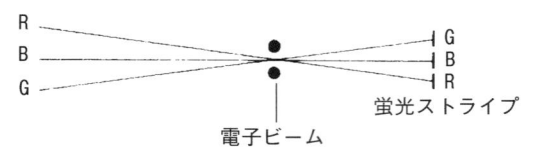

図c スロットマトリクス管：電子銃の水平配置

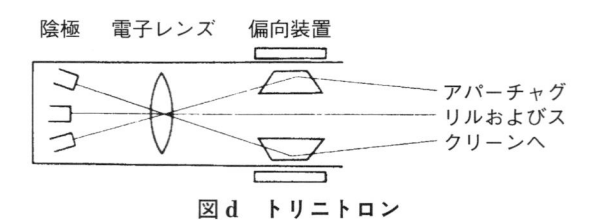

図d トリニトロン

　三電子銃のカラー受像管の他の主な形式はスロットマトリクス管であり，それは水平ラインに配置（インライン型）された電子銃をもっている．蛍光体個々はスクリーン上，垂直方向の帯状であり（図c），シャドウマスクは垂直方向の穴あき（網状）線材である．この型は，ビームの焦点調整に利点があるが，電子銃の三角配置に比べ視野角が狭い．

　トリニトロンは，三電子銃受像管に対して利点があるカラー受像管の一種である．1個の電子銃が，水平に揃った3つの陰極，アパーチャグリル，縦縞の蛍光体とともに設けられている．陰極は，電子ビームが2度交差するように，その中心に向かって傾いている．1つは電子レンズの焦点調整システム内で，他はアパーチャグリルのところで交差する（図d）．このことにより，1個のレンズシステムが3つの全ビームの代わりに使用され，部品点数が減る．したがって，このシステムは，三電子銃型に比べたいへん軽量で安価である．電子銃のレンズの有効直径はより大きく，3つのビームの焦点調整はよりシャープである．

　電子ビームはスクリーンを横切る際に，電子ビームのコンバーゼンスの不具合が，スクリーンの中央から離れるに従い増える．電子銃の水平配置において，コンバーゼンスの不具合は，三角配置で起きるように，線と電界方向（→テレビジョン）の両方というより線に沿って起こる．トリニトロンの3陰極配置は，3電子銃配置よりも大きなレンズアパーチャを有する

が，同じスクリーンサイズに対して電子管の直径はトリニトロンで小さくなる．

　トリニトロンの陰極線管は複数電子ビームを必要とする応用に使用可能である．比較的広い角度のカラー受像管すなわちカラーテレビジョン受像機全体における相対的サイズを減少させるためには，管の角度は増加する．

　受像管のスクリーンのカラー画質は，特にビームの動コンバーゼンスとカラーセルのサイズに依存する．スクリーンに交差する3つの電子ビームの掃引は，トランスミッタ，すなわちフライバック信号が消えることに同期してのこぎり波形*が印加される偏向コイルのシステムに影響される．付加コンバーゼンスコイルは，シャドウマスクすなわちアパーチャグリルにおいてビームの正しいコンバーゼンスに頻繁に使用されている．動的な焦点システムがまた使用される．そこでは，コンバーゼンスコイルに印加される電圧が自動的にスクリーン上の輝点の相対位置に応じて変化する．これは，コンバーゼンスの不具合を最少化する．

　カラーセルの大きさは，スクリーン上で三原色のセット組みをもつ最小の領域である．より小さいカラーセルは，三角配置でも可能ではあるが，水平に揃った電子銃あるいは陰極での方法で得られている．

ガラス化　glassivation　→ パッシベーション
カラーセル　colour cell　→ カラー受像管

カラーデコーダ colour decoder ➡ カラーテレビジョン

カラーテレビジョン colour television

　カラー影像をスクリーンに映し出すテレビシステム．➡ カラー受像管．追加のカラー再生過程は幅広いカラーを生み出すために3つの基本的な色（赤，緑，青）をスクリーン上で目により混ぜ合わせる．像の見かけ上の色は3つの基本的な色の強さに依存し，適当に調整することによりテレビ受信機*では伝送された場面の元の色を近似する．

　3つの分離された映像信号は色ごとにつくられる（➡ テレビカメラ）．3つの信号からコンポジット信号をつくり，放送されテレビカラー受信機により受信される．受信機はコンポジット信号から元の映像信号を抜き取り，スクリーン上の赤，緑，青の蛍光体を励振するため3つの電子ビーム強度を変調する．

　カラーテレビジョンで伝送されたコンポジット信号はモノクロテレビ受信機と両立することが必要である．そのためコンポジット信号は輝度信号と色信号から構成される．輝度信号は明るさの情報を含んでおり，3つの色信号を結合して得られ，映像搬送波を振幅変調するために用いられる．これは白黒像をつくりだす．カラー情報はモノクロ信号にほとんど妨害を生じさせないように選ばれた副搬送波を用いて送られるクロミナンス信号に含まれている．クロミナンス信号はカラーコーダで和信号と差信号としてビデオ信号の決められている特定の一部分を組み合わせて得られる．2つのクロミナンス信号の直交*分がつくられ色副搬送波を振幅変調する．副搬送波は伝送時には抑圧される．元の色情報は受信機のカラーデコーダによりクロミナンス信号から抽出される．輝度とクロミナンスチャネルの両方を共有する周波数の重なりは伝送周波数範囲内にある．

　コンポジットカラー信号は輝度信号とクロミナンス信号を含み，またカラーバースト信号と同様にラインとフィールド走査のための同期パルスを含んでいる．カラーバーストはクロミナンス信号を復調するために用いられる位相と振幅の基準となる信号である．カラー受信機ではクロミナンス回路は白黒信号が受信されたときにはカラーキラーにより無効にされる．このこととは輝度信号はブラウン管に達し，カラー信号は阻止することを意味する．

⇒ PAL；SECAM；NTSC；テレビジョン；カラー受像管；テレビカメラ；撮像管

カラートロン colourtron ➡ カラー受像管

カラーフリッカ colour flicker ➡ フリッカ

ガリウムヒ素 gallium arsenide

　記号：GaAs．等量のIII族の元素ガリウムとV族の元素ヒ素（➡ 周期律表）からつくられた化合物半導体．この結晶の半導体材料は直接遷移禁制帯幅*をもち，伝導帯構造は高電子移動度*および飽和速度という特徴的性質があり，それによりガン効果*も示す．ドープをしてないまたは真性*な状態では，GaAsは高抵抗率であり，これらのことから高い周波数用のトランジスタや集積回路における半絶縁性基板として利用できる．GaAsは，MESFET*，HEMT*およびHBT*などのマイクロ波トランジスタ用，およびモノリシックマイクロ波集積回路*（MMIC）用の主材料として使用される．GaAsの材料としての長所がこれらの周波数における応用においてシリコンよりも勝っている．直接遷移禁制帯幅は発光ダイオード*（LED）や半導体レーザ*などのオプトエレクトロニクスの応用分野に活用されている．

カルノー図 Karnaugh map（K-マップ（K-map））

　二値情報を表にしたもので，関数の簡略化を容易にする表現法．n変数からなる関数に対し$2n$個の隣接するマス目のデータはブール代数の等価関係
$$ABC+ABC'=AB(C+C')=AB$$
を使ってグループ化される．ここで，C'はCの補数（または否定）である．マス目の符号化は1ビットしか違っていない任意の隣接するマス目に対して行われる（➡ グレイコード）．3変数カルノーグラフを表に示してある．

C \ AB	00	01	11	10
0	$A'B'C'$	$A'BC'$	ABC'	$AB'C'$
1	$A'B'C$	$A'BC$	ABC	$AB'C$

3変数カルノーグラフ

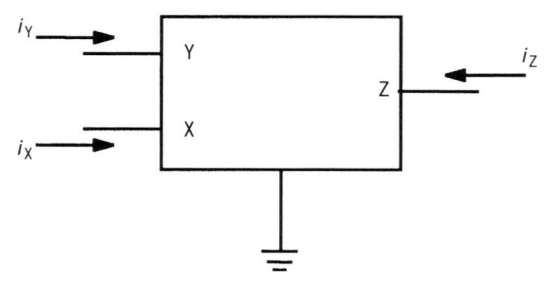

カレーホースタブリッジ Carey-Foster bridge

非常に近い値をもった抵抗の間の抵抗の差を測定するホイートストンブリッジ*の改良型．抵抗はブリッジの比較辺に置かれ，平衡点はスライドワイヤ上で見つけられる．抵抗はその後スイッチされ新しい平衡点が見つけられる．抵抗値の差は，平衡点の間の距離に比例する．

カレントコンベア current conveyor

電流制御を用いてアナログ信号処理関数を実行するために利用する四端子能動素子．素子は2つの電圧モード回路で用いられる演算電圧増幅器*，OPアンプとして考えることができる．カレントコンベアは図に示される．第一世代のカレントコンベアCCIは次のように動作する．端子Xへの電流入力は他の「入力」端子Yに同一の電流を流す．これらの入力は低インピーダンス入力である．入力電流はまた出力端子Zへ伝えられる．この端子は高インピーダンス電流源*出力である．第二世代のカレントコンベアCCIIはその後改良され，端子Yに電流が流れないことを除いて同じである．これはよりいろいろな目的に使用できる素子であることがわかってきた．

カレントミラー回路 current mirror

この回路は制御部と出力部の2つの電流を通じる回路をもち，その片側の回路（出力）に流れる電流が鏡に映したようにもう一方の回路（制御）を流れる電流に等しくなるようにさせている．最も単純なカレントミラー回路は2個のトランジスタで構成され，図示の回路側はバイポーラ接合トランジスタ*を用いている．

2個のトランジスタのベースとベースおよびエミッタとエミッタがともに接続されているため，それぞれのベース・エミッタ間電圧は等しくなる．2個のトランジスタが同じ特性であるなら，それぞれのコレクタ電流も等しくなる．入力（制御）側のトランジスタはベースとコレクタ間が接続されており（ダイオード接続トランジスタ），このためベース・エミッタ間の電圧はダイオード特性から定まる明確な値になっている．カレントミラー回路の出力は，出力側となる次段のトランジスタのコレクタ負荷に流れる電流であり，コレクタの特性である高インピーダンスの電流源として動作し，その電流値は負荷による影響を受けにくい．

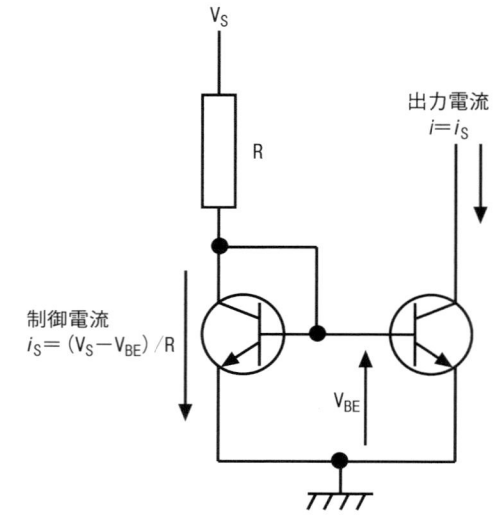

高度で複雑なカレントミラー回路が開発されており，その電流値の負荷による依存を極めて少なくしたものが考案され，その例がウィルソンカレントミラー回路である．

簡易磁石 simple magnet → 永久磁石

間欠発振器 squegging oscillator

出力が周期的にピーク値に達し次にゼロになるような発振回路の電気的条件を変える型の発振器．ブロッキング発振器*は間欠発振器の1つの特別な型式であり，例えばレーダシステム*のパルス発生器*として用いられる．

Gunn効果 Gunn effect

1963年J.B.Gunnが見出した強電界下のn形GaAsに生じるマイクロ波発振現象．GaAsは結晶構造に起因した2種の伝導帯をもつ．それらは，①エネルギー値が低く，電子の移動度が大きい伝導帯，②他のもう1つの伝導帯はサブバレーと呼ばれ①よりもエネルギー値がΔE

=0.36eV 高く，この帯中の電子の移動度は①よりも小さい．素子に直流電界を印加すると，伝導帯①中の電子は陰極側から出発し，電界により加速されて速度を増して陽極へ向かう．電界の強さが臨界値（約3KV/cm）を超えると加速された電子は $\varDelta E$ よりも大きな運動エネルギーを得て，②のサブバレー中に遷移する．サブバレー中では移動度が小さくなるために電子の速度は低下し，その部分に電子密度を高め集群した負の空間電荷層が形成される．これと同時に集群した電子の前部（陽極側の部分）では電子の密度が減じたために正の空間電荷層がつくられる．これら正負の空間電荷層は電気二重層を形成しており，これをドメイン*と呼ぶ．ドメインは陽極に向かって移動する．素子中にドメインが発生すると電界がここに集中することになり負性抵抗を生じ，ドメインの形成を進め，他所での新たなドメイン形成はできない．ドメインが陽極に達し吸収されてパルス状の電流が外部回路に流れる．その際，新たなドメインが陰極部で発生し陽極に向かう運動を始め，ドメインの発生と吸収を繰り返すこととなり，連続したマイクロ波発振電流が発生継続される．

感光記録 photosensitive recording ➡ 録音

感光性 photosensitivity

主に電磁スペクトルの紫外，可視，または赤外領域の電磁波照射に呼応する性質．物理的にも化学的にもいろいろな反応が観測できる．➡ 光導電；光電効果；光電離；ホトレジスト；光起電効果

感受率 susceptibility

1. 同義語：磁気感受率．記号：χ_m．次の式で表す無次元量．

$$\chi_m = \mu_r - 1$$

ここで μ_r は材料の比透磁率．磁気感受率は材料の磁界応答性を表し，次のように磁化の強さ*M と磁界の強さ*H の比で表される．

$$\chi_m = M/H$$

χ_m がテンソル量のとき，M は H と同一方向にはならない．それ以外のとき，χ_m は実数である．結晶性材料の χ_m は異方性効果により結晶軸と磁界の方向に依存する．χ_m の値は非常に広範囲な値をもち，反磁性体は負の小さな値を，常磁性体*は正の小さな値を，強磁性体は印加する磁界の強さ*に依存する非常に大きな値（1以上の値）をもつ．

2. 同義語：電気感受率．記号：χ_e．次の式で表す無次元量．

$$\chi_e = \varepsilon_r - 1$$

ここで ε_r は材料の比誘電率*，電気感受率は誘電体の分極を測定して求める．その値は次の式で表す．

$$\chi_e = P/\varepsilon_0 E$$

ここで P は誘電体の分極の強さ*，E は電界の強さ，ε_0 は真空中の誘電率である．

干渉（妨害） interference

妨害波により引き起こされた通信システムにおける信号の乱れ．電波の受信における妨害の原因は電気機器，特に整流子電機，放電管をもつ装置の影響である．テレビジョン信号周波数は自動車の点火システムから厳しい妨害を受ける．

前記のような人工雑音は通常原因となる装置に特殊な部品を用いることにより除去できるが，電離層の変動など自然現象により発生する妨害は容易には防ぐことはできない．近年の無線システムでは周波数が同一の無線システムを使用する他の装置により引き起こされる．これはチャネル干渉という．

干渉性フェージング interference fading ➡ フェージング

干渉性放射 coherent radiation

波動の位相が時間的にも空間的にも揃っている波の放射．干渉発振器はレーザ*のように純粋に定義された発振を生ずる装置．

環状ネットワーク ring network

ディジタル通信ネットワーク，特にローカルエリアネットワーク*で，閉ループとなるネットワーク．リングに接続した各々の装置は直列に接続されているので，ループの両側に接続する．

干渉発振器 coherent oscillator ➡ 干渉性放射

関数発生器 function generator

1. 広い周波数範囲で，いろいろな波形を生成する信号発生器*．2. 独立変数の入力で特定された関数値に相当する出力を生成するアナログコンピュータの装置．

慣性スイッチ　inertia switch
　速度に急激な変化を生じた場合に作動するスイッチ*.

間接光線　indirect ray　→ 間接波

間接遷移半導体　indirect-gap semiconductor
　シリコンのように価電子帯*の最大エネルギーの位置と伝導帯*の最小エネルギーの位置が運動量空間*において一致しない半導体. ⇒ 直接遷移半導体; エネルギー帯

間接波　indirect wave
　同義語: 間接光線 (indirect ray); 反射波 (reflected wave). 送信機から受信機に直接伝わらず電離層により反射される送信波の一部. → 電離層. ⇒ 地上波

間接光導電　indirect photoconductivity
　同義語: フォノン関与光導電 (phonon-assisted photoconductivity). → 光導電

完全変圧器　perfect transformer
　同義語: 理想変圧器 (ideal transformer). → 変圧器

完全誘電体　perfect dielectric　→ 誘電体

ガンダイオード　Gunn diode
　同義語: 移行型電子素子 (transferred electron device).

乾電池　dry battery　→ 電池 (battery)

乾電池　dry cell　→ 電池 (cell)

感度　sensitivity
　1. 一般的には, 入力の単位変化に対してその素子の出力に現れる変化量. 2. 指定の測定量の変化によって測定器に表れる表示値またはメータの振れの大きさ. 通常はフルスケールの振れに必要とする測定量の大きさが採用される. 3. 弱い入力信号に応答する無線受信機*の能力. 特に指定されたS/N比の条件のもとで指定出力値を生ずる受信機の最小信号入力値.

緩動遮断スイッチ　slow-break switch
　手動操作スイッチであり, 動作の速さは操作ハンドルやレバーを動かした際の速さに依存する.

ガンマ線　gamma rays (γ-rays)
　非常に高い周波数の電磁放射で, 核遷移の過程にある放射性元素が自然放出をしたり, 素粒子と反粒子が消滅する核反応時に発生するもの. 放射性物質によって放出するγ線の波長は, それに含まれる放射性同位体の特性によって, 約4×10^{-10}mから5×10^{-13}mまでである. ガンマ線は電磁スペクトルの極端に短い波長端に位置しているが, 最近の高電圧発生器ではこれらのガンマ線よりさらに短い波長のX線を発生することができる.
　ガンマ線は電界や磁界中で偏向することはできない. ガンマ線の浸透の深さはそれらの波長に対応したエネルギーの値で制御できる. ガンマ線のエネルギーは通常eV*で表し, その大きさは, ガンマ線が発生する光電子の最大エネルギー値または結晶格子の回折を利用して測定する.

緩和時間　relaxation time
　記号: τ (タウ). 1. 誘電体中のある場所における誘電分極*が, 誘電体の電気伝導によってはじめの値からその$1/e$の値に低下するまでに要した時間. 2. 導体または半導体において, 荷電キャリヤが走行を始めてから散乱されて運動量を失うまでの走行時間.
3. 電子スピンが磁界中で散乱され, その方向を変えるまでに要した行程時間.

キ

記憶装置 storage device

物理的または化学的方法によって情報を保持する装置．この用語は，二進数の形で常に情報を保管するコンピュータ内のメモリ*に対して特に用いられる．

記憶容量 storage capacity, memory capacity ⇒ メモリ

ギガ giga-

記号：G．1．単位の前に付ける接頭語で，その単位の 10^9 倍を意味する．1 GHz は 10^9 Hz に等しい．2．コンピュータ関連で用いられる接頭語で，2^{30}（つまり 1,073,741,824）倍を意味する．1 ギガバイトは 2^{30} バイトに等しい．

機械コード machine code

ある特定のコンピュータの命令セット*を表す2進符号*．機械語コードの命令セットはコンピュータの設計者によって定義され，選択されたアーキテクチャの制約を受ける．

幾何光学 geometric optics

非常に短い波長をもつ波の伝搬を計算する方法．一連の光線は一光源または多数の光源から直線状に伝搬するとみなす．光線が障害物の表面に遭遇すると，その光は表面で反射し新しい方向に伝搬する．多数の光源の効果は個々の計算の集まりで求めることができる．三次元コンピュータグラフィクスを用いた現実的画像作成の技術に幾何光学はよく使われる．考察下の波動の波長が大きくなるにつれ幾何光学による計算結果の信頼性は失われていく．⇒ 回折の幾何学理論

帰還 feedback

エネルギー変換装置の出力エネルギーの一部を入力に帰還するプロセスのことである．帰還信号を入力に戻す回路がベータ回路である．出力信号をつくりだし能動素子をもっている回路がミュー回路である．

トランジスタ*のような能動素子の場合，フィードバックがないときのゲインを A とすると出力電圧の β 倍が入力に帰還されているとき，電圧帰還がなされているという（図a）．このとき出力電圧は

$$V_o = A(V_i + \beta V_o)$$

となる．フィードバック結合の総合ゲインは

$$\frac{V_o}{V_i} = \frac{A}{1-\beta A}$$

である．

もしも β が負であるとき，帰還電圧は入力電圧とは逆移相となり，これを負帰還という．装置の総合ゲインは小さくなるが，出力の中のノイズ*やひずみ*はそれに対応して小さくなる．もしも $(-\beta A)$ が1に比べて非常に大きいならば，総合ゲインは $1/\beta$ になり，ミュー回路を構成する要素に依存しなくなる．このように動作するようにした増幅器は非常に安定であり，動作条件の多少の変化に対して特性は変動しない．

もしも β が正であるなら，帰還電圧は入力電圧を増強するが，この状態は正帰還である．装置の総合ゲインは大きくなる．もしも $(-\beta A)$ が1に等しいかそれより大きくなると出力電圧は入力電圧とは無関係となり，発振が起こる．回路に対して $(-\beta A)$ がちょうど1に等しくなる点を発振開始点という．このとき回路全体は実質的に負性抵抗*になったと考えることができる．

電流帰還は負荷への出力電流の一部を入力に戻す帰還の一形態である（図b）．実質的な出力電流は次式となる．

$$i_o = A(i_i + \beta i_o)$$

また総合ゲインは次のようになる．

$$\frac{i_o}{i_i} = \frac{A}{1-\beta A}$$

電圧帰還の場合と同様に解析することができる．

多段増幅器において帰還はそれぞれ個々の増幅段に適用することができる（局部帰還）し，構成する装置間に適用することもできる（多段帰還）．入力点における帰還の位相は帰還回路に導入されるリアクタンスによって入力に対して正確にその関係が維持される．容量性帰還は1個または複数個のコンデンサを用い，誘導性帰還は自己インダクタンスまたは相互インダクタンスが用いられる．

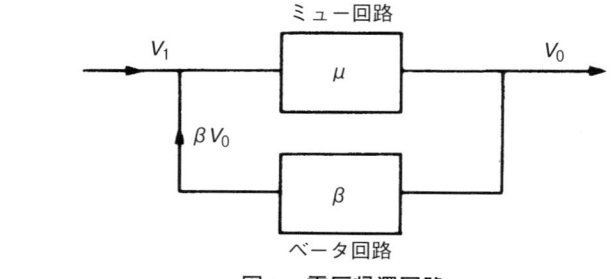

図a　電圧帰還回路

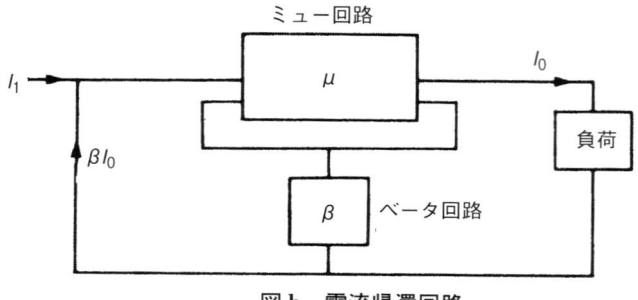

図b　電流帰還回路

　帰還はまた制御システムでも使われ，制御量の一部が帰還され，必要な訂正信号がつくられる．→帰還制御ループ．⇒発振器

帰還制御ループ　feedback control loop

　種々の制御システム形の中で使われる制御手法の1つで，システム出力の一部を入力回路に帰還し，出力が目標値に追従するように制御する（図参照）．

　ループに加えられる外部信号がループ入力信号である．制御ループによって出力される制御量がループ出力信号である．入力回路に帰還される信号がループ帰還信号である．帰還信号は入力信号に加えられ，ループ操作信号を生成し出力である制御量をつくりだす．ループ入力とループ出力の間の信号伝達経路が総合伝達経路である．ループ操作信号とループ出力の間の経路が前向き伝達経路である．

　前向き伝達関数は操作量と制御量の間を関係づける数学的関係である．操作信号の値は制御量と目標値の差であるループ誤差でつくられ

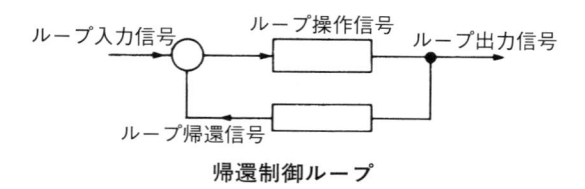

る．駆動伝達関数はループ入力信号とループ操作信号の間の関係である．誤差伝達関数はループ誤差とループ入力信号の間の関係である．ループ帰還信号とループ入力信号は望ましい伝達特性機能をもつように適切な手法で混合される．多くのシステムでループ誤差はループ操作信号として使われる．→制御系

帰還発振器　feedback oscillator　→発振器

企業内ネットワーク　Intranet　→イントラネット

聞き分けられる漏話　intelligible crosstalk　→漏話

記号　symbols

　電子工学で使用される記号では，後付けの表を参照のこと．表1（図記号），表4（電磁気量），表5（基本定数），表6-9（基本SI単位）．

疑似アンテナ　dummy antenna

　米では人工アンテナ*という．

疑似雑音系列　PN sequence

　短縮語：疑似雑音系列（pseudonoise sequence）．→ディジタル符号

基準アドレス　base address

　コンピュータのメモリ*において，データの単位（ブロック）の記録開始部を指定しているアドレス*（番地）．つまり各配列の基準アドレ

帰還制御ループ

スは最初（もしくは0番）の素子となる．基準アドレスは相対アドレスモード*が使用される際に用いられる．

基準発振器　timebase generator
同義語：掃引発振器（sweep generator）．
➡ 時間基準

基準レベル（パルスの）　base level　➡ パルス

起磁力　magnetomotive force（m. m. f.）
記号：F_m，単位：A；アンペア回数．閉ループでの磁束密度*Bの線積分を磁気定数μ_0で割ったもの
$$F_m = \mu_0^{-1} \oint B \cdot dl$$
で与えられる．これは，閉ループを1周する間に鎖交した全伝導電流に等しい．もし，閉ループが電流Iを取り囲むならば，F_mの値はIを周回するごとに増加する．すなわち，一価である起電力と違って，F_mは多価である．

寄生インダクタンス　parasitic inductance
回路，装置，またはシステムで好ましくないインダクタンス．これは低周波で特に有害である．

寄生振動　parasitic oscillation
増幅器*あるいは発振器*で生ずる好ましくない電気振動．この振動周波数は設計された回路の周波数よりも非常に高いものとなる．それは接続線の浮遊インダクタンスおよび浮遊容量と内部電極の容量によって周波数が決まるからである．

寄生振動防止器は回路内に取り入れられ，発生する寄生振動を抑える．それは一般に装置の入出力回路に入れられる抵抗である．この防止器はそれが組み込まれている回路の特殊な部分から名前が由来している．例えば陽極振動防止器は陽極*に接続されている．グリッド振動防止器はグリッド*に，ベース振動防止器はベース*に接続されている．

寄生振動防止器　parasitic stopper　➡ 寄生振動

寄生容量　parasitic capacitance
回路，装置，システム，その他で好ましくない容量で，回路接点と大地との間に浮遊容量*をつくる．これらの浮遊容量は高周波で，しかも高いインピーダンス節点をもっているときに特に有害である．➡ 節

帰線　return trace
同義語：フライバック（flyback）．➡ 時間基準

帰線消去レベル　blanking level　➡ テレビジョン

気相エピタキシ　vapour phase epitaxy（VPE）
最も一般的なエピタキシ*の方法．基板上へ堆積させる材料は，炉内でガス状態に過熱される．基板は，凝固点以下の温度状態におかれる．ガス分子が基板へ到達して，基板表面で堆積し，基板結晶構造に複製される．堆積炉内の状態は，基板と生成材料の双方によい状態になるよう温度や圧力が調整される．⇒ 化学気相堆積

基底状態　ground state
エネルギー準位*の最下位の状態．基底状態より高いエネルギー状態にあるとき，その準位を励起状態と呼ぶ．発光や半導体を含む多くの現象は，励起状態にある系ごとに異なる．

輝点　spot
1. 陰極線管のスクリーン上において電子ビームの衝突によって直接影響を受ける点や近傍．2. 陰極表面の局部欠陥．

輝点（スポット）スピード　spot speed
1. テレビ画像における走査線における輝点の数と毎秒の走査線数の積．2. ファクシミリ通信*において毎秒走査または記録されたスポット数．

帰電流　return current
同義語：反射電流（reflected current）．➡ 反射係数

帰電流係数　return-current coefficient　➡ 反射係数

起電力　electromotive force [e. m. f or EMF]
記号：E；単位：V．回路に電流を流す源である電気エネルギー源．回路中の電位差の代数和は起電力に等しい．起電力は単位電荷が回路を完全に一回りするときに消費するエネルギーによって測定される．起電力Eの電池は，外部抵抗Rに電流Iを流すとき，次の関係が成立する．
$$E = I(R+r)$$
ここで，rは電池の内部抵抗である．「起電力」

という言葉は，厳密にいえば電気のエネルギー源に使用されるが，ときには電位差*と等価であるような間違った用いられ方をする．

輝度信号 luminance signal ➡ カラーテレビジョン

輝度調節 brightness control ➡ テレビ受信機

輝度ちらつき luminance flicker ➡ フリッカ

輝度変調 intensity modulation
同義語：z変調（z-modulation）．入力信号の大きさによって陰極線管のスクリーン上の発光点の輝度に変化が生じる．

揮発性記憶装置 volatile memory
電源が切れたときに蓄えられた記憶情報が失われるメモリ*．

基板 board
短縮語：プリント基板（printed circuit board）．

基板 substrate
回路素子や集積回路*をつくるための基となる材料の単体．基板はプリント基板のような受動なものやバルク半導体のような能動的なものにもなる．

キープアライブ回路 keep-alive circuit ➡ 送受信スイッチ

ギブス現象 Gibbs phenomenon
信号波形のスペクトル分布が急激に切り取られた場合，その信号波形の不連続部分にオーバシュートが現れる（数学者 Josiah Willard Gibbs によって指摘された）．

気泡発生 gassing
電気分解で電極からの小さな泡の形でのガスの発生．気泡発生は蓄電池で充電期間の終わり頃に生ずる．

キーボード keyboard
1. タイプライタキーボードに似ているが，いくつかの追加キーをもつコンピュータ入力装置．コントロールキーやファンクションキー，矢印キーなどが含まれることがある．使用者があるキーを押すと，キーボードは（スキャンコードと呼ばれる）電気信号をCPUに送る．
2. ピアノ様の形式を組み込んだ電子楽器．鍵盤楽器．

基本周波数 fundamental
fundamental frequency の短縮語．

基本周波数 fundamental frequency
1. 周期量としてある周期*をもつ周期量の正弦波成分の周波数．
2. 複合的な振動の中に存在する最低の周波数．⇒ 調波

基本周波数の推定 fundamental frequency estimation
典型的には音声や音楽などの信号のもつ基本周波数を推定する回路またはアルゴリズムのこと．音声のピッチを見つけ出すための音声コーダなどの初期の応用の頃から広く知られるように，ピッチ*はこの文脈で使用される（ピッチ決定アルゴリズム（PDA），ピッチ抽出，ピッチ推定）．ピッチは人間の聴取者によってのみ推定されるものであるが，重要事項である．しかしながら基本周波数推定（f0またはfx）という言葉が好まれている．基本周波数推定アルゴリズムは次のような文脈で考察することもできる．(A)例えば，ゼロクロス検出器*またはピーク検出器*を用いて信号の擬周期性*を追跡するための時間領域*の特性．(B)信号の基本周波数成分と/またはその高調波成分を追跡するための周波数領域*における特性．実際には，入力信号はたぶん低域通過フィルタで最初に前処理され，信号がより正弦波に近くなるように改変される．ハイブリッドシステムを用いているいくつかのアルゴリズムは，使用できるベストの時間領域と周波数領域の技法を利用している．これが音声解析に用いられると有声音*（対語は無声音*）のピッチ追跡ができる．より高精度な基本周波数の測定は音声による振動を直接エレクトログロットグラフ*を使って監視することによって可能かもしれない．

基本ソフト operating system ➡ オペレーティングシステム

基本単位 base units ➡ SI単位

基本粒子 elementary particle
物質を構成する粒子は，ある限界まで分割するとそれ以上小さな粒子に分割することができない．基本粒子はそれらの固有な性質を電荷*やスピン*などの一連の量子数で表す．安定な粒子は電子*，陽子*，光子*および中性微子である．原子核内に拘束された中性子*も安定な

粒子である．電子は電荷の自然単位である．
　基本粒子は，それらの基本相互作用の種類によっていくつかのグループに分類することができる．これらのグループには中性子や陽子のようなハドロンと電子や中性微子を含むレプトンが含まれる．ハドロンは内部構造をもち，ハドロンを永久に閉じ込めるクォークで構成されると信じられている．

逆位相シーケンス　negative phase sequence　➡ 位相シーケンス

逆回復時間　reverse recovery time　➡ 逆方向

逆加熱　back heating　➡ マグネトロン

逆起電力　back electromotive force (back e. m. f.)
　回路の電流の流れと反対向きの起電力．

逆昇圧機　negative booster　➡ 昇圧器

逆接続動作　reverse active operation　➡ バイポーラ接合トランジスタ

逆相　antiphase
　同じ周波数の2つの周期的な量の位相差*が半周期，すなわち，180°であれば，両者は逆相であるという．

逆相順　negative phase sequence　➡ 位相順序

逆相信号　antipodal signal
　ディジタル信号を $s_1(t)$ として，$s_1(t)$ が他の信号 $s_2(t)$ のマイナス1倍（つまり $s_1(t) = -s_2(t)$）になっているもの．逆相信号は両極性信号伝達方式*において一般的に使用される．

逆チェビシェフフィルタ　inverse Chebyshev filter
　最大平坦*な通過帯域と等リプル*阻止帯域をもつフィルタ．チェビシェフフィルタ（等リプル通過帯域応答をもつ）と同じロールオフ特性すなわち遷移帯域特性をもつが，群遅延特性が優れている．⇨ フィルタ

逆電圧　reverse voltage
　同義語：逆バイアス (reverse bias)．➡ 逆方向

逆電流　reverse current　➡ 逆方向

逆導通サイリスタ　reverse conducting thyristor (RCT)　➡ サイリスタ

逆バイアス　reverse bias
　同義語：逆電圧 (reverse voltage)．➡ 逆方向

逆ひずみ　predistortion
　信号が送信機で計画的に伝送路の特性と逆の特性をもつようにひずまされてひずんだ伝送路を通信する技術．その結果，受信機では信号はひずんでいないようにみえる．これは伝送路の等化*より簡単な方法である．

逆フィルタ　inverse filter
　与えられたフィルタの伝達関数*の逆数の伝達関数をもつフィルタ．

逆方向　reverse direction
　電気素子あるいは電子素子が大きな抵抗を示す素子の動作の方向．逆方向に印加された電圧は逆バイアスであり，流れる電流は逆電流である．
　半導体ダイオード*のような素子は極めて大きな逆方向抵抗を示し，したがって，整流器*あるいはスイッチ*として使用できる．このような素子はp-n接合を電荷がほとんど動かないので破壊降伏*以下で非常に小さな逆飽和電流を示す．このような素子，特に，半導体ダイオードの逆回復時間は順方向バイアスから逆バイアスで逆電流が飽和電流になるまでのスイッチングの時間間隔である．

逆飽和電流　reverse saturation current　➡ p-n接合；逆方向

逆利得　inverse gain
　バイポーラ接合トランジスタ*を逆接続，すなわち，エミッタがコレクタとして動作し，コレクタがエミッタとしたときの利得*．逆利得は通常，コレクタよりエミッタの方がドーピングが高いので，普通に得られる利得より小さい．すなわち，エミッタの方がコレクタよりベースへの注入効率*が高い．

逆リミタ　inverse limiter
　同義語：ベースリミタ (base limiter)．➡ リミタ

キャッシュメモリ　cache memory
　コンピュータのメモリ*の中で一番頻繁にアクセスされたデータ値のコピーの保持を行う小容量高速動作なバッファメモリ．メモリシステムへの実効的なアクセスタイムを短くするために，これはメモリシステムとその利用側との間におかれる．その性能は以下の2点を想定してつくられている．1つは，小形メモリは大形メ

モリよりも高速であること，2つ目は，空間的および時間的な位置関係がデータアクセスに応用されることである．つまり，ちょうどアクセスされたばかりのデータは，すぐに再びアクセスされるであろうし，その近辺にあるデータは遠くに位置するデータよりもアクセスされやすいことである．

キャッチャ catcher → クライストロン

ギャップ（間隙） gap

同義語：1．禁制帯（forbidden band）．→ エネルギー帯．2．電子管の電極間の空間．火花ギャップは電極に特に設けているもので，決められた電圧値を超えたとき，火花*が出るようにしている．火花ギャップは高電圧のサージ電圧を避けるために使われ，これにより装置を保護する．

CAD

略語：コンピュータ支援設計（computer-aided design）．

キャド CAD → コンピュータ支援設計

キャパシティ capacity

1．チャネル容量*；メモリ容量．2．静電容量（キャパシタンス）に対する昔の同義語．

キャプチャ比 capture ratio → 同一チャネル排除

CAM

1．略語：コンピュータ支援製造（computer-aided manufacturing）．2．略語：内容呼び出し記憶（content-addressable memory）．→ 連想記憶

キャム CAM → コンピュータ支援製造

キャリヤ carrier

1．短縮語：キャリヤ（charge carrier）．動くことができる電子*あるいは正孔*であり，金属や半導体*中において導電率に応じた量の電荷を運ぶ．

2．短縮語：搬送波（carrier wave）．

キャリヤ移動度 carrier mobility → ドリフト移動度

キャリヤ蓄積 carrier storage

同義語：電荷蓄積（charge storage）．順方向バイアス下のp-n接合*に起こる効果．比較的長いキャリヤ寿命をもつ半導体において，接合を通して注入された過剰少数キャリヤは接合の近傍に電荷の集団を残してしまう．その接合に逆バイアス*が与えられた場合，接合近傍に蓄積されていたキャリヤの影響により，正規の逆方向飽和電流よりもはるかに多い量の逆方向電流が接合を通して流れる．この電流は，再結合または逆バイアス接続の接合を逆向きに流出するかのいずれかにより，全電荷が除去されるまで流れる．逆バイアスが与えられてから逆電流の急増が終了するまでの時間間隔を接合の蓄積時間という．

複数個のダイオードが一緒に整流回路に用いられ，回路中に誘導性の要素が含まれる場合，キャリヤ蓄積が回路中に好まざる過渡現象をもたらす可能性があり，回路を正常に動作させることのできる周波数を限定してしまう．しかし，蓄積効果はステップリカバリダイオード*では利用されている．

キャリヤ濃度 carrier concentration

同義語：キャリヤ密度（carrier density）．半導体*中の単位体積当たりのキャリヤ*数であり，実用的には立方cm当たりの数値がよく用いられる．

真性（i形）半導体中では，正孔密度pおよび電子密度nは真性密度n_iに等しい．
$$n = p = n_i$$
ここで，
$$n_i^2 = N_c N_v \exp(-E_g/kT)$$
上式において，N_cおよびN_vは伝導帯および価電子帯それぞれにおける有効エネルギー状態密度，E_gは伝導帯と価電子帯との間のエネルギー差，kはボルツマン定数，そしてTは絶対温度である．

外因性半導体においては，試料の電気的中性が保存され，さらに不純物が含まれることから，
$$N_A^- + n = N_D^+ + p$$
ここで，N_A^-およびN_D^+はそれぞれイオン化したアクセプタとドナー不純物の密度である．積$np = n_i^2$は加えた不純物とは無関係に成立する．

n形半導体中で，熱平衡状態における電子密度は次式で与えられる．
$$n_n = |N_D - N_A|$$
$$\text{条件として } N_D > N_A, n_i$$

n形半導体の正孔密度p_nは次式で与えられる．

半導体中のキャリヤ濃度

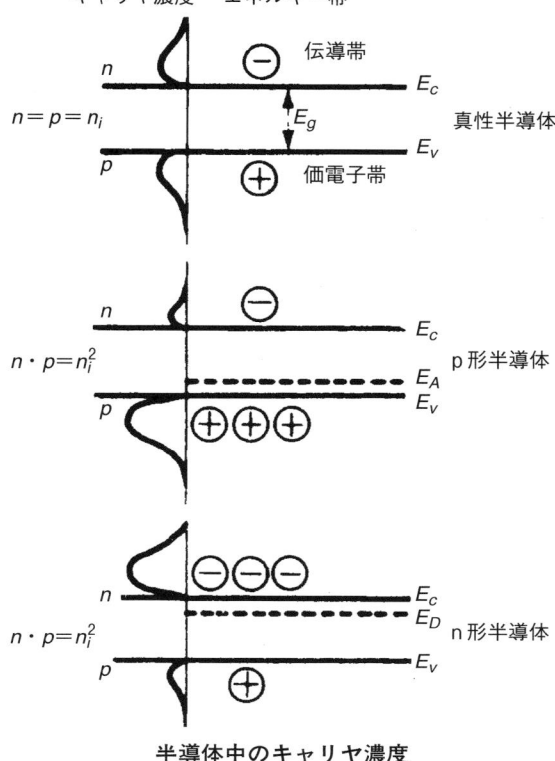

$$p_n = n_i^2/n_n$$

p形半導体中では先述の状態を逆にしたものとなる．

$$p_p = |N_A - N_D|$$

条件として $N_A > N_D, n_i$

電子密度は次式で与えられる．

$$n_p = n_i^2/p_p$$

i形，n形およびp形半導体のキャリヤ密度がエネルギー帯図中に描かれており，図中の E_A と E_D は，それぞれアクセプタおよびドナー不純物のエネルギー準位*の位置である．

キャリヤ密度　carrier density

同義語：キャリヤ濃度（carrier concentration）．

キャンベルブリッジ　Campbell bridge

相互インダクタンス M を基準容量 C と比較して測定する交流ブリッジ*．表示目盛 I 上において抵抗 R_1 と R_2 を調整して，針の振れがゼロとなる平衡点に達すると，

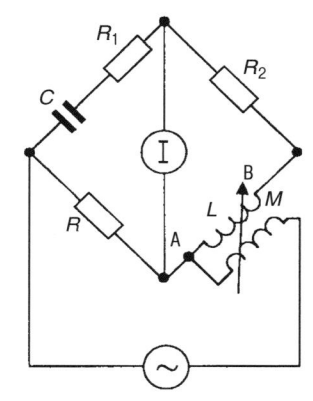

キャンベルブリッジ

$$\frac{L}{M} = \frac{(R+R_1)}{R}$$

$$\frac{M}{C} = RR_2$$

ここで L は，コイル AB の自己インダクタンスである．

吸引板電位計　attracted-disc electrometer

同義語：絶対電位計．基本的力学的量を用いて電位差を測定する電位計．測定される電位差は，2つの平衡金属板に印加されて，これらの吸引力が測定される．

休止時間　quiescent period

パルス伝送システムにおける伝送周期．

休止プッシュプルアンプ　quiescent push-pull amplifier　→ プッシュプル動作

休止部品　quiescent component

ある特定の瞬間において短い間は動作を中止するが，ある特定の時間後動作を再開する電子回路の部品．

吸収　absorption

1．熱の生成によりエネルギーが損失したことによる電磁波の減衰．2．不純物原子による結晶内の局在化振動モードに起因する光の減衰．これは透過あるいは反射スペクトルに鋭い谷の特性を生じ，物質の分析に用いられる．吸収はまた半導体内の異なったエネルギー帯間の光子-誘導電子遷移により生じ，エネルギーギャップの決定に用いられる．

吸収係数　absorption coefficient

損失の多い媒質中を波が進行する場合，進行方向に単位長さ当たり失われる電力損失分は次式で与えられる．

$$\alpha = -\frac{(\mathrm{d}I/I)}{\mathrm{d}z}$$

誘電体の導波管進行波に対しては，マクスウェルの方程式の解析結果は，吸収係数 α と導電性材料の屈折率と物質の誘電定数，すなわち物質の光学的・電気的特性との間の関係を与える．

吸収損失 absorption loss

電波の吸収の大きさ，通常ネーパ*またはデシベル*で表す．⇒ 未吸収電界強度

給電 feed

アンテナ*と送受信機の間の信号を伝達するのに使用される電線．外部の影響を遮蔽する同軸ケーブル*がよく使われる．

給電線 feeder

1. 送信機からアンテナへ，またはアンテナから受信機へ高周波エネルギーを伝達する無線機器システムの一部．2. 送信源からネットワークのある点へ電気エネルギーを伝達する電線で，途中の点でエネルギーを取り出さないもの．→ 伝送線路

給電点インピーダンス feedpoint impedance
→ アンテナ給電点インピーダンス

QAM

略語：直交振幅変調（quadrature amplitude modulation）．→ 振幅変調

Q値 Q factor

同義語：品質値（quarity factor）．記号：Q．共振回路*に関連した値で，その値の大小によって共振周波数時の出力の値が変化し，共振回路の尖鋭特性が記述される．Q値は

$$2\pi \times (蓄積エネルギー) / (1周期当たりのエネルギー損失)$$

で定義される．これは，

$$(蓄積エネルギー) / (1ラジアン当たりのエネルギー損失)$$

とも表せる．共振時の周波数に対し，単純な直列共振回路では，

$$\omega_0 L = 1/\omega_0 C$$

でQ値は，

$$Q = \omega_0 L / R \quad あるいは \quad Q = 1/\omega_0 CR$$

で表せる．ここで，ω_0 は共振周波数 f_0 の 2π 倍で，L, C, R は回路のインダクタンス，キャパシタンスおよび抵抗を各々表している．共振回路の先鋭度は

$$Q = f_0 / BW$$

と表される．BWは共振点の応答から3dB低下する周波数の差である．コイルの自己容量，キャパシタの自己インダクタンスが十分大きければ，1種類のリアクティブ素子のみで，もう片方のリアクティブ素子がなくても共振を生ずることがある．インダクタまたはキャパシタ単独のQ値は素子の実効直列抵抗とリアクタンスの比で定義され，インダクタンスについては

$$Q = \omega L / R$$

キャパシタンスについては

$$Q = 1/\omega CR$$

である．

Qチャネル Q channel → Iチャネル

Q点 Q point → 静止点

QPSK

略語：四相位相変調（quadrature phase shift keying）．→ 振幅変調

キュリー点 Curie point

同義語：磁気変態温度（magnetic transition temperature）；強磁性体キュリー温度（ferromagnetic Curie temperature）．→ 強磁性

キュリーの法則 Curie's law → 常磁性

キュリー-ワイスの法則 Curie-Weiss law → 常磁性

境界条件 boundary conditions

1つの物質の場の接線および法線成分が別の物体を横切る場の成分とどのように関係するかを記述する条件．

強磁性 ferromagnetism

ある種の固体において観測される現象．それらの固体では，磁気的性質はキュリー点*として知られる特定の特性温度において急激に変化する．キュリー点以下では，この固体は強磁性の性質を示す．この温度以上においては，原子の熱エネルギーが十分となり常磁性*の磁気的性質を示す．磁化率*はほぼキュリー-ワイスの法則に従い，ワイス定数の値はキュリー点およびそれより若干高い温度における値に近い．

主要な強磁性元素は鉄，コバルトおよびニッケルである．これらの物質を基礎材料とした多くの強磁性合金がある．強磁性体は正の大きな値の磁化率をもつことが特徴である．磁化の極めて大きな値が比較的弱い磁界で形成され，磁

化は磁界の強さに対して非線形に変化する（図a）．磁化の最大の強さ（磁気飽和）はかなり弱い磁界強度にて達成され，磁界を取り除いた後にはある程度の磁化が残留し，そのためこの物質は磁気ヒステリシス*を示す．

強磁性はワイスによって最初に説明された．それによれば，結晶格子内の隣接した原子間に働く大きな原子間力を原因とする自発的な磁化が強磁性体内部で起きていると指摘している．キュリー点以下の温度では，これらの力は熱的な効果よりも強くなることができて，ある種の規則状態を形成するようになる．その原子間に働く力はハイゼンベルグによって発見され，交換力として知られている．ワイスは，原子の集団が磁区と呼ばれる小さな境界をもった領域を形成していることも仮定した．個々の磁区の中では，原子の磁気モーメントは同一な方向に整列している．磁区はこのように磁気的に飽和しており，それ自身の磁気モーメントと軸をもつ1個の磁石のように振舞う．未磁化の試料では，個々の磁区は無秩序な方向を向いており，試料全体としての磁化はゼロである．磁区の存在は実験的に確認されている．

原子の磁気モーメントは，満たされていない内殻中にある電子のスピン*より生じている．全ての安定な物質では，磁界を与えない状態において，磁気モーメントの詳細な配列は試料内部に作用する様々な力間の相互作用の結果から生まれる．強磁性体において，この最小のエネルギー状態は，磁区内部の原子の電子スピンが平行に配列された状態で生じる．

磁区の磁化は結晶軸に関連する特定の方向に沿って極めて強固に生じ，他の方向にはない．これらの方向に沿って並んでいる磁区を磁化するにはより大きなエネルギーを必要とする．この非等方性エネルギーは小さな磁区で最小となる．しかしながら，隣接する原子間の交換力とそれが磁区の大きさを増加させる傾向に作用するために，磁区の間に境界を形成するためのエネルギーも必要とする．磁区の大きさは上述の2種類の競合する力の妥協するところで決まる．その境界はブロッホ磁壁と呼ばれ，そこでは原子が有限な数で並び，それら原子のスピンの1つ1つは隣り合うものからわずかずつ変位された状態となる（図b）．そのエネルギー状態も結晶の完全性の程度により影響され，ひずみや不純物の存在は強磁性に重大な影響を与える．特別な材料の場合も含めて，ブロッホ磁壁が多数の転位を横切っていても磁区のエネルギー状態は最小となることが示される．磁壁の位置の関数として，典型的なエネルギー曲線を図cに示す．未使用の試料では図中のAで示す最小エネルギーのところに磁壁がつくられることになる．

強磁性体に磁界が与えられた場合の磁化曲線（図a）の特徴的な形状は磁区の動作を考えることで説明される．磁界が小さな値であるとそれによる効果は数個の原子分だけブロッホ磁壁を変位させ，最小エネルギー状態からずれる．このように，磁界に平行またはほぼ平行なスピンをもつこれらの磁区は他の方向を向いていた消えた部分に拡大する（図d）．磁界が取り除かれると磁壁は最小のエネルギー状態に戻ろうとし，加えた磁界の値が小さい場合では磁化の変化は小さくかつ可逆となる．印加磁界がもっと大きな値の場合には磁壁拡大は図c中のBで示されたエネルギー最大を越えるほどの大きな状態となり，その変化は非可逆となる．転位のほとんどない単結晶は，多数のひずみや不純物が存在する多結晶物質よりももっと大きな可逆の磁壁拡大を生じうる．多結晶の場合よりも，ずっと弱い磁界で同じ磁化効果を生じる．磁界がさらに増加すると，さらなる磁区の成長は不可能になる．磁化成長をもっと広げるには磁区の磁軸を回転することによってのみ可能となる．このことは結晶の非等方性のために磁区成長よりも困難な過程となる，さらに磁化曲線のひざの部分よりも上における磁化は飽和に至るまで徐々に増加するのみとなる．

強磁性体は硬または軟の2種類に分類される．硬材料は低い比透磁率，非常に高い保磁力をもち，この材料は磁化や消磁が困難となる．軟材料は高い比透磁率，低い保磁力，さらに磁化と消磁が容易である．

硬磁性体は，コバルト鋼，そしてニッケル，アルミニウムおよびコバルトによる種々の強磁性体合金であり，高度な磁化を保持し，極めて高いヒステリシス損（磁気ヒステリシス*）の性質をもつ．これらの材料は永久磁石としての利用に最も適しており，スピーカ*に使用され

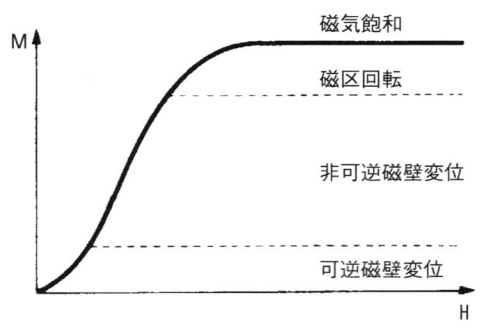

図a 未使用強磁性試料の典型的な磁化曲線

図b ブロッホ磁壁においてスピンが180°回転する様子

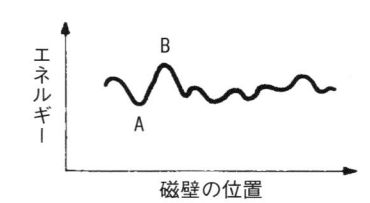

図c ブロッホ磁壁の位置に対するエネルギー値

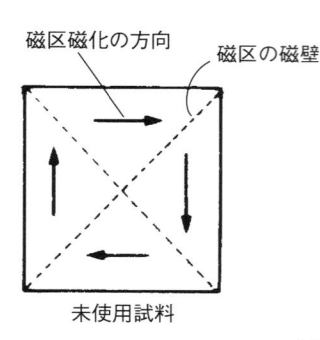

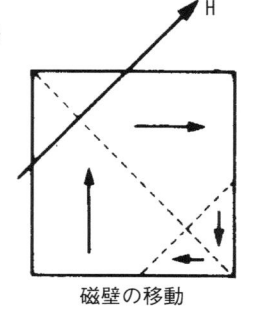

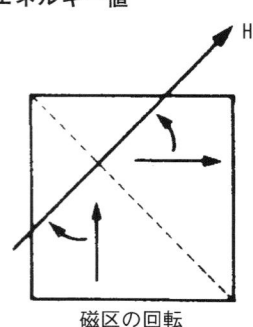

図d 強磁性試料の磁化の様子

ている．高程度の転位が，製造過程において物質構造内に導入される．硬材料はひずみを入れるために，高温度に加熱された後に適当な液体中にて急冷する方法がよく行われる．これとは別に，強磁性体を圧縮粉体としてつくることもでき，この材料においては個々の粒子は十分に小さく，単一磁区となる．磁化は，磁壁の移動に要するエネルギーが極めて大きくなるため，磁区の回転のみによって生じることが可能である．

軟強磁性体は，ケイ素鋼や軟鉄であり，ほんのわずかしか磁化を保有せず，極めて少ないヒステリシス損をもつ．この材料の磁化の消去や脱磁の特長は変化する磁束を扱う用途に最も適した材料であり，電磁石，電動機，発電機，変圧器などの中で使用される．この材料は磁気遮蔽*にも利用される．その特性は注意深い製造法で強化され，結晶の純度を高めるために加熱と徐冷の作業が行われる．

室温において大きな磁気モーメントを有する軟強磁性体は磁気回路に極めて有用となるが，ほとんどの強磁性体は非常に良好な導体であり，その内部に発生する渦電流*損によってかなりのエネルギーが損失される．磁気回路に適する理想の物質は強磁性絶縁物であろう．また，他の加えるべきエネルギー損失として，磁化が滑らかに進展せずに微細に跳躍（バルクハウゼン効果*）することによるものがある．この損失は磁気残留損として知られ，時間変化する磁束密度の周波数に依存し，磁束密度の大きさには無関係となる．⇒ 反強磁性；フェリ磁性

強磁性キュリー温度 ferromagnetic Curie temperature

同義語：キュリー点（Curie point）．→ 強磁性

強磁性流体 ferrofluid

強磁性微粒子を高濃度に含んだ粘性液体．この材料は，真空装置中の回転継手用真空シール剤として使用できる．そこでの液体は永久磁石によって所定の位置に保持され，低摩擦のすり減らないベアリングとして動作する．これの使用により，装置容器の壁を通して行う主軸の回転運動が可能であり，その際にそれ自身の飛散

や油による汚染はない．この材料は高真空の分析機器および微細加工装置に有用である．

共振 resonance

周期的な駆動に対して発振回路が最大の振幅で応答したときの状態．その結果，比較的小さな振幅の駆動が大きな振幅の発振をつくる．駆動周波数が発振システムの減衰しない固有周波数と一致したとき，共振が達成される．⇨ 強制発振；共振周波数；同調回路

共振回路 resonant circuit

インダクタンス*とコンデンサ*の両方をもった回路で，回路が共振*するようにした回路．共振が起きる周波数—共振周波数*—は回路素子の値とその配置による．

直列共振回路はインダクタンスとコンデンサの直列からなる．共振は回路の最少の合成インピーダンスで起こり，共振周波数で，非常に大きな電流が流れる．回路はこの周波数を受け入れるといわれる．並列共振は回路はそれらの回路素子が並列に配置される．共振は最大の合成インピーダンスまたはその近くで起こる（→ 共振周波数）．共振周波数で回路の全体の電流は最少になり，電圧が最大になる．回路はその周波数を拒絶するといわれる．⇨ 同調回路

共振器 resonator

素子あるいは材料が帯域通過周波数特性を有しているならば，等価的にインダクタンスとコンデンサ（LC）の回路に等価である．あるセラミックと結晶材料が非常に高いQファクタ*をもつ共振特性があると，周波数特性を決めるためのフィルタや発振器に使える．

共振空洞 resonant cavity ➡ 空洞共振器

共振周波数 resonant frequency

記号：ω_0, f_0．特有の回路あるいは回路網で共振*が起こる周波数．共振はコンデンサとインダクタンスを含む回路で回路の複素合成インピーダンスの虚数部がゼロであるとき起こる．すなわち，この状態で供給電流と電圧は同相で，回路の力率*は1になる．

容量性素子と誘導性素子が直列である直列共振回路において（図a参照），合成インピーダンスZは

$$Z = R + j\omega L - j/\omega C$$

で与えられる．ここで，Rはオーム抵抗，ωは角周波数（$\omega = 2\pi \times$周波数），Lはインダク

タンス，Cは静電容量，jは$\sqrt{-1}$に等しい．共振条件は

$$\omega_0 L = 1/\omega_0 C$$

すなわち，

$$\omega_0 = 1/\sqrt{(LC)}$$

のとき満たされる．

したがって，直列共振回路では共振は合成インピーダンスが純抵抗で最小になるときに生ずる．LとCの値が大きくても抵抗は小さくなる．この場合，回路を流れる電流は大きくなり，個々の素子に大きな電圧が現れたとしてもこれらは互いに逆相で，回路にかかる全電圧は比較的低い．最大電流は回路に直列な負荷抵抗，R_L，に流れる．

回路素子が並列である並列共振回路においては（図b参照），回路の合成アドミタンス，Y，（$Y = Z^{-1}$）を考えると都合よく，

$$Y = j\omega C + (R - j\omega L)/(R^2 + \omega^2 L^2)$$

で与えられる．

共振条件は

$$R^2 + \omega_0^2 L^2 = L/C$$

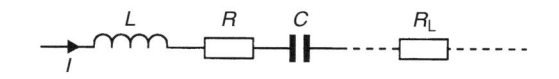

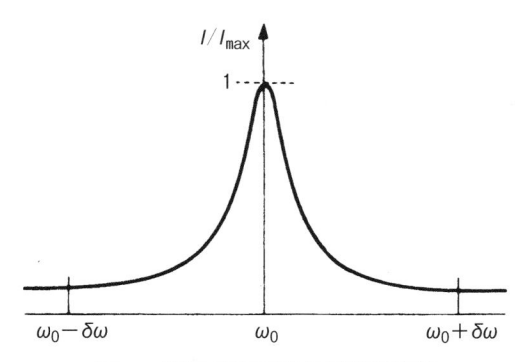

図a　直列共振回路と周波数応答

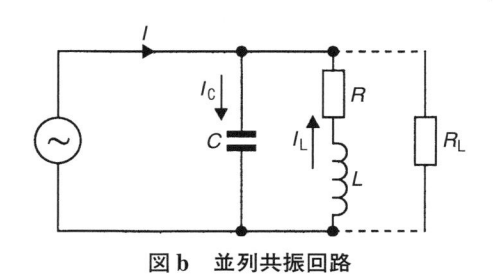

図b　並列共振回路

すなわち，
$$\omega_0^2 = [1-(R^2C/L)][1/LC]$$
のとき満たされる．

項 R^2C/L は普通非常に小さいので，ほぼ
$$\omega_0 = 1/\sqrt{(LC)}$$
となる．これは直列共振周波数である；しかしながら，この項は常に無視できるとは限らない．したがって，並列共振回路において共振は合成アドミタンスが小さくなったときに生ずる．共振時に $Z=1/Y$ は大きく，回路の並列抵抗と呼ばれる．全体の電流は小さいが，回路にかかる電圧，したがって回路に並列である負荷抵抗 R_L にかかる電圧は高い．共振時にコンデンサとインダクタンスをそれぞれに流れる電流は非常に大きくなるが，お互いに逆相で，合成電流は小さくなる．

上記の考察は共振周波数として唯一の解を導いている．共振周波数は複素インピーダンスが最小（直列共振回路において）あるいは最大（並列共振回路において）となる周波数としても定義できる．直列共振の場合に解はこの説明になるが，並列共振の場合に唯一の値が見つかるとは限らない．共振周波数は共振を達成するために変化させる固有の回路パラメータに依存してわずかに異なった値になる．したがって，C，L，あるいは ω に関する Y の微分はわずかに異なった共振条件を導く．

共振線路　resonant line

動作周波数で共振する伝送線路*．⇒ 共振周波数

共振ブリッジ　resonance bridge

一辺に同調回路をもつ四辺ブリッジ（図参照）．ブリッジは回路の共振周波数でのみ平衡し，平衡時に周波数と回路の抵抗は
$$\omega^2 LC = 1$$
$$R_x = R_s R_a / R_b$$
で与えられる．ここで，ω は角周波数である．

強制発振　forced oscillations

固定周波数発振器に接続された共振回路の発振のような外部駆動力によって影響される回路で生成される発振．発振は2つの成分をもつ．すなわち，周波数が回路の自然周波数によって決定されすぐに減衰する過渡成分と周波数が外部駆動力の周波数と等しい定常成分．もし，回路が $t=0$ で印加された外部電圧
$$V = V_0 \cos \omega t$$
の影響を受けるならば，定常状態の解は
$$I = \left(\frac{V_0}{Z}\right) \cos(\omega t - \phi)$$
で与えられる．ここで，Z はインピーダンスで，
$$Z^2 = R^2 + \left(\omega L - \frac{1}{\omega C}\right)^2$$
で与えられ，ϕ は位相角で，
$$\phi = \tan^{-1}\left(\frac{\omega L - 1/\omega C}{R}\right)$$
で与えられる．位相は
$$\omega L - \frac{1}{\omega C} = 0$$
すなわち
$$\omega = \omega_0 = \frac{1}{\sqrt{(LC)}}$$
のときを除いて印加電圧の位相とは異なる．ここで，ω_0 は回路の自然周波数である．これは共振条件であり，電流はこのとき最大となる．⇒ 共振周波数；自由発振

狭帯域　narrowband

その中心周波数と比較して使用される周波数幅が狭いシステムまたは回路．狭帯域は一般に周波数幅が中心周波数の数%以内の場合を示す．

狭帯域 FSK　narrowband FSK　→ 周波数変調

狭帯域 FM　narrowband FM　→ 周波数変調

共通アノード接続　common-anode connection　→ コレクタ共通接続

共通インピーダンス結合　common-

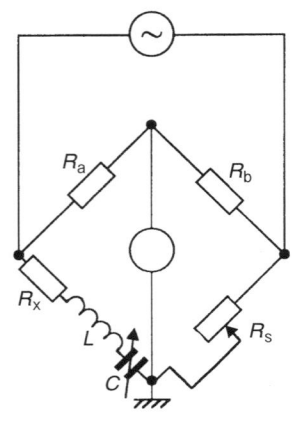

共振ブリッジ

impedance coupling → 結合

共通エミッタ電流伝達率 common-emitter forward-current transfer ratio → ベータ電流増幅率

共通カソード接続 common-cathode connection → エミッタ共通接続

共通ゲートウェイインタフェース common gateway interface (CGI)
　インターネット*上のコンピュータと，プログラムが作動している別のコンピュータとの間での，通常用いられるハイパーテキスト転送プロトコル*サーバを経由してのデータ伝送の標準規格．この標準では，受信プログラムは，サーバがプログラムで使われた言語について知らなかったとしても，通り抜けてきた経路やコンピュータに関係なくデータを解釈できる．CGI規格のデータを扱う場合に使用する言語には，パール（Perl）やPHPが含まれる．

共通ゲート接続 common-gate connection → ベース共通接続

共通ソース接続 common-source connection → エミッタ共通接続

共通電源線 power supply rail
　同義語：共通電力線（power rail）．→ レール

共通ドレイン接続 common-drain connection → コレクタ共通接続

共通ブランチ common branch
　同義語：相互ブランチ（mutural branch）．→ 回路網

共通ベース電流増幅率 common-base current gain → ベース共通電流伝達率

強電解質 strong electrolyte → 電解質

共役インピーダンス conjugate impedances
　抵抗成分 R が等しく，リアクタンス成分 X の大きさが等しく符号が反対で
$$Z_1 = R+jX \quad Z_2 = R-jX$$
で与えられる2つのインピーダンス*．

共役整合 conjugate matching
　電力源から最大電力を負荷インピーダンス*で消費するようにする技術．図は負荷インピーダンス（$R+jX$）につながる内部複素インピーダンス（$r+jx$）をもつ発生器を示す．最大の電力は
$$R=r \text{ かつ } R+jX = r-jx$$

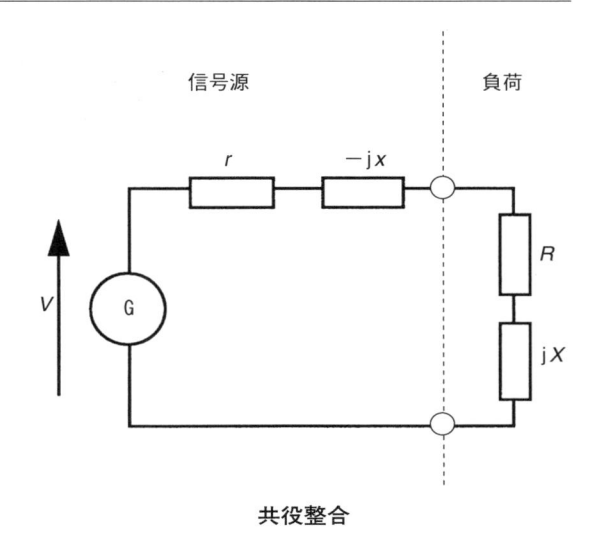

共役整合

のとき，リアクタンスが相殺され負荷で消費される．この条件のもとで，負荷インピーダンスは内部複素インピーダンスの共役インピーダンス*であるといい，回路は共役整合されたという．

共役分岐 conjugate branches → 回路網

共融混合物 eutectic mixture
　固体と液体の組成をもつ元素の混合物．複合物の分離は存在しない．共晶混合オーミック接触*などの半導体デバイスで電気的な接合をつくるために使われる．例えば，金-ゲルマニウム共融混合物（88：12　Au：Ge）はn形ガリウムヒ素へのオーミック接触に利用される．ここで，金は金属接合を，ゲルマニウムはガリウムヒ素の表面に高濃度ドープ層をつくりだす．共晶混合物は，固体源から蒸発され，半導体表面にその組成を付着する．

強誘電体結晶 ferroelectric crystals
　強磁性体のようなある種の磁気的性質に類似した電気的性質を示す結晶．交流電界中において，極めて大きな圧電定数と誘電定数を示し，通常その特性はある温度範囲内で特定な一方向に生じる．これらの結晶は特に振動の検出器として用いられている．

強誘電体ヒステリシス損失 electric hysterisis loss → 電気ヒステリシス損失

極 pole
　1．電気装置や回路の各端子または回路網につなぐ端子または電線の端を表す．なお，その端子間には電圧を入力したり，出力電圧が生ず

る．⇨ 極数．2．磁極*．3．電解槽* の1つの電極．

極（および零点） poles (and zeros) ➡ s 領域回路解析

極高周波 extremely high frequency (EHF)
30〜300 GHz のミリ波帯．➡ 周波数帯域

極数 number of poles
スイッチ，回路遮断器などの装置において，同時に開閉可能な独立した電導通路の数．この装置は，一極，二極，三極または多極など操作する極の数に対応した名称がつけられている．

極性 polarity
1．（磁気的）磁石内に発現する2種類の領域．磁性は集中した極として現れ，それらには2種類の磁極すなわち北極を指すN極と南極を指すS極がある（地球の北極にはS極が，南極にはN極がある）．2．（電気的）電気回路や電気素子内の正または負のパラメータを指示するもの．パラメータとして電圧，電荷，電流そして半導体の多数キャリヤの種類を含む．

極性 polarization
電子スピンの極性．

局部帰還 local feedback
同義語：多重ループ帰還（multiple-loop feedback）．➡ 帰還

局部発振器 local oscillator ➡ ヘテロダイン受信

巨大磁気抵抗効果 giant magnetoresistance (GMR)
強磁性金属や Co/Cu/NiFe 三重層膜のような通常の金属の多層構造で観測される電気抵抗の大きな変化．GMR の基礎はスピンに依存した電子散乱である．すなわち，層の磁気モーメントに対して電子スピンの方向が平行か逆平行かのどちらかに電子の電気抵抗率が依存すること．平行スピンをもった電子はあまり衝突をせず，したがって低抵抗率である．磁界を印加しないと反磁性交換結合により磁気層のモーメントは逆平行である．この逆平行状態で抵抗は高い．ある印加磁界で，磁気層のモーメントは配向し，このモーメントと平行なスピンをもつ電子は固体中を自由に動く．この平行状態で抵抗は低い．一般的な磁性材料の GMR 効果は 50〜100% と大きく，一方，非等方磁気抵抗効果は約 1% である．

巨大磁気抵抗ヘッド giant magneticresistance head (GMR head)
多層 GMR 構造が使われている磁気ヘッド．一般的な GMR はナノメートル程度の厚さを有する磁気層を4段に重ねた構造である．磁気層のない層，非磁性スペース層，磁気的ピンニング層，反磁性的に結合した変換層．ピンニング層の帯磁方向が固定されているのに対し，自由層は記憶ビットからの磁界に対する応答によって帯磁方向を変化させる．このように GMR ヘッドの磁気抵抗変化は自由層とピンニング層の帯磁方向の差に依存する．通常の磁気ヘッドに比較して GMR ヘッドを用いたことによる信号の増大は，通常の磁気記録* 密度を20倍程度大きくすることができることを意味する．GMR ヘッドは高領域密度が達成でき，ハードディスクドライブを最小のヘッドとディスクで大きな容量を提供できる．ほとんど部品を必要とせず，高信頼性ならびに低消費電力化が可能である．

許容帯 allowed band ➡ エネルギー帯
許容範囲 tolerance ➡ トレランス
切換管 switching tube
少なくとも2つの陽極をもち，スイッチとして用いられるアーク放電管．アークを持続させるために必要な電圧に陽極を保つと放電電流は流れる．この電圧が別の陽極に切り換わると放電路も移動する．切換管は送受信切換や計数管に使用される．

切り捨て truncate
抽出した信号のある部分を取り除くこと．通常は後ろの部分を除去する．切り捨ては不必要な成分が発生しないようにフィルタ操作の中で用いられる．➡ ディジタルフィルタ

切り分け用の隙間 scribing channel
半導体ウエハ* 上につくられた複数の回路や部品を切り離すために準備された隙間．そこに溝を彫って* 個々のチップ* に切り分ける．

ギルバート gilbert
記号：Gb．現在では使われない CGS 電磁気単位系の磁界の単位．1 Gb は 0.7958 A（または AT）．

ギルバートセル Gilbert cell
Barrie Gilbert によって考案されたトランジ

スタ回路*で，結合したロングテールペア*回路を基本として2信号入力の四現象乗算を実行する．この回路は例えばヘテロダイン*ラジオ受信機のミキサ回路*として使われる．

キルヒホッフの法則 Kirchhoff's laws
1. 電気回路のあらゆる点でその点に流出入する電流の代数和はゼロである．2. あらゆる閉回路でその回路の電流と抵抗の積の代数和はその回路の起電力の代数和に等しい．

ギルマン効果 Guillemin effect ➡ 磁気ひずみ

ギルマン線路 Guillemin line
非常に鋭い立ち上がり，立ち下がり時間で，ほとんど方形波となるパルスをつくる回路網．

キロ kilo
1. 記号：k．単位の接頭辞で，その単位の10^3（すなわち1000）を表す．1kmは10^3mである．2. 記号：kまたはK．コンピュータで用いる接頭辞で，2^{10}の乗数（すなわち1024）を表す．1kbyte＝2^{10}bytesである．

キログラム kilogram
記号：kg．質量のSI単位*で，国際原器の1kgの質量と等しく，その原器はフランスのセルブレに保管してある白金イリジウム棒である．

キロワット時 kilowatt-hour
記号：kWh．1時間に1kWの電力を消費したときに生ずるエネルギーを表し，1kWhは$3.6×10^6$Jである．

銀 silver
記号：Ag．原子番号47の金属．最も電気伝導のよい金属．

均圧母線 equalizer
電気機器の2点を常にほぼ等しい電圧にするために接続された低抵抗接続線．

均一ケーブル uniform cable
ケーブル長に対して一定の電気的特性を有するケーブル．

均一線路 uniform line
ケーブル長に対して実質的に同一の電気的特性を有する伝送ケーブル．

均一導波管 uniform waveguide
その軸長に沿って電気的・物理的特性が一定な導波管．

銀河雑音 galactic noise
同義語：ジャンスキー雑音（Jansky noise）．➡ ラジオノイズ

禁制帯（禁止帯） forbidden band ➡ エネルギー帯

禁制帯幅（禁止帯幅） energy gap ➡ エネルギーギャップ

近接印刷 proximity printing ➡ リソグラフィ

近接効果 proximity effect
1. 交流電流を搬送している2つ以上の導線が互いに隣接して配置するときに観測される効果．ある導体の断面内を流れる電流分布は他の複数の導体に流れる電流が発生する磁界の影響を受けて変化する．これによって，その導体の実効抵抗*がこの近接効果によって変化を受ける．この効果は高い（無線波帯）周波数に用いるコイル内で顕著に現れる．2. 電子ビームリソグラフィ*の分野で，2本の線または配線図形どうしが互いに接近して感光した場合，これらの線や配線図形の間のレジストが好ましくない露光を受けた状態をいう．

金属 metal
銅や鉄を含む固体で電気的，熱的伝導性が良好な元素の分類．数種類の金属を含む真鍮や鋼のような合金も金属として考えられる．金属や合金の結晶内の原子は金属結合として知られている共有結合によって結合している．正イオンの規則的格子は格子間を移動する自由電子*の雲によって結合している．➡ エネルギー帯

金属化 metallizing, metallization
導電層をつくるためにガラス，半導体または他の基板に金属（元来は銀）の薄膜を堆積させたものをいう．金属は特別に設計されたマスク*を使って，必要な金属化パターンにエッチングする．この技術は固体電子工学で幅広く使われ，集積回路*，薄膜回路*の接続を可能にし，これにより集積回路またはディスクリート素子の接続パッド*を形成している．金属化に使われるいくつかの手法がある．どの方法を使うかは基盤と堆積すべき金属に依存する．この技術には真空蒸着*，スパッタリング*，電気めっき*，化学気相堆積*（CVD），MOCVD*の応用がある．➡ 多層金属配線技術

金属化紙コンデンサ metallized paper capacitor

誘電体として塩を染み込ませた紙を使っているコンデンサで，その紙は並列板状電極をつくるため，金属化フィルムが塗布されている．フィルムはできるだけ体積を小さくするため，通常，隙間なく密に巻かれている．このコンデンサは破壊現象の自己回復作用があるので，高圧放電障害を抑制するために使われ，高圧障害が伝わるのを防ぐ．

金属化フィルムコンデンサ metallized film capacitors

誘電体にプラスチックフィルムを使っているコンデンサで，プラスチックフィルムは並列板状電極をつくるため，金属化フィルムが塗布されている．フィルムはできるだけ体積を小さくするため，通常，隙間なく密に巻かれている．

金属-セラミック metal-ceramic → サーメット

金属-半導体接触 metal-semiconductor contact

半導体*とその上に密接させて堆積した金属間の接触，固体電子デバイスと外部回路の電気的な接続に用いられる．金属-半導体接触は，低抵抗であるオーミック接触*と呼ばれるものや，整流性の接触でショットキー障壁*と名付けられるものがある．その違いは，原理的には金属と半導体中のそれぞれのフェルミ準位*の相対的なエネルギー差により生じる．オーミック接触では，フェルミ準位が，同一値であるか，半導体表面に多数キャリヤ*の蓄積を生じるようなところにある．この様子を金属とn形半導体*の場合について図aに示してある．ショットキー障壁接触の場合，フェルミ準位が一致せず，このため半導体表面でキャリヤの空乏化*が起こる．これを金属とn形半導体の場合について図bに示す．ここではポテンシャルバリアを形づくり，電流が流れるためにはキャリヤがこれを越えなければならない．ショットキー障壁の電流-電圧特性はp-n接合*の特性とほとんど同じであるが，多数キャリヤのみが電流を担う．

シリコンやガリウムヒ素などのいろいろな現実の半導体は，結晶表面に欠陥準位をもっている．これらは原子の未結合手によると考えることができる．このような表面準位は半導体の伝導帯からの電子によってすぐに埋められる．このため金属が存在しなくてもn形半導体表面に空乏層を形成する．したがって，すでにポテンシャル障壁が存在することになる．金属を堆積させることは，この障壁の高さにほんの少ししか変化を与えないのである．そのため，整流性つまりショットキー接触は特別なこと無しにできてしまうのである．オーミック接触を実現するには，半導体表面領域を高不純物濃度にし，空乏層を十分薄くして電界放出*やトンネル現象が起こり，伝導を生じるようにする．結果的には電流-電圧特性は線形にならず，つまりオーミックでないが，電圧降下が非常に小さくなる．高濃度ドーピングは一般に接触の金属化*処理で行われる．これはしばしば下地半導体の不純物*の一部を合金化させることでなされ，接触部分の熱処理の間に，不純物が半導体表面に拡散し*，高濃度領域を形成し，オーミック接触になる．

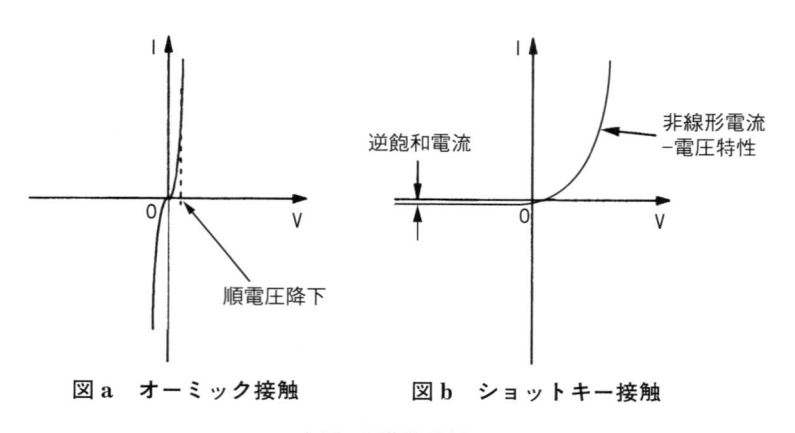

図a オーミック接触　　図b ショットキー接触

金属-半導体接触

金属-半導体ダイオード metal-semiconductor diode

同義語：ショットキーダイオード（Schottky diode）． ⇨ 金属-半導体接触

金属皮膜抵抗器 metal film resistor

抵抗要素として金属を使っているフィルム抵抗． ➡ フィルム抵抗器

近端漏話 near-end crosstalk　➡ 漏話

筋電計 electromyograph（EMG）

筋収縮により生成される電流波形を計測し記録する，心電計*と同様の，高感度装置．記録された波形は筋電図と呼ばれる．

金箔検電器 gold-leaf electroscope　➡ 検電器

近傍界領域 near-field region　➡ 遠方界領域

ク

空間ダイバシティ space diversity　➡ ダイバシティシステム

空間電荷 space charge

すべてのデバイスにおいて，電荷密度はいかなる領域でもゼロとなることはない．空間電荷を含む領域を空間電荷層と呼ぶ．半導体*では，2つの異なる伝導形の間につくられた接合によって生ずる空乏層がこの領域である．熱電子管*において，空間電荷層が陰極を取り囲み，その内側にいる電子はすぐには陽極に引き寄せられない．これら2つの例は，デバイスが導通する前の印加バイアスがゼロでの平衡状態で存在する；空間電荷はポテンシャル障壁を構成し，バイアスが加えられるとデバイスが導通する前に消滅する場合あるいは異った分布を形成する．

空間電荷はまた，電子線に発散をもたらし，進行波管*の電子の固まりを崩す原因となる．放射状の電界が空間電荷の作用による電子線の発散を防ぐために用いられ，これにより円筒状となった電子線が得られる．

空間電荷制限領域 space-charge limited region　➡ 熱電子管

空間電荷密度 space-charge density

空間電荷領域における単位体積当たりの全電荷量（➡ 空間電荷）．

空間波 space wave

地上に設置してある送信アンテナと受信アンテナ間で地上を伝搬する電波で直接波*と地表の反射波*を含む．地表面に沿って伝搬しない地上波*の成分である．もし2つのアンテナが十分な地上高であれば地表波*は無視でき空間波のみが考慮される．

空気コンデンサ air capacitor

主誘電体として空気を使っているコンデンサ*．

偶奇性 parity　➡ パリティ

空港監視レーダ airport surveillance radar（ASR）　➡ 精測進入レーダ

空格子点 vacancy

結晶格子中での原子位置に原子が欠けている格子点．格子欠陥．

空洞共振器 cavity resonator

同義語：共鳴キャビティ（空調共振器）．外部から適当に励起されたときに電磁界を保持する閉じた空間あるいは，実質上閉じた導体内の空間をいう．共鳴周波数は，空調の寸法と形によって決定される．全体の装置は，著しい共鳴の効果をもち，高周波の応用では実現できない同調共振回路に代わるものである．

空白とバースト blank-and-burst

あるチャネル上の信号を，そのチャネルの情報に重大な混乱（障害）を与えない程度に短い時間の間，制御情報で置き換える技術．

偶発故障期間 constant failure-rate period ➡ 故障率

空乏層 depletion layer

動くことのできないイオン化した導入不純物が半導体*中につくる空間電荷領域*であり，そこにはキャリヤはほとんどない．空乏層は伝導形の異なる2種類の半導体間の界面部に必ず形成され，外部から電圧を加えなくともつくられ（➡ p-n接合），さらに金属−半導体接触*においても生じる．空乏層の幅は逆バイアス電圧を与えることで増加する．可動なキャリヤが追い払われて現れた空乏層は実質的に誘電体としての働きをし，この空乏層を含めた全領域からなる静電容量が空乏層容量である．逆方向バイアス印加のp-n接合やショットキーダイオードは，この特性から電圧可変容量（➡ バラクタ）として利用できる．また，半導体を電界の影響下に置くことによって，その半導体表面部に空乏層を形成することも可能である（➡ MOSコンデンサ）．

空乏層ホトダイオード depletion-layer photodiode ➡ ホトダイオード

クエンチ周波数 quench frequency ➡ 超再生受信機

クエンチング回路 quieting circuit ➡ スケルチ回路

クエンチング感度 quieting sensitivity ➡ 無線受信機

1/4波長線 quarter-wavelength line

同義語：1/4波長トランス（quarter-wavelength transformer）．基本周波数*の波長の1/4に等しい長さの伝送線路*．とくに高い無線周波数システムのインピーダンス整合*，フィルタネットワークにおける偶数次高調波の抑制，アンテナへの給電などに使用される．

1/4波長トランス quarter-wavelength transformer ➡ 1/4波長線

矩形波 square wave ➡ 方形波

矩形波応答 square-wave response ➡ 方形波応答

矩形パルス rectangular pulse ➡ パルス

矩形窓 rectangular window ➡ ウィンドウ機能

櫛形フィルタ comb filter

周波数帯域全体に渡って，周期的に応答出力がゼロとなるようなノッチフィルタ*の一種．普通の櫛に周期的な隙間があることに似ている（図参照）．

駆動インピーダンス driving impedance ➡

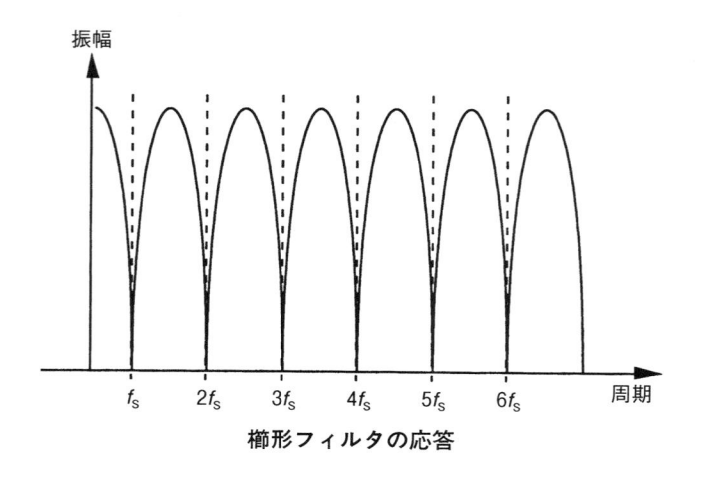

櫛形フィルタの応答

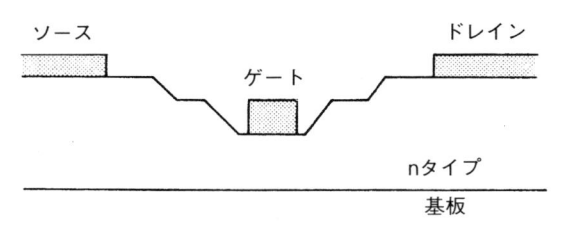

```
 ソース           ドレイン
┌──┐    ゲート    ┌──┐
│  │    ┌─┐     │  │
└──┘\   │ │    /└──┘
     \__└─┘___/
              nタイプ
─────────────────────
              基板
```

窪みゲート FET

動インピーダンス
駆動電位 driving potential → 光電池
駆動点インピーダンス driving-point impedance
　1. 回路の入力端子で，印加した正弦波電圧の実効値（rms 値）と端子間を流れた電流の実効値との比．2. → 動インピーダンス
駆動伝達関数 actuating transfer function → 帰還制御ループ
クーパ対 Cooper pair → 超伝導
窪みゲート FET recessed gate FET
　ソース・ドレイン電極間の基板に溝状に削られた形のゲート（図参照）をもつ電力用 FET（→ 電界効果トランジスタ）．窪みゲート構造を用いるとゲートの両側の大きな厚みがゲートとソースおよびドレイン間の寄生抵抗を小さくする利点がある．
窪み点 valley point
　1. 単接合トランジスタ．2. → トンネルダイオード．
組合せ CMOS/bipolar merged CMOS/bipolar → BiCMOS
組み合わせ論理 combinational logic
　特定の時刻の出力がその時刻の入力のみの関数になる論理回路*．これは回路の入力として過去にどのような入力があったかには依存しない．したがっていかなる記憶要素* も帰還ループ* もない回路である．⇒ シーケンス回路
クライストロン klystron
　マイクロ波の増幅や発振に用いる電子管* である．マイクロ波周波数帯の電界を増幅するため電子ビームに速度変調* をかける直線ビーム形マイクロ波管* である．基本となるクライストロンには数種類の変形タイプがある．
　2個の空洞共振器からなる簡単なクライストロンを図 a に示す．電子銃から発生した高エネルギー電子ビームは，高周波無線波で励振した入力空洞共振器* を通る．その高周波と電子ビームは相互作用し，電子ビームに速度変調がかかる．入力空洞共振器で変調を受けた電子ビームは，電界のないドリフト空間を通過するとき，速い電子が遅い電子に追いつき空間電子密度分布にバンチング（串団子状の密度分布）が生ずる．その周期的な電流密度の変化は励振無線波と同じ周波数をもつ．そのビームが距離 x 離れた出力空洞共振器を通過するとき，その電流密度変化が出力空洞共振器内に電圧波を生ずる．この波は励振周波数およびその高調波成分をもつ．
　出力波の強さは電子の速度に依存し，その位相はバンチングの中央部が出力空洞共振器を通過するとき負の最大値に対応する．電子ビーム内の大半の電子は出力空洞共振器内に生ずる電界によって加速よりむしろ減速作用を受けるため電子ビームの大半のエネルギーが出力空洞共振器に与えられる．したがって，電子銃からのビームの直流エネルギーが出力回路の無線波エネルギーに変換することで電圧増幅が行われる．
　そのビームから電力を引き出すための最適条件は
$$\omega t = 2\pi(n+3/4)$$
である．ここで ω は角周波数，t は空洞共振器間の通過時間，n は整数でモード数である．
　$t = x/v_0$ で，v_0 は初期電子速度であるため通過時間は電子銃の電圧を調整することで変えることができる．コレクタ電極は出力空洞共振器を通過していく電子ビームを捕獲するために使われる．2個の空洞共振器からなるクライストロンは入力空洞共振器に正帰還をかけることで発振器として使うことができる．
　クライストロンの最も重要なタイプは反射形クライストロンであり，低出力発振器として用いられる．この形のクライストロンはただ1個の空洞共振器をもち，これが入力空洞共振器と出力空洞共振器の2つの役割をする（図 b 参照）．電子ビームの速度変調は共振器内の入力無線周波数電界によって生じ，共振器で変調を受けたビームは反射電極によって反射し，再び共振器の方に戻ってくる．バンチングは高速電子が反射電極に向かって走行しているときに起

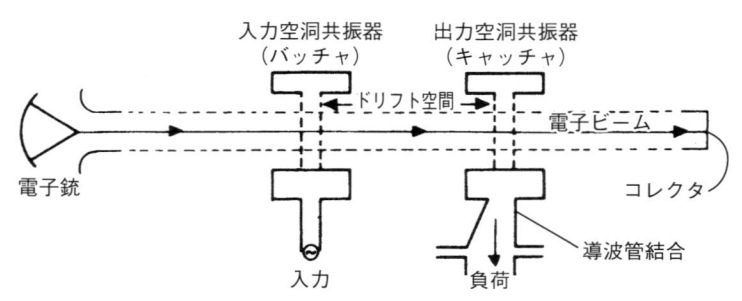

図 a 2空洞共振器形のクライストロン増幅器

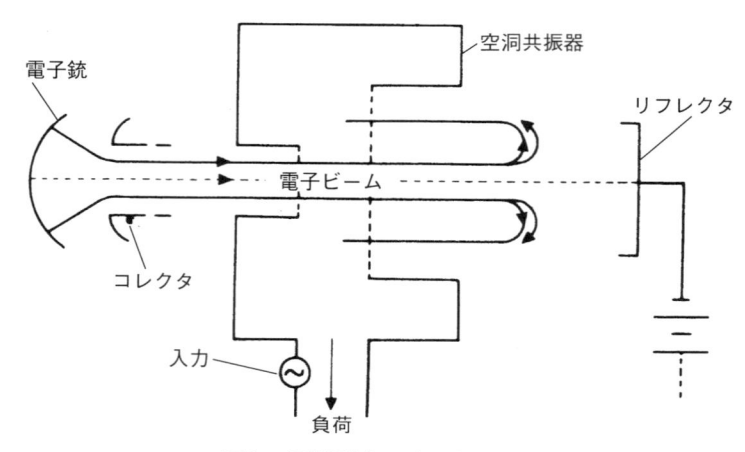

図 b 反射形クライストロン

こる．なお，反射電極で返されてきた電子群は速度が遅くなっている．共振器に戻ってきた電子群の塊は運動方向が逆向きになっているため大半のエネルギーを共振器に与え，最大の正電界を発生する．

2個の空洞共振器からなるクライストロンと同様，1個の共振器を通過し再び戻ってくるまでの輸送時間を t とすると，最適電力伝達は

$$\omega t = 2\pi(n+3/4)$$

となる．反射型クライストロンは，ある離散的なコレクタ電圧で発振し，それは上式の $n=1, 2, 3\cdots$ に対応する．さらにこれらのコレクタ電圧のわずかな可変範囲でも発振が可能である．したがって反射形クライストロンは自動周波数制御や周波数変調伝送において有用である．この後者の応用では10 W 近くの高出力を要求されるが，一般的によく利用されている低出力の局部発振器としては 10 mW ほどの出力でよい．

粒子加速器の電力源として極端に高出力のパルスが必要なとき，または UHF テレビ送信において中程度の連続波が必要なとき，多重空洞共振形クライストロンが用いられる．これらは電子ビームに結合した3つまたはそれ以上の空洞共振器を用いて高い総合利得を得ている．最初の共振器で速度変調を受けた電子ビームは進行しながら2番目さらにそれに続く共振器と相互作用し，その励振の仕組みは各共振器内で誘導増幅した電圧が前の共振器から受け取ったビームにさらに変調を加え，そのビームは強いバンチング状態になり，最終的に非常に強く増幅された波動がその出力回路内に生ずる．

電子どうしの相互静電反発はビームの離群（デバンチング*）を生じ，特に強いバンチングが必要なときはこの現象が表面化し，この装置の出力限界を決める．なお，ビームの離群効果を軽減化するために磁気収束効果を用いるとよい．

グラウンドリターン　ground return
地表または地上に設置された標的からの反射によるレーダ受信機上のエコー．標的に無関係なグラウンドリターンはレーダスクリーン上に

地表の散乱像を表示する．このタイプの雑音は目標物をぼやけた像にしてしまう．

クラーク電池　Clark cell
　水銀と亜鉛で構成した標準電池で，15°Cにおいて1.4345 Vの起電力をもつ．この電池は現在ウェストン標準電池*に置き換わっている．

グラス　grass
　画像のノイズの非公式な同義語．ディスプレイのタイムベース*の乱れによる．レーダ受信機に発生するノイズ*．これはタイムベース生成器の不規則な乱れや電気的な干渉によることもある．これは画像に草に似たようなノイズを生じる．⇒スノー

グラソー磁束計　Grassot fluxmeter　→磁束計

クラッタ　clutter
　レーダシステム*において雑音によって表示装置上に発生する不必要な信号，像，エコー．

グラフィックイコライザ　graphic equalizer
　分割された周波数帯域における音質調整*．各帯域における信号は，接点をスライドさせることにより調整される．接点の位置は周波数応答を表す．

グラフィックパネル　graphic panel
　自動制御システムや遠隔制御システムにおける主制御盤．制御システムの異なる部分の関係や機能を表すために，色の付いたブロック図が使われている．各部の相対的な位置を正確に表現した上で，これらを制御したり記録したりする装置が取り付けられている場合もある．

グラフ計測器　graphic instrument
　同義語：チャート式記録計．計測量をグラフの形態で表示する計測器．グラフは，適切な紙チャート上にインクで生成される場合もあれば，陰極線オシログラフ*のスクリーン上に生成される場合もある．陰極線オシログラフから永久記録を得る場合には，スクリーンを撮像すればよい．

クラメールの公式　Cramer's rule
　線形代数方程式の解法に用いる公式．→連立方程式

クランプ回路　clamping circuit
　交流信号に直流電圧を加えることで，交流信号波形の電圧値を増減し上や下に移動するために用いる回路．⇒直流分再生回路

クリア　clear
　同義語：リセット（reset）．記憶素子あるいは記憶装置を標準状態，通常は零の状態に戻す．

クリスタルスピーカ　crystal loudspeaker
　圧電結晶*の機械振動によって音を発生させるスピーカ*．

クリスタルマイクロホン　crystal microphone
　2枚の圧電結晶*板が空隙により分離された形のマイクロホン（図参照）．音圧振動が結晶の変位を引き起こし，それに対応した起電力（e. m. f.）が結晶内に発生する．圧電結晶の中心に機械的に結合された別々の振動板を使用するタイプは，より大きな感度が得られるが，2枚の圧電結晶板が空隙により分離されたタイプに比べて周波数特性が劣り，指向性が強くなる．

グリッド（格子）　grid
　1. 金網や孔あきプレートでつくり，その孔の中を電子ビームが通過できるように開放的構造をもつ電極．→熱電子管．2. 多くの電力発電所を結ぶ全国的な高電圧伝送線路システムを表し，それは400 kVまでの電圧を伝送する．いくつかの国では735 kVの高電圧伝送にも使われる．

グリッドストッパ　grid stopper
　寄生発振を止めるためにグリッドに付けた素

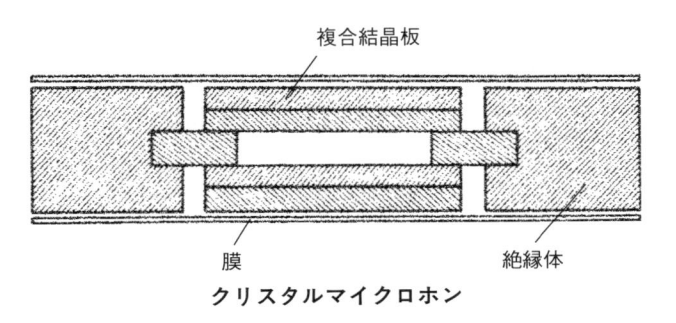

クリスタルマイクロホン

子．➡ 寄生振動

グリッドバイアス　grid bias

熱電子管*のグリッドに印加する電圧のことで，それによってその管の動作特性曲線の動作点を決めたり，その電子管の遮断値を変更する．自動グリッドバイアスは真空管にグリッドバイアスを与えるため，その真空管のグリッドまたは陰極の回路内に抵抗を入れる．その抵抗に生ずる電圧はグリッドや陰極の電流によって決まり，その値がグリッド電位となる．

グリッドベース　grid base

熱電子管のアノード電流を遮断するグリッドの最小電圧．➡ カットオフ

グリッド放出　grid emission

熱電子管のグリッドからの電子またはイオンの放出．

グリッド洩れ　grid leak

グリッド上の電荷の蓄積を防ぐため熱電子管のグリッドと陰極の間に高抵抗を接続する．これは同時にグリッドバイアス*電圧を与えたことに相当する．

クリッピング　clipping

出力波形を平坦化させた振幅ひずみ*の形状．クリッピングは，特に，トランジスタ回路においてバイアス電圧*が適切でなく設定されたことによって引き起こされる．入力信号の振幅が大きすぎたことにより増幅器の出力でクリッピングが発生したとき，増幅器はオーバドライブであるという．

クルックス暗部　Crookes dark space

同義語：陰極暗部（cathode dark space）．
➡ ガス放電管

グループ作動　group operation

1つの機構によって多重スイッチまたは回路遮断器の全ての極を作動させること．

グレイコード　Gray code

重みなし二進数のコード．2^nコードのワード，すなわちnビットの各々において，ある数から次の数に移るときに1ビットだけ変化するようにしたコード．グレイコードは，例えば，カルノー図*をコード化するために用いられる．

グレンツ線　grenz rays

25 kV またはそれ以下の管電圧で加速された電子が発生する軟X線．グレンツ線はカラーテレビなど多くの種類の電子装置の中で発生するが，その貫通力は極めて弱い．

黒信号レベル　black level　➡ テレビジョン

クロスオーバー（交差）　crossover

互いに絶縁された2つの導体が交差する点．

クロスオーバー回路　crossover network

同義語：分割回路（dividing network）．たくさんの経路を通る周波数帯を分割するフィルタ回路の一種．特定の周波数範囲が1つの経路を通り，それ以外の周波数範囲は別の経路を通る．出力が1つの経路から他の経路になる周波数がクロスオーバー周波数で，その周波数で2つの経路の出力は等しい．この回路は低音，中音，高音成分を分離するためにスピーカに広く利用されている．

クロスオーバー周波数　crossover frequency
➡ クロスオーバー回路

クロスオーバーひずみ　crossover distortion
➡ ひずみ

クロスオーバー領域　cross over area　➡ 陰極線管

クロスカップリング（交差結合）　cross coupling　➡ 結合

クロスバースイッチ　crossbar switch

多くのプロセッサを多くのメモリバンク（や他の装置）に同時に接続できるスイッチ．

クロック（刻時）　clock

コンピュータ*で同期動作をさせるために，あるいは内蔵回路の特性を監視，または測定するために使われる周期的な信号を発生させる電子装置．クロック発生装置によってつくられた主周波数がクロック周波数である．論理演算を正確に動作させるために論理回路*の要素に加えられる周期的なパルスはクロックパルス*（刻時パルス）と呼ばれる．

特殊な電子回路，素子，装置を駆動するために使われるクロックパルスは同期化に使われ，それで駆動された回路などはクロック制御または同期化されたとして記述される．

クロック周期　clock cycle

コンピュータの中でクロック信号に対して取られる時間で，初めのある状態から，次にまた新しく同じ状態になるパルス列の時間（図参照）．

←クロック周期→
クロック周期

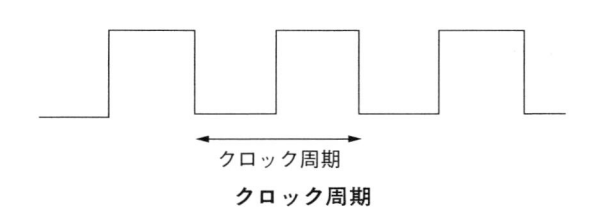

クロック周波数 clock frequency ➡ クロック

クロックスキュー clock skew ➡ スキュー

クロック制御（同期化回路） clocked circuit ➡ クロック

クロック制御フリップフロップ clocked flip-flop ➡ フリップフロップ

クロック無しフリップフロップ unclocked flip-flop ⇨ フリップフロップ

クロックパルス clock pulse ➡ クロック

クローニヒ-ペニーモデル（エネルギー帯構造） Kronig-Penney model (of energy band structure) ➡ 量子力学

クロノトロン chronotron

事象間の時間間隔を測定する電子装置．パルスがそれぞれの事象によって開始され，時間間隔は伝送線路に沿ったパルスの位置によって決定する．

グロー放電 glow discharge ➡ ガス放電管

グロー放電マイク glow-discharge microphone ➡ マイクロホン

クーロン coulomb

記号：C．電荷*のSI単位*で，1Aの電流により1秒間に導体の断面を通して運ばれる電荷として定義される．電荷 Q は

$$Q = \int I \, dt$$

と与えられる．ここで，I は電流である．

クーロン計 coulombmeter

同義語：電量計（coulometer）．電気化学的に沈殿する物質量によって電荷を測定する計測器．1クーロンの電気分解でイオン溶液から遊離する元素の質量は電気化学当量である．

クーロンの法則 Coulomb's law

2つの点電荷，q_1，q_2 のまわりの静電的な電界との相互作用により電荷に働く力 F，が

$$F = \frac{q_1 q_2}{4\pi\varepsilon r^2}$$

で与えられる．ここで，r は電荷の間の距離，ε は媒質の誘電率*である．したがって，クーロンの法則は電気的および機械的現象に関係する．⇒ アンペアの法則

クワイン-マクラスキー Quine-McCluskey

ある論理関数の最小積和項を見いだすアルゴリズム．

群遅延 group delay

回路網あるいは回路の位相特性に関連する量で，周波数に対する位相変化の微分値 $d\phi/d\omega$ として定義される．

ケ

計器感度 instrument sensitivity

計器の物理的応答（例：指針の振れ）と測定量の大きさの比率を表す計器の感度表現をいう．例えば，1Vは何目盛に相当するなどの直接的表現をいう．

計器制動 instrument damping

指示計器のメータの指針から運動エネルギーを吸収し，指針をより早く次の状態の指示に持ち込む制動システム．指針を制動するため指示計に組み込まれている装置をダンパという．指針が揺れ動くことなく真の位置に過制動で動くものをデッドビート計器という．→ 減衰

計器定格 instrument rating

製造業者が決めた定格で，装置が故障せずに動作する範囲を示す．このことは計器がフルスケール*の限界まで必ずしも保証されていないことを示す．

計器用変圧器 potential transformer

同義語：計器用変圧器（voltage transformer）．→ 変圧器

計器用変圧器 voltage transformer

同義語：変圧器（potential transformer）．→ 変成器，変圧器；計器用変成器

計器用変成器 instrument transformer

変成器は測定装置につないで用いる．変成器は交流磁界を用いて変流または変圧に利用する．一次巻線は主回路につながれ，測定すべき電流または電圧を二次巻線側に伝える．二次巻線には電流計や電圧計などの測定器をつなぐ．計器用変成器は交流装置の動作範囲を広げるために用い，高電圧で動作している回路から電気絶縁して計測器を守る．

蛍光 fluorescence → 発光

蛍光X線 X-ray fluorescence (XRF) → 電子マイクロプローブ分析器

蛍光灯 fluorescent lamp

蛍光*を利用して光る照明器具．一般的な蛍光灯はアルゴンガスに微量の水銀を入れた低圧ガス放電管*であり，その管の内面には蛍光体が塗られている．管の中に電流を流すと水銀放電によって紫外線が放射し，その紫外線が蛍光体を励起する．蛍光体は波長変換して可視域の光を放射する．もう1つの照明器具としてNa蒸気やHg蒸気を利用する街路灯がある．このタイプの管の内面には蛍光体を塗らない．放電管内の電子はその蒸気原子を励起し，その励起粒子が再結合するときに紫外線を含む発光が生ずる．

蛍光膜 fluorescent screen

陰極線管*や影像変換器*などの電子装置に使われているスクリーンの一種で，電子ビームを可視映像に変換するために用いる．このスクリーン上には微細直径（2～3μm）をもつ多くの蛍光体結晶が配列している．X線や電子などの高エネルギー粒子がその結晶を照射すると光が放出する．

形式的検証 formal verification

ハードウェアまたはソフトウェアシステムにおける設計の正確さを，形式的な方法を用いて検証する手段の1つ．これらの形式的方法は，システムの仕様が十分に組み込まれていることを確認するために，ユーザ指定の特性群またはモデルと設計の機能性を比較する．

傾斜形ベーストランジスタ graded-base transistor

バイポーラトランジスタの一種であり，その内部のベース*中において不純物濃度がベース領域全域にわたって滑らかに変化している．不純物導入量*はエミッタベース接合部では高くし，ベースコレクタ接合部で低い不純物導入量（それにより高抵抗率となる）となるように減少変化させている．この方法によって，ベースを通過する電子は速められ，それによりベース再結合電流を減らせる．これらのトランジスタの高周波応答は良好である．

計数管 scaling tube

いくつかの陽極（通常10個）で構成されたガス放電管*であり，計数回路*として使われる．この放電管は電気信号が入力するたびにグロー放電のスポット点が移動する．この放電管は管の外周に発光点が移動するように陽極を配置したり，数字の0～9までを順番に放電で形づくるように陽極を構成している．

計測用増幅器

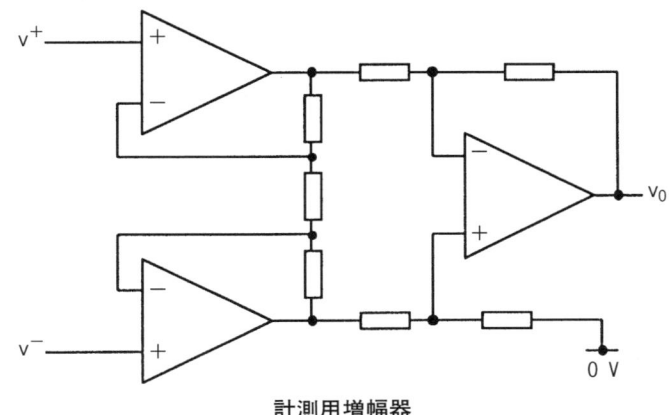

計数器　counter
1. 荷電粒子のような個別の事象を検知し計数する装置．この用語は検知器およびその装置に使用される．1つの事象は1つのパルスに変換され，これらのパルスが電子的に計数される．2. 同義語：ディジタルカウンタ．電子パルスを計数する電子回路．

いずれの場合でも，計数される事象の発生する平均的割合は計数率である．計数器遅れ時間は，最初の事象と計数の発生の間の遅れ時間である．分解時間は，連続した事象の発生を計数できる最小時間である．

計数器　scaler
主に計数回路に使われ，入力パルス数が計数回路の設計した数に達したとき1個の出力パルスが生ずる．1個の出力パルスに相当する入力パルス数を分周倍率という．この分周倍率は10または2が最もよく使われる．十進計数回路では10の分周倍率が，二進計数回路では2の分周倍率が使われる．後者では多くのフリップフロップ*やトリガ回路*が用いられる．計数器は放射線カウンタやコンピュータにおいて一般的に使われる．

計数器/周波数計　counter/frequency meter
与えられた時間内に発生する事象を計数する計数器，あるいは周期の数を計数する周波数計として使用される装置．この装置は圧電発振器*のような基準周波数を備える．事象の間の時間は，同じ時間内に起きる基準パルスの数と比較することによって計数される．

計数器遅れ時間　counter lag time　➡ 計数器
計数率　count rate　➡ 計数器

計測用増幅器　instrumentation amplifier
電圧を乱すことなく回路の2つの節点*間の電圧差を増幅するために測定や制御に用いられる増幅器の1つ．図に示されるように接続されたいくつかの差動増幅器*からなる増幅器で，極めて高い差動入力インピーダンスをもつ．

計測用分流器　instrument shunt　➡ 分路

携帯情報端末　personal digital assistant (PDA)
利用者に様々な利便性を提供する，手でもったまま操作が可能な小型ディジタルコンピュータ．たいていは，電子手帳，連絡先リスト，住所録，ウェブブラウザ，電子メール機能などが含まれている．PDAに登録した情報を利用者のメインコンピュータと同期させるため，通常は，ケーブルか赤外線通信，または無線通信を介してコンピュータに接続する機能を有している．

携帯電話　cellular phone　➡ セルラー移動通信

継電器（リレー）　relay
ある電気現象（電圧，電流など）が他の独立した電気現象のオン・オフ切り替え動作を制御する電気装置．継電器には多くの種類があり，その大多数は電気機械継電器または固体リレーのいずれかである．

アーマチュア継電器は電気機械継電器であり，軟鉄コアの上に巻かれたコイルがアーマチュア（接極子）を引き付ける．それにより接点の接触動作や水銀スイッチを傾ける動作が行われる（図a参照）．様々に異なる形状のアーマチュアがつくられている．

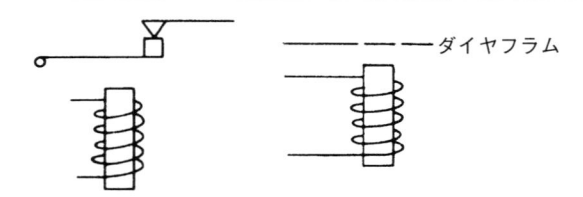

図a　アーマチュア継電器　図b　ダイヤフラム継電器

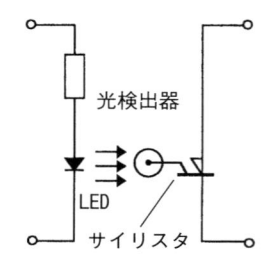

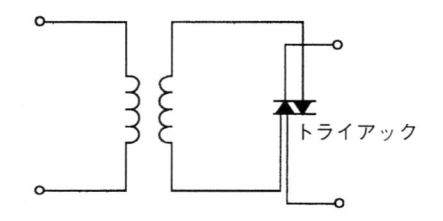

図c　LED結合固体リレー　　　図d　トランス結合固体リレー

　差動継電器は2個のコイルをもっており，それらコイル中に流れる電流が加算的あるいは減算的かによって動作が決められる．アーマチュアが分割される構造になっており，その金属小片部は主接点とは独立して少量の電流で駆動される．アーマチュア全体を作動するには大きな電流を必要とする．

　有極継電器は中心に永久磁石のコアを有しており，電流の向きを変えることで異なる動作をする．

　電気機械ダイヤフラム継電器は，コイルが巻かれた中心コアとその端部に近接して取り付けられた薄い金属ダイヤフラムから構成されている（図b参照）．コイルが励磁されると，ダイヤフラムの中心部が磁心に向けて動き，それに付属する接点が動作をする．

　純粋な固体リレーは，その全要素が固体素子からつくられ，機械的な可動部を含まない．入力端子と出力端子との絶縁は光検出器*と結合させた発光ダイオード*を利用して行われる．スイッチングはサイリスタ*または双方向性サイリスタ（トライアック）を用いることで達成される．この種のリレーはディジタル回路とも接続可能であり，その用途は多種類となっている．このリレーをシングルチップ上に製作することは通常行われず，その理由はLEDがガリウムヒ素からつくられ，一方光検出器はそれとは異なるシリコンからつくられるためである．絶縁は入力側にトランス結合させることでも可能となる．固体リレーの例を図cおよびdに示す．

　固体リレーは次に述べる理由により電気機械リレーをしのぐ優れた性能をもつ．長寿命，スイッチング速度が極めて速い，電気雑音が少ない，ディジタル回路と接続可能，接点をもたないために接点間にアーク*を発生する可能性はなく，爆発性の環境において使用できるなどの性能をもつ．物理的な接点および可動要素をもたない構造は腐食に対しても耐久性を増大させている．機械的雑音がないことはそれらの性能に関連している．不利な点は，数A以上の電流を通じた場合に相当量の熱を内部に発生することであり，冷却のための装備を必要とし，さらに，単極素子に比べ多極数素子の製造費用が高額になることである．使用する際，物理的に接続されないことが安全面から求められる場合には固体リレーの採用は難しい．

　その他の継電器の種類として，熱的に作動するリレーでは電流による加熱効果が接点操作に利用されており，バイメタルの細棒上に巻いた加熱コイルの効果を利用するものもある．

　継電器の特性は，その動作や機能を示す電気パラメータによって規格化される．電流継電器および電圧継電器は規格化された電流や電圧値が入力回路に加えられた場合に動作する．

　閉鎖継電器は，故障状態のような特殊な状況下において回路，装置あるいは他の装備などを動作させないようにするために用いられる．

　緩動継電器は入力を与えてから接点が作動するまでの間に意図的な時間遅れをもたせてい

る．この動作をつくるためにいくつかの機構が内蔵されている．

経路指示 routing ➔ ルーティング

経路損失 path loss ➔ フリース伝送方程式

Ka バンド Ka band
マイクロ波 27〜40 GHz 帯．➔ 周波数帯域

k 空間 k-space ➔ 運動量空間

欠陥評価 fault grade
集積回路素子の製造欠陥を検出するためのテストベクトルの効率の測定．これは通常これらのテストベクトルを用いて同定される欠陥率の百分率で表される．

結合 coupling
エネルギーが一方から他方へ移動する，2つの回路間における相互作用．共通インピーダンス結合では，2つの回路に共通のインピーダンスが存在する（図 a, b 参照）．
インピーダンスは，静電容量（容量性結合），静電容量と抵抗の合成（抵抗-容量性結合），インダクタンス（誘導性結合）か，抵抗（➔ 直結）のいずれかである．インピーダンスは各回路の一部であることもあるし，回路間に接続されていることもある．相互インダクタンス結合では，コイル L_1 と L_2 間の相互インダクタンス M により結合される（図 c 参照）．使用されるコイルは，たいていは変圧器のコイルである．増幅器の段間において，変圧器ではなく2つの分離されたコイルを使用することをチョーク結合と呼ぶ．混合結合は，相互インダクタンス結合と共通インピーダンス結合の合成である．

結合係数 K は以下のように定義される．

$$K = \frac{X_m}{\sqrt{X_1 X_2}}$$

ここで，X_m は両回路に共通の抵抗値であり，X_1 と X_2 は（X_m と同じ単位をもつ）2つの回路それぞれの総合抵抗値である．

図 a においては

$$K = \frac{L_m}{\sqrt{(L_1+L_m)(L_2+L_m)}}$$

図 b においては

$$K = \frac{C_m}{\sqrt{(C_1+C_m)(C_2+C_m)}}$$

図 c においては

$$K = \frac{M}{\sqrt{L_1 L_2}}$$

となる．

二次回路側に流れる電流は，結合の程度や周波数に依存する．臨界結合は $KQ=1$ のときに

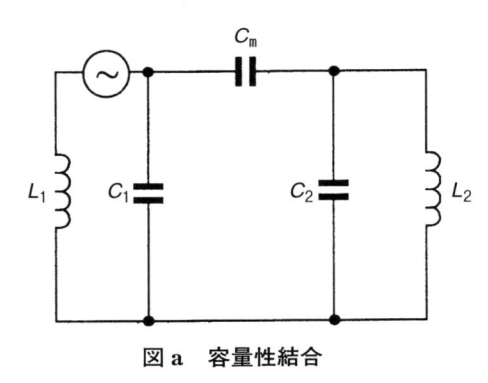

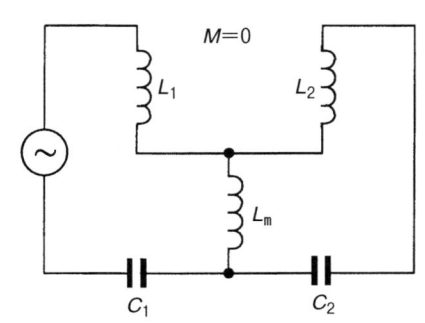

図 a　容量性結合

図 b　誘導性結合

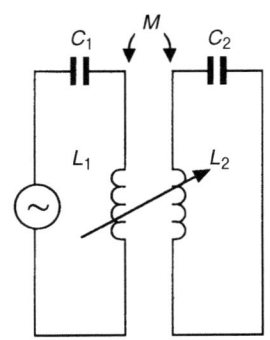

図 c　相互インダクタンス結合

生じる．ただし，Q は回路の Q 値*である．回路の共振周波数では単峰性のピークをもち，電流は最適値となる．過結合（または密結合）は $K>1/Q$ のときに生じ，電流は共振周波数におけるくぼみの両側に二峰性のピークをもつ．不足結合（または疎結合）は $K<1/Q$ のときに生じる．臨界結合と同様に共振周波数において単峰性のピークをもつが，最適値の場合よりもピーク値は小さくなる．

帯域通過フィルタ*では狭い周波帯域を通過させるために過結合がよく用いられ，後段には中央部のくぼみを補償するための不足結合が接続されている．同調回路*では，通過帯域幅が周波数によって変化する．この変化は，ある周波数範囲において一定の帯域幅をもつように，静電容量と相互インダクタンスを用いた混合結合を採用することで，克服できることがある．

交差結合（または飛び越し結合）は，特に電源が共通の場合に，通信用チャネル間や回路間または素子間において生じる望ましくない結合である．望ましくない（特に交差結合に起因する）信号を除去することを減結合と呼ぶ．通常は，インダクタンス*を直列につなげるか，コンデンサ*を分路で（並列に）つないで実現する．

結合エネルギー binding energy
1. 記号：EB．陽子と中性子が結合して原子核を形成するとき放出される全エネルギー．2. 原子核から1つの外核電子を放出するために必要なエネルギー．原子核から全ての外核電子を放出するために必要なエネルギーは全電子結合エネルギー．→ 電離ポテンシャル

結合係数 coupling coefficient → 結合

結合ひずみ combinationtone distortion
同義語：相互変調ひずみ（intermodulation distortion）．→ ひずみ

結晶成長加熱炉 crystal growth furnace
溶融材料から大きな単結晶を成長させるために必要な特殊な温度分布を生み出すよう設計されている加熱炉．

結晶引き上げ装置 crystal puller → 液相封入チョクラルスキー法

結晶フィルタ crystal filter
共振あるいは反共振回路のための圧電結晶*を用いたフィルタ*．

ゲッタ getter
他の物質に対し強い化学吸着性をもつ物質のこと．そのような物質はある環境内に微量に存在する不要な元素や化合物を除去するために使われる．例えば，密封真空系の中の残留ガスを除去するためにフィラメント形状のバリウムを封入したり，ナトリウムのような動く可能性のある不純物を除去するためにシリコン上の酸化層の中にリンを導入したりする．後者の応用はMOSFET*の安定動作のため特に重要である．ゲッタを用いる過程をゲッタリングという．

ゲート gating → 受信機

ゲート gate
1. ゲート．短縮形：ゲート電極（gate electrode）．電界効果トランジスタ*，MOS コンデンサ*，MOS 集積回路*，電荷結合素子*，またはサイリスタ*などにおける1個または複数個の電極．
2. ディジタルゲート．2個またはそれ以上の個数の入力をもつが，出力は1個なディジタル回路．入力に与えた条件が出力の電圧レベルを決定する．出力は二値あるいはそれ以上の個別な値を切り替える．ディジタルゲートは論理回路*中で広く用いられており，このため論理ゲートとして知られている．
3. アナログゲート．入力信号の特定の時間区間に出力信号を生成する線形回路*または素子．この時間区間内の出力信号は入力信号による連続関数である．アナログゲートはレーダおよび電子制御システム中に広く用いられている．
4. 回路または素子を作動させる電気信号またはトリガ信号．最も一般的なゲート操作の方法はクロック*を採用している．

ゲートアレイ gate array
内部構造が最初特定されずに内部接続された論理回路ゲート*配列になっている集積回路．論理回路設計者がゲートの形や内部接続を特定することができる．

ゲートウェイ gateway
同義語：ルータ（router）．

ゲート拡張 gate expander
ダイオードトランジスタ論理回路ゲート*の入力段に接続されたダイオードの配列で，ゲートの入力数を拡張するために用いられる．

ケネリーヘビサイド層 Kennelly-Heaviside layer

同義語：E層（E-layer）．→電離層

Kバンド K band

マイクロ波18〜27GHz帯．→周波数帯域

ケプストラム cepstrum

周波数スペクトルの対数値をさらにスペクトル化したもの．スペクトラムの一部の語順を逆にした導出語である．ケプストラムは，音声分析において基本周波数*とホルマント*の分析によく用いられる．X軸は時間の次元をもち，ケフレンシと呼ばれる．ケフレンシは周波数の一部の語順を入れ替えた導出語である．ケプストラム中のとびとびのピークはラーモニックとして知られる．ラーモニックは高調波の一部の語順を入れ替えた導出語である．音声中の基本周波数などの低周波成分は高いケフレンシを有しており，フォルマントのピークなどの高周波成分は低いケフレンシを有する．したがって，両者は窓掛けにより分離することが可能である．窓掛けはフィルタの一部の語順を入れ替えた導出語である．

ケーブル cable

いくぶん可撓性のある導体の集合体．導体は互いに絶縁され，一緒に結合されたり，被覆をかぶせられたりしている．いろいろな形状のケーブルも使われるが，最も普通のタイプのケーブルは対ケーブル*と同軸ケーブル*である．複合ケーブルは断面のいたるところで，導体の心線径または構造が異なるケーブルである．

ケーブル位置発見器 cable track locator →ケーブルトラックロケータ

ケーブルトラックロケータ（ケーブル位置発見器） cable track locator

埋設された電話ケーブルの位置を見つけ出す装置．ブリーパとして知られる可聴周波数の発信機があるかないかわからないケーブルに沿って信号を送るために使われる．ブリープ（ピーピーいう音）が，可搬型の受信機とヘッドセットを使って検出される．埋設されたケーブルの位置は検出された信号強度の最大点が通った跡に沿っている．

ケフレンシ quefrency

信号のケプストラム*のX軸で時間の次元をもつ．

K-マップ K-map

短縮語：カルノー図（Karnaugh map）．

Kuバンド Ku band

マイクロ波12〜18GHz帯（IEEEの呼称）．→周波数帯域

ケルビン効果 Kelvin effect

同義語：トムソン効果．→熱電効果

ケルビン接触 Kelvin contacts

電子回路や電子素子を検査または測定試験するときに使う方法で，特に小さな値を測定するときに用いる．リード線の太さや素材，長さの等しい2本のリード線を各試験点に用い，1本は試験信号の入力用に，もう1本は測定用に用いる．このようにするとリード線内の抵抗の影響を測定時に消去できる．

ケルビンダブルブリッジ Kelvin double bridge

同義語：トムソンブリッジ（Tomson bridge）．このブリッジは6個のアームをもち，低抵抗を測るホイートストンブリッジ*を改良した回路である．図に回路接続を示す．Xは測定する低抵抗，Sは標準用低抵抗である．2組の可変抵抗R_1，R_2とr_1，r_2は平衡するまで一緒に変化させる．検流計の指示がゼロになると，平衡し$R_1/R_2=r_1/r_2=X/S$となる．この方法を用いると，接触抵抗やリード線の抵抗で生ずる誤差を消去することができる．

ケルビン天秤 Kelvin balance

同義語：電流天秤（current balance；ampere balance）．一連のコイルに電流を流し

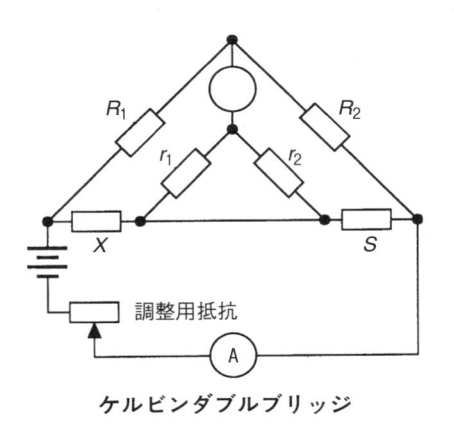

ケルビンダブルブリッジ

ケルビン天秤

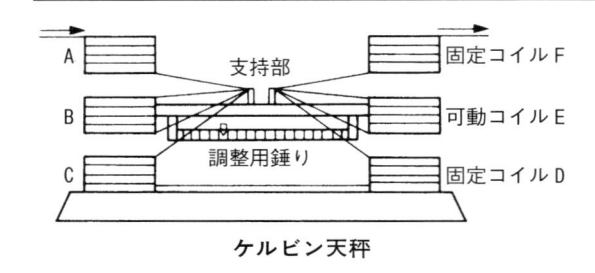

たとき，その電磁力と重力がバランスする測定器の一形式である．平衡棒の両端にコイルBとEを付け，これらを図に示す固定コイルA，FとC，Dの間にぶら下げる．いま，図に示すようにA，B，C，D，E，Fの順に6つのコイルに電流を流すと，各固定コイルが発生する電磁力はそれぞれ平衡棒を同じ方向に変位するように働く．その状態でアーム上の錘をアームの目盛に沿って動かしアームを再度平衡状態にすると，アームの目盛から電流値を読むことができる．また，同じ電流値を全てのコイルに逆向きに流しても変位の方向は変わらない．それゆえ，直流でも交流でも測定ができる．

ケルビン-バーレイ摺動器 Kelvin-Varley slide

接触抵抗の影響を減らすために副尺付き電位差計に用いる装置．この装置は2セット以上の摺動巻線または多段接続の巻線抵抗で構成され，各巻線抵抗は図に示すような電圧分圧減衰器として振舞う．初段の巻線抵抗の全抵抗が$11R$のとき，2段目の巻線抵抗を$2R$とし，それを初段巻線抵抗の$2R$と並列に接触しながら摺動する．並列接続された部分の全抵抗はRであり，その部分の初段巻線抵抗は10個の等しい抵抗で分割しているのと等価である．一方，2段目の巻線抵抗は分圧の副尺として振舞う．

電圧Vを正確に得たいとき，初段巻線抵抗の接点を調整してその近似電圧にする．次に2段目の巻線抵抗上の接点を滑らせて微調整する．2段目の巻線抵抗上の接点の位置によって生ずる小さな誤差は，1個の巻線抵抗でつくった電圧分圧減衰器のタップ上で生ずる設定誤差を考えるとかなり小さくなり，摺動器の接触抵抗の影響も少なくなる．さらに，2段目の巻線抵抗を11個に部分分割し，先程と同様に抵抗値が$2R/11$の巻線抵抗を2個つなぎ，2段目の巻線抵抗にブリッジすることでさらに接触抵抗の影響を少なくすることができる．

ケルファクタ Kell factor → テレビジョン

ゲルマニウム germanium

記号：Ge．原子番号32で，初期の半導体デバイスでは広範囲に利用された半導体材料．ほとんどの半導体デバイスは基板としてシリコンに置き換わっている．

限界周波数 threshold frequency

例えば，光電効果*あるいは光伝導*のような特別な現象である周波数以上でその現象が生じ，その周波数以下では生じないという周波数．

限界信号 threshold signal

1. → 最小識別信号．2. → 自動制御

厳格な判定復号法 hard decision decoding

同義語：ファームウェアで決定する復号 (firm decision decoding)．ディジタル受信システムで使われる復号の1形態．その中では入力された信号は固定電圧レベルと比較され，システムは入力信号が論理的な"1"か"0"のどちらを表現しているのかを決定する．それに代わるもっと技巧的な論理機能を使用するものがある．そこでは信号強度と雑音レベルの関係に従って受信信号に合わせて復号レベルを調整す

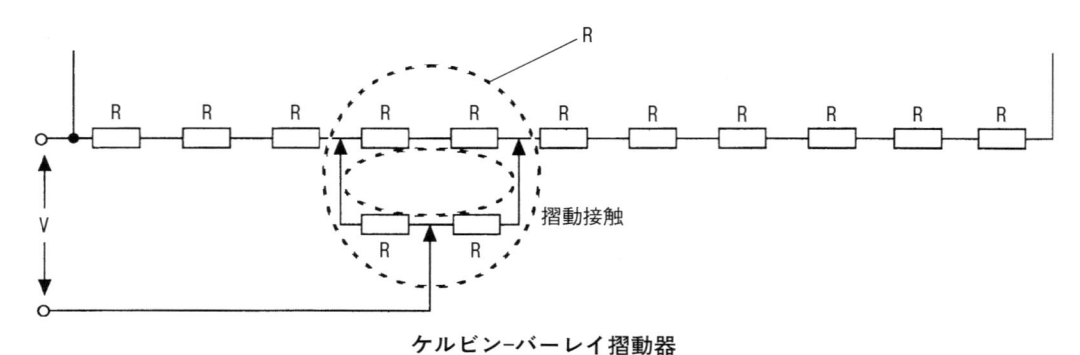

ケルビン-バーレイ摺動器

不足制動　過制動　臨界制動

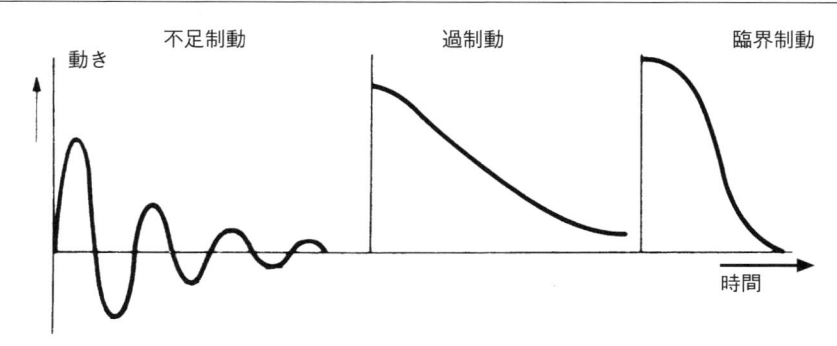

動き

時間

減衰系

る．

言語 language

短縮語：プログラム言語（programming language）．

減算合成 subtractive synthesis → 合成

原子価 valency

原子が水素（または等価な）原子と結合や置換が可能な数．

原子核 nucleus

原子の中心であり，最も質量の大きい部分．そこは正電荷 Ze を帯びている．ここで，Z は原子の陽子の数であり原子番号といい，e は電子電荷である．1個の原子核は強く結合した陽子と中性子から構成され，それらの全個数は質量数 A と呼ばれる．陽子の数に対してそれと組合せられる中性子の数はある制限内で変化可能であり，ある元素に対して種々の同位元素が生み出された．

原子番号 atomic number

記号：Z．原子核の陽子数．周期律表*の元素の位置，そしてその化学的性質は原子番号で決定される．

減衰 attenuation

伝送線路に沿った信号，特に電磁放射の電気的パラメータの大きさの減少．減衰量は指定された条件で入力のパラメータの値に対する出力の値の比で与えられる．減衰は伝送線路に存在する抵抗に起因する．減衰は検討中のパラメータの不要な成分の大きさを減少するために伝送線路に故意に導入することもある（→ 減衰器）．減衰はまた伝送線路の不要な散逸*に起因する．⇨ 吸収

減衰（制動） damping → 減衰；計器制動

減衰（制動） damped

エネルギーの消費により自由振動の連続的な減少を表す．減衰はエネルギー損失の原因―摩擦，渦電流，など―および振幅の連続的な減少の両方を表すために用いられる．減衰量はもしシステムがちょうど振動しないとき，臨界制動と呼ばれる（図参照）．減衰が多くなると過制動となり，少ないと不足制動となる．減衰振動の減衰率は減衰振動の1つの振幅とその次の振幅の比である．減衰率の自然対数，対数減衰率が時々使われる．

減衰域 attenuation band → フィルタ

減衰器 attenuator

電気信号をひずみなく減衰させるために設計された回路網*あるいは変換器*．可変あるいは固定減衰器（後者はパッドとも呼ばれる）．減衰器は一般に dB* で測定される．

減衰定数 attenuation constant

同義語：減衰係数（attenuation coefficient）．記号：α．与えられた周波数で，平面波の伝搬の方向に電圧，電流あるいは電界成分の振幅の指数関数的減衰の割合．もし，I_2 と I_1 が距離 d 離れた2つの点の電流とすると（I_1 が波源に近い），

$$I_2 = I_1 \exp(-\alpha d)$$

である．α は一般にネーパ*あるいは dB* で表される．

減衰等化器 attenuation equalizer

指定周波数帯域にわたって減衰ひずみ*を補償する回路網*．

減衰のある圧縮 lossy compression

オリジナルの情報コンテンツがもっている冗長性を利用することによって，ディジタルデータの伝送/または記憶に必要とされるビット

レートを軽減するための技法．そのときデコード（復号）した後の出力はオリジナルの入力と同一のものでなくなるような技法．

減衰のある線路　lossy line
　高い減衰量を生み出すように設計された伝送線路*の1つのタイプ．

減衰のない圧縮　lossless compression
　オリジナルの情報コンテンツがもっている冗長性を利用することによって，ディジタルデータの伝送/または記憶に必要とされるビットレートを軽減するための技法．それでもデコード（復号）した後の出力は以前のオリジナルの入力と同一のものであるような技法．

減衰率　damping factor
　同義語：減少（減衰）（decrement）．→減衰

元素　element
　同じ原子番号の原子で構成された物質．100種類以上の元素に分類されている（→周期律表）．元素は基本的な要素で，化合物はそれらの化学結合でつくられている．なお，この化学結合には，元素を構成する原子核が攪乱されるほどの破壊的な反応結合は含めない．

減定格　derating
　電子機器や装置を通常とは異なった，あるいは極端な状態で動作させる場合に，最大定格よりも下回る状態で動作させること．これにより十分な安全マージンを確保する．

弦電位計　string electrometer
　2つの平行導電板の間に張られた金属蒸着石英細線で構成された電位計．計測対象の電位差によりこれらの導電板は互いに反対の極性に充電され，石英細線の振れが観測される．

検電器　electroscope
　わずかな電位差と電荷を検出する静電計測器．金箔検電器は密封した容器に絶縁された金属支持部を付け，その支持部から一対の隣接した金箔をぶら下げたもので，その支持部に電荷を供給すると，一対の金箔が互いに反発し逆V字に開く．さらに精度の高い形状は（図参照）一方の金箔をしっかりした金属板に置き換える．
　ラウリッツェン検電器は，感応素子として金属蒸着された石英ガラス繊維を利用する．
　電位差を正確に測定するこのような装置を電位計*という．

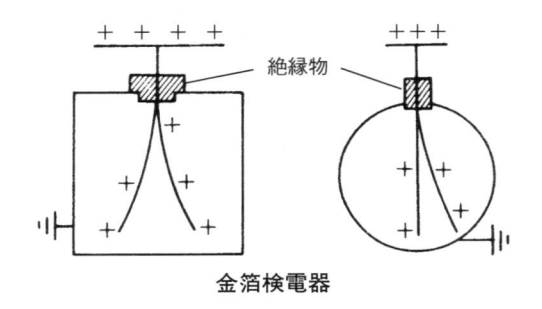

金箔検電器

検波器　detector
　1．同義語：復調器．受信した信号を復変調するために通信で使用される回路，器具および回路要素．最小のひずみで搬送波から信号を抽出するために用いられる．線形検波器は，変調信号に比例した出力を生み出す．二乗検波器*は，変調信号の2乗に比例した出力を生み出す．2．放射のような現象の物理的性質の存在を検波するために用いられる装置．

減標本化　downsampling
　同義語：間引き（decimation）．標本化信号の標本化率を下げること．

検流計　galvanometer
　微小電流を検出，測定する計器．検流計の1つの形は可動コイル*計器である（図参照）．つるした小さなコイルの角度偏向が電流に直接比例する．通常はコイルに付けられた小さな鏡を用い，偏向はスケール上を動く非磁性の光の指針によって観測される．光のビームは鏡で反射し，光の点は線形スケール上を動く．この構成は反照検流計と呼ばれる．より高い感度は反射した光の点を光電池*で受けることで達成す

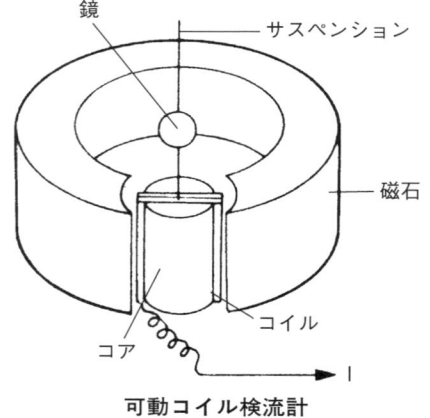

可動コイル検流計

ることができる．これは光電検流計として知られる．地磁気は磁石の磁界に比較して非常に弱いので，可動コイル検流計は実質上地磁気の影響はない．過渡直流電流は衝撃検流計* を用いて測定される．1 kHz 以下の周波数の交流は振動検流計で測定できる．これは普通，軽い制動をもつ可動コイル計器で電流が流れるとゼロ点で振動する．1 kHz 以上の電流は熱電対計器* で測定される．検流計は微小電流を測定する．大きな電流は電流計* を用いて測定される．ほとんどの電流計は分流検流計である．感度を下げるために抵抗が検流計と並列に接続される．抵抗は検流計分流器と呼ばれる．

検流計定数 galvanometer constant

電流の値をアンペアで与えるために検流計の読みに乗じる係数．

検流計分流器 galvanometer shunt ➡ 検流計

コ

語 word

コンピュータ* においてある単位の情報を格納するビット* 列．1語の長さはコンピュータによって異なる．標準的な語長は 32, 64, 128 ビットなどである．

coax

短縮語：同軸線（coaxial cable）．

コイル coil

直列巻きに巻かれた導体．コイルはインダクタあるいは変圧器やモータの巻き線として使われる．

コイルアンテナ coil antenna ➡ ループアンテナ

コイルローディング coil loading ➡ 伝送線路

高圧試験 high-voltage test

電子装置の絶縁試験．絶縁破壊を起こさないことを保証するために，正規動作電圧を超えた電圧が絶縁体に印加される．

降圧変圧器 step-down transformer ➡ 変圧器

高域通過フィルタ high-pass filter ➡ フィルタ

広域ネットワーク wide area network (WAN)

長距離にわたる相互接続ネットワークをもつコンピュータ群．電話線やマイクロ波通信を使うこともある．

硬 X 線 hard X-rays ➡ X 線

光学式文字読取装置 optical character reader (OCR)

紙に印刷された文字や数字，記号などの情報から，ある一定のコンピュータに対して，符号化された信号を生成するために使用される装置．

光学ステッパ optical stepper ➡ 光リソグラフィ

光学像 optical image ➡ 撮像管

光学電流計 optical ammeter
　白熱灯のフィラメントに流れる電流を光度的に比較して測る計測器．なお，比較用の光量は同じフィラメントに既知の値の電流を流して発生する．

高感度リレー（継電器） supersensitive relay
　電気‒機械式リレー，およそ $250\mu A$ 以下の電流で作動する．

高級プログラム言語 high-level programming language ➜ プログラム言語

合金形接合 alloyed junction
　半導体基板上に金属電極材料をボンディング（溶着）し，さらに合金化のための加熱を行って作成した半導体接合である．この方法はゲルマニウムダイオードやトランジスタ，さらに初期のシリコン素子に広く使用され，それらの素子は合金形トランジスタまたはダイオードと呼ばれた．本方法は特別な目的がない限り全てプレーナプロセス*に置き換えられたが，ガリウムヒ素素子には有用な技術である．

合金形素子 alloyed device
　1つまたはそれ以上の個数の合金形接合*をもつトランジスタまたはダイオードなどの半導体素子．

航空電子工学 avionics
　宇宙・航空への応用を含めた飛行機用システムに応用される電子工学．

交差 crossover ➜ クロスオーバー

高再結合速度接触 high recombination-rate contact
　2つの半導体または半導体と接触での電流密度が実質的に一定の電荷キャリヤ密度をもつ金属間の接合および接触．過剰少数キャリヤの再結合が速い，すなわち電流の流れとしての過剰生成キャリヤが瞬時になくなる．

交差結合 cross coupling ➜ 結合

格子 grid ➜ グリッド

格子形回路網 lattice network ➜ 回路網

格子定数 lattice constant
　結晶格子の構造を表記するパラメータ．格子定数は単位格子の稜線の長さや格子の軸間の角度のどちらかを与える．前者は，格子パラメータまたは格子間隔ともいう．立方晶の稜線の長さが，通常与えられる．

格子パラメータ lattice parameter
　同義語：格子間隔（lattice spacing）．➜ 格子定数

格子フィルタ lattice filter ➜ フィルタ

高周波 high frequency（HF）➜ 周波数帯域

高周波加熱 radiofrequency heating, RF heating
　誘電加熱*または誘導加熱*で，それは周波数が 25 kHz 以上の交流電磁界を使って行われる．

高周波抵抗 high-frequency resistance ➜ 表皮効果

校正 calibration
　測定器具上の表示された値と測定される真の値との間の関係を決定すること．その結果，参照入力信号に対して測定器具を調整あるいは校正することになる．真の値は，全ての誤差の原因が除去されて決まる値である．

合成 synthesis
　信号処理で，時間領域*あるいは周波数領域*の要素を操作して信号を生成すること．加算合成は個々の正弦波成分を一緒に加えることにより複雑な信号を発生する．合成信号は一般に周期波形*であり，正弦波成分は基本周波数*の整数倍の高調波である．減算合成は広範囲の周波数を含む元の信号からふつうフィルタ*によって成分が取り除かれた信号を用いる．FM合成は周波数変調*（FM）技術を用いる方法である．

高精度ディジタル互換 high-definition compatible digital
　オーディオコンパクトディスク（CD）でよりよい音楽の再生を提供するための特許権のある符号化／復号化過程．この方法は16ビットでオーディオデータを記憶する通常の方法に比べさらに4ビットを加え，20ビットの情報をエンコードするという巧妙な方法を使っており，通常のCDフォーマットと完全な互換性を保っている．

光速 speed of light
　記号：c．真空での光および電磁波*の速度．299792458 m/s の定義で普遍定数．

高速イーサネット fast Ethernet
　100 Mbps の通信速度で動作するイーサネッ

ト*

高速走査 high-velocity scanning ➡ 走査

拘束長 constraint length

畳み込み符号器において，出力の符号ビットに直接影響を与える入力データのビット長のこと．拘束長が長くなればなるほど，より強力なエラー訂正符号となる．ただし，拘束長が長くなると，より高い演算能力が復号に必要となる．

高速電子撮像管 high electron velocity camera tube ➡ 撮像管．⇨ アイコノスコープ

高速フーリエ変換 fast Fourier transform (FFT) ➡ 離散フーリエ変換

広帯域（ワイドバンド） wideband

同義語：広帯域（ブロードバンド）(broadband)．その中心周波数*と比べて大きな周波数帯域を使用するシステムや回路を意味する．一般的に広帯域は，その周波数帯域幅が中心周波数の2, 3%を超えるものをいう．

広帯域アンテナ broadband antenna

ジェネリックダイポールアンテナ*と比較して十分広い周波数帯域にわたって良好な放射特性を有するアンテナ．⇨ 双円錐アンテナ；ボウタイアンテナ；広帯域アンテナ；バイログアンテナ

広帯域FSK wideband FSK ➡ 周波数変調

広帯域ダイポール broadband dipole

本質的にはダイポール構造を有する2本の導体素子で構成された広帯域特性をもつアンテナ．広帯域ダイポールの単純な形は円筒ダイポールで大まかな広帯域特性をもつようにエレメントの半径方向は厚くつくられている．より有効なダイポールの変形として双円錐アンテナ*，ボウタイアンテナ*がある．

広帯域符号分割多元接続 wideband code division multiple access (WCDMA)

第三世代のために選択された接続方式．この方式はユーザに高いデータ伝送速度を提供するために広帯域を使用する．

光脱離 photodetachment

負イオンに電磁波を照射し，そのイオンから電子を離脱して中性原子や中性分子に戻す相互作用のこと．

$$M^- + h\nu \rightarrow M + e^-$$

ここで，光子エネルギー$h\nu$のνは振動数を表し，hはプランク定数を表す．この過程のメカニズムは，中性粒子を光電離*する過程と全く同じである．負イオンの電離電圧*は，中性の原子や分子の電子親和力*と同じ特性をもつ．

高忠実度 high fidelity ➡ 音の再生

高調波ひずみ harmonic distortion

システムの非線形の影響により，またはその他に出力に現れる高調波周波数を発生させるような要素によってもたらされる波形のひずみ*である．ある特定の高調波成分により生ずるひずみの程度は基本波成分A_fに対するその高調波振幅A_nの比によって与えられ，パーセント表示で示される．

%n次高調波ひずみ（%age nth harmonic distortion）＝%Dn＝$(A_n/A_f) \times 100$%

総合高調波ひずみ（THD）は全ての個々の高調波ひずみの2乗の和の平方根である．

%THD＝$\sqrt{(D_2^2 + D_3^2 + \cdots + D_n^2)} \times 100$%

ここで個々の高調波ひずみD_nは比A_n/A_fによって示される．➡ 調波

交直両用電動機 universal motor

直流または交流電力で動作可能な電気モータ*．

高電圧 high tension (HT)

同義語：高電圧（high voltage）．特に熱電子管*の陽極に60〜250 Vの電圧を供給したときに使う．

光電陰極 photocathode

光電効果*によって電子を放出する陰極．

光電管 phototube

感光性の陰極をもつ電子管*．真空光電管は，その管内の残留ガスの電離がその特性に影響しないよう十分に低い圧力まで真空に引く．ガス光電管は，その管内の光電子の空間電荷効果を最小限に抑えるため非常に低い圧力でアルゴンなどの単体ガスを封入する．もし，そのガス圧力で管内にグロー放電*が起きるとき，その管を光グロー管という．その管の検出感度は，グロー放電の存在によって増加する．

光検出器*に用いる光電管の動作感度は，陽極電流の交流成分と入射放射束の交流成分の比で定義される．その管は光電陰極に入射する放射束の割合で応答が決まる．受光角は光電陰極の立体角に相当し，その角度内に入る全ての放射束が光電陰極に到達する．この角度は管の形

状で決まる．他の光検出器と同様，光電管に流れる全電流は，光電流に光電管固有の暗電流*が重畳する．⇒ 光電池；光電子増倍管

光電限界 photoelectric threshold ➡ 光電効果

光電検流計 photoelectric galvanometer ➡ 検流計

光電効果 photoelectric effect

ハインリッヒ・ヘルツは，あるエネルギーをもつ電磁波を物質に照射するとその表面から電子が放出することを最初に気づいた．固体内では励起放射の周波数がある特定値（物質の光電限界*）を超えると電子が放出する．その光電限界は通常多くの固体では中紫外域の電磁波スペクトルに相当する．なお，いくつかの金属では可視光または近紫外光でも光電子放出が起こる．周波数が光電限界を超えた後，放出する電子数は照射光の周波数には依存せず，その照射強度に依存する．なお光子の最大速度は直接，照射光の周波数に比例する．

アインシュタインはこの現象を説明するため，輻射エネルギーは離散的な量すなわち光子*エネルギーの整数倍に変換できると仮定した．光子のエネルギーは $h\nu$ で表され，h はプランク定数，ν は入射光の周波数である．$h\nu$ の値が物質の仕事関数* Φ を超えると，その光子を吸収した物質内の電子は表面から離脱する．電子の最大運動エネルギー E は次に示すアインシュタインの光電方程式で与えられる．

$$E = h\nu - \Phi$$

物質表面からの光電子放出は，その表面に負の電圧をかけることで抑止できる．光電子放出を抑止するのに必要な最小電圧を阻止電圧という．

光電効果はいろいろな光電池*や光電子増倍管*に利用されている．⇒ 光導電

高電子移動度トランジスタ（HEMT） high electron mobility transistor (HEMT)

同義語：変調ドープ電界効果トランジスタ MODFET．

異種の化合物半導体を用いてヘテロ接合*を構成し，伝導電子を高移動度で走行可能にした素子構造をもつ電界効果トランジスタ*であり，極めて早い応答動作を特徴としている．

図は素子のゲート電極である金属接触から基板までの伝導帯の様子を示しており，ソースからドレインに向かうヘテロ接合境界部に生じたチャネルの断面が描かれている．図中に示したドナー添加供給層とは，添加されたドナー不純物からキャリヤとなる電子を励起し，それに隣接するエネルギーの低いチャネル中に電子を供給する役割をしている．この構造により，低温においてチャネル内の電子がドナーイオンとの衝突に起因する不純物散乱を受けずに高移動度で動けるため，HEMT（ヘムト）は，通常のFETよりも極めて速い応答ができる．

GaAs を主材料とする典型的な材料の組合せを以下に示す．

AlGaAs (doped supply layer)/GaAs (channel) ヘテロ接合を1つもつ FET；

AlGaAs/InGaAs(channel)/GaAs；

AlInAs/InGaAs/InP ヘテロ接合を2つもつ FET．

Ⅲ-Ⅴ属化合物半導体*では，正孔の移動度が実用化するには極めて遅いので，n チャネルデバイスだけが用いられている．

ヘムトは，マイクロ波やミリ波の周波数帯域の低雑音増幅器や集積回路に用いられている．

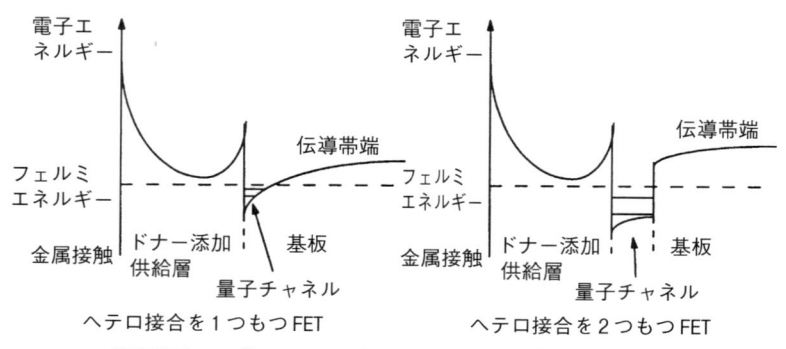

HEMT：ヘテロジャンクション FET の伝導帯の概要

高周波の性能は，ゲート電圧によるチャネル電荷の変化の制御が，電子を狭い量子井戸*チャネルに閉じこめることで，改善されたことよりもたらされたものである．

光電子撮像管 photoemissive camera tube
→ 撮像管．⇒ アイコノスコープ

光電子増倍管 photomultiplier
　光電陰極*を内蔵した電子増倍管*．光電効果*によって光電陰極から放出した一次電子をダイノードに導き二次電子を発生させ，この操作を多段のダイノードで行い，累積的に二次電子を増幅する．高感度の輻射検出器またはカウンタ*として動作するため光電陰極への照明源として最適なシンチレーション結晶*が使われる．

光電子分光法 photoelectron spectroscopy
　材料表面へ光子を照射することによって生成される光電子を検出することで，半導体の組成分析をする方法（→ 光電効果）．この方法は，非破壊で材料のごく表面で生成される光電子を検出する．光電子は，母体原子の典型的なエネルギーをもっているが，近接原子によっても影響を受ける．母体原子と近接原子間の化学的結合は検出エネルギーの摂理に起因する．X線光電子分光法（XPS）はX線エネルギー領域の光子を用い，紫外線電子分光法（UPS）は紫外線のエネルギー領域の光子を使う．外殻原子軌道間の遷移（XPS）や価電子帯と伝導帯間の遷移（UPS）であるこの方法は，内殻間電子の遷移であるオージェ電子分光法*と比較される．XPSは，UPSよりエネルギーピークを確認するのが容易であるが，X線の集束が荒く横方向の分解能が低い．

光電子放出 photoemission
　ある材料に光や電磁波を照射した結果，電子が放出する現象．→ 光電離；光電効果

光電セル photocell, photoelectric cell
　光-電気変換器．その名称は元となる光電気セルを短略したものであり，光陰極*と陽極をもつ二極真空管*である．光陰極が光照射されると電子が放出される．電子は正電圧によって陽極に向かって駆動される．陽極に加えた電圧を駆動電圧といい，その電流は外部回路中に流れ込む．素子が光照射されてない状態においても若干の電流は流れ，駆動電圧が印加されてい

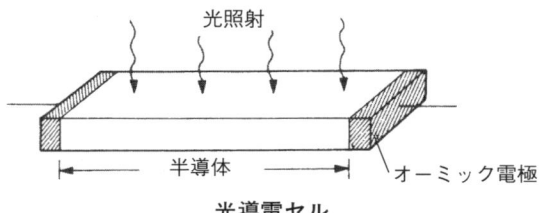

光導電セル

る場合の電流が暗電流である．
　現在，光導電セル*と命名された名称が最も広く使用されている．この素子は2つのオーミック接触*で挟まれた半導体*した電極材料（図参照）からつくられている．半導体は細い棒または延べ棒状の母材物質，あるいはガラス基板上の多結晶フィルムのいずれでも利用できる．試料が光あるいは他の適当な波長の放射線を受けた場合，導電率は著しく増加し，少量の暗電流に重畳した光電流が外部回路中へ流れ込む．このような素子の利得は次式で定義される．

$$利得 = \varDelta I / eG_{pair}$$

ここで，$\varDelta I$ は光導電（光電流）により増加した電流，e は電子電荷，そして G_{pair} は1秒間に生成される電子正孔対*の数である．
　光電池の名称はホトダイオード*や光電池*などにも使用される．光電池の抵抗は光照射により急激に低下する．また暗抵抗，すなわち素子が光を受けていない場合の抵抗はその素子の動作抵抗*よりもはるかに大きな値である．

光電定数 photoelectric constant
　プランク定数 h と電子の電荷量 e の比．光電定数は光放出実験で決めることができ，それからプランク定数を算出することができる．

行動モデリング behavioural modelling
　機能上の仕様とタイミングの情報からなるシステムレベルのモデリング．行動モデルは比較的高水準まで抽象化された装置または構成要素の高水準の記述からなる．構成要素の機能的な行動を表すために基礎となる数式を用いる．

構内交換 private branch exchange (PBX)
→ 電話

高濃度注入 high-level injection → 注入

勾配過負荷 slope overload → パルス変調

光波測距儀 mekometer → カー効果

降伏 breakdown
1. 目的とする動作を不可能にするほどの，素

子の特性に起こった突然の破滅的変化．
2．絶縁物あるいは電子管の電極間において起きた突然の崩壊的な放電．
3．半導体における動抵抗が高い値から非常に低い値になる突然の変化．⇒ なだれ降伏，二次降伏，熱降伏，ツェナー降伏

降伏電圧 breakdown voltage
　降伏が発生する特定状態の電圧値．

構文（文法，シンタックス） syntax
　コンピュータへの（指示）命令で，言語構文と呼ばれる一定のルールに従う必要がある．プログラマにより誤った指示がある場合，マシン側から（たいていはコンパイル時に）「構文エラー」が提示される．

後方波発振 backward-wave oscillator ➡ 進行波管

高密度実装 high-density packaging
　集積回路*や表面実装*方法を用いて，小型化技術を通じて最小面積に電子素子を組み込むパッケージ技術．

交流 alternating current (a. c. or AC)
　回路の電流の方向が回路定数と独立に周波数* f で周期的に反転する電流．時間で変化する瞬時電流の最も簡単な式は
$$I = I_0 \sin 2\pi ft$$
で，ここで，I_0 は電流のピーク値*である．AC は最大値あるいは実効値*によって測定され，まれに平均電流－正の半周期の平均－で測定される．

交流結合増幅器 a. c.-coupled amplifier ➡ 増幅器

交流送電 alternating-current transmission
　全国高圧送電線網の各地に一定電圧で電力を送電する方法．交流送電は電圧の昇圧や降圧にトランスを用いることができる．➡ 直流送電

交流抵抗 alternating-current resistance ➡ 実効抵抗

交流伝送 alternating-current transmission
　輝度信号（➡ カラーテレビジョン）の直流成分が伝送されないテレビに用いられる伝送の方法．この伝送方式では直流分再生回路*を用いなければならない．

交流電動機 alternating-current motor
　交流電流によって駆動される電動機*．

交流同期発電機 synchronous alternating-current generator
　交流発電機で，直流電源で励磁されるいくつかの電磁石でつくられる磁界中を回転するようにつくられた1つ以上のコイルから成り立っている発電機である．コイルに誘起される交流電流と起電力の周波数 f はコイルが回転している速度 n_s と磁極対数 p の積に等しい．この種の発電機は他の交流電流源とは独立に動作し，電力を発生することができる．この発電機は発電所で最も一般的に使われる機種である．➡ 同期発電機；同期発電機

交流発電機（交流電源） alternating-current generator, alternator
　交流電流あるいは電圧を発生させる発電機*．⇒ 交流同期発電機

光量子 photon
　電磁放射の量子*．光子，ホトン．質量は0，その量子はエネルギー $h\nu$ をもつ基本となる粒子として考えることができる．ここで，h はプランク定数*，ν は放射の周波数である．光量子は光の速さで動き，$h\nu/c$ または h/λ の運動量をもつ．ここで，λ は放射の波長である．光量子は原子や分子を励起*することができ，半導体中に光導電*を生じさせる．そのエネルギーが十分に大きい場合には，光電離*や光電効果*を起こすことが可能である．

五極管 pentode
　5つの電極を内蔵する熱電子管*．これは4極管の遮蔽格子と陽極の間に抑制格子を付加電極として挿入したもの．抑制電極の電位は陽極や遮蔽格子より低い電圧に設定し，陽極から遮蔽格子に達する二次電子を阻止する働きをもつ．しかし，抑制格子は網目の粗い金網（メッシュ）で構成するため，一次電子ビームが抑制格子を通過する際，抑制格子によって一次電子のビームが抑制されることはない．

国際アンペア international ampere
　記号：A_{int}．硝酸銀水溶液内で毎秒 0.00111800 g の銀を析出するために流す一定電流値として定義された昔の標準電流値．これは1948年にアンペア*の標準単位に置き換えられた．
$$1A_{int} = 9.9985 \text{ アンペア}$$

国際オーム international ohm ➡ オーム

国際単位 international units ➡ 国際単位系

国際単位系 international system
　国際アンペア*，国際オーム*，cm，秒の言葉で電気量の値を表した昔の単位系．

国際電気通信連合 International Telecommunication Union (ITU)
　国連の機関．本部はスイスのジュネーブ．電気通信に関する国際規格を作成．→ 標準化

国際電気標準会議 International Electrotechnical Commission (IEC) → 標準化

国際標準化機構 International Standards Organization (ISO) → 標準化

国際ボルト international volt → ボルト

刻時パルス（クロックパルス） clock pulse
→ クロック

極超短波 ultrahigh frequency (UHF) →
周波数帯域

コサインポテンショメータ cosine potentiometer → ポテンショメータ

故障 fault
　異常*を起こす回路あるいは素子の不良．

故障 failure
　装置，構成部品，回路，あるいはサブシステムの要求された機能を遂行する能力の限界．故障のメカニズムは物理的，化学的，金属学的あるいは故障を引き起こすその他の過程である．故障時点での動作コンディションで特定の品目について故障メカニズムの予測結果あるいは考察結果が故障モードである．その品目，または関連する品目の機能に関する予測結果あるいは考察結果が故障の影響である．
　故障は原因，偶発性，温度により分類される．故障原因には次のようなものがある．その品目に定められた能力を超えたストレスによる誤使用，固有欠陥故障はその品目自身に固有の弱点，一次故障は二次故障と異なり他の品目による直接的または間接的に引き起こされるものではない．摩耗故障は劣化の過程あるいは機械的摩耗から生じ発生確率は時間経過とともに増大する．故障は突然または段階的に発生し，事前の試験や予測によっては予期できない．故障はまた部分的，完全または間欠的である．突然に完全なる故障は破局故障と呼ばれ，徐々にそして部分的な故障は摩耗故障と呼ばれる．→ 故障率；平均故障時間；平均故障間隔

誤使用故障 misuse failure → 故障

故障時間 down time → ダウンタイム

故障率 failure rate
　寿命（サイクル，時間など）についての単位期間あたりの品目の故障数．あらゆる製品について故障率は寿命試験の結果に基づいており，以下の一つまたは一つ以上が引用される．実際の故障率は一つの母集団における故障数と各製品がストレス状態の置かれた間の合計時間との比である．故障率は特別のそして規定された時間とストレス条件に関係する．故障とはどのようなものか基準が規定されなければならない．評価された故障率は通常と同じ製品の実際の故障率としてそのデータに基づいて規定された確率レベルで信頼区間のリミット値として定められる．次の条件が適用される．すなわち，データ源は説明されるべきである，結果は全ての条件が似ているときにのみ混ぜ合わせてよい，片側区間あるいは両側区間が使用されているかどうか説明されるべき，故障率には通常上限値が用いられる，想定される潜在的な分布が説明されている．
　拡張された故障率は評価された条件とは異なる試験期間またはストレス条件に対して，定義された外挿または補完により評価された故障率である．製品の故障率はその寿命時間との間で変化する（図参照）．初期故障期間では故障率は急速に減少する．使用において初期の故障を避けるため製造者はバーンインとして知られる過程で製品を動作させ，試験する．劣化の過程にある摩耗故障期間では故障率は急速に上昇する．製品の有効寿命は規定された条件のもとで製品が受け入れることができる故障率をもつ期間である．図のような故障率パターンを示す製

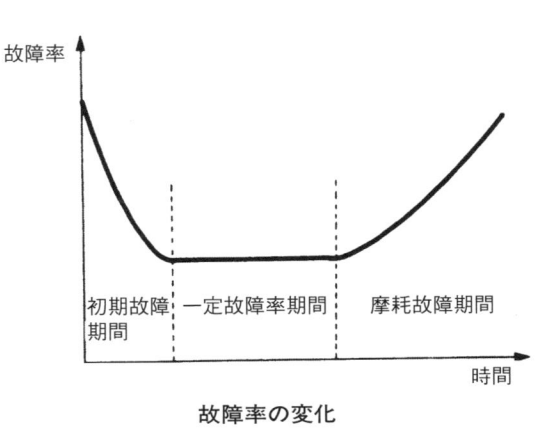

故障率の変化

品の有効寿命は一定故障率期間であり，故障は概ね一定の割合で発生する．→ 平均故障時間；平均故障間隔

故障率観測値 observed failure rate → 故障率

ゴースト ghost

同義語：二重像（double image）．テレビやレーダのスクリーンに現れる不要な二重像．この現象は直接波*よりわずかに遅れて受信される地表反射波*によって引き起こされる．

固体カメラ solid-state camera

光感度ターゲットが電荷結合素子*（CCD）アレイから構成されているテレビカメラ*．光エネルギーの被爆は半導体基板に電子ホールを発生させ（→ 光導電），発生した多数の電子ホールは光強度の関数である．多数キャリヤは容量構成要素に移動し，少数キャリヤはCCDの電極にあるポテンシャル壁に蓄積する．蓄積された電荷はテレビ表示システムの帰線期間内で非感光性CCDに転送され，信号が取り出された後さらに出力素子に転送される．

ビデオ信号を取り出す2つの方法が用いられる．フレーム/フィールド変換素子を図aに示す．フレーム/フィールド変換素子（集積アレイ）は垂直（フィールド）に配置され，光像にさらされる．テレビ表示システムの垂直帰線期間内に蓄積された電荷のパターンは高速で蓄積エリアに記録される．水平帰線消去期間では荷電した場所の蓄積エリアにあるパターンは下にある水平レジスタに一ライン下方に移動され，そして映像信号をつくるため水平方向に出力される．

インタライン変換を図bに示す．この形の固体カメラでは，蓄積アレイは感光性アレイと交互に配置され，これらは伝達ゲートに接続される．垂直帰線期間で，情報は変換ゲートにより光電性の電極から蓄積電極に伝達ゲートの方法で移動され，フレーム/フィールド素子と同

図a　フレーム/フィールド変換形固体カメラ

図b　インタライン変換形デバイス

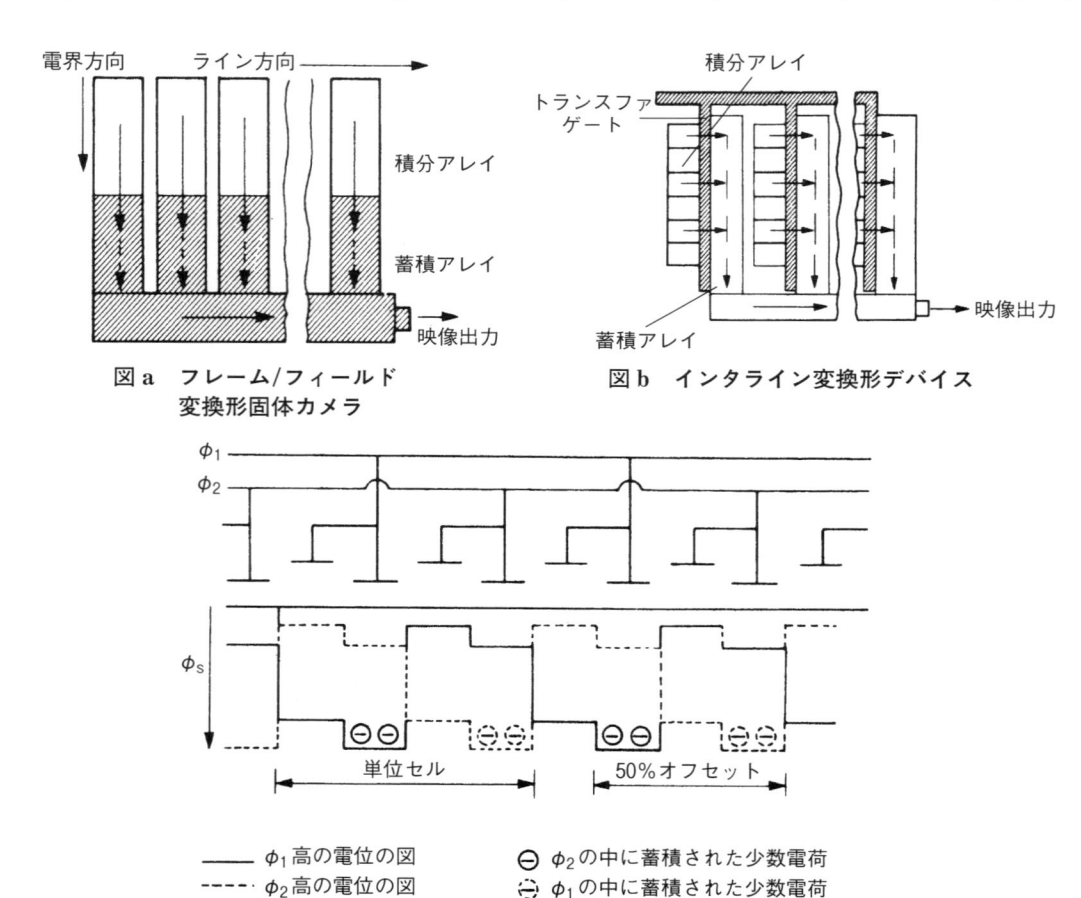

―――― ϕ_1高の電位の図　　⊖ ϕ_2の中に蓄積された少数電荷
------ ϕ_2高の電位の図　　⊜ ϕ_1の中に蓄積された少数電荷

図c　2相CCDアレイ重複ゲートの横断面

じような方法で一ラインずつ読み出される．

両方のタイプが飛び越し走査に用いられる（→テレビジョン）．飛び越しは積分アレイのゲート電極に加えられた電位を調整することによりフレーム/フィールド素子で可能になり，2番目のフィールド期間に蓄積された情報は1番目のフィールド期間に蓄積されたものに比べ1/2の蓄積セル長だけ物理的に調整されている（図c参照）．完全なるアレイは各フィールドスイープ期間で情報は完全に消去され，積分期間はフィールド期間に等しい．

飛び越し変換素子の飛び越しは，交代サイト（図b参照）での情報が各垂直帰線期で移動できるように伝達ゲートの電位を調整して可能になる．したがって各サイトでの積分時間は全フレーム期間である．

フレーム/フィールド変換素子はインタライン変換素子で要求される積分サイト数の1/2を要求するが，蓄積場所の配置は半導体チップに追加の場所を要求する．インタライン素子は多くの簡潔な電極配列をもっているが，フレーム/フィールド素子より感度はよくない．この理由は変換ゲートおよび積分サイトが光像からシールドされていなければならないことと蓄積場所が2倍要求されるからである．全フレーム期間の積分は速く動く目的物にとって遅い応答になる．これは各フィールド期間ごとに積分サイトを読み出すことと適当な方法により，その出力を組み合わせることにより克服される．

固体記憶装置　solid-state memory

同義語：半導体記憶装置．半導体チップ上に集積回路として形成されたメモリ*．固体記憶装置は一般にディジタル電子回路，特にコンピュータ，において2進数データの記憶に用いられる．固体記憶装置は低価格，丈夫，小型であり，低電圧で動作する．1チップに蓄えられる記憶容量は数年ごとに4倍の割合で増加している．

固体記憶装置にはいくつかの異なる動作形式がある．最も重要なのは読み書きのできるRAM*であり，データやプログラムの記憶，そしてシステムの中央演算処理装置がアクセスするコンピュータの主記憶装置（メインメモリ）として用いられている．固体ROM*（読み出し専用メモリ）は，情報の永久的または半永久保存のために用いられる．CCDメモリ*は，本質的にRAMやROMより速度が遅く，特に高速動作を要求されない応用に用いられる．

RAMは，スタティックとダイナミックがある．スタティックRAM（SRAM）はバイポーラとMOSの両方の技術で実現されている．ダイナミックRAM（→DRAM）はMOS技術で実現されている．スタティックメモリはダイナミックメモリに比較して高速に動作するものの，集積度が低い，連続して電力を消費する，そしてより高価である．バイポーラメモリはMOSメモリに比較し動作速度が高速であったが，今ではもはや常に成立することではなくなった．ダイナミックメモリはスタティックメモリに比較して，動作が遅く情報をリフレッシュ*するための特別な回路を必要とするものの，高密度になり動作するときのみ電力を消費するので，待機時の消費電力は非常に少な

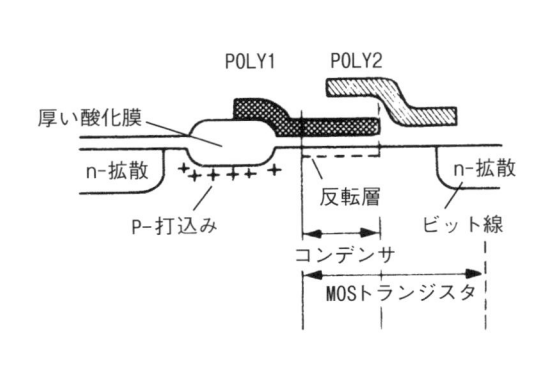

図a　メモリセルの断面図（等倍でない）

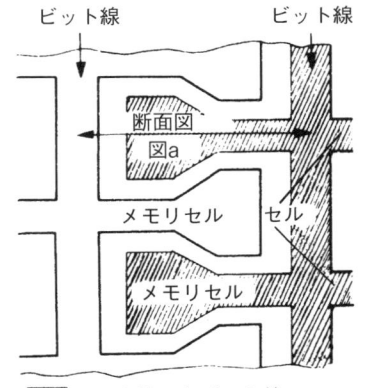

図b　メモリセルの平面図

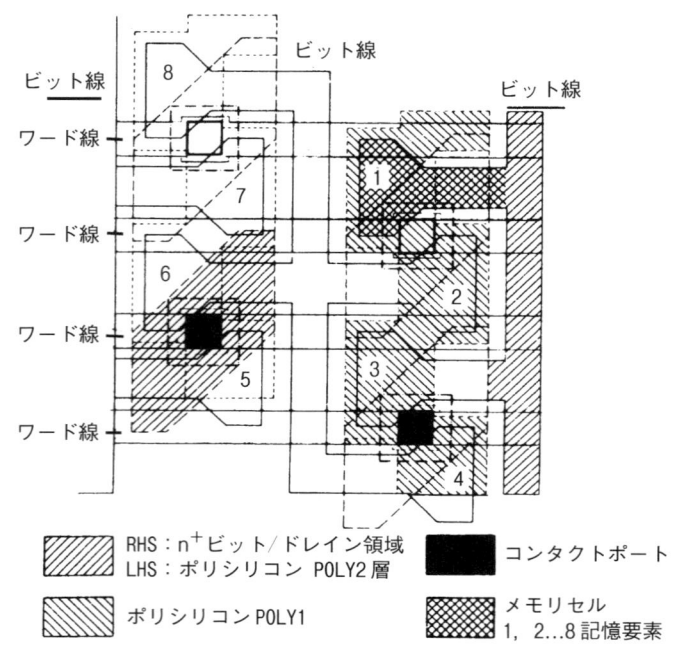

図c　8つのMOSRAMメモリの平面図

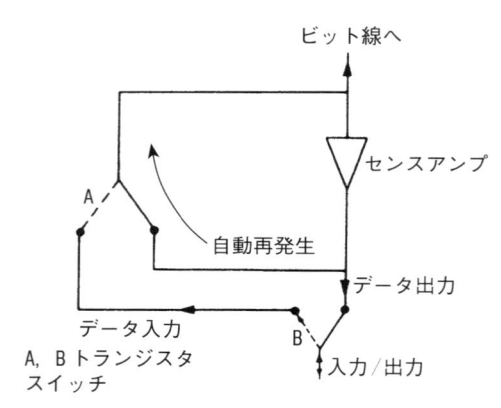

凡例:
- RHS：n⁺ビット/ドレイン領域
- LHS：ポリシリコン POLY2層
- ポリシリコン POLY1
- コンタクトポート
- メモリセル 1, 2…8 記憶要素

図d　読み書き回路

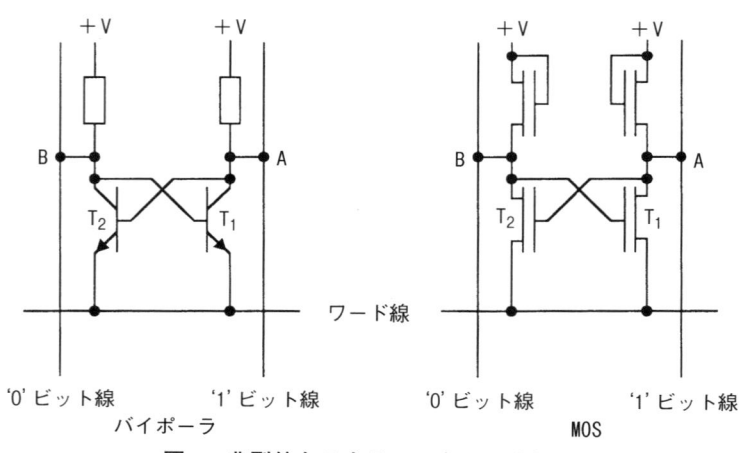

（センスアンプ、ビット線へ、自動再発生、データ出力、データ入力、入力/出力、A, Bトランジスタスイッチ）

図e　典型的なスタティックメモリセル

バイポーラ　　　　　　MOS

'0'ビット線　'1'ビット線　　'0'ビット線　'1'ビット線
ワード線

い，という特徴をもっている．

ダイナミック RAM の基本的なセルは MOS コンデンサ*で構成される．コンデンサの中で情報は電荷として蓄えられる．そして MOSFET* が目的のコンデンサをセンスアンプに接続するためのスイッチとして用いられる．メモリセル間の内部接続は行と列の直交マトリクス状に形づくられており，それぞれのセルは固有のアドレスをもつ（⇒ RAM）．

典型的なメモリセルの断面図を図 a に示す．MOS コンデンサは上部電極として高不純物濃度のポリシリコン*層（POLY 1）をもっている．下部電極は，ポリシリコンに +12 V の正電位が加えられると形成される．つまり反転層が基板表面に誘起され，それが 2 番目の電極（下部電極）として働く．MOSFET はゲート電極となる 2 番目のポリシリコン層（POLY 2）とともに形成される．2 つのポリシリコン層の重なっている部分において，コンデンサの反転層がトランジスタのソースとして動作する．各ビットのデータ線は基板に n^+ 拡散で形成し，それはトランジスタのドレインとしても働く．厚い酸化膜をプレーナプロセス*でつくり，それぞれのメモリセルが分離されるように，その下に p 形イオンを打ち込む．

メモリセルは，ビット線に沿い，いろいろな層のパターンがアレイ状になるように，セル配列に適した設計により可能な限り接近してチップに詰め込まれる．一部分の断面を図式的に図 b に示した．図 c は各層を強調し，8 個のメモリセルを平面図で示している．

特定の記憶すべき場所は，ワード線（またはアドレス線）に高電圧を加えることで選択される．この線は，その列の全てのトランジスタのゲートに接続されている．この動作はこれらのスイッチトランジスタを 'オン' にするために行う．それぞれのメモリセルは別々のビット線に接続されている．ビット線はもう一方の端でセンスアンプに接続される．蓄えられた電荷は，電荷を流すことで選ばれたビット線に特定の出力電圧を発生する．スイッチトランジスタによる正帰還回路が内蔵されており（図 d），それにより選ばれた蓄積用コンデンサの状態は，読み出し動作，例えば論理 1 とか論理 0，の後に自動的に元の状態に戻る．蓄積された場所は，動作しない期間に漏れ電荷が発生する，そのためデータは周期的に再発生されなければならない．これは，全ての場所で読み出し・書き込みのサイクルを自動的に行う周期的な再構成で達成される．メモリ中への情報の入力はスイッチトランジスタによって行われ，その動作はメモリ中の特定の場所に電荷を蓄える（または蓄えない）ことに対応する電圧の発生で実行される．

メモリチップはメモリセルとセンスアンプの他にいろいろな論理回路を含んでいる．必要な場所を選ぶアドレスデコーダ；データを再発生するためのリフレッシュ回路；いろいろな機能や読み書き動作を制御するスイッチトランジスタのためのクロック回路．

スタティックメモリは，コンピュータシステムで特に高速を要求されるキャッシュメモリ*に用いられている．それらは普通アドレス線に接続されたフリップフロップ*のアレイで構成されている．典型的なメモリセルを，バイポーラの場合と MOS 回路の場合の両方を図 e に示している．後者の場合，負荷抵抗としてもう 1 つの MOSFET を用いることができる．点 A がロジック H（論理 1）のとき，トランジスタ T_2 は 'オン' となり，点 B の電圧は降下する．いいかえれば，トランジスタ T_1 が 'オフ' のとき A 点の電圧レベルは H を維持し，回路はこの状態でラッチされる．A 点がロジック L のときは逆の現象が起こり，トランジスタ T_1 は 'オン' である．どちらかのトランジスタが常に導通となるので，電力は連続して消費される．データはビット線に接続されたセンスアンプで読み出される．

固体デバイス　solid-state device

主にまたはもっぱら固体材料（通常は半導体）からつくられる電子素子やデバイスであり，荷電粒子の動きやその中にあるスピンの回転がデバイスの動作を左右する．

固体導体　solid conductor

単線または均一な薄い金属でつくられた導体である．撚られてつくられたり，分割されていたりしない導体．

固体物理学　solid-state physics

固体の構造や特性および多くの関連した現象を学ぶための物理学の一部．特性や関連した現

コットン天秤

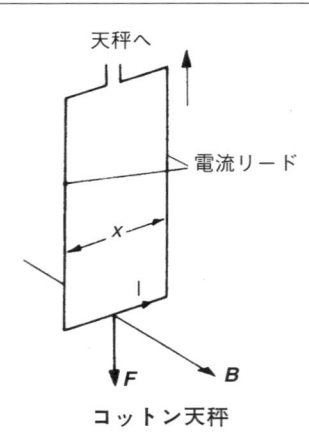

象は，電気伝導，半導体，超電導，光電効果や電界放出を含むその固体の構造に左右される．

語単位の番地付け word-addressable ➡ 番地

コットン天秤 Cotton balance

同義語：電磁天秤（electromagnetic balance）．空気中で測定される磁束密度*Bの絶対的測定方法．これは極めて高精度である．この方法はあまり大きくない体積で均一であるかなり強い磁界にのみ利用することができる．

測定すべき磁束中にコイルの下端がある長い長方形のコイルが化学天秤でつるされている（図参照）．磁界はコイルの下端で水平に向いていてコイルはBに垂直である．コイルの長い横辺は垂直なのでBによる垂直力を受けず，下端への導線として働く．これらの導線が十分に長いならば，コイルの上端はBによる力を無視することができる．したがって，正味の垂直力Fはコイルの下端の力で，

$$F = I \int B dx$$

で与えられる．ここで，Iはコイルを流れる電流である．Iの値は標準抵抗と電位差計を用いて測定され，力Fは電流を逆方向へ流したときの天秤の読みの変化により測定される．測定された値$\int B dx$は下端に沿って積分された磁束密度である．点における値は磁束密度分布が既知であれば求まる．もし磁束密度が下端の長さに沿って均一であれば，Bの値は

$$\frac{\int B dx}{x}$$

である．ここで，xは下端の長さである．約$0.5\,T$の磁束密度はこの方法を用いて100000分の2, 3程度の精度で測定されている．

コッホ抵抗 Koch resistance

光電管*の活性面に光が入射した場合の光電管の抵抗値．

固定形マイカコンデンサ clamp-type mica capacitor ➡ マイカコンデンサ

固定子 stator ➡ 電動機

固定小数点表示 fixed-point representation

十進数または二進数の小数点が，ある位置に固定されており，事前に決められた一定の桁数を含むように数値を表現する方法．⇒ 浮動小数点表示

コーデック codec

短縮語：コーダ-デコーダ（coder-decoder）．電話や映像の入力アナログ信号を符号化したディジタルストリームに変換（コーダ）し，入力ディジタル信号をアナログ信号に変換（デコーダ）するディジタル通信システム*で使用される回路．送信側ではアナログ信号がよい再生が得られるよう十分高い率で標本化*される．サンプルされた信号はアナログ-ディジタル変換器*によりディジタル信号に変換された後ディジタルデータストリームが送信される．受信側のコーデックではディジタル-アナログ変換器*が元のアナログ信号にかなりよい近似で出力される．

誤動作 glitch ➡ ハザード

コード距離 cord distance ➡ ディジタル符号

コードビーコン cord beacon ➡ ビーコン

コーナー周波数 corner frequency

同義語：カットオフ周波数（cut-off frequency）．

コーナーレフレクタアンテナ corner reflector antenna

2枚の反射板の角を接合した特別な形状の反射器をもったアンテナ（➡ 指向性アンテナ）．使用方法にもよるが，給電素子は反射器の領域内に設置され，通常ダイポール*が使われ，反射板のなす角は90°がよく使われる．コーナーレフレクタは受信波と同じ方向に正しく反射させる．このことは，例えばレーダの受動目標や無線通信への応用が有効である．

go-back-N ARQ方式 go-back-N ARQ

誤り回復手法の1つ．パケットが誤って受信

されると，誤りを含んでいたパケットは，その
パケットより後に送信されたパケット全てとと
もに，再送される．受信側は間違った順番で届
いたパケットを全て破棄できるため，複雑な処
理をほとんど必要としない．⇒ 選択繰り返し
ARQ

コプレーナ導波管 coplanar waveguide (CPW)

絶縁体基層表面上の3つの導体から構成され
ている中位の伝送線路*．それぞれがギャップ
で分離されている2つの接地面と真ん中の信号
線．特性インピーダンスは絶縁基層の厚みと
ギャップ幅の比と，基層の絶縁定数によって決
まる．

コプレーナプロセス coplanar process

LSIMOS 集積回路* および I^2L のような何種
かの LSI バイポーラ集積回路* の生産工程にお
いて使用される技術である．素子領域の間を分
離するためにかなり厚い二酸化シリコン領域を
用いる．コプレーナプロセスは，その酸化層の
垂直方向への突起部を最小化する目的で開発さ
れた．窒化シリコンの層がシリコンウエハ表面
上に堆積され，つぎに厚い酸化層を設ける予定
の表面領域に露出させるための除去エッチング
がなされる．酸化工程が行われた際に，実質的
なシリコン表面は下方に移動し，そこは厚さを
増した二酸化シリコンの層で置き換えられ，こ
れにより酸化層の約 1/3 の位置はもともとの露
出させた表面位置よりも下がったところとなる
（図 a）．シリコン表面を露出させるために行っ
たエッチング処理の後に，最終的な酸化層表面
の位置がもとの基板と同じ高さとなるように酸
化が実施される（図 b）．つづいて，シリコン
面上に台形となって残る窒化シリコン膜は取り
除かれ，そこに集積回路が正規のプレーナプロ
セス技術* を使用して形成される．

コプロセッサ coprocessor

コンピュータのプロセッサ，一般的にはマイ
クロプロセッサ* と並列に動作し，機能を付加
するなどの支援チップ．典型的なコプロセッサ
の機能は，高速数値演算，仮想記憶装置のマッ
ピングハードウェア，高速図形処理などであ
る．

コマ coma ➡ ひずみ

COM ポート COM port

9 ピンの RS-232 インタフェース* を用いる
直列ポート*，または通常 25 ピンより少ない D
タイプのコネクタ．

固有周波数 natural frequency

電気系あるいは機械系で生ずる自由振動* の
周波数．そのようなシステムで周期的な駆動力
に応答して共振* が生ずる周波数，あるいは音
声のホルマント* が生ずる周波数．

固有値 eigenvalue

A が $N \times N$ のマトリクスで，$x = (x_1, x_2, \cdots, x_n)^T$ のとき，$Ax = \lambda x$ が成り立つと，λ は
A の固有値である．ここで x は固有ベクトル
と呼ぶ．固有値は，1つの式を代表するパラ
メータの値であり，その解は境界条件* と互換
性がある．

固有の脆さによる故障 inherent weakness failure ➡ 故障

固有ベクトル eigenvector ➡ 固有値

弧絡 arcover ➡ フラッシュオーバ

コルピッツ形発振器 Colpitt's oscillator ➡ 発振器

ゴーレイ符号 Golay code ➡ ディジタル符号

コレクタ collector

1．短縮語：コレクタ領域（collector

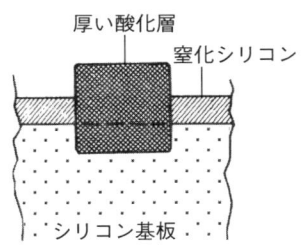

図 a 窒化膜エッチングを用いるコプレーナプロセス

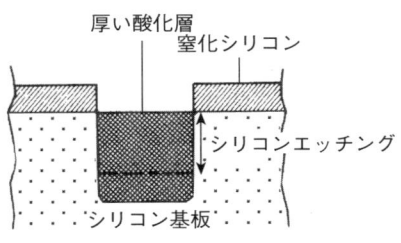

図 b 窒化膜とシリコンのエッチング

コレクタ共通接続

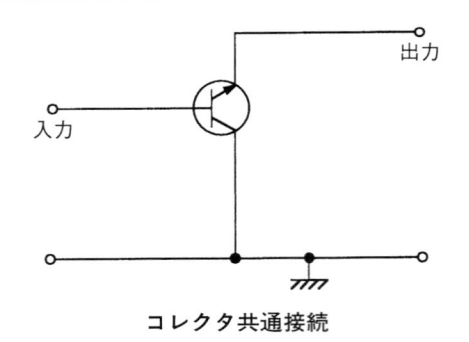

region). バイポーラ接合トランジスタ中のこの領域に，ベース*からコレクタ接合を通ってキャリヤ*が流入する．この領域に取り付けられた電極がコレクタ電極である．⇒ 半導体
2. 短縮語：コレクタ電極 (collector electrode).

コレクタ共通接続 common-collector connection

同義語：コレクタ接地接続．バイポーラ接続トランジスタ*の動作方法の1つであり，コレクタ*が入力と出力の両方の回路で共通となり，通常接地されている（図参照）．ベース*は入力端子として使われ，エミッタ*は出力として使われる．このタイプの接続はエミッタホロワ*として使われる．

電界効果トランジスタ*での等価な接続はドレイン共通接続であり，熱陰極電子管*ではプレート共通接続である．

コレクタ効率 collector efficiency ➡ ベース共通電流伝達率

コレクタ接地接続 grounded-collector connection ➡ コレクタ共通接続

コレクタ電極 collector electrode ➡ コレクタ

コレクタ電流増倍係数 collector-current multiplication factor

ベースを拡散した少数キャリヤがコレクタに流入後，電子・正孔対を生成させるに十分なエネルギーを得れば生成が行われ，コレクタには増加した電流が流れる．この電流増倍係数はベースから流入する少数キャリヤ電流に対するコレクタ電源に少数キャリヤが運ぶ電流との比率である．この比率は通常1であるが，なだれ降伏電圧*に達するほどの高電界の状態になると，その値は急速に増大する．

コレクタ領域 collector region ➡ コレクタ
混合結合 mixed coupling ➡ 結合
混信 interference ➡ 干渉
コンスタンタン constantan

銅（50〜60％）とニッケルの合金であり，非常に低い値の抵抗温度係数および比較的高い値の抵抗値をもつ．銅，銀などと組合せて熱電対*が構成され，また精度の高い巻線抵抗にも使用される．➡ 抵抗器

コーンスピーカ cone loudspeaker ➡ スピーカ

コンダクタンス conductance

記号：G，単位：S（ジーメンス）．コンダクタンスはアドミタンス* Y の実部を表し，
$$Y = G + jB$$
と表す．ここで，B はサセプタンスという．ここで $j = \sqrt{-1}$ である．直流回路において，コンダクタンスは抵抗（R；レジスタンス）の逆数である．面積*が A，長さが l，導電率* σ をもつ物質の直流コンダクタンス G は $\sigma A/l$ となる．

コンタクトリソグラフィ contact lithography ➡ ホトリソグラフィ

コンデンサ capacitor

静電容量*をもつ素子．誘電体*（絶縁体）を挟んで両面を金属導体板あるいは半導体板を置いてつくられている．導体板または半導体板は電極板といわれる．与えられた素子の静電容量の大きさは寸法，電極の形，電極間の距離，誘電体の比誘電率*に依存する．ほとんどのタイプのコンデンサは幾何学的形状で静電容量が決まる．しかしながら，2, 3 のコンデンサは印加電圧あるいは動作周波数の関数で静電容量が決まるものもある．誘電体は固体，液体，または気体が使われる．セラミック*，チップ*，電解液*，金属フィルム*，金属紙*，マイカ*，MOS* およびプラスチックフィルムコンデンサ*，バラクタ* などがある．

コンデンサ condenser

旧同義語：キャパシタ（capacitor）．

コンデンサマイクロホン capacitor microphone

同義語：静電マイクロホン（electrostatic microphone）．マイクロホンの一種でキャパシ

タ片側の電極が振動板になっている．音圧の変化が振動板の動きを引き起こし，その結果キャパシタンスが変化し，キャパシタ両端に電圧が発生する．

コントラスト制御 contrast control ➡ テレビ受信機

コンパイラ compiler ➡ プログラム言語

コンパクトディスクシステム compact disc system（CD system）

　高品質の音声再生システムである．この方法では，120 mm の金属製のコンパクトディスクに書き込まれたディジタル記録された符号化音声信号に光を当てて検出する．このディジタルシステムは，ピックアップと記録媒質の間に物理的接触がない点で，他の音声再生システムと異なる．こうすることによって摩損が少なくなる．情報の層はディスク表面の下側に埋め込まれている．このことは，表面上の塵や他のマークによって起きる音声再生上のエラーを最小にする．

　原アナログ音声の情報は，サンプリングされ，アナログ-ディジタル変換（➡ サンプリング；量子化）を用いて量子化され，そして，符号化されたデータが記録される．音声の信号は，小さな穴のスパイラル状のトラックの形で符号化される．これらの穴は，製造するときにディスクの片面に押し込まれる．細いトラックが CD の中心から外側に向かって，渦上に刻まれている．再生するときは，ディスクを CD プレイヤーにのせて回転軸にセットする．システムは CLV を用いて動作する．CLV とは回転速度がトラックの半径の関数となり，ピックアップの半径方向の位置によって変化するために，ピックアップに対して一定線速度とするものである．

　ピックアップの主な部品は，小さな低出力の半導体レーザ*であり，コヒーレント光を連続的に放射する．このレーザ光がディスクの反射面に小さなスポットとして焦点を集められる（図 a 参照）．ディスクからの反射光は，トラック上に押し込まれたコードによって変調される．そして，ホトトランジスタ*によって検出され，記録された情報に相当する電気信号を生み出す．これらの信号は，音声信号に再変換される．高品質の音声出力を保持するために，非常に洗練されたエラー・コントロールシステムが要求される．このシステムでは，焦点を合わせることと，トラッキングの完全性，およびディスクが正確な速度で回転するということが保証されなければならない．

　ピックアップの分解能は，スポットのサイズにとても依存する．ディスクのゆがみや厚さの不均一性が焦点の条件のずれを引き起こし，音質の損失や近傍のトラックからの漏話*の原因となる．スポットが焦点にあうように，光軸に沿ってレンズが移動できるように焦点サーボシステムが用いられている．2つの主な方法の1つを用いて焦点誤差信号を生成する．円筒レンズ法（図 b 参照）はビームスプリッタとホトディテクタの間に円筒形のレンズを置いたものである．センサに達する像は，焦点が正しいときだけ円となる．他の場合は楕円となり，そのときのアスペクト比（縦横比）は焦点の状態の関数として変化する．

　センサは図に示されるように四象限に分割される．焦点誤差信号は，出力の差から生じる．またデータ信号は 4 つの出力の和となる．ナイフエッジ法と二重プリズム法が焦点誤差信号を発生する第 2 の方法である．これらの方法には焦点を越えて，マウントされるスプリットセンサが必要である．ナイフエッジ法では（図 c 参照），ナイフエッジが正しい焦点に置かれ，2 つのセンサの出力が焦点誤差信号を生み出すために比較される．二重プリズム法は本質的にはナイフエッジ法と同じであるがナイフエッジの代わりに二重プリズムと 3 つのセンサをおいたものである．

　ビームの正確なトラッキングが求められ，トラックフォローイングサーボシステムが，スポットの中心をトラックの中心に保持されるようになっている．トラッキングエラーは，いろいろな原因によって起こる．製造されるプレイヤーの軸あるいはディスクの中心の穴の精度に比べて，トラックの分離による原因はより小さい．ディスクがひずんでいると，表面がビームに対して傾き，ピックアップに対して見かけのトラックの位置は，ディスクの回転とともに変わる．CD プレイヤーの外部からの力は，振動をおこしトラッキングを乱す．

　録音処理で，音声信号は，44.1 kHz でサン

プリングされ，高周波クロックパルスを変調するパルス符号変調*が信号の符号化に使用される．クロックは 4.3218 MHz で動作する．コンパクトディスクシステムのほとんどは 8-14 変調を使用している．この方法では 8 ビットのデータが，14 のチャネルビット（channel bits）のパターンによって独特に記述される．それらを分離するために，それぞれのパターンの間にさらに 3 つのパッキングビットが挿入される．このように生まれたディジタル変調コードはチャネルコードとして知られている．チャネルコードの 1 と 0 の間の遷移は，マスターディスクの表面にバンプエッジを生み出す．バンプは CD 印刷が製造されるときにピットに変換される．エッジは，CD プレイヤー内の光学的システムによって検出され，再生信号に相当する遷移を生み出す．したがって再生信号は，音声出力をつくるために正確に再符号化されねばならない．

　その処理の最初のステップは，検出した信号

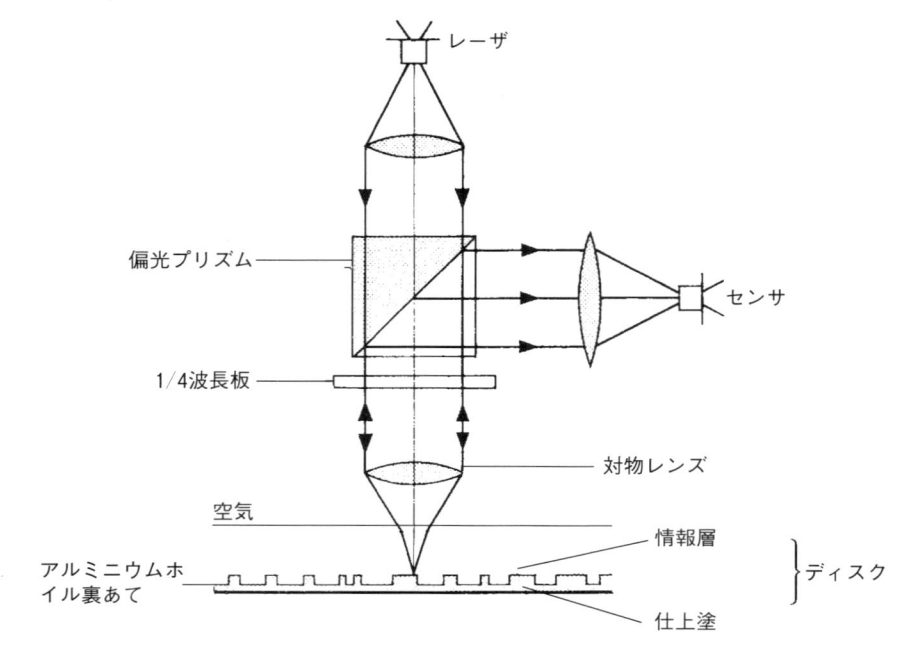

図 a：コンパクトディスクシステムの光学的ピックアップ用構成要素

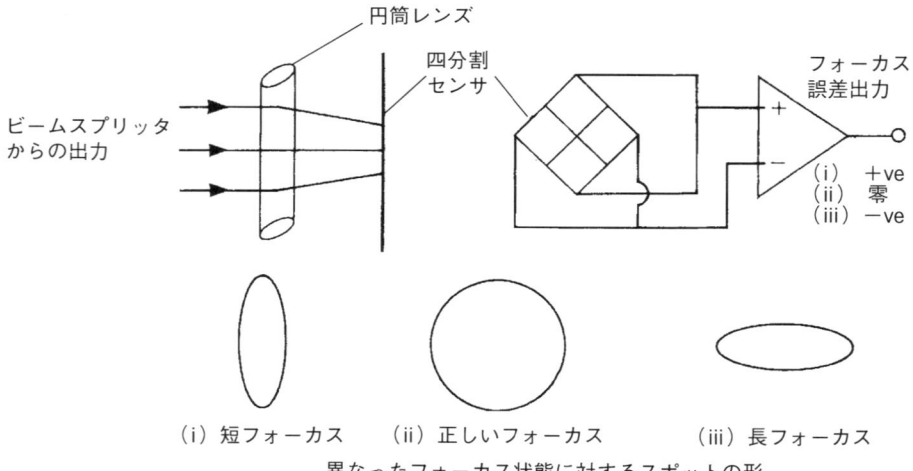

（i）短フォーカス　（ii）正しいフォーカス　（iii）長フォーカス
異なったフォーカス状態に対するスポットの形
図 b：円筒レンズ法

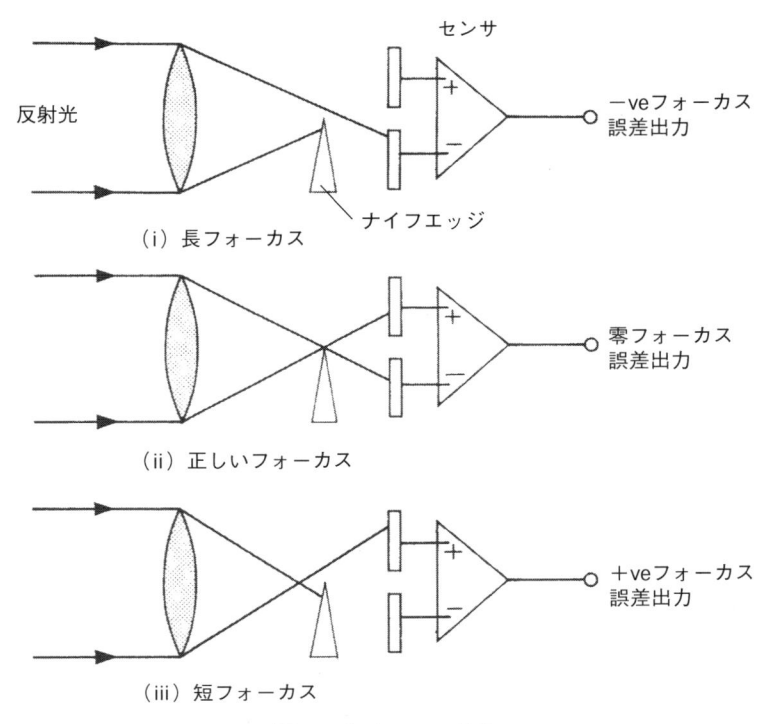

(i) 長フォーカス　センサ　−veフォーカス誤差出力
反射光　ナイフエッジ

(ii) 正しいフォーカス　零フォーカス誤差出力

(iii) 短フォーカス　＋veフォーカス誤差出力

図 c：ナイフエッジ法

と基準電圧と比較することである．この過程はスライシングと呼ばれる．これは2進化のチャネルコードを再現する．クロック周波数で動作するフェーズロックドループが，遷移間のクロックパルスの数をカウントし，14チャネルビットのパターンを再現する．これらが，ROM あるいはゲートアレイを用いてデータバイトに逆符号化される．データバイトは，ディジタル-アナログ変換器を通り，元の音声信号が再生する．パッキングビットは，それぞれの14ビットパターンの出発点の位置を決定するために用いられる．また規則的な同期パターンが読み取り回路をロックするために記号の境界に追加される．

ディスク上に符号化したデータのレイアウトは，簡単な連続的レイアウトよりかなり複雑である．それは，読み取りデータ中のエラーを補正すること，汚れや表面のひっかきによるノイズを減らすためである．音声データは，データブロックすなわち33パターンのフレームに符号化される．それぞれに引き続いて同期パターンがある．音声サンプルは，33バイトのうち24バイトを使用する．これらのバイトのうち8個は，エラー訂正システムの基礎を形成する冗長なバイトである；それぞれのデータブロックの最初のバイトは，走行時間表示のサブコードとして使用される．左右のチャネルに16ビット長の44.1 kHz のサンプリングレートは，1秒あたり176.4 Kbyte の音声データとなる．

エラー訂正システムはコードの多くのビットに影響するスクラッチによるエラー（バーストエラー）と不完全なプレスによるバンプエッジによって起こるランダムエラーを処理せねばならない．ランダムエラーはあるパターンを他のものに変換してしまいデータの最大8ビットがエラーとなる．追加ビットが符号化情報に加えられ（冗長度），再生するときに損傷したデータビットを訂正するために使われる．符号語は全データと冗長ビットから構成される．冗長ビットの値はリードソロモンコード*として知られる符号によりデータ自身から計算される．そして，合成された符号語はバーストエラーの影響を少なくするためにそれぞれのデータフレームの中でインターリーブされる；大きなエラーは1符号語に対して厳しい損傷を引き起こすのではなく，多くの符号語に対してわずかな損傷と

なる．このシステムはクロスインターリーブリードソロモンコードとして知られる(CIRC)．エラーを訂正するために使われるリードソロモンコードは非常に強力である．デジタルエラーの影響がラジオ受信機での車のイグニッション干渉のような音になり，聞く者には堪え難いのでエラー訂正は必要である．コンパクトディスクシステムの開発は完成した製品がどんな持ち運びにも対応すべきことを常に考慮している．データの汚損がひどくエラー訂正がうまく処理できない場合，システムはミューティング回路をもち，CDプレイヤーの利得を減らすように働く．

コンバーゼンス（収束） convergence

カラー受像管*のようなマルチビーム真空管における，ある特定の位置におけるビームの交差．コンバーゼンスは，コンバーゼンス用の電極を用いて静電的に，あるいはコンバーゼンス用の電磁石を用いて電磁気的に行われる．真空管のスクリーンにビームのスキャンが行われるとき，複数の電子ビームの交差の点によってつくられる表面は，コンバーゼンス面と呼ばれる．

コンバーゼンスコイル（収束コイル） convergence coils ➡ カラー受像管

コンパンダ（圧伸器） compandor ➡ 音量圧縮器；振幅圧縮

コンピュータ computer

命令セットを用い，規定の書式で書かれ，要件を満たす形態の情報を処理する自動装置．この命令や情報はメモリ*に保管される．これらの装置のなかで，一番広く，一番多目的に使われているのがディジタルコンピュータである．ディジタルコンピュータは，大量の情報を高速で処理することができる．入力は連続的ではなく，個別的でなければならず，数値，文字，記号の組合せからなっている．命令群（これをプログラム*と呼ぶ）は適切なプログラム言語*で書かれている．情報はコンピュータ内部において2進数の形であらわされている．

マイクロエレクトロニクスの発展は，要求された応用に対応して，コンピュータのサイズや複雑さを変化させ，幅広い発展をもたらした．現代のコンピュータは，例えば数百万の論理回路*や数百万ワードのメモリが入っているマイクロコンピュータから，何百万もの論理回路や数百万ワード単位のメモリを含んでいるとても大きなメインフレームコンピュータまで多岐にわたる．これらの装置は1秒当たりに数百万の処理が実行でき，同時に多数のユーザにサービスすることができる．実装密度*およびそれに続く回路の小型化における絶え間ない改良とそれに伴う論理回路の動作速度の改良は，かつてないほど強力なマイクロコンピュータやメインフレームコンピュータの物理的サイズに劇的な小型化を生みだした．

多くのコンピュータシステムは3つの基本的な要素からできている．まずは中央処理装置*（CPU），次が主記憶装置（メインメモリ），そして入力*/出力*や情報の永久的な蓄積のための周辺装置である．CPUはコンピュータシステム稼動を制御し，データの演算，論理処理を実行する．主記憶装置は，バイト*やワードといった単位で，固有のアドレス*をもたせてプログラムやデータを保管する．そのため，これらはCPUによって素早く取り出すことができる．キャッシュメモリ*は，コンピュータシステムでの高速処理のために用いられる．キャッシュメモリは，CPUに直接作用し，超高速で情報をやりとりする．直前に使われた情報はキャッシュに記憶される．完全なコンピュータシステムは，電子デバイスなどによるハードウェア*と組み合せて一体となる一連のプログラムやデータなどのソフトウェア*により構成される．

アナログコンピュータは，ディジタルコンピュータで要求されるような個別的なデータの集合ではなく，連続的に変化する量のデータを受け入れることができる装置である．アナログコンピュータは科学実験，シミュレーション，量の変化が絶えず監視される工業プロセスの制御で用いられる．問題は，物理的相似性によって電気に変換して解決される．方程式中の変数の大きさは，元の変数の同じ方程式に従い入力電圧が相互作用するというやりかたで，回路要素に加えた電圧で表される．そして出力電圧は問題の数値解の比例した値となる．アナログコンピュータは多くのタイプの微分方程式を解いたり分析することができる．

コンピュータアーキテクチャ computer architecture
　コンピュータの設計やその構成についての研究であり，命令セットアーキテクチャやハードウェアシステムアーキテクチャを含む．

コンピュータ支援エンジニアリング computer-aided engineering (CAE)
　コンピュータとコンピュータプログラムに支援されて，ソフトウェア，製品，構成部品を設計すること．エレクトロニクスでの例は，回路図を描くのを簡略化するために図のキャプチャを使用すること，組み立てる前に回路を理論的に数値シミュレーションをすることを含む．コンピュータ支援エンジニアリングは，エンジニアリングにおける設計や開発過程の総括的なコンピュータ化を記述するために用いられることが多い．また，コンピュータ支援設計*も含む．

コンピュータ支援製造（キャム） computer-aided manufacturing (CAM)
　製造業でコンピュータやコンピュータプログラムを使用すること．製造業での総括的なコンピュータ化を記述するために用いられ，以下のものが含まれる．自動試験装置*，ロボット，工場周辺で部品や製品を運ぶコンピュータ制御の車両，材料資源計画（MRP）や工業資源計画（MRPII）などの生産で必要とされる記録保存システム．

コンピュータ支援設計（キャド） computer-aided design (CAD)
　工業製品のデザインや分析のためのコンピュータの応用．キャドプログラムは，マウスやライトペンといった入力装置を使って，設計者のおおまかなスケッチをより最終的な形態に変えることができる．

コンプレッサ（圧縮器） compressor
　短縮語：音量圧縮器（volume compressor）．

混変調 cross modulation ➔ 変調

コンポジットケーブル composite cable ➔ ケーブル

コンポーネントビデオ component video
　カラー成分と輝度成分を分離して映像信号を送る形式．この形式はさらにカラー信号を色鮮明度の改善と色にじみを低減するために2つの信号（青と赤）に分離する．

サ

最下位ビット least significant bit (LSB)
　2進数の右端に位置するビット．細かさの最小量を表すビットである．

再活性化 reactivation
　表面からの電子放出を改善するためにトリア化されたタングステンフィラメント陰極で行われる処理．フィラメントに高電圧が印加されるとトリウム原子層を表面に浮き上がらせる働きがある．

再記録可能なコンパクトディスク compact disc rewritable ➔ CD-RW

サイクル cycle
　交流電流のように規則正しく繰り返し変化する1周期分．

サイクル時間 cycle time
　バスや記憶システムなどのコンピュータ機器が，その装置の物理特性に関連する1つの命令を完了するのに要する時間．通常は，そのコンピュータのクロック周期*が多数集まり，構成される．

再結合過程 recombination processes
　半導体*中で電子と正孔が過剰にある場合に種々の再結合過程が現れ，次式で表される熱平衡式に支配される系に向かおうとする．
$$pn = n_i^2$$
ここでpは正孔の数，nは電子の数そしてn_iは同じ温度での真性半導体中の電子と正孔の数である．
　基本的な再結合過程は帯間再結合であり，伝導帯の電子は価電子帯の正孔と再結合する．また，適当なアクセプタまたはドナー不純物によって電子あるいは正孔捕獲が半導体の中で起こるとき捕獲再結合となる（図参照）．
　帯間再結合に含まれる伝導電子によるエネルギー損は光子の放射として放出されるか，または自由電子と正孔の運動エネルギーに変換される（オージェ過程）．光子放射再結合は光導電*の逆の過程であり，直接遷移半導体*における全再結合過程の大部分を占める．オージェ過程

は衝突電離*の逆過程である．

再結合速度　recombination rate
　半導体*中において自由電子と正孔とが再結合を生じる速度（割合）．⇨ 再結合過程；連続方程式

最後の1マイル　last mile
　ローカルな電話交換機とエンドユーザの間の距離．しばしば家庭に対する広帯域アクセスを採用するときのボトルネックになる．

再充電可能電池　rechargeable battery　→ 電池

最上位ビット　most significant bit（MSB）
　数の2進数表現において一番左端のビット．そのビットが最も大きな数をあらわす．

最小項　minterm
　ディジタル設計において，真理値表の各リテラル全てを含む論理積のこと．最小項の補数は最大項である．

最小識別信号　minimum discernible signal（mds）
　同義語：スレッショールド信号（threshold signal）．入力から信号を識別できる回路や装置の入力信号の最小値．→ レーダ

最少二乗誤差　minimum mean square error（MMSE）
　推定信号と元の信号の間の誤差の二乗平均を最小化する等化器の列あるいは信号再生回路を呼ぶ．

最小シフトキーイング　minimum shift keying（MSK）　→ 振幅変調

サイズ（寸法）効果　size effect
　大きさがマイクロやナノメートル規模へ縮小することに伴って材料やデバイスの特性が変化すること．

サイズ量子化　size quantization　→ 量子ドット；量子細線

再生　sound reproduction　→ 音の再生

再生　regeneration
　同義語：正帰還（positive feedback）．→ 帰還

再生受信機　regenerative receiver
　振幅変調した無線電波（AM放送）に用いる無線受信機*の一種であり，その回路中には受信感度および選択度*を高めるために損失分を補う正の帰還*が用いられる．⇨ スーパー再生受信機

最大項　maxterm
　ディジタル回路の設計において，真理値表*中の全ての直定数*の論理和．最大項には最小項*が対応する．

最大電力供給定理　maximum power theorem
　もしも可変負荷に最大電力を供給しようとするために与えられた電源に負荷を整合させるとすると，負荷の抵抗は電源の内部抵抗に等しくさせなければならない．得ることのできる有効電力は $V_0^2/4R_i$．ここで V_0 は電源の開放起電力であり，R_i は内部抵抗である．
　負荷で消費される電力が最大になるように，与えられた負荷に電源を整合させるという逆問題はこの定理で解くことはできない．この場合，最も小さい内部抵抗をもった電源が最大電力を与えることができる．
　この定理は交流線形回路に適用できるように拡張することができる．電源と負荷のそれぞれのインピーダンス Z_s と Z_L が虚数部をもっているとする：
$$Z_s = R_s + jX_s, \quad Z_L = R_L + jX_L$$
負荷での最大消費電力に対して次の条件を満たすことが必要である．
$$X_s + X_L = 0, \quad R_s = R_L$$
これが成り立つとき回路は共役で整合しているといわれる．

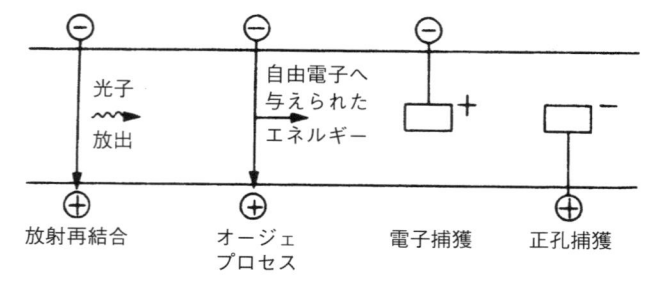

再結合過程

最大振れ full-scale deflection (f.s.d; FSD)
測定装置の校正を受けた最大値．

最大平坦 maximally flat
フィルタの通過帯特性を記述する用語で，0 近くの周波数からできる限り応答特性がほとんど一定なフィルタ特性のこと．これはバタワースフィルタで生ずる．→フィルタ

裁断化インパルス電圧 chopped impulse voltage →インパルス電圧

最低標本化周波数 minimum sampling frequency →標本化；パルス変調

再点弧電圧 reignition voltage
ガス放電管*において，放電管が通電を終了した後に再び放電を開始するために要する電圧．再点弧電圧は放電管内のイオンが消滅に向かう状態で加えられ，管内のイオンは再結合してガス分子の形成途中にあるため，その電圧は最初の放電を始めるのに要した電圧よりも低い値になる．

サイドローブ side lobe
アンテナパターンの主ローブの脇の突出部分．→アンテナパターン

最尤連続推定値 maximum likelihood sequence estimation (MLSE)
最もありそうなビット列を決定するために，受信された信号と送信された記号の全ての可能な数列から予測される結果を比較するための連続した等価器あるいはデータ再現回路．

サイラトロン thyratron
三端子（陽極，陰極，ゲート）のガス入り真空管*．この真空管は双安定特性*を示す．陽極-陰極間が高インピーダンスとなる非導通状態と低インピーダンスとなる導通状態である．ゲート端子に電圧を印加すれば，真空管の放電が開始する．電流は外部回路で制限される．放電の停止は，陽極電圧を下げればよい．現在では，サイラトロンは，同様の働きをする半導体素子のサイリスタ*に置き換えられている．

細流充電 trickle charge
記憶保持用の電池をフル充電状態に維持するため微小で連続的な充電（細流充電）をすること．充電電流値はその電池内の局部動作による内部エネルギーの散逸量をちょうど補償する値に保つ．

探りコイル exploring coil
同義語：探りコイル (search coil)．→フリップコイル

サージ surge
導体における異常な一過性の電気障害．サージは雷撃や，電気設備，伝送線路における突然の不良，スイッチング動作などから生じる．

差込形コネクタ bayonet fitting
ピンがソケットに付いているBNCコネクタ*．

差込み口金 bayonet fitting
電球あるいは放電管の口金部に2本のピンが正反対の位置に対向して置かれているピンとソケットの取り付け具．ピンをソケットに挿入し，ソケットの溝の中を回転することにより固定される．

サセプタンス susceptance
記号：B，単位：ジーメンス．アドミタンス* Y の虚数部で，Y は
$$Y = G + jB$$
で与えられる．ここで G はコンダクタンス*である．回路に抵抗 R とリアクタンス X があるとき，サセプタンスは
$$B = \frac{-X}{(R^2 + X^2)}$$
となる．

雑音（ノイズ） noise
電気機器，回路，システムに生じる不要の電気信号で，それらの出力部で不正確な信号となるものである．ノイズ源は，次の例のように人工的でもある．

電源雑音：電力ケーブル，変圧器などからの電磁誘導が原因である．これらは（電源周波数の）周期信号であるが，不要の信号である．

火花による干渉：自動車の点火装置，蛍光灯の点灯回路，整流子モータなどから生じる．これは，高電圧スパイクの衝撃としてみられる高周波ノイズである．

マイクロフォニー：感度の高い装置の使用に伴う音響干渉が，望ましくない電子信号を招くことがある．特に真空管*装置を用いた場合に生じやすい．

無線周波数領域の干渉：所望の受信チャネルのところで，さらにその隣のチャネルで生じる恐れがある．またこの干渉は，受信機の帯域外応答であったり，間違った応答であることもあ

る．ヘテロダインシステムをもつ場合には本質的な問題であり，誤応答を除去するため注意深い設計が必要である（→ 同一チャネル除去；スプリアス除去；電磁適合性）．

　量子化雑音：限られた分解能のディジタルシステムにおけるアナログ信号の不正確な表現から出てくる．

　これらの人工的な雑音源は，素子を注意深く選ぶこと，回路とシステムの設計法，適切なフィルタで最小にできる．

　雑音源の別のカテゴリは，電気電導の粒子的な性質に起因する自然発生的なものであり，次の項目を含む．

　熱雑音（ジョンソンノイズ）：導体や半導体の内部における電荷キャリヤ*の不規則な移動によるもので，電圧にゆらぎを生ずる．温度の上昇に伴ってキャリヤはより激しく動くため，この電圧は増加する．

　ショット雑音：p-n接合*や金属-半導体接触*のような電位障壁を越える電荷キャリヤによるものである．

　フリッカ雑音：多くの電気システムと自然界のシステムにおける電荷キャリヤの不規則な捕獲と開放によるもので，周波数逆応答性をもっており，しばしば1/f（f分の1）雑音と呼ばれる．

　放射雑音：宇宙（放射）線や，ガンマ線，X線のような短波長の放射による雑音である．これは，インパルス雑音*で，ディジタルシステムの誤動作につながる．

　接触雑音：圧粉粒子からなる炭素抵抗のような不連続的導体部に発生する．これは，通常の熱雑音より大きい雑音源である．

雑音温度　noise temperature
　デバイスやシステムにおける雑音電力としてよく用いられる等価温度．雑音電力を P とし，そのシステムの周波数幅を B とすると，$P=kTB$ となる．この T を雑音温度と呼ぶ．ここで，k はボルツマン定数である．

雑音指数　noise figure
　記号：F_{dB}．デシベル表示（$F_{dB}=10\log F$）．

雑音指数　noise factor
　記号：F．与えられた電気部品，回路，あるいはシステムにおいて，その部品，回路，システムに依存する付加雑音の尺度．その値は入力での信号対雑音比*と出力での信号対雑音比の比として定義される．
$$F=(S_i/N_i)/(S_o/N_o)$$
もしシステムの利得*が G で与えられるならば，この式は次のように書き換えることができる．
$$F=\frac{S_i/N_i}{GS_i/(GN_i+N_{add})}=\frac{N_i+(N_{add}/G)}{N_i}$$

雑音制限器　automatic noise limiter
　ラジオ受信機でインパルスの影響を制限するように設計された回路．→ 雑音

雑音余裕　noise margin
　論理ゲート*の出力レベルがどの程度の入力変化に対して変化しないかの度合いを示す尺度．

雑音余裕値　immunity　→ 電磁適合性

撮像管　camera tube
　テレビジョンカメラ*の中に搭載されている素子で，光電変換器*として働き，伝送すべき風景の光学画像を電気ビデオ信号に変換する．多くの撮像管は電子管*である．2つの基本的な管の形式があり，それらはイメージオルシコン*とビジコン*である．他の形式もこれらから開発したものである．

　多種多様の撮像管がある．それらの主な違いは，ビデオ信号を発生するために使用されるターゲット材質や電子速度である．電子放出撮像管は，電子放出材料（→ 電子放出）でコーティングしたターゲットをもっている．光伝導撮像管は光導電性*を示す材料でコーティングされている．低電子速度管は最も使用されているものであり，アイコノスコープのような高電子速度管も製品化されている．

　撮像管の動作は，使用する走査システムに大きく依存している．ビーム揃えは，電子銃から出てくる電子ビームが中心になることを保証するための小さいコイルの使用で行われる．また，ビームの偏向は，水平および垂直方向を制御する偏向コイルで行われる．これらのコイルには，線形の走査を施すため，走査位置への高速復帰・開始機能をもつのこぎり波形*が供給される．ビームがターゲットに到達するとき小さい断面積を保証するため焦点用コイルを設ける．付加する1つの電極は，ターゲット面に実質的に直角となるように働く．低電子速度管の

中で，この電極はビームを減速させ，ビームはターゲットの位置で実質的に静止する．

固体電子*カメラが開発されており，その変換素子は，電荷結合素子*の配列である．この型のカメラは，撮像管をもつカメラより非常に小さく軽く，普通の手のひらサイズ電子カメラの大きさ程度である．⇒ 解像管

sat
短縮語：飽和モード（saturated mode）．

差動位相変調 differential phase modulation ➡ 位相変調

差動継電器 differential relay ➡ 継電器

差動検流計 differential galvanometer
2つの入力電流の差の値を感知し指針に傾きを生ずる検流計*の形式．2つの等価なコイルに電流を互いに逆方向に流す．電流の差は指針の振れの大きさとその向きを定める．

差動コンデンサ differential capacitor
2組の固定平板と1組の可動平板をもつ可変コンデンサ．可動平板が固定平板の間を回転することで，1組のコンデンサの容量は増加し，他方は減少する．

差動増幅器 differential amplifier
2つの入力をもち，そのの入力間の差の関数を出力する増幅器*．理想差動増幅器は，2つの入力が同一であるときにはゼロ信号を出力する．実際には，小さな正または負の信号が発生する場合がある．同相除去比*は，差動増幅器にこのような同一の入力を入れた場合の，ゼロ出力を生成する能力を計る尺度である．

差動電流 differential-mode currents ➡ 電磁適合性

差動巻線 differential winding
電流を流したときそれぞれの起磁力が反対になる2つ以上のコイルあるいは単一コイルの2つの巻線の配置．

サファイア sapphire
酸化アルミニウムの合成結晶体で低損失を最優先するマイクロ波集積回路の基板として用いる．⇒ シリコンオンインシュレータ

サブシステム subsystem
相互接続した一連の関連回路（たいていは集積回路）のことで，電気機器または運用システムの一部の，さらに一部分を形成する．

サブソニック周波数 subsonic frequency
人間が聞くことのできる周波数より低い周波数，すなわちほぼ20 Hzより低い周波数．

サブルーチン subroutine ➡ プログラム

サーボ機構 servomechanism ➡ 制御系

サーミスタ thermistor
半導体材料でつくられる抵抗で，大きな負温度特性をもつ非線形抵抗である．サーミスタは普通，棒状，ビーズ状，円盤状に加工され，名称もそれらに準じたものになっている．サーミスタは他の部品の温度補償，回路の非線形素子，温度ならびに電力の測定などの用途に使われている．

SAM
略語：走査形オージェ電子顕微鏡（scanning Auger microprobe）．➡ オージェ電子分光法

サーメット cermet
磁器（*cer*amic）と金属（*met*al）の頭文字からつくった頭文字語．酸化物とガラスのような磁器は絶縁物として使われ，クロムや銀のような金属は導体として使われる．サーメットは特にフィルム抵抗器*のような厚膜，薄膜フィルム製品に使われる．

サーモグラフィ thermography ➡ 赤外線画像

サーモスタット thermostat
自動温度制御スイッチであり，設定した媒質温度で維持するため，浸漬ヒータのような加熱システムと組合せて使用される．このスイッチは，バイメタル板のような温度検出素子を有し，継電器*を操作するために用いられ，これにより温度が設定限度の値に達した場合に熱源は遮断される．そして温度がそれより低い値に低下した際には再び接続される．

サレン-キーフィルタ Sallen-Key filter
単一能動素子であるVCVS素子*で能動二次RCフィルタ*を構成したもので，VCVSフィルタとして知られている．多くの周波数域で低域通過，高域通過，帯域フィルタが実現できる．

散逸回路網 dissipative network ➡ 損失

酸化 oxidation
電子工学において使用されるシリコンチップの薄い表面上をSiO_2に変換する化学反応．

山岳効果 mountain effect ➡ 方向探知

酸化物 oxide

　一般的に，酸素と結合した原子の化合物．特に，二酸化シリコン（➡ シリカ）の短縮語．デバイス構成やシリコンで作製されている集積回路のパッシベーション材料や絶縁物として最も広く利用されている．二酸化シリコンは，シリコン表面で成長でき，異なる膜厚の層がシリコンデバイス*や回路の作製工程で成長する．酸化層は，基板中への不純物の拡散に対するバリアとして働き，プレーナプロセス*で，オンチップマスク*として使用されている．酸化物薄膜は，MOSFET*やCCD*のようなMOSデバイスの製造過程で絶縁物形成に用いられる．スプリアスMOST形成を防ぐために，厚膜層が，コプレーナプロセス*によってつくられる．酸化層は，バイポーラやMOS集積回路，そして表面の保護*が必要な素子に使われる．

酸化物マスク oxide masking

　チップの選択的なプロセスに対してマスクとして利用するためシリコンチップの表面上に二酸化シリコン層（➡ 酸化）が活用される．シリコン表面の酸化によって形成される酸化層は，拡散*や金属化処理をする前にその下に内在するシリコンを露出し，その部分を選択的にエッチングされる．

酸化ベリリウム beryllium oxide

　同義語：ベリリア（beryllia）．記号：BeO．高い熱伝導率（銅の約半分）をもつ絶縁材料で放熱器として利用される．

三極管 triode

　3個の電極をもつ電子素子一般．バイポーラ接合トランジスタ*，電界効果トランジスタ*など．特に三電極の熱電子管*．

三極管領域 triode region ➡ 電界効果トランジスタ；飽和モード

三極六極管 triode-hexode

　管内に三極，六極をもつ多極真空管*．三極六極管は周波数変換器として頻用される．発振器（三極管部分）とミキサ*（六極管部分）の組み合わせとして動作する．

残光 persistence

　同義語：アフターグロー（afterglow）．1. 励起の後，燐光体が光を発光*し続ける時限．特に陰極線管*のスクリーン上の燐光体に関する言葉で，発光スクリーンを瞬間的に励起した後の時間に対する発光強度を残光特性をいう．その残光は燐光体の性質に依存し，発光スクリーンの残光時間は，通常人間の網膜上の映像の残光時間約0.1秒より短くする．残光時間は，ほんの一瞬から数年まで選ぶことができる．2. あるガス中に瞬間的に電気放電を起こしたとき，ぼんやりと数秒間観測できる光輝．

III-V族化合物半導体 III-V compound semiconductor ➡ 化合物半導体

三次元レーダ volumetric radar ➡ レーダ

三次巻線 tertiary winding

　変圧器*の付加的二次巻線．これは主二次電圧とは異なる電圧を必要とするとき，あるいは正規の二次の負荷とは絶縁されていることが要求される負荷に電力を供給するときに使われる．これはまた異なる電圧で動作する系統連系システムで使用される．

参照信号付加スペクトラム拡散 transmitted-reference spread spectrum ➡ ディジタル通信

三状態論理ゲート tristate logic gate

　3つの出力状態，1，0，高インピーダンス（1，0に比較して高い）が可能な論理デバイス．高インピーダンス状態では，他の回路からデバイスを電気的に分離することができる．この論理ゲートは，同一のデータ線，例えばデータバスやアドレスバス，にたくさんのデバイスの接続を許している．しかし，一度にはただ1つのデバイスが接続状態となるので，他のデバイスは高インピーダンス状態として，電気的には接続されないようにしている．

三相系 three-phase system ➡ 多相系

三相変圧器 three-phase transformer

　通常同じ巻数比の3つの独立な巻線をもつ変圧器*で，三相（多相系*）入力で使用される．

3層レジスト trilevel resist ➡ 多層レジスト

サンプリング sampling ➡ 標本化

散乱損失 scattering loss

　散乱によって放射線が偏向するため，電磁放射ビームのエネルギーが損失する．ビーム中の個々の粒子や光子は，それらが通過する媒質内の原子核や電子，他の輻射場の光子群，または

反射表面の不規則さと相互作用する．

散乱パラメータ scattering parameters

同義語：sパラメータ（s-parameters）．2端子パラメータ（→ 回路網）は，回路網の入射と反射の電力波*に関係する．端子の入射と反射の電力波をそれぞれ a および b で表すと，二端子対回路は次の関係が成り立つ．

$$b_1 = s_{11}a_1 + s_{12}a_2$$
$$b_2 = s_{21}a_1 + s_{22}a_2$$

これを行列式で表すと

$$\begin{pmatrix}b_1\\b_2\end{pmatrix} = \begin{bmatrix}s_{11} & s_{12}\\s_{21} & s_{22}\end{bmatrix}\begin{pmatrix}a_1\\a_2\end{pmatrix}$$

残留磁気 remanence

同義語：保磁力（retentivity）．→ 磁気ヒステリシス

残留側波帯 vestigial sideband → 搬送波

残留側波帯伝送 vestigial-sideband transmission

搬送波*の周波数より高い片側側波帯（残留側波帯）が伝送される搬送波抑圧伝送*方式．→ 両側波帯伝送

残留損失 net loss

回路，素子，ネットワーク，伝送線路の利得と減衰の差．

残留抵抗 residual resistance

温度変化に無関係な導体の固有抵抗．これは普通，物質の分子構造の不規則性によるとされる．

残留電荷 residual charge

コンデンサが急速に放電するとき保持される電荷の一部で，後ではコンデンサからなくなる．これは電荷の一部が誘電体に浸透して，比較的電極から離れている電荷によって引き起こされる誘電体の動作から生ずる．電極に近い電荷のみが急速な放電によって取り除かれる．

残留電流 residual current

能動素子への電力供給が切られた後で，素子の外部回路に短時間流れる電流．残留電流は素子を流れる電荷の速度が有限であることから生ずる．

残留パルス線形予測法 residual pulse linear predictive coding（RPLPC） → 線形予測

シ

CIRC

略語：クロスインターリーブリードソロモン符号（cross-interleave Reed-Solomon code）．→ ディジタル符号

CISPR

略語：国際無線障害特別委員会（International Special Committee on Radio Interference）．

GIC

略語：汎用インピーダンス変換器（general impedance converter）．

CRO

略語：陰極線オシロスコープ（cathode-ray oscilloscope）．

CRC

略語：巡回冗長検査（cyclic redundancy check）．

CRT

略語：陰極線管（cathode-ray tube）．

磁位 magnetic potential

旧同義語：起磁力（magnetomotive force）．

GEOS

略語：静止衛星（geostationary earth orbit satellite）．→ LEOS

SIMS

略語：二次イオン質量分析（secondary-ion mass spectroscopy）．

CAE

略語：コンピュータ支援設計（computer-aided engineering）．

j（or i）

1．反時計方向に90°回転することと等価な数学的演算子．2．-1 の平方根すなわち $\sqrt{-1}$ に対する記号で虚数の値を定義する．

実抵抗成分と無効成分で構成された複素インピーダンス*に電流が流れたとき，抵抗成分にかかる電圧はその電流と同相になり，一方，リアクタンスにかかる電圧はそこに流れる電流と90°位相がずれる．それゆえ，抵抗成分は実抵

抗 R で表すことができるが，リアクタンスは jX で表し，j は 90°位相がずれることを意味する．

JFET
　略語：接合形電界効果トランジスタ（junction field-effect transistor）．→ 電界効果トランジスタ

J-K（または JK）フリップフロップ → フリップフロップ

シェイディング shading
　1．元のシーンにはないが，それをテレビジョンカメラで撮影した場合，その像の中に不均一な背景濃度が生ずること．2．帰線期間にテレビジョンカメラ管*によって生じた擬似的信号を補正すること．

GSM
　略語：汎ヨーロッパディジタル移動通信システム（global system for mobile communications）．

CSMA
　略語：搬送波感知多重アクセス（carrier-sense multiple access）．→ ディジタル通信

CSO colour separation overlay
　あるシーンに他のシーンを重畳するために用いられるカラーテレビ技術．青色のような特定の色が，あるカメラで見ているシーンにあるとき，他のシーンを撮っている別のカメラの出力が，元の画像のその指定した色の領域に自動的に入れ替わる．他の全ての色は普通に第一のカメラから伝送される．この技術は，特殊効果を得る目的で広く用いられている．

JEDEC
　略語：電子素子技術連合評議会（Joint Electronic Device Engineering Council）．

JFIF
　略語：JPEG ファイル変換フォーマット（JPEG file interchange format）．→ JPEG

JPEG
　略語：joint photographic experts group．標準化された画像圧縮メカニズムのこと．標準規格を定めた委員会にちなんで名づけられた．フルカラーまたはグレースケール画像として記録された，自然の現実世界の景色を圧縮するために設計された．JPEG は，圧縮後のサイズ（必要メモリ容量）を減衰のない圧縮*と比べて大幅に削減するため，非可逆圧縮*を採用している．輝度の変化よりも，色の微妙な変化に対して知覚が正確でないという人間の視覚特性の限界をうまく活用するように設計されている．魅力的なのは，圧縮パラメータを調整することにより圧縮度つまりファイルサイズを変更できる点である．JPEG という用語は，厳密には画像をバイト*ストリームに変換することを意味する．JFIF は，そのストリームからファイルを生成するための仕様を定めており，ほとんどの JPEG に対して広く使用される．

CMR
　略語：同相除去（common-mode rejection）．

GMR
　略語：巨大磁気抵抗効果（giant magnetoresistance）．

CMRR
　略語：同相信号除去比（common-mode rejection ratio）．

GMR ヘッド GMR head
　略語：巨大磁気抵抗ヘッド（giant magnetoresistance head）．

シェーリングブリッジ Schering bridge
　静電容量を測定するための四分岐ブリッジ回路（図参照）．平衡条件を次に示す．
$$C_x = C_s R_b / R_a$$
$$R_x = R_a C_b / C_s$$

CLV
　略語：一定線速度．→ コンパクトディスクシステム

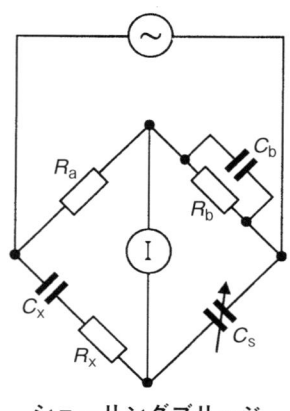

シェーリングブリッジ

GOS
　略語：サービスグレード（grade of service）．電話回線の品質の尺度で，100のうち不通となった通話数で計算される．
磁化　magnetization
　記号：M，単位：A/m．物質が磁束中に置かれたとき生ずる磁気分極の尺度．これは単位体積当たりの磁気モーメントとして定義され，磁界の強さH，と磁気感受性*χ_mの積である．
$$M = H\chi_m, \quad M = \frac{B}{\mu_0} - H$$
　ここで，Bは磁束密度，μ_0は真空の透磁率*である．
磁界強度　magnetic intensity
　今は使われない用語で，磁界の強さ．
磁界コイル　field coil　→電磁石
紫外光電子分光法　ultraviolet photoelectron spectroscopy（UPS）→光電子分光法
磁界集束　magnetic focusing
　同義語：電磁集束（electromagnetic focusing）．→集束
磁界電流　field current　→電磁石
磁界偏向　magnetic deflection　→電磁偏向
紫外放射　ultraviolet radiation
　電磁スペクトラムにおいて光とX線の間にある電磁放射．光の放射に近い周波数の放射は近紫外線放射である．また，その範囲の最も高い周波数の端は遠紫外である．
磁化曲線　magnetization curve　→磁気ヒステリシス；強磁性
磁化する　magnetize
　物質中に磁束密度を誘起すること．物質に磁気的性質を示させること．
磁化率　magnetic susceptibility　→感受性
磁化力　magnetizing force　→磁界（場）強度
時間おくれ　time lag, time delay
　回路遮断機，リレーあるいはそれに類するような装置が動作するまでの時間経過，および主回路が応答するまでの時間．特別な回路では時間おくれが意図的に導入される．明確な時間おくれはあらかじめ設定された時間間隔で，調整可能な場合もあり，動作によって生じる電気的な量の大きさには依存しない．逆時間おくれは遅延時間の長さの逆関数である．⇒過電流保護

時間基準（時間軸）　timebase
　時間基準は所定の時間関数の電圧を意味し，輝点がスクリーンを望み通りに横切るよう陰極線管*の電子ビームを偏向させるのに使用される．スクリーンを（通常は水平方向に）1回横切ることを掃引と呼ぶ．最も一般的な時間基準の型は，線形掃引を生成するものである．線形掃引を得るのにのこぎり波形が使用される．必要とされる電圧を生成する回路は，時間基準発生器である．周期的なのこぎり波形が生成される自励式の場合もあれば，トリガパルスが回路に入力された場合に1回の掃引が生成される同期式の場合もある．輝点が開始位置に戻るまでの時間をフライバックと呼ぶ．テレビ受像機のような製品ではフライバックは抑制される．つまり，戻るまでの間，輝点は観測されない．掃引周波数は，スクリーンを横切る掃引の繰り返し率のことである．ミラー掃引発生器*は，掃引の線形性を向上するために回路内にミラー積分器が使用された，時間基準発生器である．製品によっては，掃引の一部の区間において電子ビームを速く動かすような時間基準を発生させる必要があり，これを拡大掃引と呼ぶ．拡大掃引発生器では，掃引の一部の区間において時間経過に伴う出力電圧の増分がさらに増す．遅延掃引は，トリガパルス入力とスクリーン上の掃引開始との間に所定の遅れ時間が導入された，同期式時間基準発生器により生成される．時間基準は，多くの製品においてスクリーン上の輝点を制御するのに使用される．陰極線管オシロスコープ*には，掃引周波数を調整可能なのこぎり波形を，自励で生成する回路がたいてい組込まれている．レーダシステム*は，各掃引が送信したパルスに同期し，かつ戻ってくる反射波が送信機から対象までの距離により決定される位置に軌跡に沿って現れるよう，送信機に制御された同期式時間基準を使用している．テレビジョンシステム*では，ラインとフレームを走査するために，撮像管と受像機の中に時間基準が採用されている．受像機中の時間基準は，送信機との正確な関係を保持するために通常同期パルスにより制御される．もう1つの方法としては，フライホイール式時間基準がたまに使用される．この方式では，フレーム周波数

は，回路の電気的慣性により制御される．この場合，フレームに同期したパルスが不要となる．

時間軸 timebase ➡ 時間基準

時間ダイバシティ time diversity ➡ ダイバシティシステム

視感度ファクタ visibility factor

理想的な測定器により検出できるテレビジョン*やレーダ受信機*の最小識別信号*と人間オペレータにより検出できる mds の比．

時間弁別器 time discriminator

出力の大きさが2入力パルス間の時間間隔の関数になっていて，出力の極性は到着したパルスの順番により決まるような回路．

時間領域 time domain

例えば，電圧が時間に対してどのように表されるかというような，電気信号が時間の関数として表されるときに用いられる用語．オシロスコープ*は信号を時間領域で表示する．⇒ スペクトラムアナライザ

時間領域反射率計 time domain reflectometer（TDR）➡ 反射率計

磁気 magnetism

磁束を含む領域に関連した現象．磁気的な性質は最初自然に存在する酸化鉄，磁鉄鉱で生ずることが認められた．アンペアは電流を流した小さなコイルが磁石のような振舞いをすることを発見した．彼は全ての磁気の起源はそれぞれの原子に関連した小さな環電流によると提案した．孤立した磁極が観測されていないことの説明を与えるアンペアの理論は本質的に近代原子論に似ている．元素の電流回路（アンペア電流）は正電荷の原子核の周りの閉軌道中の負電荷の電子の運動である．

全ての物質は磁気的性質を示し，これらの性質は原子の外部軌道の電子の分布に依存している．反磁性*は弱い効果で，全ての物質に共通していて，原子内の電子の軌道運動から生ずる．常磁性*は電子スピン*による永久分子磁気モーメント*をもつ物質で生ずる．これは反磁性より強い効果で，反磁性とは反対であり，常磁性物質中では反磁性を目立たなくしている．鉄のようないくつかの常磁性物質はキュリー点以下の温度で強磁性*（➡ フェリ磁性，反強磁性）を示す．強磁性物質は相当の磁束密度を生成することができ，永久磁石*としての利用に適している．磁界は電流によってつくることもできる（➡ 電磁石）．

磁気アーマチュアスピーカ magnetic armature loudspeaker ➡ スピーカ

しきい値 threshold

システムが変化するときの値．この用語は主に論理デバイスで使われ，出力が変化するときの入力の値で指定する．

しきい値電圧 threshold voltage

電子デバイスが，最初に動作開始する特異点の電圧．特に，MOSFET*のチャネルが形成される電圧．

磁気回路 magnetic circuit

1組の磁束*によって描かれた完全に閉じた磁気経路を表す．その経路上の任意点での磁束の向きは，その点の磁束密度*の向きに等しい．

磁気記録 magnetic recording

磁気媒質に電気信号を記録する方法．1つの応用は磁気テープへの録音（テープ録音）である．磁気録音で，テープは電磁石の極を一定の速度で移動し，長さ方向に磁化される．電磁石に加えられた可聴周波数電流の変化はそれに対応した磁化の変化を生成する．再生は逆の機構である．テープは電磁石上を送られ，磁化の変化はコイルに元の磁化電流に対応した電流を発生する．記録媒質は通常プラスチック（酸化セルロース）テープ上に堆積した粉砕された酸化第一鉄および粒状の金属フィルムである．マルチトラックテープは2つ以上の分離した記録トラックがある．電磁石は録音，再生，あるいはテープ上の信号の消去のために使われ，ヘッド（あるいは磁気ヘッド）と呼ばれる．それぞれの機能を実行するために1つの記録再生ヘッドを使うことが可能であるが，商用のテープレコーダは通常，録音，再生，消去に別々のヘッドを利用する．代表的なヘッドはコイルを巻いた軟鉄の磁極片でできている．磁極片間の距離はギャップ長で，性能のよいレコーダはより鮮明な録音とより忠実な再生のために$0.5\mu m$程度のギャップ長である．磁気テープは磁気回路を完結し（図参照），生成された磁化はテープがヘッドを離れる瞬間に空隙に磁束分布を示す．録音時には磁気バイアスが録音ヘッドに印

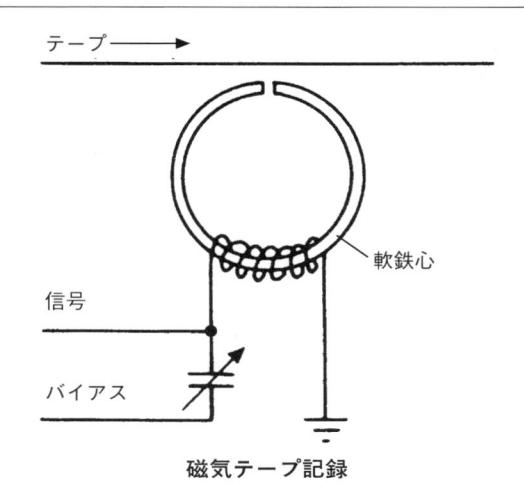

加される．これは可聴周波数信号に重畳された周波数が 60～100 kHz の交流である．システムの周波数応答，ひずみ，SN 比などの特性がバイアスを用いることで改善される．録音はテープを大きな直流を印加した消去ヘッドを通過することで消去される．これは磁性体を均一に磁化することである．

写真や音を含んだ情報を磁気録音することはビデオテープ*で行うことができる．ビデオテープは保管や放送に用いられる．コンピュータシステムでは，データの磁気記録は磁気ディスク*や特別に製造された磁気テープ*（→可動磁気表面メモリ）のような記録媒体で行われる．

磁気光学効果 magneto-optical effect → カー効果

磁気残留損失 magnetic residual loss → 強磁性

磁気遮蔽 magnetic screening

磁界の影響から電気回路，素子，あるいは装置を保護するために高透磁率磁性物質による遮蔽を用いること．磁気遮蔽は高感度の交流測定装置を囲んで使用され，寄生の外部磁界から遮蔽する．

磁気シャント magnetic shunt

電子計測器における磁石の有効磁束*を変化させること．磁性材料の小片で構成される．磁石の近傍に磁性材料を装着し，磁石との相対位置が調整できるようになっている．磁気シャントは測定装置の測定範囲を拡大するのによく用いられる．

磁気制御装置 magnetic controller → 自動制御

磁気接触器 magnetic contactor

磁気的手段，例えば交流磁界で動作する接触器*．

磁気双極子モーメント magnetic dipole moment

同義語：磁気モーメント（magnetic moment）．

磁気増幅器 transductor

*trans*fer in*ductor* の頭字語．この増幅器は複数の巻線を伴う磁気コアで構成している．そのコア内の磁束密度の状態は，巻線の１つに一定化した交流電流を流して制御している．その電流はコアを磁気飽和させるほど十分に大きな値である．他の巻線いわゆる信号巻線の１つには小さな変動をもつ電流を流すと，他の巻線いわゆる電力巻線に接続したもう１つの回路の電力に大きな変化が生ずる．この装置は磁気変調によって動作し，特に航空機内の照明回路のような制御回路に使われる．

信号巻線内の電流変化はその制御回路で行い，電源回路の交流電流の周波数より低くなくてはならない．すなわち，周波数として約 2 KHz まで使うことができ，そのため低い可聴周波数帯での信号制御が可能である．制御された信号は電力巻線から直接出力することができる．

磁気単極子 magnetic monopole

N 極あるいは S 極のどちらかの単極磁荷をもつ仮想的な磁気粒子．この粒子は電子や陽子のような電荷と類似している．マクスウェル方程式*は，もし磁気単極子の存在が証明されれば完全に対称であると証明されるだろう．磁気単極子は保存則および対称則で前提とされており，核子より大きく重いと考えられる．磁気単極子の存在は量子論や古典電磁気学では除外されてなく，極めて高エネルギーの宇宙線で生ずると提案されている．徹底的な研究にもかかわらず磁気単極子の存在の証明はまだ見つかっていない．

磁気抵抗 magnetoresistance

導体あるいは半導体が磁界中に置かれたとき，その抵抗の変化をいう．通常増加する．これは磁界中で物質中の電子のエネルギー分布関

数と衝突機構の結合による．いくつかの物質では超低温で生じ，磁界を印加することで抵抗値が大きく減少する．この効果は巨大磁気抵抗として知られ，例えば，ペロブスカイトおよび同様な結晶構造の物質で観測されている．

磁気抵抗（リラクタンス） reluctance, magnetic resistance

記号：R，単位：$1/H$（1/ヘンリー）．磁束 Φ に対する起磁力 F_m の比．
$$R = F_m / \Phi$$

磁気抵抗型メモリ magnetoresistive random access memory ➡ MRAM

磁気抵抗率 reluctivity

透磁率*の逆数．

磁気定数 magnetic constant

同義語：自由空間の透磁率（permeability of free space）μ_0．➡ 透磁率

磁気ディスク magnetic disk

硬いアルミニューム板を形成した円盤状の基板の裏表を磁気コーティングしたコンピュータの情報を記憶する装置である．これに対して，可撓性に富む基板を有する記憶装置としてはポリエステル基板の表裏の両面に酸化フェライトを磁気コーティングしたフロッピーディスクがよく知られている．ハードディスクはフロッピーディスクよりも大きな記憶容量をもつが，フロッピーディスクは小型軽量かつ安価な媒体である．ハードディスク，フロッピーディスクとも磁気コーティングされた円盤の円周上のトラックからデータを読み出したり，書き込んだりする．これを達成するのがディスクドライブで，1つあるいはそれ以上のディスクが高速で回転する．ディスクドライブ読み出し，書き込みヘッドは各ディスクの表面を径方向に移動して必要なトラックにデータの書き込み，読み出しを行う．トラックの特定の記憶領域にはある順序で直接アクセスできる．フロッピーディスクとは異なりハードディスクドライブ内に据え付けられている．⇒ 可動磁気表面メモリ

磁気テープ magnetic tape

1. ➡ 磁気記録；ビデオテープ．2. 特別に製造された磁気テープのコンピュータ記憶媒体．テープはリールに巻かれる．データは磁気コーティングされたトラックに記録されそして引き出される．これはテープが高速で移動し，1つ以上の記録再生ヘッドをもつ磁気テープ装置で行われる．データは要求されたトラックに記録（すなわち記憶）あるいは読み込まれる．⇒ DAT；可動磁気表面メモリ

磁気転移温度 magnetic transition temperature

同義語：キュリー温度（Curie point）．➡ 強磁性

磁気天秤 magnetic balance

2つの磁極間の相互力を直接決める装置．長い磁石を水平位置に支え，ナイフエッジの上で平衡させる．2番目の長い磁石の一方の磁極を1番目の磁極に近づけ，磁極間の力（引力または斥力）を付加した錘りまたは他方の可変ライダを動かして水平位置に戻す．2番目に用意した磁極間の相互干渉を減らすために磁石類は長くしている．

磁気天秤は磁場の強さを測定するのに使うことができる．この型の天秤は平衡棒として磁石の代わりに長い導体が使われている．その導体に既知の電流を流し，測定すべき磁石の磁極によってその一端に作用する力を初めに説明した場合と同様にして平衡させる．磁石による磁界はそれと電流による既知の磁界の間で生ずる力から計算する．この平衡方式は規定された電流と磁極間の距離から直接磁場が読めるよう校正することができる．

この測定方法は磁極の位置を正確に決定できないため誤差が生ずる．今では永久磁石や電流通過導体の磁気モーメント*や磁束密度*を正確に測る方法が考案されている．➡ フリップコイル；コットン天秤

磁気同調 magnetic tuning

空洞共振器のフェライトロッドによる高周波数（マイクロ波）発振器の同調．ロッドの磁化は，外部定常磁束密度により決まり，さらに磁束密度を変化させることにより空洞に異周波数を供給して可変とする．

磁気バイアス magnetic bias ➡ 磁気録音

磁気ヒステリシス magnetic hysteresis

キュリー点*以下の温度で強磁性体内で観測される現象．材料の磁化*は磁界*に対し非線形に変化し，磁界の変化に動作遅れを示す．そのような材料の磁化率*は大きな正の値となり，比較的小さな磁界において大きな磁化が生

ずる．磁界 H に対する磁化 M または磁束密度 B の特性プロットはヒステリシス効果を呈し，それをヒステリシス環線と呼ぶ（図参照）．磁化していない鉄の試料に磁界を加えていくと，その磁化は図の点線 OAS で示す曲線に沿って変化する．これを正規磁化曲線*という．もし，磁界が $+H$～$-H$ までの間を対称的に変化する完全な磁化サイクルの場に磁性試料を入れると，磁化特性は図の太線で表す曲線を呈する．

磁界 H がゼロの点の磁束密度 B を残留磁束という．磁束密度 B がゼロになったときの磁界 H を保磁力という．磁化試料を消磁するには $B=0$ における磁界と同じ大きさの逆磁界が必要である．ヒステリシス環線に囲まれた領域は，強磁性体に交流磁場を作用したとき一サイクルごとに磁性体内で消費されるエネルギー量に相当し，これをヒステリシス損という．

磁気コア内のヒステリシス効果は，そのコアに巻かれたコイル内の実効抵抗を増加させる．すなわち，ヒステリシス係数は特定周波数において 1 A の電流ごとにコイル内に増加する実効抵抗を表す．

ヒステリシス環線の一般形態は図に示してある．環線に囲まれた面積は強磁性体の特性に依存する．軟鉄ではその面積（と保磁力）が最小値を示し，タングステン鋼ではその値が約20倍に達する．小さな磁化サイクル（いわゆる $H+h$ と $H-h$ の間に生ずる小さなサイクル）もヒステリシス環線を生じ，それをマイナヒステリシス環線という． ⇒ 強磁性

磁気ひずみ magnetostriction

磁界中にあるとき強磁性体の機械的変形．結晶軸に対してある方向に磁化する異方エネルギーのために材料の内部応力によりこの効果は現れる（→ 強磁性）．逆に機械応力があるとき，材料の磁化の変化が観測される．ジュール磁気ひずみは，磁性体の棒や管の軸方向に磁束が加わったときに長さ方向に増加する．負性磁気ひずみは，ニッケルのような材料で起こり，磁束密度の増加により長さが短くなる．磁気ひずみは，変形性強磁性試料に影響を与える．曲がった棒では磁束の影響でまっすぐになる（ギュミン効果）．ねじれた棒は同様な条件下でまっすぐになる（ヴィーデマン効果）．

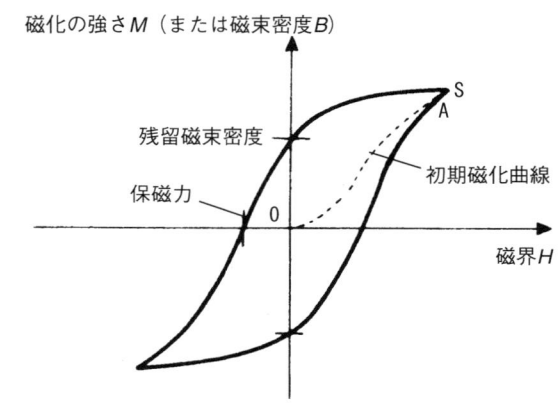

磁気ヒステリシス環線

高周波磁界は音波の源と同様，試料に縦振動を与える．もしこれらの振動の周波数が試料の固有周波数に等しいとき，大きな振幅の振動が起きる．磁気ひずみの振動は多くの応用に適用されている．超音波周波数ではそれらが超音波エネルギーの源となり商用的に利用され，例えば超音波洗浄やアルミニウム同士のはんだ付けのためアルミニウム面の酸化膜を剝がすのに使われる．磁気ひずみ振動器は交流電流の磁気ひずみ効果を利用するため 25 kHz 以下の周波数範囲で周波数制御発振を行う．

磁気ひずみはスピーカ*の振動部を作るのに利用され，逆に磁気ひずみ棒に加えられた音声振動からそれに対応した磁束の変化を発生し磁気ひずみマイクロホン*に利用される．

磁気吹消し magnetic blow-out → 遮断機

磁気浮上 MAGLEV

短縮語：磁気浮上（magnetic levitation）．磁気浮上は磁極どうしが反発し合うように，磁性体を含む負荷を支える磁界をつくる電磁石を使って達成する．もしもいくつかの電磁石を直線状構造—リニアモータ—にしたとしら，そのときそれぞれの電磁石の励磁を次々と切り換え移すことによって負荷は摩擦なしに浮上し搬送される．例はバーミンガム国際空港の磁気浮上鉄道である．それは乗客をメインホールから出発ターミナルまたは到着ターミナルへまたはその逆に輸送している．

識別しきい値 decision threshold

ディジタル信号の受信または読み取りにおいて，識別しきい値より大きなアナログ信号は2進数の1と判断され，しきい値以下の場合は0

磁気ヘッド　magnetic head　→ 磁気記録
磁気変調　magnetic modulation　→ 磁気増幅器
磁気飽和　magnetic saturation　→ 強磁性
磁気メモリ　magnetic memory
　磁気材料の磁化方向によりディジタル情報を記憶する磁気ディスクのような記憶デバイスあるいは媒体．→ 可動磁気表面メモリ
磁気モーメント　magnetic moment
　1. 同義語：磁気双極子モーメント（magnetic dipole moment）．記号：m, 単位：Am^2．磁石*の強さの尺度．磁石が均一な磁束密度 B の中に置かれたとき，磁石はトルク T を受ける．
$$T = m \times B$$
ここで，m は磁気モーメントである．もし，磁石が電流 I を流した面積 dA の小さなコイルのとき，磁気モーメント m は IdA に等しい．2. 同義語：(旧) 磁気双極子モーメント（magnetic dipole moment）．記号：p_m, 単位：Wbm．磁気モーメントと真空で透磁率，μ_0 の積は
$$p_m = \mu_0 m$$
である．
　歴史的に，磁石と電流が流れた小さなコイルは電荷と同様に，距離 r（磁石の長さ）離れた2つの等しく反対の極をもつ双極子*であると考えられた．磁気双極子モーメントは磁極強度と磁石の長さの積で，磁界 H の中に置かれた磁石に働くトルク T によって定義される．
$$T = p_m \times H$$
現在では最初の定義を強く推奨する．2番目の定義はほとんど用いられていない．しかしながら，特に原子の大きさで，しばしば小さな磁石は双極子と呼ばれ，磁気モーメント m は磁気双極子モーメントと呼ばれる．現在のテキストでは磁気モーメントの用語は上記の定義1が使われこの辞書でもこれを用いる．
磁気漏れ　magnetic leakage
　磁気回路からの磁束の一部の損失で，設定された回路の機能を不十分にする．磁気漏れは動作の全体的な効率を減少する．例えば，変圧器において，磁気漏れは一次回路からの磁束の一部が二次回路と結合しないときに生ずる．磁気漏れ係数 σ，は実効（あるいは有効）磁束に対する全磁束の比で定義される．すなわち，
$$\sigma = 1 + 漏れ磁束/有効磁束$$
電気機器で σ は1.2である．
C級増幅器　class C amplifier
　出力に，入力サイクルの半分以下，つまり通電角* が π より狭い範囲の電流を流す非線形増幅器*．他の形式より効率が高いものの，C級増幅器はひずみ* が多い．
G級増幅器　class G amplifier
　小さな信号のときは低い電圧の電源を使い，大きな信号が存在するにつれ，動的に高電圧の電源に切り換えて作動する，B級増幅器*．
磁気誘導　magnetic induction　→ 磁束密度
磁気誘導コンパス　induction compass
　方向を示す装置．地磁気中で回転するようにつくられた小さなコイルからできている．コンパスで指示される方向は，コイル中の誘導電流の大きさに依存する．
磁極　magnetic pole
　静電気の点電荷と類似して，磁石で磁気の集中した領域．歴史的に，磁石はその端に置かれた2つの反対の磁極（N極とS極）によって構成されると考えられた．磁力線は磁極に集中あるいは磁極から発散する．磁極の概念を利用すると，これらの仮想的な極へ働く力の逆二乗則を適用して静磁気学の理論を静電気学と同様に展開することができる．しかしながら，静磁気学のこの方法は磁気単極子を利用する必要がある．また，磁極の正確な位置は明確でない．現代ではこの代わりに磁気モーメント* を用いることを推奨する．
磁気レンズ　magnetic lens　→ 電磁レンズ
シグナルフロー線図　signal flowgraph
　二端子対回路網パラメータ* とそれぞれの端子の信号の関係を表す図的表現．信号伝達線図は節点の間を矢印の付いた有向枝路でつないだ回路網である．各節点には電流，電圧，電力波* などの節点信号の記号が描かれ，2点間を結ぶ枝路には，入力と出力の関係を示す分岐伝達率が記入され，起点とシンク節点間の信号の関係が特性づけられる．グラフの中の信号の流れは次の基本的な規則によって決まる：節点信号は矢印の方向にのみ枝路の中を通り，そのと

き，信号はその枝路の分岐伝達率分だけ増大する；節点信号はその節点に流れ込む信号の代数和に等しい．節点信号はその節点から外に向かう全ての枝路に対し等しく印加される．⇒ Masonの公式

シーケンサ sequencer

MIDI*データを記録，編集，蓄積そして再生することのできる装置．

シーケンス回路 sequential circuit

論理回路*の一種で，その出力状態は回路の入力とその回路の現在の状態に依存する．すなわち，その回路は歴史の概念をもつ．その歴史はシーケンス回路内のメモリ素子の中に保持されている．これらのメモリ素子の多くはフリップフロップ*で構成されている．⇒ 組み合せ論理

シーケンス制御 sequential control

問題を解決する作動手順がつくられそれがコンピュータに入力されるコンピュータ*の動作．

自己インダクタンス self-inductance ➡ インダクタンス；電磁誘導

指向性 directivity

記号：D．電波到来方向に対するアンテナ利得の最大値．等方波源とそのアンテナの最大放射強度との比に等しい．指向性はアンテナの全放射電力に関連していて

$$D = U_{max}/U_0 = 4\pi U_{max}/P_{rad}$$

ここで U_{max} は最大放射強度，U_0 は等方波源の放射強度，P_{rad} は全放射電力である．

指向性アンテナ directional antenna, directive antenna

ある方向のエネルギーが他の方向より効率的に送受信できるアンテナ*のこと．そのような指向特性を得る一般的な方法は受動アンテナと能動アンテナを組合せて用いることである．能動アンテナは送信機または受信機に直接接続される．受動アンテナは送受信機には直接接続されず，能動アンテナに反応して指向特性に影響を与える．送信時には誘導起電力が受動アンテナに誘起される．受信時にはアンテナ素子間の相互インダクタンスにより反応する．能動アンテナの後方に置かれた受動アンテナは反射器，前方に設置された受動アンテナは導波器と呼ばれる．⇒ アンテナ列；全方向アンテナ

自己触媒めっき autocatalytic plating ➡ 無電界めっき

自己整合ゲート self-aligned gate ➡ MOS集積回路

自己相関 autocorrelation ➡ 相関

自己沈静化 self-quieting

極端に微弱な信号は検出することを抑制するため回路内部で自ら生成した信号によって無線受信機の感度を落とすこと．

仕事関数 work function

記号：ϕ，単位：エレクトロンボルト(eV)．固体のフェルミ準位（➡ エネルギー帯）と固体外の自由空間のエネルギー（真空準位）との間のエネルギー差．絶対零度で固体から電子を真空中に放出するために必要な最少のエネルギーである．

金属において，表面に向けて外部から電界を加えた場合その表面のちょうど外側にある電子の影像電位が仕事関数の値を実質的に低下させる．⇒ ショットキー効果．半導体においては，図示のように仕事関数は電子親和力*χより大きい．⇒ 光電効果

自己バイアス self-bias

回路の一点に電圧を供給するとき，別の電池によって供給するよりも，主電源を利用した電圧降下抵抗器*によって，必要とするバイアス電圧を発生すること．

自己容量 self-capacitance

インダクタンス，コイルまたは抵抗に内在して分布する容量．この自己容量はコイルや抵抗に1個のコンデンサとして等価的に並列に接続し実際の素子として一次近似で表す．

シーザー暗号 cipher

情報の暗号化またはその逆過程である暗号解読に使用されるアルゴリズム．最古の暗号の一種．ガリア戦争中にジュリアス・シーザーにより使用された．シーザー暗号は，アルファベットの単純なシフトを用いており，伝達される文字は，伝えたい文字をアルファベット順にいくつかシフトした位置に相当する文字へ変換される．例えば2文字シフトを用いて"many"を伝達すると"ocpa"となり，個々の文字がアルファベットを環状につなげた順番（つまりzの次がaになる）にしたがって2文字ずれているのがわかる．暗号を解読するには，ずらし

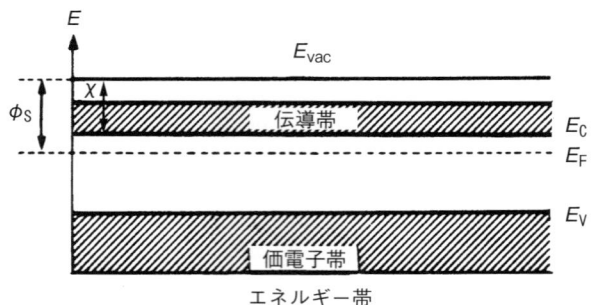

半導体の仕事関数と電子親和力

た数だけ逆方向にシフトすればよい．
CGI
　略語：共通ゲートウェイインタフェース（common gateway interface）．
CGA
　略語：カラーグラフィクスアダプタ（colour graphics adapter）．IMBの最初のPCに，IBMにより導入されたカラービデオディスプレイ用の標準規格．解像度は320×200ピクセル*，色は4色である．
CCS
　略語：センタム呼秒（centum call second）．
→ ネットワークトラフィック測定
CGS単位系　CGS system
　基本単位が，長さはcm，重さがg，時間が秒であり，現在は使われていない単位系．電気と磁気の量を取り込んで完全に定義するためには，4番目の基本量が必要である．その結果，CGS電磁単位（emu）とCGS静電単位（esu）という相容れない2つのCGS単位系が生まれた．
　emu単位系において，第4の量は真空中の透磁率* μ_0 で，その値を1に選んだ．esu単位系では第4番目の量は真空中の誘電率* ε_0 でありその値を1に選んだ．第4の量の選択は，それぞれの単位系において定義したのであったが，マクスウェルの方程式によれば以下のように表される．

$$\mu_0\varepsilon_0 = 1/c^2$$

ここで，c は光速であり，これらの単位系は相互に排他的である．力や仕事などの全ての力学量はどちらの単位系でも同じ単位となる．2つのシステムを区別するために，emu単位系では接頭語ab-をつけて記述し，esu単位系では接頭語stat-をつける．基本的なCGS単位系において，電流を例として，sat-単位に対するab-単位の比は c または $1/c$ に等しくなり，ここで c はcm/sの単位で測定された量である．二次的な単位では，その比は c の何乗かになる．
　CGS単位はMKS単位に駆逐され，MKS単位からSI単位系*が発展した．
指示計器　indicating instrument
　変化する電気量の有無やその測定値を表示する装置．例えば，電流計*，検流計*，およびディジタル電圧計*などが含まれる．
CCCS
　略語：電流制御電流源（current-controlled current source）．→ 従属電源
CCII
　第二世代カレントコンベア．→ カレントコンベア
CCD
　略語：電荷結合素子（charge-coupled device）．
CCDイメージング　CCD imaging　→ 電荷結合素子
CCTV
　略語：閉回路テレビ（closed-circuit television）．
CCDフィルタ　CCD filter
　電荷結合素子*を用いて実現したトランスバーサルフィルタ*（遅延線フィルタ）．
CCDメモリ　CCD memory
　固体記憶装置*であり，電荷結合素子*を用いてつくられた1個または多数個のシフトレジスタ*により構成され，ディジタル情報を蓄えるために使用される．CCDメモリは特徴として，RAM*と比べて低速動作，安価，そして小形であり，シリアル方式での使用に本質的に

向いており，RAMの高速動作を必要としない応用に適している．

高速動作速度は，短いCCDシフトレジスタを並列にしてクロックを与え，各回路に専用のセンス/リフレッシュ回路を接続し，これを多数個用いて達成可能である．

CCVS

略語：電流制御電圧源（current-controlled voltage source）．→ 従属電源

磁石 magnet

磁気特性*を有し，外部に顕著な磁界を生ずることができる物体をいう．磁石には一時的なものと永久的なものがある．⇒ 永久磁石；電磁石；強磁性；磁鉄鉱

二乗検波器 square-law detector

入力電圧の2乗に比例した出力電流を生成する検波器*．ダイオード検波器*は二乗検波器である．

2乗平均平方根（r.m.s.）値 root-mean-square (r.m.s.) value

同義語：実効値（effective value；virtual value）．周期的に変化する瞬時値の2乗の1周期にわたる平均値の平方根．正弦波で変化する量の場合のr.m.s.値は最大値の$1/\sqrt{2}$に等しい．

CCI

第一世代カレントコンベア．→ カレントコンベア

磁心 core → 鉄心

磁心 magnetic core

同義語：フェライト磁心（ferrite core）．→ 磁心

CISC

略語：複雑命令セットコンピュータ（complex instruction set computer）．要約すると，RISC*の性質を備えていないコンピュータ全てを指す．一般的には，CISCは以下の特長をもつコンピュータである．複雑なアドレス指定モード*をもつ，多様なビット長の命令をもつ，メモリからメモリへまたはメモリからレジスタへ操作する命令をもつ，マイクロプログラム*が実装された制御装置をもつ．

システムソフトウェア systems software → ソフトウェア

G^3

略語：ガドリニウム・ガリウム・ガーネット（gadolinium gallium garnet）．ガーネットの非磁性形状は単結晶として成長し，固体の磁性回路において非磁性基板材料として使われる．

自然放出 spontaneous emission → レーザ

磁束 magnetic flux

記号：$\varnothing$，単位：ウェーバ（Wb）．磁束は磁石や電流通過導体を取り巻く媒質内の任意の領域を通過する．その全磁束数はその領域の表面積にわたり磁束密度を積分して求まる．磁束の値は，それに鎖交するコイル内から全ての磁束を除去したときコイルに生ずる起電力から求まる．一回巻コイルに1Wbの磁束が鎖交しているとき，その磁束を毎秒1Wbの速さで全て除去するとコイルに1Vの起電力が生ずる．

磁束計 fluxmeter

磁束の変化を測定する装置．よく使われる型式はグラソー磁束計である．これは可動コイルの復元偶力が非常に小さくかつ電磁気的減衰が大きいように設計された可動コイル検流計*で構成している．その検流計は既知面積のフリップコイル*と一緒に用いる．このコイルを横切る磁束の変化は検流計のコイルに誘導電流を生じ検流計のコイルが偏向する．その偏向角はこのコイルを通る磁束の変化に直接比例する．この測定器は磁束標準器を用いて実験のたびに校正する．

自続発振 self-sustaining oscillations → 発振

磁束密度 magnetic flux density

同義語：磁気誘導（magnetic induction）．記号：B，単位：テスラ（T）．磁気における基本的な力ベクトル．電束密度Dに対応する磁気的量．磁石や導電コイルは他のコイルや磁石に力を及ぼす．そのような磁石や導電コイルによって生じた磁束密度はベクトル量であり，任意点の磁束線の向きは磁束密度の向きである．Bの値は単位面積当たりの磁束数で与えられ，次の式が成り立つ．

$$d\boldsymbol{F} = I(d\boldsymbol{s} \times \boldsymbol{B})$$

ここで，$d\boldsymbol{F}$は電流Iが流れる長さ$d\boldsymbol{s}$の線要素に磁束密度$\boldsymbol{B}$が作用したとき生ずる力である．この式は磁束密度の単位を定義しており，長さ1mの電線に1Aの電流を流し，そ

の電線に1Nの力が生じたとき，その磁場は1Tの磁束密度をもつことになる．

CW

略語：連続波形（continuous wave form）．時間的に連続な信号．

し張発振器 relaxation oscillator

回路中の1点または多点における電圧あるいは電流が，1周期ごとに少なくとも1回は急速な変化を起こす発振器．回路内のリアクタンス回路要素（例えば，コンデンサあるいはインダクタンス）には各周期ごとにエネルギーが蓄えられ，それに続いて放電させる動作を繰り返すように構成され，充電と放電の2種類の動作過程はそれぞれが極めて異なる長さの時間を要して行われる．この種類の発振器は正弦波形とはたいへん異なった非対称な波形を出力する．

多くの場合，発生する出力波形はのこぎり波形*である．矩形または三角波形が必要な場合は適切な回路手段を用いて容易に作成できる．のこぎり波形は陰極線管*（ブラウン管）に装備させる時間軸*として特に有用な信号である．

出力波形には多数の高調波が含まれており，目的に応じて重要となる．し張発振器の一般的な種類にはマルチバイブレータ*，ユニジャンクショントランジスタ*（図参照）が含まれるが，その他に多数の回路方式により構成される．

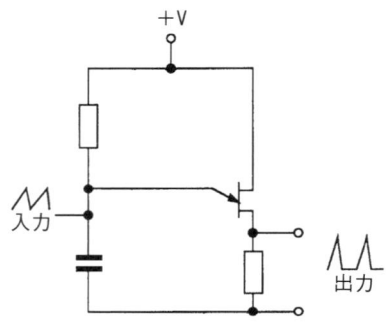

ユニジャンクショントランジスタを用いたし張発振器

実行 execute

プログラムや命令を1つ行うこと．

実効アドレス effective address

CPUが，コンピュータメモリ内の命令や変数を参照するために生成するアドレス*（番地）．参照の際には，例えば基底変位アドレス指定やインデックスアドレス指定など命令により提供されるアドレス指定モード*を使用するが，仮想記憶*によるアドレス変換機構は使用しない．実効アドレスは通常はコンパイラが有している論理アドレス*と同じであるが，コンピュータが有している物理アドレスとは異なる．

実効値 effective value ➔ rms 値

実効抵抗 effective resistance

同義語：交流抵抗（alternating-current resistance）．導体や他の回路素子の交流に対する抵抗．熱として消費された［W］単位の電力を電流の2乗で割ったもの．これは，直流に対する抵抗および渦電流*，ヒステリシス*，表皮効果*による抵抗を含む．

実効放射電力 effective radiation power (ERP)

アンテナが指向性をもつとき特定の方向に放射される電力のこと．ERPはアンテナへの入力とアンテナ利得*の積になる．

実時間演算 real-time operation

物理現象が起こっている実際の時間内で処理するコンピュータの演算．物理現象で生成されるデータがコンピュータ*に入力され，得られた結果はプロセスの制御に利用される．⇒相互作用

実時間システム real-time system

実際の動作が出力値とそれが現れる時間に依存しているシステム．この言葉は制御系*で使われる．そこでは制御出力は正しいシステム動作が行われるために正規の時間間隔で送られなければならない．

湿式エッチング wet etching ➔ エッチング

実装密度 packing density

1. 同義語：機能的な実装密度（functional packing density）．集積回路*の単位面積当たりの電子素子や論理ゲートの数．2. ディジタルコンピュータの記憶システムの容量に含まれる情報量．すなわち1インチの磁気テープ当たりのビット*数．

ジッタ jitter

信号，特に陰極線管*の信号の振幅や位相における短時間の不安定性．スクリーン上において瞬間的なずれの原因となり，ふらふらと落ち

着かない様相を呈する．ジッタ量を測るためのオシロスコープをジッタスコープという．テレビジョン*やファクシミリ通信*におけるスキャナと受信機の間の同期の瞬間的な誤差は受信映像のジッタの原因となる．この形態のジッタもジッタとして知られている．ディジタル記録法を用いている高音質再生システムにおいて，音出力のピッチの好ましくない音質変動の原因となり，不快なものとなる．例えば，コンパクトディスクシステム*において，エンジン点火の干渉によるような雑音が聞こえる．ディジタル録音におけるジッタは，アナログ録音を用いているシステムのワウ*，フラッタ*と等価である．

湿電池　wet cell　→ 電池（cell）

実配線されている　hardwired

特定の関数を実行するために恒久的に接続されている回路を示す．⇒ ROM

ジップドライブ　zip drive

コンピュータ用の消去可能な記憶装置，ハードディスク*と同様の技術を使用しているが，フロッピーディスク*よりも十分多量のデータを記憶可能である．

CD

略語：コンパクトディスク（compact disc）．→ コンパクトディスクシステム

CD-R

略語：書き込み可能コンパクトディスク（compact disc recordable）．音楽やデータを貯えるのに用いられるコンパクトディスク*の型．一度書き込むと，データは消すことができない．多重の書き込みは同じディスクにデータを追加できる．一般的に使われているコンパクトディスクには金属コアより染料コアが用いられる．レーザによるエッチングで染料にくぼみをつけデータを記録する．

CD-RW

略語：再記録可能なコンパクトディスク（compact disc rewritable）．音声やデータを保持するために用いられるコンパクトディスク*で，CD-R*と異なり，追加の書き込みができるように相変化記録層を組み入れている．全体のセッションを変えないで一部を変えることはできない．

CDMA

略語：符号分割多重アクセス方式（code-division multiple access）．→ ディジタル通信

GTO

略語：ゲートターンオフサイリスタ（gate-turnoff thyristor）．→ サイリスタ

時定数　time constant

電気回路または装置内の電気的条件の変化に対応し，その回路内の電圧または電流がその初期値の $1/e$（約 0.368）に減少する時間，または電圧または電流値がその開始点からその最終値の $(1-1/e)$（約 0.632）まで増加する時間を表す．直流電圧を印加したとき，電圧の変化は

$$\frac{dV}{dt} = \frac{V_f - V}{\tau}$$

となる．ここで，V_f は電圧の最終値を表し，τ は時定数を表す．電圧を遮断したとき V_f は 0 になるため，そのときは

$$\frac{dV}{dt} = -\frac{V}{\tau}$$

となる．

時定数は任意の回路または装置の動作速度の目安である．コンデンサやインダクタンスを内蔵する回路は非常に長い時定数（約数秒）をもつことができる．例えば，抵抗 R（Ω）とコンデンサ C（ファラッド：F）の回路を直列につなぐと，その回路の時定数は

$$\tau = RC \text{（秒）}$$

である．また，抵抗 R（Ω）とインダクタンス L（ヘンリー：H）の回路を直列につなぐと，その回路の時定数は

$$\tau = L/R \text{（秒）}$$

である．

CTD

略語：電荷転送素子（charge-transfer device）．

GTD

略語：回折の幾何学理論（geometric theory of diffraction）．

CD-ROM

略語：コンパクトディスク，読み取りだけのメモリ（compact disc, read-only memory）．ディジタル情報を記録するためのコンパクトディスク*である ROM と同じようにディジタル情報を保持するが，一度だけ書き込

まれる情報は永久に保持されるコンパクトディスク．情報はコンピュータシステム中のCD-ROM駆動によってディスクから読み込まれる（オーディオCDプレーヤーは，CD-ROMを処理することはできない）．保持された情報はテキスト，音声，あるいはビデオ映像を表す．これらの形の組合せがマルチメディアシステムのように集積されて用いられ，適当に装備されたパソコンでアクセスさせる．CD-ROMsは，データ，影像，ソフトなどの配布に用いられる．

私的な交換　private exchange　→ 電話

自動音量圧縮器　automatic volume compressor　→ 音量圧縮器

自動音量伸張器　automatic volume expander　→ 音量圧縮器

自動音量制御　automatic volume control
→ 自動利得制御

自動輝度調節　automatic brightness control
→ テレビ受信機

自動グリッドバイアス　automatic grid bias
→ グリッドバイアス

自動コントラスト調節　automatic contrast control　→ テレビ受信機

自動磁気増幅器　autotransducer
　主電流と制御電流が同一巻線に流れるようにしている磁気増幅器*．

自動試験装置　automated test equipment (ATE)
　製品，それの部品あるいは構成要素を試験するため使用する機器であり，各段階で人間の介在を要さない．コンピュータまたはマイクロプロセッサ制御装置に接続された自動試験装置は，プログラムされた順序に製品や部品に関する各種試験を実施し，得られた結果を分析，記録する．完全自動化製造環境においては，ATEは処理済みの結果を中央結果データバンクに送付する．

自動周波数制御　automatic frequency control (a. f. c. or AFC)
　指定した範囲内で交流電圧源の周波数を自動的に一定に保つ装置．制御装置は「偏差で動作する装置」であり，通常，2つの部分から成り立っている．第一の部分は周波数弁別器*であり，実際の周波数と望ましい周波数とを比較し，周波数差に比例した大きさで変動方向を示す極性の直流電圧を発生する．他の部分は訂正動作器*で，同調回路のある発振器*を形づくっており，周波数偏差を修正する判別信号で制御される．

自動制御　automatic control
　他の電子装置，例えば検出器，コンピュータ，または判別回路などからの出力信号に応じて自動的に動作するシステムまたは装置．検出器などの出力信号の帰還*は通常，制御信号となる．
　自動制御装置は変動量や条件を評価し，目標値からの偏差を修正する操作信号を出力する．しきい値信号は制御装置が訂正操作信号を出力することのできる最小の入力信号である．電気信号によって動作するシステムは電気的制御装置という．電気信号が装置の基本的なあらゆる機能を決定する電磁石を励磁するのに使われるならば，それは電磁的制御装置という．電気的開閉においては，望ましい開閉動作は与えられた順序で自動的に開，閉が行われる．→ スイッチ

自動追跡　automatic tracking
　目標物の探索範囲が決められたとき，レーダビームが目標物を捕捉し続ける方法．

始動電流　starting current
　発振器*において，ある負荷条件に対して自続発振（自律発振）が始動する電流の大きさ．

自動同調制御　automatic tuning control
　ラジオ受信機の自動周波数制御*の1つで，手動で受信信号を同調周波数近傍に設定するだけで，決められた受信信号に正しく同調するようにする自動周波数制御．

自動方向探知　automatic direction finding
→ 方向探知

自動利得制御　automatic gain control (a. g. c. or AGC)
　同義語：自動音量制御（automatic volume control）．例えばラジオ受信機の出力音量またはテープレコーダの録音レベルを入力信号の変動にかかわらずほぼ一定に保つ装置．この用語はその制御過程をも表す．受信機のゲイン調整要素は入力信号から得られる電圧によって制御される．入力信号の大きさの変動は受信機のゲイン補償の変動に起因している．バイアスされ

た自動利得制御は前もって決められたレベルの信号に対してのみ動作するものである．自動利得制御機能のあるラジオ受信機において自動利得制御（AGC）は搬送波が検出されないとき，利得は最大となる．これはラジオを聴いている人にとっては耐え難い雑音の大きさとなる．そこで受信機においては自動的に周波数を走査し，次の周波数に移るようになる．搬送波が検出されていないときのこの煩わしい雑音を避けるために受信機の出力は絞りきられる．⇒ スケルチ回路

シート抵抗 sheet resistance

薄膜材料（例えば金属や半導体の薄膜）の単位面積の抵抗をいう．この値は次式で与えられる．

$$R_s = \rho/t$$

ここで R_s はシート抵抗，ρ はその素材の抵抗率，t は素材の厚みを表す．薄膜の長さが L，幅が W，厚みが t の場合，その抵抗は $R_s(L/W)$ で表される．R_s は抵抗の次元をもつが，一般的には単位面積当たりの Ω 値で表す．

市内交換 local exchange → 電話

磁場（磁界） magnetic field

磁石や電流の流れている導体を囲む空間のことを表し，その空間は磁束* Φ で満たされている．その空間は力の線* で表すことができ，その力の向きは磁場内の任意点に置かれた小さなコイル（探りコイル）に作用する力の方向に等しい．また同時にその力の向きはその点の磁束密度 B と直交する．なお，そのコイルの寸法は充分に小さく，コイルの挿入によって磁気的環境は乱さないものと想定する．

芝刈り機 lawnmower

非公式に使われる言い方で，レーダ受信機のスクリーン上に現れるあるレベル以下の信号を刈り取ってしまうのに使われるプリアンプ．

磁場強度（磁界の強さ） magnetic field strength

同義語：磁化力（magnetizing force）．

記号：H，単位：Am^{-1}．真空中の磁束密度* B と磁界強度 H の関係式は

$$B = \mu_0 H$$

で，μ_0 は自由空間の透磁率* である．⇒ アンペアの法則

C バンド C-band

4.00〜8.00 GHz 帯のマイクロ波周波数のバンド（IEEE 指定）．→ 周波数帯域

GPIB

略語：汎用インタフェースバス（general-purpose interface bus）．→ IEEE-488 標準規格

GPS

略語：全地球測位システム（global positioning system）．地球表面またはその付近にある受信装置の位置を正確に推定することを可能にした衛星システム．約 20000 km の中軌道を，赤道に対し 55.6 度傾斜した軌道で周回する 18 機の衛星を使うことで，地球上の任意の点で同時に最低 4 機の衛星が見えるようになっている．衛星は連続して地球に向けて信号を送信しており，受信機は信号の到着時刻の差を観測してその位置を計算している．位置の確度は垂直方向（高度）に比べ，水平面内が高い．

CPW

略語：コプレーナ導波管（coplanar waveguide）．

GBP

略語：利得帯域幅積（gain-bandwidth product）．

CPU

略語：中央処理装置（central processing unit）．

Ceefax

商標．→ テレテクスト

CVSD

略語：連続可変スロープデルタ変調（continuously variable slope delta modulation）．→ パルス変調

C-V 曲線 C-V curves → 電気容量-電圧曲線

CVD

略語：化学気相堆積（chemical vapour deposition）．

シフト演算子 shift operator → z 変換

シフトレジスタ shift register

複数のパルスを用いて一連の情報を蓄積し，その蓄積情報をシフトパルスの加え方で左や右に移動することのできるディジタル回路*．情

報が数式の桁で構成されているとき，左（または右）への桁移動は2進数のべき乗算（または除算）を行ったのと同じである．シフトレジスタはコンピュータ*やデータ処理システムにおいてデータの蓄積やその遅延素子として非常に多く用いられている．⇒ 遅延線

時分割 time sharing

たくさんのユーザが多数の端末から直接コンピュータと通信する時分割多重方式*の一方法．機械の操作の速度は各ユーザが唯一のユーザであるかの印象を受けるような速度である．⇒ インタラクティブ

時分割スイッチング time division switching

通信システムにおいて複数の入力信号を各タイムスロットに割り当て1つのチャネルに多重する伝送．受信端末では各タイムスロットから各信号を分離するために同期スイッチングが用いられ，元の信号が再生される．

時分割多元接続 time-division multiple access（TDMA） ➡ ディジタル通信

時分割多重方式 time-division multiplexing（TDM）

通信システムにおいて，1つの伝送路を異なった使用者あるいは入力信号を割り当てた時間間隔に分割すること．時間間隔は，順に，ポーリング*すなわち送信する情報をもつそれぞれの入力信号に割り当てられる．受信において，それぞれのキャリヤは受信信号の時間的位置によって他と区別でき，それによって元信号に復調される．時分割多重はLANおよび衛星通信において広範囲に用いられている．

時分割二重 time-division duplexing

双方向無線通信システムにおいて，他方向からの通信とは異なる時間で伝送する技術．このシステムは時分割二重と周波数分割二重*により動作が可能となる．例えばGSM（➡ 汎ヨーロッパディジタル移動通信）である．

絞り iris ➡ 導波管

シミュレータ simulator

アナログコンピュータ*のような装置で，実際の物理システムの振舞いを模倣し，そのシステムの動作に関連した複雑な問題を解くために用いることができる．シミュレータは一般にシステムそれ自身を製造するより簡単で，安価で，より都合のよい素子で組み立てられる．

地面クラッタ ground clutter ➡ 地表反射

ジーメンス siemens

記号：S．電気のコンダクタンス*，サセプタンス*，アドミタンス*のSI単位*．1個の素子が1Ωの電気抵抗*のとき，その素子のコンダクタンスは1Sである．ジーメンスは以前，モー*といわれた．

ジーメンスの電気力計 Siemen's electrodynamometer

電気力計*は電流計，電圧計，電力計を校正するのに使う．測定された信号は，可動コイルに電磁トルクをつくりだす方法で測定ができる．この測定はらせん状のスプリングに付けた校正済みのねじり力を調整することでできる．平衡の取れた所で可動コイルの偏りはゼロとなり，その測定したパラメータの値はねじり力計の設定状態から求まる．

CMOS ➡ MOSFET；相補形トランジスタ

CMOS論理回路 CMOS logic circuit ➡ MOS論理回路

ジャイレータ gyrator

相反定理*に従わない素子．すなわち，ある方向から伝送された信号の位相を反転させるが，反対方向からの信号には何の影響も与えない．ジャイレータは普通，導波管の一部を形成し，マイクロ波帯で使用される．完全に受動素子となるか能動素子を含むこともある．

弱電解質 weak electrolyte ➡ 電解液

写真電送 phototelegraphy ➡ ファクシミリ伝送

遮断器 circuit-breaker

正常あるいは故障条件のもとで回路を閉じたり開いたりするために使われる接点，スイッチ，引外し器のような装置．遮断器が動作するとき，時として好ましくないアークが発生することがあるが，このアークは磁気吹き消し装置を使って最小にすることができる．この装置は遮断器に相応しいもので，アークの中に磁界を発生させ，アークの路程を増加させることによりすばやくアークを消す．回路が故障したとき，自動または手動開閉システムがともに使われる．➡ 閉路；開路

遮断器（ブレーカ） cut-out

スイッチの一種で，例えば回路に過電流が流れるような障害時において，自動的に作動する

保護装置．

遮断周波数 cut-off frequency

1. 受動回路網の減衰が，ある小さな値からより大きな値になる点の周波数．これは，理論的な遮断周波数である．実効的な遮断周波数は，2つの特定のインピーダンス間の挿入損*が，ある基準の周波数での値に比べ，指定された量だけ上がってしまうところの周波数である．能動回路は，同じインダクタンスとキャパシタンスを有する場合，受動回路と同じ遮断周波数をもつ．2. 同義語：折点周波数；バンドエッジ；コーナー周波数；臨界周波数．ある信号の角周波数が回路の時定数*の逆数に等しいときの点．3. マイクロ波の応用に用いられる電界効果トランジスタ*において，電流増幅度が零となる周波数．4. → 導波管

ジャックプラグおよびソケット jack plug and socket

プラグとソケットからなるコネクタの一種であり，回路や装置間を迅速かつ容易に接続することを要求される場合に用いる．プラグの挿入や脱却によって，1つまたはそれより多い数のスイッチを開閉駆動できる．スプリングソケットにプラグを差し込むと，プラグの先端部周囲に刻まれた溝の作用でプラグは正規の位置に止まる．プラグおよびソケットの長さ方向に沿って接点が設けてあり，接点は互いに絶縁されている．2個またはそれ以上の接点構造のものもある．プラグの後端部は1つの電極となっており，他部は金属ケースの長さ方向にリングを横にした形状となっている．電極は，中心を通っている電線と導体棒でつくられている．二電極よりも多数の電極のものが要求される場合は，一導体棒より多い本数のものも使用可能であり，接続点を除き各導体棒はケースや互いから絶縁されている．

シャドウマスク shadow mask → カラー受像管

シャノン-ハートレイ定理 Shannon-Hartley theorem

通信理論で，チャネルの帯域と雑音がわかっているとき，チャネル容量との関係を与える定理．チャネル容量*（bit/s）は次式で与えられる．

$$W \log_2(1 + P_S/P_N)$$

ここで W は帯域幅*，P_S/P_N は信号対雑音電力比* である．

遮蔽（シールド） shield

同義語：覆い（screen）．特定の領域を電界や磁界が通過することを防いだり，それを減少させるために用いる障壁や囲い．

遮蔽効果率 shielding effectiveness

障壁や囲いがないときの電界（磁界）強度と，障壁や囲いがあるときのその内部の電界（磁界）強度との比率．場が電界か磁界かを明確にする必要がある．

遮蔽格子 screen grid → 熱電子管；四極管

遮蔽対線 shielded pair

同義語：スクリーン付対線（screened pair）．2本の電線を金属被覆で囲った信号伝送線路*．導体シースの中で2本の電線がよじられている場合，それをシールド付き撚り対線

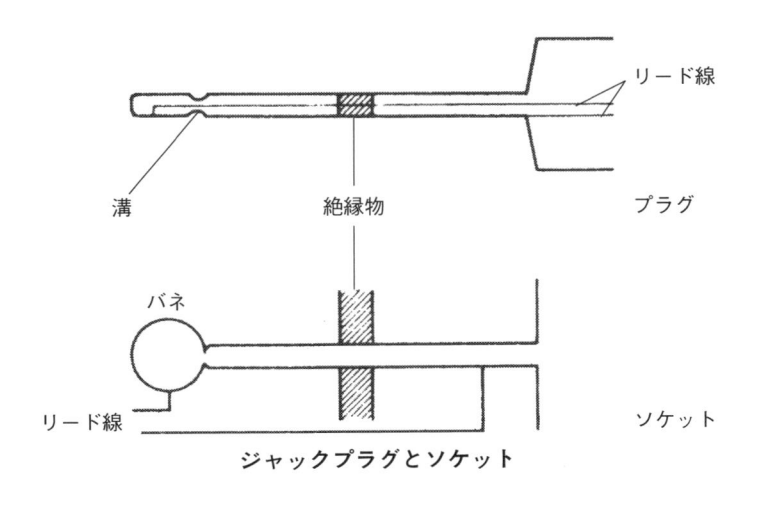

ジャックプラグとソケット

(STP) と呼ぶ．このシールド線は外部雑音源からの電磁干渉*を遮蔽する．⇨ 対

ジャマー　jammer
同義語：妨害（ジャミング）送信機（jamming transmitter）．➡ 妨害（ジャミング）

ジャミング　jamming
➡ 妨害

ジャミング排除　antijamming
ジャミング*効果を軽減すること．

ジャンスキー雑音　Jansky noise
同義語：銀河雑音（galactic noise）．➡ ラジオノイズ

ジャンパ　jumper
プリント基板上の回路で，配線パターンの一部に属さない2点間をリード線などで電気的に直接つなぐこと．

ジャンプ　jump
ある原子エネルギーレベルにいる軌道電子がさらに上のエネルギーレベルに遷移することをいう．

自由音場校正　free-field calibration
ある値の音圧によって発生する開口電圧でマイクロホンを校正する方法．マイクロホンの裏側からの回り込みがあるので音圧を決定することはかなりむずかしい．マイクロホンの寸法と波長が同程度になる高い周波数においては，音圧に感度のある部分の実際の音圧は自由音場の音圧の2倍近くなる．低い周波数においてはマイクロホンの寸法が波長に比べて小さいので音圧は本質的に等しくなる．

周期　period
同義語：周期時間．記号：T．規則正しく繰り返す事象の1サイクルを完了するのに要した時間．発振現象の周期は周波数 f および角周波数 ω と次の関係にある．
$$T = \frac{1}{f} = \frac{2\pi}{\omega}$$

周期信号　periodic signal
規則正しい時間間隔で波形を繰り返す信号；周期波形．

周期性　periodic
時間のような独立変数の等量分の増加に伴い，規則正しく繰り返す値をもつ変化量に対して名づけられる．継続して繰り返される事象において，その2つの事象間に要した時間間隔が周期*である．

周期波形　periodic waveform
時間とともに値が規則正しく変化を繰り返す波形（➡ 波）．⇨ 非周期波形

周期律表　periodic table
化学元素の分類であり，メンデレーエフにより初めて導入され，元素を原子番号の順番に並べた場合に，元素の化学的な性質に周期性があることを明示するものである．周期律表の1つの形式を，本書巻末の表11に示す．化学的に似た性質の元素は周期律表の同じ縦のグループに入っている．周期律表は未知の元素の存在を予言するために利用された．

自由空間　free space
絶対標準として用いる空間領域で，その領域には粒子や重力，電磁界のない空間をいう．自由空間は形式的に真空とみなされる．その電気定数と磁気定数は自由空間の誘電率 ε_0* や透磁率 μ_0* で定義される．自由空間の光の速度*は確定した定数であり，それ以上に速い速度はない．

自由空間の透磁率　permeability of free space
同義語：磁気定数（magnetic constant）．➡ 透磁率

自由空間の誘電率　permittivity of free space
同義語：電気定数（electric constant）．➡ 誘電率

集群電極　buncher ➡ 速度変調；クライストロン

収差　aberration
光学レンズあるいは電子レンズシステムによって生成される画像のひずみ．

自由振動　free oscillation
抵抗，インダクタンスを通してキャパシタンスの電荷の放電のような，回路内部にエネルギーを有する場合や，直流電圧のような一定の外力を加えたとき，回路に生ずる振動のこと．振動が生ずるとき，これらの条件は平衡点からの変位が振動するときと相似である．振動はだんだんと減衰していくが固有振動数周波数 f と回路の制動の量に依存している．回路の抵抗 R が小さいときは f のおおよその値は $(LC)^{-2}$ である．L はインダクタンス，C はキャパシタンスである（図参照）．電流の振幅は

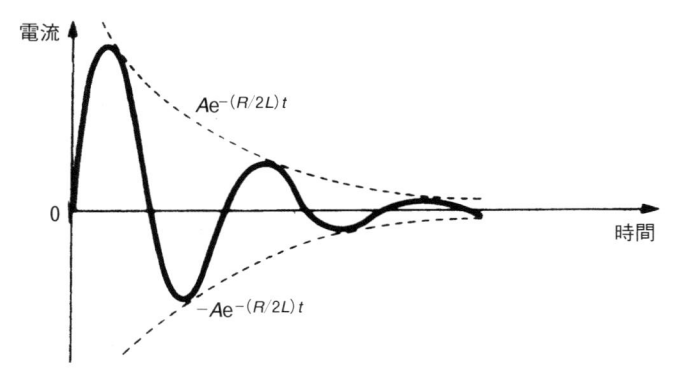

自由振動の減衰

である．

$$i = Ae^{-\frac{R}{2L}t}\sin\omega t$$

である．角周波数 ω は $2\pi f$ に等しく，A は初期条件で決定される．振動の最大値は次式に示す包絡線

$$i = Ae^{-\frac{R}{2L}t}$$

上にある．隣接する振幅の最大値 (i_m, i_{m+1}) は一定の比で減衰していく．この比は

$$\log_e(i_m/i_{m+1}) = \pi/Q$$

であらわされ，Q は回路の Q 値* と呼ばれ，

$$Q = \frac{L}{R^2C}$$

である．⇒ 強制振動

集積回路　integrated circuit（IC）

　能動電気素子，受動電気素子およびそれらの内部接続による1つの完成した回路で，1つの基板上につくられる．ハイブリッド集積回路はセラミック基板上につけられたいくつかの個別部品からなり，ワイヤボンディングあるいは適切な金属膜パターン* で接続される．個々の部品は密閉されてなく，拡散によりつくられた部品や薄膜部品，またはいくつかのモノリシック回路で構成される．IC は個々の部品でつくられた回路よりはるかに小さく，一度1つの部品に組み立てられると全ての回路を壊すことなく変更することはできない．

　モノリシック集積回路は半導体* の単一チップの中あるいは上に構成された回路素子である．構成部品は IC の表面上に適切なパターンで堆積された多層の金属膜（多層金属膜）によって接続される．半導体に直接回路をつくることにより個別部品の形では実現できない回路構成をつくることができ，電気的な機能を生成することが可能になる．この理由は回路に必要とされる多くの個別部品の信頼性が複雑な回路では動作を保証するためには十分ではないが，しかし，同じ技術を用いても IC の信頼性はそれぞれの部品の信頼性に留まるからである．

　シリコン* が市販の集積回路のほとんどに使われている．バイポーラ* 集積回路はバイポーラ接合* トランジスタをもとにしており，高速アナログ回路，ディジタル回路や低雑音 IC に用いられる．MOSFET* はマイクロプロセッサ* やメモリ IC のような高密度 IC に用いられ，個々のトランジスタの小さな寸法および低電力消費により非常に複雑な回路を構成することができる．いくつかの技術の組み合わせは特別な応用に用いられる．例えば，BiCMOS 技術は出力能力にすぐれたバイポーラトランジスタとロジック動作を行う CMOS トランジスタを組み合わせたものである．一方，BiFET 技術は低雑音・高速アナログ IC のためにバイポーラトランジスタと JFET を組み合わせる．ガリウムヒ素* は，マイクロ波周波数での専門的な応用としてのモノリシックマイクロ波集積回路*（MMIC）に使われる．

　モノリシック IC（ディジタル）の複雑さは回路を構成する部品数で示される．しばしば，これに IC 当たりの論理ゲート* の数を用いる．10個のゲート数までの簡単な回路は SSI（小規模集積）といわれる．多くの GaAs MMIC はこの分類である．10〜100個のゲートの回路は MSI（中規模集積）といわれ，100〜数千ゲートの回路は LSI（大規模集積）である．多くの高速シリコンおよび GaAs ディジタル回路は LSI である．超 LSI*（超大規模集積）は数千ゲートより大きな IC をいう．これらは現在利

用できるほとんどのマイクロプロセッサ*,メモリ*,ディジタル信号処理* IC である．

集積ショットキー論理 integrate Schottky logic (ISL)

　　同義語：ショットキーI^2L．→ I^2L

集積配列 integrating array → 固体カメラ

集線 concentration → 集線装置

集線装置 concentrator

　ディジタル通信システムにおいて，ある通信チャネルを通して送信できる情報を，より多くすることを可能にするコーディングや多重化を行う回路．このようなコーディングや多重化は集線と呼ばれる．

集束 focusing

　輻射ビームまたは粒子ビームを集束する過程またはその方法．陰極線管などの電子ビーム装置では，そのビームを集束する2つの基本的な方法がある．

1. 静電集束法では異なった電位をもつ2つ以上の電極を用いて電子ビームを集束する．電極間の静電界はそのビームを集束するように形作られる．すなわち，集束効果は電極の1つの電位を変えて制御する．その電極を集束電極という．これらの電極は円筒形であり電子管と同軸状に組み込まれている．なお陰極線管のような装置では偏向板と一緒に用いる．

2. 電磁集束法では，電子ビームの集束に磁界の働きを用いる．その磁界は集束コイルに直流電流を流して発生し，その集束効果はそのコイルに流れる電流を制御して行う．集束コイルは電子管を取り巻き，そのコイルの短軸長は電子管と同軸上に配置する．異なったエネルギーをもつ電子はビーム軸に沿って異なった点に集束する．したがって，電子ビームが単一エネルギー粒子で構成されていないときは，予定の集束点に経度方向の広がりが生ずる．なお陰極線管のような装置では集束コイルと一緒に偏向コイルが使われる．

集束コイル focusing coil → 集束

集束電極 focusing electrode → 集束

従属電源 dependent sources

　回路中のどこかの電流あるいは電圧のどちらかによって値が制御される電気エネルギー源．従属電源の1つの例は hi-fi 増幅器で，その出力は増幅器の入力電圧に依存する．回路図に示

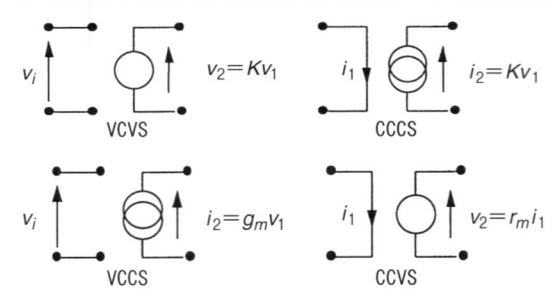

従属電源の形

される記号は4つの基本的な従属電源を示す．

　電圧制御電圧源（VCVS）は，電圧増幅器*とも呼ばれ，入力電圧を感知して利得係数 K 倍した出力電圧を発生する．

　電流制御電流源（CCCS）は，しばしば電流増幅器*と呼ばれ，入力電流に利得係数 K 倍した出力電流を発生する．

　電圧制御電流源（VCCS）は，電圧電流変換演算増幅器（OTA）あるいは電圧電流変換増幅器としても知られており，入力電圧を感知してコンダクタンスの次元をもつ定数 g_m 倍した出力電流を発生する．定数 g_m は増幅器の相互コンダクタンス*として知られている．

　電流制御電圧源（CCVS），すなわち相互抵抗増幅器は，入力に流れる電流に抵抗の次元をもつ定数 r_m 倍した出力電流を発生する．

終端 termination

　伝送路や変換器の出力端につながれる負荷インピーダンスで，無用な反射を生じないように整合負荷*となるようにしている．

終端インピーダンス terminal impedance

　伝送線路*あるいは装置の無負荷*でなく正規の動作状態での終端の複素インピーダンス．→ インピーダンス

集中定数 lumped parameter

　ある特定の周波数範囲にわたっての回路解析に対して，インダクタンス，キャパシタンス，抵抗のような回路定数が回路の1点に単一の定数として存在するとして取り扱うことができる．

自由電子 free electron

　固体中において，特定の原子や分子に束縛されていない電子であり，印加電界の影響を受け自由に動くことができる．⇒ エネルギー帯；半導体；フェルミ-ディラック統計

自由電子常磁性 free-electron par-

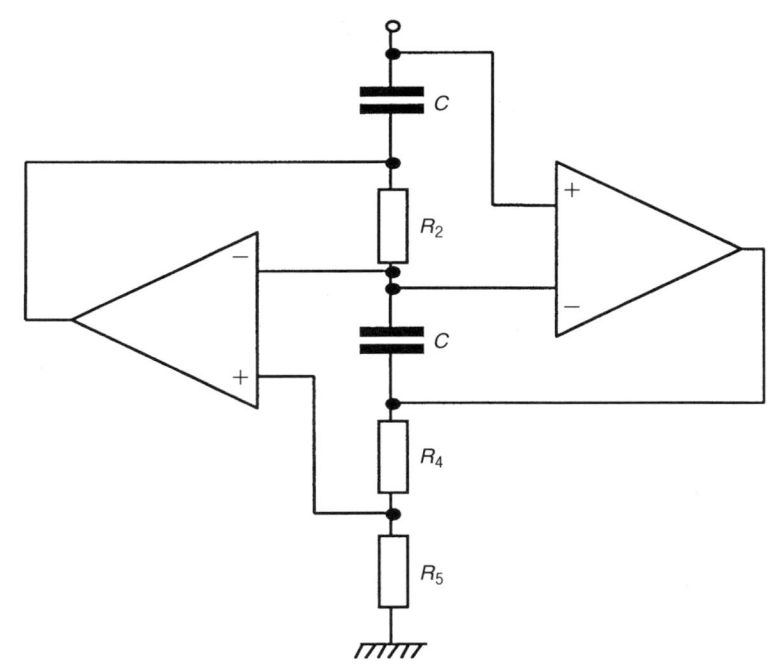

周波数依存形負性抵抗器

amagnetism　→ 常磁性

自由場　free field
　注目する領域に何ら境界の影響が生じない場*.

周波数　frequency
　記号：f（あるいはν），単位：Hz (hertz). 単位時間に現れる完全な振動または周期の回数．周波数は角周波数 ω と $\omega=2\pi f$ の関係がある．例えば交流のような周期量の周波数は，その量が単位時間当たり 0 を何回同じ向きで通過するかで与えられる．電磁界*放射の周波数は波長 λ の関数であり，その関係式は $f=c/\lambda$ である．ここで c は光速*である．

周波数依存形負性抵抗器　frequency-dependent negative resistor (FDNR)
　1つのGIC*（一般化されたインピーダンス変換器）を使って実現されるポートデバイス*でそのインピーダンス Z_{in} が $1/(s^2D)$ で与えられるもの．ここで $s=j\omega$ で D は定数．回路の実現は図で示されている．ここで $D=C^2R_2R_4/R_5$. もし，例えば，$C=1$ ファラッドで $R_2=R_5=1\Omega$，$R_4=R$ ならば，Z_{in} は $-1/\omega^2R$ に等しくなる．すなわち，周波数に依存する負性抵抗である．この素子は特に雛型となる受働LCフィルタから直接に能動フィルタ*を設計するときに使用される．

周波数応答　frequency response
　線形系*が周波数の関数としてどのように振舞うかを決める複素関数．周波数応答は振幅応答*と位相応答*に分けられる．

周波数応答特性　frequency response characteristic
　装置，回路，素子について伝送損失*や利得の周波数変化．周波数応答特性を決めるために計画されたいろいろな周波数での試験は周波数ランと称される．

周波数オーバラップ　frequency overlap　→ カラーテレビジョン

周波数解析　frequency analyser　→ 波形分析器

周波数計　frequency meter
　交流の周波数を測定するために使用される測定器．電磁波の周波数は通常，空胴共振器*を用いて測定される．

周波数再利用　frequency reuse
　セルラー通信システムにおいて多くの異なるセルで同一の周波数を用いる技術．この技術はセルラーシステムの主な利点の1つで，1つの周波数が繰り返し利用できるので周波数利用効率が高い．

表a　電波の周波数帯域

波長	バンド	周波数
1 mm–1 cm	ミリ波；EHF	300–30 GHz
1 cm–10 cm	マイクロ波；SHF	30–3 GHz
10 cm–1 m	極超短波；UHF	3–0.3 GHz
1 m–10 m	超短波；VHF	300–30 MHz
10 m–100 m	短波；HF	30–3 MHz
100 m–1000 m	中波；MF	3–0.3 MHz
1 km–10 km	長波；LF	300–30 kHz
10 km–100 km	超長波；VLF	30–3 kHz

表b　マイクロウェーブの周波数帯域（IEEE）

バンド	周波数範囲（GHz）
HF	0.003– 0.030
VHF	0.030– 0.300
UHF	0.300– 1.000
L バンド	1.000– 2.000
S バンド	2.000– 4.000
C バンド	4.000– 8.000
X バンド	8.000– 12.000
Ku バンド	12.000– 18.000
K バンド	18.000– 27.000
Ka バンド	27.000– 40.000
ミリ波	40.000– 300.000
サブミリ波	>300.000

周波数三倍器　tripler　→周波数逓倍器

周波数シンセサイザ　frequency synthesizer　→シンセサイザ

周波数スケーリング　frequency scaling　→非正規化

周波数スケーリング指数　frequency scaling factor　→非正規化

周波数スペクトル（電磁波）　frequency spectrum（of electromagnetic waves）　→表10参照．

周波数制御　frequency control　→自動周波数制御

周波数選択性　frequency selectivity
　異なる信号間を識別し希望波を選択する回路や装置の能力．

周波数帯域　frequency band
　連続した周波数*の特定の範囲．国際的な取り決めの周波数帯域を表aに示す．マイクロ波*周波数範囲はおおよそ0.3～300 GHzまで，マイクロ波周波数帯域はIEEEにより表bのように定義されている．全ての電磁波のスペクトルを表10に示す．

周波数ダイバシティ　frequency diversity　→ダイバシティシステム

周波数多重　frequency multiplexing
　短縮語：周波数分割多重（frequency division multiplexing）．

周波数逓倍器　frequency multiplier
　入力信号周波数の整数倍の出力信号を発生する非線形回路またはデバイス．周波数逓倍器の例として，周波数二倍器，周波数三倍器がある．

周波数二倍器　frequency doubler
　入力信号の周波数を2倍にする周波数逓信器*．

周波数範囲　frequency range
　回路や装置が正常に動作する範囲．装置が動作する周波数範囲は動作条件に左右される．

周波数引き込み　frequency pulling　→同期引き込み

周波数標準，一次　frequency standard, primary
　国際標準周波数を対照して校正される非常に

安定した精密な発振器*で実験室基準として用いられる.

周波数ブリッジ frequency bridge
　測定するときに平衡点が周波数に依存する交流ブリッジ*.

周波数振れ frequency swing　→周波数変調

周波数分割多重 frequency-division multiplexing（FDM）
　多重操作*において各ユーザが異なる周波数帯を割り当てられるもの．送信された信号は，それぞれ異なる入力信号で変調された，離れた異なる周波数のいくつかの搬送波を含んでいる．受信側ではフィルタ列またはそれと同等な周波数を弁別する回路を用いて個々の変調された搬送波をとりだし，復調し，元の信号を受信する．

周波数分割多重アクセス frequency division multiple access（FDMA）　→ディジタル通信

周波数分割二重 frequency division duplexing
　双方向無線通信システムにおいて，他の方向とは異なる周波数である方向に伝送する技術．⇒時分割二重

周波数分周器 frequency divider
　入力信号の周波数に対して出力信号の周波数を約数とするデバイス．

周波数分波器 diplexer　→ダイプレクサ

周波数偏移 frequency deviation　→周波数変調

周波数偏移変調 frequency shift keying（FSK）　→周波数変調

周波数変換 frequency transformation
　正規化低域通過フィルタを高域通過，帯域通過あるいは帯域消去フィルタのそれぞれのフィルタ形に変更するには，正規化低域通過フィルタの応答伝達関数の s（ここで s は複素平面回路解析で使用する複素演算子）に次に示す値を代入する．
低域通過フィルタから高域通過フィルタへは：
$s \rightarrow \omega_c/s$
低域通過フィルタから帯域通過フィルタへは：
$s \rightarrow (s^2+\omega_c^2)/Bs$
低域通過フィルタから帯域消去フィルタへは：
$s \rightarrow Bs/(s^2+\omega_c^2)$

ただし ω_c は遮断周波数で B は帯域幅である．

周波数変換器 frequency changer, frequency converter
　同義語：変換トランスデューサ（conversion transducer）．ある周波数の交流を他の周波数の交流に変換する装置．周波数変換器の変換利得比は，出力端で得られる信号電力と入力端の電力の比として定義される．変換電圧利得は入力電圧に対する出力電圧の比である．→表4(a)，(b)

周波数変調（f. m. または FM） frequency modulation (f. m. or FM)
　搬送波*の周波数が変調信号の振幅に比例して変化する変調*方式．搬送波の振幅は一定である（図参照）．変調信号が正弦波であるとすれば，周波数変調された信号の振幅の瞬時値 e は以下のように書ける．

$$e = E_m \sin\left[2\pi Ft + \left(\frac{\varDelta F}{f}\right)\sin 2\pi ft\right]$$

ここで E_m は搬送波の振幅，F は無変調時の搬送波周波数，$\varDelta F$ は変調によって搬送波周波数 F が変化する最大値，f は変調信号の周波数である．$\varDelta F$ は周波数偏移と呼ばれ，システム設計で決まる．その最大値（$\varDelta F_{\max}$）は最大周波数偏移である．偏移比は $\varDelta F_{\max}/f_{\max}$ で定義され，変調指数 β は $\varDelta F/f$ で与えられる．送信信号が占有する全周波数帯域が 30 kHz 以下であるならば，その送信信号は狭帯域 FM と呼ばれる．変調している信号が正弦波でなく，離散レベルのとき，結果として生じる変調は周波数偏移変調（FSK）と呼ばれている．任意の値の離散振幅信号レベルでも用いることができるが，もし2つのレベルだけが用いられたとすると，それは2値 FSK と呼ばれる．2値 FSK では1またはマーク*および0またはスペースを表す2つの異なる正弦波信号によって搬送波が周波数変調される．2つの周波数は通常，狭帯域 FSK では 85 Hz，広帯域 FSK では 850 Hz 離れている．この2つの音調による変調は電信技術で一般的に使われている．変調信号に M 個の離散レベルが用いられる一般的な場合では，その変調は M-ary FSK と呼ばれる．異なる周波数間の切り換え率はシステムの性能に影響を与え，高速な切り替えは高速ホッピングとして知られている．周波数変調は振幅変調*

周波数変調

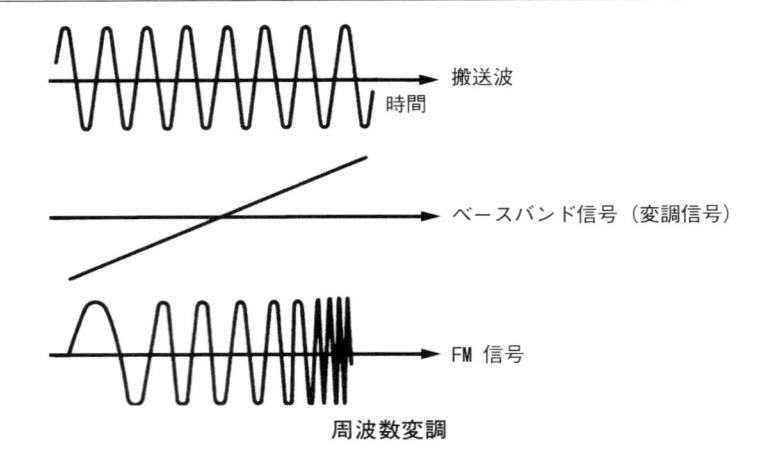

に対していくつかの利点があり，その最も重要なものは信号対雑音比*の改善である．→ パルス変調；位相変調

周波数変調レーダ frequency modulated radar → レーダ

周波数弁別器 frequency discriminator

一定振幅の入力信号を選択しその周波数が固定した周波数からどれくらい離れているかという量に比例する出力電圧を生み出す弁別器．周波数弁別器は自動周波数制御システム*(その出力が周波数を校正するために使われる）や周波数変調信号*を振幅変調信号に変換するために周波数変調システムの中で使用される．周波数弁別器を設計するのは，受信信号中の振幅の変動に由来する雑音はほぼ完璧に取り去ることができるからである．

周波数補償 frequency compensation

特定の周波数範囲で平坦な応答にするための回路あるいは素子による特性の修正．

周波数ホッピング拡散スペクトル frequency hopping spread spectrum → ディジタル通信

周波数ラン frequency run → 周波数応答特性

周波数領域 frequency domain

電気信号が周波数の関数で表される状況を示す語．複素情報信号は，多くの周波数成分を含むことがある．これらは信号の独立した単体の周波数成分を与えるフーリエ解析を使って決定することができる．この構成要素は周波数領域で信号を表示するスペクトラムアナライザ*を使って観測することができる．

周辺装置 peripheral devices

コンピュータ*に接続されていて，コンピュータシステムの一部を形成し，そのコンピュータの中央処理装置*に制御されている装置．例としては，端末や視覚的表示装置，プリンタ，外部記憶装置などがある．

重力電池 gravity cell

2種類の電解液がそれらの密度の違いで分離したまま保たれる一次電池の形式．

縦列（タンデム） tandem

2組の二端子対回路*において，1つの回路の出力端子（2つ）がもう1つの回路の入力端子（2つ）につながるような接続方法．⇒ カスケード

16進 hexadecimal

16を基数として16個の要素を用いて表す記数法．これらの要素は0〜9および$10_{10}=A_{16}$, $11_{10}=B_{16}$…などであり，下付けの数値は，10進数や16進数を表す．16進は16ビット演算などにおいて計算機システムによく使われる．

主幹線 trunk main → トランクフィーダ

主幹電源 mains

国内配電主幹電源で，主幹周波数は配電される電源周波数をいう．これはヨーロッパでは50 Hz，アメリカでは通常60 Hzである．

縮小命令セットコンピュータ reduced instruction set computer → RISC

縮退 degeneracy

記号：g．原子または分子内の1つのエネルギー状態が明確に異なる2つまたはその以上の量子状態*を含むときに生ずる事象である．そのエネルギー準位に含まれる縮退した状態の数

を統計的重みという．例えば，ある半導体の価電子帯の正孔または伝導帯の電子が同じエネルギー準位にあっても，そのエネルギー準位の統計的重みが異なるとそれらの有効質量*は異なる．

縮退半導体 degenerate semiconductor
　価電子帯あるいは伝導帯の中にフェルミ準位が存在する半導体であり，広範な温度範囲下において本質的に金属の性質をもつ．→ エネルギー帯

主周波数計 master frequency meter → 集積形周波数計

受信アンテナ receiving antenna → アンテナ

受信機 receiver
　送信電波を望ましい形に変換するための通信システムの一部分．受信機が望ましい動作，すなわち望ましい感度で動作する周波数範囲が受信機の周波数帯域である．1サイクルの動作で必要な部分のみを受信する操作をゲーティングという．最小識別信号*は出力をつくりだす最小の入力電力値である．→ ラジオ受信機；テレビジョン；ヘテロダイン受信機

受信中継器 translator
　ある形の情報を他の形の情報に変換する装置または回路．電話通信では受信中継器はダイヤルされた電話番号を適切に呼び出し経路回路に引き渡す信号に変換する回路である．

受信不良地域 fringe area
　放送信号の良好な受信が必ずしも得られない地域．

受像管 picture tube
　送信された画像を再現するためにテレビ受像機に付ける管（ブラウン管）．受像管の電子ビームは送信された輝度を再生するため送信画像信号によって輝度変調を受ける．受像管の周りに偏向コイルを付け，そのコイルにのこぎり波電流を流し，その受像管の電子ビームの先端をスクリーン上に行き来させる．このスクリーンの周辺においても鮮明な画像を維持するため集束コイルを用いて電子ビームを自動焦点する．テレビ画像の掃引プロセスは鮮明な画像を維持するため伝送情報に同期した掃引が必要である．⇒ カラー受像管

十進計数器 decade scaler → 計数器

出力 output
　1．回路，素子あるいは装置によって供給される電力，電圧あるいは電流．2．電力，電圧あるいは電流が供給される回路，素子あるいは装置の端子．⇒ 入力／出力　3．出力信号として供給すること．

出力インピーダンス output impedance
　電子回路あるいは装置の出力端から見たインピーダンス*．

出力ギャップ output gap
　電子ビームから電磁出力を引き出すためマイクロ波管*内に設けた相互作用空間*．マイクロ波管の出力部を構成する．

出力効率 power efficiency
　指定された動作条件下で入力エネルギーに対する出力エネルギーの比．この用語はスピーカのような電気機械変換によく使われる．出力効率の逆数はデバイスの損失をあたえる．

出力数増大回路 expansion
　電話あるいはディジタル通信の回路で，入力の数より出力の数が多くなるネットワークあるいは回路．それゆえシステムの入力チャネル数より多くの出力チャネル数に増大できる．

出力変圧器 output transformer
　出力回路に結合する目的で使用される変圧器であり，特に増幅器出力と負荷の接続に用いる．→ 負荷

出力巻線 power winding → 磁気増幅器

受動 passive
　利得*を伴わない素子，要素，回路を意味している．実際的な，純粋な抵抗，コンデンサ，インダクタンス，あるいはそれらを組み合わせたもの．⇒ 能動

受動回路網 passive network → ネットワーク

受動素子内蔵基板 passive substrate
　半導体能動素子をもたないマイクロエレクトロニクスで使用されるガラスやセラミックのような基板．

受動フィルタ passive filter → フィルタ
受動変換器 passive transducer → 変換器
主トリガ master trigger → レーダ

主発振器 master oscillator

極めて高い固有の周波数安定性をもつ発振器*で，負荷に大きな電力出力を供給するためには電力増幅器*を駆動する．この構成は，発振器の周波数が負荷にも影響されるので，搬送波*の発生のように，高度の周波数安定度で大きな出力が要求されるときに使われる．主発振器は多段電力増幅器と負荷との間の緩しょう器*により主発振器からは一定負荷とみることができ，周波数安定性が維持される．

主放電 return stroke　→ 雷撃

シュミットトリガ Schmitt trigger

出力電圧に2つの安定値をもつ双安定回路*で，入力信号の大きさによって出力の状態が決まり，入力信号の波形による影響は受けない．入力信号が事前に設定したしきい値を超えたとき，出力電圧は高い基準値に変化し，入力信号が事前に設定したしきい値より低くなったとき，出力電圧は低い電圧値に戻る．この回路は必ず入出力特性に履歴現象*をもつ．履歴現象の大きさは回路の素子によって決まるので，希望の反転値は回路定数を選ぶことで変えることができる．

シュミットトリガは論理の1と0のレベルを保持できるため二進の論理回路*として使うことができる．またアナログ波形のレベル検出器としても使うことができる．すなわち，入力波形の大きさが事前に設定したしきい値を超えたか，またはそれ以下に落ちたかを検知し，その出力信号を他の回路や装置のトリガ信号として使える．この回路によっていろいろな入力波形から矩形波パルス列を発生することができる．

寿命 lifetime

半導体*内での電荷キャリヤ*の生成から再結合までの平均時間．

寿命試験 life test

対象となるものについて，その信頼性特性*を決定するために，その中の1個の標本あるいは集団を，指定した負荷状態に従わせて，失敗または成功の基準を設けて指定回数だけ行われる試験である．この試験から得たデータは故障率*および対象物の平均寿命*を与える情報を提供する．ほとんどの半導体素子などの信頼性は非常に優れているため，不必要な長時間試験は避けて加速寿命試験*や階段負荷寿命試験*

が採用される．打ち切り形試験は，予定時間あるいは故障の予定数，またはこれらの組合せを終了後に，試験を終了にするものである．ふるい分け試験は不必要項目あるいは初期故障を示していると思われるものなどを除くことを意図してつくられた試験である．これはバーンインと呼ばれることがある．→ 故障率

ジュール joule

記号：J．熱の仕事量を表すエネルギーのSI単位*．この仕事量は，ある点に1ニュートン（N）の力を作用させ，そこから力の方向に1m移動したときになされた仕事量で定義する．1 Jは1 W×秒に等しい．⇒ キロワット時

ジュール効果 Joule effect　→ 電流の発熱効果

ジュール磁気ひずみ Joule magnetostriction

同義語：正の磁気ひずみ．→ 磁気ひずみ

シュレーディンガー方程式（シュレーディンガーの方程式） Schrödinger equation (Schrödinger's equation)

量子力学*の基礎方程式．

準安定回路 quasi-bistable circuit

自走マルチバイブレータではなくトリガ*（クロック*）駆動により動作する非安定マルチバイブレータ．トリガとして印加される周波数は自走マルチバイブレータ固有の発振周波数よりも高く，双安定回路として動作する（すなわちフリップフロップ*）．

巡回冗長検査 cyclic redundancy check (CRC)

データの各固定長ブロックに対して冗長ビットが付加されたディジタル符号．冗長ビットは送信中または他の処理中における誤りの発生を検査するために付加されるもので，処理前と処理後の両方においてブロックの内容から計算される．⇒ ディジタル通信

巡回フィルタ recursive filters　→ ディジタルフィルタ

瞬間自動利得調節 instantaneous automatic gain control

平均クラッタレベル変動に高速に応答してクラッタ*を抑圧するようにしたレーダシステムの高速の自動利得調節．→ レーダ

準コンプリメンタリープッシュプル増幅器 quasi-complementary push-pull amplifier

パワーアンプの出力段がコンプリメンタリーパワートランジスタを使用する代わりに 2 個の n-p-n トランジスタを使用したプッシュプル構成の増幅器．

瞬時周波数 instantaneous frequency
振動する電気的変数の位相の変化率であり，2π で除した毎秒当たりのラディアンで表される．特定の応用としては周波数変調や位相変調* である．→ 周波数

順次走査 sequential scanning → テレビジョン

瞬時値 instantaneous value
ある瞬間の量の値．例えば，時間で変動する電流や電位差など．

瞬時電力 instantaneous power
ある回路から次の回路に電力が伝送されるとき，その回路の出力端での時間的な電力の値．

瞬時導通電流 instantaneous carrying-current
特定の条件のもとで，定格電圧のときにスイッチ，遮断器あるいは同様の機器で瞬時に流すことのできる電流の最大値．

瞬時標本化 instantaneous sampling → 標本化（サンプリング）

準周期性 quasi-periodicity
ある有限時間の範囲で信号が厳密には周期的でないこと．周期信号の基本周波数* 変動が観測された場合は準周期的であるといわれる．→ 基本周波数の推定

順序回路 sequential circuit → シーケンス回路

準尖頭値（ピーク値）検出器 quasi-peak detector
ある特定の時間内の受信信号の最大値を記録するために設計された検出器．この装置は非常に高速な信号は記録できず，最大値全てを検出するというよりはむしろ最も長い時間に対する最大値を検出する．この方法は，高速パルスに対して有限の時定数をもつ R-C 回路と同じである．この装置は電磁適合性* の試験に用いられ，これらの信号が持続的な混信を引き起こす場合に限って検出するのに使われる．

準電波暗室 semianechoic chamber → 電波暗室

峻度係数 steepness factor
フィルタ* の応答特性に要求される使用を評価する係数である．例えば，低域フィルタ（ローパスフィルタ）応答の峻度係数 A_s は，f_s を阻止帯域で要求される減衰の最小値を示す周波数，f_c を通過帯域の遮断周波数とすると，f_s/f_c なる比で与えられる．要求されるフィルタ応答から峻度係数が計算されると，公表されている規格化フィルタ曲線と比較し，要求を充足するか否かを検討し，設計する．

順方向 forward direction
電気・電子デバイスで低抵抗になる方向．順方向に加わった電圧は順方向バイアスである．この場合，順方向電流として大電流が流れる．⇒ 逆方向

順方向活性動作 forward active operation → バイポーラ接合トランジスタ

順方向スロープ抵抗 forward slope resistance → ダイオード

順方向電圧 forward voltage
同義語：順方向バイアス（forward bias）．→ 順方向

順方向電流 forward current → 順方向

順方向電流増幅度 forward-current gain → ベータ（β）電流増幅率

順方向バイアス forward bias
同義語：順方向電圧（forward voltage）．→ 順方向

Joint Electronic Device Engineering Council (JEDEC)
電子素子技術連合評議会．集積回路の標準化を進める国際機関．→ 標準化

昇圧変圧器 step-up transformer → 変圧器

上音（倍音） overtone
ある周期波形における，基本周波数* 成分（基音）よりも周波数の大きい（高い）個別の成分．高調波* とも呼ばれ，第 1 高調波は基本周波数成分，第 2 高調波は第 1 上音，第 3 高調波は第 2 上音…に相当する．

消音操作 muting → 自動利得制御

小規模集積 small-scale integration (SSI) → 集積回路

消去 erase
RAM* や磁気テープ* などの記憶装置のある場所から，保持していた情報を取り除くこ

と．

消去可能形PROM　erasable PROM　→ ROM

消去ヘッド　erasing head　→ 磁気記録

上空波　sky wave　→ 電離層波

衝撃検流計　ballistic galvanometer

過渡電流Iが通過する間に流れる電気量Qを測定する検流計．ここで，

$$Q=\int_0^\infty I\,\mathrm{d}t$$

Qの値は，装置の可動部分の偏向角θから推定する．可変コイル型の器具では$Q\propto\theta$．

衝撃雑音　impulsive noise

同義語：インパルス雑音（impulse noise）．

条件付き分岐　conditional branch　→ 分岐命令

象限電位計　quadrant electrometer

上面，下面が平坦な筒状の中空金属柱が四分円4つに分割され，軽い箔で覆われた羽根が石英ファイバで支持された構造になっており，この中空円筒状の中をを自由に回転できる（図参照）．向かい合ったブロックは互いに接続されている．測定装置は2組の四分円ブロック間の電位が零のとき，吊り下げられた羽根が四分円の中で対称になるように配置されている．さらに羽根に加えられる電圧V_Cは四分円ブロックに加えられる電圧V_A，V_Bより大きくなければならない．これらに条件下で羽根の捩れ角θは$\theta=k_1(V_\mathrm{A}-V_\mathrm{B})$あるいは1組の四分円ブロックが大地電位であれば$\theta=k_2 V$である．ここで$k_1$，$k_2$は測定器の特性定数である．羽根の捩れ角は吊り下げ糸に小さな鏡を取り付け，これに光を照射し，その反射光を観測するようになっている．

消弧回路　quench

キャパシタ，抵抗あるいはそれらの組合せを誘導性要素を含む回路に並列接続し，電流が遮断されたときに接点間に発生するスパーク放電*を阻止する．消弧回路は誘導コイルのメイク-ブレーク接点に一般的に使われる．

乗算器　multiplier

1．→ 電子増倍管；光電子増倍管．2．2つ以上の入力をもち，それら入力の大きさの積に等しい大きさの出力を生成する素子．3．周波数逓倍器*のような入力信号の特定の倍数の出力を生成する回路あるいは素子．

常磁性　paramagnetism

原子または分子の永久磁気モーメントを有する材料にみられる効果．原子内の各軌道電子は個々に電流を形成し，それによる磁気モーメント*をもっている．しかしながら，それを可能とするエネルギー準位*は，電子で満たされていない殻だけであり，それが原子全体としての磁気モーメントをつくる．原子内電子のスピン*も磁気モーメントをもつが，原子中の不対スピンのみが原子全体として磁気モーメントに寄与する．ほとんどの自由原子は満たされていない外殻中の軌道電子による磁気モーメントをもつことができる．しかし，実際の材料では，一般に外殻を満たそうとして結合してしまう．ほとんどの気体分子，イオン，単極液体および固体は全体として磁気モーメントはもたず，反磁性である（→ 反磁性）．永久磁気モーメントは，不対電子スピン（例えば，酸素O_2は2個の不対スピンをもつ）を有する分子またはイオン，あるいは満たされていない内殻をもつ多価遷移元素の特殊イオンによってのみ保有される．常磁性はごく一般的には電子のスピンによりつくりだされるが，数種の化合物では軌道の影響により生じている．

磁束密度が外部から与えられてない場合において，熱運動は試料の中にあるそれぞれの磁気モーメントを無秩序な方向に向けさせて，正味の磁化を零にしてしまう．磁束密度が存在するところでは，磁気モーメントは磁界の方向に整列する傾向になる．この傾向はしかしながら熱的な散乱により妨げられ，そのため常磁性材料は，温度依存性をもつ正の小さな値の磁化率*χをもつ．常磁性ガスの振舞いはランジュバン関数によって近似的に表すことができ，通常の磁界と温度においてガスはキュリーの法則に従う．

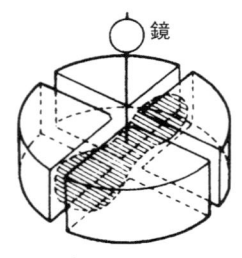

象限電位計

$$\chi = C/T$$

ここで，C は定数，T は絶対温度である．しかし，磁束が十分に強く，そして低温度であると，全ての分子は熱効果を無視でき，磁界に沿った方向に整列して飽和点に至る．非常に希薄な常磁性液体もキュリーの法則に従う．

常磁性の固体と液体の磁気的性質は，原子内部の複雑さと，内部で作用しあっている原子間引力とに依存しており，その振舞は簡単な式で表せない．非水酸化物液体および多くの常磁性固体は通常の温度と磁界においてキュリー-ワイスの法則に従う．

$$\chi = C/(T-\theta)$$

ここで，θ はワイス定数であり，正，負どちらにもなりうる．キュリー-ワイスの法則は温度 $T > |\theta|$ の場合にのみ成立し，イオンあるいは分子の相互作用から生まれたキュリー-ワイスの法則の変形である．

ナトリウムやカリウムのようなある種の金属は，ほとんど温度依存性を示さない正で小さな値の磁化率の自由電子常磁性またはパウリ常磁性を示す．これらの効果は金属中の伝導電子によって生じる．固体中の個々の原子は反磁性イオンとして残されており，伝導電子は反磁性と常磁性の両方を示す．ほとんどの金属ではこれらの効果は同程度の大きさであるが，パウリ常磁性は常磁性効果が反磁性よりも十分大きい場合に発生する．

ある臨界温度すなわちワイス定数の値にほぼ等しい温度では，多数の常磁性固体の分子間引力は熱運動よりもはるかに大きくなる．磁気モーメントは様々な方向を向くが，しかし適度に秩序に従った状態をつくり，その結果物質は強磁性，反強磁性あるいはフェリ磁性のいずれにもなる．種々の物質の常磁性の様子は，常磁性の領域で調べた絶対温度に対する磁化率の逆数 χ^{-1} のグラフプロットで比較することができる（図a）．

常磁性は試料内部の磁束密度の増加をもたらす．これはその物質を通過する磁束密度を表す線が集まってくることで図式的に表される（図b）．常磁性物質が不均一な磁界中に置かれた場合には，その物質は磁界の弱いところからより強い場所に動こうとする．均一な磁束の中に

図a　異種物質の常磁性

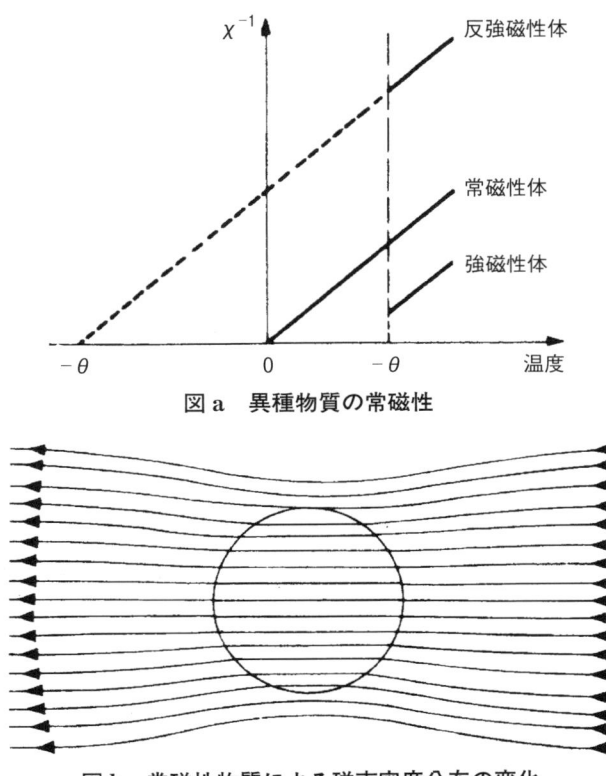

図b　常磁性物質による磁束密度分布の変化

置かれた常磁性材料の棒は長さ方向の軸を磁束と平行に向けることとなる．

常磁性キュリー温度 paramagnetic Curie temperature
　同義語：ワイス定数（Weiss constant）．→ 常磁性

消失点 black-out point → カットオフ

照射 irradiation
　身体や基板を電磁波または粒子線にさらすこと．→ 電離放射

小信号 small-signal
　素子や回路の動作を線形とみなせる程度に，振幅が小さい信号（またはその信号を含む信号）．非線形効果を無視できる．

小信号パラメータ small-signal parameters
→ 回路網；トランジスタパラメータ

少数キャリヤ minority carrier
　外因性半導体*中の全体の電荷キャリヤの半数以下を占める電荷キャリヤ*のこと．

小静電容量化スイッチ anticapacitance switch
　「スイッチ開」のときに，回路に直列な静電容量をできるだけ小さくなるように設計されたスイッチ．→ スイッチ

上側波帯 upper sideband → 搬送波

状態図 state diagram → 有限状態機械

状態変数フィルタ state variable filter
　同義語：汎用能動フィルタ（universal active filter）．双2次フィルタ*の一種で，回路網の中では二次の低域フィルタ，広域フィルタ，帯域フィルタ特性を同時に示す（図参照）．

状態レジスタ status register
　コンピュータのALU（算術論理演算ユニット）内部にあるレジスタ*で，ALUの状態フラグ*を含んでいる．ALUの状態には，桁上げ，オーバーフロー（桁あふれ），マイナスの結果，ゼロの結果などがある．

冗長，冗長性，冗長度，重複 redundancy
1. 信号システム中で用いられる情報の一部分であり，本質的な情報を失うことなしに無視することのできる部分である．その過剰な情報部分には，伝送システム中で生じる情報の損失に対処する手段が含められている．
2. システムの信頼性を増すために，電気回路や装置の中に余分に取り付けられた部品，素子あるいは回路．これによりシステムの一部で故障が発生した際，冗長性をもたせるために用意しておいた回路や部品が故障部分の機能を引き継ぐことを可能にしている．冗長性は，本質的に高度な信頼性を要する航空機などのシステムにおいて極めて重要である．

衝突電離 impact ionization
　高エネルギー衝突を受けて軌道電子の損失による原子あるいは分子の電離．半導体中では，電子が伝導帯に入るために十分なエネルギーをもっていれば，電子-ホール対が生成される．

障壁高 barrier height
　略語：ショットキー障壁高（Schottky barrier height）．→ ショットキーダイオード；ショットキー効果

情報衛星 information satellite → 衛星

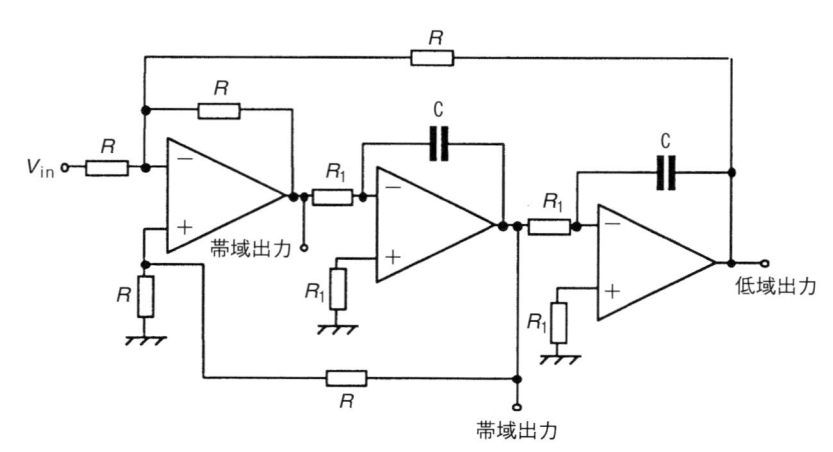

状態変数フィルタ

情報技術 information technology (IT)

コンピュータと集積回路技術を用いた情報の製作，記憶，通信の技術．

情報理論 information theory

メッセージを送るため，または通信・制御・コンピュータシステムにおける特定問題を解決するために必要かつ十分な最適情報量を決定する分析技術．メッセージの情報量とは要求される確度のもとにメッセージを送るために必要な情報の最小値である（雑音*がないとき）．情報検索は蓄積された，または送られてきたデータから固有情報を抽出する手段である．

初期故障期間 early failure period ➔ 故障率

初期電流 initial current

同義語：投入電流，入射電流．➔ 反射係数

ジョセフソン効果 Josephson effect

きわめて薄い絶縁体層を超伝導体（➔ 超伝導）の間に入れたときに生ずる効果．超伝導電流は電圧をかけなくてもジョセフソン接合と呼ばれる接合間を流れる．これを直流のジョセフソン効果という．もしも電流値が絶縁層の特性で決まる臨界電流 I_c を超えると電流は有限の電圧が印加されたときのみ流れることができる．電流-電圧特性が図に示されている．図で点線は超伝導状態になっていないときの電流-電圧特性である．

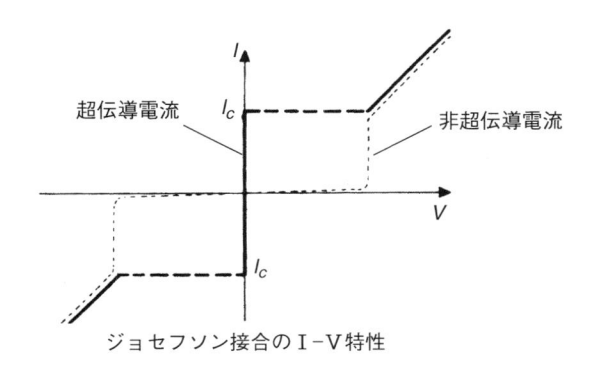

交流ジョセフソン効果はジョセフソン接合間に小さな直流電圧 V を印加したときに生ずる．接合間を流れる超伝導電流は次式の交流電流となる．

$$I_s = I_c \sin \omega t$$

ここで $\omega = 2\pi f = 2e/hV$, h はプランク定数，f は周波数，e は電子の電荷である．

直流ジョセフソンはいくつかの素子に利用され，特にジョセフソンメモリ*として利用されている．交流ジョセフソン効果は無線周波数の検出器，h/e の決定，周波数の正確な測定，標準電池の電圧変化の監視，または異なる標準器研究機関における電池の比較に利用される．

ジョセフソン接合 Josephson junction ➔ ジョセフソン効果

ジョセフソンメモリ Josephson memory

ジョセフソン素子列からつくられている低温メモリ．すなわち臨界温度近くに保たれたジョセフソン接合*をもつメモリ素子である．外部磁界をかけていないときに素子は超伝導*となるが磁界をかけると超伝導でなくなる．したがって素子間の電圧が変化する．情報は磁界の部分的変化の形で記憶される．データは素子の電圧で送られる．

ジョセフソンメモリは動作がきわめて速いが，低温にしておく必要から動作させるためには非常に費用がかかる．高温超伝導物質の開発がこの種のメモリ*の利用に不可欠である．

ショックレイエミッタ抵抗 Shockley emitter resistance

バイポーラ接合トランジスタ*のエミッタ端子の動的抵抗は次式で与えられる．

$$r_e = dV_{BE}/dI_E = (kT/e)(1/I_E)$$

ショックレイの式 Shockley equation

同義語：理想ダイオードの式（ideal diode equation）．➔ p-n 接合

ショットキーI^2L Schottky I^2L ➔ I^2L

ショットキークランプ Schottky clamp

ショットキーダイオード*は回路の特定箇所の電圧が事前に選定した値を超えないようにする目的で回路内に使われる．順方向にバイアス

ジョセフソン接合の I-V 特性

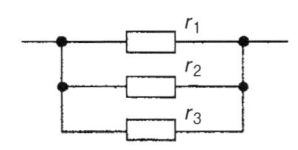

並列に接続された抵抗

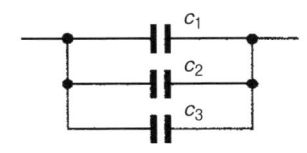

並列に接続されたコンデンサ

したショットキーダイオードの特性は導通状態であり，その両端電圧は一定で小さな値である．電荷の蓄積は無視できるので，ダイオードの"導通"と"遮断"の間を高速にスイッチングすることができる．ショットキークランプの一般的な応用は集積化された論理回路*で使われる．そこにおいて論理ゲートを構成するバイポーラトランジスタはスイッチングサイクルの間，飽和領域*で動作する．ショットキーダイオードはベースとコレクタの間に接続され，コレクタ-ベース間電圧が順方向に大きく振れないようにして，そのトランジスタの飽和度合が深くならないように制御している．このようにしてゲートの動作速度を最適化している．

ショットキーゲート電界効果トランジスタ　Schottky-gate field-effect transistor → MESFET

ショットキー効果　Schottky effect

　真空中の物質表面に対して電子が外側に加速する方向に電界を加えた場合，物質の仕事関数*が実効的に減少する効果を表す．金属の場合，電気影像*がこの効果に寄与するため，仕事関数が減少する効果を影像力低下と呼ぶことがある．外部から印加した電界は固体表面の電子の電位エネルギーを低くし，表面部の電位障壁を変形させる．その結果，表面近傍の内部にある電子は障壁を越えて外部に放出される（トンネル効果*とは異なる）．熱陰極からの電子放出にみられる若干の電流増加はこの効果による．

　同様の効果は，半導体と接触状態にある金属表面においても観測される．この金属-半導体接触*をショットキー障壁と呼ぶ．その接合を構成するエネルギー準位の様子を図に示す．仕事関数が低下する大きさは，半導体の表面状態に敏感に依存するが，上述の真空中における場合よりも通常は小さい値である．ショットキー障壁はショットキーTTL*やショットキーI^2L論理回路*内のショットキーダイオード*作製に用いられ，さらに接合形電界効果トランジスタ*の一種のゲート電極の形成にも利用される．

ショットキー雑音　Schottky noise → ショット雑音

ショットキー障壁　Schottky barrier

　整流用金属-半導体接合*．⇒ショットキー効果；ショットキーダイオード

ショットキーダイオード　Schottky diode

　同義語：金属-半導体ダイオード（metal-semiconductor diode）．金属と半導体の接合で形成した整流ダイオード—ショットキー障壁．→ショットキー効果

　この名称はショットキー障壁に由来し，その障壁は半導体の禁制帯幅およびその不純物導入量によって決められ，半導体中の少数キャリヤはダイオードの電流に大きく寄与しない特性をもっている．

　接合部に順方向バイアスが与えられると，ショットキー障壁の高さより大きなエネルギーをもった多数キャリヤ（n形半導体では電子）が障壁を越え，電流が流れる（→熱電子放出）．また障壁の厚さが十分に薄い場合，多数キャリヤはトンネル効果*によって障壁を横切ることができる（→電界放出）．これらの機構が併行して起こることもあり，熱・電界放出として知られている．しかし，ショットキーダイ

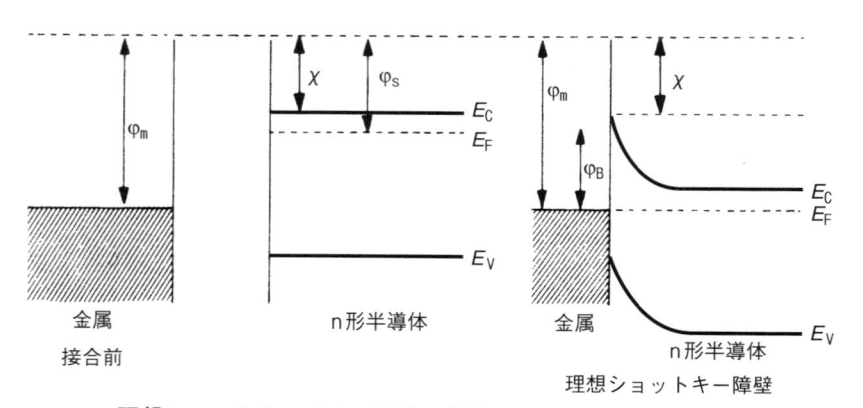

理想ショットキーバリア形成の前後におけるエネルギー帯図

オードにおける主要な機構は熱電子放出である．順方向バイアスを増加すると，より多くのホットキャリヤが存在し，電流は急激に増加する．十分大きい電圧を加えると，半導体中の全体の自由キャリヤは障壁を横切ることができる．この領域で，電流-電圧特性は線形になる．逆バイアスの状態での電流は微小な逆方向飽和電流となる．少数キャリヤは順・逆の両方向において無視できるほどしか電流に寄与しない．そのため接合においてキャリヤ蓄積*は無視でき，このダイオードは非常に速いスイッチング動作をする．

ショットキーTTL Schottky TTL ➡ トランジスタ-トランジスタ論理

ショットキーホトダイオード Schottky photodiode ➡ ホトダイオード

ショット雑音 shot noise

同義語：ショットキー雑音（Schottky noise）．電子群がそれらの運動エネルギーによって電位障壁を越えることを原因として，多くの電気素子内で生ずる電気的雑音のこと．それぞれの電子が電位障壁を横切る現象はランダムであるため，その結果，電流はランダムな性質をもっている．ショット雑音は接合素子，例えばp-n接合ダイオード*やバイポーラ接合トランジスタ*内で発生する．

除波器 rejector

同義語：並列共振回路（parallel resonant circuit）．➡ 共振回路；共振周波数

処理装置 processor ➡ プロセッサ

ジョンソン雑音 Johnson noise

同義語：熱雑音（thermal noise）．➡ 雑音

ジョンソン・ラーク・ホロヴィッツ効果 Johnson-Lark-Harowitz effect

不純物原子による荷電キャリヤの散乱によって生ずる金属や縮退した半導体*内の抵抗率の変化．

シリカ silica

記号：SiO_2．いくつかの異なる自然形態で存在する極めて豊富な化合物であり，石英や砂（酸化鉄によって変色されたシリカ）として最もよく知られている．シリカは，電子部品，素子，集積回路の作製でシリコン原料として重要である．さらに，これらの不活性化（➡ パッシベーション）した製品としてその酸化物やピエゾ特性を有する天然石英*が重要である．

シリカゲル silica gel

特に電子装置の梱包や配送時に乾燥剤として使われ，主にシリカ（SiO_2）を含む潮解性結晶．

シリコン silicon

記号：Si．原子番号14の半導体*元素．SiO_2（➡ シリカ）の形で自然界に非常に多く存在し，固体電子工学で最も広く使われている材料である．安価で多目的に活用できるため，ごく一部の特殊な応用を除いてゲルマニウムからシリコンに置き換わった．⇨ アモルファスシリコン；ポリシリコン

シリコンオンインシュレータ silicon-on-insulator（SOI）

これは絶縁層の上にMOSFET（➡ MOSFET）をつくるときに用いるシリコン集積回路*技術である．この絶縁層はトランジスタ間の寄生結合いわゆる素子間の信号漏れを減じ，高速性や高周波動作を与える．絶縁層はシリコンの上に例えばシリコン・オン・サファイアのように非導電性の絶縁膜を堆積することで得られる．別の技術として集積回路を製造する間，活性層の下に絶縁層を置く方法もある．酸化シリコン層は酸素をイオン打ち込み*することでシリコン内に深くつくることができる．なお，その後の熱処理で境界が明瞭な酸化層となる．

シリコン・オン・サファイア silicon-on-sapphire ➡ シリコンオンインシュレータ

シリコンゲート技術 silicon-gate technology ➡ MOS集積回路

シリコン制御整流器 silicon-controlled rectifier（SCR）➡ サイリスタ

磁力線 line of flux

磁界中に仮想的に引かれた線であり，長さ方向に沿った任意の点における方向は磁束密度 B の方向である．B の方向に垂直な単位面積当たりの磁力線の数はその点における磁束密度に等しい．⇨ 場

ジルコニウム zirconium

記号：Zr．原子番号40の金属で高真空電子管のゲッタ*やタングステン電界エミッタの仕事関数を下げ，効率を改善するために使用される．

シルバーマイカコンデンサ　silver mica capacitor

同義語：ボンデッドシルバードマイカコンデンサ（bonded silvered mica capacitor）．→マイカコンデンサ

自励　self-excited

回路に電源を印加すると回路出力が発振を開始し，その振幅がある定常値まで増大していく発振器*の状態を表す．所要の出力周波数で発振を生ずるため外部からの入力信号は必要としない．

枝路　branch　→回路網

白圧縮　white compression

画像の明るい部分に対応するテレビ信号*に適応される画像圧縮．

白ピーク　white peak

同義語：映像の白（picture white）．→テレビジョン

震音　warble

2つの限界点を行ったり来たりするような数秒間続く周期的振動でいわゆる正弦波のような周波数と比較して普通は小さい．震音発生器は同調回路の小さな振動容量を使って出力周波数が変化する発振器で構成されている．震音は定在波が発生しない一様な音場をつくるための残響箱で使われることがある．

シンギングポイント　singing point　→帰還

シンク　sink

1. 短縮語：ヒートシンク，放熱器（heat sink）．
2. →ソース，源．

真空管　vacuum tube

低圧の真空状態の球の中で2つの電極の間に導通が起こる能動素子*．電気的特性は残留ガスに関係ない．真空管は，追加の電極を付けることにより，電気的特性を変えることができる．vacuum tube は米語で，熱電子管*に対応して使われる．この真空管は，同じ動作を行える半導体素子によってほとんど置き換えられているが，無線通信のような高周波・高電力の応用には今も使われている．

真空管電圧計　valve voltmeter

今ではディジタル電圧計*に置き換えられた電圧計*の一種．非常に大きい入力インピーダンス*の増幅器*と1個または複数の熱電子管*を使用している．出力回路に計測器を伴う．直流および交流の電圧を測ることができる．

真空蒸着　vacuum evaporation

電子回路や電子部品の製造で使われる金属や半導体の表面に固体の材質の薄膜を生成する技術．蒸着される固体は低温の基板材料のある真空中で加熱される．材質（固体または液体）から気化した原子は残留している低圧気体と衝突するのはわずかであり，基板に直接到達する．原子は基板の表面に凝縮して薄膜を形成する．⇒薄膜回路

真空蒸着　vapour plating

ある固体材料の薄膜を他のきれいな固体表面上に堆積する技術．堆積すべき化合物を基板材料の前面で蒸気化し熱的に分解する．蒸気になった原子は，基板の表面をめっきし薄膜を形成するように堆積する．

真空マイクロエレクトロニクス　vacuum microelectronics

マイクロエレクトロニクス*の一分野で，能動素子*の動作は真空管*の原理を用いるものである．固体素子の真空管として知られている．その陰極*は，ふつうシリコンのような半導体*材料で先が尖った形状から形成される電界放出である．陽極*は，電界放出陰極からの電子を集める金属接触部である．この電極間での電子の移動は，陽極電流を制御する他の電極すなわち格子を点在させることにより，変調がかけられる．素子構造は，大きさ数μm から数mm で，電子管に比べ極めて小さい．約10 GHz のマイクロ波を含む非常に高い周波数で動作できる．このデバイスは，シリコンプレーナ技術の標準的なプロセス工程を用いて作製することができる．したがって，ガラス真空管のものに対し安価で信頼度が高い．

sinc 関数　sinc function

$(\sin x)/x$ の式で表される関数．

シングルエンド　single-ended

入力信号を供給する方法や，入力または出力の片側がアースに接続されている回路から出力信号を得る方法を意味する．シングルエンド形の増幅器は入力と出力の両方がシングルエンドされている（つまり片側がアースに接続されている）増幅器である．ダブルエンド形の入力（または出力）は，2つの入力（または出力）

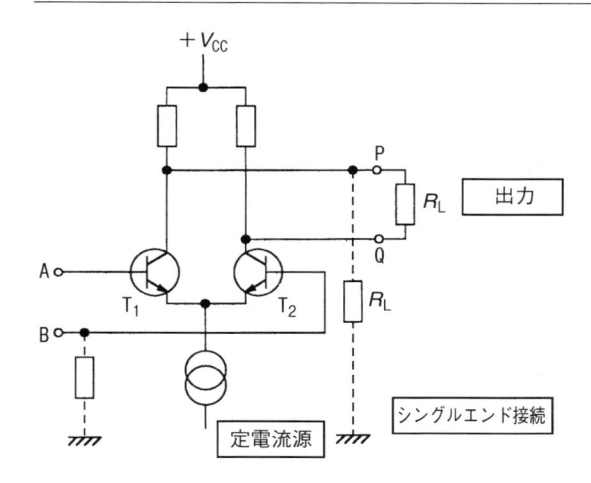

シングルエンドとダブルエンドのロングテイルドペア

の両側ともアースされておらず，差動信号が印加される（または得られる）．

シングル形かダブルエンド形の入力（または出力）をもつ回路の例は，単純なロングテイルドペア*である（図参照）．インバータ*として用いられるとき，トランジスタ T_2 のベースにつながる入力Bは，シングルエンド形の入力となるようアースに接続される．出力は，アースに接続された負荷抵抗器 R_L にかかる電圧として出力端子出力Qから得られる．

また，この回路は差動増幅器*として用いられる場合もある．差動信号（ダブルエンド形の）はAとBの間に印加され，出力はPとQの間に生じる．シングルエンド形の出力は，PまたはQから得られる．Qでは，生じる出力電圧は，素子が全て整合していると仮定すると，Pを用いる場合のほぼ半分である．差動出力はシングルエンド形の入力を用いることで得ることもできる．

シングルエンド形増幅器 single-ended amplifier →シングルエンド

シングルショットトリガー single-shot trigger

トリガーにより駆動される回路の動作が完全に安定状態になる1サイクルのみ動作させるパルスを出力するトリガー回路．

シングルモードファイバ single-mode fibre

コア径が光の波長の2，3倍程度の光ファイバ．この型のファイバは分散が非常に小さい．長距離伝送やビット率の高いファイバリンクではシングルモードファイバを使用している．

シングルループフィードバック single-loop feedback

同義語：多段帰還（multistage feedback）．
→帰還

シンクロトロン synchrotron

循環粒子加速器*は，電子ビームを高エネルギーまで加速する電子シンクロトロンや陽子を高エネルギーまで加速する陽子シンクロトロンに用いる．それらの粒子は一定の半径をもつ円環状の真空室内を走行する．なお，粒子は印加した磁束密度によって円形軌道を走行するように設定されている．粒子は真空室内にある金属共振器の間隙を横切るとき，その電極間に印加された無線周波数帯域の電界によって加速を受ける．加速はさらに加速室内の磁束密度に関連した電界ベクトルとビーム電流の電磁誘導によっても起こる．

磁束密度と粒子群のエネルギーおよび円環状真空室の半径の間に正の相関を維持するため時間とともに磁束密度を増加し，さらに無線周波数帯の加速用電界の周波数も増加しなければならない．このように対処して粒子の相対速度増加に伴う質量の増加が原因となる脱調を抑えている．

粒子は通常，線形加速器*で高エネルギー状態にした後，循環粒子加速器に入射する．この操作は無線周波数帯の変調範囲を極力狭めるためである．循環粒子加速器を低エネルギーで無線周波数帯の電界を使わずに作動させる別の方法があり，この場合は粒子の加速を電磁誘導のみで行う．

神経電気現象 neuroelectricity

人間や他の生物の神経細胞システムで起こっている電気現象．

信号 signal

電圧または電流の可変電気パラメータは電気回路やシステムを通して情報伝達に用いられる．時間に対して記録された一連のパラメータの値はその情報を示している．アナログ信号は時間の経過とともに振幅が連続的に変動する．ディジタル信号の振幅は時間に対し離散的に変化し，どの時点でも信号のレベルは2値のどちらかである．

通信システムの信号伝達はアナログとディジタルのどちらかで送られている．アナログ伝送の信号は連続的に変化する形で伝送している．ディジタル伝送では2つの離散的な信号レベルで，2進数の '1' と '0' で表現される．多重レベル信号伝送システムでは信号レベルの数が2つ以上になり，それゆえ，bitごとに伝送される情報はもっと多くなる．⇒ ディジタル通信；ディジタルコード

人工アンテナ　artificial antenna

米同義語：擬似アンテナ（dummy antenna）．エネルギーを与えても電磁波の放射をしない（通常は抵抗の熱として消費される）こと以外，実際のアンテナの全ての電気的特性を模擬する装置である．実際のアンテナに接続する前に，送信機*あるいは受信機*を調整するために使用される．

人工衛星　artificial satellite　→ 衛星
人工雑音　man made noise　→ 雑音
信号処理　signal processing

信号*のいくつかの特徴を修正する処理．しばしば特別な性質の表現を強調するために使われる．

人工知能　artificial intelligence（AI）

人間が行えば知能を必要とするといわれている仕事に対してコンピュータが行う応用の研究と開発．これらの応用の多くは学習，適応，自己修正などの機能をもつシステムと関連している．

進行波　travelling wave

伝送線路*に沿って伝搬する電磁波．均一な断面をもち無限長で仮想的な損失のない伝送線路の場合，その線路の一端（送信側）に供給した正弦波交流電力は線路に沿って電気エネルギーを伝送し，その任意点の電圧または電流の瞬時値は正弦波的に変化する．線路の比誘電率が ε_r で比透磁率が μ_r のとき，その正弦波は次の式の速度 v でその線路を伝搬する．

$$v = c/\sqrt{\varepsilon_r \mu_r}$$

ここで c は真空中の光速を表す．伝送線路の特性インピーダンスに等しい負荷インピーダンスで終端された損失のない有限長の線路の場合も上と同じ速度をもつ．線路内に散逸損失があると，伝搬速度が遅くなり，電気エネルギーが減衰*する．インパルス*やサージ電圧*のような非正弦波的進行波も同様に伝送することができる．

線路上の任意点に特性インピーダンスの不連続部があると，初期波動はそこで部分的に反射を生ずる．その結果，送信側に向かって逆送する反射波と線路の受信側（出力側）に進行する送信波に分かれる．

進行波管　travelling-wave tube（TWT）

電子ビームと遅波構造で構成した線状ビームマイクロ波管．電子銃からの電子ビームは一定磁場によって管の軸長に沿って集束される．遅波構造は管の周りに巻かれたヘリカルコイルである（図参照）．印加した無線周波数（RF）信号はそのコイルに沿って伝搬し，コイルの中央軸に向いた電界をつくる．この軸電界は光の速度よりかなり遅い位相速度で前進する．（コイルの外周とコイルのピッチ間隔の比によってRF信号は各ループの周りを伝播しながら管の長さ方向に前進する．）それゆえ遅波と名付ける．ビーム内の電子は軸電界と相互作用し，無線周波数信号にエネルギーを移送する．このようにして無線周波数信号は増幅する．これを前進波増幅という．

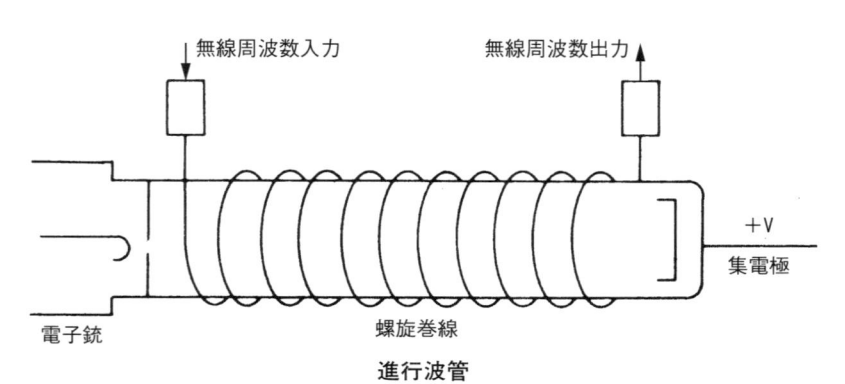

進行波管

後進波発振器は，線状ビーム進行波管の一形式で，ビームへの最適な電力移送が後進方向の位相速度をもった無線周波数波で生ずる．すなわち，その群速度と位相速度は互いに逆向きである．十分に大きなビーム電流が遅波構造内で相互作用し無線周波数発振を起こし，遅波構造の電子銃側にマイクロ波電力を発生する．発振を起こすのに必要な最小ビーム電流を発振開始電流という．この値より小さい電流値でこの構造のコレクタ側に無線周波数波を入力すると，この管は発振器ではなく増幅器として使える．このタイプの管の相互作用効率は中空断面をもつ電子ビームを用いて増加することができる．これは陰極から流れる電子を磁場で閉じこめて達成している．

進行波増幅器 travelling-wave amplifier ➡ 分布増幅器

信号発生器 signal generator
　可変すなわち制御可能な電気的パラメータを生成する電子回路あるいは素子．用語は通常，可変の振幅，周波数，波形の特定の電圧を供給する装置に使われる．パルス*波形を生成する発生器は通常パルス発生器*と呼ばれ，信号発生器という用語は特に正弦波および方形波の連続波形発生器に使われる．

信号レベル signal level
　伝送システムにおける，ある点での信号*の大きさ．

深紫外線露光 deep ultraviolet exposure ➡ ホトリソグラフィ

真性移動度 intrinsic mobility
　真性半導体中の荷電キャリヤの移動度．

真性温度領域 intrinsic temperature range
　半導体の電気的特性がその結晶内の不純物の存在の影響を本質的に受けなくなる温度領域をいう．純粋な試料でできた真性半導体*は全ての動作温度が真性温度領域である．一方，外因性半導体はほとんどの動作温度において結晶内不純物の大半が電荷キャリヤとして伝導に寄与する．しかし，十分に高い温度に達すると，真性キャリヤ密度が高くなり，真性導電率*が外因性導電率よりかなり多くなる．その結果，その温度以上では外因性半導体が，真性半導体のように振る舞いだす．

真性導電率 intrinsic conductivity
　不純物を導入していない真性半導体の導電率は半導体材料それ自身で決まる．ある任意の温度において電子と正孔は熱的に同じ数が生じ，これらが真性導電率を決める．電荷キャリヤの数は温度に依存し，その導電率σは温度の関数である．

$$\sigma = A\exp(E_g/2\,kT)$$

ここで A は材料固有の定数，E_g はバンドギャップ，k はボルツマン定数，T は絶対温度である．

　真性導電率は通常の温度において外因性半導体の外因性導電率に比べ無視できるほど小さい．極めて高い温度では，不純物によるものより熱生成キャリヤの数が多くなり，半導体は真性になる（➡ 真性温度領域）．実際には，室温でのシリコンの真性キャリヤ濃度は約 $10^{11}/\text{cm}^3$ であるが，シリコンの最低不純物濃度は $10^{14}/\text{cm}^3$ になる．それゆえ外因性不純物濃度は，真性値の 10^3 倍より大きくなる．

真性半導体 intrinsic semiconductor
　同義語：i形半導体（i-type semiconductor）．熱平衡状態下で電子*と正孔*濃度が等しい純粋な半導体．厳密に純粋な材料は実際に入手不可能であるため，ほぼ純粋な材料を真性と呼ぶ．➡ 半導体，⇒ 真性導電率；真性温度領域；外因性半導体

真性光導電 intrinsic photoconductivity ➡ 光導電

真性密度 intrinsic density ➡ キャリヤ濃度

浸漬めっき immersion plating ➡ 無電界めっき

シンセサイザ（合成器） synthesizer
　1. 電気楽器の1つで，鍵盤とペダルを使って演奏する．FM合成*，サンプリング*した音，これらの音にアタック，サスティーン，リリース手法を加えたものを加えたり，差し引いたりして音を合成する．2. 正確な周波数を発振する試験用計測器．あらかじめ設定された周波数に厳密に一致するようにアナログまたはディジタルフェーズロック技術を用いた周波数シンセサイザが使われる．

人体容量 body capacitance
　人体を回路に近接させることにより生ずる静電容量*のこと．

シンタックス syntax ➡ 構文
診断プログラム（診断ルーチン） diagnostic routine ➡ プログラム
診断ルーチン diagnostic routine ➡ プログラム
シンチレーション scintillation
 1．ある物質（シンチレータ）が電離放射線の暴露下において発生する閃光．その結晶から放出した光の周波数は入射した電離放射線のエネルギーの関数になる．入射電離するごとに1回の閃光が生ずる．2．レーダ*システムのレーダ表示部の標的映像の急激な揺らぎがその平均位置の周辺で生ずる現象．3．無線伝送システムで受信した信号で，その平均信号値の周りに生ずる微弱でランダムな変動．この効果は星がキラキラするのと同様，大気密度のわずかな変動に起因する．
シンチレーション計数器 scintillation counter
 シンチレーション計数器*はシンチレータ（➡ シンチレーション），光電子増倍管*，その信号増幅器*および計数器*で構成され，放射線源の活性度を測定するのに使われる．放射線源からγ線が放射すると，シンチレータ結晶は固有周波数の閃光を放つ．閃光ごとに光電子増倍管は出力パルスを発生する．光電子増倍管で発生した計数率を測定し，放射線源の活性度を算出する．
 シンチレーション計数器は入力放射線のエネルギーに依存するが，その放出光の周波数は入射放射線のエネルギーとは無関係である．なお，光電陰極*から放出する電子のエネルギーは光周波数の関数であり，他の放射線のエネルギーによって発生したパルスとは最適な周波数弁別器*で区別することができる．それゆえS/N比*は他のガイガーカウンタ*の放射線カウンタより改善されており，背面放射線や散乱放射線の影響を区別できるため1個の放射性核種を他の核種と区別して計数できる．
 シンチレーション計数器のエネルギー依存性は放射性核種のエネルギー分布の研究にも使われ，シンチレーション分光器として用いられる．
シンチレーション結晶 scintillation crystal
 同義語：シンチレータ（scintillator）．➡ シンチレーション
シンチレーション分光器 scintillation spectrometer ➡ シンチレーション計数器
シンチレータ scintillator
 同義語：シンチレーション結晶（scintillation crystal）．➡ シンチレーション
死んでいる dead
 接地電位にある導体あるいは回路を表している．接地電位になっていない場合は生きている（live）という．
心電計 electrocardiograph（ECG）
 生きている動物の心筋により生成される，電圧波形または電流波形を計測し記録する高感度装置．
振動 oscillation
 1．電流や電圧のような電気量の周期的な変化．
 2．自己インダクタンスやコンデンサの値が回路の電気的平衡状態から擾乱で振動電流となるような値のとき，電気回路で生ずる現象．
 連続して振動する回路を発振回路と呼ぶ．回路に直流入力電圧を印加して生じ，直流電圧を取り除くまで続く発振は自続発振と呼ばれる．時間に対して振幅が減少する発振は安定な発振として知られている．不安定な発振は時間に対して振幅が増加し，すぐに回路の定格動作条件を越える．⇒ 自由振動；強制発振；減衰；寄生振動
振動器 vibrator
 連続的な定電流を周期的に遮断したり反転したりすることにより，直流源から交流を生成する装置．振動器は，振動する接触子のついた電磁継電器*で構成され，接触子は1組以上の接点を交互につないだり切り離したりする．
 最も一般的な応用例は，電池のような低電圧直流源から高電圧の直流を生成する，電源装置の内部である．振動器は低電圧で周期的に変動する電流を生成し，これは高電圧交流源に昇圧（➡ 変圧器）されたのち，高電圧直流源を生成するために整流される．直流出力を生成するために整流回路*が使用されることもあるが，振動器を使用することも可能である．後者の場合，振動器（同期振動器と呼ばれる）には追加の接点が1組取り付けられる．これは，変圧器の二次回路からの出力が直流となるように，変

圧器の一次巻き線内の電流の反転に合わせて二次巻き線への接続を逆転させるのに使われる．

振動減衰　periodic damping
　同義語：過減衰（over damping）．→ 減衰

振動検流計　vibration galvanometer　→ 検流計

振動性回路　oscillatory circuit　→ 発振

浸透性ベーストランジスタ　permeable base transistor（PBT）　→ V FET

振動電流（あるいは電圧）　oscillating current（or voltage）
　振幅が時間に対して周期的に増加および減少する電流（あるいは電圧）波形．振動波形は，例えば，正弦波，のこぎり波，あるいは方形波がある．

振幅　amplitude
　1. 厳密にいえば，交流あるいは正または負の方向の波の最大値*．全周期の極値間の差はp-p振幅である．2. ある特定の時間の交流あるいは正または負の方向の波の値．3. → 波．

振幅圧縮　amplitude compandoring
　音声通信システムにおいて，伝送搬送波を変調する前に音声信号を圧縮し，受信機で復調した後に伸張して通信チャネルの性能を向上するための方法．この技術は通常陸上移動可能な通信システムに用いられる．⇒ データ圧縮

振幅応答　amplitude response
　回路あるいはシステムの入力に対する出力の大きさの比の周波数による変化．

振幅応答　magnitude response
　周波数に対するパラメータの振幅の変化．例えば，パラメータは増幅器やフィルタ回路の利得．振幅応答はしばしばdBで表される．

振幅が零でない節　partial node　→ 節

振幅等価器　amplitude equalizer
　回路あるいはシステムの振幅応答*を修正するために用いられる回路で，結果としての振幅応答*は特定された周波数範囲で平坦となる．すなわち，振幅変動は減少され，均等になる．

振幅ひずみ　amplitude distortion　→ ひずみ

振幅フェージング　amplitude fading　→ フェージング

振幅偏移変調　amplitude shift keying（ASK）　→ 振幅変調

振幅変調　amplitude modulation
　（a. m. またはAM）変調信号の振幅に応じて搬送波の振幅が変化する変調方式（図a参照）．

　変調信号が正弦波であるとき，振幅被変調波は次式により表される．
$$e = (A + B \sin pt)\sin \omega t$$
ここで，Aは変調されていない搬送波の振幅，Bは変調波の振幅，pは$2\pi \times$変調波周波数，ωは$2\pi \times$搬送波周波数である．変調度を$m = B/A$で定義すると，被変調波は次式で表される．
$$e = (1 + m \sin pt)A \sin \omega t$$

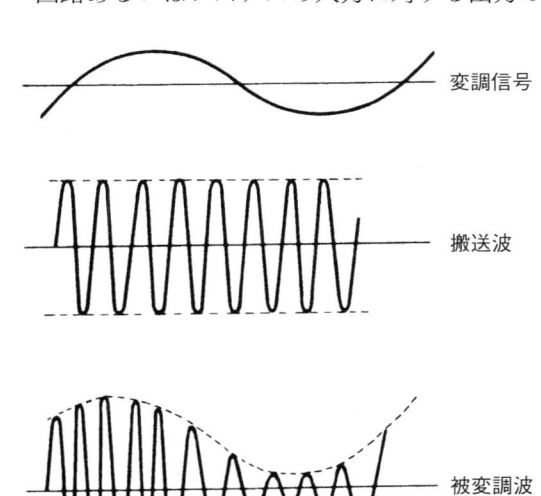

図a　振幅変調

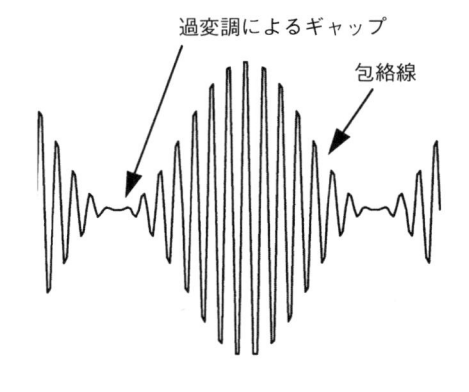

図b　振幅変調の過変調

変調度は搬送波振幅に対するパーセントで表示され，パーセント変調度という．

もし変調波のピークが搬送波の振幅に等しいとき，その瞬間被変調波の振幅は最低値のゼロになる．$B/A=1$ のとき，パーセント変調度は100%になる．さらに，変調波の振幅 B が大きくなると，過変調を招き，被変調波に"ギャップ"が生じる（図b参照）．この"ギャップ"は側波帯拡散と呼ばれるひずみを生じ，本来の伝送帯域の外側に周波数成分が発生する．このひずみは周波数が隣接している局に厳しい妨害を引き起こす．

変調度は搬送波の振幅に対する百分率として用いられ，パーセント変調度と称される．通常の変調（変調度波 m が1より小さいとき）においては，被変調は搬送波と搬送波の上側および下側の2つの側波帯からなり，情報は側波帯にある．伝送する前に搬送波と片側の側波帯を除いたものを単側波帯*またはSSBという．搬送波だけを抑圧することも可能である．→ 搬送波抑圧変調

変調信号が正弦波ではなく，離散的レベルであるとき振幅偏移変調（ASK）と呼ばれ，1と0のときは2値ASKとなりオン-オフキーイングとして知られる．搬送波が常に送られる2値の振幅変調は2トーン変調である．1つの搬送波に対し，周波数が異なる2つの正弦波により振幅変調する方法がある．通常，2つの正弦波の周波数差は170 Hzであり電信に利用される．

搬送波が振幅変調と位相変調（→ 位相変調）が同時に行われるとき，直交振幅変調（QAM）という．被変調波が一定で4つの位相をとるとき位相偏移変調（QPSK）という．QPSKは帯域外に妨害を引き起こす．帯域外の特性は位相が変化するタイミングで位相変化を減らすことにより改善できる．これを最小偏移変調（MSK）という．

振幅変調は無線周波数のC級増幅器を用いて達成される．搬送波は発振器で発生する．変調波は送信機に真空管が用いられる場合には変調信号に比例した陽極電圧（アノード変調）かグリッドバイアス（グリッド変調）を変化させて搬送波を変調する．あるいは，送信機にトランジスタが用いられる場合には変調信号に比例したコレクタ電圧かベース電圧を変化させて搬送波を変調する．どちらの場合においても出力は振幅変調された高周波である．→ 周波数変調

信頼性，信頼度，安定品質 reliability

種々の装置，部品あるいは回路が一定の期間，定めた状態のもとにおいて，必要とする機能を動作させるための能力（'時間'は距離，サイクルまたは他の適当な単位などに替えることができる）．信頼性特性値は信頼性を数値で表すために使用される諸量である．電子製品は，それらが極めて高い信頼性を有することから，故障*に関する事項で通常表すことにしている．

真理値表 truth table

論理記述の組合せにANDやORのような論理演算が使われている場合，真または偽のリストが正規の論理形式として使われる表のこと．真理値表はNAND*ゲート回路，フリップフロップ*回路のような二値論理ゲートの出力が，全ての入力の組合せに対し，論理回路*の動作に適合する記述に使われる．"真"という状態は論理1を表す電圧レベルに対応し，"偽"という状態は論理0に対応する電圧レベルになる．

ス

水銀蒸気ランプ mercury-vapour lamp

ランプとして用いられるアーク放電管．放電管内のガスは水銀蒸気で，アークは水銀電極間で起こる．水銀アークの光は非常に多くの紫外線を含み，放電管はガラス管内壁に蛍光材料（紫外線を可視光に変換する（→ 発光））を塗布した蛍光灯*として利用される．

水晶 quartz

自然界に産する二酸化硅素（SiO_2）の結晶．圧電特性を示し，圧電発振器*の圧電結晶としてよく用いられる．同時に優れた絶縁耐力*も有している．水晶は極めて細い強靭なフィラメント状に引き延ばすことが可能で，物理的にも化学的にも安定である．水晶ファイバは電位計*のような非常にデリケートな計測器の吊り下げ糸によく使用される．

水晶制御送信機 crystal-controlled transmitter

搬送波周波数が圧電発振器*でつくられる送信機．→ 搬送波

水晶制御発振器 crystal-controlled oscillator → 圧電発振器

水晶発振器 crystal oscillator → 圧電発振器

水晶発振器 quartz-crystal oscillator → 圧電発振器

水素電極 hydrogen electrode → 電気化学系列

垂直帰線消去 vertical blanking → ブランキング

垂直サラウンド音 vertical surround sound

垂直面に二次元音場を生成するように設計された音響システム．アンビソニック吸音再生法*およびHRTF*を含む方法が使われている．

垂直同期 vertical sync, vertical hold → テレビ受信機

スイッチ switch

1. 回路の開閉を行う装置．2. 与えられた離散的な値に動作条件によって回路を変化させる装置．3. ある動作モードに設定するために2つ以上の部品，回路を希望する素子に切り換える装置で，遮断機*のような機械装置またはバイポーラトランジスタ*，電界効果トランジスタ*，ショットキーダイオード*からできている．

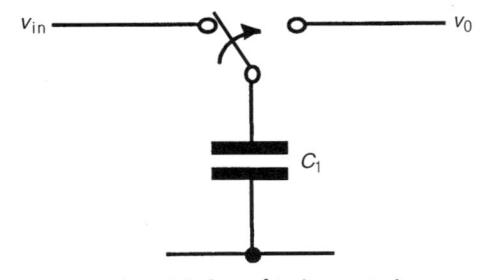

スイッチトキャパシタフィルタ switched capacitor filter

キャパシタ（コンデンサ）とスイッチで構成される集積回路*化したフィルタ*の一形式（図参照）．v_{in}とv_0の間はキャパシタの充放電を行い，抵抗に似た動作をし，キャパシタの容量に依存した平均電流を生ずる．大きな抵抗をつくることが困難であるMOS*技術でRC能動フィルタをつくる場合，スイッチトキャパシタを使えば集積回路に容易に構成できる．

スイッチトキャパシタフィルタ

スイッチドモード電源装置 switched-mode power supply

電源装置の一種であり，入力主電圧は非常に高い周波数で開閉するスイッチを通され，数10 kHz〜数MHzに変換される．これにより高周波波形を効率的につくり，つぎに低い電圧に変換，整流，平滑してDC出力を得ている．商用電源周波数で動作する電源よりも優れているところは，高周波では損失が十分に減らされるので変圧器*は非常に小形化できることにある．変圧器の価格は電源装置全体の主要な部分を占めており，このためスイッチドモード技術を使用して大幅な費用節約が提供できる．問題点はスイッチング素子により高周波雑音が発生することであり，フィルタを通し除去しなければならない．

スイッチングシステム switching system

電話または電気通信システムにおける呼び出しやディジタルメッセージを特定のチャネルや

ラインに切り分けるシステムの一部．スイッチングシステムの例は電話交換機である．⇒ ディジタルスイッチング

水平帰線消去 horizontal blanking ➡ ブランキング

水平サラウンド音 horizontal surround sound

水平面内に二次元音場を生成するように設計されたシステム．アンビソニックス（高忠実度再生）* および HRTF* を使ったシステム．

水平同期 horizontal hold ➡ テレビ受信機

水平ブリッジマン法 horizontal Bridgeman (HB)

ガリウムヒ素のような化合物半導体結晶* を成長させる一方法．成長処理にはボートを使用し，その内部で結晶を成長させる．ガリウムヒ素を作成する場合，純粋なガリウムおよび多結晶ガリウムヒ素を一緒のボートに乗せ，不活性ガスを満たした長い石英アンプル中に入れ，封じる．純粋なヒ素をアンプルの首の部分に置き，ガリウムヒ素の種結晶はボートの一端の位置に置かれる（図参照）．加熱ヒータはヒ素をガス化し，ボート中の材料を溶解するために使用される．温度分布を設けて，溶液がガリウムヒ素の融点温度に保持されるようにし，種結晶の領域ではちょうど凝固点より低い温度になるようにする．ガス化したヒ素はボート中でガリウムと反応を生じる．反応終了後，直ちにヒータに対するアンプルの位置を調整し，高温部からボートを離し長さ方向にゆっくりと動かす．ボートの形と同じの断面形状をもつ大きな単結晶をつくるには，結晶の成長が高温部を追いかけるように種結晶から生じさせる．この方法でつくられたガリウムヒ素はボート成長ガリウムヒ素とも呼ばれる．

水平偏光 horizontal polarization

1．電磁波の電界ベクトルが水平線と平行になっている偏光のこと．2．ダイポールアンテナ* の水平方向配列．

スインギングチョーク swinging choke ➡ チョーク

スウェルペダル swell pedal

電気楽器の出力の大きさあるいは音質を調整するのに使われるフットペダル（足で調整する），普通は MIDI* で使われる．語源はパイプオルガンから来ている．

数値化器 digitizer

連続量の信号を量子化* する装置．連続量の信号をディジタルの形で表す．

数値制御 numerical control

自動制御の種類で，ディジタル計算機のような制御装置で発生された数値で他の制御装置，特に工作機械のような自動機械を制御する．

スキップゾーン skip zone ➡ 無音域

スキュー skew

1カ所あるいはそれ以上の場所に到達した電気信号に大きな時間差が回路に生ずること．同期式論理回路* では全ての部品は同じ信号のクロックで動作させなければならない．クロック信号は回路を遅延することなく伝搬したり，ゲート通過により遅延したりする．そのような動作がクロック信号にスキューを生じ，回路の中の別々の部品に到着するクロックパルスの時間差を原因として回路が動作不能となる．

スクライビング scribing

半導体のウエハ* を個々のチップに切り分けるためダイヤモンド工具で精密な溝を彫る操作．チップ* には回路や回路部品が入っており，それをパッケージ化するための前工程である．レーザスクライビングはレーザ光を使って機械的加工よりも深い溝がウエハに彫れる．⇒ 切断

スクランブリング scrambling

通信信号をよりランダムに見せ掛けるため，時として信号にランダム波形を重畳させるが，しかし，直ちに受信器で元の信号に再生できるようにすること．スクランブリングは盗聴されるのを防ぐため，または信号処理回路をより効率的に動作させるために行う（ある種の等化器や同期技術は入力の信号がランダムであるとみなしている）．

スクリーン screen

1．陰極線管（ブラウン管）や映像を表示す

封じアンプル／GaAs 種結晶／溶解 GaAs／ボート／ヒ素

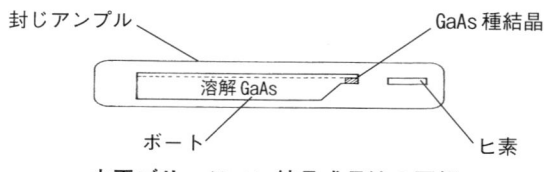

水平ブリッジマン結晶成長法の図解

るディスプレイ素子の表面．2．同義語：遮蔽（shield）．特定の領域に電界や磁界が通過するのを防ぐかまたは減少させるために用いる障壁や囲い．⇒ 電気遮蔽；磁気遮蔽

スクリーン付対線　screened pair　➡ 遮蔽対線

スケルチ回路　squelch circuit
　同義語：沈静化回路（quieting circuit）．無線受信機で到来電波がないとき，オーディオ周波数を制御する回路．⇒ 自動利得制御

図示記号　graphical symbols
　電子工学や電気通信，および関連分野において使用される，各種素子や装置を象徴する記号．本書では後付の表1に記載されている．

錫　tin
　記号：Sn．原子番号50の金属で腐食に対して良好な耐食性をもち，銅のような他の金属と容易に合金を形成する．はんだの材料として使用され，電子回路，電子素子や装置の半永久のオーミック接触を作成するために広範囲に利用されている．

進み電流　leading current
　起電力を印加したとき，流れる電流がその電圧より進む交流電流．➡ リード．⇒ 遅れ電流

進み負荷　leading load
　同義語：容量性負荷（capacitive load）．通常，抵抗とコンデンサからなる無効負荷*で，負荷の端子電圧より進んだ電流が流れる．純粋のコンデンサは90°，または4分の1波長進んだ電流を流すことになる．➡ 進み電流．⇒ 遅れ負荷

スタガアンテナ　staggered antenna
　同義語：エンドファイアアレイ（endfire array）．➡ アンテナアレイ

スタガ同調増幅器　stagger tuned amplifier ➡ 同調増幅器

スターター電極　starter electrode
　グロー放電管（➡ ガス放電管）において，グロー放電を開始するために用いられる補助電極．アーク放電を開始するためにも用いられる．スターター電極と陰極との間とは十分に高い電圧が印加される．ひとたびグロー放電が生成されると，必要な電圧が陽極に印加される．維持電圧は，放電開始電圧よりかなり低い．このような動作の方法によって，主回路を高い電圧から保護することができる．スターターは電極，主陽極がオフ状態の期間，放電を保持するために用いられる．

スタック　stack　➡ PUSH

スタティックメモリ　static memory
　蓄えた情報を保持するために新しい演算が要求されない固体記憶装置*．⇒ ダイナミックメモリ

スタティックRAM　static RAM　➡ 固体記憶装置

スタブ　stub
　マイクロ波や超高周波を用いるとき，伝送線路*と負荷*をインピーダンス整合*させるために使う素子．この素子は伝送線路と同じものを短く切り出しスタブを立ててつくる．そのスタブの位置や長さを調整し，最適なエネルギー伝送ができる．

すだれ状コンデンサ　interdigitated capacitor　➡ モノリシックコンデンサ

ステップ関数　step function　➡ 単位ステップ関数

ステップストレス寿命試験　step-stress life test
　1つのサンプルにいくつかの異なる電圧を順番に一定時間間隔で加える寿命試験*．各時間間隔内で所定の電圧を加え続け，一段階ごとに電圧を高くしていく．

ステップリカバリダイオード　step-recovery diode
　同義語：スナップオフダイオード，スナップバックダイオード．p-n接合において，キャリヤの蓄積*はデバイス動作に影響を与える重要な要因である．ダイオードは，順方向バイアス状態で注入された少数キャリヤがほとんど接合近傍に蓄積されるように作られているので，逆方向バイアスが加えられた直後では導通可能となる．ダイオードが順方向から逆方向バイアスに切り換えられると，ダイオードは短時間逆方向に導通し，全ての蓄積電荷が消滅すると電流は突然遮断される．それゆえ，ダイオードは電流が遮断されるまで，低いインピーダンスのままである．その後に逆方向電圧が，ダイオードの接合容量と外部回路によって定まる速さで，急速に加わっていく．遮断はピコ秒（ps）のオーダで起こり，立ち上がり電圧波形の前縁部

には多量の高調波を含んでいる．そのため，このダイオードは高調波発生器やパルス整形に用いられる．ステップリカバリダイオードの多くは，0.5〜5μsの比較的長い少数キャリヤ寿命をもつシリコンでつくられている．⇒ファストリカバリダイオード

ストークスの法則 Stokes' law ➡ 発光

ストッパ stopper
1. 寄生振動*，2. 半導体素子内のチャネルストッパ*．

ストッピングポテンシャル stopping potential ➡ 光電効果

ストリップ線路 stripline
誘電媒質（空気を含む）によって支持された1枚または複数の導体に沿ってマイクロ波信号を波動として伝搬するマイクロ波回路の総称．ストリップ線路は分布定数回路であり，その構造の一部にリアクタンスをもっている．ストリップ線路の実際例はマイクロストリップ*やコプレナー導波管*などである．

スナップバックダイオード snapback diode
同義語：スナップオフダイオード（snap-off diode）．➡ ステップリカバリダイオード

スノー snow
テレビジョン*やレーダ受信機*のスクリーンに現れる降っている雪のようにみえる不要なパターン．これは受信信号がないときや通常より低い送信電力のとき現れ，受信回路で発生する雑音により生じる．カラー受像管*ではスノーノイズはカラーとなる．

スーパーアロイ Superalloy
商標：磁束密度が低く，低ヒステリシス損失で高透磁率をもつ鉄，ニッケル，モリブデンの合金．

スパイク spike
急激に上昇し，すぐに急激に降下する波形．➡ パルス

SPICE（スパイス）モデル SPICE model ➡ トランジスタパラメータ

スパイラルインダクタ spiral inductor
モノリシックマイクロ波集積回路*中のインダクタンス部品．配線用金属線を用いて直線を折り曲げて螺旋形にしてつくられ，螺旋の中央との接続はエアーブリッジ*法を用いる．典型的なインダクタンス値の範囲は2〜20 nH（ナノヘンリー）．

スパーク spark
2点間に高電圧を印加したときに目に見える電離で起こる破壊的放電．スパークが通過すると空気が急激に加熱されるため，鋭いパチパチという雑音が発生する．走行する距離は，電極の形状と電極間の電位差によって決定される．スパークは必ずしも最短距離を進むわけではない．

特定の条件のもとでは，電極間の距離はスパークギャップと呼ばれる．内燃機関の点火の目的のように，特別な条件のもとでのスパークギャップでスパークを発生するためには特別に設計された電極が用いられる．スパークギャップ間の電位差がスパークに必要な値以下になると，絶縁が自動的に回復する．スパークはアークよりもかなり短い持続時間である．

スパークギャップ spark gap ➡ スパーク

スーパー再生受信 super-regenerative reception
検波器*がブロッキング発振器*になっている超高周波用の受信方式．発振が抑制されている周波数（クエンチ周波数）は受信電波の周波数の関数となっている．検波器で採用される正の帰還*を用いたこの受信方法により非常に大きい増幅度が得られる．しかしながらヘテロダイン受信*に比べ比較的感度*が低い．

スパッタエッチング sputter etching ➡ スパッタリング

スパッタリング sputtering
エネルギーをもつ重い粒子を固体の表面に衝突させ，その固体の表面から粒子を取り出す作用．その機構は，1種の運動量の交換であり，粒子として重量があり高速で進む衝突粒子が必要となる．アルゴンのように不活性な粒子が一般的に使われる．アルゴンイオンは，グロー放電からターゲット方向へ加速され，途中，イオンは中性化される．加速電圧は数百Vから数kVが一般的である．このプロセスは，半導体集積回路*形成のスパッタエッチングとして利用される．エッチングの特性は，一定のエッチング速度で試料材料に依存せず，高い異方性を実現できる．その過程では薄膜スパッタ堆積が行われる．ターゲットから取り除きたい材料を除去し，試料近傍に再堆積させる．この堆積プ

ロセスは，材料の組成を変えることなく合金を堆積するなど多目的に利用され，誘電体や絶縁物層の堆積にも利用できる．不活性化アルゴンガスの代わりに反応性ガスを用いることで，反応性スパッタリングが実現でき，半導体デバイスや集積回路作製においてエッチングや堆積などの幅広い応用性を与える．

スーパヘテロダイン受信 superheterodyne reception

入力周波数が音声周波数より高い受信方式．

スーパーメンデュア Supermendur

商標：磁心*などに使われる磁性体材料．これは，実質的に長方形の磁性ヒステリシス曲線*を示す．

スピーカ speaker

短縮語：スピーカ（loudspeaker）．

スピーカ loudspeaker

電気エネルギーを音のエネルギーに変換する音響装置．音響再生装置やラジオ受信機の最終段の部品である．その動作はマイクロホン*と逆であり，広い場所にも十分聞こえるように大きな音量を扱えるように設計されている．スピーカのほとんどのタイプはコイルと振動板を用いて，小さなコイルが振動板の中心に固定され，それが環状の磁界空隙を自由に動くようになっている．電磁石あるいは永久磁石によってつくられる強力な磁界が空隙と直交する向きに加えられる．オーディオ信号が交流電流としてコイルに入力され，その結果，電磁誘導*によりコイルが磁界中を動くことになる．振動板は交流電流と同じ周波数で振動することになる．このような構造のスピーカはダイナミックスピーカと呼ばれる．

スピーカマイクロホン loudspeaker microphone ➔ スピーカ

スピン spin

全ての元素の電子や陽子が本質的に保有する角運動量．原子の電子はまた，周回運動の結果としての角運動量ももっている．スピンは量子化された値で，スピン量子数（またはスピン）を s とすれば，粒子は整数またはその2分の1の値をもつ．電子と陽子はともに1/2のスピンをもつ．

原子の電子スピンによって磁界が発生する．そして電子の周回運動との相互作用により，電子は非常に近接した異なる2つのエネルギー準位中に存在することができる．スピンの1つの準位が＋1/2であると，もう1つのスピンは－1/2となる．なぜなら，電子のスピンは本質的に磁気モーメント*をもつ．

スピン依存電子散乱 spin-dependent electron scattering ➔ 巨大磁気抵抗効果

スピンFET spin FET

略語：スピン電界効果トランジスタ（spin field-effect transistor）．

スピン電界効果トランジスタ spin field-effect transistor（spin FET）

半導体電界効果トランジスタ*で，普通Cuなどの金属を用いるパッドをFeなどの磁性材料に置き換え，電子スピンの原理で動作するデバイス．磁性パッドは，そこのフェルミ準位の状態密度がスピンの上向きか下向きのチャネルかによって異なり，特定のスピン方向を選択的に注入したり検出したりする．二次元の電子ガス中でのスピン軌道の相互作用は，スピンが歳差運動をする原因となり，スピン方向はゲート電圧によって変えることができる．スピンFETの電流は，検出電極に対してスピン方向を変えることにより制御することができる．スピンFETは高速で，データの蓄積と処理の両方の動作をすることができる．➔ スピントロニクス

スピン電子工学 spin electronics ➔ スピントロニクス

スピントロニクス spintronics

情報伝達回路の動作に関連する電子のスピンを研究したり制御すること．スピントロニクスは，材料の物性的探求において，互いに関連する2つの話題で広く知られている．①磁性体/非磁性体の多層膜，顆粒状の膜，磁性体/酸化膜のトンネル接合，その他．これらは大形の磁気抵抗ヘッド*で用いられている．➔ MRAM ②微視的な磁性体/半導体のヘテロ構造，これはスピンFET*などで用いられている．今までの個体電子工学デバイスは半導体を基礎としてきたので，微視的な強磁性体と半導体のヘテロ構造でスピン電子を注入したり操作できることは，データの記憶と処理を同時にすることができる次世代のスピントロニクスデバイスの開発を牽引している．スピントロニクスデバイス

は次の3点で従来の半導体デバイスより優位性をもっている：①電子スピンを切り換える方が電荷を蓄積するより早い，②これらデバイスは消費エネルギーが少ない，③不揮発性である．つまり，電源を切っても情報が保たれている．

スプリアス除去 spurious rejection

希望受信チャネルに現れる信号を除去するラジオ受信機の性能．スプリアスはミキシングによりヘテロダイン受信機*で生じる．

スプレッドスペクトラム（スペクトル拡散） spread spectrum

搬送波を多数の予め決められた周波数の間で高速に切り替えるディジタル変調の一方式（広帯域のベースバンド信号で搬送波を変調して生成する方式もある）．同じ周波数幅を多数の送信機で共用する．→ディジタル通信

スペクトラムアナライザ spectrum analyzer

与えられた信号に含まれる周波数成分を測定する計測器．任意の複雑な周期信号は，いくつかの正弦波周波数をもつ成分の集合で合成され，いわゆるフーリエ解析*として示される．スペクトラムアナライザは信号中のスペクトル*を各正弦波の周波数に対してそれらの振幅をプロットする．単純な信号の時間領域*，周波数領域*について図に示されている．スペクトラムアナライザは周波数領域を表示する．周波数領域の応答を得るためにヘテロダイン原理（→ヘテロダイン受信）を利用している．多段にわたるミキシングおよび複数の中間周波数が一般的に使われる．第一局部発振器は鋸歯状電圧波で駆動される電圧制御発振器で，測定しようとする周波数範囲を掃引する．発振周波数を制御する鋸歯状電圧は同時にスペクトラムアナライザのCRT（→陰極線管）表示装置のX軸あるいは時間軸も駆動する．したがって，CRT上のX軸は周波数を表すことになる．入力信号は掃引された第一局部発振器信号とミキシングされると，第一中間周波数に変換される．その信号はCRT表示装置のある位置にあらわれる．IF段は表示信号の感度，帯域幅を決め，最終段は，スペクトラムアナライザの分解能を決定する．この最終フィルタ段は帯域幅を広範囲に変化でき，掃引周波数，掃引時間（周波数を制御する鋸歯状波の周期）に依存する．最新のスペクトラムアナライザは狭帯域分解能を達成するためにディジタルフィルタ*を使用している．そうすることで狭帯域応答速度の改善が可能になる．

スペクトル spectrum

特定の（電気）信号がもつ周波数領域．例えば，音響スペクトルは一般に 20 Hz～20 kHz に広がると考えられ，音響信号はこの範囲にあり，楽器はこの範囲で固有の周波数スペクトルあるいはスペクトル応答*をもつ．

スペクトル応答 spectral response

変換器*や回路または装置の入力信号として広い周波数帯域に渡り正弦波を入力したとき，それに呼応して出力に現れるスペクトルの振幅特性と位相特性を表すグラフまたは式のこと．

スペクトル解析 spectral analysis

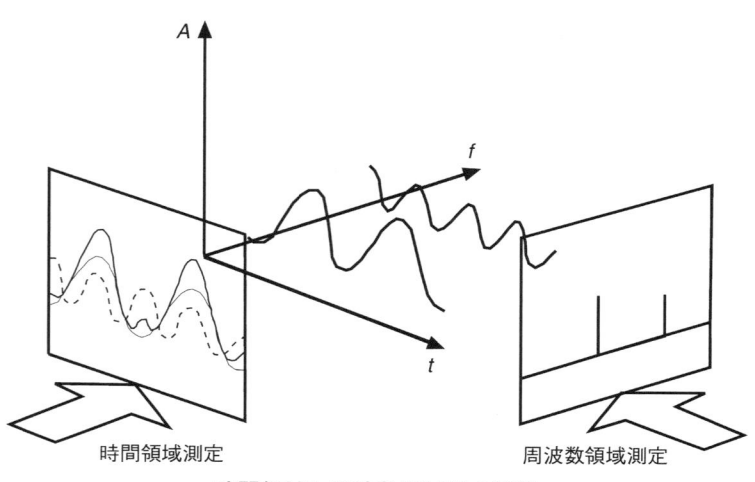

時間領域と周波数領域間の関係

ある信号を周波数領域*に変換して解析すること．実時間領域*で解析することに対比した表現．→ スペクトル

スペクトル特性 spectral characteristic

周波数に依存する多くの素子や回路，または他の機器の周波数に対する感度や相対出力を表すグラフ．

スペクトログラフ spectrograph

同義語：ソノグラフ（sonograph）．信号処理において音楽や会話のような信号を解析するする際に時間，周波数，振幅などを取り出す装置．スペクトログラフの出力はX軸を時間に，Y軸を周波数としてプロットしたスペクトログラムとして知られ，エネルギーは色あるいは明暗でマーキングされている．時間と周波数の間の精度についてのトレードオフは解析フィルタの帯域で調整される．このことは"広帯域"（良好な時間精度が必要なとき）"狭帯域"（良好な周波数分解能が必要なとき）と記述され，解析される信号の基本周波数を中心にして示される．出力プロットは広帯域あるいは狭帯域スペクトログラムとして知られている．

スペクトログラム spectrogram → スペクトログラフ

滑り線 slide wire

長さ方向の任意の点に接触を可能とする滑り電極を備えた均一な抵抗の線．滑り線はポテンショメータのような可変抵抗として，あるいは目的とする抵抗比（→ ホイートストンブリッジ）をつくるために使用される．全体の長さが1 mのものが一般に選ばれる．

スミス図表 Smith chart

伝送線路*のインピーダンス*や反射係数*を計算する図表で1939年P. M. スミスにより開発された．この図表は伝送線の長さとともに周期的に変化するインピーダンスと反射係数を合体したものでインピーダンス，アドミタンス，反射係数，VSWR*などを素早く算出することを可能にする（図参照）．

スミヤ smearer → パルス

スモールアウトラインパッケージ small-outline package

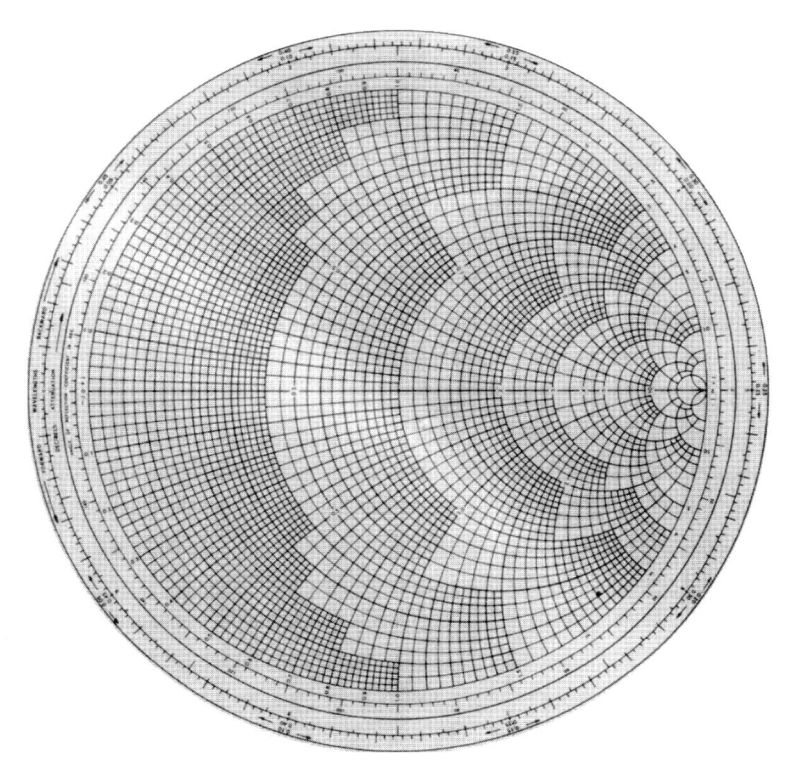

Tollit and Harvey Ltd, King's Lynn, UK.の許可により作成した．

インピーダンスについてのスミス図表

高周波回路において能動デバイスの非常に小容量のパッケージ．このパッケージは誘電特性に優れているセラミックでつくられ，寄生容量*を最小にするように設計される．能動デバイスを最大周波数で動作させることが可能になる．例としてスモールアウトラインダイオード，IC，トランジスタパッケージ（SOD，SOIC，SOT）がある．

スライサ slicer ➡ 制限器，リミタ

スライシング slicing ➡ コンパクトディスクシステム

スライス slice

同義語：ウエハ（wafer）．ICチップ*を製造する基板*として使われる半導体材料の単結晶．IC製造の前に単結晶はウエハの形状にスライスされる．

スライディングウィンドウ sliding window

送信機がいくつかの（送信窓のサイズに等しい）パケットを送り出すのに際して，最初のパケットを送り出したあと次のパケットを送り出す前に最初のパケットのアクノリッジ（受領信号）を待つようなフロー制御技術．このような方法によると，ネットワークにはウィンドウ幅分のパケットより多いパケットは存在しない．これは特に長い高速リンクにおいては，停止＝待ちのフロー制御より効率がよい．

スラグ同調 slug tuning

同義語：ミュー同調（permeability tuning）．➡ 同調回路

スラッシング thrashing

同じ2つのネットワーク間を接続する2つのルータ間でトラフィック負荷が振動する現象．2つのルータが同じ2つのネットワークに接続されるとき，1つのルータが他方のルータより一時的に利用量が少ないと他方のネットワークに対してあたかもこのルータがより速いパスのように振舞うようになってしまう．すると，動的ルーティングアルゴリズムは全てのパケットをこのルータを通じて通すようになり，待ち行列を溢れさせ，ルータを遅くさせてしまう．その合間，もう一方のルータは送るトラフィックが減り，待ち行列が空になり，そのため，今度はこれがより速いパスになる．

スルーパス through path ➡ 帰還制御ループ

スルーレート slew rate

電子回路やデバイスの出力がダイナミックレンジ*においてある限界から他の限界に移ることができる変化の割合．通常は$V/\mu s$で表す．

スレーブ回路 slave circuit

一連の動作を行うために外部からトリガ*またはクロック*を必要とする回路（いくつかのスレーブには同じトリガを加える）．一例として，クロック駆動フリップフロップ*およびスレーブ掃引，すなわちトリガ駆動の時間軸がある．

スロットアンテナ slot antenna

同義語：開口アンテナ（aperture antenna）．

スロット導波管 slotted waveguide ➡ 導波管

スロットマトリクス管 slot matrix tube ➡ カラー受像管

スロットライン slotted line, slotline

誘電体基板の表面上にある一対の導体平板からなる伝送ライン．導体間は空隙または溝で分けられている．特性インピーダンスは誘電体基板の厚さに対する溝の幅の比と基板の誘電率により決定される．

スロープ抵抗 slope resistance

電子デバイスの特定電極に印加した電圧の増分とそれに対応した電流の増加分の比である．スロープ抵抗は，差分抵抗つまり交流抵抗となる．例えば，バイポーラトランジスタ*のコレクタ抵抗r_cは，
$$r_c = \partial V_c / \partial I_c$$
で与えられる．ここで，V_b，V_eは一定であり，V_cはコレクタ電圧，I_cはコレクタ電流，V_b，V_eはベースおよびエミッタ電圧である．

スロープ変調 slope modulation

同義語：デルタ変調（delta modulation）．➡ パルス変調

セ

正イオン positive ion → イオン

正規化フィルタ normalized filter
　同義語：原形フィルタ（prototype filter）．1 rad/s の遮断周波数*で正規化された低域通過フィルタ．この正規化された原形フィルタから，他の周波数への変換あるいは他の形（高域通過あるいは帯域通過）への変換が非正規化*と周波数変換*で達成できる．

正帰還 positive feedback
　同義語：直結帰還（direct feedback）または再生（regeneration）．→ 帰還

正規分布 normal distribution
　同義語：ガウス分布（Gaussian distribution）．

制御 control
　制御系が物理系に影響力を示すことのできる機構．→ 制御系

正極ブースタ positive booster → ブースタ

制御系 control system
　プロセス制御系とサーボ機構に分類される．プロセス制御系では制御量または出力は外乱があっても，できるだけ一定値または入力値に保たれなければならない．サーボ機構にあっては入力は変化し，出力はできるだけ誤差なしに入力に追従しなければならない．

制御格子 control grid → 熱電子管
制御装置 control unit → 中央処理装置
制御電源 controlled sources → 従属電源
制御バス control bus
　データやアドレスではなく，チップイネーブル*，ライトイネーブル，出力ストローブなどの制御情報を伝送する特別な目的のコンピュータバス*．

制御巻線 signal winding → 磁気増幅器
正グロー positive glow
　同義語：陽光柱（positive column）．→ ガス放電管

成形ビーム管 shaped-beam tube
　文字や数字を表示するのに陰極線管*が使われる．この管に適当な電界や磁界を印加して必要な文字を発生する電子ビームをつくりだす．それによって文字の全ての部分がスクリーン上に瞬時に表示できる．

正弦形ポテンショメータ sine potentiometer → ポテンショメータ

制限空間電荷蓄積モード limited space-charge accumulation mode（LSA mode）→ 電子移行形デバイス

制限増幅器 limiting amplifier → 増幅器
正弦波 sine wave → 正弦波曲線の
正弦波曲線の sinusoidal
　正弦波関数に等しい曲線の波形をもつ周期的な量を表すのに使用する．

正孔 hole
　電子が熱励起によって価電子帯から消失したり，アクセプタ準位に捕獲（→ 電子-正孔対）されると半導体*の価電子帯*の中は電子にとって空のエネルギー準位になる．
　価電子帯中の隣接する電子はここへ移動可能であり，その動きは一個の自由な正の電子電荷が行うと同じ効果を生じる．この正の電荷を正孔という．
　電界の影響下では，正孔は隣接した電子と連続的に置換し移動する（→ 正孔伝導）．正孔の動きは，正の電子電荷をもつキャリヤであり，価電子帯内を動いて電流を運び，p形半導体内で多数キャリヤ*になる．

整合 matching → インピーダンス整合；負荷整合

整合終端 matched termination
　反射波が生じない回路網あるいは伝送路の終端．伝送路から到来する全てのパワーを全て吸収し，整合終端を形づくる負荷は整合負荷といわれる．

正孔注入 hole injection → 注入
正孔-電子対 hole-electron pair → 電子-正孔対
正孔伝導 hole conduction
　電界の影響によって結晶格子を通って正孔*が伝達される半導体の電気伝導．電界の影響で隣接した電子が動き，空孔が埋まり空孔が背後へ離れる．連続した交換の過程のために正孔の事実上の動きは同一方向への正電荷の動きと等

電子の移動

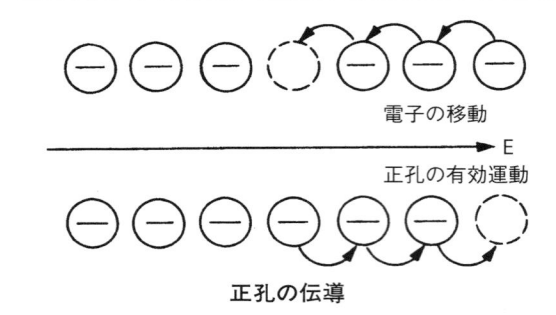

正孔の有効運動

正孔の伝導

しい（図参照）．正孔は正電界の方向に動く．

正孔電流　hole current
　材料内で正孔*の動きに関係して半導体*内を流れる電流．

整合導波管　matched waveguide　→ 導波管
整合負荷　matched load　→ 整合終端
正孔捕獲　hole capture　→ 再結合過程
正孔捕獲　hole trap
　ドナー不純物や格子欠陥のような半導体結晶内の格子が正孔*を捕獲する場所．

正孔密度　hole density　→ キャリヤ濃度
精細度　definition　→ テレビジョン
静止軌道　geostationary earth orbit, stationary orbit
　同義語：同期軌道（geosynchronous orbit）．地球を1周する周期が24時間であるような赤道上の衛星の軌道．このため，衛星は常に上空の同じ位置に見え，地上の点からの相対的な位置が静止している．静止軌道は赤道上の地表から約36,000 km上空にある．静止軌道上の衛星（GEOSと呼ばれる）は地上の特定の領域へのラジオおよびテレビを放送するために使われる．　→ 通信衛星

静止キャリヤ電話　quiescent-carrier telephony　→ 電話
静止点　quiescent point
　同義語：Q点（Q point）．トランジスタのような能動素子が動作していないときの特性曲線上の領域．

静止電流　quiescent current
　通常の動作をしている回路において印加される信号がなくなったときに流れる電流．

星状網・星状ネットワーク　star network
　ディジタル通信ネットワークで，種々の端末が単一の中央ハブにつながれた構造となっている．　→ 回路網

整数　integer
　整数またはコンピュータで整数を表す2進数データをいう．無限集合の中には多くの整数がある．
$$\{\cdots-3,-2,-1,0,1,2,3\cdots\}$$

正相　positive phase sequence (positive sequence)　→ 相順
整相　phasing
　テレビやファクシミリで走査線に沿って送られる絵の位置合わせ．

成層コア　laminated core　→ コア
精測進入レーダ　precision approach radar (PAR)
　空港に進入する航空機の位置について正確な情報を示し，航空交通管制として用いられるレーダシステム*．関連する航空機監視レーダシステム（ASR）は通常周辺の区域をスキャンするため単独で採用され，空港の周辺区域内の全ての航空機の距離と方位について航空（交通）管制官に連続した情報を与える．

成長接合　grown junction
　結晶が溶融状態から成長するときに単結晶の半導体中で形成されるp-n接合．半導体に加えられる不純物の量と種類は結晶成長の制御手法によって変えられる．拡散成長接合は成長接合が形成された後，半導体の中に不純物を拡散してつくられる．これにより要求される正確な不純物の注入量を定めることができる．

整定時間　settling time
　二次回路網*の過渡応答が，定められた電圧範囲内に落ち着くまでの時間．

正電荷　positive charge　→ 電荷
静電界　electrostatic field
　静止している荷電粒子に伴う電界．静電荷が分布している周囲の領域であり，この領域では静止した帯電粒子に力が作用する．⇒ クーロンの法則

静電気学　electrostatics
　静止している電荷およびそれに関連する現象に関して研究する学問．

静電集束　electrostatic focusing　→ 集束
静電スピーカ　electrostatic loudspeaker　→ スピーカ
静電単位系　electrostatic units (esu)　→ CGS単位系

静電電圧計 electrostatic voltmeter → 電圧計

静電電力計 electrostatic wattmeter → 電力計

静電発電機 electrostatic generator → 発電機

静電付着 electrostatic adhesion
互いに吸引する反対極の電荷があることによって，2つの物質間ないしは表面の間で作用する付着．

静電偏向 electrostatic deflection
電子ビームを偏向するための2つの金属電極の間に生成される静電界を利用すること．使用される電極は偏向板と呼ばれる．互いに直交する2対の平行板が陰極線管*のような電子ビーム装置に用いられ，2つの直交方向へ偏向を与える．⇒ 電磁偏向

静電放電 electrostatic discharge (ESD)
→ 電磁適合性

静電誘導 electrostatic induction
導体が，他の帯電した物体の近くにあると，その電界の影響により導体上に誘導される電荷分布．導体が正に帯電した物体の近傍にあれば，帯電物体の近くの領域は負に帯電する．離れた領域は正に帯電する．物体が負に帯電していればその逆の効果が観察される．

静電容量（電気容量） capacitance
記号：C，単位：F．絶縁された導体*あるいはいくつかの導体と絶縁体*の性質で電荷を蓄える．Q [C] の電荷が絶縁された導体の電圧を V [V] とすると，静電容量は Q/V の比で定義され，導体の大きさと形によって決定される．静電容量は絶縁された導体で一定である．

もし，絶縁された導体がもう1つの導体や半導体に空気や他の絶縁体で隔離して置かれたならば，これはコンデンサ*（キャパシタ）を構成する．この系に電界が生じ，導体間の電位差はこの電界によって決定される．静電容量 C は導体の電荷と電位差の比で決定される．⇒ 相互キャパシタンス；インピーダンス；直列；並列

静電容量形積分器 capacitance integrator → 積分器

静電レンズ electrostatic lens
静電的に電子線を集束するために電極が配置された電子レンズ*．→ 集束，⇒ 電磁レンズ

制動 damped → 減衰

制動放射 bremsstrahlung
電子が原子核の電場によって急激に減速したとき発生する電磁放射．→ X線

静特性 static characteristic → 特性

正変調 positive transmission → テレビジョン

成膜 deposition → 堆積

精密整流器 precision rectifier
p-n接合*ダイオードのターンオン電圧を消去する整流回路で，小振幅信号を正確に整流することができる．これは測定装置にとって重要である．精密整流回路の例が図に示されている．入力が正のとき，ダイオードは順方向にバイアスされ，電圧ホロア*のように動作し，$V^+ = V^-$ である．

整流形電圧計 rectifier voltmeter
入力部に整流回路*を内蔵した電圧計であり，交流電圧を整流して一方向の電圧に変換して測定する．

整流器 diode → ダイオード

整流器 rectifier
電流を一方向にのみ流す素子であり，それにより交流から直流への変換器として利用できる．単独で用いると入力する交流電流の半分を

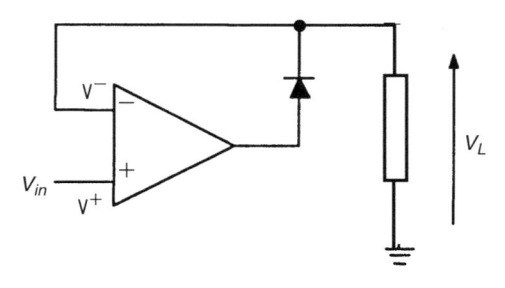

精密整流器

抑止あるいは減少できる（→ 半波整流回路）．全波整流器*は通常背中合わせに接続された2個の素子で構成される．最も一般的な整流器は半導体ダイオード*である．整流器の整流効率は交流入力電力に対する直流出力電力の比である．

整流器の出力は一方向に流れる電流になり，その電流は周期的に最大値までの増減を繰り返す．この最大値は交流入力のピーク値に対応している．通常その出力は，リプル*量を減らす目的で負荷に供給される前に平滑回路*によって平滑される．変動を含む出力は，一定な直流成分に交流成分が重畳していると考えることができる．

整流器漏れ電流　rectifier leakage current
→ 整流器

整流計器　rectifier instrument

整流器*を用いて被測定交流を一方向電流に変換し，交流測定に適応できるようにした直流計測器．広く用いられる構成は4個のダイオード*でつくったブリッジ回路*と可動コイル形計器*M（図参照）を組合せている．計器上の指示値は正弦波の交流入力波形に対する実効値*を示している．整流計器は，非正弦波の入力波形に用いた場合には波形誤差の影響を受けてしまう．

整流効率　rectification efficiency　→ 整流器
整流子　commutator　→ モータ
整流フィルタ　rectifier filter　→ 平滑回路
正論理　positive logic　→ 論理回路
SAINT プロセス　SAINT process

短縮語：n$^+$層への自己整合打ち込み技術（self-aligned implantation）．GaAsウエハ上にディジタル論理回路用の電界効果トランジスタ*を製造する方法．

世界に公開されたインターネットに関する各種の規約　request for comments　→ RFC

SECAM

略語（Acronym from *SE*quential *C*ouleur *A M*emoire）．フランスで開発され採用された線順次方式カラーテレビジョン*．⇒ PAL

赤外線影像変換器　infrared image converter
→ 影像変換器

赤外線画像　thermal imaging

同義語：サーモグラフィ（thermography）．対象物が放出する赤外線により画像をつくりだす方法．適切なレンズシステムを備えた撮影管*は，画像を得るために使われる．赤外線画像は，外部照明を必要とせず，夜間のような暗い中で画像が得られる．異常な温度分布の対象の領域を発見するための診断目的にも利用される．

赤外線放射　infrared radiation

可視スペクトルの赤の終端からマイクロ波領域までに広がる電磁波の部分．赤外線領域の波長は約730 nm〜約300μmの範囲にある．赤外線放射は加熱体から放出し，その放射電力はボロメータや熱電対列（→ 熱電対）および光電池*の素子で検出できる．

積算電力量計　integrating wattmeter　→ 電力量計

積層板　lamination

変圧器，変換器，リレー，チョークコイルなどに用いられるもので，表面を酸化したり，軽く塗装することによって表面処理した鉄あるいは鋼の薄板．積層板を使用することによって交流の応用部品で渦電流*を減少させる．

積分型周波数計　integrating frequency meter

同義語：マスタ周波数計（master frequency meter）．この装置を用い，特定の時間間隔内に生ずる周期波形の数を積分することで，交流電圧源の周波数を検査することができる．同じ時間間隔内に生ずる周期波形の数を比べることで規定した周波数が維持されているかどうか確認することができる．

積分器　integrator

数学の積分演算を実行する回路で，出力はおおよそ入力の時間に関する積分値となる．

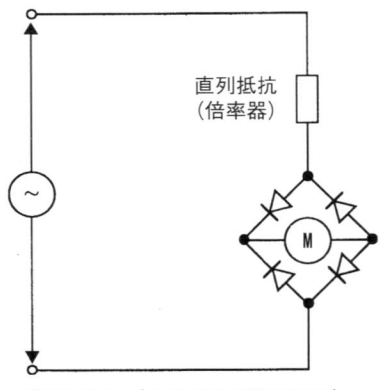

整流計器（交流電圧計使用例）

コンデンサ積分器はコンデンサと通常直列の抵抗を用いて積分を実行する．直流電流 I がコンデンサ C に流れるとき，コンデンサの両端の電圧は

$$V = \left(\frac{1}{C}\right) \int I \, dt$$

によって与えられる．コンデンサは電流を時間に関して積分する．

積和 sum-of product

入力デバイスが AND ゲート，出力デバイスが OR ゲートになっている論理回路*．すなわち，この回路は AND ゲートの出力が OR ゲートの入力になっている．

$$ABC'D + ABCD' + A'BC'D + AB'CD$$

のブール代数関数*のように表現が変数の肯定，否定を含む積項の和形式になっている．

セクトライゼーション sectorization

通信網の容量を増加するために無線通信網のセルをより小さい副セルに分割すること．例えば，セルを3つに分割するため1本の柱の上に120°のビーム幅アンテナを置き，分割前と同じ全領域をカバーする．

絶縁, 絶縁体 insulation

導体を絶縁する処理過程をいう．また，電気導体を絶縁するために使用される材料．

絶縁ゲート電界効果トランジスタ insulated-gate field-effect transistor (IGFET) → 電界効果トランジスタ

絶縁ゲートバイポーラトランジスタ insulated-gate bipolar transistor (IGBT)

MOSFET* と同様の高入力インピーダンスであり，わずかなエネルギーでスイッチ動作をさせることができる電力用電子デバイス．オン状態における出力の特性はバイポーラ接合トランジスタ*に似ており，低い電圧降下状態で大電流を通じる動作ができ，導通状態における電力損失の少ない特徴をもつ．IGBT の構造は，縦型 MOSFET を変形させたものと，出力部用バイポーラトランジスタ（図参照）を形成する半導体*層部とを組み合わせている．オフ状態においては，ゲート-ソース間電圧は入力部 MOSFET がしきい値電圧以下の状態であり，このため MOSFET はオフ状態であり，ドレイン-ソース間電圧は p ボディ部と n-ドリフト領域がつくる p-n 接合*間に加わり，そこを逆バイアスした状態となっている．このため素子にはほんの少量の漏れ電流が流れるだけとなる．オン状態では，ゲート-ソース間にしきい値電圧以上の電圧が与えられ，MOSFET は導通状態になる．電子の流れる電流通路が n^+ ソース領域と n^- ドリフト領域との間につくられる．この通路の電子電流は p^+ ドレインからの大量な正孔の注入を引き起こし，ドレイン-ソース間に p-n-p 構造のバイポーラ接合トランジスタを形成することになる．逆バイアスされていた p ボディ部と n^- ドリフト領域との p-n 接合は，このトランジスタのコレクタとなっている．これにより大量の出力電流を流せるようになっている．スイッチング時間は電力用 BJT と同等であり，およそ 1μ 秒である．

絶縁（分離）された状態 isolating

回路や素子が電源から切り離されている状態．通常は回路が切り離され，電流が流れ込めない状態．

絶縁障壁 insulating barrier

開閉装置すなわちヒューズのような電気装置

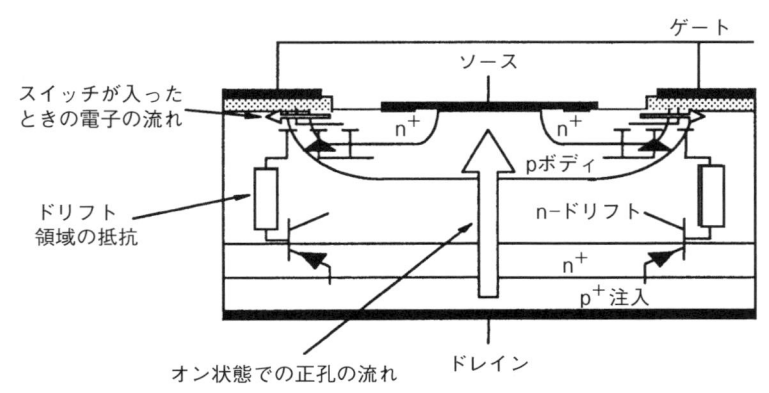

MOSFET と BJT の要素を示した IGBT の構造

に取り付けられた絶縁物の遮蔽物．これは電気装置と操作者あるいは装置の他の部分との間のアークの形成を防ぎ，怪我や損傷を防ぐ．

絶縁する　insulate
　絶縁物を用い導体を保護したり包んだりすること，そこを通る電流は目的とする通路に閉じ込められる．

絶縁層分離　dielectric isolation
　集積回路中において，個々の領域を分離する方法であり，特にバイポーラ集積回路*では拡散接合*による分離よりもむしろ絶縁物（誘電体）を用いて目的の領域を囲み分離する．絶縁層分離を行うには多種類の方法が用いられている．

絶縁耐力　dielectric strength
　単位：V/m．絶縁破壊が生ずるまで絶縁を維持できる最大電界値．

絶縁抵抗　insulating resistance
　通常は互いに絶縁されている2つの導体間の抵抗または導体で構成されたシステム間の抵抗をいう．その値は多くがMΩの値であるが，ケーブルの場合は1km当たりのMΩで表す．

絶縁物　insulator
　ガラスやセラミックスのような物質であり，電流に対して非常に高い抵抗値をもち，それを通る電流は通常無視できる．絶縁物は，導体から電荷や電流が失われることを防ぐために用いられる．⇒エネルギー帯

絶縁変圧器　isolating transformer
　電源から回路あるいは装置を絶縁するために使われる変圧器．この変圧器を使うことによって回路接続線なしにそれらの回路，装置に電源から電力を供給することができる．

接極子　armature
　磁気回路を形成したり，磁界によって電圧が誘起されるようにした電気的な装置の可動部．例えば電磁継電器*の可動接点．

設計規則チェッカ（設計ルールチェッカ，デザインルールチェッカ）　design rule checker (DRC)
　すでに配線され，対象の製造技術に関する基準に違反していないかを確かめる工程も経た回路について，配置形態を照査し検証するソフトウェアツール．

設計ルールチェッカ　design rule checker (DRC)　→設計規則チェッカ

接合　junction
　1．整流器や熱電対のように2つの金属などの異なる導電性材料の接合．2．電気的特性の異なる2つの半導体領域間の境界．→p-n接合．3．2つ以上の同じタイプの導体や伝送線路の部品間の接続．

接合形電界効果トランジスタ　junction field-effect transistor (JFET)　→電界効果トランジスタ

接合された　bonded
　電気的に接続された回路の金属部分を示す．それらは同電位である．

接触　contact
　電流が流れられるように2種の導体を一体にすること．導体間の界面における抵抗は接触抵抗である．金属と半導体間のオーミック接触*では，接触抵抗率は接触面に垂直に流れる電流の単位面積当たりの接触抵抗である．プレーナ構造においては，電流の最終的な向きは金属の面に平行（図参照）となるので，接触抵抗は次のようになる．この接触抵抗は，金属の縁部の場所において，金属とその金属に垂直な仮想した面との間で定義される．さらに転送距離 L は，金属の縁から半導体中に流入した電流が元の値の $1/e$ に下がる位置までの縁からの距離である．

　2種類の異なる導体物質を接触させた場合には，電位差が物質の接触しているところに発生

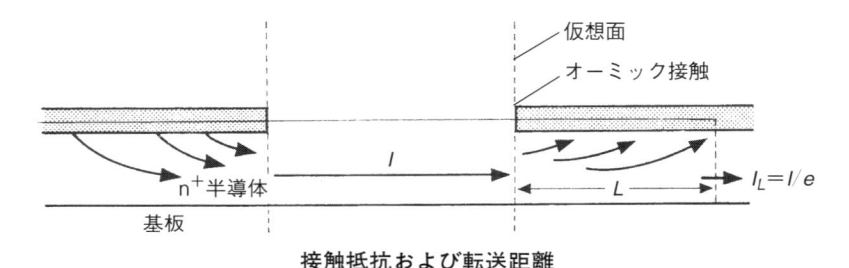

接触抵抗および転送距離

する．この接触電位は，2種類の物質の仕事関数*の違いによるものであり，通常その値は数10分の1Vのオーダである．接触が極性の異なる2種類の半導体間，または金属と半導体間で発生する場合には，内蔵電界がつくられ，そこは電流に対する接触抵抗としてもはたらく．⇒ p-n接合；金属-半導体接触

接触器 contactor
回路を自動開閉する使用頻度の多い開閉器．

接触雑音 contact noise → 雑音（ノイズ）

接触抵抗 contact resistance → 接触

接触抵抗率 specific contact resistance → 接触

接触電位 contact potential → 接触

接続機器 interconnector → トランクフィーダ

接続指向 connection-oriented
送信者と受信者の間に仮想リンクが確立するような通信プロトコルを指す．

絶対温度 absolute temperature → 熱力学的温度

絶対温度の単位 kelvin
記号：K．熱力学的温度*の基本的なSI単位*で，水の三重点の熱力学的温度の1/273.16で定義される．三重点とは，密封された真空フラスコ内に純粋氷と空気に触れていない水そして水蒸気が平衡して共存する状態を表す．摂氏温度（℃）とは，
$$t\ (°C) = T - 273.15\ [K]$$
の関係があり，Tは熱力学的温度で，273.15 Kは氷点温度に相当し，摂氏温度のゼロである．絶対温度は温度差の単位に使われるが，この場合，摂氏温度の温度差と同じである．

絶対電位計 absolute electrometer → 吸引板電位計

絶対零度 absolute zero
熱平衡にある系の粒子のランダム運動のエネルギーがゼロである温度．熱力学的に最低の温度で，熱力学的温度*目盛のゼロ．

切断 sawing
半導体ウエハ上につくられた各チップ*をICパッケージに入れるため分断する方法で，高速回転の精密な円盤状刃物で切る．ウエハ*は円盤状刃物の下にある台の上に取り付けられて移動する．その刃物の典型的な厚さは3から15μmで，その刃はダイヤモンドコーティングされている．⇒ スクライビング

接地 earth
同義語：グランド（ground）．1．地球のように大きな導体で，電位がゼロとされる．2．導体と接地（アース）の接続．電気装置の実質的な接地は水道管への接続で行う（現在では専用接線が設けられている）．また，接続は接地電極，すなわち湿った土に埋められた大きな銅板も用いられる．3．接地に対してゼロ電位である電気回路あるいは素子の部分．4．電気回路あるいは素子を接地に接続すること．

接地 ground
米同義語：接地（earth）．

接地基板 ground plane, earth plane
回路に隣接して置かれている導電性の金属シート．これは回路の任意の点に低インピーダンスの接地を与えるために使われる．例えば，両面プリント回路の一方の面が接地基板として使われる．一方の面のプリント回路からもう一方の面に接続すれば簡単に，回路の任意の点から基板を通して接地できる．

接地電極 ground electrode
同義語：米国での接地電極（earth electrode），接地板（earth plate）．→ 接地

接地バス（母線） earth bus → バス（母線）

接地板 earth plate, earth plane
同義語：接地電極（earth electrode）．→ 接地

接地容量 earth capacitance
回路あるいは装置と地電位*の点の間の静電容量．

節点電圧 node voltage → 回路網

節点電圧法 nodal analysis
回路網解析または回路解析法でキルヒホッフの電流則を使って全ての未知節点電圧を求める方法．

セットアップスケール計測器 set-up scale instrument
同義語：ゼロ点抑制計測器（suppressed-zero instrument）．

zパラメータ z parameters → 回路網

z平面 z-plane → z変換

z変換演算子 z transform operator → z変

換

Z変調（陰極線管の） z-modulation ➡ 輝度変調

ゼーベック効果 Seebeck effect ➡ 熱電効果

SEM
略語：走査電子顕微鏡（scanning electron microscope）. ➡ 電子顕微鏡

セラミックコンデンサ ceramic capacitor
誘電体材としてセラミックを使っているコンデンサ．このコンデンサの特性は使用している磁器の電気的特性によって決まる．すなわちこの電気的特性は広範囲に変わるが，ほとんどのものが高い誘電率をもつため，他のタイプのものより形状の小さいコンデンサが可能になる．

セラミックピックアップ ceramic pick-up ➡ ピックアップ

セラミックフィルタ ceramic filter
共振器*要素として圧電結晶*，鉛を含むジルコン酸塩チタン酸塩（PZTという）を使った高い選択性をもった帯域フィルタ．セラミックフィルタの電気的等価回路は1つのLC回路となる．セラミックフィルタは同一中間周波数にすることが可能である．セラミックフィルタはそれに相当する水晶フィルタに比べQ値*あるいは選択度*は低いが廉価である．➡ フィルタ

セルシウス温度 degree Celsius
同義語：摂氏温度（degree centigrade）. 温度記号：°C. ➡ 絶対温度の単位

CELP
略語：符号励振線形予測（code-excited linear prediction）. ➡ 線形予測

セルラー移動通信 cellular communications
サービスエリア内であればどこでも非常に多くの移動体無線から全領域へ送受可能な通信システム．最初は特定の場所から強力な信号を送信するシステムで，強力な信号が新たに送信されるまで送受信号が弱くなっても送信し続けるシステムであった．この通信システムはパソコンと送信機で構成され，移動電話またはマルチメディア通信装置と称された．マイクロ波回線や地上回線を介して基幹ネットワークに接続するために送信機は地上局に固定された．この方法の代わりに人工衛星ベースのシステムも使用され，その場合は別の地上局と信号のリレーを行う．

セレン selenium
記号：Se. 半導体素材*，原子番号34．灰色の同素体のセレンは光に対して感度が高く，光導電材料あるいは光電池*として多く用いられる．また，化合物半導体*においてn形不純物として使われる．

セレン整流器 selenium rectifier
セレンと鉄の接合でできたショットキーダイオード*で構成され，整流器*として使われる．この接合を直列に積み重ねて所定の整流器を組み上げている．

ゼロIF zero IF ➡ 直接変換受信機

零位法 null method
同義語：平衡法（balance method）と同意語．抵抗や静電容量の値を正確に測定する方法で，同種のもう1つの素子を可変し，平衡させて測定する方法．異なった回路内の電圧は指示装置の応答がゼロになるように調整する．零位法として最も知られた例はホイートストンブリッジ*で，今でも多くのブリッジ回路に使われている．

零位法（平衡法） balance method ➡ 零位法

ゼロクロス zero crossing
信号が振幅値のゼロを横切る瞬間．ゼロクロスの方向－上昇あるいは下降－はそれぞれ正のゼロクロスあるいは負のゼロクロスと呼ばれる．

ゼロクロス検出器 zero-crossing detector
信号のゼロクロス*を見つける回路．典型的な回路に比較器*がある．

ゼロ誤差 zero error ➡ 目盛り誤差

ゼロ電位 zero potential ➡ 地電位

零点検出器 null-point detector
ブリッジ回路*を用いて平衡点が見つかったときゼロ応答になる計測器．直流電流ブリッジ回路は高感度な検流計を用い，平衡状態が得られると検流計はゼロ表示になる．交流電流ブリッジ回路は時折，高感度なスピーカを用い，通常はヘッドホンを用いる．ブリッジが平衡点に達するとその音は聞こえなくなる．

零点抑制した計測器 suppressed-zero instrument
同義語：計測器の目盛り調整（set-up scale

instrument). 測定器または記録計の零の位置を計測範囲外に設定すること．あらかじめ設定された値に計測値がなるまでは測定値に変化はない．

ゼロ復帰　return to zero（RZ）　➡ 非ゼロ復帰

ゼロレベル　zero level

通信システムに用いられる，雑音*や送信信号の相対的強度と比較するための任意の参照レベル．

遷移　transition

原子の2つのエネルギー準位*間の突然の変化．遷移は光電効果のような光エネルギーの吸収によって引き起こされるか，励起状態の原子が低いエネルギー状態へ戻ると現れる．後者の場合，光エネルギーの放出が付随する．両者の効果は，レーザ*で使われる．

遷移帯域　transition band

電気的フィルタの通過帯端*と遮断帯端の間の周波数遷移領域．

前縁（パルスの）　leading edge (of a pulse) ➡ パルス

全加算器　full adder　➡ 加算器

線間電圧　voltage between lines, line voltage

単相電力系統の2線間の電圧または対称3相電力系統の任意の2線の間の電圧．対称6相電力系統では，相回転に従って6線が六角形の周囲を回るように配線される．連続した2線間の電圧が環状6相電圧の線間電圧である．デルタ電圧は1つおきの線間電圧である．対角電圧は，六角形の対角の位置にある線間電圧である．

漸近　asymptotic

与えられた値あるいは条件に近づくこと．二次元の曲線に近づくが決して接しない直線は曲線に漸近するという．

線形　linear

1. 構成する部品が直線的に配置された素子や装置を表す．2. 出力がその入力の値に直接比例し，入力とともに連続的に出力が変化する素子を線形増幅器*という．

線形アレイアンテナ　linear array antenna

線状に配置された同じ形のアンテナ素子から構成されるアンテナ．これらの素子は信号が同じ位相で給電されるとアレイはブロードサイドモード（➡ アンテナ列）で動作する．もしこれらの素子間で電気長*（➡ 電気的次元）により異なる位相で信号が給電されるとアレイはエンドファイアモードで動作する．フェイズドリニアアレイはスキャニングアレイを形成するために任意の方向で最大放射となるように各素子への給電位相が調整されている線形アレイアンテナである．⇒ 平面アレイアンテナ；対数周期アンテナ

線形位相応答　linear phase response　➡ 位相応答

線形インバータ　linear inverter　➡ インバータ

線形回路　linear circuit

入力の線形関数として出力が連続的に変化する回路．

線形回路網　linear network　➡ 回路網

線形加速器　linear accelerator

電子や陽子が真空容器の中を直線状に加速を受けながら進行する粒子加速器*．その加速はクライストロン*やマグネトロン*の高周波出力に含まれる電界ベクトルによって行う．

定在波加速器は真空容器内にある一連の同軸状円筒電極間に高周波電源から出力電圧を加え，すべての電極間に定在波を生ずる．その定在波は軸方向に配列した電界ベクトルで構成される．電子はそれらの電極間の空隙でのみ加速される．その電極の内部では電子が次の電極に向かってドリフトするだけである．そのため，電極をドリフト管と呼ぶ．ドリフト管の長さと高周波電源の周波数は，常に電子がドリフト管から空隙に出るたびに電界ベクトルの位相が加速モードになるように決める．粒子のエネルギーが増大すると粒子の速度も速まり電界との位相関係を維持するためには，ドリフト管の長さを次第に長くする．

高いエネルギー粒子は，長い導波管*を加速容器とする進行波加速器で得る．高周波の進行波*は，高出力電源を用いて導波管内に大振幅の進行波を励振し，その進行波の位相速度を加速された電子の局部速度と等しくする．その結果，高周波電力は電磁波動から加速電子に転送される．なお，その高周波電力は長さに沿って一定間隔ごとに配置された複数のクライストロ

ンを用いて出力を増加する．

線形系　linear system

複数の信号が入力された系ではその出力は個々の入力信号に対する系の応答の和，すなわち重ね合わせとしてその出力を得ることができる．例えば系への入力波形 $x_1[t]$ に対し出力 $y_1[t]$ が得られ，入力 $x_2[t]$ に対し出力が $y_2[t]$ であるとき，入力が $\{x_1[t]+x_2[t]\}$ であるとき出力が $\{y_1[t]+y_2[t]\}$ になるならばその系は線形系である．

線形系は重みつき入力に対してもやはり出力は重みつき出力の和となる．すなわち入力 $\{ax_1[t]+bx_2[t]\}$ に対して出力は $\{ay_1[t]+by_2[t]\}$ となる．ここで a と b は定数である．

線形時間軸発振器　linear timebase oscillator

時間軸*用の電圧波形としてのこぎり波を発生する弛緩発振器．

線形走査　linear scan

1. 陰極線管（CRT）の電子ビームを掃引する一方法で，偏向板あるいは偏向コイルにのこぎり波を印加し，画面上のビームを一定速度で走査する．⇒時間軸．2. 一定の角周波数でレーダビーム*を動かす走査方法．

線形増幅器　linear amplifier　→増幅器

線形デルタ変調　linear delta modulation (LDM)　→パルス変調

線形ビームマイクロ波管　linear-beam microwave tube

同義語：O形マイクロ波管．→マイクロ波管

線形ブロック符号　linear block codes　→ディジタル符号

線形変換器　linear transducer　→変換器

線形予測　linear prediction (LP)

線形系*からの出力波形を予測するために，広く採用されている方法．発話中に生成された音響波形のモデル化において特殊な用途がある．音声符号化や音声解析，音声合成の基礎として使用される．音声符号化に使用される場合，線形予測符号化方式（LPC）として知られている．線形予測は，「音声は，声道のホルマント*（共鳴周波数）を励振している音響励振波形の観点から，記述可能である」という事実に基づいている．例えば「feed」や「card」などの音声に含まれる母音のように，ホルマントに関連するピッチ*（音の高さ）をもつ音声信号については，ホルマントは，声門の気流*により結果的に生じる，周期的な音響波形によって励振される．このことは，狭いパルスの列は音響励振で，全体を通じて 0 dB/oct の平らなスペクトル形状をもつこと，また，各パルスは声帯が閉じた結果であることを前提としている．個々のパルスに対するホルマントの応答は，ホルマント周波数において正弦波になり，その振幅はホルマントの帯域幅に依存して指数関数的に減衰する．そこで，ホルマントからの個々の出力サンプルは，前の出力サンプルから数学的に予測されうる．

音声信号の線形予測解析では，スペクトル推定は全極形フィルタ（周波数応答に極*のみが存在する）に基づいて行われる．全極形フィルタでは，スペクトルの平らなパルス波形入力に対する出力を解析対象の音声信号と比較したときに，2乗誤差が最小となる．線形予測音声解析は，キーとなる5つの仮説に基づいている；①有声音声生成期のホルマントの共鳴は，直前に発生した声帯励振音響圧パルスだけに依存している；②ホルマント周波数は，各周期の間は一定のままである；③ホルマント帯域幅は，各周期の間は一定のままである；④声道の応答は，どの音声信号に対しても，ホルマントの観点から完全にモデル化できる；⑤声道に対する音響励振はスペクトル的に平坦（0 dB/oct）であるとモデル化できる．実際にはこれらの仮説（からのずれ）の影響を軽減するために，線形予測は入力フレームの 10～25 ms 分に対して通常は実施される．

予測された音声と入力音声との誤差は残差として知られている．残差は予測不可能なので，各励振パルスのところで大きな不連続性を示す．線形予測符号化（LPC）が転送用の音声符号化法として使用される場合，残差も追加データとして送信され，より自然な音声出力が達成される．残差は，残差励振線形予測符号化方式（RELP），または残差パルス線形予測符号化方式（RPLPC）における LPC モデルを励振するために使用される．線形予測符号化方式に基づいて再合成された音声の，自然性を向上するもう1つの手法としては，励振信号を各周期中に振幅が変化するパルス列として符号化

する方法がある．この手法はマルチパルス線形予測符号化方式（MPLPC）として知られている．他に，コード励振線形予測符号化方式（CELP）では，再合成のための励振信号は，保存されている符号データ（コードブック）から選択される．符号データは，平均値が0のガウス系列で構成されている．似たような方式に，ベクトル総和励振線形予測（符号化）方式がある．この方式では，励振信号は保存されているベクトルの線形和で再構成される．

線形予測符号 linear predictive coding（LPC） ➡ 線形予測

閃光アーク flash arc
　高電圧熱電子管*の電極間の突然の破裂放電で，必ずしも電子管が破壊するわけではない．

全高調波ひずみ total harmonic distortion（THD） ➡ 高調波ひずみ

センサ sensor ➡ 変換器

センサ素子 sensing element ➡ 変換器

線周波数 line frequency ➡ テレビジョン

線順次方式カラーテレビジョン line sequential colour television
　各映像信号（赤，青，緑）が1つの走査期間で順々に送られるカラーテレビジョンシステム*．

前進波増幅 forward-wave amplification ➡ 進行波管

全静電容量 total capacitance
　あるシステムにおける一導体と，そのシステム中の電気的に接続された他の全導体との静電容量．

選択繰り返しARQ selective repeat ARQ
　受信側が誤りのあるパケットを検出し，送信側に誤りパケットのみ再送するよう正確に連絡をする誤り制御プロトコルの方式．そのため，バッファ（緩衝器）の窓サイズは受信機が保持している伝送窓のサイズと等しくなければならない．⇒ go-back-N ARQ方式［ARQはAutomatic Repeat-reQuestの略語．］

選択性フェーディング selective fading ➡ フェーディング

選択的干渉 selective interference
　狭い帯域内に複数の信号周波数が存在するときに生ずる無線周波数信号同士の干渉．

選択度 selectivity
　同調*した無線波とは異なる搬送波*を弁別する無線受信機*の能力度合を表す．選択度は通常グラフで表示され，特定の変調率*や変調指数*および変調周波数において，電力比E/E_0を周波数に対しデシベルで表す．ここでE_0は共振周波数f_0の出力電力で，Eは周波数fにおいて出力E_0を得たときと同じ入力電力を加えたときの出力電力である．
　搬送周波数は受信機が同調している共振周波数f_0から離れており，一定出力を保つためにはその入力電力を増加しなければならない．選択度のグラフはその増加倍率を示す．選択度曲線を求めるときは受信機内の任意の自動利得制御*の動作を止める必要がある．

センタム呼秒 centum call second（CCS） ➡ ネットワークのトラフィック測定

センチ centi
　記号：c．単位の接頭辞で，その単位の10^{-2}の約数を表す．1 cmは10^{-2}mに等しい．

全地球測位システム ➡ GPS

前置増幅器 preamplifier
　メイン増幅器に入力する前に受信した信号を増幅するために無線受信機*などに用いられる増幅器．

全通過回路網 all-pass network ➡ 回路網

全二重 full-duplex
　同時に双方向への情報伝送ができる通信路のこと．➡ 半二重

全二重方式 duplex operation
　双方向で通信チャネルの運用が同時に行われること．半二重はある時間はどちらかの方向に限定される場合をいい，同時に双方向の運用は行われない．➡ 単信方式

全波整流回路 full-wave rectifier circuit
　単相交流入力の正および負の両方の周期を整流し，一方向の電流を負荷に流す整流回路*（図参照）．⇒ 半波整流回路

全波双極子アンテナ full-wave dipole ➡ 双極子

全方向アンテナ omnidirectional antenna
　方位方向（垂直軸回り）では同一の放射または受信特性をもつアンテナ*で上下方向では大きく変化する．双極子*は1つの例．

入力　全波整流回路　出力

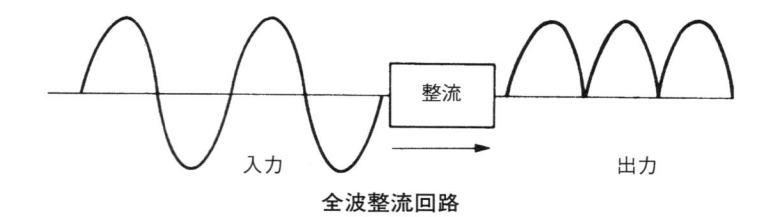

全放出電流　total emission
　通常の加熱状態において陰極からの熱電子放出*により得られる電流のピーク値．陰極および他電極をもつ管の陽極は，飽和を生じさせるような高電位に上げておかねばならない．

専用テレビジョン　closed-circuit television (CCTV)
　放送用テレビジョンではなく，テレビジョンカメラと受像機の間が閉回路となっているテレビジョン*システム．専用テレビジョンは，工業用，教育用に多用される．保安システムにもその例がある．

線路通信　line communication
　放送や電話のような，電線や導波管のような物理的な通流路による2点間の通信．

ソ

SAW
　略語：表面弾性波（surface acoustic wave）．→音響波デバイス

層　layer
　通信ソフトウェアは層に分割でき，各層は特定の作業を分担する通信規約を提供する．例えば，ネットワーク層通信規約は多くの中間ノードを通じて送信者からパケットを受け取り，受信者へ届ける役割を負う．データリンク層通信規約はローカルイーサネットLANのように共有したメディアへのアクセスのやりとりをさせる役割を担う．よく引合に出されるモデルはISOのOSI*7階層通信規約スタック．これには，アプリケーション，プレゼンテーション，セッション，トランスポート，ネットワーク，データリンク，物理という各層がある．

双安定　bistable
　1．2つの安定状態．2．短縮語：双安定マルチバイブレータ（bistable multivibrator）．2つの安定状態をもった回路．→フリップフロップ

掃引　sweep　→時間基準

掃引周波数　sweep frequency　→時間基準

掃引電圧　sweep voltage
　陰極線管*において適切な偏向板または偏向コイルに入力すると，電子ビームの水平または垂直の偏位を生じる，内部または外部の時間基準*からの出力電圧．

掃引発振器　sweep generator
　同義語：時間軸発振器（timebase generator）．→時間基準

双円錐アンテナ biconical antenna

広帯域アンテナ*で，互いに無限の広がりを有する2個の導体円錐の頂点と頂点を間隔をおいて設置し，2頂点間に電源を置いたアンテナである．実際の円錐は何本かの円筒状の棒，代表的なものは6本，で構成された切り縮められた形をしており理想構造を模擬している．中心間隔の寸法と棒の本数は実用上の周波数特性の上限，下限を決定する．ボウタイアンテナは円錐アンテナを簡略化したもので，各円錐は金属の平らな三角形の板か三角形の端の境界を円筒で成形したものである．ボウタイアンテナは全双円錐アンテナより低域に広い特性を有するアンテナである．⇒ バイログアンテナ

騒音計 sound-level meter

音の強さ*を考慮した値を与える装置．耳の周波数に対する感度変化を補正するために測定された音圧レベル*に周波数の重みを加えることにより達成される．

装荷 loading ➡ 伝送線路

装荷コイル loading coils ➡ 伝送線路

相関 correlation

複数の信号がどれほど似ているかを比較または類似度合を見分ける過程．2つの信号を互いに比較する過程を相互相関という．ある信号をそれ自体と比較する過程を自己相関という．相関関数とは，時間遅れが異なる2つの信号を掛け算した式で定義する．遅延時間に対し相関関数にピークがあると，その2つの信号はある周期的な遅れがあることを示す．そのピークに対応した遅延時間が，波形の一周期である．

相関関数 correlation function ➡ 相関

双極子 dipole

1. 短縮語：電気双極子 (electric dipole)．ダブレット．等しい量の異種電荷を非常に接近させて置いた系．双極子を変形することなく一様電界に沿って一直線に置くと，回転モーメントを発生させる．電荷とそれまでの距離の積は双極子モーメントである（記号：p）．双極子モーメントは電界強度 E に依存し，トルク T は $T = p \times E$ である．ある分子は正，負電荷が実効的な中心をもち常に分離されている．これらは双極子分子と呼ばれ，荷電中心が偏極したことによる電界によって双極子モーメントが誘起されることもある．⇒ 磁気モーメント．2.

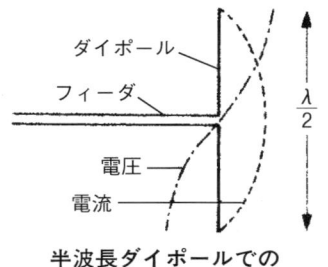

半波長ダイポールでの電流と電圧の分布

短縮語：ダイポールアンテナ (dipole antenna)．一般に3GHz以下の無線周波数で使われるアンテナ*である．ダイポールアンテナは中央給電を行う開路アンテナで電流定在波の対称点になっているアンテナの中央部を励振する．ダイポールアンテナには何種類かのタイプがある．半波長λ（図参照）に等しい長さの半波長ダイポール；一波長に等しい長さの全波長ダイポール；2本の半波長ダイポールを波長に比べて十分短い距離だけ離して平衡に置き，それらの端を結合させた折り返しダイポール；2本以上の半波長ダイポールから構成される多重折り返しダイポール．

双極子分子 dipole molecule ➡ 双極子

双極子モーメント dipole moment

同義語：電気モーメント (electric moment)．➡ 双極子

双極スイッチ double-pole switch

独立した2つの回路を同時に開閉できるスイッチ．

相互インダクタンス mutual inductance ➡ インダクタンス；電磁誘導

総合効率 overall efficiency

電源から供給された電力に対する負荷*で消費された電力の比率．

走行時間 transit time

電子デバイス内のある点から別の点まで，特定の条件のもとで，キャリヤ*が直接移動するのに要する時間．走行時間は，動作条件，デバイス構造，そして半導体中のキャリヤの速度に依存する．キャリヤの蓄積*がない場合，通過時間は，素子の動作可能な最高周波数を実質的に制限する．

相互キャパシタンス mutual capacitance

2つのコンデンサが互いに影響し合う程度を示すもの．これは一方のコンデンサに電位差を

与えたとき，他方のコンデンサに現れる電荷量の比で表される．

相互作用空間　interaction space

大雑把な表現としては電子管内の電極間空間のことで，電子が交流磁界と相互作用する空間を表す．

相互枝路　mutual branch

同義語：共通枝路（common branch）．→ 回路網

相互接続フィーダ　interconnecting feeder → トランクフィーダ

相互相関　cross correlation → 相関

相互ネットワーク　bilateral network

同義語：双方向ネットワーク（bidirectional network）．→ ネットワーク

相互変調　intermodulation（IM）

非線形部品または不要波を発生する回路の能動素子において信号内の2つの異なる周波数成分の混合．仮に周波数 f_1 と f_2 が非線形素子に加えられると図aに示すように新たに成分が生じる．これらの周波数成分は相互変調積と呼び，元の信号からのひずみ*である．相互変調積は例えば三次は2つの周波数の全ての重積を意味する．すなわち $3f_x$ と $2f_x \pm f_y$．n 次の非線形は n 次および低次積を生じる．

n 次インタセプトポイントは入力信号の外挿値と n 次の不要波が等しくなる想定上の入力の信号の振幅を表す．n 次インタセプトポイントは IP_n で表され能力として測定される．インタセプトポイントの定義を図bに示す．ひずみは入力信号を1dB増加するごとに n dB だけ増大する．インタセプトポイントにおける出力は，しばしば入力インタセプトポイントに利得を加えたものに等しいとおかれる．n 次インタセプトポイントと入力電力 P_{in} がわかれば，n 次混変調レベルは次式で求めることができ

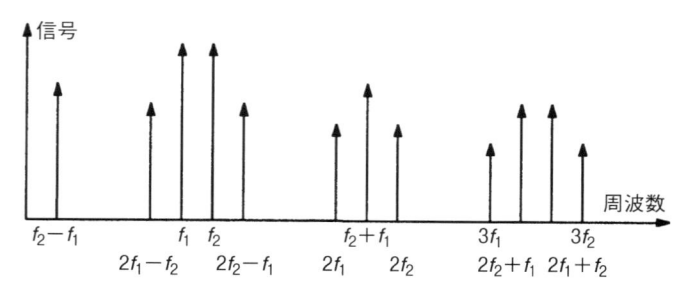

図a　3次までの相互変調積のスペクトル

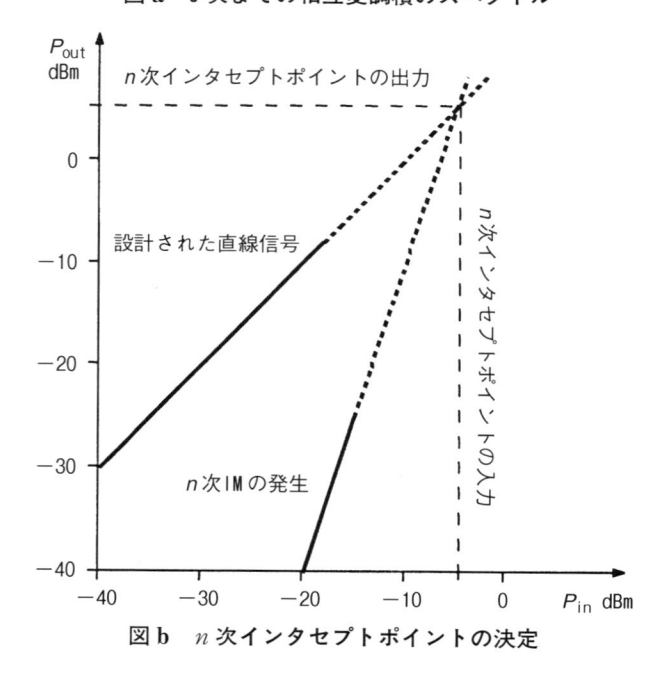

図b　n 次インタセプトポイントの決定

る．
$$P_{\text{IMn}} = n \cdot P_{\text{in}} - (n-1) \cdot IP_n$$
→ IP_2；IP_3．

相互変調積 intermodulation products → 混変調

相互変調ひずみ intermodulation distortion
　同義語：結合音ひずみ（combination-tone distortion）．→ 相互変調；ひずみ

相互誘導結合 mutual-inductance coupling → 結合

走査 scanning
　1．陰極線管*（CRT）のスクリーン上を輝点が水平または垂直方向に1回完全に横断すること．すなわち，時間軸発生回路*の電圧に応答してスクリーン上を1回掃引すること．電子ビームの振れがスクリーン上の蛍光物質の使用可能な物理的寸法を越えた場合，走査越えが生ずる．電子ビームの振れがスクリーン上の使用可能な寸法より狭いときは，走査不足が生ずる．前者の場合，その走査の終わりの情報が失われてしまう．後者の場合，その映像はそのスクリーンを満たさなくなる．CRTに時々用いられる特殊な走査形式として渦巻き走査がある．この場合，電子ビームはスクリーン上に螺旋軌跡を描く．2．特定な領域や体積または周波数領域から可変の電気信号を得るために秩序だった方法で探索すること．なお，その電気信号の可変値は探索を受ける微小断面に内在する情報の関数である．その走査した情報は最適な受信機を用いて再生することができる．この技術はテレビジョンやレーダそしてファクシミリでよく使われる．

　テレビジョンやファクシミリで用いる最も一般的な方式は直線走査器である．ここでの標的領域は矩形であり，走査するときは一連の狭い縞模様の領域を前進する（⇒ テレビジョン）．

　高速走査は電子走査すなわち電子ビームでその標的を走査する方式である．なおビーム内の電子エネルギーは標的から1以上大きな二次電子放出率*を得るため十分に大きくなくてはならない．もし，電子のエネルギーが1倍の二次電子放出率を生ずるに必要な最小速度より低いと，その走査を低速走査という．

　粗走査は詳細な調査を進める前にその標的の'粗い'画像を得るためしばしば使われる．この場合，走査点の直径はその画像詳細と同程度の電子ビームや光ビームの直径である．また無線波のビームもその走査に使うことがある．粗走査は特にレーダシステムで使われる．

　レーダシステムではレーダビームを360°水平方向に完全に1回転させる円形走査や伝送アンテナパターン*の主要なローブが円錐形を描く円錐走査が使われる．

　走査のほとんどの方式は，走査中その走査速度を一定にしている．しかし，走査領域の一部分を他より詳細に（または粗く）調査したいとき走査の速度を可変することは有用なため走査期間中，装置の時間軸発生回路の出力を分散制御し，可変速度分散を行っている．

走査オージェマイクロプローブ scanning Auger microprobe（SAM）→ オージェ電子分光法

走査形電子顕微鏡 scanning electron microscope（SEM）→ 電子顕微鏡

走査形透過電子顕微鏡法 scanning-transmission electron microscope（STEM）→ 電子顕微鏡

走査形トンネル顕微鏡法 scanning-tunnelling microscopy（STM）
　走査プローブ顕微鏡法*の動作モードの1つで，導電性チップを用いる．チップと素子表面間のトンネル電流をモニタして素子の表面特性を原子サイズの分解能で図示することができる．⇒ 電子顕微鏡

走査器（スキャナ） scanner
　1．同義語：直線走査器（rectilinear scanner）．特定のシステム内（通常は人体内）の放射性混合物の分布状態を可視化する装置．その走査器はシンチレーション結晶*と光電子増倍管*そして増幅回路から構成されている．この結晶に照準を合わすことでその小さな領域からの放射線をいつでも受光できる．そして，調査点の放射線を後方または前方から直線走査することができる．

　双頭形走査器が開発され，興味ある領域を同時に走査することで，2つの結晶からの放射出力の和が得られるようになった．この方法によって人体内の深い所にある放射線源から生ずる異常を最小化して調べることができるようになった．2．→ 飛点走査器

走査線 line ➡ テレビジョン
走査不足 underscanning ➡ 走査
走査プローブ顕微鏡法 scanning-probe microscopy (SPM)

表面の形態学的な地図をつくるのに用いられ，可動片持ち梁の上に組み込まれた鋭いチップが物体の電子的あるいは磁気的特性を得るのに使われ，それらは顕微鏡の走査台に付けられている．SPM には主要な3つの動作モードがあり，それらは原子間顕微鏡法（AFM），磁力顕微鏡法（MFM）そして走査形トンネル顕微鏡法*（STM）である．AFM モードではチップと素子の表面の原子間のファンデルワールス力によって引き起こされる片持ち梁の撓みをレーザビームと位置検出器でモニタする．AFM は導電性のある材料とポリマ，セラミック，ガラスのような非導電性材料の表面形態を描画するのに使える．なお，STM モードではチップと試料表面間のトンネル電流で金属や半導体を精査する．AFM と STM は原子サイズの分解能をもっている．MFM モードではチップに軟らかい NiFe 磁性合金のような磁性材料が被せてある．そのチップと磁気試料との間の磁気的な力をモニタすると，素子の磁気的構造が 50〜100 nm の分解能で図示できる．走査形プローブ顕微鏡は，ナノ電子工学，材料科学，生物学，生命科学，物理，化学への広い応用が可能で，ナノテクノロジー*の鍵になる道具である．

走査ヨーク scanning yoke

同義語：偏向ヨーク（deflecting yoke）．➡ 陰極線管

送受信スイッチ transmit-receive switch (TR switch)

送受信で共通のアンテナをもつレーダシステム*に使用されるスイッチ．TR スイッチは送信時に自動的にアンテナから受信を切り離す．これは通常受信中アンテナから自動的に送信を切り離すアンチ送受信スイッチ（ATR switch）とともに結合に用いられる．すなわちアンテナによるリターンエコーから送信機に対しさらなる保護が提供される．通常の送受信スイッチはガス放電管*と空洞共振器*の組合せである．空洞共振器は送信機または受信機とアンテナを接続するために使用される．ガス放電管で放電が開始されると空洞共振器の電子の状態が共振しなくなり，送信機（または受信機）が切り離される．動作状態にない期間，管では放電を維持するためにしばしばキープアライブ回路が取り入れられている．

送受話器 handset ➡ 電話
送信機 transmitter

電気通信*において受信機に電気信号を送るために用いられる装置，回路，機器．

送信空中線 transmitting antenna ➡ アンテナ
装置 device ➡ デバイス
双対性 duality

与えられたシステムや理論において実在物の2つのタイプに互換性があること．例えば，異なる2つの変数で表現された2つの方程式が数学的に全く同じ形をもつとき，それらの解はやはり同じ形になる．2つの式の中で同一の位置に占める変数は双対量といわれる．双対性が存在すると，これらの変数の1つの解がわかれば，その解の記号を手順良く他の式の記号に交換することで，その解を導くことができる．

相電圧 phase voltage

多相系*における一相の電圧．この用語は中性点に対する電圧を示すために使われることがあるが，この用法は曖昧さをもたらすことがあり，好ましくない．➡ 多相系の位相

双2次フィルタ biquad filter

短縮語：双2次フィルタ（biquadratic filter）．2つの2次式（双2次）の比が伝達関数*となっている2次フィルタに対する一般用語．フィルタの伝達関数 $H(s)$ により，低域通過，広域通過，帯域通過，帯域阻止の各フィルタが実現できる．その式は，

$$H(s) = \frac{(a_2 s^2 + a_1 s + a_0)}{(s^2 + b_1 s + b_0)}$$

ここで，s は複素周波数変数（➡ ラプラス変換）である．

挿入損 insertion loss

負荷と負荷に電力を供給する発電機の間に回路網を挿入したときに生ずる負荷における電力損．結果として挿入利得は電力損よりも電力利得が得られるときに生ずる．損失や利得は回路網を挿入する前に負荷に供給される電力に対する回路網挿入後に負荷に供給される電力の比と

挿入利得　insertion gain　→挿入損

送配電周波数　power frequency
　地域または産業用の主電力が送配電される周波数．ヨーロッパでは 50 Hz，アメリカでは 60 Hz である．

相反性　reciprocity　→相反の定理

相反の定理　reciprocity theorem
　（電気回路に対して）線形系に対して理想電圧源と理想電流計のそれぞれの接続場所はそれぞれの計器の読み取り値に影響を与えることなく，交換することができる．これは電界と電流源を含む状態に対して一般化できる．このような系は相反の定理が成り立つならば相反性をもっているといわれる．相反性は系の電気的特性を解くのに有用である．

双ビット　dibit
　同時にチャネルに送信されるビットの組．

増幅　amplification
　増幅器*による電気信号の量の増加．

増幅器　amplifier
　外部電源からエネルギーを得ることによって入力されるパラメータに応じた関数や，入力信号を増大させた電気的出力をつくりだす装置または回路，つまり，増幅器は利得*を発生する．増幅器の種類は，その装置特有の入力と出力の性質で決まる．電流増幅器は電流の利得を提供する．この形の増幅器は低い入力インピーダンスと高い出力インピーダンスをもつ．電圧増幅器は電圧の利得を提供する．この形の増幅器は高い入力インピーダンスと低い出力インピーダンスをもつ．インピーダンス変換増幅器は，入力電流に対し出力電圧を与え，利得は Ω（オーム）で表される．この形の増幅器は低い入力インピーダンスと低い出力インピーダンスをもつ．アドミタンス変換増幅器は入力電圧に対し出力電流を与え，利得は S（ジーメンス）で表される．この形の増幅器は高い入力インピーダンスと高い出力インピーダンスをもつ．
　電力増幅器は，同時に電圧と電流の利得を与える増幅器である．電力増幅器の動作は増幅器の級によって記述される．例えば，A 級増幅器*は，交流入力信号の周期全体で導通されている能動デバイスをもつ．それに対し，B 級増幅器*は，信号の正の部分の間のみ対になっている能動デバイスの片方が導通し，周期の負の部分で，もう一方のデバイスが導通する．⇒AB 級，C 級，D 級，E 級，F 級，G 級，H 級，S 級増幅器
　線形増幅器は入力信号の線形関数となる出力信号を与える．そうでない場合，その増幅器は非線形である．実際には，全ての線形増幅器は，出力にいくらかのひずみを与える非線形性をもつ．
　多段増幅器は，増幅回路を何段か組合せて増幅器にしたものである．直接結合，または直流結合増幅器は，段間で電圧と電流を注意深く整合させることが必要とされ，個々の回路の間に他の部品を組み込まずに，種々の段間を直接結合している．このような増幅器は一定の電圧や電流を増幅させる．交流結合増幅器は，この整合の制約から逃れることができ，段間に他の部品を使っている．コンデンサは段間の直流遮断のためにしばしば使われる．交流結合増幅器は直流の利得がゼロである．
　振幅制限増幅器は，小さな入力信号に対し非常に高い利得をもつ．そのため，出力は実際には一定の振幅になる．この増幅器は非線形だが，信号から望まない振幅変調を除去するために有効である．

増幅段　amplifier stage
　増幅段とは一つの比較的小利得の増幅器であって，これに別の同様な補助回路を縦接続させて増幅器全体を完成させる．すなわち，全体としての大きな利得をもつことを目的として，あるいはインピーダンス整合を最適化するために 1 つの段の出力が次段への入力となる構成が用いられる．

増幅定数　amplification factor
　記号：μ．熱陰極電子管（真空管）の三極管において，格子電圧が負にバイアスされ格子に流れる電流が無視できる状態では，陽極電流 I_p の特性は，陽極電圧 V_p と格子電圧 V_g との関数で表される．

$$I_p = f(V_g, V_p)$$

　V_g を少量変化させ，I_p を増加させたとする．その変化は V_p の減少で相殺でき，I_p を元の値

に戻せる．ここで，V_pはV_gよりも大きい電圧を要し，$V_p > V_g$である．すなわち，小さな入力電圧ΔV_gを大きな出力電圧ΔV_pに増幅できる．増幅定数μを次式で定義する．

$$\mu = -\frac{\Delta V_p}{\Delta V_g}$$

ここで，I_pは一定とする．

また，増幅定数μは，相互コンダクタンスgmと陽極内部抵抗rpと以下の関係となる．

$$\mu = gm \cdot rp$$

電圧増幅器として用いる場合，増幅定数はその電圧増幅度A_vの目安となり，μ倍がA_vの最大値である．

増分透磁率 incremental permeability → 誘電率

双方向性 interactive

端末*やコンピュータ*のような周辺機器とユーザが双方向で連続した対話を可能にすること．インタラクティブな操作は遠隔地のユーザにコンピュータとの相互の情報のやりとりをすばやく行うことや，プログラム*の実行中に中間結果や質疑の提示に従って操作を修正することを可能にする．⇒ 時分割；実時間演算

双方向性トランジスタ bidirectional transistor

エミッタとコレクタを入れ替えて動作させた場合にも実用上同等な電気特性をもつトランジスタ*．

双方向性変換器 bidirectional transducer

同義語：両方向性変換器（bilateral transducer）．→ 変換器

双方向ネットワーク bidirectional network

同義語：相互ネットワーク（bilateral network）．→ ネットワーク

相補形トランジスタ complementary transistors

互いに反対の形で構成した一対のトランジスタであり，それらを一組で使用する．n-p-nとp-n-pバイポーラトランジスタ*を一対にしてプッシュプル動作*を行うことに用いられる．

相補形MOSFET*―pMOSとnMOS―は相補形MOS（CMOS）技術によって組合される．CMOSトランジスタは低消費電力論理回路として使用される．この種類の素子は，次段に同様な固有の入力容量をもつ回路に接続して

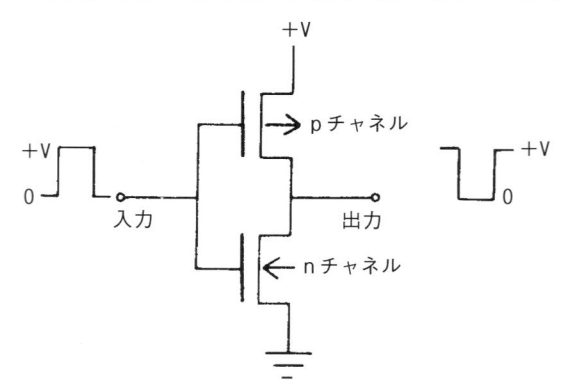

相補形トランジスタ：CMOSインバータ回路

使用され，それゆえ入力に直流電流は流れない．基本となるインバータ回路（図参照）において，pチャネル素子は入力がL（低）の場合に導通し，nチャネル素子は入力がH（高）で導通し，このような動作が反転された出力を与える．

総和計 summation instrument

いくつかの分かれた回路から，電流，電力，エネルギーなどの信号を受け取り，合計を量る単体の計測器．

速示計器 dead-beat instrument → 計器減衰

側周波数 side frequency → 搬送波

側帯波 sideband → 搬送波；振幅変調

測定量 measurand → 変換器

速度感知式キーボード velocity-sensitive keyboard

同義語：タッチ検出式キーボード（touch-sensitive keyboard）．電子式楽器のキーボードであり，キーを押したり離したりする際の速さがMIDI*を用いる場合の合成パラメータ*の制御に利用可能となる．

速度変調 velocity modulation

ラジオ周波数成分を電子ビームに導入し，ビームの中の電子の速度を変調する過程．個々の電子は，電子との相互作用点でのラジオ周波数信号の相対的な位相に依存するラジオ周波数信号により加速または減速される．高速電子が先を行く低速電子に追いつくので，電子管を移動するに従って，速度変調は電子ビームの集群の原因となる．

電子の流れの集群量は，最初にラジオ電磁界と相互作用する点からの移動距離に従って変化

する．理想的な集群は，集群間には電子がなく，小さくはっきりした電子の集群が生成されることである．しかし実際には，これは実現しない．最適な集群は，ある管の管下からの特定の距離に発生する．また，可能な限りの最大数の電子を含む最小の集群サイズができるときが最適状態である．アンダー集群は最適な集群より少ない状態のものである．電子ビームが，最適な集群の点を越えて移動する場合，より高速の電子は低速の電子を置き去りにする．この状態がオーバ集群である．電子ビームの方向が過渡状態の間，反射器により反対となるとき，合成の集群は反射集群と呼ばれる．

　速度変調管はマイクロ波発振器や増幅器として使用される．これらには，クライストロン*，進行波管*がある．電波の電磁界は，限定された領域，例えば空洞共振器*で電子線と相互作用をもつようになる．この領域は集群として知られている．電子ビームはドリフト空間をとおして移動できる．この方法は，クライストロンに使われている．他の方法は，進行波管に使われる．ラジオ波電磁界は，電子管の長さ方向に沿って伝搬する．電子ビームと電磁界の相互作用は連続的な二方向プロセスである．

速度変調管　velocity-modulated tube　→ 速度変調

側波帯伝送　single-sideband transmission （ＳＳＢ）

　搬送波の振幅変調*により生じる側波帯の片側による伝送．搬送波は通常伝送時に圧縮されるので（圧縮された側波帯に加えて），受信側で局部発信器により搬送波を再生する必要がある．再生された搬送波の周波数は可能な限り元の周波数に等しくなるように局部発信器で再生されなければならない．しかし，この要求は両側波帯伝送*においてはあまり厳しいものではない．ＳＳＢの主な利点はキャリヤと両側波帯の伝送に比べて伝送に必要な電力の低減と指定された帯域内への伝送信号帯域の低減である．

測波帯跳ね　sideband splatter

　振幅変調された送信信号内で特に起こりやすいひずみの一種．ここでの変調度は100％を超える．→ 振幅変調

疎結合　loose coupling
　同義語：疎結合（undercoupling）．→ 結合

疎結合多重プロセッサ　loosely coupled multiprocessor　→ 多重プロセッサ

素子　device　→ デバイス

阻止コンデンサ　blocking capacitor

　高周波電流を通し，直流や低周波電流は流さないように回路に入れられているコンデンサ*．コンデンサは回路の動作周波数で比較的小さいリアクタンス*となるように選ばれる．

阻止帯域　stop band　→ フィルタ

ソース（源）　source

1．ベクトル場における原点，そこは流れの線の起点となる．一例は静電界における正電荷である．流れの線が終わるところの点が吸い込み点である．

2．電気エネルギーをつくりだす装置，例えば電流源．

3．電界効果トランジスタ*の電極であり，キャリヤ*（正孔および自由電子）を素子内部領域に供給する．

ソースコード　source code

　プログラマが自分のプログラムを書く言語で，コンピュータは直接ソースコードを理解することはできない．ソースプログラム（コード）はコンパイラによってオブジェクトコード*プログラムに変換されるか，または，インタープリタにより一行ずつ実行される．

ソースホロワ　source follower　→ エミッタホロワ

ソースルーティング　source routing

　パケットのネットワークの経路を送信前に決定し，パケットに含める技術．動的ルーティングは経路中のノード間でそれぞれのホップの方向を決定するので，高速に経路を与え，ロードバランスを提供し，スラッシング*を避けることができるので，ソースルーティングは信頼性が低い．

ソナー　sonar

　音響航法および測距法の頭辞語．水面下の物体の検出ならびに位置検出を行う装置．電磁波の代わりに超音波パルスエネルギーを使う以外，レーダ*と同じ原理で動作する．ソナーシステムは海底までの深さはパルスを海底に放射するエコーサウンダーという方法で測定する．潜水艦探知を行うソナーは潜水艦探知器と呼ばれる．潜水艦探知器の1つの形は反射-距離を

利用するもので，同時に発射された音波と超音波の両方のエコーの時間差から標的の位置が推定される．ソナーシステムでパルスを送信するのに使われる特別に設計された電気変換器*は水中音波放射器として知られている．戻ってくるエコーはハイドロホンで検出される．

ソノグラフ sonograph ➡ スペクトログラフ

ソノグラム sonogram

同義語：スペクトログラム（spectrogram）．➡ スペクトログラフ

SAWフィルタ SAW filter

表面の弾性波構造*を使って実現したトランスバーサルフィルタ*．

ソフォメータ psophometer

（雑音計）通信システム，特に電話システムにおいて，雑音*の量を測る装置．人間の観測者の主観的な結果に対して近似的に匹敵する客観的な結果を得るため，補正回路を通じて雑音のパワーを測定するための装置を含む．標準的な評価雑音特性はCCITT*により提示されている．漏話と他の雑音を計測するには，一方の電話チャネルに適切な雑音信号を流し，標準の重み特性のソフォメータを用いて，隣接している線にあらわれる雑音の量を測定する．

ソフトウェア software

コンピュータシステム上で動作可能なプログラム*．システムの物理的構成要素（➡ ハードウェア）の対になる．システムソフトウェアとアプリケーションソフトウェアに区別される．システムソフトウェアは，ハードウェアに付随する必要不可欠なソフトウェアで，コンピュータシステムとして機能するための全てを提供する．アプリケーションソフトウェアは，コンピュータユーザの要求を満たすのに，直接貢献する．

ソフトクリッピング soft clipping

振幅を切り取る（➡ クリッピング）方式の1つで，信号の主要な成分に対してピークを平らに切り取るのではなく，丸く切り取る．この効果は，利得の設定が高すぎる場合のバルブ増幅器*の出力としばしば関連づけられる．⇨ ハードクリッピング

ソレノイド solenoid

直径に比べて軸方向の長さが大きいコイル．コイルは通常管状の形であり，その軸に沿った磁束密度をつくるために使用される．

ソレノイド内部の軸上の点において，端部の影響は無視するとして，そこの磁束密度Bの大きさは次式で与えられる．

$$B = \frac{1}{2}\mu_0 nI (\cos\theta_1 + \cos\theta_2)$$

ここで，μ_0は透磁率，nは単位長さ当たりの巻数，Iはソレノイド中を流れる電流，θ_1とθ_2は軸上の点からコイル両端部を見たそれぞれの開き角を二分した角である．

ソレノイドは電磁誘導*の説明にも使用され，コイルの軸に沿って動く鉄の棒の運動が調べられる．

損失 dissipation, loss

同義語：損失（loss）．電流に抵抗する回路および部品による電力の損失．抵抗回路で消費される電力はI^2Rに等しい．ここで，Iは電流，Rは抵抗である．これはI^2Rの損失である．インダクタあるいはコンデンサの場合は損失率は位相角*のコタンジェントα，あるいは損失角のタンジェントδである．低損失部品で損失率はほぼ力率$\cos\alpha$に等しく，$\sigma/2\pi f\varepsilon$で与えられる．ここで，σは導電率，εは媒質の誘電率，fは周波数である．損失は自由振動を減衰*させ，フィルタ*のカットオフの鋭さを鈍らせる．高周波工業用加熱は導体中の渦電流エネルギー（➡ 誘導加熱），誘電体中での分極エネルギー（➡ 誘電加熱）の損失により可能になる．電力を吸収するように設計された回路網は散逸回路網であり，インピーダンス反射により減衰する回路網と比較される．全く損失のない部品をつくることはできないので，全ての回路網は損失がある．

損失角 loss angle

コンデンサや誘電体に正弦波交流の電圧を作用したとき，その電流の進み*角が90度以下の値をもつ角をいう．それは主に電気的ヒステリシス損失*による．

損失気味な lossy

その物質に想定していた消費量よりも多くのエネルギーが消費する絶縁物を表現するときに使う形容詞．

損失係数 loss factor

1．損失率：電線や回路，装置内で消費する平均電力と最大負荷時に消費する電力の比．2．力

率*と誘電体*の比誘電率（➡誘電率）の積．与えられた交流電界に対し，その力率は物質内で発生する熱に比例する．
損失率 dissipation factor ➡ 損失
ゾンデ sonde ➡ ラジオゾンデ

タ

ダイ die 外形が四角な小片．➡ チップ
ダイアック diac
　短縮語：ダイオード交流スイッチ（diode a. c. switch）．➡ サイリスタ
ダイアメトリカル電圧 diametrical voltage ➡ 線間電圧
帯域 band ➡ バンド
帯域除去フィルタ band-reject filter
　同義語：帯域阻止フィルタ（band-stop filter）．➡ フィルタ
帯域制限チャネル band-limited channel
　通信システムにおいて，伝送チャネルの周波数幅に制限があるもの．例えば音声電話チャネル*などがある．
帯域精製法 zone refining
　材料を部分的に溶融し，試料に沿ってその溶融帯域を移動することで半導体のような固体物質内の不純物を再配分する方法．試料に沿ってそれに含まれる不純物が移動する向きは，その材料の凝固点の特性に依存する．材料内の不純物の増加に伴いその点の凝固点の温度が低くなる場合，その不純物は溶融帯域の移動方向と同一であり，逆に不純物の増加に伴いその点の凝固点の温度が高くなる場合，その不純物は溶融帯域の移動方向とは逆の方向に移動する．帯域平均化では，材料全体に不純物を均一に分布させるため帯域精製法が使われる．帯域純化では，材料の不純濃度を減少させるため帯域精製法を応用して使っている．帯域精製法は材料の試料をゆっくりヒータ内を通過させ，そのため溶融帯域は試料の棒の長さ方向に沿って効果的に移動する．溶融は誘導加熱，電子照射，抵抗性コイルを通過する電流の加熱効果によって達成する．多数のヒータを用いた帯域精製法では不純物濃度を約 10^{10} まで低減できる．
帯域阻止フィルタ band-stop filter
　同義語：帯域除去フィルタ（band-reject filter）．➡ フィルタ

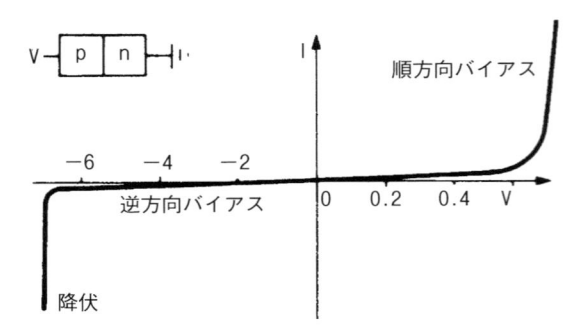

半導体ダイオードのI-V特性

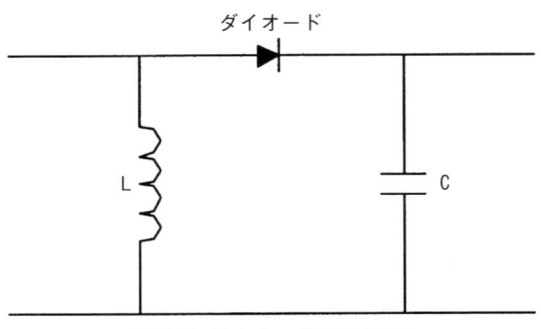

簡単なダイオード検波回路

帯域端 band edge
同義語:カットオフ周波数(cut-off frequency)

帯域通過フィルタ band-pass filter　→ フィルタ

第一電離電圧 first ionization potential　→ 電離ポテンシャル

ダイオード(整流器)　diode

2つの電極をもち,多用される電子素子である.目的に応じた電圧-電流特性をもつ多種類のダイオードがつくられている.ダイオードは最も基本的には整流器として使われるが,その他の目的に利用されるダイオードには特別な名前がつけられている.

半導体ダイオードは単純なp-n接合*で構成される.電流は,ダイオードに順方向電圧が加えられた場合に流れ(→ ダイオード順方向電圧),その値は指数関数で増加する(図参照).この順方向特性を直線に近似して抵抗(順方向微分抵抗)で表し,その値は直線の傾きから求められる.逆バイアス下では,降伏*電圧以下において微少な漏れ電流しか流れない.今日では使用されなくなった真空管や二極管は熱電子放出形の真空管*であり,陽極と陰極を内蔵し,その順方向にのみ電流を流す同じ特性をもつ.⇒ IMPATTダイオード;発光ダイオード;ホトダイオード;PINダイオード;トンネルダイオード;バラクタ;ツェナーダイオード

ダイオード検波　diode detector
同義語:包絡線検波(envelope detector).ラジオ周波数(RF)の信号の有無を検出し,振幅変調*を取り出す簡易な方法.検波はRF電圧の整流による.低域通過フィルタの働きが,RF信号のパワーに比例したベースバンドすなわち直流信号を引き出す(図参照).この型の検波は,二乗検波として知られている.これは,本質的にバンド幅が広い.p-n接合ダイオード*あるいは金属半導体(→ ショットキーダイオード)ダイオードの非線形電流電圧特性を考慮することにより検波プロセスが,解析される.このダイオードはある電圧 V_{DC} にバイアスされている.検波器に印加されるRF信号は振幅が小さく,

$$V_{RF} = A\sin(\omega t)$$

である.ここで,A はRF信号の,変調された振幅である.ω はRF周波数である.ダイオード接合部の総電圧は

$$V = V_{DC} + V_{RF}$$

である.ダイオード電流は,I-V特性においてバイアス点に関するテーラー級数展開を用いて求めることができる.これにより,

$$I = I_{DC} + 1/4\alpha^2(I_{DC}+I_0)A^2$$
$$+ \alpha(I_{DC}+I_0)A\sin(\omega t)$$
$$+ 1/4\alpha^2(I_{DC}+I_0)A^2\cos(2\omega t) + \cdots$$

ここで,$\alpha = e/kT$ である.右辺第1項は,DCバイアス電流である.第2項は整流された,すなわち検波された信号 δI である.残りの項は高周波RF信号である.検波信号は,RF信号の振幅の2乗に比例する.したがって,2乗検波という.RF信号が振幅変調されるとき,検出器からの出力信号はこのベースバンド変調,すなわちLCローパスフィルタ動作によりフィルタされたこのRF信号を含む.さらに,検波電流が接合部で消費されるRFパワー P_j の指標であることが示される.すなわち,

$$\delta I = 1/2\alpha P_j$$

上記の解析は直流バイアス電流を考慮しており

一般的である．多くの応用で，検波用ダイオードはバイアスされていない．$V_{DC}=0, I_{DC}=0$. これは上述の一般的結果には影響しないが，接合部抵抗 R_j はバイアスに無関係なパラメータであることに注意されたい．検波された RF パワーは R_j の関数，すなわちバイアス電圧の関数である．これは検波器の感度を調整するために使われる．

ダイオード順方向電圧 diode forward voltage

同義語：ダイオード電圧降下（diode drop）；ダイオード電圧（diode voltage）．ダイオードの電極間に電圧を加えることで電流が流れる．その電流は電圧の指数関数（ダイオード*の図参照）で増加し，そのため電圧は通常の電流使用範囲では事実上一定値となり，典型的な例のシリコン p-n 接合では 0.7 V である．ダイオードの両端に順方向電圧に等しい基準電圧が発生しているとして，ダイオードは基準電圧ダイオードとしての機能も利用される．

ダイオード電圧 diode voltage → ダイオード順方向電圧

ダイオード電圧降下 diode drop → ダイオード順方向電圧

ダイオードトランジスタ論理回路 diode transistor logic (DTL)

多種類な集積論理回路の中の一種であり，この回路では各入力信号はそれぞれ1個のダイオード*を通って入力し，その出力は反転動作をするトランジスタ（→ インバータ）のコレクタから取り出される．基本の回路は NAND ゲート（図参照）である．入力のどれかが論理レベルのローであれば，それに接続している入力ダイオードは順方向バイアスとなり，ダイオード D_1 と D_2 は通電状態から遮断される．このため，点 X の電圧はダイオード順方向電圧*で決まる値となってしまい，論理レベルがロー状態（L 状態）となる．D_2 を順方向バイアスにすることは不可能となり，トランジスタのベースへ電流を流し込むことはできない．それゆえトランジスタはオフとなり，コレクタの電圧は論理レベルのハイ（H）となる．もし，全ての入力が H ならば，全ての入力ダイオードは逆バイアスとなるので，導通電流は流れない．点 X の電圧はこれにより H となる．D_1

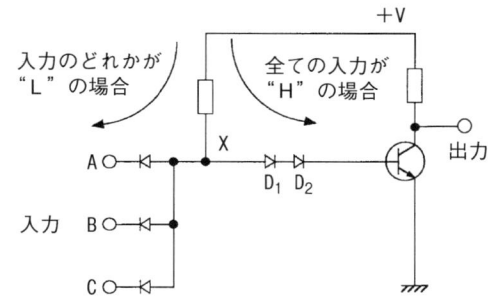

ダイオードトランジスタ論理回路（NAND 回路）

と D_2 はともに順方向バイアスとなり，電流がトランジスタのベース中に流れ込み，トランジスタをオンし，電流を飽和させる．コレクタ電圧は論理レベルの L に下がる．

DTL 回路の動作速度はエミッタ結合形論理回路*に比べて遅く，その理由は出力トランジスタの飽和モード動作にあり，コレクタ接合部におけるキャリヤ蓄積*が論理レベル間のスイッチング速度を遅くさせている．DTL 回路はすでにトランジスタトランジスタ論理回路*に置き換えられている．

ダイオードレーザ diode laser

同義語：半導体レーザ（semiconductor laser）．

大規模集積回路 large-scale integration (LSI) → 集積回路

ダイクロイックミラー dichroic mirror

指定された光周波数領域を反射し，他を伝送するように設計されたミラー．カラーテレビカメラや光通信システムのミキサ*や変調器に使用される．

台形ひずみ trapezium distortion, keystone distortion → ひずみ

対称二端子対回路 symmetric two-port network → 二端子対回路

対称変換器 symmetric transducer → 変換器

対称モード symmetric mode

2つの主線と接地線をもつ伝送システムで，対称モードは位相を考慮しなければ2つの主線上では信号が平衡である．そして接地線には信号成分は現れない．⇒ 非対称モード

対数圧縮 logarithmic compression → 対数増幅器；データ圧縮

対数減衰率 logarithmic decrement → 減衰

対数周期アンテナ log-periodic antenna
使用する帯域内で特性が周波数に依存しない広帯域アンテナ*．このことを達成するためにアンテナ素子の長さは使用周波数帯の周波数の対数に応じて，ある基準点からの距離に比例して寸法が大きくなる（このことがログペリオディックと呼ばれる理由である）．伝送線路に沿って先細りになった2本の導体を配置した双極子*を形成するのが一般的な形であり，伝送線路の終端から給電する．給電点の近くの双極子は長さが短く間隔が狭くなっており，給電点から離れるに従い間隔は広がり長さは長くなる．双極子の直径は給電点から離れるに従い太くなるが普通はステップ状に徐々に太くなっていく．もう片側の双極子素子は同じ伝送線路に沿って配置され片側のみに伝送するモードのアンテナとして動作する（→ アンテナ列）．これらの種類の双極子群は交互に配置され，縦型アンテナモードで動作する．

対数増幅器 logarithmic amplifier
応答が対数関数となる非線形増幅器*．乗算，割り算，およびべき，平方根のような計算演算が対数増幅器を用いて達成できる．これはまた対数圧縮と呼ばれる信号圧縮の便利な方法にも使える．

対数抵抗器 logarithmic resistor
可変抵抗器で接点の動きが抵抗の対数に比例するように設計されている．

対数ポテンショメータ logarithmic potentiometer → ポテンショメータ

堆積 deposition
真空技術，電気，化学，遮蔽などの方法および蒸着技術を用い，基板のような基礎部に物質を付着させること．⇒ メタライゼイション

体積寿命 volume lifetime
同義語：バルク寿命（bulk lifetime）．→ 半導体

体積抵抗率 volume resistivity → 抵抗率

体積電荷密度 volume charge density → 電荷密度

代替ルーティング alternative routing
通信システムにおいて，何らかの原因で主チャネルが使用不能になったときに利用可能な副チャネルや副経路のこと．例えば，2つの加入者間の電話接続において接続を行うために使われるいくつもの異なる経路が存在する．全体としてシステムの利用レベルに依存したり，経路のどこかに物理的なダメージがあるかどうかに依存して経路は選択される．

大地吸収 ground absorption
電波伝搬の途中で大地に吸収されるエネルギー損失．

大地電位 ground potential
同義語：米国での大地電位（earth potential）．

大地容量 ground capacitance
米同義語：対地容量（earth capacitance）．

ダイナミックインピーダンス dynamic impedance
同義語：動的抵抗（dynamic resistance）．並列共振回路*の共振時のインピーダンス．これは定義により純抵抗である（→ 共振周波数）．

ダイナミックオペレーション dynamic operation → MOS集積回路

ダイナミックメモリ（動的記憶装置） dynamic memory
ある一定期間を超えると情報が失われる半導体メモリ．素子の特性と物理的環境により，減衰時間は数ミリ秒から数秒までの範囲を取る．記憶された情報の品質を保持するためには，メモリセルは，十分な頻度でリフレッシュ操作されなければならない．⇒ DRAM

ダイナミックRAM dynamic RAM → DRAM

ダイナミックレンジ dynamic range
能動的電子装置が入力信号に応じて相応する出力信号を生み出す範囲．システムの雑音レベルと出力が飽和するレベルとの間をデシベル単位の差で表示する．

ダイノード dynode → 電子増倍管．二次電子放出を利用して電子を増倍する電極構造．

ダイバシティアンテナ antenna diversity
フェーディングの存在する環境で無線伝送を改善するために2つのアンテナを用いる方法で，万一に備え両方のアンテナからの信号を同時に加える．移動電話システムではきわめて一般的に使用されている．

ダイバシティシステム diversity system
2つまたは2つ以上の経路またはチャネルをもつ通信システム．システムの出力は受信信号

を1つの信号に結合することによりフェージング*効果を低減する．ダイバシティ利得はダイバシティシステムを用いた受信により得られる．周波数ダイバシティは近隣の周波数を利用した独立のチャネルを用いる．空間ダイバシティはお互いに数波長離して配置された受信アンテナを用いる．2つのケースとも受信アンテナの出力は個々の受信機に供給され復調された後に結合される．偏波ダイバシティは逆偏波を受信するように配置される受信アンテナを用いる．時間ダイバシティは信号を異なる時間にさらに送信する．

ダイバシティ利得 diversity gain ➡ ダイバシティシステム

ダイフォン合成 diphone synthesis ➡ 音声合成

ダイプレクサ（アンテナ共用器，周波数分波器） diplexer

入力端において一定の抵抗性インピーダンスを提供し，入力信号の周波数に応じて，2つ出力端のどちらか一方から信号を出力する装置．つまり，明瞭な抵抗性入力インピーダンス（の違い）を有する，周波数選択的な回路網である．

耐妨害マージン antijam margin

衛星通信システムや，レーダシステムにおいて妨害信号*の強さと受信信号パワーの信号レベルの差．

ダイポール dipole ➡ 双極子

ダイポールアンテナ dipole antenna ➡ 双極子

タイミング図 timing diagram

論理回路*の多くの入出力線相互の時間関係を示す図．メモリデバイスとマイクロプロセッサのように協調して働く必要のある場合，特によく用いられる．

タイムスタンプ timestamp

通信パケットに付加されるフィールドであり，そのパケットが伝送された時刻の情報をもつ．これは受信者にチャネル中の現時点の遅延についての情報を与えるが，この情報はパケット交換ネットワークを用いる音声やビデオのストリーミング伝送では重要である．➡ パケット交換

ダイヤフラム diaphragm

1．マイクロホンやスピーカのような音響変換機*に使われる振動膜．2．イオンの通過は許すが電解液は分離する電解槽中に置かれた多孔質の隔壁．

ダイヤフラム継電器 diaphragm relay ➡ 継電器

ダイヤモンド状硬質炭素膜 diamond-like carbon

炭素の薄膜形態であり，ダイヤモンドの結晶構造をもつが，膜中には多量の格子欠陥や炭素基をもつ多種類の不純物が含まれる．膜作成は化学気相堆積*による．この物質は非常に幅広い禁制帯幅*をもち，半導体*として振舞う．フラットパネルディスプレイ技術および高速マイクロエレクトロニクス用の材料として開発が進められている．

ダイヤルパルス dial pulse

電話線に送出されるダイヤルされた数字に等しい電流パルス．1ダイヤルパルスはダイヤルされた数を1構成単位としてつくられ，送出される．例えば9は9個のダイヤルパルスからできている．個々のダイヤルパルスは電話内の直流回路での電流の断続によってつくられる．

耐用寿命 useful life ➡ 故障率

太陽電池 solar cell

太陽の日中光放射に対してスペクトル応答が最適化されたホトダイオード*．太陽電池は，p-n接合*で電荷キャリヤを光生成することにより，太陽光の照射から電気的なエネルギーを得る半導体デバイスである．初期の太陽電池は禁制帯幅*が可視光領域に存在するCdSなどの化合物半導体*が使われていた．最近の太陽電池デバイスは，より多くの電力を生みだすため赤外光領域*にバンドギャップがあるシリコンp-n接合が用いられている．InSの化合物半導体太陽電池は，より厳しい光放射条件で使われている．このデバイスは約20％の高い変換効率があるが，シリコンデバイスより高価である．

実験的な利用で，ソーラパネルとして知られている大面積太陽電池は平面配列で組み立てられている．ソーラパネルは，宇宙船の電力源として主に使われている．

太陽電池パネル solar panel ➡ 太陽電池

タイライン tie line

電話や遠隔通信システムにおいて，地理的に離れた2拠点以上を接続する私的なチャネルのこと．タイラインの例として，離れた2つの工場間を恒常的に結ぶ電話線が挙げられる．タイラインはより利用度の高い外部の相手からは使用できない．

対流圏散乱 tropospheric scattering

対流圏（地上の低い大気層）で生じる大気の誘電率*の急激な変化により電波*，低周波，マイクロ波が散乱される現象．これらの変化は電気通信システムにおいて水平線の向こう側との伝送を説明できる．⇒ 対流圏ダクト

対流圏ダクト tropospheric ducting

対流圏の地表に近く低い大気層と地表の反射により生じる電波伝搬*の現象．屈折と反射が繰り返され，屈折の最も高い高度と地表面間のダクトを通して電波が伝搬するようにみえる．屈折は大気の誘電率*や対流圏散乱の連続的な変化により起こる．⇒ 対流圏散乱

ダイレクトメモリアクセス direct memory access（DMA）

コンピュータ用の入出力（I/O）方式の一種で，特殊なDMAコントローラ（DMAC）がメインメモリと入出力装置の間でデータを転送する．標準環境下では，入出力装置は中央処理装置*（CPU）がデータ転送の積極的な役割を果たす（図a）．そのため，バス*の読込/書込周期により転送速度は制限され，また本質的にデータの処理ではなくデータの移動にCPUを介在させる．電気的特性の点では，バスのスループットが十分に活用されているとはいえず，メモリ素子自体も，バスの読込/書込周期で制約される速度よりもずっと早い速度で応答することができる．

DMAでは，所定の周辺装置とメモリとの間においてデータの直接転送を許可することで，この障害を回避する．つまり，データ転送中にCPUは直接介入しない（図b）．一方，特別な回路であるDMACを使用する必要がある．DMACは，強制的にCPUにバスマスタの役割を放棄させることができ，バスが高いデータ転送速度（5Mバイト/秒）を受け入れるよう制御することができる．

DMACは入出力装置に直接接続されており，その動作を制御することができる．DMACは制御バス*を使用して，メモリの読込/書込作業を実行するのにメモリ素子が必要とする，全ての信号を提供する．ただし，読込/書込は，CPUの読込/書込周期に制約された速度ではなく，DMACにより指示された速度にて行う．入出力装置からメモリへデータが転送される場合，入出力装置はDMACの制御下のもとデータバス*上にデータを乗せる．メモリはデータバスから，通常の制御信号の影響を受けずにデータを読み出す．メモリから入出力装置へ転送する場合，メモリはデータバスへ，通常の制御信号の影響を受けずにデータを書き込む．入出力装置はDMACの制御のもと，データバスからデータを読み出す．一般的に，DMACがDMA動作の実行を命令されないときには，標準プログラムによるデータ転送動作が2つの装

図a　DMAコントローラを介さないデータ転送

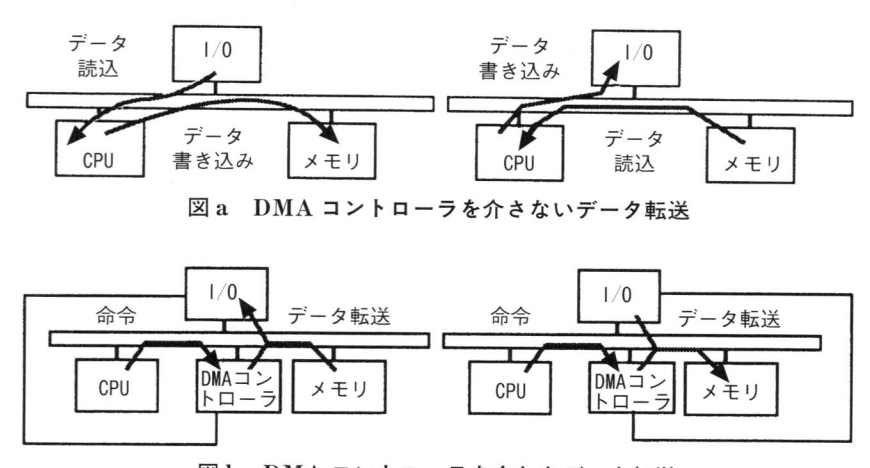

図b　DMAコントローラを介したデータ転送

置間で円滑に実行される．DMAC は他の周辺装置*と同様に，システムアドレスやデータ，制御バスに接続されており，CPU が読み書き可能な内部レジスタを内蔵している．

DMA 転送には 2 つの形式が普及している．サイクルスチールモードでは，データを 1 つ転送した後にバスの制御を CPU に戻す．バーストモードでは，転送が完了するまで DMAC は制御を保持し続け，CPU 周期により中断されることはない．

DMAC は，ディスクドライバなどの周辺機器の制御装置に，数多く実装されている．

ダイン dyne

以前に使われた CGS 単位系における力の単位．1 dyne は 10^{-5} Newton．

ダウンコンバージョン down conversion

局部発振器を用いて受信信号より低い周波数に変換するためのミキシング．→ ヘテロダイン受信．⇒ アップコンバージョン

タウンゼントなだれ Townsend avalanche → なだれ

タウンゼント放電 Townsend discharge → ガス放電管

ダウンタイム（故障時間，中断時間，停止時間） down time

ハードウェアやソフトウェアの一時的な（または永久的な）故障により，コンピュータが機能していなかった，あるいは，操作不能であった時間（期間）．

ダウンリンク downlink

移動送信装置から固定受信装置への通信回線．⇒ アップリンク

ダウンロード download

データ（通常はファイル全体）を情報源から周辺機器にコピーすること．または，ファイルをネットワーク上のファイルサーバからネットワークにつながったコンピュータにコピーすること．

楕円関数 elliptic function

楕円フィルタ*の振幅応答*を記述する関数で，
$$H(\omega) = 1/\sqrt{(1+\varepsilon R_n^2(\omega))}$$
で与えられる．ここで，ε は定数で，通過域と阻止域のリプル量を決める．

$$R_n(\omega) = \frac{[\omega(\omega_1^2-\omega^2)(\omega_2^2-\omega^2)\cdots(\omega_k^2-\omega^2)]}{[(1-\omega_1^2\omega^2)(1-\omega_2^2\omega^2)\cdots(1-\omega_k^2\omega^2)]}$$
である．

楕円フィルタ elliptic filter

同義語：カウアフィルタ（Cauer filter）．通過域と阻止域の両方で等リプル*となる振幅応答*をもつフィルタ*．チェビシェフ*やバターワース*フィルタと比較して，急峻なカットオフすなわち狭い遷移帯域*をもつ．→ 楕円関数

楕円分極 elliptical polarization → 分極

高さ制御 height control

フレーム掃引の範囲を調節するためのテレビジョン*，レーダ受像機*の制御．

多極管 multielectrode valve

3 つ以上の電極で構成された熱電子管*．

多結晶シリコン（ポリシリコン） polysilicon, polycrystalline silicon

短縮語：多結晶シリコン（polycrystalline silicon）．多結晶形のシリコンは，MOS*集積回路のシリコンゲートや CCD*のゲート電極として頻繁に利用されている．この応用では，シリコンは高濃度ドープであり，その特性は縮退し，金属的な特性を示す．

ターゲット target

1. → 撮像管．2. 対陰極（同義語：対陰極（anticathode））．→ X 線管．3. レーダまたは超音波システムにより検出される目標物．

ターゲット電圧 target voltage

低速電子速度の撮像管*における陰極と信号電極との電位差．認識できるビデオ出力を生成するのに必要な最低値がターゲットの遮断電圧である．

多元接続 multiple access

1. → ディジタル通信．2. → 通信衛星

多孔質シリコン porous silicon

HF 溶液内で電気化学的な反応によりバルクシリコン基板を溶解し，表面部に数 nm の厚さでシリコンの線状組織網がつくられる．この多孔質はシリコンの表面領域の表面積を著しく増大させる．シリコンへの空気の割合を変化することによって，多孔質シリコンから放出される光の波長を制御できる．

多重折り返しダイポールアンテナ multiple folded dipole → 双極子

多重空洞共振器型マイクロ波管　multicavity microwave tube　➔ クライストロン；マグネトロン

多重操作　multiplex operation

　1つの経路上をいくつかの信号が同時に送信され，なおかつ個々の信号が分離できる運用型式．信号はマルチプレクサでそれ自身の性質によって伝達経路を割り当てられる（➔ 周波数分割多重；時間分割多重）．そして原信号は受信機において，マルチプレクサと同期して動作するデマルチプレクサで再構成される．送信される経路は，電線，導波管，光ファイバ，無線など条件に適したものが用いられる．このように選択される通信チャネルはマルチプレクスチャネルと呼ばれる．

多重タスク　multitasking

　単一の中央処理装置（CPU）上で一時に複数のプログラムを実行すること．CPUは同時に実行されている全てのタスクの表を参照しながら，あるタスクから別のタスクへ高速に切り換える．

多重通路（マルチパス）　multipath

　送信機から固定または移動受信機への信号の多重経路を表現するために用いられる用語．多重経路は送信機から受信機間にある物体（山岳やビルディングなど固定されているもの，自動車など移動体）からの散乱によるものである．多重通路信号は最短距離で受信した信号にいろいろな大きさの信号が加算または引き算される．もし受信機が動いているときには受信信号はフェージング*になる．

多重プロセッサ　multiprocessor

　同一の論理アドレス*空間を共有する複数のプロセッサをもつ並列プロセッサ*．粗結合の多重プロセッサは，各プロセッサがそれぞれの局所メモリをもち，通常はそれらからのプログラムを実行するが，他のプロセッサのメモリも共有する．密結合多重プロセッサは1つの主記憶装置を共有する．この形式は大域記憶をもつ多重プロセッサのグループとほぼ同じである．

多重分配器（デマルチプレクサ）　demultiplexer　➔ 多重操作

多重変調　multiple modulation　➔ 変調

多重ループ帰還　multiple-loop feedback

　同義語：局部帰還（local feedback）．➔ 帰還

多色光放射　polychromatic radiation

　複数の周波数を含む電磁波の放射，または同種の粒子にそれぞれ異なったエネルギーをもたせた微粒子放射線を表すときに使う．普段はこの後者の表現に不均一の言葉を用いる．⇒ 単色光放射

多数キャリヤ　majority carrier

　外因性半導体*中の全体の電荷キャリヤ濃度の半数以上を占める電荷キャリヤ*のこと．

ダストコア　dust core

　磁心材料*のことであり，フェライト*などの粉末物質からつくられる．このコア材は高周波において渦電流損が非常に少ない．

多層金属配線技術　multilevel metallization

　モノリシック集積回路*のいろいろな能動素子や受動素子を，高い導電性の配線で相互に結合する金属配線技術*．簡単な回路では，回路要素を接ぐ回路構成に，1層の金属配線，しばしばアルミニウム*，を用いる．複雑な集積回路では，数層の金属配線領域が必要となる．これらの層はICの上に堆積させた絶縁膜によって1つ1つ分離されており，金属配線層間の接続は膜層を貫通させた穴を通して行われ，2つの金属膜層を接続することができる．

多相系　polyphase system

　2つ以上の交流電圧が互いに位相が変位している電気的な系あるいは装置．対称多相系では同じ振幅と周波数で，位相は同じ量の変位となる．もし，n個の正弦波電圧があるとすると互いの位相変位は$2\pi/n$で，少なくともn本の線を必要とする．3相系では線間電圧は$2\pi/3$の位相差となる．例外は2相系で2つの電圧の間の位相差は$\pi/2$である．

多層プリント回路基板　multilayer PCB

　金属と通常はグラスファイバ織りの絶縁物の多種の層でつくられているプリント回路基板PCB（printed circuit board）．素子間を何層も接続することができるので小さな面積で複雑な回路をつくりあげることができる．金属層は他のいろいろな信号通路と遮蔽することができるので「基底面」として配置することができる．例えば1つの金属レベルは基底面でアナログ信号用として使い，他はディジタル信号用としての基板を用いる．

多相変圧器　polyphase transformer

多相系*で使われる変圧器*. 各々の相の巻線に対する磁気回路は正確な電圧を維持するため互いに共通の磁気回路を有する.

多層レジスト　multilevel resist

同義語：可搬形体マスク (portable comformable mask). ホトリソグラフィ*の技術で, 望ましいパターンをつくるための2層および多層のレジストを使う. レジストの基底層は比較的厚く非常に平坦なトポグラフィがつくれる. 最上位層は薄くて露光のために使われる. 最上位層で露光されたパターンは下の層に複写される. すなわち, 最上位層は下の層のマスク*として働く. 2層レジストはわずか2つの層からなっており, 厚い層と薄い層である. 2つの層の間の混ざり合いが問題で, これを防ぐため3層レジストが使われる. この場合, 金属または誘電体の非常に薄い転写層は2層レジストを完全に分離するために使われる. 多層レジスト技術は複雑であるがいくつかの利点もある. 特に平らな表面をつくりだし, ホトリソグラフィの最適条件を与える薄い表面レジストでの初期露光を行える.

畳み込み　convolution

どのような入力関数に対しても線形システムの応答を解析できる数学的手法. 例えば, もし, ある線形システムに対する入力 $x(t)$ が, 時刻 $t=\tau$ において幅 $\Delta\tau$, 面積 $x(\tau)\Delta\tau$ をもつ長方形に分割されていると仮定すると（図参照）, このとき, この長方形パルスは以下の応答を引き起こす.

$$[x(\tau)\Delta\tau]h(t-\tau)$$

全体の応答 $y(t)$ は, 畳み込み積分として知られる以下の式により与えられる.

$$y(t)=\int_{-\infty}^{+\infty}x(\tau)h(t-\tau)d\tau$$

この積分の物理的な解釈は, 以下のとおりである：ある時刻 t における出力値は, 時刻 t 以前の全て入力値の影響を足し合わせた（積分した）値である. 同じ変数を独立変数とする, この2つの関数の合成が畳み込みであり, 特別な記号 $\otimes$ で表される. したがって, 畳み込み演算子として知られる $\otimes$ を定義する式は, 以下のように与えられる.

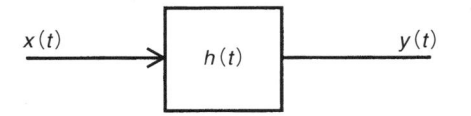

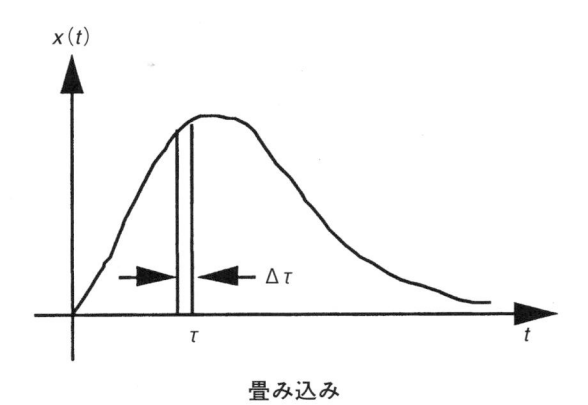

畳み込み

$$a(t)\otimes b(t)=\int_{-\infty}^{+\infty}a(\tau)b(t-\tau)d\tau$$

畳み込み積分（重畳積分）　convolution integral　→ 畳み込み

畳み込み符号　convolutional code

順方向誤り訂正（FEC）符号の一種. ブロック符号では各ブロック独立に符号化されるのに対して, 畳み込み符号では過去のいくつかのデータビットとの組合せにより符号化されるビットが決定される（→ ディジタル符号）.

多段帰還　multistage feedback

同義語：単一ループ帰還 (single-loop feedback). → 帰還

多段増幅器　multistage amplifier　→ 増幅器

立ち上がり時間（パルスの）　rise time (of a pulse)　→ パルス

多値安定　multistable

1つ以上の安定点を有するデバイスまたは回路.

立ち下がり（パルスの）　trailing edge (of a pulse)　→ パルス

立ち下がり時間　fall-time

1. 論理回路*で出力が high レベル（論理1）から low レベル（論理0）に変化するのに要する時間. 2. 同義語：減衰時間 (decay time). → パルス

多値信号伝達　multilevel signalling　→ 信号

多チャネル分析器 multichannel analyser

入力の特定パラメータに従って入力波形を多数のチャネルに割り当てる測定器．振幅のある大きさの幅に入るパルスの数を選別する装置はパルス波高分析器として知られている．

タッチスクリーン touch screen

スクリーン上でタッチによる指定したポイントをコンピュータに送るコンピュータ画面．これは入力装置の一種である．

タッチセンサ式キーボード touch-sensitive keyboard ➡ 速度感知式キーボード

タップ荷重 tap weight ➡ ディジタルフィルタ

タップ切換器 tap changer

同義語：比率調整器（ratio adjuster）．希望するタップ＊を選択することにより変圧器＊の変圧比を変える装置．無負荷時にのみタップを切り換えるように設計されている場合がオフサーキットタップ切換器である．負荷状態のまま切り換え動作が行なえるよう設計されているならオンロードタップ切換器である．しかし，変圧器はタップ切換器の操作のため必ずしも負荷時である必要はない．

タップ出し tapping

コイルまたは巻線間の1点に接続点をつくってある巻線．コイルの動作点の巻数が選ばれる．1つ以上のタップ出しは変圧器＊のタップのように特別な巻線とする．

縦型アンテナ列 endfire array

同義語：スタガーアンテナ（staggerd antenna）．➡ アンテナ列

縦型FET vertical FET（VFET）

半導体ウエハ裏面にソース＊がつくられ，水平方向より垂直方向に電流が流れるFET＊．縦型FETの断面構造を図aに示す．縦型FETの変形として，ドレイン＊をつくる前にゲート＊電極をエピタキシャル層で形成する浸透性ベーストランジスタがある（図b参照）．

縦横比（アスペクト比） aspect ratio

1. テレビ画面の縦幅と横幅の比．英国や米国など多くの国では縦横比は4：3．⇨ HDTV．2. 電界効果トランジスタ＊ではチャネル長対幅の比．

谷 valley ➡ パルス

種結晶 seed crystal

大きな結晶化に際し小さい単結晶はよい結晶をつくるのに必要で，結晶組成を含む過飽和溶液や過冷却液体中で結晶成長を進める．半導体＊の大きな単結晶は固体電子部品，回路，素子の製造のためにつくられる．⇨ 水平ブリッジマン法

ダビング dubbing

合成録音における2つの音声信号の合成．すくなくとも1音声は録音されたもの．

WAN

略語：広域ネットワーク（wide area network）．

WCDMA

略号：広帯域符号分割多重アクセス方式（wide-band code division multiple access）．

WLAN

略語：無線ローカルエリアネットワーク（wireless local area network）．➡ ローカルエリアネットワーク；ワイヤレス

ダブルエンド double-ended ➡ シングルエンド

ダブルコンバージョン受信機 double conversion receiver

情報信号の検出の前に，2つのミキシング段，すなわち2つの中間周波数（IF）がある

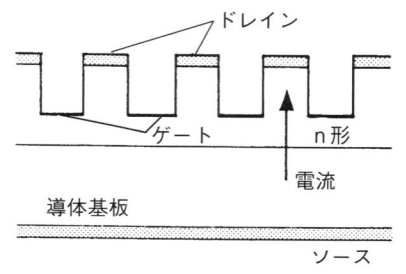

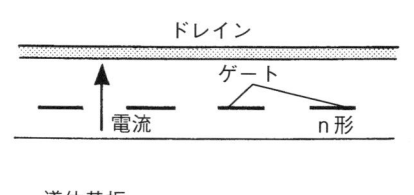

図a 縦型FETの断面構造

図b 浸透性ベーストランジスタの断面構造

ようなヘテロダインラジオ受信機. → ヘテロダイン受信

ダブルドリフト素子 double drift device → IMPATT ダイオード

ダブレット doublet → 双極子

ターボ符号 turbo-code

誤り訂正符号の集合で，2つ（またはそれ以上）のインターリーブ符号（interleaved code）が繰り返しで符号化され，最初の符号に対する復号器の出力が2番目の符号を使用する際，最初の復号器あるいは他の部分にフィードバックされて使われる．ターボ符号は大きな符号化利得を与えることができて，この符号を使うシステムは通信チャネルに対するシャノン容量（→ シャノン-ハートレイの定理）に近づくことが可能である．

ターミナル，端末，端子 terminal

1. 離れた場所にある入出力装置*をコンピュータに接続する装置．対話形式（→ インタラクティブ）が使用され，キーボードおよびビジュアルディスプレイ装置*も含まれる．知的端末は複数の局部記憶装置と処理能力をもち，メインコンピュータとは独立して簡単な処理作業を実行できる．

2. 電子回路や装置に取り付け可能な接続線，または入力や出力につながる信号線が来ている様々な端部．

ダラフ daraf

記号：F^{-1}．静電容量の逆数を測定するときに使うF（→ ファラッド）の逆数の単位．→ エラスタンス

ダーリントン接続 Darlington pair

2個のバイポーラ接合トランジスタ*を組合せて構成し，その接続により1個の極めて大きな値の電流利得をもつトランジスタとして動作する．図に示すように入力信号はトランジスタ T_1 のベースに加えられ，そのエミッタ電流がトランジスタ T_2 の入力へ供給される．

トランジスタの動作特性式から

$$I_C = \alpha I_E$$

ここで，α（ベース接地における電流利得）はほぼ1である．これによりコレクタ電流 I_{C1} はエミッタ電流に等しいと近似できる．

さらに，

$$I_{E1} = \beta_1 I_{B1} = I_{B2}$$

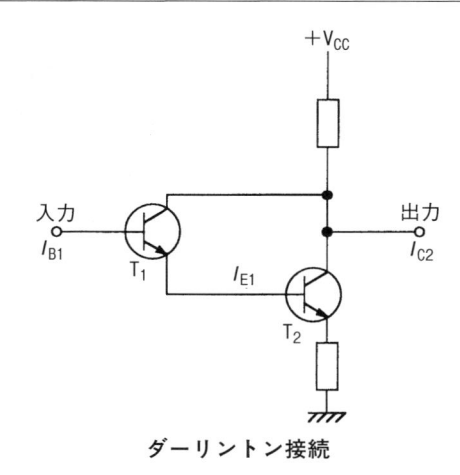

ダーリントン接続

上式において β_1 は β 電流利得，I_{B1} はベース電流である．トランジスタ T_2 において，コレクタ電流 I_{C2} は次式となる．

$$I_{C2} = \beta_2 I_{B2} = \beta_1 \beta_2 I_{B1}$$

ここで，2個のトランジスタが同一の特性をもつならば，

$$\beta_1 = \beta_2$$

この場合における全体としての β 電流利得は1個のトランジスタにおける値を2乗した値になる．

ダルエミッタ dull emitter → 熱陰極

たる形ひずみ barrel distortion → ひずみ

ダルソンバル検流計 d'Arsonval galvanometer

馬蹄形永久磁石の磁極の間に吊した小形の矩形コイルに流れる電流を測定する直流検流計．矩形コイル中に生ずる磁界は，磁石による磁界と相互作用し，トルクを生み出す．このトルクは磁界中でコイルを垂直軸のまわりに回転させる．低抵抗，高ダンピング，高感度をもつので多くの検流計で d'Arsonval 機構が使用されている．

タレットチューナ turret tuner

テレビジョン*やラジオ受信機*に使用される同調部品．これは放送チャネルの個々の周波数に同調された共振回路を含む．1つまたは多くのマニュアルにより操作されるスイッチ，いわゆるバンドスイッチはユーザにより選択された希望のチャネル対応する特定の回路．

段 stage

短縮語：増幅段（amplifier stage）．

単安定 monostable
　同義語：単安定（one-shot）；ユニバイブレータ（univibrator）．1つの安定状態のみをもつがトリガパルス*の印加でもう1つの準安定状態になる回路．よく知られた単安定の形は抵抗-コンデンサ結合からなるマルチバイブレータ*である．単安定は決まった間隔のパルスを生成し，パルス伸長あるいはパルス短縮あるいは遅延素子として用いられる．

単安定マルチバイブレータ single-shot multivibrator
　同義語：ワンショットマルチバイブレータ（one-shot multivibrator）．→ 単安定

単位円 unit circle
　z平面の原点に中心をもつ半径1の円．→ z変換

単位階段関数 unit-step function → ユニットステップ関数

単一回路 unilateral network → 回路網

単一指向性マイクロホン unidirectional microphone → カージオイドマイクロホン

単一電子デバイス single-electron device
　電荷の量子的性質に基づいて起こる効果を利用したデバイス．単一電子や数個の電子が小さな伝導体と半導体の塊の間を制御可能に移動することに基礎を置く．電子が小さな伝導体や半導体に加えられたとき，電圧は e/C の階段状に増加する．ここで，e は電子の素電荷，C は総静電容量である．この効果は，小金属構造，量子ドット*やナノスケール導電性高分子で観察される．→ ナノデバイス

単一ドリフトデバイス single drift device
→ IMPATT ダイオード

単位標本 unit sample
　通常 $\delta[n]$ で表される．振幅が1となる単独のサンプルとその他の振幅は全て0となっている．
$$\delta[n]=0,\ n\neq 0$$
$$\delta[n]=1,\ n=0$$

段間結合 interstage coupling
　カスケードに接続されたいくつかの増幅段よりなる多段増幅器の連続した段間の結合．結合の形（直結，抵抗結合など）は増幅段の設計に依存する．

単極発電機 homo-polar generator
導体内に誘起された電圧が常に導体に対して同じ極性となる発電機*．

タンク回路 tank-network
　共振または同調回路で，普通は，LCの並列接続が使われ，コイルの抵抗が小さいとき，その中心周波数 f_c は近似的に
$$f_c=1/2\pi\sqrt{LC}$$
であらわされる．

タングステン tungsten
　記号：W．原子番号74の重金属であり，高融点で電球のフィラメント材料として広範囲に使用されている．熱陰極*としても広く使われている．エレクトロマイグレーション*に耐久性をもつため，いくつかのIC製造工程の内部配線に使用されている．

単結晶 single crystal
　原子面が規則的に平行に揃っている結晶．これは平行になった電子ビームをその結晶に当て単一スポットの回折パターンによって証明される．⇒ モザイク結晶（多結晶）

単向管 isolator → アイソレータ

探索コイル search coil
　同義語：探りコイル（exploring coil）．→ フリップコイル

短時間デューティ short-time duty → 負荷デューティ

短縮テスト truncated test → 寿命試験

単色光放射 monochromatic radiation
　単一振動数（等価的に単一波長）の電磁放射．実際には，単一振動数の放射は起こりえず，振動数が狭い領域として適用される．この言葉は粒子が全て同じ種類で，それらが同一のエネルギーをもつときの特殊放射にも使われる．なお，この場合は同種または単一エネルギーの表現が通常使われる．⇒ 多色光放射

単信方式 simplex operation
　単方向の通信チャネル方式．⇒ 全二重操作方式

弾性抵抗 elastoresistance
　弾性限界範囲内で物質に歪力を加えたとき，その物質内で生ずる抵抗の変化．

弾性反跳粒子検出法（ERDA） elastic recoil detection analysis
　材料表面を $1\ \mu m$ の深さまで解析する技術．この技術はラザフォードの後方散乱*（RBS）

に類似であるが，RBSに用いる放射線の粒子よりもエネルギー的に高くかつ重い電荷粒子ビームを用いる．ERDA技術は水素を含む物質中で発光を伴う原子要素の密度を観察し測定するのに用いる．

単接合トランジスタ unijunction transistor (UJT)

三端子で1つの接合をもつバイポーラ接合トランジスタ*（図a）．素子は，低不純物濃度（高抵抗率）の棒状半導体*（通常n形）で，その中心付近に高不純物濃度（低抵抗率）の反対の極性であるp形領域をもつ構造である．素子の両端（ベース1とベース2）と，中央の領域（エミッタ）にオーミック電極を付ける．エミッタ領域はバルク材料に合金法で形成されていたが，現在のプレーナ技術では拡散やエピタキシャルでつくられる．

普通の動作状態では，ベース1は接地され，ベース2には正バイアス V_B が加えられる．エミッタ接合の一番電位の低い側（ベース1に近い側）にあるA点において考察する．A点のn形部の電位は ηV_B で与えられる，ここで，η は分圧比である．

$$\eta = R_{B1}/R_{BB}$$

この式中の R_{B1} は点Aとベース1の間の抵抗，R_{BB} はベース1とベース2の間の抵抗である．

もしエミッタに ηV_B より低い電圧 V_E が加えられると，接合は逆バイアス*となり，非常に小さな逆方向飽和電流だけが流れる．もし，V_E が ηV_B より高くなると，点Aの接合は順方向バイアス*となり，正孔がn形棒状半導体に注入される．棒中の内部電界は正孔をベース1方向に移動させるので，点Aとベース1の間の領域では導電率が増加する．点Aから広い範囲が順方向バイアスの低抵抗となる．この結果，エミッタ電流 I_E は急激に増加する．I_E の増加で導電率が増加すると，エミッタ電位が下降し，デバイスは電圧-電流特性中に負性抵抗を生じる（図b）．

デバイスが導通し始めるときのエミッタ電位 V_P はピーク点である．谷の点となる電圧 V_V において，デバイスの負性抵抗特性は消える．ピーク点と谷の点間のスイッチ時間は，素子の構造とベース2に加えた電圧 V_B に依存する．また，点Aとベース1の間の距離に比例することが知られている．

もしベース2が開放であると，I-V曲線は本質的に普通のp-n接合*のものとなる（図c）．V_B が増加すると，ピーク点 V_P と谷の点の電流 I_V も増加する．特性は温度にあまり影響されない．

単接合トランジスタの最も一般的な応用は，弛張発振器の回路である．

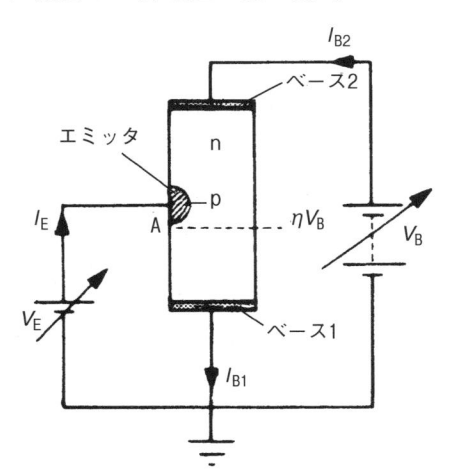

図a　単接合トランジスタ

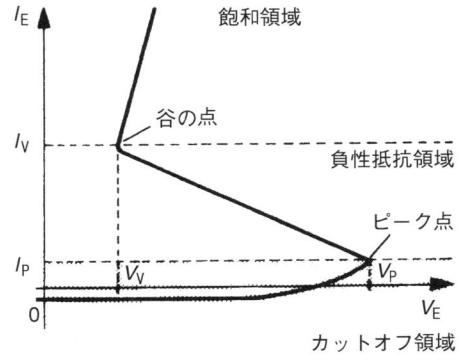

図b　エミッタ電圧-電流特性の一部分

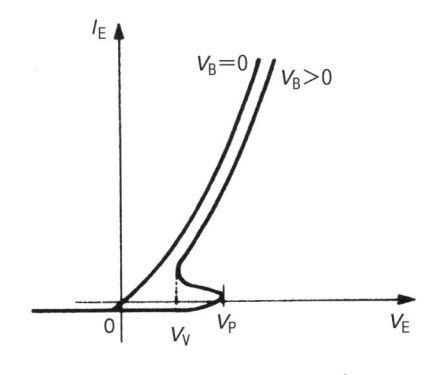

図c　エミッタ電圧-電流特性

単線検流計 Einthoven galvanometer, string galvanometer

検流計*は強磁場の磁極間に密に巻かれた導電性コイルをもつ．コイルに電流が流れるとコイルは磁界と直角に偏向を生じる．偏向の大きさは倍率の高いマイクロスコープで観察する．この装置は非常に高感度であり，10^{-11} A の電流を検出する．

炭素 carbon

記号：C．非金属，原子番号6，2種類の同素体結晶であるダイヤモンドおよび黒鉛が存在する．ダイヤモンド形態では，抵抗率*（$5\times10^{14}\Omega$cm）は絶縁物の範囲内の値である．黒鉛形態にあっては，良好な導体ではなく，抵抗率はおよそ $1.4\times10^{-3}\Omega$cm であり，粒状の形にすると圧力により抵抗値変化を示す．

黒鉛形態にして抵抗器の作成，マイクロホン中に，さらに電球のフィラメントなどに利用される．

単相系 single-phase system

単一の交流電圧だけの電気系あるいは電気的な装置．→ 多相系

断続器 interrupter

誘導コイルのように周期的に連続電流を断続する装置．→ 誘導コイル．⇒ 開閉

断続デューティ intermittent duty → デューティ

炭素組成抵抗器 carbon-composition resistor

同義語：炭素抵抗器（carbon resistor）．→ 抵抗器

炭素抵抗器 carbon resistor

同義語：炭素組成抵抗器（carbon-composition resistor）．→ 抵抗器

炭素皮膜抵抗器 carbon film resistor → フィルム抵抗器

タンタル tantalum

記号：Ta．原子番号73の金属であり，腐食に対する耐性が極めて強く，この特性が必要な応用に利用される．

タンタルコンデンサ tantalum capacitor → 電解コンデンサ

端中継器 terminal repeater → 中継器

タンデム tandem → 縦列

単導体導波管 uniconductor waveguide → 導波管

単同調回路 single-tuned circuit

合成抵抗値を有し，1つの静電容量*と1つのインダクタンス*で代表される共振回路*．

短波 short-wave

10〜100 m までの波長をもつ無線波を表す．すなわち高周波帯域に属する．→ 周波数帯域

短波変換器 short-wave converter

短波の周波数帯で放送された放送電波を受信し，無線受信機内で周波数変換し，さらに標準的な受信機の動作範囲内の周波数に変換する周波数変換器*．

単方向型変換器 unidirectional transducer → 変換器

単方向性変換器 unilateral transducer → 変換器

単巻変圧器 autotransformer

独立な2つまたはそれ以上の巻線の代わりに単一の巻線からなっている変圧器*で，間隔を隔てていくつかのタップをもっている．巻線の一部が一次および二次回路に共通になっている（図参照）．タップ間の電圧 V_2 は印加電圧 V_1 に対して

$$\frac{V_2}{V_1} \propto \frac{n_2}{n_1}$$

によって関係づけられる．ここで，n_2 はタップ間の巻数であり，n_1 は巻線の全巻数である．

短絡 short

短縮語：短絡回路（short circuit）．

短絡インピーダンス short-circuit impedance → 回路網

短絡回路 short circuit

回路内の2点を突発的あるいは意図的に非常に低い抵抗で電気的に接続すること．

単流式システム single current system

信号の伝送のために一方向の電流を用いる電信システム．⇒ 複流式システム

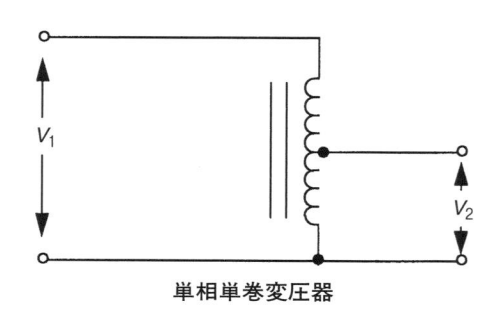

単相単巻変圧器

チ

チェビシェフ形フィルタ Chebyshev filter
等リプル*応答をもつフィルタの一種． ➡ フィルタ

チェビシェフフィルタ Tchebyshev filter ➡ チェビシェフ形フィルタ

遅延 delay
パルスが電子素子あるいは回路を行き交うのに必要とする時間で，信号の伝搬と受信の間の時間間隔である．例えば切換トランジスタの場合，入力にパルスが印加されてから出力にパルスが現れるまでの時間である．過大な立ち上がり，立ち下がり時間は切換回路の動作速度を遅くし，好ましくない遅延の原因となる．必要とする大きさの遅延時間は遅延線*を意識的に回路に入れてつくることができる．

遅延自動利得制御 delayed automatic gain control
同義語：バイアス化自動利得制御（biased automatic gain control）． ➡ 自動利得制御

遅延線 delay line
信号伝送時に定められた遅延を生じる任意回路，素子，伝送線のこと．同軸ケーブルや適切なL–C（インダクタンス-コンデンサ）回路は短い遅延時間生成に使用できる．しかし，さらに長い遅延時間が必要なときには減衰が通常は非常に大きい．長い遅延時間が必要なときには音響遅延線が使われる．通常は圧電効果*を用いて信号は音響波*に変換される．それから電気信号に再変換されるまで，液体または固体の媒体の中を巡回することで遅延される．今では，純粋に電気的なアナログ遅延線は電荷結合素子*（CCD）によって実現されている．シフトレジスタ*と電荷結合素子がディジタル遅延線として使用される．

遅延掃引 delayed sweep ➡ 時間基準

遅延等価器 delay equalizer
遅延ひずみ*の影響を補償する回路，フィルタで，伝搬波形を保持する．

遅延ひずみ delay distortion ➡ ひずみ

遅延領域モード delayed-domain mode ➡ 電子移行形デバイス

力係数 force factor
電気系で流れている電流に対する電気機械エネルギー変換器の動きを止めるのに要する力の比． ➡ 変換器

地帰路回路 earth-return circuit
平行になるように1つ以上の導体でつくられた回路で，電気通信システム*の2点を接続する．その2点で接地が完成する．

蓄積陰極線管 storage cathode-ray tube ➡ 蓄積管

蓄積管 storage tube
一定時間間隔あるいは可変時間間隔において情報を蓄積するために用いる電子管で，その情報は必要に応じて引き出すことができる．蓄積管を動作させるためには種々の原理が使われる．また多くの蓄積管の種類がある．一般的用途で普通の蓄積管は電荷蓄積型の電子管であり，情報は帯電荷のパターンとして蓄積される．情報は，蓄積陰極線管と同じように，映像として引き出されるか，電子信号として引き出される．電荷蓄積管は，情報が蓄積されるターゲット電極をもっている．蓄積された情報は電子ビームの強度を変調し，そのビームはターゲットを掃引するようにつくられる．ターゲット電極からの電子の二次電子放出*が起こり，静電荷がターゲット上に残る．情報を保持し隣接部と見分けがつくターゲットの各小部分は蓄積要素を形成する．個々の蓄積要素から放出される二次電子数は電子ビームのエネルギーや管の設計，ビーム強度の関数である．変調されないビームが1を超える二次電子放出率*となる場合，正電荷画像が生成される．また，それが1未満のときには負電荷画像が生成する．情報で変調される電子ビームは書き込みビームという．連続する要素に情報を書き込む速度が，書き込み速度である．

蓄積陰極線管は，可変の時間幅において画像を生成する．この管は2つの電子銃*，すなわち書き込み電子銃と読み取り用電子銃（フラッディング銃）を有する．さらに残光スクリーンと精緻なメッシュの金属スクリーンもある．金属スクリーンの1つである蓄積スクリーンは，ターゲットを形成する薄い誘電物質でコーティ

ングされている．その他のスクリーンは電子のコレクタとして働く．正電荷映像は，書き込み電子銃からの高分解の強度変調された書き込みビームを使ってスキャンすることによって蓄積スクリーン上につくられる．これは，映像は減衰するが消されるまで続く．情報は，フラディング銃からの電子ビームを用いて蓄積スクリーンをフラディングすることにより取り出せる．各蓄積素子は，電子銃の1個の制御エレメントを形成する各メッシュホールを伴う素子電子銃を効果的に形成する．各アパーチャに与えられる正電荷の値は，スクリーンを通過する電流の値を決める．表示スクリーンでは，元の情報の関数である光出力が出る．この蓄積された電荷は，低速度電子で蓄積表面をフラディングすること，つまり各要素に負電荷を与えることにより消去される．パターンが消え，表面は新しい映像を蓄積するために用意される．

　光導電蓄積管は光導電性*，あるいは電子衝撃による導電性に関わる動作に依存している．物質の導電率は，光子あるいは電子の衝撃にさらされるとき，一時的に上昇する．ターゲットは，光導電性の物質の薄膜でコーティングされたバックプレート電極からなっている．情報は，ターゲットを光画像にさらすか，高分解能の強度変調された光ビームあるいは電子ビームでスキャンするかでターゲットに与えられる．この情報は，変調されていないリディングビームをもってターゲットをスキャンして取り出される．バックプレートに届く電子数すなわち信号強度は各小要素の導電率に依存している．出力は，バックプレート電極に直列に接続されている負荷抵抗に電流として出される．

蓄積器 accumulator
　1．二次電池と同義語．→ 電池（cell）．2．レジスタの種類．→ レジスタ

蓄積時間 storage time
　1．同義語：保持時間（retention time）．記憶装置*や蓄積管*のようなデバイスは情報を記憶し，その蓄積（記憶）時間の最大値は重要な情報を失うことなく記憶できる時間である．2．→ キャリヤ蓄積

蓄積モード accumulation mode → MOSコンデンサ

蓄電池 storage battery
　二次電池*からつくられる電池．

蓄電池 storage cell
　略語：二次電池（secondary cell）．→ 電池

地上波 ground wave, ground ray
　同義語：地上光線（ground ray）．地上に設置された送受信アンテナ間を伝搬する電波．地上波は直接波*を含む空間波と地表反射波*および地表波*という2種類の主成分をもつ．⇒ 間接波

チップ chip
　同義語：打抜き型（die）．1つの要素，素子または集積回路*を内蔵している半導体*材料の単結晶片．この結晶片は多くの要素あるいは回路が規則正しく並べられている基盤の大きなウエハ*を細かく裁断したものとなっている．結晶片は通常は適当に組合され実装されて初めて使用可能となる．

チップイネーブル chip-enable
　チップの動作を可能にする集積回路の制御入力．これはCSとラベル名が付けられる．チップイネーブルは全てのコンピュータで1つ以上の素子（メモリ，入出力素子）がアドレス*またはデータバス*のような同一の線につながれるときに使われる．

チップインダクタ chip inductor
　小さなフェライト材でつくられるインダクタ要素．この要素の両端でフェライト上に2つの引き出し電極を取り付けている．チップコンデンサのようにチップインダクタは接続線がなく，実装技術でプリント回路基板に直接半田付けされる．そのため，同じ大きさのリード線付き素子に比べて寄生インダクタンスや寄生容量が非常に小さい．そこで，主に高周波回路または高精度回路に使われる．→ フェライト；プリント回路；表面はめ込み；寄生

チップコンデンサ chip capacitor
　磁器誘電体で構成されるコンデンサ要素．この要素の両端で誘電体*に直接，2つの引き出し電極を取り付けている．大きさは非常に小さく，標準のものは0603，0402などと記される．これはそれぞれミリメートルで記された長さと幅である．チップコンデンサは接続線がなく，表面はめ込み実装技術でプリント回路基板に直接半田付けされる．そのため，同じ大きさの

リード線付き素子に比べてこの素子は寄生インダクタンスと寄生容量は非常に小さい．そこで主に高周波回路または高精度回路に使われる．→ プリント回路；表面はめ込み；寄生

チップ抵抗 chip resistor

小さな金属皮膜抵抗材でつくられている抵抗要素．この要素の両端で抵抗上に2つの引き出し電極を取り付けている．チップコンデンサのようにチップ抵抗は接続線がなく，実装技術でプリント回路基板に直接半田付けされている．そのため，同じ大きさのリード線付き素子に比べてこの素子は寄生インダクタンスや寄生容量が非常に小さい．そこで主に高周波回路または高精度回路に使われる．→ プリント回路；表面はめ込み；寄生

知的端末 intelligent terminal → 端末

地電位 earth potential, earth plane

同義語：ゼロ電位（zero potential）．大きな導体の電位で，電位のゼロとされる．

地電流 ground current

同義語：米国での地電流（earth current）．

地電流 earth current

1. 接地に流れる電流．特に，システムの故障によるもの．2. 接地内を流れる電流．特別の地電流は電離層の擾乱に関係している．埋設されたケーブルの導線の被覆は時々直流地電流によって腐食する．

遅波構造 slow-wave structure → 進行波管

地表波 surface wave

送信アンテナと受信アンテナ間を地表面に沿って伝搬する電波*．地表波は伝搬する地表面特性の影響を受ける．⇒ 地上波；空間波

地表反射 ground reflection

送信されたレーダ波が標的に到達する前に地表から反射されること．

地表反射波 ground-reflected wave

地面に設置された送受信アンテナ間を伝搬する電波で，地表によって1回は反射された電波をいう．地表反射波は地表の特性に依存し，対流圏でも反射される．⇒ 地表波

チャイルドの法則 Child's law → 熱電子管

チャネル channel

1. 通信において，電気的信号の送信または受信に使われる，決められた周波数帯または特定の経路．2. データ処理システムやコンピュータの中で，情報が伝送されたり蓄えられたりする経路．3. （電界効果トランジスタ*において）ソース*とドレイン*に接続された領域．ここを流れる電流はゲート*の電圧によって変化する．4. （p-n-pバイポーラトランジスタ*において）コレクタ*の表面からチップの端までのn形ベース*の見せかけの広がり．これにより過度の漏洩電流が発生することがある．高抵抗p形コレクタの表面保護を目的とする酸化膜作成プロセスにおいて，その界面の酸化膜中に意図しない正電荷の発生が起きる場合があるが，この正電荷はコレクタ表面のエネルギーを下げて反転させ，n形チャネルを形成することとなり，この電流通路を通じて漏洩を生じる．チャネルストッパ*を用いて克服可能である．

チャネルコード channel code → コンパクトディスクシステム

チャネルストッパ channel stopper

1. （p-n-pバイポーラ接合トランジスタ*において）チャネル*形成を限定するための手段であり，高濃度にドープした低抵抗値のp形物質のリングを用いてn形ベース*を完全に取り囲むことで実施する．
2. （MOS集積回路*において）低濃度ドープの基板と同じ形で高濃度ドープした領域部．この方法により，その領域のしきい値電圧*を高めることができ，電界効果トランジスタ*が隣接する他のドレイン*領域と内部接続を生じて寄生トランジスタを形成できなくしている．

チャネル容量 channel capacity

通信チャネルに送信しうる情報量．チャネル容量を超えるとエラーが起きる．チャネル容量内であれば，理論的には小さなエラー確率となる．→ シャノン-ハートレー定理；ディジタル通信

チャフ chaff → 攪乱反射体

中央クリッパ centre clipper

入力幅の中心に幅をもつ境界値を設定し，この中央幅以外の入力のときに入力に比例した出力が出るようにした回路．

中央処理装置 central processing unit (CPU)

コンピュータシステム全体の作動や，特定のプログラム*に含まれる演算や論理処理を実行

するコンピュータ*の一部分．CPUは通常は2つの部分からできている．制御部分はメモリ*に蓄積されたデータとプログラム*を管理し，データや他の情報をコンピュータシステムの種々の部分間に転送する．ALU（演算/論理部分）は，足し算や掛け算，比較のような演算と論理処理を実行する．

中間周波数 intermediate frequency（IF）
→ ヘテロダイン受信；ミキサ

中間タップ centre tap

抵抗や変圧器のような電子装置の電気的な中性点をつくるためにつくられた接続点．

中規模集積回路 medium-scale integration（MSI） → 集積回路

中継器 repeater

回路中に信号を受け取り，同一の信号を一カ所または多数箇所の回路に自動的に伝送する装置．中継器は電話，電信回路とともに多用され，放送システム内の中継器は信号を増幅し，パルス電信における中継器は送信されたパルスに基づいてパルスの再生作業を行う．中継器は，単一方向あるいは双方向の信号いずれについても動作可能である．電話中継器は4線式回路または2線式回路で動作する．端中継器はフィーダ線や伝送線の幹線の終端において使用される中継器である．

中継コイル repeating coil

電話線の2カ所を結合するために使用する音声周波数帯の変成器．

中継交換局 tandem exchange → 電話

中心極限定理 central limit theorem

多くの統計的に独立なランダム変数の和の確率分布は，変数の個数を増やしていくとガウス分布*に近づいていく．この特性はランダム変数の分布に関係しない．中心極限定理は通信システム内の雑音*を理解し解析するときによく使われる．

中心周波数 centre frequency

1．通信システムにおいて変調されている伝送信号の平均周波数．2．アナログ回路の周波数特性における中心周波数．3．スペクトル解析における周波数全幅の中心周波数．

中性温度 neutral temperature → 熱電対

中性の neutral

1．正味で正電荷も負電荷ももたない状態．→ 地電位．2．家庭の電源*に必要な中性線を意味し，発電所で接地される．

中断時間 down time → ダウンタイム

注入 injection

半導体*材料に電子または正孔の過剰荷電キャリヤを導入し，その総量が熱平衡状態での数を超えさせることをいう．低レベル注入の場合の過剰荷電キャリヤの数は熱平衡状態での数より少なく，高レベル注入の場合の過剰キャリヤの数は熱平衡状態での数と同じ位になる．

注入効率 injection efficiency

順方向バイアスにおいてp-n接合の効率は，注入少数キャリヤの電流と接合を通る総電流の比によって定義される．

注入不純物 dopant → ドーピング

中波 medium wave

波長が0.1～1km，周波数が300～300kHzの電波．→ 周波数帯域

中波周波数帯 medium frequency（MF） → 周波数帯域

中和 neutralization

増幅器の固有の正帰還の影響を弱めるための振幅と位相の負帰還による対策．もし，正帰還が中和されないと発振が生ずる．増幅器に存在する正帰還はミラー効果*で生じ，中和によって打ち消される．回路は入力（ベース）回路へ180°の位相シフトした電圧を与える．プッシュプル*動作で生ずる寄生振動*は交差中和法によって打ち消すことができ，それぞれの素子の出力電圧の一部が他の入力回路の素子に中和コンデンサによって帰還される．入力に帰還した電圧は中和電圧と呼ばれる．増幅器の中和の程度は中和指示器と呼ばれる素子を用いて観測される．

チューナ tuner

1．共振周波数を変えるために用いられている可変コンデンサやインダクタのような素子．2．特定の受信チャネルを選局するために用いられるラジオ*やテレビ受信機*の初段．チューナはその共振周波数が希望周波数に変えられる同調回路*や個々のチャネルに同調されて選択される一連の共振回路*（→ タレットチューナ）．

tube

略語：電子管（electron tube）．特に真空管．

チューリング機械 Turing machine

内部状態と無限に拡張できるテープをもつ計算機械の数学的モデル．この機械は現在の内部状態とその時点に読み取ったテープ上の記号から，内部状態を変え，テープ上の記号を書き換え，さらにテープを移動させるなどの動作を決定する．このモデルはアラン・チューリング（Alan Turing）によって1936年に公表された．

超LSI VLSI

超大規模集積に対する略記号．数千ゲートを超える集積回路*を表し，多くのマイクロプロセッサ*，メモリ*，ディジタル信号処理*ICに利用されている．

超音波 ultrasonics

人間の可聴周波数帯の上限，すなわち20 kHz以上の音波をいう．磁気ひずみ素子あるいは圧電素子を用いて，電子的に超音波を発生させる．前者は磁気ひずみ*を示す材料に高周波交流信号を印加し，超音波を発生させる．後者は圧電効果*が印加した交流信号を超音波に変換する．

超音波は熱線マイクロホン*を用いて検出できる．超音波に対して感度のある電気的な受信素子は圧電結晶*のみである．ある特定の固有周波数をもつ受信素子に対し，任意の方向に伝搬する超音波で励起したとき，機械振動が結晶中に生じ，変動する電圧が発生する．2つの結晶が同一の固有周波数を有するようにするのは非常に困難なため，受信結晶は受信周波数に電気的に同調を取らなければならない．ピアス回路による検出器なので送信機と受信機のいずれにも同じ圧電結晶が使われる．超音波には数多くの応用がある．エレクトロニクス分野での主な応用としてエコー音波*による水中通信，電子部品や回路を製作する過程における脱気，洗浄がある．また，医学への超音波応用は脳腫瘍や胎児を映像化することに使われる．

超音波遅延線 ultrasonic delay line

遅延素子として超音波周波数帯の音波を使った音響遅延線．

超音波通信 ultrasonic communication

ソナー*を改良して超音波周波数で行う水中通信．

超階段バラクタ hyperabrupt varactor

バラクタダイオード*の一種であり，使用される半導体のドーピングは，電圧Vに対する容量C特性が特別な変化をするように制御されてつくられる．これにより，バラクタが同調回路中に使用された場合，同調周波数は電圧に比例して変化できる：$C \propto V^{-2}$．これに対して，均一にドープしてつくられたダイオードでは，$C \propto V^{-1/2}$である．

長給電線効果 long-line effect

発振機が発振機の出力の波長に比べて十分長い伝送路を通して負荷に結合されているときに，しばしば観測される効果．発振機はその望ましい周波数からその近くの望んでいない周波数に移ってしまうことが多い．

超高周波 superhigh frequency (SHF) → 周波数帯域

超広帯域伝送 ultra wide band transmission (UWB)

信号が非常に短いパルスからなり，その信号のスペクトルは搬送周波数の大部分を占める．UWBは次世帯の無線ローカルエリアネットワーク*として提案されている．UWBは広帯域で送信電力を拡散することにより，既存の狭帯域サービスに干渉しないで非常に高い情報伝達速度の能力をもつ．

超小形回路 microcircuit

集積回路*であり，通常極めて複雑な機能を実行する．

長残光性スクリーン long-persistence screen

陰極線管で使用されるスクリーンの一種で，スクリーン上に画像を数秒間維持できる．これは，スクリーンの通常の蛍光物質に燐光物質を混合させることで実現できる．

超常磁性の限界 superparamagnetic limit

磁気記録*でビットと呼ばれる微小磁石の集団に記憶できる情報領域密度に熱的変動が原因で磁化に揺らぎが生ずる限界を与える．磁区領域密度が1平方インチ当たり1兆ビット（10^{18}）近くになると媒質に蓄えられる磁気非等方エネルギーが周囲温度に等しくなる．この状態になると磁区の情報は安定でありえず0と1の間をランダムに変化するようになる．超常磁性限界を回避する1つの方法は，磁気モーメ

ントが互いに逆向きで，実効的な磁石の体積を小さくするように2つの磁気層を形成した反磁性を示す媒質を用いることである．

重畳積分 convolution integral ➡ 畳み込み
超大規模集積 very large scale integration ➡ 超LSI
超短波 very high frequency（VHF） ➡ 周波数帯域
超低周波 very low frequency（VLF） ➡ 周波数帯域
超伝導 superconductivity

熱力学的絶対温度に近い低温にしたとき，ある種の金属，多くの化合物および合金に起こる現象である．温度が臨界遷移温度，T_c，以下では金属の電気抵抗が非常に小さくなり，その金属は完全導体のようになる．超伝導体の中に誘導された電流は少しの減衰もせず，数年間維持される．

その超伝導材はまた弱い磁界の中で完全な反磁性*を示し，その中の磁束密度はゼロになる．もし，その超伝導材が空洞の円筒形であったとすると，空洞部分の磁束密度は一定に保たれ，遷移温度での状態に保たれる．一方，超伝導材の中の磁束密度はゼロになる．この磁気効果はマイスナー効果（Meissner effect）といわれている．もし加えた磁束密度の大きさを臨界値，B_c，より大きくしたとすると超伝導は壊れる．B_cー遷移磁束密度ーの値は超伝導材の温度とその材質の関数である．超伝導材自身の中の超伝導電流は臨界値より大きいその電流に付随した磁束をつくることができるが，しかし超伝導状態で超伝導材によって維持することのできる電流密度には上限がある．ある種の合金は比較的高い遷移温度とおおきな臨界磁束密度をもっているものがあり超伝導磁石に使われる．例えばニオブ-錫（Nb_3Sn）は液体ヘリウムの沸騰点である4.2 Kでおよそ12 Tの磁束密度をつくりだしている．他の例えば Nb_3Sn のような遷移金属化合物は液体水素の沸騰点（20 K）付近の遷移温度をもっているこれらの化合物はA15系列の中にある．すなわちこれらはベータ-タングステンと同じような結晶構造をもっている．

90 Kあるいはそれ以上の遷移温度をもっている高温超伝導*は希土類元素あるいは遷移金属を含み，その一般的な構成は
$$RBa_2Cu_3O_{1-7}$$
ここでRは希土類イオンまたは遷移金属である，となるような複雑な酸化セラミックを使って実験的に示されてきた．スカンジウム，ランタン，ネオジム，イッテルビウム，およびその他の2, 3の元素は高温超伝導体（HTS）の一例として成功裏に示されてきた．

高温超伝導体を装置またはシステムに導入することはHTSに流れる大きな電流がつくる磁束密度の関係から非常に難しいことが明らかになっている．中程度の磁界強度において強い磁界では超伝導を破壊し，弱い磁界では超伝導体に浸透していかないが，その磁界強度は伝導体を横切る薄い管中ではHTSを維持する．管の中心部では電流が「竜巻」状になっており，この管は渦として知られている．この渦の外側で超伝導体は超伝導状態を維持しているが渦の内側では超伝導にはもはやなっていない．超伝導体に電流を流すと渦は動きそれによって電気エネルギーを消費し，抵抗となる．渦は原子のように振舞い，温度，磁界強度に依存する固体または液体状の渦物体になる．例えば渦をとらえるために欠陥のある結晶を導入したり，渦巻きを互いにらせん状にしたりして適当な場所に渦を拘束しておくと電気的に良好な特性のHTSになる．

最も低い温度での超伝導の画期的な理論の1つが1957年にバディーン，クーパ，シュリーファらによって提案された．これがBCS理論で，電子対―クーパ対―が他の電子の存在で形成されるというものである．この対をなす働きは電子と結晶格子の量子化された振動―フォノン―の相互作用によって行われる結果であり，電子の動きにおいてエネルギー損失なしの高位の状態をつくりだしている．しかし，BCS理論は一重項対状態を提案している．高温でこの理論は現象を説明するには十分でない．そして種々の考えが電子と電子対の形の間の強い相互作用を仮定して説明する提案がなされた．超伝導の理論的基礎の理解は単結晶の標本で実行された実験データを注意深く解析することで決定づけられ，高温臨界温度をもった超伝導体の研究に役立つと思われる．

ジョセフソン効果*は非常に薄い絶縁体を超

超伝導体　superconductor
　超伝導を示す物質．→ 超伝導
調波　harmonic
　複雑な振動で生ずる周期的な大きさの振動で，基本周波数*の整数倍の周波数をもっている．基本波の周波数はまた，第一調波といわれる．基本波の整数分の1の周波数をもつ振動は分数調波といわれる．実際に，基本調波は必ずしも存在する必要はない．
長波　long wave
　波長が1〜10 kmの電波をいう．→ 周波数帯域
調波解析装置　harmonic analyser
　調波成分を解析するための周期関数解析装置．例えば，その関数に対応するフーリエ級数で表す（→ フーリエ解析）．
調波発振器　harmonic oscillator　→ 発振器
調波発生器　harmonic generator
　入力の基本周波数の高調波を発生させる信号発生器．→ 調波
調歩装置　start stop apparatus
　受信装置を動作状態にするスタート信号が送られ，次に送信される文字に対応する符号化された信号，続いて受信装置を休止させるストップ信号が送られる電信*で使用される装置．調歩装置はテレックスシステム*で使用される．
⇒ テレプリンタ
跳躍距離　skip distance
　送信機からの電波が電離層からの反射により与えられた方向で受信される特定の動作する周波数に対する最小距離．スポラディックE層からの反射は通常無視される．送信機をとりまく跳躍距離に等しい動径ベクトルの完全な回転による区域は跳躍区域として知られている．このエリアは跳躍距離が全ての方向で同じではないので必ずしも円ではない．
超立方体（ハイパーキューブ）　hypercube
　超立方体形の接続形態をもつ相互接続ネットワークのこと（最も単純な形の超立方体は四次元超立方体で，2つの三次元立方体が8つの角同士でそれぞれつながったものとみなすことができる）．超立方体形の相互接続形態では 2^N 個

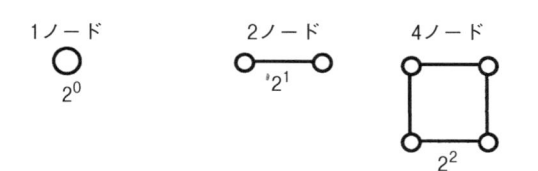

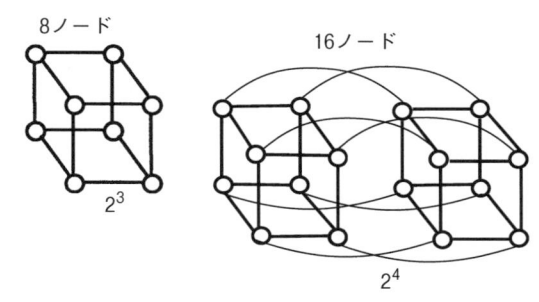

いろいろな次元における超立方体

のノードが存在し（図参照），各ノードは0から 2^{N-1} までの異なる2進アドレスを有している．また，各ノードは2つのノードと直接つながっており，そのノードのアドレスはビット位置のどこか1カ所だけが異なるように割り当てられている．N は超立方体の次元を表している．
聴力計　audiometer
　難聴による聴力低下および雑音によって生じるマスキングを測定するための器具．多くの形が存在する．最も一般的なのは，電話器のイヤホーンに既知の周波数と強さの音を発生させるシステムである．周波数と強さは両方とも可変であり，器具は聴力低下を直接読み取れるように校正されている．
チョーク　choke
　1. 同義語：チョークコイル（choking coil）．交流電流に対して比較的大きなインピーダンスを示すインダクタ（誘導子*）．可聴周波数ならびに無線周波数チョークはそれぞれ可聴周波数回路および無線周波数回路で使われる．平滑チョークコイルは整流回路の出力に含まれる脈動分を抑えるために使われる．平滑チョークコイルを流れる電流によってインピーダンスが変わるものをスイングチョークという．→ 無線周波数．2. マイクロ波のエネルギー損失を防ぐために導波管*の金属表面に付けられた四分の一波長の溝．
直撃雷　direct stroke　→ 雷撃

チョーク結合 choke coupling ➔ 結合（カップリング）

チョークコイル choking coil ➔ チョーク

直接拡散方式（直接スペクトラム拡散方式） direct-sequence spread spectrum ➔ ディジタル通信

直接帰還 direct feedback
同義語：正帰還（positive feedback）．➔ 帰還

直接光線 direct ray
電波が送信アンテナと受信アンテナ間を伝搬する最短の行路．⇒ ラジオホライゾン

直接スペクトラム拡散方式 direct-sequence spread spectrum ➔ ディジタル通信

直接遷移禁制帯幅 direct energy gap ➔ 直接遷移半導体

直接遷移半導体 direct-gap semiconductor
価電子帯*の最大エネルギーと伝導帯*の最小エネルギーとが運動量空間*においてともに等しい運動量値のところに存在する半導体であり，そのため直接遷移禁制帯となる．この性質により伝導帯と価電子帯との間で放射形の遷移を起こすことが可能となり，電磁放射*の発生がもたらされる．ガリウムヒ素やその他の化合物半導体*は直接遷移半導体である．⇒ 間接遷移半導体；エネルギー帯

直接波 direct wave
最短行路に沿った放射波の一部．直接波*は対流圏反射の影響を受ける．⇒ 地上波；間接波

直接変換受信機 direct conversion receiver
ホモダイン受信機，すなわち局部発振周波数が到来信号搬送波の周波数と等しい受信機で，混合によりベース帯域の信号に変換される（➔ 搬送波）．受信過程は中間周波数がゼロのゼロIF（中間周波数）として知られている．⇒ ヘテロダイン受信

直線傾斜接合 linearly graded junction
接合間で不純物濃度を線形に変化させた2つの異なる極性（p-n，p-i，n-i）の接合．⇒ 階段接合

直線検波器 linear detector ➔ 検波器

直線走査（放射線計測用） rectilinear scanning ➔ 走査

直線走査器（放射線計測用） rectilinear scanner ➔ 走査器

直線偏波 linearly polarized wave
同義語：平面偏光波（plane polarized wave）．➔ 偏光

直定数（リテラル） literal
コンピュータ計算における，変数の明示的表現．真か偽かにかかわらない入力をさす．

直並列接続 series-parallel connection
1. 電子素子または回路が直列*または並列*に接続された配置状態．2. 抵抗，コイル，コンデンサを含む回路または回路網の要素を一部分は直列*，残りは並列*に接続する方法．

直流（d.c. あるいは DC） direct current（d.c. or DC）
おおよそ一定値の一方向電流．⇒ 電流

直流結合増幅器 direct-coupled amplifier
同義語：DC結合増幅器（d.c.-coupled amplifier）．➔ 増幅器

直流送電 direct-current transmission
テレビジョンに用いられる伝送方法で，輝度信号（➔ カラーテレビジョン）の直流分がそのまま伝送信号に表される．⇒ 交流分伝送

直流電圧 direct voltage ➔ d.c. 電圧

直流分再生回路 direct-current restorer
同義語：直流分再生回路（d.c.-level restorer）．直流に対して高インピーダンスをもつ回路素子により低周波成分が除かれた信号に，直流分あるいは低周波成分を再生する回路．この回路は直流，低周波成分をこれらの成分が欠けている信号に加える．
直流分再生回路は，元のビデオ信号を再構成するテレビ受信機*に用いられる．交流伝送*のように受信した信号に直流成分を戻すこと，あるいは望ましくない疑似の直流成分の存在の補正をすることが必要である．

直列 series
複数の回路素子の中を電流が順番に流れるように接続された回路素子を直列状態という（図参照）．n個の抵抗が直列接続されたときの合成抵抗 R は次式で与えられる．
$$R = r_1 + r_2 + \cdots r_n$$
ここで $r_1, r_2, \cdots, r_n$ はそれぞれの抵抗値を表す．これらの抵抗は集まって1個の大きな抵抗として振舞う．
n個のコンデンサを直列に接続すると，その

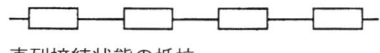

直列接続状態の抵抗

直列接続状態のコンデンサ

全体の静電容量 C は次式で与えられる．
$$\frac{1}{C}=\frac{1}{c_1}+\frac{1}{c_2}+\cdots+\frac{1}{c_n}$$
ここで $c_1, c_2, \cdots, c_n$ はそれぞれの静電容量の値である．

電気機器やトランス，電池では，互いに逆極性の端子を1本の鎖のようにつないだ状態を直列状態にあるという．複数の電池を直列につなぐと，その起電力は，それぞれの電圧を加算した値となり，大きな電圧を供給することができる．⇒ 並列

直列安定化 series stabilization ➔ 安定化
直列回路網 series network ➔ 回路網
直列帰還 series feedback
　同義語：電流帰還（current feedback）．➔ 帰還
直列供給 series supply
　能動素子の電極にバイアス電圧を掛ける方法で，信号電流が流れているインピーダンスを経由してバイアス電圧を掛ける方法（図a参照）．並列供給は信号電流が流れているインピーダンスを経由せずにそのインピーダンスと並列*にバイアス電圧を掛ける方法（図b参照）．
直列共振回路 series resonant circuit ➔ 共振回路；共振周波数
直列ゲート形ECL series-gated ECL ➔ エミッタ結合論理
直列転送 serial transfer
　コンピュータ内またはデータ処理システム内の単一経路に文字列を順々に転送する方法．
直列伝送 serial transmission
　1本の信号線路に逐次単位情報を伝送すること．⇒ 並列伝送
直列に in series ➔ 直列
直列変圧器 series transformer
　同義語：変流器（current transformer）．➔ 変圧器
直列ポート serial port
　データを直列伝送*するために用いるコンピュータのインタフェース．歴史的にみて直列ポートの多くはマウスやキーボードをパソコンに接続するためRS-232インタフェース*が使われた．最近，RS-232標準は伝送速度を増しファイヤワイヤ*やUSB*をも含む新しい標準に置き換わってきている．⇒ COMポート
直角の，直交の orthogonal
　互いに垂直である．直角の状態にある．
直結 direct coupling
　同義語：抵抗結合（resistance coupling）．増幅段のような電子回路あるいは素子間の結合*で周波数に依存しない．抵抗結合は直結となる．
直交位相 quadrature
　等しい周波数と波形をもつ2つの周期な量において，それらの位相差が $\pi/2$（90°）であるとき直交位相という．したがって，それらには1/4周期のずれがあり，1つの波がピークに達したときもう片方は0になっている．
直交位相変調 quadrature phase shift keying（QPSK）➔ 振幅変調
直交周波数分割多重 orthogonal frequency division modulation（OFDM）

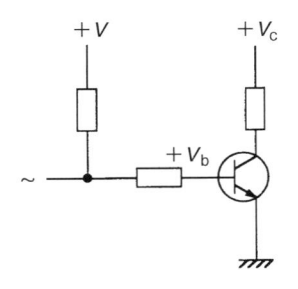

図a　直列供給 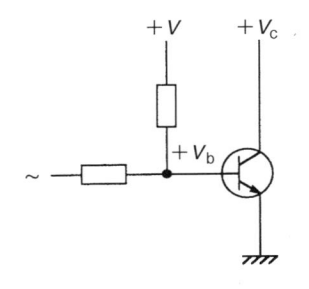　　　図b　並列供給

非常に多くの搬送波が密に配置され同一時間に送られる変調方式．OFDM はシンボル周期を著しく長くできるが，ビットレートの低減にはならない．OFDM はディジタルラジオやディジタルテレビ放送に広く用いられている．

直交振幅変調 quadrature amplitude modulation（QAM） ➡ 振幅変調

直交成分 quadrature component
1.（電流の）➡ 無効電流．2.（電圧の）➡ 無効電圧．3.（ボルト・アンペア）➡ 無効電力

直交電界マイクロ波管 cross-field microwave tube
同義語：M 形マイクロ波管．➡ マイクロ波管

直行符号 orthogonal codes ➡ ディジタル符号

チョッパ増幅器 chopper amplifier
直流信号をはじめに交流信号に変換し，次いで通常の増幅技術を用いることによって増幅する増幅器*．この変換は，継電器* または適切な振動器* を使うことで可能となる．

地絡 earth fault
導体が誤って接地につながるとき，あるいは絶縁器の接地抵抗が規定値以下になったときに生ずる障害．

ツ

対 pair
互いに絶縁され，1つ以上の通信チャネルを構成する2本の同様の導線による通信線*．もし，2つの導線が互いによられていたら，これはより対線をなす．多くの対はさらに互いによられる．より対線あるいはより対線のあつまりは，電磁干渉* を最小にするために，細いワイヤで組まれているアースされたシールドの中に入れられることもある．これはシールド付きより線（STP）構造である．シールドなしより線（UTP）構造ではより対線は被覆されていないか，塩ビにより覆われ束ねられている．同軸ペアは円筒状の導線の対でそれらは同軸になっていて，同軸ケーブル* を構成するのに使われる．

対陰極 anticathode
同義語：ターゲット電極（target electrode）．➡ X 線管

対ケーブル twin cable ➡ 対線

対線 paired cable
ケーブル対（ツインケーブルと同義語）導線のいく組みかの対* で構成されるケーブルの種類．各対は互いによられているが，対の集まり同士はよられていない．

追跡範囲 range tracking
動いている目標物体を追跡しようとしているとき，送受信スイッチ* が反射波の受信が正しい瞬時刻に受け入れられるモードに切り換えられるように自動的に調整されるレーダ* システムの動作．すなわち，ゲート* がシステムからの目標物体の距離に応じて調整される．

ツイーター tweeter
寸法の小さなスピーカで，相対的に高い周波数（だいたい数 kHz 以上）の音を再生するのに使われる．Hi-Fi システムではツイーターはウーハー* とともに用いられる．

ツイン T ネットワーク twin-T network
同義語：パラレル T ネットワーク（parallel-T network）．➡ 二端子対回路

通過帯域　pass band　→ フィルタ
通信　communication　→ 電気通信；ディジタル通信
通信衛星　communications satellite

　地球軌道を回る無人の人工衛星で，地球上に広範囲に分散している場所の間で高い容量の通信リンクを張るために用意された．適切に変調されたマイクロ波信号を地上局から衛星に送信し別の地上局へ戻されることで国際電話サービスができテレビ番組を中継することができる．衛星を経由してディジタルデータの伝送を行うことは今では重要事項の1つである．最初の頃の衛星は単純にマイクロ波ビームを他の地上局に向けて反射あるいは散乱していただけである．現在のシステムでは，信号は地上に再送信する前に中継器*によって増幅され周波数も変えられる．通信衛星による伝送は電波の窓*内にあるべきで，種々の周波数帯域がこの目的のために用意されている．ある広く用いられている周波数帯域は約 6 GHz の位置にあり，上がりすなわちアップリンクの伝送に使われている．また約 4 GHz は下りすなわちダウンリンクの伝送に使われている．これは 500 MHz 幅でいろいろな帯域幅をもつ中継器チャネルに分割されている．14 GHz（アップリンク）帯と 11 または 12 GHz 帯（ダウンリンク）は主に固定地上局用として最も多く使われている．別の帯域が 1.5 GHz 近辺に位置している，帯域幅は 80 MHz である．これは小さな車載地上局用として使われている．

　現在では数百の通信衛星が存在する．これらは通常高高度（36 km）の赤道軌道を移動し地上表面の1点からみれば静止しているようにみえる静止軌道衛星（GEOS*）か，地球低軌道衛星（LEOS*）である．ディジタル通信*の使用がどんどん増えている．

　衛星の一次電源は太陽電池*で，日食の短い期間だけ使用する目的の電池でバックアップされている．現在の衛星の寿命は少なくとも5年を超える．全ての構成要素に対しては必要ではないが，非常時に備えて不可欠なサブシステムに対してはバックアップが必要である．

　静止衛星は安定した姿勢を地軸に平行な軸の周りに回転させることによって維持できる．高利得のアンテナは回転軸と反対方向に回転するプラットフォーム（壇）に取り付けられる．このアンテナはしたがって，地上の特定方位に常に向いて静止しているように見える．パラボラ反射器は限られた範囲，例えば西ヨーロッパなど，に向かってスポットビームの伝送を行う．これは高い通信密度をもっている．地球の半球にわたる送信と受信はコニカルホーンアンテナを使用することでもたらされる．

　地上局は無線の干渉を避けるために地上のマイクロ波中継システムからある程度の距離を置いて配置しなければならない．例えば，コーンウォール地方のグーンヒィリィにある，インテルサットシステムで使われているパラボラ反射器*（大皿と呼ばれている）のようなアンテナは非常に大きく開口部が 25～30 m もある．アンテナは月や太陽の重力効果による軌道の揺らぎを補償するために可動式でなければならない．テレビ番組は小さな固定（可動式でない）ディッシュアンテナ（皿アンテナ）しか装備していない家庭にも中継されなければならないし，ケーブル TV システムにも中継されなければならない．他方，ビジネスではディジタル通信に VJATs（極小開口アンテナ）を使用できる．

　現在のシステムでは1つの通信可能ゾーンの中にある数多くの地上局から1つの衛星に向けて同時多重アクセスができるようになっている．これは例えば時分割多重アクセス（TDMA）や周波数分割多重アクセス（FDMA）（→ ディジタル通信）などによって行われている．むかしは，地上局は中継器の能力を他の地上局と共有しなかったので，中継器をより効率的に使用するためその能力ぎりぎりで使用することが行われていた．

通信規約　protocol

　スイッチシステムのディジタル信号転送において，ディジタルメッセージがスイッチングネットワークに適合するには，ディジタルメッセージはその仕組と合致しなければならない．メッセージが有効メッセージとして特定できるものでなければならず，かつ送信者と受信者は識別子をもたなければならない．メッセージは典型的な例は送信者，受信者，場合によりメッセージ長について情報を提供するヘッダブロックをもたなければならない．またメッセージは

メッセージの終了，追加的にメッセージの正確さを実証するためさらなる情報を示す終端ブロックをもつ．

通信線　line　→回線

通信路　trunk　→トランクフィーダ

通電角　angle of flow

角度で表される電流が流れている間の交流電圧の周期の一部分．

通電中　live

同義語：通電中（alive）．接地電位になっていない導体または回路．

ツェナー降伏　Zener breakdown

接合の両側が高不純物濃度である場合，逆バイアス時にみられる降伏現象*の1つ．十分に高不純物濃度の状態では，逆バイアスにおけるトンネル効果*が主要な電流機構となる．内蔵電界（→p-n接合）は強く，高不純物濃度の結果，空乏層は狭くなる．低い逆バイアスでも（6V程度まで），電子は十分価電子帯から伝導帯へ直接トンネルする（→エネルギー帯*）．ツェナー降伏電圧において，逆方向電流に急激な立ち上がりが得られる．この降伏電圧値以上では，ダイオードにかかる電圧は一定のままとなる．降伏が起こってもダイオード材料の電気的性質は変化せず維持されているので，この動作は繰り返し可能である．なだれ降伏*と異なり，キャリヤの増加は起こらない．

なだれ降伏は，上述の高不純物濃度の場合を除いて，ほとんどの半導体素子における主要な降伏機構である．ツェナー降伏はツェナーダイオード*に実用化されている．

ツェナーダイオード　Zener diode

同義語：定電圧ダイオード（voltage-regulator diode）．p-n接合*ダイオード*であり，ツェナー降伏*を確実に起こすために，接合のそれぞれの側に高濃度なドープが行われる．それによりダイオードは明確な逆方向降伏電圧*（数V程度である）をもち，電圧安定化素子として利用できる．トンネルダイオード*とは異なり，ドープ量は半導体が縮退*するほどには高くなく，またそのダイオードは順方向では通常のp-n接合と同じ動作をする．

ツェナーダイオードという名称は高濃度ドープを行っていないp-n接合ダイオードにも使用されており，それらは比較的高い降伏電圧（200Vまでの）をもち，さらになだれ降伏*に耐える．ツェナーダイオードと呼ばれるほとんどのダイオードは事実上なだれ降伏ダイオードである．真のツェナーダイオードは逆方向降伏電圧が低い値をもつものである．

突抜け現象（パンチスルー）　punch-through

バイポーラ接合トランジスタ*や電界効果トランジスタ*で起きる電圧破壊*の一種．コレクタ-ベース電圧 V_{CB} を増加したとき，コレクタ-ベース接合に形成された空乏層はベース領域を横切って広がっていく．コレクタ電圧が十

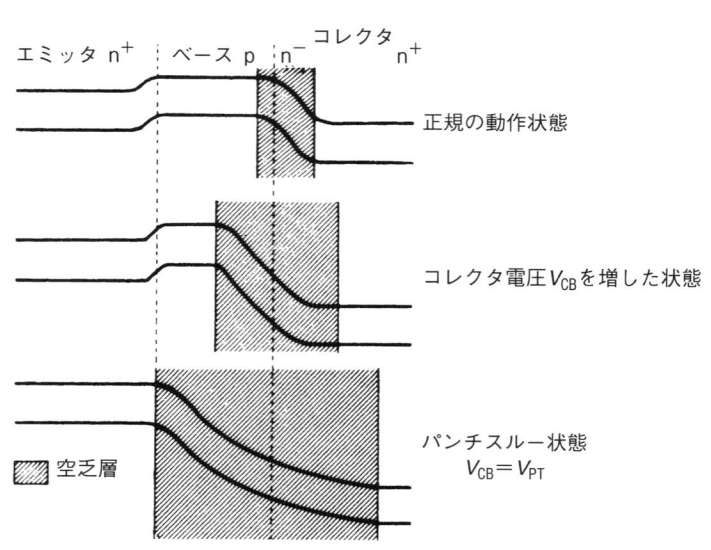

図a　パンチスルー：種々のコレクタ電圧を与えたn-p-nトランジスタのエネルギー状態図

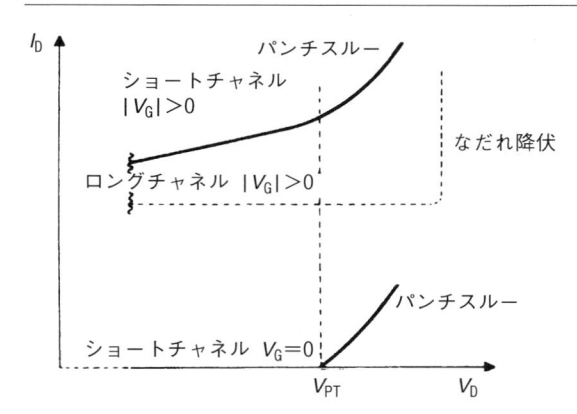

図b ピンチオフ発生以上の V_D における FET 特性

分に高くなり，パンチスルー電圧 V_{PT} といわれる値に達すると，その空乏層は完全にベース領域を突き抜けエミッタ接合に到達する．そのとき，エミッタからコレクタに向けて直接に電流経路が形成され，キャリヤはエミッタからコレクタに突き抜け（パンチスルー）てしまう．この一連の様子を示すエネルギー状態図を図aに示す．

電界効果トランジスタにおいても同様の現象が生ずる．すなわち，ドレイン電圧 V_D が十分大きな値（V_{PT}）に達すると，ドレインから形成された空乏層はチャネルとなる基板を横切って拡張しソースに達する．そのときキャリヤは基板を突き抜けてパンチスルーする．

パンチスルーは，スイッチ素子として使われるショートチャネル（短チャネル）素子において問題となる可能性がある．FETのドレインを比較的高濃度にドープした場合，ドレインと基板間の空乏層は基板内を容易に拡大する．そのためゲート電圧 V_G をゼロにしたスイッチ'遮断'の状態において，特にパンチスルーが生じないよう注意が必要である．またパンチスルーはFETがピンチオフ電圧より高い電圧の飽和領域で動作する'導通'状態（すなわち $|V_G|>0$）においても発生する（→電界効果トランジスタ）．キャリヤは V_D がかなり大きい値のとき，ソースからドレインに基板を通ってパンチスルーする．これに対しロングチャネル（長いチャネル）を有しドープレベルの高いFETではパンチスルーが生ずる前に電子なだれ降伏* が生ずる（図b）．

ツートーン変調 two-tone modulation → 振幅変調；周波数変調

強さ intensity
1. 短縮語：磁気の強さあるいは電気の強さ（両方とも廃語）．→ 磁界の強さ；電界の強さ
2. 流れの方向に垂直な単位面積を通過する音エネルギーの流れの割合．
3. 与えられた方向の単位面積を考え，表面から放射されたり反射されたりする光あるいは他の放射エネルギーの流れの割合．

テ

DIL パッケージ　DIL package
　短縮語：デュアルインラインパッケージ (dual in-line package)．

DRO
　略語：誘電体共振発振器 (dielectric resonator oscillator)．

定 R 回路網　constant-R network　→二端子対回路

DRC
　略語：設計規則チェッカ (design rule checker)．

TR スイッチ　TR switch
　略語：送受信スイッチ (transmit-receive switch)．

TEM 波　TEM wave　→モード

低域通過フィルタ　low pass filter　→フィルタ

DECT
　略語：ディジタルヨーロッパコードレス電話 (Digital European Cordless Telephony)．

TED
　略語：電子形デバイス (transferred-electron device)．

TE 波　TE wave
　同義語：H 波 (H wave)．→モード

THD
　略語：全高調波ひずみ (total harmonic distortion)．→高調波ひずみ

DAC
　略語：ディジタル-アナログ変換器 (digital-to-analogue converter)．

DSL
　略語：ディジタル加入者線 (digital subscriber line)．→ADSL

DSP
　略語：ディジタル信号処理 (digital signal processing)．

DAT
　略語：ディジタルオーディオテープ．オーディオ周波数の信号をディジタル録音したものを磁気テープに保存する音声再生装置．信号はサンプルされ，パルスコード変調され，コンパクトディスクシステム*のように 16 ビットのディジタルワードとして保存される．しかし，コンパクトディスクと異なり，DAT 録音機は音声を録音することと録音されたテープを再生することができる．
　DAT システムは，ゆっくりと運動するテープ上に傾斜したトラックに録音する小型の回転テープヘッドを使用する．情報は今までのテープ記録方式に比べて，高密度でテープ上に記録され，製造上非常に高い精度が要求される．使用するテープはビデオレコーダ*と同じものである．DAT の録音機は，録音でも再生も通常 48 kHz のサンプリングレートを使用する．しかし，ときとして CD システムで用いられている 44.1 kz を録音と再生に使用することがある．また，DBS（衛星放送）で使用されている 32 kHz で録音・再生をする．録音機は，サンプリング周波数を自動的に検知し，切換える．

DAB
　略語：ディジタル音声放送 (digital audio broadcasting)．

DFE
　略語：判定帰還形等化器 (decision feedback equalizer)．

TFT
　略語：薄膜トランジスタ (thin-film transistor)．

DFT
　1. 略語：離散フーリエ変換 (discrete Fourier transform)．2. 略語：テスト容易化設計 (design for testability)．

DFB レーザ　DFB laser
　略語：分布帰還型レーザ (distributed feedback laser)．同意語：分布ブラッグ反射鏡レーザ (distributed Bragg reflector laser)．→半導体レーザ

DM
　略語：デルタ変調 (delta modulation)．→パルス変調

DMA
　略語：ダイレクトメモリアクセス (direct

memory access).

TM 波　TM wave

同義語：E 波（E wave）．→ モード

DLP

略語：decode level point．ディジタル符号あるいは変調信号により得られるその信号レベルは等価なアナログに変換される．

定格　rating

電気機械，変圧器，デバイス，回路およびそれらの機器装置の動作限界を定めている動作条件の規定．定格はそれらの機器の製造者によって規定される．デバイスまたは機器の機能が満足される動作条件の設計限界が定格条件（電流，負荷，電圧など）である．もし定格条件がデバイスに満足されないときは定格動作が保障されない．

定格条件　rated condition　→ 定格

T 形回路　T circuit (tee circuit)　→ 星形回路

低軌道衛星　low earth orbit satellite (LEOS)

地表から 2,300 km 程度の地球周回軌道を回る衛星．1 周に要する時間は 2〜3 時間．アマチュア無線通信または航行支援に使用するとき，地球上の全ての位置から使用が可能となるためには LEOS を数十個必要とするが，少なくとも 3〜4 個の衛星が全ての時間において見えなければならない．

D 級増幅器　class D amplifier

パルス幅変調で動作をする増幅器*（→ パルス変調）．入力信号は，パルス幅比に変調された方形波をつくる．変調された方形波によってプッシュプルスイッチが動作し，1 つのスイッチは，入力信号がハイ（H）のとき動作すれば，他方は入力信号がロー（L）のとき動作する．この結果出力電流はマークスペース比と入力電流に比例する．D 級増幅器は，理論的にはたいへん効率がよいけれども，ひずみを除去するには実現不能なほどの高速スイッチングが要求される．

T ゲート　T-gate

同義語：マッシュルームゲート．高周波 FET の技術に用いられるゲートの形状．この技術では，デバイスのチャネル内電子の遷移時間を最小にするためゲート長を非常に短くして動作速度を最高にする．細いゲートは入力信号に対し高抵抗となる．ゲート金属の形状を断面が T 字形，またはキノコ状にして抵抗を減らす．この構造は，半導体と接触する部分は短くても全体としては大きな断面積となり，ゲート方向の抵抗を減少させる．このゲート構造は，適正な形をつくるために，金属を形成する前に多層レジスト*技術によりつくられる．

抵抗　resistance

1. 記号：R，単位：Ω．電流の流れを阻害し，電気エネルギーを熱エネルギーに換える物質の性質．抵抗は導体を流れる電流に対するその導体にかかる電位差の比である（→ オームの法則）．もし電流が交流であるとき，抵抗はインピーダンス*，Z

$$Z = R + jX$$

の実部—抵抗成分—である．ここで，j は $\sqrt{-1}$ で，X はリアクタンス*である．2. → 抵抗器

抵抗温度計　resistance thermometer

線の周りの温度を測定するために，電線の電気抵抗*の温度による変化（→ 抵抗の温度係数*）を用いた電気式温度計．それは電線を小さなコイル（通常はプラチナで，低温では他の材料が使われる）をマイカに巻き，シリカあるいは磁器のさやで包む（図参照）．抵抗の変化はホイートストンブリッジ*の一辺にコイルを置くことによって決定される．普通，コイルは測定装置から離れているので，温度変化を補償するために補償導線がブリッジの他辺に加えられる．電気抵抗式温度計は －200℃〜1200℃ の広

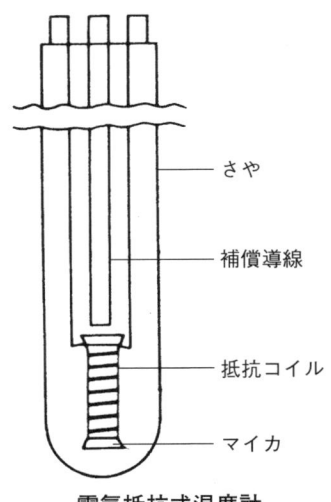

電気抵抗式温度計

範囲の温度に使用できる．

抵抗器 resistor

同義語：抵抗（resistance）．抵抗*をもつ電子素子で，その性質により使用が選択される．通常用いられる抵抗器にはいくつかの形がある．抵抗器の形の選択は設計された特定の応用に依存する．3つの主な形式の抵抗素子はカーボン，巻き線，フィルム抵抗器*である．これらは固定抵抗あるいは可変抵抗としてつくられる．

カーボン抵抗器は細かく砕かれた炭素粒子とセラミック材料を混ぜてつくられ，絶縁材料の中に封入されている．抵抗器にはその値を示す色のついたいくつかの帯あるいは点—カラーコード*—が付けてある（後付の表2参照）．カーボン抵抗器は小型で，丈夫で，比較的安く製造でき抵抗の値がそれほど厳密でない電子回路に広く使われている．しかしながら，抵抗の値は動作電圧および温度の関数であり，精密許容差は広範囲の負荷および周囲条件に対して維持することはできない．1 MΩ以上の抵抗が大きな電力で使われると熱雑音*が大きくなり，高電力で使用してはならない．この抵抗器は比較的長さが短いので，分路容量が無視できず，高周波（VHF以上）での動作では誘電損失によって実効的な抵抗が減少する．

可変カーボン化合物抵抗は絶縁基板上に成形されるかあるいは成形されたプラスチック基板上に高温で成形される．化合物は線形の回転接点あるいは非線形特性のためにテーパをもたせて成形される．抵抗の変化は連続である．特に，薄いものは雑音を出しやすく，頻繁に使うと機械的に摩耗しやすくなる．

巻線抵抗器は均一な断面積の電線を適当な巻形に巻いてつくられる．抵抗の値は非常に正確に決定することができ，通常巻線抵抗器が好ましい厳密な抵抗値が要求されるところに使用される．しかしながら，特別に巻いたとしても著しい誘導効果および容量効果によって，巻線抵抗器は50 kHz以上での使用には適していない．高い周波数では表皮効果*が生じ，実効的な抵抗値が増加する．

可変巻線抵抗器は広範囲の抵抗値および形式でつくられる．直線形や円形のものが一回転あるいは多回転としてつくられる．巻形の形をテーパ形あるいは他の形とすることによって，回転角に対する抵抗値の特性をいろいろな関数（対数，正弦波，あるいは他の関数）を発生するようにできる．巻線抵抗器はステップごとに抵抗値を変化する．これは時々出力に不要なパルスを出力する．回転による接点の運動は雑音を発生する．

抵抗体フィルム*抵抗器は高い値の螺旋状フィルムであってもインダクタンスが巻線抵抗器に比べて非常に小さいので，高周波での応用に対して最も優れた抵抗器である．非常に小さなインダクタンス値をもつ特別の高周波フィルム抵抗が可能である．

金属皮膜抵抗は精密さを要求されるところに最も広範囲に用いられる．これは基板上にニクロム合金を蒸着してつくられる．標準許容誤差±1％の極めてよい特性が得られる．±0.5％，±0.25％，±0.1％も可能である．

抵抗計 ohmmeter

導体または絶縁物の電気抵抗*を測定する計測器．指示計はオームまたはその倍数または約数で校正してある．

抵抗ゲージ resistance gauge

マンガニンまたは水銀の標本に圧力が加えられたとき，その電気抵抗*の変化の測定によって高い流体圧力を測定するのに用いられるゲージ．このゲージは使用する前に既知の圧力で校正をしておく必要がある．

抵抗結合 resistance coupling　→ 直結

抵抗結合 resistive coupling

同義語：抵抗結合（resistance coupling）．→ 結合

抵抗降下 resistance drop　→ 電圧降下

抵抗成分 resistive component

（複素インピーダンス*の）抵抗．

抵抗線 resistance wire

ニクロムやコンスタンタンのような材料でつくられた電線で，高抵抗率で低温度係数をもつ．これは正確な巻線型の抵抗器に用いられる．

抵抗-トランジスタ論理回路 resistor-transistor logic（RTL）

最初に開発された一群の集積論理*回路で現在ほとんど用いられていない．入力は抵抗を通して反転トランジスタのベース*につながる．

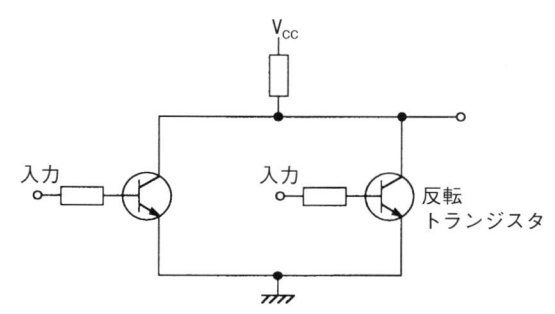

抵抗-トランジスタ論理回路：2入力 NOR ゲート

基本の NOR ゲートが図に示されている．両方の入力がロー（L）（論理 0 に対応）であるときのみ出力はハイ（H）（論理 1 に対応）である．もし，どちらかの入力がハイ（H）であれば，トランジスタは導通し，飽和して出力の電圧はロー（L）である．RTL 回路は雑音の影響を受けやすく低ファンアウト*回路で遅くなる傾向があるが，エミッタ結合論理回路，ダイオード-トランジスタ論理回路，トランジスタ-トランジスタ論理回路と比較して低消費電力である．

抵抗の温度係数 temperature coefficient of resistance

物質の抵抗の増加は熱力学的温度*の変化に起因する．多くの導体の抵抗は温度に対し正の係数を示し，半導体や絶縁物では負の係数を示す．

導体における物質内の電子エネルギー準位の分布は，伝導帯のように常にエネルギー帯*として利用される．熱力学的温度の増加は結晶格子内の原子核の振動の増加として現れ，伝導電子がその物質内を漂うとき，振動を増した原子は伝導電子を散乱させ，その結果，抵抗の増加として現れる．

半導体や絶縁物の内部には，価電子帯と伝導帯の間に禁止帯が存在し，温度の増加とともに，価電子帯から多くの電荷キャリヤが禁止帯をよぎって伝導帯に上がるため，その抵抗は減少する．しかし，それ以上に電荷キャリヤを増加する状況に達すると，格子を構成する原子の散乱効果が顕著となり抵抗の減少が抑制される．

熱力学的温度 T における物質の抵抗 R_T は

$$R_T = R_0 + \alpha T + \beta T^2$$

となり，R_0 は絶対温度 $T = 0°\text{K}$ の抵抗値，α および β は材料固有の定数である．一般的に β の値は無視できるほど小さいので，抵抗の温度係数は α によって与えられる．

抵抗ひずみゲージ resistance strain gauge ➡ ひずみゲージ

抵抗容量結合 resistance-capacitance coupling（RC coupling）➡ 結合

抵抗率 resistivity

同義語：体積抵抗率（volume resistivity）．記号：ρ，単位：Ωm．材料固有の性質で，1m^2 の断面積で材料 1m 当たりの抵抗に等しい．

$$\rho = RA/L$$

ここで，R は抵抗，A は断面積，L は長さである．抵抗率は材料の性質のみに依存するが，抵抗は材料だけでなく長さと断面積にも依存する．

抵抗率は導電率*の逆数である．材料の抵抗率が低いほどよりよい導体である．材料は抵抗率によって導体，半導体，絶縁体に分類することができる（表参照）．半導体ではドーピング*が高いほど抵抗率が低い．⇒ 表面抵抗率

材料	抵抗率（Ωm）
導体	$10^{-8} \sim 10^{-6}$
半導体	$10^{-6} \sim 10^{7}$
絶縁体	$10^{7} \sim 10^{23}$

定在波 standing wave

同義語：定常波（stationary wave）．定常的に存在する波．すなわち，与えられた点での変位が常に同じで，与えられた変位，すなわちノードの変位が波に沿って進行しない．定在波は同周期の 2 つ以上の波が重畳するため起こる．また波が完全にあるいは部分的にバリアで反射しても起こる．⇒ 進行波

分布定数回路*では，インピーダンスに不整合*があると，不整合点（接続点）で電圧または電流の反射が起こる．入射波と反射波の重畳が定在波になる．入射波と反射波の振幅が同じであると，定在波は，個々の波の振幅の 2 倍に等しい最大振幅となる．定在波は零，すなわち振幅零の点をもち，そこでは，それら 2 つの波は相殺する．零となる点は，元の波形の半波長ごとに存在する．一般に，入力エネルギーのいくらかは不整合インピーダンスで吸収されるので，入射波と反射波は異なる振幅をもつ．この

場合，波どうしの相殺が完全とはならないので，定在波の振幅は最大値より小さくなり，また最小値は零とはならない．このような状況において，定在波比は，定在波電圧または定在波電流の最大値と最小値の比として定義される．さらにこれはインピーダンス不整合の指標となる．電圧定在波比（VSWR）は，$(1+\varGamma)/(1-\varGamma)$に等しい．ここで，$\varGamma$は，反射係数*で，インピーダンス不整合に起因する入射波振幅に対する反射波振幅の比である．

定在波比 standing-wave ratio → 定在波

ディザリング dithering

局所的な小さな非線形性の影響を減らすために小さな揺らぎあるいは雑音を測定に加えること．

d.c. (DC)

略語：直流（direct current）．

DCE

略語：データ通信機器（data communication equipment）．

DC結合増幅器 d. c.-coupled amplifier

同義語：直流結合増幅器（direct-coupled amplifier）．→ 増幅器

停止時間 down time → ダウンタイム

ディジタル-アナログ（D-A）変換器 digital-to-analogue converter (DAC)

離散的な2進信号*を連続信号に変換する素子，回路，IC．簡単なD-A変換器は重みづけ抵抗器を用いてつくることができる．4ビットの2進数 $B=b_3b_2b_1b_0$ としたとき，最上位ビット b_3 は $2R$ の抵抗に，ビット b_2 は $4R$ に，b_1 は $8R$ の抵抗にというようにつながれる．抵抗値は各下位ビットでは2倍になっている．もしあるビットが論理1であるとき，電圧がそのビットの抵抗に印加されると電流はその抵抗値に逆比例して流れる．演算増幅器回路は電流の和で動作するので電流の総和に比例した電圧が得られる．したがって電圧の大きさは2進数 B の値に比例する．→ アナログ信号；最上位ビット；演算増幅器

ディジタルオーディオテープ digital audio tape → DAT

ディジタル音声放送 digital audio broadcasting (DAB)

ディジタルラジオ*の伝送システム．

ディジタル回路 digital circuit

入力電圧の離散値に応答し，離散値の電圧を出力する回路．通常，2つの電圧レベルのみが2進数論理回路で認識される．→ 論理回路．⇒ 線形回路

ディジタル計数器 digital counter → 計数器

ディジタル劇場システム digital theater system (DTS)

ドルビーディジタル5.1*と類似した64チャネルディジタルオーディオコードフォーマットである．DTSはドルビー5.1のように圧縮に使われることはほとんどなく，より良好な音を生成する目的に使われ，非常に広帯域*の特性が要求される．フィルムやビデオも使われ，それらのミキシングも可能で音楽の再生もできる．

ディジタルゲート digital gate → ゲート

ディジタルコンピュータ digital computer → コンピュータ

ディジタル信号 digital signal

離散値数のレベルで表現される信号．一般に，2進数1と0に変換することのできる2つのレベルがある．これはまた2進信号として知られる．

ディジタル信号処理 digital signal processing (DSP)

信号処理*に対して必要とされる要件を備えた形のプロセスデータの処理を行えるようにした特有のマイクロプロセッサ*の仕様を指す．目的によって必要とされる速度で大量のデータを処理するのに要する仕様は，時としてマイクロプロセッサの動作仕様を超えている場合がある．例えば，話し言葉ではサンプリング速度は8～10 kHz，オーディオでは50 kHz，電気通

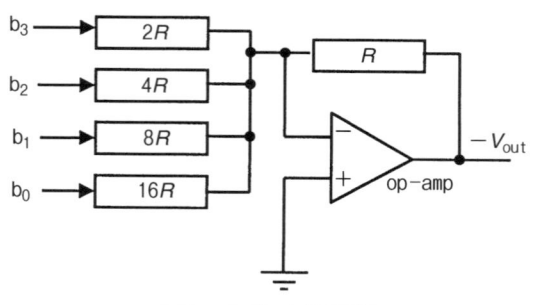

4ビット D-A 変換器

信では8kHz，映像処理システムでは14MHz以上である．そのために開発されたのがDSPマイクロプロセッサまたはDSPチップである．これらのチップは短ワード長，高速CPU，A-DおよびD-A変換集積回路，ハーバードアーキテクチュア，フィルタ係数およびデータを記憶するためのROM*およびRAM*，拡張パイプライン，専用乗算器，限定されたプログラムメモリ容量で特徴づけられている．第二世代DSPアーキテクチュアは取り外し可能なデータ取得装置，プログラムメモリ容量の増加，高速化された算術演算機能をもっている．
→ ワード長，中央処理装置（CPU），アナログ-ディジタル変換器（ADC），ディジタル-アナログ変換器（DAC），ハーバードアーキテクチュア，読み出し専用メモリ（ROM），書き込み専用メモリ（RAM）

ディジタルスイッチング digital switching
　ディジタル電話網のように，まずディジタル信号に変換してから通信システムへ伝搬させる信号交換手法．

ディジタル遅延線 digital delay line → 遅延線

ディジタル通信 digital communications
　伝送路またはチャネルを通して情報がディジタル形で伝送される通信の形態．アナログ信号をディジタル形で伝送する必要がある場合は，アナログ信号をまず符号化する必要がある，すなわち，ある前もって規定されたルール（⇒ ディジタル符号）に従ってディジタル形に変換する．この場合オリジナルの信号を復元するには逆符号化-復号化の操作が必要である．ディジタル通信はアナログ伝送に比べて情報信号の再現が容易であるという利点をもつ．伝送路に顕著な雑音やひずみがある場合は，アナログ伝送ではオリジナルの情報の正確な復元は不可能になる．パスやチャネルを通して伝送される情報の量は通信路容量と呼ばれている．情報は通信路を通していくつかの異なった方法で伝送することができる．情報信号はディジタル変調することで搬送波を変調する．ディジタル変調は振幅変調*特に振幅シフトキーイング，あるいはパルス符号変調*，あるいは周波数変調*特に周波数シフトキーイング，あるいは位相変調*特に位相シフトキーイング，などを用いて行うことができる．
　拡散スペクトル法として知られている特別なディジタル通信の形態では，搬送波自身がディジタル信号であるときには特に繰り返しのディジタルコードまたは系列（⇒ ディジタル符号）が得られる．拡散スペクトル法の変種には以下に述べるものが含まれる．周波数ホッピング拡散スペクトル法；ここでは搬送波の周波数が周期的あるいはランダムに変化する．直接-系列拡散スペクトル法；ここでは搬送波が最初に情報信号で変調される，それから情報で変調された信号が広帯域に拡散されたスペクトル信号で再び変調される．参照信号も伝送する拡散スペクトル法；ここでは拡散された搬送波の2つのバージョンが伝送される．1つは情報信号で変調されたものであり，もう1つは変調されていないものである．
　ディジタル通信の1つの利点は，特に光ファイバのような広い帯域幅をもつ通信路の場合，多量のディジタル信号を同じ通信路を通して伝送できることである．これは通常，多重アクセスと呼ばれている．多重アクセスは数多くの異なる方法で達成できる．時分割多重アクセス（TDMA）では，伝送する必要のある情報源はセグメント―パケットまたはブロック―に分割される．そして各ソースから順番に，あるいはある順番決めの手法で選択された時刻に，1度期に1セグメントを通信路に送出する．周波数分割多重アクセス（FDMA）では，異なる情報源はそれぞれ異なった周波数の搬送波を変調する．符号分割多重アクセス（CDMA）では，ディジタル搬送コードの系列が各情報源ごとに異なっている．搬送感知の多重アクセス（CSMA）では，伝送したい局が最初に他の局が伝送を行っているかどうかをみるために聴取する．そして共有メディアが現在使われていないときのみ自分の情報を送り出す．この方法の変種が搬送感知多重アクセス-衝突検知（CSMA/CD）である．そこでは，もし衝突を検知したら，伝送を行った両方の局が自分の伝送を中止し再び伝送を再開するまであるランダムな期間の間待機する．
　遠隔通信では，ディジタルメッセージを交換回路に送出したい場合，通常メッセージをブロックあるいはパケットに分割する．各ブロッ

クあるいはパケットは最前部にヘッダをもち，最後部にテールをもつ．ヘッダは送り主と受け取り主に関する情報をもっている．またパケットの長さと（オプション的ではあるが）使用されている通信規約*に関する情報をもつ．テールは情報リンクの伝送の最後に生成され，メッセージのパリティ特性*を決定したり，巡回冗長検査*（CRC）に使用される．受信端ではメッセージのデータの切れ端が，誤り検査用のパリティテールと比較できるように，送信端で行ったのと同じ方法で処理される．もしこの2つが同じならばメッセージには誤りがない．もし同じでなければブロックあるいはパケットは誤りをもっている．

データのブロックあるいはパケットの伝送を取り扱う方法にはたくさんの異なる方法がある．もし受け取ったブロックあるいはパケットが誤り無しであると思われるときは，受信者は送信端にACK（受領）信号を送信する．そのときは送信端は次のブロックあるいはパケットを送り出す．この伝送形態はストップアンドウェイトシステムと呼ばれている．もしブロックが誤りをもつ場合は，受信者はNAK（非受領）信号を送信者に送る．そのときは，送信者は直近のブロックを再送する．この操作はACKが受理されるまで引き続き繰り返される—これをARQ（自動要求繰り返し）という．
⇒ 暗号化

ディジタルテレビ digital television
画像情報が，送信機においてディジタル形式に符号化され，受信機で復号される，テレビジョンシステム．

ディジタル電圧計 digital voltmeter (DVM)
電圧の値を数字で表示する電圧計．入力は通常アナログ信号で供給され，これがディジタル電圧計によってサンプルされ，瞬時値を表示する．この測定器はアナログ-ディジタル変換器として働く．

ディジタル電流計 digital ammeter
電流値を数字で表示する電流計*．入力は一般にアナログ信号として供給され，これがディジタル電流計でサンプリングされ，繰り返し瞬時値を表示する．この測定器はアナログ-ディジタル変換器*として働く．

ディジタル汎用ディスク digital versatile disk → DVD

ディジタルビデオディスク digital video disk → DVD

ディジタルビデオ放送 digital video broadcasting (DVB)
今後10年でアナログテレビをディジタルテレビに置き換える標準方式．厳しいマルチパスを伴う中で要求される高伝送能率をもつ直交周波数分割多重（OFDM）が採用される．また，これはラジオとデータの伝送にも使用される．

ディジタルフィルタ digital filter
ディジタル信号処理*（DSP）の一種で，電気的フィルタ*の動作をする．しかし，入力信号としてアナログフィルタのように連続した信号ではなく，連続した離散的サンプリングデータを取り扱う（図参照）．ADC（アナログ-ディジタル変換器*）は連続した信号 $x(t)$ を離散的なサンプリング信号へ変換する．ディジタルフィルタはディジタル信号列を要求されたフィルタ応答をするように処理し，ディジタルの出力はDAC（ディジタル-アナログ変換器*）により連続信号 $y(t)$ に変換される．ディジタルフィルタ処理は周波数領域*あるいは時間領

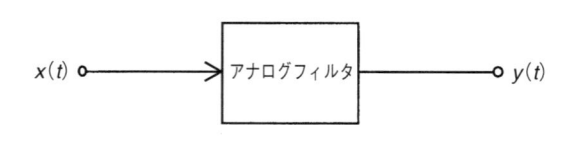

ハードウェアあるいはソフトウェア

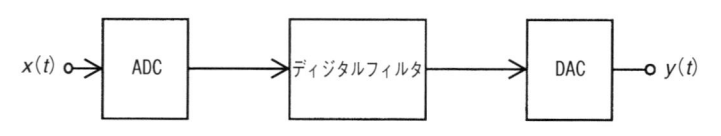

ディジタルフィルタとアナログフィルタの比較

域*のどちらかで達成される．周波数領域解析は離散的ディジタル信号をスペクトルに変換するのが必要で，DFT や FFT アルゴリズム（離散フーリエ変換*）が用いられる．得られた周波数成分は望まれるフィルタ特性の通りに調整される．時間領域において，ディジタルフィルタでは最も一般的であるが，離散的信号標本が必要なフィルタ特性を生ずるように直接処理される．フィルタ特性を得るために2つの方法がある．1つの方法は有限インパルス応答（FIR）として知られている．フィルタ係数（タップ重み）倍された入力標本 $x(n)$ と遅延標本 $x(n-1)$ の総和を用いるもので，FIR フィルタとなり，非循環フィルタすなわちトランスバーサルフィルタ（遅延線フィルタ）としても知られる．もう1つは，入力サンプル $x(n)$ と遅延した出力信号 $y(n-1)$ の総和がフィルタとなるもので，無限インパルス応答（IIR）フィルタ（循環形フィルタ）として知られる．

ディジタル符号　digital codes

ディジタル通信*において，通信チャネルを介して送信するための信号の表現方式．符号化（入力された通報や信号をディジタル形式に変換する過程）は，一連の決められた規則に従う．ほとんどのディジタル符号は，結果的に2つの水準（二進法の1と0）を有する信号となる．いったん符号化されると，信号はチャネルを介して送信され，受信されたときに元の通報または信号に戻すために復号される．ディジタル通信に関連する符号化の一般的な過程は，図aのようになる（⇨暗号化；多重操作；変調）．

最も単純な符号の1つに図bのボーコードがある．この符号は5bitの符号長をもち，2^5 つまり32通り（最大5bitの情報量）の入力記号を扱える．アルファベット26文字と0～9の数字の送信が可能で，さらに特別符号を組合せることで一般的な特殊文字を送信できる．特別符号は，ある文字セットから別の文字セットへの切り替えを担う．「11111」の符号語が送信されると，「11011」の符号語が送信されるまで文字列が続くことを意味する．

ある符号における2つの符号語の間隔をハミング距離と呼ぶ．例えば符号語「01001」と「01100」のハミング距離は2であり，5bit（けた）の中の2カ所で0と1が異なっていることを意味する．ハミング重みは符号語の中にある，0でないbit（けた）の数として定義される．

ディジタル信号がチャネルを介して送信されるとき，信号はデータビット（情報ビットやメッセージビットとも呼ばれる）のブロックに分割されることが多い．各ブロックは固定されたビット数（k）で構成され，2^k 通りある入力文字列のどれか1つを表す．送信される前に，これらのデータビットにはヘッダ*と尾部が付加される．たいてい尾部には，パリティ検査*ビットやパリティ検査符号などの，誤り検出ビットが含められる．このような符号はブロック符号として知られている．ブロック中の全ビット数に占めるデータビット数の割合は，符号化率と呼ばれる．符号や誤り検出ビット，誤り訂正ビットを使用すると，ディジタル伝送における符号化利得を，符号化を行わない場合と比べて上げることができる．

符号化の種類によっては，どのようにチャネルを介して信号を送信するかについて述べているものもある．例えばマンチェスタ符号やトレリス符号などがある．マンチェスタ符号は二相式パルス符号変調（➡パルス変調）の別名である．トレリス符号では，伝送誤りを減少させるために帯域拡張を用いている．他には，誤り検出と同時に誤り訂正を行えるよう非符号語を意図的に導入している符号もある．このような線形ブロック符号の例として，ゴーレイ符号やBCH符号などがある．ゴーレイ符号は使用可能な符号パターンの半分だけを符号語に用いて

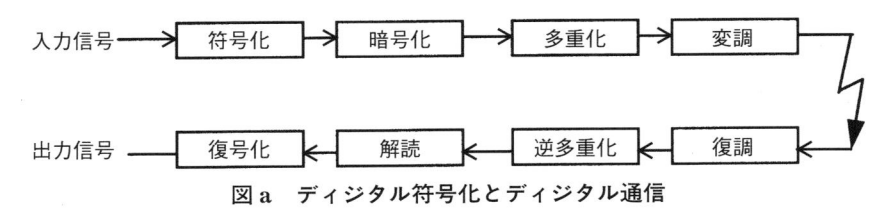

入力信号 → 符号化 → 暗号化 → 多重化 → 変調 →

出力信号 ← 復号化 ← 解読 ← 逆多重化 ← 復調 ←

図a　ディジタル符号化とディジタル通信

いる．BCH符号は複数誤り訂正が可能な符号セットである．

多くの状況においては，送信されるビット系列はある特定の記号の非常に長いラン（繰り返し）を含んでいる．このような場合，各記号を符号化する代わりに，効率的な符号（ランレングス符号と呼ばれる）でそのランを記述する方が効率的である．例えば，テキスト（文字列）によくある空白のランは，制御文字の後ろにスペース数が記述された形で，置き換えられる．NRZ符号では，1が続くときに信号線は0には戻らない．

強化誤り訂正の性能は，すでに符号化された通報を再符号化することによって達成される．再符号化されたものを連接符号と呼び，例としてはCIRC（2重符号化リードソロモン符号）がある．CIRCはCD*のディジタルオーディオシステムに使用されている．もしディジタル信号の送信用チャネルが，マルチパス干渉*による障害などの時間に依存したひずみ障害を受ける場合，符号化された通報を送信前にインタリーブにかけて，受信時にデインタリーブすればその影響を軽減できる．インタリーブの例は図cに示されている．

スペクトラム拡散システム*では，入力信号はPN（疑似ノイズ）系列と呼ばれる高速ディジタル信号に変調される．PN系列は長い疑似ランダム記号系列であり，スペクトラム拡散信号の広帯域拡散特性を実現する．1つの広帯域チャネルを通して数多くの異なる情報信号を同時送信するために，多数の異なるPN系列が使用されることが可能である．これはCDMA（符号分割多重アクセス方式，→ディジタル通信）により，実現される．PN系列が互いに線上に並んでいないとき，それらは直行符号と呼ばれる．

ディジタル符号変換器 digital inverter →インバータ

ディジタル変調 digital modulation →ディジタル通信

ディジタルヨーロッパコードレス電話 digital European Cordless Telephony (DECT)

コードレス電話のヨーロッパ標準で，しばしば離れた場所に固定無線を提供するために拡張される．

ディジタルラジオ digital radio

振幅変調（AM）と周波数変調（FM）に置き換わる新しい伝送システム．ディジタルラジオは多重と呼ばれる周波数ブロックで構成される．多重は文書やデータサービスと同様にステレオやモノラジオを送ることができる．このことは，1つの周波数でより多くのサービスを可能にするので周波数利用効率がより高い．このスペクトルはイギリス連合王国（UK）ではバンドIIIと呼ばれている．

A		00011
B	?	11001
C	:	01110
D	$	01001
E	3	00001
F	!	01101
G	8	11010
H	#	10100
I	8	00110
J	'	01011
K	(	01111
L	)	10010
M	.	11100
N	,	01100
O	9	11000
P	0	10110
Q	1	10111
R	4	01010
S	bell	00101
T	5	10000
U	7	00111
V	;	11110
W	2	10011
X	/	11101
Y	6	10101
Z	"	10001

文字：11111　　数字，句読点など：11011

図b　ボーコード

4つの記号A, B, C, Dからなる，符号化された元の通報

A　　　　B　　　　C　　　　D
$A_1A_2A_3A_4A_5A_6A_7B_1B_2B_3B_4B_5B_6B_7C_1C_2C_3C_4C_5C_6C_7D_1D_2D_3D_4D_5D_6D_7$

同じ4つの記号からなる，インタリーブ符号化された通報

$A_1B_1C_1D_1A_2B_2C_2D_2A_3B_3C_3D_3A_4B_4C_4D_4A_5B_5C_5D_5A_6B_6C_6D_6A_7B_7C_7D_7$

図c　インタリーブ

ディジタル録音 digital recording → コンパクトディスクシステム；DAT

デイジーチェーン（方式） daisy chaining
1つ以上のコンピュータ機器を，例えば割り込み信号*を搬送している，1つの制御線に接続する方法．1台の機器のみが制御線に直接接触することができ，次の装置は1台目の機器に接触し…という具合に全ての機器が1つの連鎖を形成していく．もしある機器が要求をもつ場合には，接続された他の装置からの要求を全てブロックし，自身の要求を送信する．自身の要求をもたない場合には，機器は受け取った信号を自分が接触している装置，または，制御線に（連鎖の最初装置である場合）渡す．

d.c. 電圧 d.c. voltage
直流電圧の略式の表現．すなわち，向きが一方向で，大きさがほぼ一定の電圧である．

TCP
略語：通信制御通信規約（Transmission Control Protocol）．インターネットで用いられる2つの基本通信プロトコルの1つ（→ TCP/IP）．TCPはデータ伝送で信頼性のあるコネクション形サービスを提供するトランスポート層通信規約である．

TCP/IP
略語：伝送制御通信規約/インターネット通信規約（Transmission Control Protocol/Internet Protocol）．コンピュータとの通信を可能にするためインターネットで用いられる通信規約．これには数百もの通信規約が含まれる（TCP*とIP*に限らない）．

低周波 low frequency (LF) → 周波数帯域

低周波域補償 low-frequency compensation
低周波信号で用いられる増幅器に適用される補償．補償は結合コンデンサのリアクタンスによって起こる信号の減衰や位相の変化によるひずみを防ぐために設計される．

低周波発振器 low-frequency oscillator (LFO)
約20Hzまでの周波数で動作する音楽シンセサイザ*で使われる発振器．これは音の出力の「ビブラート」あるいは「トレモロ」といったそれぞれ基本周波数*変調あるいは振幅*変調をするために用いられる．

定常状態 steady state
動作条件が変化したことに起因する過渡効果が終了し，任意のシステムが定常動作の条件下に達した状態．

定常状態 stationary state
量子数で記述される量子理論や量子力学における原子や他のシステムの状態．原子で想定される異なるエネルギー状態のそれぞれがその原子の定常状態である．

定常波 stationary wave → 定在波

低水準プログラミング言語 low-level programming language → プログラム言語

ディスエイブル disable
トライステート（3状態）論理回路*または集積回路チップを高インピーダンス状態にする入力（端子）のこと．

ディスク disk
円形板状の記憶媒体，磁気ディスク*，CD-ROM*，およびDVD*が基本的な例である．

ディスクオペレーティングシステム disk operating system (DOS)
ハードディスクドライブに存在する（の存在を前提とした）コンピュータのオペレーティングシステム．ハードディスクドライブやフロッピーディスクドライブがまだコンピュータのオプション装置だった頃に提唱された．パーソナルコンピュータで最初に広く使用されたDOSはPC DOSで，マイクロソフトがIBM用に開発したものである．その後，マイクロソフトはほとんど同じ（バージョンの）ものを，MS-DOSという名前で市販した．

ディスク形サーミスタ disc thermistor → サーミスタ

ディスク記憶 disk storage
コンピュータ上に一時的または永久的に記憶するメカニズム．ハードディスク*や，フロッピーディスク*，コンパクトディスク*などがある．

ディスク駆動装置 disk drive → 磁気ディスク

ディスケット diskette
同義語：フロッピーディスク（floppy disk）．→ 磁気ディスク

ディスプレイ display
情報を視覚的に描写する装置であり，陰極線

管*（CRT，ブラウン管）や液晶でのスクリーン表示はコンピュータディスプレイで広く利用され，またディジタル電圧計* などでは桁目盛り付き数字ディスプレイ* を多数並べて使用している．

T-セクション T-section ➡ 二端子対回路；フィルタ

T 接合 T-junction
　同義語：ハイブリッド T 接合（hybrid T-junction）．➡ ハイブリッド接合

D 層 D-layer
　同義語：D-領域（D-region）．➡ 電離層

低速電子ビーム撮像管 low electron velocity camera tube ➡ 撮像管．⇨ イメージオルシコン；ビジコン

低速度走査 low-velocity scanning ➡ 走査

低損失線路 low-loss line
　単位長さ当たりのエネルギー消費が非常に少なくなるように設計された伝送線路* の1つのタイプ．そのために線路の直列抵抗と並列コンダクタンスが小さくなるようにしてある．

TWT
　略語：進行波管（travelling-wave tube）．

低調波（分数調波） subharmonic ➡ 高調波

ディック型ラジオメータ Dicke's radiometer
　マイクロ波雑音電力を正確に測定する装置で，導波管内の標準源の雑音と外部雑音を比較測定する．

TDR
　略語：時間領域反射測定器（time domain reflectometer）．➡ 反射測定器

DTE
　略語：データ終端機器（data terminal equipment）．

DTS
　略語：ディジタル劇場システム（digital theater system）．

TDM
　略語：時分割多重方式（time division multiplexing）．

TDMA
　略語：時分割多元接続（time-division multiple access）．➡ ディジタル通信

DTMF
　略語：デュアルトーン-マルチ周波数（dual tone multifrequency）．高い周波数と低い周波数の異なる2つの周波数を用いる通信方法であり，ディジタルデータメッセージにおいて1またはゼロを表すため組み合わされる．

TTL
　略語：トランジスタ-トランジスタ論理回路（transistor-transistor logic）．

DTL
　短縮語：ダイオードトランジスタ論理回路（diode transistor logic）．

DTW
　略語：動的時間伸縮（dynamic time warping）．

定電圧源 constant-voltage source
　供給する電流に関係なく常に一定の電圧を生成する電圧源．理想電圧源は内部インピーダンスがゼロである．

定電圧ダイオード voltage-regulator diode, constant voltage diode ➡ ツェナーダイオード

定電流源 constant-current source
　理想的に無限大の出力インピーダンス* をもつ回路で，出力電流は電圧と独立である．実際には制限された出力電圧でのみかなり高い出力インピーダンスが達成できる．

低濃度注入 low-level injection ➡ 注入

T-π 変換 tee-pi（T-π）transform ➡ 星形-Δ形変換

dpi
　略語：ドット/インチ（dots per inch）．

DBR レーザ DBR laser
　略語：分布ブラッグ反射鏡レーザ（distributed Bragg reflector laser）（同意語：分布帰還レーザ（distributed feedback laser））．➡ 半導体レーザ

DBS
　略語：衛星放送（direct broadcast by satellite or sometimes direct broadcasting satellite）．

DPSK
　略語：差動位相偏移キーイング（differential phase shift keying）．➡ 位相変調

DPNSS
　略語：ディジタルプライベートネットワーク信号システム（digital private network

signalling system). プライベート電話交換機間の接続で使われる信号システム.

dBm
　1 mW の電力を基準としたデシベル値.
$$\mathrm{dbm} = 10 \log_{10}(P/10^{-3})$$

DVM
　略語：ディジタル電圧計.

DVD
　略語：ディジタル多用途ディスク (digital versatile disk) またはディジタルビデオディスク. 情報を保存する媒体. 音楽や映像, コンピュータのデータの保存に適している. CD-ROM* に似て (CD-ROM から発展したものである), DVD はプラスチックでできた直径 12 cm の円盤で, 中央部に 1.5 cm 径の穴が空いている. 中央部から始まる 1 本のトラック (線状部分) の中に, 情報が記録される. 少なくとも 4.7 Gbytes の情報量を記憶することができる. 最近では 2 層ディスクが開発されており, 記憶容量を増やすために複数からなる層構造が使用されている. 現在では最大容量は 17 Gbyte 程度になっている. DVD には読込専用 (DVD-ROM) や記録可能なタイプ (DVD±R), 再書き込み可能なタイプ (DVD±RW と DVD-RAM) がある. 後者のタイプはコンピュータや国内の DVD レコーダを用いて, テレビ番組や国内のビデオカメラで撮影された映像を記録するのに使用できる.

DVD±R
　記録可能な DVD*. ＋と－は競合する 2 つの規格をそれぞれ表す.

DVD±RW
　書き込み可能な DVD*. ＋と－は競合する 2 つの規格をそれぞれ表す.

DVD-RAM
　DVD±RW* とは異なる標準規格を使用している再書き込み可能な DVD*.

DVD-ROM　→ DVD

DVB
　略語：ディジタルビデオ放送 (digital video broadcasting).

T フリップフロップ　T flip-flop　→ フリップフロップ

D フリップフロップ　D-type flip-flop　→ フリップフロップ

ディープレベルトランジェントスペクトロスコピー　deep level transient spectroscopy (DLTS)
　半導体の禁制帯中に存在する複数トラップ (捕獲中心) の各エネルギー準位を検知するために使用される技術である. 通常用いられる方法は, 光量子, 電子または電界の印加を利用し, これらの準位中にキャリヤを励起し, 半導体両端間の電気容量の変化, あるいは試料中の熱平衡状態が回復する経過時に生じる過渡電流などを測定して, 調べる. この技術は電子トラップの活性化エネルギー, 濃度および捕獲断面積の確定に極めて有効な手段である.

デイモジュレーション　Day modulation
　1 つの無線チャネルの使用の 2 重化を意味する. それは 4 分割して 2 つの搬送波を送信することで達成される. 2 つの搬送波のおのおのは異なる信号で別々に変調されたものである.

DMOS
　二重拡散* を用いてつくられた MOS の回路およびトランジスタ. 素子基板の厚さ方向に, 異なる伝導形の領域を重ねた構造をつくる方法であり, 酸化膜中に開けた同じ穴を通して, 異なる種類の不純物を順々に拡散して行う. DMOS 素子は短チャネルの高性能素子であり, 元来マイクロ波帯での応用のために開発された. 素子は二重拡散による極めて正確なチャネル長をもち, 正確さが充分でないホトリソグラフィ* よりも優れる.

　MOS トランジスタ (または MOSFET*) の動作速度はチャネル長によって決まる. 高速動作を得るには短いチャネル長が必要である. 通常の MOSFET は 1 回の拡散でつくられるが (図 a), 短チャネル長構造ではパンチスルー* による動作不良を生じる. その理由は, ドレイン部の逆バイアスされた p-n+ 接合によってつくられた空乏層が, ドレイン電圧を増加させた場合に p 領域に急速に拡大してしまうためである. DMOS 素子には n^- 基板が使用される. p 領域は拡散 (プレーナプロセス*) によって形成され, その後に n^+ の拡散によりソースとドレインをつくる. そのうちのソース拡散は p 領域中で行われる. n^+-p-n^--n^+ 構造が作成され (図 b), その中の n^- 領域はドリフト領域と名づけられ, n^+ ドレインから p 領域を分離さ

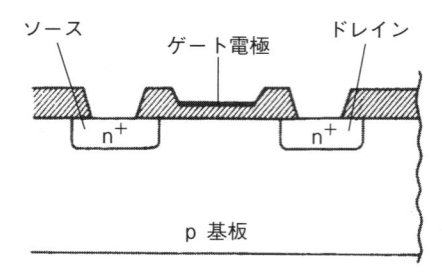

図a　nチャネル MOSFET の断面

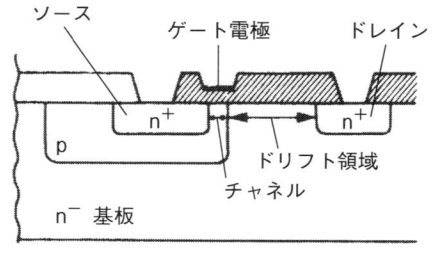

図b　nチャネル DMOS トランジスタの断面

せている．ドレイン接合は逆バイアスされた p-n⁻ 接合となるので，そこにつくられる空乏層は完全に n⁻ 領域中に存在することとなる．

DMOS 素子の降伏電圧*はドリフト領域の幅で決められ，その値は n⁻ 半導体の特性で決まる理論最大値に達した場合に起きる（→ なだれ降伏；空乏層）．高電圧 MOSFET はドリフト領域を広げることにより作成される．ドリフト領域を約 $25\mu m$ とすることで降伏電圧を 300 V まで高めたものがつくられている．比較的短いドリフト領域の素子は低消費電力，高速動作（マイクロ波周波数まで可）の集積回路用に生産されている．

エピタキシャル DMOS トランジスタは p 形基板上に成長させた n⁻ エピタキシャル層の中に形成される．1 つのチップ上に個別のトランジスタをつくるには p 形分離拡散を追加実施する．⇒ VMOS

ディラックデルタ関数　Dirac delta function

同義語：単位デルタ関数（unit delta function）；デルタ関数（delta function）．時間ゼロで無限大の振幅をもつが面積が 1 であるスパイクすなわちインパルス．$\delta(t)$ として表され，時間ゼロでの単位インパルスを意味する．あるいは，より一般的に $\delta(t-a)$ として表記され，時間 a での単位インパルスを表す．デルタ関数は数学的な概念であるけれども，回路の時定数に比較して瞬時に現れる十分に短時間幅のパルスに近似でき，回路理論および解析の有力な解析手法となる．

DRAM

略語：ダイナミック RAM（dynamic RAM）．データを維持するのにリフレッシュ操作を必要とする固体メモリ*．DRAM のメモリセルはコンデンサとトランジスタからなる（図参照）．コンデンサの電荷は漏損失の影響により減衰するため，値を維持するためにメモリシステムは定期的に電荷をリフレッシュ（補給）しなければならない．アドレス線が動作しているときには，MOS トランジスタは閉じたスイッチ（導通）の役割を果たす．メモリが読み出される場合には，コンデンサの電圧はデータ線上でセンスアンプ（検出増幅器）により検出される．書き込みやリフレッシュ動作が要求されると，データ線は入力線となる．適切なアドレスが DRAM セルの MOS トランジスタを作動させると，コンデンサはデータイン（データ線）から充電または再充電されることができる．

D-領域　D-region

同義語：D 層（D-layer）．→ 電離層

低レベル変調　low level modulation

変調電力がそのシステムの出力に比べ低い段で変調が行われる変調方法．

低論理レベル　low logic level　→ 論理回路

デインターリービング　deinterleaving　→ ディジタル符号

デエンファシス　de-emphasis　→ プリエンファシス

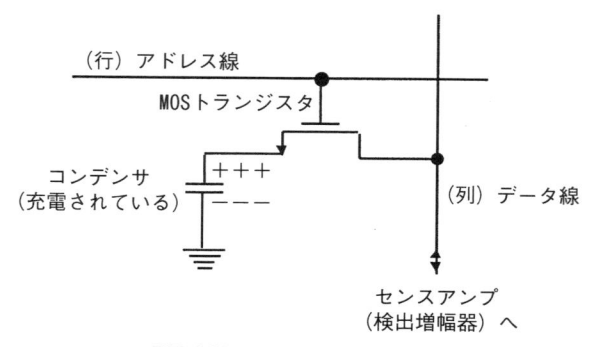

DRAM メモリセルの概略図

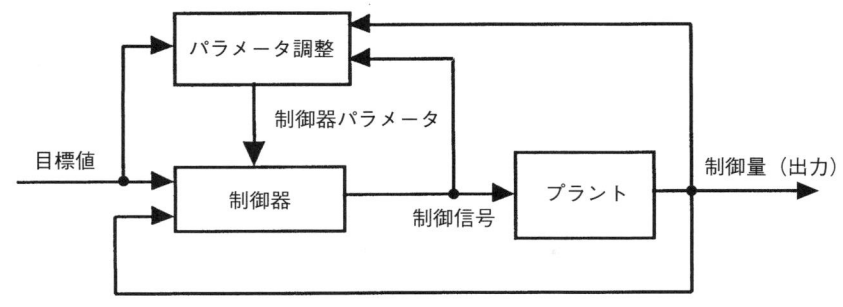

適応制御システム

デカ deca
　記号：da．単位の接頭辞で，その単位の10倍を表す．
デカップリング decoupling → 結合
適応イコライザ adaptive equalizer → 等化
適応差分パルス符号変調方式 adaptive differential pulse code modulation (ADPCM)
　アナログ音声情報を32Kバイト/秒のディジタルチャネルで伝送する変調の仕組み．ADPCMでは連続する標本（振幅）間での差を3または4ビットで表現する．
適応制御システム adaptive control system
　調整可能なパラメータ*およびその調整機能を有する制御器から構成される制御系*．パラメータ調整機能をもつため，制御器は非線形となる．適応制御システムは2つのループをもつシステムとしてモデル化される（図参照）．第1のループは制御対象と制御器からなる通常の帰還ループである．第2のループはパラメータ調整ループであり，それは通常の帰還ループより応答速度は遅いのが普通である．→ 帰還
適応デルタ変調 adaptive delta modulation (ADM) → パルス変調
適応等化器（適応イコライザ） adaptive equalizer → 等化
デクリメント（減少） decrement
　1．ある変数の値から1を引く操作のこと．通常はコンピュータプログラムで使用される．インクリメント*の逆の操作である．2．同義語：減衰係数（damping factor）．→ 減衰
デザインルールチェッカ design rule checker (DRC) → 設計規則チェッカ（DRC）
デシ deci
　記号：d．単位の接頭辞で，その単位の10^{-1}倍を表す．

dB
　略語：デシベル（decibel）．
デシベル decibel
　記号：dB．2つの電力や電圧，電流，音量の比を表す無次元の単位である．その定義式は電力比の常用対数値に10を掛ける．例えば，2つの電力をP_1, P_2としたとき，そのデシベル値 n は
　$n = 10 \log_{10}(P_2/P_1)$ すなわち $P_2/P_1 = 10^{n/10}$
となる．
　もし，P_1 と P_2 が電気回路の入力電力と出力電力を表し，n が正のとき，$P_2 > P_1$ となり，電力は増幅するが，n が負のとき，電力は減衰する．
　bel（ベル）は記号：Bで表し，10dBに等しい．デシベル表現ではその値が大きすぎるとき，ベル表現を用いる．N ベルは
$$N = \log_{10}(P_2/P_1)$$
となる．⇒ ネーパ
dBSPL
　略語：デシベル音圧レベル（decibel sound pressure level）．聴覚の閾値に関する音圧レベルのデシベル表記．→ 音圧レベル
dBV
　1Vを基準とした電圧レベルのデシベル*値．
$$dBV = 20 \log_{10}(V/1)$$
dBu
　0.775Vを基準とした電圧レベルのデシベル*値．
$$dBu = 20 \log_{10}(V/0.775)$$
dBW
　1Wを基準とした電力レベルのデシベル*値．
$$dBW = 10 \log_{10}(P/1)$$

テストパターン test pattern

テレビジョン放送で使用される図で，番組が放送されていない時間帯に送信される．図の模様は，一般的な試験目的にも使用できる．

テスト容易性設計 design for testability (DFT)

各部分をテストできることが保証されるような製品，構成要素，部品，ソフトウェアなどの設計．

デストリオ効果 Destriau effect → エレクトロルミネセンス

テスラ tesla

記号：T．磁束密度*のSI単位*．1テスラは1 m² 当たり1ウェーバの磁束があると定義している．

デーソウティブリッジ de Sauty bridge

容量を直接比較するために使用される4つの枝をもつブリッジ*．容量はスイッチKを用いて充電あるいは放電される．衝撃検流計Gに応答がなければ，次式が成り立つ．
$$R_1 C_1 = R_2 C_2$$

データ圧縮 data compression

再構築時には劣化が極力少ないことを望まれる信号などについて，そのデータ量を減らす処理のこと．伝送帯域幅や必要な記憶容量を減らすなどの用途に適用が期待できる．一例としては，線形予測符号化（→ 線形予測）を用いた音声データの圧縮が挙げられる．

データシート data sheets

電子素子や部品の生産者が製品に関する情報を，回路設計者などの購入予定者に知らせる技術資料．データシートには，物理的な大きさ，ピン接続，素子の絶対定格および基本的な動作データを含む詳細が記載されている．また，数々の典型的な応用や可能な回路構成も書かれている．

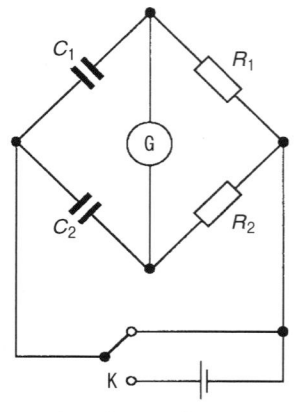

データ終端機器 data terminal equipment (DTE)

通信システムにおいてデータの送信や受信に使うことのできる機器のこと．データ終端機器は通常DCE*（データ通信機器）に接続される．

データ処理 data processing

日常的な数値データを自動または半自動的に整理すること．データ処理システムは，データの受信，送信，記憶が可能なシステムのことを意味する．多くのシステムは，加えて，データに基づいた数学演算や作表，結果の提示が可能である．

アナログ式やディジタル式のコンピュータ*は，データ処理システムの一例であるが，通常は，特に限られた機能を自動的に実行するシステムや，他のシステムの動作を制御するのに使用されるシステムを指す．

データ速度 data rate

通信やコンピュータシステム中の装置間で送ることのできるデータの速度．

データ通信機器 data communications equipment (DCE)

通信システムにおいて送受信者間で接続を確立，保守，切断させることのできる機器．⇒ データ終端機器

データバス data bus

データ伝送に用いるコンピュータのバス*．バスのそれぞれの信号線は1ビット*を伝送できる．データバスの幅（バス線の全本数）は，16ビット，32ビット，64ビットのプロセッサというように，通常プロセッサのワード長を決める．

データフロー型アーキテクチャ dataflow architecture

コンピュータアーキテクチャの1つで，基本制御をプログラムの実行に基づいて決定するのではなく，データの利用可能性に基づいて決定する．設計者たちが，データフローグラフを実行するための，データフロー形コンピュータを設計中である．これは，フォンノイマン形コン

デーソウティブリッジ

ピュータ*に代わるものである．

デチューン detune

　印加信号の周波数と異なるように同調回路*の周波数を調節すること．

鉄 iron

　記号：Fe．原子番号26の金属．強磁性*を示し，高い引っ張り強度をもつ．磁性体として，また遮蔽の目的でも電子工学において広く使われている．この物質は豊富に存在しているため低価格である．

鉄心（磁心） core

　1．電磁機器の磁気回路の強磁性体部分．フェライト磁心は円筒，トロイダルなどに成形しやすい強磁性の固体片である．成層鉄心は互いに絶縁された強磁性体を積み重ねて構成されている．これにより渦電流*が小さくなる．巻鉄心は渦状に層をなして巻かれた帯状強磁性体で構成されている．

　2．同義語：記憶磁心（core store）．旧式の不揮発性の計算機用記憶素子で，フェライト磁性体環の配列から成り立っており，格子状に配線された線が通されていた．個々の記憶磁心―フェライト磁心―は直径が1mmの程度であった．情報は2進数字1または0に対応して時計方向か反時計方向のどちらかに磁心を磁化することによって配列の中に記憶させるもので，記憶場所に対して等速に書き込み，呼び出しできるものであった．情報は格子状の信号線を使って電子的手段で入力と出力を読み出したり，書き込んだりするものであった．→ 記憶素子；フェライト磁性体；ランダムアクセス

鉄損 core loss, iron loss

　インダクタまたは変圧器の強磁性体中のエネルギー損の総量．エネルギー損は主として鉄心中の渦電流損とヒステリシス損（磁気ヒステリシス*）である．→ 鉄心；渦電流

デバイス device

　電気的要素であり，その内部には1個またはそれ以上の個数のトランジスタ，ダイオードまたは集積回路などの能動要素を有している．

デバイ長 Debye length

　固定電荷と可動な電荷を含む半導体*のような媒質で，平衡状態においてキャリヤが密度変化しており，その分布を表す距離．このためキャリヤ密度分布に増減が生じる．ドナー不純物とキャリヤとの静電引力により動かない不純物イオンの周りにキャリヤが群がる．デバイ長はその存在を覆い隠す遮蔽効果の範囲を表す．したがって，イオンを取り囲む電界は，遮蔽されていないイオンの場合よりはるかに速く減少する．図aは正イオンの場合のデバイ長の概念図を示す．ここで，イオンは電荷$+q$をもち，キャリヤである電子の雲で覆われる．雲は約デバイ長の半径で，その中に含まれる電荷は$-q$である．

　電子と正孔の両方が存在する半導体の場合，デバイ長の一般形は

$$L_D = \sqrt{\frac{kT\varepsilon}{q^2(n_0+p_0)}}$$

で与えられる．ここで，k はボルツマン定数，T は絶対温度，ε は物質の誘電率，q は固定電荷の値，そして，n_0 と p_0 はそれぞれ電子と正孔の中性の平衡密度である．

　これより，荷電粒子が不純物の存在により優勢である外因性半導体*において，n形物質では近似値が

$$L_{De} = \sqrt{\frac{kT\varepsilon}{q^2(N_D-N_A)}}$$

のように導かれる．ここで，N_D と N_A はそれぞれドナー不純物とアクセプタ不純物の密度である．真性物質*で，値は

$$L_{Di} = \sqrt{\frac{kT\varepsilon}{2\,n_i q^2}}$$

である．ここで，n_i は1種類のキャリヤについての真性キャリヤ密度である．

　デバイ長は荷電粒子密度が中性の平衡値から

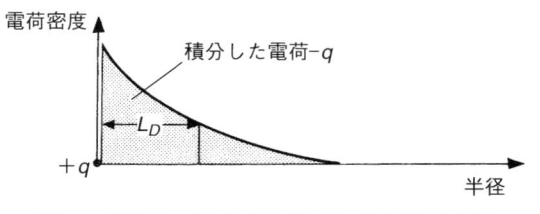

図a　電荷$+q$のイオンについてのデバイ長

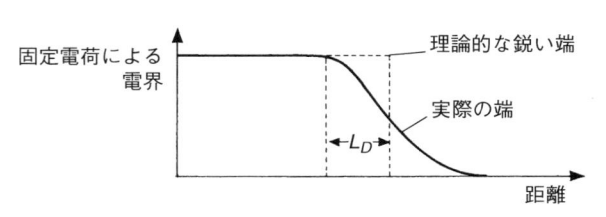

図b　デバイ長，空乏層

ゼロ付近へ変化する様子を表す曲線を導くための境界部として用いられる．例えば，空乏層*の端において，空乏層の端部の電界は鋭い形にしばしば仮定されるが，図示のように曲線を描いて電界は減少し，デバイ長はその実質的な長さを表す（図b参照）．

テーパーウィンドウ tapered window → ウィンドウ機能

デバッグ debug → バグ

デバンチング debunching

電子の相互反発作用の結果，電子ビームあるいは，速度変調管における電子の広がりをいう．電子ビームの広がりの角は，開き角という．⇒ クライストロン；進行波管

テープ自動ボンディング tape automatic bonding

集積回路*をパッケージするとき用いられる方法で，通常はチップとリードフレーム間の内部配線数が大量（100以上）の場合に用いられる．リードフレーム*は細長いプラスチックテープ上にめっきした銅板からつくりだし，ICチップのボンディングパッド*に届く形式になっている．接着パッドに接続する場所に金属の玉を形成する．そして，パッドにはスパッタリング*で金属の受け口をつくってある．チップをテープ上に位置決めして置き，全ての接着を熱圧着で同時に行う．リードフレームを連続的に並べた細長いテープをつくり，接着処理は自動的に行われる．接着された部品はプラスチックのモジュールに封入され，最終部品として分離される．パッケージには次のような形がある．ピングリッドアレイ*，リードレスチップキャリヤ*，デュアルインラインパッケージ*．⇒ ワイヤボンディング

テープ装置 tape unit

同義語：テープ駆動装置（tape transport）．→ 磁気テープ

テブナンの定理 Thevenin's theorem

線形回路網解析を簡単化するのに用いられる定理．外部回路に接続するための二端子（A，B）が外部回路に接続されていれば，回路網は電圧源として振舞う．電圧源の起電力（e.m.f.）は $V_{A,B}$ に等しい．ここで，$V_{A,B}$ は開回路条件で測定され，

$$R_{A,B} = V_{A,B}/I_{A,B}$$

で与えられる内部抵抗をもつ．ただし，$I_{A,B}$ は回路の短絡電流である（A，B間を短絡したときに，ABを流れる電流）．ノートンの定理はテブナンの定理と等価で，回路網の状態がテブナンの定理のときと同一条件下で電流源とそれにコンダクタンスを並列接続した回路であらわせる．これら2つの定理はオームの法則で証明できる．抵抗，コンダクタンスを複素インピーダンス $Z_{A,B}$，複素アドミタンス $Y_{A,B}$ に置き換えればノートンの定理，テブナンの定理は線形交流回路においても適用できる．

デプレッションモード depletion mode

電界効果トランジスタを動作させる方法であり，ゲートバイアス電圧の大きさを増すとドレイン電流を減じることになる．→ 電界効果トランジスタ；MOS容量．⇒ エンハンスメントモード

テープ録音 tape recording → 磁気記録

テフロン Teflon

商標：ポリテトラフルオロエチレン（Polytetrafluoroethylene（PTFE））．極めて高い抵抗率をもち，水や温度に耐性がある絶縁物．

デュアルインラインパッケージ dual in-line package（DIL package）

集積回路に用いられているパッケージの標準形．リードフレーム*を内蔵して封じ込めたセラミックやプラスチックのケースでできている．フレームは，集積回路のボンディングパッドに接続するために用いられ，それらはパッケージの両側に2列に並んだ出力ピンに接続されている．ピンの数は，小形回路の8から大形回路の96まで多種可能である．⇒ リードレスチップキャリヤ；ピングリッドアレイ；テープ自動ボンディング

デューティ duty

休止期間を含む素子の動作状態およびその間隔をいう．無瞬断デューティは無負荷（→ 負荷）期間のない素子の動作である．連続デューティは無限に続く無瞬断デューティである．断続デューティは負荷時（→ 負荷）期間と無負荷期間を交互にもっている．負荷期間が無負荷期間に比べて少ないとき，断続デューティは短時間デューティと呼ばれる．反復デューティは負荷状態が規則正しく再現するとき生ず．負

荷および持続期間が広い範囲で変化する動作はデューティを変化する．デューティサイクルは時間での負荷の変化量の集まりである．負荷時および無負荷時期間の和に対する特定の状態のもとでの負荷時期間の比がデューティ比である．

デューティサイクル duty cycle ➡ デューティ

デューティ比 duty ratio ➡ デューティ

デュプレクサ duplexer

1つのアンテナを送受信の両方に使えるようにするための送受信スイッチ*を備えた2チャネルマルチプレクサ（➡ 多重操作）．このスイッチは受信機を送信機の高電力から保護する働きをもつ．デュプレクサは一般にレーダ*などに使われ，送受信スイッチはパルスが送信されるときと，反射エコーの受信のときの切り替え時に動作する．

テラ tera-

記号：T．単位の接頭文字で単位の10の12乗を意味する．1 THz は 10^{12} Hz．

デリンジャー障害 Dellinger fade-out ➡ フェージング

デルタ回路（あるいは Δ 回路） delta circuit (or Δ circuit)

同義語：パイ（あるい π）回路（pi(or π) circuit）．3つのインピーダンスを図のように構成したもの．⇒ 星形回路

デルタ関数 delta function ➡ ディラックデルタ関数

デルタ関数 unit delta function ➡ ディラックのデルタ関数

デルタ電圧 delta voltage ➡ 線間電圧

デルタ変調 delta modulation（DM）

同義語：スロープ変調（slope modulation）．➡ パルス変調

デルタ回路

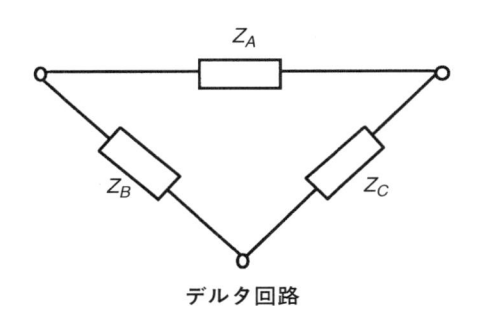

テレックス telex

1．公衆電話により文書を送る方法．2．公衆電話により送られた文書．

テレビ会議 teleconference

地理的に別々の場所にいる数多くの人々が，聞いたり，喋ったり，見たりできるように，またお互いにディジタル情報を送りあったりできるようにした通信システム．伝統的に，ビデオ会議は通信が音声と視覚に限られている会議を指す．そして音声会議は通信が音声のみに限られている会議を指す．

テレビカメラ television camera

この装置はレンズを通して光学像を電気信号に変換するテレビジョンシステム*に使用される．カメラのレンズシステムにより形成された光学像は光電性のターゲットに当てられる．これは通常低速度電子ビームにより走査され，その出力はターゲット場所から得られる映像情報で変調されている．出力信号は多重した交流と基本的に一定の直流信号として考えることができる．後者の振幅変化は明るさ，言い換えれば輝度に相当する．直流成分は一定の基準レベルに対して絵の平均輝度に相当する映像信号の値である．

カメラは主に3つの部分（光学レンズシステム，撮像管*，増幅器）が組み立てられている．カメラ出力はさらに増幅され放送ネットワークに送られる．あるカメラは増幅器と送信機を同一の管体に搭載している．これらのカメラは通常限定されたシステム，あるいは屋外中継のような特殊な応用に採用されている．撮像管はいくつかのタイプが開発されてきたが主な違いは，いろいろなタイプの撮像管が使用している光電性物質の組成と発生した電気的な情報を引き出す方法にある．

カラーテレビジョン*で用いられるカメラは可視スペクトルから選択的にフィルタ処理された情報を受ける3つの撮像管から構成される．光学レンズシステムからの光は，1つのカラー帯域を反射し他の周波数を通過させるダイクロイックミラー*に導かれる．元の映像信号は赤，緑，青に分割され，3つの撮像管からの映像信号は赤，緑，青の成分を表す（図参照）．3つの管の走査システムは像の同一点に対し各撮像管の出力が対応するようにするマスタ発振器

カラーテレビジョンカメラ

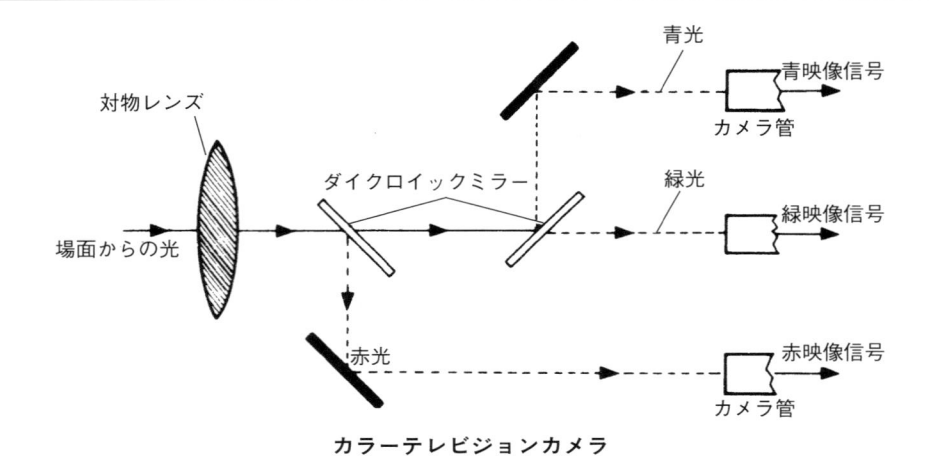

により同時に駆動される．3出力は輝度情報とカラー情報をつくるため合成される．⇨ カラーテレビジョン

テレビ受信機 television receiver

テレビ信号を受信し音声と視覚を再現する装置．テレビ受信機は以下を含む：受信信号から映像信号と音声信号を抽出する検波回路と増幅回路，受信信号から同期信号を抽出し，影像の再生を制御する回路，画像を表示する受像管*，伝送された音声を再生する音声回路．希望する放送チャネルはチューナ*により選択される．カラーテレビ受信機は受信信号からカラー信号を抽出する回路を含む．ディジタルテレビシステムでは送信機でディジタル形式に符号化され，受信機で復号される（→ ディジタル符号）．

受信信号レベルのわずかな変動を補償するためにいろいろな制御回路が用いられる．自動輝度制御は映像の平均輝度レベルを自動的に保つために用いられる．自動コントラスト制御は入力信号の変動に対し映像のピークレベルを一定値に保つ．

種々の手動操作は通常以下のように適用される．水平同期と垂直同期はテレビスクリーンに関連して水平走査と垂直走査の開始点を調整する．輝度とコントラストは映像の平均輝度と平均コントラストを調整する．これらは平均輝度，黒と白ピーク間のコントラストの範囲を個々に調整する．

カラー彩度制御と色合いの制御はカラーテレビ受信機で採用される．カラー彩度は3つの電子ビームの強度を調整するものであり，映像をより色付きにするか色付きを抑える．色合いの制御は絵の色バランスを調整するため3つの電子ビームの強度を個々に変更する．⇨ カラー受像管；カラーテレビジョン；テレビジョン

テレビジョン television（TV）

視覚情報と音声情報を受信機で再生するために送られる通信システム．このシステムの基本的な要素は次のようなものである．

テレビカメラ*とマイクロホン*は元の視覚情報と音声情報を電気信号に変換する．増幅器，制御，送信回路が適当な通信チャネルにより情報を電波で送信する．放送では変調された無線周波数（搬送波*）を使用する．ディジタルテレビシステムでは映像情報は送信機でディジタル形式に符号化され，受信機で復号される（→ ディジタル符号）．

テレビ受信機*では信号を検波しスクリーン（陰極線管*）に像を映し出し，同時にスピーカ*から音声が出力される．

テレビジョンではカメラによりターゲットの情報が走査*により抽出され，受像管ではスクリーンに像を映すためカメラの走査に同期して走査される．電子ビームは水平および垂直方向にターゲットを走査するのに直線的な走査処理が用いられる．水平方向はライン，垂直方向はフィールドと称され，カメラと受信機でビームを偏向させるためにのこぎり波*が用いられ，帰線期間は黒になる．

同期パルスはカメラと受信機を同期させるもので，帰線期間に送信される．水平同期パルスは水平帰線期間中に，垂直同期パルスは垂直帰線期間中に送信される．オーバスキャンと帰線

消去の組み合わせが映像情報を失わないように同期に対して十分長い期間を確保するためにしばしば用いられる.

ブランク期間中の信号レベルは帰線消去レベルと称される基準値に保たれ，同期パルスを除いて映像の最も黒いレベルを表す．これは受信機で同期パルスの認識を容易にする．同期パルスのすぐ前の期間はフロントポーチ，同期パルスのすぐ後の期間はバックポーチと呼ばれる．同期パルスは受信機でビデオ信号から同期分離回路により抽出される．

ターゲット領域から最大の情報を得るため受信機の水平走査の本数は垂直走査の本数より多く選ばれ，ターゲット領域が可能な限りカバーされる．毎秒の水平走査数がライン周波数，毎秒の垂直走査数が垂直周波数である．走査処理は送信機と受信機間の走査と同期の不完全性が映像のひずみや対現象*のような欠陥を招くので最も重要である．

一フィールドで完全な絵をつくる走査方法は順次走査と称される．水平走査線のパターンはラスタと称される．多くのテレビジョンシステムは飛び越し走査を用いている．このシステムでは連続したラスタは重ね合わせされるのではなく飛び越し走査され，2つのラスタが完全な絵またはフレームを構成する．毎秒の完全な絵の数がフレーム周波数であり，これは毎秒のラスタ数の2分の1である．すなわちフィールド周波数である．フィールド周波数は可能な限り水平周波数を多くするため比較的低くする必要があるが，フリッカ*を避けるため十分に高くする必要があり，いろいろな妥協が必要である．ヨーロッパのテレビジョンシステムはフィールド周波数 50 Hz（フレーム周波数 25 Hz），1フレーム当たり 625 ラインである（アメリカのテレビではフィールド周波数 60 Hz，1フレーム当たり 525 ラインである）．

テレビの鮮明度は解像度であり，言い換えると1フレーム当たりのライン数による．高精細度システムはさらに多いライン数をもつ．あるテレビジョンシステムでは1フィールド当たり 2000 ラインもの数を用いている．1フィールド当たりの走査線数とビデオ信号の帯域幅との関係はケルファクタで与えられる．

映像信号の伝送には正または負伝送が採用されているが，正伝送が最も用いられている．正伝送では受信した信号の振幅は輝度に比例している．絵の最も明るい部分に対応する映像信号のピーク値が白ピークになる．負変調では明るさに比例してキャリヤ波は黒レベルより小さくなる．

基本的なテレビシステムでは白黒映像を送る（モノクロテレビジョン）．カラーテレビジョンでは放送電波はカラー受信機で受信される．モノクロ受信機ではカラー信号を構成する輝度信号を用いるが，再生された像は白黒である（→ カラーテレビジョン）．

伝送された信号は映像と音声を含んでいる．アナログテレビジョンでは，映像搬送波が映像情報により変調されている．音声信号は音声搬送波と呼ばれる第2の搬送波を変調する．音声搬送波周波数は映像搬送波周波数とは異なり，2つの信号がお互いに重ならないように指定された周波数が選ばれる．

テレプリンタ teleprinter

調歩式タイプライタの一形式．キーボードの情報を電気信号に変換するキーボード送信機と逆の過程を行う印刷受信器を含む．テレプリンタはテレックスシステム*や他のコンピュータシステムなどに用いられる．

電圧 voltage

記号：V，単位：ボルト．回路や素子の2点間の電位差．⇒ 有効電流（または有効電圧）；無効電圧

電圧安定器 voltage stabilizer

実質的に一定で，入力電圧あるいは負荷電流の変動に関係のない出力電圧を生成する回路または装置．すなわち，定電圧源*として動作する．この装置は，電圧調整器*として頻繁に使われる．初期の形では，定電圧放電管が基本となっていた．この回路は，今ではツェナーダイオード*（図 a）やバイポーラ接合型トランジスタ（図 b）などの固体電子素子に置き換えられている．図 b の直列安定化回路では，負荷インピーダンスが回路と直列に接続される．

電圧帰還 voltage feedback

同義語：並列帰還（shunt feedback）．→ 帰還

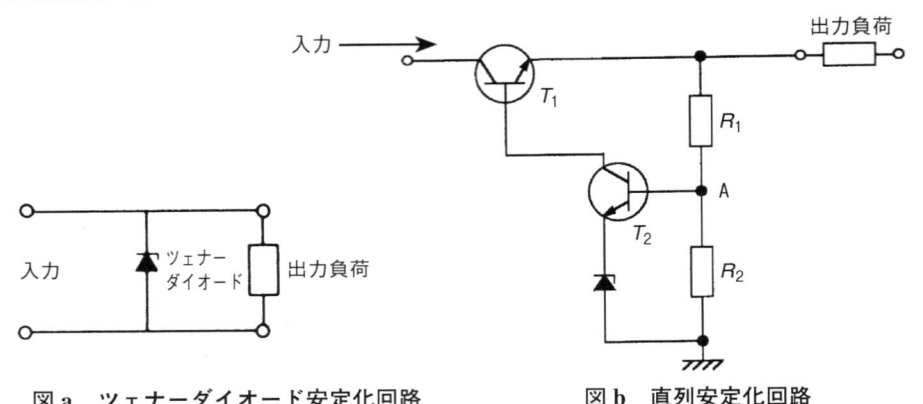

図a　ツェナーダイオード安定化回路

図b　直列安定化回路

電圧基準ダイオード　voltage reference diode
➡ ダイオード順方向電圧

電圧急増　voltage jump
電子回路または装置，特にグロー放電管（➡ ガス放電管），の動作電圧における望ましくない急激な変化または不連続．

電圧計　voltmeter
電圧を測る計器．一般に使用されている電圧計には，ディジタル電圧計*，陰極線オシロスコープ*，直流計器（永久磁石式可動コイル計器*など）を含む．測定対象の電圧を含む回路に与える外乱を最小とするため，電圧計はほとんど電流を流さないようにする必要があり，非常に高い入力インピーダンスが必要である．ディジタル電圧計，陰極線オシロスコープ，さらに，今ではあまり使われなくなった真空管電圧計*は，この要求を満たしている．しかしながら，可動コイル形電圧計，静電形電圧計では，入力インピーダンスを増すため，直列の高抵抗が必要である．静電形電圧計は，象限電位計*や他の電位計の動作原理に基づいている．

電圧継電器　voltage relay　➡ 継電器

電圧源　voltage generator
回路または装置に電圧を供給するのに使われる電源のこと．➡ 定電圧源

電圧降下　voltage drop
回路部品や構成要素の端子間などにおける導体の特定点間の電圧．直流の場合，電圧降下は電流と抵抗の積に等しい．交流では電流（アンペア）と抵抗（オーム）の積が抵抗電圧降下であり電流の位相に等しい．電流とリアクタンスの積はリアクタンス電圧降下を与え，これは電流と直交*している．

電圧降下抵抗器　dropping resistor
同義語：ドロッパ（dropper）．両端子間に電圧降下させる目的で回路中に導入された抵抗器であり，これにより回路に加わる電圧を減らすことができる．

電圧効率　volt efficiency　➡ 電池（cell）

電圧制御増幅器　voltage-controlled amplifier（VCA）
電圧により利得*が制御される増幅器*．

電圧制御電圧源　voltage-controlled voltage source（VCVS）　➡ 従属電源

電圧制御電流源　voltage-controlled current source（VCCS）　➡ 従属電源

電圧選択器　voltage selector　➡ リミタ

電圧増倍器　voltage multiplier
整流器*の配置の1つで，整流器1つの場合の出力電圧振幅（交流印加電圧のピーク値）の整数倍の出力電圧振幅を生成する配置．⇒ 倍電圧整流器

電圧増幅器　voltage amplifier
電圧利得*を有する増幅器*．高入力インピーダンスと低出力インピーダンスをもつ．⇒ 従属電源

電圧調整器　voltage regulator　➡ レギュレータ

電圧電流変換アンプ（OTA）　operational transconductance amplifier（OTA）　➡ 従属電源

電圧倍増器　voltage doubler　➡ 倍電圧整流器

電圧モード回路　voltage-mode circuits　➡ 電流モード回路

電圧利得　voltage gain　➡ 利得

電圧レベル voltage level

任意の基準電圧に対する，伝送システムのある点における電圧の比．任意の基準点は国際電信電話諮問委員会 CCITT（→ 標準化）によりゼロレベル*点として指定され，dBm 0（ゼロ相対レベルに対する基準をもとに計測されたデシベル）の単位で表される．

転位 dislocation

結晶構造に内在する欠陥のこと．半導体の結晶構造内に転位が発生した場合，それらは深刻な有害効果をもたらす．すなわち，禁制帯中に望ましくないエネルギー準位（捕獲準位）をつくり，材料のエッチング特性を変化させ，素子の電気特性を大きく変化させてしまう可能性がある．例として，電界効果トランジスタ*のソースドレイン電流値およびしきい値電圧は半導体基板中の転位密度に強く依存する．全ての結晶において，転位密度は使用する物質，純度および製造方法などに依存する．完全あるいはほぼ完全な小さい結晶は製造可能であるが，大きくなるほど転位無しの結晶をつくることはより困難となる．実質的に転位無しの大きなシリコン結晶が現在では得られるようになったが，大きなガリウムヒ素結晶における転位密度が課題になっている．転位密度は，転位を選択的にエッチングする溶液中での結晶エッチング処理後に，エッチピット数を計数して求めることが可能である．そのため，転位密度はしばしばエッチピット密度と呼ばれる．

電位 electric potential

記号：V or ϕ；単位：V．電界*中において，単位電荷を無限遠からある点に移すために必要な仕事．1Cの電荷を移動するのに1J必要のとき電位は1V．

転移温度 transition temperature → 超伝導

電位計 electrometer

演算増幅器*を使った装置で，電圧源から電流を取らずにその電位差を測る装置．この装置は高抵抗に流れる微少電流を測ることにも使える．電位計は原理的に検電器のような静電装置である．

電位勾配 potential gradient → 電位差

電位差 potential difference (p. d.)

記号：ΔV または U．単位：ボルト（V）．

2点間の電圧の差を表し，電界強度を2点間にわたり線積分した値に等しい．もし，1つの電荷をある点から他の点まで任意の経路に沿って動かしたとき，その仕事量はその電位差とその電荷の積に等しい．ある点の電位勾配は単位長当たりの電位差に等しい．⇒ 起電力

転移磁束密度 transition flux density → 超伝導

電位障壁（ポテンシャル障壁） potential barrier

粒子の運動を逆方向に戻す力を作用する電界または磁界が存在する領域のポテンシャルエネルギー障壁．

転移電流 transfer current

1．主ギャップ中にグロー放電を起こすために，グロー放電管（→ ガス放電管）のスターター電極*に印加される電流．

2．ガス入り電子管*の電極の1つであり，ガス絶縁破壊*を他の電極に引き起こすための電極の電流．

点火 firing → ガス放電管

電荷 charge, electric charge

記号：Q，単位：C．お互いに吸引力あるいは反発力を及ぼすいくつかの素粒子がもつ性質．荷電粒子によって及ぼされる力は負および正で区別される．負電荷の自然単位は電子*がもっている．陽子*は同量の正電荷をもっている．荷電した物体はその中に含まれる陽子に対して過剰にあるいは不足している電子を含む．

2つの電荷はお互いが接近するとき，互いに力を及ぼし合う．この力はクーロンの法則*によって与えられ，電荷を取り巻いている電界*により表される．電荷 Q が電界 E の中に置かれると，力 QE を受ける．

電界 electric field

電荷あるいは変動磁界の周りの空間で，他の電荷がかなりの力学的力を受ける．電界に作用する電荷は，その存在によって電気的条件が変化しない程度に十分小さいと仮定される．⇒ 電界の強さ；クーロンの法則

電界イオン化 field ionization

電界放出*に似たプロセスであるが，ここでは，高強度の電界が存在する中で原子から電子が放出され，それら電子は隣接する金属の表面に捕獲されて，原子のイオン化が生じる．正常な状態では，電子は原子のイオン化電位に等し

い電位障壁によって原子から離れられない．電界放出の場合に起きたと同様に，この障壁を電界でゆがめることは可能であり，その結果，電子の散逸が可能となる．

電界イオン顕微鏡 field-ion microscope

金属のような固体表面を電界イオン化*を利用して観察する装置．構造は，電界放射顕微鏡*と同一であるが，電界は逆方向に加えられる．低い圧力のヘリウムガスが顕微鏡内に封入され，先端表面でつくられたヘリウムイオンが像を得るために蛍光面に加速される．原子の振動が分解能に影響を与え，液化ヘリウムや水素の温度によって先端を冷却し，その影響を最小化する．その金属の個々の原子が分析できるので，合金の構造，表面の構造，金属表面での気体吸着が研究できる．

電解液（電解質） electrolyte

ある物質を溶解または溶融したとき，物質の解離によりイオン*が生成し電気が導通する．強電解液は無機系酸のような化合物で，溶解状態で完全に解離しイオンを発生する．弱電解液は溶解状態で部分的に解離しイオンを発生する．このような化合物は希釈度を高くすると解離度合が大きくなり導電率が高くなる．

電界エミッタ field emitter

電界放出*の生ずる電極．

電解計 electrolytic meter

クーロンメータ*のように，沈殿した物質の量や電解的に遊離したガスから電荷量を測る装置．一定電圧を供給してエネルギーメータとして使うことができ，その量をJまたはkWhで校正できる．

電解研磨 electrolytic polishing

同義語：電解研磨（electropolishing）．金属表面研磨のため金属を電解槽の陽極とし槽内で電流を流すと，適当な条件のもとでは突起が優先的に溶解し，光沢のある平らな表面になっていく．

電界効果トランジスタ field-effect transistor (FET)

2種類の主要なトランジスタ*の中の1種．三端子の半導体素子*であり，その内部にある一対の電極ソースとドレインを通して流れる電流は，半導体中に形成される電界によって制御および変調される．この電界は第三の電極ゲート（図a）に加えた電圧によってつくられる．チャネルの抵抗はその電界により制御され，電圧制御形抵抗を形成している．

制御する電界はゲート電極に加えられるが，その電界はチャネル中の電流から何らかの方法で分離されねばならない．分離の方法が電界効果トランジスタの2種類の基本形を生んだ．それらは，接合電界効果トランジスタ（JFET）および絶縁ゲート電界効果トランジスタ（IGFET）である．JFETにおいて，絶縁は逆方向バイアスのp-n接合*）または金属-半導体ショットキー障壁*を用いて行われ，これによりゲートからチャネルへ接合を横切って流れる電流は極めて少なくなる（⇒ MESFET）．IGFETでは，絶縁層がゲート電極と伝導チャネルの間に置かれ，その二者の間にいかなる電流も流さぬよう防いでいる．絶縁ゲートFETの最もよく知られる実例がMOSFET*（金属-酸化膜-シリコンFET）である．

JFET内部の伝導チャネルは半導体母材自身の中に存在している，そのためこれらトランジスタはバルクチャネルFETに分類される．MOSFETにおいては，伝導チャネルはシリコンと酸化膜の界面のシリコン表面部に発生する．これらのトランジスタは表面チャネルFETである．

FETは一般にチャネル中の電流を運ぶキャ

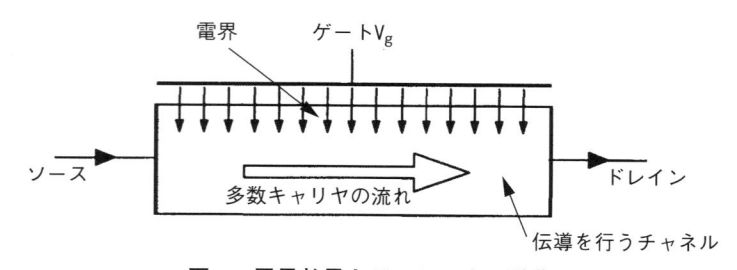

図a 電界効果トランジスタの動作

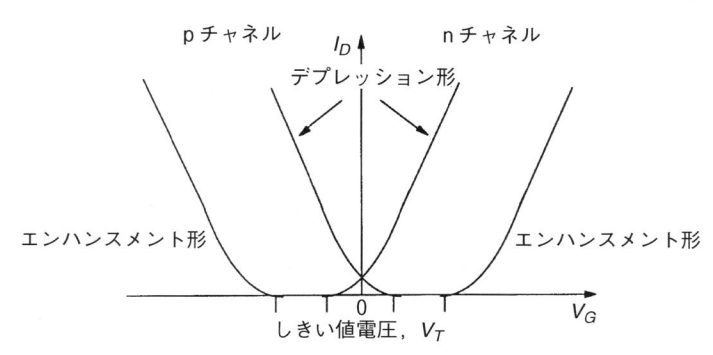

図b FETのゲート電圧とドレイン電流の関係

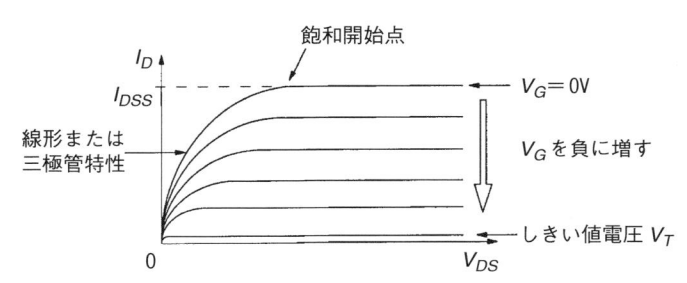

図c nチャネルFET出力特性（ドレイン-ソース電圧に対するドレイン電流特性）

リヤ*の種類によって名称付けがなされている。そのため，正孔が伝導を担うFETはpチャネルFETであり，nチャネルFETでは電子が伝導を担う．さらに，FETはチャネルの性質によっても分類される．デプレッション形FETはゲート電圧がゼロであってもすでに伝導チャネルを有しており，チャネルを閉じる，すなわちFETを不導通にするには適当な電圧を与えねばならない．エンハンスメント形FETはゲート電圧ゼロにおいてソースとドレイン間を伝導する通路をもっていない，それゆえチャネルを開けるには適当なゲート電圧を与えることが必要である．チャネルが導通を開始する状態となる電圧は，しきい値電圧 V_T と呼ばれる．ゲート電圧ゼロボルトにおけるチャネルの有無はFETのチャネル領域におけるドーピング*の詳細によって決められる．種々の形のFETについて，印加ゲート電圧 V_G に対するドレイン電流 I_D の一般的な変化を図bに示す．

nチャネルFETの出力特性が図cである．これらの曲線は以下の特性を示している．ドレイン-ソース間電圧 V_{DS} の低い値における動作特性の線形あるいは三極管領域を表し，そこは上述の電圧制御形抵抗に対応している．また，さらに V_{DS} の高い値では飽和領域に至る．飽和領域においては，FETのチャネル幅が限定されており，電流はチャネル両端の電圧 V_{DS} をさらに増しても増加されない．FETは電圧制御形電流源のように振舞う．ここは線形増幅に応用される動作領域である．論理動作のようなディジタルスイッチングにおける応用では，FETはしきい値以下でのオフ状態と三極管領域中の高電流なオン状態の間をスイッチ動作する．

電解コンデンサ electrolytic capacitor

誘電体層を電解法で作成したコンデンサ*類．電解液をその内部に含まない種類のコンデンサもある．アルミニウムやタンタルのような金属の電極が，電解槽中で陽極として作動させられると，その表面に金属の酸化物による誘電体層が成膜する．他の電極に導電性電解液または二酸化マンガンのような半導体を用いてコンデンサは形成される．電解液には液体あるいは糊状のものも使用され，紙やガーゼにしみ込ませて用いる．非液体の電解質を内部に含みもつタンタルコンデンサは通常ビーズ形に製造される．電解コンデンサは単位体積当たりでは大

きな静電容量をもつが，漏れ電流の多い欠点がある．

電解整流器 electrolytic rectifier

電解液の中に2つの異なる電極を備えた整流器*．電極と電解液の最適な組合せによって特定の一方向に導電性をもつ素子になる．代表的な例はタンタル整流器である．これはタンタルとリード電極および硫酸の希釈溶液の電解液で構成される．

電解槽 electrolytic cell → 電池（cell）

電界増強放出 field-enhanced emission

エミッタの表面に強い電界をかけ，光電子放出*や二次電子放出*を増大すること．

電界の強さ electric field strength

記号：E；単位：V/m．単位電荷当たりの力学的力によって測定される任意の点の電界*の強さ．クーロンの法則*によって与えられる力 F は，電界の強さ E を用いて

$$F = eE$$

で与えられる．ここで e は電子の電荷である．距離 ds 離れた2点間の電位差は

$$dV = -E \cdot ds$$

あるいはより一般的に

$$E = -i\frac{\partial V}{\partial x} - j\frac{\partial V}{\partial y} - k\frac{\partial V}{\partial z}$$

で与えられる．ここで，i, j, k はそれぞれ x, y, z 軸上の単位ベクトルを表す．

電界放射顕微鏡 field-emission microscope

金属のような固体表面を電界放出*を利用して観察する装置．簡単な顕微鏡の図を示す．高電圧は単結晶の先端と蛍光スクリーン間に印加

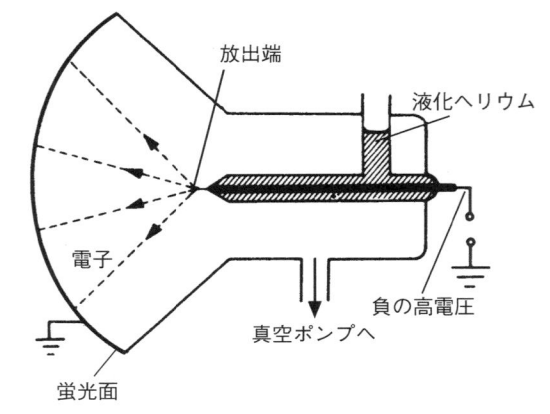

電界放射顕微鏡

されている．その先端から放出された電子はスクリーン上に画像をつくる．画像内の異なる輝度は仕事関数が異なるその先端領域の画像を表す．金属原子の振動がその分解能を制限するので，液化ヘリウムや水素の温度で冷却し安定化させる．合金の構造や金属内の不純物の振舞い，そして金属点の気体吸着効果が研究できる．

電界放出 field emission

同義語：電界放出（cold emission）．強い外部加速電界が金属のエミッタ表面（→ショットキー効果））に存在するとその電位障壁が減少し，その表面から電子が放出*しやすくなる形態．図の縦軸は電子エネルギー W を表し，横軸 x はエミッタ表面からの距離を表す．その図の実線は電子が表面から放出するのを抑制する電位障壁の曲線である．

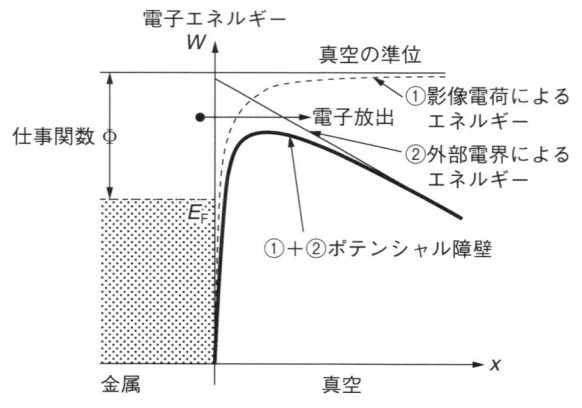

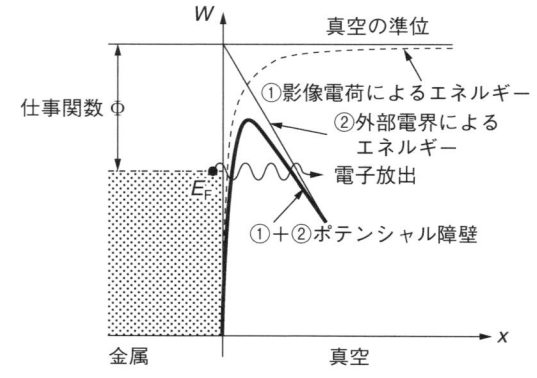

図a 弱い外部電界によるポテンシャル障壁の低下（ショットキー効果）

図b 強い外部電界による電子放出（トンネル効果）

十分に大きな値の電界のもとでは電位障壁が歪曲し，その障壁を効果的に狭め，トンネル効果*による電子の放出が可能になる．すなわち，フェルミエネルギーE_F（→エネルギー帯）近傍のエネルギーをもつ電子も放出できる．その電流密度jは電界Eとともに次の式のように変化する．

$$j = C E^2 \exp(-D/E)$$

ここで，CとDは近似定数である．これを満たす強い電界強度は10^{10}V/mであり，通常この現象はエミッタ表面の鋭くとがった複数の点で生ずる．

電解ホトセル　electrolytic photocell

二酸化セレン溶液内に沈めたセレン電極のように，ある物質で構成された電解ホトセル．その電極間に低い直流電圧を外部から印加すると，流れる電流は光に対し敏感に応答する．このセルは光束のルーメン当たり約1mAの線形感度をもつ．

電荷キャリヤ　charge carrier　→キャリヤ；半導体

電荷結合素子　charge-coupled device（CCD）

一列に近接して並べた多数個のMOSコンデンサ*素子群で構成される．情報は，電圧や電流ではなく，MOS容量の中に蓄えられた電荷のパケット（小包）として存在している．動作させるには，適切なパルスをMOS容量に順次与える方式の制御操作を用い，この電荷はMOS容量からMOS容量へと転送可能となる．CCDはアナログ式シフトレジスタ*のように動作する．典型的には3相クロックシーケンスが使用される（図参照）．全ての3つの電極には，電荷パケットを挟む両側部間の物理的な分離を維持するために，同期したクロックが

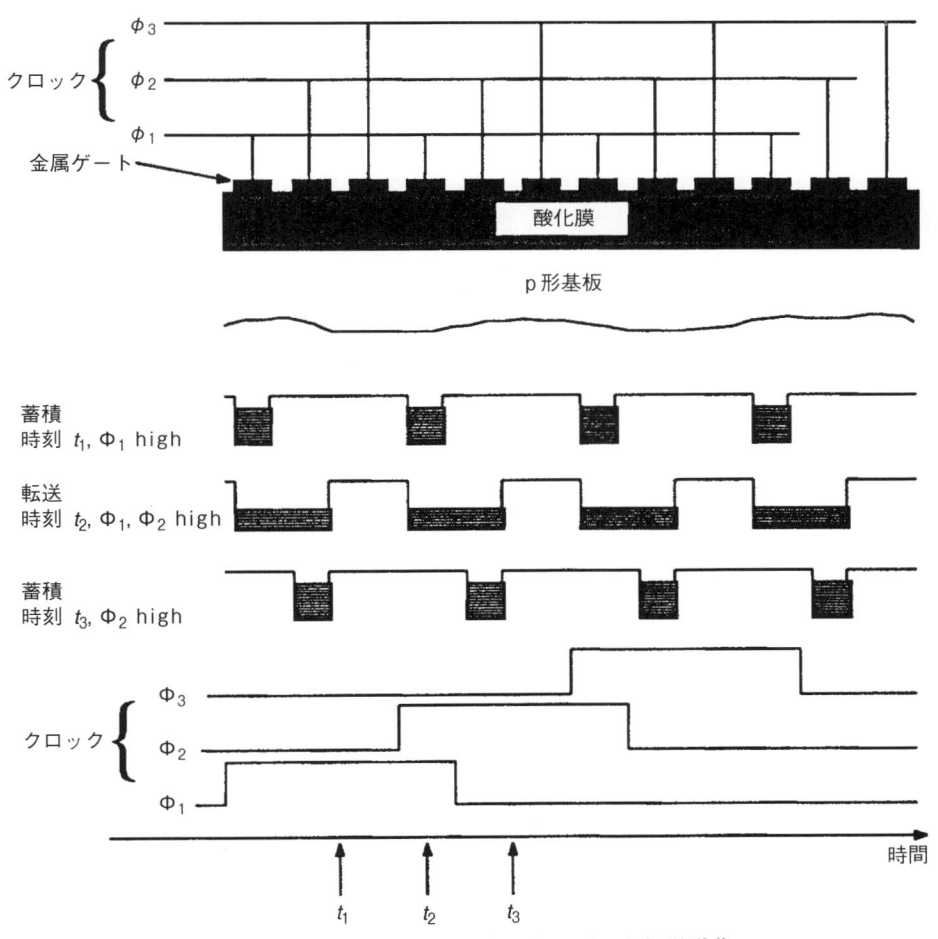

電荷結合素子：三相クロックによるデータ転送動作

与えられており，データパケットの劣化を最小にしている．少量の電荷は表面での再結合，MOS容量からの漏れなどにより転送ごとに失われるので，データは列に沿って周期的な修復がされねばならない．

CCDはトランスバーサルフィルタ*のように信号処理での応用に利用され，画像応用においてはMOS容量は光または他の電磁放射に露出することで充電され，画像データがシリアル方式で読み出される．

電荷蓄積 charge storage → キャリヤ蓄積

電荷蓄積ダイオード charge-storage diode → ステップリカバリダイオード

電荷転送素子 charge-transfer device (CTD)

素子内部において，電荷を蓄えた独立パケットが，ある位置から次の位置へと転送される半導体素子である．このような素子は，特定の位置に電荷を短時間蓄積させることに利用でき，それには蓄積時間が物質中における再結合時間より短いことが必要である．いくつかの異なる種類の電荷転送素子が存在し，主な種類分けとして，電荷結合素子*とバケツリレー形素子*（電荷電送デバイス）がある．電荷転送素子の応用には短時間記憶システム，シフトレジスタ*，そして画像システムが含まれる．情報は通常シリアルアクセスのみで使用される．

電荷転送デバイス（BBD） bucket-brigade device (BBD)

バイポーラトランジスタや電界効果(MOS)トランジスタ*でつくられているスイッチと直列に結合された数多くのコンデンサからなっているデバイス（図参照）．これらの回路は個別部品で構成されているが，通常は集積回路*でつくられる．2相のクロックパルス*（ϕ_1とϕ_2）が使われ，これでスイッチが閉じられる．スイッチが閉じられることによって電荷が1つのコンデンサから次のコンデンサに転送される．

電荷転送デバイスはディジタルおよびアナログシステムの遅延線*としてよく使われる．それは蓄積される電荷量が連続的に零からコンデンサの大きさと動作電圧で決められる最大値まで変えることができるからである．コンデンサは実際，回路で使われるトランジスタのコレクタとベース間あるいはドレインとゲート間のコンデンサを使っている．→ バイポーラ

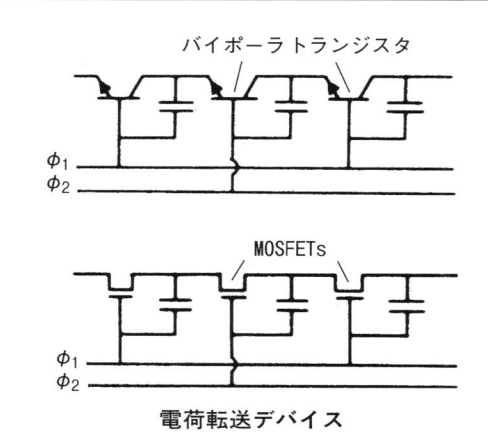

電荷転送デバイス

電荷密度 charge density

1. 同義語：体積電荷密度（volume charge density）．記号：ρ．単位：C/m^3．媒質の単位体積当たりの電荷．2. 同義語：表面電荷密度（surface charge density）．記号：σ．単位：C/m^2．媒質の表面で単位面積当たりの電荷．

電気 electricity

電子のような静的あるいは動的電荷に関連する現象．

電気陰性 electronegative → 電気化学系列

電気影像 electric image

同義語：影像電荷．導体の表面の近傍において，点電荷に関連する静電気問題を解くためにケルビンによって提案された概念である．点電荷によって導体の表面上に誘導される電荷は，表面から点電荷と反対方向の特別な点におかれた影像電荷によって生じる電荷と同一になる．この影像電荷は，最初の電荷の電気影像として知られる．誘導された表面電荷による最初の電荷に及ぼす力は，影像電荷によって計算されたものと同じになり影像力と呼ばれる．無限平面の場合，影像電荷は誘導電荷と同じ値で記号が反対であり，平面と反対方向において，実際の電荷と同じ距離にある．

電気泳動 electrophoresis

電界の影響下における液体内のコロイド粒子またはプラズマ内のイオンや電子の動きを表す．正の荷電粒子は陰極に向かい，負の荷電粒子は陽極に向かう．

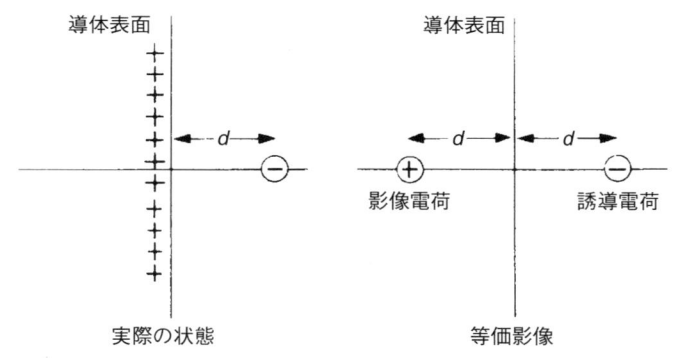

導体表面 / 導体表面
影像電荷 / 誘導電荷
実際の状態 / 等価影像

電気影像

電気音響式変換器 electroacoustic transducer ➔ 変換器

電気解離 electrolytic dissociation
溶解状態にある化合物が互いに異符号の電荷をもつ電解イオンに可逆的に分離すること．正の電荷イオンはカチオン*，負の電荷イオンはアニオン*になる．食塩は完全に電離するが，酢酸はその一部しか電離しない．➔ 電解液

電気化学系列 electrochemical series
ある金属をその塩の1つである1 mol液に浸すと，その金属とその溶液の間に電極電位といわれる電位が発生する．電気化学系列は化学元素をそれらの電極電位の順に配列したものである（巻末資料の表13を参照）．標準的基準は水素電極であり，適宜的にその電極を基準としている．この電極は白金電極の中に1気圧の水素ガスが入っている構造であり，その電極は25℃で1 mol 水素イオンが溶融した酸性溶液と接している．電気化学系列の中で水素より上位に列ぶ元素は正の電荷を捕獲し電子を放出する電気陽性物質であり，水素より下位に列ぶハロゲン類を含む元素は負の電荷を捕獲する電気陰性物質である．

電気加熱 electric heating
電気エネルギーによって熱を発生させること．使用される方法には，抵抗*に電流を流す方法，電気アーク*を使用する方法，誘導加熱*，誘電加熱*がある．

電気感受率 electric susceptibility ➔ 感受率

電気強度 electric intensity
昔の同義語：電界の強さ．

電気研磨 electropolishing ➔ 電解研磨

電気光学 electro-optics
ある透明な誘電体の屈折率とそこにかかる電界との相互作用を研究する分野．誘電体の光学特性に様々な変化が生じる．➔ カー効果

電気光学効果 electro-optical effect ➔ カー効果

電気光学シャッタ electro-optical shutter
同義語：カーセル（Kerr cell）．➔ カー効果

電機子 armature
同義語：回転子（rotor）．発電機*または電動機*の回転部．

電気軸 electric axis
結晶内で最大導電率*を示す方向の軸．圧電結晶*の電気軸は X 軸である．

電気遮蔽 electric screening
不要な電気妨害による干渉を防ぐために，導体を用いて装置の周囲を包むこと．この遮蔽をファラデー遮蔽*という．

電気集塵 electrostatic precipitation
ガスに混じった固体や液体の粒子を集塵する方法．ガスの流れを挟むように2つの電極間に静電界を加え，電極の一方（通常は正極）を接地する．粒子は接地された電極上に集まる．

電気スペクトル electric spectrum
電気アーク*によって生ずるカラースペクトル．

電気双極子 electric dipole ➔ 双極子

電気双極子モーメント electric dipole moment ➔ 双極子

電気通信 telecommunications
電線や無線のような電磁気的な手段による情報の伝送の研究や業務．

電気定数 electric constant
略語：自由空間の誘電率．➔ 誘電率

電気的次元 electric dimensions

関連する周波数の波長で測定される電気回路あるいは構造，量の次元．電気的次元はシステムの性質を決定するとき有用であり，あるいはこれらの性質を決定するために用いられる方法である．特に，もしシステムの寸法が波長より十分に小さいならば，例えば10分の1から100分の1ならば，システムは電気的に小さいと考えられる．

電気的消去・再書き込み可能形 ROM electrically alterable read-only memory (EAROM) → ROM

電気的制御装置 electric controller → 自動制御

電気伝導 electric conduction → 伝導

電気伝導度 electric conductivity → 導電率

電気ヒステリシス損失 electric hysteresis loss

誘電体中の電気損失であり，電界変化によってつくられた物質の内部力により発生する．損失は熱となって現れる．

電気ひずみ electrostriction

物体を比誘電率*の異なる媒質中に置くとき，電界の影響によって生ずる物体の寸法の変化をいう．引っ張り力あるいは圧縮力が生まれる．不均一な電界中では，物体は動く傾向にある．：周囲より高い誘電率の物体は，より高い電界の領域に動こうとする．その逆も成り立つ．

電気分解 electrolysis

電解液に電流を流すと，化学変化（通常は電気分解）が生ずること．

電気分極 electric polarization → 誘電分極

電気変位 electric displacement → 変位

電気変換器 electric transducer → 変換器

電気盆 electrophorus

簡単な静電荷発生器の初期の形．平らな誘導体平板を摩擦によって正に帯電させる．絶縁物でできたハンドルのついた金属板を平板の上に置き，一瞬で接地する．それを取りさると，負の電荷が誘導される．最初の正電荷が漏洩してなくなるまでこの過程が繰り返される．

電気めっき electroplating

電気分解によって，ある金属を別の金属の表面に析出させること．その技術は対象となる金属上に保護や装飾となる表面を形成させるために広く使用されている．また，金属の厚膜層が要求される IC 製造にもこの方法は利用される．⇒ 光支援めっき法

電気モーメント electric moment

同義語：双極子モーメント → 双極子

電気陽性 electropositive → 電気化学系列

電極 electrode

電荷キャリアを放出，収集または偏向する素子．電解液，ガス，真空，誘電体や半導体に電流を流入・流出する量を制御するため，電極は金属平板やワイヤ，グリッド形状が使われる．また，液体水銀電極も電極の一種である．電極電流はコレクタやグリッド，ドレインのような特定の電極に流れる電流である．→ コレクタ；グリッド；ドレイン

電極電位 electrode potential → 電気化学系列

電極電流 electrode current → 電極

電気力学 electrodynamics

電流あるいは電流間に作用する力学的力の研究．

電空式 electropneumatic

電子と空気素子の両方を使用している制御システムについて述べるときに使う．

電源 power supply

電子回路を駆動するために適した形にした電力源．交流電力は幹線から直接あるいは変圧器*を通して供給される．直流電力は電池，整流回路とフィルタあるいはコンバータから供給される．母線はいくつかの回路または1つの回路のいろいろな点への電力供給を行う．共通電源から抵抗による分圧，あるいはコンデンサ結合による分圧で必要な電圧は供給される．→ 結合

電源（電圧源） voltage source

理想的には，流れる電流に関係なく端子間の電圧が一定な，二端子回路の素子．

電源インピーダンス source impedance

電源によって，電子回路または電子装置の入力端子側に対して現れるインピーダンス*．理想電圧源の電源インピーダンスは0（つまり $dV_s/dI_s=0$）である．一方，理想電流源の電源インピーダンスは∞（つまり $dV_s/dI_s=∞$）である．

電源雑音 mains hum ➡ ラジオノイズ；雑音

電源パック power pack

交流または直流の主電源*から電力を変換する装置で，通常，電子装置を動作させるのに適した電圧に変える電力供給源．

雷撃 lightning stroke

雷雲の帯電領域の1カ所において放電によって生ずる電気放電．電光の極性は大地に向かう電荷の極性である．完全な雷撃の閃光は1つの道筋を通る完全な放電である．

雷撃の走路は，放電の初期のリーダーストロークによってつくられる．リーダーは，雲から地球に向かうか，地球から雲に向かって進展する．ダートリーダーストロークは，連続的に進展するリーダーストロークである．比較的短いステップで連続的に進展するリーダーは，階段的リーダーストロークである．下向きのリーダーストロークが大地に到達すると，すぐに戻りストロークが上向きに流れ，高電流の放電となる．閃光が1つ以上の雷撃で構成されるならば，それは多重ストロークの閃光と呼ばれる．

電力あるいは通信システムへの雷撃は，直撃ストロークと呼ばれる．直撃ストローク，あるいは雷撃によって生ずるサージ*は，直撃雷撃サージである．間接ストロークは，実際にそこを直撃しない場合でもシステムに電圧を誘導する．それによって誘導されるサージは間接雷撃サージで，避雷システムは雷撃の影響から建物や装置を保護するための完全な導体のシステムである．⇒ 避雷針

電子 electron

電子は，負電荷，$e=1.6021773\times 10^{-19}$ クーロンを有し，その質量 m は 9.1093897×10^{-31} kg，スピンが1/2である安定した素粒子である．電子は全ての原子の構成要素であり，原子核の周りのいくつかの可能な軌道すなわち許された軌道（⇒ エネルギー準位）を回っている．エネルギー準位は独立に存在する．それらは，ほとんどの物質の電気的導電性の原因となる（➡ エネルギー帯）．電界の作用の下で一方向に運動する電子は，電流を構成する．便宜上，電流の流れる方向は，電子の運動する方向と反対方向にとっている．電子は，1897年最初J. J. トムソンによって陰極線*として発見された．電子は次のように種々の効果によって自由電子として放出される：放電管の中では，ガス分子の電離，；加熱された金属フィラメント（➡ 熱電子放出），；光，紫外線，X線，ガンマ線を物質上に作用させること（➡ 光電効果），；金属の表面に強い電界の印加（➡ 電界放出），；光速の電子またはイオンによって表面の衝撃（➡ 二次電子放出）．

電子は，電界 E の存在するとき F_E の静電力を受ける．運動する電子は，磁界中においては，横方向の力 F_H を受ける．これらの値は，
$$F_E = Ee$$
$$F_H = ev \times B$$
である．ここで，B は磁束密度ベクトルで，速度ベクトル v と直角に作用する．これらの力は，電子ビームを集束*するときに利用される．電気力はまた，電子を加速する．

電子は物質と相互作用し，電子の速度とそこに含まれる物質の状態に依存した効果を生み出す．電子は弾性散乱を受けたり，偏向されたり，そのエネルギーを消費することにより局部加熱をしたりする．また非弾性散乱によって不連続なエネルギーを消費し，種々の効果を生む．：ガスについては励起，光放出あるいは電離などが発生する．；固体や液体では，X線，蛍光，二次電子放出のような効果が観察される．

電子ビームは電磁放射と同じように，波のような性質を有する．このときの波長 λ は
$$\lambda = \frac{h}{mv}$$
で与えられる．ここで h はプランクの定数であり，mv は電子の運動量である（⇒ ド-ブロイ波）．電子の反粒子は陽電子であり，正の電荷をもち，質量は電子と同じである．

電子咽喉造影 electrolaryngograph

同義語：エレクトログロットグラフ（electroglottograph）．

電子ガス electron gas

固体，液体または気体中の自由電子*群を気体（ガス）のように扱い，適当な物質中に溶けた実際の気体との比較考察を可能にする考え方．電子ガスは現実の気体とは全く異なるエネルギー分布則に従う．一般の気体分子はマクスウェル-ボルツマン統計によるが，電子ガスは

フェルミ-ディラック統計*に従う．電子ガスの比熱は限りなくゼロに近い値となる．

電子管 electron tube

真空に密封された状態または連続的に排気している真空容器内で2つの電極間に導電が生ずる能動素子．なお，真空容器内にはガスを封入することもある．高真空に引き上げた管はハードチューブといい，ガスを封入した管はソフトチューブという．ソフトチューブ内のガス原子密度はハードチューブの特性と比べ明らかに異なるくらいにガスが封入されていればよい．電子管の多くは2つ以上の電極をもつ．⇒真空管；熱電子管

電子管ダイオード valve diode

同義語：真空管ダイオード，二極真空管 (vacuum diode)．→熱電子管

電子記憶装置 electronic memory →電子メモリ

電子起電効果 electron voltaic effect

電子が光電池の光電陰極を叩いて電子放出を生ずる光起電効果*に類似の現象．低いエネルギーでは，電圧とともに急激に利得が増加するが，ある最大値に達した後は，利得は次第に減少する．

電磁気ひずみゲージ electromagnetic strain gauge

同義語：可変インダクタンスゲージ (variable inductance gauge)．→ひずみゲージ

電子結合エネルギー electron binding energy →電離ポテンシャル

電子顕微鏡 electron microscope

光学顕微鏡の分解能よりも高い倍率で観察するために電子線を用いる装置．透過型電子顕微鏡（TEM）では，電子線は電磁レンズ*または静電レンズ*によって集束され50〜100 kVのエネルギーをもつ（図a参照）．ある面の鮮明な像は，単一エネルギーの電子を使うことによって得られる．ビームのエネルギー損失を避けるために，試料は，50 nm程度に極めて薄くする必要がある．0.2〜0.5 nmの分解能が得られる．走査型電子顕微鏡は，低い分解能で倍率も低いが，深さ方向に対して良好な三次元像が得られる（図b参照）．

電子線を走査された試料は，表面構造や試料の特性に相関した二次電子がつくられる．これらの二次電子が電子検出器，シンチレータ*，光電子増倍管*によって変換され，高倍率の増幅器で信号が増幅され，CRTの電子ビームに結像される．分解能は，約10〜20 nmである．この他にも2つの型が開発されている．走査型透過電子顕微鏡（STEM）は，透過像が高分解能で得られる．走査トンネル顕微鏡（STM）や原子間力顕微鏡は，高分解能で，コンピュータでつくられた試料表面の等高線図が

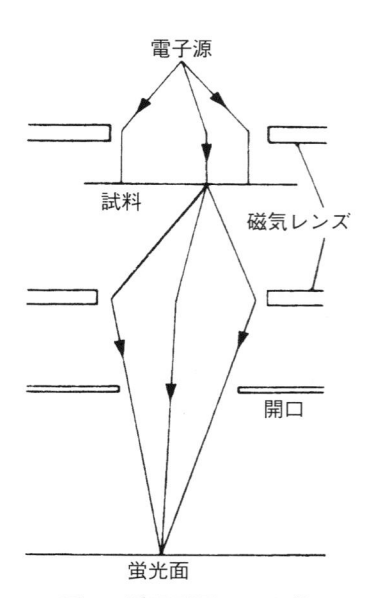

図a　透過型電子顕微鏡

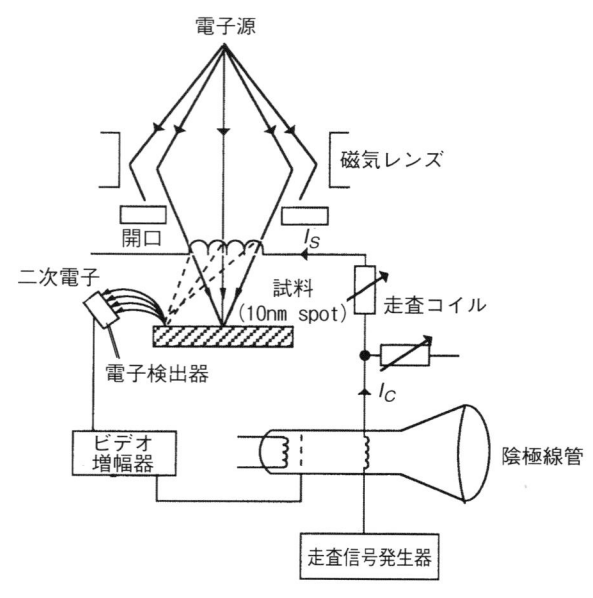

図b　走査型電子顕微鏡

得られる（→走査プローブ顕微鏡法）．TEMおよびSTEMでは，半導体*のような薄い結晶材料から通常の像ではない異なるパターンが現れる．これは，材料の結晶構造を解析するのに役立つ．⇒ 回折

電子工学 electronics

真空，ガスまたは半導体内の電気伝導に関する素子類の研究，設計，素子の利用に関する学問分野．電子*と正孔*は電子素子内の電荷キャリヤとして最も重要な要素であり，イオン*もその一部を演ずる．

電子光学 electron optics

真空や低ガス圧力下で電磁的または静電的影響を受ける電子線*の動作の研究する分野．屈折媒体を通過する光線に類似．印加電界は，電子線を集束*または焦点をぼかすために使われる電子レンズ*をつくる．

電子効率 electronic efficiency

目標周波数で，平均入力電力に対する発振器*あるいは増幅器*の負荷への出力電力の比．

電磁石 electromagnet

電流が流れたときだけ磁化される装置．ヘリカル巻線によって構成され，電流が電線に流れると，その周囲に磁界が発生する．通常，磁心としては強磁性体が用いられる．磁心*の設計は，磁束密度を決定する重要な要素である．磁界を発生させる巻線は磁気コイルと呼ばれる．また磁界を発生させる電流は磁界電流と呼ばれる．

電子銃 electron gun

電子ビームを発生する装置で，陰極線管*，電子顕微鏡*，線形加速器*など多くの装置の重要な部分を形成する．これらは全て，その動作のために電子ビームが必要である．電子の源は図に示す熱陰極*や電界放出*が用いられ，図の一連の加速器と収束電極は細い高速電子ビームをつくるために用いる．

電磁集束 electromagnetic focusing

同義語：磁場集束（magnetic focusing）．→ 集束

電子親和力 electron affinity

1．記号：A または E_a．単位：eV．電子が原子や分子に付着して負のイオンを形成するときに放出されるエネルギー．多くの原子や分子は積極的に電子親和力をもつ．すなわち，この負のイオン状態は中性の状態より安定である．

2．記号：χ．単位：eV．半導体の伝導帯の底のエネルギー E_c と真空レベルすなわち半導体の外にある自由空間エネルギーとのエネルギー差．⇒ 仕事関数

電子スイッチ electronic switch

スイッチとして使われるトランジスタ構成の電子素子．これらの素子は，例えばコンピュータの中で高速応答が要求されるところで使われる高速スイッチである．

電子正孔再結合 electron-hole recombination

同義語：バンド間再結合（band-to-band recombination）．→ 再結合過程

電子–正孔対 electron-hole pair

半導体の価電子帯において電子が熱的に伝導帯中に励起された際に，正孔が価電子帯中につくられる．伝導電子が価電子帯の空の準位（正孔）に戻る緩和過程はバンド間再結合となる（→ 再結合過程）．⇒ 半導体

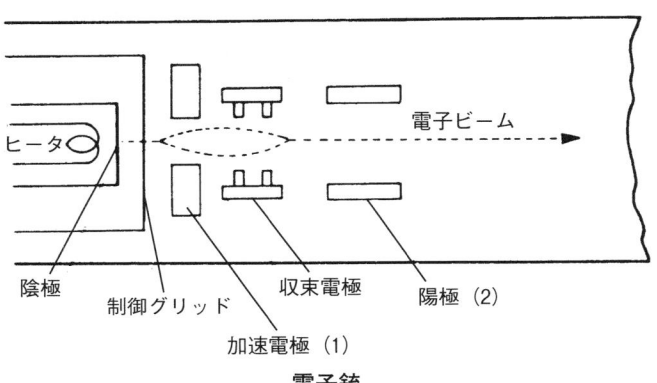

電子銃

電子増倍器

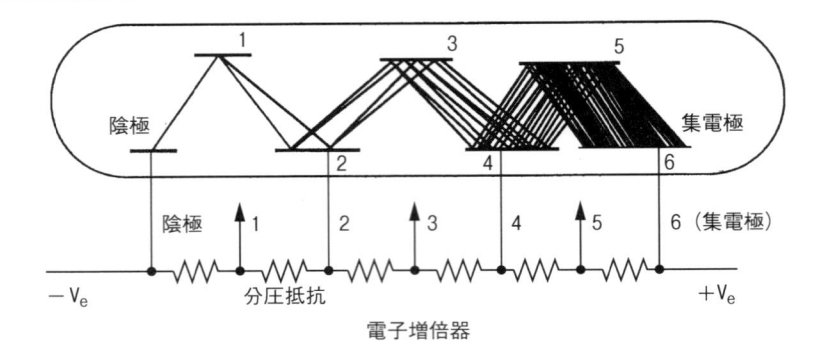

電磁制動 magnetic damping

計器のダンピング方法で，ダンパは金属羽根でつくられ，それが指針に接合され，磁界の中を動く．金属羽根の誘導電流はその動きを止める方向に働く．→ 電磁誘導

電子遷移形デバイス transferred-electron device (TED)

同義語：ガンダイオード．Gunn効果*により動作する負性抵抗マイクロ波発振デバイス．ダイオードで，低抵抗 n 形ガリウムヒ素でつくられ，高電界を印加するとコヒーレントなマイクロ波発振をする．このデバイスの最も基本的な動作は移行時間モード (transmit time mode) であり，発振の出力周波数は，高エネルギーで低移動度のキャリヤのドメインが半導体中をドリフトして通過するのに要する時間によって決定される（→ Gunn効果）．このモードはいくつかの欠点をもっており，周波数が固定であることと，低効率であること．

遅延領域モードは，より効率的で有用な動作である．ダイオードは，発振周波数を決定する外部同調回路に接続される．ダイオードに加わる電界をラジオ周波数 (r.f.) でバイアスし，ラジオ周波数の電界周期中のプラスとなる期間だけ，しきい値以上となるようにする．ドメインはこのプラスの期間にのみ形成され，出力電流パルスは外部回路で決定される周波数を発生させる．

空間電荷制限 (LSA) モードは，移行時の周波数よりも高い周波数の出力を得る動作をする．外部同調回路で定まる高周波バイアスの周波数は高く，安定したドメインを形成するための時間は不足している．デバイス内の電界は，安定したドメインが存在しないので，動作サイクルのほとんどの箇所でしきい値を超えたままとなり，電子がダイオード内を進む間負性抵抗を示すことになる．

電子線回折 electron diffraction → 回折

電子増倍器 electron multiplier

二次電子放出の方法を用いて電流増幅を達成する電子管．一次電子は光電効果*などを使った陰極から放出する．その放出電子は最初の陽極に印加した高電位によって加速され，その後，二次電子をよく放出するダイノードと呼ばれる陽極群が，一次電子の衝突のたびに多くの二次電子を発生する．2番目の陽極そして次の陽極へと段々に正の高い電圧が（図参照）印加されているため，その電子群を次々と加速・増幅する．最後の陽極（これをコレクタという）には非常に高い電位がかかっており，大きな出力パルスを発生する．⇒ 光電子増倍管

電子素子技術連合評議会 Joint Electronic Device Engineering Council → JEDEC

電磁単位 electromagnetic units (emu)

略語：emu．→ CGS単位系

電磁適合性 electromagnetic compatibility (EMC)

電子システムが他の電子システムと適合することができる，あるいは，妨害*を受けにくいかどうか，また，妨害を生み出すかの程度を示す．このような妨害は一般に電磁妨害 (EMI) と呼ばれる．もし，妨害の周波数が電磁スペクトルの無線周波数帯にあるならば無線周波妨害 (RFI) と呼ばれる．

システムは他のシステムとかなりの点で電磁的に適合性がないかもしれない．伝導性/放射性エミッションはそのシステムが伝導性/放射性信号を意図せずに生成するときに生ずるといわれる．これらのエミッションは他のシステムの妨害となる．もし，システムのまわりにある

信号が伝導/放射によってシステムを移動し，システムを破損するならば，システムは電導性/放射性感受性で損害を受けたといわれる．一般に，伝導性妨害波はケーブルに添って伝搬する．一方，放射妨害波は発生源と被害者の間の空間を伝搬する．伝導性妨害波は（50MHz以下の）低周波数で重要であり，放射性妨害波は高周波で重要である．

システムが破損には至らない意図しない信号を受信するかもしれないことに注意することは重要である．この場合，システムはこの環境で電磁適合性がある．すなわち，故意に妨害を引き起こす信号を与えたときのみ破損が生ずるだけである．もし，システムが意図しない信号の存在の下でも破損しないならば，電磁妨害にイミュニティ（雑音余裕値）をもつといわれる．

一般に，システムの故障は意図しない信号がシステムに入り，システムの能動素子と相互作用して生ずる．これらの素子は普通，電流が一つの線路に沿って素子に流入し，もう一つの線路から流出する差動電流を伝搬する伝送線路の途中で相互作用する．理想的には，差動電流は伝送線路の各線路で大きさが等しく反対方向に流れる．実際には，伝送線路は幾何学的にも電気的にも厳密に平衡がとれているわけではなく，各線路に同じ大きさで同じ方向に流れる同相電流を生ずる．

伝送線路に沿った同相電流の存在は，差動電流に比べると比較的小さな電流にもかかわらず，線路が差動電流より同相電流のより効率的な放射体であるため，線路からの放射エネルギーをかなり増加させる．したがって，同相電流はシステムの放射性妨害をかなり強める．効率のよい放射体はエネルギーの効率のよい受信体であるので，差動電流に比べ同相電流は容易に伝送線路に誘起される．伝送線路が理想的でない性質は同相電流のエネルギーの一部を差動電流に変換し，終端装置に流れて故障を引き起こすかもしれない．

同相放射あるいは受信の影響を減らす方法は同相チョークを用いることである．同相チョークはフェライトビーズでつくられ，ケーブルを取り巻いておかれ，同相電流の流れを防ぐが伝送線路の通常の動作は保つ．

他の一般的な故障はシステムが静電放電（ESD）を受けたときである．この場合，電荷のバーストがシステムに移行し故障を引き起こす．一般的に，半導体素子の損傷によって回復不能となる．ESDの一般的な例は人間の接触で，バーストの間の最大電圧は10 kVに達する．電子部品を組立てたり取り換えるときには，ESDに対して保護することは特に重要である．この場合，リストストラップを付ける．これは一端が導電性の線で，取り扱う装置のアースに接地され，他の一端はよりよい電気的な接触をするように装置で作業をしている人の手首に巻かれる．これによって，人と装置が同電位となり，相対的に帯電することを防ぐことを保証する．

同様の故障は核爆発の影響による電磁パルスによって起こる．ここでエネルギーのパルスが放射され，システムに故障の大きなリスクをもつ大きな電流が誘起され，ESDの場合のように，システムの素子に回復不能の障害を起こす確率が高い．

ほとんどの国は電磁放射とイミュニティ（雑音余裕値）の許容レベルを明記した電気製品に対するEMC基準を作成している．これらは製品からの伝導性/放射性エミッションを決定するため，放射/電流の基準強度中に置くことによって製品のイミュニティ（雑音余裕値）を決定するために一連の試験を課している．放射基準の場合において，対数周期，バイコニカル，Bilogなどのアンテナが放射の生成/受信のために用いられる．伝導基準の場合，一般的に疑似電源回路網（LISN）が交流電源に直列に挿入され，電源ケーブルの電流が監視される．LISNはある周波数範囲で基準電源インピーダンスを与える．

電子デバイス electronic device

真空，ガスおよび半導体内を動く電子（またはイオン）の性質を利用したデバイス．

電磁天秤 electromagnetic balance ➡ コットン天秤

電子同調 electronic tuning

1．ある回路の制御信号を使って回路の動作周波数を変えること．例えば，発振器とフィルタを含む回路では，その回路の同調用制御入力の電圧を変えることで，その出力信号の周波数を変えることができる．2．（クライストロンの

場合）一方の回路内の電子ビームを用いて，もう一方の回路の動作周波数を変える．電子ビームの速度，強度または形態を変えることで，希望の周波数に変えることができる．

電子ニュース取材 electronic news gathering (ENG)

テレビスタジオの外の場面をフィルムではなくビデオテープ*に直に記録するテレビジョン*用の記録システム．可搬型のテレビカメラ*とビデオテープレコーダが使用される．主制御センタに記録を直接送る可搬型の送信機を備えていることも多い．

電磁波 electromagnetic wave ➡ 電磁放射

電磁パルス electromagnetic pulse ➡ 電磁適合性

電子ビーム electron beam

通常は熱陰極*などの単一電子ビーム源から放出される．電子ビーム内のある点の電子ビーム電圧とは，その点と電子放出表面との電位差の時間的な平均電圧をいう．電子ビーム直流抵抗とは電子ビーム電圧と電子ビームの直流電流の比である．⇒ 電子銃

電子ビーム直流抵抗 electron-beam d. c. resistance ➡ 電子ビーム

電子ビームデバイス electron-beam device

動作の本質的な部分で一または複数の電子線を使っているデバイス．いくつかの電極は電子線の形成，制御，方向づけを行う．偏向を受けた電子線は，陰極管*のような測定器の蛍光面に衝突する．⇒ 電子顕微鏡；クライストロン

電子ビーム電圧 electron-beam voltage ➡ 電子ビーム

電子ビーム誘起電流分析 electron-beam induced current analysis (EBIC)

半導体ウエハ内の結晶欠陥を検出する技術．この技術は，p-n接合，ショットキー障壁*，MOS*容量の存在を判定する．電子-正孔ペアの生成を導くために電子線が試料面を走査する．生成された電荷は，ダイオードによって集められ，結果として電流が検出される．電子-正孔対の生成や再結合に影響を与える欠陥や異質部分は，検出電流を左右する．電子線の走査に同期した陰極管*を用いるとその画面に，走査面の画像をつくる．EBICは，多くの走査形電子顕微鏡*に容易に付加できる．

電子ビームリソグラフィ（eビームリソグラフィ） electron-beam lithography (e-beam lithography)

レジスト*を露光する光の代わりにエネルギーをもった電子を利用するリソグラフィ*の方法．通常，ホトリソグラフィ*で用いられるホトマスクでパターンをつくる．また，半導体に直接パターンをつくることもできる—直接書き込み—．後者の応用はホトリソグラフィよりも電子ビームを用いた方が高分解能であるのでウエハ*へ小さな形をつくるためによく用いられる．特別なレジスト—eビームレジスト—が用いられる．これは普通，通常の光に反応せず，通常の明るさのもとで取り扱うことができる．ポジおよびネガのレジストが利用できる．ホトリソグラフィと違ってeビームリソグラフィではマスクが使われない．電子ビームはレジストを与えられたパターンに露光するためにコンピュータ制御で走査される．次の2つの走査法が用いられる．ラスタ走査では電子ビームが基板上を矩形パターンで前後に動き，ビームが適切にオン，オフされる．ベクトル走査ではコンピュータ制御のもと，電子ビームがパターンを直接描くように動く．走査法は要求される分解能とつくられるパターンの形によって選ばれる．2つの方法には異なった機械が必要である．直接書き込みに要求される極めて高い分解能のために，ウエハの非常に小さな部分のみしか一度に露光できない．1つの部分の露光の後，ウエハの他の部分は所定の位置に動かさねばならない．最終的な配置はウエハ上の配置マスクを利用して実行され，ビームで走査され検出器で監視される．

電磁偏向 electromagnetic deflection

同義語：磁気偏向（magnetic deflection）．電磁石*を利用して電子ビームを偏向する．最もよく使うのが陰極線管*であり，垂直偏向と水平偏向を2つの対の偏向コイルで行う．

電磁妨害 electromagnetic interference (EMI) ➡ 電磁適合性

電磁放射 electromagnetic radiation

電荷の加速とそれに伴う電磁界より生み出されるエネルギー．互いに直交する正弦波の電界と磁界が，運動の方向に互いに直交して伝搬する．マクスウェルの方程式*によれば，これら

の電磁界の瞬時値は，電荷密度と電流密度に関係する．この方程式では，電磁界は空間を光の速度で伝搬する電磁波として定義される．光速は記号 c で表示し，

$$2.99792458\times10^8 \text{ (m/s)}$$

の一定値である．

運動する荷電粒子が波のような性質（→ ド-ブロイ波）も有しているように，電磁放射は，波/粒子の二重性を有する．それは，光速 c，静止質量がゼロで運動する粒子（→ 光量子）の流れとして考えられる．反射，回折，干渉といった性質を説明するためには，波の運動で十分であるが，電磁波の粒子的性質に関連する事象，例えば放射と物質が相互作用するときに発生する光電効果*のような現象については量子論*によって説明されなければならない．

放射の特性は，波の周波数 ν に依存する．周波数と波長 λ，光速は

$$c=\nu\lambda$$

によって関係づけられ，光量子は周波数 ν によって

$$E=h\nu$$

のエネルギーを有する．ここで h はプランク定数*である．エネルギーは，量子*と呼ばれる不連続な量を吸収と放出によって，放射と物質の間で交換する．各量子のエネルギーは $h\nu$ である．可能な周波数の全範囲は，電磁スペクトルと定義される（付録の表10を参照）．電波*は最も低い周波数であり，順次，赤外線，光，紫外線，X 線*，最も高い周波数であるガンマ線*と続くことになる．

電子放出 electron emission

ある物質表面からの電子*放出．→ 放出

電子捕獲 electron capture → 再結合過程

電子ボルト electronvolt

記号：eV．電子が1Vの電位差を自由に通過したとき電子が得るエネルギーに相当するエネルギー単位

$$1\text{eV}=1.602177\times10^{-19}\text{joule}$$

この単位は主に原子物理，原子核物理そして粒子物理で用いられる．

電子マイクロプローブ分析器 electron microprobe

電子線の刺激に反応して材料から放出される X 線を使い，表面内部の半導体材料の組成を分析する装置．機器の操作は本質的に X 線検出器を付属した走査型電子顕微鏡*（SEM）と同類である．X 線検出器は汎用の SEM に据えつけられており，SEM の電子線は材料内の原子を励起する．エネルギー分散型分光器（EDS）は，明確な X 線検出器であり，同時に全波長を検出する．X 線よりオージェ（Auger）電子*をより放出するので，この方法は低原子数の原子の感度は低い．X 線蛍光法（XRF）は，類似の分析方法である．XRF は低感度であるが，X 線の集束不足のため横方向の分解能は低い．低原子数の元素は，X 線よりオージェ電子をより放出するので検出できない．

電子密度 electron density

1. 物質の単位質量当たりの電子数．2. 物質の単位体積当たりの電子数．→ キャリヤ濃度．3. 同義語：等価電子密度．電離気体中のイオン密度と電子とイオンの質量比との積．

電子メモリ（電子記憶装置） electronic memory

可動部分をもたず，読み書きが全て電子的に動作するメモリ*．初期の電子メモリはメモリセル中に真空管を用いていた．これらは，ずっと小型で安価なフェライト磁心*に置き換えられ，消費電力がたいへん少なくなった．その後フェライト磁心は，極めて高速で低消費電力の両方を兼ね備えた固体記憶装置*にその地位を奪われた．マイクロエレクトロニクス技術の発展は，大容量で物理的大きさが極小の半導体メモリの製造を可能にした．

電子メール electronic mail (e-mail or email)

コンピュータネットワークと電話システムを利用してメッセージを送受信する手段の1つ．中央コンピュータはメッセージ用の手形交換所のような役割を果たす．具体的には，電話線を使って他のコンピュータから接続され，メッセージを受信・保存したり，または，要求に応じて保存したメッセージを転送したりする．よく使用されている通信媒体は，インターネットである．

転写層 transfer layer → 多層レジスト

電磁誘導 electromagnetic induction, Lenz's law

導体を通過する磁界が変化すると導体中に発

生する電磁力．電磁気学の法則では次のように表現される．

（ⅰ）運動する導体が磁束を切断するとき，あるいは変化する磁束が導体を横切るときに導体を横切って誘導電磁力が生成される．

（ⅱ）ファラデー-ノイマンの法則（あるいはファラデーの法則）：導体が磁束 Φ を切断するとき，誘起起電力 V は，磁束の変化の割合（$d\Phi/dt$）に比例する．

（ⅲ）レンツの法則：誘起起電力の方向は，起電力を生み出す変化と反対の方向である．

$$V = -\frac{d\Phi}{dt}$$

回路中の電流が変化すれば，磁束は直接比例して変化し，逆起電力を引き起こす．これが自己インダクタンスであり，逆起電力は，

$$V = -\frac{LdI}{dt}$$

で与えられる．ここで I は電流であり，L は自己誘導係数で，自己インダクタンスとも呼ばれ，ヘンリーで測定される．

電流を変えたときに生ずる磁束の変化は，他の回路と結合し，起電力を生成する．これが相互インダクタンスである．

第2の回路に誘起される起電力は，

$$V_2 = -M\frac{dI_1}{dt}$$

で与えられる．ここで，M は相互誘導係数であり，単に相互インダクタンスと呼ばれ，ヘンリーで測定される．自己インダクタンス L_1 と L_2 をもつ2つの回路の理想的な相互インダクタンスでは，

$$M^2 = L_1 L_2$$

である．

電子レンズ　electron lens

磁界や電界によって電子線を集束する*ために使われるデバイス（→電磁レンズ；静電レンズ）．光学レンズに使われるものと類似の2つの型は電子顕微鏡のような装置に組み込むことができる．陰極線管やカメラ撮像管のような多くの電子線デバイスは，細く狭い線をつくりだすために電子レンズを使う．

電磁レンズ　electromagnetic lens

同義語：電磁レンズ（magnetic lens）．電子線を電磁気的に集束させるためのコイルを配置した構造からなる電子レンズ*．→集束．⇒静電レンズ

電信　telegraphy

書物または印刷物または固定画像のような文書類を伝送し，遠方でそれを再生する電気通信システム*を用いる通信．文書は電線または無線（無線電信）の手段により適当な符号で送られる．電信網は電信サービスを提供する局，設備，通信チャネルからなる完全なシステムである．テレックス*やファックス*は電信サービスの例である．電信は自動的にあるいは手動で達成される．同期システムは送信装置と受信装置が実質的に同一の周波数で動作し，所望の位相関係が保たれる．伝送は送信装置により経路に供給される直流による，あるいは変調された搬送波による．搬送波の変調には振幅変調，周波数変調，あるいはパルス符号変調が用いられる．副搬送波変調は電信信号により低い周波数の搬送波（副搬送波）が周波数変調されるもので無線電信で用いられる方法で，この被変調波は2番目の無線周波数のキャリヤを変調するために用いられる．

点接触　point contact

先のとがった金属線（猫のひげ線）と半導体*表面またはナノメータ寸法の先端部をもつ2つの金属線間の非オーミック接触．

点接触ダイオード　point-contact diode

鋭い先端をもつ細い電線と半導体間の点接触を用いて作製したダイオード整流器．点接触ダイオードの接点の面積は，小さいので，結果として小さい容量となる．そのためマイクロ波応用に用いられる．しかし，大きな広がり抵抗，大きな漏れ電流および低い逆方向降伏特性をもつ．この特性は，物理的特性の多大な変化（ウィスカー線の圧力，接合面の面積，結晶構造を含む）に支配されるため予測が難しい．

点接触トランジスタ　point-contact transistor

1947年に公開実験された最初のトランジスタ*をパッケージしたもので，これが後にバイポーラ接合トランジスタ*に発展していった．2つの点接触*エミッタとコレクタを近接してゲルマニウム結晶上にそれぞれ接触させる．結晶部分は金属円板にはんだ付けされており，そこがベース電極である．これらの要素は結晶を止めた金属円板と金属円筒を接合した容器の中

におさめられている．接地端子と点接触につながった複数のピン電極が容器から出ており，それらを外部ソケットに差し込めるようになっている．小信号電流をエミッタ電極から流入させると，点接触トランジスタのコレクタには増幅された電流が流れる．この電流を出力電圧に変換するために，エミッタ・ベース間の内部抵抗よりも大きな値の外部負荷抵抗をコレクタに接続する．これにより負荷抵抗の両端には入力電圧を増幅した大きな値の出力信号電圧が得られる．

伝送 transmission

ある指定された場所から他の場所へ電線，導波管，伝送路，無線通信路さらに必要ならば回路，素子，装置を介して電気信号の形で情報を伝送すること．

伝送 transmittance → シグナルフロー線図

伝送制御プロトコル transmission control protocol → TCP，TCP/IP

伝送線路 transmission line

1. 同義語：電力線（power line）．架線のような電線で，発電所あるいは変電所から他の発電所や変電所に電力を送電するために用いられる．2. 電気通信システム*において1点から他点へ電気信号を伝達し，2点間に連続した経路を構成するケーブル*あるいは導波管*．3. 同義語：フィーダ（feeder）．送信機あるいは受信機とアンテナを接続する導体で，これは実質的に非放射である．上述のどの伝送線路も，もし，その電気的なパラメータが長さに沿って一様に分布するならば，平坦あるいは均一であるといわれる．平衡線路は同じ形で単位長さ当たりの抵抗が等しい2つの導体からなる伝送線路で，それぞれの導体から接地や他の電気回路へのインピーダンスが等しい．特定の伝送線路の伝送特性はふつう周波数特性をもつ．また装荷がしばしば，与えられた周波数帯域内で伝送特性を改善するために用いられる．装荷は線路にインダクタンスを追加することである．コイル装荷ではインダクタンスコイル（装荷コイル）が一定の間隔で線路に直列に加えられる．連続装荷では連続層の磁性材料がそれぞれの導体に巻き付けられる．伝送線路の不連続点の存在は線路に沿って信号エネルギーの反射を引き起こす．そのような反射があると伝送線路に定在波*が現れる．反射がなく，したがって，定在波のない伝送線路は共振していない線路である．伝送線路から負荷*への最も効率のよい信号電力の移送は負荷が伝送線路と整合するとき，すなわち，負荷インピーダンス，Z_L が伝送線路の特性インピーダンス，Z_0 に等しいときに起こる．Z_0 は線路に定在波が存在しないとき伝送線路の任意の点で比 V/I で与えられる．V と I は線路の任意の点での複素電圧および複素電流である．

伝送線路行列法 transmission line matrix (TLM)

有限差分時間領域法*に似た波の伝搬を計算する方法．計算領域は小さな立体要素の集合に分割され，それぞれの要素はその点での電磁界および物質のパラメータについての情報をもっている．しかしながら，電磁界成分を直接計算する代わりに，伝送線路との類似により電磁界を電圧と電流に，物質のパラメータをコンデンサとインダクタンスに置き換えて利用する．伝送線路の三次元のネットワークがこれらのパラメータを用いてモデル化され，信号が印加され連続した微小時間ステップで伝搬される．計算が終わると電圧と電流は電磁界に戻される．

伝送損失 transmission loss

通信システムにおける任意の2点間を信号が伝達するときの電力の低減の程度をいう．送信源に近い地点1とそこからより遠い地点2のそれぞれの電力を P_1, P_2 としたとき，P_1/P_2 で与えられる．ある設計周波数における，与えられた伝搬路において，伝送損失は受信機に入力される電力と，送信機から出力される送信出力の比で与えられる．信号に対し利得*があるようなシステムでは，伝送利得は電力比 P_2/P_1 で与えられる．これは送信源から地点1より地点2のほうが遠いときに，これら2点間での電力の増幅の程度を示す．

転送長 transfer length → 接合

伝送モード transmission mode → モード

伝送利得 transmission gain → 伝送損失

伝送レベル transmission level

二線系では一般に送信端とするが，任意の参照点の電力と電気通信システム*の点における電力の比．

電束 electric flux

記号：Ψ；単位：クーロン．誘電体*中において，与えられた面積における負電荷による電気量．この量は電束密度 $\boldsymbol{D}$ と断面積 $\mathrm{d}\boldsymbol{S}$ とのスカラー積で与えられる．ガウスの定理*によれば，

$$\int \boldsymbol{D}\cdot\mathrm{d}\boldsymbol{S} = \int \rho_e \mathrm{d}\tau$$

ここで ρ_e は微小体積 $\mathrm{d}\tau$ 内の電荷密度である．電荷 q を取り囲む面積を通過する全電束は q に等しい．電束は誘電体の媒質の存在によっても変化しない．

電束密度 electric flux density　→ 変位

伝達アドミタンス transadmittance

入出力のどちらか1つ，または両方とも複素数であるとき，回路（回路網）の入力電圧に対する出力電流の比．

伝達アドミタンス増幅器 transadmittance amplifier

ある入力電圧に対して出力電流を供給する増幅器*．利得はジーメンス[S]で計測される．このタイプの増幅器は，高い入力インピーダンスと高い出力インピーダンスを有する．しばしば伝達コンダクタンス増幅器と呼ばれる．

伝達インピーダンス transimpedance

入出力の一方または両方が複素数であるとき，回路（網）の入力電流に対する出力電圧の比．

伝達インピーダンス増幅器 transimpedance amplifier

入力電流に対する出力電圧を増幅する増幅器*．利得はオームで測定される．この種の増幅器は低入力インピーダンス，低出力インピーダンスである．

伝達関数 transfer function

ネットワークあるいは回路の出力信号が対応する入力信号と振幅応答*と位相応答*の両方にいかに関係づけられるかを記述した関数．伝達関数はネットワークあるいは回路の動作を数学的な形式で定義したものである．

伝達コンダクタンス transconductance

記号：g_m．入出力がともに実数であるとき，回路（回路網）の入力電圧に対する出力電流の比．これはまたトランジスタの小信号利得でもある．

$$g_m = \partial I_{\mathrm{out}}/\partial V_{\mathrm{in}}$$

ここで電界効果トランジスタ*およびバイポーラトランジスタに対してそれぞれ，出力電流はドレイン電流またはコレクタ電流，入力電圧はゲート-ソース間電圧またはベース-エミッタ間電圧である．記号 g_m は伝達コンダクタンスに対する初期の用語，相互コンダクタンスに由来している．→ バイポーラ接合トランジスタ

伝達コンダクタンス増幅器 transconductance amplifier

電圧制御電流源（VCCS）．従属電源*の1つ．⇒ 伝達アドミタンス増幅器

伝達抵抗 transresistance

入出力信号が実数で表されるとき，入力電流に対する出力電圧の比．⇒ 従属電源

伝達定数 transfer constant

短縮語：映像伝達定数（image transfer constant）．

伝達特性 transfer characteristic

1. → 特性．2. 指定された条件のもとにおける，テレビ撮像管の輝度と出力電流の関係．

伝達パラメータ transfer parameter

回路網，増幅回路，変換器，素子の得られた伝達特性の各点における正接である．その点での伝達パラメータは電気的入力量の微小変化に対する電気的出力の微小変化である．使われるほとんどの共通伝達パラメータは入力電圧，V_{in}，に対する出力電流，I_{out}，である伝達特性，すなわち伝達コンダクタンス*である．伝達抵抗*は入力電流，I_{in}，に対する能動出力電圧，V_{out}，を示す特性に由来している．その他のパラメータ，例えば伝達インピーダンス*などは対応する伝達特性曲線から得られる．→ 特性

電池 cell

1. 電池．同義語：電解槽（electrolytic cell）．ボルタの電池．電解液の中に一対のプレート電極を置くことにより化学的手法によって電気を起こす素子．一次電池では化学反応は通常，非可逆的である．電流はプレートの1つの分解の結果として生ずる．二次電池は可逆的な化学反応が行われ，そこに電流を流すことによって充電される．化学反応速度およびその方向は外部電圧の大きさによって決まる．二次電池の電圧効率は充電期間中の印加電圧の平均値

に対する放電期間中に現れる電圧の比である．電池の内部抵抗は電池の中を電流が流れる際に生ずる抵抗である．もし開放時の起電力を E とし，電流が流れているときの電池間の電位差が U とすれば $U=ER/(R+r)$ によって与えられる．ここで，R は外部抵抗，r は内部抵抗である．電解液をゼリー状またはペースト状にしてこぼれることがないようにした携帯用電池は乾電池として知られている．液体状の電解液を使っている電池は湿電池といわれる．乾電池は懐中電灯，携帯ラジオなどに使われる．2. 非電気的なエネルギー源，特に光エネルギーから直接起電力を発生することのできるデバイス．例としては，太陽電池や光電池が含まれる．

電池 battery

2つ以上の電解槽*を接続し1つのユニットとして用いる直流電流源あるいは電圧源．浮動蓄電池は二次電池から形成され，放電回路と充電回路に同時に接続される．充電回路の電流は電池から放電回路の電荷の損失が平衡するように調整される．それゆえ一定の電荷が電池に維持される．浮動蓄電池はしばしば主電源の変動にもかかわらず放電回路に一定の起電力を供給するために用いられる．

乾電池は一度だけ放電することができる乾式セルでつくられた比較的小さな電池である．再充電可能な電池は多数回充放電ができる．

電池内部抵抗 cell internal resistance ➡ 電池（cell）

電着 electrodeposition

電界液中のイオンを堆積*すること．

伝導 conduction

物質それ自身が動くことなく，物質を通して電気（あるいは熱または振動）エネルギーが伝達すること．電気伝導の詳細は，金属では電子*の移動であり，ガスや固体ではイオン*移動の結果により生じる．⇒ 正孔伝導

電動機 motor

電気的エネルギーを機械的動きに変換する電気機械．この動作は巻線電流でつくられる磁界によるトルクによってなされる．交流（a.c.）電動機は交流電源で動作する．回転部は電機子または回転子，動かない巻線は固定子といわれる．直流電動機は直流電源で動作し，通常，整流子がある．これは必要なトルクを得るために電機子巻線の各部と電源をつなぐものである．⇒ 電磁誘導；誘導電動機；同期電動機

伝導性放射 conduced emissions ➡ 電磁適合性

伝導帯 conduction band

固体中における電子のエネルギーの帯であり，伝導帯中では電子は電界からの作用により自由に動くことができる．金属中の伝導帯は電子が占有した最も高いエネルギーの帯である．半導体*では，伝導帯は価電子帯よりもエネルギーが高く，空の準位のある帯である．➡ 価電子帯．⇒ エネルギー帯

伝導電子 conduction electrons

固体の伝導帯中に存在する電子．➡ エネルギー帯

伝導電流 conduction current ➡ 電流

電熱器 electrothermal instrument ➡ 熱計器

電波 radio

1. 無線で電気的信号を送受信する無線周波数範囲の周波数スペクトル（➡ 周波数帯域）の電波を使うことをいう．また，信号の送受信の過程を指すこともある．

普通は可聴周波数の情報を送る電気通信*システムに使う言葉である．通信チャネル，回路，あるいはラジオによって伝送される情報中継はラジオ通信またはラジオチャネル，ラジオ回路またはラジオ中継という言葉で示される．

2. 短縮語：無線周波数（radiofrequency）．無線周波数*範囲の電波をいう．またこの周波数範囲の遠隔通話，遠隔測定または電波天文学で情報の送受信に使われる装置をいう．

3. ➡ ラジオ受信機

電波暗室 anechoic chamber

音の反射のない無響室と等価な電磁気的な反射を生じない導電性の箱．電波暗室の中には試験される製品に沿ってアンテナが置かれ，その製品の電磁界に対する感受性*を決定することに使われる．電波暗室の壁，床，密閉部は全て反射を吸収する材料で覆われ，アンテナから被測定物へ直接放射されるエネルギーと干渉を生じない．電波暗室の働きは内部に置かれた電気機器から放射される高電磁界を外部へ漏れないようにする．準電波暗室は電波暗室と同じであ

るが導電性の床は電磁波を吸収する材料で被覆されていない．準電波暗室は製品からの電磁放射*を決定する自由空間*試験サイトと同様に使用される．準電波暗室は周囲からの信号の影響がないばかりでなく，試験に際し大きさの制限もないという利点がある．

電波干渉計 radio interferometer ➡ 電波望遠鏡

電波地平線 radio horizon ➡ ラジオホライゾン

電波天文学 radio astronomy
　天体ならびに天体事象について電波を使って研究すること．➡ 電波望遠鏡

電波の窓 radio window
　電離層*で反射されず，それを突き抜けてしまう範囲の無線周波数*．電波の窓は約300 GHzからおよそ15 MHz（およその波長範囲は1 mmから20 m）に範囲に広がっている．電離層の効果は100 MHzまでは影響が残るが，無線周波数が増えれば増えるほど効果は減少する．10 GHz以上の周波数では豪雨は伝搬に大きな影響を示す．
　高周波テレビ放送*は電波の窓以内に納めている．長距離のテレビ通信は反射板として通信衛星*が使われる．電波天文学*はまたこの周波数範囲に限定される．

電波望遠鏡 radio telescope
　電波天文学*で使われる望遠鏡で，地球から非常に離れた電波信号を記録し，測定する．これは1台あるいは複数の受信機*に給電線*でつながれたアンテナ*，またはアンテナシステムであり，そこでの信号は増幅され，コンピュータで解析される．アンテナは大皿形，リニアダイポールまたは八木アンテナ*が使われる．大皿形は一般にパラボラの金属反射板を使い，電波が大皿の中心上に焦点が結ばれるようになっている．焦点に集められた電波は受信機につながれている第二の給電アンテナに集められる．大皿は大気圏のいろいろな領域の点に向けられる．
　アンテナシステムは電波干渉計を形づくる．そこでは2つの離れたアンテナユニットから共通の受信機に信号が送られる．アンテナユニットは東西の線上に配置され，同じ方向に向けられる．その結果，地球の自転によって地球圏外の電波源がアンテナビームを通して移動することになる．アンテナユニットからの2つの同一信号は異なる経路行程をとることになる．それらを合成すると加えられた信号の振幅が周期的に受信機に干渉縞を出力する．干渉計は望遠鏡の分解能を改善し，識別をより鮮明にするために使われる．干渉縞を解析することにより電波源の構造を決定することができる．

伝搬係数 propagation coefficient
　同義語：伝搬定数（propagation constant）．伝送線路*上を伝わる正弦進行波を表す複素係数，記号：γ，Γが使われる．伝搬係数は無限長の一様な伝送線路において，その入力端にある周波数の正弦波電流を印加したとして定義される．定常状態で，この線上で単位長さだけ離れた2点における電流をそれぞれ I_1，I_2 とし，入力端に近いほうを I_1 とすると，ある周波数において

$$\gamma = \log_e\left(\frac{I_1}{I_2}\right)$$

となる．ここで I_1/I_2 は電流のベクトル比である．この γ は複素数で

$$\gamma = \alpha + j\beta$$

と書ける．ただし $j=\sqrt{-1}$ である．この実部 α は減衰定数*で，線路の単位長さ当たりのneper（ネーパ）で表される．これは線路の伝送損失を表している．虚部 β は単位長さ当たりの位相変化を表す定数である．すなわち I_1，I_2 の間の位相差*である．ゆえに

$$\frac{I_1}{I_2} = \exp(\alpha + \beta j) = \exp(\alpha) \cdot \exp(j\beta)$$

となる．振動の偏移が与えられた点で最大値 p_1 をとるならば，伝送線路上で x だけ離れた場所での値 p_2 は，

$$p_2 = p_1 \exp(-\alpha - j\beta)x$$

となる．無限長の伝送線路は物理的には存在しえないが，理論的には有限長の線路が特性インピーダンスで終端された状況と同様となる．➡ 影像伝達係数

伝搬損失 propagation loss
　吸収・散乱・拡散による電磁放射*ビームのエネルギー損失．

伝搬遅延 propagation delay
　電気信号があるポイントから他のポイントに伝わる時間．この概念はしばしばディジタル回

路に関連し，論理回路における情報の通過時間である．

伝搬定数 propagation constant ⟶ 伝搬係数

電離 ionization

中性の原子からイオン*がつくられる過程．イオンは電解質が溶剤に溶けるときに生ずる．電離放射線（X線，アルファ線，ベータ線，ガンマ線，高速電子など）の作用がガス中でイオンをつくるために必要である．

電離計数器 ionization counter ⟶ 電離箱

電離事象 ionizing event

イオンあるいはイオン群を生み出す物理的過程．ガス中を通過する荷電粒子のように，その過程中に含まれる因子は，電離因子と呼ばれる．

電離真空計 ionization gauge

非常に低い気体の圧力を測定するために用いられる圧力ゲージ．高真空三極熱電子管であり，ガスシステムに結合される（図参照）．陰極から放出された電子は加速されてグリッドに向かうが，陽極電位が負であるために陽極に達することができない．電極内に気体分子があれば，それらの分子はグリッドを通過する電子と電離衝突を起こし形成された正イオンは陽極に移動し，出力電流となる．この電流は存在する気体分子数の関数であり，気体圧力の関数である．

電離層 ionosphere

地球大気には地上50〜1000 kmにわたり高い密度のイオン集合体がある．電離層は電波を反射させたり減衰させ電波の伝搬を乱す．しかし，電離層と地球表面の反射によりおよそ30 MHzまでの周波数において長距離伝送を可能にする．

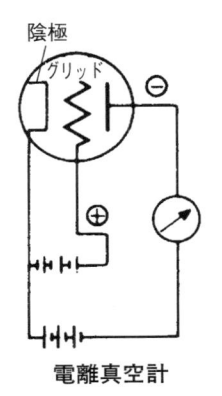

電離層は昼と夜，季節，高度により厚さが変化するいくつかの層または領域からなる．高度60〜90 kmにあるD層は比較的低い電子密度であり，低い周波数の電波を反射する．高度90〜120 kmにあるE層はD層より高い電子密度をもち，中波を反射させる．

最も高い層は日中150 km付近にあるF_1層と，300 km付近にあるF_2層である．これらの層は高密度の自由電子を有し短波を反射する．D層とE層は夜間は太陽光がなくイオンが再結合するため比較的不活性になる．F層は低密度なのでイオンの再結合は少ない．F_2層は常時，電波伝搬に用いられ，広い周波数帯で最も有用な領域である．よく知られているように最大のイオンを有するF層は電離層の最上部にある．

電波の窓*内にある波長が6 mm〜20 mの電波は電離層で反射されず突き抜ける．テレビジョン伝送*で用いる周波数はこの帯域にあり，長距離テレビ回線を達成するために通常静止軌道にある通信衛星*が必要である．電波観測は電波の窓内の波長に限られる．

電離層収束 ionospheric focusing

電離層の小規模あるいは大規模な屈曲で生じる収束効果により電界強度が増大する過程．電離層発散は電離層のある受信点の曲率の変化で生じる発散により電界強度が小さくなる．

電離層波 ionospheric wave

同義語：空間波（sky wave）．電離層により反射された電波．

電離層発散 ionospheric defocusing ⟶ 電離層収束

電離電流 ionization current

電界の影響で導電体中を動くイオン*による電流．

電離箱 ionization chamber

電離放射線を検出するために用いられる気体封入放電管*．非常に用途が広い放射線検出器で，放射線の広範囲のエネルギーおよび強度の検出および測定に用いることができる．電離箱は電圧が印加された2つの電極とガードリング*で定まる有効体積をもつ．気体が放射線のビームによって電離すると，印加電圧によりイオンは電極に移動する．適切な外部回路ととも

電離真空計

に，電離箱はアルファ粒子あるいはベータ粒子のような粒子を放射線粒子による電流パルスを計数する計数器－電離計数器－として用いることができる．しかしながら，最も一般的な応用は電離電流が生じ，その電流が電離放射線の強度に比例する連続測定装置としてである．装置の感度は有効体積に封入された気体の質量に比例し，装置の寸法は測定される放射線の強度に依存する．極めて大きな電離箱は背景放射線レベルの測定のためにつくられており，非常に小さな電離箱はＸ線あるいは電子の高出力ビームを校正するために用いられる．

電離放射線 ionizing radiation

エネルギーをもつ荷電粒子（電子，陽子，α線など）あるいは，エネルギーをもつ紫外線，Ｘ線もしくはγ線などの流れの放射線で，通過するとその媒質が電離もしくは励起される．

電離ポテンシャル ionization potential

同義語：電子結合エネルギー；放射ポテンシャル．記号：I；単位：eV．原子または分子から電子を無限遠へ移動させるために必要な最小エネルギー．当初は，電離ポテンシャルは電子が原子を電離するために必要な最小の電位（ポテンシャル）として定義され，Vで測定された．

原子または分子から離れる電子は，最外殻軌道にある．すなわち原子核と最も弱く結合した電子である．ある原子・分子はより強く結合している内側の電子を除去することによって電離することができる．その結果生ずるイオンは励起状態にある．最も弱い結合電子を取り除いた電離ポテンシャルは，第1電離ポテンシャル（I_1）と呼ばれる．これがイオンの基底状態である．次に弱く結合した電子を取り除いた電離はより大きな電離ポテンシャルを必要とし，第2（あるいは第3, etc.）電離ポテンシャル（I_2, I_3 etc.）と呼ばれる．

転流 commutation

電流を一方向から異なる方向に切り換えること．切り換えはしばしば周期的，自動的に行われる．

電流 current, electric current

記号：I，単位：A．電荷の流れ，定量的には，電荷の流れの割合．伝導電流は印加電界の影響で物質中の電子あるいはイオンの運動によ
り導体中を流れる電流．正味の電流は各電荷による成分の和である．⇒ 変位電流．一方向の電流は回路を常に同じ方向に流れる電流である．おおよそ一定の大きさで流れる一方向の電流は直流* である．⇒ 交流

電流安定器 current regulator ➡ レギュレータ

電流帰還 current feedback

同義語：直列帰還（series feedback）．➡ 帰還

電流計 ammeter

電流を測定する表示器．一般的な形には，可動コイル形*，可動鉄片形*，熱電対形*，熱線形* がある．ほとんどの電流計は分流形である．➡ 検流計．⇒ ディジタル電流計

電流継電器 current relay ➡ 継電器

電流源 current source

理想的には，二端子回路素子を流れる電流が一定で，その端子間の電圧に独立である．

電流磁気効果 galvanomagnetic effect

磁界中で電流が導体あるいは半導体を流れるときに生ずるいろいろな現象．この効果にはエッチングハウゼン効果*，ホール効果*，磁気抵抗*，ネルンスト効果* がある．

転流スイッチ commutation switch

自動的に開から閉に切り換えを繰り返すスイッチ*．パルス変調* によく用いられる．

電流制御電圧源 current-controlled voltage source（CCVS） ➡ 電源

電流制御電流源 current-controlled current source（CCCS） ➡ 従属電源

電流制限器 current limiter ➡ リミタ

電流増幅器 current amplifier

電流利得を提供する増幅器*．低入力インピーダンスと高出力インピーダンスを有する．⇒ 従属電源

電流増幅率 α alpha current factor

同義語：共通ベース電流伝達率（common-base forward-current transfer ratio）．

電流伝達率 current transfer ratio ➡ 共通ベース電流伝達率

電流天秤 current balance ➡ ケルビン天秤

電流の発熱効果 heating effect of a current

同義語：ジュール効果（Joule effect）．電流Iが抵抗Rの回路中を流れた場合，電流は電

位の高いところから低いところへと流れるために電気エネルギーが消費される．単位時間あたりのエネルギー消費は I^2R に等しい．これは I^2R 損失として知られる．そのエネルギーは熱として現れる．全電気エネルギーが熱量 Q に変換されると，

$$Q = I^2Rt$$

ここで，t は電流が流れた時間である．抵抗器表面からの放熱の速さと熱発生の速さがちょうど等しくなったときに定常状態に達するので，温度が際限なく増加することはない．

電流プローブ　current probe

電線あるいは電線の束に流れる同相モード電流の測定に用いられる装置．この装置は電線をクランプするフェライトコアと，そのコアに巻かれているコイルから構成される．アンペアの法則*によれば，コアを囲んで磁界が誘導される．また，ファラデーの法則によって磁界はコイルの周囲に起電力を誘起し（電磁誘導*）．この電圧が測定される．基準電流を使用して校正することによって，測定した電圧で，電線に流れる電流を計算することができる．

電流飽和　current saturation　➡ 飽和電流

電流密度　current density

記号：J，単位；A/m^2．電流が流れる媒質の断面積に対する電流の比に等しいベクトル量．媒質は導体あるいは放射ビームのいずれかである．電流密度はある点であるいは平均電流密度としてのいずれかで定義される．

電流モード回路　current-mode circuits

アナログ式またはディジタル式に信号処理を進める際に用いる方法．電流を用いて制御，操縦，スイッチングを行うことで電子工学による機能や処理が実行される．これは，電圧の制御を信号や情報の処理に用いた伝統的な回路方式とは正反対の方式である．例えば，論理レベルは伝統的に電圧値で表されており，これらは電圧モード回路である．

電流誘起磁気スイッチ　current-induced magnetic switching

磁気材料の磁化の方向は外部電流あるいは永久磁石*でつくられる逆方向の磁界によって通常反転される．電流誘起磁気スイッチにおいては磁化方向の反転と磁壁の移動は磁気材料を通り抜ける極性のある電流によって引き起こされる．これは自発磁化の原因となっている3d軌道電子と伝導4s軌道電子の間の相互作用が逆になる働きによる．電流誘起磁気スイッチは次世代磁気回路の基礎となると思われる磁気ワイヤの非線形電流-電圧特性をつくりあげている．

電流力計　electrodynamometer

固定コイル（電流コイル）と可動コイル（電位コイル）をもつ電気力学装置の1つで，この2つのコイルを直列につなぎ，電流を流すと電流の2乗に比例した振れが生ずる．これは電流測定または電圧測定の標準に使われる．

電力計*として使用する場合，固定コイル（電流コイル）は負荷を伴って電源と直列につなぎ，可動コイル（電位コイル）は高抵抗の非誘導性抵抗を経由して電源につなぐ．電流回路に結合したトランスを使うと，電力計は主電流回路から絶縁され，その結合量は電力量（W）に比例する．

電流力計型計器　electrodynamic instrument

可動コイルと固定コイルで構成したシステムに電流を流し，その磁界の相互作用でトルクを発生する装置．これらの装置は直流電流でも交流電流でも動作する．

電量計（クーロメータ）　coulometer　➡ クーロン計

電力　power

記号：P．単位：ワット（W）．エネルギーを消費または仕事をした度合．直流電流で動作する回路やデバイスの消費電力は VI の積である．ここで，V は負荷の両端子間の電位差［V］で，I は負荷に流れる電流［A］である．交流電流回路の消費電力は $VI\cos\phi$ であり，V および I は電圧または電流の実効値を表し，ϕ は電圧と電流の位相角*である．$\cos\phi$ はその回路やデバイスの力率*である．交流の皮相電力は VI の積で定義され，ボルト・アンペアの単位で表す．$VI\sin\phi$ は無効電力である．➡ 無効電力

電力制御　power control

基地局に近い人には遠くにいる人よりも少ない電力ですむように電力の供給法を制御することにより携帯ラジオの電池寿命を延ばす技術．

電力成分　power component

1．電流または電圧の電力寄与成分．➡ 有効電流；有効電圧．2．ボルト・アンペアの電力

寄与成分．→ 有効電圧・電流
電力線　power line　→ 伝送線路
電力増幅器　power amplifier　→ 増幅器
電力損　power loss　→ 電力効率
電力波　power waves

　分布定数回路と伝送線路で使われる信号の表現法．そのような回路やネットワークでは，電圧と電流は空間的にも変化する．したがってインピーダンスもまた測定する位置とともに変化する．そのような回路の中の信号の流れを理解し解析するには，信号は電力波として表現される必要があり，それは伝送線路の中に送り込まれる信号と反射される信号を記述する．特性インピーダンスが Z_0 で，負荷端での入力電圧と反射電圧が V_i, V_r である単純な伝送線回路が与えられていると，

入力電力は　$P_i = |V_i|^2/Z_0$
反射電力は　$P_r = |V_r|^2/Z_0$
負荷で消費される電力は
$$P_L = (|V_i|^2 - |V_r|^2)/Z_0$$
負荷の反射係数* Γ は
$$\Gamma = (Z_L - Z_0)/(Z_L + Z_0).$$
この回路を電力の流れの観点から眺めるとそのときは電源から供給される電力が
$$P_A = |a|^2$$
であり，負荷で消費される電力が
$$P_L = |a|^2 - |b|^2$$
であるならば $|b|^2$ は反射される電力または負荷で散乱される電力と考えられる．したがって次のことが導かれる．
$$a = \frac{(V + Z_0 I)}{(2\sqrt{Z_0})}, \quad b = \frac{(V - Z_0 I)}{(2\sqrt{Z_0})}$$
はそれぞれ入射電力波と反射電力波である．これらは $\sqrt{電力}$ の次元をもつ．⇒ 散乱パラメータ

電力半値点　half-power point
　特性曲線上で電力強度が最大値の 1/2 になる点．

電力半値幅　half-power beamwidth　→ ビーム幅

電力変圧器　power transformer　→ 変圧器

電力密度　power density
　同義語：ポインティングベクトル（Poynting vector）．記号：S．電磁波の電力密度は，波動が単位面積を通過するときに保有する電力を表す．波動の電界と磁界をベクトル量 E と H で表すと，その電力密度はそれらのベクトルの外積（ベクトル積）
$$S = E \times H$$
に等しく，これらは m^2 当たりの W で測定される．調波*（電界も磁界も調波）に対する平均電力密度 S_{av} は次式となる．
$$S_{av} = \frac{\mathcal{R}e(E \times H^*)}{2}$$
ここで $\mathcal{R}e$ は実数部を表し，H^* は磁界 H の複素共役を表す．

電力量計　watt-hour meter
　同義語：積算電力量計（integrating watt-meter）．ワット時またはより一般的にはキロワット時* として電気エネルギーを計測し記録する積算器．

電話　telephony
　音声やデータを送るために設計されている電気通信システム* による通信．完全な電話システムは主システムに接続されている 2 つのユーザ間の通信チャネルを確立するために回線，交換機，その他必要な装置を含む．2 点間の通信は電話回線に沿って行われる．特殊なアクセスポイントは船と陸の間の無線電話のように無線回線により主システムに接続される．⇒ セルラー移動通信

　電話機器は送信機，受信機そしてスイッチフックを含む相応の送受話器を含む装置の集合体である．電話システムに接続される電話機器が電話局である．公衆電話網にアクセスした 1 つが加入者である．電話局に相互に接続する私設交換機をもつ大きな組織がある．通常このような交換は同様に公衆電話システムに接続され，構内交換機として知られている．これは構内自動交換 PABX または構内手動交換 PMBX のどちらかである．

　公衆電話システムは電話チャネルの増設を容易にできる方法で体系化されている．電話は加入線端末，端末線の相互接続のために，あるいは幹線（長距離）に接続するための設備がある多数の交換局からなる．端末交換機は加入者に同様な方法で扱われており，中継局と呼ばれる高度の交換局を通してお互いに接続される．これらは 1 つの都市を個々にサービスするトルセンター次にグループセンターという方法により

接続され，そしてイギリス連合王国（UK）のような大きなゾーンセンターが経済的にサービスされる．通常接続は呼び出し局からの信号により動作する適当な交換網により自動的に行われる．主要ネットワークでは信号の損失を補うため増幅器を有する中継器システムが用いられる．

　電話システム内のポイント間の通信は被変調波により行われる．もし音声信号がないときに搬送波が抑圧されているならば，このシステムは搬送波休止電話である．音声電話*も用いられる．公衆電話システムでは音声電話は同一の交換機内で2本の線路と幹線システムに対してはキャリヤ電話が採用されている．多重化操作*は1つの線路に同時に数チャネルを許容する．

　また公衆電話は電子メール*，テレックス*，ファックス*のような電子データの伝送に利用される．データはパルス符号変調*を用いたディジタルで伝送される．現在電話システムは全ディジタルに取り替えられつつある．アナログからディジタルへの変換*はアナログ信号をディジタル形式に変換することが要求される．

電話機　telephone set　→電話
電話局　telephone station　→電話
電話線　telephone line　→電話

ト

問い合わせ信号　interrogating signal　→トランスポンダ
同一チャネル干渉　cochannel interference　→干渉
同一チャネル除去　cochannel rejection
　同義語：捕獲比（capture ratio）．受信機が受信チャネルと同一チャネルの不要波をどの程度除去できるかの尺度．一般的には2〜3 dB程度．
動インピーダンス　motional impedance
　同義語：駆動インピーダンス（driving impedance）；駆動点インピーダンス（driving-point impedance）．変換器*の運動により発生される起電力に関連した電気機械インピーダンスあるいは音響インピーダンスのことである．ある負荷条件下で測定された入力インピーダンスと制動インピーダンス*のベクトル差に等しい．
投影リソグラフィ（投射リソグラフィ）　projection lithography　→リソグラフィ
等化　equalization
　システムひずみを軽減するという意味は，ネットワークを導入して要求された周波数帯域にわたって特別なひずみを補償することである．例えば，低周波特性が不十分なスピーカシステムがあったとすると，その低域を増大させスピーカシステムを補償する．通信システムでは通信チャネルの周波数特性が最適な受信として許容するに十分な精度であるかまたは十分安定であるかは通常わからない．等化器として知られているフィルタはチャネルに受信機を整合させるために使用され，受信機の感度を最適化する．適応等化器は等化器の特性がチャネルの変化に適応するように動的に変化する等化器である．
等価エネルギー源　equal energy source
　エネルギー源の全周波数スペクトラムに分布している放射エネルギーに等しいエネルギー源のこと．

等価回路 equivalent circuit
　特定の条件のもとで，複雑な回路あるいは素子と同じ特性を示す簡単な回路素子の構成．これは複雑なシステムの振舞いを予測するために用いることができる．

等価回路モデル equivalent-circuit model
➡ トランジスタパラメータ；モデリング

透過型電子顕微鏡 transmission electron microscope　➡ 電子顕微鏡

等化器 equalizer
　等化*となるようにする回路網．

等価矩形帯域幅 equivalent rectangular bandwidth (ERB)
　同じ電力を通す矩形の周波数応答*をもつフィルタの帯域幅であり，与えられた中心周波数で音声フィルタと同じ応答の最大値をもつ．これは別名臨界帯域幅*として知られる．

等価抵抗 equivalent resistance
　回路中のある点で，回路中の小さな抵抗全体で消費される電力と同じ電力を消費する全抵抗*の値．

同期 sync
　略語：同期 (synchronous)；同期信号 (synchronizing signal)；同期性 (synchronism)．

同期化 clocking　➡ クロック

同期軌道 geosynchronous orbit, synchronous orbit
　同義語：静止軌道 (geostationary earth orbit)．

同期クロック synchronous clock
　基本周波数の関数であるモータ駆動速度の基本電気的クロックで電源によって制御される．

同期計 synchronometer
　周期的な変量について，所定の時間間隔中に発生する周波の数を数える装置．

同期ゲート synchronous gate
　同義語：クロック駆動ゲート (clocked gate)．出力が入力ゲート信号に同期したゲート*．同期信号は独立したクロックにより駆動されるのでゲートはあらかじめ決められた時間区間内で動作する．交互に変化する入力信号はトリガーとして使用され，ゲートは入力が存在するときにのみ動作する．

同期検波 coherent detection
　同義語：同期復調 (coherent demodulation)．➡ 変調

同期（式） synchronous
　同義語：同期式 (clocked)．クロックパルス（➡ クロック）により動作する，コンピュータ制御に関連する回路，装置，システムの全てを指す．順次的な事象はクロック周波数により決定される固定時刻ごとに発生する．⇒ 非同期（式）

同期式コンピュータ synchronous computer
　全ての動作タイミングが1つのクロック*により制御されているコンピュータ．このようなコンピュータのほとんどが定周期動作を採用している．定周期動作では，実行される各動作に対して事前に固定時間が割り当てられている．

同期性 synchronism
　周期的に変化する2変量で，位相*が同じものの関係．

同期タイミング synchronous timing　➡ 同期論理

同期通信衛星 synchronous communications satellite　➡ 通信衛星

同期伝送 synchronous transmission
　ディジタル通信*で，データの伝送に先立って通信リンクの両端で単一クロック源に対する同期が確立していなければならないデータ伝送をさす．⇒ 非同期伝送

同期電動機 synchronous motor
　交流電動機で，1つまたはそれ以上の磁極対数から成り立っている回転子が交流電流で固定子巻線を励磁してつくられる磁界によって回転する．この磁界は励磁電流の周波数 f，固定子巻線極対数 n で与えられる一定速度で回転する．➡ 電動機

同期発電機 synchronous generator　➡ 交流同期発電機

同期パルス synchronizing pulses　➡ テレビジョン

同期引き込み pulling
　電子的な発振器が他の独立な発振を含む回路と結合されたとき，発振器で観測される周波数の変化．発振器の周波数は独立な発振の周波数に変化しようとする；この傾向は周波数差が少ないとき特に著しくしばしば完全な同調が達成

される．引き込みは発振器の周波数を制御するために，水晶制御発振器などに用いられる（→ 圧電発振器）．

同期分離器 sync separator → テレビジョン

同期論理 synchronous logic

同期したタイミングで動作する論理システム．すなわち，全てのスイッチングのタイミングはクロックパルス*で制御される．前段の動作終了によって次段の動作や指示を行い，このことによって全てのスイッチング動作を行う論理システムを非同期システムと呼ぶ．同期論理は非同期論理に比べて動作速度が遅く，タイミングも微妙になるが回路は簡単になる．

動作抵抗 dynamic resistance

1. 正常に動作している状態での電子素子の抵抗．多くの素子は周波数で変化する抵抗を示す．2. → ダイナミックインピーダンス

動作点 operating point

トランジスタのような能動電子素子の特性曲線*上の点で，設計された動作条件が素子に与えられるときの電圧と電流の値を表す．

同軸共振器 coaxial resonator → 導波管

同軸ケーブル coaxial cable

複数の同軸円筒導体が絶縁体で隔離されているケーブル．最外部導体は普通は接地されている．同軸ケーブルは，テレビやラジオのような高周波信号を伝送するのによく使われている．これは同軸ケーブルの外部に，内部を伝送されている信号による電磁界が漏れ出さないことや，外部の電磁界に影響を受けない利点があるためである．同軸ケーブルの末端の接続には同軸コネクタが使われる．

同軸コネクタ coaxial terminal → 同軸ケーブル

同軸対 coaxial pair → 対

同時計数回路 coincidence circuit

2つあるいはそれ以上の入力端子をもつ回路で，各入力信号が同時に，または特定の時間内 Δt に入力されたときに，出力が発生する．この回路に電子カウンタをつけた装置は，同時に発生する事象を記録する物で，一致カウンタと呼ばれる．この装置を2つの放射検出器の出力に接続すれば，放射の方向を決定したり，宇宙線のシャワーを検知するために用いられる．⇒ 反同時回路

投射リソグラフィ projection lithography → リソグラフィ

動集束 dynamic focusing → カラー撮像管

透磁率 permeability

記号：μ；単位：H/m．媒質中の磁束密度 B と外部磁界 H との比．すなわち，

$$\mu = \frac{B}{H}$$

自由空間中の透磁率は μ_0 で表し，磁気定数と呼ばれる．SI単位系*では，$4\pi \times 10^{-7}$ H/m の値を有する．CGS*あるいはMKS*単位系のような他の単位系では，他の異なる値を有する．マクスウェルの方程式*を用いると，

$$\mu_0 \varepsilon_0 = \frac{1}{c^2}$$

であり，ここで ε_0 は自由空間中の誘電率，c は光速である．

比透磁率 μ_r は，同じ外部磁界中での媒質中の磁束密度と自由空間中の磁束密度*の比であり，すなわち，

$$\mu_r = \frac{\mu}{\mu_0}$$

ほとんどの物質で，μ_r は一定値である．反磁性物質は，1より小さい値である（→ 反磁性；常磁性）．強磁性体材料は，1よりかなり高い μ_r をもち，その値は，磁束密度に依存する．（→ 強磁性；磁気ヒステリシス）

増分透磁率は，微小交流磁界が大きな定常磁界に重畳されたときに測定された透磁率である．

透磁率計 permeameter

強磁性体の磁気特性，特にその透磁率を測定する計測器．

同相 in phase → 位相

同相除去 common-mode rejection (CMR)

差動増幅器*における，同相信号*を除去，抑制，またはゼロ設定する能力のこと．

同相信号 common-mode signal

直流もしくは交流電圧で，別々の信号に同時に現れる電圧のこと．

同相信号除去比 common-mode rejection ratio (CMRR)

差動モード利得 A_d の絶対値の，同相モード利得 A_{cm} の絶対値に対する比として定義され

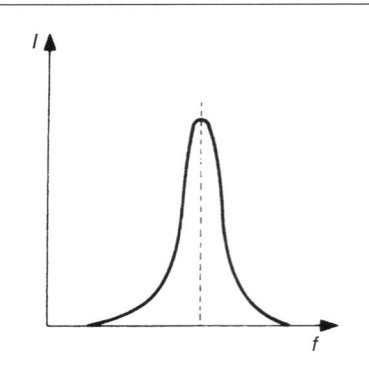

図a　同調増幅器の周波数応答

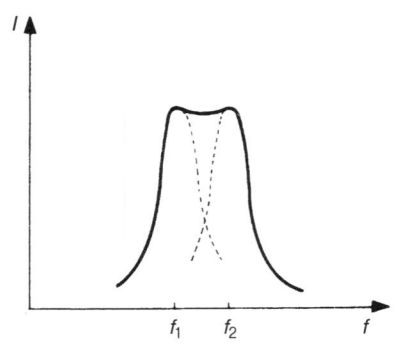

図b　スタガー同調増幅器の周波数応答

る差動増幅器*の性能指数．
$$CMRR=|A_d|/|A_{cm}|$$
CMRRの値は通常デシベル単位で与えられる．
$$CMRR=20\log_{10}(|A_d|/|A_{cm}|)$$

同相成分　in-phase component
1．(電流または電圧の) 有効電流*，有効電圧．2．(皮相電力の) 有効電力*．

同相チョーク　common-mode chokes　→ 電磁適合性

同相電流　common-mode currents　→ 電磁適合性

銅損　copper loss
同義語：I^2R損 (I^2R loss)．→ 電流の発熱効果

導体　conductor
電流を流す低い抵抗をもつ物質．電圧を印加すると比較的大きな電流*が流れる．

導体伝搬干渉 (伝導性妨害波)　conducted interference　→ 電磁適合性

導体伝搬干渉感受率 (伝導妨害感受率)　conducted susceptibility　→ 電磁適合性

同調　tuning　→ 同調回路；電子同調

同調回路　tuned circuit
回路の共振周波数*を可変して同調できる構造を有する共振回路*．強制振動の同調状態は変えられる．同調回路は音声周波数増幅器のようないろいろな周波数選択装置の同調周波数を選択するために用いられている．同調は容量 (容量同調)，インダクタンス (誘導同調)，またはその両方を調整することにより行われる．誘導同調は通常回路に組み込んでいるコイルに合うよう成形された柔軟な強磁性体片 (スラグ) の位置を変えることにより達成される (スラグ同調)．

同調増幅器　tuned amplifier
入力周波数が非常に狭い帯域で動作するよう設計された増幅器．代表的な特性曲線を図aに示す．特性はスタガー同調を用いることにより通過帯域で平坦な周波数特性を与えるために修正される．スタガー同調回路はわずかに異なる周波数 (f_1とf_2) に同調された2つ以上の増幅器*から構成される．全体の特性は通過帯域 (図b) 内では基本的に平坦であり，周波数応答の中央は
$$|f_1-f_2|/2$$
である．

同調ネジ　tuning screw　→ 導波管

動的感度　dynamic sensitivity　→ 光電管

動的記憶装置　dynamic memory　→ ダイナミックメモリ

動的時間伸縮 (DTW)　dynamic time warping
標準信号パターンを参照しながら，それに一番合致する信号を捜すため，その時間軸を絶えず非線形に伸縮する過程をいう．

動的　dynamic
電気的なパラメータが絶えず変化している電気素子，回路，あるいは装置を意味する．用語は交流で動作し，特に，著しい周波数依存をする素子に使われる．また，バラクタのような，動作条件で電気的な性質が変化する，すなわち，リアクタンスが印加電圧の関数であるような成分を表すために使われる．信号が再生することなくある期間減衰する素子や回路も動的であるという．ダイナミックメモリ*はこの形の

同電位陰極 unipotential cathode
　傍熱型の熱陰極*．
等電位線 equipotential line
　等電位すなわち等電圧の点を結ぶ線．電気力線に垂直である．
等電子数 isoelectronic
　原子の最外殻軌道に分布する電子数が等しい原子のグループを表す．これら原子の電気特性は類似している．
導電率 specific conductance
　同義語：昔の導電率を表す．
導電率 conductivity
　記号：σ，単位：S/m．物質にどれだけ容易に電流を流すことができるかを表す性質．導電率は電荷密度と粒子の移動度 μ の積である．
$$\sigma = ne\mu$$
ここで，電荷密度（ne）は電子あるいはホール（正孔）の数密度とそれぞれのキャリヤの電荷の積である．半導体では電子とホールの両方が全体としての導電率に関係する．導電率はまた物質中の電流密度 J と電界 E の比である．
$$\sigma = \frac{J}{E}$$
これはオームの法則*である．導電率は抵抗率*の逆数である．⇒ コンダクタンス
動特性 dynamic characteristic ➡ 特性
投入 injection
　一般的には電子回路やデバイスの中へ信号を投入すること．
導波管 waveguide, wave duct
　適当な断面をもつ中空の導体でできた伝送線路．その中空部は，ある誘電体材料で満たすことができ，長さ方向に非常に高い周波数の電磁波を導くことができる．伝送波は導波管の内壁に反射し，その結果として導波管内で構成された電磁界分布が電磁波動の伝送モード*となる．その伝送モードの位相と振幅は最適な伝搬定数*でいつでも求めることができる．
　ある与えられた伝送モードに対し，導波管を通過できる低い方の周波数には必ず限界がある．これを遮断周波数*といい，その波動の伝搬定数が，複素数から実数に変化する周波数に相当する．そのとき，その電磁波は指数関数的に減衰し，早々にゼロになる（遮断周波数より短い波長を使ってよく知られた減衰器*に使うことができる）．したがって，導波管は高域通過フィルタ*として動作する．損失のない理想的な導波管では遮断周波数より高い周波数において伝搬定数は純粋な虚数であり，全く減衰は起こらない．しかし，実際には多少の波動減衰が導波管内のエネルギー散逸によって生ずる．
　最も一般的な導波管の形状は図 a に示す矩形と円筒である．また，最も一般的な誘電体材料は空気である．円筒導波管は波動導管として知られ，誘電体の固形丸棒を内蔵する単一導体導波管がある．もし広い周波数帯域を伝送したいときは図 b に示すリッジ形導波管を用いる．導波管内にリッジ（尾根）を付けると特殊な伝送モードで広い範囲の周波数成分を伝送できるが，その減衰量は同じ寸法の矩形導波管より大きい．
　空洞共振器*やマイクロ波管*を使って導波管内に電磁波を励振することができる．電磁波はプローブマウント*を使ってマイクロ波発振器から最適な伝送エネルギーを希望する伝送モードで導波管に入力することができ，また同様なマウントを使って導波管内のエネルギーを引き出すこともできる．
　電磁エネルギーの供給には高周波の電圧が印加されたプローブを用いたり，高周波の電流が流れるコイルを使って行う．プローブやコイルの設定法は対象とする伝送モードの分布状態で異なるが，基本的にはその伝送モードの電界の向きと平行にプローブを置き，その磁界成分と垂直にコイルを置く．導波管内の電磁エネルギーを引き出すときも同様な方法を用いる．プローブは導波管内の電界分布を調べるときにも用いる．
　スロット導波管*には，導波管の長さ方向に電磁波が放射しない位置に一波長ほど溝が切り込まれており，その中にプローブ先端が入るようになっている．導波管内の電磁界分布はそのスロットの存在に影響し，同様に導波管の両端に付いた接合フランジも影響する．導波管のフランジやスロットは，その装置の分布容量に影響し，導波管内のエネルギー散逸にも影響する．導波管の任意の垂直断面内で反射波を生じ

図a　矩形導波管

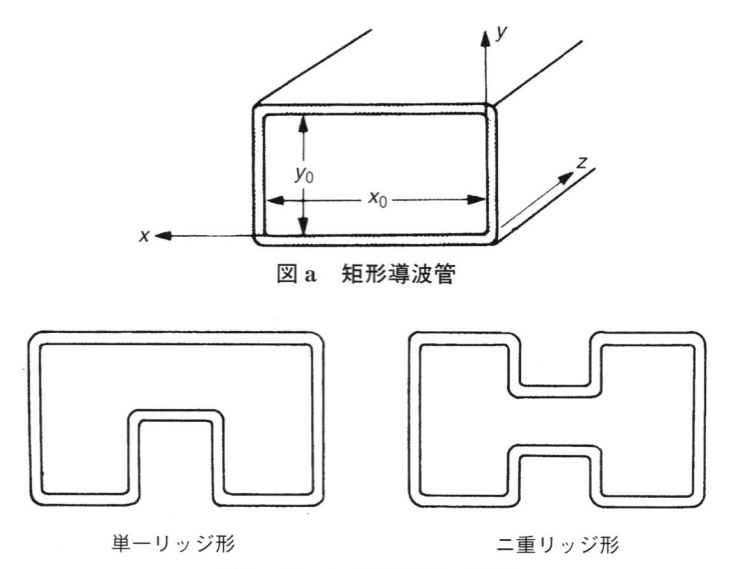

単一リッジ形　　　二重リッジ形

図b　リッジ形導波管の断面

ないようにするには，整合導波管を構成する必要がある．

導波管の屈曲は通常，管内の電磁波の反射が生じないよう滑らかに曲げる．Eベンドは，電界平面（偏向面）が導波管の軸に沿ってゆっくり曲がっていく接続用導波管で，Hベンドは，磁界平面（偏向面に垂直）が導波管の軸に沿ってゆっくり曲がっていく接続用導波管である．偏向面の向きを変えるときはローテータと呼ぶ結合部を用いる．矩形導波管では導波構造をツイストする（ねじる）ことで偏向面を回転させることができる．

導波管の中に適当な金属片または誘電体片を挿入することで電気エネルギーまたは磁気エネルギーを局部的に集中することができる．これらは本質的に集中インダクタンスまたは集中コンデンサとして働く．コンデンサ成分はネジで，インダクタンス成分はダイヤフラムや金属柱で構成する．同調ネジまたは導波管プランジャは導波管のインピーダンスを変化するのに使う．この素子は，導波管の別の部分のインピーダンスが若干異なった値をもつとき，インピーダンス整合をするのに必要である．異なったインピーダンスをもつ2つの導波管をインピーダンス整合して結合するとき，1/4波長管*のような適当な導波管変換器を用いる．伝送に際し不必要な周波数やモードを除去するときは導波管フィルタを用いる．アイリスは，誘導性ダイヤフラムと容量性ネジを導波管の中に加工して構成し，リアクタンスやサセプタンスまたは導波管フィルタとして用いる．

導波管は電磁波を伝送するとき広範囲に用いられる．電磁エネルギーは導波管の両端に短絡板を付けた空洞共振器*に蓄えることができる．同軸伝送線路の一区間に同様に短絡回路を付けて共振器として使うこともできる．導波管また同軸伝送線路の一区間の長さがhならば，共振は

$$h = n(\lambda_g/2)$$

の管内波長で生ずる．ここでnは整数値で，管内波長λ_gは

$$\lambda_g = \lambda[\varepsilon - (\lambda/\lambda_c)^2]^{1/2}$$

である．λは自由空間中の波長であり，λ_cは導波管の遮断波長，εは導波管内誘電体の比誘電率である．このように構成した共振器は導波管共振器または同軸共振器といわれる．

導波管共振器　waveguide resonator　→ 導波管

導波管プランジャ　waveguide plunger　→ 導波管

導波管変換器　waveguide transformer　→ 導波管

導波器　director
　短縮語：導波アンテナ（director antenna）．→ 指向性アンテナ

等方性　isotropic

物質や媒質の物理的性質を表し，例えば磁気透磁率が全ての方向に同じ値を示すことを表す．

等方性レーダ（等方性放射体） isotropic radiator

全方向に等しく放射するアンテナ*．これは通常1点の信号源により得られるが，実際には物理的に実現できない．しかし実際のアンテナの指向特性を説明するときに役に立つ．

等リプル equiripple (or equal ripple)

1. 通過域や阻止域を等しいリプルによって特徴づけられるフィルタの振幅応答*．2. 同義語：等リプルフィルタ．フィルタ応答に等リプルが許されるフィルタで，急峻なロールオフすなわち狭い遷移域となる．チェビシェフフィルタ*，逆チェビシェフ*，楕円フィルタ*は全て等リプル応答をもつ．

ドゥループ droop ➡ パルス

特性 characteristic

素子，回路または装置の動作を特徴づけている2種類の値の間の関係．その関係は，一般的にはトランジスタ*および二端子対回路*に関して最もよく調べられている．それらは，動作可能な範囲における印加電圧値に対して得られた電流値との関係をグラフ（特性曲線）に全て記載して描かれる．

電極特性は，素子の電極のところにおける電流と電圧との関係を表し，例えば電界効果トランジスタ*のドレイン電流対ドレイン電圧として表される．伝達特性は，1つの電極における電流（または電圧）と他の1つの電極の電圧（または電流）との関係，例えばFETのドレイン電流対ゲート電圧の特性を示す．静特性は，例えばバイポーラ接合トランジスタ*におけるコレクタ電流対ベース電圧特性であり，全ての他の電圧を一定に保った，すなわち静的な状態のもとでの特性を表す．動特性は動的な状態のもとにおいて，ある電極から流れる電流と他の電極の電圧との関係を求めることである．
⇒ 伝達パラメータ

特性インピーダンス characteristic impedance ➡ 反復インピーダンス；伝送線路

特性曲線 characteristic curve ➡ 特性

トグルスイッチ toggle switch

2種の状態位置をもつスイッチ．例として，点灯または消灯を行う照明用スイッチはトグルスイッチである．

トークンリング token ring

LAN*（ローカルエリアネットワーク）の一種で，通信が1つのコンピュータから他のコンピュータへリング状に回って伝わる．アクセスはトークンと呼ばれるパケットにより制御される．トークンをもっているコンピュータのみがリングへ新しい通信を送ることが許される．

DOS

略語：ディスクオペレーティングシステム (disk operating system)．

ドーターボード daughter board ➡ マザーボード

途中で変更可能な open-ended

さらに段を増やしたり，部品を付け足したりしてすぐに規模を大きくすることのできる回路，システムあるいはプロセスを意味する．

ドットジェネレータ dot generator

受像管*のコンバーゼンスを調整するためにテレビ受信機とともに用いる試験用発生器．等間隔ドットや小正方形のパターンが黒の背景に生成される．動的焦点（➡ カラー受像管）は，静的画像がスクリーン上に現れるまで調整される．

ドット/インチ dots per inch (dpi)

ディスプレイ，画像キャプチャ，印刷物の画像の解像度を示す量．1インチ当たりのドット数が多いほど解像度がよい．プリンタの解像度は600 dpiが標準である．これはその画像が水平方向，垂直方向とも600 dpiであるということを意味する．

ドットマトリクス管 dot matrix tube ➡ カラー受像管

ドットマトリクスプリンタ dot matrix printer

テキストや画像を用紙やプラスチックフィルムにプリントする機器．その用紙やフィルムに接触しているインクリボンをピンで打撃してイメージを発生する．各ピンの打撃はその用紙やフィルム上に色つきドットをつくる．すなわち，ドットの組合せが文字や画像をつくる．このプリンタのヘッドは，例えば8本のピン配置からなり，8ドットまでのラインを発生させる．ドットがページにプリントされ，用紙や

フィルムが次行のために準備される．

突発的故障 catastrophic failure ➡ 故障

トップサイド電離層 topside ionosphere ➡ 電離層

トップダウン階層設計 top-down hierarchical design

システム設計の観点から，まず最初にシステム全体を考え，その後，システムを構成する主な部品に分解し，それらの細部に渡る階層的設計を行う方法．製品もしくはシステム全体の設計は細部の設計レベルに応じて常に見直される．

トップダウンナノ製造技術 top-down nanofabrication

マイクロエレクトロニクス工業で開発されたホトリソグラフィ*，電子ビームリソグラフィ*，集束イオンビームリソグラフィ*に基礎をおく作製法を用いたナノ製造技術*．ナノデバイス*，磁気記憶装置*，スピントロニクス*で要求される形状は，より大きな構造物の材料からエッチングや除去によって作り上げる．従来のプロセスで使われている成長，堆積，リソグラフィやエッチングを用いて作られる現行の最小寸法は，およそ10 nmである．ナノ-サイズ構造物の大量生産に対して，ナノインプリントリソグラフィ*が，強力なトップダウンナノ製造技術として出現している．

ドップラー効果 Doppler effect

波源と観測者が相対的に運動しているとき，電磁波（または音波）の波源周波数が見かけ上変化すること．観測された周波数 f は
$$f = f(c - v_0)/(c - v_s)$$
で与えられる．ただし，c は光速あるいは音速で，v_0 は観測者の速度，v_s は波源の速度である．ドップラー効果はドップラー航法に用いられ地表反射による移動体航法である．ドップラーレーダは移動物体と静止物体の識別に使われる．反射波の周波数変化の計測は移動物体の移動方向と速度の決定に使用される．

ドップラー航法 Doppler navigation ➡ ドップラー効果

ドップラーレーダ Doppler radar ➡ ドップラー効果；レーダ

ドナー donor

短縮語：ドナー不純物（donor impurity）． ➡ 半導体

ドーパント（添加不純物） dopant ➡ ドーピング

飛越し走査 interlaced scanning ➡ テレビジョン

ドーピング doping

n形またはp形を得るために，半導体*中に特定の不純物を添加すること．ドナー不純物はn形半導体をつくるために添加され，p形をつくるにはアクセプタ不純物を用いる．加えた不純物をドーパントという．ドーピングは拡散*またはイオン打ち込み法*などの処理技術によって実施される．

ドーピングプロファイル doping profile

同義語：不純物プロファイル（impurity profile）．半導体内部における多数キャリヤ濃度*の深さ方向の分布変化．➡ フィックの法則

ドーピング量 doping level

半導体において，目的とする特性を得るために必要とする不純物の添加量．低いドーピング量（p, n）では抵抗率の高い材料となる．高いドーピング量（p^+, n^+）により低抵抗率の材料となる．⇒ 半導体

ド-ブロイ波 de Broglie waves

運動粒子に伴う波動およびその粒子ビームが波動として回折*するときの振舞いを表す．その波長は
$$\lambda = h/mv$$
で，h はプランク定数，m と v は粒子の質量と速度である．

トムソン効果 Thomson effect

同義語：ケルビン効果（Kelvin effect）．➡ 熱電効果

トムソンブリッジ Thomson bridge ➡ ケルビンダブルブリッジ

ドメイン domain

1. ➡ 強磁性．2. ➡ Gunn効果．3. ➡ 時間領域；周波数領域

ドメインモード dominant mode ➡ モード

ド-モルガンの法則 de Morgan's laws

ブール代数で使われる2つの数学則である．次の式のように集合の否定で表されている式を個々の集合要素の否定で表す方法である．
$$\overline{A + B + C + D + \cdots} = \overline{A} \cdot \overline{B} \cdot \overline{C} \cdot \overline{D} \cdots$$
$$\overline{A \cdot B \cdot C \cdot D \cdots} = \overline{A} + \overline{B} + \overline{C} + \overline{D} + \cdots$$

ここで＋と・は演算子のORとANDを表し，水平バーは否定を表す．この法則はNANDゲートとNORゲート間の変換則を与える．→論理回路．また，論理設計者には正論理形式と負論理形式間の行き来を明確にする．

トライアック triac
短縮語：3電極交流スイッチ（triode a. c. switch）．→サイリスタ

ドライエッチング dry etching →エッチング

ドライジョイント dry joint
はんだ付け不良のことであり，残留する酸化被膜のために高抵抗になってしまうこと．

トラッキング tracking
1．トラッキング：ある装置（または電子回路）と別の適当に配置された装置に同じ刺激が与えられたときに，片方の装置の電気パラメータと，もう片方の装置の同じまたは異なるパラメータの所定の関係が，維持され続けること．特に，連結した2つの同調回路*における共振周波数*の差が一定である場合など，連動回路*における所定周波数の関係が維持されることをトラッキングと呼ぶ．
2．追跡：標的の位置が決定されている間中ずっと，標的にレーダや電波ビームを設定し続けること．
3．トラッキング劣化：誘電体や絶縁体が高い電界下にさらされたときに，その表面上に好ましくない導電路が形成されること．
4．トラッキング：（レコード再生機の）ピックアップ針*が，（回転する）レコードの溝の中に正確に存在し続けること．
5．トラッキング：（CDプレーヤーの）レーザのスポット光が，（回転する）CD*（コンパクトディスク）のトラックを正確に照射し続けること．

トラッキングジェネレータ tracking generator
スペクトラムアナライザ*の内部の掃引周波数局部発振器信号を追跡する掃引周波数出力（→時間基準）を提供する信号発生器．この発生器があると，スペクトラムアナライザを用いて二端子対回路の周波数応答*を計測することができる．トラッキングジェネレータは，周波数の掃引を同期させるために，局部発振器と同じ時間基準で駆動される．また，トラッキングジェネレータの出力周波数は，局部発振器の周波数から第一中間周波数の値分だけずれるよう設定されており，望ましい入力周波数を生成する．

トラック track
1．磁気テープや磁気ディスクなどの，コンピュータ内の読み取り装置にアクセス可能な，動く（駆動式）記憶媒体の一部．2．集積回路上の金属配線．

トラッピング再結合 trapping recombination →再結合過程

トラフィック強度 traffic intensity →ネットワークのトラフィック測定

トランク電話 trunk telephony →電話

トランクフィーダ（幹線） trunk feeder
同義語：相互接続フィーダ（interconnecting feeder）；相互接続（interconnector）；通信路（trunk）；主幹線（trunk main）．2つの発電所*，あるいは配電ネットワークに用いられる送配電線．

トランジスタ transistor
複数の電極をもつ半導体素子*で，特定の2つの電極間を流れる電流が，3番目の電極（制御電極）に加えられた電圧によって制御されたり変調されるデバイス．トランジスタという名前の起源は変換する抵抗という言葉から生まれたものであり，出力電極間の抵抗が入力回路によって制御される（変換される）からである．トランジスタは2種類に大きく分類される：バイポーラ接合トランジスタ（BJT）*と電界効果トランジスタ*である．
バイポーラトランジスタは，1947年ベル研究所のバーディーン，ブラッテン，ショックレイの3名によって発明された点接触トランジスタ*の発展したものである．BJTは，近接した2つのp-n接合*を背中合わせにし，デバイス内に3つの領域，エミッタ，ベース，コレクタ，を形成して構成されている．接合を通過する電子*と正孔*の両方の流れが電気的振舞いに寄与している．エミッタ-コレクタ間を流れる電流は，ベース-エミッタ間p-n接合に加わる電圧で制御される．
電界効果トランジスタの場合，ソース-ドレイン電極間のトランジスタ内に流れる電流は内

部電界で制御され，その内部電界は3番目の電極ゲートに加えられた電圧の関数となる．接合型電界効果トランジスタ*は，1952年ベル研究所のショックレイによって発明された．このデバイスの電流は，半導体バルク中のチャネルに沿って流れる．そのチャネルの断面積はゲートと半導体チャネルを形成する p-n 接合の逆バイアスによって生ずる空乏層*の幅で制御される．電流はゲート電界の影響の及ばないチャネル領域を流れる．

表面形電界効果トランジスタでは，電流はゲート電極とは絶縁体で分離された半導体表面に沿って流れる．このようなデバイスは MOSFET*のような，絶縁ゲート電界効果トランジスタ*（IGFET）として知られている．表面形電界効果トランジスタは，最初1930年代に提案された．しかし，デバイス技術が改良され表面欠陥密度が十分減少して，印加電圧で表面電位を制御することが可能となった1960年代になって初めて実験的に実現された．

トランジスタ-トランジスタ論理回路 transistor-transistor logic（TTL）

入力はマルチエミッタバイポーラ接合トランジスタ*に流入し，出力段は通常プッシュプル*構成である．高速集積化論理回路*のファミリー．ダイオード-トランジスタ論理回路*も同様の動作をするが，入力は多数のダイオード*を通して行われる．典型的な回路（3入力 NAND）を図 a に示す．入力電圧が全てハイ（H）ならば，入力トランジスタ T_1 のエミッタ-ベース接合は逆バイアスとなり，ベースを通った電流は順方向バイアスのコレクタを通り，位相反転動作のトランジスタ T_2 に流れ，T_2 はオンとなる．T_2 から T_4 へ流れる電流は T_4 をオンにする．T_3 は，ベース電流が分流してしまうためオフとなったままとなり，出力電圧はローとなる．入力の1つ以上がロー（L）である場合，T_1 のエミッタ-ベース接合は順方向となり，T_1 のベースからエミッタに電流が流れる．そのため T_2 に電流が流れなくなり，T_2 と T_4 はオフとなる．R_2 を通る電流は T_3 のベースに流れ込み，T_3 はオンとなり，出力電圧はハイとなる．入力状態が変化すると，トランジスタは2つの電圧レベルを駆動するので，出力電圧は急速に変化する．

動作速度を制限する最も重要な因子は，飽和した出力トランジスタ T_4 中の蓄積キャリヤによる遅れ時間によるものである．動作速度は，T_4 のベース-コレクタ間に低い順方向立上り電

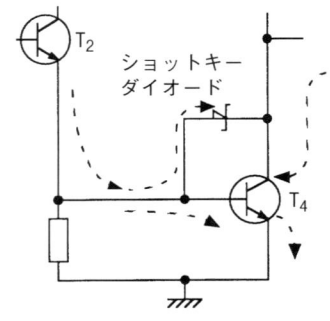

図 b　ショットキートランジスタ-
　　　トランジスタ論理回路

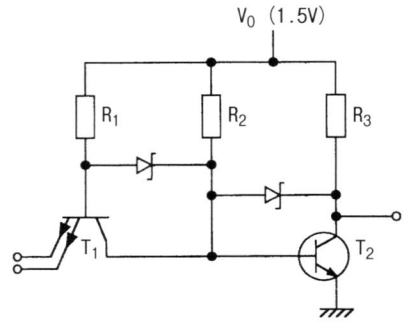

図 a　トランジスタ-トランジスタ論理回路
　　　3入力 NAND 回路

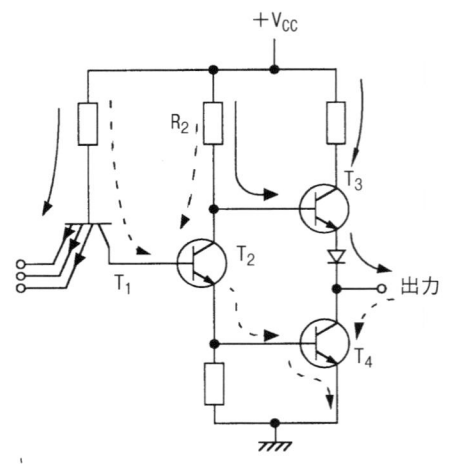

→ 入力電圧がすべてハイのときの電流の流れ
→ 入力電圧がすべてローのときの電流の流れ

図 c　低電圧トランジスタ-
　　　トランジスタ論理回路

圧特性をもつショットキーダイオード*を付加することにより改善される．この回路はショットキーTTLと呼ばれ，回路の一部を図bに示す．このダイオードはT_4の飽和を防いでいる．したがって，コレクタ-ベース接合にキャリヤの蓄積が起こらず，ショットキーダイオードにも起こらないので，T_4はベース電流が遮断されると急速にオフとなる．

　TTLはエミッタ結合論理*とともに，最も広く用いられている高速集積論理回路の1つであり，他の論理回路を判断するときの基準とされてきた．TTLはまた，消費電力とファンアウト*が中程度で，対雑音特性が優れているという特徴をもっている．TTL回路は速く動作することができるが，速い動作は電力を多く消費するので，消費電力は大きくなる．TTLは中規模集積回路（MSI）である．そのため，低消費電力や大規模な集積密度などが要求される応用には向いていない．大規模集積回路（LSI）に向いている簡略化された低電圧用のものが開発されている．そのような回路の一例が図cに示されている．ショットキーダイオードがT_1とT_2のベース-コレクタ電圧をクランプし，飽和の状態を制御している．R_2はゲートが電源電圧1.5Vあるいはそれ以下で動作するように付加した抵抗である．MOS論理回路*は，このような目的に用いられる回路であるが，もっと遅い動作速度である．CMOS回路は，とりわけ非常に低い消費電力であるから，TTLゲートのCMOS版がつくられている．I^2L*はMOSよりずっと高速が要求される応用で用いられている．

トランジスタパラメータ transistor parameters

　トランジスタ*の電気的特性は，印加電圧とそれによって流れる電流により半導体*内の電子*の動きに関係する数式で記述できる．これは，トランジスタ物理を理解する上で有用であるが，回路設計に対しては実用的ではない．トランジスタ動作の電気的なモデルは，簡単な回路解析や設計に利用することができる．これは，等価回路モデルであり，このモデルのパラメータ*がトランジスタパラメータである．

　簡単な回路解析での，等価回路は比較的単純である．一般的に，定常バイアス状態すなわち回路の動作点*を決める際の直流モデルと交流信号に対して回路動作を決定する小信号モデルに区分される．バイポーラ接合トランジスタ*のモデルは，エバース-モルモデルであり，直流モデル，ハイブリッドπモデル，小信号モデルがある（図a，b参照）．これらのモデルのトランジスタパラメータは，等価回路素子に対する値である．例えば，直流モードのエバース-モルモデルのパラメータは，p-n接合*におけるエミッタ-ベース，コレクタ-ベース接合の電流変換率である．ハイブリッドπモデルは抵抗とコンデンサの値および相互コンダクタンスである．

　小信号モデルは，トランジスタ動作（→ネットワーク）の二端子対解析で導かれる．例えば，エミッタ接地のバイポーラトランジスタに対するハイブリッドモデルでは入力抵抗h_{ie}，出力アドミタンスh_{oe}，順方向電流増幅率（出力端における電流源の増幅パラメータ）h_{fe}を得る．このハイブリッドパラメータは，古典的であり，バイポーラトランジスタのπパラメータと混同すべきではない．h_{fe}は，トランジスタデータ表にしばしば記述され順方向増幅率βと同一である．

　実用的デバイスでは，その等価回路モデルには，素子を内蔵するパッケージのモデルを回路要素として含めることができる．これは高周波動作するとき，そのパッケージがもつ容量やインダクタンスがトランジスタの全体的な電気的振る舞いに強い影響を与えるため重要なことである．回路解析や設計でCADが用いられるとき，洗練された等価回路モデルが使われ，手動より多くの計算が可能なコンピュータ利用に頼る．バイポーラトランジスタに対するSPICEモデルを図cに示す．関連のパラメータを記載する．

　これらのモデルには，精巧さの異なるレベルが含まれている．類似のモデルの試みが接合型FET*やMOSFET*でなされている．

トランシーバ transceiver

　受信機*と送信機*の両方を有する機器，回路，集積回路．

トランスバーサルフィルタ transversal filter

　同義語：有限インパルス応答フィルタ（FIR）．遅延線の長さに沿ってタップを出し，

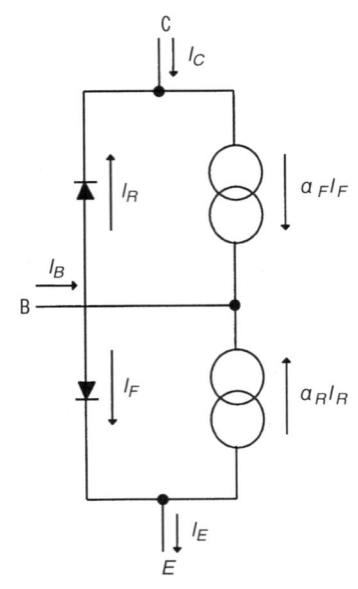

図a　バイポーラ接合トランジスタの
エバース-モル DC モデル

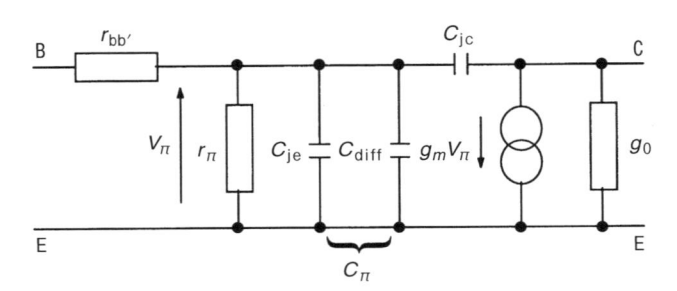

図b　バイポーラトランジスタのハイブリッド-π 小信号モデル

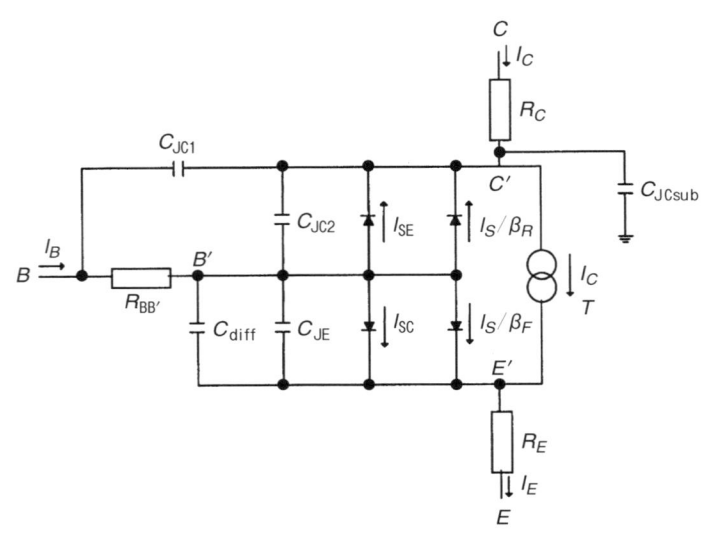

図c　バイポーラトランジスタの SPICE モデル

トランジスタパラメータ

モデルパラメータ		初期値	単位	領域
IS	飽和電流	1E・16	A	面積
BF	理想最大順方向電流増幅率	100		
NF	順方向電流理想係数	1		
VAF	順方向アーリ電圧	∞	V	
IKF	BF 高電流のロールオフ角	∞	A	面積
ISE	ベース-エミッタ漏れ飽和電流	0	A	面積
NE	ベース-エミッタ漏れ理想係数	1.5		
BR	理想最大逆方向電流増幅率	1		
NR	逆方向電流理想係数	1		
VAR	逆方向アーリ電圧	∞	V	
IKR	BR 高電流のロールオー角	∞	A	面積
ISC	ベース-コレクタ漏れ飽和電流	0	A	面積
NC	ベース-コレクタ漏れ理想係数	2		
RB	ゼロバイアス(最大)ベース抵抗	0	Ω	(面積)$^{-1}$
RBM	最小ベース抵抗	RB	Ω	(面積)$^{-1}$
RE	エミッタオーミック抵抗	0	Ω	(面積)$^{-1}$
RC	コレクタオーミック抵抗	0	Ω	(面積)$^{-1}$
CJE	ベース-エミッタゼロバイアス接合容量	0	F	面積
VJE	ベース-エミッタ固有電圧	0.75	V	
MJE	ベース-エミッタ pn ドーピング傾斜	0.33		
CJC	ベース-コレクタゼロバイアス接合容量	0	F	面積
VJC	ベース-コレクタ固有電圧	0.75	V	
MJC	ベース-コレクタ pn ドーピング傾斜	0.33		
XCJC	R_b に接続した C_{bc} の割合	1		
CJS	コレクタ-基板ゼロバイアス接合容量	0.	F	面積
VJS	コレクタ-基板固有電圧	0.75	V	
MJS	コレクタ-基板 pn ドーピング傾斜	0		
FC	順方向バイアス接合容量係数	0.5		
TF	順方向遷移時間	0	s	
TR	逆方向遷移時間	0	s	
EG	エネルギーバンドギャップ	1.11	eV	
KF	フリッカ雑音係数	0		
AF	フリッカ雑音指数	1		

その点の信号を抽出する遅延時間素子を直列接続した素子．抽出点の利得は場所に応じ異なる大きさをもつ．遅延され，抽出された信号は加算され，出力信号に供給される．伝達関数* はフィルタ特性を形成すべく図に示されるように仕立て上げられてゆく．トランスバーサルフィルタは電荷転送デバイス*である電荷結合素子*および表面弾性波構造をもつデバイスを使って具現化される．⇒ ディジタルフィルタ

トランスポンダ（中継器） transponder

あらかじめ決められたトリガ* が受信機により受信されると，自動的に信号を送る送信機と受信機の一体システム．このトリガは問い合わせ信号として知られているパルス*形式のものである．中継器から応答を起動するトリガレベルの最小振幅がトリガレベルである．

トランスミッションプライマリー transmission primary

カラーテレビジョンシステム*において，クロミナンス信号をつくるために使用される三原

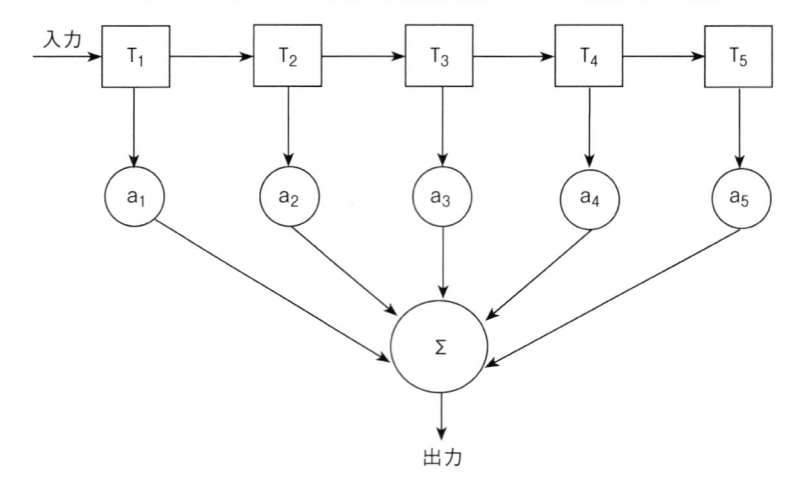

トランスバーサルフィルタ

色．赤，緑，青が選択される．

トリガ trigger

電子回路や素子を動作開始する任意の刺激（トリガ）．または，回路や素子内の初期化の動作．一般にはトリガが終了した後にトリガに対する応答が現れる．他の回路をトリガするために使われるフリップフロップやマルチバイブレータのような回路はトリガ回路として知られ，その出力信号はクロックパルス*のような波形のトリガパルスである．

トリニトロン Trinitron

（商標）➡ カラー受像管

ドリフト（変動） drift

1. 回路または装置の電気特性に現れる経時的な変動．ドリフトはウォームアップ中や素子の使用寿命が尽きる頃にしばしば発生する．安定化電源や基準電源では，時間に対する出力電圧の変動がドリフト率である．
2. ➡ ドリフト電流

ドリフト移動度 drift mobility

同義語：キャリヤ移動度（carrier mobility）．記号：μ．電界強度とキャリヤの平均ドリフト速度とを関係づける量である．ドリフト移動度は物質固有のパラメータであり，電子と正孔とは一般に同一の物質中にあっても異なる値の移動度をもつ．⇨ ドリフト電流

ドリフト空間 drift space

1. 電子管*の中で電界と磁界のない領域．2. ➡ クライストロン

ドリフト速度 drift velocity ➡ ドリフト電流

ドリフト電流 drift current

電界の作用によって金属または半導体*中のキャリヤ*が移動すること．それによるキャリヤの平均速度がドリフト速度 v であり，その値はドリフト移動度* μ をパラメータとして電界 E と比例関係になる．

$$v = \mu E$$

ドリフト電流密度 J は，キャリヤの電荷密度 n とその平均速度 v との積で表される．

$$J = nev = ne\mu E$$

上式はオームの法則*を表している．パラメータ $ne\mu$ は物質の導電率*である．

ドリフト率（変動率） drift rate ➡ ドリフト

ドリフト領域 drift region ➡ DMOS

トリプラ（周波数三倍器） tripler ➡ 周波数逓倍器

トリマ trimmer

同義語：トリマコンデンサ（trimming capacitor）．総電気容量を正確に調整するために大きな値のコンデンサに並列*に付けて微調整に使われる比較的小容量の可変コンデンサ．

ドルビーサラウンドサウンド Dolby surround sound

オリジナルのアナログドルビーフィルムサウンドフォーマットの消費者版．4チャネルの音響情報が，例えば，ビデオテープ，テレビ放送において好適な2つの音響トラックにコード化される．4チャネルは，前方の左，中央，右，

に加え背後のサラウンドチャネルから構成される．この2つのトラックは，音響環境を提供しながらオリジナルの4チャネルに戻される．主サウンドは前方左と前方右のチャネルから出る．ダイアログは中央の「ファントム」チャネルから出る．効果音などは聴き手の背後から出る．

ドルビーディジタル5.1　Dolby digital 5.1

DVD*やディジタルテレビ*などの民生仕様のための6チャンネルのディジタル音声符号化形式．チャンネルは前面の左・中央・右，そして低い周波数（フルチャンネルのおよそ1/10の帯域幅）の右サラウンド・左サラウンドの5チャンネルからなる．それゆえに'5.1'という．

ドルビープロロジック　Dolby pro logic

ドルビーサラウンドサウンド*のために復号器に追加のハードウェア素子をもつ性能が強化された復号器．より的確な効果を提供するためフィルムの音声トラックにある指示キューに特徴がある．加えて，さらに正確にダイアログを配置するためにセンターチャネルスピーカを要求する専用のセンターチャネルが引用される．

ドレイン　drain

電界効果トランジスタの1つの電極であり，ここからキャリヤは素子内部から回路に出ていく．

トレース　trace

陰極線管のスクリーン上に光点により描き出される画像．

トレース間隔　trace interval　➡ 描線間隔

トレーニング系列　training sequence

既知の通信チャネルを通じて受信機に送られる信号．受信機は，チャネルの現状の特性を測定するのに受信波形を使用することができ，イコライザ（等化器）の校正が可能となる．

トレランス（許容範囲）　tolerance

種々の部品や素子の電気的性能および物理的な大きさにおける最大許容誤差または許容される変化幅．

トレリスコード　trellis code　➡ ディジタル符号

ドロッパ　dropper　➡ 電圧降下抵抗器

トンネル効果　tunnel effect (or tunnelling)

1. 障壁を越えるに充分な運動エネルギーをもたない粒子が電位障壁を通過すること．この効果は，波動力学で説明される．それぞれの粒子は，関連する波動関数をもち，これは，ある点での粒子の観測可能性を示唆する．粒子が障壁に近づくと波動関数は障壁の内部へ広がる．障壁は無限の厚さではなく，粒子が障壁の他端に現れる可能性を与える．障壁の厚さが薄ければトンネルの可能性が増加する．トンネル効果は，電界放出*やトンネルダイオード*の原理である．⇨ 量子力学．

2. 他のプロトコルからのデータ内にそのプロトコルからのパケットをカプセル化すること．これは，2点間で通信できるようにするためのプロトコルである．

トンネルダイオード　tunnel diode

同義語：エサキダイオード．p-n接合の両側に極めて高い濃度の不純物をドープした，つまり縮退*するまでドープした，p-n接合ダイ

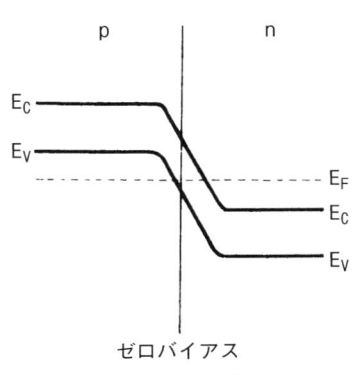

図a　トンネルダイオードのエネルギー帯図

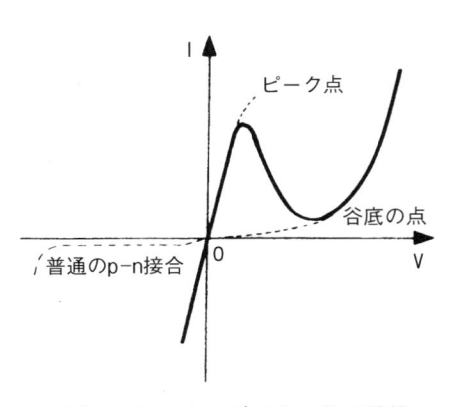

図b　トンネルダイオードの特性

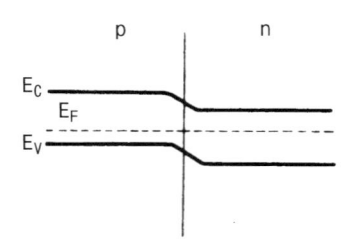

図c　バックワードダイオードの
エネルギー帯図

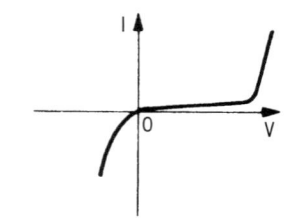

図d　バックワードダイオードの
特性

オード．ゼロバイアス電圧の場合のエネルギー帯を図aに示す．このように高いドーピング濃度では，順方向バイアス（p領域に正電圧を加える）で，電子が接合を通りぬけるトンネル現象（→トンネル効果）が起こる．正バイアスが増加すると，接合の電圧障壁の高さは減少し厚さは増加する．それゆえダイオードは特性の一部に負性抵抗を示すが，導通方向のトンネル効果の寄与する度合いは減少する形の特性曲線となる．トンネル効果が止まると電流は谷底の点，極小値に達し，この電圧からダイオードは普通のp-n接合ダイオードの特性となる．トンネル現象は，ツェナーダイオード*の逆方向*でも同じ挙動で発生するが，トンネル効果による実効的なツェナー降伏電圧は低い．典型的なトンネルダイオードの特性を図bに示す．

バックワードダイオードはトンネルダイオードと似ている．しかし不純物濃度がやや低く，半導体領域は縮退していない（図c）．トンネル効果は小さな逆バイアスで簡単に起こるが，特性曲線から負性抵抗は消えている．逆方向の電流は順方向の電流より大きい（図d）．

バックワードダイオードは，普通のp領域が順方向となる正電圧がこのダイオードでは逆方向となり，極めて小さな信号の整流に用いられている．接合におけるキャリヤの蓄積*がないので，バックワードダイオードは応答速度が速く，マイクロ波の周波数で用いられる．非常に小さな電圧-電流特性の変化が，温度や照射によって起こる．残念なことに，トンネルダイオードやバックワードダイオードが必要とする高濃度のドーピングを期待通り製造することは困難である．

ナ

NICAM

略語：near instantaneously companded audio multiplex．BBCやITVで採用されているシステムで，音声を改良するディジタルステレオ音響を提供するためディジタルコードがテレビジョン信号に加えられている．その信号を受信するためには，テレビジョンやビデオカセットレコーダはNICAMデコーダを内蔵していなければならない．またステレオアンプやステレオ用スピーカも必要である．

ナイキスト周波数　Nyquist frequency　→ナイキスト速度

ナイキスト線図　Nyquist diagram

系の安定性の判別に使われる線図．これは系の開ループ伝達関数の周波数応答から閉ループにしたときの安定性を簡単な図式方法で決定するものである．

ナイキスト速度　Nyquist rate

アナログ信号の最大周波数（ナイキスト周波数）成分を復元できる最小のサンプリング速度．ナイキスト速度はナイキスト周波数の2倍に等しい．

ナイキスト点　Nyquist point　→利得余裕

ナイキストの雑音理論　Nyquist noise theorem

抵抗の熱雑音に関する定理であり，周波数幅Δf内の有能熱雑音電力Pは次のように表される．

$$P = kT\Delta f$$

ここで，kはボルツマン定数，Tは絶対温度

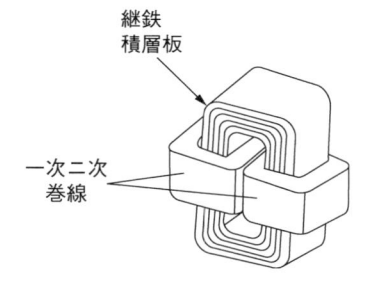

単相内鉄形変圧器の図（継鉄積層板、一次二次巻線）

である．

内蔵電界　built-in field

同義語：拡散電位（diffusion potential）．
→ p-n 接合

内鉄形変圧器　core-type transformer

鉄心*の大部分が巻線で取り囲まれている変圧器．鉄心は成層鉄心でつくられている．通常，継鉄は成層鉄心を積み重ねたものとなっている．この鉄心を取り囲むように巻線が設けられている（図参照）．巻線がつくられた後，成層鉄心が巻線の周りに挿入される．このように鉄心が形づくられる．⇒ 外鉄形変圧器

内部光電効果　internal photoelectric effect
→ 光導電

内部抵抗　internal resistance

記号：r，単位：オーム．電池，蓄電池，発電機に存在する小さな抵抗．それは次式で与えられる．

$$r = \frac{(E-V)}{I}$$

ここで，E は電池などによって発生される起電力，V は出力端子間の電位差，I は電流である．⇒ 電池（cell）

内部電極間容量　interelectrode capacitance

電子デバイスの特定の電極間（バイポーラトランジスタのベースとエミッタのような）の電気容量であり，デバイス内部に形成される小容量である．そのデバイスの動作は内部電極間容量の存在によって重大な影響を受ける．

内部配線　intraconnection

部品内の回路素子に不可分に関係した電気配線．⇒ 配線

流れ図（フローチャート）　flow chart

ある事象の順序を示すために，線で結合された特別な四角や図形を用いて図的に表現したもの．コンピュータに実行させる動作の流れを，プログラマが記述するのに使用する．

なだれ　avalanche

同義語：タウンゼントなだれ（Townsend avalanche）．蓄積的な電離過程である．すなわち，1個の粒子あるいは光量子が複数個のキャリヤを生成し，それらの1つ1つが順次加速電界から十分なエネルギーを得てさらに多数のキャリヤをつくり，それを繰り返す．このようにして多量の荷電粒子がはじめの出発活動からつくりだされる．その現象は，例を挙げると，なだれホトダイオード*およびIMPATTダイオード*の中で利用されている．

なだれ降伏　avalanche breakdown

半導体*中に起こる降伏現象*の一種．なだれ降伏は，加えられた電界の作用により，自由キャリヤの累積的な増倍により生じる．キャリヤの中のいくつかが，新たな電子・正孔対を自由にするのに必要十分なエネルギーを得ると，衝突電離*により，次々に新たな対を生成でき，すなわちなだれ*が発生する．

なだれ過程は，半導体に加えられた電界が臨界電界値に達した場合に起こる．臨界電界値は，与えられた半導体試料にちょうどなだれが発生した際の電位勾配であり，それは用いる材料による特有な値である．半導体に関しては，臨界電界値をつくるのに必要な印加電圧値—すなわち降伏電圧値—は試料のドーピング濃度*や厚みの関数になる．

なだれ降伏は，逆バイアス状態のp-n接合*で発生する降伏に認められる．p-n接合の降伏電圧は，接合のそれぞれの側のドーピング濃度，および接合部にできた空乏層*幅の関数になる．高濃度にドープした接合では，軽いドーピングの接合よりも低い降伏電圧となる．なだれへ発展するきっかけは，ほんの少量の逆方向飽和電流を運ぶキャリヤが元の原因となっている．

なだれホトダイオード　avalanche photodiode
→ ホトダイオード

NAK

略語：受容しないことを示す信号（Negative Acknowledgment）．⇒ ディジタル通信

ナノ　nano-

記号：n．10^{-9} を意味する単位の接頭記号で，1 nm は 10^{-9} m である．

ナノインプリントリソグラフィ nanoimprint lithography（NIL）

熱可塑性プラスチック材料内に前もってパターン化された型からnmスケール構造を特徴付けし，これらのパターンを半導体，金属，磁性材料に転写する方法．転移温度以上に加熱されたポリメチルメタクリレートのようなレジストは，その型によって形が整えられる．レジストが冷却された後，型が取り外され，ネガ像がレジストに転写される．パターン転写には，ウェットエッチング*，イオンミリングやドライエッチングが用いられる．ナノインプラントリソグラフィによって，10 nmの分解能が実現される．通常の電子線*リソグラフィと比較するとこの方法は大量合成に適している．

ナノエレクトロニクス nanoelectronics

1 μm より小さい大きさの要素やデバイスに起こるエレクトロニクスに関する現象．これらのデバイスや要素の多くは，微小サイズに起因する量子力学現象*によるものである．すなわち，大きな構造物では，観測されない電気的現象が起こる．→ 量子ドット；量子細線．⇒ ナノデバイス；ナノテクノロジー

ナノ製造技術 nanofabrication

通常100 nm以下のnmで計測される大きさの材料やデバイスの設計および製造技術．1 nmは10^{-9} mである．すなわち，mmの100万分の1である．ナノ製造技術には，ボトムアップ*方式とトップダウン*方式の2つがある．ボトムアップ方式でのnmスケール素子は，走査型プローブ顕微鏡*法を用いて原子を操作したり原子の自己集合特性によってつくる．トップダウンナノ製造技術は，光リソグラフィ*，電子線*リソグラフィ，集束イオンビーム*リソグラフィやナノインプリント*リソグラフィを含むリソグラフィ技術によってバルク材料からnm単位のデバイスをつくりだす方法である．ナノ製造技術の進歩は，超高集積，超高速マイクロプロセッサ，メモリチップや新しいナノデバイス*を生みだす．将来，個々のデータが単原子や単一スピンによって保存される量子コンピュータ*が開発される可能性は高い．ナノ製造技術は，医用工学，環境化学，宇宙工学の幅広い分野に応用される．

ナノテクノロジー nanotechnology

サブミクロン形状を必要とするナノ製造技術*の利用が量子効果デバイスやナノエレクトロニクス*の特性を得るために要求される．電子線*リソグラフィのような高分解能リソグラフィ*技術は半導体表面での明確な素子形状形成するために使われる．分子線エピタキシ*のようなエピタキシャル*成長技術は，原子層間の半導体組成を制御するために利用される．プラズマエッチングやイオンミリングのような高異方性ドライエッチング*技術は，精密に表面形状を切断するために使われる．

ナノデバイス nanodevice

100 nm よりも小さい電子デバイス（→ ナノ製造技術）．これらのデバイスの電気的，磁気的，光学的特性は，量子力学によって通常決定される．

ナノデバイスは単一分子や多種構成要素の複合体としてみなせる．例えば，カーボンナノチューブがあり，それは桁外れな抗張力と電気的導電性をもつ．将来のナノデバイスとしては，単電子トランジスタや量子コンピュータ*用のスピントロニクスデバイス*が含まれるであろう．

ナノマグネティックス nanomagnetism

ナノメートルサイズの磁性材料や磁性デバイスの研究．数nm厚さの磁性超薄膜，100 nm以下の幅の磁性ワイヤ，100 nm以下の直径の磁性ドットが主に含まれる．磁性ナノ構造の寸法が小さくなると，バルク材料の磁性異方性，磁性抵抗，磁化反転とは異なる．ナノマグネティックスは，新しい現象や磁気データの保存やナノテクノロジー*の工業的応用に対して研究されている．

鉛 lead

記号：Pb．重金属，原子番号82，主にスズのような他の金属と一緒に合金材料として使用し，半田や蓄電池の電極板に使われる．

波 wave

媒質あるいは空間を伝搬する，連続的または過渡的な周期的擾乱で，平均値からのずれが時間または位置あるいはその両方の関数になっている．媒質を構成する粒子の微少変位による音波，水の波，機械的な波．これら擾乱が通過した後，変位はゼロに戻る．電磁波（→ 電磁放

射）では，擾乱に相当する連動した磁界と電界の密度が変化するものであり，媒体は波の伝搬には必要ない．

周期的に変化する瞬時値を時間に対してプロットしたものは波形である．波形が正弦的であればひずみのない形として，また正弦的でなければひずんだ波形としてプロットされる．波面は変位全体の位相*が全て揃った仮想平面である．

波の振幅は相対的に平衡状態からの変位のピーク値あるいは任意点のレベル（普通は 0）からのピーク値である．波の振幅が次の周期で減衰*を受けると波は連続的に減衰する（⇒ 伝搬係数）．波長は伝搬方向に沿って位相が等しい 2 点間の距離である．波の速度を V，波長を λ，振動周期を f とすると $f = V/\lambda$ で与えられる．可視域や無線領域（⇒ 周波数帯域）といった特別な電磁のスペクトル領域を表すのに電磁波の周波数（または波長）が一般に使われる．長く鎖状につながった回路網*またはフィルタ*を交流電流が流れていく様子はあたかも波のようである．電子のような素粒子も波としての性質をもっている．⇒ ドップラー効果

NAND 回路またはゲート NAND circuit (or gate) ➔ 論理回路

二

二位相 PCM biphase PCM
同義語：マンチェスタ符号（Manchester code）．➔ パルス変調

ニクロム Nichrome
商標：ニッケル 62％，クロム 15％，鉄 23％の合金．この合金は，高抵抗で非常に高い温度で動作する．薄膜抵抗器や巻線抵抗器，加熱ヒータ線に利用されている．

二次イオン質量分析 secondary-ion mass spectroscopy（SIMS）
材料表面の不純物を検出するための材料表面分析法．イオンビームを用いて半導体の表面をスパッタリングし，その二次イオンを発生する．その二次イオンは静電界で加速され，質量分析器で分析される．イオンビームは細く保ち試料上を走査する．この走査をイオンマイクロプローブという．二次イオンの 90％以上は表面の 2 層の原子層から放出される．深さ方向の様子は表面から垂直にスパッタすることで得られるが，深さを増すとその測定精度は落ちる．このように SIMS は破壊分析技術である．

二次 X 線 secondary X-rays ➔ X 線

二次回路網 second-order network
2 つのエネルギー蓄積素子（例えば，コンデンサとインダクタンス）を含んでいる回路網*または回路*．これらの回路を 1 個の等価素子で構成することはできない．⇒ 一次回路網

二次降伏 second breakdown
バイポーラ接合トランジスタ*内の破局的な破壊降伏の形態．トランジスタの中の局部的な加熱は，真性キャリヤ濃度を増加し，それにより局部的に抵抗が低下することになる．このことは高い電流密度が流れることになり，さらに加熱の原因になる．電流の増大は急速になり半導体の溶解温度に到達し，トランジスタの破壊に至る．この現象は高いコレクタ電圧で起き，中程度のコレクタ電流でも発生する．この現象を電子なだれ降伏*と混同してはいけない．電子なだれ降伏は電圧誘起効果によって生じ，バ

イポーラトランジスタのもう1つの動作極限現象である．

二次電圧 secondary voltage
1. 変圧器*の二次巻き線（出力側）に現れる電圧．2. 二次電池の電圧．→ 電池（cell）

二次電子 secondary electron
二次電子放出*として材料から放出された電子．

二次電子放出 secondary emission
材料の表面から電子が二次放出すること．通常は高速の電子や正イオンを金属に衝突させて二次電子を得る．入射一次電子の全エネルギーが十分であると，入射粒子当たり複数の二次電子が放出する．二次電子放出率δは1個の入射粒子当たり放出する二次電子の数で表す．二次電子放出現象は主に電子増倍管*で利用される．

二次電子放出率 secondary-emission ratio → 二次電子放出

二次電池 secondary cell
同義語：蓄電池（accumulator）；蓄積電池（storage cell）．→ 電池（cell）

二次破壊（二次故障） secondary failure → 故障

二次標準 secondary standard
1. 一次標準の複製品で一次標準との相違が明確にわかっていること．2. 一次標準に関して正確に知られている量で単位として使う量．3. 一次標準の代わりに正確に校正された測定器具で他の装置の精密測定や校正に使える装置．⇒ 一次標準

二次フィルタ second-order filter → フィルタの次数

二次放射 secondary radiator
同義語：受動アンテナ（passive antenna）．→ 指向性アンテナ

二次巻線 secondary winding → 変圧器

二重拡散 double diffusion → 拡散

二次有効領域 secondary service area → 有効領域

二重振幅 double amplitude
同義語：ピークトゥピーク振幅（腹間振幅）（peak-to-peak amplitude）．→ 振幅

二重像 double image → ゴースト

二周波 FSK binary FSK → 周波数変調

二重ビーム陰極線管 double-beam cathode-ray tube → 陰極線管

二重変調 double modulation
2波の搬送波を含む変調．

二進化十進数 binary-coded decimal (BCD)
数字の表記法で，10進数の各桁の数字（0〜9）を4ビットの2進数で符号化したもの．4ビットが情報を表す最小単位となっている．例えば以下のように表記される．

$$4_{10} = 0100_{BCD},$$
$$10_{10} = 0001\ 0000_{BCD},$$
$$25_{10} = 0010\ 0110_{BCD}$$

二進計数回路 binary scaler → 計数器

2進小数点 binary point → 2進表現

2進信号 binary signal
どの特定の時刻においても，2つの離れた電圧水準のどちらか一方を示すディジタル信号．

2進表現 binary notation
2を基数とし，2つだけ（0と1）の数字をもつ数の表記法．2つの記号は論理回路*中では2つの電圧レベルのみで容易に表せるため，2進表現はコンピュータ*で用いられる．2進法の小数点は10進法における小数点と同様である．

例：$101.0101_2 = 2^2 + 2^0 + 2^{-2} + 2^{-4} = 5.3125_{10}$

2進符号 binary code
通報をある記号形式から別の記号形式へ変換するためのルールで，変換後の記号形式では各要素は2つの異なる状態や値，数のどちらか一方で表される．

二進論理回路 binary logic circuit → 論理回路

二線回路 two-wire circuit
互いに絶縁されている2本の導体からなっている回路で，遠距離通信システム*において，2点間を同じ周波数帯で二方式通信局に同時に通信できる回路．この回路は2つの導体で形成される重信回路*である．この回路は同じ方式で動作しているが，必ずしも二導体（導体群）のみで限られるものでなく，二線形回路と名づけられている．→ 遠距離通信システム．⇒ 伝送線路；四線式回線

二相系 two-phase system, quarter-phase system → 多相系

2層レジスト bilevel resist → 多層レベルレジスト

二端子対回路 two-port network

同義語：四端子回路 (four-terminal network)；四端子 (quadripole). 4つの端子すなわち一対の入力端子（入力は接続端子）と一対の出力端子のみをもつ回路．二端子対回路の動作は指定された周波数での回路端子におけるインピーダンスで表される．もし入力端子対と出力端子対とを反対にしたとき，電気的な特性が変化しないなら二端子対回路は対称であるといわれ，特性が異なるときは非対称であるといわれる．もし入力出力端子対を同時に入れ替えたとき，電気的特性が不変であるなら回路は平衡しているといい，そうでないときは不平衡であるといわれる．

減衰器*とフィルタ*でよく使われる回路構成は直並列になったインピーダンス列から成り立っている梯子形回路である（図a）．この回路は解析のために同じ特性インピーダンスをもっている等価区間に分割することができる．反射による負荷での電力損失を避けるため梯子形回路は区間の反復インピーダンス*に等しいインピーダンスで終端しなければならない．図aで示される梯子形フィルタは反復インピーダンス Z_T で終端されているT形回路（図b）が直列になっている回路として解析できる．同じ回路は反復インピーダンス Z_π で終端されねばならないが π 形回路が直列になっていると考えることができる．2つの回路を比較すればL形回路（図d）は Z_π から Z_T へのインピーダンス変換器として動作することがわかる．このようなL形回路は二端子対回路を負荷に整合させるために使われる．このことは回路構成を設計するとき，特に重要である．もし図bで示される梯子形回路で使われるインピーダンスが Z_1 と Z_2 であるとき

$$Z_T Z_\pi = Z_1 Z_2$$

である．一般に Z_1 と Z_2，したがって Z_T と Z_π は周波数に依存する．もし $Z_T Z_\pi$ が実質的に周波数に依存しないとすると回路は定数 R 回路である．梯子形回路のフィルタや減衰器を構成する要素のその他の回路は図e，f，g，h，iで示されるO形，H形，ブリッジT形，ブリッジH形，ツインT形回路である．→ 回路網；端子対

二端子対回路解析 two-port analysis → 回路網

二端子対回路パラメータ two-port parameters → 回路網

二値ASK binary ASK → 振幅変調

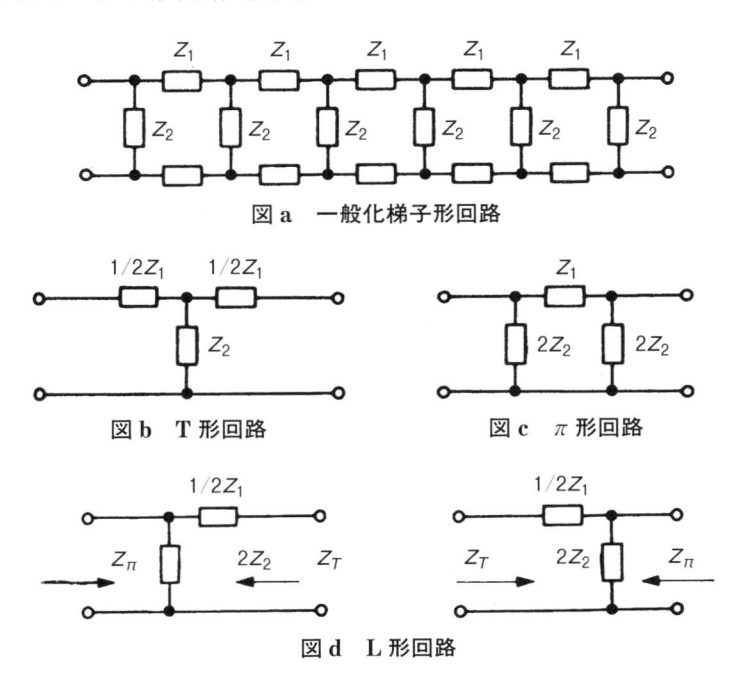

図a 一般化梯子形回路

図b T形回路

図c π形回路

図d L形回路

図e　O形回路

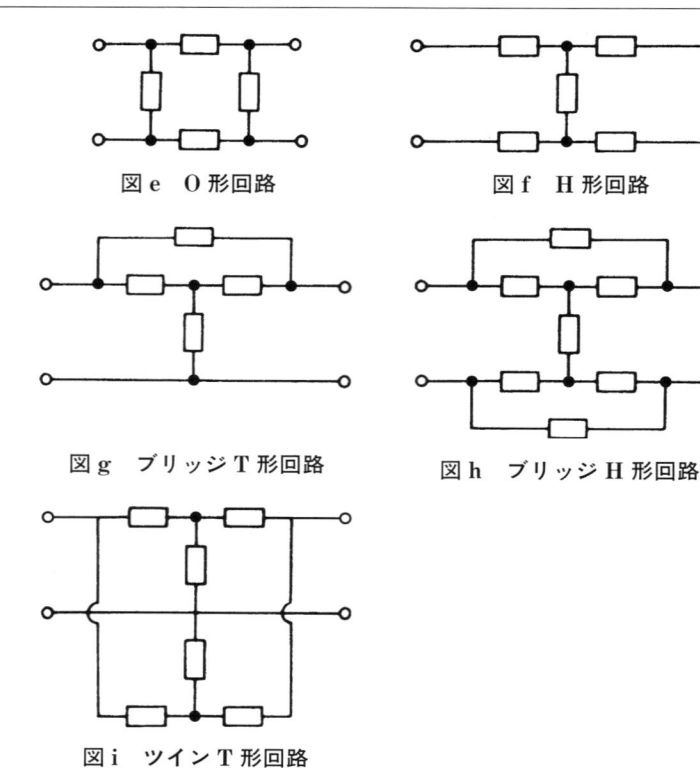

図f　H形回路

図g　ブリッジT形回路

図h　ブリッジH形回路

図i　ツインT形回路

ニッケル nickel
　記号：Ni．電子工学で広く用いられている原子番号28の金属．強磁性*を示すので，磁性体合金として利用される．導体としても使われる．

ニッケルカドミウム電池 nickel-cadmium cell
　二次電池で，正極が水酸化ニッケル，負極が水酸化カドミウム，電解質として水酸化カリウムを用いている．→電池（cell）

ニッケル鉄電池 nickel-iron cell, Ni-Fe cell
　二次電池で，正極が水酸化ニッケルと酸化ニッケル，負極が鉄，電解質として水酸化カリウムである．起電力は約1.2Vである．→電池（cell）

2の補数表現 two's-complement notation
　2進表現*での整数表記において，負の数を表すには，正の数として求めた2進数の各ビットの0を1に，1を0に置き換えたものに1を加える（桁上がりは無視する）．例えば4ビットで+3は0011_2，4ビットにおける-3の2の補数表記は1100+1=1101．

ニブル nibble
　4ビットの2進数．したがって，8ビットの2進数（1バイト）は2ニブルからなり，32ビットの2進数は8ニブルで構成される．

二本づり bifilar suspension
　復元力が主に重力によって生ずるように2本の糸や線，細長い一片で吊り下げられた可動部をもつ計器の構造形式．

二本巻き bifilar winding
　絶縁された2本の導線を並べて巻き，同じ電流が互いに逆方向に流れるように接続した巻線の方法．これにより生じる磁界が打ち消され，無視することができる．この方法は無誘導抵抗の巻き方に使われる．

入射電流 incident current
　同義語：初期電流（initial current）．→反射係数

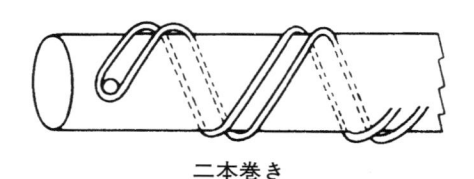

二本巻き

入力 input
1. 回路，素子，コンピュータ，機械あるいはプラントに加えられる信号あるいは駆動力．2. 信号が印加される端子．3. 信号あるいは駆動力を加えること．

入力インピーダンス input impedance
回路あるいは素子の入力に存在するインピーダンス*．

入力/出力 (I/O) input/output (I/O)
コンピュータ*内部の情報処理装置への，または，これらの装置からの情報の流れ．入力装置には，キーボードや，マウスなどのポインティングデバイス，スキャナ，磁気カードリーダ，音声認識装置などが含まれる．最も一般的な出力装置はプリンタと表示装置（ディスプレイ）である．磁気ディスク*や磁気テープ*は，データの記録や読込用の代表的な媒体である．ほとんどのI/O装置の重要な機能は，人により生成されたり理解されたりする記号，応答，音などと，処理装置の信号との変換である．

ニュートン newton
記号：N．力のSI単位*として1kgの質量に1m/s^{2}の加速度が加わったときの力で定義されている．

ニューラルネットワーク neural network
1. 観察から得られた生物の神経の構造と機能に基づいたモデリング技法で，通常コンピュータシステムの性能を模倣するために使用される．2. これを模擬するための電子的な回路．

II-VI族化合物半導体 II-VI compound semiconductor ➡ 化合物半導体

任意単位 arbitrary unit
1. kg*のように原器により定義される単位．2. 「計数」または「事例数」のような固有の単位で示せないものを相対量として示すために用いられる単位．

ヌ

ヌル（零） null
アンテナパターン*の利得*が低い領域．アンテナを良好に動作させるには，感度が零となる受信方向へ設置することを避けねばならない．

ネ

音色 timber
音程*，大きさ*，継続時間が同じでも2つの音の間に存在する明らかな違い．

ネオン neon
記号：Ne．希ガスで，原子番号が10，電離したとき赤い発光特性を示し，ネオンランプ*の封入ガスとして広く使われる．

ネオンランプ neon lamp
光源として低ガス圧ネオンのグロー放電を用いた小さなランプ（→ ガス放電管）．赤い光．ネオンランプはほとんど電力を消費しない．照明看板のためにはとても大きくつくることができ，表示器や電圧安定器用にはかなり小さくつくることができる．

ネガホトレジスト negative photoresist → ホトレジスト

猫のひげ cat's whisker
今は使われなくなった用語．→ 点接触

熱陰極 thermionic cathode, hot cathode
熱電子放出*現象が電子の発生源となる陰極*．直熱陰極はそれ自体が熱源として動作する．この陰極は線条（フィラメント）の形状をもち，ヒータ電流がそれに流れる．通常，陰極は陰極電位（ふつう接地電位）としても動作している．傍熱陰極は別のヒータをもっている．このヒータは陰極を取り巻くようになっているコイル状の電線で，それに電流が流される．陰極からの電子放出は，適切な材料の薄膜で陰極を覆うことにより増加する．被覆された陰極は通常，バリウム，ストロンチウム，カルシウムなどの酸化物で被覆されたプラチナやニッケルなどの筒からできている．この陰極は，金属表面の陰極よりも低い温度で動作する．

熱計器 thermal instrument
同義語：電熱計器（electrothermal instrument）．導体中における電流の発熱効果を利用した計測器．導体は熱線，バイメタル*，または熱電対*が使われる．

熱検出器 heat detector
熱電対のような温度感知素子であり，既設定の温度を上回る場合に警報を作動させる．例として，熱検出器は火災警報および盗難報知器に使用されている．

熱雑音 thermal noise
同義語：ジョンソン雑音（Johnson noise）．→ 雑音

熱接点 thermojunction
熱電対*の接点．

熱線形計器 hot-wire instrument
電流を流すことで細い線が熱によって伸長することを利用した測定器．基本的には電流計，伸長した分が測定できるように，線は固く固定されている．伸長度は線の温度上昇に比例する．すなわち，電流の2乗に比例することになる．それゆえ，この種の測定器は，DCまたはAC測定に応用される．非常に大きな抵抗を直列につなぐことによって電圧計として応用される．

熱線ゲージ hot-wire gauge → ピラニ真空計

熱線電流計 hot-wire ammeter → 熱線形計器

熱抵抗 thermal resistance
1．熱平衡状態において，2つの指定した点の間における，熱の流れに対する温度差の比．
2．半導体素子において，素子中の電力消費に対する，素子の中のある領域と周囲温度との間の温度差の比．素子の熱抵抗はその材料や形状に依存し，さらに素子の冷却に影響を与える．

熱的破壊 thermal breakdown
同義語：熱暴走（thermal runaway）．接合での温度上昇や消費電力の増大によって累積的な相互作用により過剰な自由電荷キャリヤの生成による逆バイアスp-n接合*の破壊*．温度が上昇するので，この効果はなだれ降伏*が起こる電圧を引き下げる．

熱電界放出 thermionic-field emission → ショットキーダイオード

熱電効果 thermoelectric effects
電気回路内に温度差があると発生する現象．
ゼーベック効果は，2本の異種金属の両端を接合し，その両端の温度を違えたとき，回路内に起電力が生ずることをいう．この回路は熱電

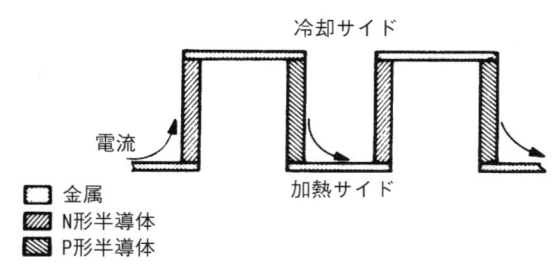

冷却サイド
電流
加熱サイド
□ 金属
▨ N形半導体
▨ P形半導体

ペルチェ素子

対*を構成する．一般的に，起電力 E は
$$E = a + b\theta + c\theta^2$$
となる．ここで，a, b そして c は定数で，θ は2カ所の接合間の温度差である．もし，温度の低い方を 0 °C に保つと，
$$E = \alpha T^2 + \beta T$$
となる．ここで，α と β は熱電対を構成する金属固有の定数で，T は高温側の接合温度である．α が小さいとき（多くの場合がそうであるように）中性温度 T_N（→ 熱電対）より低い温度において，その起電力 E は高温側の接合温度に直接比例する．

ペルチェ効果は，ゼーベック効果と逆の動作である．2つの異種金属または1つの金属と半導体でつくられた回路内に直流電流を流すと，一方の接合部は冷却し，もう一方の接合部は加熱する．この効果は可逆性をもち，その電流を逆転すると冷えた接合部は加熱し，熱い接合部は冷える．大きな温度差を発生したいときは金属-金属接合よりも金属-半導体接合を使う．金属-n形接合と金属-p形接合に同じ向きに電流を流した場合，温度差は逆の方向に生ずる．図に示すようにこのような接合部をたくさん用意し，ペルチェ素子を構成すると加熱または冷却素子として利用できる．

ケルビン効果は，単一金属の異なる領域間に温度差があると，それらの間に起電力が生ずる．同様に温度勾配をもつ電線に電流を流すと，電線の一方の領域から他の領域に熱の流れが生ずる．熱流の方向は使用した金属の特性に依存する．

熱電子 thermoelectron

熱電子放出*の結果として固体表面から放出された電子．

熱電子管 thermionic valve

同義語：真空管（vacuum tube）．電子の供給源として熱陰極*をもつような真空の多極電子管*．3以上の電極をもつ熱電子管は，電圧増幅ができる．2つの電極，通常では陽極と陰極の間の弁を通して流れる電流は，他の1つまたは複数の電極に印加される電圧により変えられる．熱電子管には整流作用がある．すなわち，陽極に正電位が加えられると電流は一方向にだけ（順方向に）流れる．

熱電子管の最も簡単な構成は整流器であり，整流回路で頻繁に使用されている．電子は，熱電子放出により陰極から放出される．外部印加電圧がない状態で，陰極から放出される電子は，空間電荷領域*を陰極の付近の真空部に形成し，放出されつつある電子と動的な平衡状態で存在する．順バイアスの正電位が陽極に印加されると，電子は陽極に引き付けられ，電流が流れる．流しうる最大電流，すなわち飽和電流*は，
$$I_{sat} = AT^2 \exp(-B/T)$$
で与えられる．ここで，A, B は定数で，T は陰極の絶対温度である．電流は，陽極電圧が増加しても飽和電流値までには急激に上がらない．電流は電極間に存在する電子の相互反発により制限される．これは，空間電荷に制限される特性領域で，電流は近似的にチャイルドの法則に従う．チャイルドの法則は
$$I = K V_a^{3/2}$$
である．ここで，V_a は陽極電位，K は素子の幾何学的な定数である．陰極の温度を上昇させても，特性曲線のこの領域の電流に与える影響はほとんどなく，温度飽和が起こるといわれている．電子の運動は，ヒータに流れる電流に関わる磁界の影響を受け，直線的な通過ではなくなる．この影響はマグネトロン効果で，飽和電流に達する際の遅れにつながる．

逆バイアス（→ 逆方向）の状況下では，陽極からの電界放出*またはアーク形成*が起こるのに真空管の電界が十分な大きさとなるまで真空管電流は流れない．したがって，素子の降伏*が起こる．単純なダイオードの特性（図a）が，p-n接合ダイオード*の特性（図b）と比較されている．素子が固体電子素子に相似であることがわかる．

ダイオード特性は，グリッド*と呼ばれる付加電極を間に入れることにより変更できる．グ

図a　真空管ダイオードの特性

図b　p-n接合ダイオードの特性

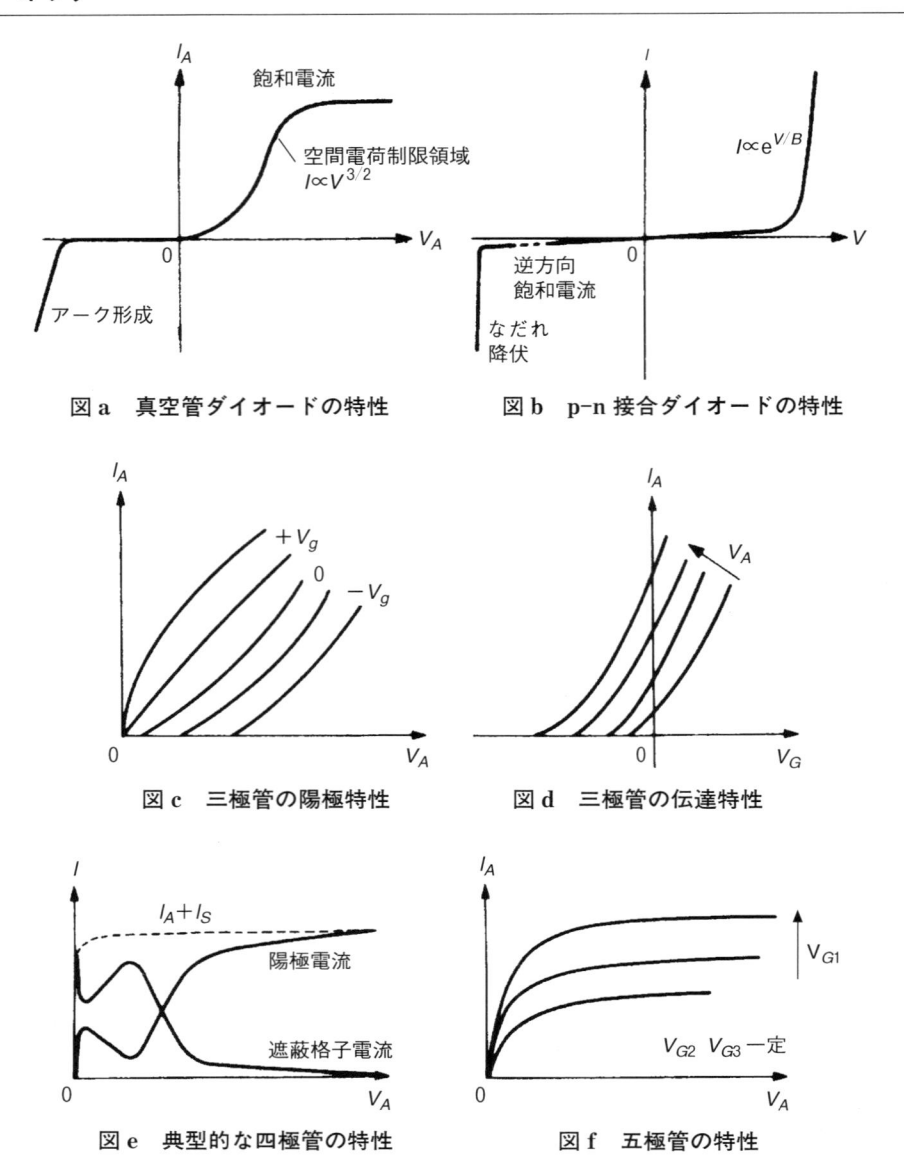

図c　三極管の陽極特性

図d　三極管の伝達特性

図e　典型的な四極管の特性

図f　五極管の特性

リッドは真空管の陽極と陰極の間におかれる金属網（格子）の形状であるためそのように呼ばれる．そのような真空管の最も簡単なものが，1つの付加電極，すなわち制御格子を配した三極管である．その格子に電圧を印加すると，陰極部の電界に影響を与え，電流量に変化を起こす．一連の特性は，異なる格子電圧に対して発生する．形の上ではダイオード特性に似ている．ある陽極電圧に対して陽極電流は格子電圧の関数となり，増幅は格子に変化する電圧を供給すればよいことになる．すなわち，比較的小さい格子電圧の変化は陽極電流の大きな変化として現れる．通常の動作では，格子は負の電圧に保たれているため，電子は格子中に流入しないので格子には電流は流れない．三極管の陽極と伝達特性は図cとdに示されている．三極管は，増幅回路*，発振回路*に極めて多く用いられてきた．

三極管の1つの弱点は，格子・陽極間の大きな静電容量であり，これは交流分を伝達させてしまう．この影響を緩和するため，付加的な電極が加えられる．このような真空管は遮蔽格子付き真空管であり，その最も簡単なものは四極管*と五極管*である．四極管は1個の追加の格子電極，すなわち遮蔽格子を制御格子と陽極との間にもっている．遮蔽格子は正の一定電位

に保たれている．電子のいくつかは遮蔽格子に集められ，その電子の数は陽極電圧の関数となる．高い陽極電圧では電子の大多数は，遮蔽格子を通り抜け陽極に達する．特性上に現れる望ましくない曲がりは，陽極における二次電子放出*に起因しており四極管で観察される．これらの二次電子は遮蔽格子で集められる（図e）．五極管においては，もう１つの格子，すなわち抑制格子が遮蔽格子と陽極との間に設けられているので二次電子は遮蔽格子に到達することを妨げられる．抑制格子は負の一定電位，普通は陰極電位に維持される．これにより，四極管特性での湾曲は解消する．五極管特性（図f）は，電界効果トランジスタ*で観察される特性に類似している．

特定の特性を得るため，さらに多くの電極を有する熱電子管がこれまで設計されてきた．二極・三極真空管のような複合管は，いくつかの単純な機能が１個の管の中で合わされる形となるような電極配置をもっている．

増幅のような日常的な応用では，熱電子管はほぼ完全に固体電子工学の同等素子に置き換わってしまった．高電圧・大電流を必要とする応用では，真空管は今もなお使われているが，陰極線管，マグネトロン，クライストロンなどを伴う特殊用途での使用に限られている．ほとんどの応用には，p-n接合ダイオード，バイポーラ接合トランジスタ，電界効果トランジスタなどの固体電子素子は，真空管より必要電力が非常に少ないため小形，安価，堅牢，安全といった利点を有している．また集積回路の形で頻繁に用いられている．

熱電子放出 thermionic emission

物質の温度に起因する固体表面からの電子放出．電子が，（光電子放出*でなく）その物質の仕事関数*に等しい熱エネルギーをもつと，電子は運動エネルギーが零となって表面から離れる．放出される電子の数は温度とともに急激に増える（→ リチャードソン-ダッシュマンの式）．⇒ ショットキー効果

熱電池 thermal battery　→ 熱電対

熱電対 thermocouple

異種金属の両端を接合し電気回路を形成したもの．二接点を異なる温度に保つと，ゼーベック効果（→ 熱電効果）によって，それらの間に起電力（e. m. f.）が発生する．起電力は別の金属接合があってもそれが同じ温度に保たれていれば影響を受けない．このことから熱電対は適当な測定装置に接続できて温度計として使用される．熱電対は非常に小さく，かつ広い温度範囲で使え，また指示計器を離して使えるので使用に便利である．使用するときは，片側の接点を0℃に保つと起電力（e. m. f.）E は

$$E = \alpha T_2 + \beta T$$

で与えられる．ここで T はもう片側の接点温度"ホット接合"，α, β は使用されている金属で決まる定数である．温度 T_N における E は最大値である．ここで，

$$T_N = -\beta/2\alpha$$

T_N は中性温度にちなんだ名称で，熱電対は$0 \sim T_N$ ℃の温度範囲に使用が限定されている．銅/コンスタンタン，鉄/コンスタンタン，熱電対は500℃まで使用可能である．約1500℃までの温度は白金/白金-ロジューム熱電対を使って測定される．それ以上の温度はイリジューム/イリジューム-ロジューム合金熱電対で測定される．熱電対計器は電流，電圧，電力を測定するのに熱電効果を利用し，熱電対と電流を流すための金属ワイヤまたは金属箔からなる計器である．電流を流すための金属ワイヤ，金属箔は導体周囲の空気の熱伝導による測定誤差を最小にするために排気された容器に封印されている．熱電対測定器の感度は熱電対列を形成するように熱電対を何個か直列接続すると増加する．高温接点に熱を直接与えると出力が容易に検出できる．高温接点に熱が与えられると起電力（e. m. f.）を生ずる熱電対列は熱電池である．

熱電対計器 thermocouple instrument　→ 熱電対

熱電対列 thermopile　→ 熱電対

熱電列 thermoelectric series

たくさんある金属原子の中から任意に２つの金属を選び出し，それらで熱電対*を構成し，温度の高い接点側に電流が流れ込みやすい順にそれらの金属元素を順番に配列したもの．

ネット Net

短縮語：インターネット（Internet）．

ネットリスト netlist

特別な機能をもたせたり設計するのに必要と

される素子およびそれらの接続を記述した一覧表の文書ファイル．これらは例えば，SPICE（→トランジスタパラメータ）あるいはPSPICE*のようなシミュレーションによって解析するための部品の一覧表としての，ライブラリセルの形のASIC*図あるいは電子回路図である．

ネットワーク network

通信において，情報を交換するためにユーザグループによって資源の収集が行われる．ローカルエリアネットワーク*（LAN）では，ユーザは通常ひとつのサイトまたは少数の直近のサイトにある単一組織に所属している．ワイドエリアネットワーク*（WAN）も通常単一の組織によって運営されているが，通信は長い距離にわたっている．ネットワークにおける通信路は，通信規約*として知られる約束された手続きに従ってコンピュータ端末の間で確立し交換される．通信路はケーブルや光ファイバや電話線や無線のリンクで成り立っている．これらの通信路はノードと呼ばれる位置で相互接続されている．ノードは装置としては電気的なインタフェースかコンピュータである．⇒ディジタル通信；バスネットワーク；環状ネットワーク；星状ネットワーク

ネットワークアクセス network access

通信システムで，ディジタル通信ネットワークとインタフェースをとるあるいはディジタル通信ネットワーク*を利用するために，必要な方法または通信規約*のこと．

ネットワークアナライザ network analyser

二端子対回路*へ伝送される電力の入射，反射を測定する装置で主に無線周波数およびマイクロ波帯で主に使用される．この装置は被測定対象の散乱パラメータ*を測るものである．この装置はスカラ（大きさのみ）およびベクトル（大きさと位相）の両方を測定できる．

ネットワークのトラフィック測定 network traffic measurement

通信システムが実行できる電話呼び出しや接続の回数（しばしばトラフィック密度と呼ばれる）を測定すること．測定は，得られるサービスや接続が行われないいわゆる呼び出しの失敗時の遅延に関係する．トラフィック密度は，システムや線路，またはネットワークのリンクの混雑度や占有度に関係する無次元数である．それはerlang（記号：E）として測定される．システムや線路やリンクが1時間の間フルに使われたとき1 erlangのトラフィック密度をもつという．センタムコール秒（CCS），あるいは百コール秒はトラフィック密度を測定するために使われる米国では最も一般的な，別の方法である．

熱暴走 thermal runaway →熱的破壊

熱力学的温度 thermodynamic temperature

同義語：絶対温度（absolute temperature）．記号：T．ケルビン*と呼ばれる単位で記述される物理量で，物質が保有するエネルギーの能力として計測される．熱力学的温度の変化は温度計に使われている物質に依存しない．目盛りのゼロは，絶対零度*である．水の三重点は273.16 Kと定義されている．

熱ルミネセンス thermoluminescence →発光

ネーパ neper

記号：Np．2つの振幅の比を表現する電気通信で使われる無次元単位．通常，電圧や電流の2つの振幅の比の自然対数である．仮に2つの電流がI_1とI_2なら，ネーパNは
$$N = \log_e(I_2/I_1)$$
で表示される．1 Npは8.686 dBになる．

ネール温度 Néel temperature →反強磁性；強磁性

ネルンスト効果 Nernst effect

導体や半導体を磁場中に置き，試料両端間に磁場に対して直角な方向に温度勾配をつけると，磁場と温度勾配の両方に垂直な方向に起電力が発生する．これはエッチングハウゼン効果*の逆で，リーギー–ルデュック効果*に関係する．

撚架伝送線路 transposed transmission line

線路間の電気的，磁気的結合を減少させるために，一定距離間隔をおいて伝送線路を構成する導体の位置が入れ替わるような線路．

ノ

NOR 回路（またはゲート） NOR circuit (or gate) ➡ 論理回路

ノイズ noise ➡ 雑音

脳造影図 encephalograph
　短縮語：脳波計（electroencephalograph）．

濃淡電池 concentration cell
　電極が同一金属からなっており，それらが異なる濃度の同一電解質中に浸されている形の電池*．希濃度の電解質に溶融している金属と濃い濃度の電解質に沈殿している金属の間に生ずる起電力は使われている溶液媒体と濃度に依存する．

能動 active
　利得*を生んだり，方向性の機能をもつ装置，部品，回路を意味する．実際には，純抵抗，容量，インダクタンスあるいはこれら3つの組合せ以外の部品は能動的である．⇒ 受動

能動アンテナ active antenna
　同義語：一次放射器（primary radiator）；駆動アンテナ（driven antenna）．➡ 指向性アンテナ

能動成分 active component
1. ➡ 能動．
2. ➡ 有効電流．
3. ➡ 有効電圧-電流．
4. ➡ 有効電圧．

能動負荷 active load
　能動素子を用いてつくられる負荷．通常トランジスタ*が用いられる．能動負荷は，駆動する増幅素子に対して高い動的インピーダンス値で動作する負荷として利用される．

能動マトリクスLCD active-matrix LCD ➡ 液晶ディスプレイ；薄膜トランジスタ

脳波計 electroencephalograph（EEG）
　脳から発せられる電圧波形を計測し記録する高感度装置．記録波形は脳波と呼ばれる．

ノクトビジョン noctovision
　可視光線の画像ではなく赤外線の画像を見るもので，夜間などに使用するテレビジョンシステム．特別に設計された赤外線感度をもつ撮像管*は，標準的な受信機でも検出できるビデオ信号を生成する．

のこぎり波形 sawtooth waveform
　周期的な波形で，その振幅は上下2つの値を交互にほぼ直線でつなぎ，時間は一方向に向かい，その波形の立ち上がり区間（活性区間）は立ち下がり区間よりはるかに長い．短い方の区間を帰線と名づけている．理想的なのこぎり波は線形で，振幅の向きが変わるときは鋭く変わる．周波数応答の低い素子を用いた場合はこの理想的な変化が実現できないので（図参照），その転換時には直線から外れてしまい，次の周期に入る前にしばしば短い不必要な不活性区間が現れる．のこぎり波の波形は最適に設計したし張発振器*でつくる．この波形は，しばしば時間基準*に用いられる．

のこぎり波形パルス sawtooth pulse
　のこぎり波形*が完全な1周期に相当する幾何学的形状のパルス*のこと．

のこぎり波発振器 sawtooth oscillator
　のこぎり波形*を発生するし張発振器*．

ノッチフィルタ notch filter
　帯域消去フィルタ．一般的に狭い周波数帯のみを減衰するフィルタ*．

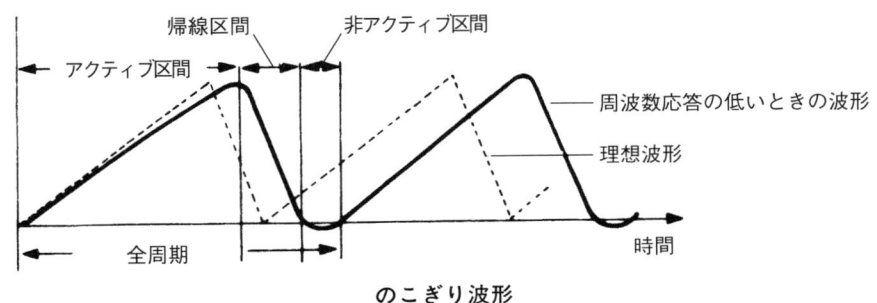

のこぎり波形

NOT回路（またはゲート） NOT circuit (or gate)

同義語：インバータ（inverter）．→ 論理回路

ノート周波数 note frequency

同義語：うなり周波数（beat frequency）．→ うなり

咽マイクロホン throat microphone → マイクロホン

ノートンの定理 Norton's theorem → テブナンの定理

ハ

場 field

1. 物理的な力が影響を及ぼす空間を場という．典型的な例は，電荷あるいは磁気双極子の存在により生じる電界と磁界である．これらはベクトル場となる．そのような場は，力や流れの線*による曲線群を用いて図式的に描ける．ある位置における場の密度と方向は，そこの場の強さと方向を表す．
2. （計算の分野において）情報の単位とともに用いられる記号の組合せ．
3. → テレビジョン．

バイアス bias

短縮語：バイアス電圧（bias voltage）．特性曲線の特定の部分で動作させるため電子素子に印加する電圧．

バイアス化自動利得制御 biased automatic gain control

同義語：遅延化自動利得制御（delayed automatic gain control）．→ 自動利得制御

バイアス電圧 bias voltage → バイアス

BIOS

略語：基本入出力システム．

パーソナルコンピュータや似たようなプロセッサで，ハードウェアインタフェースデバイスを直接制御する入力/出力システムの一部，通常はROM*に入っている．設計されたBIOSはハードディスクドライブからOSが読み込まれる前にコンピュータで起動される．コンピュータシステム中のBIOSはコンピュータメーカにより設計され，ROMの中に書き込まれている．そして，コンピュータのユーザが変えることはできない．

倍音 octabe → オクターブ

π形回路 pi circuit (or π circuit) → デルタ回路

BiCMOS

同義語：組合せCMOS/バイポーラ（merged CMOS/bipolar）．バイポーラ接合トランジスタ*と相補形MOSトランジスタ*

BiCMOS 出力バッファ

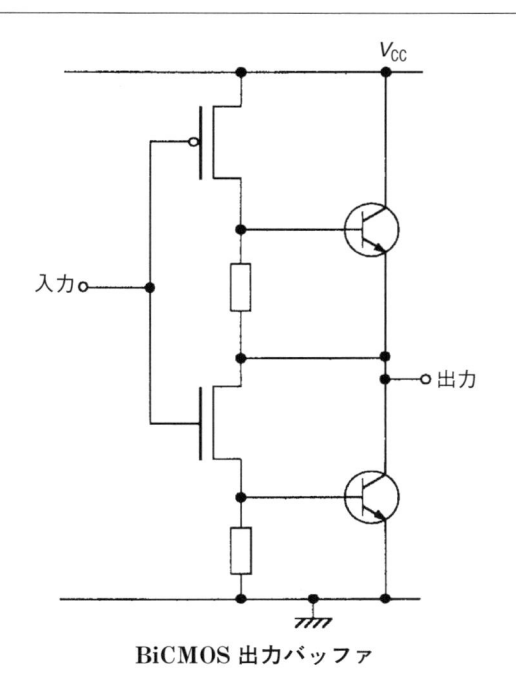

(CMOS) の両方を含みもつ集積回路である．これら両種の素子を同一チップ上に組合せることにより，機能の大幅な拡大が得られ，両者それぞれの優れた処理能力を取り入れた回路となる．バイポーラ回路は CMOS 回路よりも高速な性能をもち，さらに優れた多数のアナログ動作機能を有している．バイポーラトランジスタは，演算増幅器*，比較器*，乗算器*，さらにエミッタ結合論理回路*（ECL）のような高速論理回路に適している．CMOS 回路は低消費電力で高密度*集積が要求され，メモリカウンタ，レジスタ，ランダムロジックを設けるところに適する．2種類の回路を結合させることにより，同一チップ上に異種回路の組合せが許される．また，両種の素子の特性が必要とされる回路の作成も可能となり，例を挙げると，アナログとディジタルを混合する回路，あるいは高速クロックの回路，入出力バッファのような高速度バイポーラを要する回路部をもつ論理回路である．結合させた論理回路の出力バッファ部を図に示す．BiCMOS 回路はシステム動作の改善および部品点数の削減に役立ち，チップサイズの減少化とコスト低下をもたらす．

πセクション π-section → 二端子対回路；フィルタ

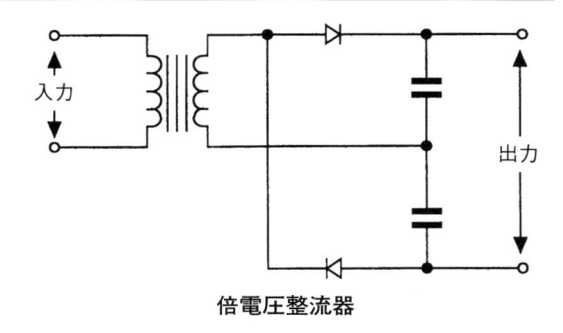

倍電圧整流器

配線 interconnection
 1．回路をつくるために結合する材料（金属，半導体など）間の電気的な経路をつくる方法．
 2．回路あるいは回路のシステムをつくる機能項目の間の結合接続．機能項目には部品，素子，組立部品，組立品がある．⇒ 内部配線

配線図 wiring diagram
 組立部品間の接続を示す電子装置の図．このような図は保守や修理にとって特に有用である．

排他的論理和ゲート exclusive OR gate → 論理回路

倍電圧整流器（電圧倍増器） voltage doubler
 整流器単体の場合と比べて2倍の電圧振幅を出力する回路で，整流器*を2個配置したもの．ダイオード整流器*を使った典型的な回路では（図参照），1つの整流器が入力交流電圧の半周期を整流し，もう1つの整流器が残りの半周期を整流したのち，2つの出力が足し合わされる．

バイト byte
 ビット*（桁）をひとかたまりに扱うための固定値で，コンピュータ内においては1単位として扱われる．ワード*の下位区分で，通常1バイトは 8 bit である．

バイトアドレス可能な byte-addressable → 番地

ハイドロホン hydrophone
 水中音波に反応し，電気信号を発生させる変換器*．

ハイパーカージオイドマイクロホン hypercardioid microphone
 指向性パターンが $(0.5+\cos\phi)$ で記述されるマイクロホン*．ここで ϕ は入射音波の角度である．そのパターンは 6 dB（全ての方向に

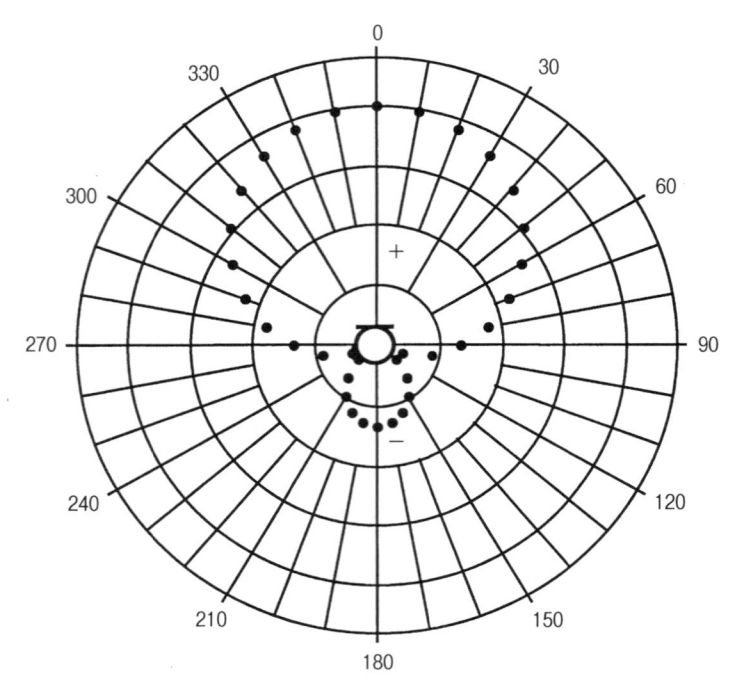

ハイパーカージオイドマイクロホンの理想的な指向性

対し0.5）だけ減衰した無指向特性*と8の字指向特性*（cos φ）をもつマイクロホンの組合せと考えることができる．カージオイドマイクロホン*と8の字特性を有するマイクロホンの全応答はしばしば8の字形をしたパン（cottage loaf）形として記述される（図参照）．マイクロホンの後方から来る音の収集は全面から来る音波とは逆相*で，図上において"−"と記述されている．特に，マイクロホンの寸法より短い波長の音波に対しそのような応答を達成することは困難である．

ハイパーキューブ hypercube　→ 超立方体

バイパスコンデンサ by-pass capacitor

交流電流に対して比較的低いインピーダンス経路を与えるために使われる並列につながれたコンデンサ．コンデンサの大きさはそこを通る電流の周波数で決められる．このようなコンデンサは回路の特定の点に交流信号が来ないようにするために，あるいは望ましい交流信号要素を取り出すために使われる．

ハイパスフィルタ（高域通過フィルタ） high-pass filter　→ フィルタ

ハイパーテキスト転送プロトコル hypertext transfer protocol（HTTP）

インターネット*を介したデータ転送を補助する，プロトコル（→ 通信規約）の一種．どちらかというと単純なプロトコルである．HTTPは，①あるコンピュータが別のコンピュータまたはサーバに対してリクエスト（要求情報）を送信すること（オプションとしてデータを添付することもある）と，続いて，②リクエストされた側が，リクエストされた情報と一緒にリプライ（応答情報）をリクエストで指定された仕様に従って（通常はデータも添付して）送信すること，を許可している．センド（送信情報）とリプライには，例えば添付データのサイズなどの情報とともに，リクエストの送信者と受信者のIDが含まれている．通常は，リプライに添付されるデータはHTML（→ ハイパーテキストマークアップ言語）ファイルまたは，画像やビデオクリップなどのメディアオブジェクトである．リクエストに添付される情報は，データベースやサーバ上で作動している他のプログラムについての追加情報を明記するため，たいていは共通ゲートウェイインタフェース*（CGI）形式のデータである．

ハイパーテキストマークアップ言語 hypertext markup language（HTML）

インターネット*上の文書を構築するために，広く使用されているマークアップ言語．文

書内のテキストと媒体は，文書内の他の部分や，インターネット上の他の文書との構造関係を示すために，一連の「タグ（tag）」と呼ばれる文法標識により印を付けられる．例えば，「〈h1〉第1章〈/h1〉」という記述は，「第1章」というテキストが文書内の第一水準の見出しであることを指定している．テキストの書式（例えばフォントサイズ）はタグで囲むことにより設定することが可能である．ただし，障害者に対するより広範なアクセシビリティを確保するために，標準的には，書式スタイル集を用いて指定されるべきである．

Hi-Fi

高忠実度（high fidelity）の頭文字．→ 音の再生

BiFET → 集積回路

ハイブリッド（混成）集積回路 hybrid integrated circuit → 集積回路

ハイブリッド接合 hybrid junction

導波管または同軸線路の伝送線路*の接合部．図を参考に見ると，理想的にはアーム1とアーム4の間およびアーム2とアーム3の間には直接的な結合はない．したがって，アーム1に電力を供給して，アーム4に電力が生じたときは，アーム2と3からの反射による電力である．代表的なハイブリッド接合には2つある．それらは図aに示す4つのアームが同一面にあるリング接合と図bに示すように3つのアームが同一面にあり，アーム4がその面に垂直に立ったT接合である．もし，非結合のアーム（1と2）に無反射終端を付け，他の2つのアーム（3と4）が特性インピーダンスZ_0で終端していると，全て4つのアームはそれぞれの入力と整合していることになる．

ハイブリッドT接合 hybrid-T junction

同義語：T接合（T-junction）．→ ハイブリッド接合

ハイブリッドπモデル hybrid-π-model → トランジスタパラメータ

ハイブリッドパラメータ hybrid parameters → トランジスタパラメータ；回路網

ハイブリッドリング接合 hybrid ring junc-

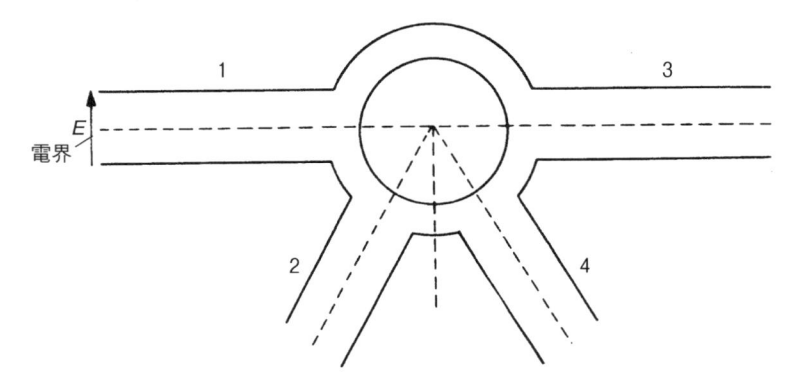

図a　リング接合導波管（Eベンド）

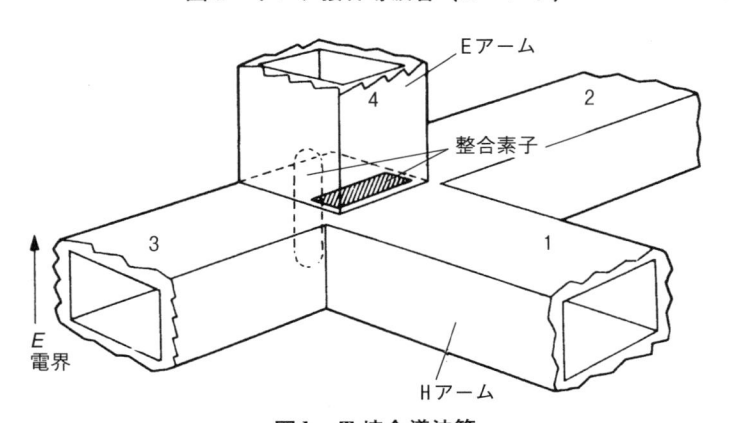

図b　T接合導波管

tion

同義語：リング接合（ring junction）．→ ハイブリッド接合

バイポーラ集積回路 bipolar integrated circuit

バイポーラ接合トランジスタ*を基礎としたモノリシック集積回路*．典型的な回路の一部分を図中に示す．基板（E）は半導体*（p形で示されている）ウエハでつくられており，その内部に選択拡散したn^+（高濃度ドープ）領域が埋め込まれている．これらの領域は完成したトランジスタのコレクタ内の直列抵抗を減じる役割をする．次に，n形のエピタキシャル層（D）を基板上に成長させ，その上に絶縁物となる酸化層（B）が堆積される．ホトリソグラフィ*により指定した位置の酸化膜層をエッチングで除去し，分離拡散（C）を行い，その部分を基板と同じ形の半導体に変えて，個々の構成要素それぞれを分離することが行われる．個別要素は，酸化膜作成，ホトリソグラフィ処理，エッチング，適する不純物の拡散処理を順番にエピタキシャル層に施して作成される．最後に保護膜となる酸化膜が堆積される．この基板には半導体への電極付けを可能にするための窓がエッチングで開けられ，目的とする内部接続配線のパターンの形成はそれらの酸化膜上やエッチングした箇所にアルミニウムの金属膜（A）を蒸着して行われる．

基板は負の最も高い電位の状態で使用され，これによりコレクタと基板間の接合は逆バイアスされ，さらにそこを電流が通らないよう防ぐ．これは個別要素の分離を確実にしている．抵抗を取り囲むn領域—抵抗箱—は正の最も高い電位に置かれ，そこが逆バイアス状態となるようにして，抵抗箱と抵抗箱との間を通して電流が流れないように防止している．

バイポーラ接合トランジスタ bipolar junction transistor（BJT）

2種類の主要トランジスタ*の中の一種である．この半導体素子*は，互いに極めて近接して背中合わせになった2つのp-n接合*で構成され，中央の領域は両側の接合に共有されている．p-n-pおよびn-p-nトランジスタの2種が構成される．トランジスタ内部の3つの領域は，エミッタ，ベースそしてコレクタと呼ばれ，図aに示す．

BJTを正規に使用する順方向活性領域においては，ベース-エミッタ間のp-n接合を順方向にバイアスし，ベース-コレクタ間のp-n接合を逆方向にバイアスする．多数キャリヤ*の運ぶ電流が順方向バイアスのエミッタ-ベース接合を通して流れる．エミッタではベース領域よりも高濃度に不純物がドープされているので，ベース-エミッタ接合を通して流れる全電流の主成分は，ベース中に注入されるエミッタの多数キャリヤである．これらの注入されたキャリヤはベース領域中では少数キャリヤであり，一部は再結合する．注入キャリヤが拡散し

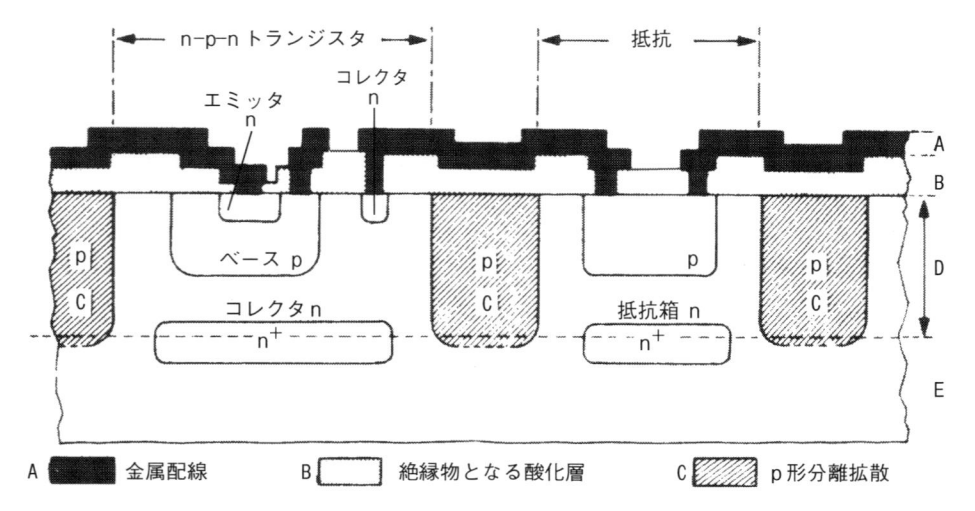

典型的なバイポーラ集積回路の断面

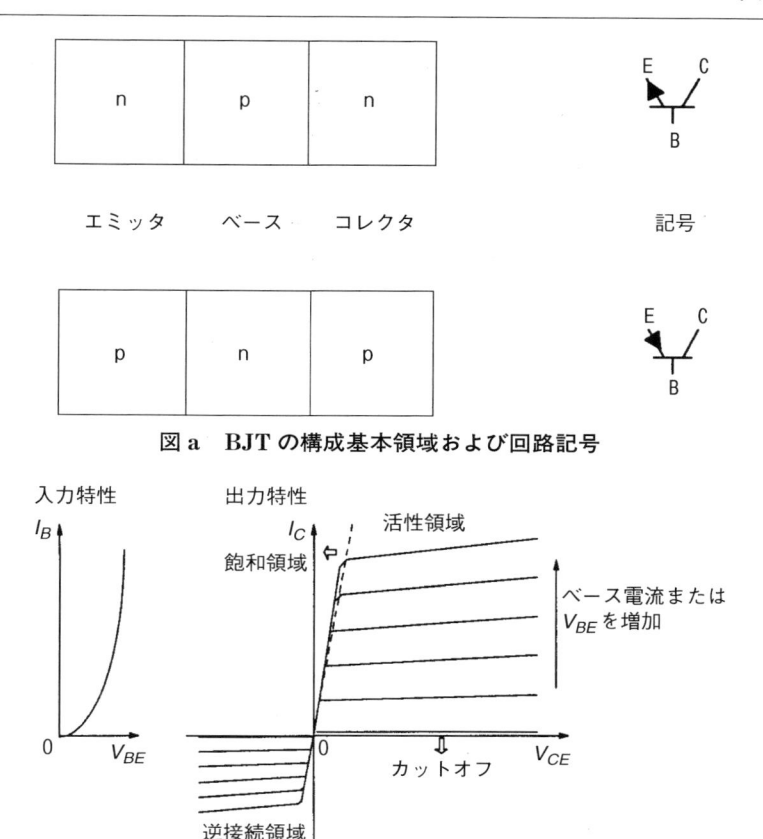

図a　BJTの構成基本領域および回路記号

図b　BJT電気特性（エミッタ共通接続）

てベース領域を通過し，逆バイアスされたベース-コレクタ接合へ到達できるようにするために，ベース領域幅を極めて狭くして，そこにおける再結合*を最小化する．コレクタでは，キャリヤは接合を通してコレクタ中に取り込まれ，コレクタ電流となって外部回路に流れる．コレクタ電流 I_C の値はエミッタからベース中に注入されるエミッタの多数キャリヤの数に依存し，この電流はベース-エミッタの p-n 接合電圧によって制御される．したがって，出力（コレクタ）電流は入力（ベース-エミッタ）電圧 V_{BE} により制御される．トランジスタの出力回路は電圧制御形電流源（→従属電源）によりモデル化できる．入力回路は p-n 接合ダイオードと同じものにみえる．

原理的には，トランジスタは回路接続を逆にして，逆接続領域においても動作可能である．しかし，実際にはトランジスタは完全な対称形にはつくられていない．エミッタ注入*を最大化するために高濃度にドープしてあり，コレクタは逆バイアス接合に大きな電圧を与えて大振幅動作に適するようにするため，相対的に少ないドープにしてある．一方，電気特性は似た形が現れるが，順方向特性は期待通りの極めて大きな利得を示す．

両方の接合が逆バイアスされた場合，トランジスタは開放状態のスイッチと同様に動作し，そこには p-n 接合の逆方向漏れ電流しか流れない．両方の p-n 接合が順方向にバイアスされると，ベース領域中に両側からのキャリヤ注入が起こり，低抵抗が両方向の電流中に存在する．トランジスタは閉じたスイッチのように動作し，ベースは注入された電荷を蓄積する．

バイポーラ接合トランジスタのエミッタ共通接続における電気特性を図bに描き，図中には動作領域が示されている．

バイポーラ接合トランジスタは電圧および電流の線形増幅を行うことに使用できる．ベース-エミッタ電圧に小さな変化があると，それによる入力であるベース電流は出力コレクタ電

流に大きな変化をもたらす．トランジスタの出力は電流源を発生させるので，コレクタは負荷抵抗を駆動でき，その抵抗の両端に出力電圧を出現させる（電源電圧の範囲内において）．トランジスタは，遮断特性中の高インピーダンスのオフ状態から，飽和特性の低いインピーダンスのオン状態へスイッチ動作ができることからスイッチとしても使用でき，論理回路および電力スイッチング用途に用いられる．実用では，ベース中のキャリヤ蓄積を制限してスイッチング時間を短縮させるために，ベース-コレクタ間の順方向バイアスによる完全な飽和状態化を避ける．

バイポーラ接合トランジスタはアナログ回路，ディジタル回路および集積回路* の中で用いられ，可聴周波数から無線周波数に至る広範な周波数で利用されてきた．ヘテロ接合バイポーラトランジスタ* はマイクロ波応用のようなさらに高い周波数で利用されている．

バイポーラトランジスタ bipolar transistor
　短縮語：バイポーラ接合トランジスタ (bipolar junction transistor)．

バイポーラ論理回路 bipolar logic circuit
➡ 論理回路

バイメタル板 bimetallic strip
　熱膨張率の異なる2枚の金属を張り合わせた素子．温度上昇に伴って平棒は曲がる．特にサーモスタットでは平棒の一端を強く固定し，他端の動きが接点を開閉するように使われる．または指針形温度計では指針を動かすために使われる．直接，間接に電流で熱せられたバイメタル素子のひずみを利用する熱計器はバイメタル計器といわれる．

パイ・モード動作 π-mode operation ➡ マグネトロン

バイログアンテナ Bilog antenna
　登録商標．高い周波数帯域にはログペリオディックアンテナに，低い周波数帯域にはボウタイアンテナ* になるように2種類のアンテナを組合せた広帯域アンテナ* で，寸法はログペリオディックアンテナ* と同程度である．また，動作周波数の低域において非平衡を生じないようにボウタイアンテナの後方にバラン* を設置する必要がある．このアンテナはコンパクトサイズであることと広帯域であることから電磁的互換試験* に使用される．

ハイ／ローリードダイオード hi-lo Read diode ➡ IMPATT ダイオード

パウリ常磁性 Pauli paramagnetism ➡ 常磁性

パウリの排他律 Pauli exclusion principle
　1個の原子の中で2個の電子が同一の量子エネルギー状態に存在することはできない．すなわち，それら電子が同一の4つの量子数 l, m, n, s を用いて表されることはない．

ハウリング howl
　不必要な電気的あるいは音響帰還* により聴取者に聞こえる不愉快な高いピッチの音．

破壊電圧 puncture voltage
　絶縁物に電圧を印加し，その値を次第に増大していくと，絶縁破壊を起こす電圧値．⇒ インパルス電圧

破壊までの時間 time to puncture ➡ インパルス電圧

破壊読み取り処理 destructive read operation ➡ 読み取り

バグ bug
　コンピュータプログラム* 内の誤りやコンピュータ装置内の障害．デバッグとは，プログラムあるいはシステムの誤りや障害を見つけ出し修正することである．

白色雑音 white noise
　周波数の全ての等間隔において一様なエネルギーをもつ雑音*．

白熱光 incandescence
　高温の物体から放出する可視光．例えば白熱電球において，金属または炭素のフィラメントに電流を流すと，フィラメントは電流の発熱効果* により十分に白熱する温度になる．白熱の言葉はそれから放出された放射線自体を表すときにも用いる．⇒ 発光

薄膜回路 thin-film circuit
　受動素子* や接続線を真空蒸着* のような薄膜技術によって作製された回路．数 μm の厚さの薄膜をガラスやセラミック基板上に堆積し素子を接続して目的のパターンに形成する．薄膜技術では薄膜トランジスタ* のような能動素子* もつくられる．

薄膜スパッタ堆積 film sputter deposition ➡ スパッタリング

薄膜トランジスタ thin-film transistor (TFT)

薄膜技術を用いて，半導体チップでなく絶縁体基板上に形成されたMOSFET*．絶縁基板はデバイスのバルク浮遊容量を減少し，動作速度を向上させることができる．技術は，元々個別硫化カドミウムトランジスタの製造に用いられ，各薄膜層は基板上に，半導体，金属を1つ1つ順番に積み上げていくことでつくられる．現在この技術は，主にSOI（シリコンオンインシュレータ*）構造のCMOS回路の製造に用いられている．TFT技術はまた，主にアクティブマトリクスLCD（➡液晶ディスプレイ）などの薄型ディスプレイの製造に利用され，それらは携帯情報端末*，ノートパソコン，パソコンやテレビジョンの薄型ディスプレイにみることができる．この技術は，画面の各画素が異なる色の光を発光するように制御するための薄膜半導体トランジスタに採用されている．TFT技術のいくつかの利点は，現在実用されている平面ディスプレイの中で解像度が最もよく，背面光源を必要とせず，明るい場所でも使用できることである．しかし，高価である．

波形 wave form ➡ 波

波形分析器 wave analyser

スペクトラムアナライザあるいは周波数分析器のように複雑な波形の基本波および，高調波を解明する装置である．

波形率 form factor

（電流や電圧のような）交流量のゼロ点から始まる半周期の平均値と実効値*の比．正弦波の波形率は$\pi/2\sqrt{2}$（すなわち1.111）である．

パケット packet

ディジタル信号*の断片．つまり，通信ネットワークを情報の単位として流れるビット*の集まり．各パケットは決められた最大サイズがあり，送受信者の情報を含んでいる．⇒パケット交換；ディジタル通信

パケット交換 packet switching

ディジタル通信において，交換ネットワークを通じてパケット*の拠点から拠点への通信を提供する技術．ディジタル交換機のようなディジタル交換点にパケットが到着した際，パケットは格納され，宛先が読まれ，最も効果的な方法で宛先へ向けられる．交換機は各チャネルの稼働率などを調べ，空いているチャネルを選択する．⇒ディジタル通信

波高値 crest value ➡ ピーク値

波高分析器 pulse-height analyser ➡ 多チャネル分析器

波高率 crest factor ➡ 波高率；パルス

波高率（ピークファクタ） peak factor

同義語：波高率（crest factor）．周期的に変化する波形のピーク値*とその実効値*との比率．電気量が正弦波形で変化する場合，その波高率は$\sqrt{2}$である．

ハザード hazard

同義語：グリッチ（glitch）．論理回路がうまく機能しない原因あるいは原因になりうる論理回路*の論理状態誤り．論理回路は動作するのに有限時間を必要とし，その結果情報の伝搬に遅延を生じる．これらの遅延は一般的に数μs以内であるが，高速な論理ではnsの程度でなければならない．これらの遅延はブール代数*の法則を無効にする可能性があり論理状態における誤りの原因になる（図参照）．

パーシスタ persistor

超伝導状態から常伝導状態に移るとき，金属の抵抗が急峻に変化することを利用した小形のバイメタル状プリント回路から構成される素

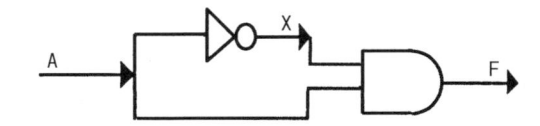

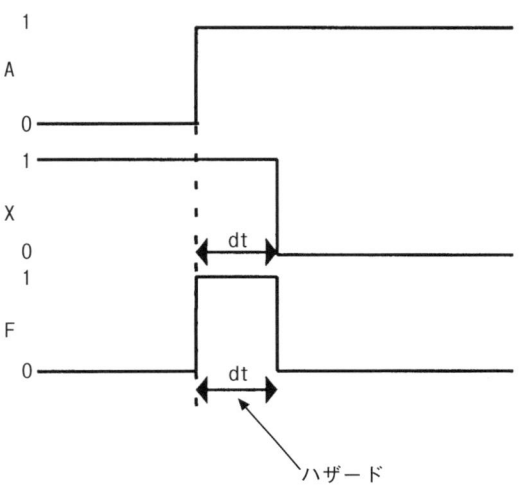

論理回路のハザード

子．これは低温記憶素子あるいは高速スイッチとして使われる．

バス bus

1. 同義語：バス棒；バス線．2つ以上の回路が別々に接続されたり，接地バスのようにいくつかの点で系に接続されることを可能にした，低いインピーダンスあるいは電流容量の大きい導体のこと．バスはパワーを頻繁にいろいろな点に供給する．この名前は最初，磁器製の絶縁体上に支えられた断面が四角形の金属製の棒に与えられたものである．

2. コンピュータ中において並行して信号が伝わる複数の線の組．通常，これらの信号の働きによって，データ信号はデータバス*に，アドレス信号はアドレスバス*に，というようにグループ化される．

パスカル pascal

記号：Pa．圧力のSI単位*であり，面積1 m^2 の上に均一に1Nの力が作用している場合，そこに加わる圧力を1Paとして定義する．

パス損失 path loss ➡ フリース伝送方程式

バースト信号 burst signal

同義語：カラーバースト（colour burst）. ➡ カラーテレビジョン

バスネットワーク bus network

1本の信号線，または信号線の束に，全てのユーザやデバイスが接続されているデータネットワークの構造．

データバスは，直列のデータ伝送には，1組の導線で，並列のデータ伝送には複数の導線で実現できる．

はずみ車効果 flywheel effect

隣接する励起パルス間に生ずる発振器*の出力波形の連続性．はずみ車の機械的慣性に類似した電気的慣性に起因する．

はずみ車時間軸 flywheel timebase ➡ 時間基準

派生単位系 derived units

基本単位を組立てて定めた単位系．例えば速度（m/s）や質量（kg/m^3）．➡ SI単位系

パーセバルの定理 Parseval's theorem

周期的な信号について，1Ωの抵抗の中で消費する信号の平均電力は，信号の直流電力および高調波成分の実効値の2乗の和であるとする定理．

パーセンタイル寿命 percentile life ➡ 平均寿命

パーセント変調 percentage modulation ➡ 振幅変調

パーソナルエリアネットワーク personal area network（PAN）

人ひとりの地理的範囲内の通信ノードのネットワーク．典型例としては，ハンズフリーヘッドセットとベルトに付けられた携帯電話が通信するようなことなど．

パーソナルコンピュータ personal computer

仕事場や家庭で普通に使われる個人使用のコンピュータ．

パーソナル・コンピュータ・メモリ・カード国際協会 ➡ PCMCIA

パーソナル通信装置 personal communication device ➡ セルラー移動通信

バターワース形フィルタ Butterworth filter

フィルタ*の一種で，通過域において平坦な応答をもつ．

パタン化媒体記録 patterned media recording

1ビットが単一の磁区粒子に格納される方式．1平方inch当たり10^{12}以上の記録密度においてデータの保全性が保持される．この媒体の安価な製造法が重要である．1つの方法はナノスケールの磁気ビットの化学的方法による自己集結である．他に，電子ビームリソグラフィ*およびナノインプリンティングリソグラフィ*がある．

8の字指向特性マイクロホン figure-eight microphone

$\cos\phi$ であらわされる指向性を有するマイクロホン*で，ϕは音の入射角である（図参照）．マイクロホンの後方からの音は前方からの音と位相が逆になり，図中では'−'で示される．一般的にリボンマイクロホン*は8の字指向性を示す．そのようなマイクロホンでもマイクロホンの寸法と同程度の波長になる周波数以上で8の字指向性を維持することは困難である．

バーチャルアース virtual earth ➡ 仮想接地

波長 wavelength ➡ 波

波長定数 wavelength constant

同義語：位相変化係数（phase-change co-

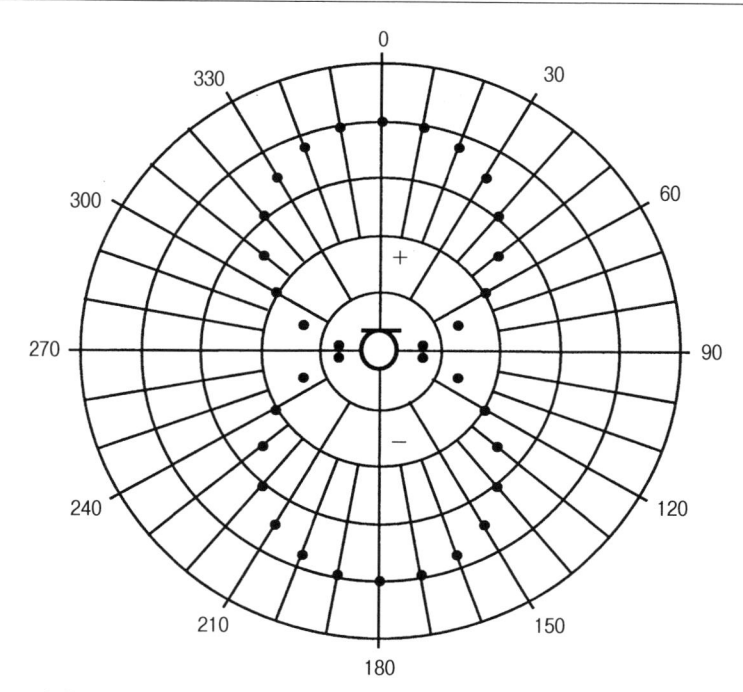

8の字指向特性マイクロホンの理想的な指向性（図中の数値は角度（°））

efficient). → 伝搬係数

白金 platinum

記号：Pt．原子番号78の金属．極めて安定，非腐食性があり，高温度や化学的な侵食がありうる条件下において電極または導線として使用される．また，多層金属電極において，構成金属間の相互作用を防ぐために拡散障壁として利用されている．

白金抵抗温度計 platinum resistance thermometer → 抵抗温度計

バックグラウンド計数 background counts

測定対象の放射源がない時にも放射カウンタ*によって計数される数．これらの数は，他の放射源から生じたり，自然発生するバックグラウンド放射線，カウンタ自身の汚染，カウンタの電子回路中の偽信号およびそれらの組合せから生ずる．

バックゲイティング backgating

同義語：バックサイドゲイティング（backside gating）．高密度なモノリシック集積回路*において起きる現象であり，オーミック接触*に与えた負バイアスはその近くのFET素子*に影響を与えることが可能である．基板にバイアスを加え，FETの裏にあるゲートとして動作させることができ，ソースドレイン電流に効果を与えられる．

バックプレーン backplane

他の回路基盤を差し込むことのできるソケットをもっている回路基盤．パーソナルコンピュータに関連して，バックプレーンは拡張カードを差し込むソケットをもった回路基盤である．バックプレーンは能動的か受動的かのどちらか一方である．能動的バックプレーンは固有の計算機能を実行する付加的論理回路をもっている．それに対して受動的バックプレーンはほとんど計算回路をもっていない．

バックポーチ back porch
→ テレビジョン

バックラッシュ backlash

バルブ内の残留ガス内に正イオンが存在するため熱電子バルブ内の交流電流内に不完全整流が生ずること．

バックローブ back lobe → アンテナパターン

バックワードダイオード backward diode
→ トンネルダイオード

発光 luminescence

熱プロセスによらない物質からの電磁波放

射．特に，この用語は可視光に対して使われる．材料の原子が励起され光放出を伴いながら基底状態*に戻るときに起こる．励起源がなくなるとすぐに発光が止まる．持続時間は，10^{-8} s以下で，蛍光と呼ばれる．持続時間が10^{-8} sより長いものを燐光という．発光材料としては，燐が知られている．

発光を引き起こす一般的なエネルギー源は電磁放射，電子，荷電粒子の照射である．ストークスの法則では，励起源の波長より放出光の波長の方が長くなることが証明されている．紫外光は，燐から可視光をつくりだす．特定の蛍光材料からの放出光は，特定の蛍光色を呈する．フルオレセイン：黄緑，硫酸キニーネ：青，クロロフィル：赤．

蛍光発光は蛍光照明の中で紫外線のスペクトルを調べるため，また陰極線管のスクリーンのように発光表示のために使われる．燐光は長時間持続スクリーンのように持続性が必要なときに使われる．

熱発光は，電離放射線照射の間接的効果であり，照射を行った後その材料を温めると光が見られる．その理由は照射によって物質内の電子が開放され，その電子が固体内の欠陥に捕獲される．これらの電子は材料を加熱すると再び放たれ，その時のエネルギーは可視光として放出される．発光を誘起する他のエネルギー源として摩擦（摩擦発光）と化学反応（化学発光）がある．

発光ダイオード light-emitting diode (LED)

電子と正孔の再結合過程*の結果として光を発散するp-n接合ダイオード．ガリウムヒ素のような直接遷移禁制帯*の半導体では，禁制帯が再結合の主たる部分である．光のほとんどは，過剰の少数キャリヤの注入*で発光する．その種の材料でできている順方向p-n接合ダイオードにおいて生成される光量は，過剰の少数キャリヤ数すなわちバイアス電流に比例する．ダイオードから得られる有効な光は，結晶表面の光特性に依存する．この発散する光子のエネルギーは禁制帯のエネルギー値により決まるので，周波数すなわち発光色は，使用している材料の特性そのものである．LEDは，卓上計算機やディジタル時計などの低電圧表示素子に有用である．また，単体のLEDはオンオフを示す表示器として広く用いられる．

発散角 divergence angle → デバンチング

パッシェンの法則 Paschen's law

ガス中において電極間の放電を開始する破壊電圧は，ガス圧と電極間距離の積の関数となる．例えば，電極間の距離が2倍で，ガス圧が半分のときには同じ電位差で放電破壊が生ずる．

パッシベーション（表面安定化処理） passivation

有害な環境から固体電子デバイスや集積回路の表面，接合を保護すること．パッシベーションは一般的にシリコンチップ上に二酸化ケイ素やチッ化シリコン層を形成することで成し遂げられる．代案としてガラスパッシベーションがある．

発振器 oscillator

直流電力をある周波数で交流電力に変換する回路．その周波数は普通，回転する電気・機械的交流発電機で達成される周波数より大きい．回路への直流電圧の印加は発振を引き起こし直流電圧がスイッチオフされるまで発振が持続する．

発振には2種類がある：調和発振器は本質的に正弦波形を発生し，受動素子に連続して電力を供給する1つ以上の能動素子を含んでいる；し張発振器*はのこぎり波形のように非正弦波形および電気エネルギーが能動素子と受動素子に変換されることによって特徴づけられる．簡単な調和発振器は本質的に共振回路のような周波数を決定する素子を含み，能動素子が直流電力を共振回路に供給し抵抗損失による減衰を補償する．簡単なL-C回路の場合，直流電圧の印加は回路に自由振動*を引き起こし，回路の必然的な抵抗により減衰する（→減衰）．抵抗がなければ減衰はなく自由振動は直流電圧が取り除かれるまで一定の振幅で続く．発振器内の能動素子は正抵抗を補償するために十分な値の負性抵抗を与えると考えることができる．結果として完全な発振器は実効的にゼロ抵抗であり，刺激で連続的に発振する．

実効的な負抵抗は特性に負性抵抗部分を示す単接合トランジスタのような素子あるいは減衰に打ち勝つための電力の正帰還を用いて与えら

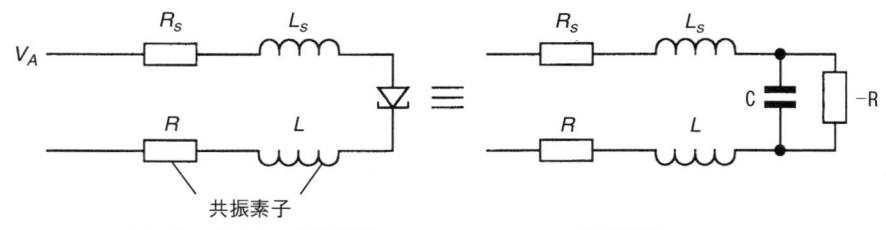

図 a　負性抵抗発振器

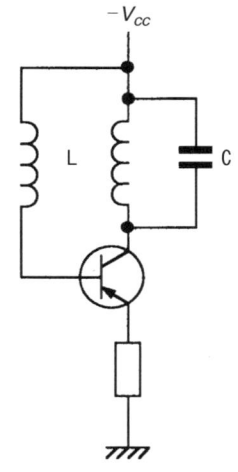

図 b　トランス帰還エミッタ接地発振器

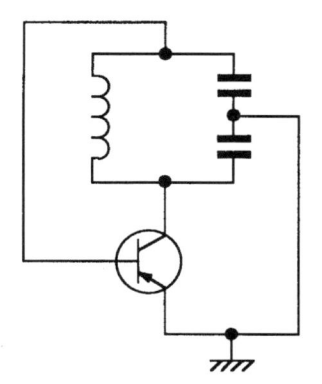

図 c　エミッタ接地コルピッツ発振器

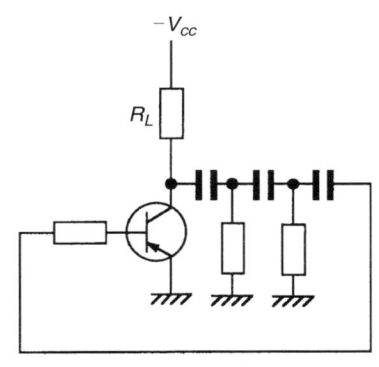

図 d　移相発振器

れる．特別な発振器は負抵抗による方法あるいは帰還による方法で調べられる．後者の場合，内部正帰還が負性抵抗素子であると考えることができる．普通，負抵抗発振器は単接合トランジスタやトンネルダイオードのような素子を含み（図a参照），印加電圧 V_A，および外部抵抗 R_s によって決定する特性の負抵抗部分で動作する．

帰還発振器は外部の正帰還を用いるものである．図bに示されるエミッタ接地回路のベースとコレクタの間には固有の180°の位相差がある．いろいろな形の帰還回路が必要な位相差を埋め合わせるために用いられる．トランス結合が図に示される．共振回路はトランスの一次側の L とコンデンサ C でつくられる．

周波数を決定する素子には機械的応力を電気的インパルスに変換する圧電結晶のような部品である；あるいはこの素子は周波数ドリフトを防ぐために共振回路に接続される．コルピッツ発振器と移相発振器が図 c および d に示される．

発振始動電流　start-oscillation current　→ 進行波管

8進数　octal

0から7までの数字のみを用いた数表記法．8を基数とする8進法．

パッチ　patch

1. 受信や送信アンテナにおいて，適合した周波数の信号により励振されると導電板に対し直角方向に放射する導体の物理的な領域．放射される周波数は導体の物理的寸法で決められる．
2. パッチ番号に基づくパッチボタンにより選

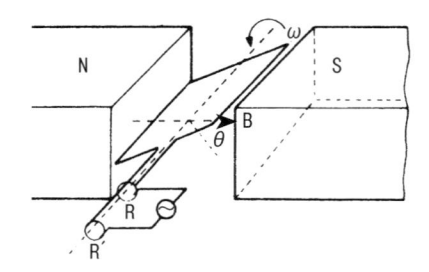

図a 発電機のスリップリング動作

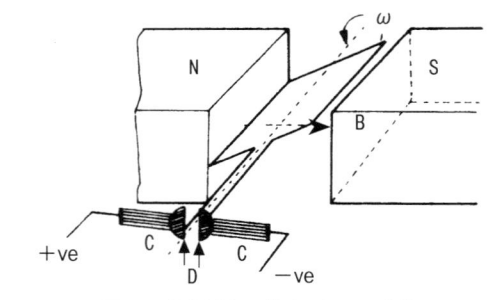

図b 発電機の炭素ブラシ動作

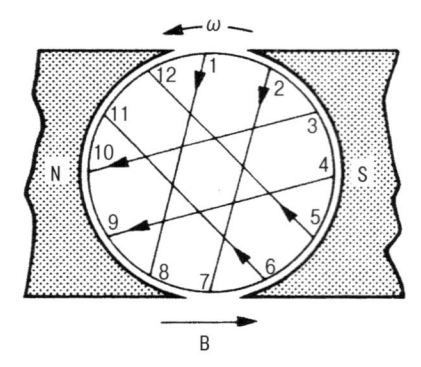

図c 12極鼓状電機子

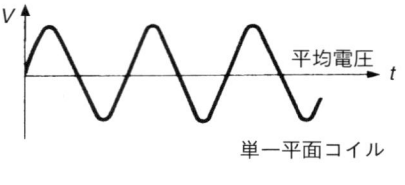

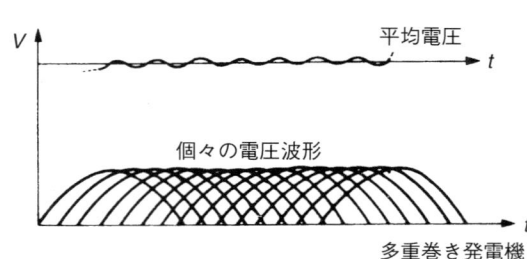

図d 電圧波形

ばれるシンセサイザ*の音声構造．

パッチベイ patchbay

（パッチボードのこと）送り出し側と受け取り側を迅速かつ容易に一時的に相互接続する装置のこと．パッチベイはレコーディングを行うスタジオや要求に適合した信号処理を行う装置でよく使われる．

発電機 dynamo

交流あるいは直流電圧を発生する電磁気的な発電機*（generator）．これは磁束密度 B の平等磁界の中で回転する平面コイルから成り立っている．面積 A のコイルが角速度 ω で回っているとする．このとき，コイル面の法線方向と磁束密度 B のなす角を θ とする．もし時間 $t=0$ のときに $\theta=\omega t$ となるよう選ばれたとすると，コイルに誘起される起電力は次式で表される．

$$V = A\omega B \sin \omega t$$

これは角周波数 ω の交流電圧であり，コイル面が磁界方向にあるとき最大値となる．コイルの2つの端が一対のスリップリング R と R' につながれると交流電流が流れる（図a）．コイル端は一対の炭素ブラシ C と接触するように半円形の切片からなる整流子 D を通して接続することができる（図b）．そのようにすると，各々の切片は起電力の極性が変わるとき次のブラシまで動いているからそれぞれの端子の電圧は常に同じ極性をもつ．しかし誘起される電圧は変化するから一定値ではない．平均値の周りの変動は脈動として知られている．

脈動は鼓状巻きの電機子を使うことで低減される．これは鼓状電機子の周りに巻線するものであって，鼓状電機子の周りに対称にいくつかの平面コイルをつくる（図c）．それらの垂直コイル導体は1つの極をつくる．ブラシは互いに反対極に置かれ，対をなして接続される．この効果は位相がわずかに変わっていく電圧波形を加えたものとなって現れる（図d）．出力電圧は1つのコイルの場合より平均電圧は高く，振幅の脈動は小さくなる．導体が次々と同じ位置にくる時間間隔に対応する脈動電圧の周期はまた非常に短くなる．

発電機 generator

機械的エネルギーを電気的エネルギーに変換する電気機械．発電機*（すなわちダイナモ）

はコイルが動いて磁束線を切るようになっている．ヴァンデグラーフ発電機*のような静電起電機は静電誘導または摩擦によって等量で，互いに反対符号の電荷を蓄える．この場合，機械的エネルギーは電荷を分離するために使われる．⇨ 交流発電機

発電所 power station

同義語：発電所（generating station）．熱または原子力エネルギーを電力に変換するために適した場所にある，必要なプラント，装置，建屋を集合させた総合設備．

PAD

略語：パケットアセンブラ/ディスアセンブラ（packet assembler/disassembler）．ディジタル通信システムにおいて，ユーザの情報とネットワーク上で通信されるフォーマットとの間に位置するインタフェース回路．PADは2つのフォーマット間でデータを変換する．

パッド pad
1. → 減衰器
2. → ボンディングパッド

バッファ buffer

2つの回路において，片側回路の出力がもう片方の回路の入力へ及ぼす影響を最小化するために間に挿入される分離回路の一種．通常，高入力インピーダンスと低出力インピーダンスをもつ．大きな展開（→ ファンアウト）を取り扱う場合や，入力と出力の電圧レベルを変換する場合に使われることもある．

バッファメモリ buffer memory

コンピュータ用プリンタやディスクドライブといった装置に内蔵されているメモリで，データ転送の間データを一時的に保存することができる．

発話区間検出 voice activity detection → 音声区間検出

馬蹄形磁石 horseshoe magnet

磁極が近づくように馬蹄形をした磁石．

パーティション partition

コンピュータのハードディスクドライブ上の論理的な分割．オペレーティングシステムを特定の初期状態に設定することができる．パーティションを作成する理由には，①用途の違うものを分離する（例えばスワップ領域をファイルシステムと分ける）ため，②ディスクの破損による影響を低減するため，③超過ファイルがログファイルなどの利用可能なディスクスペースを埋め尽くしてしまうのを防ぐため，④ディスクドライブよりも小さなサイズ制限をもつ履歴的なファイルシステムを許容するため，などがある．

波動インピーダンス wave impedance

電磁波の磁界に対する電界の比．すなわち電界強度/磁界強度．

ハードウェア hardware

コンピュータシステムをつくりあげる物理的なユニットや装置，回路．⇨ ソフトウェア

ハードウェア記述言語 hardware description language（HDL）

コンピュータベース言語の1つで，この言語を利用すると設計者は実際のハードウェアをつくる前に，自分たちのハードウェアの設計図をソフトウェア上でモデル化し，動作を模擬（シミュレート）することが可能となる．この方法はハードウェアの複雑度が増していることに伴い，推進されている．HDLを使用することで，設計図をソフトウェア上で試験し，最終段階である高価なハードウェアに多大な労力を投じる以前に設計不良を特定し，修正することが可能となる．⇨ VHDL

波動関数 wavefunction → 量子力学
波動ベクトル wave vector → 運動量空間
波動方程式 wave equation → 量子力学
波動力学 wave mechanics → 量子力学

ハードクリッピング hard clipping

大多数の信号に対して振幅をピークに平坦化した形態．この効果はトランジスタ増幅器の増幅度が非常に高く設定されているとき，その出力に現れる．→ ソフトクリッピング

ハートショーンブリッジ Hartshorn bridge

相互インダクタンスを測定する交流ブリッジ．標準の相互インダクタンスと1つの相互インダクタンスを直接比較することは事実上不可能である．というのは，コイル自体，およびコイル間の静電容量の影響により一次側電流と同相の電圧成分が二次側に現れるからである．この問題はブリッジ*の一次側と二次側の両回路に共通に可変抵抗 r を用いたハートショーンブリッジで克服できる（図参照）．標準インダクタンスと抵抗を指示計器 I が0となるよう

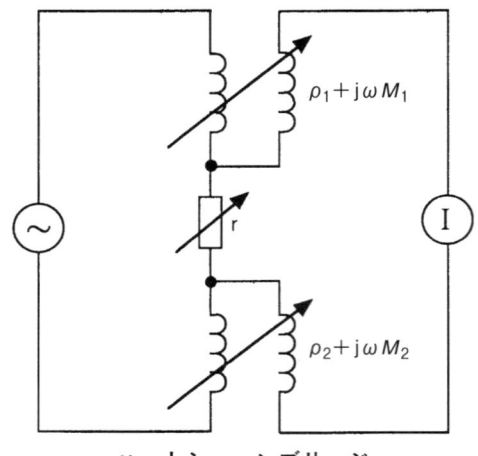

ハートショーンブリッジ

に変化させる．二次側が逆位相で接続されていると，そのとき，
$$M_1 = M_2, \quad r = \pm(\rho_1 - \rho_2)$$
ここで ρ_1 と ρ_2 は相互インダクタンス M_1 と M_2 の抵抗である．

ハードディスク hard disk → 磁気ディスク

ハートレイ発振器 Hartley oscillator

エミッタ接地で，エミッタとコレクタ間に並列共振回路をもつトランジスタでつくられる発振器*である（図参照）．コイルの抵抗を無視すると共振周波数 ω_0 は次式となる．
$$\omega_0^2 \approx \frac{C}{(L_1 + L_2 + 2M)}$$
ハートレイ発振器はまた水晶で制御される．→ 圧電発振器（図 d）

バートレット窓 Bartlett window

同義語：三角窓（triangular window）．→ ウインドウ機能

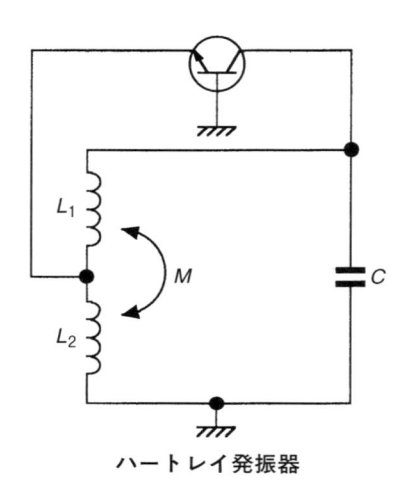

ハートレイ発振器

バナナ banana

ばねのように弾力のある金属片のプラグでバナナの形に似ている接続プラグおよびソケットシステム．

ハニング窓 Hanning window

窓関数の一種．同義語：自乗余弦窓（raised cosine window）．→ ウインドウ機能

ハネカム形コイル honeycomb coil

分布容量を減じるために，巻き上がりの電線が十文字模様になるように，電線を交差させて巻き重ねたコイル．

場の密度 field density → 場（field）

パノラマ受信機 panoramic receiver

あらかじめ選択した周波数に対して，その周波数帯の周波数に自動的に同調する無線受信機*．どのくらいの周期で同調を変えるかは，あらかじめ設定できる．このように遭難信号を聞くときは無線周波数の範囲を一定の間隔で監視できる．

ハーバードアーキテクチャ Harvard architecture

独立したデータとメモリ（もしくはキャッシュ）への命令パスをもつフォンノイマン・アーキテクチャ*．

波尾 wavetail → インパルス電圧

パービアンス perveance

電子管*内の電極間に生ずる空間電荷制限電流の特性．その特性は陽極電流 I が陽極電圧 V の関数で表され，パービアンスは $I/V^{3/2}$ となる．

バビネの原理 Babinet's principle

もともと光学についての原理であるが，他の放射状態にも適用できる．この原理は1つの開口をもつスクリーンの後方に生じた回折パターンと，それに相補的構造をもつスクリーンによって後方に生じた回折パターンの場の和は，スクリーンがないときの場に等しいことを述べている．

パフ puff

（日常語）ピコファラッド（picofarad；pF）．

パーミアンス permeance

記号：Λ；単位：H．磁気抵抗*の逆数．

ハミングコード Hamming code

誤り訂正の手法となるディジタル符号*．シ

リアル（直列）通信システムの伝送線路はノイズパルスによって誤った値に突然変わってしまうビットをも通してしまう．変わってしまったディジタル伝送データを確認し，また，修正する必要がある．ハミング符号はこのような機能をもった符号の1つである．4ビットの情報が7ビットの伝送に入れられる．3つの冗長ビットはチェックビットとして知られているが，7ビットの中のどの桁でも1ビットの誤りを修正することのできる十分な情報を与える．符号化の過程で，情報ビットは$M_3M_2M_1M_0$で，チェックビットは$C_2C_1C_0$で選定されたとする．3つの関数がMsに関連して設定され，Csに等しく置かれる．

$C_2 = f_2(M_3, M_2, M_1)$；$C_1 = f_1(M_3, M_2, M_0)$；$f_0(M_3, M_1, M_0)$

この際，種々のブール関数を選ぶことができるが，ハミングは次のように選んだ．それぞれのC_iはそのビットの和が偶数か奇数となるように文字列$\{C_i, M_x, M_y, M_z\}$のパリティ（偶奇性）が常に同じになるようにするビットである．その時C_iは0または1になる．どちらを選んでも集合$\{C_i, M_x, M_y, M_z\}$の中の1の数が奇数（奇数パリティと仮定して）となるようにすることが必要である．表は4ビットデータのハミング符号を示す．

ハミング窓 Hamming window → ウインドウ機能

4 ビットのハミング符号

M_3	M_2	M_1	M_0	C_2	C_1	C_0
0	0	0	0	0	0	0
0	0	0	1	0	1	1
0	0	1	0	1	0	1
0	0	1	1	1	1	0
0	1	0	0	1	1	0
0	1	0	1	1	0	1
0	1	1	0	0	1	1
0	1	1	1	0	0	0
1	0	0	0	1	1	1
1	0	0	1	1	0	0
1	0	1	0	0	1	0
1	0	1	1	0	0	1
1	1	0	0	0	0	1
1	1	0	1	0	1	0
1	1	1	0	1	0	0
1	1	1	1	1	1	1

ハム hum

オーディオシステムで聞こえるブーンという低いピッチの雑音．電力線に基因し，電力線の高調波周波数を含んでいる．

ハム変調 hum moduration

オーディオシステムに発生するハムによる変調*．それにより出力に雑音*を生ずる．

波面 wave front, wave surface

1. → 波．2. → インパルス電圧

腹 antinode → 節

バラクタ同調 varactor tuning

容量性同調（同調回路*）．テレビジョン受信機などの受信機*の中に採用されており，そこでの可変容量要素はバラクタ*で構成されている．

パラフェイズ増幅器 paraphase amplifier

入力信号をプッシュプル*動作用の入力に変換する増幅器．

パラボラアンテナ dish

米語．→ 放物面反射鏡；電波望遠鏡

パラメータ parameter

ある与えられた状況において定数となる数量値であり，種々の異なった状況ごとに対応して考えられた特別な値をもつ．例として，電気回路網*の製作に要する抵抗，コンデンサなどの値，または回路網の端子における電流と電圧の関係式中に現れる定数などが挙げられる．⇒ トランジスタパラメータ

パラメトリック増幅器 parametric amplifier

デバイスのリアクタンス*が時間に対して変化するマイクロ波増幅器で，リアクタンスを変化させることをポンプという．ポンプ電圧として交流電圧が最も一般的である．信号周波数とポンプ周波数の間にある条件が成立すると，ポンプから信号にエネルギーが供給され増幅が行われる．

バラン balun

同義語：平衡トランス（balancing transformer）．平衡，非平衡の接頭語．同軸ケーブルのような非平衡伝送線路と平衡インピーダンスを結合させるために使用されるデバイス．平衡インピーダンスが，非平衡伝送線路の外部に誘導される電流の非対称負荷になることをさけるためにバランは必要である．

バランスコントロール balance controls

1. 回路中で電気的平衡の条件を得るため，電気装置やブリッジに用いられる可変部品．2. ステレオ音声再生装置のように，2つあるいはそれ以上の同じような回路の出力を等しくするために用いる可変部品．

バリアック variac

実験室などで AC 電圧を連続的に変える単巻変圧器*の登録商標．

バリスタ varistor

短縮語：可変抵抗器（variable resistor）．二端子素子であり，その抵抗値は印加電圧の大きさによって変化する，特に高電圧において変化が急増する．このような素子は大電圧スパイクを抑制するために利用可能である，しかしそのスイッチング時間は速くない．→ 過渡抑制器

パリティ（偶奇性） parity

単語や通報などのデータ単位中にある，1_2（2進表記*に変換した場合の1）の総計．もし 1_2 が奇数であればパリティは奇数になり，1_2 が偶数であればパリティも偶数になる．例えば 101110_2 のパリティは，偶数になる．⇒ パリティ検査

パリティ検査（パリティチェック） parity check

2進数データ中の誤りを検出するのに使用される過程．パリティ*は，伝送（もしくは操作）の前後で各データ単位に対して計算される．前後の2つのパリティ値を比較すると，最初に計算された偶数または奇数のパリティ状態が維持されているかを決定でき，したがって，全てのビット誤り中の単一のビット誤りを検出する．⇒ ディジタル符号；ディジタル通信

パリティチェック parity check → パリティ検査

バール var

交流の無効電力*の単位．

バルク音響波 bulk acoustic wave → 音響波デバイス

バルクチャネル FET bulk-channel FET
→ 電界効果トランジスタ

バルクハウゼン効果 Barkhausen effect

磁場を徐々に増加していくとき，強磁性材料で観測される磁化が階段状に増加する効果．これは強磁性体*の磁区理論を支持する．物質中に存在するスピン磁気モーメントはある許された方向のみをもつことができる．1つの方向から次の方向へスピンが変化することによる微小な跳躍である．もし，あらゆる方向を向くことが許されるならば，磁化は滑らかになるはずである．

これは試料に2つのコイルを巻くことで実証することができる．磁束密度を滑らかに増加するために一次コイルの電流を徐々に増加するとき，二次コイルに接続したオシロスコープで磁化の変動をみることができる．

パルサ pulser → パルス発生器

パルス pulse

電気的な1個の過渡的乱れ，一定の間隔で繰り返し発生する過渡的な一連の乱れ，またはエコー音やレーダに用いられる高周波の短い波動列．パルスは電圧や電流でつくられ，それらはゼロ（または，一定の値）からある最大値まで増加した後，ゼロ（または一定の値）に減少する．それらは比較的短時間に起こる．そのゼロまたは一定値を基準レベルという．時間に関してその瞬時値をプロットすると，パルスは幾何学的な形で表現できる．それは矩形であったり，正方形であったり，三角形であったりする．それ以外の特定のパルスの場合は矩形であると仮定する．

実際，完璧な形は実現されないので，矩形の形をした実際的なパルス波形を図に示す（図参照）．パルスの振幅が最初に増加する部分は，パルスの立ち上がり区間という．立ち上がり区間でパルス高の10〜90％までに要する特性時間を立ち上がり時間という．パルスの減衰時間も立ち上がりと同じ90〜10％までの降下時間で決めており，パルスの立ち下がり時間という．立ち下がり時間の主な波形部分をパルスの立ち下がり区間という．

立ち上がり時間の終端（90％地点）と，電位低下の出発点（90％地点）の時間幅をパルス幅という．パルスの大きさが90％を超え，通常は実質的に一定に達した値をパルス高という．パルスの高さは，パルス幅内でスパイクやリップルを無視して測定された波形の最大値もしくは平均値または二乗平均値のどれかで見積もることができる．矩形の形をしていないパルスの

実際の矩形パルス

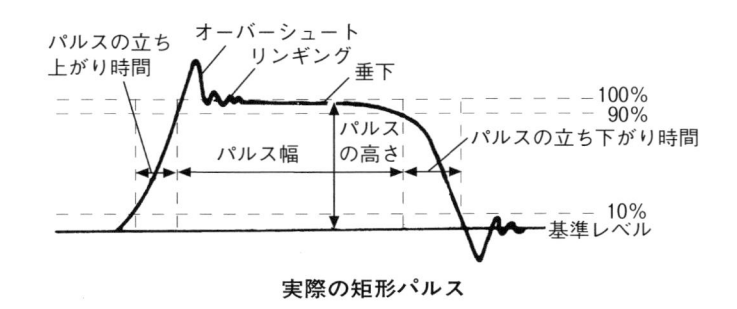

高さ，例えば三角波の場合は通常，最大振幅を使う．

実際の矩形波パルスは下垂ぎみになることが多く，この現象はパルスの高さがその公称値よりわずかに低下するときに起きる．この垂下の度合はパルス平坦偏差によって表される．この値はパルスの最大振幅とパルス幅内で生ずる最大振幅と最小振幅の差の値との比で決まる．パルス幅内に下垂部が一カ所存在するときは，波形に谷間が生じ，パルスの高さは回復する．パルスの波高率はパルス振幅の二乗平均値とピーク振幅の比で表す．

主たるパルスの上に重畳した比較的短く好ましくないパルスをスパイクという．また振幅の中の不必要な小さな周期的変動をリプルという．実際のパルスにはしばしばパルスの平均高さを超えたり，その減衰時に減衰振動が現れる．これらの現象はそれぞれオーバーシュートおよびリンギングとして知られている．同様な効果はパルス減衰時の基準レベルに近い状態でも現れる．パルス回路には時折スミラを組み込むことがあり，これはオーバーシュートを最少にするように設計した回路である．

同じ特性をもつ規則正しい繰り返しパルス群をパルス列という．パルス列の隣接するパルス波形において対応する同じ部分の時間間隔をパルス間隔 T という．T の逆数はパルス繰り返し周波数といい，ヘルツ（Hz）で表される．パルス列内のパルス間隔の小さい変動はパルスのジッタという．パルス列の衝撃係数は，パルス列の平均パルス幅と平均パルス間隔との比で表される．

パルス位置変調 pulse-position modulation (PPM)

同義語：パルス位相変調（pulse-phase modulation）．➡ パルス変調

パルス間隔 pulse interval, pulse spacing, pulse separation ➡ パルス

パルス繰り返し時間 pulse repetition period (PRP)

同義語：pulse recurrence time, pulse repetition time ➡ パルス

パルス繰り返し周波数 pulse repetition frequency (PRF)

同義語：パルス繰り返し数（pulse rate）．1つのパルスが列となって毎秒当り伝送されるパルス数．➡ パルス

パルス繰り返し数 pulse rate

同義語：パルス繰り返し周波数（pulse repetition frequency）．

パルス傾斜 pulse tilt

同義語：パルス平坦偏差（pulse flatness deviation）．➡ パルス

パルス形成線路 pulse-forming line

インダクタンスやコンデンサを直列につないだ擬似線路のことで，レーダ*内で高電圧パルスを発生するときに使う．

パルス検出器 pulse detector

同義語：復号器（decoder）．➡ パルス変調

パルス高 pulse height

同義語：パルス振幅（pulse amplitude）．➡ パルス

パルス再生 pulse regeneration

パルス*あるいはパルス列を元の波形，タイミング，振幅の姿に再生すること．回路または使用した回路素子は波形にひずみ*を持ち込むため，パルス再生はパルス動作の大半の方式で必要となる．

パルス時間変調 pulse-time modulation (PTM) ➡ パルス変調

パルス周波数変調 pulse-frequency modulation (PFM) ➡ パルス変調

パルス振幅 pulse amplitude
　同義語：パルス高（pulse height）．→ パルス

パルス振幅変調 pulse amplitude modulation（PAM）→ パルス変調

パルス整形器 pulse shaper
　パルス*またはパルス列の多くの特性を変化するために用いる回路または素子．パルス再生*はパルス整形の特別の場合である．

パルス通信 pulse communication
　パルス変調*方式を用いて情報を送信する通信．

パルス動作 pulse operation
　電子回路または装置を用いて電気エネルギーをパルスの形で伝送するいろいろな動作方法．

パルス発生器 pulse generator
　必要な波形の電圧あるいは電流パルス*を発生する電子回路または装置．単一パルスを複数発生したり，パルス列を発生するように設計されている．パルサは複数の高電圧，高速の短パルスを発生する特殊な発振器である．

パルス幅 pulse width, pulse duration, pulse length → パルス

パルス幅変調 pulse duration modulation（PDM），pulse width modulation（PWM），pulse length modulation（PLM）→ パルス変調

パルス搬送波 pulse carrier → パルス変調

パルス符号器 pulse coder
　同義語：符号器（coder）．→ パルス変調

パルス符号変調 pulse code modulation（PCM）→ パルス変調

パルス平坦偏差 pulse-flatness deviation
　同義語：パルス傾斜（pulse tilt）．→ パルス

パルス変調 pulse modulation
　搬送波*を変調するために複数のパルス*を用いたり，一般的にはパルス列を搬送波として用いる変調方式がある．メッセージ信号を一連の離散的な瞬時値に標本化し，その標本値をパルスが保有するいくつかのパラメータに変調し，パルスにその情報を載せて搬送する．標本化に用いる最低周波数は，変調波形から顕著な情報損失が生じないよう一連の離散値が抽出できる周波数でなくてはならない．
　いろいろなパルス変調方式を図aに示す．

パルス振幅変調（PAM）は，パルスの振幅を標本値に基づいて変調する．パルス時間変調（PTM）は，標本化して得た値の大きさに比例してパルスの発生時刻を変調する．パルス時間変調の一方式がパルス幅変調（PDM）である．日本語では同じ表現になるが，パルス幅変調（PLM）またはパルス幅変調（PWM）としても知られている．ここでパルスの立ち上がりや立ち下がりによって発生する時刻の遅れは，変調していないパルスの周期位置からの遅れに対応する．パルス周波数変調（PFM）は，搬送パルス繰り返し周波数*と変調してないパルス繰り返し周波数との周波数差が変調信号に対応する．なお，パルス位置変調（PPM）は，変調パルスの発生時刻と変調していないパルスの発生時刻との時間差が変調信号に対応し，パルス繰り返し周期が変化する．これらのパルス変調方式は全て符号化を伴わない変調方式である．

　パルス符号変調はディジタル変調*の一方式である．その符号の離散値は変調信号からつくられる．そのため変調信号はパルス変調の別な方式で標本化されるが，それらの値は全て，ある指定範囲内の離散値として変換される．それらの値は，適当なパルスのパターンに割り振られ，その信号が符号として伝送される．その符号には数多くの変換コードがある．例えば，非

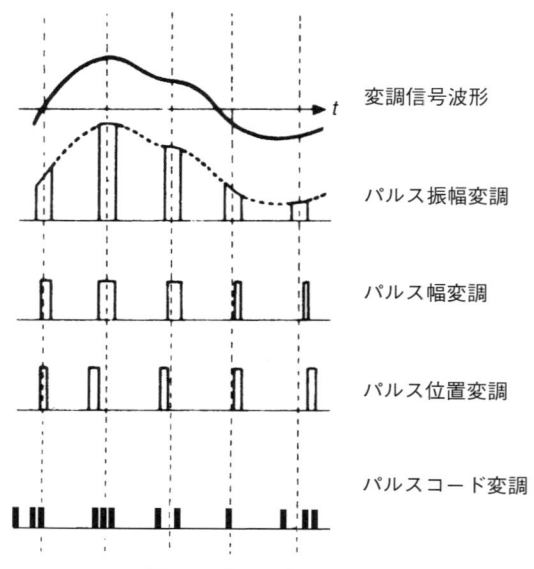

図a　パルス変調の方式

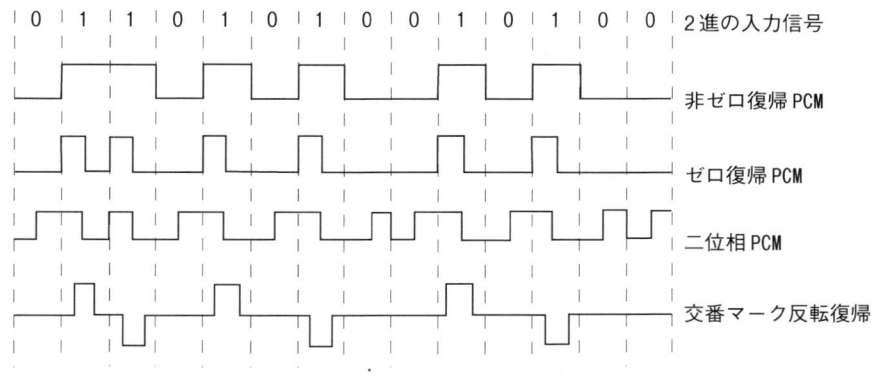

図b パルスコード変調の方式

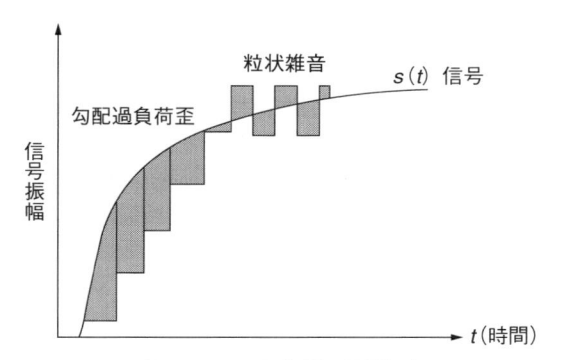

図c デルタ変調の歪波形

ゼロ復帰PCM（NRZ PCM），ゼロ復帰PCM（RZ PCM），交番マーク反転復帰そして二位相PCM，いわゆるマンチェスター符号*である．これらの仕組みの違いを図bに示す．変調波形から符号化されたパルス列を発生する電子回路および装置を符号器（またはパルス符号器）という．伝送されたパルス列から受信側で元の情報を引き出すには最適な復号器が必要である．モールス信号*はパルス符号としてよく知られた例である．

デルタ変調（DM）は勾配変調とも呼ばれ，ディジタル変調のもう１つの形式であり，伝送する情報は１個の立ち上がりまたは立ち下がり遷移を指示する符号化信号を送ることである．その一番簡単な方式が線形デルタ変調（LDM）であり，正確な２つの基準値が量子化*に用いられる．これにより１ビットを用いて符号化ができる．選択する基準値は非常に臨界的に振る舞う．もし，デルタの刻み幅が小さいと変調過程でその傾きの変化に追従できず，その状態を勾配過負荷という．次に基準値が非常に大きいと，そのシステムは粒状雑音に悩まされ，その出力は，入力波形の目標値の周辺で振動する（図c参照）．

適応デルタ変調（ADM）と連続可変勾配デルタ変調（CVSD）はデルタ変調システムの粒状雑音や勾配過負荷動作を改善するよう設計した技術であり，入力波形の勾配に量子化基準値を動的に整合させるようにしている．入力信号と量子化信号の差をいかに量子化基準値の変化につなげるかが変調方式の違いである．

パルス変調はどれも時分割多重方式*を用いている．

パルス弁別器 pulse discriminator

弁別器*はパルス*振幅や周期など特定の特性をもつパルスに対してのみ応答する装置で，パルス動作*時に用いる．

パルス妨害 pulse jamming

レーダシステムにおいて信号の受信によって受信機が壊されないようにする試みとして広帯域雑音の帯域制限パルスの伝送がある．

パルスレーダ pulse rader → レーダ

パルス列 pulse train → パルス

バルブ valve

同義語：電子管（electron tube）．ガラスを主とする管球容器に封じ込められた複数の電極があり，その１つは電子の一次源として働く能動素子*．電子は，（熱電子管*における）熱電子放出で供給される．この素子は真空（真空管），またはガス入り（ガス入管）である．この用語名（弁）は整流特性，すなわち一方向のみの電流の流れから来ている．バルブという用語はあいまいになってきているので，電子管と

いう用語で置き換えられつつある．

ハレーション　halation

同義語：ハロー（halo）．陰極線管*のスクリーン上の点の周りで観測される輝き．これは硝子内部での反射によって引き起こされる．

波列　wavetrain

波*の連なり．特に持続時間に制限がある小さなグループの連なりをいう．

バレッジ受信　barrage reception

指向性アンテナ*が数個の配列から構成され電気通信で用いられる受信方式．特定方向から受信信号の干渉を最小にするように配列の中から使用アンテナが選ばれる．

バレルシフタ　barrel shifter

データ，制御入力およびデータ出力のある論理回路*．出力は制御入力によって規定されたビット位置の数だけ回転された入力に等しい．この回路は 0 から 2^n-1 ビットだけ入力を移動することができる．ここで n は入力と出力のビット数である．通常，移動演算は右へ移動するか左へ移動するかの指令を必要とする．

ハロー　halo　→ ハレーション

パワートランジスタ　power transistor

比較的消費電力の大きい状態の動作，または比較的大電力増幅を生みだす目的に設計されたIGBTのようなトランジスタ．トランジスタ内の消費電力は1から100Wとなるので通常，温度を制御する方法が要求される．

半 IF 応答　half-IF response　→ IP_2

範囲　range

1. ラジオ*またはテレビ*の送信アンテナから信号が受信できる最大の距離．2. → レーダ

バーンイン（通電テスト）　burn-in

同義語：エイジング（ageing）．→ 故障率

半加算器　half adder　→ 加算器

反強磁性　antiferromagnetism

固体で観測される磁気特性がネール温度と知られる温度 T_N で変化する効果．反強磁性は不対電子スピンに関連した永久分子磁気モーメント*をもつ物質で生ずる．ネール温度以上の温度で，物質中でスピンがランダムに配向し，常磁性となる．これは近似的にキュリー－ワイスの法則に従うが，すなわち，

$$\chi = \frac{C}{(T+\theta)}$$

負のワイス係数 θ をもつ特徴がある．ここで，χ は磁化率，C は定数である（→ 常磁性）．

ネール温度以下の温度で，原子間交換力（反強磁性）によりスピンが反平行に整列する．物質の磁化率は結晶構造，温度，そして単結晶の場合には，外部磁束の印加方向に依存する．反強磁性物質の単結晶で，スピンの反平行配列はそれぞれが同時に反対方向に等しく磁化した2つの連結した部分格子として考えることができる（図 a 参照）．部分格子は磁気ベクトル，$\boldsymbol{M}_A$ と $\boldsymbol{M}_B$ によって表され，それぞれは他に影響する磁束を生成する．このため，部分格子 A に影響する磁束は

$$\boldsymbol{B}_A = -\lambda \boldsymbol{M}_B$$

と表される．ここで，λ は定数である．

もし，外部磁束密度 $\boldsymbol{B}$ がスピンの方向と平行に印加されると，ネール温度付近の温度において，熱的効果で相互作用の効率は減少する．スピンは全てが完全に反平行ではなく，物質の磁化率は温度を減少するにつれてネール温度で最大となり小さな正の磁化率，$\chi_{//}$ をもつ．絶対温度ゼロの付近で，反平行配列は相互作用の大きな効率により飽和するようになり，磁化率はゼロとなる（図 b 参照）．

もし，磁束がスピンと垂直に印加されると，それぞれの磁気ベクトルは $\boldsymbol{B}$ の方向に回転する（図 c 参照）．回転角 α は磁化ベクトルの成分 M_x と M_z および磁束の成分 B_x と B_z によって決定され，温度には無関係である．試料の全体的な磁化は $2M_x$ である．ここで，M_x は $\boldsymbol{B}$ の方向にあるそれぞれの部分格子の成分であり，

$$2M_x = \frac{B}{\lambda}$$

で表される．そして，

$$\lambda = 2\mu_0 \frac{T_N}{C}$$

である．ここで，μ_0 は真空の透磁率*，C は物質についてのキュリー－ワイスの法則からのキュリー定数である．磁化率 $\chi_\perp$ はしたがって $C/2T_N$ に等しく，ネール温度以下では温度に依存しない（図 b 参照）．

上述の振舞いは2つの等しい部分格子を仮定している．例えば面心立方結晶のような結晶構造は2つ以上の部分格子をもち，したがって，

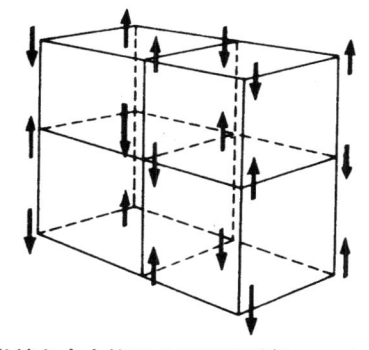

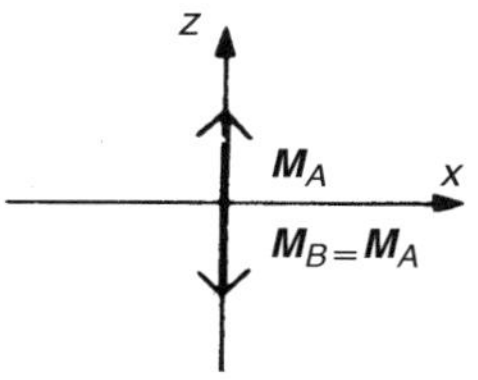

図a　単純な立方格子の反平行磁気モーメント配置

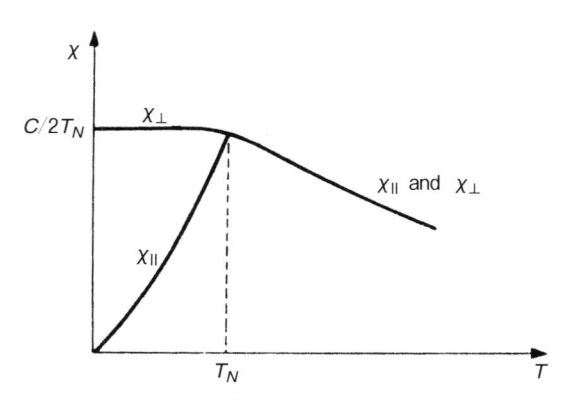

等価磁化ベクトル

図b　1つの反磁性結晶の磁化率の温度による変化

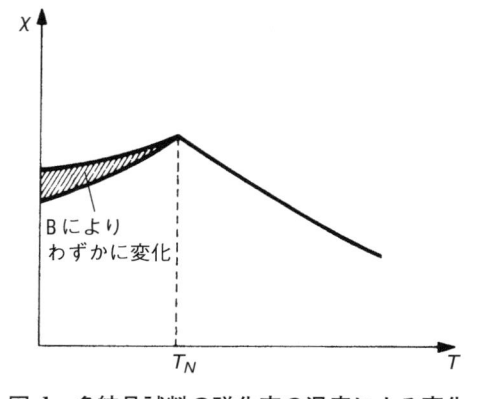

図d　多結晶試料の磁化率の温度による変化

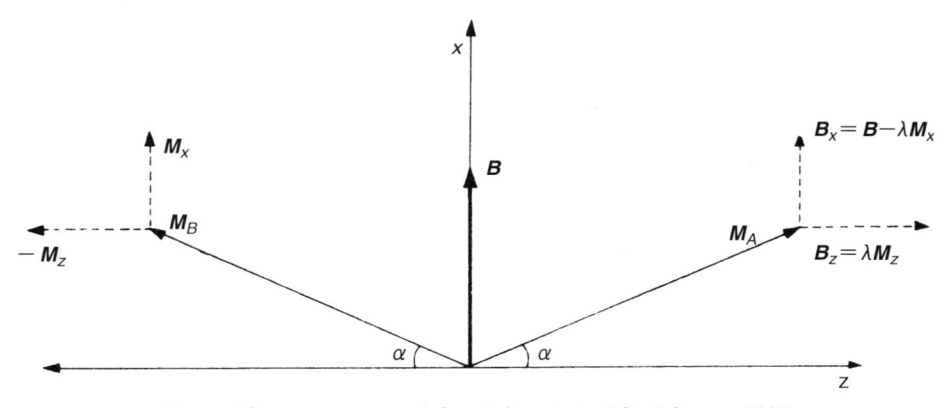

図c　磁気モーメントに垂直に印加された外部磁束 B の影響

安定な飽和配列は完全に反平行ではないかもしれない．これはより複雑な振舞いとなる．

多結晶の試料では，磁化率は上述の2つの極端な条件の間となり，低い温度では小さな磁界の影響をもち，反強磁性物質はネール温度で最大の磁化率をもつことで特徴づけられる（図d）．

反共振　antiresonance

周波数応答*において周期駆動電源に対する振幅応答が最小になること．

バンク　bank

1. 同種のデバイスが結合され，同時に働く集合体をいう．2. 自動電話交換器で使用される固定ユニットを形成するワイパーのような固定された接点の集合．

反磁性　diamagnetism

非常に弱い効果であるが，全ての物質に共通して存在し，原子核の周りを回る電子軌道運動

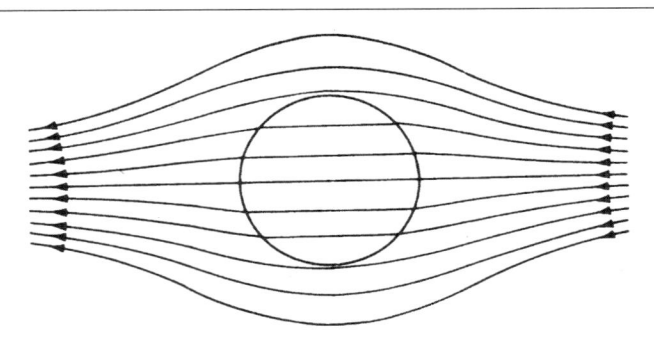

反磁性物質による磁束密度分布の変化

に起因する．反磁性は物質の温度には依存しない．

物質が磁束密度 B の中に置かれた場合,個々の電子は電荷を伴って運動しているので B による力を受ける．それらの電子は B に対して反対向きの磁束密度をつくる（→電磁誘導）ので，電子の軌道と速度は変化させられる．個々の軌道電子はそれゆえ誘導磁気モーメントを得ることとなり，その大きさは B に比例し反対方向を向く．このため試料は負の磁化率*をもつ．

反磁性は試料内部において磁束密度を減少させられる．このことは，磁束が試料の中を通り過ぎる様子を磁束線の間隔で図式的に表して示すことができる（図参照）．反磁性物質が不均等な磁界中に置かれた場合には，磁界の強いところから磁界のより弱い方に移動する傾向となる．反磁性物質の棒が不均等な磁界に置かれた場合，棒の長さ方向の軸を磁界に対して 90°の角度に向けることになる．純粋な反磁性物質としては銅，ビスマス，水素などの物質が含まれる．

ある種の物質は永久分子磁気モーメントをもっているが，そのような物質の反磁性は，永久モーメントに起因する磁気的性質のために，その効果は全く覆い隠されてしまう．→常磁性体；強磁性体；反磁性体；フェリ磁性体

反射インピーダンス reflected impedance →変圧器

反射形クライストロン reflex klystron →クライストロン

反射器 reflector →指向性アンテナ

反射係数 reflection coefficient

同義語：反射電流係数（return-current coefficient）．伝送線路*が，その線路の特性インピーダンス Z_0 に等しくないインピーダンス Z_R で不整合に終端された場合における，入射電流 I_0 に対する反射電流 I_R のベクトル比である．ここで，入射電流は Z_R が Z_0 に等しい場合の線路終端に流れる電流である．反射電流は不整合によって線路中を逆流する電流成分である．終端における線路中の実際の電流は I_R と I_0 とのベクトル和となる．また，反射係数はインピーダンス Z_0 と Z_R を用いて表すことができ，次式で与えられる．
$$(Z_0 - Z_R)/(Z_0 + Z_R)$$
⇒反射率

反射減衰量 return loss

測定インピーダンスが大きさと位相角*の両方で，どこまで標準インピーダンスに整合しているかを示す性能指数．完全に整合した場合は帰還損失は無限小で，これは全ての入力パワーがエネルギーが反射されずインピーダンスに吸収されることを示す．もし，その整合が完全でないと，いくらかのエネルギーが反射される．

反射誤差 reflection error

送信したエネルギーの不要反射を原因として，無線ナビゲーションシステム，方向探知*およびレーダシステム*に発生する誤差．

反射集群作用 reflex bunching →速度変調

反射測定器 reflectometer

入射波と反射波を比較する測定に用いる装置または装備．この装置は，分布回路*または伝送線路システム*において無線あるいはマイクロ波周波数で使用され，入射と反射の電力波*を比較する．比較には，大きさのみのスカラ測定法，および大きさと位相によるベクトル測定法のいずれの方法も可能である．反射率計は一般に CW モード*で使用されるが，パルス波形を用いる測定も可能であり，この場合に反射信

号は，ある遅れ時間の後に受信されるが，この時間間隔はネットワーク中に生じた断線箇所の位置を表す測定量を与える．この方法を用いる場合，その計測機器はタイムドメイン（時間領域）反射測定器と呼ばれる．このような計測技術は光ファイバシステムにおいても応用されており，ファイバネットワーク中の不連続点と分岐点の見分けが可能となる．

反射損失　reflection loss　➡ 反射率

反射電流　reflected current, return current　➡ 反射係数

反射電力　reflected power
　負荷*から返され，発電側に戻される電力．

反射波　reflected wave
1．➡ 進行波
2．➡ 間接波

反射率　reflection factor
　図aに示す回路はインピーダンス不整合な場合であり，インピーダンス Z_A の電圧源からインピーダンス Z_B の負荷に供給される電流を I とする．図bは影像伝達定数* θ がゼロであるインピーダンス整合回路網を挿入してインピーダンス整合した場合を示し，負荷に供給される電流は I_0 である．反射率は I_0 に対する I のベクトル比である．このように，反射率は完全に整合のとれた負荷に流れる電流に対する不整合負荷に供給された電流の比である．その値は次式で与えられる．

$$I/I_0 = \sqrt{(4 Z_A Z_B)/(Z_A+Z_B)}$$

これらの整合および不整合の場合に関し，Z_B 中の電力の比は同様に I/I_0 で与えられる．Z_A と Z_B の間の反射損失はデシベル量で表した Z_B 中の電力の比となり，その値は次式で与えられる．

$$10 \log_{10}(I/I_0)$$

反射損失が負の値の場合，それの意味するところはシステム中で反射利得が存在することである．➡ 反射係数

反照検流計　mirror galvanometer　➡ 検流計

搬送周波数　carrier frequency
　搬送波*の周波数．キャリヤ周波数は通常，送出信号の平均周波数であり，中心周波数として知られる．

搬送波　carrier wave
　同義語：キャリヤ（carrier）．変調*される波，または変調された後の周波数スペクトル成分をいう．変調により搬送周波数*の上側と下側にスペクトル成分が生じる．側波帯の一部を大きく減衰させたものが残留側波帯である．一般的にこれらの成分は変調信号の最も高い周波数に対応する．単一波の変調信号は側波帯では単一波となる．ベースバンドは伝達される全ての変調信号により占められる周波数帯である．

搬送波伝送　transmitted-carrier transmission
　振幅変調*で搬送波が伝送される電気通信システム．⇨ 搬送波抑圧伝送

搬送波伝送　carrier transmission
　搬送波*の変調*による信号の伝送．時には搬送波は伝送されずに変調の結果生じる側帯波（サイドバンド）のみを伝送することがある．これを搬送波抑圧という．

搬送波抑圧　carrier suppression　➡ 搬送波伝送

搬送波抑圧変調　suppressed-carrier modula-

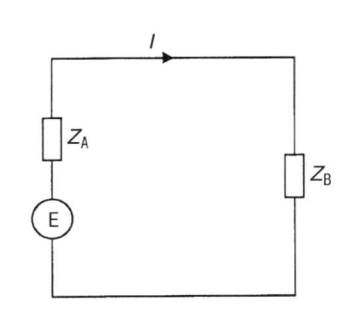

図a　電源から負荷に直結した回路 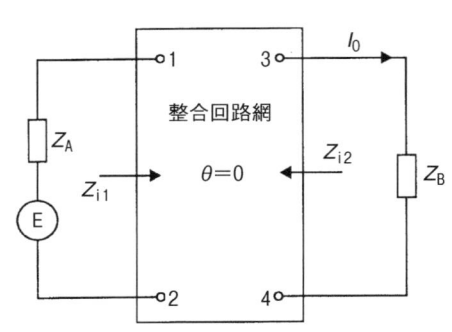　　図b　電源から整合回路網を通して負荷に接続した回路

反射率

tion

被変調波の搬送波成分が伝送されない伝送方法．単側波帯または両側波帯が伝送される．搬送波抑圧伝送は単側波帯伝送*と両側波帯伝送*で使用される．搬送波抑圧変調は受信機で搬送波を再生するため局部発信器を必要とし，さらに検波するため受信信号に局発信号を加える必要がある．この検波方法は同期検波と呼ばれる．

番地（アドレス）　address
1. コンピュータのメモリ*内部における記憶場所を特定する数値．メモリには，アドレス可能な最小記憶単位の違いにより，ワードアドレス可能なものとバイトアドレス可能なものがある．
2. 中央処理装置*が周辺装置と通信する際のI/Oチャネルを特定する数値．

バンチング（集群）　bunching　→速度変調

ハンチング防止回路　antihunting circuit
　帰還制御ループ*内における発振を防ぎ，結果としてシステムを安定させるために設計された回路．

判定帰還形等化器　decision feedback equalizer（DFE）
　非線形等化器の一種で，事前に符号化されたビット列を再構成し，符号間干渉が後続のシンボルに与える影響をより少なくするために使われる．

反転　inversion
　通常用いる程度の電界の印加によって半導体の表面に反対の極性の層が生みだされること．半導体表面が正イオンの内在する絶縁物層と接する場合にはp形半導体表面に自発的反転が生ずる．この反転は移動可能な少数キャリヤが半導体材料に多量に存在するときにのみ生ずる（多量にない場合は空乏層を形成する）．この現象は，絶縁ゲートFET*のチャネルの形成に使われる．⇒MOSキャパシタ

反転増幅器　inverting amplifier
　利得Gが$-(R_f/R_{in})$となる演算増幅器*の接続（図参照）．

反転トランジスタ　inverting transistor
　アナログやディジタルインバータ*として使われるバイポーラやMOS型トランジスタ．アナログインバータとしての動作は，両タイプの

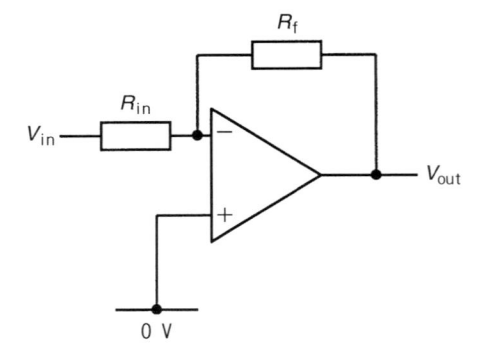

反転増幅器

トランジスタの入出力間での180°位相遅れから生ずる．ディジタルインバータは，バイポーラトランジスタのベースに入力を加えることでつくられる．高入力では，コレクタ（出力）電圧が低下し飽和*を引き起こす．低入力レベルでは，飽和はなくなり，それゆえその出力は上昇する．MOSFETは，その動作により低電位差の点（通常はアース電位）へ出力を接続するスイッチのようなディジタルインバータとして本質的に使われる．高電圧レベルの入力をゲートに加えると，そのトランジスタ内に横切るように導電性チャネルをつくり，ドレイン（出力）電位はソースの低い値に落ちる．トランジスタの閾値電圧より低く設定された低入力レベルは，ソースからドレインを絶縁させる．ドレインは電圧降下用抵抗によって電源に接続されるので，ドレインの電位は高レベルに上昇する．

反転分布　population inversion　→レーザ

バンド（帯域）　band
　1. 長波帯の無線用に限られた目的のための通信に使われる特別な周波数帯．その帯域内の周波数は送信局毎に異なった周波数を割り当てられ，受信者はその帯域内の多くの周波数を自由に同調し，聞くことができる．→周波数帯域．2. 原子エネルギー準位で非常に接近して存在するグループを表す．→エネルギー帯．3. 分子エネルギー準位の非常に接近して存在するグループを表し，化合物の発光スペクトル内に暗い空間で分離された縦縞模様の輝線として現れる．高い分解能をもつ分光器でみると，そのバンドは微細に分離した発光スペクトル群である．

反同時回路　anticoincidence circuit

2つ以上の入力端子をもち，信号が1つの入力端子にのみ受信したとき出力信号を生ずる回路．信号がそれぞれの入力に同時にあるいは指定した時間間隔 Δt 内に受信されたときは出力を生じない．その回路に組み込まれた電子カウンタがその単一事象を記録するため反同時カウンタと呼ばれる．⇒ 同時回路

半導体　semiconductor

純粋な固体結晶の半導体は金属と絶縁物の中間値の導電率*を示し，その典型的な値は1～1000 S/mである．純粋または真性半導体は図に示したような形のエネルギー帯構造*をもつ．価電子帯*には結晶の原子間を結合させている電子が存在する．絶対零度*（T＝0 K°）においては，このバンドは完全に電子で埋め尽くされた状態である．このバンドより1つ上にあるエネルギーの高い許容バンドは伝導帯*であり，価電子帯より1 eVほど高いエネルギー状態にある．なお，このエネルギー幅を禁制帯幅（エネルギーギャップ）という．絶対零度では，伝導帯は完全に電子のない状態となり，絶縁物のように振舞う．

室温（約300 K）では価電子帯にあった電子の中で，禁制帯幅を越える熱運動エネルギーをもった少数の電子が伝導帯に現れ，価電子帯には等量の正孔が生まれる．この状態では伝導帯と価電子帯にそれぞれ少量の電子と正孔をもった状態となり，電気伝導が起こる．電気伝導は伝導帯中の電子と価電子帯の中の正孔*の流れが行う．この導電率は伝導に関わるキャリヤ数が相対的に少ないため金属よりも低い値である．伝導帯の中の電子密度* n は価電子帯の正孔密度 p と等しく，いいかえるとこれは真性キャリヤ密度 n_i である．

$$n = p = n_i$$

真性半導体におけるフェルミエネルギー準位* E_F は伝導帯の下端と価電子帯の上端との中間にある．n と p に関する式は次の関係となる．

$$n = N_c \exp\left[-\frac{E_c - E_F}{kT}\right] = N_c \exp\left[-\frac{E_g}{2kT}\right]$$

$$p = N_v \exp\left[-\frac{E_F - E_v}{kT}\right] = N_v \exp\left[-\frac{E_g}{2kT}\right]$$

また，n_i は

$$n_i = \sqrt{N_c N_v} \exp\left[-\frac{E_g}{2kT}\right]$$

となる．ここで，N_c，N_v はそれぞれ伝導帯と価電子帯の有効状態密度であり，E_g は禁制帯幅，k はボルツマン定数，T は絶対温度である．上の式から真性キャリヤ密度や導電率は強い温度依存性をもつことがわかる．

真性半導体の導電率の値はとても低く，強い温度依存性をもつため，電気部品として実用された場合これらの特性を示すことになる．ところで，キャリヤ密度*は半導体中にドナーやアクセプタ不純物を入念に導入して制御することができる．このようにしてつくられた半導体は外因性半導体（不純物半導体）と呼ばれる．その不純物*は次の特性をもつ．

ドナー不純物：
- 結晶内部の母体原子と置き換わる
- 母体原子より1個多い価電子をもつ
- 結晶内に結合したドナー原子は，母体原子より多い価電子を簡単に離す
- その自由電子は伝導帯の中で電気伝導に寄与することができる
- そのドナー原子は正のイオンとなるが，結晶内で固定されたままの正電荷である．

アクセプタ不純物：
- 結晶内部の母体原子と置き換わる
- 母体原子より1個少ない価電子をもつ
- 結晶内に結合したアクセプタ原子は，価電子不足によって生まれた空孔に価電子帯の電子を容易に埋め込む
- このことは価電子帯の中に正孔を残すことになり，その正孔は電気伝導に寄与することができる
- そのアクセプタ原子は負のイオンとなるが，結晶内で固定されたままの負電荷である．

半導体に不純物を導入することをドーピング*という．不純物密度は真性キャリヤ密度よりも十分に多い量になるように選ばれる．これによりキャリヤ密度の温度変化が解消され，その材料の導電率は温度に依存しなくなる．ドープした半導体中の電子および正孔密度は次のようになる．

n形半導体において：
- ドナー密度 N_D ＞アクセプタ密度 N_A の関係が成り立ち，

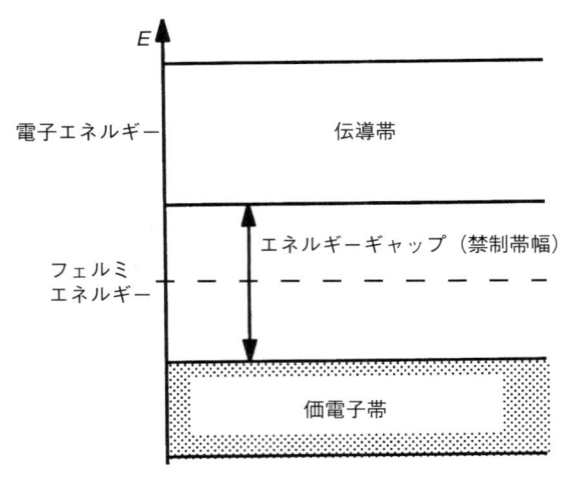

真性半導体のエネルギー帯図

- 電子密度 $n=N_D-N_A$ であるから電子は多数キャリヤ*であり，
- 正孔密度 $p=n_i^2/n$ であるから正孔は少数キャリヤ*であり，
- フェルミエネルギー準位は禁制帯幅の中央より上になる．

p形半導体において：

- アクセプタ密度 N_A ＞ドナー密度 N_D の関係が成り立ち，
- 正孔密度 $p=N_A-N_D$ であるから正孔が多数キャリヤ*であり，
- 電子密度 $n=n_i^2/p$ であるから電子は少数キャリヤ*であり，
- フェルミエネルギー準位は禁制帯幅の中央より下になる．

熱平衡状態において，半導体中では熱力学的平衡状態が成立する．自由に動ける荷電キャリヤは結晶格子をつくる原子との衝突を繰り返して無秩序に結晶内を動き回る．結晶は全体として電荷の電気的中性を保ち，電荷キャリヤは必然的に一定値のままとなる．しかしながら，同時に生成と再結合の過程は絶え間なく起きており，熱的に励起される電子は価電子帯に正孔を残し伝導帯に入り，一方で他の電子は価電子帯へ戻り正孔と再結合をしている（⇒再結合過程）．

半導体に電界（電圧）を加えると荷電粒子は散乱を受けながら電界の影響を受けて動く．その結果，電界はキャリヤを無秩序運動しながら一方向にドリフトさせる（⇒ドリフト移動度；連続方程式）．

外因性半導体はダイオード*，トランジスタ*および集積回路*の作製に用いられる（⇒p-n接合；金属-半導体接触）．最も広く使われている半導体材料はシリコンで民生用半導体製品の99％を上回る量が使われている．ガリウムヒ素*のような化合物半導体*はマイクロ波素子や光電子工学などの専門的な応用に利用されている．

半導体素子（半導体デバイス） semiconductor device

動作が半導体*中の電荷キャリヤ*の流れに依存する電子回路または素子．

半導体ダイオード semiconductor diode

半導体材料で構成されたダイオード*．

半導体メモリ semiconductor memory ➡ 固体メモリ

半導体レーザ semiconductor laser

同義語：ダイオードレーザ（diode laser）．p-n接合ダイオード*を使ったレーザ*はガリウムヒ素*（GaAs）のような直接遷移形の半導体材料でつくられる．p-n接合を順方向にバイアスすると，多数キャリヤが接合を横切り拡散し，それぞれの相手側に過剰な少数キャリヤを注入する．通常のp-n接合では，これらの過剰な少数キャリヤが多数キャリヤと再結合し，接合を通る電流の流れが生ずる．一方，直接遷移形の半導体ではこの再結合過程*において光を放射することができる．その光は禁制帯幅 E_g に相当する周波数をもち，その波長 λ

は，$\lambda = h \cdot c / E_g$ の単色光*である（h はプランク定数，c は光速）．

半導体レーザ片の両端面を平行に切り，反射面を調整することで誘導放出を利用した干渉性放射*ができる．接合部で放射した光子はレーザの活性領域*や光共振器内を通過し誘導放出光を増大する．共振器内の光は p-n 接合の活性領域*によって閉じ込められる．

ヘテロ構造レーザでは，活性 p-n 接合領域をそれよりわずかに違う誘電率すなわち屈折率をもつ半導体によって取り囲み，より効果的な光閉じ込めを行っている．これは，レーザ活性領域とこの閉じ込め層（導波層）との境界で起きる光子の内部反射により，レーザビーム内の光子密度が上がり，その結果，高強度の光が得られる．ヘテロ構造をもつレーザの一例として，GaAs の p-n 接合活性領域を用い，その領域を活性領域よりわずかに誘電率が大きく，GaAs と格子間隔が整合した AlGaAs 層で挟み込むものがある．さらに，レーザ活性領域と共振器を個別に閉じ込めるためのヘテロ構造層を導入した分離閉じ込め型ヘテロ接合レーザ（SCH）がある．

上の例では，誘導放出を起こすための光学的帰還として反射面を使っているが，分布帰還型レーザ（DFB）では，レーザ活性層と閉じ込め層の接触面を固有の周期をもつ波形構造にして光帰還を行っている．これによって，共振器内で放射した光は，この両面で反射した後，建設的に干渉して光共振器内に戻るため，この光学的帰還を用いたレーザの出力は増大する．

ハンドオーバ handover
 同義語：ハンドオフ（handoff）（米国）．携帯電話の接続をある基地局から別の基地局に切り替えること．

バンド間再結合 band-to-band recombination → 再結合過程

バンドギャップ band gap
 同義語：禁制帯幅（forbidden band）．→ エネルギー帯

ハンドシェイク handshake
 コンピュータにおいて通信する 2 つのプロセッサ間または装置間の情報の流れを制御する一般的な方法で，データの送信前に送信許可を相手に求め承認される必要がある．また，たいていの場合，転送後にデータ受領の合図が届く．

バンドスイッチ band switch → タレットチューナ

バンドスプレッド（帯状拡張） band spread
 受信機が，他の伝送に使われている周波数に近接した，別の狭帯域伝送を容易に選択できるようにする構造や技術．同調がより簡単に行えるように，周波数幅が物理的，電気的に広げられる．例えばより細かな周波数調整のために，同調部に歯車を用いた減速機構をもつ受信機もある．また電子同調においてはこれと同様な仕組みを粗調整と精密な調整によって得ることができる．

半二重 half-duplex
 双方向通信において，同時には一方向にしか情報を送れない通信路のこと．→ 全二重

半二重操作 half-duplex operation → 全二重操作

反応性イオンエッチング reactive ion etching → エッチング

反応性イオンビームエッチング reactive ion beam etching → エッチング

反応性スパッタリング reactive sputtering → スパッタリング

万能能動フィルタ universal active filter → 状態変数フィルタ

万能非同期受信機/送信機 universal asynchronous receiver/transmitter → UART

万能分流器 universal shunt
 主電流を指定された比率（0.1，0.01 など）に分流する電流検出用分流抵抗．広範囲に内部抵抗を変えられる電流検出器で使われる．例えば適当な分流比率を備えた比較的大きな抵抗のエアトン分流抵抗がある．→ 分流抵抗

半波整流回路 half-wave rectifier circuit
 単相交流入力の半波のみの期間だけ負荷に一方向の電流を供給する整流回路*（図参照）．通常は正の半サイクルが整流される．

半波長ダイポール half-wave dipole → ダイポール

半波倍電圧回路 half-wave voltage doubler
 入力波形の半サイクルの間だけ動作する倍電圧整流器*．

半波整流

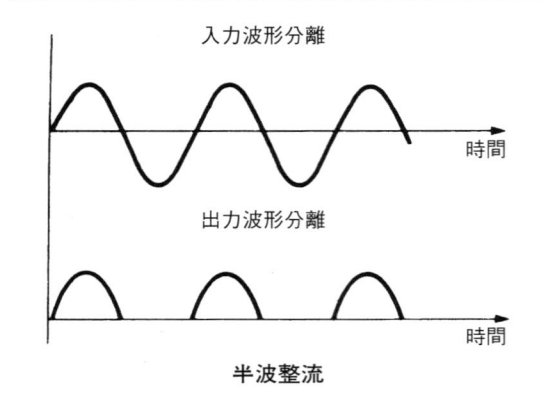

反復インピーダンス iterative impedance

二端子対回路*の一方の端子対に接続されたインピーダンスが他方の端子対からみたとき同じインピーダンスにみえるようなインピーダンス．一般に二端子対回路は2つの反復インピーダンス，すなわちそれぞれの端子対のインピーダンスをもつ．もし2つの反復インピーダンスが等しいとき，共通のインピーダンスは回路網の特性インピーダンスといわれる．⇨ 影像インピーダンス

反復サージオシロスコープ recurrent-surge oscilloscope

電気サージ*の研究に使用する計測器．サージ発生器はこの陰極線管オシロスコープ*（CRO）と組合されて使用する．サージ発生器でつくられるサージの繰り返し速度はCROの時間軸に同期してあり，それにより画面上に安定したサージの画像が得られ，観測および写真撮影に適している．

半無響室 semianechoic chamber ➡ 無響室

汎用移動通信システム global system for mobile communications（GSM）

最も普及した第2世代携帯電話システム標準．欧州で標準化され，それぞれ独自の標準をもっている米国と日本を除いたほとんどの世界各地を席捲した．➡ 時分割多重

汎用インピーダンス変換器 general impedance converter（GIC）

演算増幅器*を用いてGICを実現した回路を図に示す．ここでは1つのポートの入力インピーダンスをもう一方のポートを終端したインピーダンスZ_5と二端子対素子の内部に存在するインピーダンス比（Z_1Z_3/Z_2Z_4）の積とすることができる二端子対回路．

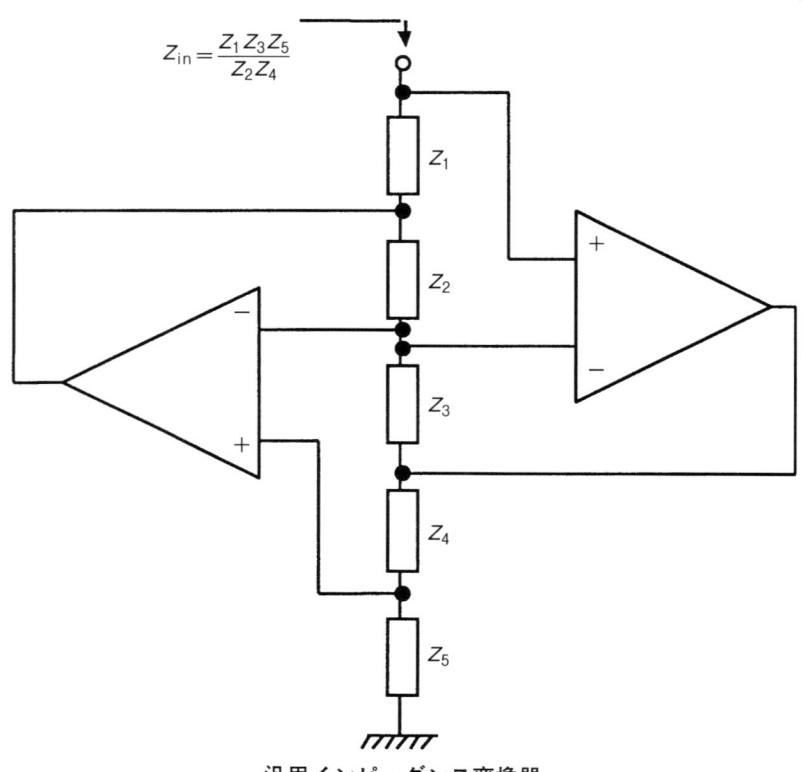

$$Z_{in} = \frac{Z_1 Z_3 Z_5}{Z_2 Z_4}$$

汎用インピーダンス変換器

ヒ

ビア via

集積回路*の低インダクタンス接続のために使われるスルーホール．ビアは金属パターンで相互に接続されたウエハの上面に誘電層を通じてつくられる．ビアは，低インダクタンスアースが要求される場所でFETが接続されたウエハの裏面にもつくられる．これは，特にマイクロ波やパワーFETで有効であり，同時にヒートシンクやアース面として使うためウエハ裏面に金属めっきでつくられる（図参照）．

非アクティブ区間 inactive interval ➡ のこぎり波形

ピアス水晶発振器 Pierce crystal oscillator ➡ 圧電発振器

PRF

略語：パルス繰り返し周波数（pulse repetition frequency）．➡ パルス

非安定マルチバイブレータ astable multivibrator ➡ マルチバイブレータ

非閾値論理 nonthreshold logic (NTL)

高速，低消費電力で動作する集積化論理回路*ファミリー．基本NTLゲートが図に示してある．NTLは抵抗-トランジスタ論理回路*（RTL）と単純化したエミッタ結合論理*（ECL）を組合せたものと考えられる．入力トランジスタA，BはR_1を通してペアーを形成する．電圧利得はR_2/R_1で与えられ1より若干大きい値に調整される．他の論理回路と異なり"OFF"状態，すなわち入力が論理レベルLのときにも相対的に大きな電流がトランジスタを流れる．論理レベルHがどちらか一方のトランジスタのベースに加えられると，トランジスタは飽和し，コレクタ電圧は低くなる．両方の入力ともHであると出力はLであるが，どちらか一方の入力がL（あるいは両の入力ともL）であると出力はHとなる．トランジスタが深い飽和をしないようにするためLとHの電圧差は小さい．また，スイッチング時間を最適にするためにもLとHの電圧差が小さい．スイッチング速度をさらに上げるためコンデンサCが抵抗R_1と並列に使用される．基本ゲートを単純化することはVLSIへの応用では相対的にはよい方法といえるが，電圧利得が低いので雑音の影響を受けやすいということでもある．

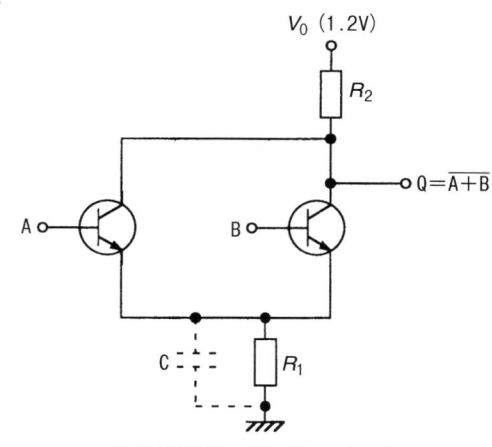

非閾値論理：NANDゲート

PECVD

略語：プラズマ励起化学気相成長法（plasma-enhanced chemical vapour deposition）．➡ 化学気相成長

PEP

略語：ピーク包絡線電力（peak envelope power）．側波帯送信機*の電力の単位．これは最大ピーク包絡線電圧に0.707を掛けて2乗し，負荷抵抗で割り計算される．

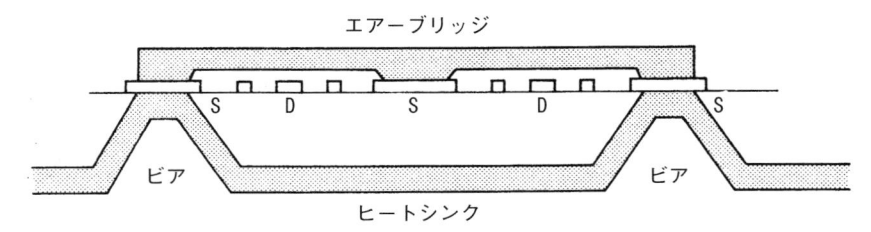

ウエハの裏面につくられたビア

PAR
略語：精測進入レーダ（precision approach radar）．

PAM
略語：パルス振幅変調（pulse amplitude modulation）．→ パルス変調

PAL
1. 略語：PAL方式（phase alternation line）．ドイツで開発されたカラーテレビジョンシステム．カラーテレビジョン*の色信号は色副搬送波の振幅変調*と直角位相の2つの要素で解決されている．PALシステムでは位相誤りを最小化するために飛び越し線ごとに位相が反転される．このシステムは主にヨーロッパで採用されている．⇒ SECAM
2. 略語：プログラマブルアレイロジック（programmable array logic）．ANDゲート入力にプログラム可能な多数の入力変数をもつ論理素子．ANDゲートの出力はPALの出力であるORゲートに固定された入力を形成する（図参照）．

BSI
略語：英国規格協会（British Standards Insitute）．

PSK
略語：位相偏移キーイング（phase shift keying）．→ 位相変調

PSTN
略語：公衆電話回線交換網（public switched telephone network）．

ピエゾストレインゲージ（圧電ひずみゲージ） piezoelectric strain gauge → ひずみゲージ

BNCコネクタ　BNC connector
最近の計器や装置で広範囲に使われている差込み固定のコネクタ．四分の一ひねってねじ込み，シールド（アース）回路と内部導体（信号）回路を同時に完全に接続する．4000 MHzまでの周波数帯の信号に対して使用され，パネル搭載および端子終端装置などいろいろなものに使われる．

p-nジャンクション　p-n junction　→ p-n接合

p-n接合　p-n junction
極性の異なる2つの半導体*，つまりp形半導体とn形半導体が接触している領域．単純なp-n接合は同じ材料中に形づくられ，それぞれ同程度の不純物ドーピングで2つの異なる導電形を形成する．この形の接合はホモジャンクションとして知られている．ヘテロ接合*は2つの異なる材料から形づくられる．p-n接合の性質は，多くの半導体デバイス，例えばダイオード*，トランジスタ*などで利用されている．

接合にバイアスしていない場合，順方向バイアス（p領域に正の電圧が加える），そして逆方向バイアスの各場合における簡単なエネルギー帯図が図aに示されている．無バイアス状態では，平衡条件の要請によりフェルミレベル（E_F；→ エネルギー帯）は材料全体を通して一定である．これが接合面でエネルギー帯を変形させ，接合面を横切る向きの電界が発生する．この電界は内蔵電界として知られている．平衡状態では，動けないイオン化した不純物原子と実質的に移動できるキャリヤのない狭い空

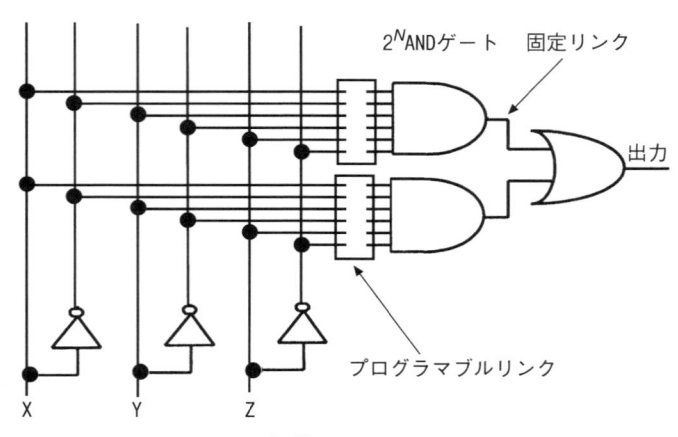

2^NANDゲート　固定リンク

出力

プログラマブルリンク

X　Y　Z

一般化されたPAL

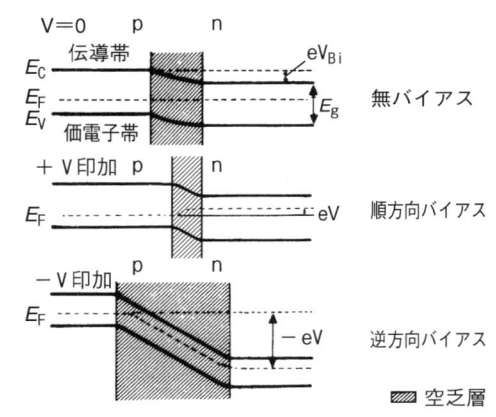

図a　p-n接合（ホモジャンクション）のエネルギー帯図

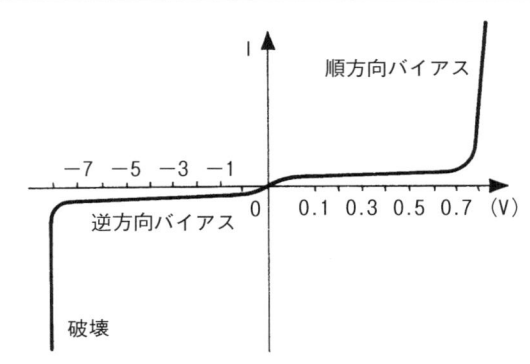

図b　p-n接合の電流-電圧の特徴

乏層*が存在する．

逆方向バイアス状態では，空乏層は拡大し，接合における電界も増加する．そして空乏層はキャリヤの流れに対する障壁として働く．空乏層中で熱的に生成された微量のキャリヤが電界により接合を横切って流れ，小さな逆方向飽和電流 I_0 となる．

順方向バイアスの場合，内蔵電界は減少し，キャリヤは接合を通り抜け反対の極性の領域に拡散し流れ込む（流れ込んだキャリヤはその領域では少数キャリヤ*である），そして外部回路に多量の電流を流すことになる．

理想的なp-n接合（ホモ接合）の順方向電流・電圧特性は，指数関数の関係になる．

$$I = I_0\{\exp(eV/kT) - 1\}$$

ここで，e は電子電荷，V は印加電圧，k はボルツマン定数，T は絶対温度である．この式はショックレイの式（または理想ダイオードの式）と呼ばれ，以下の仮定をしている．電流は接合を通ってキャリヤが拡散して流れ，注入された少数キャリヤ濃度は多数キャリヤ濃度に比べ少ない．空乏層内ではキャリヤの発生も再結合もない．実際にはこれらの条件は常に満たされるわけではなく，特に真性キャリヤ密度の低いシリコンにおいて生じる．この場合にはショックレイの式を修正して，eV/kT の項を eV/nkT に置き替える．ここで n は1と2の間の値である．

p-n接合の特性曲線は，構造，バイアス条件，接合両側の不純物濃度に依存する．典型的なp-n接合の特性曲線を図bに示す．単純なp-n接合は，整流，電圧制御，およびバリスタ，バラクタ，スイッチとしての利用などに応用されている．

pnpn素子　pnpn device (or p-n-p-n device) → サイリスタ

pnpトランジスタ　p-n-p transistor (or PNP transistor) → バイポーラ接合トランジスタ

PABX

略語：自動式構内交換設備（private automatic branch exchange）．→ 電話

BFSK

略語：2周波数偏移キーイング（binary frequency shift keying）．→ 周波数変調

PFM

略語：パルス周波数変調（pulse-frequency modulation）．→ パルス変調

PM

略語：位相変調（phase modulation）．

PMMA

略語：ポリメタクリル酸メチル（polymethylmethacrylate）．

PMBX

私的な手動による構内交換のためのもの（private manual branch exchange）．→ 電話

PLA

略語：プログラマブルロジックアレイ（programmable logic array）．デバイス入力がANDゲート，出力デバイスがORゲートである積和形式になっている論理回路*（logic circuit）で，ANDゲートへの入力変数はプログラム可能（→ PAL）で，ORゲートへの入力変数も同様にプログラム可能である（図参照）．図中の交点は入力変数（A, B, C）とAND

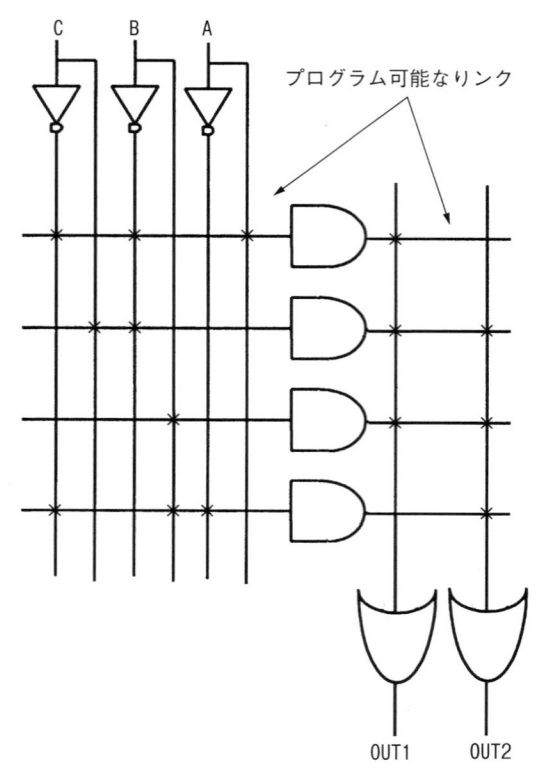

一般化した PLA

ゲート，OR ゲートの入力を接続することを示している．

PLM
略語：パルス幅変調（pulse-length modulation）．→ パルス変調

PLL
略語：位相同期ループ（phase-lock loop）．

PLD
略語：プログラマブルロジックデバイス（programmable logic device）．論理回路内部の機能を設計できる論理素子である．このような素子に ROM*，PAL*，PLA*，FPGA* がある．

PLB
略語：パーソナル探査ビーコン（personal locator beacon）．緊急に捜査警報を発し救助するため，緊急事態において使用される携帯送信機．送信信号は国際緊急遭難周波数の1つ 121.5 MHz の通常の振幅変調．⇒ EPIRB（非常用位置指示無線標識）

ビオ-サバールの法則　Biot-Savart law
真空中で電流 I が流れる線素 ds の導体から

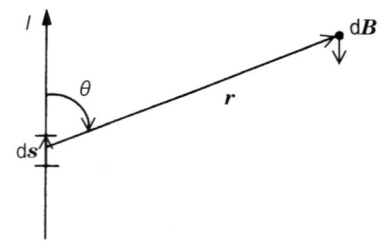

ビオ-サバールの法則

距離 r 離れた点での磁束密度 B は
$$dB = \frac{\mu_0 I (ds \times r)}{4\pi r^3}$$
$$|dB| = \frac{\mu_0 I ds \sin\theta}{4\pi r^2}$$
で与えられる．ここで，μ_0 は真空の透磁率である（図参照）．ビオ-サバールの法則を積分するとアンペアの周回定理（→ アンペアの法則）がえられる．

比較器　comparator
2つの入力を比較し，比較した結果にもとづく関数出力を与える，差動増幅器* のような回路．

p 形伝導　p-type conductivity
半導体中を可動な正孔* の実質的な移動により電流が運ばれる電気伝導（導電）．⇒ 半導体；n 形伝導

p 形半導体　p-type semiconductor
導電電子* より移動性正孔* の密度が高い外因性半導体．そのため，正孔が多数キャリヤになる．⇒ 半導体；n 形半導体

光起電効果　photovoltaic effect
金属や半導体または異なる極性の半導体のような2つの異なる材料間の接続が，近紫外から赤外までの電磁照射にさらされるとき起こる効果．順方向電圧が光照射接合面に現れ，その電力を外部回路へ供給できる．この効果は，空乏層と無バイアス接合に関連する電位障壁で起こる（⇒ p-n 接合；金属-半導体接触）．p-n 接合と金属-半導体接触（図 a, b 参照）に対応したエネルギー帯図を示す．光の照射は価電子帯内の電子にエネルギーを与え，p-n 接合付近の空乏層や金属-半導体接合の障壁で電子-正孔対をつくりだす．電子-正孔対がつくられるので，内蔵電界（図 a, b 参照）により接合を通過し，順方向バイアスをつくる．p 形半導体また

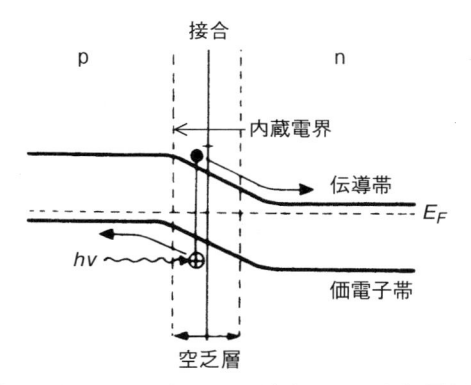

図a バイアスのない p-n 接合による光起電効果

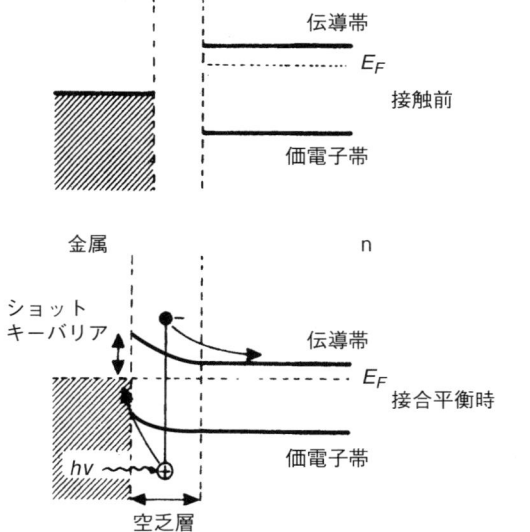

図b 金属-半導体接触による光起電効果

は金属の方に移動した過剰な正孔は正のバイアスを生じ，n形半導体に移動した過剰な電子は負のバイアスを生む．光起電効果は，太陽電池*のような光電池*に使われる．

光グロー管 photoglow tube → 光電管

光検出器 photodetector

光エネルギーを検出*または光に応答する任意の電子素子．→ 光電セル；ホトダイオード；ホトトランジスタ

光スイッチ optical switch

光ファイバ*に伝送されるような光信号を2つ以上の伝送路の間で切り換える手段．光スイッチを構成する一般的な2つの方法は，ソレノイドにより出力側ファイバを物理的に動かす方法と，光信号を反射させる鏡を2つの出力の間に用いる方法である．

光生成 photogeneration

光や他の電磁波パルスの照射によって半導体中にキャリヤが生成されること．

光電池 photovoltaic cell

起電力を生みだすために光起電効果*を有する電池．例として，バイアス電圧が印加されていない p-n 接合の太陽電池*．→ 光電セル

光電離 photoionization

原子または分子が電磁放射にさらされたときに電離すること．光電離の機構は，光電効果*の動作と同じである．しかし，光電離の場合はガスの場合と同じで，電子が単一の原子または分子から放出される．周波数 ν で入射した光は，不連続なエネルギー $h\nu$ をもつ光量子*であると考えられる．ここで h はプランクの定数である．光電離は，光のエネルギー $h\nu$ が第一電離ポテンシャルを超えるときだけ生ずる．かくしてこれ以下の周波数ではこの効果が発生しない光電離閾値が存在する．

光電流 photocurrent

光デバイスに光を照射したとき，その光によってつくられるデバイス内に生ずる光電流．⇒ 光電セル；光導電；光電効果；光電離

光導電 photoconductivity

電磁放射*の吸収によりある種の半導体の導電率が増加する現象．ある種の材料の光導電は，可視領域の放射に起因する．振動数 ν の放射は，$h\nu$ のエネルギーをもつ光量子*の連続流として考えられる．ここで，h はプランク定数である．

もし，半導体が放射にさらされると価電子帯*内の電子が放射によって励起を受ける．光子のエネルギーが，電子によって吸収されるエネルギーより十分に大きいと電子は禁制帯を越えて伝導帯*へ励起され価電子帯に正孔が残る．光子のエネルギー $h\nu$ がエネルギーギャップ E_g より大きいとき，過剰なキャリヤがつくられることから光導電率に急激な変化が観察される．照射の強度が弱いと光導電率の増加率はその強度にほぼ比例する．光子のエネルギーが素材の仕事関数* Φ を越えると，電子は光電効果*によって固体から解放される．$\Phi > h\nu > E_g$ の条件では，内部光電効果と呼ばれる光導電状態になる．上記のバンド間遷移は，真性半導体で生

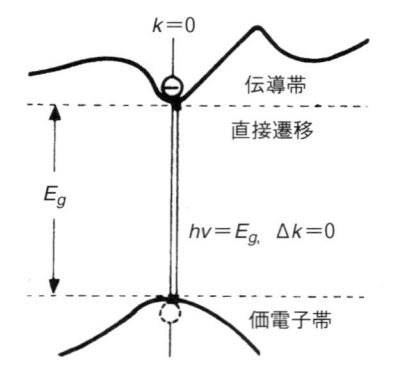

図a 直接遷移ガリウムヒ素半導体のエネルギー図

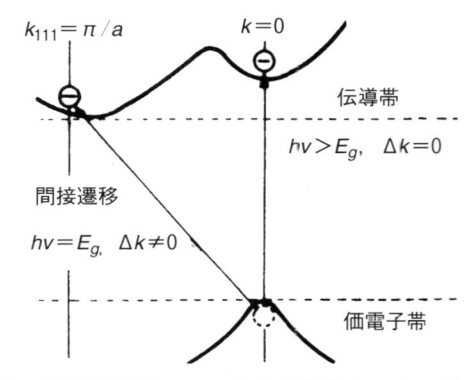

図b 間接遷移ゲルマニウム半導体のエネルギー図

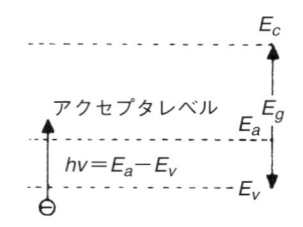

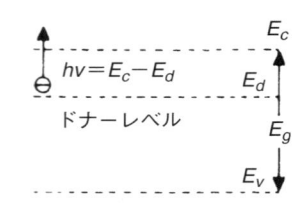

図c 外因性光導電遷移

じる．半導体の吸収スペクトルの計測は，E_g の大きさの測定に価値ある情報を与える．直接遷移*半導体では，E_g（図a参照）に相当する吸収限界をもつ．間接遷移*半導体は，E_g より大きな値を示す（図b参照）．光子エネルギーが E_g にちょうど等しくても直接遷移は不可能である．間接光導電は，フォノンが同時に発生または消滅ができれば間接遷移が可能である．もし，k が波数ベクトルでそれが結晶格子内の電子の運動量を表すとき（→運動量空間），運動量の変化が $\Delta k \neq 0$ ならば，エネルギー E_g の遷移が可能となる．これは E_g に相当するスペクトルにわずかな吸収限界をもたらす．間接遷移を起こすのに必要な運動量の変化は，運動量を保存するためにフォノンの手助けによる吸収や放出がなくてはならない．

外因性半導体の光導電は，入射光のエネルギー $h\nu$ がバンド間エネルギーより小さくても起こる．これは，アクセプタレベルやドナーレベルからの励起が必要なためである（図c）．ここで，E_a および E_d はアクセプタ準位およびドナー準位である．この場合，電子-正孔ペアは，生成されない．p または n キャリヤが生まれる．

光導電材料は，再結合により短時間で消滅するので，入射光に対して速い応答性をもつ．それゆえ，スイッチや光検出器として利用価値が高く，光電池の入射光を機械的チョッパ装置で適切に変調してやれば，交流信号を生みだす．

光導電撮像管 photoconductive camera tube
→ 撮像管．⇒ ビジコン

光導電セル photoconductive cell → 光電セル

光ファイバ optical fibre

長さ方向に光を伝送する極細糸状のガラスあるいは透明プラスチック．光損失を減らすため，ファイバは非常に純度の高い材料からできており，その材料の屈折率は周方向に変化している．この屈折率の変化が，ファイバの軸に対してある角度未満のときに光線を全反射させ，これが伝送路に沿って続くことになる．光ファイバは主に通信に使用されている．→ 光ファイバシステム

光ファイバシステム fibre-optic system

光ファイバ*ガラスまたは純粋なプラスチックの高精度繊維の長さ方向にそって光を伝送するシステム．一端に光変調器をもち，遠く離れた他端に光復調器をもつ，柔軟な光ファイバの束が通信システムとして使われる．変調器には可視光または赤外線を放射するものならどんな

光源でも用いることができる．光源としてはしばしば LED* または半導体レーザ* などが用いられる，それらは伝送すべき信号によって変調される．その信号はディジタルでもアナログでもよい．復調器は受信端において光を変調した信号を電気信号に変換しなおす光検知器で構成されている．光ファイバによる通信の利点の1つはその情報の帯域幅の広いことである．

光変換器 photoconvertor
光パターンからディジタル電気信号をつくる光電変換器で光電セルをならべて配列し，各光電セルに当たった光強度に比例した電流を生ずる．光は透過性スクリーンまたは照射されたホトマスク* あるいは切り出された不透明パターン上に光学像をつくる．

非干渉アンテナ anti-interference antenna system
受信用に設計されたアンテナで入射するエネルギーを取り込むのみでアンテナを構成する部分やフィーダからはエネルギーを取り込まない．この効果は電気モータのような人為的な干渉から遠く離すことにより大幅に雑音が低減できる．

引き込み線 lead-in
アンテナと受信機または送信機を接続するケーブル．

引き外しコイル trip coil → 引き外し装置

引き外し時間 time to trip
信号がスイッチ，遮断器，その他同様な機器に投入された時刻からそれらの機器が動作する瞬間までの自然の遅れ時間．→ 遅れ

引き外し装置 tripping device
常態ではサーキットブレーカ（→遮断器）を動かされるまでオンの位置にあることを強制する装置，サーキットブレーカが回路を遮断することを許した場合に作動する．引き外し装置の多数の形式において手動による操作が一般的である．他の種類は電磁的に作動される．典型的な例は引き外しコイルであり，可動のプランジャ（突入棒）またはアーマチュア（回転子）を制御するコイルで構成されている．プランジャがサーキットブレーカの作動を制御する．

非吸収電界強度 unabsorbed field strength
送信アンテナと受信アンテナ間にいかなる吸収* もない受信点での電波の電界強度．

B級増幅器 class B amplifier
入力交流電流が0のところで，出力電流が遮断されるように動作する線形増幅器*．通電角* はπとなり，半波整流出力が得られる．入力信号を正しく複製するには，2つのトランジスタが必要で，かつ両者が別々の半周期において電流を流す必要がある（→プッシュプル動作）．B級増幅器は極めて効率がよいが，クロスオーバーひずみ* の影響を受ける．

非共鳴線路 nonresonant line → 伝送線路

ピーク逆電圧 peak inverse voltage
逆方向*，すなわち最大抵抗となる方向において，素子に加えることのできる瞬間的な最大電圧値．逆方向電圧のピーク値がこの値より大きくなった場合，素子の降伏* が発生する．降伏は半導体内部に生ずるなだれ降伏であり，電子管においてはアーク放電である．素子の逆方向ピーク電圧定格値は，その素子が降伏することなしに許容できる逆方向最大電圧値を示す．

ピーク順電圧 peak forward voltage
順方向，すなわち素子の抵抗を最も小さくして電流を流せるよう設計した極性電圧において，素子に加えることのできる瞬間的な最大電圧値．

ピクセル（画素） pixel, picture element
画素，つまりディジタル画像またはビデオディスプレーにおける1要素．

ピーク対ピーク振幅 peak-to-peak amplitude → 振幅

ピーク値（波高値） peak value
同義語：振幅（amplitude）；波高値（crest value）．
1. 様々な交番する量の正または負の最大値．例えば，その値は電流や電圧に関して決められた時間間隔内で求める．その値が正と負で同じ大きさになるとは限らない．
2. 同義語：ピークパルス振幅（peak pulse amplitude）．インパルス* 電圧または電流の最大値．

ピグテール pigtails
くだけた言い方で，ケーブルのシールドを格納箱あるいは接続端子箱のアースにつなぐ導線．このような箱の空間ではシールドはうまくできないので曲がったワイヤ片すなわち"豚のしっぽ"を筐体アースにつなぐ．連続的なシー

ルドよりもこのようなシールドを使う方が装置のEMC（電磁適合性）効果は著しく改善される．

ピーク点 peak point ➜ トンネルダイオード

ピークパルス振幅値 peak pulse amplitude ➜ ピーク値

ピークピッカ peak picker
波形の正または負のどちらかのピークを見つける回路．

ピーク負荷 peak load ➜ 負荷

ピークライディングクリッパ peak-riding clipper
回路に入力するパルス列のピーク電圧値によって，自動的にリミット電圧を調整するリミタ*．

ピークリミタ peak limiter
同義語：クリッパ（clipper）．➜ リミタ

ピケットフェンス（杭柵）効果 picket-fence effect ➜ 離散フーリエ変換

ピコ pico
記号：p．単位の接頭語，単位の上に付け，1兆分の1（10^{-12}）を表す．$1\text{pF}=10^{-12}\text{F}$である．

ピコセル picocell
セルラーシステムにおける非常に小さなセルのこと．ピコセルは1部屋から1つの建物程度までをカバーする広さを表す．

非コヒーレント検波 noncoherent detection
同義語：非コヒーレント復調（noncoherent demodulation）．➜ 変調

ビーコン beacon
信号を発振する無線局で，基準点として働く．確認信号を発振するビーコンはコードビーコンと呼ばれる．ホーミングビーコンは航空機のような対象を，例えば空港などの目標へ導く働きをする．空港では着陸装置とともに働くローカライザビーコンからの信号を航空機が検出し，着陸を誘導する．レーダ信号を使うビーコンはレーダビーコン，無線周波数を使うビーコンはラジオビーコンと呼ばれる．ビーコンからの信号を検出する受信機はビーコン受信機と呼ばれる．

PC
1．略語：パーソナルコンピュータ（personal computer），通常IBM互換性のものを指す．2．略語：プログラムカウンタ（program counter）．

PGA
略語：ピングリッドアレイ（pin grid array）．

BCH符号 BCH codes
略語：ボーズ・チョードリ・オッカンガム符号（Bose-Chaudhuri-Hocquenghem codes）．エラー訂正符号の一種．➜ ディジタル符号

BCS理論 BCS theory ➜ 超伝導

BJT
略語：バイポーラ接合トランジスタ（bipolar junction transistor）．

PCM
1．（またはpcm）略語：パルス符号変調（pulse code modulation）．➜ パルス変調
2．略語：ポータブル適合マスク（portable conformable mask）．➜ 多層レジスト

PCMCIA
略語：PCメモリカード国際協会（Personal Computer Memory Card International Association）．約500の企業からなる団体で，携帯型パソコンの機能拡張に使用される小型装置の標準規格を決定する．当初，この標準規格はメモリに対して利用されたが，現在は各種装置に適合する．3種類あり，どれもサイズは85.6×54 mmで同じであるが，厚みが異なる．タイプⅠ：主にROMまたはRAM用で，厚さ3.3 mmである．タイプⅡ：通信カードによく使用されており，厚さ5.5 mmである．タイプⅡ用のスロットはタイプⅠのカードも挿入できるようになっている．タイプⅢ：ポータブルディスクドライブを利用でき，厚さ10.5 mmである．タイプⅢ用のスロットは，カード2枚であれば，タイプⅠ，タイプⅡのどの組合せでも利用できる．PCMCIAカードはPCカードの名で知られている．

PCカード PC cards ➜ PCMCIA

ビジコン vidicon
低速電子の光導電性の撮像管*で，画像オルシコンより小形・簡単・安価であるため，専用テレビジョンに，あるいは室外用放送カメラとして広く使用されている．
ビジコンの光電性ターゲット領域は，薄いガ

図a ビジコン

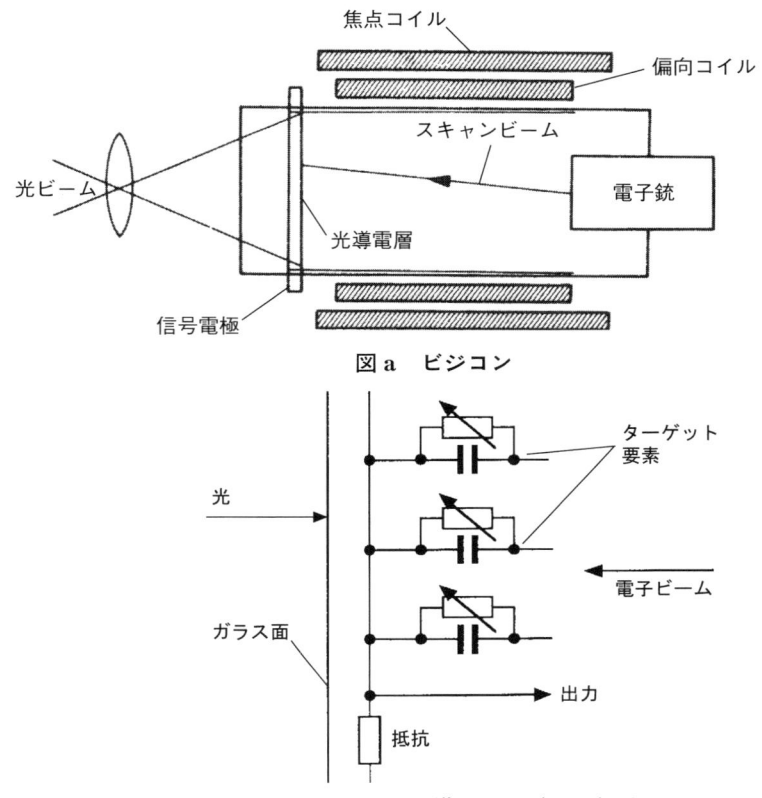

図b ビジコンの光導電ターゲット領域

ラス板の内側に貼り付けた透明な導電フィルムからなっている（図a）．光導電材料（→光導電）の薄膜層が導電層上に，さらに光導電層の近傍に置かれた細かい格子に蒸着する．導電層は信号電極として動作する．その電極からは出力が得られ，正電位状態で保持される．光導電素子は，漏れ静電容量の配列として考えられる．その静電容量の一方の極板が電気的に信号電極に接続されており，他方は，電子ビームにさらされている以外，非接続である（図b）．光導電性層の表面は，電子銃からのビームによって陰極の電位まで充電され，各素子の静電容量は充電される．

光画像はターゲット電極上につくられる．各々の実効的な漏れ抵抗値は，ターゲット領域（→光導電）の対応する素子の光強度で決まる．そのフレーム時間の間，各素子の静電容量が，対応する漏れ抵抗の値に依存する量により放電する．つまり，正電位パターンがターゲットの電子銃の側に光画像に応じて現れる．

ターゲットが低速度電子でスキャンされ，各素子の静電容量が，電子ビームからの電子により再び陰極の電位まで充電される．ターゲットがスキャンされると信号電極に電流が流れる．すなわち，流れる電流の大きさは，ターゲット領域の電荷の関数であり，光学レンズシステムからの照度の関数となる．

ビジコン管の改良型であるプラムビコンでは，ターゲット要素は，光エネルギーにより制御される半導体の電流源である．光がないときは，ターゲット素子は実質的に，非常に低い逆飽和電流をもつ逆バイアスのショットキーダイオードである．ビジコンに比較してこれらの管の原理的な特長は，低い暗電流と良好な感度と光伝送特性である．

BCD

略語：二進化十進数（binary-coded decimal）．

PCB

略語：プリント回路基板（printed circuit board）．プリント回路の電子部品支持用の薄板とその回路．⇒多層プリント回路基板

ビジュアルディスプレイ装置 visual display unit（VDU）

CRTスクリーン上に文字や線画の形式で情報を表示するコンピュータとともに使われる装置．VDUにはキーボード*，マウス，タッチスクリーン*，ライトペン*などが付属しており，これらによって表示された情報の変更，新しいデータの入力，表示の印刷などができる．⇒ターミナル

非周期減衰 aperiodic damping

同義語：過制動（over damping）．→減衰

非周期信号 aperiodic signal, nonperiodic signal

周期信号*と異なり，一定間隔で繰り返しを生じない信号．非周期信号はランダムな性質をもち，連続的な周波数スペクトルを示す．

非周期波形 aperiodic waveform

ある量の変動が経過時間に対して規則正しく繰り返さない波形（→波）．⇒周期波形

非巡回型フィルタ nonrecursive filters →ディジタルフィルタ

ビーズ形サーミスタ bead thermistor →サーミスタ

ヒステリシス hysteresis

ある効果を生み出す機構の変化に対応して，観察された変化が遅れること．ヒステリシス現象のよく知られている例は磁気ヒステリシス*である．

ヒステリシス環線 hysteresis loop →磁気ヒステリシス

ヒステリシス係数 hysteresis factor →磁気ヒステリシス

ヒステリシス損失 hysteresis loss

1. →磁気ヒステリシス．2. →強誘電体ヒステリシス損失

ヒステリシスひずみ hysteresis distortion

あるシステム中の1つあるいはそれ以上の素子の非線形ヒステリシスによって引き起こされるひずみ．

ヒステリシスメータ hysteresis meter

磁気ヒステリシスを検知し，測定する計器．→磁気ヒステリシス

PSPICE

SPICEの一種で，特にPC互換機のコンピュータ上で動作するように変更されたもの．→トランジスタパラメータ

ひずみ distortion

システムや構成要素が入力の特徴を出力において正確に再現できない程度を表す．送信システムやネットワークによって波形が変化することは，元の入力に存在しない特徴を生じさせたり，あるいは，存在する特徴を隠したり変えてしまったりする．ひずみは遠距離通信システムにおいて重大な問題である．ひずみにはいくつかの異なるタイプがある．

振幅ひずみは両方の波形が正弦波であるような入力の増幅による出力の平均二乗偏差の値と，入力の平均二乗偏差の値の比の変動により発生する．もし，出力波形だけ高調波が存在すると，基本周波数と判断される．

交差ひずみはプッシュプル*操作時にトランジスタが互いに正しい位相で動作しないときに発生する．

遅延ひずみは周波数ごとの遅延の変動による波形の変形である．

偏差ひずみは不十分なバンド幅や非線形な弁別装置をもつ周波数変調の受信器に生じる．高調波ひずみは元の波形にない高調波による．相互変調ひずみは非線形な通信システムにおいて，入力から同時に2つ以上の正弦波の電圧が加えられたとき，出力の偽の結合周波数成分により生ずる．複雑な波形の相互変調ひずみは波形間の相互変調*から生じる．

非線形ひずみは瞬時送信特性が入力の大きさに依存するようなシステムで生じる．振幅ひずみ，高調波ひずみ，相互変調ひずみは非線形ひずみにより生じる．

位相ひずみは生じる位相の変動が周波数の非線形関数であるときに生じる．

画像の光学ひずみはCRT*，テレビ画像管やファクシミリの送信のような電子システムにおいてみられる．これは電子レンズのピントのシステムの誤りにより起こる．

画像の開口ひずみは走査点が無限に小さい面積ではなく，有限の面積をもつことにより生じる．樽型ひずみと糸巻型ひずみは横方向の拡大率が一定ではなく画像の大きさに依存するときにみられる（図参照）．樽型ひずみは対象の大きさに対して拡大率が減少するときに生じ，糸巻型ひずみは対象の大きさに対して増加すると

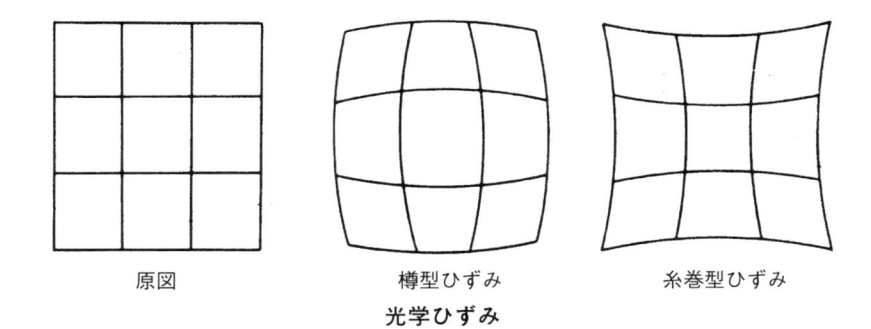

光学ひずみ
原図／樽型ひずみ／糸巻型ひずみ

きに生じる．

コマ収差は電子銃のピント要素が一直線になっていないときに生じる，点に羽が生えたようなひずみである．

台形ひずみは走査線の垂直の転置が変動する水平走査線の長さにより生じる．電子ビームがスクリーンに対して鋭角なので，画像が長方形ではなく台形になってしまうときに最も著しい．これは適切な送信回路を使用すると取り除くことができる．

台形ひずみはCRTのスクリーンが正方形でなく台形の形であることで，プレートに加えられた偏った電圧がアノードに対してバランスしなかったときに生じる．

非正規化 denormalization

正規化低域通過フィルタ*に周波数スケーリングやインピーダンススケーリングを適用すること．正規化されたフィルタ応答は正規化フィルタの全てのリアクタンス素子の値を周波数スケーリング因子で割ることによって周波数スケールされる．この因子は正規化された応答の基準周波数に対する希望する応答に対応する周波数の比で与えられる．インピーダンススケーリングは正規化されたフィルタ回路素子（すなわち，R, L, C）を実質的な値に変換する．スケーリングはインピーダンススケーリング因子で行われ，フィルタ応答を変えることなく抵抗とインダクタンスの値を増加し，コンデンサの値を減少する．

被制御搬送波変調 controlled carrier modulation → 浮動搬送波変調

非ゼロ復帰 nonreturn to zero

各符号が符号周期を通じて一定レベルで記述されている線路コード．これはゼロ復帰（RZ）と対比される．RZでは，符号の継続時間のある時点で出力レベルが中性点レベルに復帰する．

非線形回路網 nonlinear network → 回路網
非線形増幅器 nonlinear amplifier → 増幅器
ヒ素 arsenic

記号：As．周期表のV族の元素．シリコンのドナー不純物であり，III-V化合物半導体*の成分である．

皮相電力 apparent power → 電力
ヒータ heater

多様な抵抗体が使われ，電流を通じて熱源として使用されるもの．例として，陰極を間接的に加熱したり，家庭用加熱器などで用いられる．後者では，発熱要素自身あるいは装置全体の両方の呼称に使われる．

非対称ディジタル加入者線 asynchronous digital subscriberline

（ADSLあるいはもっと根源的にはDSL），電話線を通して高ビットレートのディジタル通信を行うための総合技術．ほとんどの場合直角周波数分割変調*を使う．

非対称二端子対回路網 asymmetric two-port network → 二端子対回路

非対称の asymmetric

直流成分をもつ周期量を意味する．

非対称変換器 asymmetric transducer → 変換器

非対称モード asymmetric mode

主二線と接地の伝送系で，非対称モードは信号が主二線で同相で，帰線が接地となる．→ 対称モード

BW

略語：帯域幅（bandwidth）．

PWM
略語：パルス幅変調（pulse-width modulation）．➡ パルス変調

左手の法則　left-hand rule ➡ フレミングの法則

pチャネル　p-channel
チャネルがp形半導体でつくられている接合型FETやMOSFETを意味する．➡ 電界効果トランジスタ．⇨ nチャネル

微調整用可変コンデンサ　trimming capacitor ➡ トリマ

非直線ひずみ　nonlinear distortion ➡ ひずみ

ピックアップ　pick-up
情報を変換する変換器*で通常，電気信号として記録する．この用語は特にレコード盤に刻まれた溝に記録された信号を再生するセラミックピックアップに対して使われる．そのピックアップはチタン酸バリウムのような圧電効果*を示すセラミック材料でつくられている．回転するレコード盤の溝による機械振動がセラミック材料に力をおよぼし，その結果起電力（e.m.f.）を発生させる．セラミック材料は機械的に安定で信頼できる．CDシステム*のピックアップは半導体レーザ*と光センサが組み込まれており，機械的な振動はない．

ビッグエンディアン　big endian
マルチバイト（多バイト）の数字をコンピュータに格納する方法を表しており，最上位バイトはメモリの最下位アドレスに格納される．⇨ リトルエンディアン

ピッチ　pitch
音程の高低の度合い．ピッチは基本周波数*が変わることにより変化するが，大きさ，スペクトル成分，繰り返しが変化する場合にも多少変化する．

ピッチ推定　pitch estimation ➡ 基本周波数の推定

ピッチ抽出　pitch extraction ➡ 基本周波数の推定

ピッチベンド　pitch bend
電気楽器についているハンドルまたはレバーで，音のピッチ*を上下させる．このコントローラはバネが付いており，コントローラを離すと中央の位置に戻る．

ビット　bit
短縮語：2進数（binary digi$t$）．1桁の値を表すために，2進表記法*では0または1が使われる．コンピュータやデータプロセッシングシステムでの情報の基本単位である．

ビットスライスプロセッサ　bit-slice processor
コンピュータプロセッサの特別な一形態．基本的なビットスライス装置にはマイクロプロセッサスライスがあり，それは典型的な4ビットの少ないデータワード幅をもつ簡単なCPUの実行用ユニットである．kビットのプロセッサスライスの特徴となる点は，スライスから得たn個のコピーによりnkビットのプロセッサを簡単な通常の方法で接続形成できることであり，これによりオペランドを，kビットではなく，単一スライスによるnkビットとして本来knビットのものと同一の機能が実行できる．プロセッサスライスはカスケード回路構成または一次元配列で接続される（図参照）．

ビットスライシングという用語は，プロセッサ配列と大型プロセッサとの間に類似があることから生じている．大型プロセッサ中では，n個の同一なサブプロセッサを用いてスライスすることが行われており，kビット部分を個々に

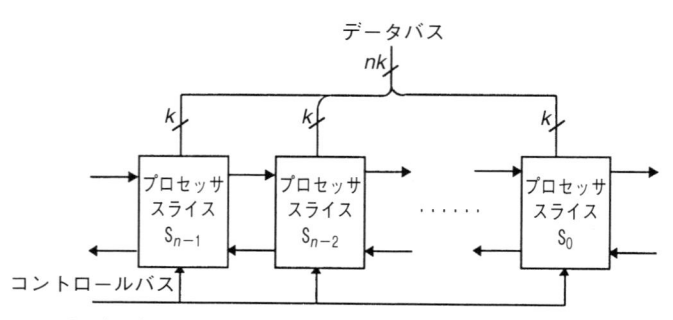

nk ビットスライスマイクロプロセッサの一般的な構造

作動させたり，データのスライスを配列で処理している．図中に示したように，同一な制御線が全スライスに接続されているので，一般的には，それら全ては同時に同じ作業を行う．これらの動作はプロセッサ配列中のスライスの個数 n には依存しない．

スライスへオペランドを送出したり，あるいは受取る k ビットのデータバスは，配列となる kn ビットのデータバスを形成するために簡潔に結合されている．

ビット線 bit line ➜ RAM

p. d.(or pd)
  略語：電位差．

PDA
  1. 略語：携帯情報端末 (personal digital assistant). 2. 略語：ピッチ決定アルゴリズム (pitch determination algorithm). ➜ 基本周波数の推定

PTH
  略語：めっきスルーホール (plated-through hole).

PTFE
  略語：ポリ四フッ化エチレン (polytetrafluoroethylene). ➜ テフロン

PTM
  略語：パルス時変調 (pulse time modulation). ➜ パルス変調

PDM
  略語：パルス幅変調 (pulse-duration modulation). ➜ パルス変調

比抵抗 specific resistance
  旧同義語：抵抗率 (resistivity).

ビーティング beating ➜ うなり

ビデオ video
  1. 主にテレビジョン受信機とともに用いられるビデオレコーダ．➜ ビデオテープ．2. テレビドラマなどが収録されたビデオテープを有するビデオカセット．

ビデオ会議 videoconference ➜ テレビ会議

ビデオカセットレコーダ video cassette recorder (VCR) ➜ ビデオテープ

ビデオカメラ video camera
  放送よりはむしろビデオテープ*を使用するように設計されたテレビカメラ*．この用語は通常主に放送用ではない録画，または，ポータブル家庭用機器に用いられるカメラに適用する．

ビデオ増幅器 video amplifier ➜ 映像周波数

ビデオテックス videotex
  1つまたは複数のソースからの情報が電話線を通してユーザに送られる情報サービス．情報源をもつ通信はモデムを通して電話線に接続されたコンピュータを使用することを可能にしている．情報はパルス符号に変調された信号で送られる．⇨ テレテキスト

ビデオテープ videotape
  テレビカメラ*での使用に適する磁気テープ．カメラからの映像信号とマイクロホンからの音声信号の同時記録がテープ上に別々のトラックで行われる．この信号は伝送システムの変調回路に直接出力される．多くのテレビ番組では放送に先立ちビデオテープに記録される．ビデオテープレコーダの形式は家庭用受信機にも使用できる．通常，ビデオレコーダ，またはビデオカセットレコーダ（VCR），または簡単にビデオと称される．ビデオテープは受信した放送を記録するため，あるいは記録されたビデオテープをテレビ受信機で直接再生するために使用される．ビデオテープはビデオカセットの中に収容されている．

ビデオ電話 videophone
  音声と同時に映像信号を受信しディスプレイできる電話．

ビデオマッピング video mapping
  レーダでカバーされている区域の線図または地図がレーダディスプレイに電気的に重ね合わせられているレーダシステム*のディスプレイに用いられている技術．

ビデオレコーダ video recorder ➜ ビデオテープ

飛点走査器 flying-spot scanner ➜ フライングスポットスキャナ

非同期 asynchronous
  回路，素子，あるいはシステムのタイミングを制御する形を示す．その動作の順序において，固有の動作はその前の動作が終わったという信号を受け取った後に始まる．⇨ 同期

非同期伝送 asynchronous transmission
  ディジタル通信*において，データのパケッ

トを送る際に，各パケットはパケットの先頭のヘッダ* とパケットの終端にある末尾部により同期が取られるもの． ⇒ 同期伝送

非同期転送モード　asynchronous transfer mode（ATM）
　小さいデータパケット（48バイト）とアドレス情報を有するヘッダを組み合わせてデータ伝送を行う通信プロトコル．これはパケットヘッダの大きさを最小にし，サービスの品質保証を提供するもので，マルチメディアに適する．

非同期論理　asynchronous logic　→ 同期論理

比透磁率　relative permeability　→ 透磁率

非同調回路　aperiodic circuit
　インダクタンスとコンデンサを含む回路の全エネルギー損失が共振* の臨界値を超えるために共振できない回路．回路のダンピングが臨界ダンピングを超えるために発振しない（→ 減衰）．

ヒートシンク　heat sink
　不必要な熱を放出し，過剰な温度上昇を防ぐために使用される装置．ヒートシンクは特に大電力を扱うトランジスタを保護するために重要である．

非破壊読み取り動作　nondestructive read operation　→ 読み取り

火花障害　spark interference　→ 雑音

非反転増幅器　noninverting amplifier
　演算増幅器* の構成の1つで（図参照），増幅器の利得 G は $1+(R_f/R_c)$ で与えられる．⇒ 反転増幅器

非反転増幅器

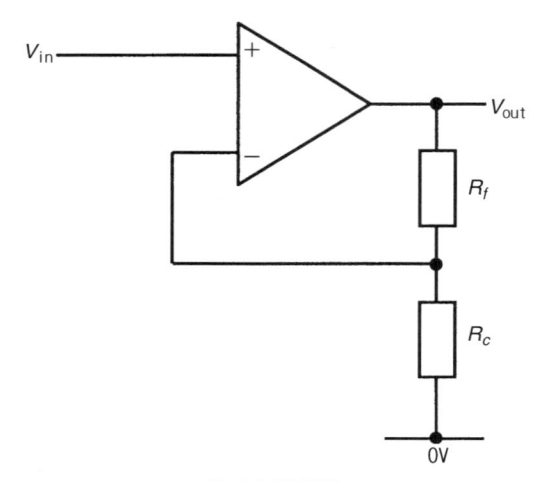

PPI
　略語：平面位置表示器（plan position indicator）．

BPSK
　略語：2位相偏移変調（binary phase shift keying）．→ 位相変調

PBX
　略語：構内交換設備（private branch exchange）．→ 電話術

PPM
　略語：パルス位置変調（pulse-position modulation）．→ パルス変調

BBD
　略語：電荷転送素子（bucket-brigade device）．

PBT
　略語：浸透性ベーストランジスタ（permeable base transistor（PBT））．→ VFET

微分器　differentiator
　同義語：微分回路（differentiating circuit）．入力（電圧）の時間微分に比例した出力（電圧）を与える回路．⇒ 積分器

微分抵抗　differential resistance
　小信号条件下で計測された機器または素子の抵抗．

被変調波　modulated wave　→ 変調

ビーム　beam
　単一方向に放射される電波または荷電粒子（電子ビーム）の細い流れをいう．

ビーム角　beam angle　→ 陰極線管

ビーム切換　beam switching　→ ローブ切換

ビーム結合　beam coupling
　輝度変調された電子ビームの通過によって2つの電極間の回路に起こる交流電流の生成．ビーム結合係数は，ビーム電流に対する交流電流の比．

ビーム幅　beamwidth
　アンテナ* の最大ビーム幅を示すパラメータで，通常は電力半値幅が使われ，放射強度の最大値の1/2になる2点のなす角である．ここで，最大値を示す点と電力が1/2になる点は同一平面上の点である．これ以外の点，例えば10デシベル点を示す2点間の角のような特定の点が使われる場合は，そのことがアンテナパ

ターン*に明記される．

ビームベンディング beam bending

テレビ撮像管*に起こる悪影響の一つ．ターゲット領域をスキャンするために使われる電子ビームが所望の位置からターゲットに蓄積された電荷によって偏向してしまう．本来の画像に関し受像機上でずれる結果となる．

ビームリード beam lead

化学的に形成され，ボイドすなわちチップ上スペースに片持ち梁的になっているシリコンチップ上の接続用リード線．このリード線は，チップから相互接続パターンへ，またはその逆へ片持ち梁的に構成される．

PMOS → MOSFET

比誘電率 relative permittivity

記号；ε_r．ある物質や媒質の物性を表す無次元値で，その物質や媒質の誘電率を自由空間の誘電率ε_0で割った値に等しい．→誘電率

秒 second

記号：s．時間のSI単位*であり，セシウム原子（質量133）の基底状態にある超微細構造の2つの準位間を遷移するとき放射される光周波数を用い，その9,192,631,770倍の周期に相当する時間幅として定義される．

表示管 indicator tube

極端に小形な陰極線管*で，その発光の大きさは数mmである．入力電圧によって発光面上の画像の大きさや形が変化し，それにより可変量の値を指示する．表示管のグリッドや陰極回路の表示ゲートに矩形波パルスを印加することで発光する．

標準化 standardization

1. 物理的な尺度または計測器の指示値に関連した処理のことで，例えば，電圧計の指示値が一次標準単位の何倍かというようなこと．2. 電子あるいは電気部品または装置の規格化に対して，全世界的あるいは国際的に承認されたシステム．電子デバイスなどが使いやすいようにという理由からいくつかの製造会社で個別にされると大幅な制約が発生する．デバイス選択に際しデバイスの互換性がある複数の供給元があればユーザの利便性は大幅に向上する．デバイスの大きさのような物理的な寸法のみならず，例えばカラーコード*のように，同じであることが簡単に認識できるように，デバイスの特性があらかじめ設定された範囲で設計されていれば互換性は大幅に向上する．これらの値はある用途に適しているかもしれないし，別の応用には適していないかもしれない．ラジオ，TVの送信および国際的な通信分野では，使用周波数帯ならびに送受信間の装置協調で国際的な協調が大いに促進される．通信について標準を決める国際的な主たる団体は，国際電気通信連合（ITU）である．電子部品の標準を決定する主な国際的な部署は国際標準機構（ISO）により，ある広範囲な領域を決定する国際電気標準会議（IEC）の各種専門委員会である．英国の国家標準を決定する部署は英国標準協会（British Standard Institute（BCI））で，各種技術委員会からの勧告の代理を行う．電気技術者協会（IEE）は電子装置の標準化に関与している．米国では標準を決定する機関や委員会が多数存在する．これらの機関には，米国電気電子技術者協会（IEEE），電子素子技術連合評議会（JEDEC），米国規格協会（ANSI），米国標準技術局（NIST），米国宇宙局（NASA），米国連邦通信委員会（FCC），全国テレビジョン方式委員会（NTSC）がある．

標準電池 standard cell

電解液形電池*であり，電圧の照合標準器として用いられている．→クラーク電池；ウェストン標準電池

描線間隔（トレース間隔） trace interval

同義語：作動間隔（active interval）．→のこぎり波形

表皮効果 skin effect

導線に交流電流を流したとき，その導線の断面において中心よりも表面（または表皮）に多くの電流が分布する現象．導線内の電流分布は不均一となる．この表皮効果は導線内の電磁誘導によって生じ，周波数の増加とともに導体表面に電流密度が大きく片寄る．十分に高い周波数においては，その電流は導体の表面に集中するため，導線に電流が均一に流れるときよりI^2R損*は大きくなる．導線の表皮深さdは電流密度が表皮の値の$1/e$に減じた位置から表皮までの距離を表し，金属において次の式になる．

$$d = (2/\mu\omega\sigma)^{1/2}$$

ここでμは透磁率，ωは角周波数，そしてσ

は導電率を表す．

したがって，交流電流を導線に流したときの実効抵抗*は，その直流値またはオーム抵抗より大きくなる．高周波を応用するとき導線の高周波抵抗は通常の直流値に比べ大幅に大きな値になる．金属の表面抵抗 R_surface は次の式になる．

$$R_\text{surface}=1/\sigma d$$

無線周波数帯域において表皮深さより薄い金属導体内の電流は，ほぼ一様な電流分布とみなすことができる．この周波数帯域では，ほとんどの電流が表面の表皮深さ内を流れるため，高周波抵抗は表皮深さの2〜3倍の断面積をもつ導線で最適値を示す．

高周波に対し表皮効果の影響を最小化するために中空導体やリッツ線*のようなより線ケーブルを用いる．

表皮深さ　skin depth　→ 表皮効果

標本化（サンプリング）　sampling

1. 電気信号のある部分を測定し，その一連の離散値から信号全体に含まれた情報を再現するのに利用する．このとき得られた一連の離散値から重要な情報が失われないよう，入力信号を標本化する周期—標本化周波数—は，入力信号に含まれる最大周波数の2倍の周波数以上で標本化しなければならない．最小標本化周波数をナイキスト速度*という．

標本化回路は入力信号の時間経過に対する瞬時値から一連の離散値を発生するのに用いる．その出力は一連の瞬時値（瞬時標本化）またはその符号化された形で現れる．この技術はアナログ-ディジタル変換器*，ディジタル電圧計*，多重操作*，パルス変調*などに用いられている．

2. 電気信号の間欠測定で使われる技術．この技術は帰還制御システム分野で使われ，制御出力が間欠的に抽出され，その瞬時値（抽出情報）が好ましくない場合，さらに修正が施される．この技術は無線航法システムにも用いられ，選別器のパルスで抽出ゲート*を起動し，そのナビ信号を問いただし，それに呼応した出力パルス*または波形*が生じたときのみ，そのナビ信号から情報を抽出する．

3. 大量生産した電子部品，回路，素子および他の装置の品質管理システム．製造品目は製造した時点でランダムに抽出され，徹底的に検査される．この抽出過程は通常，製造過程の各段階で徹底的に行われる．

標本化合成　sampling synthesis
　電子楽器に用いる技術で，音を標本化し，ディジタル的に蓄積する技術．⇒ 合成

標本化周期　sampling period
　標本化周波数の逆．→ 標本化

標本化周波数　sampling frequency　→ 標本化

表面実装技術　surface mount technology
　基板の片表面または両表面に回路素子を実装する方法．基板と素子端子間はハンダによって取り付けられる．取り付け穴が不必要なので，素子を小型にでき，単位面積当たりの素子密度を非常に増やすことができる．この方式の基板アセンブリは表面実装アセンブリとして知られ，全自動アセンブリに役立つ．

表面弾性波（弾性表面波，表面音響波）　surface acoustic wave　→ 音響波デバイス

表面チャネルFET　surface-channel FET　→ FET

表面抵抗　surface resistance　→ 表皮効果

表面抵抗率　surface resistivity
　材料表面の互いに反対側にある単位面積間の抵抗値．この測定値は測定方法で大きく変化する．

表面電荷密度　surface charge density　→ 電荷密度

表面導電率　surface conductivity
　表面抵抗率*の逆数．

表面漏れ　surface leakage
　バルク材料の中を通る電流ではなく，その材料の表面を伝って電荷が流れる電流成分．

避雷針　lightning conductor
　雷衝撃波が通過できるように，大気側端子と大地との間に流路を構成する導体からなる雷の防護システム．

ピラニ真空計　Pirani gauge
　同義語：熱線ゲージ（hot-wire gauge）．加熱した細い線の抵抗値が残留気圧によって変化する現象を利用し，低い圧力を計測する装置．電気的に加熱した細い線は低ガス圧中の熱対流によって熱を失う．熱損の割合は熱線の抵抗に依存し，熱線の両端を一定電圧に維持すると，

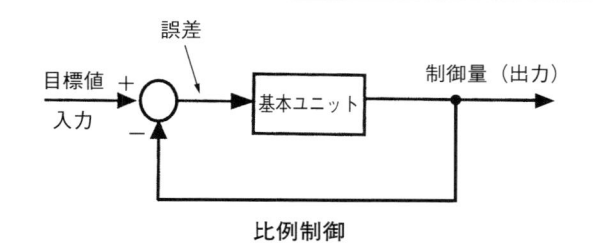

圧力に関係した抵抗値の変化をその電流値から測定できる．表現を違えると，抵抗を一定に維持するように熱線の両端電圧を変えることができる．このゲージは使用前に既知圧力によって校正する必要がある．

比例制御 proportional control

制御量と目標値との誤差に操作量が比例する動作の制御系（図参照）．

広がり抵抗 spreading resistance

小面積の接点または点接触*から大きな面積の導体や半導体に電流を流し込むとき，材料内に均一な電流密度で流れようとして，それらの電荷はその微小接点から急激に広がって流れ出す．均一な電流密度領域での材料の抵抗はオームの法則で求めることができるが，電流が微小接点から広がって流れる領域では，その抵抗を広がり抵抗といい，多くの場合，その値は接触抵抗*の一部に含める．

PROM

略語：書き込みができる ROM（programmable ROM）．→ ロム（ROM）

ピングリッドアレイ pin grid array（PGA）

1チップで数百の接続を用意し，LSI や VLSI の利用を可能にする集積回路*に使われるパッケージの形．これは，リードフレーム*を含むセラミックやプラスチックケースからできている．リードフレームは，ワイヤボンディング*やテープ自動ボンディング*を使うことでチップのボンディングパッド*につながり，PGA パッケージの端にある出力ピンの配列（アレイ）に接続されている．ピンのグリッドアレイは，集積回路の大きさや複雑性に依存し，パッケージの両サイドにあるピンの並列な並びや4辺の周囲に構成されている．⇒ デュアルインラインパッケージ；リードレスチップキャリヤ

品質値 quality factor → Q値

PIN ダイオード PIN diode (or p-i-n diode)

高周波領域でインピーダンスがほとんど抵抗成分のみとなるダイオードであり，そのインピーダンス*は直流印加バイアスによって広い範囲で制御可能である．これらのデバイスは，電圧制御の減衰器*や変調器*，信号処理回路（例えば位相器）のスイッチなどに用いられている．

PIN ダイオードは，薄い不純物濃度の高抵抗半導体*層（Ⅰ形または真性半導体層）を，濃い不純物濃度（高導電率）のp形とn形でサンドイッチにした構造をしている．ゼロまたは負の印加バイアス電圧でⅠ層のキャリヤは空乏化し，非常に高い抵抗値の層となる．順方向では，P層とN層からキャリヤ*がⅠ層に注入され，導電率は急増する．この状態で，ダイオードは無線周波数領域で純粋な抵抗として動作する．完全なオン状態からオフ状態への抵抗の変化は5000倍にも達する．

ダイオードに派生する静電容量*は，PおよびN領域を2枚の平板とする平行板コンデンサ*として考えることができる．この静電容量は，Ⅰ領域の厚さのために普通は非常に小さい．PIN ダイオードの重要なパラメータはキャリヤの寿命 τ であり，nsからμsである．この寿命が動作周波数の下限を決定する，$f_0 = 1/2\pi\tau$．この下限周波数より低い領域では，PIN ダイオードは p-n ダイオードのように動作するものの，ひずみが大きい．下限よりも高い周波数では，ダイオードの抵抗主体の動作特性を示す．

ピンポン ping-pong

（俗語）通信システムにおいて，通信線上で入出力の部分が交互に切り替わることをいう．

フ

ファイアウォール firewall
　権限のない人物によるインターネットからのアクセスを防ぐために，コンピュータを隔離するシステムのこと．

ファイアワイヤ Firewire
　最大で400 Mbps（IEEE 1394a規格）または800 Mbps（IEEE 1394b規格）のデータ転送速度をもつ，コンピュータ外部バス装置．当該技術を独自に開発したアップル社の商標である．

ファイバ分割データインタフェース fibre distributed data interface（FDDI）
　元来光ファイバケーブルでデータ速度100 Mbpsを伝送するための，都心部ネットワークの標準規格．二重リング構造をもつ．

ファイフォ FIFO
　記憶システムの一種である，先入れ先出し方式の略語．

ファイルアロケーションテーブル file allocation table（FAT）
　MS-DOS用に開発されたコンピュータ上のファイルシステムの構造を含む表．FATは最初の方のパーティション*にあり，パーティションのクラスタあるいは連続したディスク空間の小さな塊の論理的な順序を納めた線形リストである．ファイルはクラスタの連鎖の中に納められるが，それらは互いに隣接している必要はない．各ファイルに対するクラスタの連鎖の最後の部分は空のままで無駄になっている．FATの表内の各見出しは次の論理的なクラスタの場所を含んでいる．FATのサイズはクラスタを処理するのに使われるbit数に関連する（例えば16や32 bitなど）．大きなサイズにすると，与えられたパーティションの大きさに対してより小さなクラスタを利用できるので，無駄にする量を減らすことになる．一般に，データの不意の消失を避けるため，FATは2つの同一のコピーが保存されている．

ファクシミリ伝送 facsimile transmission
　対象物が写真のように再生できるように画像の類を伝送する方法．このシステムはファクシミリスキャンニングを使用している．画像はスキャンされることで連続的に分析され，それにより電気信号が生み出される．これらの信号は受信機に送信され複製の影像に変換される．初期のファクシミリシステムではもっぱらアナログが使われたが，現在のシステムではデータの符号化と伝送にディジタル技術が使われている．ファックスサービスはデータを受信機に送るのに電話線を使用し，その形態はファックス専用機か適切に仕立てられたコンピュータが使われている．送信される信号はディジタル形であり，パルス符号変調*が使われている．システムは文書の高速輸送に使われ，通信は世界規模である．ファクシミリ電信は絵画の送信に使われる電信システムである．写真電信は中間調の再現を特に考慮したファクシミリ電信システムである．

ファジー論理 fuzzy logic
　互いに相容れない領域，例えば論理1と論理0の領域に必ずしもぴったり適合しない共通の量を扱う論理設計の分野．ファジー論理は確率的な不確実性とは対照に曖昧さを捕らえる機構を旨とする．1と0の標準の論理値の代わりに，ファジー論理は実数値 μ をとる変数で成り立っている．
$$0 \leq \mu \leq 1$$
これらの新しい変数は0と1を除いては論理的に考えられない．代わりに μ をファジー変数とする．
　ファジー集合 F は順序づけられた一対の変数
$$\{x, \mu(x)\}, \ 0 \leq \mu(x) \leq 1$$
の集まりである．ここで，$\mu(x)$ は F の中の x のメンバーシップ関数である．関数 $\mu(x)$ は任意に決められ，または計算されるものである．例えば大きな実数のファジー集合は次のように決められる．
$$\mu(x) = \frac{|x|}{(|x|+1)}$$
この測度によれば数−7は大きな実数集合の中では0.875メンバーシップとなる．

ファストホッピング fast hopping →周波

数変調

ファストリカバリーダイオード fast-recovery diode

　キャリヤ蓄積*をほとんど起こさないダイオードであり，そのため超高速動作を要する用途に利用できる．ファストリカバリーダイオードは少数キャリヤの寿命が非常に短い半導体を用い，p-n接合ダイオードの製造方法によってつくられる．ファストリカバリーダイオードはショットキーダイオード*からもつくることができる．ショットキーダイオードは多数キャリヤデバイスであるので，キャリヤ蓄積は無視でき，動作速度も高くできる．⇒ステップリカバリーダイオード

ファックス fax

　1. ファクシミリ伝送サービス*．2. ファックスによって送信される文書．3. ファックスによる送信または通信．

FAT

　略語：ファイルアロケーションテーブル (file allocation table)．

FATFET

　ゲート幅に比べて長いゲート長をもつプレーナ型電界効果トランジスタ（FET）は，ドリフト移動度*を測るために使われる．このデバイスは，その構造からこのような名前で呼ばれる．

ファットゼロ fat zero

　電荷結合素子*において使用される重要な意味をもつ電荷パケットであり，その値はゼロ入力サンプル値に対応させたものである．典型的なファットゼロは最大電荷パケットの約10%に対応しており，半導体の表面捕獲準位に起因する信号のひずみ発生を最小化するために用いる．

ファブリーペロ共振器 Fabry-Perot cavity ➡ レーザ

ファームウェア firmware

　電子システムのハードウェア（通常はROMの中）に実装されたソフトウェア．その一例として，スイッチ投入後パーソナルコンピュータを起動し，基本装置を初期化し，オペレーティングシステム（OS）を始動させるために必要とされるコードがある．

ファラッド farad

　記号：F．静電容量（電気容量）*のSI単位系*．コンデンサに1クーロンの電荷を与え，その電極間の電位差が1Vになるとき，そのコンデンサは1Fの静電容量をもつ．ファラッドは非常に大きな単位であるため，実用上，μF $(10^{-6}F)$，nF $(10^{-9}F)$，pF $(10^{-12}F)$を用いる．

ファラデー暗部 Faraday dark space ➡ ガス放電管（図参照）

ファラデー遮蔽 Faraday shield

　任意の形状をした閉空間をもつ導体コンテナをいう．外部からこの導体に静電界が印加されても，内部の電界*は零となる．➡ ガウスの定理

ファラデー定数 Faraday constant

　記号：F．1mol当たり 9.6485309×10^4 C の値をもつ基本定数．1molの電子数が有する電荷量で，1molの一価イオンを堆積または遊離することができる．この値は電子の電荷量とアボガドロ定数の積の値に等しい．

ファラデー-ノイマンの法則 Faraday-Neumann law

　同義語：ファラデーの法則．➡ 電磁誘導

ファラデーの法則 Faraday's law ➡ ファラデー-ノイマンの法則

ファンアウト fan-out

　与えられた論理回路*においてその出力に接続された回路を正常に駆動できる最大の接続入力数．

ファンイン fan-in

　論理回路*が正常に受け入れられる最大入力数．

不安定発振 unstable oscillation ➡ 発振

VHF

　略語：超高周波 (very high frequency)．➡ 周波数帯域

VHDL

　超高速集積回路用に開発されたハードウェア記述言語*（HDL）．一義的な方法でディジタル電子システムを記述する言語で，設計プロセスにおける数多くの要求を満たすように考案されている．まず初めに，システムの構造についての記述が要求され，システムがどのようにサブシステムへ分解できるか，また，それらのサ

ブシステムがどのように相互接続されるのかを記述する．次に，システムの機能について，よくあるプログラミング言語の形式を用いて仕様を決定する．3番目の工程では，システムの設計図は結果的に製造前に（ソフトウェア上で）模擬され，設計者は代替物と素早く比較し正確性を検証することができる．そのためハードウェアの試作に伴う時間と費用を削減できる．4番目の工程では，それまで抽象的だった仕様を，より詳細な設計構造へと合成する．その結果，設計者はより戦略的な設計決定に集中することができ，市場へ投入されるまでの期間を短縮することができる．

VSWR
略語：電圧定在波比（voltage standing-wave ratio）． ➡ 定在波

VAD
略語：有音無音区間識別（voice activity detection）．

VFET
略語：縦型FET（電界効果トランジスタ）（vertical FET (field-effect transistor)）．

VLF
略語：超低周波（very low frequency）． ➡ 周波数帯域

負イオン　negative ion　➡ イオン

VCR
略語：ビデオカセットレコーダ（video cassette recorder）． ➡ ビデオテープ

VCA
略語：電圧制御増幅器（voltage-controlled amplifier）．

VGA
略語：ビデオグラフィックアレイ（video graphics array）．480×640ピクセルと16色，または320×200ピクセルと256色をもつIBM製の標準ビデオディスプレイ．SVGA（super-VGA）は800×600ピクセルと16色をもつVGAの改良版であるが，この名称が高細密性と色数が多いシステムを表すものとしてよく使われる．

VCO
略語：電圧制御発振器（voltage-controlled oscillator）． ➡ 発振器

VCCS
略語：電圧制御電流源（voltage-controlled current source）． ➡ 従属電源

VCVS
略語：電圧制御電圧源（voltage-controlled voltage source）． ➡ 従属電源

VCVSフィルタ　VCVS filter　➡ サレンキーフィルタ

V字溝技術　V-groove technique
シリコン結晶中に極めて正確なエッジをつくるために使用されるエッチング技術．その技術はメサ形層やVMOS*回路の生産工程の中で用いられる．

（100）軸のシリコン結晶は，水酸化カリウムなどを用いる適切なエッチング処理によって表面からエッチングされるが，（111）面に対して垂直なエッチングはされない．そのためエッチング処理過程は（111）結晶面の方向を追って進行し，（111）面同士が交わるところで停止する．このことは材料中に極めて正確なV字溝を残す．溝の深さは表面の酸化膜層中の出発元となる窓の大きさに依存する．それゆえ正確な設定深さまでのエッチングがこの技術を用いて可能となる．

フィックの法則　Fick's law
可動粒子に濃度勾配が存在すると，それら粒子の流れ―拡散―が，高い濃度の領域から低い濃度の領域に向かって生じる．

$$f = -D\left(\frac{dN}{dt}\right)$$

ここで，f は表面に平行な平面を通る粒子の流れであり，単位面積・単位時間当たりの粒子数である．D は比例定数であり―拡散定数―そして dN/dt は濃度勾配である．

N は拡散中において時間の関数でもあるので，フィックの第二法則が第一法則から導かれ，次式となる．

$$\frac{\partial N}{\partial t} = D\left(\frac{\partial^2 N}{\partial x^2}\right)$$

拡散は，濃度勾配が表面の下にできると直ちに，表面に平行な y 軸および z 軸方向にも生じる．拡散による流れは試料内の濃度が均一となるまで続く．

この効果は，半導体の特定の部位中に目的とする不純物分布を形成させるために実施されて

いる．通常の温度においては，原子は高温度に加熱されるまで不動である．濃度勾配は不純物原子のガス状雰囲気の中で半導体ウエハを加熱して形成される．このような状態のもとで，不純物原子は半導体の中に拡散する．目的の不純物分布ができあがったなら，拡散処理過程は温度を下げることで停止される．

VDR
　略語：電圧依存抵抗器（voltage-dependent resistor）．→ 過渡現象抑制

VDU
　略語：ビジュアルディスプレイ装置（visual display unit）．

フィードスルー　feedthrough
　1. 物理的な壁で電気的接続ができない分離されている2つの回路間になされる電気的な接続をいう．2. 絶縁材で分離されている1つの層と他の層を接続するプリント基板の接続法である．両面を使っているが，12層までの相互接続が1枚の基板上で実装された実績がある．多重層接続の集積回路*ではいくつかのフィードスルーが1層の接続と他層の接続に使われている．

フィードフォワード制御　feedforward control
　測定可能な外乱入力のシステム出力への影響を極力小さくするために行われる制御手法の1つ．これらの外乱はセンサによって信号化されるものであって，例えば水，油，空気の供給圧力の変動があげられる．多くの場合，フィードフォワード制御は目標値からの出力の変動を目に見えて小さくすることができる．図に示されるシステムにおいては付加的フィードフォワード結合 G_f は制御量 C を変化させる前に外乱の影響を小さくしてしまうように動作する．→ 制御

VPE
　略語：気相エピタキシ（vapour phase epitaxy）．⇒ 化学気相堆積

V ビームレーダ　V-beam radar　→ レーダ

V+
　略語：有声音（voiced）．

V−
　略語：無声音（voiceless）．

VMOS
　V字形の溝を形成する技術を用いてつくられるMOS回路やトランジスタ．必要な伝導形の領域は，シリコン結晶の(100)面上に，プレーナ拡散とエピタキシの組合せで形成する．V形溝のエッチングを続いて行い，DMOS*と同じ構造をした縦形MOSFET*をつくるために，ゲート電極をその溝の中に形成する．この技術は高精度なチャネル長のMOSデバイスをつくるときに用いられている．DMOSでは，チャネル長はホトリソグラフィ*よりも拡散によって決定される．VMOSデバイスにおいてもパンチスルー*を防止するためにn形ドリフト領域を設けている．ドリフト領域の長さは，DMOSと同様に，デバイスの降伏電圧を決定する．図aに示した構造は，個別部品となる大電力用MOSFETに用いられているものである．一般的には動作電圧が100 V程度であるが，ドリフト領域の長さが25 μm にしたものは動作電圧300 Vが達成されている．オン

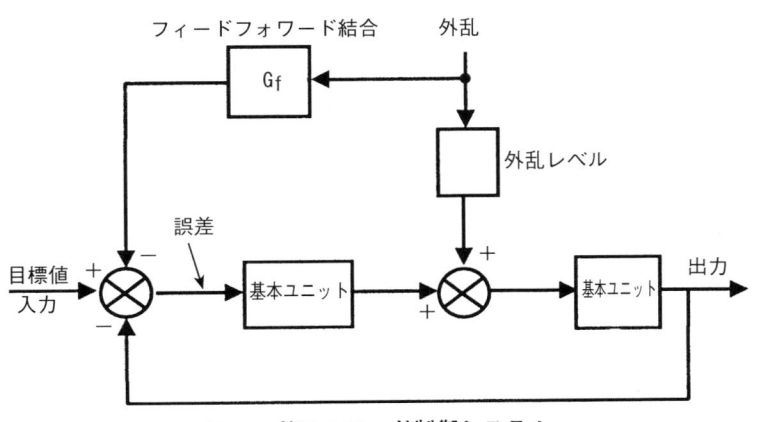

フィードフォワード制御システム

図a VMOS パワートランジスタ

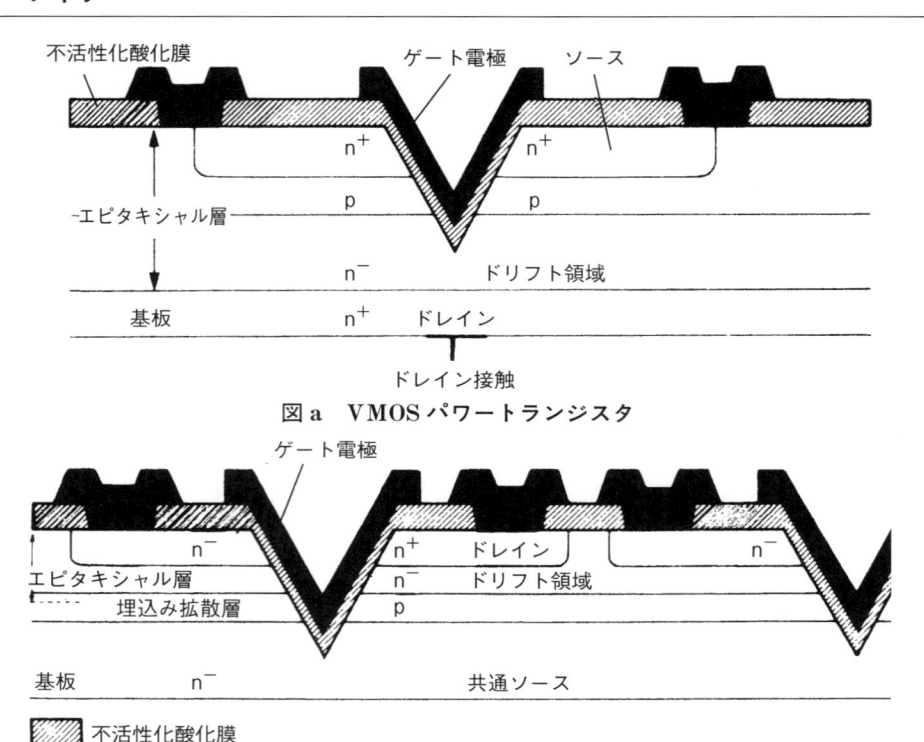

図b 共通ソース VMOS

状態のインピーダンスは，それぞれのトランジスタの溝を長くすることで，低く（数Ωの桁）させることが可能である．

この技術は，ROM*（読み出し専用メモリ）など，共通ソース結合を用いたトランジスタアレイに応用されている（図b）．この場合，溝は基板に同じようにつくられるが，デバイスは物理的に上下が逆になっている．ゲート電極を取り付けるため，ドリフト領域はわずか$2\mu m$程の長さである．この倒置形VMOS回路は低電力でマイクロ波帯に達する高周波に適したものである．しかし，パッケージ密度は，DMOSに比べ増えている．

フィラメント filament
金属や炭素製の糸状体，特に白熱電球の細い導線，熱陰極管の陰極および傍熱陰極を加熱する電極をいう．

フィルタ filter
設計範囲の周波数内（通過帯）では信号は通過し，それ以外の周波数は通過禁止あるいは減衰（阻止帯または減衰帯）する電気回路．通過帯と阻止帯を分ける周波数が1つであればf_cという記号であらわされる遮断周波数をもち，1つ以上あればf_1, f_2という遮断周波数を有する．フィルタは通過帯域によって，低域フィルタ，高域フィルタ，帯域フィルタ，帯域阻止フィルタに分類される．各周波数に対して4種類の主な分類が表に示してある．

理想フィルタは通過帯域では減衰を全く受けず，阻止帯域では信号を全く通さず鋭い遮断特性を有する．しかしながら，現実のフィルタでは吸収，反射，放射などにより通過帯域でも減衰が生ずるだけでなく，阻止帯域でも完全な遮断という訳にはならない．シンプルな低域フィルタの周波数に対する出力電圧が図aに示してある．V_Pはピーク電圧，V_mは理想フィルタの最大電圧である．フィルタを通過する際の減衰量は信号電力の損失をデシベルまたはネー

フィルタの種類	通過帯	阻止帯
低域	$0-f_c$	$f_c-\infty$
高域	$f_c-\infty$	$0-f_c$
帯域	f_1-f_2	$0-f_1$, $f_2-\infty$
帯域阻止	$0-f_1$, $f_2-\infty$	f_1-f_2

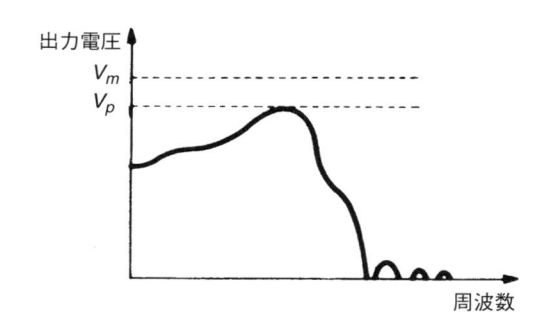

図a　低域フィルタの出力

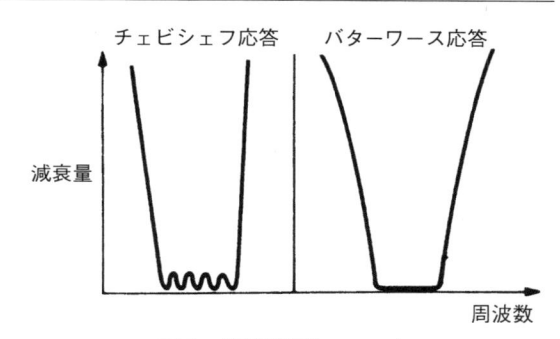

図b　通過帯域フィルタ

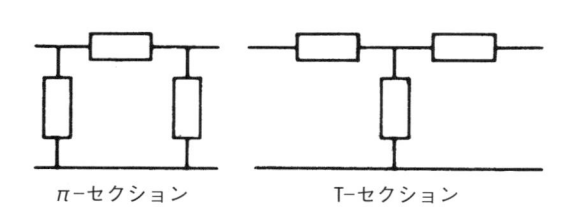

図c　受動フィルタ

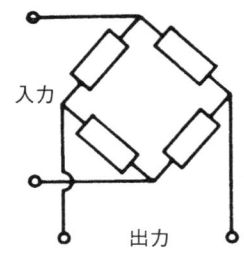

図d　格子状フィルタ

パで定義される．フィルタの弁別能は通過帯域の最大値と阻止帯域の最小値の差である．

実際のフィルタは要求される出力曲線に一致するように調整される．例えば同じ帯域フィルタでもチェビシェフ（Chebyshev）型とバターワース（Butterworth）型では図bに示すように出力特性に違いがある．バターワース（Butterworth）フィルタは通過帯域が平坦なのに対し，チェビシェフ（Chebyshev）フィルタは通過帯域の応答にリプルがあり，バターワースフィルタに比べて急峻な減衰特性を有する．フィルタには能動部品または受動部品が使われる．能動フィルタではオペアンプ（演算増幅器）のような能動部品が使われ，オペアンプに適当なR-C帰還回路を設け，要求される周波数特性を得るようになっている．ほとんどの受動フィルタ回路網ではインピーダンスの調整上，シャントおよび並列構成の（L-C回路網）が使用される．2種類の基本配置が使われる：πセクションおよびTセクション（図c）．合成ネットワークはこれら基本回路がシャントと並列が交互になる梯子型回路網により構成される．もう1つのタイプは図dに示すようなインピーダンス素子がブリッジ回路網に配置された格子状のフィルタである．

帯域通過または帯域阻止フィルタの帯域幅は特定の2つの周波数差，すなわちこの2つの周波数の平均値が通過帯域あるいは阻止帯域の幾何学的図形の中心の周波数に等しい．ピーク値（尖頭値）の3dB低下する周波数特性上の2点が通常使われる．

フィルタ減衰　filter attenuation　→フィルタ

フィルタ合成　filter synthesis　→回路網合成

フィルタ識別　filter discrimination　→フィルタ

フィルタの次数　order (of a filter)

フィルタ*の性能区分をする手段．フィルタの次数は整数であり，極数*とも呼ばれる．例えば，二次フィルタは2つの極をもつ．一般的には，フィルタの次数が高いほど理想フィルタにより近くなり，それの構成に要する回路は複雑さを増す．

フィールドプログラマブルゲートアレイ　field programmable gate array　→FPGA

フィールド周波数　field frequency　→テレビジョン

フィルム　film

最小の厚みの被覆物が塗布されている金属または誘電体．薄膜フィルムは1nmから1μmの厚さであり，厚膜フィルムは10から100μmの範囲である．

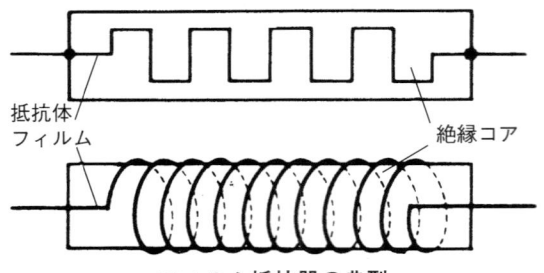

フィルム抵抗器の典型

フィルム抵抗器 film resistor

絶縁コア上に薄い抵抗体の層を堆積させた抵抗体の一種．低消費電力で使われるフィルム抵抗器は複合抵抗体より非常に安定であり，高い精度の要求を除けば巻き線型抵抗器より小形であり，低価格である．

使用される抵抗体は結晶性カーボン，ホウ素カーボンおよび種々の酸化金属または貴金属である．フィルム抵抗器は通常，コアに固有のパターンで連続的な，一様なフィルムとなっており，フィルムの厚みが抵抗値を決める（図参照）．高抵抗はコアにらせん状のフィルムパターンを設けることで得ることができ，らせんを密にすれば高い抵抗となる．大消費電力の応用では抵抗器*の動作温度は200度が限界であるが，この限界値以内なら同じ大きさで得られる抵抗値は巻き線型抵抗器よりも大きな値のものが得られる．

平形薄または厚フィルム抵抗器は集積回路で使われる．これはハイブリッド集積回路に適した形で，または純粋の集積回路*で集積要素としてつくられる．連続的に可変となるフィルム抵抗器も生産される．その形状は直線状または円形状で，ネジの回転で可変抵抗となる．

フェージング fading

1. 受信場所の移動に伴い送信レベルの急激な揺らぎを受け移動無線受信機の受信レベルが上下すること．→マルチパス．2. 伝送媒質の変動により受信機の信号強度が変動すること．別々の経路を伝搬して受信機に到達する2つの波による干渉がほとんどの場合フェージングを起こす．送信された全周波数が一様に減衰を受けると振幅フェージングが生じ，受信信号が小さくなる．特定の周波数が他の周波数より大きな減衰を受けると選択フェージングが生じ，受信信号にひずみが発生する．デリンジャーフェードアウトは太陽の黒点に関連して水素粒子の急激な発生により数分から1時間くらい受信信号が消失してしまう．これは電離層*内のE層あるいはF層より低い位置に電波吸収の大きなD層が形成されることによる．

フェーダ fader

1. ある信号をフェードアウト，すなわち振幅を滑らかに減少させたり他の信号の振幅を滑らかに増大させたりする際，電気信号を一定に維持する装置．2. オーディオミキサ装置にあるスライドさせるタイプの音量コントローラ．

フェムト- femto-

記号：f．単位の 10^{-15} を表す単位の前置語．

フェライト ferrite

低密度セラミック物質であり，その成分は Fe_2O_3XO，ここで X はコバルト，ニッケル，マンガンまたは亜鉛などの二価金属である．これらの磁性物質は極めて渦電流損が少なく，それらからつくられた磁心材*は高周波回路に利用されている．

フェライト磁心 ferrite core →磁心

フェライトビーズ ferrite beads →電磁適合性（EMC）

フェリ磁性 ferrimagnetism

ある種の固体にみられる性質であり，ガーネットおよびフェライトに顕著である．それらの物質では磁気的性質がネール温度として知られる臨界温度において変化する．フェリ磁性は，不対電子スピンを有する永久分子磁気モーメントをもつ物質において生じる．ネール温度よりも高い温度では，熱擾乱が物質中全てのところでスピンを無秩序な方向に向かせ，常磁性の性質となる．その性質はキュリー–ワイスの法則にほぼ従うが，負のワイス定数をもつことが特徴である（→常磁性）．

ネール温度以下では，フェリ磁性物質は強磁性物質（→強磁性）と同様な振舞いをする．すなわち，磁区構造をもって自発的に磁化し，磁気ヒステリシス*を示すが，観測される自発磁化は強磁性物質のそれよりも少ないことから，個々の磁気モーメントが全て並列に整列する状態には達していない．

ネールはこの振舞いについて以下のことを示し説明している．原子間交換力は元来反強磁性（→反強磁性）であり，反平行スピンを含みも

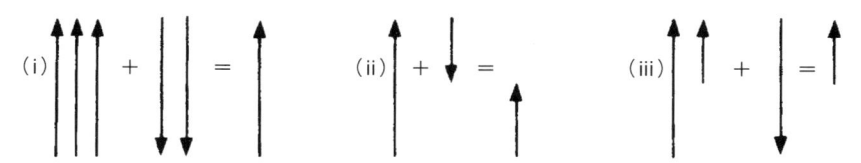

2つの副格子における磁気モーメントの可能な配列

つ副格子の磁気モーメントは不均等な状態にあり，それらを含めた正味の磁化が生じる．いくつかの可能性のある配列を図中に示す：（i）同じモーメントの数が等しくない；（ii）2つのモーメントが等しくない；（iii）それぞれの副格子に2つの等しいモーメントがあり，それに加えてその1つには等しくないモーメントが1つある場合．正味の少量な自発磁化が，物質を弱い強磁性物質として振舞わせている．

フェリ磁性物質は次に述べる理由により技術上重要である．この物質は通常絶縁物であり，高周波領域での使用において渦電流損の少ない物質である．一方，室温において相当な磁気モーメントを示すが，その強さは強磁性体のそれより弱い．

フェリシ釣合 Felici balance

コイルの巻線間の相互インダクタンスを決定するために用いられる交流ブリッジ*の一種．

フェルミエネルギー Fermi energy → フェルミ準位

フェルミ準位 Fermi level

同義語：フェルミエネルギー（Fermi energy）．記号：E_F．絶対零度において固体中の電子によって占有される電子エネルギーレベルの最大値．温度が高まると，多少の電子はもっと高いエネルギー状態へ励起される．そのようになると，フェルミ準位はフェルミ−ディラック分布関数値が1/2となるエネルギー値のところに対応する．⇒エネルギー帯

フェルミ−ディラック統計 Fermi-Dirac statistics

自由電子モデル*を用いて，固体の振舞いを記述するために使用する量子統計のシステム．このモデルでは構成原子内部の最も弱く結合した電子がガス体として振舞うと考えられており，そのガス体は次の特定な条件に従うものとしている．電子は固体中をいかなる方向にも自由に動くことができ，電子は互いに干渉することなく，さらに電子はパウリの排他律*に従う．

1個の電子がエネルギーEのエネルギー準位*を占有する確率はフェルミ−ディラック分布関数f(E)によって与えられる．

$$f(E) = \frac{1}{[1+e^{(E-E_F)/kT}]}$$

ここで，E_Fはフェルミ準位*，kはボルツマン定数，Tは絶対温度である．

自由電子モデルは金属における多数の重要な物理的性質を説明するためにも用いられる．

フォノン（音響量子） phonon

結晶格子中の原子の振動による熱エネルギーを表す量子である．振動の周波数をν，そしてプランクの定数をhとして，フォノンのエネルギーは$h\nu$に等しい．

フォールトトレラントシステム（耐故障システム） fault-tolerant system

代理機能性*により，障害*時においても仕様に準拠してサービスを供給するシステム．多くは電気的なシステムである．

フォワード伝達関数 forward transfer function → 帰還制御ループ

フォンノイマン形コンピュータ von Neumann machine

メモリを処理装置につないでいる1つの制御装置からなるコンピュータ*．命令とデータは1回に1つ取り出され，制御装置の制御下のもと処理装置に送られる．命令とデータがメモリから処理装置へと伝送される速度によって装置全体の処理速度は制限されている．

フォン・ハン窓 von Hann window → ウインドウ機能

負荷 load

1．電気信号源から電力を消費する装置あるいは物質．例えばスピーカ，テレビジョン，ラジオ受信機，誘電加熱あるいは誘導加熱された物質，論理回路，駆動される回路または装置がある．2．電気機械，発電機，変換機，電子回路または電子装置などによって供給される出力

電力．発電機などの電気機械は通常の運転状態で動作しているとき，出力に負荷がつながれていないときは無負荷という．負荷がつながれているとき有負荷という．

前もって決められた時間内に負荷で消費された，あるいは負荷に供給された最大電力が最大負荷である．

負荷インピーダンス　load impedance
負荷に電力を供給する駆動回路からみた負荷のインピーダンス*のこと．発振器が動作しているときの負荷インピーダンスの変化は，発振器の出力が負荷インピーダンスに対して描く負荷インピーダンス線図からわかる．

負荷回路　load circuit
発電機，変換器，電気回路または装置など多くの電気機器の出力回路．

負荷回路効率　load-circuit efficiency
任意の装置の負荷回路において，その装置の入力電力とその負荷に供給された有効電力との比．

負荷曲線　load curve
伝送または配電システムの負荷電力を時間に対してプロットした図．

負荷曲線　load line
トランジスタのような電子素子の特性曲線*のグラフに引かれる直線．これは与えられた負荷において電流と電圧の関係を示す．

負荷コイル　load coil　→ 誘導加熱
負荷時間率　duty factor　→ パルス
負荷整合　load matching
誘電加熱器または誘導加熱器の負荷回路の出力インピーダンスを調整して，電源から負荷に送られる電力を最大にすること．

負荷調整器　load regulator
負荷を一定に保つか，または前もって定めた手順で負荷を変化させる回路や装置．

不活性電池　inert cell　→ イナートセル
負荷投入スイッチ　load transfer switch
発電機あるいは他の電源から必要に応じて1つあるいはその他の負荷回路に電力を供給するために使われるスイッチ．

負荷特性　load characteristic
トランジスタなどの電子素子の特性曲線で，電源供給電圧を一定に保った状態で2つの変化量の瞬時値間の動作関係を示す特性．例えば，エミッタ電圧 V_e に対してエミッタ電流 I_e の変化を作図したものである．

負荷率　load factor
特定の時間間隔ごとに負荷に供給した平均電力と同じ時間間隔内のピーク電力との比で，通常は％で表す．

工場負荷率は発電機または発電機群に対して特に関連した表現で，与えられた時間間隔ごとに発電機群から実際に負荷に供給した電気量（キロワット時：kWh）と同じ時間間隔内に工場が負荷に最大連続供給できる電力の比で，工場負荷率も通常は％で表す．

負荷リード線　load leads
誘電加熱，電磁誘導ヒータのために，電力を負荷や負荷コイルなどに接続するための導体，または伝送線．

不感時間（無駄時間）　dead time
刺激直後に続く時間間隔で，電気機器が別の刺激に応答しない時間間隔．この期間に事象が発生するのを許容するには，カウンタ*内部の観測計数率に対して，不感時間補正が適用されなければならない．

不完全誘電体　imperfect dielectric　→ 誘電体

負帰還　negative feedback, degeneration, inverse feedback
同義語：逆位相帰還（inverse feedback）→ 帰還

不揮発性メモリ　nonvolatile memory
電源が切れた場合でも内部に蓄えられた情報を保持するメモリ*．

復元　restore　→ クリア
復号（暗号解読）　decryption　→ 暗号化
復号化　decoding　→ ディジタル符号；ディジタル通信
複合カラー信号　composite colour signal　→ カラーテレビジョン
複合管　multielectrode valve
それ自体が独立な電子の流れをもつ電極セットが1つの真空容器内に2つ以上内蔵した熱電子管．

復号器　decoder
同義語：パルス検波器（pulse detector）．→ パルス変調器

複合磁石　compound magnet　→ 永久磁石

複合抵抗 composition resistor
通常は炭素複合の抵抗*.

複合導体 composite conductor
異なる金属，例えば鉄と銅をより線にした導体.

複合変調 compound modulation
同義語：多重変調（multiple modulation）. ➡ 変調

複素インピーダンス complex impedance ➡ インピーダンス

複素演算子 complex operator ➡ s領域回路解析

複素周波数 complex frequency ➡ ラプラス変換. ⇨ s領域回路解析

複素平面 complex plane
2つの直交軸で描かれた平面で，その1つは実数の大きさを表す横軸，残りの軸は虚数の大きさを表す縦軸である．複素数 $a+jb$（ここで j は $\sqrt{-1}$）を複素平面上の点として幾何学的に説明することができる．この複素平面を表す図は，アルガン図ともいう.

復調 demodulation ➡ 変調
復調器 demodulator ➡ 検波器
副搬送波 subcarrier
2番目の搬送波を変調するために用いられる搬送波*.

副搬送波変調 subcarrier modulation ➡ 電信

複流式システム double-current system
信号の伝送を達成するために電流の向きを反転させる電信システム． ➡ 単流式システム

符号 code ➡ ディジタル符号

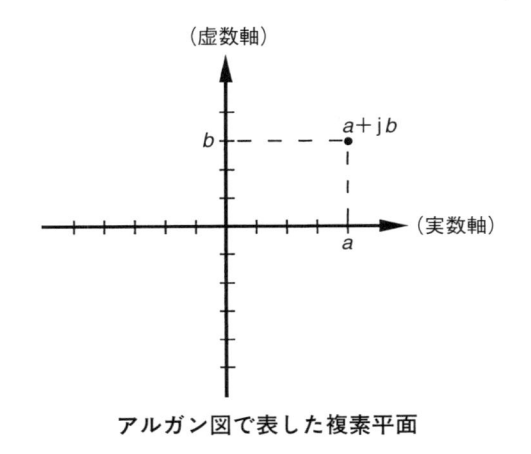

アルガン図で表した複素平面

符号化重み coding weight ➡ ディジタル符号

符号化利得 coding gain ➡ ディジタル符号

符号間干渉 intersymbol interference (ISI)
多重通信システムにおいて，直前の符号とそれに続く符号のオーバラップによって伝送符号に引き起こされる干渉．この干渉は適応フィルタリングで制御できる（例えば，一般的なコサイン二乗根伝送フィルタ）．チャネルの特性が未知であるときには，しばしば多量の符号間干渉があるがそれらは受信機の等化器で軽減しなければならない.

符号器 coder ➡ パルス変調
符号器 encoder
望ましい符号の出力をつくる装置または回路.

符号ビット sign bit
符号付の大きさ（量）について，正負を区別するビットのこと．1の補数表現*と2の補数表現*が存在する．符号ビットは，正に対して1，負に対して0で表される.

符号励振線形予測 code-excited linear prediction ➡ 線形予測

符号レート code rate ➡ ディジタル符号

フーコー電流 foucault current ➡ 渦電流

節 node
電圧や電流の定在波のある変動点で最小値，通常は零になる分布界の点，線または表面を指す．部分節は零でない最小値をもっている．最大振幅となる点は腹である．2. 同義語：分岐点．電気回路の中の点で，3つまたはそれ以上の素子がつながっている点．3. 通信網における接続点． ➡ 回路網；通信網

不純物 impurities
半導体中の異質の原子は自然に存在するか意識的に導入される．不純物は半導体の種類や導電率に基本的な効果を示す．目的とする特性をつくりだすために，不純物拡散は半導体中の選択された領域へ不純物を計画的に導入する方法である．不純物によって作られるエネルギー準位が不純物準位である．不純物の存在は，キャリヤと不純物原子間の不純物散乱によって荷電キャリヤの移動度（ホール移動度*およびドリフト移動度*）に影響を与える． ⇨ 拡散；半導体

不純物導入 doping ➡ ドーピング

ブースタ booster
 1. 回路で動作している電圧の大きさを増加（正のブースタ），減少（負のブースタ）あるいは位相を変化するために回路に挿入された発電機あるいはトランス（変圧器）．2. 周波数の変化の有無にかかわらず，主局から受信した放送信号を増幅したり再送信する中継局．

不整合 mismatch
 負荷のインピーダンスが負荷がつながれている電源の出力インピーダンスに等しくないときに生ずる状態．

負性抵抗（負性微分抵抗） negative resistance (or strictly negative differential resistance)
 電流-電圧特性の一部が負の勾配をもつ，いいかえれば，印加電圧を増加すると電流が減少するデバイスの特性．負性抵抗をもつデバイスは，サイリスタ，トンネルダイオード*，ガンダイオード*，マグネトロン*，および発振器*の出力ポートなどがある．

負性抵抗発振器 negative-resistance oscillator → 発振器

負性微分抵抗 negative differential resistance（NDR） → 負性抵抗

不足結合 undercoupling → 結合

不足減衰 underdamping → 減衰

不足電流遮断器 undercurrent release → アンダーカレントレリーズ

縁効果 edge effect
 平行平板型容量の端の部分において，電界を表す電気力線が平行からずれることで，端部で電界が不均一となる．

復帰間隔 return interval
 同義語：帰線（flyback）．→ のこぎり波形；時間基準

フックアップ hook-up
 （日常語）接続，中継．必要に応じて，電気，電子回路間を接続すること．

PUSH
 多くのコンピュータシステムにおいて，正規の命令順序を変えざるをえないとき，そのコードの復帰アドレスを記憶させるための動作．例えば，割り込み命令が入ったとき，コンピュータはプログラムの正規の命令順序を変更し，割り込み命令を処理した後，再び正規の命令に戻らなくてはならない．多くのコンピュータシステムでは，スタックと呼ばれる特別のメモリ領域がこれらの復帰アドレスを記憶するために用意されている．アドレスを設定し，そのアドレスをもちいて，*PUSH and POP* 命令を実行して，スタックが正常に動作する．通常はスタックポインタ（SP）と呼ばれる特別のレジスタが，そのスタックを指定するのに使われる．
 PUSH 命令は，レジスタから取り出したデータをスタックに入れる命令である．
 PUSH A
はAレジスタ中のデータを，スタックポインタの現在値で決められたスタックのトップの位置に押し込む．POP 命令は上記と逆のことを実行する命令である．
 POP B
は，スタックのトップから取り出したデータをBに保存する．これらの命令として与えられたPUSHおよびPOPの名称は，バネ仕掛けのデータ貯蔵庫のようなスタックのイメージを反映している．スタックのトップに新しいデータを押し込み，取り出すときは押し込んだデータを取り上げる．

プッシュプル増幅器 push-pull amplifier
 同義語：平衡増幅器（balanced amplifier）．→ プッシュプル動作

プッシュプル動作 push-pull operation
 2つの同じ性能をもつ素子を180°位相の異なった状態で動作させる．そして，それらの別々の出力信号を図aに示すように同相で結合し出力とする（図b）．なお，180°の位相反転を達成する一般的な方法は入力回路を変圧器で結合することである．位相の反転を入力部でつくらない場合は，図cに示す相補形トランジスタ*を用いる必要がある．
 プッシュプル回路は，しばしばA級とB級増幅に用いられ，それらはプッシュプル増幅器と呼ばれる．入力信号がゼロのときほとんど出力電流がない位置にバイアスしたプッシュプル増幅器を静止プッシュプル増幅器*という．

ブッシング bushing
 隔壁を通して導体の通路をつくるために使われる絶縁体．

負電荷 negative charge → 電荷

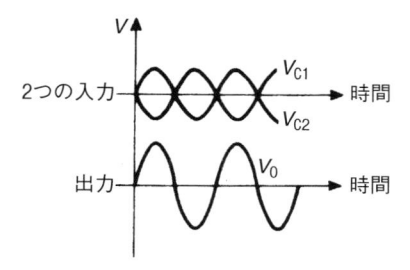

図a　トランス結合形プッシュプル動作の出力

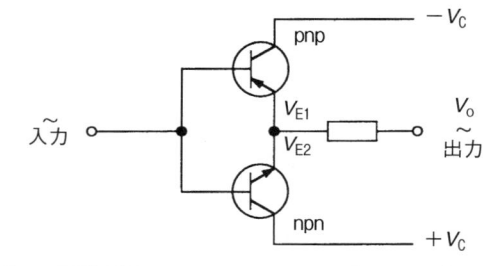

図c　相補形トランジスタによるプッシュプル動作

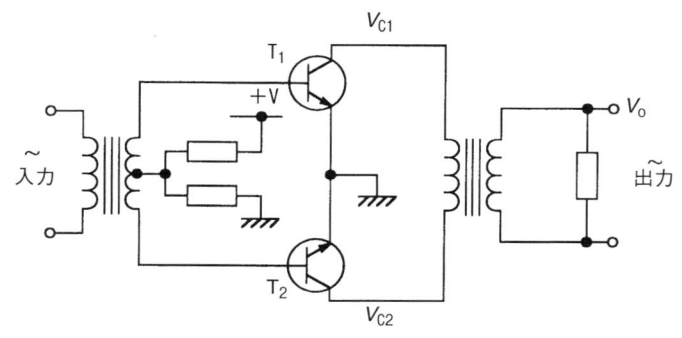

図b　トランス結合形A級プッシュプル動作

浮動　floating
電源の基準電位につながれていない素子や回路をいう．

浮動小数点表示　floating-point representation
数字を，事前に決められた有効桁（仮数）と，十進もしくは二進の乗数（指数）によって表現する方法．数 x は以下のように表される．
$$x = y \times n^z$$
ここで y は仮数，n は10または2，z は整数で表される指数である．⇒固定小数点表示

浮動蓄電池　floating battery　→蓄電池

浮動搬送波変調　floating-carrier modulation
同義語：制御搬送波（controlled-carrier modulation）．変調波振幅に依存して搬送波*の振幅が短い周期にわたる平均値によって自動的に調整される振幅変調*のこと．したがって，変調度は本質的に一定になる．

ブートストラッピング　bootstrapping
コンデンサ（ブートストラップコンデンサ）を1以下の増幅段の交流電流に100％正帰還*を与えるために用いる技術で，いろいろな応用に使われる．ブートストラップは入力回路の条件を制御する正帰還を用いて出力信号の制御のために用いられる．

ブートストラップは一般的に線形タイムベースの発生，特にのこぎり波発生器の回路に用いられる．簡単なのこぎり波発生器は周期的な階段状電圧で入力抵抗により充電し，放電するコンデンサからなる．コンデンサが充電されるにつれて電圧は指数関数的に増加し，それに伴って入力抵抗にかかる電圧は減少する（それゆえ充電電流が減少する）．充電特性の初期部分のみを使用すれば，出力は近似的に直線である．直線性は一定の充電電流を維持するようにブートストラップ回路を用いることで改良される．代表的な回路が図aに示される．出力は抵抗Rへブートストラップコンデンサ C_1 を通して接続されるエミッタホロア*から取り出す．出力電圧が上昇するにつれて，Rと R_1 の接続点の電圧も上昇する．したがってRの両端の電圧そして充電電流はおおむね一定に維持される．

ブートストラップはハイとローの論理レベル間を動く電圧を最適にするためにMOS*論理回路にも用いられる．代表的なブートストラップ回路は図bに示される．点Xでの出力電圧 V_0 はトランジスタ T_s のゲートにロー論理レベルが印加されるときハイで，トランジスタ T_1 のゲートの値およびしきい値で決定される．

ブートストラップコンデンサ C および負荷トランジスタ T_L がない場合, T_1 のゲート電圧 V_{G1} は V_{DD} に等しく,
$$V_o = V_{DD} - V_T$$
である. ここで, V_T はしきい値電圧である.
もし, 負荷トランジスタ T_L があるならば,
$$V_o = V_{DD} - 2V_T$$
である. もし, V_{G1} が V_{DD} より大きな値に増加すると, V_o は最大値 V_{DD} になる. ブートストラップはこの効果を達成するために用いられる. ブートストラップコンデンサ C は点 X と Y の間に接続する（図 b 参照）. V_o がロー論理レベルから上昇すると, V_{G1} も C による正帰還のために上昇する. これは T_L をオフし, 点 B は電源バスから絶縁される. したがって, V_{G1} は V_{DD} 以上の値まで上昇することができ, V_{G1} が増加するとともに, V_o も V_{DD} まで増加する. だから, 点 X の全電圧振れ幅が最適化される.

ブートストラップは交流入力インピーダンスを高くするためにエミッタホロアや FET 段のような高入力インピーダンス増幅器にも使われる. ベースあるいはゲート電極への交流入力信号はもしブートストラップがないとベースやゲートの直流バイアスを与えるためのバイアス抵抗に流れてしまう.

不能にする（無効にする）　disable

装置の出力（端子）を断線状態または高イン

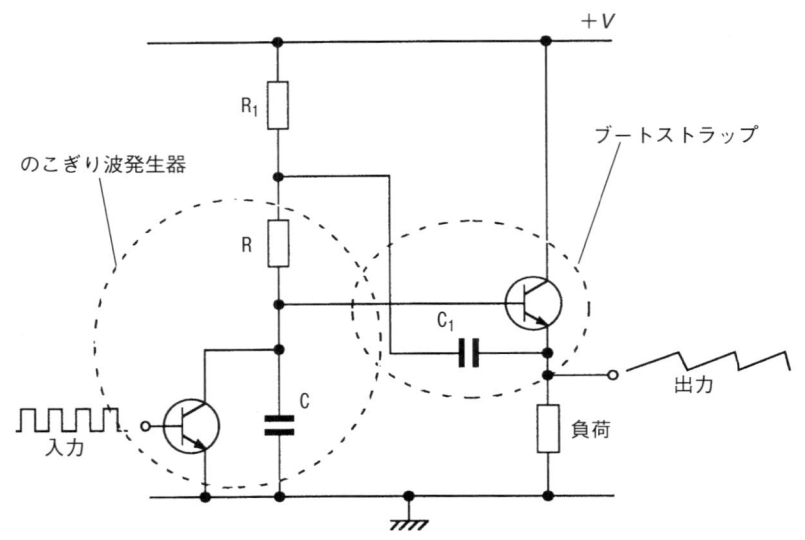

図 a　のこぎり波発生器のブートストラップ

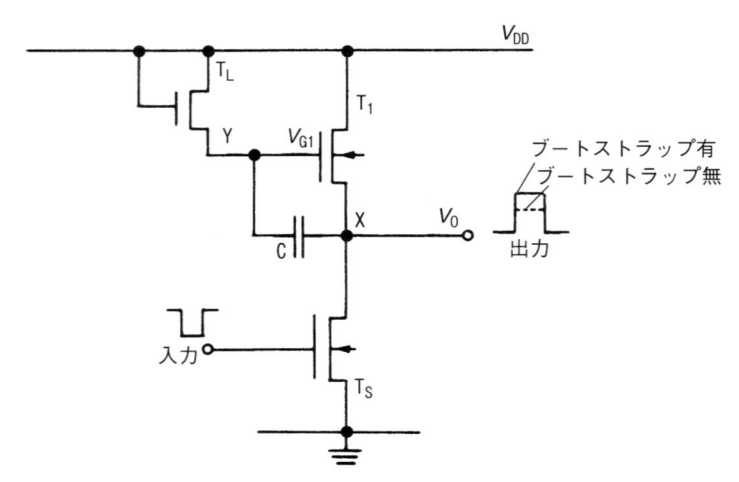

図 b　MOS 回路のブートストラップ

ピーダンス状態にすること.

負バイアス　negative bias

電子素子の電極に印加される電圧で，普通接地電位とする固定参照電位に対して負である.

部品　component

抵抗のような電気的な機能をする個別電子素子. 主として，能動電子素子を一般的に素子*と呼び，受動素子を部品*（component parts）と呼ぶ.

部品（構成要素）　component part

1. 個別電子素子. 一般的に受動素子. 2. 電気的性質をもつ個別の物体で，その機能を壊すことなく分割することはできない.

不平衡二端子対回路網　unbalanced two-port network　→ 二端子対回路

負変調　negative transmission　→ テレビジョン

不飽和モード　nonsaturated mode　→ 飽和モード

浮遊容量　stray capacitance

電子回路あるいは素子において生じてしまう静電容量であり，配線，電極あるいは回路要素が近接したことにより存在し，回路や素子の本来有する静電容量にこれが付加される. 浮遊容量は通常好ましくないものであるが，同調回路*の同調機構の一部として利用されることがある.

フュージブルリンクメモリ　fusible-link memory　→ 固定記憶装置（ROM）

フューズ　fuse

特定の大きさの電流値で融ける（飛ぶ）ことにより回路を遮断し，電気回路または装置を保護するために使われる短い長さの溶断容易な金属線をいう. フューズの定格電流は溶断することなしに流しうる電流の最大値である. フューズの設計された動作周波数，動作電圧はフューズ定格周波数，フューズ定格電圧で規定される. フューズ特性は流れる電流と溶断時間の関係である.

プライバシー　privacy

通信における通信データへの不正アクセスに対する保護. 送られたメッセージにしばしば他人が理解できないよう通信する要望がある. プライバシーは認められていないユーザが情報にアクセスできないようにメッセージを符号化す

ることにより守られる.

フライバック（帰線）　flyback

1. 時間基準*. 2. のこぎり波形*.

フライングスポットスキャナ（飛点走査器）　flying-spot scanner

例えばフィルムなどのある対象を，スポット光で走査することによりビデオ信号を生成する装置. スポット光は，光強度に応じた電気信号を生成するため，光電セル*に集光される. 高速で移動するスポット光は，光源として使用される高輝度ブラウン管の，スクリーン上に通常は生成される. 穴の空いた回転円盤を点光源と対象との間に挿入することで，対象を機械的に走査する場合もある.

フラグ　flag

プロセッサの状態情報をもっている1ビットレジスタで，例えば桁上げフラグ，負数フラグ，正数フラグ，オーバフローフラグ，ゼロフラグがある. → レジスタ

プラグおよびソケット　plug and socket

電源や他の電気機器との接続において接または断の操作を実行するための電気装置である. 雄プラグと雌ソケットの2つに分離できる部分要素からできており，接続が行われた場合，互いに嚙み合う構造である.

ブラシ　brush

通常は電動機の回転部導体と静止導体の間の電気的接触をするために特別に炭素でつくられた導電体. ブラシと回転接触面との間の接触抵抗はブラシ接触抵抗という. 電気機械においては，接触面での電圧降下はほぼ一定であるので，この抵抗値は電流密度が増加するに伴って小さくなってくる.

ブラシ接触抵抗　brush contact resistance　→ ブラシ

ブラシ放電　brush discharge

導体の周りに幾本かの発光線条が現れる発光電気放電. ブラシ放電は導体周囲の電界がスパーク*を発生するのに十分な強さに達しないときに生ずる.

プラスチックフィルムコンデンサ　plastic-film capacitor

誘電体がプラスチックフィルムになっているコンデンサである. その電気特性は分子構造に依存する. 有極性（非対称）分子からつくられ

た物質は大きな誘電体定数となり，周波数依存性をもつ．無極性（対称）分子は周波数依存性のない特性になる物質である．

プラスチックフィルムコンデンサには主要な2種類のものがある．ポリスチレンフィルムおよびポリエステルフィルムコンデンサである．前者は優れた特性をもつ無極性プラスチックであり，金属箔電極と組合せて用いられ，優れた安定性の低損失コンデンサがつくられる．ポリエステルフィルムコンデンサはわずかに分極したプラスチックフィルムのコンデンサであり，箔または金属蒸着の電極を用い，直流での使用や温度125°Cまでの動作は有用である．

プラズマ plasma
1. アーク放電管（→ ガス放電管）中の電離した気体の領域．プラズマ中では，電子とイオン*の数が近似的に等しく存在し，アーク放電に対して導通路を与える．
2. 同義語：陽光柱（→ ガス放電管）．
3. 完全電離気体中では，電子とイオンが自由に運動し，電界と磁界が運動する荷電粒子に影響を及ぼす．プラズマは，星雲や実験熱核融合炉ないしは光電離によって生成し，高温に達する．

プラズマエッチング plasma etching → エッチング

プラズマ強化CVD plasma-enhanced CVD (PECVD) → 化学気相堆積

プラズマスクリーン plasma screen
　同義語：プラズマディスプレイ．→ フラットパネルディスプレイ

ブラックアウト black-out
　強い過渡的な信号を受けた後に，電子素子の多くが一時的に感度を失うこと．

ブラックボックス black box
　1つのパッケージとして取り扱われる電子素子内蔵のユニットあるいは回路．パッケージの動作はその内部の素子にかかわりなく入出力特性により数学的に近似される．

ブラックマン窓 Blackman window → ウインドウ機能

フラッシュオーバ flashover
　2つの導体間または導体と大地間でアーク*またはスパーク*の形で絶縁破壊を起こす放電．アークの発生は弧絡，スパークの発生は火花連絡といわれる．

フラッシュオーバの衝撃比 impulse ratio for flashover（or puncture）→ インパルス電圧

フラッシュオーバまでの時間 time to flashover → インパルス電圧

フラッシュバック電圧 flashback voltage
　電離を開始するのに必要なガス放電管*のピーク逆電圧．

フラッシュメモリ flash memory
　電気的に消去と書き換えが可能なROM*（EEPROM）の一種．今までのEEPROMより高速に動作し，内容を保持するのに電力を必要としない．それまでのものが，1バイトずつ消去していたのに対し，フラッシュメモリは1度に1ブロックあるいはチップ全体を消去できるため，高速動作を達成している．フラッシュメモリは高速な情報の蓄積が求められる，例えばディジタルカメラ，ゲーム機，固体ハード記憶装置などに，応用されている．

フラッタ flutter
　可聴帯域の周波数変動によって生ずるオーディオ帯域の不必要な周波数変調*．⇒ ワウ

フラットチューニング flat tuning
　周波数帯全てにわたって等しい応答になるような調整の仕方．

フラットパネルディスプレイ flat-panel display
　同義語：フラットスクリーン（flat screen）．蛍光スクリーンを照射する電子銃のためにかさばってしまう従来の陰極線技術と比べると，ディスプレイ装置の厚みを最小にするビデオディスプレイ技術．多結晶シリコン*あるいはアモルファスシリコン*技術を用いた液晶ディスプレイ*（LCDs）が最も一般的で，解像度が高い大画面を提供する．ガスプラズマスクリーンは液晶ディスプレイより高価でかさばり解像度が低いので近頃あまり好評ではない．ガスプラズマディスプレイのそれぞれのピクセル*は電離*しやすいガスを含む小さな電子管である．ピクセルが選択されるとグロー放電*が生じ，色はセル内の蛍光材料によって決定される．

フラットワイズベンド flatwise bend
　同義語：H曲がり（H-bend）．→ 導波管

ブランキング blanking

 素子やチャネルの動作を必要とする時間分だけ無効にしたり停止させること．例として，ブランキングにより CRT の画面から回帰描線を取り除くこと（帰線消去）．帰線の水平と垂直の成分を取り去るには，この2つの成分をブランキングすることが通常行われる．

プランク定数 Planck constant

 記号：h．電磁放射*のエネルギーは個別なパケット，あるいは光量子*によって表されるとする，プランクの法則から生まれた普遍的な定数．1個の光量子のエネルギーは，ν を放射の周波数として $h\nu$ で与えられる．プランクの法則は量子理論の基礎である．

 h の値は $6.6260755 \times 10^{-34}$ Js

 有理化されたプランク定数 $h/2\pi$，記号 $\hbar$ の値は $1.0545726 \times 10^{-34}$ Js．

プランクの法則 Planck's law ➡ プランク定数

フランクリン franklin

 記号：Fr．以前の CGS 静電単位系における電荷の単位．1フランクリンは 3.336×10^{-10} C に等しい．

ブランチ命令 branch instruction ➡ 分岐命令

プランテ電池 Planté cell

 初めてつくられた二次電池．巻いた鉛板を希硫酸の中に浸漬した構造であった．

プラント負荷率 plant load factor ➡ 負荷率

プランビコン plumbicon ➡ ビジコン

プリアンプ preamp

 短縮語：前置増幅器（preamplifier）．

フーリエ解析 Fourier analysis

 複雑な波形をもった信号を単純な高調波関数に分解するための数学的方法で，各高調波は基本周波数の整数倍（1, 2, 3, …）の周波数をもつ．任意の周期をもつ現象 U はその周期を T とすると，ある条件—ディリクレの条件—が満たされるならばフーリエ級数で表現することができる．そのときフーリエ級数は次式で与えられる．

$$U = F(t)$$

ここで

$$F(t) = \sum_{n=-\infty}^{n=+\infty} a_n e^{jn\omega t}$$

ただし $\omega = 2\pi/T$ で j は -1 の2乗根である．そして n は整数，a_n は n 項目の係数で次式で与えられる．

$$a_n = \frac{1}{T}\int_0^T F(t) e^{-jn\omega t} dt$$

フーリエ級数は正弦と余弦が交互に出てくる級数として書き表せる．

 周期 T を，$1/T$ が 0 に近づくようにするため無限に大きくとると，フーリエ級数はその極限形として積分—フーリエ積分—になる．フーリエ級数またはフーリエ積分のどちらを使うかは考察している現象の物理条件によって決定される．

 フーリエ解析は電子工学の分野で広く使われているが，そこでは通常，上記の表現法と若干異なった表現法が使われている．そこではフーリエ積分が

$$F(t) = \int_{-\infty}^{\infty} g(\omega) e^{j\omega t} d\omega$$

と書かれる．そして

$$g(\omega) = \frac{1}{2\pi}\int_{-\infty}^{\infty} F(t) e^{-j\omega t} dt$$

が関数 $F(t)$ のフーリエ変換と呼ばれ，同様に $F(t)$ もまた関数 $g(\omega)$ のフーリエ変換と呼ばれている．⇒ 離散フーリエ変換

フーリエ級数 Fourier series ➡ フーリエ解析

フーリエ積分 Fourier integral ➡ フーリエ解析

フーリエ変換 Fourier transform ➡ フーリエ解析；離散フーリエ変換

プリエンファシス pre-emphasis

 周波数変調*や位相変調*を用いる無線通信で信号対雑音比*を改善するために用いられる技術．低域周波数に比べて高域周波数を強調する回路が送信機に挿入される．受信機では元の音声信号に戻すためディエンファシスが用いられる．すなわち，この回路は高域周波数成分を相対的に下げる．まれに振幅変調でプリエンファシスが用いられ，信号対雑音比の改善はわずかである．またこの技術は音声や音楽でみられる平均 -6 dB/oct の特性に対抗するため磁気テープ記録，蓄音機記録，音声解析システムに用いられる．

フリース伝送方程式　Friis transmission equation

通信システムにおいて送信機と受信機の間の電力の変化を与える公式．この変化は経路損失と呼ばれている．送信電力 P_T, 送信利得* G_T, 受信利得 G_R, 受信電力 P_R とし，距離 R, 使用波長 λ とすると，フリース伝送方程式によって受信電力は以下のように書ける．

$$P_R = P_T G_T G_R \left(\frac{\lambda}{4\pi R}\right)^2$$

これは自由空間における関係を示しており，伝送が地面などの他の物体によって影響を受ける場合には，修正が必要である．

プリセレクタ　preselector

受信入力信号の帯域幅を制限するためにヘテロダイン*受信機の入力に置かれる低域通過フィルタ．これは雑音性能を改善し，受信機で受信された信号から必要とする入力周波数の高調波を防ぐこともできる．

フリッカ　flicker

テレビジョン画面やコンピュータモニタ上にあらわれる表示層の急激な揺れ．フリッカが感じられる限界は像の明るさと光軸との角度に依存する．カラーテレビジョンにおけるフリッカは輝度信号または色度（クロミナンス）の不必要な変動によるものである．

フリッカ雑音　flicker noise

同義語：1/f 雑音（1/f noise）．極めて低い周波数においてショット雑音*に重畳される雑音．フリッカ雑音電圧は周波数に反比例して変化する．このことは半導体*中の電子-正孔対*の発生-再結合がフリッカ雑音の原因とされている．1/f 雑音は生体システムをはじめ多くの自然システムで観測されている．

ブリッジ　bridge

1. 抵抗や容量などの，少なくとも4つの回路素子とともに電流源と零点検出装置をもつ回路の組合せ．それぞれの回路の部品は，ブリッジの1つの枝に配置される．ブリッジの平衡がとれると，検出器応答が零となり，各枝の部品の間には，以下で示す関係が成立する．

$$\frac{Z_1}{Z_3} = \frac{Z_3}{Z_4}$$

それゆえ，未知の要素は，既知の基準と比較することによって正確に測定される．電流源には，直流あるいは交流電源が使用される．ブリッジ回路網は多くの測定装置の基礎を形成する．

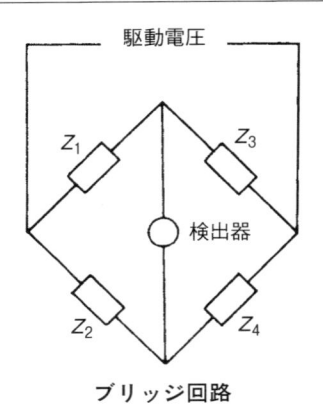

抵抗の測定には，ホイートストンブリッジ*；ケルビンダブルブリッジ，ケリー・フォスターブリッジがある．また，容量の測定にはウィーンブリッジ*，デ-ソウティブリッジ；ソーイングブリッジがある．また，インダクタンスの測定には，アンダーソンブリッジ*；マックスウェルブリッジ，オーエンブリッジがある．相互インダクタンスの測定には，コンペルブリッジ，フェリシー平衡，ハートションブリッジがある．⇒共鳴ブリッジ；ワーグナー接続

2. データリンク層においてコンピュータ回路網に接続する装置．ブリッジは，終端が同じネットワーク上にあることがわからないようにトランスペアレントでなければならない．

ブリッジ（橋絡）H 回路網　bridged-H network → 二端子対回路

ブリッジ（橋絡）回路網　bridge network → 回路網

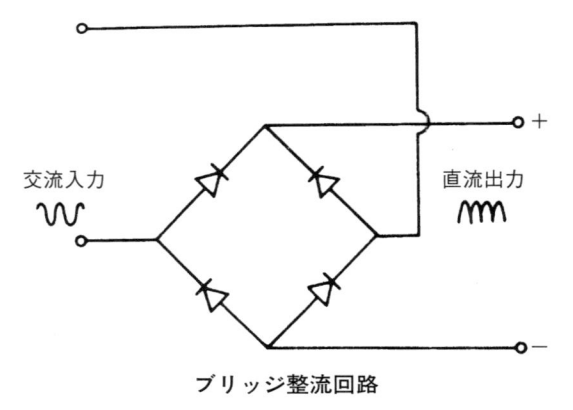

ブリッジ整流器　bridge rectifier

橋（ブリッジ）のような形をした全波整流器*．各腕木に整流器をもつ（図参照）．

ブリッジ（橋絡）T回路網　bridged-T network　→ 二端子対回路

ブリッジマン法　Bridgeman method

半導体結晶の成長法．→ 水平ブリッジマン法

フリップコイル　flip-coil

空気中の1点の磁束密度* B を測定するための旧来の測定手段である．フリップコイルは面積 A，巻き数 N の小さな巻き型コイルでできている．もしもコイルが B に平行な軸となる方向で磁界中に置かれたとするとコイルと鎖交する磁束* は NAB である．このコイルを非常に速く（ポンと切り換える "flipped"）磁束密度が零である地点に動かしたとすると磁束の変化はちょうど NAB である．この値は衝撃型検流計* または磁束計* で測定することができる．

フリップコイルはいろいろな値の NA（巻き数×面積）をつくることができる．それにより測定しようとする磁界に対して適切な NA を選び，測定器の振れが適当な大きさになるようにする．約1％の測定精度は磁束計で，約0.1％のそれは衝撃型検流計で達成できる．

このコイルはまた，磁界の磁束分布を調べるためにも使われる．その際，同じ方法で測定されるが，測定器を正確に校正する必要はない．相対的な測定値で磁束分布のグラフ表示を行うことができる．この測定に使われるコイルは探査コイルと呼ばれることがある．探査コイルは電磁適合性* の調査の中で好ましくない信号源の存在位置の特定に通常使われる．

磁束密度を測定するためのフリップコイルの別の使用法は磁界の中でそれを高速に回転する方法である．発生する交流電圧 V が次の式によって与えられる．

$$V \propto NAB\omega$$

ここで ω はコイルの角速度である．この方法は上述の切換法でないので高感度測定器を使う必要がなくなる．

フリップチップ　flip-chip

半導体チップ* であり，ボンディングパッド* の厚さと大きさを増して，薄膜* または厚膜* 回路などの適合させた基板の上に裏返しに置いて，すなわち上面を下にして取り付けられるようにしてある．これにより熱の散逸特性を改善している．ボンディングパッドを拡大する方法は，被覆酸化膜中の小さなくぼみの中にある入出力端子面積部の上面の上に金属突起を形成させる．

フリップフロップ　flip-flop

双安定マルチバイブレータのことで，通常，2つの安定状態に対応した2つの入力がある．適切な大きさの1つの入力パルスを印加するとこのデバイスはその入力に対応する安定状態に「フリップ」し，他の入力パルスが入力され，もう1つの安定状態に「フロップ」するまで前の状態を維持する．

フリップフロップは広くコンピュータの中で計数，記憶素子として使用され，種々のタイプの素子が開発された．上述のようなフリップフロップはクロックでは制御されず，入力パルスで直接，トリガされる．クロック制御フリップフロップはクロックパルスを印加することができるように第三の入力をもっている．この素子の出力状態はクロックパルスが印加されたときの入力状態によって決まる．基本的なフリップフロップの種類を以下に示す．

Dフリップフロップ（Dは遅れによる）は出力を1クロックだけ遅らせる1入力のクロック制御フリップフロップである．もしも論理1が入力に現れると，論理1が1クロックパルス遅れて出力に現れる．

RSフリップフロップは入力がRとSで示されるフリップフロップである．入力の種々の組み合わせに対応する出力は図aの表に示される．論理1をともに入力することは許されない．

JKフリップフロップは入力がJとKで示されるフリップフロップである（図b参照）．この素子は常にクロックで制御され，その出力はRSフリップフロップと同じであるが，ただひとつ，論理1が2つの入力に同時に入力されてもよいということが異なる．このような背景で素子は状態を変化させる．JKフリップフロップはDフリップフロップとともにフリップフロップの最も重要なタイプの素子である．

RSTフリップフロップはR，S，Tと名づけられる3入力をもつ．RとS入力は上で述

図a クロック制御 RS フリップフロップ

入力		出力	
R	S	Q	$\bar{Q}$
0	0	変化せず，前の状態と同じ	
1	0	1	0
0	1	0	1
1	1	不定	

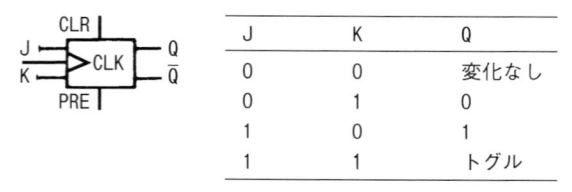

図b クロック制御 JK フリップフロップ

J	K	Q
0	0	変化なし
0	1	0
1	0	1
1	1	トグル

べた出力をつくる．T入力端子にパルスが印加されると素子は状態を変える．

Tフリップフロップは1つの入力だけである．この入力にパルスが入ると状態を変える．
→ マルチバイブレータ

ブリュースター角 Brewster angle

物質へ入射する電磁波がそれ自身の反射の成分をもたない角．それは物質の性質および入射波の偏光*に依存する．ブリュースター角は電界が入射面に対して垂直であるか並行であるかにより異なった値をもつ．非磁性物質の場合には，ブリュースター角は垂直偏光に対して存在しない．もし，ランダムな偏光をもつ光ビームが表面にブリュースター角で入射すると，入射面に平行な偏光は完全に透過し，垂直な偏光の光だけが部分的に反射する．ブリュースター角は偏光角とも呼ばれる．

プリンタ printer

紙に文字，数字，記号，画像などを印刷する装置．情報源として実験データ，コンピュータの出力，通信システムによって伝送された情報などがある．

プリンタスプーラ printer spooler

コンピュータ内部において印刷用のデータが送られる（スプールされる）ハードウェアの装置またはソフトウェアの記憶場所．スプールされたデータはコンピュータが他のプログラムやユーザの命令の実行を続ける間にプリンタへ送られ印刷される．

プリント回路 printed circuit

基板上に通電の配線パターンがつくられている電子回路または回路の部分．薄い絶縁材料の基板に通常は銅の導電フィルムを被膜する．つぎにホトリソグラフィ*（写真平版）処理技術を用いて，保護材料で導電フィルムの部分を覆う．保護されてない部分の金属はエッチングによって除去され，目的とする配線パターンが残される．これに個別部品および集積回路*部品が接続されて回路が完成される．

両面プリント回路が一般につくられており，基板の両面の上に回路が形成され，両面間を接続する必要がある箇所は基板を貫通*させて行う．金属層と絶縁フィルムとを交互に1枚の基板上に複数積み上げる方法でつくられているプリント回路がある．配線が12層にも及ぶ基板を作成可能であり，ディジタルシステム用に広く使われている．

電気，電子装置の内部にプラグイン形プリント回路が使用されて保守および修理を容易にしている．プリント回路は注意して扱うなら十分丈夫なものである．

プリントスルー print-through

磁気テープ記録中にそのテープ内に生ずるひずみ*の一種．これは，強く磁化したテープ領域が近接した層に影響を与えることにより発生し，温度に依存する．

ふるい分け試験 screening test → 寿命試験

ブール数 Boolean values → ブール代数

ブール代数 Boolean algebra

人間の論理を解析するための記号法で，1854年，ジョージ・ブールにより創始された代数．約1世紀の後，論理的機械を解析するための方法であることもわかった．代数とは，要素の集合とその要素に働く演算の集合をもった集合である．ブール代数は，三種の演算，すなわちAND, OR, NOT の集合 P とともにブール変数や定数の集合 K として定義される．集合 K は 2^n の要素を含む．ここで，n は零でない整数であり，0と1で示される2つの特別な要素を含む．最も簡単な2値ブール代数においては，$K=\{0,1\}$ である．これが，簡単な論理関数から複雑なマイクロプロセッサやコンピュータに至るまで，全てのディジタル論理設計の基礎となっている．

ブルートゥース Bluetooth

数 m 内の携帯電話，PDA，キーボードなどの装置を接続するための短距離電波通信システム．それには周波数ホッピング方式が使われ，2.4 GHz の ISM バンドが使われる．

ブレイク break

1. 放送プログラムの偶発的な中断．2. スイッチや他の素子による回路の瞬断．3. 回路を開放するのに必要な接点の最小ギャップ．

ブレーカ cut-out → 遮断器

フレキシブル抵抗器 flexible resistor

巻線抵抗器*の一種であり，柔軟な絶縁性心材に電線を巻き付けてある．

プレーナ・プロセス（工程） planar process

半導体デバイス*の製造過程で接合をつくりだすのに使われる最も一般的な方法．全ての半導体デバイスは半導体ウエハの片面に同時に形成される．デバイスや IC 構造はむしろ三次元構造より平面構造である．シリコンダイオードの層は，目的の伝導形のシリコン基板表面に熱的につくられる．ホトリソグラフィ*は，反対の極性の領域を形成するために基板の中に適切な不純物を拡散*するためのマスク*となる酸化層のエッチングホールをつくるために使われる．2つの極性の半導体間の接合は，酸化層の下の基板表面にある．なぜなら不純物拡散は通常表面に垂直かつ平行な方向に生ずるからである（図 a 参照）．いくつかの拡散は，連続して実行される．通常，酸化の最終層は，表面リーク効果を最小化しシリコンに対して安定な表面を形成するためにチップ全体を覆うようにつくられる．初期の接合型トランジスタは，表面リーク効果がその特性を左右したため，プレーナ・プロセスは半導体技術の最も重要な技術の1つになっている．プレーナトランジスタを図 b に示す．図 c に示した n-p-n プレーナエピタキシャルトランジスタは，エピタキシ*と拡

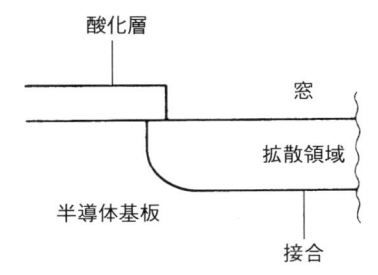

図 a　プレーナ・プロセス

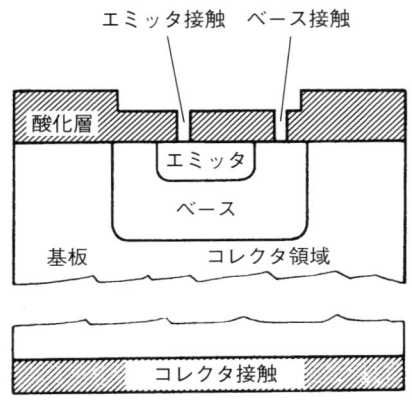

図 b　プレーナトランジスタ

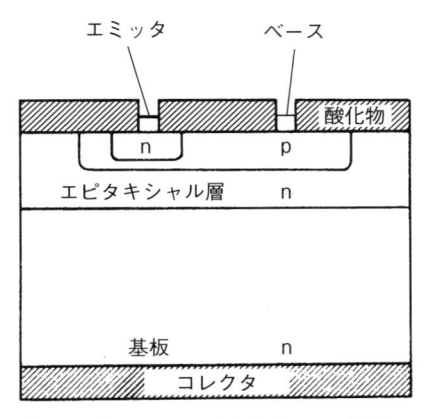

図 c　プレーナエピタキシャルトランジスタ

散の組合せによってつくられる．低ドープエピタキシャル層は高ドープ基板上に成長し，拡散によって接合が形成される．この技術では，高ドープ基板はコレクタとなり，低ドープエピタキシャル層は，コレクタ-ベース降伏特性を維持するが，コレクタ抵抗は小さくなる．

フレネル地帯 Fresnel zone
　送信機から受信機までの電波の全伝搬路が1/2波長より短いか，送・受信機のある直線距離より遠いが無線信号が通信できる地帯．フレネル地帯の通信確定比率は，障害物に邪魔されない地区の値と同じと考えてよい．

フレミングの法則 Fleming's rules
　電気技術者に実用される記憶方法で，発電機や電動機における電流，動きおよび磁界の間の方向に関する関係である．いずれの場合とも，親指（thuMb）は運動（Motion）を，人差し指（First finger）は磁界（Field）を，また中指（middle finger）は電流 I をそれぞれ表している．これら3本の指が直角となる状態にすると，右手は発電機における関係（右手の法則）を表し，左手は電動機における関係（左手の法則）を表している．

フレーム frame
　1．特定の時間におけるディスプレイ上の全情報量．テレビジョン映像がその例．2．時分割多重方式の最短時間．全ての使用者が通信する機会をもつ．しばしば，スロットに分割される．1スロットは各使用者に割り振られる．3．プロトコルのデータリンク階層において，1人の使用者からの単位伝送量の一連のビット列（例：ローカルエリアネットワーク*）．

フレームアンテナ frame antenna ➡ ループアンテナ

フレーム周波数 frame frequency, picture frequency ➡ テレビジョン

フレームチェックシーケンス frame check sequence (FCS)
　フレームの最後にある巡回冗長検査．

フレーム/フィールド転送素子 frame/field transfer device ➡ 固体カメラ

フレーム方向探知 frame direction finding
　同義語：ループ方向探知（loop direction finding）．➡ 方向探知

ブローカ検流計 broca galvanometer ➡ 無定位検流計

プログラマブルアレイロジック programmable array logic ➡ PAL

プログラマブルリードオンリーメモリ programmable read only memory (PROM) ➡ ROM

プログラマブルロジックアレイ programmable logic array ➡ PLA

プログラマブルロジックデバイス programmable logic device ➡ PLD

プログラム program
　1．ある特定のプログラム言語*で書かれた完結した命令群のことで，コンパイラにより実行形式に変換されるとコンピュータは定義された一連の動作を実行させることができる．プログラムには，コンピュータにデータを入力したり，結果を出力させたり，数学演算を実行させたり，指定された場所にデータを記憶させたり，データや命令をシステムのある場所から別の場所に移動させたり，無事にプログラムを完了させるために必要な作業を実行したりするために，必要な命令の全てが含まれる．
　プロシージャ（またはサブルーチン）はプログラムの1区分で，プログラム全体のいくつもの点からその区分に制御が移行される可能性がある．そのサブルーチンの中の命令が完了すると，制御は移行される直前の点に戻る．こうすると，プログラム中の別の場所にこのセクションと同じコードを繰り返し記述せずに済む．プログラムの（一部の）動作を自動的に検査したり，エラー（➡ バグ）を検出したりするのに，診断ルーチンが使用される．
　2．論理回路や論理装置などに，ある特定の機能を実現させること．

プログラムカウンタ program counter (PC)
　同義語：命令ポインタ（instruction pointer）；命令カウンタ（instruction counter）．CPU内部にあり，次に実行する命令を指し示すレジスタ*．

プログラム言語 programming language
　コンピュータのプログラム*またはアルゴリズム*を正確に記述するための記述法．プログラム言語はコンピュータと人間が相互に理解できるように設計される．ディジタルコンピュー

タは2進*記法で動作し，全ての命令は最終的には機械コード*と呼ばれる2進符号の形になる．高水準プログラム言語は機械コードと比べてより自然言語または数学的な記法に近い形をもつ．これは特定の問題分野の条件を反映するように設計されている．コンパイラは高水準言語のプログラムを機械コードに変換するために使われるプログラムである．様々な応用分野のため，例えば Pasca, Fortran, C, C++, Occam などの様々な高水準言語がある．低水準のプログラム言語とは自然言語より機械コードに近く，コンピュータのアーキテクチャを直接反映したものである．→ アセンブリ言語

プログラム送出信号 programme signal
ある特定のラジオまたはテレビジョン放送中の，音情報（音声信号）と視覚情報（映像信号）に相当する情報を含む，複雑な波形のこと．

フロー制御 flow control
受信器（または中間ノード）が受信しやすいように伝送速度を制限する伝送規約の機能をいう．

プロセス制御系 process-control system
同義語：調整器（regulator）．→ 制御系

プロセッサ（処理装置）processor
望まれた結果を得るためにある種の演算や複雑な情報処理を遂行する電子装置（機器）．コンピュータは1つ以上のプロセッサを含む．プロセッサが広範な機能を実行するために設計され，複数でなく1つのプロセッサとして動作する場合，中央演算処理装置*または中央処理装置と呼ばれる．

フローチャート flow chart → 流れ図

ブロッキング blocking
遠距離通信システムにおいて送信側と受信側の間につくられる無効な接続．ブロッキングあるいは密集は，受信側がすでに他の送信側と接続されているようないわゆる話中回線（ビジーライン）で起こる．システムブロッキングが起きるときは，送信側と受信側の間のすべての経路制御がすでに他の接続によって正常動作している．

ブロッキング発振器 blocking oscillator
（一般に）1周期の終わりでブロッキングが生じ，規定の時間続く発振器．そして，全過程を繰り返す．原理的に，間欠発振器*の特別の形で，パルス発生器*やタイム基準発振器*としての応用がある．

ブロックコード block code → ディジタル符号．⇒ ディジタル通信

フロッピーディスク floppy disk
同義語：小形ディスク（diskette）．→ 磁気ディスク

ブロッホ壁 Bloch walls → 強磁性

ブロードサイドアレイ broadside array → アンテナアレイ

プロトタイプフィルタ prototype filter
同義語：正規化フィルタ（normalized filter）．

ブロードバンド broadband → 広帯域

プローブ（測定用電極，探針）probe
1. 測定や回路を観測する目的で接続する導線であり，回路の終端部分や長さに沿った位置などに接続，さらに目的動作の試験用にも使用される．測定や観測用の回路は受動や能動部品で構成される．
2. 集積回路や素子を試験する方法であり，ダイシングを行う前の完全なウエハ状態のままであるときに行う．プローブは，IC外周に通常設けられたボンドパッドに機械的および電気的に接触可能にしてある．複数のプローブの各先端がウエハ上の正確な位置に移動可能であり―これらはマイクロマニピュレータプローブと呼ばれる―あるいは，プローブカードの上の所定位置にプローブを多数個取り付け，ICの周囲に設けたボンドパッドの接続配列に対応したものも使われる．
3. エネルギーの注入や取り出しのために，導波管*または空洞共振器*の中に挿入された共振用の電極．

プローブカード probe card → プローブ

フロントポーチ front porch
テレビの信号波形の中でアナログ画像信号の後に水平同期信号が現れる寸前に付加されている一定振幅部分の時間幅をいう．→ テレビジョン

負論理 negative logic → 論理回路

分圧器 potential divider, voltage divider
同義語：分圧器（voltage divider）．抵抗，インダクタンス，コンデンサを直列につないだ

一連の素子列．素子列の1つあるいは多数の部分に端子を出せば素子列間に加えられた電圧を素子数分の一の電圧に分圧できる．

分解時間 resolving time ➡ カウンタ

分解能 resolution

再生された画像で見ることができる，すなわち，分解できる最小の細かさの尺度．

分割回路網 dividing network ➡ クロスオーバー回路網

分割器 divider

整数分の一にパルス数を減らしたり周期を短かくする回路．

分岐点 branch point

同義語：節点（node）．➡ 回路網

分岐命令（ブランチ命令） branch instruction

コンピュータプログラムにおいて，プログラムカウンタ*の内容を条件付もしくは無条件に変更し，命令群の連続的な実行を中断させる命令のこと．条件付分岐は，（例えばレジスタの中身が0かどうかというような）分岐試験の結果に依存する．例としては，以下のような命令がある．

もし$x>10$ならば分岐し，そうでなければ分岐しない．

分極 polarization

短縮語：誘電分極（dielectric polarization）．

分散 dispersion

異なる周波数，エネルギー，速度，あるいは他の特質の成分に放射を分割する過程をいう．波の速さが周波数において一定でない通信において，周波数多重信号の成分は一定時間内に異なる距離を進むので，信号の拡散を起こす．

分散制御 distribution control ➡ 走査

分子線エピタキシ molecular-beam epitaxy (MBE)

超高真空下で実施するエピタキシ*法．元素の熱蒸気を用いて結晶配列を考慮した堆積方法である．基板ウエハは，一定の成長速度になるように回転させる．適切な条件下で，垂直方向に1原子の分解能で要求されるエピタキシャル層，組成，厚さ，ドーピング量が制御される．この方法の欠点は，超高真空が必要であり，複雑な装置およびエピタキシャル層の低い成長速度である．

分周倍率 scaling factor ➡ 計数器

分相器 phase splitter

1つの入力信号から2つの位相の異なる出力を生成する回路．一例はプッシュプル増幅器*のドライバ回路．

分配雑音 partition noise

電極間の電流分布にランダムな揺らぎがあるために起こる能動電子素子に発生する雑音*．光通信用光源内のモードポッピングによっても生ずる．

分布インダクタンス distributed inductance

伝送線路のような長さに沿って分布すると考えられる電気系のインダクタンス．➡ 分布回路

分布回路 distributed circuit

高周波*あるいはマイクロ波*周波数で動作する回路．そのような周波数では，通常の個別素子の抵抗やリアクタンスはその寸法が信号の波長と同程度となり，素子あるいは回路中の電流や電圧が空間的に変化するために用いることはできない．したがって，抵抗やリアクタンスは伝送線路素子を用いて実現でき，抵抗やリアクタンスは回路に沿って空間的に分布する．回路の電流や電圧は進行波*として取り扱われ，伝送線路に沿って流れる．➡ 伝送線路；導波管；電力波

分布帰還型レーザ distributed feedback laser（DFB laser）

同義語：分布ブラッグ反射鏡レーザ（distributed Bragg reflector laser）．共振器の反射面の代わりに，回折格子を素子内に作り込んだ半導体レーザ．回折格子で選択された波長のみが効率よく放出するため，放出光の単色性が極めてよいのが特徴．➡ 半導体レーザ

分布増幅器 distributed amplifier

高周波で動作する多段増幅器*で，各段の入力と出力はタップ付伝送線路*から取られる．図は入力と出力にL-C素子による伝送線路を用いた分布FET増幅器の概要を示す．増幅段は伝送線路に沿って分布している．各伝送線路に沿った位相速度*は各段からの出力を同相で加えるように配置しなければならない．分布増幅器は非常に広帯域であり，各トランジスタ段の遷移周波数f_Tまでの利得をもつ．実際には，

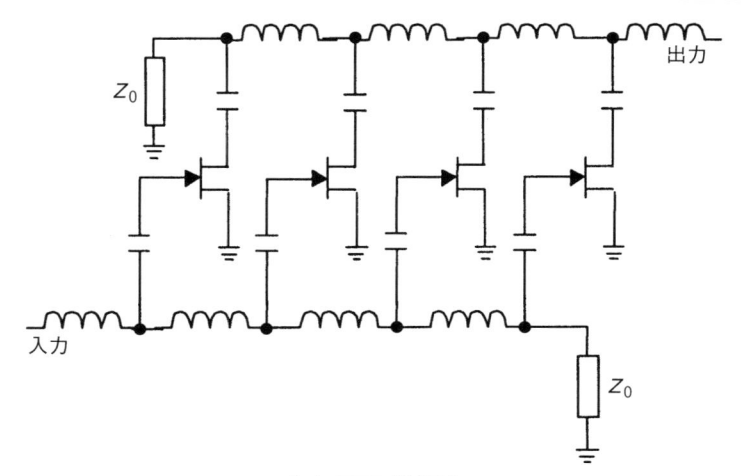

分布FET増幅器

増幅器と伝送線路の損失と寄生リアクタンスが上限周波数を制限する．

分布ブラッグ反射鏡レーザ distributed Bragg reflector laser (DBR laser)

同義語：分布帰還型レーザ (distributed feedback laser). → 半導体レーザ

分布容量 distributed capacitance

1. 伝送線路のような長さに沿って分布すると考えられる電気系のコンデンサ．→ 分布回路． 2. コイルの巻線間すなわち隣り合う導線間のコンデンサ．コイルの分布容量はコイルのインダクタンスを減らし，端子間に1つのコンデンサで表される．

文法 syntax → 構文

分離（デカップリング） decoupling → 結合

分離閉じ込め型ヘテロ接合レーザ（SCHレーザ） separate confinement heterostructure laser → 半導体レーザ

分流器 shunt

同義語：計器用分流器 (instrument shunt)．測定器例えば検流計と並列に比較的低い値の抵抗器を接続すること．分流器を付けると主電流のごく一部のみ測定器の中を通るため，測定器の測定範囲を拡大することができ，また過大電流によって起こりうる測定器の破壊から守ることができる．→ サージ．⇒ 万能分流器

分路 shunt

一般的な同義語：並列 (parallel)．

ヘ

ペアリング pairing

飛び越し走査（→ テレビジョン）を採用しているテレビ撮像管で発生する欠陥．交互フィールドの走査線は飛び越し走査にならず，垂直解像度は半分になる．

閉回路 closed circuit → 回路

平滑回路 smoothing circuit

同義語：脈動フィルタ (ripple filter), 整流フィルタ (rectifier filter)．脈動電圧，電流に含まれる脈動分を除くための回路．基本的な平滑回路は低域通過フィルタ（図参照）からなっているがインダクタンスだけからつくられることもある．→ リプル；フィルタ

平滑化フィルタ averaging filter

単純なRC回路やLR回路の一種で（図参照），時定数*が入力信号v_iの周期よりも十分大きな回路．結果的に出力v_oは，入力信号の平均値を示す直流的な電圧となる．

平滑チョーク smoothing choke → チョー

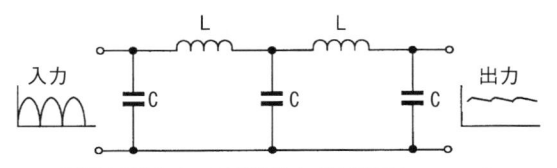

平滑回路としての簡単な低域通過フィルタ

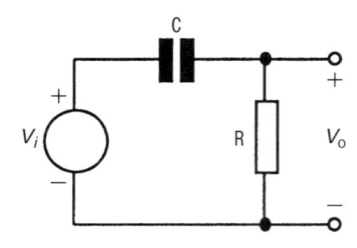

平滑化フィルタ

ク

平均オピニオン評点 mean opinion score (MOS)

音声符号器の質を表す1から5までの尺度．標準的なディジタル電話のMOS評点は4である．

平均故障間隔 mean time between failures (MTBF)

故障システムの信頼度の尺度．通常の開始からシステムの電子的または機械的な故障までの平均運用時間．

平均故障時間 mean time to failure (MTTF)

部品の故障のような単一の故障を許容するシステムに対するシステムの信頼性の尺度．通常MTTFによって特性づけられる部品はバッテリやフューズを含む．

平均寿命 mean life

装置，部品，または個別に試験できる部分またはサブシステムの故障*までの平均時間．ある特定の項目に対して，平均寿命は寿命試験*にもとづいて次のうちの1つ以上の条件が明記される．実測平均寿命は，明記された負荷条件においてある項目の標本中の全ての検体が故障するまでの実測時間の平均値である．何が故障を構成するかについての基準が明記されている必要がある．ある項目の推定平均寿命は，これと同一とみなせる項目の実測平均寿命と同様なデータにもとづいた明記された確率レベルをもつ信頼期間の制限値によって決定される平均寿命である．これには以下の条件が適用される．データのソースが明記される必要がある；結果は全ての条件が類似しているときのみ結合できる；1つ以上の側面の期間が使われているときはこれを明記する必要がある；平均寿命の表記には通常，下限値が使われる；仮定された基本的分布が明記されなければならない．外挿平均寿命は実測または推定の平均寿命を，それらに適用された条件とは異なる負荷条件に明記された方法で外挿または内挿することによって拡張したものである．標本または項目の母集団の明記された比率（q%）が故障する経過時間はqパーセンタイル寿命である．これは平均寿命に対して明記されたものと同様の条件で，実測パーセンタイル寿命，推定パーセンタイル寿命，外挿パーセンタイル寿命のいずれかであるかが明示されなければならない．

平均寿命観測値 observed mean life → 平均寿命

平均電流 current average → 交流

平均電流密度 mean current density → 電流密度

平衡線回路 balanced-wire circuit

接地また互いにも対称で電気的に同じ特性をもつ二線回路．

平衡線路 balanced line

線路の任意の点における電圧は等しいがその位相が接地に対して反対である2つの導線からなる線路．→ 伝送線路

平衡増幅器 balanced amplifier

同義語：プッシュプル増幅器（push-pull amplifier）．→ プッシュプル動作

平衡二端子対回路網 balanced two-port network → 二端子対回路

平行板電極コンデンサ parallel-plate capacitor

誘電体を挟む2枚の平行な金属電極からなるコンデンサ*．

平衡変調器 balanced modulator → リング変調器

米国標準技術局 National Institute of Standards and Technology（NIST）→ 標準化

平坦域 plateau

大幅な電圧範囲に対し電流値がほぼ一定とな

ヘイブリッジ

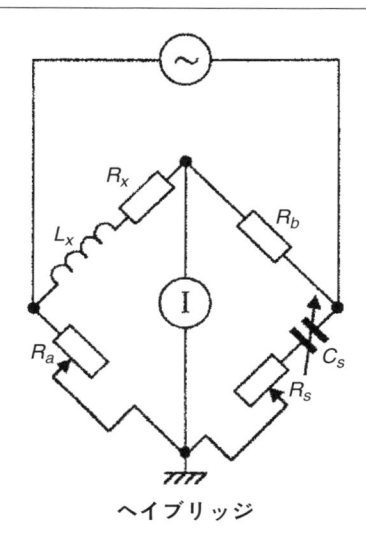

る電子デバイスの電流-電圧特性領域．

平坦調整 flat tuning ➡ フラットチューニング

平坦バンド動作モード flat-band operation mode ➡ MOS コンデンサ

ヘイブリッジ Hay bridge

大きなインダクタンスの測定に使われる 4 アームのブリッジ*である．指示計器 I が 0 になって平衡したとき，

$$L_x = \frac{R_a R_b C_s}{(1+\omega^2 C_s^2 R_s^2)}$$

$$R_x = L_x \omega^2 C_s R_s$$

ここで ω は角周波数である．

平面アレイアンテナ planar array antenna

矩形領域を満たす素子の配列から構成されているアンテナ．このアンテナは各素子への給電位相に基づき指向性を水平方向と垂直方向に広角度で振ることができる．⇨ 線形アレイアンテナ

平面位置表示器 plane position indicator (PPI)

レーダ受信機*で使われる情報表示法の 1 つ．受信アンテナは連続して円形走査できるようになっている．目標からの信号はブラウン管（蛍光スクリーン）上に明るい点として現れ，レーダアンテナの回転により新しい情報に置き換わる．目標物までの距離および目標物の振舞いは受信機の位置であるスクリーンの中心から極座標で与えられる．

平面偏光波 plane-polarized wave

同義語：直線偏光波 (linearly polarized wave)．振動が直線的な電磁波*で，その振動の向きは波の伝搬方向に垂直な平面と平行である．➡ 偏波

ヘイル管 Heil tube

クライストロン*の初期の型式．Heil は考案者の名前．

閉ループ周波数応答 closed-loop frequency response

閉ループ*構成となっている制御系の周波数応答*．

閉ループ制御系 closed-loop control system

出力が入力量に影響を及ぼす制御系*．出力量をできる限り目標値に近づけることができるよう系の動作を改善するために，機械的，電気的あるいは他の形の比較器を挿入する．目標値とフィードバック信号との間の比較値は両信号の誤差であり，操作信号になる（図参照）．操作信号は出力を目標値に維持する．

閉ループ電圧利得 closed-loop voltage gain

外付け回路による帰還ループをもった演算増幅器*の入力電圧に対する出力電圧の比．

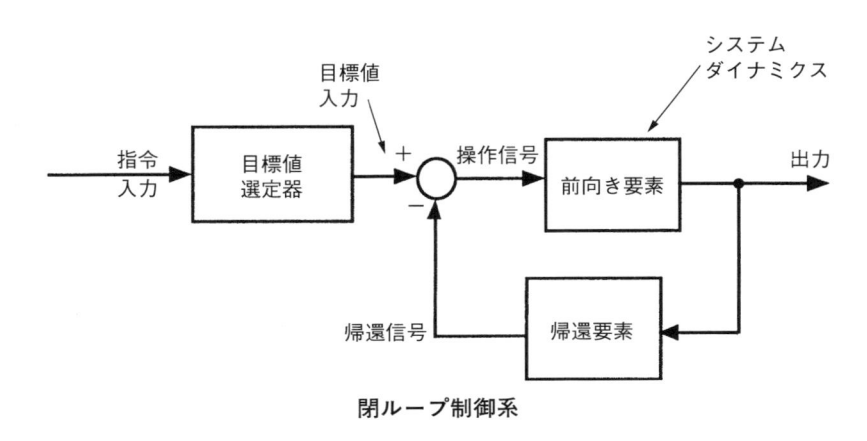

閉ループ制御系

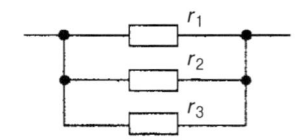

並列に接続された抵抗

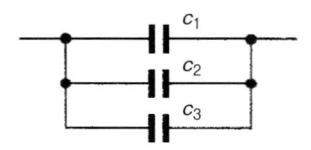

並列に接続されたコンデンサ

簡単な並列回路

閉ループ利得 closed-loop gain
増幅器（演算増幅器）の外付け回路によってつくられる帰還ループをもっている増幅器回路の利得．それに対して，帰還回路のない増幅器の利得は開ループ利得といわれる．⇒ 利得帯域幅積

並列 parallel
1．電流が回路素子に分流した後，合流するように接続された回路素子は並列になっているといわれる（図参照）．n 個の抵抗が並列になっているとき，総合抵抗 R は次式によって与えられる．

$$\frac{1}{R}=\frac{1}{r_1}+\frac{1}{r_2}+\cdots\frac{1}{r_n}$$

ここで r_1, r_2, …, r_n は個々の抵抗の値である．
n 個のコンデンサが並列になっているとき，総合のコンデンサ容量 C は次式となる．

$$C=c_1+c_2+c_3+\cdots c_n$$

ここで c_1, c_2, …, c_n は個々のコンデンサ容量である．このようにコンデンサは個々のコンデンサの総合極板面積をもつ非常に大きなコンデンサとして集合的に動作する．
電気機器，変圧器および電池は同じ極性の端子がともにつながれているとき，並列になっているといわれる．いくつかの電池が並列につながれていると1個の場合より総合内部抵抗は小さくなる．その結果，供給最大電流は大きくなる．⇒ 直列；分路
2．（演算において）全体の中の個々部分の同時転送あるいは処理を意味する．

並列安定化 shunt stabilization ➜ 安定化

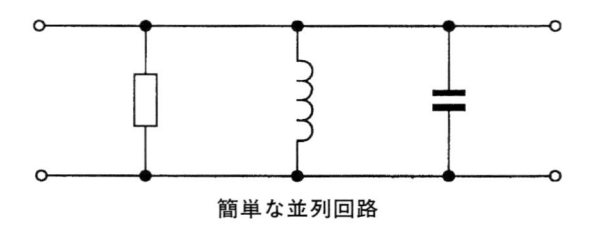

並列回路 parallel circuit
一対の電線あるいは端子間に並列につながれた2つ以上の回路素子のある回路（図参照）．

並列回路網 shunt network, parallel network ➜ 回路網・ネットワーク

並列帰還 shunt feedback
同義語：電圧帰還（voltage feedback）．➜ 帰還

並列供給 parallel supply ➜ 直列供給

並列共振回路 parallel resonant circuit
同義語：除波器（rejector）．➜ 共振回路；共振周波数

並列処理 parallel processing
1度に1つ以上のデータ項目を並列に処理可能な，多数のプロセッサまたは処理要素で構成されるコンピュータシステムのこと．通常，並列処理は，処理速度を高めるのに使用される．

並列性 concurrency
潜在的な並列性を表したり，結果としての同期や通信の問題（ハードウェアでもソフトウェアでも）を解決したりするためのシステム（プログラムの表記法や技術などを含む）．コンカレントなプログラミングは重要である．なぜならば，実施詳細にかかわる問題抜きで並列性を学ぶための摘要が得られる．

並列接続で in parallel ➜ 並列

並列T形回路網 parallel-T network
同義語：ツインT回路網（twin-T network）．
➜ 二端子対回路

並列抵抗 parallel resistance ➜ 共振回路

並列伝送 parallel transmission
同時に複数ユニットの情報を伝送する，すなわち別々の線で並列に伝送すること．⇒ 直列伝送

閉路 make
1．スイッチ，遮断器＊あるいは同様な機器で回路を閉じること．2．閉路装置の電極間の最大ギャップをいう．⇒ 開路

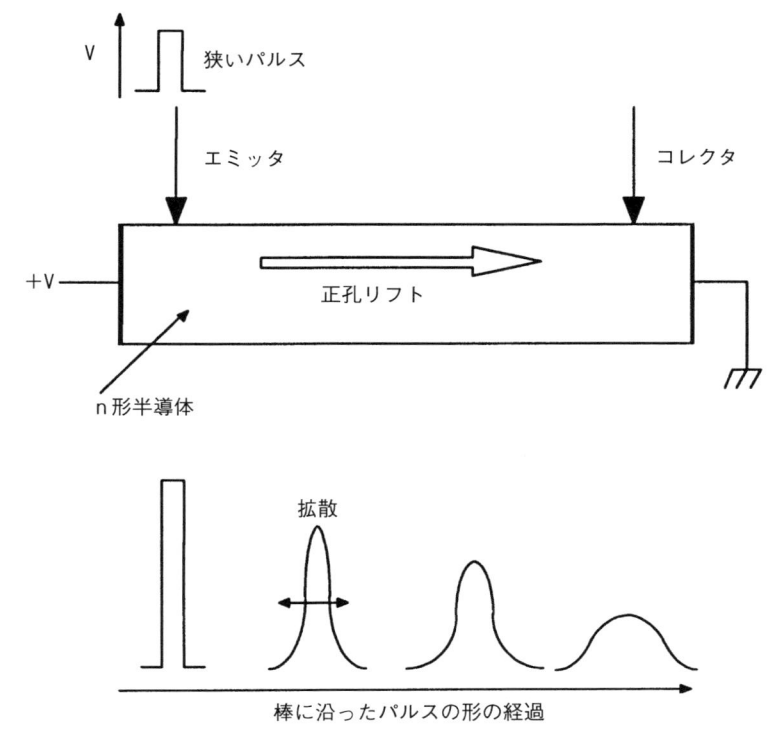

ヘインズ-ショックレーの実験：n形半導体での少数正孔

ヘインズ-ショックレーの実験 Haynes-Shockley experiment

半導体中の電荷のドリフトと拡散を示すための古典的な実験．実験装置は図で示してある．直流電圧が，ドリフト電界をつくるためにn形半導体（これが試料である）の棒の長さ方向に加えられている．光電効果でキャリヤを生ずるように光パルスを与えるか，整流性の点接触*部のエミッタに短い電圧パルスを加えることにより，少数キャリヤ*の正孔を注入する．注入された少数キャリヤは，印加電界に従ったドリフト速度*で，棒に沿ってドリフトする．キャリヤは，拡散により，パルス幅を広げながら移動する．パルスは下流側の端でもう１つの点接触部コレクタから電圧プローブにより検出される．パルス幅の広がりを検出してキャリヤの拡散が決定される．これらの測定から，少数キャリヤのドリフト移動度*と拡散係数*が求められる．

ヘキサ hex
　略語：16進（hexadecimal）．

ヘクト- hecto-
　記号：h．ある単位の100倍を表す単位の前置語．

ベクトル場 vector field ➡ 場

ベース base
1. 短縮語：ベース領域（base region）．バイポーラ接合トランジスタ*において，エミッタ*とコレクタ*とに挟まれた領域であり，少数キャリヤが注入されるところ．そのベースに取り付けた電極がベース電極である．⇨ 半導体
2. 短縮語：ベース電極（base electrode）．

ベース共通接続 commom-base connection
　同義語：ベース接地接続．バイポーラ接合トランジスタ*を用いる動作方法の１つ．ベー

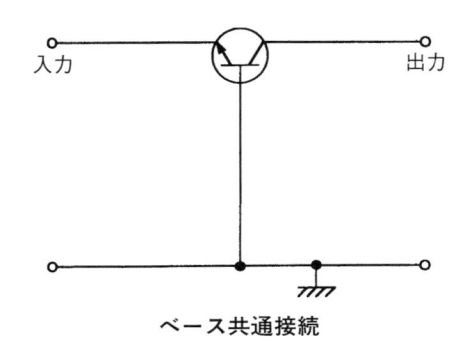

ベース共通接続

ス*が入力と出力のどちらの回路にも共通に入り，通常ベースは接地される（図参照）．エミッタ*は入力端子として使われ，コレクタ*は出力端子である．このタイプの接続は通常は電圧増幅器の一つの段に使われる．

電界効果トランジスタ*での等価な接続は，ゲート共通接続である．

ベース共通電流伝達率 common-base forward-current transfer ratio

同義語：コレクタ効率，アルファ電流ファクタ，ベース共通電流利得．記号：α．

ベース共通接続*で動作するバイポーラ接合トランジスタにおけるコレクタ電流 I_c のエミッタ電流 I_e に対する比率．

ベースストッパ base stopper ➡ 寄生発振

ベース接地接続 grounded-base connection ➡ ベース共通接続

ベース電極 base electrode ➡ ベース

ベースバンド baseband ➡ 搬送波

ベースリミタ base limiter

同義語：逆リミタ（inverse limiter）．➡ リミタ

ベース領域 base region ➡ ベース

ベータ回路 beta circuit ➡ 帰還

ベータ遮断周波数 beta cut-off frequency

ベータ電流増幅率*が低周波における値の $1/\sqrt{2}$ の値に減少する周波数．ベータ遮断周波数はアルファ遮断周波数*よりも大幅に低い周波数値となる．

ベータ電流増幅率 beta current gain factor

同義語：エミッタ共通回路における順方向電流伝達率（common-emitter forward-current transfer ratio）；順方向電流増幅率（forward-current gain）．記号：β．エミッタ共通接続*のバイポーラトランジスタにおいて，電流増幅率 β は次式で表される．

$$\beta = (\partial I_C/\partial I_B) \quad V_{CE} \text{一定}$$

ここで，I_C はコレクタ電流，I_B はベース電流であり，コレクタ電圧 V_{CE} は一定値とする．β は常に1よりも大きな値であり，実用的には500までの値となる．

ベッセル形フィルタ Bessel filter

ベッセルの多項式として知られる級数を基礎とした電気のフィルタ*の一種．このフィルタは通過域では，極大値が平坦で線形位相応答*をもつ．その結果，平坦なグループ遅延応答*となる．振幅応答*は，ほぼガウス応答を呈する．

ヘッダ header

同義語：ラベル（label）．ディジタル通信で送られるデータのパケット*の最初の数バイトで，送信者，受信者，パケット長を特定する他，パケット内で使われている通信規約*も特定することがある．⇒ディジタル通信

ヘッド head

ある媒質上に信号を記録する装置，例えば磁気テープ*，磁気ディスク*のリード部分あるいはすでに記録されている部分を消去した部分を指す．⇒磁気記録

ヘッド関連伝達関数 head-related transfer function ➡ HRTF

ヘッドセット headset ➡ イヤホン

ペデスタル pedestal

波形の上部が平坦なパルス波形*．立ち上がり，立ち下がり時間に比べて継続時間が十分長く振幅が一定なパルス波形をいう（➡ パルス）．ペデスタルはある波形の振幅を一定量増加させる目的に使用される．

ヘテロ構造レーザ heterostructure laser ➡ 半導体レーザ

ヘテロ接合 heterojunction

異なる半導体*材料の間でつくられた接合．代表的には，ヘテロ接合はエピタキシャル成長*過程の中でつくられ，単結晶半導体としてできあがる．ヘテロ接合における2種の禁制帯幅*の異なる半導体は，それぞれの伝導帯*および価電子帯*の間にエネルギーの差をもつことになる．この差の特性によって，2種類の基本的ヘテロ接合の形分類がなされる（図参照）．ヘテロ接合はドープ可能であり，同じ形名からなるイソタイプヘテロ接合，およびp-n接合*であるアニソタイプヘテロ接合のいずれもがつくられる．⇒ヘテロ接合バイポーラトランジスタ；高電子移動度トランジスタ

ヘテロ接合FET heterojunction FET ➡ 高電子移動度トランジスタ

ヘテロ接合バイポーラトランジスタ heterojunction bipolar transistor（HBT）

エミッタに広い禁制帯幅を組み入れたバイポーラトランジスタ．エミッタベース接合は，

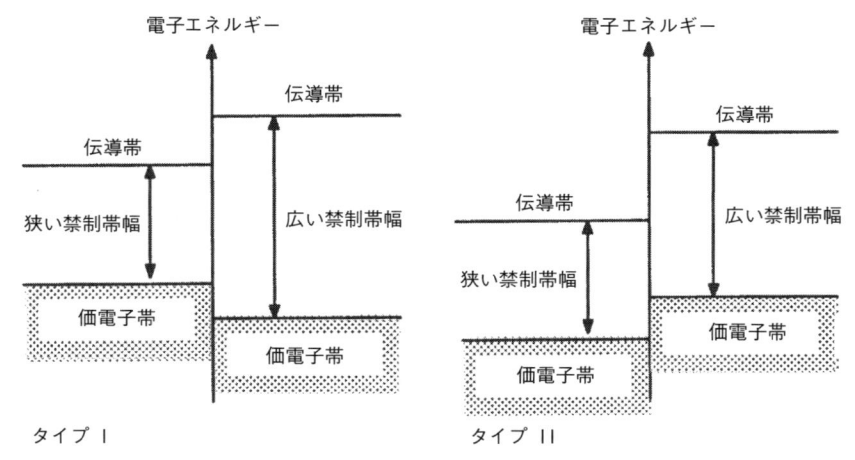

タイプⅠおよびタイプⅡヘテロ接合エネルギー帯図

禁制帯幅の異なる半導体間で構成されたヘテロ接合*となっている．以下に代表的な物質によるシステムを示す．

　　　AlGaAs（エミッタ）/GaAs（ベース）；
　　　AlInAs/InGaAs；
　　　Si/SiGe

禁制帯幅を広げたエミッタは，ベースからエミッタへのベース多数キャリヤの注入を大きく減少させ，これにより目的のエミッタからベースへのキャリヤ注入を最大化できる．この方法により，同様の結果を達成するためのエミッタを高濃度にドープする必要がなくなり，その結果としてベースへのドーピングの増加が可能になる．ベースドーピングの増加はベース抵抗を大きく減少でき，デバイスとしての観点から望ましいことで，これはトランジスタの高周波動作を改善に導く．HBTはラジオおよびマイクロ波周波数帯の集積回路や電力応用，さらにオプトエレクトロニクスIC内で用いられている．

ヘテロ接合ホトダイオード heterojunction photodiode ➡ ホトダイオード

ヘテロダイン受信 heterodyne reception

受信機*の一つであるヘテロダイン受信機では，入力信号と，局部発振器（LO）の周波数とミキシングし，両周波数の差の周波数信号を発生させる．その受信方法をヘテロダイン受信という．また，その周波数を中間周波数（IF）という．IFでの信号は，元の信号周波数の変調を保持する．このため，例えばラジオ受信機*に使われる．ヘテロダイン技術は，改善された周波数弁別性*と感度*をもっており，入力信号の直接検出法に比べ利点を有する．

2つのミキシング段を用いた典型的なヘテロダイン受信機を図aに示す．初段は，プレセレクタと呼ばれるフィルタである．これは，通常ローパスまたはバンドパスフィルタ*であり，入力信号周波数の範囲を所望の範囲に制限する．また，受信するノイズ*の量を制限する．次段は低ノイズ増幅器*（LNA）であり，入ってくる信号を増幅させるために用いられ，受信機の感度を改善する．オプションではあるが影像周波数フィルタは，影像周波数*の信号を除くために使用される．この影像周波数は，局部発振器とミキシングされたとき，IFの信号を発生するもう一つの周波数である．ミキサの高調波および高次ミキシング項を含んだ周波数の関係は図bに示される．

ミキサ*は非線形の段で，入力信号と局部発振器信号が，IFを生成するために合成される．IFでの信号は，選択されたチャネルバンド幅を定義するため，フィルタされ，受信機の感度を改善するため増幅される．IFのフィルタと増幅器の組み合わせは，しばしばIF stripと呼ばれる．受信機は，動作改善のため中間周波数のいくつかの段を使う．種々の特性をもつフィルタが異なる周波数範囲で使用でき，フィルタの選択を最適化するためにIFが選べる．⇒ホモダイン受信

ヘテロダイン受信機 heterodyne receiver ➡ ヘテロダイン受信

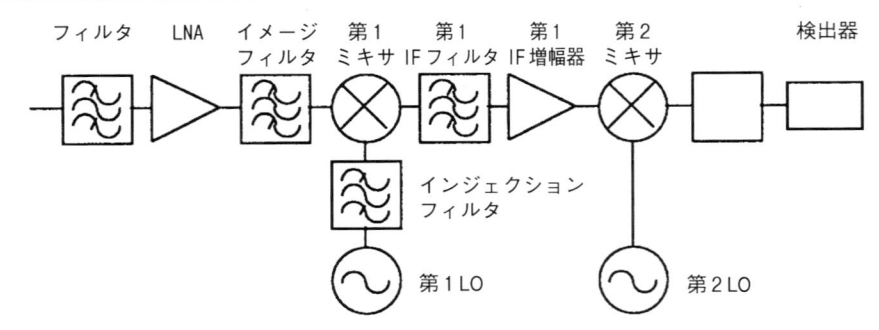

図a 一般的な2段ヘテロダイン受信機

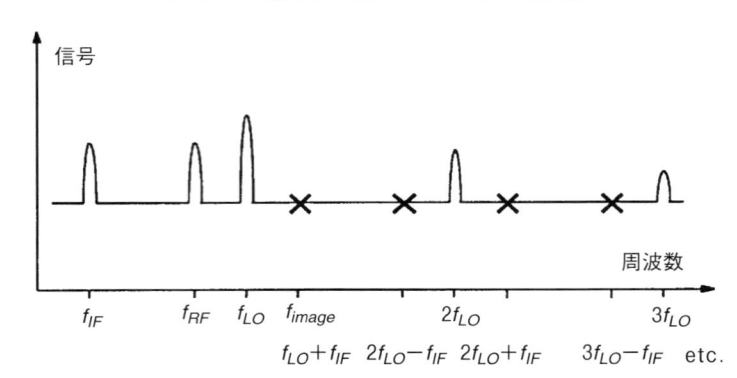

図b ヘテロダインのミキシング段における周波数関係

ヘビサイド層(ヘビサイド-ケネリ層) Heaviside layer (Heaviside-Kennelly layer)

同義語：電離層のE層. → 電離層

HEMT

略語：高電子移動度トランジスタ (high electron mobility transistor).

ヘリカルアンテナ helical antenna

同義語：ヘリックスダイポール (helix-radio dipole). 導電性ワイヤを螺旋状にしたアンテナ*. 通常, 導電性ワイヤを使った螺旋はグランドプレーンと同軸ケーブルとともに使用され, 同軸ケーブルの中心導体と螺旋状導線を, また接地基盤*と同軸ケーブルの外側を結合し給電*して使用する. ヘリカルアンテナにはいろいろなタイプのものがあり, 螺旋の法線方向が直線偏波となるものおよび軸方向が円偏波となる2種類が最も一般的である (→ 偏光, 偏波). モードは使用状況や螺旋のピッチ角度に依存する. 衛星に対して偏波面を一定に保つことが困難であるといった事情から, 直線偏波成分を受信する宇宙通信用に特に有効なアンテナとして軸モードが使われる. 法線方向モードアンテナは携帯移動通信システムで非常に一般的に使用され, その特性はグランドプレーンを伴ったモノポールアンテナ*に類似しているが重要な相違はアンテナの寸法が短いということである.

ペリフォニックサラウンドサウンド periphonic surround sound

水平, 垂直の両方に三次元音場をつくるように設計された音響システム. アンビソニックス吸音再生法* および HRTF* が使われている.

ベル bel

記号：B. → dB

ペルチェ効果 Peltier effect → 熱電効果

Hz

周波数の単位. 略語：ヘルツ (hertz).

ヘルツ hertz

記号：Hz. 周波数のSI単位*. 周期的現象の1秒間の振動数である. 毎秒当たりのサイクルの代わりに用いられているが, これと同等である.

ヘルツダイポール Hertzian dipole

アンテナ素子の長さ方向の全ての位置の電流の大きさと位相が一定である長さ無限小のアンテナである. この概念はより複雑なアンテナの

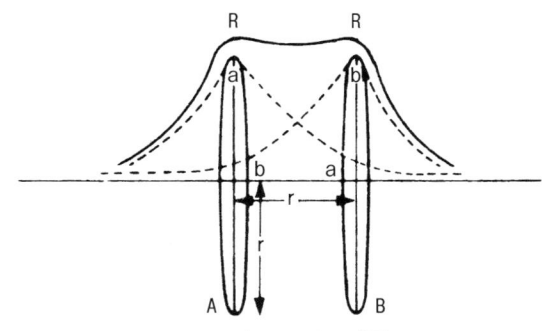

aa　コイルAによる磁界
bb　コイルBによる磁界
RR　合成磁界
ヘルムホルツコイル

解析にしばしば用いられる．

ヘルムホルツ検流計　Helmholtz galvanometer

旧式の検流計．これは可動磁石計器*で，磁石が偏向する場所で均一磁界をつくるために1つのコイルの代わりにヘルムホルツコイル*を用いる．

ヘルムホルツコイル　Helmholtz coils

2つの円形コイルを同軸に距離r離した構成．両方のコイルに同じ電流を流し，rがコイルの半径と一致するとき，コイル間に均一な磁界が生成される（図参照）．この構成は最初ヘルムホルツ検流計に用いられたが，現在では相当の体積にわたって正確に均一磁界が必要とされるとき用いられる．

ベロシティマイクロホン　velocity microphone

出力が音波の粒子速度の関数となっているマイクロホン*．→ リボンマイクロホン

変圧器　transformer

静止器で，周波数を変えることなく，ある交流電圧の電気エネルギーを他の異なる電圧の電気エネルギーに変換する機器．その動作は相互誘導（→ 電磁誘導）を基本としており，基本的に磁気的に結合*している2つの電気回路から成り立っている．普通の構造は磁心に取り付け配置した2つのコイル（巻線）となっている．それらの回路の1つは一次側といわれているが，ある電圧の交流電源からエネルギーを受け取り，通常異なる電圧の二次側といわれているもう一方の回路から負荷にエネルギーを供給する．

一般的な変圧器の記号と負荷インピーダンス，Z_2，をもつ代表的な回路図が図に示されている．理想変圧器の場合には一次側と二次側巻線間は完全結合であり，それゆえ

$$M^2 = L_1 L_2$$

ここでMは相互インダクタンス，L_1とL_2は2つのコイルの自己インダクタンスである．自己インダクタンスは次式で与えられる2つのコイルの巻数，n_1，n_2の2乗になっている．

$$L_1 L_2 = \left(\frac{n_1}{n_2}\right)^2 = n^2$$

ここでnは与えられた変圧器の巻数比である．

理想的な場合に鉄心中のエネルギー損失は無視することができるので次の式が成り立つ．

$$Z_p = \frac{V_1}{I_1} = Z_1 + \frac{Z_2}{n^2}$$

ここでZ_pは一次回路のインピーダンスであり，Z_2/n^2は一次側回路への二次側回路の影響を表している．これは一次側への換算インピーダンスとして知られている．二次側回路の電流はI_2で，インピーダンスはZ_sである．それらは次のようである．

$$I_2 = -nV_1/Z_s$$
$$Z_s = Z_2 + Z_1 n^2$$

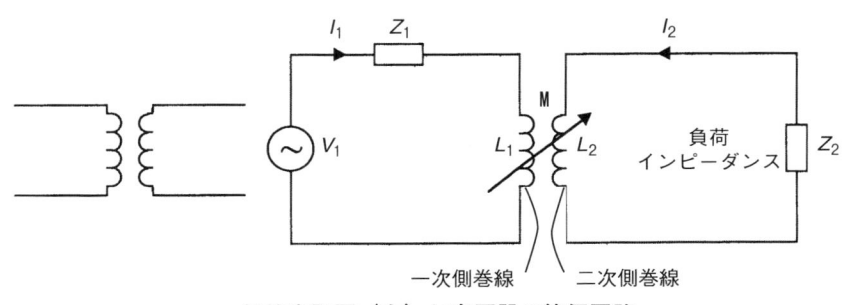

一般的表記図（左）と変圧器の等価回路

この式から次の関係が得られる．
$$Z_s = n^2 Z_p \text{（インピーダンス変換）}$$
$$V_2 = -nV_1 \text{（電圧変換）}$$
$$I_2 = I_1/n \text{（電流変換）}$$
実際には完全結合は得られないので相互インダクタンスは次式となる．
$$M = k(L_1 L_2)^{1/2}$$
また
$$V_2 \approx -knV_1$$
ここで k は結合係数である．

　変圧器をうまく設計すれば結合を密にし，エネルギー損失を最小にすることができる．すなわち k をほとんど1に近い値にできる．エネルギー損失は積層鉄心に巻線を施すことで最小に保つことができる．鉄心でつくられる磁気回路は積層鉄心で継鉄を形づくることによって完全なものとなる．2つのコイルは直巻されることがあるが高電圧で使われるとき絶縁が問題となる．それでコイルは並べて巻かれる．コイルの中の磁束密度の一様性はコイルを取り囲むように特別な鉄心を使うことによって保つことができる．

　変圧という作用は変成器で使われる．これは電圧を測定するために計器用変成器*として使われている．一次巻線は主回路と並列に接続され，二次巻線は測定器につながれる．変圧器はまた電力用変圧器として回路に規定の電圧で電力を供給するために使われる．一次巻線は普通，主電源につながれる．二次巻線はいくつかの巻線を巻いてあるか，複数のタップのある一つの巻線でつくられている．これによって異なる電圧を供給するかまたは複数の回路に電力を供給している．変圧器は二次側電圧が一次側電圧より大きいか小さいかによって昇圧または降圧変圧器といわれる．

　変流器は変流の性質を利用している．これはほとんど計器用変流器として使用される．一次巻線は主回路に直列に接続され，二次側は測定器につながれる．変流器はまた主回路が規定の電流より過大な電流が流れることを防ぐ保護継電器として使われる．→ 結合；巻数比；タップ出し；継電器．⇒ 単巻変圧器；内鉄形変圧器；外鉄形変圧器；可変結合器

変圧比　transformer ratio　→ 巻数比

変位　displacement
　同義語：電気変位（electric displacement）；誘電ひずみ（dielectric strain）；電束密度（electric flux density）．記号：D，単位：C/m^2．
$$D = \varepsilon_0 E + P$$
として定義されるベクトル量．ここで，E は電界，P は誘電分極*，ε_0 は真空の誘電率である．誘電体中で，与えられた任意の閉曲面の内部の全電荷は表面での自由電荷 ρ_e と分極による見かけの電荷密度，$-\text{div}P$ よりなる．体積電荷密度は $(\rho_e - \text{div}P)$ となり，誘電体に関するガウスの定理* は
$$\int \text{div}E \, d\tau = \left(\frac{1}{\varepsilon_0}\right) \int (\rho_e - \text{div}P) \, d\tau$$
と書かれる．ここで，$d\tau$ は微小体積要素である．したがって，電束密度 D は
$$\text{div}D = \rho_e$$
と表される．真空中では P はゼロで，ガウスの定理は
$$\text{div}E = \frac{\rho_e}{\varepsilon_0}$$
と書かれる．

変位電流　displacement current
　印加電界が変化したとき，誘電体中の電束密度* の時間的な変化の割合（$\partial D/\partial t$）．電気双極子（→ 誘電分極）を構成する電荷以外の荷電粒子の運動は含まれない．変位電流は伝導電流と同様に磁気効果を起こし，これらの効果は光のマクスウェル電磁理論の基礎となる．

偏移比　deviation ratio　→ 周波数変調

変換器　transducer
　同義語：センサ（sensor）．非電気的なパラメータ，例えば音，圧力，光を電気信号に変換あるいはその逆を行う装置．電気信号パラメータの変化は入力パラメータの関数となる．変換器は計測の広い範囲で使用されており，電気音響の分野においても様々な用途に用いられている．レコードプレイヤのピックアップ，マイクロホンそしてスピーカは全て電気音響変換器である．この用語は入力出力がともに電気信号である装置にも適用されている．このような装置は電気変換器と呼ばれる．

　変換器で測定された物理量は測定量である．変換器の中にあって真の出力をつくっている部分が変換要素である．測定量に対し直接応答し

ている変換器の中の素子は検出要素であり，変換器が有効な出力を生じる測定値の上限と下限がダイナミックレンジ*（最大動作範囲）である．

　種類の異なる測定量に対応して，様々な基本となる変換要素が変換器の中に使用可能である．それらには容量，電磁気，電気機械，誘導，光導電，光起電そして圧電気などの要素が含まれている．ほとんどの変換器はそれが動作するために外部からの電気的な活性化が必要である．例外は自己活性形変換器であり，圧電気結晶，光起電形および電磁気形のものである．

　変換器はアナログ信号で出力する．すなわち，出力は測定量の連続関数である．しかし不連続値となるディジタル出力のものもある．ほとんどの変換器は線形変換器（linear transducer）である，すなわち，データ処理をより容易にするために測定量の線形関数となる出力を出すように設計されている．測定量が指定された周波数範囲を超えて変化した場合には，変換器の出力は周波数とともに変化することとなる．変換器の周波数応答は，周波数に対する出力測定量の振幅比の変化によって示されている．測定量の減衰が著しいところより高い周波数での応答曲線部分は変換器の拒絶帯*である．多様なネットワーク形の変換器が考えられており，対となる端子の1つを電気的に必要としない2ポートデバイス*がある．対称変換器は，入力端子と出力端子がそれぞれ同時に，装置の動作に影響を与えることなく逆転できる変換器の一種である．その他のものは非対称である．一方向のみに動作する変換器は一方向変換器．その他は双方向である．双方向変換器におけるエネルギー損失が動作の両方向において同じであるなら，それは可逆変換器である．

　能動変換器は増幅機能を導入したものであり，すなわち入力信号のエネルギーとは無関係な源からのエネルギーを要する．変換器利得は，入力における有能電力に対する適切な設定負荷に供給されるエネルギーの比として定義されている．受動変換器の場合においては，増幅機能は導入されず，損失が，定格動作状態において負荷に供給する電力に対する入力における有能電力の比で定義される．

変換装置 converter
　1．交流から直流に，またその逆に変換する装置．2．信号の周波数を変える周波数変換器．3．入力と出力で異なる電気的特性をもつインピーダンス変換器．これは異なる特性の回路を結合させる回路として使用される．4．情報コードを変換するコンパイラ装置．5．音波あるいは電磁放射のようなエネルギーを電気エネルギーに変換する装置．→ 変換器

変換電圧利得 conversion voltage gain → 周波数変換

変換トランスデューサ conversion transducer → 周波数変換

変換要素 transduction element → 変換器

変換利得比 conversion gain ratio → 周波数変換

偏極 polarization
　異種電極を内蔵する簡単な電解槽*の中で発生する現象．その電解槽を動作するとその電解槽から流れ出る電流はすぐに大幅に減少する．その理由は電解液から放出した水素ガスの泡が一方の電極に付着することによる．泡が電極上を部分的に覆うと，その電解槽の内部抵抗が増加し，同時に電解槽の起電力とは逆極性の起電力が生ずる．なお，ルクランシェ電池*は分極を極力抑えるように設計してある．

変形ポテンシャル deformation potential
　単位：電子ボルト．結晶中を進行する音響波*あるいはフォノンに起因する電気ポテンシャルで音響モードフォノンにより散乱される荷電キャリヤの有効質量で測られる．

偏光 polarization
　放射電磁波*の特性の1つで，時間的に変化する電界ベクトルの向きとその相対的大きさを表す．波の伝搬方向から観察した場合，空間の固定点で電界ベクトルの先端の動きを時間の関数として描いた軌跡の図を偏光という（視覚的には時計方向または反時計方向の軌跡を描く）．偏光は直線偏光，円偏光，楕円偏光に分けられ，電界ベクトルの先端が描く軌跡の図形を表している．一般に電界は楕円偏光であるが，特に，電界ベクトルが伝搬方向に直交し，伝搬方向から見て直線に見える偏光が，直線偏光（平面偏光）である．

偏光角 polarizing angle → ブリュースター

角

偏向感度 deflection sensitivity ➡ 陰極線管

偏光子 polarizer

偏光または偏極電子を生成する素子．

偏向板 deflection plates ➡ 静電偏向

偏向ピンぼけ deflection defocusing ➡ 陰極線管

偏差 deviation

1. 同義語：偏差（variation），誤差（error）．真値と観測値の隔たり．制御システムでは目標値と制御量との間の制御偏差である．2. ➡ 周波数変調

偏差伝達関数 difference transfer function ➡ 帰還制御ループ

偏差ひずみ deviation distortion ➡ ひずみ

ベンチマーク benchmark

ハードウェアあるいはソフトウェアの性能を比較するために用いられるテスト．

変調 modulation

一般に，他の波または信号（変調波という）によって搬送波*の1つの電気的なパラメータを変化させることまたは変更することをいう．結果として合成された波は変調された波である．逆操作は復調である，そこではオリジナルの変調をする波の特性をもった出力波が得られる．もし受信機が変調波を検出するのに搬送波の位相に関する知識を使った場合，復調操作はコヒーレント検波（あるいはコヒーレント復調）と呼ばれる．受信機が搬送波の位相情報を使用しない場合はノンコヒーレント検波（またはノンコヒーレント復調）と呼ばれる．変調に使用できる搬送波の性質には振幅（➡ 振幅変調）と位相角（角度変調）がある．角度変調の特別な形として，位相変調*と周波数変調*がある．望ましくない信号による変調が混変調である．多重変調は一連の変調操作を行ったものである．そこでは1つの操作で得られた被変調波の全てまたは一部が次の変調操作に対する変調波になる．⇒ パルス変調；相互変調

変調器 modulator

1. 変調*を行うデバイス．例えば，バラクタ*を使って同調回路のリアクタンスを変化させると無線送信機の搬送波の周波数が変化し，信号が伝送される．この方式の変調器をリアクタンス変調器と呼ぶ．2. 同義語：主トリガ（master trigger）．レーダ*に使われるワンショットパルス列を発生させるマルチバイブレータ*を指し，発振器のトリガとして用いられる．

変調指数 modulation index

同義語：変調度（modulation factor）．➡ 振幅変調；周波数変調

変調ドープ FET modulation-doped FET (MODFET) ➡ 高電子移動度トランジスタ

変調波 modulating wave ➡ 変調

変調用電極 modulator electrode

電子素子中に流れる電流を変調するため使用される電極．電界効果トランジスタ*ではゲート電極であり，チャネル導電率を変調する．陰極線管*中においては電子ビーム強度を調整するために使用される電極．

変電所 substation

電気エネルギーを受電する地点にプラント，装置，必要な建屋などを完備した集合体で，そこでは交流を直流に変換したり，変圧器で昇圧，降圧を行ったりし，また種々の制御の目的でその場所が使われる．変電所は通常，複数の発電所*から電力エネルギーを受電する．

変動 variation ➡ 偏移

変動 drift ➡ ドリフト

変動率 drift rate ➡ ドリフト

偏波 polarization

アンテナの偏波*．

偏波ダイバーシティ polarization diversity ➡ ダイバーシティ方式

変負荷連続使用 varying duty ➡ デューティ

弁別器 discriminator

1. 周波数変調波または位相変調波を振幅変調に変換する回路．➡ 変調．2. ある範囲の振幅または周波数の信号を選択し，その他の信号を排除する回路．

ヘンリー henry

記号：H．SI単位系*のインダクタンス*およびパーミアンス*の単位．1Aの電流が1Wbの磁束を発生するとき，その回路の自己および相互インダクタンスは1Hである．

変流器・電流変成器 current transformer

同義語：直列変圧器（series transformer）➡ 変圧器；計器用変成器

ホ

ボー　baud
　電信の信号速度の単位で1秒当たりの1単位要素に等しい．したがって単位要素の継続時間が $1/n$ 秒ならば，引き続く信号の伝送速度は n ボーである．データ伝送の場合は，1ボーは一般に 1 bit/秒（bps）に等しい．

ポアソンの方程式　Poisson's equation
　点(x,y,z)の電位が V で，その点の電荷密度が ρ のとき，ポアソン方程式は次の式になる．
$$\frac{\partial^2 V}{\partial x^2}+\frac{\partial^2 V}{\partial y^2}+\frac{\partial^2 V}{\partial z^2}=-\frac{\rho}{\varepsilon}$$
ここで ε は媒質の誘電率である．この式は次のように書き換えることができる．
$$\nabla^2 V=-\frac{\rho}{\varepsilon}$$

ホイスラー合金　Heusler alloys
　強磁性体の性質をもつ合金であるが，強磁性物質は含まれていない．マンガン，アルミニウム，亜鉛または銅を含む合金．

ホイートストンブリッジ　Wheatstone bridge
　抵抗を計測するために使われる，4つの腕木をもつブリッジ*．各腕木は1つの抵抗を含んでおり（図参照），1つは未知，他は既知（参照用）である．抵抗 R_1 と R_2 は1点で接続されている．平衡状態，つまり指示計器からゼロの応答が得られるとき，
$$R_1/R_2=R_3/R_4$$
となる．R_3 と R_4 の腕木は比を決定する腕木（比例辺）として知られており，均一の抵抗を有する1本の細線が，摺動接点でつながれた形（精密可変抵抗器）となっている場合もある．R_3 と R_4 は接点の両側の線長 l_1, l_2 にそれぞれ比例することから，
$$R_1/R_2=l_1/l_2$$
となる．

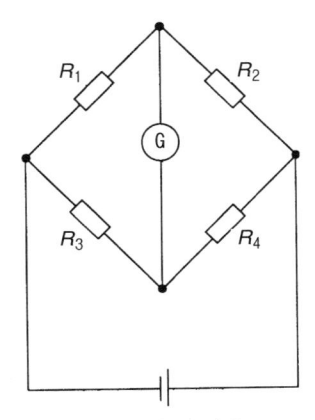

ホイヘンスの法則　Huygens' principle
　まっすぐに伝搬している波動がコーナーの近傍で回り込む回折*現象の原理を説明する法則．ドイツの天文学者クリスチャン・ホイヘンスにちなんで名づけられた．この原理は波面の各点が次の波を発生する波源とみなす考え方である．この概念は建物に囲まれた場所や山岳地方での電波の受信状態を予測するのに重要である．

ホイルコンデンサ　foil capacitor
　電極が金属箔であるコンデンサ．この用語は紙コンデンサ*に一般に使われるが，ポリスチレンまたはポリエステルフィルムコンデンサでも金属箔電極が使われることがある．またタンタル電解コンデンサでは電極にタンタル箔が使われている．→ フィルムコンデンサ；電解コンデンサ

ポインティングベクトル　Poynting vector
→ 電力密度

妨害（ジャミング）　jamming
　通信やレーダにおいて，要求される信号の一部または全部を理解しにくくしたりするための妨害波によって行われる意図的な干渉．ジャマーはジャミング信号を生成するのに使われる．ジャミングの影響を少なくすることをアンチジャミングという．

方形波（矩形波）　square wave
　マーク・スペース比が1である正方形パルスからなるパルス列*（図参照）．

方形波（矩形波）応答　square-wave response
　一般に電子回路，電子デバイスの方形波入力信号に対する応答で，出力振幅のピーク対ピーク振幅の値で示される．特にこの応答は，白と黒が交互になったテストパターンに対するテレビジョンカメラ撮像管から得られる．

ホイートストンブリッジ

方形波

方向性結合器

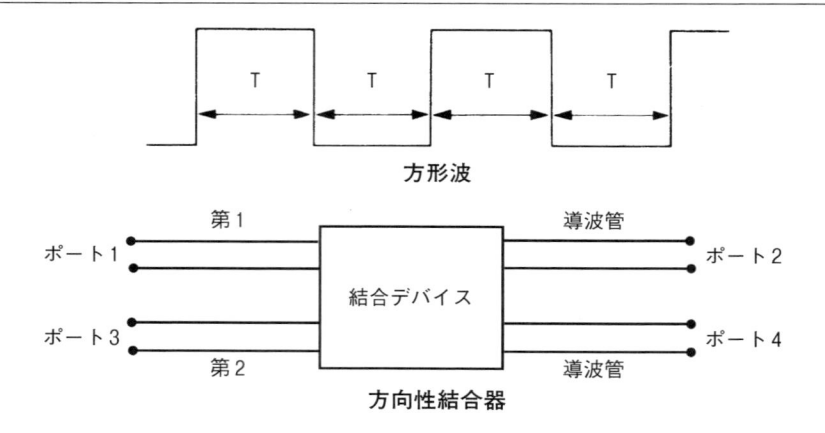

方向継電器 directional relay
　同義語：有極継電器（polarized relay）．→ 継電器

方向性結合器 directional coupler
　4ポートをもつ導波管接合*（図参照）．それは第1の導波管1-2と第2の導波管3-4で構成されている．もし全てのポートがその特性インピーダンスで終端されているならば，ポート1に入力されるほとんど全ての電力はポート2に伝送される．ポート1と3の間，あるいはポート2と4の間ではほとんど電力の伝送はない，なぜならこれらのポート対の間では結合がないからである．しかしながら，ポート2と3の間あるいはポート1と4の間には特殊な結合器構造によっては結合が存在する場合もある．通常方向性結合器はポート1と4の間，ポート2と3の間の結合ができるだけ小さくなるように設計する．この場合，この素子はしばしばポート1と2を導波管の中で直列に接続することによって，導波管に沿って伝送される電力を測定するために使われる．この場合，電力のほんの一部がポート4で受け取られ，更正曲線を用いて主導波管に流れるパワーが計算される．ポート1とポート4（そしてポート2と3）の間の結合は主導波管に影響を与えないようにできるだけ小さいことが要求される．例えばその典型的な値はポート1と2の結合のもとで30〜35 dBである．

方向探知 direction finding
　同義語：無線方向探知（radio direction finding）．ラジオ信号の発信地を特定する実際の方法と原理．分離するためのアンテナとある種の受信機が必要である．自動方向探知は，1本の回転する指向性アンテナ*，または直角になっている2本のアンテナのどちらかを用いて自動的に処理を行う．回転アンテナは，方向に対する信号の強度を表示する検出器としての陰極線管*（CRT）とともに頻繁に用いられる．最も強度の強い方向が，ラジオ信号源の方向である．
　CRTがこのように使用されるとき，「陰極線管を用いた方向探知」という用語がときどき用いられる．フレーム方向探知は極座標型の「8の字」方向応答を備えたループアンテナを用いる．信号がない点では，アンテナのフレームは，伝搬方向に沿う方向を指す．山岳地帯や高層ビル群をもつ都市地域では，方向探知は，山やビルからの反射による誤差を伴う．これを山岳電波効果という．

放射 radiation
　荷電粒子の波動あるいは流れとして伝搬されるエネルギーの形態．→ 電磁放射

放射感受率 radiated susceptibility → 電磁適合性

放射効率 radiation efficiency → アンテナ効率

放射再結合 radiative recombination → 再結合過程

放射障害 radiated interference → 電磁適合性

放射線測定器 radiation counter → 計数器

放射線治療法 radiotherapy → X線

放射抵抗 radiation resistance → アンテナ放射抵抗

放射電位 radiation potential → 電離ポテンシャル

放射ノイズ radiation noise → ノイズ
放射ビーム管 radial-beam tube
　電子ビームが中央の陰極から円筒面に沿ってつくられているいくつかの陽極の1つに向けて半径方向の経路で到達する電子管*．電子ビームは回転磁界を施すことによって陽極間で回転する．この電子管は高速スイッチまたは切り換えスイッチとして使われる．
放射放出 radiated emissions → 電磁適合性
放射率 emissivity
　記号：ε．原子や分子に熱的励起を行うと制動放射が生ずる．放射率は表面から放射された単位面積当たりの電力と，同じ温度で黒体から放射する電力の比で定義する．
放出 emission
　1．固体や液体の表面から電子放出や電磁波放射が生ずることを表す．電子は特に金属表面から放出する．金属原子の最外殻電子（伝導電子）は，外部エネルギーを追加しない限りその物質の原子格子間をランダム運動にする．物質の表面近傍では，電子がその表面から外側に向かって逸脱する可能性をもつが，それを達成するためには次の条件を満たすエネルギーが電子に必要である．
　電子は金属結晶がつくる許容帯の中に波動として存在し，伝導電子が存在するエネルギー帯は伝導帯と呼ばれ，その様子を図に示す．図中のエネルギー値Wは，伝導帯の下端に相当する低いエネルギー準位を表し，その準位のエネルギーは電子のエネルギーの基準となる真空中のエネルギー零よりWだけ低いことを表す．この伝導帯内を電子が埋める様子はフェルミ・ディラックの分布関数によって決まり，電子は伝導帯の低いエネルギー準位から埋めていく．その様子を絶対零度近似（$T=0\mathrm{K}$の分布を用いて振る舞いを調べる）を用いて説明すると，電子は伝導帯の下端エネルギーWの準位から入り，フェルミエネルギー*E_Fのフェルミ準位まで伝導電子が占める．最も大きなエネルギーをもつ電子はフェルミ準位に存在する電子であり，その電子に次式で示すエネルギーΦを与えることで，その物質から電子を放出することができる．

$$\Phi = W - E_\mathrm{F}$$

Φは仕事関数*と呼ばれ，金属のフェルミ準位にある電子を真空中に飛び出させるのに必要な最小エネルギーである．

　通常，素子内の電子はその温度に対応した運動エネルギーのみを有し，素子表面から脱出するような運動エネルギーをもつ電子は極めて少ない．しかし，そのような電子でも物質表面から脱出できるのは，光電子放出*，熱電子放出*，二次電子放出*のように電子に外部から運動エネルギーを追加した場合である．また，電界放出*のように外部から強い電界を加えてポテンシャル障壁を変形させると電子は放出しやすくなる．→ ショットキー効果；トンネル効果
　2．短縮語；伝導性放出あるいは放射性放出．→ 電磁適合性
放送 broadcasting
　社会へのラジオやテレビジョン送信．特定の周波数帯域*が利用される．周波数帯域は国際的合意され割り当てられている．
ボウタイアンテナ bow-tie antenna → 双円錐アンテナ

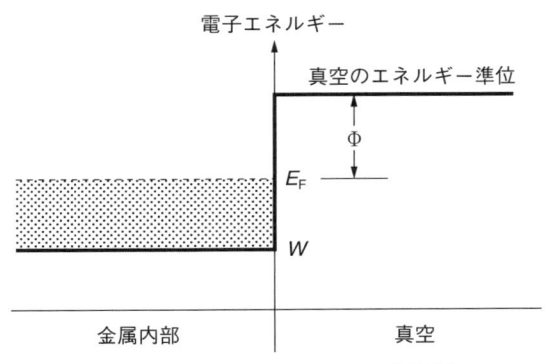

金属-真空システムにおける仕事関数 Φ

放電 discharge
1. コンデンサのような物体から電荷を取り除く，あるいは減ずること．2. 媒質を通る電流あるいは電荷の通過で，たびたび発光を伴う．→ 絶縁破壊；ガス放電管；アーク；スパーク．3. 電池*内で電流を引き出すことによる化学エネルギーの電気への変換．

放電管 discharge tube → ガス放電管

傍熱陰極 indirectly heated cathode → 熱陰極

放物面反射鏡 parabolic reflector
同義語：放物面反射器（paraboloid reflector）；パラボラアンテナ（dish）．反射鏡の内面は放物面をなし，その焦点から反射鏡内面に向けて放射された電波はその内面で反射した後，反射鏡の回転軸と平行方向に放出される．このタイプのアンテナは無線周波数帯域やマイクロ波周波数帯域で利用されている（→ 指向性アンテナ）．

包絡線検波器 envelope detector
同義語：ダイオード検波器（diode detector）．

飽和 saturation
1. 電子素子の電流が実質的に一定となり，電圧に依存しない状態．電界効果トランジスタ*あるいは熱電子管のような素子の場合，飽和は素子の固有の機能で，最大電流は素子によって決まる値である．バイポーラ接合トランジスタ*では，非常に小さい V_{CE} 値の動作状態において，I_C が V_{CE} にほぼ比例する飽和電流*が流れる．ベース中に多量の少数キャリヤが存在する状態であり，エミッタ側のみならずコレクタ側の両接合が順方向にバイアスされた飽和状態が起きる．トランジスタの三端子はほぼ短絡されたこととなり，コレクタ電流は外部回路の回路素子で制限される．
2. （磁気）ある材料の磁化の最大限の値．その値は材料に加える磁束密度の強度に無関係である．完全に磁気飽和した場合，材料の全ての磁区が磁束密度の方向に揃ったと想定できる（→ 強磁性）．

飽和信号 saturation signal
レーダ受信機*で受信した信号が，受信機のダイナミックレンジ*の振幅を超えて受信された信号．

飽和速度 saturated velocity
半導体中の電荷の速度が高電界のもとで定常速度に達した状態を表す．キャリヤが高電界のもとで遭遇する高エネルギー損失メカニズムによって，その速度は飽和し，もはやオームの法則が成り立たなくなる．

飽和抵抗 saturation resistance
バイポーラ接合トランジスタが外部回路によって飽和*しているとき，規定値のベース電流においてバイポーラ接合トランジスタ*のコレクタとエミッタ電極間に生ずる抵抗．

飽和電圧 saturation voltage
ベース電流のある値においてトランジスタが飽和*したとき，バイポーラ接合トランジスタ*のコレクタとエミッタ間に残存する電圧．非飽和条件で動作している電圧よりも小さい値になる．

飽和電流 saturation current
1. 電界効果トランジスタや熱電子管において，その静特性上の電流が一定で，電圧に依存しない電流．電圧を増加すると最後に降伏*が起こるまで電流は非常にわずかずつ増加する．その飽和電流の値は素子によって決まる．
2. バイポーラ接合トランジスタ*において，V_{CE} が非常に小さい値の飽和状態ではエミッタ側およびコレクタ側の両接合は順方向バイアスされ，その飽和電流は外部回路によって制限される．

飽和モード saturated mode
電界効果トランジスタ*の動作のうち，飽和電圧 V_{DS}（sat）（図参照）を超えた特性領域内の動作．ここで V_{DS} はドレイン-ソース間電圧

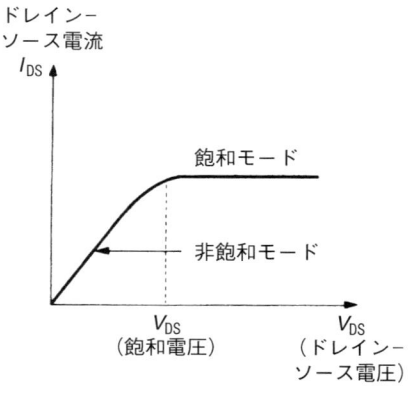

FET の飽和モードと非飽和モード

を表す．この領域のドレイン電流*はドレイン電圧と無関係になる．非飽和モードは，しばしば三極管動作として知られており，その素子が飽和領域に達する手前の領域で動作していることを表す．

補間 interpolation
　信号のサンプル値間で信号の値を得る方法．

ボコーダ vocoder
　短縮語：ボイスコーダ（voice coder）．整流器*や平滑回路*を用いた帯域通過フィルタ*群の各フィルタでエネルギーを取り出して言語のスペクトル表現を可能にする装置．この表現は符号化され，励磁信号とともに送られる．こで有声化フラグが置かれ，その基本周波数は符号化されるか音声フラグがないときには無音声となる．

保護ホーン protective horn ➡ アークホーン

星形回路 star circuit
　同義語：T（または tee）回路*．図のように3つのインピーダンスを配置した回路．

星形-Δ形変換 star-delta transformation
　同義語：T-π変換（T-π transform）．図に示す公式を使って星形接続回路*から三角接続回路*あるいはその逆への変換．

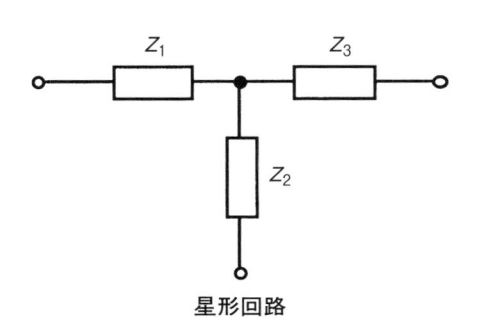

保持時間 hold time
　演算をするときにフリップフロップ*のような素子をクロックがトリガするまで入力データを保持しておくのに必要な時間の長さ．これは入力データが出揃うのが有限時間であるために必要となる．

保持時間 holding time
　電気通信やディジタル通信システムにおいて，回路や通信チャネルが接続を確立したり，データを伝送するためにユーザに占有される時間的な長さ．

保持操作 latching ➡ ロッキング

ポジティブホトレジスト positive photoresist ➡ ホトレジスト

補償 compensation
　同義語：安定化（stabilization）．➡ 補償器

補償回路網 compensation network
　制御系*に付け加えられる回路網で，システムを安定させるために縦続または帰還補償を行う．⇨ 補償器

補償形半導体 compensated semiconductor
　真性半導体*と同様な性質をもつ半導体であり，補償ドーピング*を行ってつくられる．

補償器 compensator
　システム動作を改善する目的でシステムの特性*を新しい形にするために導入された装置．この過程を補償または安定化という．システムが補償されると安定となり，満足な過渡応答が得られるとともに，定常誤差が特定の大きさを超えないように十分大きなゲインをもたせるようになる．➡ 利得

補償ドーピング doping compensation
　半導体中にすでに存在していた不純物による影響を補償（相殺）するため，それとは反対の

星形回路

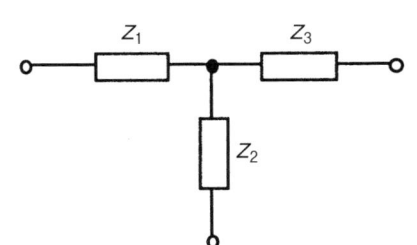

$Z_1 = Z_A Z_B / (Z_A + Z_B + Z_C)$
$Z_2 = Z_B Z_C / (Z_A + Z_B + Z_C)$
$Z_3 = Z_A Z_C / (Z_A + Z_B + Z_C)$

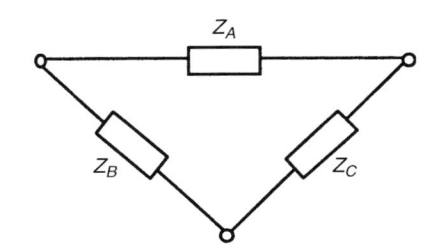

$Z_A = (Z_1 Z_2 + Z_1 Z_3 + Z_2 Z_3) / Z_2$
$Z_B = (Z_1 Z_2 + Z_1 Z_3 + Z_2 Z_3) / Z_3$
$Z_C = (Z_1 Z_2 + Z_1 Z_3 + Z_2 Z_3) / Z_1$

T-Δ変換（または星形-Δ形変換）

カスケード補償

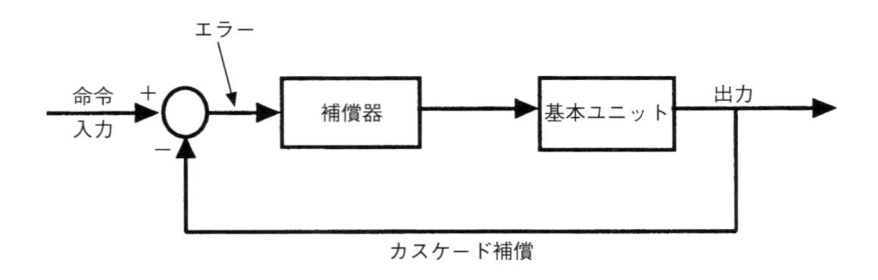

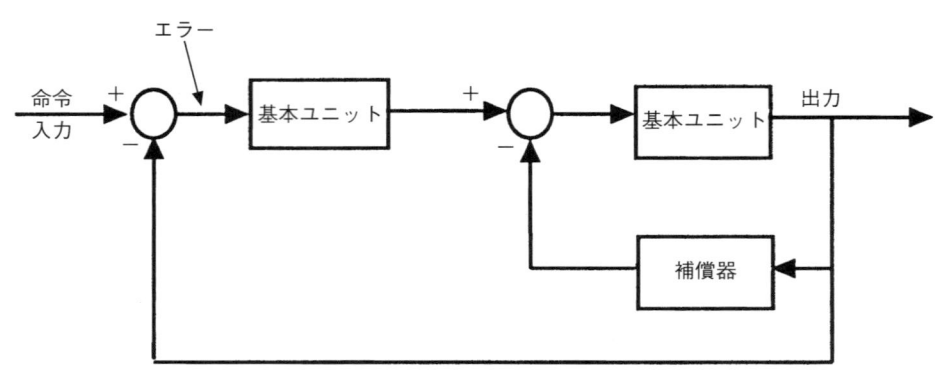

エラー
命令入力 → + − → 補償器 → 基本ユニット → 出力

フィードバック補償

エラー
命令入力 → + − → 基本ユニット → + − → 基本ユニット → 出力
                                        ↑
                                      補償器

補償回路網

伝導形をつくる不純物を半導体*に添加すること．

補助記憶装置 backing store ➡ メモリ

保磁力 coercive force ➡ 磁気ヒステリシス

保磁力 retentivity
　同義語：残留磁気（remanence）．➡ 磁気ヒステリシス

捕捉 acquisition
　1．与えられた周波数範囲内の信号の周波数位置決め．例えば，位相同期ループ*で，捕捉はループが参照信号を探す方法で異なる周波数の発振器の周波数を安定化するために使われる．
　2．空間での信号の位置決め．例えば，レーダ方式*で，捕捉は標的からの信号を探すために方位角と仰角方向に受信アンテナを掃引する手法をいう．

ボダ voder
　短縮語：音声コーダ（voice coder）．➡ ボコーダ

ポータブルコンフォーマブルマスク portable conformable mask（PCM）
　同義語：多層レジスト（multilevel resist）．

ボタン形マイカコンデンサ button mica capacitor ➡ マイカコンデンサ

補聴器 hearing aid
　耳に到達する音の強度を増大させる完全音響再生システム．最近の補聴器には微小クリスタルマイクロホン，電池駆動増幅器，イヤホンが使われている．集積回路の開発に伴い，補聴器は非常に小型軽量化し，めがねのフレームに入ってしまうようになった．音量，音質の調整が可能になり，十分な音量の高品質の音響特性が使用者に提供されるようになった．補聴器の特別な型として，中耳あるいはその外側をバイパスし，乳様突起骨を振動させるのに使われる特定の周波数帯のみを増幅するように設計されたものも含まれる．

ポッケルス効果 Pockel's effect ➡ カー効果

ホットエレクトロン hot electron
　結晶格子と熱平衡状態にないような高いエネルギーをもった固体中の伝導電子，すなわち，エネルギーとしてはフェルミレベル*より上で数kTより大きい値をもつ電子．ここで，kはボルツマン定数，Tは絶対温度である．ホットホールは格子と熱平衡状態ではない移動可能

な正孔である．

ホットスポット hot spot

電極あるいは回路で他の部分より高い温度の小さな部分．

ホットホール hot hole　→ホットエレクトロン

ポップ（POP） POP　→プッシュ

ポテンシャル potential　→電位

ポテンショメータ potentiometer

1. 一様に分布した一連の抵抗体の線を用いる分圧器の形体である．線の両端間の電圧よりも小さい電圧値を取り出すために摺動子が使われる．代表的な使い方は電位差の測定または未知の起電力と標準の起電力を平衡させることによる起電力の測定である．例えば，電池Cの起電力を測るために図のように電池が接続されている．摺動子S_1をXYに沿って動かし，ガルバノメータGの指示が零になる位置を見つける．Cの起電力はXS_1（長さl_1）間の電位と正確に平衡する．その電池を標準電池C_sに取り替え，XS_2（長さl_2）で新しい平衡する点が見つけられたとする．そのとき

$$E_c/E_s = l_1/l_2$$

が成り立つ．ここでE_cとE_sは未知の電池と標準電池の起電力である．さらに精巧なポテンショメータの形体はケルヴィン-バーレイスライドのように精巧な測定器として使われる．

2. 巻線型の可変抵抗器で，3番目の可動接点をもっており，電子回路で使われる．この素子の幾何学的形体は出力電圧が印加電圧の特定の関数になるように設定されている．一巻のコイルまたは，らせん状になっている一様な線がコイルの中心軸の周りを動けるようになっている可動接点をもっている形につくられている．正弦波，余弦波または対数ポテンショメータはそれぞれ軸の回転角の正弦波，余弦波または対数に比例した出力をつくりだす．

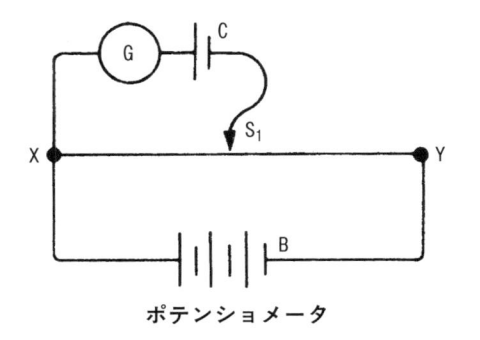

ポト pot

くだけた表現で，ポテンショメータのこと．

ポート port

電気回路，デバイス，ネットワーク，その他の装置などで信号を入力あるいは出力する箇所．またはシステムの状態を観測または測定する箇所のこと．→二端子対回路

ボードコード Baudot code　→ディジタル符号

ボード等化器 Bode equalizer

対象とする周波数領域において，1つの簡単なコントロールによって全ての周波数に対して同じ割合で等量化の量を変えるように設計した減衰等化器*．

ボード（ボーデ）線図 Bode diagram

フィードバック制御システムで利得と位相推移を周波数に対して記した図．注目する周波数での回路の利得と位相の変化割合の相互依存を示すボードの理論に由来する．

ホトダイオード photodiode

光照射下において重要な光電流*を生成する半導体ダイオード*である．2種類の主要なホトダイオードがある．それらは空乏層ホトダイオードおよびなだれホトダイオードである．

空乏層ホトダイオードに共通した構造は，逆方向バイアスしたp-n接合*であり，降伏電圧*よりも低い電圧で動作させる．適切な周波数の電磁波に露出させた場合，光導電*によって過剰キャリヤが生成される．これらのキャリヤは電子正孔対*の形になっている．通常，それらは速やかに再結合するが，接合部に存在する空乏層*の中やその近傍で生成されたキャリヤは接合を横切り，光電流をつくる（図a）．光電流は正規の極めて微小な逆方向電流や暗電流に重畳して流れる．p-n接合はよく用いられる方法で作成でき，光照射は接合面に垂直方向あるいは横方向からでもよい．

p-i-n（またはPIN）ホトダイオード（図a, b）にはp形とn形領域で挟んだ真性（i形）半導体材料の層が含まれている．空乏層はi領域全体に広がった状態となっている．i領域の厚さは，最適な感度と周波数応答をもつ素子をつくるために調整される．p-i-nホトダイ

ポテンショメータ

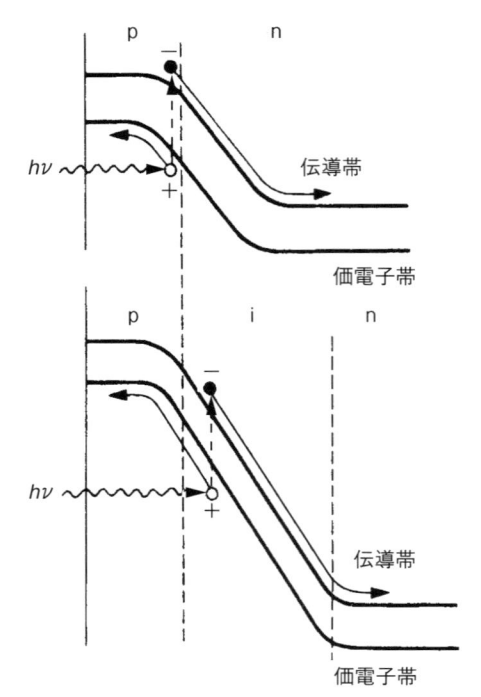

図a　上：逆バイアスしたp-n接合のエネルギー帯
　　　下：逆バイアスしたp-i-nホトダイオードのエネルギー帯

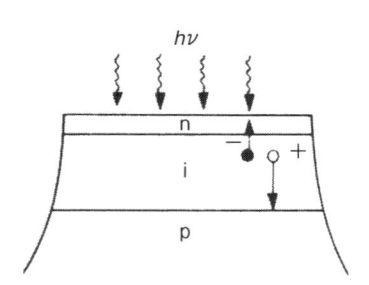

図b　p-i-nホトダイオード

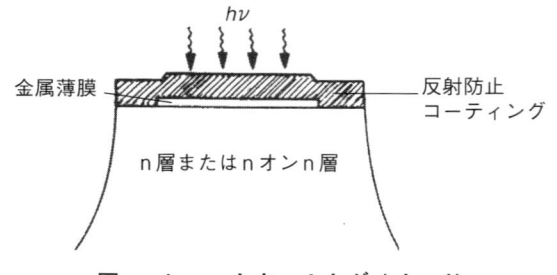

図c　ショットキーホトダイオード

図d　ショットキーホトダイオードのエネルギー帯図

図e　ヘテロ接合ホトダイオード

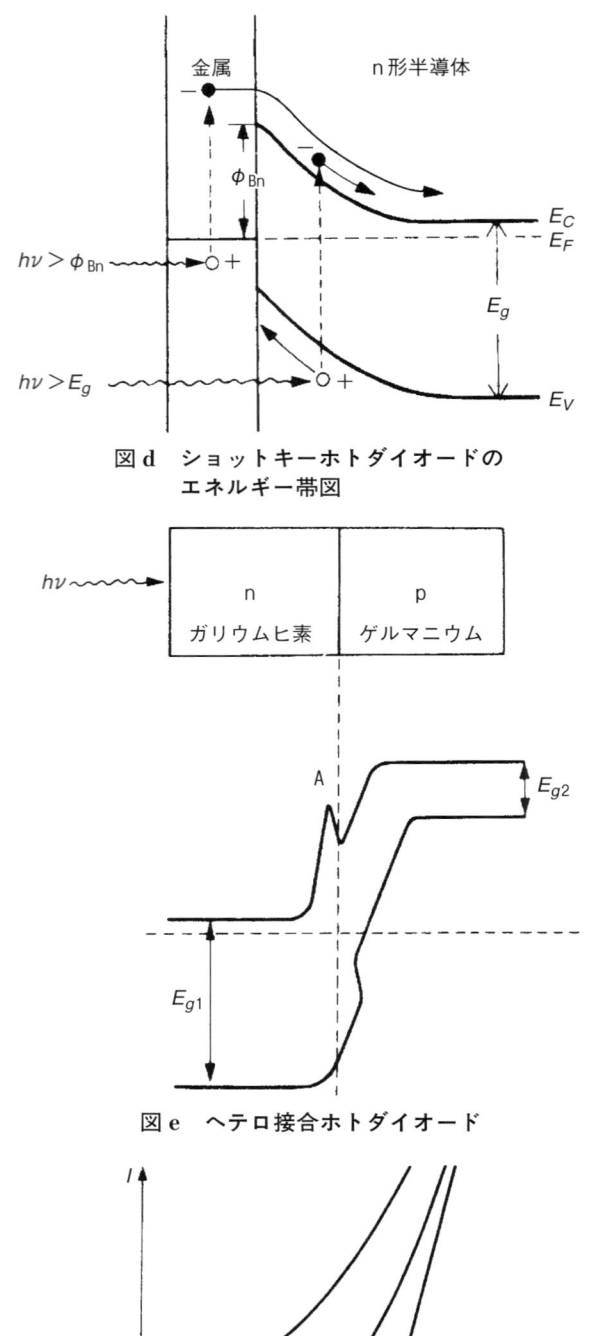

図f　なだれホトダイオードのI-V特性

オードは空乏層ホトダイオードの最も一般的な形である．

空乏層ホトダイオードは金属半導体接合*，ヘテロ接合*，または点接触ダイオード*を用いても同様に実現できる．ショットキーホトダイオード（図c）は金属半導体接合を用いてい

る．最良の動作を得るためには，吸収と反射に起因する損失を避ける目的で，金属膜を極めて薄く（約10 nm）する必要があり，さらに反射防止膜のコーティングも行わなければならない．

光電流は2種類のメカニズムによって生じている．それらは入射する光量子エネルギー$h\nu$の値に依存し，半導体の禁制帯幅E_g，さらに金属の仕事関数Φ_{Bn}に関係している（図d）．

$E_g > h\nu > \Phi_{Bn}$の場合

電子の光電放出が金属から半導体に向けて発生する；

$h\nu > E_g$の場合

光導電電子正孔対が半導体中で生成される．

ヘテロ接合ホトダイオードは禁制帯幅の異なる2種類の半導体から構成されている（図e）．周波数応答は2種類の材料のそれぞれの吸収特性に依存し，材料を適切に選択して特定の周波数の光が接合部の近傍でほとんど吸収されるようにする．このようなダイオードは応答が高速度となり周波数選択性能を高めた特性となる．エネルギー帯図中の小さな障壁Aは二種材料の伝導帯の不連続から生まれているが，電子はトンネリング（→トンネル効果）により通過でき，十分大きなエネルギーを得た電子は乗り越えてしまう．

ホトダイオードに照射する光の強さを変調すると，光電流を変調することとなり，光電流は入射光に依存する．

ホトダイオードのもう一方の種類のなだれホトダイオードは逆バイアスしたp-n接合ダイオードであり，この場合降伏電圧よりも高い電圧を与えて動作させる．入射電磁放射によって生成された電子正孔対の電流増倍がなだれ過程＊によって生じる．光増倍係数M_{ph}は，なだれ増倍が起きていない降伏電圧以下の電圧における光電流I_{pho}に対する増倍された光電流I_{ph}の比として定義される．電流電圧の静特性が図fに示されている．電流Iは和$I_{ph}+I_{do}$であり，ここで，I_{do}は暗電流である．I_{do}の変化も図中に示してある．最大の光増倍はI_{do}の平方根に逆数関係で依存するので，最適な動作を得るためには，I_{do}を可能な限り小さく保たなければならない．素子はこのようにして，降伏電圧V_Bにほぼ等しい電圧Vで動作することとなる．なだれホトダイオードはマイクロ波周波数において十分な利得をもたらす．ショットキーホトダイオードも同様になだれ領域で動作可能である．

ホトトランジスタ phototransistor

光検出器＊であり，ベース領域を浮動＊動作させるバイポーラトランジスタからなる．ベース領域の電位は，その中に蓄積した荷電キャリヤの数により決定される．検出対象の電磁（通常は紫外線）は，トランジスタのベースに照射され，ベース光電流を生みだす．トランジスタは本質的にエミッタ共通接続＊で動作する．コレクタ電流は，p-n接合ホトダイオード中で生成した電流にβ電流増幅率＊を乗じた値に等しい．βは，ベースを接続した通常のトランジスタの構造で測定される．典型的な構造では大きなβ値（約100）であり，p-nホトダイオードと比べ大きな感度を有する．ホトトランジスタの動作速度は，トランジスタ動作を実現するためベース領域を十分な電位へ帯電するのに時間を要するために劣る．反応を始めた際，エミッタ電流は零からベース内の過剰少数キャリヤの生成速度によって決まる定常値へ増加する．照度が十分高ければ，コレクタ電流は外部回路要素によって制限され，そのトランジスタは飽和する．

ボードの理論 Bode's theorem →ボード線図

ボトムアップナノ構造技術 bottom-up nanofabrication

ナノメートル素子の製作技術＊であり，ナノメートルスケール素子は，原子の上に原子を，分子の上に分子をセルフアセンブリ法またはアトミックマニピュレーション法で積み上げてつくられる．セルフアセンブリ法は，生物学システムが分子や細胞をつくりあげた方法を取り入れたものであり，半導体量子ドット，磁気シングルドメインビット，さらにバイオチップを作成するまでに発展してきた．アトミックマニピュレーション法はスキャニングプローブ電子顕微鏡＊を用いて，1個1個の原子を正確に配置できるユニークな能力をもっているが，その処理には時間を要する．

ホトリソグラフィ photolithography

同義語（非公式）：印刷．

集積回路*，半導体素子*，薄膜回路*，プリント回路*などの製造過程の中で用いられる技術．ホトリソグラフィは，それぞれの製造段階において基板物質上にホトグラフィックマスク*（ホトマスク）を乗せて希望するパターンを得るために用いられる．

清浄な基板を，スピンコーティング，スプレー，溶液に浸すなどの方法により，ホトレジスト*の溶液で覆う．溶液を乾燥後，ホトマスクを通して光や紫外線に露光する．精細さが要求される場合には，波長が短いという理由で，より深い紫外線の照射が用いられる．紫外線照射の場合，ガラスではない石英のマスクと特別なホトレジストの組合せが用いられる．ホトレジストの重合しなかった部分は適切な剝離液で取り除かれ，重合した部分が残り，エッチング液に対する防御，またはその後の膜製造過程に対するマスクとして機能する．処理過程が完全に終了後，残っていたホトレジストは剝離液によって取り除かれる．

マスクを通してホトレジストへ照射する方法は多数用いられている．近接印刷は，基板には接触せずに（図 a）マスクを基板に近接して置く方法である．マスクパターンのエッジで起こる回折により光の発散を生じるので，この方法は縦方向に高精細さを必要としない場合に向いている．コンタクトホトリソグラフィは基板表面にマスクを接触させる．露光のための位置決めをした後，マスクは基板に真空固定される（図 b）．精細さと均一性は，マスクが傷つかないこと，達成される接触の度合いとに強く依存する．基板やマスクのほんの少しの湾曲も照射パターンの断線の原因となる．実際に接触させることはマスクを傷つけやすいので，マスクには寿命がある．しかし，コンタクトホトリソグラフィは安くて早い方法なので，小さな基板で小規模な集積回路に向いている．

大型の基板や VLSI 回路には別の方法が用いられる．プロジェクションホトリソグラフィは基板上にマスクの像を結ぶ光学システムを用いる．マスクと基板は，処理する範囲をスキャンするため，同期して移動する（図 c）．焦点深度は非常に浅い，そのためパターンを正確に再現するためには基板の表面が極めて平面でなければならない．光ステッピングは，高精細度と高い歩留まりが要求される大規模集積回路（LSI）に最も一般的に用いられている．マスク（レチクルとも知られる）は基板上に結ぶ1箇所分のパターンが描かれている（図 d）．このパターンを基板上に結像させ，そして基板が移動し，投影を繰り返す．ステップと投影の操作が基板の全ての面に繰返し続けられる．この方法は理想的なデバイスを何万個も必要とするディジタル回路に特に適している．ホトマスク上のパターンは，基板上の最終パターンの10倍の大きさにもすることができ，非常に精度の高いマスクの作成を可能にしている．光ステッパは非常に精密な光システムを必要とし，その複雑さのため，装置は非常に高価なものとなる．

全てのホトリソグラフィの技術には，高度の光源位置調整，マスク全面での均一で安定した光強度，環境からの振動の除去などが必要とされる．

ポジティブホトレジストはホトマスクのポジティブ図形をつくるときに用いられる．この場合，露光された部分は重合化せず現像の過程で剝離される（図 e）．ネガティブホトレジストはマスクのネガティブ図形をつくり，露光され重合した部分は現像後表面にとどまる（図 f）．

ホトリソグラフィは集積回路製造におけるプレーナプロセス*の重要な技術である．非常に複雑な集積回路の場合，回路を構成する素子の寸法がマスクを投影する光の波長とほとんど等しくなり，そのため大きな寸法誤差を生じる可能性がある．それゆえ，より短い波長が必要とされ新しいリソグラフィシステムが開発されてきた．→電子ビームリソグラフィ；イオンビームリソグラフィ；X 線リソグラフィ．

ホトレジスト photoresist

ホトリソグラフィ*で使う光に感応する有機材料．ネガティブホトレジストは，光照射によって高分子化合物を重合する材料である．ポジティブホトレジストは，光の働きによって解重合させる高分子化合物である．固体電子デバイスの製造において重合化した材料は，工程段階の間でバリアとして保護膜の役をする．

ホーミングビーコン homing beacon

同義語：位置表示ビーコン（locator bea-

図a　近接印刷

図b　コンタクトホトリソグラフィ

図c　プロジェクションホトリソグラフィ

図d　オプティカルステップ

図e　ポジティブホトレジスト

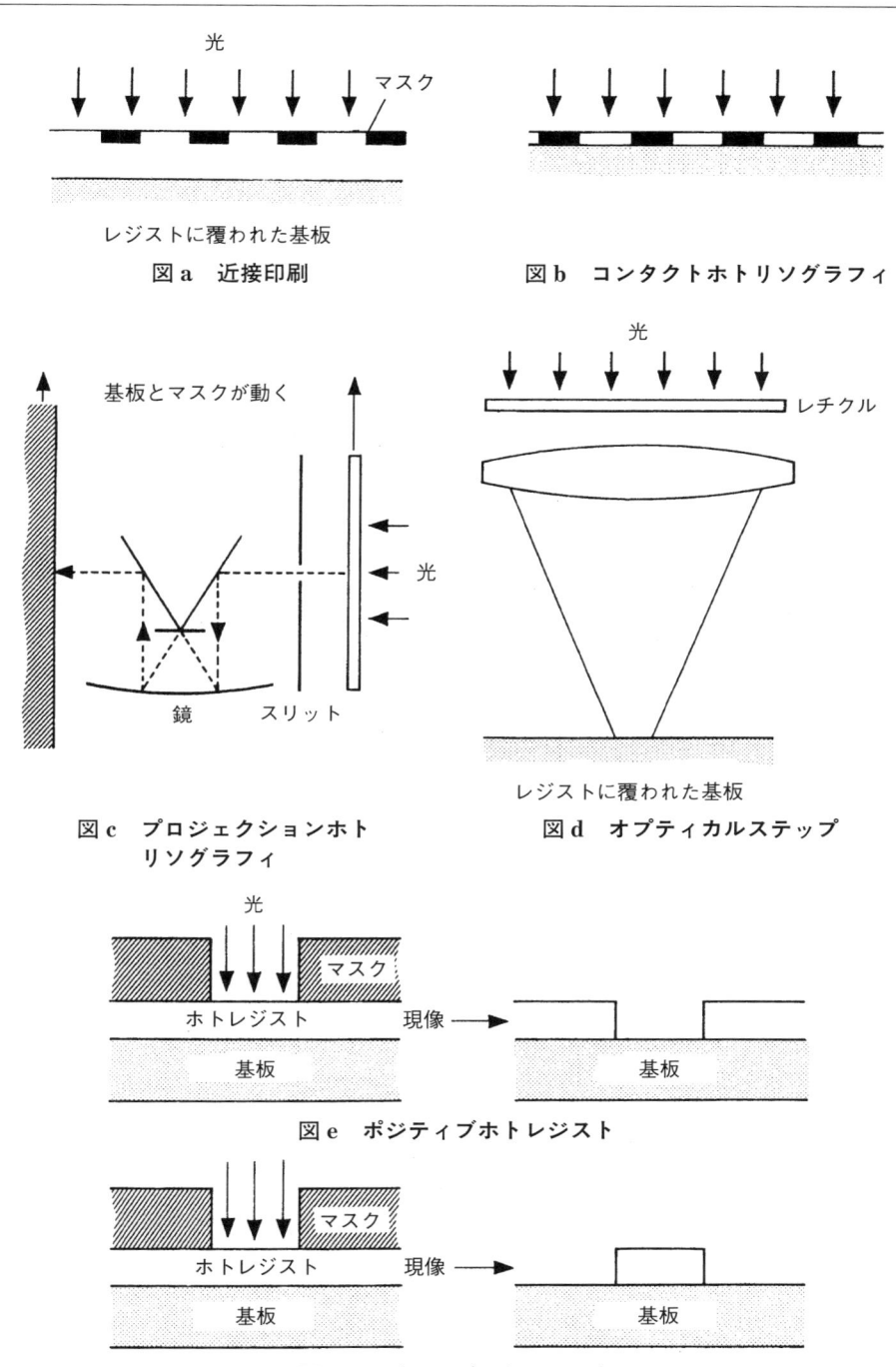

図f　ネガティブホトレジスト

con).　→ビーコン

ホモ接合　homojunction
　1つの半導体内で異なる極性をもつ2つの領域の間に作られた接合．→ p-n接合*

ホモダイン受信機　homodyne receiver
　同義語：直接変換受信機（direct conversion receiver).　→ヘテロダイン受信

ポリエステルフィルムコンデンサ　polyester-film capacitor　→プラスチックフィルムコンデンサ

ポリシリコン　polysilicon　→多結晶シリコン

ポリスチレンフィルムコンデンサ polystyrene-film capacitor ➡ プラスチックフィルムコンデンサ

ポリフォニック（和音） polyphonic

1チャネル以上からなる音響システム．

ポリメタクリル酸メチル polymethylmethacrylate (PMMA)

リソグラフィレジストとして利用される透明プラスチック．（広義のアクリル樹脂）

ポーリング polling

ディジタルシステムにおいてたくさんのデータ源を連続して確認すること．それぞれのデータ源は独自の配線あるいはディジタルアドレスをもつ．回路の情報収集部はそれぞれのデータ源に送信要求があるかどうかを確認する．

ホール移動度 Hall mobility

記号：μ_H．ホール効果*の測定から決定されたキャリヤのドリフト移動度*の値．ホール移動度はホール係数 R_H と導電率* σ（磁界無しの状態における測定値であること）との積である．

$$\mu_H = R_H \sigma$$

ホール移動度とドリフト移動度は普通極めて近い値である．わずかな違いは物質中におけるキャリヤの散乱過程の詳細により生じる．

ホール係数 Hall coefficient ➡ ホール効果

ホール効果 Hall effect

電流が磁界中に置かれた棒状の導体または半導体の中に流れ，電流の流れと磁界とが直角をなす関係であれば，棒を横切る向きに電界が発生し，それは電流の流れと磁界の双方の方向に対して垂直となる．この効果は棒中に内在する荷電キャリヤが磁界による力 F を受けることから生じている．

$$F = e(\boldsymbol{v} \times \boldsymbol{B})$$
$$F_y = ev_x B_z \quad F_y は y 軸方向$$

ここで，$\boldsymbol{v}$ は電荷 e のキャリヤのドリフト速度，そして $\boldsymbol{B}$ は磁束密度である．キャリヤはこの力によって棒の片側に押しつけられ，これが過剰空間電荷*を形成し，さらに y 軸方向つまり棒を横切る向きに電界 E_y を発生させる．平衡状態では，横方向電界による力と磁界による力とが等しい．

$$eE_y = -ev_x B_z$$

または，

$$E_y = -R_H JB$$

となる．ここで，J は棒の長さ方向の電流密度である．R_H は棒の材質のホール係数であり，棒中のキャリヤ濃度*に関係する量である．この横方向電界に起因する電圧はホール電圧として知られている．ホール電圧の測定からホール係数が見出され，それにより棒中のキャリヤの形名や密度が得られる．

n形半導体中では，

$$R_H = -\frac{r}{ne}$$

p形半導体中では，

$$R_H = +\frac{r}{pe}$$

となる．ここで，n と p はそれぞれ電子および正孔の密度であり，r は物質中における詳細な電荷散乱機構による関数である．

ボルツマン定数 Boltzmann constant

記号：k．値 1.380658×10^{-23} J/K の基本的な定数．エネルギー E_1 をもつ粒子数を n_1，エネルギー E_2 をもつ粒子数を n_2 とすると，

$$n_1 = n_2 \exp\left[\frac{-(E_1 - E_2)}{kT}\right]$$

である．ここで，T [°K] は絶対温度である．これはボルツマン分布則である．

ボルツマン分布則 Boltzmann distribution law ➡ ボルツマン定数

ホール電圧 Hall voltage ➡ ホール効果

ボルト volt

記号：V．電位*，電位差*，起電力*のSI単位*．電流が1Aで2点間で消費される電力が1Wのとき，導体の2点間の電位差1Vとして定義される．実用的には，ボルトは電位差計*を使って，ウェストン標準電池*で比較される．この単位は，電圧の標準単位として国際ボルト（V_{int}）に取って代わった．V_{int} は，1.00034 V．

ボルト-アンペア volt-ampere

記号：VA．皮相電力のSI単位*として交流回路の（電圧計や電流計で測定された）実効*電圧値と実効電流値の積で定義される．➡ 電力；有効電力；無効電力；var（無効電力の単位）

ボルト/メータ volt per metre

電界強度*の単位．

ホールプローブ Hall probe

ホール効果*を実用して，磁束密度 B を計測する便利な測定器である．インジウムアンチモンまたはインジウムヒ素などの適切な小形素子半導体が用いられ，素子の横方向両端に現れるホール電圧は磁束密度にほぼ比例して変化する．このプローブは不均一磁界の中でも使用可能である．

ホルマント formant

人の音声領域における音響共振のことで，音声を発している間，その音声領域に明確な音響共振の違うものがいくつか存在する．bid や bed, bad の母音のような明確な発生の差に基因して3つのホルマントの中の最も低い中心周波数は特別な変化をする．

ホルマント合成 folmant synthesis ➡ 音声合成

ボロカーボン抵抗 borocarbon resistor ➡ ボロン抵抗

ボロメータ bolometer

電磁電力を吸収することのできる抵抗要素．電力吸収による温度上昇により吸収した電力を測定することができる．

ボロン抵抗 boron resistor

同義語：ボロカーボン抵抗（borocarbon resistor）．炭素皮膜の中に数％のホウ素を含有した皮膜抵抗*．

ホワイトレコーディング white recording ➡ 録音

ホーンアンテナ horn antenna

電波が放射される開口部に電波を導くためいろいろな断面を有する導電性の管で形成されたアンテナ*．断面には正方形，長方形，円形などがあり，伝搬特性に違いがある．ホーンは電波反射鏡やレンズアンテナの電波供給源として使われ，同相アレイ素子および他の高利得アンテナの校正標準にも使われる．

ホーンスピーカ horn loudspeaker ➡ スピーカ

ボンディングパッド bonding pads (or bond pads)

半導体チップ（それの周辺の縁部）上に配列した金属パッドであり，電線はチップ上の回路要素や回路との電気的接続を実施するためにパッド部にボンディング（接着）される．ボンディングは熱加圧または超音波ボンディングによって達成される．⇨ テープ自動ボンディング；ワイヤボンディング

ボンド形シルバードマイカコンデンサ bonded silvered mica capacitor ➡ マイカコンデンサ

ポンプ pump ➡ パラメトリック増幅器

マ

マイカ（雲母） mica

アルミニウムとケイ酸カリウムの複合物からなる自然に存在する鉱物で，単斜晶構造をもつ．それゆえ，この材料は，容易にへき開できる．周波数に依存せず大きな誘電率をもち，高温で絶縁性を維持する．低損失で高い誘電特性をもち，マイカコンデンサ*内の誘電体として使われる．物理的，電気的特性の複合性により電気的絶縁物として幅広く利用される．

マイカコンデンサ mica capacitor

誘電体としてマイカ*が使われたコンデンサ*．マイカコンデンサは，低損失特性，静電容量の低温度係数，良好な周波数安定性の特性をもつ．数種類の形状がある．締め付け形マイカコンデンサ（図a参照）は，錫箔電極間に雲母を固定したコンデンサである．箔の互層が両側に積み込まれ金属の突起が電極にはんだ付けされている．この形は標準のコンデンサの製造方法であるが，他の応用に座を奪われた．

小穴構造マイカコンデンサは積層構造を形成するために金属小穴が加工された銀めっきマイカ板を用いる．この構造の電極板はかなりのズレと胴曲がりがあるため，その静電容量とその温度係数の安定性が乏しい．

銀めっき接着形マイカコンデンサ（図b参照）は外側の電極板以外は電極の両側に銀めっきが施され，その電極の適当な領域に銀めっきがなされている．積み上げられた電極板は焼結によって接着している．この配置の静電容量は安定性がよく，寸法的にも安定な積み重なりをしている．

ボタンマイカコンデンサは，中心に金属接続点がある円筒形構造になっている．この型は，寸法上の安定性が高く，周波数特性がよい．温度および周波数特性に対して良好なマイカコンデンサは，フィルタ*の利用でよい安定性を示す．

マイクロ micro-

記号：μ．単位の接頭語で単位の10^{-6}（すなわち0.000001）の約数と定義される．1マイクロ秒は10^{-6}秒．

マイクロエレクトロニクス microelectronics

超小型の電子部品から電子回路または電子システムを実現することに関する，またはこれに適用される電子工学*の一分野．これには設計，製造に加えて，電子部品とその組み立てのコスト，サイズ，重量などを削減すること，および真空管回路をこれと互換性のある半導体部品に交換することなどのための応用技術が含まれる．コンピュータの分野では，特に極小化が望まれるので，高密度化された集積回路*が設計されている．→ ナノエレクトロニクス

マイクロコード microcode → マイクロプログラム

マイクロコンピュータ microcomputer → コンピュータ

マイクロストリップ線路 microstrip line

マイクロ波の集積回路*上に形成された伝送線路のこと．マイクロストリップ線路のインピーダンスは基層の厚み，基層の非伝導度，そ

図a 簡略化した締め付け形マイカコンデンサ

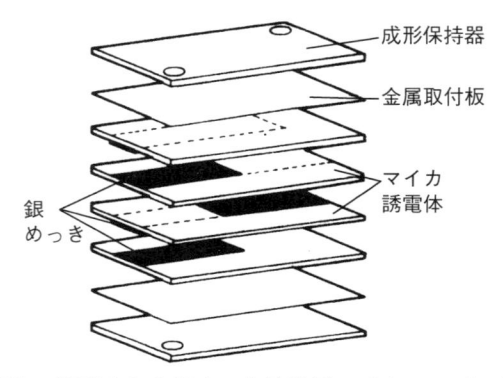

図b 簡略化した銀めっき接着形マイカコンデンサ

してある程度までの伝導路の厚みに対する伝導路の幅の比，によって決定される．

マイクロセル microcell

セルラー通信方式における小さなセルのこと．通常，1つのマイクロセルは市街区1つをカバーし，数百mの径をもつ．

マイクロ波 microwave

約0.3～300GHzまたはそれ以上の範囲の周波数をもつ電磁波で，波長が約1mmまたはそれ以下から約1mまでの範囲に対応する．マイクロ波の周波数領域はさらに細かく多くの周波数帯域*に分けられている．マイクロ波はレーダや遠隔通信に用いられ，商用的には電子レンジに使われている．

マイクロ波管 microwave tube

マイクロ波周波数帯域*の増幅器や発振器に使う真空管*．可聴周波数*帯域の増幅器や発振器で使う真空管は電子密度変調を行っているが，マイクロ波管は通常，電子ビームの速度変調*を利用している．

マイクロ波管は主に次の2つのタイプに分類される．線状ビーム管は，その電子ビームが線形方向に伝搬し，クロスフィールド管は電界と磁界が直交する電磁場内で電子ビームが湾曲経路を描く．

クライストロン*と多くの進行波管*は線状ビーム管で，マグネトロン*はクロスフィールド管である．

マイクロ波集積回路 microwave integrated circuit (MIC)

マイクロ波周波数帯域で動作する集積回路*．正確には，この言葉は混成回路（ハイブリッド回路）を示す．モノリシックマイクロ波回路はMMICという．

マイクロ波着陸システム microwave landing system (MLS)

視界不良な条件下で民間機が着陸できるようにする誘導システム．このMLSは非常に正確に方向づけられたマイクロ波信号を用い，飛行機が電波を受信しながら目的地めがけて近づき，そして空港に誘導される．

マイクロ波発生器 microwave generator

マイクロ波を発生するクライストロン*やマグネトロン*のような装置．

マイクロフォニック雑音 microphony → 雑音

マイクロプログラム microprogram

コンピュータの命令セットを定義するために使われるプログラム*．このように導入される命令セット*をもつことができるコンピュータはマイクロプログラム可能である．マイクロプログラムを書く言語はマイクロコードと呼ばれる．

マイクロプロセッサ microprocessor

与えられたコンピュータシステムのCPU*を半導体の単一のチップ*または少数のチップによって物理的に実現したもの．

マイクロホン microphone

音のエネルギーを電気エネルギーに変換する装置．マイクロホンは最初，電話器用の装置としてつくられたが，放送用，電気録音，場内アナウンス設備などに使用されるようになった．マイクロホンはスピーカ*と正反対の動作をする．マイクロホンには非常に多くの種類がある．最も一般的なものとして，カーボン*，コンデンサ*，クリスタル*，エレクトレット*，可動コイル，リボン*などがある．これらほとんどのマイクロホンは音波によって生じた機械振動を電気エネルギーに変換する．変換に際し最も一般的に使用される方法は，それらのマイクに薄いダイヤフラムを機械的に結合させるものである．励起される力は音圧に比例するが，リボンマイクロホンの場合は粒子速度に比例する．

可動コイルマイクロホン（訳者注；日本ではダイナミックマイクロホンと呼ばれる）では微小コイルがダイヤフラムの中心に取り付けられている．一定磁束中を音波によりダイヤフラムが動くと，電磁誘導作用によってコイル中に起電力が発生する．起電力は入射する音圧の関数になる．可動鉄片マイクロホンも同じ原理で動作するがダイヤフラムによって微小な鉄片が動く．鉄片が動くとそれを取り巻くコイル中に電磁誘導により起電力が誘起される（⇒誘導マイクロホン）．マイクロホンの電気エネルギーはマグネチックマイクロホンのいわれの通り，磁束中をコイルあるいは導体が運動することにより発生する．

磁気ひずみマイクロホンおよびクリスタルマイクロホンでは音圧がピエゾ結晶または磁気ひ

ずみ結晶に直接変位を与えて電圧を発生させる．グロー放電マイクロホンではグロー放電電流が音波により変調を受ける．特殊な形に成型したマイクロホンが設計されている．イヤーマイクロホンはヒトの耳に適合するように特別に形成されたマイクロホンである．リップマイクロホンは唇の近くに置いて余分な外部雑音をカットするように設計されている．喉マイクロホンは声帯の振動を直接拾うように，喉の周りに装着する．このような構造にすることで背景雑音をカットする．大多数のマイクロホンは不必要な雑音を排除するために強い指向特性を有している（→ カージオイドマイクロホン；8の字指向特性マイクロホン；ハイパーカージオイドマイクロホン；無指向性マイクロホン）．

マイクロマニピュレータプローブ micromanipulator probe → プローブ

マイスナー効果 Meissner effect → 超伝導

マイラ Mylar

商標名．ポリエステルは通常いろいろな厚さの薄板状につくられ，絶縁物や磁気テープの基材またはある種のコンデンサの誘電体など多様な応用に使われている．

マウス mouse

コンピュータのディスプレイスクリーン上のカーソルまたはポインタの動きを制御する装置．マウスは平らな表面またはマットの上を滑らす小さな物体である．マウスが動くと，スクリーン上のポインタが同じ向きに動く．マウスがもつ1個から3個のボタンには稼働中のプログラムによって決まる異なる機能が与えられる．最近のマウスは長い文書をスクロールするためのスクロールホイールを含んでいる．

マウント mount → 導波管

前向き径路 forward path → 帰還制御ループ

巻数比 turns ratio

同義語：変圧比（transformer ratio）．記号：n．変圧器*の一次側巻数 n_1 に対する二次側回路の実効巻数 n_2 の比．タップを出してない簡単な変圧器の場合，n_2 は二次側巻線の巻数である．変流器の場合には電流比は巻数比の逆数である．すなわち $I_{out}/I_{in}=1/n$ となる．→ タップ出し

巻数比調整器 ratio adjuster → タップ切換器

巻線抵抗器 wire-wound resistor → 抵抗器

巻鉄心 wound core → 鉄心

マーク mark

アナログ用語で，パルスまたは矩形波信号のハイ状態のこと，ロー状態をスペースという．ディジタル用語では，その代わりにハイとローレベルを一般に1と0という．

マクスウェル maxwell

記号：Mx．古いCGS電磁系における磁束の単位．1 Mx は 10^{-8} weber に等しい．

マクスウェル則 Maxwell's rule

磁束中に置かれた電気回路において，回路の各部は磁束を最大に取り込む方向に動こうとする力を受ける．

マクスウェルの公式 Maxwell's formula → マクスウェル方程式

マクスウェルブリッジ Maxwell bridge

キャパシタンスと抵抗を用いた4辺を有するブリッジ*で，インダクタンスを測定する（図参照）．ブリッジが平衡すると，測定器の電流が0になる．

$$R_sR_x=R_bR_a, \quad L_x=R_bR_aC_s$$

マクスウェル方程式 Maxwell's equations

変化している電界や磁界中の任意の点におけるベクトル量に関する古典的な方程式．4つの基本方程式は

$$\mathrm{curl}\bm{H}=\frac{\partial \bm{D}}{\partial t}+\bm{j}, \quad \mathrm{div}\bm{B}=0$$

$$\mathrm{curl}\bm{E}=-\frac{\partial \bm{B}}{\partial t}, \quad \mathrm{div}\bm{D}=\rho$$

$\bm{H}$ は磁界，$\bm{D}$ は電束密度，t は時間，$\bm{j}$ は電流密度，$\bm{B}$ は磁束密度，$\bm{E}$ は電界そして ρ は体積電荷密度である．これらの方程式からマクスウェルはそれぞれの電磁界ベクトルが波動方程式に従うことを導いた．彼はまた，$\bm{j}=0$ および $\rho=0$ の自由空間中で，解が光の速度 c で伝搬する横波を表すことを示した．この波は電磁波（→ 電磁放射）として知られる．さらに，これらの波の特徴である反射，屈折，回折は光波の性質と同一であることを示し，光波は電磁波であることを示した．マクスウェルの理論は巨視的な現象のみを取り扱い，分散や光電効果のような原子スケールでの相互作用から生ずる現象を説明できない．原子スケールでは電

磁波放射の量子力学理論を導入する必要があることがわかった．マクスウェル方程式から，媒質中の波の速度を

$$v = \frac{1}{\sqrt{\mu\varepsilon}}$$

として導くことができる．ここで，ε は媒質の誘電率*であり，μ はその透磁率*，$\mu = \boldsymbol{B}/\boldsymbol{H}$ である．真空中で，波の速度は $c = 1/\sqrt{\mu_0 \varepsilon_0}$ で与えられる．したがって，屈折率 n，ここで $n = c/v$ の非分散媒質において，

$$n^2 = \mu_r \varepsilon_r$$

である．あるいは，$\mu_r \approx 1$ の非強磁性媒質中では

$$n^2 = \varepsilon_r$$

である．ここで，ε_r は媒質の比誘電率，μ_r は比透磁率である．これはマクスウェルの公式として知られている．分散媒質中で，全ての測定が同じ周波数で行われるならばこの公式を適用できる．

マークスペース比 mark-space ratio

パルスや矩形波のパルスの持続時間とそれに続く時間の比である．完全な矩形波のマークスペース比は 1 である．⇒ マーク

マグネシウム magnesium

記号：Mg．一般的にアルミニウムとの合金として電子部品の構成に対して広範囲に利用されている原子番号 12 の軽金属．

マグネチックスピーカ magnetic loud-speaker ➡ スピーカ

マグネチックマイクロホン magnetic microphone ➡ マイクロホン

マグネト発電機 magneto

交流発電機で，電磁石ではなく永久磁石で磁束をつくっており，誘導コイルで結合された同期発電機の一種である．

マグネトロン magnetron

同義語：マグネトロン発振器（magnetron oscillator）．マイクロ波帯域の無線周波数（r.f.）発振を行う交差磁界式のマイクロ波管．初期のマグネトロンは整流器として使われたが最近のマグネトロンは発振器として設計されている．

基本的なマグネトロンは，中央の円筒状の陰極を，複数の空洞共振器*をもつ円筒状の陽極が囲むように構成されている（図 a）．定常の静電界が陽極と陰極の間に印加されている．さらに定常の磁束密度が円筒の軸に平行に，静電界に直交して加えられている．この磁束は普通，永久磁石により作られ，時として電磁石で発生する．陰極から放出される電子はこれら 2 つの電磁界の影響のもとで動く．電子と空隙すなわち陽極共振空洞との相互関係が無線周波数の発振を行う．これらの発振は，結合している導波管あるいは同軸線を通して出力される．

電子がマグネトロンの陰極から飛び出すとき陽極に向かって静電界により加速される．磁界は磁束密度で表されるが，磁界がない場合には，電子は陽極に半径方向から向かい移動する．磁界が加えられると，その磁界が，速度方向に直交し速度に比例するように，電子にローレンツ力を及ぼす．電子はサイクロイド曲線を描くように飛翔する．電子が陽極に向かって移動する距離は陽極電圧 V と磁束密度 $\boldsymbol{B}$ の関数である．

任意の陽極電圧に対し臨界的な磁界は，電子が陽極に達せず陰極に戻り運動エネルギーが零となるような磁束密度 $\boldsymbol{B}$ である．臨界的な電圧は，ある一定の磁束密度の状態で，電子が陽極に達しなくなるような陽極の最大電圧である．一定の陽極電圧のもとで増加磁界の影響を図 b に示す．この強磁界の状態で $\boldsymbol{B}$ の値が臨界的磁界を超えると電子は運動エネルギーを獲得する．電子は陰極に非零の速度をもち，比較的小さな半径のサイクロイド曲線を辿り戻る．この強磁界の影響は，陰極に関し角速度 ω で回転する電子の狭いさやをつくる．陽極と陰極の半径をそれぞれ b, a とし，b, a に比べ $(b-a)$ が小さいとき，角速度は

$$\omega = \frac{2V}{\boldsymbol{B}(b^2 - a^2)}$$

となる．

電子の回転さやは陽極の構造における共振空洞または空隙を横切り，無線波を発生する．無線波発振は逆に電子と複雑な過程で相互作用をもつ．電子は無線波で加速され陰極に戻るかまたは減速しエネルギーを無線波電界に放出しながら陽極に移動する（図 c）．平均的には，電子が運動エネルギーを消失するとき無線波電磁界から得る正味の電力は，陰極に電子を戻すのに必要な量より大きい．したがって，無線周波

図a　共振空洞型マグネトロン

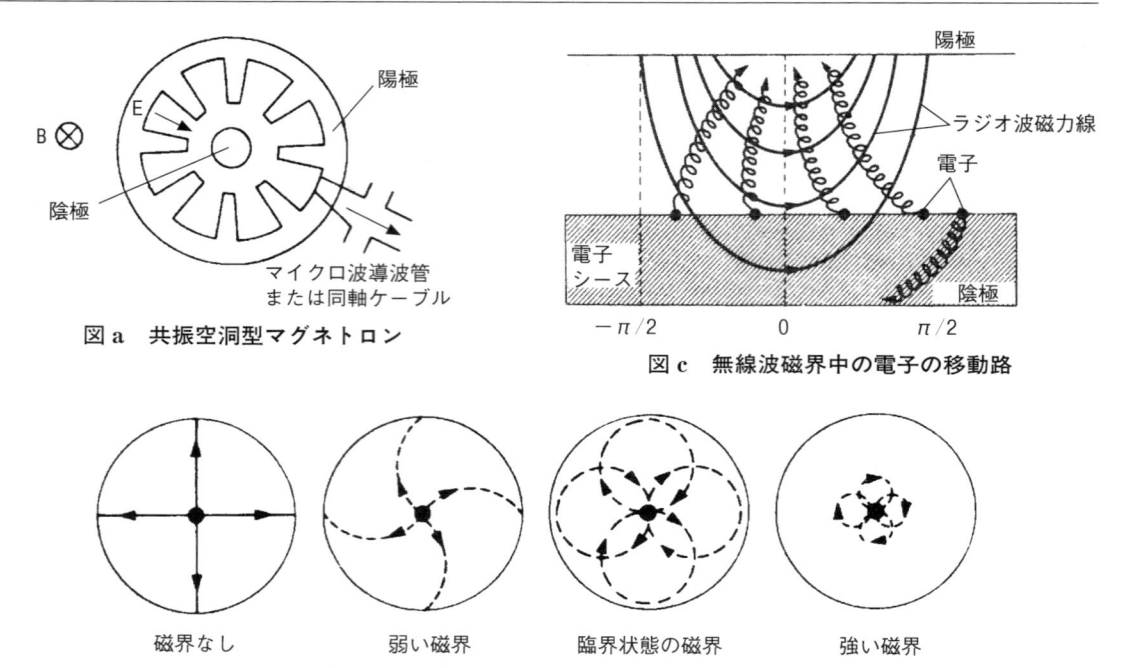

図c　無線波磁界中の電子の移動路

図b　マグネトロンにおける磁界の影響

数発振はこのシステムにより持続する．この回路の閉路特性は，効果的に発振が起こるのに必要な正帰還を与える．

陽極の幾何学的な構造，電磁界の大きさ，連続する空洞間の無線周波数電磁界の位相差により動作モードが種々ある．ある特殊な陽極構造であるとVとBの大きさを電子の角速度が最適なエネルギー伝送が可能となる空洞の無線波の電磁界の変化に同期するように調整しなければならない．正しく調整できると効率70%がπモード動作で実現できる．これは，最も簡単で効率的な動作モードであり，連続する空洞間の無線周波数電磁界の位相差はπとなる．正しい位相関係が持続し，陽極に向かってスポーク状に移動するとき，電子はいくつかの連続する空洞により遅くさせられる．

マグネトロンの陽極の適切な設計は，装置から出力される定在波あるいは進行波のどちらかを使用することとなる．進行波マグネトロンはいくつかの発振モードをもっている．また定在波マグネトロンの動作は，普通，リーケ図*で示される．

衝突電子による陽極の過熱は，良好な熱伝導率をもつ銅のような物質で陽極を作製することで防げる．陰極に戻ってしまう電子はバック過熱を引き起こす．これは管の動作中にヒータ電流を減少させ，また，全陰極放出の大きな割合を占める二次電子放出*を促進する．

連続出力ではなく短いパルス（パルス型マグネトロン）で管を動作させると大出力も可能であり，1000倍のピーク出力パワーが得られる．1マイクロ秒のパルス幅で1000 Hzの繰り返し周波数をもつ典型的な中型高出力マグネトロンは，0.1 mm波長の電波をパルスの時間幅内で750 kW発生することができる．これは，31 kVの陽極電圧と0.28 Tの磁束密度を必要としている．

多くのマグネトロンは定周波数のマグネトロンである．また，10〜20%の周波数変化が共振器の片側からプランジャを差し込む方法で実現できる周波数可変型マグネトロンも作製されてきた．

マグネトロン効果　magnetron effect　→熱電子管

MagRAM　→MRAM

マクロセル　macrocell

1．（または，マクロ）しばしばコンピュータ支援設計（CAD）ツールを使ったディジタル設計で，ある1つの機能を呈する設計部品の定義．マクロセルは基本ゲート，フリップフロッ

プ，加算器，CPUなどで一度定義しておけば呼び出すことにより設計の必要な箇所に置くことができる．2．移動通信システムにおける大きな地域のことでマクロセルの代表的な規模は直径10km以上で，ビルの屋上や塔の先端に基地局が設置されている．

摩擦電気 frictional electricity, triboelectricity

2つの異種材料，例えばガラスと絹を摩擦して生ずる静電気に関する現象．ウィムズハーストマシンのような摩擦器は，摩擦によって電気を発生するために設計された装置である．なお，これらは現在使われていない．

摩擦発光 triboluminescence ➡ 発光

マザーボード mother board

コンピュータの全てのプリント基板を収納するプリント基板．マザーボードに収納されるプリント基板はドーター基板と呼ばれ，ディスクドライバ制御，高分解能グラフィックコントローラ，入出力などのユーザサポート制御を行う．

マスキング masking

2種類の正弦波が同時に聞こえた場合，片方の存在により他方が聞こえにくくなる効果をいう．その場合，マスキングを起こす音をマスカー，マスキングされる方の音をマスキーという．これらの音が別々の正弦波である間，これらの音は母音を長くのばしたヴォーカルあるいは楽器で演奏される音のように高い周波数成分が低い周波数成分の小さな音をマスクする場合，同期的非正弦波の別々の周波数成分をもつことが可能である．マスキングを若干拡張すると，マスキングはマスクする音とマスクされる音の振幅と周波数に依存して生ずる．マスキング現象の特別な性質の1つとして，マスキング効果はマスクする方の周波数がマスクされる方の周波数より若干高いということである．この効果はしばしばマスキングの上方拡大あるいは高域の低域マスクと呼ばれる．

マスク mask

1．半導体デバイスおよび集積回路の作成工程において半導体ウエハ*面上の特定な面部を覆う目的に使用する装置．ホトリソグラフィ*プロセスにおいて，各工程用に複数の精密なホトマスクのセットを要する．種々の拡散工程では，酸化膜に穴あけをし，そこを通して実施する．金属との接触を形成するための窓あけ工程が行われ，接続パターン作製工程ではマスクを通して金属膜を堆積して設計通りの接続配線がつくられる．写真マスクはガラス板上の感光乳剤を用い，ホトマスクはガラスまたは石英板上の薄膜クロムをエッチングしてつくられる．マスクパターンは大面積のレイアウト図版を写真縮小して作製される．

2．金属箔からつくられる装置であり，薄膜回路*の作製工程の中で使用される．真空蒸着法により基板上に薄膜物質を正確なパターンに堆積させる目的で用いる．

マスクレジスタ mask register

それに含まれるビットが演算に必要なデータを示す，すなわち演算をマスクする，コンピュータ中のレジスタ*．例えば，連想記憶*では，ビットは適合のために使われないフィールドをマスクする．また，割り込み制御装置ではビットが割り込み*をマスクする．さらに，DMA（ダイレクトメモリアクセス*）では，ビットはサービスの要求をマスクする．

マスター master ➡ 録音

待ち状態 wait state

装備された装置（またはメモリ）が，要求されたデータ項目を要求時間内に届けられなかったときに，コンピュータのCPUが実行する模擬的なバス周期のこと．例えば，もし，処理装置のクロック速度が，装備されたメモリにとって速すぎるとすると，待ち状態1のマシンは，各メモリ接続に対して待ち状態を1つ挿入する．「待ち状態」という言葉は，一般的にはマイクロプロセッサに対して適用される．

マッシュルームゲート mushroom gate ➡ Tゲート

マティーセンの法則 Mathiessen's rule

半導体*内で発生するいろいろな散乱機構によって生ずるキャリヤ散乱率を組合せる方法．各種の散乱率を直接的に加え合わせる．これは緩和時間（τ）の逆数を加えることと等価である．

$$\frac{1}{\tau} = \sum_{散乱過程} \frac{1}{\tau_i}$$

全体の移動度（μ）は同様な方法で決められる．

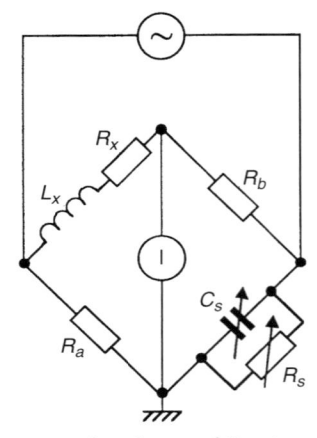

マックスウェルブリッジ

$$\frac{1}{\mu} = \sum_{散乱過程} \frac{1}{\mu_i}$$

⇒ ドリフト移動度；ホール移動度

窓 window
1. 通常は雲母のような薄い板でつくられ，ガイガーカウンタ*の端面．この窓を通って放射能が計数管に入る．2. ➡ ラジオウインドウ．3. ➡ 混乱反射．4. ➡ ウインドウ機能

MATLAB
数値計算，特に行列操作（それゆえ，名前がMATrix LABoratoryである），可視化，信号処理およびデータ解析のための商用ソフトウェア．

摩耗故障 wear-out failure　➡ 故障

摩耗故障期間 wear-out failure period　➡ 故障率

マルコニーアンテナ Marconi antenna
基本的には単純な垂直ワイヤ状のアンテナ*で，下端は接地され，マルコニーによって用いられた．この名称は1/4波長垂直アンテナに付けられている．通常このアンテナはインダクタンスあるいはキャパシタンスのいずれかの直列リアクタンスを介して接地されている．そのインダクタンスあるいはキャパシタンスの値はアンテナが電気的に1/4波長になるように選ばれる．直列リアクタンスは設計範囲内の共振周波数に同調する値に設定される．

マルチキャスト multicast
ネットワークの局の限定されたグループに送られるメッセージを表す．これはただ1つの局にだけ送られるユニキャストメッセージやネットワーク上の全てに送られるブロードキャストメッセージと対比される．

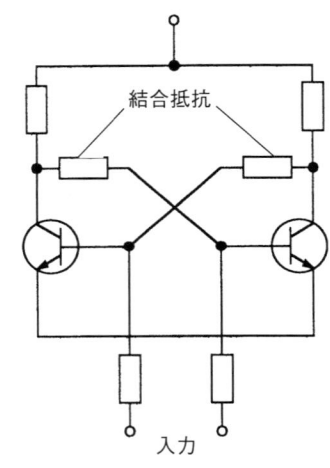

マルチバイブレータ multivibrator
1つの出力を他方の入力に接続した2つの線形インバータ*を含む発振器．マルチバイブレータにはいくつかの形があり，その動作は用いられる接続法に依存する．コンデンサ結合は非安定マルチバイブレータとなり，2つの準安定状態をもつ．一度発振が確立すると素子は自走する．すなわち，トリガ*がなくても連続波形が発生する．抵抗-コンデンサ結合は単安定マルチバイブレータ*となる．抵抗結合（図参照）は双安定回路となり，2つの安定状態をもつ．この状態はトリガパルスの印加で状態を変化させる．➡ フリップ-フロップ

双安定マルチバイブレータ

マルチパス multipath　➡ 多重通路

マルチパルス線形予測符号化 multipulse linear predictive coding（MPLPC）➡ 線形予測

マルチプレクサ MUX　➡ 多重操作

マルチメディア multimedia　➡ CD-ROM

マルチモードファイバ multimode fibre
コアの直径が光の波長の何倍もある光ファイバのことで，光伝送線のマルチモードがつくれる．この型のファイバはシングルモードのファイバより分散が大きい．しかし，直径が大きいので，マルチモードファイバ内に光を多量に伝送することが非常に簡単であり，また接続が簡単である．デスクトップシステムのファイバのほとんどはマルチモードファイバを使用している．

マン　MAN
　略語：首都圏ネットワーク（metropolitan area network）．

マンガニン　manganin
　高い電気抵抗率*，抵抗の低い温度係数*そして低い接触*電位をもつ銅70～86%，マンガン15～25%，ニッケル2～5%からなる合金．正確な巻き線抵抗器*をつくる際に使われる．

マンガン　manganese
　記号：Mn．原子番号25でマンガニン*やホイスラー*などの合金に使われる金属．この元素は一次電池*でも使われる．

マンチェスター符号　Manchester code
　2相のパルス符号化変調の名称．→ パルス変調；ディジタル符号

ミ

ミキサ，混合器　mixer
　同義語：周波数変換器（frequency changer）．入力信号から異なる周波数の出力信号をつくるためにヘテロダイン*受信機に用いられる素子．受信された搬送波は局部発振器で生成された信号と混合され，原信号の変調特性を保った中間周波数（IF）信号となる．出力信号の振幅は入力信号の振幅とある決まった関係があり，一般に線形関数である．

ミキサ雑音バランス　mixer noise balance
　ミキサ*によって変換され出力端子に現れた中間周波数帯域の広帯域局部発振器雑音*に対する挿入損*の測定．

右手の法則（発電機のための）　right-hand rule（for a dynamo） → フレミングの法則

ミクロン　micron
　記号：μ．長さの単位で10^{-6}mに等しい．マイクロメートル（μm）として改名された．

密結合マルチプロセッサ　tightly coupled multiprocessor → マルチプロセッサ

密度　number density
　単位体積当たりの電子，正孔，原子などの数．

MIDI
　略語：ディジタル電子楽器インタフェース（musical instrument digital interface）．電子楽器と制御装置をシリアルに接続するための国際工業標準．MIDIでは主に演奏される音がどの位の間続いているか，どの位の速さか（速度情報や音の有無が符号化されている）の他に，ボリュームコントロール，ピッチベンド*，変調操作リング*といった演奏状態を制御する情報も伝送される．MIDIではコンピュータとシーケンサ*の間でデータの編集，記憶，転送が可能である．同様に，MIDIは楽器固有のデータまたはシステムに関するデータ以外，楽器内部のセッティング情報，オーディオサンプル情報に関連したデータの通信が可能である．MIDI標準は31.2Kボーの転送速度をもった

一方向非同期シリアルインタフェースとして定義され，各MIDIデバイスの入力は光結合になっている．MIDI規格を有する全てのデバイスにはMIDI入力（IN）があり，MIDIデータを出力するデバイスにはMIDI出力（OUT）がある．他のMIDIデバイスにカスケードに接続するときは，MIDI THRUソケットにバッファを施した入力端子が用意されている．

見通し経路 line-of-sight path
　障害物がない2つの無線送信機間の見通し経路．

源 source ➡ ソース

脈動電流 pulsating current
　振幅が規則的に繰り返し変化する電流．この語彙は電流が一方向性であることを暗に含んでいる．脈動電流や他の脈流量は定常成分と交流成分が重畳したものと考えられ，その平均は必ずしもゼロではない．

脈動率（リプル率） ripple factor ➡ リプル

ミュー回路 mu circuit ➡ 帰還

ミューティングスイッチ muting switch
　要求されたとき，あるいはそのシステムの雑音*が設定値を超えたときに装置の雑音抑圧回路を動作させる手動あるいは自動のスイッチ．

ミュー同調 permeability tuning
　同義語：スラグ同調（slug tuning）．➡ 同調回路

ミラー効果 Miller effect
　電子素子の入力と出力の間の実質的な帰還経路が素子の電極間容量*によってつくられる現象．もし，素子が電圧増幅器として用いられると，ミラー効果は回路の入力アドミタンスを増加し，動作帯域幅を減少させる．

ミラー指数 Miller indices
　3つの空間方向に対応し，結晶の単位胞に関する結晶構造の特別の方位と結晶面を特定づけるのに用いる3つの数値．

ミラー積分器 Miller integrator
　トランジスタ*や演算増幅器*のような能動素子による積分器*で，パルス発生器の出力の直線性を改善する．ミラー積分器は時間基準*を生成するために用いられるのこぎり波発生器に用いられる．

ミラー掃引発生器 Miller sweep generator ➡ 時間基準

ミリ milli-
　記号：m．単位の接頭語で単位の10^{-3}（すなわち0.001）の約数と定義される．1 mmは10^{-3}m．

ミーリー回路 Mealy circuit ➡ 有限状態機械

ミリメートル波 millimetre waves
　30〜300 GHzまでの周波数帯の電磁波を表し，この波長はmmの大きさをもつ．

ミル mil
　0.001インチ．米国で用いられる単位．

ム

ムーア回路 Moore circuit → 有限状態機械
ムーアの法則 Moore's law
　生産される集積回路*のトランジスタ数について1965年にGorde Mooreによって導入され，1958年から近年まで大雑把にいって，集積回路のトランジスタ数は1年ごとに2倍になるという法則．1970年後半から集積率は低下し，トランジスタ数は18カ月で2倍になり，この割合は現在まで続いている．
無音域 silent zone
　同義語：跳躍帯 (skip zone)．着目する送信源から地上波伝搬が存在する距離を超えて，信号が届かない跳躍領域 (→ 跳躍距離)．実際は無音域であっても，散乱，局部反射，または異常伝搬による弱い信号は存在している．
無給電空中アンテナ parasitic antenna
　同義語：無励振アンテナ (passive antenna)．→ 指向性アンテナ
ムーグシンセサイザ Moog synthesizer
　初期の電子鍵盤楽器．
無限インパルス応答フィルタ infinite impulse response filter → ディジタルフィルタ
無効成分 idle component
　1．（電流の）無効電流*．2．（電圧の）無効電圧*．3．無効電力*．
無効電圧 reactive voltage
　電圧の無効成分，電力とならない成分，虚数成分と同義語．電流ベクトルと直角*にある交流電圧のベクトル成分．
無効電流 reactive current
　電流の無効成分，電力とならない成分，虚数成分と同義語．電圧ベクトルと直角*にある交流電流のベクトル成分．
無効電力 reactive power → 電力
無効電力 reactive volt-amperes
　皮相電力の無効成分，電力とならない成分，虚数成分と同義語．電流と無効電圧*との積または電圧と無効電流*との積．⇒ 無効電力の単位；有効電力
無効にする disable → 不能にする
無効率 reactive factor
　負荷，回路あるいはデバイスの全皮相電力*に対する無効電力*の比．
ムサ musa → 可動アンテナ
mush area → サービスエリア
無酸素銅 oxygen-free copper (OFC)
　結晶粒子間に酸素を含まない高純度銅から作製した単結晶または大型結晶銅線．音響装置において高品質な音質を与えるといわれている．
無指向性マイクロホン omnidirectional microphone
　どの方向からの音も等しい感度で拾うマイクロホン*（図参照）．マイクロホンの寸法と同程度の波長になる周波数以上で，このような無指向特性を維持することは難しい．
無瞬断デューティ uninterrupted duty → デューティ
無声音 voiceless (V−)
　'dish'，'off'，'loss' のような音を表し，最後尾の子音が声帯を振動させない音で，喉の狭い所で空気の乱流を発生させ，擦れたような音になる．⇒ 有声音
無声放電 silent discharge
　高い電圧で発生する電気放電で，人間の耳には聞こえない．このような放電は，比較的高いエネルギー損失を含み先の尖った導体から容易に発生する．
無線遠隔測定法 radio telemetry
　遠隔地の測定データを無線連絡網によって受信地点に送信するやり方でデータを受け取る方法．このデータは例えば航空機や衛星から受け取る．⇒ 遠隔測定法
無線周波数 radiofrequency (r. f. or RF)
　周波数帯域が 3 kHz から 300 GHz (→ 周波数帯域) の間の電波または交流電流の周波数．この周波数帯で動作する増幅器*，チョーク*，変成器*のような電子デバイスは無線周波数デバイスまたは無線デバイスという．同様にひずみ*のように高周波によって現れる効果を無線周波数効果または無線効果という．
無線周波数効果 radio effect
　短縮語：無線周波数効果 (radiofrequency effect)．→ 無線周波数

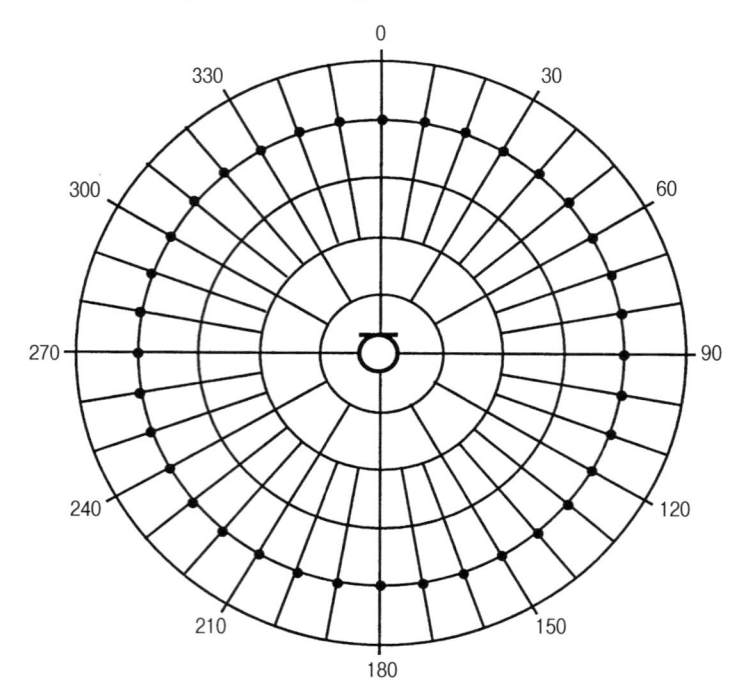

無指向性マイクロホンの理想的な指向性（図中の数値は角度（°））

無線周波数障害 radiofrequency interference (RFI) ➡ 電磁適合性

無線周波数チョーク radiofrequency choke (RFC)

　高周波信号に対して高インピーダンスを示すインダクタ*を指す．これは高周波トランジスタ増幅器をバイアスするために使われる．それによって，直流バイアス電源が交流信号に対して短絡経路となることを阻止している．

無線周波数分析器 radio spectroscope

　アンテナで受信する全無線周波数信号分析と表示を行う装置．信号は普通，陰極線管のスクリーン上に表示される．送信された搬送波の周波数で変調度と電界強度の大きさが掃引の高さと広がりから求められる．

無線受信機 radio receiver

　無線周波数の信号を音声あるいは映像信号に変換する回路あるいはシステムであり，これにより情報を受け取ることができる．これは情報が含まれる変調された無線信号*を非線形素子や回路を用いた混合器で音声または映像周波数帯に周波数を落として実現する．このプロセスは直接にまたは中間周波数（➡ 周波数変換式の受信機；直接変換受信機）を使って行うことができる．

　家庭のラジオは振幅変調信号*あるいは周波数変調信号*を受信できる．これらはそれぞれAM受信機またはFM受信機といわれる．この2種類の信号を受信できる受信機はAM/FM受信機である．高忠実度（ハイファイ）ラジオは音声周波数増幅器に付加的な回路をもっていて，音源の出力の低音と高音を再現することができる．低音ブースト回路は低音の音声周波数信号を回復する働きをし，高音補償回路は高音の音声周波数信号を回復させる．

　ステレオラジオはステレオ無線周波数信号を復調して2つの出力をつくりだし，それを個々に増幅してスピーカに出力する受信機である．
⇒ 音の再生

無線デバイス radio device

　短縮語：無線周波数デバイス（radiofrequency device）．➡ 無線周波数

無線電信 radio telegraphy ➡ 電信

無線電波 radiowave

　無線周波数*範囲にある周波数の電磁波．

無線電話 radio telephone ➡ 電話

無線標定 radiolocation

　レーダ*の昔の呼び方．

無線方位探知 radio direction finding → 方位測定

無損失線路 lossless line

その中では減衰が起こらない仮定的な伝送線路．

無駄時間 dead time → 不感時間

無定位検流計 astatic galvanometer

同義語：ブローカ検流計．非常に感度の高い可動磁石型の検流計*．ほとんど同じ値につくった2つの磁針 NS と N'S' が同じ軸上で反対方向に離して吊される．磁石が安定点から偏向すると，地球磁界によってそれらには反対方向の力が作用し，新しく小さな一対の磁石ができる．測定される電流が流れるコイルは，それぞれの磁石の周りに反対方向に巻かれているため，コイルによって生じた磁界によって一対の磁界は加算される．非常に微小な電流によって磁石がかなり偏向されるため，そのずれは，吊られている線にとりつけた微小な鏡からの反射光をスケールに移して検知される．

無電解めっき electroless plating

外部から電圧を加えることなしに実施できるめっき処理方法（⇒電気めっき）．この技術は，金のような貴重な金属を絶縁性あるいは半導体性の表面にめっきする方法として特に適している．めっきされる表面を専用の溶液に浸すことでめっきされる．浸漬めっき法は，表面部にある電極電位の低い金属を，めっきすべき電極電位の高い金属で化学置換することで進行する（→電気化学列）．その反応は薄い層が形成されると直ちに終了する．自己触媒めっき法には，高価な金属を連続的に化学還元して基板金属上に被膜をつくる方法も含まれる．被膜となった金属は還元反応の触媒として働いている．これら2種類の技術は複雑な反応である．

無反応 nonreactive

期待される機能が無視されてしまうような電気回路，素子または巻線の記述に使う．→リアクタンス

Moving Picture Experts Group → エムペグ（MPEG）

無負荷 no-load

電子または電気機械，装置，回路あるいは素子に負荷をかけないで，定格動作条件で動かしている状態をいう．

無誘導性負荷 nonreactive load

負荷端子で電圧と電流が同相になる負荷．⇒誘導性負荷

紫色の厄介物（パープルプレイグ）purple plague

シリコンの集積回路の接合材の上に紫色の領域が形成される．紫色は金の接続線とアルミニウムの接着パッド*の間に不都合なアルミニウム-金の共融混合物*（$AuAl_2$）が形成されるからである．その結果，この共融は非常にもろいため接合は機械的に弱く，故障しやすくなる．

無励振アンテナ passive antenna

同義語：二次放射器（secondary radiator）；無給電空中線（parasitic antenna）；無給電放射器（parasitic radiator）．→指向性アンテナ

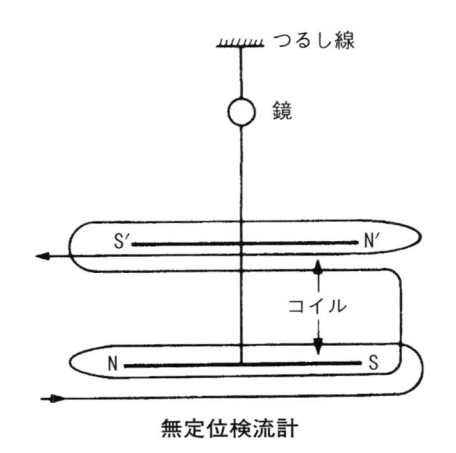

無定位検流計

メ

メイクアフタブレイク make-after-break
　新しく回路を閉じる前にすでにある接続を開にするタイプのスイッチ．

メイクビフォアブレイク make-before-break
　すでにある接続を開にする前に新しい接続を閉にするタイプのスイッチ．

命令コード operation code
　コンピュータ命令の一部（通常は命令の一番最初の部分に記述される）で，動作を指定する．

命令セット instruction set
　コンピュータの算術処理および論理処理の演算の集まり．コンピュータの内部では，どのプログラムも命令セットから選ばれた一連の命令として存在する．

命令のフェッチ（命令の取り出し） instruction fetch
　機構周期の一部で，中央演算処理装置*が実行動作を行う前に，メモリから1命令を取り出し復号するまでに要する時間に相当する．

命令レジスタ instruction register
　CPUの制御装置内にあるレジスタ*で，回路が命令を復号して実行するまでその命令を保持する．コンピュータの命令セットアーキテクチャには通常含まれない．

迷路スピーカ labyrinth loudspeaker → スピーカ

メインローブ main lobe
　同義語：主ローブ（major lobe）．→ アンテナパターン

メガ mega-
　記号：M．1．6乗（すなわち1,000,000）を意味する単位の接頭記号で，1MVは10^6Vである．2．2の20乗（すなわち1,048,576）を意味するコンピュータで利用される接頭語で，1メガバイトは2の20乗バイトである．

メガー Megger
　（登録商標）絶縁状態をメガオーム単位で測定する携帯測定器．

メガフロップス megaflops（MFLOPS）
　コンピュータの計算速度の尺度．命令の実行より浮動小数点演算に重点をおいており，通常は汎用より科学計算用に用いられる（Flopsは1秒当たりの浮動小数点演算（floating-point operations per second）の略語）．→ メガ；浮動小数点表現

メガホン megaphone
　肉声を増幅するのに用いる携帯用の装置．この装置は電池で駆動する増幅器，マイクロホン，スピーカからなり円錐ホーンを使っているので指向性がある．

メサ mesa
　半導体ウエハ*上の表面部で，電気的に活性な領域を台地形としたところ．メサ形にするべき場所の周りをエッチングで取り除いて形成する．メサの形成は，ウエハ上の各部分を電気的に分離する簡単な方法である．

メーザ maser
　Microwave Amplification by Stimulated Emission of Radiation（輻射の誘導放出によるマイクロ波増幅）の頭字語．電磁スペクトルのマイクロ波帯域に属する光を放射する光源で，その光は強度な可干渉性単色光である．メーザはマイクロ波増幅器や発振器に使うことができる．この装置は反転分布と誘導放出を利用する点ではレーザ*と類似な動作原理をもつが，遷移するエネルギー準位間の値はレーザよりも低いエネルギー範囲にある．

メサトランジスタ mesa transistor
　素子の活動領域がメサ*地形に由来する台形構造につくられたバイポーラ接合トランジスタまたは電界効果トランジスタ．

MESFET
　略語：金属-半導体電界効果トランジスタ（metal-semiconductor field-effect transistor）．同義語：ショットキーゲート電界効果トランジスタ（Schottky-gate field-effect transistor）．接合電界効果トランジスタ*の一種であり，そのゲート電極は半導体接合ではなくショットキー障壁*を用いている．電圧電流特性は接合FETと同様な特性である．ショットキーバリアゲート電極は，p-n接合を形成するために要する温度よりも十分に低い温度で製作できるところが優れている．

メーソンの公式 Mason's rules

同義語：Masonの非接触ループ法 (Mason's nontouching loop rules). 電気回路網における信号伝達線図*の記述について，解析を簡略化する手法．始点 a，終点 b が与えられているとすると，このとき全ての経路を整理して Mason の公式に従うと，2点間の全体の伝達関数*は以下の式で与えられる．

$$\frac{\mathbf{b}}{\mathbf{a}} = \frac{\sum_K T_K \varDelta_K}{\varDelta}$$

ここで，T_K は a 点から b 点へ向かう K 番目の前進経路における，利得または総合透過率*である．

$\varDelta = \{1 - \sum$(各ループの利得)
$\qquad + \sum$(2つの非接触ループの組合せ全てについての利得の積)
$\qquad - \sum$(3つの非接触ループの組合せ全てについての利得の積)
$\qquad + \cdots\}$

$\varDelta_K = K$ 番目の前進経路に接触しない $\varDelta$ の合計．

経路は連続する枝で，同じノードを2度以上通らないものを指す．ループは，回路網内のあるノードから出発してそのノードで終了する経路を意味する．非接触ループは，同じノードを2度以上通過しないループである．

メータ meter

1. 電圧計や電流計のような計器．2. 米国では metre と綴る．

メータ抵抗 meter resistance

電圧計のような計器の端子から測った，ある温度における内部抵抗．整流型計器のような特殊なメータの内部抵抗は周波数および入力波形に依存する．この場合，特定の温度に対し内部抵抗は曲線として描かれる．

メータブリッジ meter bridge

長さ1mの一様な抵抗線にタップを設けた形の比例辺をもつホイトストンブリッジ*．

めっき plating → 電気めっき

めっきされたヒートシンク plated heat sink

電力素子のウエハ裏面に金属の厚い層をめっきしてつくられたヒートシンク*．めっきされたヒートシンクは，電力素子を含む集積回路のビア*ホールとの接続によく使われる．

めっき磁性線 plated magnetic wire

この磁性線（→ 磁気記録）は，非磁性の芯線の上に強磁性体材料をめっきした表面をもっている．

めっきスルーホール plated-through-hole (PTH)

部品を差し込むため基板の両側に沢山の穴があり，それが金属接点でつくられているプリント回路（PCB）技術（多層 PCB ではすべての層に施される）．そのため部品は適当に内部接続されたすべての層に電気的に接続することができる．この技術がなかった初期の両面 PCB では，その基板の片側に部品を付けることしかできなかった．そして裏側への接続はビアピン*で正確につながれた．

メートル metre

記号：m．長さのSI単位*で，1/299792458秒間に真空中を移動する光の距離として定義された（1983）．以前は真空中におけるクリプトン86の $2p_{10}$ と $5d_5$ の軌道間遷移に相当する波長×1650763.73に等しい長さと定義されていた．この放射の波長は，約605.8 nm である．メートルは，白金棒でできた長さの国際標準原器と違って時間によって変化せず非常に正確に測定できる．

メトロポリタンエリアネットワーク metropolitan area network (MAN)

地理的にローカルエリアネットワーク* (LAN) よりも大きく，ワイドエリアネットワーク* (WAN) よりも小さいコンピュータネットワーク．MAN は典型的には1つの大学のキャンパスや大きな工業地をカバーしている．

メモリ memory

同義語：記憶 (store)．コンピュータ*に付属する物理的な装置また媒体で情報の記憶，検索に使われる．情報はコンピュータプログラムやプログラム*が動作することによって生ずるデータである．情報はビット列としてディジタルの形で格納される．各情報（通常はワード*あるいはバイト*）の格納場所はアドレス*により一意に決められ，特定の項目を格納（または書き込み）あるいは検索（または読み出し）できる．メモリからある情報を検索するのに必要な時間をアクセスタイムという．メモリ容量は全情報量で，メモリに記憶できるビット数あ

るいはバイト数，またはコンピュータシステム全体もメモリ量である．コンピュータシステムはアクセスタイム，容量が異なる何種類かのメモリが使われており，与えられた条件によりコストが低くなるように使用される．コンピュータメモリを効率的かつ経済的に使用するために，性能およびコストに従って各種メモリを階層的に配置している．最も高性能で一般的に高価なメモリは階層構造の最上位に位置づけられ，中央処理制御装置*（CPU）の制御に使われる．このメモリはRAM*（ランダムアクセスメモリ）で，アクセスタイムが10ナノ秒程度の半導体メモリである．プログラムの実行中にはプログラムおよびデータがこのメモリに格納され，途中結果などもこのメモリに格納される．格納された情報は容易に書き換えることができる．いろいろな標準プログラムや共通に使用されるデータなどは読み出し，書き込みができるロケーションに置かれRAMあるいは読み出し専用メモリ（ROM*）に格納される．小容量ではあるがアクセスタイムが極めて短い半導体キャッシュメモリ*はメモリ階層構造の最上位に置かれ補助記憶装置は半導体メモリより下の階層に置かれる．不揮発メモリ*上の情報は参照されることはあっても直接実行されない．CPUと接続されている（オンラインで）補助記憶装置は磁気ディスクメモリ*が使用され，メインメモリとのやり取りはディスクドライブを通して行う．磁気ディスクメモリの記憶容量は半導体メモリに比べて極めて大きく，非常に安価であるがアクセスタイムはミリ秒である．オンラインで使用される情報装置としてフロッピーディスク*，CD-ROM*，磁気テープ*があるが，これらの装置はメモリ階層の最下位に置かれている．

メモリアドレスレジスタ　memory address register（MAR）

　コンピュータがメモリのアクセスする間，アドレス*を保持する，プログラマからは見えないレジスタ*．レジスタセットには含まれない．

目盛り誤差　index error

　同義語：ゼロ誤差（zero error）．ゼロ入力の条件下で計測器の読みがx値となる目盛上の誤差．他の誤差がない場合，測定器の全ての読みに対し（$-x$）の補正を行えばよい．

メモリの帯域幅　memory bandwidth

　メモリシステムがプロセッサに送信できる毎秒当たりのバイト数．通常は毎秒当たりのメガバイトで計られる．

メモリバッファレジスタ　memory buffer register（MBR）

　コンピュータがメモリへの格納の期間中データを保持し，ロード演算中にデータを受け入れるプログラマから見えないレジスタ．レジスタセットには含まれない．

メモリ容量　memory capacity

　同義語：記憶容量（storage capacity）．→メモリ

メル　mel

　正弦波の相対的なピッチの主観的な単位．聴取者のしきい値より上の，周波数1 kHzレベル40 dBの正弦波に対するものとして定義され，1 kHzは1000メルである．ピッチはこの値の2倍または1/2倍の2000メル，500メルについて聴取者によって判定される．

メル周波数ケプストラム係数　mel frequency cepstral coefficients　→MFCC

モ

モー mho
　記号：Ω^{-1}. オーム*の逆数で, 伝導性*を測定するために以前用いていたが, 現在はジーメンス*に置き換わった.

模擬線路（疑似線路） artificial line
　特定の周波数で伝送線路*の特性を模擬する抵抗, インダクタンス, コンデンサからなる電気回路網.

モザイク mosaic
　短縮語：ホトモザイク (photomosaic). → アイコノスコープ

モザイク結晶 mosaic crystal
　小さな結晶が集まった不完全結晶であり, 相互に成長面が入り組んでいる. このような結晶は, 実用的には単結晶であるが, 結晶欠陥が特性に影響を与え, 半導体*内にエネルギー準位を付加的に形成する.

モザイク電極 mosaic electrode
　テレビジョンの受光電極. 像が変換される撮像管*.

文字放送 teletext
　テレビ受信機の画面にテキストとして情報を表示するサービス. 情報は商業放送の一部として送られる. 情報は通常のテレビ映像信号で使用される垂直帰線期間の使われない多数の水平区間を使用するパルス符号変調信号である. 通常のテレビ信号から文字放送信号を抽出するため特別な復号回路が必要である.
　代表的な文字放送のページは24文字（最大40まで）から構成される. ある制約でカラー情報が使用できる, また速報機能も用意されている. テレビジョンシステムは垂直帰線消去期間に符号化されている区間を送る.
　文字放送の復号はユーザが要求するページを選択, 記録, 表示することが可能である. それらは通常のテレビ画面にニュース速報を挿入したり, 耳の不自由な人々のためにサブタイトルを挿入する機能をもつ. 一部のものは通常の映像にテキストを重ね合わせできるか, または後で表示するため情報を記録できる. さらに, 文字放送画面に現在のテレビ番組を縮小して挿入, ディスプレイできる.
　英国では現在2つの両立するテレビシステムが使用されている. すなわち, British Broadcasting Corporation, and Oracle により用いられているものと Independent Broadcasting Authority により用いられているものである.
⇒ ビデオテックス

モジュレーションホイール modulation wheel
　出力音を変化させる目的で低周波発振器*による変調の深さを調整する電子楽器についているリング状のコントローラ. トレモロ, ビブラートという用語で知られている. もとの周波数*ならびに振幅*が変調されると音量*または音程*が変化する.

MOS
　1. 略語：金属酸化物半導体. → MOSコンデンサ；MOSFET；MOS集積回路；MOS論理回路
　2. 略語：平均オピニオン評点.

MOSFET
　略語：金属-酸化膜-シリコン電界効果トランジスタ (metal-oxide-silicon field-effect transistor). 動作の基本原理として MOS コンデンサ*を用いた電界効果トランジスタ*. その構造が図中に示されている. 反転層が, 伝導を担う橋またはチャネルを2つの電極ソースとドレインの間に形成する. ゲートは第三の電極となっている（その電気的な動作の詳細については, → 電界効果トランジスタ）.
　p チャネルおよび n チャネル MOSFET 技術は両者ともに実用化されており, それぞれにつくられたものが PMOS および NMOS である. デプレッション形とエンハンスメント形トランジスタが PMOS および NMOS 技術のそれぞれに製造可能である. PMOS が最初に実現した MOSFET 技術であり, それに続いて NMOS がつくられ, 後者はディジタル論理回路*においてより高速なスイッチング速度を提供している. PMOS および NMOS 両方の技術を単一シリコン基板上に組合せ, 一体にする技術が相補形 (complementary) *MOS* または *CMOS* と呼ばれる. これは他の MOS 技術よ

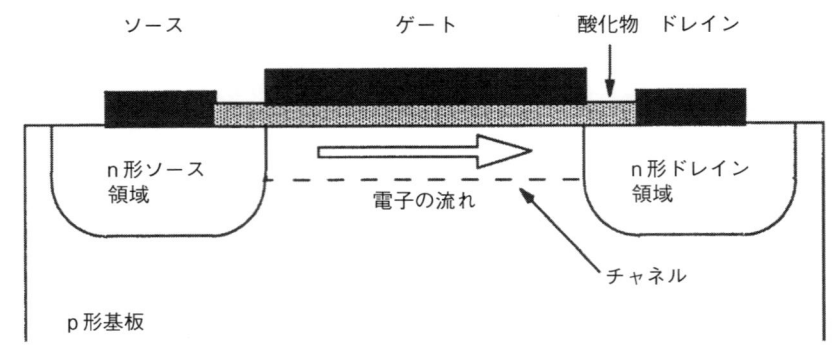

nチャネルMOSFET構造

りも電力消費を少なくしている．その理由とは，電力は論理スイッチングサイクルの間だけ消費され，静止状態では消費されないことによる．MOS生産技術は最大規模のマイクロプロセッサ*およびメモリIC*に使用されている．

MOSコンデンサ　MOS capacitor

シリコン技術によってつくられる二端子のコンデンサ構造の素子．上部電極―ゲート―は金属接触であり，絶縁層または誘電体層は二酸化シリコン，その反対側の電極はシリコン自身で構成されている．この構造例のnチャネルコンデンサが図a中に示されている．

MOSコンデンサの電気的動作は酸化膜真下におけるシリコンの振舞いで決定され，それらは4種類の動作状態によって描くことができる．それらはフラットバンド，蓄積，空乏，そして反転である．これらの動作状態にそれぞれ対応する電子エネルギー帯図*が図b中に描かれている．

フラットバンド動作状態では，金属および半導体中のフェルミ準位* E_F は一直線となり，そのためエネルギー帯は完全に平坦である．この状態が熱平衡状態であり，それゆえMOS構造における基準点として定義される．

蓄積状態では，負の電圧が金属に与えられ，このため酸化膜下側の表面にシリコン中の自由な正孔*が引き寄せられる．その表面部には，熱平衡におけるp形ドープ密度よりも多い密度の正孔が存在することになり，表面には正孔の蓄積する効果が生じる．エネルギー帯はシリコン表面部において上向きに曲げられ，シリコン中では内部よりも多い正孔密度が表面に存在することが示される．

空乏状態では，正の電圧が金属に加えられ，酸化膜下のシリコン表面から正孔が追払われる．正孔密度はこの場合には熱平衡状態のドーピング密度よりも少なくなり，そして酸化膜下の領域はキャリヤが空乏した状態になる．エネルギー帯はシリコン表面部において下向きに曲がり，正孔密度が減少することを示している．

反転状態では，金属に与える正の電圧をさらに増し，エネルギー帯をさらに下向きに曲げる．印加電圧がある値のところで，エネルギー帯は十分に曲がり，表面におけるフェルミ準位が伝導帯の下端に接近するほどになると，その領域中には正孔よりも多量な密度の自由電子

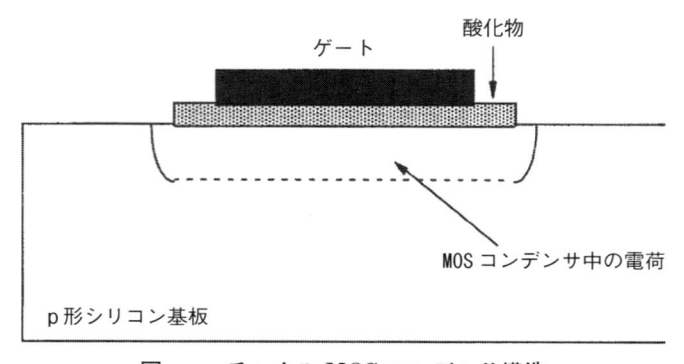

図a　nチャネルMOSコンデンサ構造

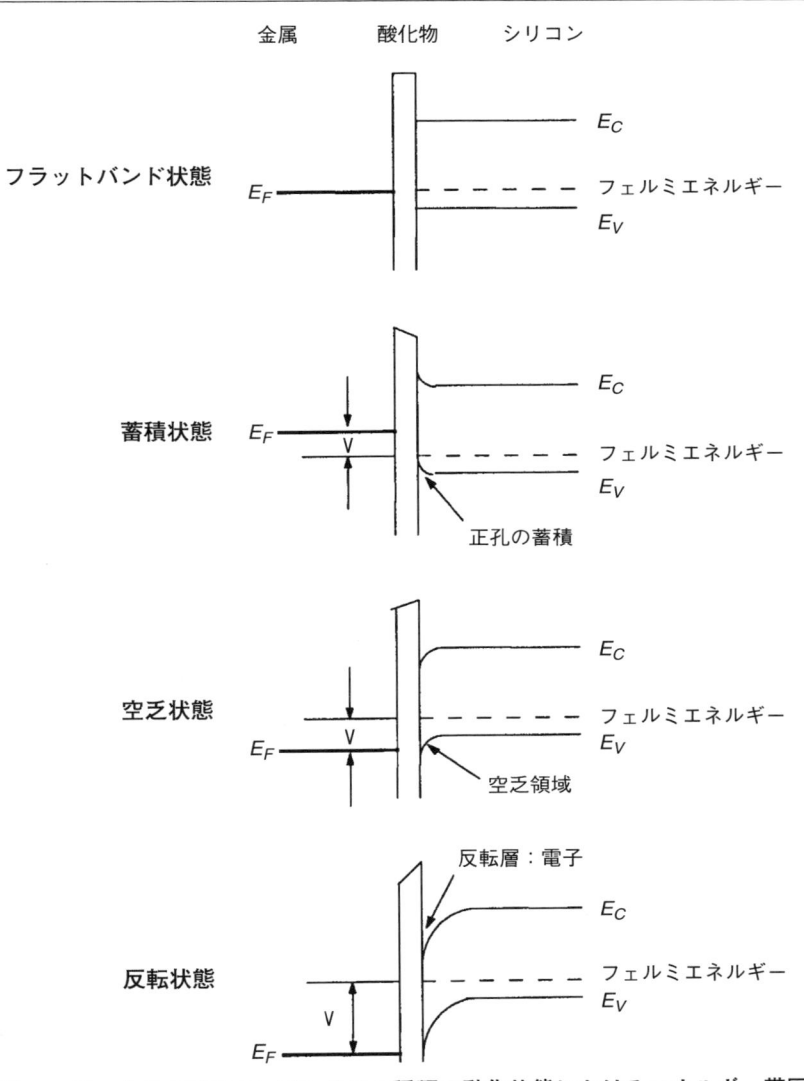

図b　nチャネルMOSコンデンサの4種類の動作状態におけるエネルギー帯図

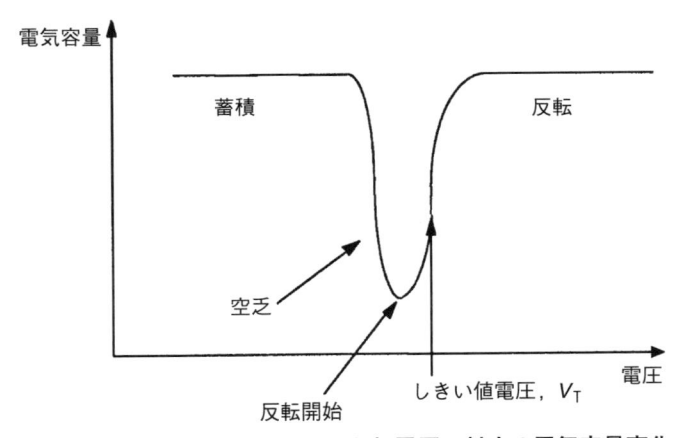

図c　MOSコンデンサにおける印加電圧に対する電気容量変化

が存在する．この表面層は n 形* となる．その表面領域は反転していると呼ばれる．ここがMOSFET* の動作する正規の領域となる．自由電子の存在する反転層が金属電極に対向する電極を形成しており，その形は実質的に平行板コンデンサの構造である．印加電圧 V に対する容量 C の変化を図 c に示す．

MOS 集積回路　MOS integrated circuit

MOSFET* を基礎とする集積回路*．MOS 回路は，低周波帯域での応用において，バイポーラ集積回路* に比較して優れているところがいくつかあり，そのため全半導体素子生産品の中において多数の割合を占めている．

MOSFET は自己分離形であり，面積を要する分離拡散を必要としない．このため極めて高いパッキング密度* が可能である．MOSFET は能動負荷素子としても使用でき，それにより抵抗をつくるために要する分離処理過程は必要とされない．負荷素子として使われる場合，回路のパルス動作* は，素子を活性化するためのゲート電極を作動させることで容易に行われる．電力消費は極めて少なくなり，複雑な発熱問題を減らすことにもなる．MOSFET の特性は非常に高い入力インピーダンスをもつところにある．このことが，回路は簡単なままで，ゲート電極を一時的な情報記憶コンデンサとして利用可能にしている．これがダイナミック動作と呼ばれる．通常これらの回路は最低動作周波数よりも高い周波数で動作させる．

製造に要する生産処理段階の工程数がバイポーラ集積回路に比べて比較的少ないことは，大面積チップの製造を可能にし，機能密度の増加やコストの低減をさらに促す．しかしながらMOS 集積回路は，それの固有な相互コンダクタンス* が比較的低く，動作速度が負荷容量に強く依存する理由から，バイポーラ形の同種素子よりも動作の速さは劣る傾向となる．

現代の MOSIC は自己整合形ゲート処理過程を用いてつくられている．自己整合形ゲート回路では，ゲート電極はソースおよびドレインの拡散が行われる前に形成される．最も広く用いられている方法はシリコンゲートテクノロジとして知られている（図参照）．製造過程の初期につくられた厚い酸化膜層に穴あけを行い，ゲート絶縁層* を形成するための薄い酸化膜を成長させる．これを，ただちに，気相反応を用い多結晶シリコン（ポリシリコン）の層で覆う．ポリシリコンはゲート電極を形成するためのエッチング処理がなされ，それと同時に複数の内部接続配線も行われる．つぎに，ゲート部保護のために成膜した酸化膜物質はポリシリコンの覆っていない領域が除去され，そこに残された穴を通じてソースとドレインが形成される．これらの拡散後における領域の境界は，その処理の前に実施したエッチング処理でつくったゲート領域によって決められることとなり，目的とした形成寸法の精度を与えている．拡散される物質はポリシリコン領域に入り込み，そ

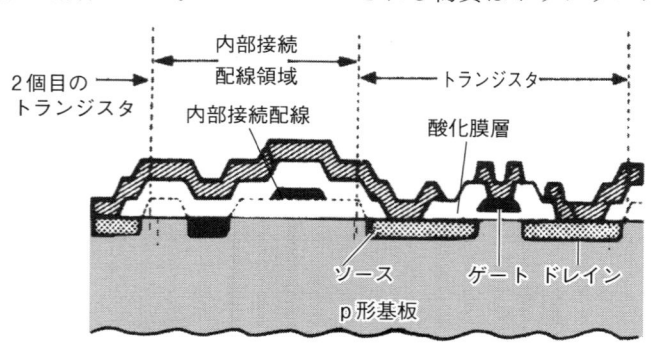

MOS 集積回路：n チャネル自己整合形回路の断面

こをドーピングすることになるが，そこの抵抗率を小さくする好ましい効果を生む．ウエハ全体はさらに酸化膜層で覆われ，電極用の窓開けのエッチングを行い，つぎに金属膜層が蒸着され，内部接続配線を形成するエッチングが行われる．この技術を用いて，複数の層の金属による内部接続配線が可能になる．

MOST
略語：MOSトランジスタ（MOS transistor）．→ MOSFET

MOSトランジスタ MOS transistor → MOSFET

MOSRAM
MOS技術で製造されたRAM．

MOS論理回路 MOS logic circuit
MOS集積回路*（MOSFETs）で構成される論理回路*．MOSFETを直列または並列接続してAND，ORゲートといった論理関数を実現している．図aに図示されるように，他のMOSFETとの接続が回路の出力電圧を決定する．MOS論理回路はレシオ回路あるいは非レシオ回路などによる出力電圧の決定方法によりクラス分けされる．論理レベルの高，低が選択されると，論理ゲートはスイッチとして働く．入力条件を全て満足するとスイッチは'ON'になり，導通状態となる．スイッチが'OFF'のときゲートは非導通となる．論理レベル'高'はMOSFETのしきい値電圧V_Tより高い電圧に選ばれ，論理レベル'低'はV_Tより低く選ばれる．

レシオ回路論理ゲートではスイッチトランジスタT_Sは負荷トランジスタT_Lに直列に接続されている．負荷トランジスタのドレインは電源に接続されスイッチトランジスタのソースはアースに接続されている（図b参照）．出力はこれら2つのトランジスタの接続点Aから取り出される．この回路は普通，同じMOS論理ゲートを駆動する．これらMOSゲートは高入力インピーダンスを有する．ドレイン電圧V_{DD}に等しいか，もしくはそれ以上の大きさの駆動電圧がT_Lのゲートに印加される．静的動作では駆動電圧が連続的に印加され，動的動作では消費電力を抑制するためにクロックパルス*を用いて印加される．

論理レベル'低'の入力電圧がスイッチトランジスタT_Sのゲートに加えられるとT_Sは'OFF'になる．T_Lの出力電圧でキャパシタC_Lが充電され，T_LをOFFにするのに十分な電圧V_Aに達する．すなわちV_Aが$V_{GG}-V_T$あるいはV_{DD}のいずれの値よりも低くなればT_Lは'OFF'になる．T_Sに論理レベル'高'の電圧が入力されるとT_Sは'ON'になり，T_Sを通してC_Lの電荷は放電される．出力電圧V_Aは2つのトランジスタのインピーダンスの相対値によって決まる値まで下降する．2つのトランジスタの接点電圧V_Aは両方のトランジスタの縦横比*に依存することが示される．これらの値は，論理レベル'低'が次段のしきい値電圧より十分低くなるように製造される．その回路は論理関数を反転した値を示すのでT_SのAND関数はNAND出力になる．負荷トランジスタのゲートをクロック駆動するダイナミック状態では負荷キャパシタの放電を生じさせる漏洩パルスによる情報損失を防ぐために最小クロッキング比が使用される．

レシオレス回路（図c参照）では2番目の負荷トランジスタT_2は1番目のトランジスタT_1と信号スイッチであるT_Sのロジックゲートに接続されている．その出力電圧V_BはT_1とT_2の接点Bからの電圧である．クロックは普通4相クロックが用いられ，負荷トランジスタT_1とT_2のゲートバイアスに使われる．第一相（ϕ_1）がT_1のゲートに加えられている間，T_1はONで負荷キャパシタンスC_L（次段のスイッチングトランジスタのゲート容量）は$V_{GG}-V_T$まで充電される．第2相（ϕ_2）がT_2のゲートに加えられている間，T_1にはϕ_2は印加されない．このときT_Sに論理レベル'高'の電圧が加えられていればT_1とT_Sの両方ともONになり，C_Lの電荷はT_1とT_Sを通って放電され，出力電圧V_Bは論理レベル'低'の

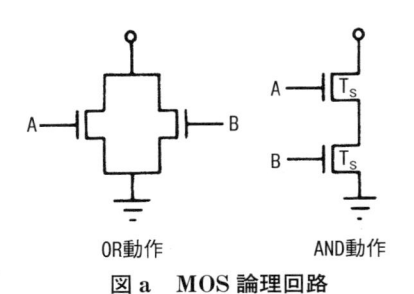

図a MOS論理回路

図b　レシオ回路

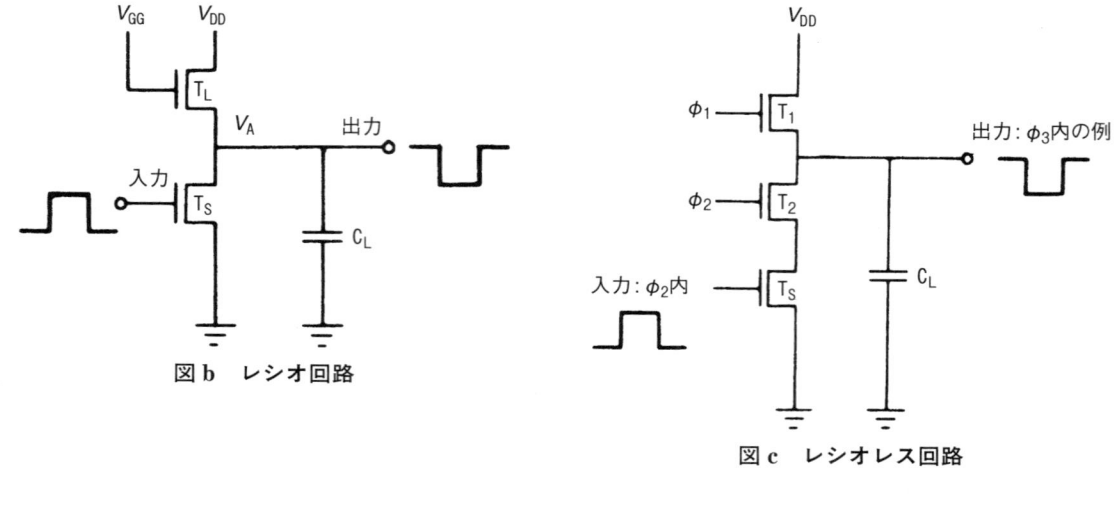

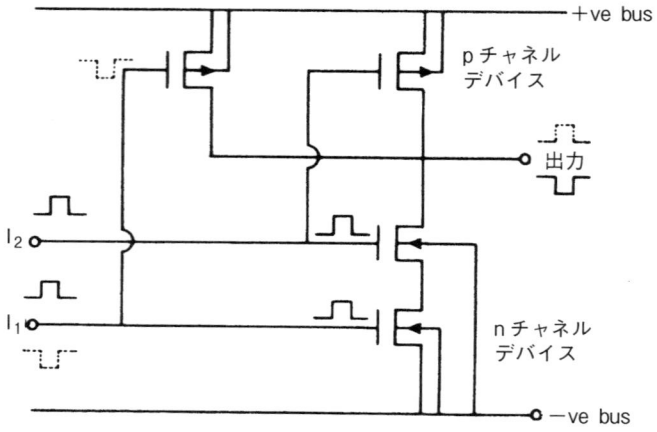

図c　レシオレス回路

図d　CMOS NANDゲート

電圧まで下降する．T_S がONにならない場合，すなわち T_S のゲートが ϕ_2 である場合，C_L はアースへの導電路がないので C_L の電荷は放電されない．したがって V_B は論理レベル'高'のままの電圧である．この回路の出力電圧は次の回路において第3相 ϕ_3，と第4相 ϕ_4，でサンプルされる．情報はこのようにして T_S に4相ごとに供給される．この回路の動作はインピーダンスに依存しないのでレシオレスである．電源からアースへのパスがないので電力損失は極めて低く，わずかに負荷キャパシタンスへの充電に要する部分だけである．回路は反転型で2つのゲートには非反転回路になるように入力が加えられる．ダイナミックシフトレジスタ*に用いられる場合は各ビット*に対して6個のトランジスタを必要とする．

CMOS論理回路では基本論理関数に対して相補形MOSトランジスタが使われる．基本的なNANDゲートが図dに示されている．CMOS回路の優れた点は極めて消費電力が小さいことで，極めて消費電力が小さいことが要求される応用に用いられる．CMOS回路は各トランジスタをNチャネルデバイスからPチャネルデバイスを絶縁する必要があるのでレシオ回路に比べて集積度は小さい．NチャネルデバイスとPチャネルデバイスの面積は通常同じである．基板上の大きなキャパシタがあるのでTTL*に比べて動作速度は遅い．しかし，CMOS回路は雑音パルスに対して大きな耐性をもっている．高速のCMOS回路はサファイア基板上にシリコン回路を形成するタイプである（→ シリコン絶縁体）．

モータボーティング　motorboating
　低周波およびオーディオアンプに生ずる発振

による雑音．スピーカからはゆっくりと走る船外モータに似た音となる．

MODFET

略語：変調ドープ電界効果トランジスタ (modulation-doped field-effect transistor)．
→ 高電子移動度トランジスタ

モデム modem

変復調器の略語．機器のある種の出力信号を別の種の入力に適した形式に変換するために使われる装置．モデムの最もよく知られた用法の1つはコンピュータのようなディジタルデバイスをアナログ伝送線路を通じて接続することである．モデムはコンピュータのディジタル信号をアナログ電話線上を送るのに適したアナログ信号に変換でき，そして，受け取ったアナログ信号をディジタル信号の形式に戻すこともできる．

モード mode

短縮語：伝送モード（transmission mode）．既知周波数での電磁波の発振状態を表す．電磁波のモードは波動を表現するベクトルの配置で異なり，主に次の3つの形式がある．

TE波（TE wave または H wave）は垂直電界波であり，常にその電界ベクトル（E ベクトル）は伝搬方向に直交するベクトルをもつ．すなわち，$E_z=0$ である．z は伝搬方向を表す．

TM波（TM-wave または E-wave）は垂直磁界波であり，常にその磁界ベクトル（H ベクトル）は伝搬方向に直交するベクトルをもつ．すなわち，$H_z=0$ である．

TEM波は垂直電磁界波であり，E ベクトルも H ベクトルも常に伝搬方向に直交するベクトルをもつ．すなわち，$E_z=H_z=0$ である．

TEMモードは同軸線内で最も一般的に使われており，このモードは導波管内を伝搬できない．

マクスウェル方程式を特別な条件下で解くと，1つまたは複数の固有値（整数：m, n）を導入した関数でその解を求めることができ，その固有値は0から無限大までの値が取れる．これにより各形式の波動に対しいくつかの存在可能なモードが求まる．物理的制約や輻射周波数は m や n の許容値の数とモードの数に制限を与える．

特別な例題を考えてみよう．導波管*内では各波動の成分に次の要素を含む．

$$\exp j(\omega t - \gamma_{m,n} z)$$

ここで ω は $2\pi f$（f は周波数）であり，j は虚数単位 $\sqrt{-1}$, $\gamma_{m,n}$ は伝搬係数*で，この係数が波動成分の移相と振幅を決める．複素量 $\gamma_{m,n}$ が実数となり，その減衰定数が $\alpha_{m,n}$ になったとき，各モード（m, n）の低い値に制限が生じ，そのモードの振幅は指数関数的に減衰する．それ以下の周波数の波動は遮断され，その波動は伝搬できない．なお，発振の基本モードは最小の遮断周波数をもつモードであ

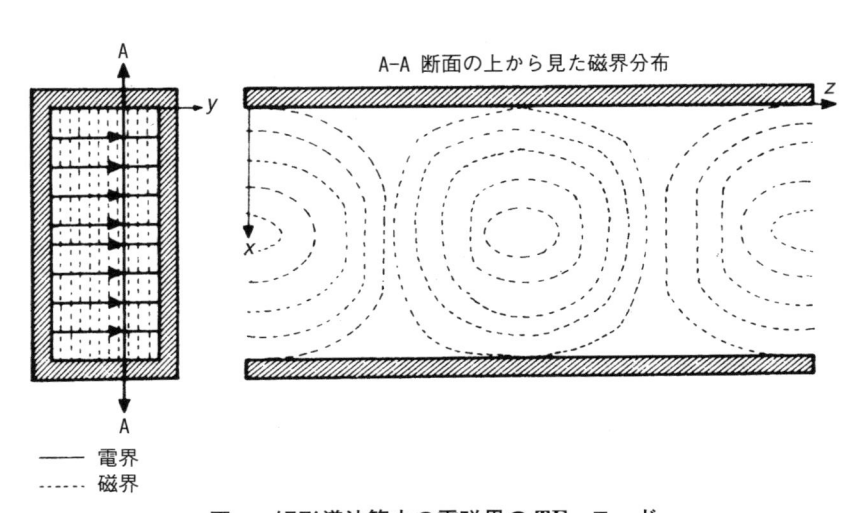

図a　矩形導波管内の電磁界の TE_{10} モード

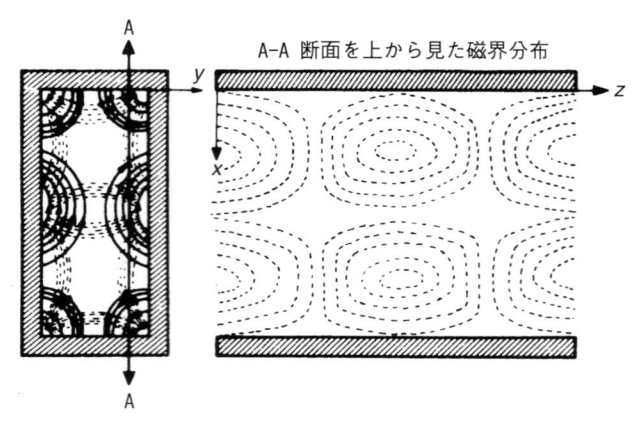

図b 矩形導波管内の電磁界の TE_{21} モード

る．$\gamma_{m,n}$ が虚数の値のとき，波動の移相は距離 z とともに変化し，その波動は減衰することなく伝搬する．実際には $\gamma_{m,n}$ は決して純虚数にはならず，伝送ライン内のエネルギー損失のためその電磁波は若干減衰する．導波管に沿って伝送する波動の m，n の異なるモードの効果は図を見るとわかる．発振している波動のモードを選択するように設計した導波管をモードフィルタと呼ぶ．

モードフィルタ mode filter →モード

モニタ monitor

文字とグラフィックのためのカラーまたはモノクロームのディスプレイ装置*．通常はコンピュータのビデオ出力に接続される．

モノクロ monochrome

映像を単色で表示すること．モノクロテレビジョンは，白と黒の映像である．モノクロ表示は，白，琥珀色または緑の映像を用いる．→テレビジョン

モノスコープ monoscope

テレビ放送に適したテストパターンのような単一画像を発生させるために用いられる電子管*の一種．所望の図柄がカーボンで印刷されているアルミニウム板の電極をもつ．この板が電子ビームにより走査され，アルミニウムとカーボンの電子の二次放出*の差によりビデオ信号が生成される．⇒撮像管

モノフォニック monophonick

1チャネルのみの音響システム．⇒音響再生装置；アフタータッチ

モノポールアンテナ monopole antenna

1/2波長ダイポールアンテナ*．車や，通信装置がもう片方の1/2波長ダイポールとして働くのであるが，通信装置あるいは車に装着された線状アンテナ，ヘリカルアンテナは，しばしばモノポールアンテナと呼ばれる．

モノリシックコンデンサ monolithic capacitor

モノリシック集積回路の一部として形づくられるコンデンサで，フィルタや同調回路*のブロックコンデンサ*，バイパスコンデンサ*，同調コンデンサとして使われる．モノリシックコンデンサの主要なタイプは次のようである．集積コンデンサ(図a参照)は基板の誘電体材上に離れて配置された隣合う導体の間の容量性結合によってつくられる．MIMコンデンサ(図b参照)は平行板コンデンサで一番良く使われるタイプである．ショットキーダイオード*は

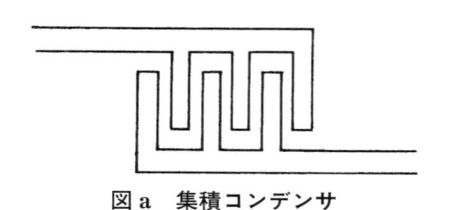

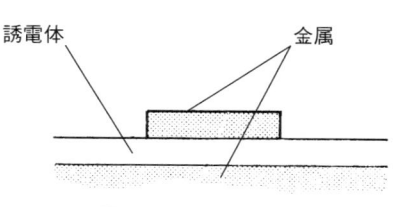

図a 集積コンデンサ 　　図b MIMコンデンサ

モノリシックコンデンサ

電圧制御発振器回路の中でバラクタ*として使われる．→ 集積回路；MIM

モノリシック集積回路 monolithic integrated circuit → 集積回路

モノリシックマイクロ波集積回路 monolithic microwave integrated circuit（MMIC）
　マイクロ波周波数*帯域で動作する集積回路*であり，半導体の単結晶上につくられる．通常はガリウムヒ素（GaAs）を用いるが，約2GHzより低いマイクロ波周波数ではシリコンの単結晶を用いることができる．

モバイルIP Mobile IP
　ユーザがアクセスポイントを移動する間も中断されずに通信し続けられるIP*の拡張．

モバイルマルチメディアシステム mobile multimedia system → セルラー通信

モーメント法 moment method → モーメントの方法

モールス信号（モールス符号） Morse code
　国際的に合意された符号で，かつては信号伝送，特に電信*において使用されていた．モールス信号は2状態符号で，送信される各文字は，ドットとダッシュの組合せで構成され，グループ間には空白が挿入される．ドットとダッシュは幅の異なる電気パルスで表現される．モールスキーは，情報をモールス信号に変換するための，手動操作用装置である．モールスプリンタは，適切な媒体に記録された受信情報を，対応する文字列に変換する装置である．

モールス符号 Morse code → モールス信号

ヤ

八木アンテナ Yagi antenna
　テレビ*受信のために開発されてから最も多く用いられている鋭い指向性アンテナアレイ*．八木アンテナは1つまたは2つのダイポールと反射器および1組の導波器で構成される（→指向性アンテナ）．導波器は波長の0.15から0.25倍で比較的短く配置される．八木アンテナを送信に使用するとき，導波器はダイポールアンテナパターンのバックローブからエネルギーを吸収し，前方向にエネルギーを反射する．そのため主ローブはバックローブのエネルギーによって増強される．受信に用いられるときは，逆の過程によりダイポールで信号を強める．

焼き付け printing
　俗語：ホトリソグラフィ（photolithography）．

ユ

UART
　略語：汎用非同期式送受信機（universal asynchronous receiver/transmitter）．ビットシリアル方式で情報を送受信する入出力装置．端末やモデム，プリンタ，別のコンピュータなどに接続されているケーブルを通じて文字列を送受信するために，ほとんどのコンピュータには少なくとも1つのシリアルポート*が装備されている．UARTはシリアルポートに対してソフトウェアとハードウェアのインタフェースを提供しており，シリアルポートから文字を受信したときには，プロセッサに割り込みがかかるようプログラムされている．

誘起起電力　induced electromotive force　→ 電磁誘導

有極化　electropolar
　磁石やエレクトレットのように磁極ないしは，永久的な正または負の電荷をもつこと．

有極継電器　polarized relay
　同義語：方向継電器（directional relay）．→ 継電器

有極性　polar
　電解コンデンサ*のように印加電圧の一方向にのみ正常動作する部品を表す．

有極プラグ　polarized plug　→ プラグおよびソケット

有限安定性　limited stability
　入力信号のある特定の範囲でのみ安定でこの範囲外では不安定であるシステム，回路，装置などの特性．

有限インパルス応答　finite impulse response（FIR）　→ ディジタルフィルタ

有限オートマトン　finite-state machine　→ 有限状態機械

有限差分時間領域法　finite-difference time domain（FDTD）
　電波伝搬を計算するのに使われる計算手法．注目する領域を小さな立方体に分割して，それぞれの点が電磁界や物性パラメータの情報をもつようにする．ある点へ信号を加え，微小な時間ステップ（これにより時間領域という）で影響を計算する．時空間ステップの間の界（場）の変化を決定するこの方法は，有限なステップに適用される数学的微分法（よって有限微分）に基づいている．

有限状態機械（有限オートマトン）　finite-state machine（FSM）
　順次的なディジタルシステム（内部状態である活動や事象が，次が始まる前に完了されなければならないディジタルシステム）を設計するための，正確な手法を提供する設計方法論の1つ．有限状態機械は，入力と現在のシステムの状態により制御される，出力および状態遷移シーケンスを，生成できなくてはならない．システムの状態ビット数をnとすると，システムの状態は2^n個の中のどれか1つにしかなりえない．たいていは，状態図により仕様が定められる．状態（推移）図において丸印はシステム内の状態を表し，矢印は到達可能な状態間を接続する．矢印は状態変化を引き起こす入力条件とともに明記され，その状態遷移に対する出力値を記入することもある．

　図示された状態図は，ムーア型回路および

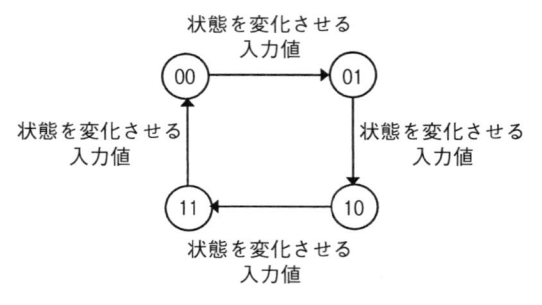

状態図により規定された有限状態機械

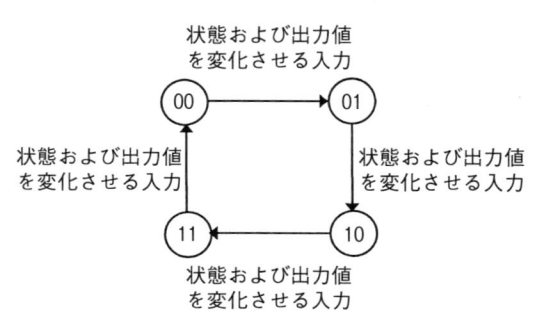

ミーリ型回路である．ムーア型回路は有限状態機械を使用したディジタル順次設計図である．図において出力は状態のみで決まる関数で，外部入力とは独立である．ミーリ型回路も同様に有限状態機械を使用したディジタル順次設計図であるが，出力は現在の状態と外部入力の両方に依存する．

有効間隔 active interval
同義語：追跡期間．→ のこぎり波形

有効記録密度 functional packing density
→ 記録密度

有効口径 effective aperture
入射電力密度*に対しアンテナ負荷に引き出せる電力の比．有効口径はその面積に入射電力密度を掛けた値が負荷に供給される電力となる．有効口径は物理的開口と同じである必要はない．

有効質量 effective mass
記号：m^*．自由空間における電子*の運動は，古典的なニュートン力学によって

$$E = \frac{p^2}{(2m_0)}$$

となる．ここで E はエネルギー，p は運動量，m_0 は電子の質量である．結晶内では，その原子によって生じた局部電位が電子の動的振舞いに影響を与える．結晶のような固体内の電子の動きは量子力学*を用いて調べることができる．その結果，結晶内の電子エネルギー E と運動量 p の関係に基づき結晶内にエネルギー帯構造*ができる．エネルギー帯内の電子に外部電界が加わったときの電子の振舞いは，次のように半古典的にみることができる．結晶内の電子の速度（→ 電子の群速度；ド-ブロイ波）は量子力学的に

$$v = \partial E / \partial p$$

である．力 F の影響下で距離 vdt 進んだ電子が得るエネルギー dE は

$$dE = Fvdt = F\left(\frac{\partial E}{\partial p}\right)dt$$

である．その力の加速度は

$$\frac{dv}{dt} = \left(\frac{d}{dt}\right)\cdot\left(\frac{\partial E}{\partial p}\right) = \left(\frac{dp}{dt}\right)\cdot\left(\frac{\partial^2 E}{\partial p^2}\right)$$

である．力は運動量の時間変化であるため，$(\partial^2 E/\partial p^2)$ は（1/質量）の単位をもつ．この項の逆数が結晶のエネルギー帯内の電子の有効質量である．電子は電界などの印加された力に対応し，この有効質量をもった粒子として振舞う．その有効質量の値はエネルギー帯構造の詳細な形によって決定される．

有効電圧 active voltage
同義語：電圧の有効成分，同相成分．交流電流と交流電圧をベクトル量として交流電流と同相の交流電圧成分．⇒ 無効電圧

有効電流 active current
同義語：電流の有効成分，同相成分．交流電圧と交流電流をベクトル量として交流電圧と同相の交流電流成分．⇒ 無効電流

有効電力 active volt-amperes
同義語：電圧-電流の有効成分，同相成分．電圧と有効電流*の積あるいは電流と有効電圧*の積で，ワットで表示した実際の電力の大きさに等しい．⇒ 無効電力

有効領域 service area
この領域はラジオ周波数帯の放送送信機例えばラジオまたはテレビ放送送信機の出す電波を有効に受信できる領域を表す．この領域はしばしば有効領域図形で表される．

一次有効領域は，地上波*が受信でき昼夜とも受信可能な領域を表す．この領域に到達する地上波は，直接波と間接波*と比較して，直接波が強い領域をいう．

二次有効領域とは，間接波でも満足に受信できる領域を表す．この領域内では地上波の強度が，間接波より大幅に減衰している．

マッシュ領域は受信信号の中にかなりのフェージング*またはひずみ*を含む領域である．この領域での不満足な受信は，2つまたはそれ以上の送信機から同一周波数で放送された電波が干渉するか，または1つの送信機の直接波と間接波が干渉することによって起こる．

有声音 voiced（V+）
'does'，'love'，'judge' のような音をあらわし，声帯を振動させた音である．有声音の時間に対する波形は周期信号にほぼ準じた形で音の高さ（→ ピッチ）はその周波数に関連している．⇒ 無声音

優先値 preferred values → 標準化

誘電位相角 dielectric phase angle
誘電体に交流（正弦波）電圧を加え，電圧の位相角と流れた交流電流の位相角との差をい

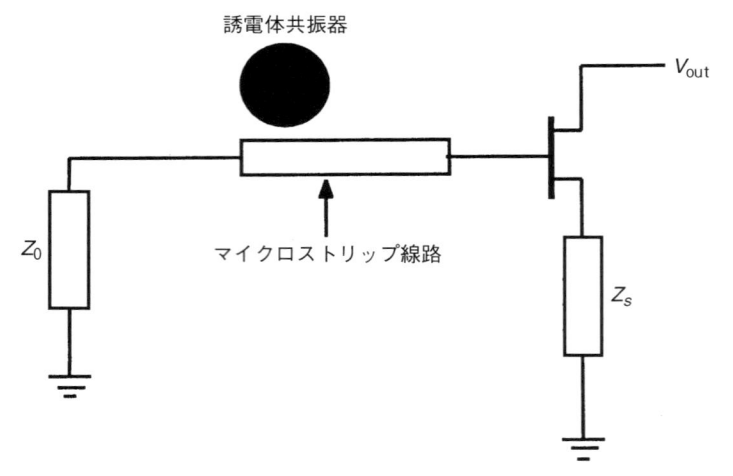

FET ソース接地誘電体共振発振器

う．誘電位相角と 90°との差が誘電損角である．誘電位相角の余弦（または誘電損角の正弦）は誘電力率となる．

誘電加熱 dielectric heating

プラスチックのような絶縁性の物質を加熱する方法であり，高周波交流電界を物質に与える．周期的な交流電界が試料の誘電分極*を交互に発生させ，誘電損失により加熱効果を生じる．誘電加熱は通常，コンデンサの電極の役をする特殊な形状の塗付板である金属アプリケータ間における試料の置き方と，電極間に加える交流電界とによって影響される．局部的な加熱を要求された場合には，単一のアプリケータがしばしば利用され，試料の片面に電界を与える．加熱深さは，表面から単一のアプリケータによる加熱効果が認められた位置までの深さである．⇨ 誘導加熱

誘電共振器 dielectric resonator (DR) ➡ 誘電体共振発振器

誘電損角 dielectric loss angle ➡ 誘電位相角

誘電体（絶縁体） dielectric

電界に耐え絶縁体として動作する固体，液体，あるいは気体の物質．完全な誘電体は誘電体に印加した電界のエネルギー損失がない．不完全な誘電体は電気的ヒステリシス*損失を生ずる．電束密度は印加電界 E より遅れ，ヒステリシス曲線（➡ 磁気的ヒステリシス）を描く．その曲線で描かれた面積は，熱となって現れる印加電界の損失に比例する．

誘電体共振発振器 dielectric resonator oscillator (DRO)

マイクロ波用のトランジスタ発振器*では，共振器要素として高い Q ファクター*をもつセラミック誘電体を用いる．誘電体共振器 (DRs) には低損失で温度的に安定なセラミックスを用い，そのセラミックスの組成と大きさによって多様なモードで共振する．通常，誘電体共振発振器は固体の円筒パック形でつくられ，実用上，マイクロストリップ*伝送線路の近くに置かれ，伝送線路と磁気的な結合ができるようになっている．誘電体共振発振器は発振周波数において高い Q 値をもつ空洞共振器のように動作する．簡略化したソース接地形*FET 構成の DRO を図示する．入力ポートの脇に誘電体共振器が描かれている．

誘電ひずみ dielectric strain ➡ 変位

誘電分極 dielectric polarization

同義語：電気分極 (electric polarization).
記号：P；単位：C/m^2．電界の中に置かれた誘電体に観測される効果である．その物質中では，個々の原子内部の電子は電界とは反対の方向に変位し，原子核は電界の方向に変位する（原子の重心は元のまま動かない）．このため個々の原子は電界に平行な向きに双極子モーメント（➡ 双極子）をもつこととなる．分極は単位体積当たりの双極子モーメントとして定義される．その値は電界と次の式で関係づけられる．

$$P = \chi_e \varepsilon_0 E$$

ここで，χ_e は電気感受率*，ε_0 は真空の誘電率* である．χ_e はテンソルであるが，多くの実例において電界強度に対してあまり依存しない．均質な媒質中では P と E は平行であり，χ_e はスカラ定数となる．

誘電力率　dielectric power factor　→ 誘電位相角

誘電率　permittivity

記号：ε；単位：F/m．誘電体中の電束密度 D と，印加電界 E との比．すなわち，

$$\varepsilon = \frac{D}{E}$$

自由空間中の透磁率* μ_0 との間に次の関係式が成立する．

$$\varepsilon_0 \mu_0 = 1/c^2$$

ここで c は光速である．μ_0 は SI 単位*系において，$4\pi \times 10^{-7}$ H/m の値をもつため，

$$\varepsilon_0 = \left(\frac{1}{4}\pi c^2\right) \times 10^7 \text{F/m}$$
$$= 8.854187817 \times 10^{-12} \text{F/m}$$

比誘電率 ε_r は同一の印加電界のもとで媒質中の電束密度と自由空間中の電束密度の比であり，

$$\varepsilon_r = \frac{\varepsilon}{\varepsilon_0}$$

無次元化量 ε_r は，電界の強さに依存せず，コンデンサの誘電媒質について言及するときは誘電定数と呼ばれる．したがって，その値はコンデンサの中に誘電体を入れた容量と誘電体を除去したときの容量の比となる．

誘導　induction

短縮語：電磁誘導または静電誘導．

誘導形同調　inductive tuning　→ 同調回路

誘導加熱　induction heating

同義語：渦電流加熱；RF 加熱．導電性物質が変化する磁界中におかれたときに誘導された渦電流* によって生ずる熱．変化する磁界は，負荷コイルとして知られるコイル中の交流電流によって生成される．このコイルは加熱される負荷のまわりに巻かれている．誘導加熱を使用した炉の1つには，金属を溶かすためのものがある．この加熱法の利点は，熱が金属の内部で発生することと，渦電流が溶けた金属の中で回転運動を起こし，溶けた金属をかき混ぜる効果をもつ点である．→ 誘電加熱

誘導計器　induction instrument

固定巻線中で変化する磁界と，可動導体（通常円盤あるいは円筒の形）中の磁界によって誘導される渦電流* との間に生じる相互作用に依存する計器．その結果生ずるトルクが導体の偏向を生む．

誘導結合　inductive coupling　→ 結合

誘導コイル　induction coil

電磁誘導* を用いて，高電圧の連続パルスと近似的に一方向の電流を生み出す装置．鉄心に数回の巻線を巻いた一次コイルと，それを絶縁して囲んだ，多数回巻いた同軸上の二次コイルとで構成される（図 a 参照）．一次コイルの電流が急に遮断されると，二次側に大きな起電力が誘起される．一次回路がもとに復帰すると，非常に小さな反対方向の起電力が二次側に誘導される．復帰のときに比べて，遮断のときに，一次回路に相対的に高い抵抗を挿入すると，一次回路の時定数* を小さくし，高い起電力となる．二次回路の出力電圧は遮断の鋭さに依存する．コイルの性能は，回路に用いられる遮断機の形に依存する．二次側の出力は，一次回路の遮断に対応した一連の大きなパルスと復帰のときのより小さな逆パルスで構成される（図 b 参照）．

誘導雑音　induced noise

近くにある他の回路から電磁誘導* の結果，回路，装置，器具中に現れる雑音*．

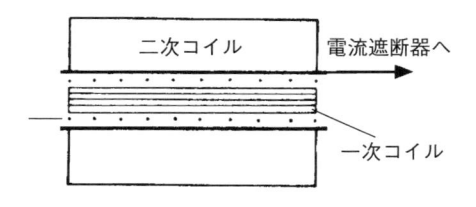

図 a：誘導コイル

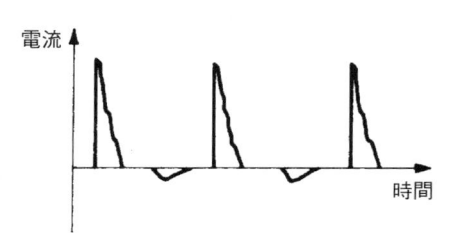

図 b：誘導コイル中の二次電流

誘導子（インダクタ） inductor
同義語：インダクタンス．普通コイルの形で，インダクタンスを有し，その性質を主として利用する装置あるいは回路素子．→ チョーク

誘導出力装置 inductive-output device
出力電圧が，出力電極によって集めるキャリヤがない電流と出力電極との間の電磁誘導によって生成される装置．

誘導する induce
第2の回路または物体の条件を変えることによって，第1の回路または装置に電気的または磁気的効果を引き起こすこと．→ 電磁誘導；静電誘導

誘導性帰還 inductive feedback → 帰還

誘導性負荷 reactive load
端子間で電圧と電流の互いの位相が異なる負荷*．→ 無誘導性負荷

誘導性妨害 inductive interference
電気供給システムから電磁誘導によって起こる通信システムの妨害．

誘導性リアクタンス inductive reactance → リアクタンス

誘導双極子モーメント induced dipole moment → 双極子

誘導的 inductive
かなりの自己インダクタンスを有する電気回路，装置あるいは巻線を意味する（→ 電磁誘導）．実際には，インダクタンスを完全に消去することはきわめて難しい．この用語は実用上，インダクタンスの効果が無視できない回路などに応用される．

誘導電動機 induction motor
交流電動機で，固定子である一次側巻き線に交流電流が供給されたとき，回転子である二次側巻き線に電磁誘導*によって電流が誘起される．機械的な回転力は回転子電流と固定子の電流によってつくられる磁界の相互作用によって発生するトルクから得られる．→ 電動機

誘導電流 induced current
磁束密度*を変化させることによって生ずる導体中に流れる電流．この場合，磁力線が導体を交差する．⇒ 電磁誘導

誘導放出 stimulated emission → レーザ

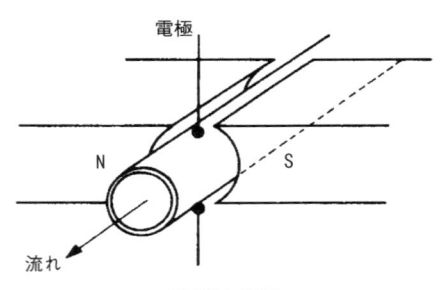

誘導流量計

誘導マイクロホン induction microphone
マイクロホンの一形態で，可動部分が直線状の導体になっている．磁界中でその導体が音圧により動くことで電磁誘導による電流が誘起される．

誘導流量計 induction flowmeter
導電性液体の流量を測定する装置．液体は磁束密度 B の磁界中におかれた長さ L の管の中を流れる．電極は管の直径上におかれ，この直径間の誘導起電力 E は液体の速度 v に比例する．
$$E = v \times BL$$

有能電力 available power → 最大電力定理

有理化 MKS 単位系 rationalized MKS system → MKS 単位系

UHF
略語：超短波（ultrahigh frequency）．→ 周波数帯域

USB
略語：ユニバーサルシリアルバス（universal serial bus）．シリアル*伝送が使用されているデータ交換用コンピュータインタフェース．バスは4線で構成されており，2本はデータ伝送用，残りの2本は接続装置の電源を供給している．最もよくある2つの標準は，USB 1.1 と USB 2.0 である．USB 1.1 はデータ転送速度が 12 Mbps で，USB 2.0 には 480 Mbps, 12 Mbps, 1.5 Mbps の3種類のデータ転送速度がある．

UJT
略語：ユニジャンクショントランジスタ（unijunction transistor）．→ 単接合トランジスタ

輸送時間モード transit time mode → 転送型電子デバイス

UWB
 短縮語：超広帯域伝送（ultra-wide band transmission）．
UTP
 短縮語：シールドなしより対線（unshielded twisted pair）．→ 対・ペア
ユニキャスト　unicast　→ マルチキャスト
ユニットステップ関数（単位階段関数） unit-step function
 ある決められた瞬間まではゼロを保ち，それから後は1となる電気信号．
ユニバイブレータ　univibrator　→ 単安定
ユニバーサルシリアルバス　universal serial bus　→ USB
UPS
 略語：紫外光電子分光法（ultraviolet photoelectron spectroscopy）．→ 光電子分光法
u 法則　u-law
 ディジタル通信で標準24チャネルパルス変調で使われる符号化法則．→ パルス符号変調

ヨ

容器定数　cell constant
 電解液槽中の電極面積を電極間距離で除したもの．これは単位導電率の液で容器が満たされているとき容器の抵抗をオームで表したものに等しい．→ 電池（cell）
陽極，プレート　plate
 1. 同義語：米国の陽極（anode）．2. 電解液槽*またはコンデンサ*の正電極．
陽極　anode
 電解槽，放電管，真空管や半導体整流器の正の電極*．電子がシステムから離れる（慣習的には電流が流れ込む）電極．⇒ 陰極
陽極暗部　anode dark space
 ガス放電管*の図を見よ．
陽極グロー　anode glow
 ガス放電管*の図を見よ．
陽極栓　anode stopper　→ 寄生振動
陽極電流　anode current
 例えば半導体整流器のような装置において，装置の陽極*（アノード）から陰極*（カソード）へ流れる電流．
陽光柱　positive column
 同義語：陽光．→ ガス放電管
陽子　proton
 素粒子であり，電子電荷と等量の正電荷，質量は電子質量の約1836倍である 1.6726×10^{-27} kg，さらにスピン1/2をもつ．また，真性磁気モーメント*をもっている．陽子は水素原子の原子核を形成しており，全ての原子核の構成要素である．1個の原子核中に存在する陽子の数はその原子の軌道電子の数に等しく，原子の原子番号である．
陽電子　positron
 電子*の反粒子．
容量帰還　capacitive feedback　→ 帰還
容量性結合　capacitive coupling　→ 結合
容量性同調　capacitive tuning　→ 同調回路
容量性負荷　capacitive load　→ 進み負荷

容量性リアクタンス capacitive reactance ➡ リアクタンス

容量-電圧特性曲線（C-V曲線） capacitance-voltage curves

p-n接合ダイオード*または金属-半導体接合ダイオード*（ショットキーダイオード）の接合容量と印加電圧との間の関係を表した曲線．これらの曲線はダイオードの物質的な構造を分析するために利用される．特に，接合の電位障壁高を見出すことが可能であり，ドーピングプロファイルとして知られる半導体*中における深さ方向に対する多数キャリヤ濃度*の変化も導かれる．

容量ひずみゲージ capacitance strain gauge

同義語：可変容量ゲージ（variable capacitance gauge）．➡ ひずみゲージ

抑制器 suppressor ➡ 干渉

抑制格子 suppressor grid ➡ 真空管；五極管

横波 transverse wave

波*に沿って各点の位置が伝搬方向に対し垂直である波．⇒ モード

読み出しパルス read-out pulse

RAM*のワードラインにパルスを加え，そのライン上の特別な記憶場所が指定されたビットラインに接続され，そこの読み出し増幅器の動作を可能にする．

読み取り read

コンピュータの記憶装置またはメモリから情報を移動させること．破壊読み取り（DRO）は記憶素子の情報を残さない読み取り動作である．もし情報を前もってDROされるとしたら，それを保存しておくためにすぐに書き込みをしておかなければならない．非破壊読み取りは情報を失うことはない．読み取りの種類はメモリの性質による．

読み取り，書き込みヘッド read-write head ➡ 磁気記録；磁気ディスク

読み取り，書き込みメモリ read-write memory

記憶した情報をすぐに書き換えできるコンピュータで使用されるメモリ．➡ 半導体メモリ

読み取り専用記憶装置 read-only memory ➡ ROM

より対線 twisted pair ➡ 対・ペア

四極管 tetrode

4つの電極をもつ電子素子．この用語は第二格子をもつ真空管*に一般に用いられる．この補助電極は，通常，陽極・格子間の静電容量を低減させるために設計された遮蔽格子であり，高周波電流に対する抵抗効果を増加させる．陽極-陰極間抵抗を減らすため，または交流電圧を注入することで主たる電子の流れを変化させるために使用される．

四線式回線 four-wire circuit

二対の導線からなる回路で，2点間の遠距離通信システムで同時双方向通信路を構成する．一対の導線は往路を構成し，もう一方が復路を構成する．重信回線*の場合，二対の導線が回線を構成する．常に4つの導線を必要とすることではないが，四線式回線のように動作する回線は四線式の形の回線である．1つの例は二線の回線で伝送のそれぞれの方向に異なった周波数を用いる回線である．⇒ 伝送線路；二線式回線

四端子 quadripole ➡ 二端子対回路

四端子回路網 four-terminal network ➡ 二端子対回路

四端子抵抗器 four-terminal resistor

4つの端子をもつ標準抵抗器．2つの端子は電流源に接続し，他の2つは測定装置に接続する．この構成は抵抗器の電圧降下が端子での接触抵抗の影響を受けないことを保証する．

四探針法 four-point probe

半導体ウエハのシート抵抗を計測する方法．一定の等しい間隔をもった4つの探針が使われる．外側の2探針に微小電流を流し，内側の2探針を高抵抗電圧計に接続し，電位差を計る．理想的な場合，材料のシート抵抗 R_s は以下の式で与えられる．

$$R_s = \frac{2\pi s V}{I}$$

ここで，s は探針間の距離である．実用的には，材料は無限の厚さではない．探針間の距離に比べて導電層が薄い場合，補正係数 $\pi/\log_e 2$ が適用される．ウエハ薄片の側面方向の広がりは有限であり，第二の補正が必要である．この補正値は，探針の位置と薄片の大きさの関数となる．

4 チャネル方式　quadraphony

　ステレオ音場再生システムを拡張したシステムで4つの分離したスピーカを使用する4チャネル音場再生システム．聴取者の位置に置かれた互いに直交する4つのマイクロホンあるいは分離して設置したマイクロホンを用いて希望する効果が得られるか，あるいは正しい定位が得られるようにマイクロホンならびにそれらの合成信号を調整して録音される．4チャネル方式信号の録音，再生には種々の方法があるが，ほとんどの方式でステレオ録音された信号を用いてさらに各チャネルの信号を合成する方法をとっている．

ラ

雷撃　lightning stroke

　雷雲の帯電領域の1カ所において放電によって生ずる電気放電．電光の極性は大地に向かう電荷の極性である．完全な雷撃の閃光は1つの道筋を通る完全な放電である．

　雷撃の走路は，放電の初期のリーダーストロークによってつくられる．リーダーは，雲から地球に向かうか，地球から雲に向かって進展する．ダートリーダーストロークは，連続的に進展するリーダーストロークである．比較的短いステップで連続的に進展するリーダーは，階段的リーダーストロークである．下向きのリーダーストロークが大地に到達すると，すぐに戻りストロークが上向きに流れ，高電流の放電となる．閃光が1つ以上の雷撃で構成されるならば，それは多重ストロークの閃光と呼ばれる．

　電力あるいは通信システムへの雷撃は，直撃ストロークと呼ばれる．直撃ストローク，あるいは雷撃によって生ずるサージ*は，直撃雷撃サージである．間接ストロークは，実際にそこを直撃しない場合でもシステムに電圧を誘導する．それによって誘導されるサージは間接雷撃サージで，避雷システムは雷撃の影響から建物や装置を保護するための完全な導体のシステムである．⇨ 避雷針

ライズドコサイン窓　raised cosine window

　同義語：ハニング窓（Hanning window）．

→ ウィンドウ機能

ライデンビン　Leyden jar

　コンデンサの初期の型．

ライトペン　light-pen

　紙の上にペンで描くときと同様に，陰極線管のスクリーン上に可視像のデータを作成するときに使うペンの形をした装置．作製したデータをコンピュータに入力するとき，ライトペンはオンラインの可視表示装置と連結して使う．

ラインプリンタ　line printer

　コンピュータやデータ処理システムに付随する出力装置で1行分の文字列を一度に印刷する

もの．代表的な打ち出し速度は毎分200行から3000行の範囲である．

ラウドネス（音の感覚的大きさ） loudness

弱い音から強い音へのスケール上の聴覚位置．ラウドネスは基本的には音の強度の変化として変わるが，スペクトル成分や繰り返しが変化した場合にも若干変化する．

ラウリッツェン検電器 Lauritzen's electroscope ➡ 検電器

ラグランジュ方程式 Lagrange's equation

この微分方程式は物理系（電気および機械要素を含む）の広い分野を取り扱うために系統的に統一化されたアプローチ法を与える．それらの構造の複雑さに関係なく，ラグランジュ方程式は次のように与えられる．

$$\frac{d}{dt}\left(\frac{\partial T}{\partial \dot{q}_n}\right) - \frac{\partial T}{\partial q_n} + \frac{\partial D}{\partial \dot{q}_n} + \frac{\partial V}{\partial q_n} = Q_n$$

$$n = 1, 2, 3 \cdots$$

ここで，T は全運動エネルギー，V はある系のポテンシャルエネルギー，D はその系の散逸関数，Q_n は座標 n における一般化された応力，q_n は一般化された座標，そして，

$$\dot{q}_n = \frac{dq_n}{dt}$$

は一般化された速度を表す．

ラザフォードの後方散乱 Rutherford backscattering (RBS)

イオンが原子に衝突するとき，イオンが180度に近い散乱に対して，散乱されたイオンのエネルギー E は

$$E = [(M-m)/(M+m)]^2 E_0$$

で与えられる．ここで E_0 はイオンの初期エネルギーで M と m はそれぞれ原子と入射イオンの質量である．入射イオンが後方散乱前に材料を通るならば，付随的なエネルギー損失が入射および出射で生ずる．そのような損失は材料と深さで決定できる．したがって，後方散乱イオンの検出とそのエネルギーの測定は散乱原子の質量と深さを決定することができる．後方散乱は半導体結晶の中の不純物だけではなく，格子欠陥からも生ずるので，単一エネルギーのイオンビームおよび高エネルギー分解能検出器を使うことで，結晶構造の完全度もわかるようになった．深さの分解能は約10 nmでも可能になった．

ラジオコンパス radio compass

飛行機と船に備え付けられている操縦補助装置．それは指向性アンテナと電波受信機から構成されており，方位測定器*が不可欠である．アンテナは船や飛行機に対して特定の電波発信源の方向を見つけるために回転される．すなわち情報は電波発信源に対して船または飛行機の進行方向として表示される．

ラジオセット radio set

1. ラジオ受信機．2. 飛行機，船のアマチュア無線愛好者に使われる無線送受信機．

ラジオゾンデ radiosonde

気球や凧で大気上空に種々の測定器とともに小さな無線送信器を上げ，気象データや科学データを地上に送信する．

ラジオノイズ radio noise

無線受信機*のスピーカに現れる好ましくない音声やひずみ．ノイズの一部はいろいろな雑音源からの障害*に起因する．すなわち大気中の外乱，電離層での放電（大気中ノイズ），太陽のような大気圏外の雑音源（銀河電波），他の電波送信からのノイズ，その他人為的な雑音源である．ノイズの残りの部分は電子回路やデバイスに内在する特質によるもので，回路の中の電子のランダムな運動に起因している．

多く発生するノイズは主電源ハムである．それは検波されたり，受信機で増幅された主周波数の高調波に原因し，結果としてハムノイズとなる．それは経年変化した受信機の回路素子ではよりひどくなる傾向にある．⇒ 障害または干渉

ラジオビーコン radio beacon ➡ ビーコン

ラジオホライゾン（電波地平線） radio horizon

高周波信号の送信で，直接波による通路を示す直線．送信アンテナから受信アンテナまでの信号の直接送信は，受信アンテナが送信アンテナをみることができるとき，すなわち互いに相手を直線でみることができるときに可能になる．実際には回折*が起こり，電波は地球の表面に沿ってわずかに湾曲する．実際の電波の水平距離は幾何学的な直視可能な距離の約4/3である．

ラスタ raster ➡ ラスタ走査

ラスタ走査 raster scanning

1. 陰極線管*の電子ビームを水平パターンで上から下まで画面を掃引させ，TV あるいは VDU の画面に像を形づくる方法．走査線のパターンをラスタと呼ぶ．⇨ テレビジョン．2. 水平，垂直にレーダアンテナビームを掃引する方法．走査はアンテナ全体を動かして機械的に行う．またはアンテナ配列を使って望ましいビーム形と方向をつくりだすための組合せの選択を電子的に行う．3. → 電子ビームリソグラフィ

ラダー（はしご形）回路網 ladder network
→ フィルタ

ラッチ latch
コンピュータ内の単純なレジスタ*で，値を保持し，値をバス*上に置く働きをするレジスタ．

ラッチング（保持操作） latching → ロッキング

ラットレース rat-race
俗語：リング結合（ring junction）．→ ハイブリッド結合

ラップ仕上げ lapping
半導体ウエハ*の厚さを，目的に適する値にまで減らす方法であり，その目的とは，基板の厚さの精度が素子の動作に厳しく求められている，あるいは基板の熱抵抗を最小に減らす必要がある場合などである．プレーナ処理技術による基板表面側の加工を終了後，水と研磨剤との混合液がウエハ裏面の研磨に使用される．混合液を平板とウエハ裏面との間に入れ，ウエハを平板上に動かして研磨することにより，基板物質が削減される．

ラプラス演算子 Laplace operator
記号：∇^2．デカルト座標系における微分演算子は
$$\frac{\partial^2}{\partial x^2} + \frac{\partial^2}{\partial y^2} + \frac{\partial^2}{\partial z^2}$$

ラプラス変換 Laplace transform
回路網や回路の過渡解析を簡単化する数学的方法．信号 $f(t)$ のラプラス変換 $F(s)$ は次のように定義する．
$$F(s) = \int_0^{+\infty} e^{-st} f(t) \, dt$$
ここで，s は複素周波数 $\sigma + j\omega$ である．⇨ s 領域回路解析法

ラベル label
ディジタル通信においてヘッダと同義．

RAM
略語：等速呼び出し記憶装置（random-access memory）．データの読み出し，書き込みをすることのできる固体記憶*装置．それぞれの記憶場所を任意に呼び出せる．記憶素子*は行と列を形づくる方形の記憶素子列として構成されている．配列のそれぞれの記憶素子は行と列の交点を形づくっている．4×4 マトリクスとして配置された 16 記憶蓄積素子を図に示す．配列の個々の素子は図示されている素子のように行と列の交点はただ 1 つだけであるので，1 つの行，1 つの列のアドレスによって位置づけられる．各素子は情報の 1 ビット*を格納することができる．

ある場所から情報を検索するために，行と列のアドレスコードが明確に決められている．出力は各行につけられている検出素子で選び出される．行はそれ故にビットラインと名づけられている．列はワードラインといわれる．

RAM ディスク RAM disk
ディスク駆動を模擬するために立ち上げてきた ROM*の一部分．RAM ディスクのファイルの呼び出しはハードディスク*に等しいが，呼び出し時間は非常に速い．

ラーモニック rahmonic
直線ケプストラム*の一要素．

ラリンゴホン laryngophone
同義語：喉頭マイクロホン（throat microphone）．→ マイクロホン

LAN
略語：ローカルエリアネットワーク（local area network）．

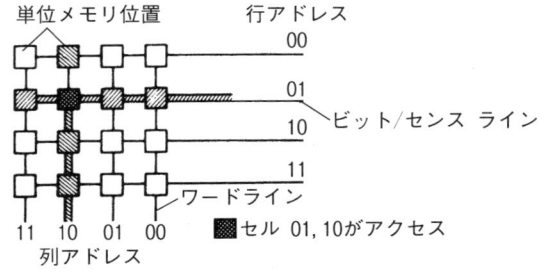

RAM：4×4 蓄積セルの配列

ランダムアクセス　random access
　コンピュータメモリにアクセス（コンピュータの記憶装置に情報を出し入れする）する1つの形で，個々のメモリ*位置は読み書きデータで直接アクセスすることができる．アクセス時間*はどのアドレス*でも基本的に一定で，アドレス位置に依存しない．または実行前の呼び出し位置に影響されない．

ランダムロジック　random logic
　同じゲートの配列でなくて，いろいろな種類の論理ゲートから成り立っている論理回路*．

乱調　hunting
　高感度の制御装置による制御のため目標値の周りに制御量がふらつくこと．目標値に安定に到達することができない．

ランバトロン　rhumbatron　→ 空洞共振器

ランブル（ごろごろ音）　rumble
　高忠実度のレコード再生システムのスピーカから聞こえてくる，不要な低周波雑音．これはピックアップ*カートリッジから再生される信号に加わるレコードの機械的な振動によって生ずる．

ランレングス符号　run-length codes　→ ディジタル符号

リ

リアクタ　reactor
　リアクタンス*となるコンデンサまたはインダクタからなる装置で，その性質を利用する．

リアクタンス　reactance
　記号：X，単位：オーム（Ω），純抵抗でない場合の回路の全インピーダンス*の1部分．それは複素インピーダンスZの虚数部分である．すなわち
$$Z = R + jX$$
ここでRは抵抗そしてjは$\sqrt{-1}$に等しい．リアクタンスは回路の中にコンデンサ*あるいはインダクタンス*があると生ずる．リアクタンスの効果は電圧と電流が同位相*にならないことである．
　つぎの交流電圧がコンデンサを含む回路に与えられたとする．ここでωは角周波数である．
$$V = V_0 \cos \omega t$$
回路のインピーダンスは次のようになる．
$$Z = R - j/\omega C$$
ここで，$1/\omega C$は容量性リアクタンスX_cで，周波数の増加とともに減少する．コンデンサに流れる電流は電圧より進み*，その位相は純容量性回路の場合，90°である．
　インダクタンスを含む回路ではインピーダンスは次のようになる．
$$Z = R + j\omega L$$
ここでωLは誘導性リアクタンスX_Lで，それは周波数とともに増大する．インダクタンスに流れる電流は電圧より遅れる*．その位相は純誘導性回路では90°である．

リアクタンス降下　reactance drop　→ 電圧降下

リアクタンス図　reactance chart
　ある特定の周波数におけるコンデンサ*あるいはインダクタンス*に対するリアクタンスを読み取ることができる形で表した図で，また逆に特定の周波数におけるリアクタンスが与えられるとコンデンサあるいはインダクタンスを読

み取ることができる図．

リアクタンス変成器 reactance transformer

回路で使われる純リアクタンスからなる装置で，無線周波数でインピーダンス整合をとるために使われる．

リアクタンス変調器 reactance modulator
➡ 変調器

力線（電気力線） line of force

電界中に引かれた仮想的な線であり，その長さ方向の任意の点の方向は，その点の電界の方向を表す．電界に垂直な単位面積当たりの力線の数はその点の電界の強さに一致する．⇒ 場

力率 power factor

交流系で電圧計*と電流計*の読みから得られる皮相電力*の単位はワットでなくボルト・アンペア（VA）で表す．この皮相電力と電力計*でワットで測られる有効電力との比．もし電圧，電流が正弦波であるならば力率（P/VI）は電圧と電流の位相差の余弦に等しい．力率はまたインピーダンス* Z に対する抵抗* R の比に等しい．これは絶縁体*，インダクタ*，コンデンサ*の電力損失を表す．➡ 位相角

リーギー–ル デュック 効果 Righi-Leduc effect

磁場中に置かれた細長い小片の導体あるいは半導体内に磁場と直角に熱が流れるとき，その小片の中では熱流と磁場の方向の両方に直交して温度勾配が生ずる．これはホール効果*と類似の現象である．

リクエストフォーコメンツ request for comments ➡ RFC

リーケ図 Rieke diagram

極座標に描かれた負荷*インピーダンス図．径方向座標は能動素子を負荷に接続した伝送線路で測定された反射係数*を表す；角方向座標は出力端子の指定された参照面から最小定在波電圧の角距離を表す．一定の出力電力，周波数，電圧，効率の線が図に描ける．

リサージュ図形 Lissajous' figure

正弦波的に変化する2つの量を x 軸信号と y 軸信号にして平面座標上に描いた表示図形．これらの図形は2つの信号を陰極線管オシロスコープ*の水平と垂直の偏向板電極に印加したとき，オシロスコープのスクリーン上に描かれ

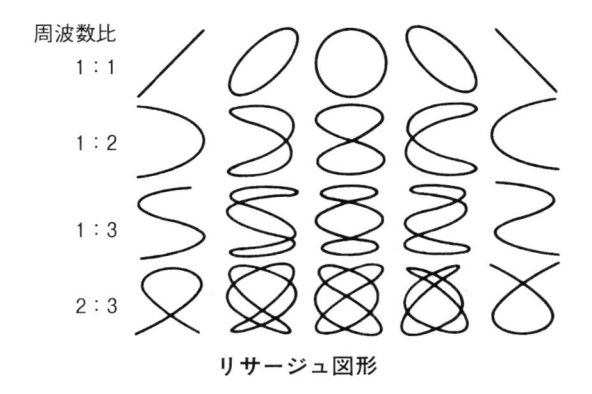

周波数比
1:1
1:2
1:3
2:3

リサージュ図形

る．

一番簡単な図形は直線である．これは2つの信号の周波数が等しく，互いの位相が同期しているとき描かれる．かなり複雑な図形はそれらの周波数の比が単純でないときである．ここで周波数の比と位相角の違いを含めた代表的な図をグラフに示す．これらの図形から2つの信号の周波数が正確に一致しているか，または同じ周波数の2つの信号の位相が完全に一致しているかを調べることができる．

離散フーリエ変換 discrete Fourier transform（DFT）

周波数スペクトルを算出するために，離散化された（または標本化された）データ信号を解析する数学的手法．DFTは離散信号のためのフーリエ変換*と等価であり，以下の式で与えられる．

$$X(m) = \frac{1}{N}\sum_{n=0}^{N-1} x(n)\exp(-\frac{2\mathrm{j}\pi mn}{N})$$

ここで，$x(n)$ は解析対象の離散信号を示しており，$X(m)$ は結果的に得られる離散周波数スペクトルを，N は $x(n)$ のサンプル数（データ数）を，expは指数関数をそれぞれ示している．

離散化された時間関数の一例を図aに，その信号を離散フーリエ変換して得られるスペクトルを図bに，それぞれ示す．離散関数 $x(n)$ を生成するために，時間関数は，間隔 T，個数 N で区間 $t_p = NT$ 時間分において離散化されている．結果のスペクトル $X(m)$ は，$f_s = 1/T$ の周期を有しており，1周期の中に N 個成分が $F = 1/t_p$ の間隔で存在する．もし $x(n)$ が実関数ならば，スペクトル成分の半分（$N/2$）だけが固有成分である．整数 n と m は整数の

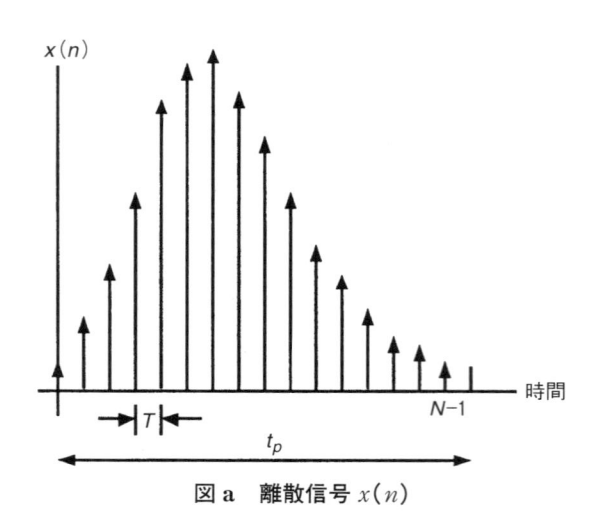

図a　離散信号 $x(n)$

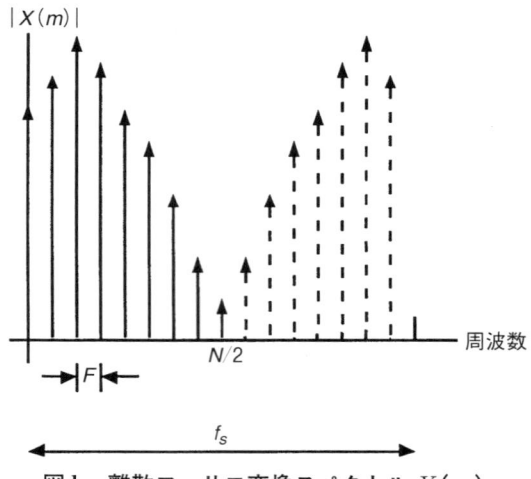

図b　離散フーリエ変換スペクトル $X(m)$

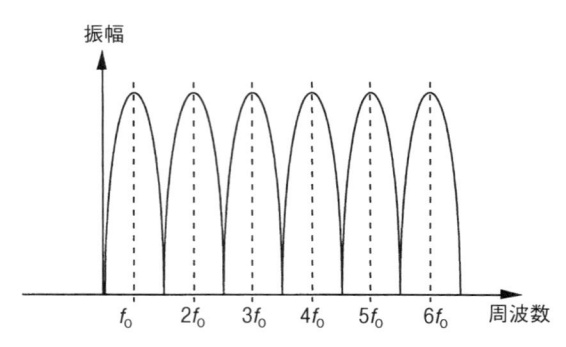

図c　有限長DFT（離散フーリエ変換）の応答

時間および周波数を表しており，区間 t（$=nT$）の時系列と区間 f（$=mF$）の周波数系列において，それぞれ何番目に位置するかを示している．

DFT関数を注意深く調べると，乗算の演算が何度も繰り返されることがわかっている．この繰り返しをうまく利用して，必要な計算数を減らし変換速度を上げるためのアルゴリズムが，いくつか発案されている．これらの高速化アルゴリズムが，高速フーリエ変換（FFT）として知られている．ただし，FFT解析の使用はいくつかの誤差の原因ともなる．例えば，エイリアシング*やリーケージ誤差（漏れ誤差），杭垣効果などがある．リーケージ誤差は望ましくない高周波ひずみの1つで，対象の時系列が切り出し区間内において周期的でない場合（つまり時系列の周期が区間の周期の整数分の1でない場合）に発生する．杭垣効果は有限長DFTの周波数応答に起因する誤差である．DFTは，図cに示すように，狭帯域の帯域通過フィルタで中心周波数が nf_0（ここで $n=0, 1, 2, 3, \cdots, N-1$，$f_0$ はサンプリング周波数，N はサンプル数）になっているものが，集まったものと考えることができる．つまり，周波数 nf_0 と一致する入力信号 $x(t)$ はひずみなく変換される．しかしながら，f_0 の整数倍でない $x(t)$ の周波数成分は，変換の際にひずみを伴う．

RISC

略語：縮小命令セットコンピュータ（reduced instruction set computer）．比較的簡単なロード命令*と格納命令のセットとレジスタ間のみで命令を実行するコンピュータ．代表的なRISCコンピュータは大きなレジスタセット，多機能装置（加算，減算，乗算のような），パイプライン命令，そして数ステップでそれぞれの処理を実行する演算実行部をもっている．

リストストラップ　wrist strap

人体に帯電した静電気を逃がすため腕に付ける用具名．→ 電磁適合性

リセット　reset

電気あるいは電子素子，装置をその初期状態に戻すこと．⇒ クリア

理想結晶　ideal crystal

完全で無限の結晶構造をもつ理想的な結晶．そのため，不純物を含まず，格子欠陥もない結

晶．

理想ダイオード特性式 ideal diode equation
同義語：ショックレー特性式（Shockley equation）．→ p-n 接合

理想変圧器 ideal transformer
同義語：完全変圧器．→ 変圧器

理想変換器 ideal transducer
特定の入力，負荷条件下において最大出力電力を発生させる仮想変換器．変換器内の電力損失は無視できる．

リソグラフィ lithography
集積回路*，半導体製品*，薄膜回路*やプリント回路*の作製で使われるパターン技術．この技術は，レジスト*と呼ばれる光感度をもつ材料が使われ，マスクから基板表面に必要なパターンが転写される．最も一般的な方法は，ホトリソグラフィであるが，使用される光の波長と同程度のパターン寸法のVLSIでは他の技術の開発が進められている．→ 電子ビームリソグラフィ；イオンビームリソグラフィ；X線リソグラフィ

リーダーレスチップキャリヤ leadless chip carrier (LCC)
集積回路*に使用されるパッケージに共通した形態．ワイヤボンディング*あるいはテープ式自動化ボンディング*のいずれかを実施し終えた回路部をセラミックまたはプラスチックのパッケージに封入し，さらにパッケージ周囲の全四面に出力端子の電極を配置した構造にしている．出力金属電極はLCCパッケージの縁部と同じ高さにつくられており，プリント基板あるいはハイブリッド基板にフローはんだ付けが可能となる．電極の数はパッケージの大きさや回路の複雑さに応じて変更できる．

リチャードソン-ダッシュマンの式 Richardson-Dushman equation
金属の温度の関数として金属表面からの熱電子放出を記述する基本方程式．
$$J = AT^2 \exp(-\Phi/kT)$$
ここで，Jは放出電子電流，Aはリチャードソン定数（材料の表面状態の関数），Φは金属の仕事関数（電子放出のための電位障壁の高さ），kはボルツマン定数，Tは絶対温度である．

リッジ導波管 ridged waveguide → 導波管

立体音響 stereophonic
2チャネルからなる音響システム．→ 音の再生；無線受信機

立体レーダ表示装置 panoramic radar indicator → レーダ表示器

リッツ線 Litzendrah wire
多数の細い導体素線構成される多重のより線．この線はラジオに用いられるコイルのような高周波応用装置において，高周波抵抗を減らすために用いられる．→ 表皮効果

リップマイクロホン lip microphone → マイクロホン

リード lead
1．電気を通す導体であり，線またはケーブル形状のものがよく使われ，回路間や装置の各部間を外部接続するために用いられる．→ 相互接続；内部接続
2．ある周期的に変化する波が他の波の位相と比較して，どれほど位相を進めているかを表す数量であり，時間間隔あるいは交流の一周期に対する割合で表される．⇒ 位相遅れ

利得 gain
与えられた電気入力パラメータの振幅を増大するための電子回路，素子あるいは装置の能力の尺度．電力増幅器*における，利得は入力電力に対する出力電力の比である．電圧増幅器では比較的小電力が供給されるので，入力電圧に対する特定の負荷インピーダンスに掛かる電圧の比である．指向性アンテナ*では，同じ信号電圧でつくられた無指向性アンテナにおける電圧と指向性アンテナの最大感度を示す方向で発生する電圧の比．利得はしばしばdBで測定される．

利得圧縮 gain compression → 圧縮点

利得制御 gain control
同義語：音量制御（volume control）．増幅器*の出力信号の振幅を変える回路あるいは素子．

利得帯域幅積 gain-bandwidth product (GBP)
低周波数すなわち直流開ループ利得*A_Lと遮断周波数*f_cの積として定義される演算増幅器を特徴づける一方法．図は開ループ利得応答を示す．利得帯域幅積は閉ループ構成で用いられる増幅器の帯域幅（BW）を計算するために用

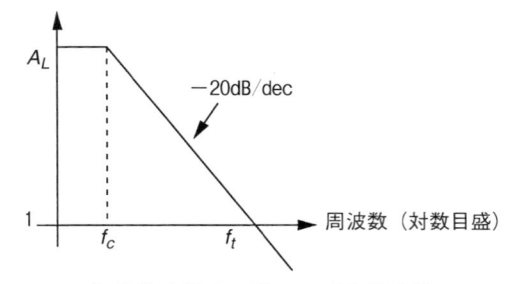

利得帯域幅積：開ループ利得応答

いる．

$$BW \times (閉ループ利得^*) = GBP.$$

利得余裕 gain margin

系の相対的な安定性の尺度で，位相角*が180°になる周波数での系の利得*の逆数として定義される．利得余裕は極座標プロット（振幅対位相）上の軌跡が−1の点を通るには利得をいくら増加せねばならないかという因子の尺度である．この点は極座標プロットの(−1,0)点—ナイキスト点—に関連づけられる（図参照）．図において，軌跡 a は $1/0.5 = 2$ の利得余裕をもち，軌跡 b は利得余裕 0 である．

利得領域 gain region ➡ 能動領域

リード−ソロモンコード Reed-Solomon code

誤り訂正コードとして多用されるコード．➡ 誤り訂正；コンパクトディスクシステム

リードダイオード Read diode ➡ インパットダイオード

リードフレーム leadframe

集積回路内部に収められた回路と完全に相互接続させる引き出し導線の枠組み．この使用目的は集積回路を外部回路に接続することである．リードフレームは薄い銅板（➡ ワイヤボンディング），またはプラスチックテープ（➡ テープ式自動化ボンディング）上に必要なパターンをめっきしたものでつくられる．枠組みはかなり硬く丈夫なものである．⇒ デュアルインラインパッケージ；リードレスチップキャリヤ；ピングリッドアレイ

リトルエンディアン little endian

マルチバイト（多バイト）の数字をコンピュータに格納する方法を表しており，最下位バイトはメモリの最下位アドレスに格納される．⇒ ビッグエンディアン

リニアモータ linear motor ➡ マグレブ

リフタ lifter

スペクトル領域が等価なフィルタ素子で，信号のケプストラムに用いられる．➡ ケプストラム

リフトオフ lift-off

半導体デバイスまたはウエハ上に必要な金属配線パターンをつくりだす処理工程に用いられる技術（➡ めっき）．ウエハをレジスト*で覆い，続いて希望するパターンを得るための露光と現像を行う．次に金属をレジスト部およびレジストを取り除いた基板上に，普通は真空蒸着で堆積させる．レジストは専用の溶液で溶かされ，同時にレジスト上の金属も取り除かれる，いいかえれば，基板に必要なパターンの金属を残し'リフトオフ'される．この技術は，最初にウエハに金属を付けた後にエッチングする処理法と対照的である．この場合，金属をレジストで覆った後に，露光，現像し，希望するパターンを保護する層を形成する．不要部分の金属は，レジストが溶けずに機能している間にエッチングされる．これら2つのプロセスを，ガリウムヒ素とシリコンの場合について対比して，図示してある．リフトオフを容易にするためには，レジストの上部の縁にひさし様の小さな突き出しがあることが望ましい．アシステッドリフトオフは多層レジストに用いる技術で，この突き出しをつくっている．縁を変形するもう1つの方法は，レジストを現像した後，レジストにちょうどよい突き出しをパイ皮のようにつくるために，ウエハを高温度に加熱するベーキングが行われる．レジストフィルムの上部層

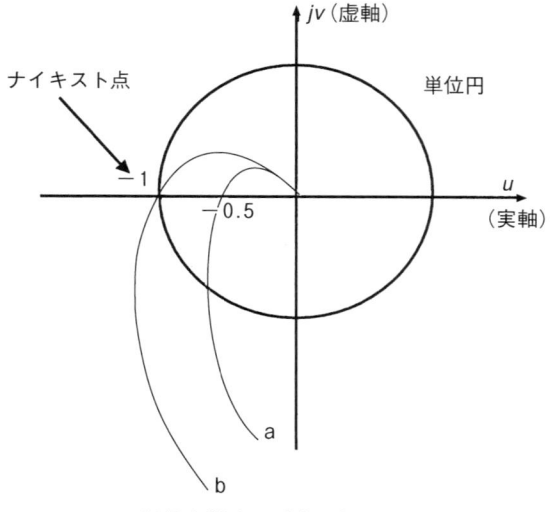

利得余裕を示す極プロット

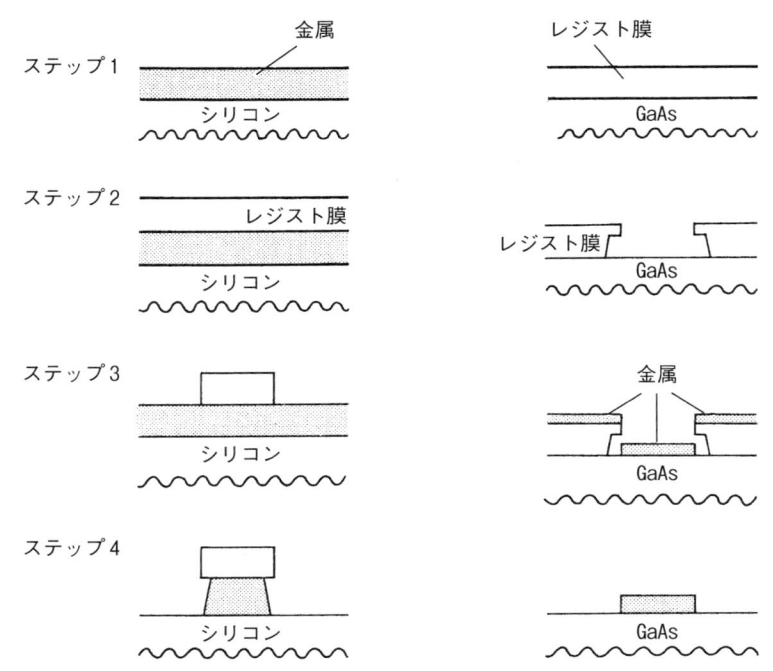

シリコン用のプロセス（左）とGaAsに用いるトリフトオフ（右）の対比

から残留溶剤を取り除くためにクロロベンゼンに浸される．この処理がレジスト上部の現像を遅らせ，縁の部分に刈り上げ状のちょうどよい切り込みをつくる．

リプル（脈動） ripple

1. 電流あるいは電圧の直流成分に重畳した瞬時値の変化となる交流成分．この用語は特に整流器*の出力に使われる．交流成分の周波数はリプル周波数である．全波整流では入力信号周波数の2倍である．

リプルの大きさは全体の平均値に対する交流成分の実効値の比によって与えられ，普通百分率で表される．これは脈動率として知られる．平滑回路*すなわち調整器*は整流器，発電機などの出力に存在するリプル量を減少するために用いられる．2. → パルス

リプル周波数 ripple frequency → リプル
リプルフィルタ ripple filter → 平滑回路
リプル率 ripple factor → リプル
リフレッシュ refresh

コンピュータ中のメモリセルに，それの元の状態を再度記憶させることであり，この操作によりその中に記憶させていた情報は元の状態に維持される．リフレッシュは破壊的読み出し（→ 読み出し）に続き書き込みを実行して行われる．ダイナミックメモリでは待機時間中に情報が失われることを防ぐために，周期的に繰り返すリフレッシュ操作を必要とする．

リボンマイクロホン ribbon microphone

アルミ合金の非常に薄いリボンでつくられたマイクロホン*で，数mm幅のリボンが面に平行な強い磁場にゆるく固定される．リボンに入った音波はリボンの表と裏の圧力差を引き起こし，力を受ける．その運動はリボンにe.m.f.を誘導する（→ 電磁誘導）．もし，リボンを横切る音の経路が4分の1波長より小さいならば，リボンにかかる圧力（したがって，e.m.f.）は粒子の速度に比例し，周波数に比例する．もし，リボンの共振周波数が音波の周波数より小さいならば，周波数依存は無視でき，誘導されたe.m.f.は粒子の速度に比例する．音波がリボンの表と裏に同相で到着すると力が働かないので，マイクロホンは強い指向性をもっている．リボンマイクロホンは音の強度を測定するために用いることができる．音波と同じ周波数の交流電流がリボンを流し，音波による力と電流による力が平衡するまで位相と振幅を変化する．すると，音の強度は電流の振幅と磁場の強さから計算できる．

リミタ limiter

信号の境界値以上を自動的に設定する装置．用語はある規定の瞬時値以下の入力では入力に比例した出力を与えるが，この値以上の入力では一定のピーク出力を与える装置に用いられる．ベースリミタは出力が設定値を超える入力信号の部分からなるものである．スライサは2つの境界値をもつリミタで，これらの値の間の信号が通過する．どのような印加電圧でも一定の電流を流すように設計されたリミタは電流リミッタである．

リム limb 脚，腕． → 変圧器

流速（フラックス） flux

指定した面を通る力の場の強さを表す量． → 電束；磁束

了解度 intelligibility

電話システムのような音声通信システムの機能．ここでは入力を完璧に再現するよりも，受け取った情報が明瞭であることがより重要である．了解度は音節了解度の点数によって測定される．その点数は無相関の系列として現れる単音節の意味なし単語をどれくらい正確に受聴できるかのパーセンテージである．

両極性信号化 bipolar signalling

ディジタル通信において，2つの信号，つまりある信号とその否定信号で，2進数の1と0を表す信号方式． ⇒ 逆相信号

量子 quantum → 量子力学

量子井戸 quantum well

無限に深い一次元量子井戸は量子化されたシステムをしめす量子力学*のなかで簡単なシュレーディンガー方程式の例としてよく使用される．有限の幅Wを有し，その領域の局所ポテンシャルVが0で領域外のポテンシャルは無限大の量子井戸がある．電子がこの井戸領域に閉じ込められている場合を考えてみよう．量子井戸の対するシュレーディンガー方程式（時間に依存しない）から得られる解の波動関数Ψは，境界条件$x=0$とWで$\Psi=0$として，次式となる．

$$\Psi(x) = \sqrt{\frac{2}{W}} \sin \frac{n\pi x}{W}$$

ここでnは整数である．
このシステム内の電子エネルギーは次式で表され，その様子を図に示す．

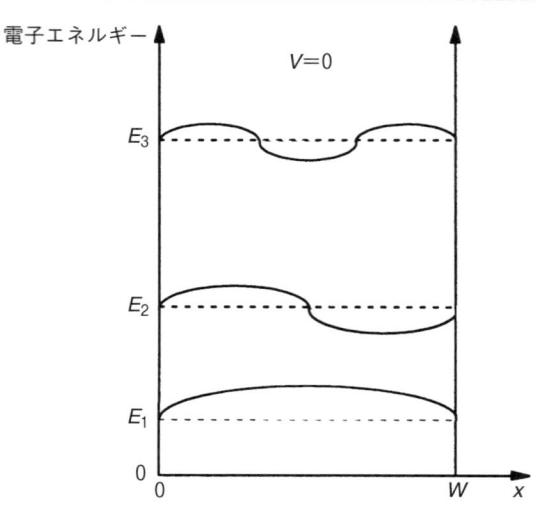

量子井戸　無限に深いポテンシャルを有す1次元量子井戸に対するシュレーディンガー方程式の解．

$$E = \frac{\hbar^2 n^2 \pi^2}{2mW^2}$$

電子エネルギーは離散値をとり，量子化される．エネルギーのこれらの値はこのシステムの固有値*である．現実的な一次元量子井戸はサンドイッチ構造で実現できる．狭い禁制帯幅半導体を広い禁制帯幅半導体の間にサンドイッチにする構造を分子線エピタキシ*法によりつくる．バンド境界に生じるエネルギーの段階状態が狭い禁制帯幅をもつ材料の中に電子（または正孔）を有効に閉じ込める．この状態でシュレーディンガー方程式を解くと量子化されたシステムを生ずることになり，電子数は一次元的に量子化されるが，残りの二次元には量子化されず二次元電子ガスを形成し自由に動ける状態となる．この形の井戸は高電子移動度トランジスタ*に使われ，量子井戸構造の半導体レーザ*では電子および正孔のエネルギー準位の量子化が狭い発振波長幅を生み出している．

量子化 quantization

1. 連続量をあらわす値を離散化または量子化した値の集合として生成する方法．電圧波形を例にとると，電圧値を有限の小範囲に分割する．その各小分割に対してある電圧値がそれぞれ対応している．この方法は離散値の集合が必要なとき，すなわちディジタルコンピュータあるいはパルス変調の適合したデータが用いられるときはいつもこれらのデータが使用される．

この処理過程では常に源波形の情報の欠落を内在しており、ある程度の雑音または量子化ひずみを生ずる。2. 原子, 分子, ナノデバイス内の電子エネルギー, 角運動量の拘束値が離散的な値になること．

量子化器　quantizer

アナログ信号をアナログ信号と等価な離散値に変換するデバイス．出力信号は指定されたレベル内の数値になっている．

量子化雑音　quantization noise　→ 雑音

量子効率　quantum efficiency

同義語：量子収量（quantum yield）．電磁輻射の際, 光子1個の吸収に対する特定の形の反応の数．例えば, 特定の周波数における光電池または光電管の光電現象でフォトン1個に対し生成される光電子の平均的な数ということができる．

量子コンピュータ　quantum computer

量子ビットあるいはqbitと呼ばれる情報の基本単位をもつが, いわゆる2値でなく2つの状態の重ね合わせを有するコンピュータである．このqubit特性は電子のスピンの向きが上または下またはそれらの重ね合わせという量子力学*特有の結果に関連した特性である．この理由により各状態の存在確率を表す係数はqubitにより0, 1または0と1を同時に取ることが可能である．量子コンピュータはqubitが完全に現在のプロセッサの中身と置き換われば現行のコンピュータよりも高速動作が可能である．量子コンピュータの設計のためにイオントラップ, 量子電磁気学, 個々の電子, 原子のスピンの測定ならびに操作を行うための核磁気共鳴に多くの労力が費やされてきた．

量子細線　quantum wire

電子数が二次元量子井戸*の中に閉じ込められた半導体*がある．その結果, 電子に対し一次元のみの自由度が存在する．そのような構造はナノテクノロジー*技術を使って達成される．分子線エピタキシ*法が一次元に電子を閉じ込めるために使われ, サイズ量子化が生ずるのに十分な細い半導体小片にするためにエッチング*が使われる．量子細線は高度に量子化されたシステムの電子輸送特性に興味深い性質を示す．⇒ 量子ドット；ナノエレクトロニクス

量子収量　quantum yield　→ 量子効率

量子数　quantum numbers

ある種の物理特性のとりうる様々な値に使われる数の集合．物理システムに量子力学*の法則が適用された結果その特性あるは離散値（量子化された値）に限定される．量子数の集合は通常, 整数もしくは半整数をとる．

量子ドット　quantum dot

電子集団が三次元量子井戸*の領域に閉じ込められそれらの電子群が1点に集中した離散的な値を取る電子と考えられるような半導体*構造をいう．このことから量子ドットは原子に近いエネルギー構造である．このことから量子ドットは量子原子中の電子の振舞いを研究する実際的なデバイスである．量子ドットはナノテクノロジー*を使って製造される．分子線ビームエピタキシ*は1次元に量子閉じ込めを行うために使われ, エッチングは微小な半導体の島を形成し2次元のサイズ量子化を行うために使われる．⇒ 量子細線；ナノエレクトロニクス

量子力学　quantum mechanics

同義語：波動力学（wave mechanics）．量子論*に対する数学的な枠組みを提供する原子ならびに原子核の理論．ド-ブロイにより電子*その他の粒子は波動的な振舞いと粒子的な振舞いの性質の両方をもち, 物質波またはド-ブロイ波*と称する波動が存在するという仮説から, それをも記述する方程式が1926年にEdwin Schrodingerにより物質中の素粒子の振舞いを記述する波動方程式として開発された．この波動方程式は現在ではシュレーディンガー方程式として知られ, 与えられたポテンシャルエネルギー, 例えばポテンシャル井戸または固体結晶の中におけるド-ブロイ波の振舞いが記述される．この例の電子に対するシュレーディンガー方程式は

$$(-\hbar^2/2m)\nabla^2\Psi + V\Psi = j\hbar(\partial\Psi/\partial t)$$

である．ここで$\hbar$は有理化されたプランク定数*, mは電子質量, Vは電子が運動する場所のポテンシャルである．∇^2はラプラス演算子*である．この方程式はΨに関する偏微分方程式でΨは波動関数と呼ばれる．この複素量Ψは電子を記述するド-ブロイ波の振幅の測度と考えられる．ここで波動関数の2乗は電子波強度の測度あるいは

$$|\Psi(x,y,z,t)|^2 dxdydz$$

は時刻 t のとき (x, y, z) の微小体積 $dxdydz$ に電子が見いだされる確率を表している．シュレーディンガー方程式の解は簡単な例の時に限り解析的な解が得られる．通常ド-ブロイ波が $\exp(j\omega t)$ の時間依存をすると仮定し，時間依存を消去したシュレーディンガー方程式

$$(-\hbar^2/2\,m)\nabla^2\Psi + V\Psi = E\Psi$$

を解くことになる．ここで Ψ は時間に依存しない波動関数を，E は電子の全エネルギーを表し方程式は空間内における電子の物理的な変動を記述するものである．時間に依存しないシュレーディンガー方程式の解析解は原子や固体中の電子の振舞いを洞察する変数を提供できる．例えば，ポテンシャル井戸中の粒子に対する解により，ポテンシャル井戸のなかのエネルギーに許された量子数*に関する概念を導ける．この構造は量子井戸*としてよく知られている．ポテンシャルエネルギー V の周期的な値を使うとシュレーディンガー方程式は結晶化した固体のエネルギー帯*構造の元となるものが記述できる．これはエネルギー帯構造の Kroning-Penney モデルである．

量子論 quantum theory

1900年に Max Plank により物体における吸収と放射（黒体放射）の説明に対し導入された理論．物体の原子は小さな振動体のように働き，とびとびの箱においてのみエネルギーの放射吸収が行われるということを Plank は仮定した．彼はこれらの箱を光量子*と呼び，現在はフォトンとして知られ，そのエネルギーは $E = h\nu = \hbar\omega$ で与えられる．ここで，$\hbar$ は有理化されたプランク定数*で $h/2\pi$ に等しい．ν は吸収，輻射の際の周波数，ω は角周波数である．エネルギーが連続で無限に小さなエネルギー，すなわち微小量子に分割されることが推定された古典物理学が量子論の出発点になったことは意味深いことである．光電効果*を説明するために1905年にアインシュタインによって量子論が使われ成功した．照射光の周波数があるしきい値 ν_0 より低いと，いくら照射強度を増しても光電効果は認められない．ν_0 より高い周波数の入射光のときは，光の強さに比例した数の光電子が放出される．いいかえれば，光量子または光子の数は，入射光に比例する．量子論は個々の原子，電子，光子あるいは原子半径の2，3倍程度すなわち 10 nm の領域，すなわち原子スケールにおける物質の物理的な振舞いを記述するのに用いられる．量子論を記述する数学的な枠組みは量子力学*の中に見いだされる．

両側波帯伝送 double sideband transmission

搬送波*を振幅変調したとき生ずる両側波帯のみを搬送波を除いて伝送する方式．この搬送波抑圧方式は搬送波を再生することが難しいためあまり用いられない．

リラクタンス reluctance ➡ 磁気抵抗

リレー（継電器） relay ➡ 継電器

臨界結合 critical coupling ➡ 結合

臨界周波数 critical frequency

同義語：カットオフ周波数 (cut-off frequency)．

臨界制動 critical damping ➡ 減衰

臨界帯域幅 critical bandwidth

中心周波数が与えられた可聴帯フィルタの実効的な帯域幅．

臨界電界 critical field

1. ➡ なだれ降伏．2. ➡ マグネトロン

臨界電流密度 critical current density

半導体基板との接触において，素子の長期信頼性を損なうことなしに金属導体中に流しうる最大電流値．臨界値以上の電流密度で流すと，エレクトロマイグレーション*が発生しやすくなる．

リン化インジウム indium phosphide ➡ 化合物半導体

リンギング ringing

1. 低周波発振によりラジオ受信機で生ずる不要な低周波数共振音で，受信した電波によって受信機内に発生する．2. ➡ パルス

リンク link

1. 他のチャネルや回路と接続するのに用いる通信チャネルや回路のこと．2. 自動交換方式の中央制御システムの部分を構成する2つのスイッチの間の経路．3. コンピュータのマザーボード上の相互連結．

リンク可用度（アベイラビリティ） link availability

通信回線の信号が，通常動作するのに必要な，あるレベルを超える時間の割合．

リング結合 ring junction

同義語：ハイブリッドリング結合（hybrid ring junction）；ラットレース（rat-race）. ➡ ハイブリッド結合

リング変調器 ring modulator

同義語：平衡変調器（balanced modulator）. ブリッジ*構成のダイオードあるいはトランジスタの回路で，無線周波数搬送波と基底帯域信号が印加されRF変調信号を生成する. 別のリング変調回路は2つの非線形素子と中心タップ付トランスを用いて全波スイッチング特性を与えるようにこの基本回路を改造できる.

燐光 phosphorescence ➡ ルミネッセンス発光

燐光体 phosphor

燐光物質. ➡ 発光

リン青銅 phosphor-bronze

リンを少なくとも0.18%以上含んでいる青銅. リンの添加は，合金の抗長力，柔軟性，衝撃抵抗を高める. 短冊状のリン青銅は，ベアリング表面を含む検流計のサスペンションや類似の応用に幅広く使われる.

ル

ルクランシェ電池 Leclanché cell

一次電池*であり，炭素棒陽極と亜鉛陰極からできている. 電解液は10～20%濃度の塩化アンモニウム溶液である. 分極効果を最小化するために，二酸化マンガンと炭素粉末を混合した減分極剤が用いられ，これを陽極と接触させて保持している. この湿式電池は1867年ルクランシェによって発明され，約1.5Vの起電力をもつ. それを基礎とした現在の乾電池は塩化アンモニウムペーストを電解質とし，容器に亜鉛陰極を使用しプラスチックで包み保護している. 乾電池は懐中電灯，ラジオなどに使用される.

ルータ router

同義語：ゲートウェイ（gateway）. 通常，通信プロトコルスタックのネットワーク層でパケットルーティングをするための素子.

ルーティング（経路指定） routing

電話あるいは通信システムにおいて，電話あるいは通信の発信元から目的地までの通信経路の割当て. ➡ 代替ルーティング

ルデュック効果 Leduc effect ➡ リーギー－ルデュック効果

ループ loop ➡ 帰還制御ループ

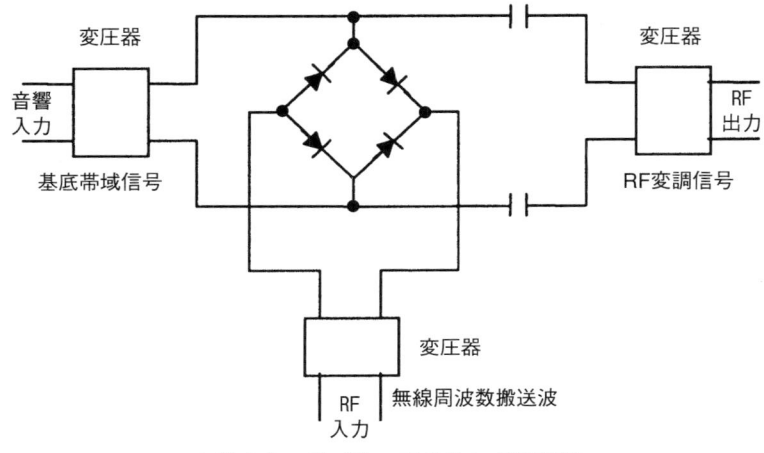

4ダイオードブリッジのリング変調器

ループアンテナ loop antenna

同義語：枠型アンテナ (frame antenna)，コイルアンテナ (coil antenna)．若干の指向性を有するアンテナの一形式で，直径に比較して十分細いワイヤを1巻き以上巻いたコイル状の構造をしたアンテナである．最大受信感度あるいは最大送信強度を示す向きは，コイルと同一平面にあるのでこの型のアンテナは方向探知器に最もよく用いられる．さらに構造が単純で軽量なため，携帯用受信機に用いられる．

ループ信号 loop signal ➡ 帰還制御ループ

ループバックアドレス loopback address

送信機に直接メッセージを送り返すために用いられるアドレスで通信システムを試験するのに役立つ．

ループ方向探知 loop direction finding

同義語：フレーム方向探知 (frame direction finding)．➡ 方向探知

ループ利得 loop gain

フィードバックのある増幅器で，増幅器入力から増幅器を通り，フィードバック経路をつくっている回路網（加算点，ループを完成している部分を含んで）を通しての利得の積．

レ

零（極） zeros (and poles) ➡ s領域回路解析

冷陰極 cold cathode

表面にかなり大きな電位勾配を印加することにより室温で電子の電界放出* を生ずる陰極．冷陰極をもつ電子管は冷陰極管という．

冷陰極放出 cold emission ➡ 電界放出

励起 excitation

1. 原子あるいは分子にエネルギーを与え基底状態から高いエネルギー準位* に遷移すること．2. トランジスタのベースや真空管の制御電極に信号を印加すること．3. 振動結晶に電圧を印加すること．4. 同調回路へ高周波パルスを印加すること．5. 磁束をつくるために電磁石の巻線に電流を流すこと．この電流は励起電流* と呼ばれる．

励起状態 excited state ➡ 基底状態

励起電流 exciting current ➡ 励起

励振アンテナ driven antenna

同義語：能動アンテナ (active antenna)．➡ 指向性アンテナ

励振器 driver

他の回路に入力を供給する，あるいは回路の動作を制御する回路あるいは素子．

レイリーフェージング Rayleigh fading

信号が移動中の受信機によって受信されるとき，無線信号の伝搬中に起こる現象．信号が特に街中においてはビルや障害物で反射が起きて送信機からいろいろの経路を通って来る．このように異なる経路から来る信号は種々の経路の長さによって異なる位相* で受信機に到達する．いくつかの信号が加え合わさったり，ある場合には信号が消えたりし，結果として信号が届かなくなる．

レギュレータ（安定化電源） regulator

回路中において，設定した一定値の電圧（電圧レギュレータ）または一定値の電流（電流レギュレータ）を維持すること，または制御された状態下でそれらの値を操作する目的に使用さ

れる電子装置．回路状態の変動や供給電圧に部分的な変化が生じた場合にあっても，レギュレータの使用が負荷電圧の調整や電子装置の電圧および電流を安定化させる．

レーザ　laser
略語：light amplification by stimulated emission of radiation．可視光，紫外光または赤外光の単色*可干渉性*放射光源．

電磁放射された波長λの光子をある原子が吸収したり，原子が波長λの光子を放射することで，その原子内の電子は許容エネルギー状態E_2から空のエネルギー状態E_1に飛躍または遷移できる．なお，プランクの定数hを用いると，そのエネルギー差は

$$|E_2-E_1|=h\nu=hc/\lambda$$

と表せる．

もし，$E_2>E_1$のときは輻射放出が起きる．自然放出は原子内電子が下位にあるエネルギー準位に遷移したときに生じ，特別の外部刺激を必要としない．しかし，誘導放出は，同じエネルギー差（$\Delta E=E_2-E_1$）をもつ光子が原子を励振したときに生ずる．入射した光子と誘導放出した光子は同相で可干渉性を伴う放射をする．レーザ動作は誘導放射の過程に基づいて起こる．連続的に放出するには高いエネルギー準位E_2にある原子数は，低いエネルギー準位にある原子数よりかなり多く存在しなくてはならない．この状態は反転分布として知られている．反転分布は非平衡状態であり，内部緩和過程は原子励起状態分布を熱平衡状態に戻そうとするので，レーザにおいて反転分布を維持するためには，外部電力を常にレーザ媒質に印加しなくてはならない．

例えば，発振波長より短い波長の電磁波をその媒質に照射するとE_2よりも上の第3のエネルギー準位E_3に原子を励起することができる．この準位はレーザ上準位E_2への供給源でもある．連続誘導放出するためには最適な波長の光子がレーザ媒質内を絶えず行き来する必要がある．それを達成するため2枚の鏡をレーザ領域の両端で向き合わせ，鏡の間隔は波長の整数倍にする．これはファブリ-ペロ共振器といわれ，レーザの波長に共振した構造である．自然放出や誘導放出した光子は鏡間を行き来するため，誘導放出によって増幅した光子は光ビームを高強度まで増強する．もし，鏡の一方が部分透過性をもつとき，この光は高出力の単色可干渉性ビームまたはパルスとして共振器から放出する．

レーザ動作は固体，液体，気体の媒質で発生することができる．ルビーレーザは最初に登場した固体レーザであり，反転分布は光励起で達成した．ガスレーザは連続放電で励起され，反転分布は高電圧で励起した高エネルギーイオンや電子とガス粒子間の衝突で励振発光を生じながらレーザ領域内に生成する．半導体レーザは順方向バイアスされたp-n接合を利用し，注入された電荷キャリヤがその接合部で反転分布を構成し，その再結合時に光が放出する．⇒半導体レーザ

レーザプリンタ　laser printer
文書や画像を紙やプラスチックフィルムに印刷する装置．回転ドラムに照射されるレーザビームがあり，そのビームが当たったところが帯電する．ドラムは回転するにつれ，トナー（粉末状のインク粒子）のタンクを通過する．帯電したドラムの部分にインクが付く．ドラムは印刷紙やフィルムに接触し，熱と圧力によってそのインクを転写する．

レシオ回路　ratio circuit　→ MOS論理回路
レシオレス回路　ratioless circuit　→ MOS論理回路
レジスタ　register
コンピュータの中央処理装置*中に多数個あるワード*の大きさをもつ格納場所．中央処理装置では，プログラムによって要求される算術演算や論理演算はメモリ*，入出力装置*および他のレジスタなどから得たデータに基づいて実行される．その処理に必要なレジスタのアクセス時間は極めて短く，レジスタ群はフリップフロップ*で構成されている．

レジスタセット（レジスタ装置）　register set
コンピュータの演算レジスタ*のセット（一式，組）であり，これらのレジスタに対してプログラマは機械語の命令セットを使用してアクセスできる．

レジスト　resist
リソグラフィ*に用いられる感光材料．レジストは基板に薄膜として用い，エネルギービーム（光，電子など）で選択的に露光され，レジ

ストの一部は化学変化する．そして，露光された薄膜は選択的に露光された部分（陽レジスト）あるいは露光されなかった部分（陰レジスト）のどちらかが取り除かれる．⇒ホトレジスト；電子ビームリソグラフィ；X線リソグラフィ；イオンビームリソグラフィ

レーダ radar

略語：電波探知距離測定方式（RAdio Detection And Ranging）．マイクロ波周波数帯の電磁波の反射波を使って，遠くにある物体の探知と距離測定を行う装置．現代のレーダシステムは非常に精巧になっており，静止，あるいは移動物体の詳しい情報を入手することができる．さらに船，航空機，その他の乗り物の目的地への航路誘導に使われている．

完全なレーダシステムはマグネトロン*のようなマイクロ波を発生する装置，パルス状マイクロ波をつくりだす変調器，送受信アンテナ，反射波を検出する受信機および適当な形で出力を表示する陰極線管（CRT）から構成されている．以下に示すいろいろなタイプのレーダシステムが使われている．

パルスレーダシステムは高周波のパルス状電波を送信し，その反射パルス波を送信パルスの間隙時間に受信する．

連続波システムは連続的にエネルギーを送信し，その一部が目標物体で反射され，それが送信機にもどされる．

ドップラレーダは静止物体と移動物体を区別するためドップラ効果*を利用する．送受信波間の周波数の変化を計測し，それより移動物体の速度を算出する．

周波数変調レーダは周波数変調されたレーダ波を送信するシステムである．反射されたエコーは送信波とうなり*を生ずる．目標物の範囲がそのうなり周波数から算出される．

体積レーダシステムは1つまたはそれ以上の目標物体についての三次元の位置情報を得ることができる．2つの送信機から同時に共通の電波が発射される．Vビームレーダは放射状に2つの電波ビームを使う体積レーダである．

上述のどのシステムも目標物体の方向と距離は受信アンテナの方向とレーダ信号の送信波とその反射波を受信した時間間隔によって決定される．送受信アンテナの方向は探査領域を走査するために周期的に変えられる．粗い走査が目標物体の位置を大雑把に捉えるためになされ，その後，精密な走査が行われる．両走査でアンテナは水平面で動かされ，CRT画面上に送信電波到達範囲にある目標物体を表示できるようアンテナに同期した円走査画面がつくられる．このような表示は図式位置指示器*（PPI）といわれる．垂直面の走査も同様に行うことができる．

パルスレーダシステムでは普通，送受信アンテナは同じアンテナが使われる．その送信および受信回路は送受信スイッチ*を使って接続される．送信信号のパルス繰り返し周波数はマスタートリガとして知られるマルチバイブレータ*によって決定される．

レーダ探索範囲はある特定のレーダシステムが目標物体を検出できる最大の実効距離である．それは送信されたパルスの少なくとも50%のパルスが目標物体を識別できる距離として定義される．この範囲はレーダ受信機が認識できる最小識別信号*に依存する．すなわちレーダ表示器に識別信号を表示できる受信機の最小受け入れ電力である．反射波の電力は送信パルスのピーク電力に依存する．一般に送信機の出力が大きければ大きいほどレーダ範囲は大きくなる．与えられたレーダシステムは送信パルスのピーク電力に対する受信機の最小認識信号の比で示される動作指数で特徴づけられる．同じ方向に沿って動く物体を識別するレーダシステムの能力は2つの物体を個々に識別することのできる最小の物体間距離として定義される．

レーダシステムは航空機の探知と制御（→精密進入路レーダ），霧の中での船舶の行路誘導，および豪雨によって生ずる反射波を利用する暴風雨の中心位置の距離測定などに使われている．レーダは天文学および幅広い軍事応用の分野で応用されている．

レーダスクリーン radar screen

同義語：レーダ表示装置（radar indicator）．

レーダスコープ radarscope

同義語：レーダ表示装置（radar indicator）．

レーダ探索範囲 radar range　→レーダ

レーダビーコン radar beacon → ビーコン

レーダ表示装置 radar indicator

同義語：レーダスクリーン（radar screen）；レーダスコープ（radarscope）．レーダシステムで反射波の視覚表示を可能にする陰極線管*．回転画面レーダ表示装置は受信されたいろいろな周波数の反射波を同時に表示する．

レターボックス letter box

横縦比4：3のテレビスクリーンで表示されているワイド画面のことで，通常画面の上側と下側のバーは黒である．バーの幅は原画面の横縦比を保持するために変化する．

劣化故障 degradation failure → 故障

レドーム radome

レーダあるいは通信アンテナを覆うために使われる誘電体の薄板．もし航空機に使われるなら特に曲線状にまげられ，幾何学的に形と厚さが設計される．そして誘電体特性は反射が最小で，最大の信号が得られるように選ばれる．

レフレックス回路 reflex circuit

ある周波数の信号を増幅し，合わせて増幅中に信号を第2の異なる周波数に変換する回路．

レベルシフタ level shifter

信号を減衰することなく信号の直流レベルを変化する回路．これは回路と別の回路の間のデカップリングコンデンサ（→ 結合）の代わりに用いられ，回路の直流応答は保たれる．

レベル補償器 level compensator

受信した信号の振幅変化を自動的に補正する素子あるいは回路．

レール rails

同義語：給電レール（power supply rail）．一回路内および回路間の共通給電接続．

連結的合成 concatenative synthesis → 音声合成

連接符号 concatenated codes → ディジタル符号

連想メモリ content-addressable memory (CAM)

同義語：連想記憶（associative memory）．

連続稼働 continuous duty → デューティ

連続可変スロープデルタ変調 continuously variable slope delta modulation (CVSD) → パルス変調

連続波 continuous wave

電気回路や電気製品のテストにおいて，または通信システムにおいて使われる単一周波数の発振信号．

連続波レーダ continuous-wave radar → レーダ

連続負荷 continuous loading → 伝送線路

連続方程式 continuity equation

体積中の粒子数の時間変化の割合と粒子の流入および流出に関する方程式．電子工学で，この方程式は，普通，電流が流れている半導体*中の電子あるいはホール（正孔）の連続に関係する．半導体の一部分の電子の流れを考察するとき，電子の連続則は半導体の基本断片を通る電子の流れを考察することによって決定できる（図参照）．幅 Δx の体積要素の中の電子数の変化の割合は流入-流出の電子の数と単位時間当たりに発生する数-単位時間当たり（ホールと）再結合する数の和に等しい．

$$\frac{dN}{dt} = (流入 - 流出) + (発生率 - 再結合率)$$

ここで，N は電子数である．図を考慮して，この式は

$$\left(\frac{dn}{dt}\right) A \cdot \Delta x = j(x) \cdot A - j(x + \Delta x) \cdot A + G \cdot A \cdot \Delta x - R \cdot A \cdot \Delta x$$

と書くことができる．ここで，電子密度 n に体積要素（$A \cdot \Delta x$）を乗じて実際の数となる．$j(x)$ は x での面を横切る電子の流れで，G と R はそれぞれ単位体積当たりの電子の発生率と再結合率である．

もし，要素の幅，Δx が十分に小さいならば，微分の定義

$$\frac{dy}{dx} = \frac{[y(x + \Delta x) - y(x)]}{\Delta x}$$

を用いて，j の流れの項を書き換えることができ，連続方程式

$$\frac{dn}{dt} = \frac{dj}{dx} + G - R$$

を与える．電子工学では普通，流量項は測定できる電流密度* J として表現できる．熱の発生と再結合は半導体中で連続的に生ずる過程であり，平衡状態では釣り合っている．したがって，G と R の熱成分は打ち消し合い，電流密度を代入して，

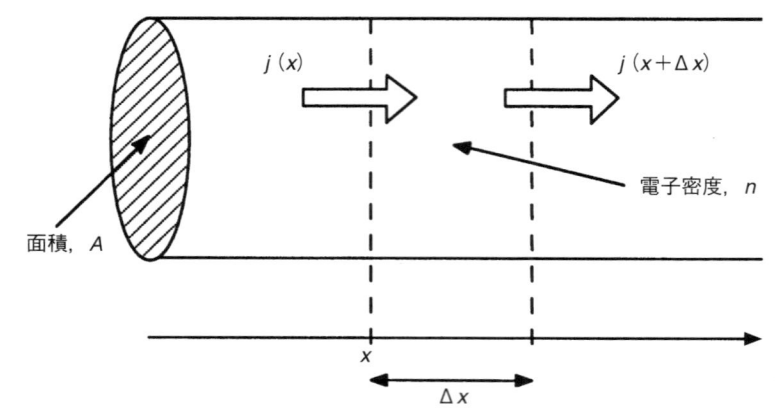

連続方程式：粒子流

$$\frac{dn}{dt}=\left(\frac{1}{e}\right)\left(\frac{dJ}{dx}\right)-R_{\text{excess}}$$

となり，電子では

$$\frac{dn}{dt}=\mu E\left(\frac{dn}{dx}\right)+D\left(\frac{d^2 n}{dx^2}\right)-\frac{(n-n_0)}{\tau}$$

と書かれる．

第一項はドリフト電流*から導かれ，ここで，μ は電子のドリフト移動度*，E は電界*であり，E を一定としている．第二項は拡散電流*から導かれ，ここで，D は電子の拡散係数である．n_0 は平衡状態での電子密度で，$1/\tau$ は電子の再結合率である．同様の表現がホールでも書くことができる．

連立方程式　simultaneous equations

未知数が n 個含まれる n 元一次代数方程式の解を求めるのに使用される，1組の方程式のこと．一般的には以下のような式で表される．

$$a_{11}x_1+a_{12}x_2+a_{13}x_3+\cdots+a_{1n}x_n=b_1$$
$$a_{21}x_1+a_{22}x_2+a_{23}x_3+\cdots+a_{2n}x_n=b_2$$
$$a_{31}x_1+a_{32}x_2+a_{33}x_3+\cdots+a_{3n}x_n=b_3$$
$$\cdots\cdots$$
$$a_{n1}x_1+a_{n2}x_2+a_{n3}x_3+\cdots+a_{nn}x_n=b_n$$

クラメールの公式によると j 番目の未知数は以下の式により直接得られる．

$$x_j=\Delta_j/\Delta$$

ここで，Δ は係数 $a_{ij}(i,j=1,2,3,\cdots,n)$ からなる行列の行列式であり，Δ_j は係数 $a_{ij}(i,j=1,2,3,\cdots,n)$ からなる行列の j 番目の列を係数 $b_j(j=1,2,3,\cdots,n)$ に置き換えた，行列から得られる行列式を意味する．この公式は方程式が一次独立（つまり $\Delta\ne 0$）のときに成り立つ．

ガウス消去法（掃き出し法）では，元の連立方程式を下に示すような形の連立式に変換するよう，異なる行の式を繰り返し組み合わせる．これは，1行目の式にある因数を掛けて，2番目の式に足したときに x_1 の係数が0になるようにすることで実現される．この作業は3番目以降の式に対しても，x_1 の係数が0になるよう繰り返される．その結果，新しい連立式ができあがったら，今度はこの方法を x_2 の係数が0になるように繰り返し適用する．これは，x_n が直接解かれる（つまり $\alpha_{nn}x_n=\beta_n$ が得られる）まで繰り返される．その後，後退代入を行うことで他の未知数は全て決定される．

$$\alpha_{11}x_1+\alpha_{12}x_2+\alpha_{13}x_3+\cdots+\alpha_{1n}x_n=\beta_1$$
$$\alpha_{22}x_2+\alpha_{23}x_3+\cdots+\alpha_{2n}x_n=\beta_2$$
$$\alpha_{33}x_3+\cdots+\alpha_{3n}x_n=\beta_3$$
$$\cdots\cdots$$
$$\alpha_{nn}x_n=\beta_n$$

ガウス消去法とクラメールの公式は回路解析に応用される．解析ではノード解析またはループ解析を用いて連立方程式が立てられる．x_1 から x_n は未知のノード電圧*（またはループ電流*）になり，$a_{ij}(i,j=1,2,3,\cdots,n)$ は既知のアドミタンス*（または抵抗*），b_1 から b_n は既知の電源電圧（または電源電流）となる．

ロ

漏洩 leakage
1. 回路，部品，素子あるいは装置の部品において，絶縁性の欠陥のために，電流が意図しない方へ流れること．
2. ➡ 離散フーリエ変換

漏洩磁束 leakage flux
　磁気回路を含む変圧器のような装置における損失磁束．漏洩磁束は，磁気回路の有効部分以外の磁束．

漏洩電流 leakage current
1. 電子装置，回路などにおいて，漏洩*によって発生する欠陥電流．短絡電流に比べて小さい．
2. p-n接合*や整流作用をもつ金属-半導体*接触の逆飽和電流．

漏洩リアクタンス leakage reactance
　漏洩磁束*が1つだけのコイルを切ることによって起きる変圧器や交流発電機の余分なリアクタンス．漏洩インダクタンスはこの効果で引き起こされシステム中の損失を招く．

漏電電流 fault current
　絶縁不良などの障害により回路あるいは素子を通して流れる電流*．電流は短絡回路*，電気的サージ*，接地への電流などの形態を取る．

漏話 cross talk
　クロス隣接する回路間の結合*（カップリング）．2つ以上の搬送チャネル間の相互変調*によって引き起こされる相互干渉．他方に信号が存在するときに，もう一方の回路に望ましくない信号が生じること．電話，ラジオ，その他のデータシステムに共通するものである．漏話は近接と遠接に分類される．また音声通信システムでは明瞭な漏話と不明瞭な漏話と呼ばれる．近接漏話は入力，すなわち送信端で測定される．通信システムにおける明瞭な漏話は聞き手が理解できるので人間の注意力をそぐ，それで不明瞭な漏話よりより大きな干渉効果をもつ．不明瞭な漏話は聞き手が理解できず，しばしばその他の雑音に分類される．

ローカライザビーコン localizer beacon ➡ ビーコン

ローカルエリアネットワーク local area network（LAN）
　コンピュータ，特にパーソナルコンピュータを互いに接続し，ファイル，プリンタ，電子メールを共有するネットワーク*．これは通常単一組織の直接接続されたコンピュータへ高速データ通信サービスを提供する．LANの典型的な大きさは1つのビル内であるが，数百mに拡張することもできる．LANは共有メディアにより特徴づけられ，全員がLANに送信された全てのメッセージを受信できる．LANは他のLANと相互に接続したり，長距離のネットワークへ接続したりする．⇒ワイドエリアネットワーク

ローカルマルチポイント分配システム local multipoint distribution system（LMDS）
　28 GHz帯周辺を使用する広帯域公衆無線LANシステム．

録音 recording of sound
　目的とする多様な音を永久的または半永久的な記録に作成する過程であり，原音を再生するための装置（➡ 音の再生）を要する．音はアナログ方式またはディジタル方式により記録可能であり，3種類の主要な録音方法は電気機械録音，光電録音（またはサウンドオンフィルム）および磁気録音*である．
　電気機械録音はレコード（レコード盤）の作成に用いられている．録音される音は1個または複数個の適切なマイクロホンにより検出され，その信号は増幅される．増幅後の信号によりレコードカッタを駆動し，ワックスあるいはセルロース材のマスタ盤表面に波の形状の音溝が刻まれる．コンパクトディスクシステム*では，録音される音はパルス符号変調*を用いて符号化され，符号化した信号はレーザを使用してワックスあるいはセルロース材のマスタ盤の上に一列に並んだ微小な凹みとなって刻み付けられる．マスタ盤からは大量生産の前に銅めっきされた陽画のマザー盤が通常作成され，マスタ盤の多数の複製が需要に応じるための生産を可能にする．
　光電録音またはサウンドオンフィルム録音は主に映画やエンタテイメント放送におけるフィ

ルム使用のために利用される．増幅された可聴周波数信号は記録フィルムを露光するための光源を変調する．フィルム現像後，記録の形態はサウンドトラックと呼ばれる濃淡の付いた細長い線状の像となって録音されている．光源の周波数方式には，簡便性から可聴周波数信号によって搬送波*が振幅変調あるいは周波数変調される方式であり，いずれの方式も広く使用されている．ホワイトレコーディングでは，現像したフィルムの最小濃度が振幅変調信号の最大受信電力量に対応しており，一方周波数変調システムでは最低受信周波数がそれに対応する．ブラックレコーディングの場合はその反対の関係となる．

磁気録音は様々な方法を用いて現在広く活用されている．上述の他の2種のシステムと比較して磁気録音の総合的な性能は同等あるいはそれら以上に優れており，極めて利用しやすい．

録音チャネル recording channel

録音媒体上の独立したトラック（録音帯）を表し，例えば磁気テープは2トラックまたはそれ以上のトラック数を設けることができる．

録音ヘッド recording head → 磁気録音

六角電圧 hexagon voltage

同義語：メッシュ電圧（mesh voltage）．→ 線間電圧

ロッキング locking

1. 外部信号源から一定の周波数の信号を印加することにより，発振器の周波数を制御すること．2. 同義語：ラッチ（latching）．前に動作していた回路が変化しそうになるまで回路をある位置すなわちある状態に保つこと．

ロッキング継電器 locking relay → 継電器

ロックイン locking-in

2つの結合した発振器の周波数を同期すること．2つの周波数は周波数2倍器のようなある設定した比率となる．通常，2つの整数比．1つの発振器は自走でなければならず，設定周波数に引き込まれることが可能でなければならない．

ロックイン検出器 lock-in detector

同義語：ロックインアンプ（lock-in amplifier）．

局部的に発生した制御信号の周波数にのみ同期する入力信号の周波数成分を検出するもの．

これはブリッジ回路内でゼロ点検出器として用いることができる．

ロックオン locking-on

標的に対してレーダが自動的に捕捉すること．

ロック範囲 lock range

位相同期ループ（PLL）が入力周波数を捉え，ロックする周波数範囲．もし，入力信号範囲がPLLロック範囲より大きいならば，入力信号はロックする前に電圧制御発振器の周波数を変化して探索する必要があり，直ちに追跡する．

ローブ lobe → アンテナパターン

ロープ rope → 電波妨害用反射体

ROM

略語：読み取り専用記憶装置（read-only memory）．このメモリ*の情報の形は永久に情報をとどめておき，蓄積した情報はプログラムによって，すなわち通常のコンピュータの操作で変えることができない．したがって，ROMは制御プログラムを蓄積しておくためとか，大きなコンピュータシステムのマイクロプログラム*として用いられる．ROMは固体メモリ*としてつくられるが，通常，RAM*の記憶コンデンサを開放あるいは接地のどちらかで置き換えることで構成する．情報はメモリの製造工程で記憶領域に書き込まれる．これはいわゆるハードワイアリングといわれる．そして，各々のメモリの場所の可能な2進状態は素子の物理的構成で決定される．製造工程で書き込むのではなく，使用者により情報がメモリに書き込まれるROMの形として可溶性リンクROMがある．各々のメモリセルは接地と可溶性リンクできるようになっている．回路を開放にするには，その場所のヒューズを特定の形の電気インパルスを加えて吹き飛ばし，情報が書き込まれる．一度，パターンが形成されると，それは永久にその状態のままである．この可溶性リンクメモリはプログラム可能ROM（PROM）であるが，プログラムの書き込みは一度のみ可能である．PROMの内容を紫外線で消去（プログラムされていない状態に戻す）できるものは，消去可能PROMすなわちEPROMである．もし，消去処理が電気的にできるならば，そのチップは電気的消去可能

PROM すなわち EEPROM である．

ローレンツ力 Lorentz force

磁束密度 B の領域内を運動する電子または電荷粒子が受ける力．この力は粒子の運動方向と磁束密度 B の方向の両方に垂直な向きとなり $q(v \times B)$ のベクトル積で与えられる．なお，v は粒子速度，q は電荷である．

ロングテイルドペア long-tailed pair (LTP)

一対の特性の揃ったトランジスタ*，すなわち 2 個の BJT または 2 個の FET のいずれかを用い，それらをエミッタ結合またはソース結合の対（ペア）接続にし，その共通となった接続部にバイアスを供給する定電流源を接続する．コレクタ（ドレイン）出力電流は，2 個のトランジスタのベース（ゲート）端子にそれぞれ与えられた入力電圧間の差の関数となる．この回路構成は差動増幅器*の基本形であり，差信号のみを増幅する．同相*信号に対するこの増幅器の動作は定電流バイアス源のコンダクタンスに関係する．この電源の両端に現れる信号は全て 2 つの入力に実質的に共通なものとなる，しかしこの信号は出力電流に変化を生じさせる．これが望ましくない同相信号利得である．

この電源は大きな値の抵抗器を用いて実現可能である．このことはバイアス電流を一定に保つために大きな電圧を必要とし，信号電圧はバイアス電流を供給する電源電圧よりも十分に小さな値となるので，不要な同相信号利得を都合よく除去できることとなる．この抵抗値をより大きくするほど，差動対の'テイル（尾）'をより長くすることとなる．集積回路においては，電流源は能動素子を使用するカレントミラー*回路構成により良好に実現されている．

論理 1 high logic level → 論理回路

論理 1 logical one

2 進数表示で使われる数字 1．それは論理記述の「真」に等しい．論理 0 (logical 0) は 2 進数表示の数字 0 である．それは「偽」に等しい．

論理演算 logical operations

2 進数データ，すなわち「1」または「0」からなるデータで行われる演算．それらは通常，AND, OR, NOT または排他的論理和のような論理ゲートが組み込まれている．それらの演算を定義する演算則はブール代数*で特徴づけられる．→ 論理回路

論理回路 logic circuit

「和」，「二者択一」，「二者否定」その他の概念を基礎としている特定の論理関数を実行するように設計された回路．通常，この回路は 2 つの離散的な電圧レベル，すなわち高と低の論理レベルの間で演算し，二進数論理回路といわれる．3 つまたはさらに多くの論理レベルも可能であるが，一般的でない．

初等論理関数を組み込んでいる基本的論理ゲートは次のようである．

AND ゲート：2 つあるいはそれ以上の入力と一出力をもつ回路で，もし全ての入力が同時に High であるときに限って出力は High である．

NOT ゲートまたは否定ゲート：1 つの入力をもつ回路で，もし入力が High であるならその出力は Low，入力が Low なら出力は High となる．

NAND ゲート：2 つあるいはそれ以上の入力と 1 つの出力をもつ回路で，入力のどれか 1 つまたはそれ以上が Low であるとき，出力は High であり，全ての入力が High なら出力は Low である．

NOR ゲート：2 つあるいはそれ以上の入力と 1 つの出力をもつ回路で，もし全ての入力が Low であるときに限って出力は High である．

OR ゲート：2 つあるいはそれ以上の入力と 1 つの出力をもつ回路で，入力のどれか 1 つまたはそれ以上が High であるなら出力は High である．

排他的論理和：2 つあるいはそれ以上の入力と 1 つの出力をもつ回路で，もし全ての入力が同一であるとき出力は Low で，それ以外のときは High である．

論理ゲート*の図式記号が表に示されている．これらの回路は正論理で使われるものである．すなわち，高い電圧レベルが論理 1 を，低レベルが論理 0 である．負論理は高レベルが論理 0 を，低レベルが論理 1 を表す．同じ回路が負論理で使うことができるが，正論理回路の補数となる．すなわち，正 OR ゲートが負 AND ゲートとなる．

論理ゲートの記号

一般的 (以前は 英国工業規格) 記号	2進 論理 回路	IEC 推賞 記号	一般的 (以前は 英国工業規格) 記号	2進 論理 回路	IEC 推賞 記号
⟶D⟶	ANDゲート	&	⟶D⟶	NORゲート 出力の否定	≥1
⟶D◦⟶	NANDゲート 出力の否定	&	⟶D⟶	NORゲート 入力の否定	≥1
⟶D⟶	NANDゲート 入力の否定	&	⟶D⟶	排他的論理和 ゲート	=1
⟶D⟶	ORゲート	≥1	⟶▷◦⟶	インバータ (ゲートではない)	

二進数論理回路はコンピュータで命令の実行および算術演算に使われる．あらゆる論理的処理手続きは論理ゲートの適切な組合せで効果的に行われる．

二進数回路はディスクリート素子，さらに一般的には集積回路で形づくられる．集積回路の種類はバイポーラ接合トランジスタに基本につくられている．これらにはエミッタ結合論理*(ECL)，I^2L*，無閾値論理（NTL），トランジスタ-トランジスタ論理（TTL）がある．MOS論理回路*はMOSFET*を基礎にしている．

バイポーラ論理回路は高速動作が可能であるがMOS論理回路に比べると比較的に構造が複雑である．したがって機能的に集積密度*が低い．MOS論理回路は動作速度が遅いにもかかわらず大規模集積（LSI）として広く使われる．一方，バイポーラ論理回路は高性能で高速動作が要求される回路に使われてきた．しかしながら，最近のバイポーラ技術の進歩はバイポーラ論理回路で達成できる集積密度を改善してきている．高速動作が要求される超大規模集積に対してバイポーラ回路がその地位を増大している．I^2L回路はMOS回路に匹敵するほど，最も高密度で，最も低い電力消費である．現在のところECLが最も高い能力をもっている．→否定回路．⇒真理値表；ブール代数

論理回路図 logic diagram

コンピュータ，あるいはデータ処理システムの論理要素またそれによる機能と接続を示す図であるが，通常，構造上の詳細または技術的な詳細については示さない．論理回路図は積分のような特定の数学的な演算を実行するためのシステムまたは小さな回路網を設計するときに役に立つ．全加算器の論理回路図が図に示されている．→加算器．⇒論理回路；論理回路図表

論理記号 logic symbol

論理ゲートを表す図記号．→論理回路（真理値表）

論理ゲート logic gate

ANDゲートのような基本的論理関数の機能が埋め込まれたディジタル回路である．その回

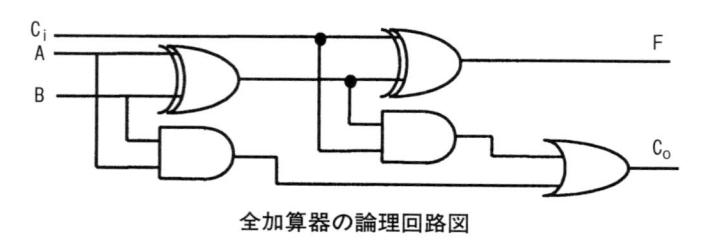

全加算器の論理回路図

路は1つあるいはそれ以上の入力と1つの出力を有する．入力に条件が印加されると，その機能に従う電圧レベルが出力される．出力にはとりうる状態，'1'，'0'がある．➡ 論理回路；3-ステートゲート

論理素子 logic element
　論理回路を構成する最小部品で，主なものとして記号論理演算をあらわす論理ゲート*を指す．⇨ 論理回路

論理的なアドレス logical address
　同義語：バーチャルアドレス (virtual address)．コンピュータプログラムで見出される命令やデータの種類のアドレスで，プログラムを実行するハードウェアには依存しない．論理アドレスは0と2^Nの範囲にある．ここでNはプログラムで使われるアドレスビットの数である．

論理符号解読 firm decision decoding
　同義語：論理符号解読 (hard decision decoding)．

ワ

YIG
　略語：イットリウム-鉄-ガーネット (yttrium-iron-garnet)．マイクロ波帯での応用に広く利用されるフェライト*．磁気的性質は物質中の微量元素の量によって変化する．それの最も一般的な微量元素はカルシウム，バナジウム，ビスマスである．カルシウム-ゲルマニウムYIGは基板上に容易に成長させることができる．この物質は，固体磁気回路の製作を目的とし，非磁性材料の上にG^3*の磁気薄膜として使用される．

Y回路 Y circuit ➡ 星形回路
Y字形回路 wye circuit ➡ 星形回路
Y軸 Y-axis
　陰極管やスペクトルアナライザの画面のような作図における垂直軸．

ワイス定数 Weiss constant
　同義語：磁性キュリー温度 (paramagnetic Curie temperature)．➡ 常磁性

ワイドスクリーンテレビジョン widescreen television
　横縦が標準の4対3に対して16対9の映像ディスプレイ．

yパラメータ y parameters ➡ 回路網
Wi-fi
　無線ローカルエリアネットワーク標準のIEEE 802.11bの通称．

ワイヤボンディング wire bonding
　集積回路*をパッケージングする過程でリードフレーム*と回路を接続する方法．リードフレームは薄い銅箔からなる内部接続されたパターンを打ち抜いて形成する．チップは中央の小さなくぼみにセットされ，チップ上のボンディングパッド*にワイヤボンドで1本1本リードに接続される．セラミックケースによるパッケージングの場合，リードフレームはチップのボンディングの前に形成され，プラスチックパッケージの場合はリードフレームにチップがボンディングされた後に成形プラスチックが

被せられる．最終的なパッケージは，ピングリッドアレイ*，リードレスチップキャリヤ*，デュアルインライン*となる．⇒テープ自動ボンディング

ワイヤレス wireless

1. ケーブルを使用しないで電波，赤外線あるいは音波によって行うシステム間の電気通信の方法．例として，自動車電話によるパーソナルワイヤレス通信（→セルラー通信），ネットワークアウトレットとエンドユーザ機器間に赤外線やマイクロ波を使用するローカルエリアネットワーク*．2.無線受信機．

ワウ wow

音再生システムの出力に発生する周期的な低周波数（約10 Hzより低い周波数）ピッチ変動．ワウはテープ速度やターンテーブルの回転速度が一定しないことで原音が不必要な周波数変調*を受けることで発生する．⇒フラッタ

ワークステーション workstation

1. 伝統的に，1人の人間がコンピュータ関連作業（集中的なモデリング*や高品位のグラフィック生成などを含む）に使用するコンピュータやデータ端末を意味する．ワークステーションは設計事務所や製図室などでよく見かける．これらの場所では，有限要素解析や3次元製図といった，特殊なキャド（CAD，コンピュータ支援設計）作業用にワークステーションが使用される．
2. 製造工程において，必要な道具や部品が全て装備されていて，より大きな製品の一部をつくったり，製品の最終組立を行ったりする場所のこと．

ワグナ接地（法） Wagner earth connection

交流ブリッジ回路*において使用される接続方法で，ブリッジのアースに対するアドミタンス*をできるだけ少なくするための接続法．この接地法は，交流電源と並列に接続された三端子可変抵抗器Rをセンタータップすることにより形成される（図参照）．交流電源の入力は，通常，変成器を介して結合される．もし，可聴周波数帯域を超える周波数が含まれる場合には，図示されているように可変コンデンサCが使用される．指示計器Iは，二位置スイッチを用いてブリッジをまたぐように接続される．ブリッジはスイッチがBの状態で釣り合うよ

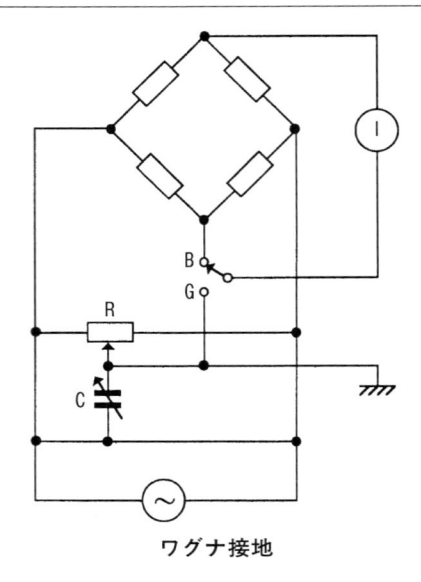

ワグナ接地

うに調整され，スイッチがGの状態で釣り合うようRとCを用いて再調整される．その後，元の釣り合いが保たれているか再び確認される．

ワット watt

記号：W．電力*のSI単位*．1Jのエネルギーが1秒間に消費される電力として定義されている．電気回路では，1Aと1Vの積によって与えられる．

ワット時 watt-hour

キロワット時*の1000分の1．

ワード線 word line →RAM

割り込み interrupt

コンピュータによる計算において，タイマーや入出力制御装置などの外部装置により開始される非同期*実行．

ワンショットマルチバイブレータ one-shot multivibrator

同義語：単安定マルチバイブレータ（single-shot multivibrator）．→単安定

表1 図記号—主に固体部品であるが，電子管も同様である；IEC が承認した記号を○，一般的に使われる記号には□で示す．

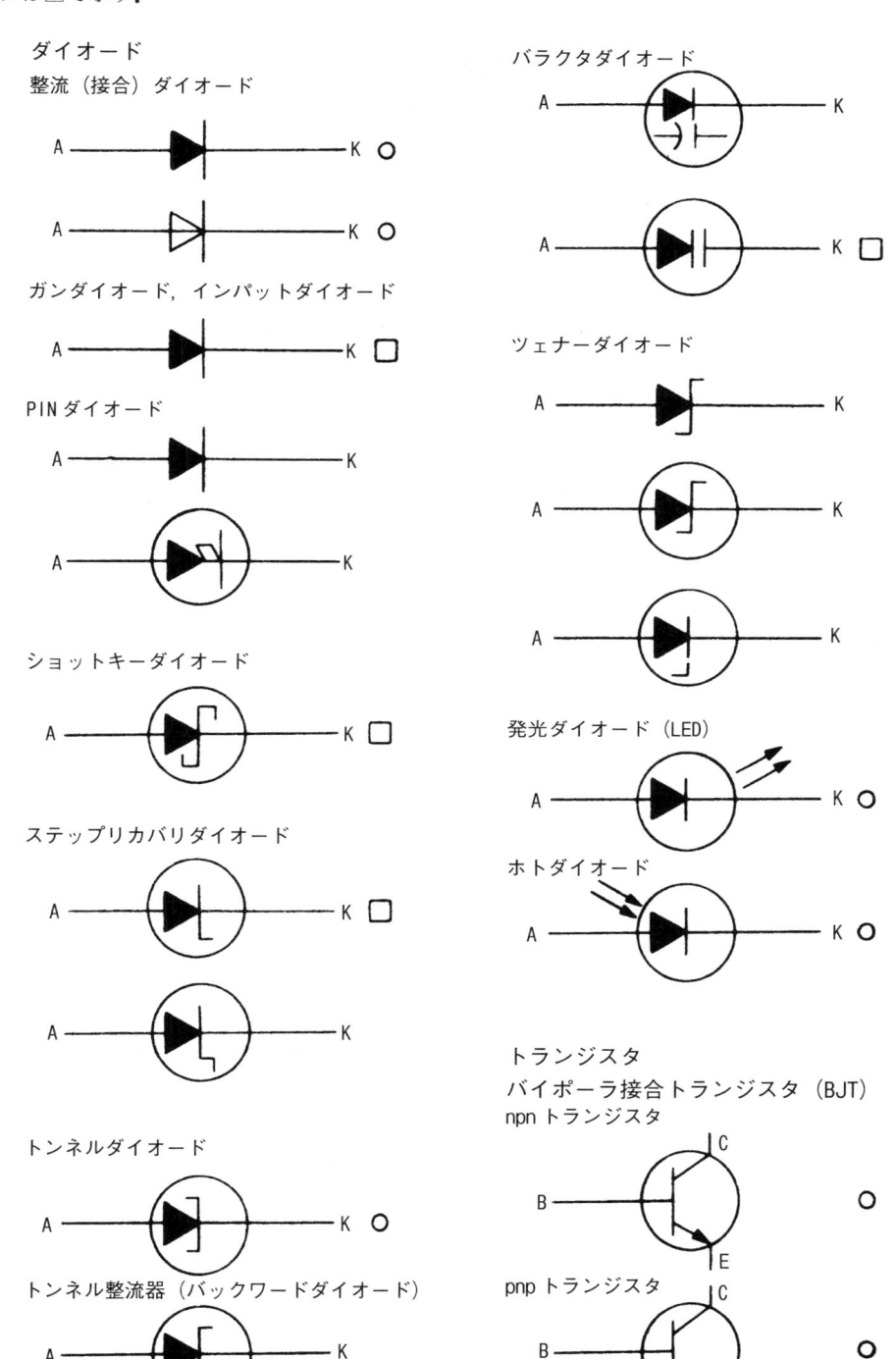

ダイオード
整流（接合）ダイオード

ガンダイオード，インパットダイオード

PINダイオード

ショットキーダイオード

ステップリカバリダイオード

トンネルダイオード

トンネル整流器（バックワードダイオード）

バラクタダイオード

ツェナーダイオード

発光ダイオード（LED）

ホトダイオード

トランジスタ
バイポーラ接合トランジスタ（BJT）
npn トランジスタ

pnp トランジスタ

マルチエミッタ npn トランジスタ

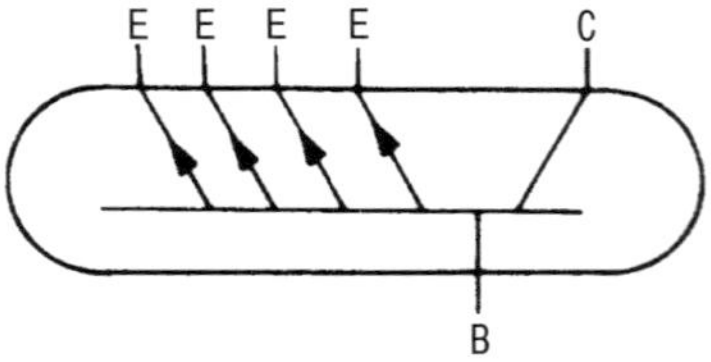

npn ダーリントントランジスタ

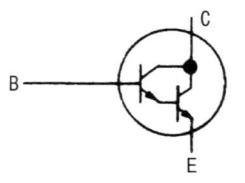

npn ショットキートランジスタ

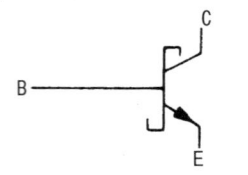

p 形ベース単接合
トランジスタ (UJT)

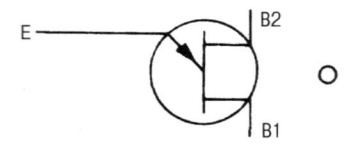

n 形ベース単接合
トランジスタ (UJT)

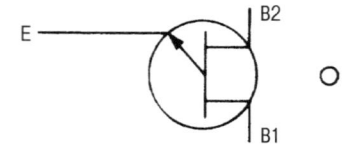

ベース接続なし
npn ホトトランジスタ

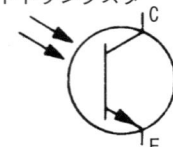

ベース接続付
npn ホトトランジスタ

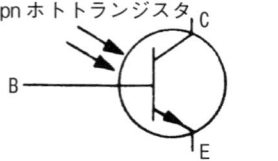

電界効果トランジスタ (FET)
n-チャネル　　　p-チャネル
接合 FET (JFET)

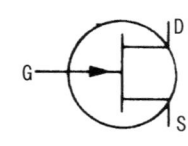

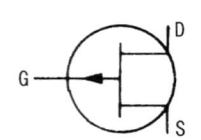

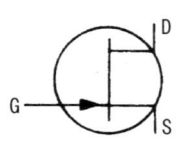

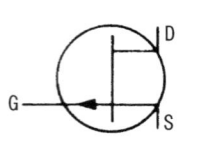

三端子デプレッション形絶縁
ゲート FET (IGFET)

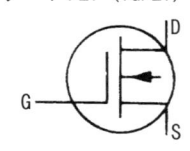

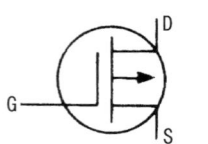

サブストレート (基板) をソースに
接続した三端子デプレッション形 IGFET

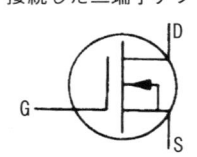

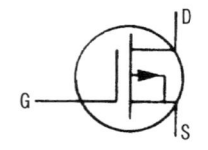

四端子デプレッション形 IGFET

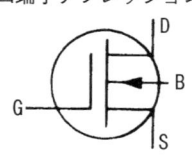

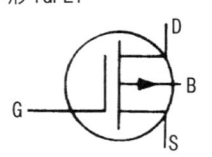

四端子エンハンスメント形 IGFET

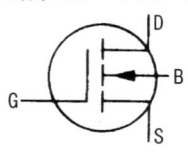

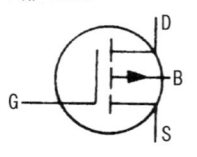

ネオン管交流形

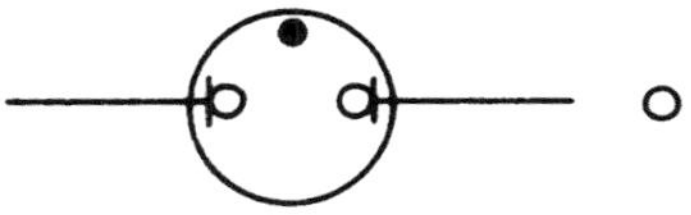

蛍光灯，二端子

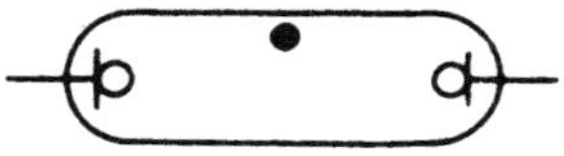

クリスタル
圧電結晶

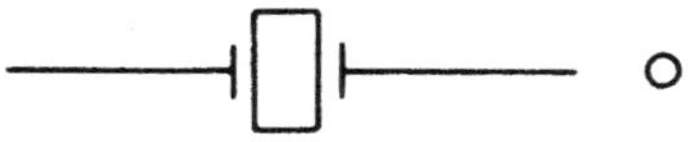

回路保護器
ヒューズ

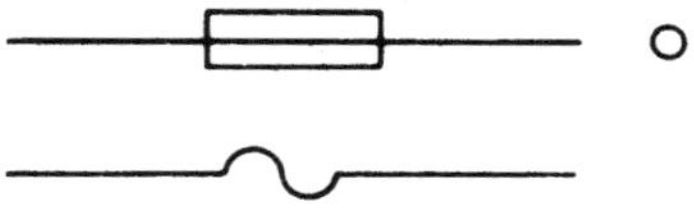

回路遮断器

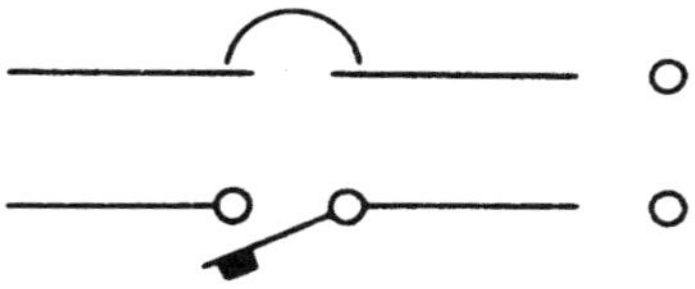

オーディオ装置
スピーカ

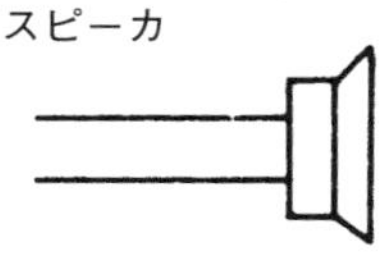

マイクロホン

増幅器
シングルエンド形増幅器

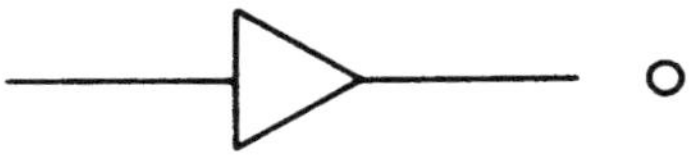

差動増幅器（またはコンパレータ（比較器））

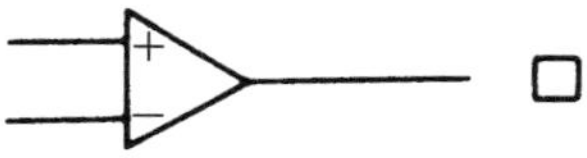

ノートン（電流）増幅器

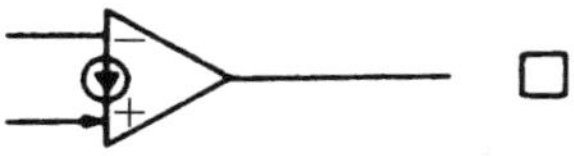

測定器

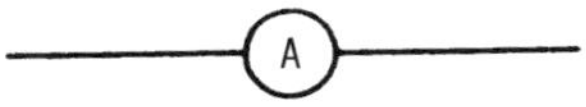

円の中に示してある記号
A　電流計
G　検流計
V　電圧計

フィルタ
一般

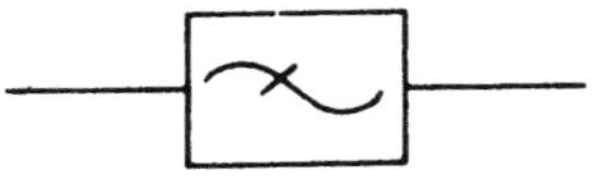

帯域通過フィルタ

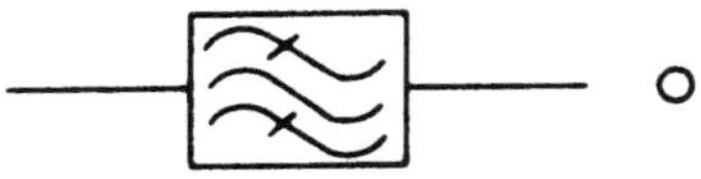

帯域除去フィルタ

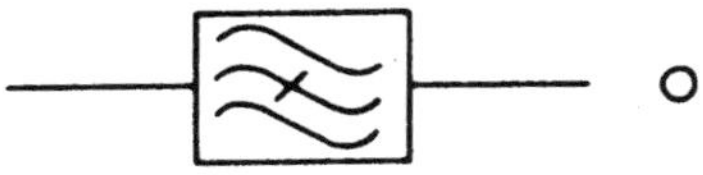

低域通過フィルタ

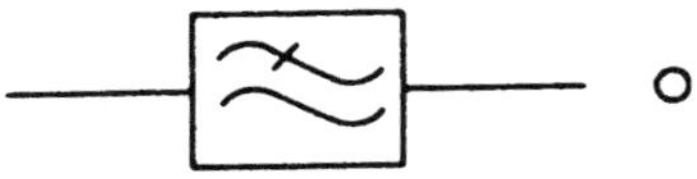

高域通過フィルタ

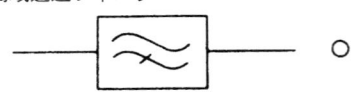

周波数変換器

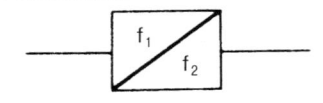

整合形移相器

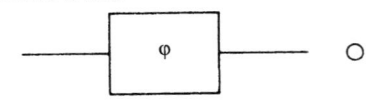

減衰器

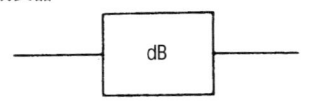

アンテナ（空中線）
受信

送信

アース（接地）

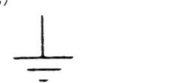

シャーシまたはフレームへの接続

相互接続
矢印は信号の流れ方向を示す；
それ以外の特性が示されることもある．
導通路

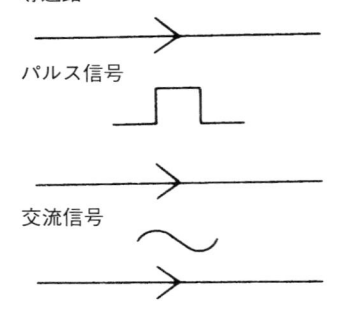

パルス信号

交流信号

ケーブル
接地されたシールドを有する2導体ケーブル

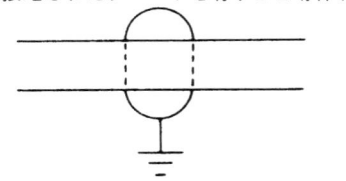

接地されたシールドを有する同軸ケーブル

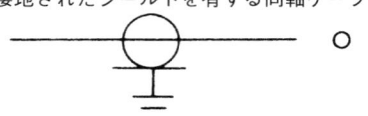

ツイストペア

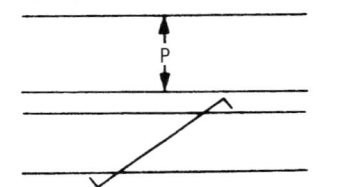

導波管
円形導波管

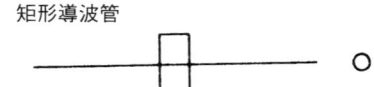

矩形導波管

フレキシブル導波管

ツイスト導波管

サイリスタ
4層（pnpn，ショットキー）ダイオード

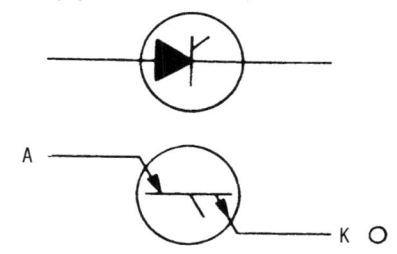

A ─── K

シリコン整御整流器（SCR）

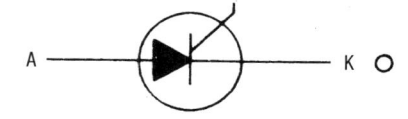

A ─── K

シリコン整御スイッチ（SCS）
G1
A ─── K
G2

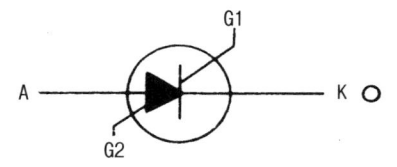

トライアック（ゲートで整御する両方向スイッチ）
G
T ─── K

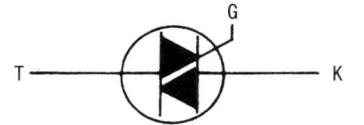

回路部品
独立部品

抵抗器
固定抵抗器

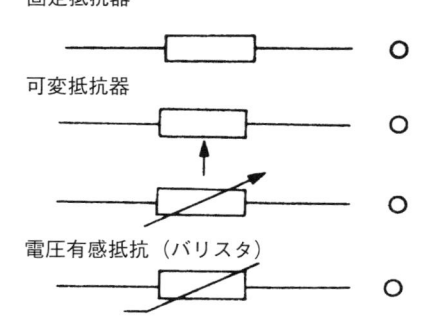

可変抵抗器

電圧有感抵抗（バリスタ）

キャパシタ（コンデンサ）
固定キャパシタ

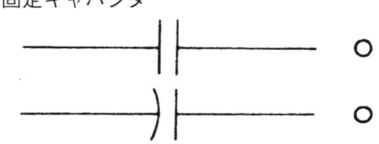

電解コンデンサ

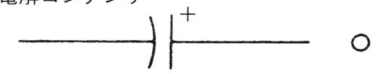

可変コンデンサ

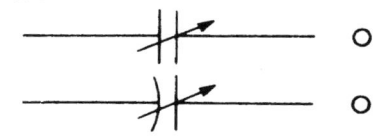

インダクタ
固定インダクタ

磁心を有する固定インダクタ

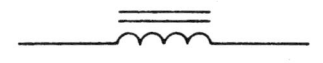

可変インダクタ

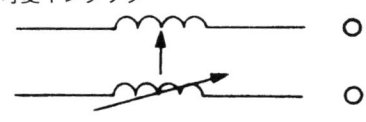

変圧器（変成器）
空芯変圧器

磁心を有する変圧器

磁心を有するシールドされた変圧器

電池および電源
単一セル電池

複数セル電池

定電圧源

定電流源

交流電圧源

電球
白熱電球

信号電球

フラッシュ信号電球

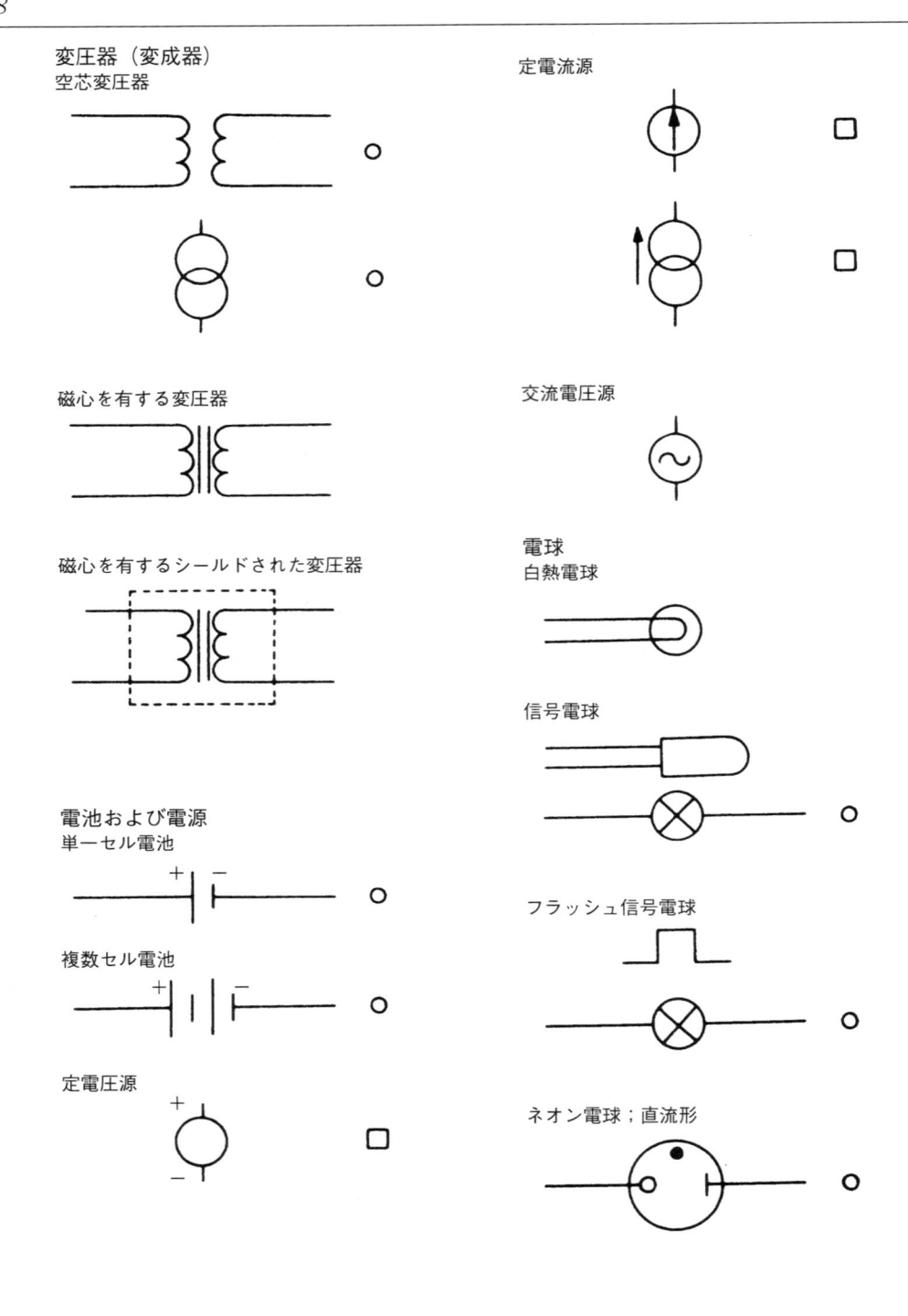

ネオン電球；直流形

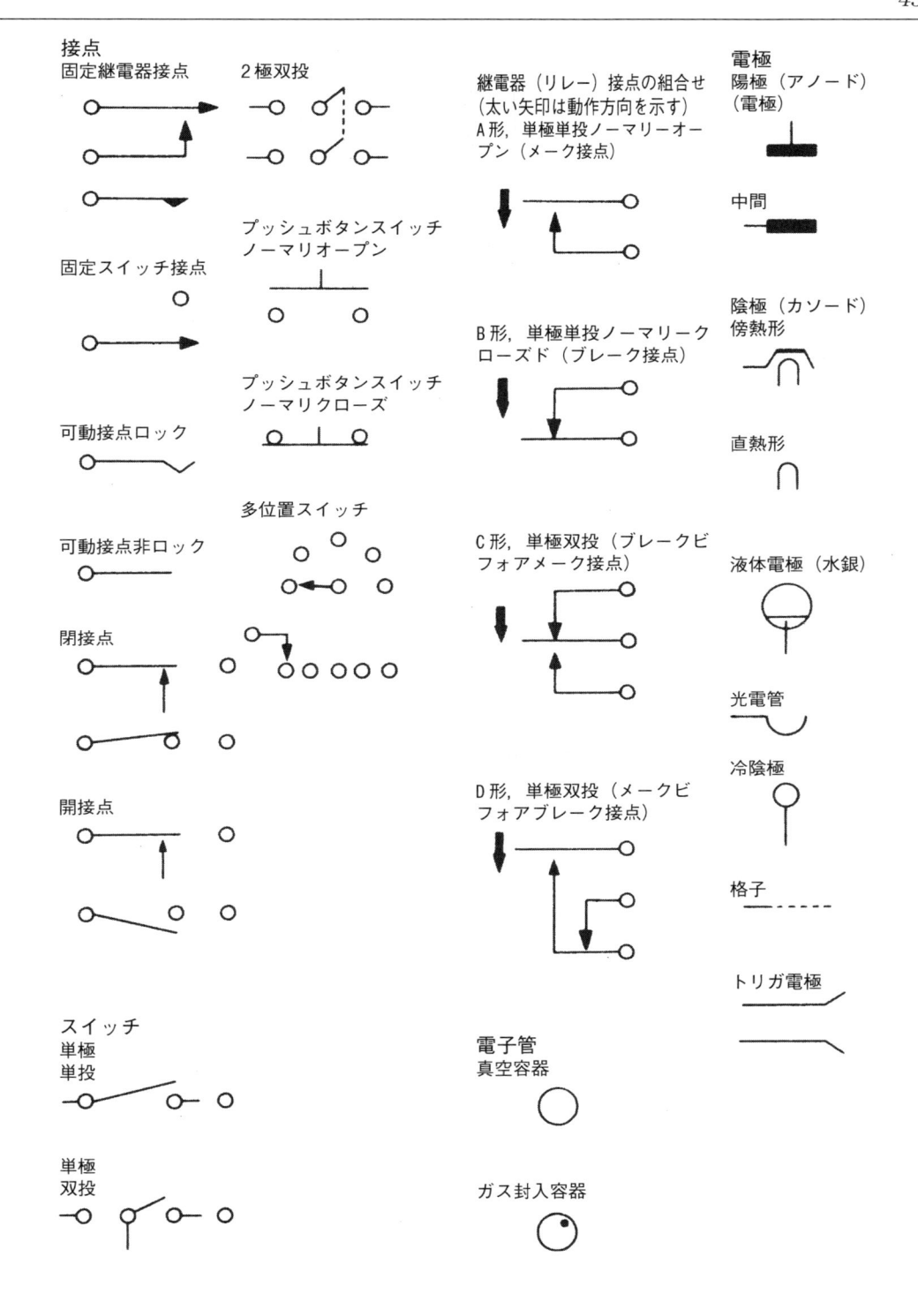

接点
固定継電器接点　　2極双投　　　　継電器（リレー）接点の組合せ　　電極
　　　　　　　　　　　　　　　　　（太い矢印は動作方向を示す）　　陽極（アノード）
　　　　　　　　　　　　　　　　　A形，単極単投ノーマリーオー　　（電極）
　　　　　　　　　　　　　　　　　プン（メーク接点）

　　　　　　　　　　　　　　　　　　　　　　　　　　　　　　　　　中間

　　　　　　　プッシュボタンスイッチ
固定スイッチ接点　ノーマリオープン

　　　　　　　　　　　　　　　　　B形，単極単投ノーマリーク　　　陰極（カソード）
　　　　　　　　　　　　　　　　　ローズド（ブレーク接点）　　　　傍熱形

　　　　　　　プッシュボタンスイッチ
　　　　　　　ノーマリクローズ　　　　　　　　　　　　　　　　　直熱形

可動接点ロック
　　　　　　　多位置スイッチ
　　　　　　　　　　　　　　　　　C形，単極双投（ブレークビ　　　液体電極（水銀）
可動接点非ロック　　　　　　　　　フォアメーク接点）

閉接点
　　　　　　　　　　　　　　　　　　　　　　　　　　　　　　　　光電管

　　　　　　　　　　　　　　　　　D形，単極双投（メークビ　　　　冷陰極
開接点　　　　　　　　　　　　　　フォアブレーク接点）

　　　　　　　　　　　　　　　　　　　　　　　　　　　　　　　　格子

　　　　　　　　　　　　　　　　　　　　　　　　　　　　　　　　トリガ電極

スイッチ
単極
単投　　　　　　　　　　　　　　　電子管
　　　　　　　　　　　　　　　　　真空容器

単極
双投　　　　　　　　　　　　　　　ガス封入容器

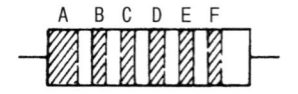

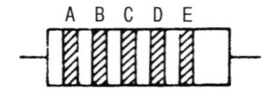

表2 カラーコード：色をつけた帯で部品の値，定格電圧，誤差などを表示する．部品の軸方向の最も端に近い方から表示する値などが示される．

標準カラーコード

色	値	誤差（％）	色	値	誤差（％）
黒	0	±20	青	6	±6
茶	1	±1	紫	7	±12.5
赤	2	±2	灰	8	±30
橙	3	±3	白	9	±10
黄	4	＊	金		±5
緑	5	±5	銀		±10

＊保証された最小値：0～100％の変動

抵抗器 値は4～5の帯に色コードで与えられる（値はオーム）

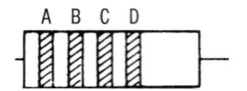

バンド	A	B	C	D	E
4色帯の意味	1桁の値	2桁の値	追加の0の個数	誤差	
5色帯の意味	1桁の値	2桁の値	3桁の値	追加の0の個数	誤差

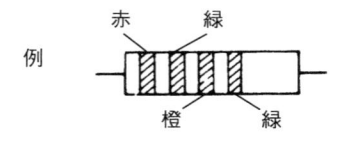

例

R＝25 000 ohms ±5％

セラミックコンデンサ 値はピコファラドで与えられる．5本から6本の帯の色コード（端が色カバーされている）または5本の帯の色コード（端が色カバーされていない）になっている．

表2 カラーコード（続き）

バンド	端が色カバーされた 5色帯の意味	端が色カバーされた 6色帯の意味	5本の均一（太さが同じ）帯の意味
A	温度係数	↑ 温度係数 ↓	1桁目の値
B	1桁目の値		2桁目の値
C	2桁目の値	1桁目の値	追加の0の個数
D	追加の0の個数	2桁目の値	誤差
E	誤差	追加の0の個数	動作電圧（数値×100 V）
F		誤差	

小型薄膜コンデンサ 値はピコファラド，マイクロファラドで与えられた値を 10^{-6} 倍する．色コードは5本の帯で示される．

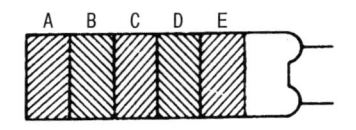

バンド	A	B	C	D	E
帯の意味	1桁目の値	2桁目の値	追加の0の個数	誤差	動作電圧（値×100 V）

タンタルコンデンサ 値はマイクロファラド

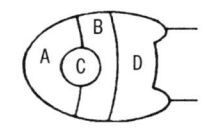

領域	A	B	*C	*D
帯の意味	1桁目の値	2桁目の値	追加の0の個数	動作電圧

*以下の表を参照

表2 カラーコード（続き）
タンタルビード形コンデンサに対する特別カラーコード

色	乗数	電圧	色	乗数	電圧
黒	×1 μF	10	青		20
茶	×10		灰	×0.01	25
赤	×100		白	×0.1	3
黄		6.3	桃		35
緑		16			

表3 重要な半導体の特性

半導体	形	300 K における禁制帯幅 (eV)	300 K における移動度 ($cm^2V^{-1}s^{-1}$) 電子	正孔（ホール）	誘電率
シリコン（Si）	元素	1.09	1500	600	11.8
ゲルマニウム（Ge）		0.66	3900	1900	16
セレン（Se）		2.3	0.005	0.15	6.6
ガリウムヒ素（GaAs）	III-V 化合物	1.43	8600–11000	3000	10.9
インジウム燐（InP）		1.29	4800–6800	150–200	14
硫化カドミウム（CdS）	II-VI化合物	2.42	300	50	10

表4 電磁気量

量	記号	SI 単位	SI 記号
電流	I	アンペア	A
電荷，電気量	Q	クーロン	C
電荷密度，電荷体積密度	ρ	クーロン／メートル^3	C/m^3
表面電荷密度	σ	クーロン／メートル^2	C/m^2
電界強度	$\boldsymbol{E}$	ボルト／メートル	V/m
電位	V, ϕ	ボルト	V
電位差	U	ボルト	V
起電力	E	ボルト	V
電気変位（電束密度）	$\boldsymbol{D}$	クーロン／メートル^2	C/m^2
電束	Ψ	クーロン	C
静電容量（電気容量）	C	ファラド	F
誘電率	ε	ファラド／メートル	F/m
自由空間誘電率（真空誘電率）	ε_0	ファラド／メートル	F/m
比誘電率	ε_r		
電気感受率	χ_e		

表 4 電磁気量（続き）

量	記号	SI 単位	SI 記号
誘電分極	$\boldsymbol{P}$	クーロン／メートル^2	C/m^2
電気双極子モーメント	$\boldsymbol{P}$, $(\boldsymbol{P}_\mathrm{e})$	クーロンメートル	C m
分子の永久双極子モーメント	p, μ	クーロンメートル	C m
分子の誘導双極子モーメント	p, p_i	クーロンメートル	C m
分子の電気分極	α	クーロンメートル^2／ボルト	C m^2/V
電流密度	$\boldsymbol{j}$, $\boldsymbol{J}$	アンペア／メートル^2	A/m^2
磁界の強さ	$\boldsymbol{H}$	アンペア／メートル	A/m
磁位差	U_m	アンペア	A
起磁力	F, F_m	アンペア	A
磁束密度	$\boldsymbol{B}$	テスラ	T
磁束	Φ	ウェーバー	Wb
自己インダクタンス	L	ヘンリー	H
相互インダクタンス	$\boldsymbol{M}$, $\boldsymbol{L}_{12}$	ヘンリー	H
結合係数	k		
漏洩（もれ）係数	σ		
透磁率	μ	ヘンリー／メートル	H/m
自由空間（真空）透磁率	μ_o	ヘンリー／メートル	H/m
比透磁率	μ_r		
磁化率	χ_m		
磁気モーメント	$\boldsymbol{m}$	アンペアメートル^2	A m^2
磁化	$\boldsymbol{M}$	アンペア／メートル	A/m
磁気分極	B_i	テスラ	T
真空中の光の速度	c	メートル／秒	m/s
抵抗	R	オーム	Ω
抵抗率	ρ	オームメートル	Ω m
コンダクタンス（伝導性）	G	ジーメンス	S
導電率	σ	ジーメンス／メートル	S/m
リラクタンス（磁気抵抗）	R, R_m	（ヘンリー）$^{-1}$	H^{-1}
パーミアンス（導磁度）	Λ	ヘンリー	H
位相変位	ϕ		
巻き線回数	N		
相の数	m		
極対の数	p		
インピーダンス	Z	オーム	Ω
インピーダンスの絶対値	$|Z|$	オーム	Ω
リアクタンス	X	オーム	Ω
品質係数	Q		
アドミタンス	Y	ジーメンス	S
アドミタンスの絶対値	$|Y|$	ジーメンス	S
サセプタンス（電気感受率）	$\boldsymbol{B}$	ジーメンス	S
有効電力	$\boldsymbol{P}$	ワット	W
皮相電力	$\boldsymbol{S}$, $(\boldsymbol{P}_\mathrm{s})$	ワット	W （＝VA）
無効電力	$\boldsymbol{Q}$, $(\boldsymbol{P}_\mathrm{q})$	ワット	W
ファラデー定数	F	クーロン／モル	C/mol
波長	λ	メートル	m
周波数	v, f	ヘルツ	Hz

表4 電磁気量（続き）

量	記号	SI単位	SI記号
角周波数	ω	ヘルツ	Hz
周期	T	秒	s
緩和時間	τ	秒	s
絶対温度（熱力学温度）	T	ケルビン	K
エネルギー	E	ジュール	J

表5 基本定数

定数	記号	数値
光速	c	$2.997\ 924\ 58 \times 10^8 \mathrm{ms}^{-1}$
自由空間（真空）透磁率	μ_0	$4\pi \times 10^{-7} = 1.256\ 637\ 0614 \times 10^{-6} \mathrm{Hm}^{-1}$
自由空間（真空）誘電率	$\varepsilon_0 = \mu_0^{-1} c^{-2}$	$8.854\ 187\ 817 \times 10^{-12} \mathrm{Fm}^{-1}$
電子または陽子の電荷	e	$\pm 1.602\ 177\ 33 \times 10^{-19} \mathrm{C}$
電子の静止質量	m_e	$9.109\ 39 \times 10^{-31} \mathrm{kg}$
陽子の静止質量	m_p	$1.672\ 62 \times 10^{-27} \mathrm{kg}$
中性子の静止質量	m_n	$1.674\ 92 \times 10^{-27} \mathrm{kg}$
比電荷	e/m	$1.758\ 820 \times 10^{11} \mathrm{Ckg}^{-1}$
電子半径	r_e	$2.817\ 939 \times 10^{-15} \mathrm{m}$
プランク定数	h	$6.626\ 075 \times 10^{-34} \mathrm{Js}$
ボルツマン定数	k	$1.380\ 658 \times 10^{-23} \mathrm{JK}^{-1}$
ファラデー定数	F	$9.648\ 531 \times 10^4 \mathrm{Cmol}^{-1}$

表6 基本SI単位

物理量	名称	記号
長さ	メートル	m
質量	キログラム	kg
時間	秒	s
電流	アンペア	A
熱力学温度	ケルビン	K
物質量	モル	mol
輝度	カンデラ	cd

表7 SI単位から導出された単位の名称

物理量	名称	記号	組立単位	基本単位
周波数	ヘルツ	Hz		s^{-1}
エネルギー	ジュール	J		$kg\ m^2\ s^{-2}$
力	ニュートン	N	$J\ m^{-1}$	$kg\ m\ s^{-2}$
電力	ワット	W	$J\ s^{-1}$	$kg\ m^2\ s^{-3}$
圧力	パスカル	Pa	$N\ m^{-2}$	$kg\ m^{-1}\ s^{-2}$
電荷	クーロン	C		$A\ s$
電位差	ボルト	V	$J\ C^{-1}$	$kg\ m^2\ s^{-3}\ A^{-1}$
抵抗	オーム	Ω	$V\ A^{-1}$	$kg\ m^2\ s^{-3}\ A^{-2}$
コンダクタンス	ジーメンス	S	Ω^{-1}	$s^3\ A^2\ kg^{-1}\ m^{-2}$
静電容量	ファラド	F	$C\ V^{-1}$	$s^4\ A^2\ kg^{-1}\ m^{-2}$
磁束	ウェーバー	Wb	$V\ s$	$kg\ m^2\ s^{-2}\ A^{-1}$
インダクタンス	ヘンリー	H	$Wb\ A^{-1}$	$kg\ m^2\ s^{-2}\ A^{-2}$
磁束密度	テスラ	T	$Wb\ m^{-2}$	$kg\ s^{-2}\ A^{-1}$

表8 無次元SI単位の名称

物理量	名称	記号
平面角	ラジアン	rad
立体角	ステラジアン	sr

表9 SI単位の接頭辞

因子	接頭辞名	記号	因子	接頭辞名	記号
10^{-1}	デシ	d	10	デカ	da
10^{-2}	センチ	c	10^{2}	ヘクト	h
10^{-3}	ミリ	m	10^{3}	キロ	k
10^{-6}	マイクロ	μ	10^{6}	メガ	M
10^{-9}	ナノ	n	10^{9}	ギガ	G
10^{-12}	ピコ	p	10^{12}	テラ	T
10^{-15}	フェムト	f	10^{15}	ペタ	P
10^{-18}	アト	a	10^{18}	エクサ	E
10^{-21}	ゼプト	z	10^{21}	ゼッタ	Z
10^{-24}	ヨクト	y	10^{24}	ヨッタ	Y

表10 電磁スペクトル

波長 (m)	帯域	周波数 (Hz)
3×10^7		10
3×10^6		10^2
3×10^5	オーディオ周波数帯	10^3
3×10^4	VLF	10^4
3×10^3	LF	10^5
3×10^2	MF	10^6
30	HF / 無線周波数帯	10^7
3	VHF	10^8
3×10^{-1}	UHF	10^9
3×10^{-2}	SHF	10^{10}
3×10^{-3}	EHF	10^{11}
3×10^{-4}		10^{12}
3×10^{-5}	赤外域	10^{13}
3×10^{-6}		10^{14}
3×10^{-7}	可視域	10^{15}
3×10^{-8}		10^{16}
3×10^{-9}	紫外域	10^{17}
3×10^{-10}		10^{18}
3×10^{-11}	X線域	10^{19}
3×10^{-12}	ガンマ線	10^{20}
3×10^{-13}		10^{21}

表 11 元素の周期率表 — 族と原子番号と化学記号を表す

族	1	2	3	4	5	6	7	8	9	10	11	12	13	14	15	16	17	18	n
1	1 H																	2 He	1
2	3 Li	4 Be											5 B	6 C	7 N	8 O	9 F	10 Ne	2
3	11 Na	12 Mg											13 Al	14 Si	15 P	16 S	17 Cl	18 Ar	3
4	19 K	20 Ca	21 Sc	22 Ti	23 V	24 Cr	25 Mn	26 Fe	27 Co	28 Ni	29 Cu	30 Zn	31 Ga	32 Ge	33 As	34 Se	35 Br	36 Kr	4
5	37 Rb	38 Sr	39 Y	40 Zr	41 Nb	42 Mo	43 Tc	44 Ru	45 Rh	46 Pd	47 Ag	48 Cd	49 In	50 Sn	51 Sb	52 Te	53 I	54 Xe	5
6	55 Cs	56 Ba	57–71 La–Lu	72 Hf	73 Ta	74 W	75 Re	76 Os	77 Ir	78 Pt	79 Au	80 Hg	81 Tl	82 Pb	83 Bi	84 Po	85 At	86 Rn	6
7	87 Fr	88 Ra	89–103 Ac–Lr	104 Rf	105 Db	106 Sg	107 Bh	108 Hs	109 Mt	110 Ds	111 Rg	112 Uub	113 Uut	114 Uuq	115 Uup	116 Uuh			7

ランタニド	57 La	58 Ce	59 Pr	60 Nd	61 Pm	62 Sm	63 Eu	64 Gd	65 Tb	66 Dy	67 Ho	68 Er	69 Tm	70 Yb	71 Lu
アクチニド	89 Ac	90 Th	91 Pa	92 U	93 Np	94 Pu	95 Am	96 Cm	97 Bk	98 Cf	99 Es	100 Fm	101 Md	102 No	103 Lr

最近用いられている推奨の族記号と他の族記号との対応

	1	2	3	4	5	6	7	8	9	10	11	12	13	14	15	16	17	18
1990 年 IUPAC が提案したもの																		
ヨーロッパで慣例的に使用	IA	IIA	IIIA	IVA	VA	VIA	VIIA	VIII	VIII (or VIIIA)	VIII	IB	IIB	IIIB	IVB	VB	VIB	VIIB	0 (or VIIIB)
米国で慣例的に使用	IA	IIA	IIIB	IVB	VB	VIB	VIIB	VIII	VIII	VIII	IB	IIB	IIIA	IVA	VA	VIA	VIIA	VIIIA (or 0)

表 12 最低エネルギー状態にある中性原子の原子殻内の電子配列

原子番号	元素	K 1s	L 2s	L 2p	M 3s	M 3p	M 3d	N 4s	N 4p	N 4d	N 4f	O 5s
1	H	1										
2	He	2										
3	Li	2	1									
4	Be	2	2									
5	B	2	2	1								
6	C	2	2	2								
7	N	2	2	3								
8	O	2	2	4								
9	F	2	2	5								
10	Ne	2	2	6								
11	Na	2	2	6	1							
12	Mg	2	2	6	2							
13	Al	2	2	6	2	1						
14	Si	2	2	6	2	2						
15	P	2	2	6	2	3						
16	S	2	2	6	2	4						
17	Cl	2	2	6	2	5						
18	Ar	2	2	6	2	6						
19	K	2	2	6	2	6		1				
20	Ca	2	2	6	2	6		2				
21	Sc	2	2	6	2	6	1	2				
22	Ti	2	2	6	2	6	2	2				
23	V	2	2	6	2	6	3	2				
24	Cr	2	2	6	2	6	5	1				
25	Mn	2	2	6	2	6	5	2				
26	Fe	2	2	6	2	6	6	2				
27	Co	2	2	6	2	6	7	2				
28	Ni	2	2	6	2	6	8	2				
29	Cu	2	2	6	2	6	10	1				
30	Zn	2	2	6	2	6	10	2				
31	Ga	2	2	6	2	6	10	2	1			
32	Ge	2	2	6	2	6	10	2	2			
33	As	2	2	6	2	6	10	2	3			
34	Se	2	2	6	2	6	10	2	4			
35	Br	2	2	6	2	6	10	2	5			
36	Kr	2	2	6	2	6	10	2	6			
37	Rb	2	2	6	2	6	10	2	6			1
38	Sr	2	2	6	2	6	10	2	6			2
39	Y	2	2	6	2	6	10	2	6	1		2
40	Zr	2	2	6	2	6	10	2	6	2		2
41	Nb	2	2	6	2	6	10	2	6	4		1
42	Mo	2	2	6	2	6	10	2	6	5		1
43	Tc	2	2	6	2	6	10	2	6	6		1
44	Ru	2	2	6	2	6	10	2	6	7		1
45	Rh	2	2	6	2	6	10	2	6	8		1
46	Pd	2	2	6	2	6	10	2	6	10		

原子番号	元素	K 1s	L 2s	L 2p	M 3s	M 3p	M 3d	N 4s	N 4p	N 4d	N 4f	O 5s	O 5p	O 5d	O 5f	5g	P 6s	P 6p	P 6d	6f	Q 7s	Q 7p
47	Ag	2	2	6	2	6	10	2	6	10		1										
48	Cd	2	2	6	2	6	10	2	6	10		2										
49	In	2	2	6	2	6	10	2	6	10		2	1									
50	Sn	2	2	6	2	6	10	2	6	10		2	2									
51	Sb	2	2	6	2	6	10	2	6	10		2	3									
52	Te	2	2	6	2	6	10	2	6	10		2	4									
53	I	2	2	6	2	6	10	2	6	10		2	5									
54	Xe	2	2	6	2	6	10	2	6	10		2	6									
55	Cs	2	2	6	2	6	10	2	6	10		2	6				1					
56	Ba	2	2	6	2	6	10	2	6	10		2	6				2					
57	La	2	2	6	2	6	10	2	6	10		2	6	1			2					
58	Ce	2	2	6	2	6	10	2	6	10	2	2	6				2					
59	Pr	2	2	6	2	6	10	2	6	10	3	2	6				2					
60	Nd	2	2	6	2	6	10	2	6	10	4	2	6				2					
61	Pm	2	2	6	2	6	10	2	6	10	5	2	6				2					
62	Sm	2	2	6	2	6	10	2	6	10	6	2	6				2					
63	Eu	2	2	6	2	6	10	2	6	10	7	2	6				2					
64	Gd	2	2	6	2	6	10	2	6	10	7	2	6	1			2					
65	Tb	2	2	6	2	6	10	2	6	10	9	2	6				2					
66	Dy	2	2	6	2	6	10	2	6	10	10	2	6				2					
67	Ho	2	2	6	2	6	10	2	6	10	11	2	6				2					
68	Er	2	2	6	2	6	10	2	6	10	12	2	6				2					
69	Tm	2	2	6	2	6	10	2	6	10	13	2	6				2					
70	Yb	2	2	6	2	6	10	2	6	10	14	2	6				2					
71	Lu	2	2	6	2	6	10	2	6	10	14	2	6	1			2					
72	Hf	2	2	6	2	6	10	2	6	10	14	2	6	2			2					
73	Ta	2	2	6	2	6	10	2	6	10	14	2	6	3			2					
74	W	2	2	6	2	6	10	2	6	10	14	2	6	4			2					
75	Re	2	2	6	2	6	10	2	6	10	14	2	6	5			2					
76	Os	2	2	6	2	6	10	2	6	10	14	2	6	6			2					
77	Ir	2	2	6	2	6	10	2	6	10	14	2	6	9								
78	Pt	2	2	6	2	6	10	2	6	10	14	2	6	9			1					
79	Au	2	2	6	2	6	10	2	6	10	14	2	6	10			1					
80	Hg	2	2	6	2	6	10	2	6	10	14	2	6	10			2					
81	Tl	2	2	6	2	6	10	2	6	10	14	2	6	10			2	1				
82	Pb	2	2	6	2	6	10	2	6	10	14	2	6	10			2	2				
83	Bi	2	2	6	2	6	10	2	6	10	14	2	6	10			2	3				
84	Po	2	2	6	2	6	10	2	6	10	14	2	6	10			2	4				
85	At	2	2	6	2	6	10	2	6	10	14	2	6	10			2	5				
86	Rn	2	2	6	2	6	10	2	6	10	14	2	6	10			2	6				
87	Fr	2	2	6	2	6	10	2	6	10	14	2	6	10			2	6			1	
88	Ra	2	2	6	2	6	10	2	6	10	14	2	6	10			2	6			2	
89	Ac	2	2	6	2	6	10	2	6	10	14	2	6	10			2	6	1		2	
90	Th	2	2	6	2	6	10	2	6	10	14	2	6	10	2		2	6	1		2	
91	Pa	2	2	6	2	6	10	2	6	10	14	2	6	10	2		2	6	1		2	
92	U	2	2	6	2	6	10	2	6	10	14	2	6	10	3		2	6	1		2	

表13 電気化学系列—標準水素電極に対する還元電位を表す

元素	反応	電位ボルト	元素	反応	電位ボルト
Li	$Li^+ + e^- \rightleftharpoons Li$	-3.045	Ga	$Ga^{3+} + 3\,e^- \rightleftharpoons Ga$	-0.56
Rb	$Rb^+ + e^- \rightleftharpoons Rb$	-2.925	S	$S + 2\,e^- \rightleftharpoons S^{2-}$	-0.508
K	$K^+ + e^- \rightleftharpoons K$	-2.924	Fe	$Fe^{2+} + 2\,e^- \rightleftharpoons Fe$	-0.409
Cs	$Cs^+ + e^- \rightleftharpoons Cs$	-2.923	Cd	$Cd^{2+} + 2\,e^- \rightleftharpoons Cd$	-0.4026
Ba	$Ba^{2+} + 2\,e^- \rightleftharpoons Ba$	-2.9	In	$In^{3+} + 3\,e^- \rightleftharpoons In$	-0.338
Sr	$Sr^{2+} + 2\,e^- \rightleftharpoons Sr$	-2.89	Tl	$Tl^+ + e^- \rightleftharpoons Tl$	-0.3363
Ca	$Ca^{2+} + 2\,e^- \rightleftharpoons Ca$	-2.76	Co	$Co^{2+} + 2\,e^- \rightleftharpoons Co$	-0.28
Na	$Na^+ + e^- \rightleftharpoons Na$	-2.7109	Ni	$Ni^{2+} + 2\,e^- \rightleftharpoons Ni$	-0.23
Mg	$Mg^{2+} + 2\,e^- \rightleftharpoons Mg$	-2.375	Sn	$Sn^{2+} + 2\,e^- \rightleftharpoons Sn$	-0.1364
Y	$Y^{3+} + 3\,e^- \rightleftharpoons Y$	-2.37	Pb	$Pb^{2+} + 2\,e^- \rightleftharpoons Pb$	-0.1263
La	$La^{3+} + 3\,e^- \rightleftharpoons La$	-2.37	Fe	$Fe^{3+} + 3\,e^- \rightleftharpoons Fe$	-0.036
Ce	$Ce^{3+} + 3\,e^- \rightleftharpoons Ce$	-2.335	D_2	$D^+ + e^- \rightleftharpoons \tfrac{1}{2}\,D_2$	-0.0034
Nd	$Nd^{3+} + 3\,e^- \rightleftharpoons Nd$	-2.246	H_2	$H^+ + e^- \rightleftharpoons \tfrac{1}{2}\,H_2$	0
H	$\tfrac{1}{2}\,H_2 + e^- \rightleftharpoons H^-$	-2.23	Re	$Re^{3+} + 3\,e^- \rightleftharpoons Re$	0.3
Sc	$Sc^{3+} + 3\,e^- \rightleftharpoons Sc$	-2.08	Cu	$Cu^{2+} + 2\,e^- \rightleftharpoons Cu$	0.34
Th	$Th^{4+} + 4\,e^- \rightleftharpoons Th$	-1.9		$Cu^+ + e^- \rightleftharpoons Cu$	0.522
Np	$Np^{3+} + 3\,e^- \rightleftharpoons Np$	-1.9	I_2	$I_2 + 2\,e^- \rightleftharpoons 2\,I^-$	0.535
U	$U^{3+} + 3\,e^- \rightleftharpoons U$	-1.8	Hg	$Hg_2^{2+} + 2\,e^- \rightleftharpoons 2\,Hg$	0.7961
Al	$Al^{3+} + 3\,e^- \rightleftharpoons Al$	-1.706	Ag	$Ag^+ + e^- \rightleftharpoons Ag$	0.7996
Be	$Be^{2+} + 2\,e^- \rightleftharpoons Be$	-1.7	Pd	$Pd^{2+} + 2\,e^- \rightleftharpoons Pd$	0.83
Ti	$Ti^{2+} + 2\,e^- \rightleftharpoons Ti$	-1.63	Br_2	$Br_2(l) + 2\,e^- \rightleftharpoons 2\,Br^-$	1.065
V	$V^{2+} + 2\,e^- \rightleftharpoons V$	-1.2	Pt	$Pt^{2+} + 2\,e^- \rightleftharpoons Pt$	1.2
Mn	$Mn^{2+} + 2\,e^- \rightleftharpoons Mn$	-1.029	Cl_2	$Cl_2 + 2\,e^- \rightleftharpoons 2\,Cl^-$	1.358
Te	$Te + 2\,e^- \rightleftharpoons Te^{2-}$	-0.92	Au	$Au^{3+} + 3\,e^- \rightleftharpoons Au$	1.42
Se	$Se + 2\,e^- \rightleftharpoons Se^{2-}$	-0.78		$Au^+ + e^- \rightleftharpoons Au$	1.68
Zn	$Zn^{2+} + 2\,e^- \rightleftharpoons Zn$	-0.7628	F_2	$\tfrac{1}{2}\,F_2 + e^- \rightleftharpoons F^-$	2.85
Cr	$Cr^{3+} + 3\,e^- \rightleftharpoons Cr$	-0.74			

表14 電気工学ならびに電子工学における重要な発明，発見

1745	コンデンサ：ライデン瓶	P. van Musschenbroek
1747-48	正と負電気の仮説	B. Franklin
1767	逆二乗則：仮説	J. Priestley
	実証 1785	C. A. de Coulomb
1800	電池：ボルタ電堆	A. Volta
1808	原子論	J. Dalton
1820	電磁気力	H. Oersted
1820-21	アンペアの法則	A. M. Ampère
1821	熱電気	J. Seebeck
1823	電磁石：最初の発明	W. Sturgeon
	改良 1831	J. Henry
1827	オームの法則	G. S. Ohm
1831	電磁誘導	M. Faraday
1831	変圧器	M. Faraday
1832	自己誘導	J. Henry
1833-34	解析エンジンの着想	C. Babbage
1834	電気分解の法則	M. Faraday
1845	キルヒホッフの法則	G. Kirchhoff
1847	磁気歪	J. Joule
1856	ガス放電管：低圧力	H. Geissler
1860	マイクロホン：ダイヤフラム	J. P. Reis
	炭素粒 1878	D. Hughes
1864	マックスウェルの方程式	J. C. Maxwell
1876	電話	A. G. Bell
1876-79	陰極線の研究	W. Crookes
1877	蓄音器	T. A. Edison
1879	ホール効果	E. Hall
1880	圧電気	P. Curie
1887-88	電磁波（無線）はじめて発生	H. Hertz
1887	アンテナ	H. Hertz
1887	光電効果：観測	H. Hertz
	説明 1905	A. Einstein
1896	無線電信：近距離	G. Marconi
	大西洋横断 1901	G. Marconi
1897	すべての物質の構成要素として提案された電子を発見	J. J. Thomson
1897	陰極線オシロスコープ	F. Braun
1898	磁気録音：ワイヤ	V. Poulsen
	テープ 1927	US patent
1900	量子論	M. Planck
1901-02	電離層：仮説	A. Kennelly ; O. Heaviside
	実証 1924	E. Appleton
1904	熱電子管：二極管	J. A. Fleming
	三極管 1906	L. de Forest
1906	無線放送：最初に成功	R. Fessenden
	商用 1919-20	UK, US
1911	超電導：観測	H. Kamerlingh Onnes
	BCS 理論 1957	J. Bardeen, L. Cooper & J. Schrieffer
1911	原子核	E. Rutherford
1913	ボーア原子	A. Bohr

表14 電気工学ならびに電子工学における重要な発明，発見（続き）

1923	テレビジョン：電子方式（アイコノスコープ）	V. Zworykin
	機械方式 1926	J. L. Baird
	電子方式 1927	P. Farnsworth
	カラーの実証 1928	J. L. Baird
	イメージオルシコン 1946	A. Rose, P. Heimer & H. Law
1924-25	レーダー：最初の実験	E. Appleton ; et al
	改良 1935-45	R. Watson-Watt
1924-25	波動力学	E. Schrödinger ; L. de Broglie ; W. Heisenberg ; et al
1926	八木アンテナ	H. Yagi
1929-35	テレビ放送：機械式走査	BBC
	電子方式	BBC
	カラー，NTSC 1953	US
1933	FM 通信：特許	E. Armstrong
1936	導波管	various
1937	パルス符号変調：発明	A. Reeves
	改良 1940	
1937	クライストロン	R. & S. Varian
1939	マグネトロン	J. Randall & H. Boot
1939-46	コンピュータ：真空管使用	UK ; US
	トランジスタ 1956	
	集積回路 1968	
1947	トランジスタ：点接触形，実証（発展 1948）	J. Bardeen, W. Brattain & W. Shockley
	バイポーラ接合形 1948	W. Shockley
1948	単結晶成長：ゲルマニューム	G. Teal & J. Little
	シリコン 1952	G. Teal & E. Buehler
1952	電界効果トランジスタ：JFET	W. Shockley
	MOSFET 1958/60	various
1955	光ファイバー：実証	N. Kapany
	長距離伝送 1966	C. Kao & G. Hockham
	商用に使われる 1977	UK
1958	集積回路：プロトタイプ	J. Kilby ; R. Noyce
	プレーナプロセス使用 1959	J. Hoerni & R. Noyce
	MOS 技術 1970	
1960	レーザ	T. Maiman
	通信衛星：受動型，Echo	US
	能動型，Telstar 1962	US
	GEOS, Early Bird 1965	Intelsat
1969	コンピュータインターネット：ARPANET	US research groups
	インターネットとして一般に使用可能 1984	
1971	マイクロプロセッサ：Intel 4004	T. Hoff
	8-bit 8008 1972	Intel
1975	パーソナルコンピュータ：キット形態，Altair 8800	E. Roberts
	Apple ll 1977	S. Jobs & S. Wozniak
	IBM PC 1981	IBM
1979	電話機：最初のデジタル交換	UK
1982	コンパクトディスク：オーディオプレーヤー	CBS & Sony ; Philips
	データ蓄積用 CD-ROM 1984	Sony & Philips
1986	超伝導：高温	A. Muller & G. Bednorz

表15　ギリシャ文字

文字		名称	文字		名称
A	α	アルファ	N	ν	ヌー
B	β	ベータ	Ξ	ξ	クシー
Γ	γ	ガンマ	O	o	オミクロン
Δ	δ	デルタ	Π	π	パイ
E	ε	イプシロン	P	ρ	ロー
Z	ζ	ツェータ	Σ	σ	シグマ
H	η	イータ	T	τ	タウ
Θ	θ	シータ	Υ	υ	ユプシロン
I	ι	イオタ	Φ	ϕ	フィー（ファイ）
K	κ	カッパ	X	χ	キィー（カイ）
Λ	λ	ラムダ	Ψ	ψ	プシー（プサイ）
M	μ	ミュー	Ω	ω	オメガ

欧文索引

A

ABC　42
aberration　収差　152
abrupt junction　階段接合　58
absolute electrometer　絶対電位計　189
absolute temperature　絶対温度　189
absolute zero　絶対零度　189
absorption　吸収　85
absorption coefficient　吸収係数　85
absorption loss　吸収損失　86
a.c.（AC）　34
accelerated life test　加速寿命試験　69
accelerating anode　加速陽極　69
accelerating electrode　加速電極　69
acceleration voltage　加速電圧　69
accelerator　加速器　69
acceptor　アクセプタ　5
access point　アクセスポイント　5
access system　アクセスシステム　5
access time　アクセス時間　4
a.c.-coupled amplifier　交流結合増幅器　116
accumulation mode　蓄積モード　218
accumulator　蓄積器　218
ACK signal　ACK 信号　34
acoustic coupler　音響カプラ　55
acoustic delay line　音響遅延線　55
acoustic feedback　音響帰還　55
acoustic pressure waveform　音圧波形　55
acoustic wave　音響波　55
acoustic wave device　音響波デバイス　55
acquisition　捕捉　390
active　能動　303
active antenna　能動アンテナ　303
active area　活性面　70
active component　能動成分　303
active current　有効電流　423
active filter　アクティブフィルタ（能動フィルタ）　5
active interval　アクティブ区間　5
active interval　有効間隔　423

active load　能動負荷　303
active-matrix LCD　能動マトリクス LCD　303
active network　アクティブネットワーク　5
active region　活性領域　70
active voltage　有効電圧　423
active volt-amperes　有効電力　423
activity　活性度　70
actuating transfer function　駆動伝達関数　97
actuator　アクチュエータ　5
adaptive control system　適応制御システム　243
adaptive delta modulation（ADM）　適応デルタ変調　243
adaptive differential pulse code modulation（ADPCM）　適応差分パルス符号変調方式　243
adaptive equalizer　適応等化器（適応イコライザ）　243
ADC　40
ADCCP　40
Adcock direction finder　アドコック方向探知器　8
adder　加算器　65
additive synthesis　加算合成　65
address　番地（アドレス）　328
address bus　アドレスバス　8
addressing mode　アドレス指定モード（アドレッシングモード）　8
ADM　40
admittance　アドミタンス　8
admittance gap　アドミタンスギャップ　8
ADPCM　40
ADSL　40
ADSR　40
advance data communication control procedure　アドバンスデータ通信制御手順　8
advanced mobile phone system（AMPS）　改良形移動電話システム　59
aerial　アンテナ　12
AES　31

a.f. (AF)　33
a.f.c. (AFC)　33
afterglow　アフタグロー　9
aftertouch　アフタータッチ　9
a.g.c. (AGC)　34
ageing　エージング　34
aging　エージング　34
AI　30
air bridge　エアーブリッジ　30
air capacitor　空気コンデンサ　95
air gap　エアギャップ　30
airport surveillance radar (ASR)　空港監視レーダ　95
Alcomax　アルコマックス　10
algorithm　アルゴリズム　10
aliasing　エイリアシング　33
allowed band　許容帯　92
alloyed device　合金形素子　112
alloyed junction　合金形接合　112
all-pass network　全通過回路網　193
Alnico　アルニコ　10
ALOHA system　ALOHAシステム　11
alpha current factor　電流増幅率 α　272
alpha cut-off frequency　アルファ遮断周波数　11
alphanumeric　英数字　31
alternating current (a.c. or AC)　交流　116
alternating-current generator　交流発電機　116
alternating-current motor　交流電動機　116
alternating-current resistance　交流抵抗　116
alternating-current transmission・交流送電（交流伝送）　116
alternative routing　代替ルーティング　206
alternator　交流発電機（交流電源）　116
ALU　33
alumina　アルミナ　11
aluminium　アルミニウム　11
aluminium antimonide　アンチモン化アルミニウム　12
a.m. (AM)　33
ambisonics　アンビソニックス（高忠実度再生）　14
AMI PCM　33
ammeter　電流計　272
amorphous silicon　アモルファスシリコン　9
amp　33
ampere　アンペア　14

ampere balance　アンペア天秤　14
ampere-hour　アンペア時　14
Ampere-Laplace law　アンペア-ラプラスの法則　14
ampere per metre　アンペア/メートル　14
Ampere's circuital theorem　アンペア周回定理　14
Ampere's law　アンペアの法則　14
ampere-turn　アンペアターン　14
amplification　増幅　199
amplification factor　増幅定数　199
amplifier　増幅器　199
amplifier stage　増幅段　199
amplitude　振幅　173
amplitude compandoring　振幅圧縮　173
amplitude distortion　振幅ひずみ　173
amplitude equalizer　振幅等価器　173
amplitude fading　振幅フェージング　173
amplitude modulation　振幅変調　173
amplitude response　振幅応答　173
amplitude shift keying (ASK)　振幅偏移変調　173
AMPS　33
AM receiver　AM受信機　33
analogue circuit　アナログ回路　8
analogue computer　アナログコンピュータ　8
analogue delay line　アナログ遅延線　8
analogue gate　アナログゲート　8
analogue signal　アナログ信号　8
analogue switch　アナログスイッチ　8
analogue-to-digital converter (ADC)　アナログ-ディジタル変換器　8
analogue transmission　アナログ伝送　9
anamorphic video　アナモフィックビデオ　8
anaphoresis　アナフォレーシス（陽極移動）　8
AND circuit (or gate)　AND回路（またはゲート）　14
Anderson bridge　アンダーソンブリッジ　11
anechoic chamber　電波暗室（無響室）　269
angle modulation　角度変調　64
angle of flow　通電角　228
angstrom　オングストローム　56
angular frequency　角周波数　64
anion　アニオン　9
anisotropic　異方性　21
anisotype heterojunction　アニソタイプヘテロ接合　9
anode　陽極　427

anode current　陽極電流　427
anode dark space　陽極暗部　427
anode glow　陽極グロー　427
anode stopper　陽極栓　427
ANSI　33
antenna　アンテナ　12
antenna array　アンテナ列　13
antenna current　アンテナ電流　13
antenna diversity　ダイバシティアンテナ　206
antenna efficiency　アンテナ効率　12
antenna factor　アンテナ係数　12
antenna feedpoint impedance　アンテナ給電点インピーダンス　12
antenna gain　アンテナ利得　13
antenna pattern　アンテナパターン　13
antenna polarization　アンテナ偏波　13
antenna radiation resistance　アンテナ放射抵抗　13
antenna resistance　アンテナ抵抗　13
antenna system　アンテナ系　12
antenna temperature　アンテナ温度　12
anti-aliasing　アンチエイリアシング　12
anti-aliasing filter　アンチエイリアシングフィルタ　12
anticapacitance switch　小静電容量化スイッチ　164
anticathode　対陰極　226
anticoincidence circuit　反同時回路　329
antiferromagnetism　反強磁性　324
antihunting circuit　ハンチング防止回路　328
anti-interference antenna system　非干渉アンテナ　339
antijam margin　耐妨害マージン　207
antijamming　ジャミング排除　152
antinode　腹　319
antiphase　逆相　83
antipodal signal　逆相信号　83
antiresonance　反共振　325
APCVD　42
aperiodic circuit　非同調回路　346
aperiodic damping　非周期減衰　342
aperiodic signal　非周期信号　342
aperiodic waveform　非周期波形　342
aperture antenna　開口アンテナ　57
aperture distortion　開口ひずみ　57
aperture grille　アパーチャグリル　9
apparent power　皮相電力　343
Appleton layer　アップルトン層　7

applications software　アプリケーションソフトウェア　9
arbitrary unit　任意単位　297
arc　アーク　4
arc discharge　アーク放電　5
architecture　アーキテクチャ　4
arcing contacts　アーク接触子　5
arcing horn　アークホーン　5
arc lamp　アーク灯　5
arcover　弧絡　123
Argand diagram　アルガン図　10
argon　アルゴン　10
armature　接極子　188
armature　電機子　257
armature relay　アーマチュア継電器　9
ARPANET　9
ARQ　31
Arrhenius equation　アレニウスの式　11
arsenic　ヒ素　343
artificial antenna　人工アンテナ（疑似アンテナ）　170
artificial intelligence (AI)　人工知能　170
artificial line　模擬線路（疑似線路）　413
artificial satellite　人工衛星　170
artwork　アートワーク　8
ASCII　アスキーコード　5
ASIC　34
ASK　33
aspect ratio　縦横比（アスペクト比）　212
ASR　33
assembler　アセンブラ　5
assembly language　アセンブリ言語　5
astable multivibrator　非安定マルチバイブレータ　333
astatic galvanometer　無定位検流計　409
Aston dark space　アストン暗部　5
asymmetric　非対称の　343
asymmetric mode　非対称モード　343
asymmetric transducer　非対称変換器　343
asymmetric two-port network　非対称二端子対回路網　343
asymptotic　漸近　191
asynchronous　非同期　345
asynchronous digital subscriberline　非対称ディジタル加入者線　343
asynchronous logic　非同期論理　346
asynchronous transfer mode (ATM)　非同期転送モード　346
asynchronous transmission　非同期伝送　345

ATE　40
ATM　40
atomic number　原子番号　109
ATR switch　ATRスイッチ　40
attack decay sustain release (ADSR)　アタック・ディケイ・サスティーン・リリース　5
attenuation　減衰　109
attenuation band　減衰域　109
attenuation constant　減衰定数　109
attenuation equalizer　減衰等化器　109
attenuator　減衰器　109
atto-　アト　7
attracted-disc electrometer　吸引板電位計　85
audioconference　音声会議　56
audio device　オーディオ装置　53
audio effect　音声効果　56
audiofrequency (AF)　可聴周波数　69
audiometer　聴力計　223
audio signal　音声信号　56
Auger electron spectroscopy (AES)　オージェ電子分光法　52
Auger process　オージェ過程　52
autocatalytic plating　自己触媒めっき　143
autocorrelation　自己相関　143
automated test equipment (ATE)　自動試験装置　148
automatic brightness control　自動輝度調節　148
automatic contrast control　自動コントラスト調節　148
automatic control　自動制御　148
automatic direction finding　自動方向探知　148
automatic frequency control (a.f.c. or AFC)　自動周波数制御　148
automatic gain control (a.g.c. or AGC)　自動利得制御　148
automatic grid bias　自動グリッドバイアス　148
automatic noise limiter　雑音制限器　132
automatic tracking　自動追跡　148
automatic tuning control　自動同調制御　148
automatic volume compressor　自動音量圧縮器　148
automatic volume control　自動音量制御　148
automatic volume expander　自動音量伸張器　148
autotransductor　自動磁気増幅器　148
autotransformer　単巻変圧器　216
availability　稼働性（有効性）　71
available power　有能電力　426
avalanche　なだれ　291
avalanche breakdown　なだれ降伏　291
avalanche photodiode　なだれホトダイオード　291
a. v. c.　43
averaging filter　平滑化フィルタ　373
avionics　航空電子工学　112
Ayrton shunt　エアトン分流器　30

B

Babinet's principle　バビネの原理　318
back electromotive force (back e.m.f.)　逆起電力　83
backgating　バックゲイティング　313
background counts　バックグラウンド計数　313
back heating　逆加熱　83
backing store　補助記憶装置　390
backlash　バックラッシュ　313
back lobe　バックローブ　313
backplane　バックプレーン　313
back porch　バックポーチ　313
backward diode　バックワードダイオード　313
backward-wave oscillator　後方波発振　116
balance controls　バランスコントロール　320
balanced amplifier　平衡増幅器　374
balanced line　平衡線路　374
balanced modulator　平衡変調器　374
balanced two-port network　平衡二端子対回路網　374
balanced-wire circuit　平衡線回路　374
balance method　零位法（平衡法）　190
ballast lamp　安定抵抗管　12
ballast resistor　安定抵抗　12
ballistic galvanometer　衝撃検流計　162
balun　バラン　319
banana　バナナ　318
band　帯域　203
band　バンド（帯域）　328
band edge　帯域端　204
band gap　バンドギャップ　331
band-limited channel　帯域制限チャネル

band-pass filter　帯域通過フィルタ　204
band-reject filter　帯域除去フィルタ　203
band spread　バンドスプレッド（帯域拡張）　331
band-stop filter　帯域阻止フィルタ　203
band switch　バンドスイッチ　331
band-to-band recombination　バンド間再結合　331
bank　バンク　325
Barkhausen effect　バルクハウゼン効果　320
barrage reception　バレッジ受信　324
barrel distortion　たる形ひずみ　213
barrel shifter　バレルシフタ　324
barrier height　障壁高　164
Bartlett window　バートレット窓　318
base　ベース　377
base address　基準アドレス　80
baseband　ベースバンド　378
base electrode　ベース電極　378
base level　基準レベル（パルスの）　81
base limiter　ベースリミタ　378
base region　ベース領域　378
base stopper　ベースストッパ　378
base units　基本単位　82
battery　電池　269
baud　ボー　385
Baudot code　ボードコード　391
bayonet fitting　差込形コネクタ（差込み口金）　131
BBD　346
BCD　341
BCH codes　BCH符号　340
BCS theory　BCS理論　340
beacon　ビーコン　340
bead thermistor　ビーズ形サーミスタ　342
beam　ビーム　346
beam angle　ビーム角　346
beam bending　ビームベンディング　347
beam coupling　ビーム結合　346
beam lead　ビームリード　347
beam switching　ビーム切換　346
beamwidth　ビーム幅　346
beat frequency　うなり周波数　29
beat-frequency oscillator　うなり周波数発振器　29
beating　ビーティング　345
beats　うなり　29
behavioural modelling　行動モデリング　115
bel　ベル　380
benchmark　ベンチマーク　384
beryllium oxide　酸化ベリリウム　134
Bessel filter　ベッセル形フィルタ　378
beta circuit　ベータ回路　378
beta current gain factor　ベータ電流増幅率　378
beta cut-off frequency　ベータ遮断周波数　378
BFSK　335
bias　バイアス　304
biased automatic gain control　バイアス化自動利得制御　304
bias voltage　バイアス電圧　304
BiCMOS　304
biconical antenna　双円錐アンテナ　195
bidirectional network　双方向ネットワーク　200
bidirectional transducer　双方向性変換器　200
bidirectional transistor　双方向性トランジスタ　200
BiFET　307
bifilar suspension　二本づり　296
bifilar winding　二本巻き　296
big endian　ビッグエンディアン　344
bilateral network　相互ネットワーク　196
bilateral transducer　可逆変換器　63
bilevel resist　2層レジスト　295
Bilog antenna　バイログアンテナ　310
bimetallic strip　バイメタル板　310
binary ASK　二値ASK　295
binary code　2進符号　294
binary-coded decimal (BCD)　二進化十進数　294
binary FSK　二周波FSK　294
binary logic circuit　二進論理回路　294
binary notation　2進表現　294
binary point　2進小数点　294
binary scaler　二進計数回路　294
binary signal　2進信号　294
binding energy　結合エネルギー　106
BIOS　304
Biot-Savart law　ビオ-サバールの法則　336
biphase PCM　二位相PCM　293
bipolar integrated circuit　バイポーラ集積回路　308
bipolar junction transistor (BJT)　バイポーラ接合トランジスタ　308

bipolar logic circuit バイポーラ論理回路 310
bipolar signalling 両極性信号化 438
bipolar transistor バイポーラトランジスタ 310
biquad filter 双2次フィルタ 198
bistable 双安定 194
bit ビット 344
bit line ビット線 345
bit-slice processor ビットスライスプロセッサ 344
BJT 340
black box ブラックボックス 364
black level 黒信号レベル 100
Blackman window ブラックマン窓 364
black-out ブラックアウト 364
black-out point 消失点 164
blank-and-burst 空白とバースト 96
blanking ブランキング 365
blanking level 帰線消去レベル 81
Bloch walls ブロッホ壁 371
block code ブロックコード 371
blocking ブロッキング 371
blocking capacitor 阻止コンデンサ 201
blocking oscillator ブロッキング発振器 371
Bluetooth ブルートゥース 369
BNC connector BNCコネクタ 334
board 基板 82
Bode diagram ボード（ボーデ）線図 391
Bode equalizer ボード等化器 391
Bode's theorem ボードの理論 393
body capacitance 人体容量 171
bolometer ボロメータ 397
Boltzmann constant ボルツマン定数 396
Boltzmann distribution law ボルツマン分布則 396
bonded 接合された 188
bonded silvered mica capacitor ボンド形シルバードマイカコンデンサ 397
bonding pads (bond pads) ボンディングパッド 397
Boolean algebra ブール代数 369
Boolean values ブール数 368
booster ブースタ 360
bootstrapping ブートストラッピング 361
borocarbon resistor ボロカーボン抵抗 397
boron resistor ボロン抵抗 397
bottom-up nanofabrication ボトムアップナノ構造技術 393

boundary conditions 境界条件 86
bow-tie antenna ボウタイアンテナ 387
BPSK 346
branch 枝路 168
branch instruction ブランチ命令 365
branch instruction 分岐命令（ブランチ命令）372
branch point 分岐点 372
breadboard model 回路基板モデル 59
break ブレイク 369
breakdown 降伏 115
breakdown voltage 降伏電圧 116
break frequency 折れ点周波数 55
bremsstrahlung 制動放射 185
Brewster angle ブリュースター角 368
bridge ブリッジ 366
bridged-H network ブリッジ（橋絡）H回路網 366
bridged-T network ブリッジ（橋絡）T回路網 367
Bridgeman method ブリッジマン法 367
bridge network ブリッジ（橋絡）回路網 366
bridge rectifier ブリッジ整流器 367
brightness control 輝度調節 82
British Standards Institute (BSI) 英国規格協会 31
broadband ブロードバンド（広帯域）371
broadband antenna 広帯域アンテナ 113
broadband dipole 広帯域ダイポール 113
broadcasting 放送 387
broadside array ブロードサイドアレイ 371
broca galvanometer ブローカ検流計 370
brush ブラシ 363
brush contact resistance ブラシ接触抵抗 363
brush discharge ブラシ放電 363
BSI 334
bucket-brigade device (BBD) 電荷転送デバイス（BBD）256
buffer バッファ 317
buffer memory バッファメモリ 317
bug バグ 310
built-in field 内蔵電界 291
bulk acoustic wave バルク音響波 320
bulk-channel FET バルクチャネルFET 320
buncher 集群電極 152
bunching バンチング（集群）328
buried layer 埋込層 29

burn-in バーンイン（通電テスト） 324
burst signal バースト信号 312
bus バス 312
bushing ブッシング 360
bus network バスネットワーク 312
Butterworth filter バターワース形フィルタ 312
button mica capacitor ボタン形マイカコンデンサ 390
BW 343
by-pass capacitor バイパスコンデンサ 306
byte バイト 305
byte-addressable バイト-アドレス可能な 305

C

cable ケーブル 107
cable track locator ケーブルトラックロケータ（ケーブル位置発見器） 107
cache memory キャッシュメモリ 83
CAD 84
cadmium cell カドミウム電池 72
CAE 135
calibration 校正 112
CAM 84
camera tube 撮像管 132
Campbell bridge キャンベルブリッジ 85
capacitance 静電容量（電気容量） 185
capacitance integrator 静電容量形積分器 185
capacitance strain gauge 容量ひずみゲージ 428
capacitance-voltage curves 容量-電圧特性曲線（C-V曲線） 428
capacitive coupling 容量性結合 427
capacitive feedback 容量帰還 427
capacitive load 容量性負荷 427
capacitive reactance 容量性リアクタンス 428
capacitive tuning 容量性同調 427
capacitor コンデンサ 124
capacitor microphone コンデンサマイクロホン 124
capacity キャパシティ 84
capture ratio キャプチャ比 84
carbon 炭素 216
carbon-composition resistor 炭素組成抵抗器 216
carbon film resistor 炭素皮膜抵抗器 216

carbon microphone カーボンマイクロホン 73
carbon resistor 炭素抵抗器 216
cardioid microphone カージオイドマイクロホン 65
Carey-Foster bridge カレーホースターブリッジ 76
carrier キャリヤ 84
carrier concentration キャリヤ濃度 84
carrier density キャリヤ密度 85
carrier frequency 搬送周波数 327
carrier mobility キャリヤ移動度 84
carrier storage キャリヤ蓄積 84
carrier suppression 搬送波抑圧 327
carrier transmission 搬送波伝送 327
carrier wave 搬送波 327
cart recorder カートレコーダ 72
cascade カスケード 67
cascade connection カスケード接続 67
cascade control カスケード制御 67
Cassegrain feed カセグレン給電 68
catastrophic failure 突発的故障 282
catcher キャッチャ 84
cathode 陰極 22
cathode dark space 陰極暗部 22
cathode follower 陰極接地増幅回路 22
cathode follower カソードホロワ（陰極接地増幅回路） 69
cathode glow 陰極グロー 22
cathode-ray direction finding 陰極線方向探知 23
cathode-ray oscilloscope (CRO) 陰極線オシロスコープ 22
cathode rays 陰極線 22
cathode-ray tube (CRT) 陰極線管 22
cathodo luminescence カソードルミネセンス 69
cation カチオン 69
cat's whisker 猫のひげ 298
Cauer filter カウアフィルタ 62
cavity resonator 空洞共振器 96
C-band Cバンド 149
CCCS 144
CCD 144
CCD filter CCDフィルタ 144
CCD imaging CCDイメージング 144
CCD memory CCDメモリ 144
CCI 145
CCII 144
CCS 144

CCTV　144
CCVS　145
CD　147
CDMA　147
CD-R　147
CD-ROM　147
CD-RW　147
Ceefax　149
cell　電池　268
cell constant　容器定数　427
cell internal resistance　電池内部抵抗　269
cellular communications　セルラー移動通信　190
cellular mobile radio　移動体無線　20
cellular phone　携帯電話　103
CELP　190
centi　センチ　193
central limit theorem　中心極限定理　220
central processing unit（CPU）　中央処理装置　219
centre clipper　中央クリッパ　219
centre frequency　中心周波数　220
centre tap　中間タップ　220
centum call second（CCS）　センタム呼秒　193
cepstrum　ケプストラム　107
ceramic capacitor　セラミックコンデンサ　190
ceramic filter　セラミックフィルタ　190
ceramic pick-up　セラミックピックアップ　190
cermet　サーメット　133
CGA　144
CGI　144
CGS system　CGS 単位系　144
chaff　チャフ　219
channel　チャネル　219
channel capacity　チャネル容量　219
channel code　チャネルコード　219
channel stopper　チャネルストッパ　219
characteristic　特性　281
characteristic curve　特性曲線　281
characteristic impedance　特性インピーダンス　281
charge　電荷　251
charge carrier　電荷キャリヤ　255
charge-coupled device（CCD）　電荷結合素子　255
charge density　電荷密度　256
charge storage　電荷蓄積　256

charge-storage diode　電荷蓄積ダイオード　256
charge-transfer device（CTD）　電荷転送素子　256
Chebyshev filter　チェビシェフ形フィルタ　217
chemical vapour deposition（CVD）　化学気相堆積，化学気相成長，化学気相成膜　62
chemiluminescence　化学発光　63
Child's law　チャイルドの法則　219
chip　チップ　218
chip capacitor　チップコンデンサ　218
chip-enable　チップイネーブル　218
chip inductor　チップインダクタ　218
chip resistor　チップ抵抗　219
choke　チョーク　223
choke coupling　チョーク結合　224
choking coil　チョークコイル　224
chopped impulse voltage　裁断化インパルス電圧　131
chopper amplifier　チョッパ増幅器　226
chrominance signal　色信号（クロミナンス信号）　22
chrominance subcarrier　色副搬送波　22
chronotron　クロノトロン　101
cipher　シーザー暗号　143
CIRC　135
circuit　回路　59
circuit-breaker　遮断器　150
circuit diagram　回路図　59
circuit element　回路素子（要素）　59
circuit parameters　回路パラメータ　59
circuit switching　回線交換　58
circular polarization　円偏波　50
CISC　145
CISPR　135
clamping circuit　クランプ回路　99
clamp-type mica capacitor　固定形マイカコンデンサ　122
Clark cell　クラーク電池　99
class A amplifier　A 級増幅器　34
class AB amplifier　AB 級増幅器　42
class B amplifier　B 級増幅器　339
class C amplifier　C 級増幅器　142
class D amplifier　D 級増幅器　231
class E amplifier　E 級増幅器　16
class F amplifier　F 級増幅器　43
class G amplifier　G 級増幅器　142
class H amplifier　H 級増幅器　32

class S amplifier　S級増幅器　36
clear　クリア　99
clipping　クリッピング　100
clock　クロック（刻時）　100
clock cycle　クロック周期　100
clocked circuit　クロック制御（同期化回路）　101
clocked flipflop　クロック制御フリップフロップ　101
clock frequency　クロック周波数　101
clocking　同期化　276
clock pulse　クロックパルス　101
clock pulse　刻時パルス（クロックパルス）　117
clock skew　クロックスキュー　101
closed circuit　閉回路　373
closed-circuit television（CCTV）　専用テレビジョン　194
closed-loop control system　閉ループ制御系　375
closed-loop frequency response　閉ループ周波数応答　375
closed-loop gain　閉ループ利得　376
closed-loop voltage gain　閉ループ電圧利得　375
clutter　クラッタ　99
CLV　136
CMOS　150
CMOS logic circuit　CMOS 論理回路　150
CMR　136
CMRR　136
coarse scanning　粗走査　10
coax　111
coaxial cable　同軸ケーブル　277
coaxial pair　同軸対　277
coaxial resonator　同軸共振器　277
coaxial terminal　同軸コネクタ　277
cochannel interference　同一チャネル干渉　275
cochannel rejection　同一チャネル除去　275
code　符号　359
codec　コーデック　122
code-excited linear prediction　符号励振線形予測　359
coder　符号器　359
code rate　符号レート　359
coding gain　符号化利得　359
coding weight　符号化重み　359
coercive force　保磁力　390
coherent detection　同期検波　276

coherent oscillator　干渉発振器　77
coherent radiation　干渉性放射　77
coil　コイル　111
coil antenna　コイルアンテナ　111
coil loading　コイルローディング　111
coincidence circuit　同時計数回路　277
cold cathode　冷陰極　442
cold emission　冷陰極放出　442
collector　コレクタ　123
collector-current multiplication factor　コレクタ電流増倍係数　124
collector efficiency　コレクタ効率　124
collector electrode　コレクタ電極　124
collector region　コレクタ領域　124
colour burst　色同期信号（カラーバースト）　22
colour cell　カラーセル　74
colour code　カラーコード　73
colour coder　カラーコーダ　73
colour decoder　カラーデコーダ　75
colour flicker　カラーフリッカ　75
colour fringing　色ぶち　22
colour killer　カラーキラー　73
colour picture tube　カラー受像管　73
colour saturation control　色飽和度制御　22
colour television　カラーテレビジョン　75
colourtron　カラートロン　75
Colpitt's oscillator　コルピッツ形発振器　123
coma　コマ　123
comb filter　櫛形フィルタ　96
combinational logic　組み合わせ論理　97
combinationtone distortion　結合ひずみ　106
common-anode connection　共通アノード接続　90
commom-base connection　ベース共通接続　377
common-base current gain　共通ベース電流増幅率　91
common-base forward-current transfer ratio　ベース共通電流伝達率　378
common branch　共通ブランチ　91
common-cathode connection　共通カソード接続　91
common-collector connection　コレクタ共通接続　124
common-drain connection　共通ドレイン接続　91
common-emitter connection　エミッタ共通

接続　45
common-emitter forward-current transfer ratio　共通エミッタ電流伝達率　91
common-gate connection　共通ゲート接続　91
common gateway interface (CGI)　共通ゲートウェイインタフェース　91
common-impedance coupling　共通インピーダンス結合　90
common-mode chokes　同相チョーク　278
common-mode currents　同相電流　278
common-mode rejection (CMR)　同相除去　277
common-mode rejection ratio (CMRR)　同相信号除去比　277
common-mode signal　同相信号　277
common-source connection　共通ソース接続　91
communication　通信　227
communications satellite　通信衛星　227
commutation　転流　272
commutation switch　転流スイッチ　272
commutator　整流子　186
compact disc recordable　書き込み可能コンパクトディスク　63
compact disc rewritable　再記録可能なコンパクトディスク　129
compact disc system (CD system)　コンパクトディスクシステム　125
compandor　圧伸器　6
compandor　コンパンダ（圧伸器）　128
comparator　比較器　336
compensated semiconductor　補償形半導体　389
compensation　補償　389
compensation network　補償回路網　389
compensator　補償器　389
compiler　コンパイラ　125
complementary transistors　相補形トランジスタ　200
complex frequency　複素周波数　359
complex impedance　複素インピーダンス　359
complex operator　複素演算子　359
complex plane　複素平面　359
component　部品　363
component part　部品（構成要素）　363
component video　コンポーネントビデオ　129
COM port　COMポート　123
composite cable　コンポジットケーブル　129
composite colour signal　複合カラー信号　358
composite conductor　複合導体　359
composition resistor　複合抵抗　359
compound magnet　複合磁石　358
compound modulation　複合変調　359
compound semiconductor　化合物半導体　64
compressed video　圧縮画像　6
compression　圧縮　6
compression point　圧縮点　6
compressor　圧縮器　6
compressor　コンプレッサ（圧縮器）　129
computer　コンピュータ　128
computer-aided design (CAD)　コンピュータ支援設計（キャド）　129
computer-aided engineering (CAE)　コンピュータ支援エンジニアリング　129
computer-aided manufacturing (CAM)　コンピュータ支援製造（キャム）　129
computer architecture　コンピュータアーキテクチャ　129
concatenated codes　連接符号　445
concatenative synthesis　連結的合成　445
concentration　集線　154
concentration cell　濃淡電池　303
concentrator　集線装置　154
concurrency　並列性　376
condenser　コンデンサ　124
conditional branch　条件付き分岐　162
conduced emissions　伝導性放射　269
conductance　コンダクタンス　124
conducted interference　導体伝搬干渉（伝導性妨害波）　278
conducted susceptibility　導体伝搬干渉感受率（伝導妨害感受率）　278
conduction　伝導　269
conduction band　伝導帯　269
conduction current　伝導電流　269
conduction electrons　伝導電子　269
conductivity　導電率　279
conductor　導体　278
cone loudspeaker　コーンスピーカ　124
confusion reflector　攪乱反射体　64
conical scanning　円錐走査　50
conjugate branches　共役分岐　91
conjugate impedances　共役インピーダンス　91
conjugate matching　共役整合　91
connection-oriented　接続指向　189

constantan　コンスタンタン　124
constant-current source　定電流源　240
constant failure-rate period　偶発故障期間　96
constant-R network　定R回路網　230
constant voltage diode　定電圧ダイオード　240
constant-voltage source　定電圧源　240
constraint length　拘束長　113
contact　接触　188
contact lithography　コンタクトリソグラフィ　124
contact noise　接触雑音　189
contactor　接触器　189
contact potential　接触電位　189
contact resistance　接触抵抗　189
content-addressable memory (CAM)　連想メモリ　445
continuity equation　連続方程式　445
continuous duty　連続稼働　445
continuous loading　連続負荷　445
continuously variable slope delta modulation (CVSD)　連続可変スロープデルタ変調　445
continuous wave　連続波　445
continuous-wave radar　連続波レーダ　445
contrast control　コントラスト制御　125
control　制御　183
control bus　制御バス　183
control grid　制御格子　183
controlled carrier modulation　被制御搬送波変調　343
controlled sources　制御電源　183
control system　制御系　183
control unit　制御装置　183
convergence　コンバーゼンス（収束）　128
convergence coils　コンバーゼンスコイル（収束コイル）　128
conversion gain ratio　変換利得比　383
conversion transducer　変換トランスデューサ　383
conversion voltage gain　変換電圧利得　383
converter　変換装置　383
convolution　畳み込み　211
convolutional code　畳み込み符号　211
convolution integral　畳み込み積分（重畳積分）　211
convolution integral　重畳積分　222
Cooper pair　クーパ対　97
coplanar process　コプレーナプロセス　123

coplanar waveguide (CPW)　コプレーナ導波管　123
copper loss　銅損　278
coprocessor　コプロセッサ　123
cord beacon　コードビーコン　122
cord distance　コード距離　122
core　磁心　145
core　鉄心（磁心）　245
core loss　鉄損　245
core-type transformer　内鉄形変圧器　291
corner frequency　コーナー周波数　122
corner reflector antenna　コーナーレフレクタアンテナ　122
correlation　相関　195
correlation function　相関関数　195
cosine potentiometer　コサインポテンショメータ　117
Cotton balance　コットン天秤　122
coulomb　クーロン　101
coulombmeter　クーロン計　101
Coulomb's law　クーロンの法則　101
coulometer　電量計（クーロメータ）　273
counter　計数器　103
counter/frequency meter　計数器/周波数計　103
counter lag time　計数器遅れ時間　103
count rate　計数率　103
coupling　結合　105
coupling coefficient　結合係数　106
coverage area　カバレージエリア　72
CPU　149
CPW　149
Cramer's rule　クラメールの公式　99
CRC　135
crest factor　波高率　311
crest value　波高値　311
critical bandwidth　臨界帯域幅　440
critical coupling　臨界結合　440
critical current density　臨界電流密度　440
critical damping　臨界制動　440
critical field　臨界電界　440
critical frequency　臨界周波数　440
CRO　135
Crookes dark space　クルックス暗部　100
crossbar switch　クロスバースイッチ　100
cross correlation　相互相関　196
cross coupling　クロスカップリング（交差結合）　100
cross coupling　交差結合　112
cross-field microwave tube　直交電界マイク

ロ波管　226
cross modulation　混変調　129
crossover　クロスオーバー（交差）　100
crossover　交差　112
cross over area　クロスオーバー領域　100
crossover distortion　クロスオーバーひずみ　100
crossover frequency　クロスオーバー周波数　100
crossover network　クロスオーバー回路　100
cross talk　漏話　447
CRT　135
crystal-controlled oscillator　水晶制御発振器　175
crystal-controlled transmitter　水晶制御送信機　175
crystal filter　結晶フィルタ　106
crystal growth furnace　結晶成長加熱炉　106
crystal loudspeaker　クリスタルスピーカ　99
crystal microphone　クリスタルマイクロホン　99
crystal oscillator　水晶発振器　175
crystal puller　結晶引き上げ装置　106
CSMA　136
CSO (colour separation overlay)　136
CTD　147
Curie point　キュリー点　86
Curie's law　キュリーの法則　86
Curie-Weiss law　キュリー-ワイスの法則　86
current　電流　272
current amplifier　電流増幅器　272
current average　平均電流　374
current balance　電流天秤　272
current conveyor　カレントコンベア　76
current-controlled current source (CCCS)　電流制御電流源　272
current-controlled voltage source (CCVS)　電流制御電圧源　272
current density　電流密度　273
current feedback　電流帰還　272
current-induced magnetic switching　電流誘起磁気スイッチ　273
current limiter　電流制限器　272
current mirror　カレントミラー回路　76
current-mode circuits　電流モード回路　273
current probe　電流プローブ　273

current regulator　電流安定器　272
current relay　電流継電器　272
current saturation　電流飽和　273
current source　電流源　272
current transfer ratio　電流伝達率　272
current transformer　変流器・電流変成器　384
cut-off　カットオフ　70
cut-off frequency　遮断周波数　151
cut-off voltage (of a television camera tube)　カットオフ電圧（テレビジョンカメラ撮像管の）　70
cut-out　遮断器（ブレーカ）　150
cut-out　ブレーカ　369
C-V curves　C-V曲線　149
CVD　149
CVSD　149
CW　146
cycle　サイクル　129
cycle time　サイクル時間　129
cyclic redundancy check (CRC)　巡回冗長検査　160
cylindrical winding　円筒コイル　50

D

DAB　230
DAC　230
daisy chaining　デイジーチェーン（方式）　239
damped　減衰（制動）　109
damped　制動　185
damping　減衰（制動）　109
damping factor　減衰率　110
daraf　ダラフ　213
dark conduction　暗導電　13
dark current　暗電流　13
dark resistance　暗抵抗　12
Darlington pair　ダーリントン接続　213
d'Arsonval galvanometer　ダルソンバル検流計　213
DAT　230
data bus　データバス　244
data communications equipment (DCE)　データ通信機器　244
data compression　データ圧縮　244
dataflow architecture　データフロー型アーキテクチャ　244
data processing　データ処理　244
data rate　データ速度　244

欧文索引

data sheets　データシート　244
data terminal equipment（DTE）　データ終端機器　244
daughter board　ドーターボード　281
Day modulation　デイモジュレーション　241
dB　243
dBm　241
DBR laser　DBR レーザ　240
DBS　240
dBSPL　243
dBu　243
dBV　243
dBW　243
DCE　234
dead　生きていない（死んでいる）　16
dead　死んでいる　172
dead-beat instrument　速示計器　200
dead time　不感時間（無駄時間）　358
dead time　無駄時間　409
debug　デバッグ　246
debunching　デバンチング　246
Debye length　デバイ長　245
deca　デカ　243
decade scaler　十進計数器　159
deci　デシ　243
decibel　デシベル　243
decision feedback equalizer（DFE）　判定帰還形等化器　328
decision threshold　識別しきい値　141
decoder　復号器　358
decoding　復号化　358
decoupling　デカップリング　243
decoupling　分離（デカップリング）　373
decrement　デクリメント（減少）　243
decryption　暗号解読　11
decryption　復号（暗号解読）　358
DECT　230
de-emphasis　デエンファシス　242
deep level transient spectroscopy（DLTS）　ディープレベルトランジェントスペクトロスコピー　241
deep ultraviolet exposure　深紫外線露光　171
definition　精細度　184
deflection defocusing　偏向ピンぼけ　384
deflection plates　偏向板　384
deflection sensitivity　偏向感度　384
deformation potential　変形ポテンシャル　383
degeneracy　縮退　158

degenerate semiconductor　縮退半導体　159
degeneration　負帰還　358
degradation failure　劣化故障　445
degree Celsius　セルシウス温度　190
deinterleaving　デインターリービング　242
delay　遅延　217
delayed automatic gain control　遅延自動利得制御　217
delayed-domain mode　遅延領域モード　217
delay distortion　遅延ひずみ　217
delayed sweep　遅延掃引　217
delay equalizer　遅延等価器　217
delay line　遅延線　217
Dellinger fade-out　デリンジャー障害　247
delta circuit（or Δ circuit）　デルタ回路（あるいはΔ回路）　247
delta function　デルタ関数　247
delta modulation（DM）　デルタ変調　247
delta voltage　デルタ電圧　247
demodulation　復調　359
demodulator　復調器　359
demultiplexer　多重分配器（デマルチプレクサ）　210
denormalization　非正規化　343
dependent sources　従属電源　154
depletion layer　空乏層　96
depletion-layer photodiode　空乏層ホトダイオード　96
depletion mode　デプレッションモード　246
deposition　成膜　185
deposition　堆積　206
derating　減定格　110
derived units　派生単位系　312
design for testability（DFT）　テスト容易性設計　244
design rule checker（DRC）　設計規則チェッカ（設計ルールチェッカ，デザインルールチェッカ）　188
design rule checker（DRC）　デザインルールチェッカ　243
Destriau effect　デストリオ効果　244
destructive read operation　破壊読み取り処理　310
detector　検波器　110
detune　デチューン　245
deviation　偏差　384
deviation distortion　偏差ひずみ　384
deviation ratio　偏移比　382
device　装置　198
device　素子　201

device デバイス 245
de Broglie waves ド-ブロイ波 282
de Morgan's laws ド-モルガンの法則 282
de Sauty bridge デ-ソウティブリッジ 244
DFB laser DFB レーザ 230
DFE 230
DFT 230
diac ダイアック 203
diagnostic routine 診断プログラム（診断ルーチン） 172
dial pulse ダイヤルパルス 207
diamagnetism 反磁性 325
diametrical voltage ダイアメトリカル電圧 203
diamond-like carbon ダイヤモンド状硬質炭素膜 207
diaphragm ダイヤフラム 207
diaphragm relay ダイヤフラム継電器 207
dibit 双ビット 199
dichroic mirror ダイクロイックミラー 205
Dicke's radiometer ディック型ラジオメータ 240
die ダイ 203
dielectric 誘電体（絶縁体） 424
dielectric heating 誘電加熱 424
dielectric isolation 絶縁層分離 188
dielectric loss angle 誘電損角 424
dielectric phase angle 誘電位相角 423
dielectric polarization 誘電分極 424
dielectric power factor 誘電力率 425
dielectric resonator (DR) 誘電共振器 424
dielectric resonator oscillator (DRO) 誘電体共振発振器 424
dielectric strain 誘電ひずみ 424
dielectric strength 絶縁耐力 188
difference transfer function 偏差伝達関数 384
differential amplifier 差動増幅器 133
differential capacitor 差動コンデンサ 133
differential galvanometer 差動検流計 133
differential-mode currents 差動電流 133
differential phase modulation 差動位相変調 133
differential relay 差動継電器 133
differential resistance 微分抵抗 346
differential winding 差動巻線 133
differentiator 微分器 346
diffraction 回折 57
diffused junction 拡散接合 64

diffusion 拡散 63
diffusion constant 拡散定数 64
diffusion current 拡散電流 64
diffusion potential 拡散電位 64
diffusivity 拡散定数 64
digital ammeter ディジタル電流計 236
digital audio broadcasting (DAB) ディジタル音声放送 234
digital audio tape ディジタルオーディオテープ 234
digital circuit ディジタル回路 234
digital codes ディジタル符号 237
digital communications ディジタル通信 235
digital computer ディジタルコンピュータ 234
digital counter ディジタル計数器 234
digital delay line ディジタル遅延線 235
digital European Cordless Telephony (DECT) ディジタルヨーロッパコードレス電話 238
digital filter ディジタルフィルタ 236
digital gate ディジタルゲート 234
digital inverter ディジタル符号変換器 238
digital modulation ディジタル変調 238
digital radio ディジタルラジオ 238
digital recording ディジタル録音 239
digital signal ディジタル信号 234
digital signal processing (DSP) ディジタル信号処理 234
digital switching ディジタルスイッチング 235
digital television ディジタルテレビ 236
digital theater system (DTS) ディジタル劇場システム 234
digital-to-analogue converter (DAC) ディジタル-アナログ（D-A）変換器 234
digital versatile disk ディジタル汎用ディスク 236
digital video broadcasting (DVB) ディジタルビデオ放送 236
digital video disk ディジタルビデオディスク 236
digital voltmeter (DVM) ディジタル電圧計 236
digitizer 数値化器 176
DIL package DIL パッケージ 230
diode 整流器 185
diode ダイオード（整流器） 204

diode detector　ダイオード検波　204
diode drop　ダイオード電圧降下　205
diode forward voltage　ダイオード順方向電圧　205
diode laser　ダイオードレーザ　205
diode transistor logic (DTL)　ダイオードトランジスタ論理回路　205
diode voltage　ダイオード電圧　205
diphone synthesis　ダイフォン合成　207
diplexer　アンテナ共用器　12
diplexer　周波数分波器　157
diplexer　ダイプレクサ（アンテナ共用器，周波数分波器）　207
dipole　双極子　195
dipole　ダイポール　207
dipole antenna　ダイポールアンテナ　207
dipole molecule　双極子分子　195
dipole moment　双極子モーメント　195
Dirac delta function　ディラックデルタ関数　242
direct broadcast by satellite (DBS)　衛星放送　31
direct conversion receiver　直接変換受信機　224
direct-coupled amplifier　直流結合増幅器　224
direct coupling　直結　225
direct current (d.c. or DC)　直流（d.c. あるいは DC）　224
direct-current restorer　直流分再生回路　224
direct-current transmission　直流送電　224
direct energy gap　直接遷移禁制帯幅　224
direct feedback　直接帰還　224
direct-gap semiconductor　直接遷移半導体　224
directional antenna　指向性アンテナ　143
directional coupler　方向性結合器　386
directional relay　方向継電器　386
direction finding　方向探知　386
directive antenna　指向性アンテナ　143
directivity　指向性　143
direct memory access (DMA)　ダイレクトメモリアクセス　208
director　導波器　280
direct ray　直接光線　224
direct-sequence spread spectrum　直接拡散方式（直接スペクトラム拡散方式）　224
direct stroke　直撃雷　223
direct voltage　直流電圧　224
direct wave　直接波　224
disable　ディスエイブル　239
disable　不能にする（無効にする）　362
disable　無効にする　407
discharge　放電　388
discharge tube　放電管　388
discrete Fourier transform (DFT)　離散フーリエ変換　433
discriminator　弁別器　384
disc thermistor　ディスク形サーミスタ　239
disc winding　板コイル　19
dish　パラボラアンテナ　319
disk　ディスク　239
disk drive　ディスク駆動装置　239
diskette　ディスケット　239
disk operating system (DOS)　ディスクオペレーティングシステム　239
disk storage　ディスク記憶　239
dislocation　転位　251
dispersion　分散　372
displacement　変位　382
displacement current　変位電流　382
display　ディスプレイ　239
dissipation　損失　202
dissipation fact　損失率　203
dissipative network　散逸回路網　133
distortion　ひずみ　342
distributed amplifier　分布増幅器　372
distributed Bragg reflector laser (DBR laser)　分布ブラッグ反射鏡レーザ　373
distributed capacitance　分布容量　373
distributed circuit　分布回路　372
distributed feedback laser (DFB laser)　分布帰還型レーザ　372
distributed inductance　分布インダクタンス　372
distribution control　分散制御　372
dithering　ディザリング　234
divergence angle　発散角　314
diversity gain　ダイバシティ利得　207
diversity system　ダイバシティシステム　206
divider　分割器　372
dividing network　分割回路網　372
D-layer　D層　240
DLP　231
DM　230
DMA　230
DMOS　241
Dolby digital 5.1　ドルビーディジタル 5.1

289
Dolby pro logic　ドルビープロロジック　289
Dolby surround sound　ドルビーサラウンドサウンド　288
domain　ドメイン　282
dominant mode　ドメインモード　282
donor　ドナー　282
dopant　注入不純物　220
dopant　ドーパント（添加不純物）　282
doping　ドーピング　282
doping　不純物導入　359
doping compensation　補償ドーピング　389
doping level　ドーピング量　282
doping profile　ドーピングプロファイル　282
Doppler effect　ドップラー効果　282
Doppler navigation　ドップラー航法　282
Doppler radar　ドップラーレーダ　282
DOS　281
dot generator　ドットジェネレータ　281
dot matrix printer　ドットマトリクスプリンタ　281
dot matrix tube　ドットマトリクス管　281
dots per inch (dpi)　ドット/インチ　281
double amplitude　二重振幅　294
double-beam cathode-ray tube　二重ビーム陰極線管　294
double conversion receiver　ダブルコンバージョン受信機　212
double-current system　複流式システム　359
double diffusion　二重拡散　294
double drift device　ダブルドリフト素子　213
double-ended　ダブルエンド　212
double image　二重像　294
double modulation　二重変調　294
double-pole switch　双極スイッチ　195
double sideband transmission　両側波帯伝送　440
doublet　ダブレット　213
down conversion　ダウンコンバージョン　209
downlink　ダウンリンク　209
download　ダウンロード　209
downsampling　減標本化　110
down time　故障時間　117
down time　ダウンタイム（故障時間，中断時間，停止時間）　209
down time　中断時間　220

down time　停止時間　234
dpi　240
DPNSS　240
DPSK　240
drain　ドレイン　289
DRAM　242
DRC　230
D-region　D-領域　242
drift　ドリフト（変動）　288
drift　変動　384
drift current　ドリフト電流　288
drift mobility　ドリフト移動度　288
drift rate　ドリフト率（変動率）　288
drift rate　変動率　384
drift region　ドリフト領域　288
drift space　ドリフト空間　288
drift velocity　ドリフト速度　288
driven antenna　励振アンテナ　442
driver　励振器　442
driving impedance　駆動インピーダンス　96
driving-point impedance　駆動点インピーダンス　97
driving potential　駆動電位　97
DRO　230
droop　ドゥループ　281
dropper　ドロッパ　289
dropping resistor　電圧降下抵抗器　250
dry battery　乾電池　78
dry cell　乾電池　78
dry etching　ドライエッチング　283
dry joint　ドライジョイント　283
DSL　230
DSP　230
DTE　240
DTL　240
DTMF　240
DTS　240
DTW　240
D-type flip-flop　D フリップフロップ　241
dual in-line package (DIL package)　デュアルインラインパッケージ　246
duality　双対性　198
dubbing　ダビング　212
dull emitter　ダルエミッタ　213
dummy antenna　疑似アンテナ　80
duplexer　デュプレクサ　247
duplex operation　全二重方式　193
dust core　ダストコア　210
duty　デューティ　246
duty cycle　デューティサイクル　247

duty factor　負荷時間率　358
duty ratio　デューティ比　247
DVB　241
DVD　241
DVD±R　241
DVD-RAM　241
DVD-ROM　241
DVD±RW　241
DVM　241
dynamic　動的　278
dynamic characteristic　動特性　279
dynamic focusing　動集束　277
dynamic impedance　ダイナミックインピーダンス　206
dynamic memory　ダイナミックメモリ（動的記憶装置）　206
dynamic memory　動的記憶装置　278
dynamic operation　ダイナミックオペレーション　206
dynamic RAM　ダイナミックRAM　206
dynamic range　ダイナミックレンジ　206
dynamic resistance　動作抵抗　277
dynamic sensitivity　動的感度　278
dynamic time warping　動的時間伸縮（DTW）　278
dynamo　発電機　316
dyne　ダイン　209
dynode　ダイノード　206
d.c.（DC）　直流　234
d.c.-coupled amplifier　DC結合増幅器　234
d.c. voltage　d.c.電圧　239

E

early failure period　初期故障期間　165
Early voltage　アーリー電圧　10
EAROM　15
earphone　イヤホン　22
earth　接地　189
earth bus　接地バス（母線）　189
earth capacitance　接地容量　189
earth current　地電流　219
earth fault　地絡　226
earth plane　接地基板（接地板）　189
earth plane　地電位　219
earth plate　接地板　189
earth potential　地電位　219
earth-return circuit　地帰路回路　217
e-beam lithography　eビームリソグラフィ　20

e-beam resist　eビームレジスト　21
E-bend　E曲り　21
Ebers-Moll model　エバース-モールモデル　42
EBIC　20
E-cel　Eセル　17
ECG　17
echo　エコー　34
echo sounding　音響測深　55
ECL　17
eddy current　渦電流　29
eddy-current heating　渦電流加熱　29
eddy-current loss　渦電流損　29
edge connector　エッジコネクタ　38
edge effect　縁効果　360
edge profile　エッジプロファイル　39
edge triggering　エッジトリガ　39
editor　エディタ　40
EDS　20
EEG　15
EEPROM　15
effective address　実効アドレス　146
effective aperture　有効口径　423
effective mass　有効質量　423
effective radiation power（ERP）　実効放射電力　146
effective resistance　実効抵抗　146
effective value　実効値　146
EFM　EFM変調　15
EGA　17
EGG　17
EHF　15
EHT　15
EIA　15
eigenvalue　固有値　123
eigenvector　固有ベクトル　123
Einstein photoelectric equation　アインシュタイン光電効果の式　4
Einthoven galvanometer　単線検流計　216
EIRP　15
elastance　エラスタンス　48
elastic recoil detection analysis　弾性反跳粒子検出法（ERDA）　214
elastoresistance　弾性抵抗　214
E-layer　E層　18
electret　エレクトレット　49
electrically alterable read-only memory（EAROM）　電気的消去・再書き込み可能形ROM　258
electric axis　電気軸　257

electric charge　電荷　251
electric conduction　電気伝導　258
electric conductivity　電気伝導度　258
electric constant　電気定数　257
electric controller　電気的制御装置　258
electric current　電流　272
electric dimensions　電気的次元　258
electric dipole　電気双極子　257
electric dipole moment　電気双極子モーメント　257
electric displacement　電気変位　258
electric field　電界　251
electric field strength　電界の強さ　254
electric flux　電束　268
electric flux density　電束密度　268
electric heating　電気加熱　257
electric hysteresis loss　電気ヒステリシス損失　258
electric hysirisis loss　強誘電体ヒステリシス損失　91
electric image　電気影像　256
electric intensity　電気強度　257
electricity　電気　256
electric moment　電気モーメント　258
electric polarization　電気分極　258
electric potential　電位　251
electric screening　電気遮蔽　257
electric spectrum　電気スペクトル　257
electric susceptibility　電気感受率　257
electric transducer　電気変換器　258
electroacoustic transducer　電気音響式変換器　257
electrocardiograph (ECG)　心電計　172
electrochemical series　電気化学系列　257
electrode　電極　258
electrode current　電極電流　258
electrodeposition　電着　269
electrode potential　電極電位　258
electrodynamic instrument　電流力計型計器　273
electrodynamics　電気力学　258
electrodynamometer　電流力計　273
electroencephalograph (EEG)　脳波計　303
electroglottogram (EGG)　エレクトログロットグラム　50
electroglottograph　エレクトログロットグラフ　50
electrolaryngograph　電子咽喉造影　259
electroless plating　無電解めっき　409

electroluminescence　エレクトロルミネセンス　50
electrolysis　電気分解　258
electrolyte　電解液（電解質）　252
electrolytic capacitor　電解コンデンサ　253
electrolytic cell　電解槽　254
electrolytic dissociation　電気解離　257
electrolytic meter　電解計　252
electrolytic photocell　電解ホトセル　255
electrolytic polishing　電解研磨　252
electrolytic rectifier　電解整流器　254
electromagnet　電磁石　261
electromagnetic balance　電磁天秤　263
electromagnetic compatibility (EMC)　電磁適合性　262
electromagnetic deflection　電磁偏向　264
electromagnetic focusing　電磁集束　261
electromagnetic induction　電磁誘導　265
electromagnetic interference (EMI)　電磁妨害　264
electromagnetic lens　電磁レンズ　266
electromagnetic pulse　電磁パルス　264
electromagnetic radiation　電磁放射　264
electromagnetic strain gauge　電磁気ひずみゲージ　260
electromagnetic units (emu)　電磁単位　262
electromagnetic wave　電磁波　264
electrometer　電位計　251
electromigration　エレクトロマイグレーション　50
electromotive force [e.m.f or EMF]　起電力　81
electromyograph (EMG)　筋電計　95
electron　電子　259
electron-beam device　電子ビームデバイス　264
electron-beam d. c. resistance　電子ビーム直流抵抗　264
electron-beam induced current analysis (EBIC)　電子ビーム誘起電流分析　264
electron-beam lithography (e-beam lithography)　電子ビームリソグラフィ（eビームリソグラフィ）　264
electron-beam voltage　電子ビーム電圧　264
electronegative　電気陰性　256
electron-hole pair　電子-正孔対　261
electron-hole recombination　電子正孔再結合　261

electronic device 電子デバイス 263
electronic efficiency 電子効率 261
Electronic Industries Alliance (EIA) 50
electronic mail (e-mail or email) 電子メール 265
electronic memory 電子記憶装置 260
electronic memory 電子メモリ（電子記憶装置）265
electronic news gathering (ENG) 電子ニュース取材 264
electronics 電子工学 261
electronic switch 電子スイッチ 261
electronic tuning 電子同調 263
electron affinity 電子親和力 261
electron beam 電子ビーム 264
electron binding energy 電子結合エネルギー 260
electron capture 電子捕獲 265
electron density 電子密度 265
electron diffraction 電子線回折 262
electron emission 電子放出 265
electron gas 電子ガス 259
electron gun 電子銃 261
electron lens 電子レンズ 266
electron microprobe 電子マイクロプローブ分析器 265
electron microscope 電子顕微鏡 260
electron multiplier 電子増倍器 262
electron optics 電子光学 261
electron tube 電子管 260
electronvolt 電子ボルト 265
electron voltaic effect 電子起電効果 260
electro-optical effect 電気光学効果 257
electro-optical shutter 電気光学シャッタ 257
electro-optics 電気光学 257
electrophoresis 電気泳動 256
electrophorus 電気盆 258
electroplating 電気めっき 258
electropneumatic 電空式 258
electropolar 有極化 422
electropolishing 電気研磨 257
electropositive 電気陽性 258
electroscope 検電器 110
electrostatic adhesion 静電付着 185
electrostatic deflection 静電偏向 185
electrostatic discharge (ESD) 静電放電 185
electrostatic field 静電界 184
electrostatic focusing 静電集束 184

electrostatic generator 静電発電機 185
electrostatic induction 静電誘導 185
electrostatic lens 静電レンズ 185
electrostatic loudspeaker 静電スピーカ 184
electrostatic precipitation 電気集塵 257
electrostatics 静電気学 184
electrostatic units (esu) 静電単位系 184
electrostatic voltmeter 静電電圧計 185
electrostatic wattmeter 静電電力計 185
electrostriction 電気ひずみ 258
electrothermal instrument 電熱器 269
electrovalent bond イオン結合 15
element 元素 110
elementary particle 基本粒子 82
elliptical polarization 楕円分極 209
elliptic filter 楕円フィルタ 209
elliptic function 楕円関数 209
e-mail (email) 21
embedded controller 埋め込み制御装置 29
EMC 15
e.m.f. (or EMF) 15
EMI 15
emission 放出 387
emissivity 放射率 387
emitter エミッタ 45
emitter-coupled logic (ECL) エミッタ結合論理 45
emitter electrode エミッタ電極 46
emitter follower エミッタホロア 47
emitter region エミッタ領域 47
EMP 15
emu 15
emulator エミュレータ 47
enabling イネイブル 20
encephalograph 脳造影図 303
encoder 符号器 359
encryption 暗号化 11
endfire array 縦型アンテナ列 212
energy band エネルギー帯 41
energy component エネルギー成分 41
energy dispersive spectroscopy (EDS) エネルギー分散分光法 42
energy gap エネルギーギャップ（禁制帯幅）41
energy gap 禁制帯幅（禁止帯幅）93
energy levels エネルギー準位 41
enhancement mode エンハンスメントモード 50
envelope detector 包絡線検波器 388

EPIRB　20
epitaxial growth　エピタキシャル成長　43
epitaxial layer　エピタキシャル層　43
epitaxial transistor　エピタキシャルトランジスタ　43
epitaxy　エピタキシ　42
E-plane　E面　21
EPROM　21
equal energy source　等価エネルギー源　275
equalization　等化　275
equalizer　均圧母線　93
equalizer　等化器　276
equipotential line　等電位線　279
equiripple (or equal ripple)　等リプル　281
equivalent circuit　等価回路　276
equivalent-circuit model　等価回路モデル　276
equivalent rectangular bandwidth (ERB)　等価矩形帯域幅　276
equivalent resistance　等価抵抗　276
erasable PROM　消去可能形PROM　162
erase　消去　161
erasing head　消去ヘッド　162
ERDA　15
E-region　E領域　22
erlang　アーラン　10
ERP　15
error correction　誤り訂正　10
error detection　誤り検出　10
Esaki diode　エサキダイオード　34
ESD　15
esu　15
etching　エッチング　39
etch pit density　エッチピット密度　39
Ethernet　17
Ettinghausen effect　エッチングハウゼン効果　40
Euler's identity　オイラーの公式　51
eutectic mixture　共融混合物　91
E-wave　E波　20
excitation　励起　442
excited state　励起状態　442
exciting current　励起電流　442
exclusive OR gate　排他的論理和ゲート　305
execute　実行　146
expanded sweep　拡大掃引　64
expanded-sweep generator　拡大掃引発生器　64
expander　エキスパンダ　33

expansion　出力数増大回路　159
exploring coil　探りコイル　131
Extranet　エクストラネット　34
extrapolated failure rate　外挿故障率　58
extrapolated mean life　外挿平均寿命　58
extremely high frequency (EHF)　極高周波　92
extrinsic photoconductivity　外部光導電　59
extrinsic semiconductor　外因性半導体　57
eyeletconstruction mica capacitor　アイレット形マイカコンデンサ　4

F

f_a　43
Fabry-Perot cavity　ファブリ-ペロ共振器　351
facsimile transmission　ファクシミリ伝送　350
fader　フェーダ　356
fading　フェージング　356
failure　故障　117
failure rate　故障率　117
fall-time　立下がり時間　211
fan-in　ファンイン　351
fan-out　ファンアウト　351
farad　ファラッド　351
Faraday constant　ファラデー定数　351
Faraday dark space　ファラデー暗部　351
Faraday-Neumann law　ファラデー-ノイマンの法則　351
Faraday shield　ファラデー遮蔽　351
Faraday's law　ファラデーの法則　351
far-end crosstalk　遠端漏話　50
far-field region　遠視野領域　50
fast Ethernet　高速イーサネット　112
fast Fourier transform (FFT)　高速フーリエ変換　113
fast hopping　ファストホッピング　350
fastrecovery diode　ファストリカバリーダイオード　351
FAT　351
FATFET　351
fat zero　ファットゼロ　351
fault　故障　117
fault current　漏電電流　447
fault grade　欠陥評価　105
fault-tolerant system　フォールトトレラントシステム（耐故障システム）　357
fax　ファックス　351

FCC 43
FCS 43
FDDI 43
FDM 43
FDMA 43
FDNR 43
feed 給電 86
feedback 帰還 79
feedback control loop 帰還制御ループ 80
feedback oscillator 帰還発振器 80
feeder 給電線 86
feedforward control フィードフォワード制御 353
feedpoint impedance 給電点インピーダンス 86
feedthrough フィードスルー 353
Felici balance フェリシ釣合 357
femto- フェムト- 356
Fermi-Dirac statistics フェルミ-ディラック統計 357
Fermi energy フェルミエネルギー 357
Fermi level フェルミ準位 357
ferrimagnetism フェリ磁性 356
ferrite フェライト 356
ferrite beads フェライトビーズ 356
ferrite core フェライト磁心 356
ferroelectric crystals 強誘電体結晶 91
ferrofluid 強磁性流体 88
ferromagnetic Curie temperature 強磁性キュリー温度 88
ferromagnetism 強磁性 86
FET 43
FFT 43
fibre distributed data interface (FDDI) ファイバ分割データインタフェース 350
fibre-optic system 光ファイバシステム 338
Fick's law フィックの法則 352
field 場 304
field coil 磁界コイル 137
field current 磁界電流 137
field density 場の密度 318
field-effect transistor (FET) 電界効果トランジスタ 252
field emission 電界放出 254
field-emission microscope 電界放射顕微鏡 254
field emitter 電界エミッタ 252
field-enhanced emission 電界増強放出 254
field frequency フィールド周波数 355

field ionization 電界イオン化 251
field-ion microscope 電界イオン顕微鏡 252
field programmable gate array フィールドプログラマブルゲートアレイ 355
FIFO ファイフォ 350
figure-eight microphone 8の字指向特性マイクロホン 312
filament フィラメント 354
file allocation table (FAT) ファイルアロケーションテーブル 350
film フィルム 355
film resistor フィルム抵抗器 356
film sputter deposition 薄膜スパッタ堆積 310
filter フィルタ 354
filter attenation フィルタ減衰 355
filter discrimination フィルタ識別 355
filter synthesis フィルタ合成 355
finite-difference time domain (FDTD) 有限差分時間領域法 422
finite impulse response (FIR) 有限インパルス応答 422
finite state machine (FSM) 有限状態機械(有限オートマトン) 422
firewall ファイアウォール 350
Firewire ファイアワイヤ 350
firing 点火 251
firm decision decoding 論理符号解読 451
firmware ファームウェア 351
FIR filter FIRフィルタ 43
first ionization potential 第一電離電圧 204
first-order network 一次回路網 19
fixed-point representation 固定小数点表示 122
flag フラグ 363
flash arc 閃光アーク 193
flashback voltage フラッシュバック電圧 364
flash memory フラッシュメモリ 364
flashover フラッシュオーバ 364
flat-band operation mode 平坦バンド動作モード 375
flat-panel display フラットパネルディスプレイ 364
flat tuning フラットチューニング 364
flat tuning 平坦調整 375
flatwise bend フラットワイズベンド 364
F-layer, F_1-layer, F_2-layer F層, F_1層, F_2層 43

Fleming's rules　フレミングの法則　370
flexible resistor　フレキシブル抵抗器　369
flicker　フリッカ　366
flicker noise　フリッカ雑音　366
flip-chip　フリップチップ　367
flip-coil　フリップコイル　367
flip-flop　フリップフロップ　367
floating　浮動　361
floating battery　浮動蓄電池　361
floating-carrier moduration　浮動搬送波変調　361
floating-point representation　浮動小数点表示　361
floppy disk　フロッピーディスク　371
flow chart　流れ図（フローチャート）　291
flow chart　フローチャート　371
flow control　フロー制御　371
fluorescence　蛍光　102
fluorescent lamp　蛍光灯　102
fluorescent screen　蛍光膜　102
flutter　フラッタ　364
flux　流速（フラックス）　438
fluxmeter　磁束計　145
flyback　フライバック（帰線）　363
flying-spot scanner　飛点走査器　345
flying-spot scanner　フライングスポットスキャナ（飛点走査器）　363
flywheel effect　はずみ車効果　312
flywheel timebase　はずみ車時間軸　312
f.m.（FM）　43
FM receiver　FM受信機　43
FM synthesis　FM合成　43
focusing　集束　154
focusing coil　集束コイル　154
focusing electrode　集束電極　154
foil capacitor　ホイルコンデンサ　385
folded dipole　折り返しダイポール　55
folmant synthesis　ホルマント合成　397
forbidden band　禁制帯（禁止帯）　93
forced oscillations　強制発振　90
force factor　力係数　217
formal verification　形式的検証　102
formant　ホルマント　397
form factor　波形率　311
forward active operation　順方向活性動作　161
forward bias　順方向バイアス　161
forward current　順方向電流　161
forward-current gain　順方向電流増幅度　161

forward direction　順方向　161
forward path　前向き径路　400
forward slope resistance　順方向スロープ抵抗　161
forward transfer function　フォワード伝達関数　357
forward voltage　順方向電圧　161
forward-wave amplification　前進波増幅　193
foucault current　フーコー電流　359
Fourier analysis　フーリエ解析　365
Fourier integral　フーリエ積分　365
Fourier series　フーリエ級数　365
Fourier transform　フーリエ変換　365
four-point probe　四探針法　428
four-terminal network　四端子回路網　428
four-terminal resistor　四端子抵抗器　428
four-wire circuit　四線式回線　428
FPGA　43
frame　フレーム　370
frame antenna　フレームアンテナ　370
frame check sequence (FCS)　フレームチェックシーケンス　370
frame direction finding　フレーム方向探知　370
frame/field transfer device　フレーム/フィールド転送素子　370
frame frequency　フレーム周波数　370
franklin　フランクリン　365
free electron　自由電子　154
free-electron paramagnetism　自由電子常磁性　154
free field　自由場　155
free-field calibration　自由音場校正　152
free oscillation　自由振動　152
free space　自由空間　152
F-region　F領域　45
frequency　周波数　155
frequency analyser　周波数解析　155
frequency band　周波数帯域　156
frequency bridge　周波数ブリッジ　157
frequency changer　周波数変換器　157
frequency compensation　周波数補償　158
frequency control　周波数制御　156
frequency converter　周波数変換器　156
frequency-dependent negative resistor (FDNR)　周波数依存形負性抵抗器　155
frequency deviation　周波数偏移　157
frequency discriminator　周波数弁別器　158

frequency diversity　周波数ダイバシティ　156
frequency divider　周波数分周器　157
frequency division duplexing　周波数分割二重　157
frequency division multiple access (FDMA)　周波数分割多重アクセス　157
frequency-division multiplexing (FDM)　周波数分割多重　157
frequency domain　周波数領域　158
frequency doubler　周波数二倍器　156
frequency hopping spread spectrum　周波数ホッピング拡散スペクトル　158
frequency meter　周波数計　155
frequency modulated radar　周波数変調レーダ　158
frequency modulation (f. m. or FM)　周波数変調 (f. m. または FM)　157
frequency multiplexing　周波数多重　156
frequency multiplier　周波数逓倍器　156
frequency overlap　周波数オーバラップ　155
frequency pulling　周波数引き込み　156
frequency range　周波数範囲　156
frequency response　周波数応答　155
frequency response characteristic　周波数応答特性　155
frequency reuse　周波数再利用　155
frequency run　周波数ラン　158
frequency scaling　周波数スケーリング　156
frequency scaling factor　周波数スケーリング指数　156
frequency selectivity　周波数選択性　156
frequency shift keying (FSK)　周波数偏移変調　157
frequency spectrum (of electromagnetic waves)　周波数スペクトル（電磁波）　156
frequency standard, primary　周波数標準, 一次　156
frequency swing　周波数振れ　157
frequency synthesizer　周波数シンセサイザ　156
frequency transformation　周波数変換　157
Fresnel zone　フレネル地帯　370
frictional electricity　摩擦電気　403
Friis transmission equation　フリース伝送方程式　366
fringe area　受信不良地域　159
front porch　フロントポーチ　371

f.s.d. (FSD)　43
FSK　43
FSM　43
full adder　全加算器　191
full-duplex　全二重　193
full-scale deflection (f.s.d ; FSD)　最大振れ　131
full-wave dipole　全波双極子アンテナ　193
full-wave rectifier circuit　全波整流回路　193
functional packing density　有効記録密度　423
function generator　関数発生器　77
fundamental　基本周波数　82
fundamental frequency　基本周波数　82
fundamental frequency estimation　基本周波数の推定　82
fuse　フューズ　363
fusible-link memory　フュージブルリンクメモリ　363
fuzzy logic　ファジー論理　350
fx　43

G

G^3　145
gain　利得　435
gain-bandwidth product (GBP)　利得帯域幅積　435
gain compression　利得圧縮　435
gain control　利得制御　435
gain margin　利得余裕　436
gain region　利得領域　436
galactic noise　銀河雑音　93
gallium arsenide　ガリウムヒ素　75
galvanomagnetic effect　電流磁気効果　272
galvanometer　検流計　110
galvanometer constant　検流計定数　111
galvanometer shunt　検流計分流器　111
gamma rays (γ-rays)　ガンマ線　78
gap　ギャップ（間隙）　84
gas amplification　ガス増幅　67
gas breakdown　ガス絶縁破壊　67
gas cell　ガス電池　67
gas-discharge tube　ガス放電管　67
gas electrode　ガス電極　67
gas-filled tube　ガス入り電子管　66
gasket　ガスケット　66
gas multiplication　ガス増倍　67
gas-plasma screen　ガスプラズマスクリーン

67
gassing　気泡発生　82
gate　ゲート　106
gate array　ゲートアレイ　106
gate expander　ゲート拡張　106
gateway　ゲートウェイ　106
gating　ゲート　106
gauss　ガウス　62
Gaussian channel　ガウス通信路　62
Gaussian distribution　ガウス分布　62
Gaussian elimination　ガウス消去法　62
Gaussian filter　ガウシアンフィルタ　62
Gauss's theorem　ガウスの定理　62
GBP　149
Geiger counter　ガイガーカウンタ　57
general impedance converter (GIC)　汎用インピーダンス変換器　332
generator　発電機　316
genetic algorithm　遺伝的アルゴリズム　20
geometric optics　幾何光学　79
geometric theory of diffraction (GTD)　回折の幾何学理論　58
GEOS　135
geostationary earth orbit　静止軌道　184
geosynchronous orbit　同期軌道　276
germanium　ゲルマニウム　108
getter　ゲッタ　106
ghost　ゴースト　118
giant magnetoresistance (GMR)　巨大磁気抵抗効果　92
giant magneticresistance head (GMR head)　巨大磁気抵抗ヘッド　92
Gibbs phenomenon　ギブス現象　82
GIC　135
giga-　ギガ　79
gilbert　ギルバート　92
Gilbert cell　ギルバートセル　92
glassivation　ガラス化　74
glitch　誤動作　122
global system for mobile communications (GSM)　汎用移動通信システム　332
glow discharge　グロー放電　101
glow-discharge microphone　グロー放電マイク　101
GMR　136
GMR head　GMRヘッド　136
go-back-N ARQ　go-back-N ARQ方式　122
Golay code　ゴーレイ符号　123
gold-leaf electroscope　金箔検電器　95

GOS　137
GPIB　149
GPS　149
graded-base transistor　傾斜形ベーストランジスタ　102
graphical symbols　図示記号　177
graphic equalizer　グラフィックイコライザ　99
graphic instrument　グラフ計測器　99
graphic panel　グラフィックパネル　99
grass　グラス　99
Grassot fluxmeter　グラソー磁束計　99
gravity cell　重力電池　158
grenz rays　グレンツ線　100
grid　グリッド（格子）　99
grid　格子　112
grid base　グリッドベース　100
grid bias　グリッドバイアス　100
grid emission　グリッド放出　100
grid leak　グリッド洩れ　100
grid stopper　グリッドストッパ　99
ground　接地　189
ground absorption　大地吸収　206
ground capacitance　大地容量　206
ground clutter　地面クラッタ　150
ground current　地電流　219
grounded-base connection　ベース接地接続　378
grounded-collector connection　コレクタ接地接続　124
grounded-emitter connection　エミッタ接地接続　46
ground electrode　接地電極　189
ground plane　接地基板　189
ground potential　大地電位　206
ground ray　地上波　218
ground-reflected wave　地表反射波　219
ground reflection　地表反射　219
ground return　グラウンドリターン　98
ground state　基底状態　81
ground wave　地上波　218
group delay　群遅延　101
group operation　グループ作動　100
grown junction　成長接合　184
GSM　136
GTD　147
GTO　147
guard band　ガードバンド　72
guard ring　ガードリング　72
guard-ring capacitor　ガードリングコンデン

サ 72
guard time ガードタイム 72
Gudden-Pohl effect ガドン・ポール効果 72
guide ガイド 59
Guillemin effect ギルマン効果 93
Guillemin line ギルマン線路 100
Gunn diode ガンダイオード 78
Gunn effect Gunn 効果 76
gyrator ジャイレータ 150

H

halation ハレーション 324
half adder 半加算器 324
half-duplex 半二重 331
half-duplex operation 半二重操作 331
half-IF response 半 IF 応答 324
half-power beamwidth 電力半値幅 274
half-power point 電力半値点 274
half-wave dipole 半波長ダイポール 331
half-wave rectifier circuit 半波整流回路 331
half-wave voltage doubler 半波倍電圧回路 331
Hall coefficient ホール係数 396
Hall effect ホール効果 396
Hall mobility ホール移動度 396
Hall probe ホールプローブ 397
Hall voltage ホール電圧 396
halo ハロー 324
Hamming code ハミングコード 318
Hamming window ハミング窓 319
ham radio アマチュア無線 9
handover ハンドオーバ 331
handset 送受話器 198
handshake ハンドシェイク 331
Hanning window ハニング窓 318
hard clipping ハードクリッピング 317
hard decision decoding 厳格な判定復号法 108
hard disk ハードディスク 318
hardware ハードウェア 317
hardware description language (HDL) ハードウェア記述言語 317
hardwired 実配線されている 147
hard X-rays 硬 X 線 111
harmonic 調波 223
harmonic analyser 調波解析装置 223
harmonic distortion 高調波ひずみ 113
harmonic generator 調波発生器 223

harmonic oscillator 調波発振器 223
Hartley oscillator ハートレイ発振器 318
Hartshorn bridge ハートショーンブリッジ 317
Harvard architecture ハーバードアーキテクチャ 318
Hay bridge ヘイブリッジ 375
Haynes-Shockley experiment ヘインズ-ショックレーの実験 377
hazard ハザード 311
HB 33
H-bend H 曲り 33
HBT 33
HDCD 32
HDL 32
HDTV 32
head ヘッド 378
header ヘッダ 378
head-related transfer function ヘッド関連伝達関数 378
headset ヘッドセット 378
hearing aid 補聴器 390
heater ヒータ 343
heating depth 加熱深さ 72
heating effect of a current 電流の発熱効果 272
heat coil 加熱コイル 72
heat detector 熱検出器 298
heat sink ヒートシンク 346
Heaviside layer (Heaviside-Kennelly layer) ヘビサイド層（ヘビサイド-ケネリ層） 380
hecto- ヘクト- 377
height control 高さ制御 209
Heil tube ヘイル管 375
helical antenna ヘリカルアンテナ（らせんアンテナ） 380
Helmholtz coils ヘルムホルツコイル 381
Helmholtz galvanometer ヘルムホルツ検流計 381
HEMT 高電子移動度トランジスタ 380
henry ヘンリー 384
hertz ヘルツ 380
Hertzian dipole ヘルツダイポール 380
heterodyne receiver ヘテロダイン受信機 379
heterodyne reception ヘテロダイン受信 379
heterojunction ヘテロ接合 378
heterojunction bipolar transistor (HBT)

ヘテロ接合バイポーラトランジスタ 378
heterojunction FET ヘテロ接合 FET 378
heterojunction photodiode ヘテロ接合ホトダイオード 379
heterostructure laser ヘテロ構造レーザ 378
Heusler alloys ホイスラー合金 385
hex ヘキサ 377
hexadecimal 16 進 158
hexagon voltage 六角電圧 448
HF 32
hidden Markov model (HMM) 隠れマルコフモデル 64
hierarchical design 階層化設計 58
Hi-Fi 307
high-definition compatible digital 高精度ディジタル互換 112
high-density packaging 高密度実装 116
high electron mobility transistor (HEMT) 高電子移動度トランジスタ (HEMT) 114
high electron velocity camera tube 高速電子撮像管 113
high fidelity 高忠実度 113
high frequency (HF) 高周波 112
high-frequency resistance 高周波抵抗 112
high-level injection 高濃度注入 115
high-level programming language 高級プログラム言語 112
high logic level 論理 1 449
high-pass filter 高域通過フィルタ 111
high-pass filter ハイパスフィルタ (高域通過フィルタ) 306
high recombination-rate contact 高再結合速度接触 112
high tension (HT) 高電圧 113
high-velocity scanning 高速走査 113
high-voltage test 高圧試験 111
hi-lo Read diode ハイ/ローリードダイオード 310
HMM 32
H-network H 回路網 32
holding time 保持時間 389
hold time 保持時間 389
hole 正孔 183
hole capture 正孔捕獲 184
hole conduction 正孔伝導 183
hole current 正孔電流 184
hole density 正孔密度 184
hole-electron pair 正孔-電子対 183

hole injection 正孔注入 183
hole trap 正孔捕獲 184
homing beacon ホーミングビーコン 394
homodyne receiver ホモダイン受信機 395
homojunction ホモ接合 395
homo-polar generator 単極発電機 214
honeycomb coil ハネカム形コイル 318
hook-up フックアップ 360
horizontal blanking 水平帰線消去 176
horizontal Bridgeman (HB) 水平ブリッジマン法 176
horizontal hold 水平同期 176
horizontal polarization 水平偏光 176
horizontal surround sound 水平サラウンド音 176
horn antenna ホーンアンテナ 397
horn loudspeaker ホーンスピーカ 397
horseshoe magnet 馬蹄形磁石 317
hot cathode 熱陰極 298
hot electron ホットエレクトロン 390
hot hole ホットホール 391
hot spot ホットスポット 391
hot-wire ammeter 熱線電流計 298
hot-wire gauge 熱線ゲージ 298
hot-wire instrument 熱線形計器 298
howl ハウリング 310
H-pad H パッド 32
h-parameter h パラメータ 32
H-plane H 面 33
HRTF 32
H-section H 形 32
HT 32
HTML 32
HTS 32
HTTP 32
hum ハム 319
hum moduration ハム変調 319
hunting 乱調 432
Huygens' principle ホイヘンスの法則 385
H-wave H 波 32
hybrid integrated circuit ハイブリッド (混成) 集積回路 307
hybrid junction ハイブリッド接合 307
hybrid-π-model ハイブリッド π モデル 307
hybrid parameters ハイブリッドパラメータ 307
hybrid ring junction ハイブリッドリング接合 307
hybrid-T junction ハイブリッド T 接合

307
hydrogen electrode 水素電極 175
hydrophone ハイドロホン 305
hyperabrupt varactor 超階段バラクタ 221
hypercardioid microphone ハイパーカージオイドマイクロホン 305
hypercube 超立方体（ハイパーキューブ） 223
hypercube ハイパーキューブ 306
hypertext markup language（HTML） ハイパーテキストマークアップ言語 306
hypertext transfer protocol（HTTP） ハイパーテキスト転送プロトコル 306
hysteresis ヒステリシス 342
hysteresis distortion ヒステリシスひずみ 342
hysteresis factor ヒステリシス係数 342
hysteresis loop ヒステリシス環線 342
hysteresis loss ヒステリシス損失 342
hysteresis meter ヒステリシスメータ 342
Hz 380

I

IC 1
I channel I チャネル 4
iconoscope アイコノスコープ 1
ideal crystal 理想結晶 434
ideal diode equation 理想ダイオード特性式 435
ideal transducer 理想変換器 435
ideal transformer 理想変圧器 435
idle component 無効成分 407
IEC 1
IEE 4
IEEE 4
IEEE-488 standard IEEE-488 標準 4
IF 1
iff 1
IF strip IF ストリップ 1
IGBT 2
IGFET 1
IGMF filter IGMF フィルタ 2
III-V compound semiconductor III-V 族化合物半導体 134
IIR filter IIR フィルタ 1
II-VI compound semiconductor II-VI 族化合物半導体 297
I²L 2
IM 1

image 影像 31
image attenuation constant 影像減衰定数 31
image charge 影像電荷 31
image converter 影像変換器 31
image dissector 解像管 58
image force 影像力 32
image-force lowering 影像力低下 32
image frequency イメージ周波数 21
image impedances 影像インピーダンス 31
image interference 映像妨害 32
image orthicon イメージオルシコン 21
image phase constant 影像位相定数 31
image potential イメージ電位 21
image processing 画像処理 69
image ratio イメージ比 21
image recognition 画像認識 69
image transfer constant 影像伝達定数 31
image tube 影像管 31
immersion plating 浸漬めっき 171
immunity 雑音余裕値 132
impact ionization 衝突電離 164
IMPATT diode IMPATT ダイオード 24
impedance インピーダンス 26
impedance coupling インピーダンス結合 26
impedance matching インピーダンス整合 26
impedance scaling インピーダンス換算 26
impedance scaling factor インピーダンス換算係数 26
impedor インピードル 27
imperfect dielectric 不完全誘電体 358
impulse インパルス 25
impulse current インパルス電流 26
impulse flashover voltage インパルスフラッシュオーバ電圧 26
impulse generator インパルス発生器 26
impulse noise インパルス雑音 25
impulse puncture voltage インパルス破壊電圧 26
impulse ratio for flashover（or puncture） フラッシュオーバの衝撃比 364
impulse response インパルス応答 25
impulse voltage インパルス電圧 25
impulsive noise 衝撃雑音 162
impurities 不純物 359
IM rejection IM 除去 1
inactive interval 非アクティブ区間 333
incandescence 白熱光 310

incident current　入射電流　296
increment　インクリメント（増分）　23
incremental permeability　増分透磁率　200
index error　目盛り誤差　412
indicating instrument　指示計器　144
indicator tube　表示管　347
indirect-gap semiconductor　間接遷移半導体　78
indirectly heated cathode　傍熱陰極　388
indirect photoconductivity　間接光導電　78
indirect ray　間接光線　78
indirect wave　間接波　78
indium phosphide　インジウムリン　23
indium phosphide　リン化インジウム　440
induce　誘導する　426
induced current　誘導電流　426
induced dipole moment　誘導双極子モーメント　426
induced electromotive force　誘起起電力　422
induced noise　誘導雑音　425
inductance　インダクタンス　23
induction　誘導　425
induction coil　誘導コイル　425
induction compass　磁気誘導コンパス　142
induction flowmeter　誘導流量計　426
induction heating　誘導加熱　425
induction instrument　誘導計器　425
induction microphone　誘導マイクロホン　426
induction motor　誘導電動機　426
inductive　誘導的　426
inductive coupling　誘導結合　425
inductive feedback　誘導性（帰還）　426
inductive interference　誘導性妨害　426
inductive-output device　誘導出力装置　426
inductive reactance　誘導性リアクタンス　426
inductive tuning　誘導形同調　425
inductor　誘導子（インダクタ）　426
Industrial, Scientific and Medical (ISM)　ISMバンド　1
inertia switch　慣性スイッチ　78
inert cell　イナートセル（不活性電池）　20
inert cell　不活性電池　358
infinite impulse response filter　無限インパルス応答フィルタ　407
information satellite　情報衛星　164
information technology (IT)　情報技術　165

information theory　情報理論　165
infrared image converter　赤外線影像変換器　186
infrared radiation　赤外線放射　186
inherent weakness failure　固有の脆さによる故障　123
inhibiting input　インヒビット入力　27
initial current　初期電流　165
injection　注入　220
injection　投入　279
injection efficiency　注入効率　220
inkjet printer　インクジェットプリンタ　23
in parallel　並列接続で　376
in phase　同相　277
in-phase component　同相成分　278
input　入力　297
input impedance　入力インピーダンス　297
input/output (I/O)　入力/出力 (I/O)　297
in series　直列に　225
insertion gain　挿入利得　199
insertion loss　挿入損　198
instantaneous automatic gain control　瞬間自動利得調節　160
instantaneous carrying-current　瞬時導通電流　161
instantaneous frequency　瞬時周波数　161
instantaneous power　瞬時電力　161
instantaneous sampling　瞬時標本化　161
instantaneous value　瞬時値　161
Institute of Electrical and Electronics Engineers, Inc (IEEE)　23
Institution of Electrical Engineers　23
instruction fetch　命令のフェッチ（命令の取り出し）　410
instruction register　命令レジスタ　410
instruction set　命令セット　410
instrumentation amplifier　計測用増幅器　103
instrument damping　計器制動　102
instrument rating　計器定格　102
instrument sensitivity　計器感度　102
instrument shunt　計測用分流器　103
instrument transformer　計器用変成器　102
insulate　絶縁する　188
insulated-gate bipolar transistor (IGBT)　絶縁ゲートバイポーラトランジスタ　187
insulated-gate field-effect transistor (IGFET)　絶縁ゲート電界効果トランジスタ　187

insulating barrier 絶縁障壁 187
insulating resistance 絶縁抵抗 188
insulation 絶縁，絶縁体 187
insulator 絶縁物 188
integer 整数 184
integrated circuit (IC) 集積回路 153
integrated injection logic インテグレーテッドインジェクションロジック 24
integrate Schottky logic (ISL) 集積ショットキー論理 154
integrating array 集積配列 154
integrating frequency meter 積分型周波数計 186
integrating wattmeter 積算電力量計 186
integrator 積分器 186
intelligent terminal 知的端末 219
intelligibility 了解度 438
intelligible crosstalk 聞き分けられる漏話 80
intensity 強さ 229
intensity modulation 輝度変調 82
interaction space 相互作用空間 196
interactive 双方向性 200
intercarrier system インタキャリア方式 23
interconnecting feeder 相互接続フィーダ 196
interconnection 配線 305
interconnector 接続機器 189
interdigitated capacitor すだれ状コンデンサ 177
interelectrode capacitance 内部電極間容量 291
interface インタフェース 23
interference 干渉（妨害） 77
interference 混信 124
interference fading 干渉性フェージング 77
interlaced scanning 飛越し走査 282
interleaving インタリービング 23
interline transfer device インターライントランスファーデバイス 23
interlock インターロック 24
intermediate frequency (IF) 中間周波数 220
intermittent duty 断続デューティ 216
intermodulation (IM) 相互変調 196
intermodulation distortion 相互変調ひずみ 197
intermodulation products 相互変調積 197
internal photoelectric effect 内部光電効果 291

internal resistance 内部抵抗 291
international ampere 国際アンペア 116
International Electrotechnical Commission (IEC) 国際電気標準会議 117
international ohm 国際オーム 116
International Standards Organization (ISO) 国際標準化機構 117
international system 国際単位系 117
International Telecommunication Union (ITU) 国際電気通信連合 117
international units 国際単位 116
international volt 国際ボルト 117
internet インターネット 23
Internet Protocol インターネットプロトコル 23
interpolation 補間 389
interrogating signal 問い合わせ信号 275
interrupt 割り込み 452
interrupter 断続器 216
interstage coupling 段間結合 214
intersymbol interference (ISI) 符号間干渉 359
intraconnection 内部配線 291
Intranet イントラネット（企業内ネットワーク） 24
Intranet 企業内ネットワーク 80
intrinsic conductivity 真性導電率 171
intrinsic density 真性密度 171
intrinsic mobility 真性移動度 171
intrinsic photoconductivity 真性光導電 171
intrinsic semiconductor 真性半導体 171
intrinsic temperature range 真性温度領域 171
inverse Chebyshev filter 逆チェビシェフフィルタ 83
inverse feedback 負帰還 358
inverse filter 逆フィルタ 83
inverse gain 逆利得 83
inverse limiter 逆リミタ 83
inversion 反転 328
inverter インバータ 24
inverting amplifier 反転増幅器 328
inverting transistor 反転トランジスタ 328
I/O 1
ion イオン 15
ion-beam analysis イオンビーム分析法 16
ion-beam lithography イオンビームリソグラフィ 16
ionic atmosphere イオン雰囲気 16

ionic bond　イオン結合　15
ionic conduction　イオン伝導　16
ionic crystal　イオン結晶　16
ionic semiconductor　イオン半導体　16
ion implantation　イオン打ち込み　15
ionization　電離　271
ionization chamber　電離箱　271
ionization counter　電離計数器　271
ionization current　電離電流　271
ionization gauge　電離真空計　271
ionization potential　電離ポテンシャル　272
ionizing event　電離事象　271
ionizing radiation　電離放射線　272
ion microprobe　イオンマイクロプローブ　16
ion milling　イオン加工　15
ion milling　イオンミリング（イオン加工）　16
ionosphere　電離層　271
ionospheric defocusing　電離層発散　271
ionospheric focusing　電離層収束　271
ionospheric wave　電離層波　271
ion source　イオン源　16
ion spot　イオンスポット　16
ion trap　イオントラップ　16
IP　4
IP_2 (or IP 2)　4
IP_3 (or IP 3)　4
iris　絞り　150
I^2R loss　I^2R 損失　2
iron　鉄　245
iron loss　鉄損　245
irradiation　照射　164
ISDN　1
ISM　1
ISO　17
isoelectronic　等電子数　279
isolating　絶縁（分離）された状態　187
isolating transformer　絶縁変圧器　188
isolation diode　アイソレーションダイオード　3
isolator　アイソレータ（単向管）　3
isolator　単向管　214
isotropic　等方性　281
isotropic radiator　等方性レーダ（等方性放射体）　281
IT　4
iterative impedance　反復インピーダンス　332
ITU　4

i-type semiconductor　i 形半導体　1

J

j (or i)　135
jack plug and socket　ジャックプラグおよびソケット　151
jammer　ジャマー　152
jamming　ジャミング　152
jamming　妨害（ジャミング）　385
Jansky noise　ジャンスキー雑音　152
JEDEC　136
JFET　136
JFIF　136
jitter　ジッタ　146
JK flipflop　J-K（または JK）フリップフロップ　136
Johnson-Lark-Harowitz effect　ジョンソン・ラーク・ホロヴィッツ効果　167
Johnson noise　ジョンソン雑音　167
Joint Electronic Device Engineering Council　電子素子技術連合評議会　262
Joint Electronic Device Engineering Council (JEDEC)　161
Josephson effect　ジョセフソン効果　165
Josephson junction　ジョセフソン接合　165
Josephson memory　ジョセフソンメモリ　165
joule　ジュール　160
Joule effect　ジュール効果　160
Joule magnetostriction　ジュール磁気ひずみ　160
JPEG　136
jump　ジャンプ　152
jumper　ジャンパ　152
junction　接合　188
junction field-effect transistor (JFET)　接合形電界効果トランジスタ　188

K

Ka band　Ka バンド　105
Kaiser window　カイザー窓　57
Karnaugh map　カルノー図　75
K band　K バンド　107
keep-alive circuit　キープアライブ回路　82
Kell factor　ケルファクタ　108
kelvin　絶対温度の単位　189
Kelvin balance　ケルビン天秤　107
Kelvin contacts　ケルビン接触　107

Kelvin double bridge　ケルビンダブルブリッジ　107
Kelvin effect　ケルビン効果　107
Kelvin-Varley slide　ケルビン-バーレイ摺動器　108
Kennelly-Heaviside layer　ケネリーヘビサイド層　107
Kerr cell　カーセル　68
Kerr effects　カー効果　64
keyboard　キーボード　82
keystone distortion　台形ひずみ　205
kilo　キロ　93
kilogram　キログラム　93
kilowatt-hour　キロワット時　93
Kirchhoff's laws　キルヒホッフの法則　93
klystron　クライストロン　97
K-map　K-マップ　107
Koch resistance　コッホ抵抗　122
Kronig-Penney model (of energy band structure)　クローニヒ-ペニーモデル（エネルギー帯構造）　101
k-space　k 空間　105
Ku band　Ku バンド　107

L

label　ラベル　431
labyrinth loudspeaker　迷路スピーカ　410
ladder network　ラダー（はしご形）回路網　431
LADT　49
lag　遅れ　52
lagging current　遅れ電流　52
lagging load　遅れ負荷　52
Lagrange's equation　ラグランジュ方程式　430
laminated core　成層コア　184
lamination　積層板　186
LAN　431
language　言語　109
Laplace operator　ラプラス演算子　431
Laplace transform　ラプラス変換　431
lapping　ラップ仕上げ　431
large-scale integration (LSI)　大規模集積回路　205
laryngophone　ラリンゴホン　431
laser　レーザ　443
laser printer　レーザプリンタ　443
last mile　最後の1マイル　130
latch　ラッチ　431
latching　保持操作　389
latching　ラッチング（保持操作）　431
lattice constant　格子定数　112
lattice filter　格子フィルタ　112
lattice network　格子形回路網　112
lattice parameter　格子パラメータ　112
Lauritzen's electroscope　ラウリッツェン検電器　430
lawnmower　芝刈り機　149
layer　層　194
L band　L バンド　49
LCC　49
LCD　49
L-C network (LC network)　LC 回路網　49
LDM　49
lead　鉛　292
lead　リード　435
leadframe　リードフレーム　436
lead-in　引き込み線　339
leading current　進み電流　177
leading edge (of a pulse)　前縁（パルスの）　191
leading load　進み負荷　177
leadless chip carrier (LCC)　リーダーレスチップキャリヤ　435
leakage　漏洩　447
leakage current　漏洩電流　447
leakage flux　漏洩磁束　447
leakage reactance　漏洩リアクタンス　447
least significant bit (LSB)　最下位ビット　129
LEC　49
Leclanché cell　ルクランシェ電池　441
LED　49
Leduc effect　ルデュック効果　441
LEED　49
left-hand rule　左手の法則　344
Lenz's law　レンツの法則　265
LEOS　49
letter box　レターボックス　445
level compensator　レベル補償器　445
level shifter　レベルシフタ　445
Leyden jar　ライデンビン　429
LF　49
LFO　低周波発振器　49
life test　寿命試験　160
lifetime　寿命　160
lifter　リフタ　436
lift-off　リフトオフ　436

light-emitting diode (LED) 発光ダイオード 314
lightning conductor 避雷針 348
lightning stroke 雷撃 259, 429
light-pen ライトペン 429
limb リム 438
limited space-charge accumulation mode (LSA mode) 制限空間電荷蓄積モード 183
limited stability 有限安定性 422
limiter リミタ 438
limiting amplifier 制限増幅器 183
line 回線（通信線） 58
line 走査線 198
line 通信線 228
linear 線形 191
linear accelerator 線形加速器 191
linear amplifier 線形増幅器 192
linear array antenna 線形アレイアンテナ 191
linear-beam microwave tube 線形ビームマイクロ波管 192
linear block codes 線形ブロック符号 192
linear circuit 線形回路 191
linear delta modulation (LDM) 線形デルタ変調 192
linear detector 直線検波器 224
linear inverter 線形インバータ 191
linearly graded junction 直線傾斜接合 224
linearly polarized wave 直線偏波 224
linear motor リニアモータ 436
linear network 線形回路網 191
linear phase response 線形位相応答 191
linear prediction (LP) 線形予測 192
linear predictive coding (LPC) 線形予測符号 193
linear scan 線形走査 192
linear system 線形系 192
linear timebase oscillator 線形時間軸発振器 192
linear transducer 線形変換器 192
line communication 線路通信 194
line frequency 回線周波数 193
line impedance stabilization network (LISN) 電源インピーダンス安定化回路網 26
line of flux 磁力線 167
line of force 力線（電気力線） 433
line-of-sight path 見通し経路 406
line printer ラインプリンタ 429
line sequential colour television 線順次方式カラーテレビジョン 193
line voltage 線間電圧 191
link リンク 440
link availability リンク可用度（アベイラビリティ） 440
link budget analysis 回線設計解析 58
link margin 回線マージン 58
lip microphone リップマイクロホン 435
liquid crystal 液晶 33
liquid-crystal display (LCD) 液晶ディスプレイ 33
liquid-encapsulated Czochralski (LEC) 液相封入チョクラルスキー法 34
liquid-phase epitaxy 液相エピタキシ 33
LISN 48
Lissajous' figure リサージュ図形 433
literal 直定数（リテラル） 224
lithography リソグラフィ 435
little endian リトルエンディアン 436
Litzendrah wire リッツ線 435
live 通電中 228
LMDS 49
L network L回路網 49
load 負荷 357
load characteristic 負荷特性 358
load circuit 負荷回路 358
load-circuit efficiency 負荷回路効率 358
load coil 負荷コイル 358
load curve 負荷曲線 358
load factor 負荷率 358
load impedance 負荷インピーダンス 358
loading 装荷 195
loading coils 装荷コイル 195
load leads 負荷リード線 358
load line 負荷曲線 358
load matching 負荷整合 358
load regulator 負荷調整器 358
load transfer switch 負荷投入スイッチ 358
lobe ローブ 448
local area network (LAN) ローカルエリアネットワーク 447
local exchange 市内交換 149
local feedback 局部帰還 92
localizer beacon ローカライザビーコン 447
local multipoint distribution system (LMDS) ローカルマルチポイント分配システム 447
local oscillator 局部発振器 92

locator beacon　位置表示ビーコン　20
lock-in detector　ロックイン検出器　448
locking　ロッキング　448
locking-in　ロックイン　448
locking-on　ロックオン　448
locking relay　ロッキング継電器　448
lock range　ロック範囲　448
logarithmic amplifier　対数増幅器　206
logarithmic compression　対数圧縮　205
logarithmic decrement　対数減衰率　205
logarithmic potentiometer　対数ポテンショメータ　206
logarithmic resistor　対数抵抗器　206
logical address　論理的なアドレス　451
logical one　論理1　449
logical operations　論理演算　449
logic circuit　論理回路　449
logic diagram　論理回路図　450
logic element　論理素子　451
logic gate　論理ゲート　450
logic symbol　論理記号　450
log-periodic antenna　対数周期アンテナ　206
long-line effect　長給電線効果　221
long-persistence screen　長残光性スクリーン　221
long-tailed pair (LTP)　ロングテイルドペア　449
long wave　長波　223
loop　ループ　441
loop antenna　ループアンテナ　442
loopback address　ループバックアドレス　442
loop direction finding　ループ方向探知　442
loop gain　ループ利得　442
loop signal　ループ信号　442
loose coupling　疎結合　201
loosely coupled multiprocessor　疎結合多重プロセッサ　201
Lorentz force　ローレンツ力　449
loss　損失　202
loss angle　損失角　202
loss factor　損失係数　202
lossless compression　減衰のない圧縮　110
lossless line　無損失線路　409
lossy　損失気味な　202
lossy compression　減衰のある圧縮　109
lossy line　減衰のある線路　110
loudness　ラウドネス（音の感覚的大きさ）　430

loudspeaker　スピーカ　179
loudspeaker microphone　スピーカマイクロホン　179
low earth orbit satellite (LEOS)　低軌道衛星　231
low electron velocity camera tube　低速電子ビーム撮像管　240
lower sideband　下側波帯　69
low frequency (LF)　低周波　239
low-frequency compensation　低周波域補償　239
low-frequency oscillator (LFO)　低周波発振器　239
low-level injection　低濃度注入　240
low level modulation　低レベル変調　242
low-level programming language　低水準プログラミング言語　239
low logic level　低論理レベル　242
low-loss line　低損失線路　240
low pass filter　低域通過フィルタ　230
low-velocity scanning　低速度走査　240
LP　49
LPC　49
LPCVD　49
LPI　49
LPPF　49
LSA mode　LSA モード　49
LSB　49
L-section　L 区間　49
LSI　49
LTP　49
luminance flicker　輝度ちらつき　82
luminance signal　輝度信号　82
luminescence　発光　313
lumped parameter　集中定数　154

M

machine code　機械コード　79
macrocell　マクロセル　402
MAGLEV　磁気浮上　141
magnesium　マグネシウム　401
magnet　磁石　145
magnetic armature loudspeaker　磁気アーマチュアスピーカ　138
magnetic balance　磁気天秤　140
magnetic bias　磁気バイアス　140
magnetic blow-out　磁気吹消し　141
magnetic circuit　磁気回路　138
magnetic constant　磁気定数　140

magnetic contactor 磁気接触器 139
magnetic controller 磁気制御装置 139
magnetic core 磁心 145
magnetic damping 電磁制動 262
magnetic deflection 磁界偏向 137
magnetic dipole moment 磁気双極子モーメント 139
magnetic disk 磁気ディスク 140
magnetic field 磁場（磁界） 149
magnetic field strength 磁場強度（磁界の強さ） 149
magnetic flux 磁束 145
magnetic flux density 磁束密度 145
magnetic focusing 磁界集束 137
magnetic head 磁気ヘッド 142
magnetic hysteresis 磁気ヒステリシス 140
magnetic induction 磁気誘導 142
magnetic intensity 磁界強度 137
magnetic leakage 磁気漏れ 142
magnetic lens 磁気レンズ 142
magnetic loudspeaker マグネチックスピーカ 401
magnetic memory 磁気メモリ 142
magnetic microphone マグネチックマイクロホン 401
magnetic modulation 磁気変調 142
magnetic moment 磁気モーメント 142
magnetic monopole 磁気単極子 139
magnetic pole 磁極 142
magnetic potential 磁位 135
magnetic recording 磁気記録 138
magnetic residual loss 磁気残留損失 139
magnetic resistance 磁気抵抗（リラクタンス） 140
magnetic saturation 磁気飽和 142
magnetic screening 磁気遮蔽 139
magnetic shunt 磁気シャント 139
magnetic susceptibility 磁化率 137
magnetic tape 磁気テープ 140
magnetic transition temperature 磁気転移温度 140
magnetic tuning 磁気同調 140
magnetism 磁気 138
magnetization 磁化 137
magnetization curve 磁化曲線 137
magnetize 磁化する 137
magnetizing force 磁化力 137
magneto マグネト発電機 401
magnetomotive force (m. m. f.) 起磁力 81

magneto-optical effect 磁気光学効果 139
magnetoresistance 磁気抵抗 139
magnetoresistive random access memory 磁気抵抗型メモリ 140
magnetostriction 磁気ひずみ 141
magnetron マグネトロン 401
magnetron effect マグネトロン効果 402
magnitude response 振幅応答 173
MagRAM 402
main lobe メインローブ 410
mains 主幹電源 158
mains hum 電源雑音 259
maintaining voltage 維持電圧 17
majority carrier 多数キャリヤ 210
make 閉路 376
make-after-break メイクアフタブレイク 410
make-and-break 開閉 59
make-before-break メイクビフォアブレイク 410
MAN マン 405
Manchester code マンチェスター符号 405
manganese マンガン 405
manganin マンガニン 405
man made noise 人工雑音 170
MAR 47
Marconi antenna マルコニーアンテナ 404
mark マーク 400
mark-space ratio マークスペース比 401
M-ary FSK 47
M-ary PSK 47
maser メーザ 410
mask マスク 403
masking マスキング 403
mask register マスクレジスタ 403
Mason's rules メーソンの公式 411
master マスター 403
master frequency meter 主周波数計 159
master oscillator 主発振器 160
master trigger 主トリガ 159
matched load 整合負荷 184
matched termination 整合終端 183
matched waveguide 整合導波管 184
matching 整合 183
Mathiessen's rule マティーセンの法則 403
MATLAB 404
maximally flat 最大平坦 131
maximum likelihood sequence estimation (MLSE) 最尤連続推定値 131
maximum power theorem 最大電力供給定理

欧文索引

130
maxterm 最大項 130
maxwell マクスウェル 400
Maxwell bridge マクスウェルブリッジ 403
Maxwell's equations マクスウェル方程式 400
Maxwell's formula マクスウェルの公式 400
Maxwell's rule マクスウェル則 400
MBE 48
MBR 48
MCPC 47
Mealy circuit ミーリー回路 406
mean current density 平均電流密度 374
mean life 平均寿命 374
mean opinion score (MOS) 平均オピニオン評点 374
mean time between failures (MTBF) 平均故障間隔 374
mean time to failure (MTTF) 平均故障時間 374
measurand 測定量 200
medium frequency (MF) 中波周波数帯 220
medium-scale integration (MSI) 中規模集積回路 220
medium wave 中波 220
mega- メガ 410
megaflops (MFLOPS) メガフロップス 410
megaphone メガホン 410
Megger メガー 410
Meissner effect マイスナー効果 400
mekometer 光波測距儀 115
mel メル 412
mel frequency cepstral coefficients メル周波数ケプストラム係数 412
memory メモリ 411
memory address register (MAR) メモリアドレスレジスタ 412
memory bandwidth メモリの帯域幅 412
memory buffer register (MBR) メモリバッファレジスタ 412
memory capacity 記憶容量 79
memory capacity メモリ容量 412
mercury-vapour lamp 水銀蒸気ランプ 175
merged CMOS/bipolar 組合せCMOS/bipolar 97
mesa メサ 410
mesa transistor メサトランジスタ 410

MESFET 410
mesh 網 9
mesh contour 網目の輪郭 9
mesh current 網目電流 9
mesh voltage 網目電圧 9
metal 金属 93
metal-ceramic 金属-セラミック 94
metal film resistor 金属皮膜抵抗器 95
metallized film capacitors 金属化フィルムコンデンサ 94
metallized paper capacitor 金属化紙コンデンサ 93
metallizing, metallization 金属化 93
metal-semiconductor contact 金属-半導体接触 94
metal-semiconductor diode 金属-半導体ダイオード 95
meter メータ 411
meter bridge メータブリッジ 411
meter resistance メータ抵抗 411
method of images 影像法 32
metre メートル 411
metropolitan area network (MAN) メトロポリタンエリアネットワーク 411
MFCC 47
MFLOPS 48
mho モー 413
mica 雲母 30
mica マイカ（雲母） 398
mica capacitor マイカコンデンサ 398
micro- マイクロ 398
microcell マイクロセル 399
microcircuit 超小形回路 221
microcode マイクロコード 398
microcomputer マイクロコンピュータ 398
microelectronics マイクロエレクトロニクス 398
micromanipulator probe マイクロマニピュレータプローブ 400
micron ミクロン 405
microphone マイクロホン 399
microphony マイクロフォニック雑音 399
microprocessor マイクロプロセッサ 399
microprogram マイクロプログラム 399
microstrip line マイクロストリップ線路 398
microwave マイクロ波 399
microwave generator マイクロ波発生器 399
microwave integrated circuit (MIC) マイ

クロ波集積回路　399
microwave landing system（MLS）　マイクロ波着陸システム　399
microwave tube　マイクロ波管　399
MIDI　405
Mike　47
mil　ミル　406
Miller effect　ミラー効果　406
Miller indices　ミラー指数　406
Miller integrator　ミラー積分器　406
Miller sweep generator　ミラー掃引発生器　406
milli-　ミリ　406
millimetre waves　ミリメートル波　406
MIM capacitor　MIM コンデンサ　47
minimum discernible signal（mds）　最小識別信号　130
minimum mean square error（MMSE）　最少二乗誤差　130
minimum sampling frequency　最低標本化周波数　131
minimum shift keying（MSK）　最小シフトキーイング　130
minority carrier　少数キャリヤ　164
minterm　最小項　130
mirror galvanometer　反照検流計　327
mismatch　不整合　360
misuse failure　誤使用故障　117
mixed coupling　混合結合　124
mixer　ミキサ，混合器　405
mixer noise balance　ミキサ雑音バランス　405
MLS　47
MLSE　47
MMIC　47
MMSE　47
Mobile IP　モバイル IP　421
mobile multimedia system　モバイルマルチメディアシステム　421
mobile phone　移動電話　20
mobility　移動度　20
mode　モード　419
mode filter　モードフィルタ　420
modem　モデム　419
MODFET　419
modulated wave　被変調波　346
modulating wave　変調波　384
modulation　変調　384
modulation-doped FET（MODFET）　変調ドープ FET　384

modulation index　変調指数　384
modulation wheel　モジュレーションホイール　413
modulator　変調器　384
modulator electrode　変調用電極　384
molecular-beam epitaxy（MBE）　分子線エピタキシ　372
moment method　モーメント法　421
momentum space　運動量空間　30
monitor　モニタ　420
monochromatic radiation　単色光放射　214
monochrome　モノクロ　420
monolithic capacitor　モノリシックコンデンサ　420
monolithic integrated circuit　モノリシック集積回路　421
monolithic microwave integrated circuit（MMIC）　モノリシックマイクロ波集積回路　421
monophonick　モノフォニック　420
monopole antenna　モノポールアンテナ　420
monoscope　モノスコープ　420
monostable　単安定　214
Moog synthesizer　ムーグシンセサイザ　407
Moore circuit　ムーア回路　407
Moore's law　ムーアの法則　407
Morse code　モールス信号（モールス符号）　421
MOS　413
mosaic　モザイク　413
mosaic crystal　モザイク結晶　413
mosaic electrode　モザイク電極　413
MOS capacitor　MOS コンデンサ　414
MOSFET　413
MOS integrated circuit　MOS 集積回路　416
MOS logic circuit　MOS 論理回路　417
MOSRAM　417
MOST　417
most significant bit（MSB）　最上位ビット　130
MOS transistor　MOS トランジスタ　417
mother board　マザーボード　403
motional impedance　動インピーダンス　275
motor　電動機　269
motorboating　モータボーティング　418
mount　マウント　400
mountain effect　山岳効果　134
mouse　マウス　400

moving-coil instrument 可動コイル計器 70
moving-coil microphone 可動コイルマイクロホン 70
moving-iron instrument 可動鉄片計器 71
moving-iron microphone 可動鉄片マイクロホン 71
moving magnetic surface memory 可動磁気表面メモリ 71
moving-magnet instrument 可動磁石計器 71
Moving Picture Experts Group 409
MP 3 48
MPEG 48
MPLPC 48
MRAM (MagRAM) 48
MSB 47
MSK 47
MTBF 48
MTTF 48
M-type microwave tube M形マイクロ波管 47
multicast マルチキャスト 404
multicavity microwave tube 多重空洞共振器型マイクロ波管 210
multichannel analyser 多チャネル分析器 212
multielectrode valve 多極管 209
multielectrode valve 複合管 358
multilayer PCB 多層プリント回路基板 210
multilevel metallization 多層金属配線技術 210
multilevel resist 多層レジスト 211
multilevel signalling 多値信号伝達 211
multimedia マルチメディア 404
multimode fibre マルチモードファイバ 404
multipath 多重通路(マルチパス) 210
multipath マルチパス 404
multiple access 多元接続 209
multiple folded dipole 多重折り返しダイポールアンテナ 209
multiple-loop feedback 多重ループ帰還 210
multiple modulation 多重変調 210
multiplex operation 多重操作 210
multiplier 乗算器 162
multiprocessor 多重プロセッサ 210
multipulse linear predictive coding (MPLPC) マルチパルス線形予測符号化 404

multistable 多値安定 211
multistage amplifier 多段増幅器 211
multistage feedback 多段帰還 211
multitasking 多重タスク 210
multivibrator マルチバイブレータ 404
musa ムサ 407
mush area 407
mushroom gate マッシュルームゲート 403
musical instrument digital interface 楽器ディジタルインタフェース 70
muting 消音操作 161
muting switch ミューティングスイッチ 406
mutual branch 相互枝路 196
mutual capacitance 相互キャパシタンス 195
mutual inductance 相互インダクタンス 195
mutual-inductance coupling 相互誘導結合 197
mu circuit ミュー回路 406
MUX マルチプレクサ 404
Mylar マイラ 400

N

NAK 291
NAND circuit (or gate) NAND回路またはゲート 293
nano- ナノ 291
nanodevice ナノデバイス 292
nanoelectronics ナノエレクトロニクス 292
nanofabrication ナノ製造技術 292
nanoimprint lithography (NIL) ナノインプリントリソグラフィ 292
nanomagnetism ナノマグネティックス 292
nanotechnology ナノテクノロジー 292
narrowband 狭帯域 90
narrowband FM 狭帯域FM 90
narrowband FSK 狭帯域FSK 90
National Institute of Standards and Technology (NIST) 米国標準技術局 374
natural frequency 固有周波数 123
n-channel nチャネル 41
NDR 41
NDR effect NDR効果 41
near-end crosstalk 近端漏話 95
near-field region 近傍界領域 95
negative bias 負バイアス 363
negative booster 逆昇圧機 83

negative charge　負電荷　360
negative differential resistance (NDR)　負性微分抵抗　360
negative feedback　負帰還　358
negative ion　負イオン　352
negative logic　負論理　371
negative phase sequence　逆位相シーケンス（逆相順）　83
negative photoresist　ネガホトレジスト　298
negative resistance (strictly negative differential resistance)　負性抵抗（負性微分抵抗）　360
negative-resistance oscillator　負性抵抗発振器　360
negative transmission　負変調　363
neon　ネオン　298
neon lamp　ネオンランプ　298
neper　ネーパ　302
Nernst effect　ネルンスト効果　302
nesting　入れ子　22
Net　ネット　301
netlist　ネットリスト　301
net loss　残留損失　135
network　回路網　59
network　ネットワーク　301
network access　ネットワークアクセス　302
network analyser　ネットワークアナライザ　302
network analysis　回路網解析　62
network constants　回路網定数　62
network parameters　回路網パラメータ　62
network synthesis　回路網合成　62
network traffic measurement　ネットワークのトラフィック測定　302
neural network　ニューラルネットワーク　297
neuroelectricity　神経電気現象　169
neutral　中性の　220
neutralization　中和　220
neutral temperature　中性温度　220
newton　ニュートン　297
Néel temperature　ネール温度　302
nibble　ニブル　296
NICAM　290
Nichrome　ニクロム　293
nickel　ニッケル　296
nickel-cadmium cell　ニッケルカドミウム電池　296
nickel-iron cell, Ni-Fe cell　ニッケル鉄電池　296

NIL　40
NIST　40
NMOS　41
noctovision　ノクトビジョン　303
nodal analysis　節点電圧法　189
node　節　359
node voltage　節点電圧　189
noise　雑音（ノイズ）　131
noise　ノイズ　303
noise factor　雑音指数　132
noise figure　雑音指数　132
noise margin　雑音余裕　132
noise temperature　雑音温度　132
no-load　無負荷　409
noncoherent detection　非コヒーレント検波　340
nondestructive read operation　非破壊読み取り動作　346
noninverting amplifier　非反転増幅器　346
nonlinear amplifier　非線形増幅器　343
nonlinear distortion　非直線ひずみ　344
nonlinear network　非線形回路網　343
nonperiodic signal　非周期信号　342
nonreactive　無反応　409
nonreactive load　無誘導性負荷　409
nonrecursive filters　非巡回型フィルタ　342
nonresonant line　非共鳴線路　339
nonreturn to zero　非ゼロ復帰　343
nonsaturated mode　不飽和モード　363
nonthreshold logic (NTL)　非閾値論理　333
nonvolatile memory　不揮発性メモリ　358
normal distribution　正規分布　183
normalized filter　正規化フィルタ　183
NOR circuit (or gate)　NOR 回路（またはゲート）　303
Norton's theorem　ノートンの定理　304
notch filter　ノッチフィルタ　303
NOT circuit (or gate)　NOT 回路（またはゲート）　304
note frequency　ノート周波数　304
n-p junction　n-p 接合　41
n-p-n transistor (NPN transistor)　n-p-n トランジスタ　41
NRZ　41
NRZ codes　NRZ 符号　41
NRZ PCM　41
NTL　41
NTSC　41
n-type conductivity　n 形伝導　41

n-type semiconductor　n形半導体　41
nucleus　原子核　109
null　ヌル（零）　297
null method　零位法　190
null-point detector　零点検出器　190
number density　密度　405
number of poles　極数　92
numerical control　数値制御　176
Nyquist diagram　ナイキスト線図　290
Nyquist frequency　ナイキスト周波数　290
Nyquist noise theorem　ナイキストの雑音理論　290
Nyquist point　ナイキスト点　290
Nyquist rate　ナイキスト速度　290

O

object code　オブジェクトコード　54
observed failure rate　故障率観測値　118
observed mean life　平均寿命観測値　374
OCR　52
octabe　オクターブ（倍音）　52
octabe　倍音　304
octal　8進数　315
oersted　エルステッド　49
OFC　51
OFDM　51
offline　オフライン　54
offset QPSK（OQPSK）　オフセットQPSK　54
ohm　オーム　54
ohmic　オーミック　54
ohmic contact　オーミック接触　54
ohmic loss　オーミック損失　54
ohm meter　オームメートル　54
ohmmeter　抵抗計　232
Ohm's law　オームの法則　54
ohms per square meter（Ω/m^2）　54
omnidirectional antenna　全方向アンテナ　193
omnidirectional microphone　無指向性マイクロホン　407
OMVPE　51
ones' complement notation　1の補数表記法　20
one-shot multivibrator　ワンショットマルチバイブレータ　452
one-sided abrupt junction　片側階段接合　69
O-network　O形回路網　52

online　オンライン　56
on-off keying（OOK）　オンオフキーイング　55
OOK　52
op-amp　オペアンプ　54
op-code　OP（オーピー）コード　53
open-area test site　開放区域試験設備　59
open circuit　開路（開放）　59
open-circuit impedance　開放インピーダンス　59
open-circuit voltage　開路電圧　59
open-ended　途中で変更可能な　281
open-field test site　オープンフィールドテストサイト　54
open-loop gain　開ループ利得　59
open systems interconnection　開放形システム間結合　59
operand　オペランド　54
operating point　動作点　277
operating system　オペレーティングシステム（基本ソフト）　54
operating system　基本ソフト　82
operational amplifier　演算増幅器　50
operational transconductance amplifier（OTA）　電圧電流変換アンプ（OTA）　250
operation code　命令コード　410
optical ammeter　光学電流計　112
optical character reader（OCR）　光学式文字読取装置　111
optical fibre　光ファイバ　338
optical image　光学像　111
optical stepper　光学ステッパ　111
optical switch　光スイッチ　337
OQPSK　52
Oracle　55
OR circuit（or gate）　OR回路（またはORゲート）　51
order（of a filter）　フィルタの次数　355
orthicon　オルシコン　55
orthogonal　直角の，直交の　225
orthogonal codes　直行符号　226
orthogonal frequency division modulation（OFDM）　直交周波数分割多重　225
oscillating current（or voltage）　振動電流（あるいは電圧）　173
oscillation　振動　172
oscillator　発振器　314
oscillatory circuit　振動性回路　173
oscilloscope　オシロスコープ　52

OSI　51
OTA　53
OTDR　53
O-type microwave tube　O形マイクロ波管　52
out of phase　位相外れ　19
output　出力　159
output gap　出力ギャップ　159
output impedance　出力インピーダンス　159
output transformer　出力変圧器　159
overall efficiency　総合効率　195
overbunching　過剰集群　66
overcoupling　過結合　64
overcurrent　過電流　70
overcurrent release　過電流保護　70
overdamping　過減衰　64
overdriven amplifier　オーバドライブ増幅器　53
overflow　オーバーフロー　53
overlay network　オーバレイネットワーク　53
overload　過負荷　73
overload capacity　過負荷容量　73
overload level　過負荷レベル　73
overload management　過負荷管理　73
overload release　過負荷保護　73
overmodulation　過変調　73
overscanning　オーバースキャン　53
overshoot　オーバーシュート　53
overtone　倍音　161
overvoltage　過電圧　70
overvoltage release　過電圧保護　70
Owen bridge　オーエンブリッジ　51
oxidation　酸化　133
oxide　酸化物　134
oxide masking　酸化物マスク　134
oxygen-free copper（OFC）　無酸素銅　407

P

PABX　335
packet　パケット　311
packet switching　パケット交換　311
packing density　実装密度　146
PAD　317
pad　パッド　317
pair　対　226
paired cable　対線　226
pairing　ペアリング　373
PAL　334
PAM　334
panoramic radar indicator　立体レーダ表示装置　435
panoramic receiver　パノラマ受信機　318
paper capacitor　紙コンデンサ　73
PAR　334
parabolic reflector　放物面反射鏡　388
parallel　並列　376
parallel circuit　並列回路　376
parallel network　並列回路網　376
parallel-plate capacitor　平行板電極コンデンサ　374
parallel processing　並列処理　376
parallel resistance　並列抵抗　376
parallel resonant circuit　並列共振回路　376
parallel supply　並列供給　376
parallel-T network　並列T形回路網　376
parallel transmission　並列伝送　376
paramagnetic Curie temperature　常磁性キュリー温度　164
paramagnetism　常磁性　162
parameter　パラメータ　319
parametric amplifier　パラメトリック増幅器　319
paraphase amplifier　パラフェイズ増幅器　319
parasitic antenna　無給電空中アンテナ　407
parasitic capacitance　寄生容量　81
parasitic inductance　寄生インダクタンス　81
parasitic oscillation　寄生振動　81
parasitic stopper　寄生振動防止器　81
parity　偶奇性　95
parity　パリティ（偶奇性）　320
parity check　パリティ検査（パリティチェック）　320
Parseval's theorem　パーセバルの定理　312
partial node　振幅が零でない節　173
partition　パーティション　317
partition noise　分配雑音　372
pascal　パスカル　312
Paschen's law　パッシェンの法則　314
pass band　通過帯域　227
passivation　パッシベーション（表面安定化処理）　314
passive　受動　159
passive antenna　無励振アンテナ　409
passive filter　受動フィルタ　159
passive network　受動回路網　159
passive substrate　受動素子内蔵基板　159

passive transducer　受動変換器　159
patch　パッチ　315
patchbay　パッチベイ　316
path loss　経路損失　105
path loss　パス損失　312
patterned media recording　パタン化媒体記録　312
Pauli exclusion principle　パウリの排他律　310
Pauli paramagnetism　パウリ常磁性　310
PBT　346
PBX　346
PC　340
PCB　341
PC cards　PCカード　340
p-channel　pチャネル　344
PCM　340
PCMCIA　340
p.d. (pd)　345
PDA　345
PDM　345
peak factor　波高率（ピークファクタ）　311
peak forward voltage　ピーク順電圧　339
peak inverse voltage　ピーク逆電圧　339
peak limiter　ピークリミタ　340
peak load　ピーク負荷　340
peak picker　ピークピッカ　340
peak point　ピーク点　340
peak pulse amplitude　ピークパルス振幅値　340
peak-riding clipper　ピークライディングクリッパ　340
peak-to-peak amplitude　ピーク対ピーク振幅　339
peak value　ピーク値（波高値）　339
PECVD　333
pedestal　ペデスタル　378
Peltier effect　ペルチェ効果　380
pentode　五極管　116
PEP　333
percentage modulation　パーセント変調　312
percentile life　パーセンタイル寿命　312
perfect dielectric　完全誘電体　78
perfect transformer　完全変圧器　78
period　周期　152
periodic　周期性　152
periodic damping　振動減衰　173
periodic signal　周期信号　152
periodic table　周期律表　152

periodic waveform　周期波形　152
peripheral devices　周辺装置　158
periphonic surround sound　ペリフォニックサラウンドサウンド　380
permanent magnet　永久磁石　31
permeability　透磁率　277
permeability of free space　自由空間の透磁率　152
permeability tuning　ミュー同調　406
permeable base transistor (PBT)　浸透性ベーストランジスタ　173
permeameter　透磁率計　277
permeance　パーミアンス　318
permittivity　誘電率　425
permittivity of free space　自由空間の誘電率　152
persistence　残光　134
persistor　パーシスタ　311
personal area network (PAN)　パーソナルエリアネットワーク　312
personal communication device　パーソナル通信装置　312
personal computer　パーソナルコンピュータ　312
personal digital assistant (PDA)　携帯情報端末　103
perveance　パービアンス　318
PFM　335
PGA　340
phase　位相　17
phase angle　位相角　18
phase centre　位相中心　19
phase change coefficient　位相変化係数　19
phase constant　位相定数　19
phase corrector　位相補正回路　19
phase delay　位相遅れ　18
phase detector　位相検出器　18
phase deviation　移相偏移　19
phase difference　位相差　18
phase discriminator　位相弁別器　19
phase distortion　位相ひずみ　19
phased linear array　位相線形アレイ　18
phase error　位相誤差　18
phase inverter　位相反転器　19
phase lag　位相遅れ　18
phase-lock loop (PLL)　位相同期ループ　19
phase modulation (PM)　位相変調　19
phase response　位相応答　18
phase sequence　位相シーケンス　18

phase shift　移相偏移　19
phase shift keying (PSK)　位相偏移変調　19
phase-shift oscillator　位相偏移発振器　19
phase splitter　分相器　372
phase velocity　位相速度　18
phase voltage　相電圧　198
phasing　整相　184
phonon　音響量子　56
phonon　フォノン（音響量子）　357
phosphor　燐光体　441
phosphor-bronze　リン青銅　441
phosphorescence　燐光　441
photocathode　光電陰極　113
photocell　光電セル　115
photoconductive camera tube　光導電撮像管　338
photoconductive cell　光導電セル　338
photoconductivity　光導電　337
photoconvertor　光変換器　339
photocurrent　光電流　337
photodetachment　光脱離　113
photodetector　光検出器　337
photodiode　ホトダイオード　391
photoelectric cell　光電セル　115
photoelectric constant　光電定数　115
photoelectric effect　光電効果　114
photoelectric galvanometer　光電検流計　114
photoelectric threshold　光電限界　114
photoelectron spectroscopy　光電子分光法　115
photoemission　光電子放出　115
photoemissive camera tube　光電子撮像管　115
photogeneration　光生成　337
photoglow tube　光グロー管　337
photoionization　光電離　337
photolithography　ホトリソグラフィ　393
photomultiplier　光電子増倍管　115
photon　光量子　116
photoresist　ホトレジスト　394
photosensitive recording　感光記録　77
photosensitivity　感光性　77
phototelegraphy　写真電送　150
phototransistor　ホトトランジスタ　393
phototube　光電管　113
photovoltaic cell　光電池　337
photovoltaic effect　光起電効果　336
pi circuit (or π circuit)　π形回路　304
picket-fence effect　ピケットフェンス（杭柵）効果　340
pick-up　ピックアップ　344
pico　ピコ　340
picocell　ピコセル　340
picture carrier　画像搬送波　69
picture element　画素　68, 339
picture frequency　画信号周波数　66
picture frequency　フレーム周波数　370
picture noise　画像雑音　68
picture signal　画像信号　69
picture tube　受像管　159
picture white　画像白色　69
Pierce crystal oscillator　ピアス水晶発振器　333
piezoelectric crystal　圧電結晶　6
piezoelectric hysteresis　圧電ヒステリシス　7
piezoelectricity　圧電気　6
piezoelectric oscillator　圧電発振器　6
piezoelectric strain constant　圧電ひずみ定数　7
piezoelectric strain gauge　圧電ひずみゲージ　7
piezoelectric strain gauge　ピエゾストレインゲージ（圧電ひずみゲージ）　334
pigtails　ピグテール　339
pincushion distortion　糸巻形ひずみ　20
PIN diode (or p-i-n diode)　PIN ダイオード　349
ping-pong　ピンポン　349
pin grid array (PGA)　ピングリッドアレイ　349
Pirani gauge　ピラニ真空計　348
pitch　ピッチ　344
pitch bend　ピッチベンド　344
pitch estimation　ピッチ推定　344
pitch extraction　ピッチ抽出　344
pixel　ピクセル（画素）　339
PLA　335
planar array antenna　平面アレイアンテナ　375
planar process　プレーナ・プロセス（工程）　369
Planck constant　プランク定数　365
Planck's law　プランクの法則　365
plane-polarized wave　平面偏光波　375
plane position indicator (PPI)　平面位置表示器　375
Planté cell　プランテ電池　365

plant load factor　プラント負荷率　365
plasma　プラズマ　364
plasma-enhanced CVD　プラズマ強化CVD　364
plasma etching　プラズマエッチング　364
plasma screen　プラズマスクリーン　364
plastic-film capacitor　プラスチックフィルムコンデンサ　363
plate　陽極，プレート　427
plateau　平坦域　374
plated heat sink　めっきされたヒートシンク　411
plated magnetic wire　めっき磁性線　411
plated-through-hole (PTH)　めっきスルーホール　411
plating　めっき　411
platinum　白金　313
platinum resistance thermometer　白金抵抗温度計　313
PLB　336
PLD　336
PLL　336
PLM　336
plug and socket　プラグおよびソケット　363
plumbicon　プランビコン　365
PM　335
PMBX　335
PMMA　335
PMOS　347
p-n junction　p-nジャンクション（p-n接合）　334
pnpn device (p-n-p-n device)　pnpn素子　335
p-n-p transistor (PNP transistor)　pnpトランジスタ　335
PN sequence　疑似雑音系列　80
Pockel's effect　ポッケルス効果　390
point contact　点接触　266
point-contact diode　点接触ダイオード　266
point-contact transistor　点接触トランジスタ　266
Poisson's equation　ポアソンの方程式　385
polar　有極性　422
polarity　極性　92
polarization　極性　92
polarization　分極　372
polarization　偏極　383
polarization　偏光　383
polarization　偏波　384
polarization diversity　偏波ダイバーシティ　384
polarized plug　有極プラグ　422
polarized relay　有極継電器　422
polarizer　偏光子　384
polarizing angle　偏光角　383
pole　極　91
poles (and zeros)　極（および零点）　92
polling　ポーリング　396
polychromatic radiation　多色光放射　210
polycrystalline silicon　多結晶シリコン（ポリシリコン）　209
polyester-film capacitor　ポリエステルフィルムコンデンサ　395
polymethylmethacrylate (PMMA)　ポリメタクリル酸メチル　396
polyphase system　多相系　210
polyphase transformer　多相変圧器　211
polyphonic　ポリフォニック（和音）　396
polysilicon　多結晶シリコン（ポリシリコン）　209
polysilicon　ポリシリコン　395
polystyrene-film capacitor　ポリスチレンフィルムコンデンサ　396
POP　ポップ　391
population inversion　反転分布　328
porous silicon　多孔質シリコン　209
port　ポート　391
portable conformable mask (PCM)　ポータブルコンフォーマブルマスク　390
positive booster　正極ブースタ　183
positive charge　正電荷　184
positive column　陽光柱　427
positive feedback　正帰還　183
positive glow　正グロー　183
positive ion　正イオン　183
positive logic　正論理　186
positive phase sequence (positive sequence)　正相　184
positive photoresist　ポジティブホトレジスト　389
positive transmission　正変調　185
positron　陽電子　427
pot　ポト　391
potential　ポテンシャル　391
potential barrier　電位障壁（ポテンシャル障壁）　251
potential difference (p. d.)　電位差　251
potential divider　分圧器　371
potential gradient　電位勾配　251
potential transformer　計器用変圧器　102

potentiometer ポテンショメータ 391
powdered-iron core 圧粉鉄心 7
power 電力 273
power amplifier 電力増幅器 274
power component 電力成分 273
power control 電力制御 273
power density 電力密度 274
power efficiency 出力効率 159
power factor 力率 433
power frequency 送配電周波数 199
power line 電力線 274
power loss 電力損 274
power pack 電源パック 259
power station 発電所 317
power supply 電源 258
power supply rail 共通電源線 91
power transformer 電力変圧器 274
power transistor パワートランジスタ 324
power waves 電力波 274
power winding 出力巻線 159
Poynting vector ポインティングベクトル 385
PPI 346
PPM 346
preamp プリアンプ 365
preamplifier 前置増幅器 193
precision approach radar (PAR) 精測進入レーダ 184
precision rectifier 精密整流器 185
predistortion 逆ひずみ 83
pre-emphasis プリエンファシス 365
preferred values 優先値 423
preselector プリセレクタ 366
PRF 333
primary cell 一次電池 20
primary electrons 一次電子 20
primary emission 一次電子放出 20
primary failure 一次故障 20
primary radiator 一次放射器 20
primary standard 一次標準 20
primary voltage 一次電圧 20
primary winding 一次巻線 20
printed circuit プリント回路 368
printer プリンタ 368
printer spooler プリンタスプーラ 368
printing 焼き付け 421
print-through プリントスルー 368
privacy プライバシー 363
private branch exchange (PBX) 構内交換 115

private exchange 私的な交換 148
probe プローブ（測定用電極，探針） 371
probe card プローブカード 371
process-control system プロセス制御系 371
processor 処理装置 167
processor プロセッサ（処理装置） 371
program プログラム 370
program counter (PC) プログラムカウンタ 370
programmable array logic プログラマブルアレイロジック 370
programmable logic array プログラマブルロジックアレイ 370
programmable logic device プログラマブルロジックデバイス 370
programmable read only memory (PROM) プログラマブルリードオンリーメモリ 370
programme signal プログラム送出信号 371
programming language プログラム言語 370
projection lithography 投影リソグラフィ（投射リソグラフィ） 275, 277
PROM 349
propagation coefficient 伝搬係数 270
propagation constant 伝搬定数 271
propagation delay 伝搬遅延 270
propagation loss 伝搬損失 270
proportional control 比例制御 349
protective horn 保護ホーン 389
protocol 通信規約 227
proton 陽子 427
prototype filter プロトタイプフィルタ 371
proximity effect 近接効果 93
proximity printing 近接印刷 93
PSK 334
psophometer ソフォメータ 202
PSPICE 342
PSTN 334
PTFE 345
PTH 345
PTM 345
p-type conductivity p形伝導 336
p-type semiconductor p形半導体 336
puff パフ 318
pulling 同期引き込み 276
pulsating current 脈動電流 406
pulse パルス 320

pulse amplitude　パルス振幅　322
pulse amplitude modulation（PAM）　パルス振幅変調　322
pulse carrier　パルス搬送波　322
pulse code modulation（PCM）　パルス符号変調　322
pulse coder　パルス符号器　322
pulse communication　パルス通信　322
pulse detector　パルス検出器　321
pulse discriminator　パルス弁別器　323
pulse duration　パルス幅　322
pulse duration modulation（PDM）　パルス幅変調　322
pulse-flatness deviation　パルス平坦偏差　322
pulse-forming line　パルス形成線路　321
pulse-frequency modulation（PFM）　パルス周波数変調　321
pulse generator　パルス発生器　322
pulse height　パルス高　321
pulse-height analyser　波高分析器　311
pulse interval　パルス間隔　321
pulse jamming　パルス妨害　323
pulse length　パルス幅　322
pulse length modulation（PLM）　パルス幅変調　322
pulse modulation　パルス変調　322
pulse operation　パルス動作　322
pulse-position modulation（PPM）　パルス位置変調　321
pulser　パルサ　320
pulse rader　パルスレーダ　323
pulse rate　パルス繰り返し数　321
pulse regeneration　パルス再生　321
pulse repetition frequency（PRF）　パルス繰り返し周波数　321
pulse repetition period（PRP）　パルス繰り返し時間　321
pulse separation　パルス間隔　321
pulse shaper　パルス整形器　322
pulse spacing　パルス間隔　321
pulse tilt　パルス傾斜　321
pulse-time modulation（PTM）　パルス時間変調　321
pulse train　パルス列　323
pulse width　パルス幅　322
pulse width modulation（PWM）　パルス幅変調　322
pump　ポンプ　397
punch-through　突抜け現象（パンチスルー）　228
puncture voltage　破壊電圧　310
purple plague　紫色の厄介物（パープルプレイグ）　409
PUSH　360
push-pull amplifier　プッシュプル増幅器　360
push-pull operation　プッシュプル動作　360
PWM　344

Q

QAM　86
Q channel　Qチャネル　86
Q factor　Q値　86
Q point　Q点　86
QPSK　86
quadrant electrometer　象限電位計　162
quadraphony　4チャネル方式　429
quadrature　直交位相　225
quadrature amplitude modulation（QAM）　直交振幅変調　226
quadrature component　直交成分　226
quadrature phase shift keying（QPSK）　直交位相変調　225
quadripole　四端子　428
quality factor　品質値　349
quantization　量子化　438
quantization noise　量子化雑音　439
quantizer　量子化器　439
quantum　量子　438
quantum computer　量子コンピュータ　439
quantum dot　量子ドット　439
quantum efficiency　量子効率　439
quantum mechanics　量子力学　439
quantum numbers　量子数　439
quantum theory　量子論　440
quantum well　量子井戸　438
quantum wire　量子細線　439
quantum yield　量子収量　439
quarter-phase system　二相系　294
quarter-wavelength line　1/4波長線　96
quarter-wavelength transformer　1/4波長トランス　96
quartz　水晶　175
quartz-crystal oscillator　水晶発振器　175
quasi-bistable circuit　準安定回路　160
quasi-complementary push-pull amplifier　準コンプリメンタリープッシュプル増幅器　160

quasi-peak detector 準尖頭値（ピーク値）
　検出器　161
quasi-periodicity 準周期性　161
quefrency ケフレンシ　107
quench 消弧回路　162
quench frequency クエンチ周波数　96
quiescent-carrier telephony 静止キャリヤ電
　話　184
quiescent component 休止部品　85
quiescent current 静止電流　184
quiescent period 休止時間　85
quiescent point 静止点　184
quiescent push-pull amplifier 休止プッシュ
　プルアンプ　85
quieting circuit クエンチング回路　96
quieting sensitivity クエンチング感度　96
Quine-McCluskey クワイン-マクラスキー
　101

R

radar レーダ　444
radar beacon レーダビーコン　445
radar indicator レーダ表示装置　445
radar range レーダ探索範囲　444
radarscope レーダスコープ　444
radar screen レーダスクリーン　444
radial-beam tube 放射ビーム管　387
radiated emissions 放射放出　387
radiated interference 放射障害　386
radiated susceptibility 放射感受率　386
radiation 放射　386
radiation counter 放射線測定器　386
radiation efficiency 放射効率　386
radiation noise 放射ノイズ　387
radiation pattern アンテナ（空中線）指向
　性図　13
radiation potential 放射電位　386
radiation resistance 放射抵抗　386
radiative recombination 放射再結合　386
radio 電波　269
radio astronomy 電波天文学　270
radio beacon ラジオビーコン　430
radio compass ラジオコンパス　430
radio device 無線デバイス　408
radio direction finding 無線方位探知　409
radio effect 無線周波数効果　407
radiofrequency (r. f. or RF) 無線周波数
　407
radiofrequency choke (RFC) 無線周波数
　チョーク　408
radiofrequency heating 高周波加熱　112
radiofrequency interference (RFI) 無線周
　波数障害　408
radiography X線写真術　38
radio horizon 電波地平線　270
radio horizon ラジオホライゾン（電波地平
　線）　430
radio interferometer 電波干渉計　270
radiolocation 無線標定　408
radio noise ラジオノイズ　430
radio receiver 無線受信機　408
radio set ラジオセット　430
radiosonde ラジオゾンデ　430
radio spectroscope 無線周波数分析器　408
radio telegraphy 無線電信　408
radio telemetry 無線遠隔測定法　407
radio telephone 無線電話　408
radio telescope 電波望遠鏡　270
radiotherapy 放射線治療法　386
radiowave 無線電波　408
radio window 電波の窓　270
radome レドーム　445
rahmonic ラーモニック　431
rails レール　445
raised cosine window ライズドコサイン窓
　429
R-ALOHA ALOHA予約　11
RAM　431
RAM disk RAMディスク　431
random access ランダムアクセス　432
random logic ランダムロジック　432
range 範囲　324
range tracking 追跡範囲　226
raster ラスタ　430
raster scanning ラスタ走査　431
rated condition 定格条件　231
rating 定格　231
ratio adjuster 巻数比調整器　400
ratio circuit レシオ回路　443
ratioless circuit レシオレス回路　443
rationalized MKS system 有理化MKS単
　位系　426
rat-race ラットレース　431
Rayleigh fading レイリーフェージング　442
RBS　11
R-C (or RC)　10
R-C network R-C回路網　10
RCT　10
reactance リアクタンス　432

欧文索引　519

reactance chart　リアクタンス図　432
reactance drop　リアクタンス降下　432
reactance modulator　リアクタンス変調器　433
reactance transformer　リアクタンス変成器　433
reactivation　再活性化　129
reactive current　無効電流　407
reactive factor　無効率　407
reactive ion beam etching　反応性イオンビームエッチング　331
reactive ion etching　反応性イオンエッチング　331
reactive load　誘導性負荷　426
reactive power　無効電力　407
reactive sputtering　反応性スパッタリング　331
reactive voltage　無効電圧　407
reactive volt-amperes　無効電力　407
reactor　リアクタ　432
read　読み取り　428
Read diode　リードダイオード　436
read-only memory　読み取り専用記憶装置　428
read-out pulse　読み出しパルス　428
read-write head　読み取り，書き込みヘッド　428
read-write memory　読み取り，書き込みメモリ　428
real-time operation　実時間演算　146
real-time system　実時間システム　146
receiver　受信機　159
receiving antenna　受信アンテナ　159
recessed gate FET　窪みゲートFET　97
rechargeable battery　再充電可能電池　130
reciprocity　相反性　199
reciprocity theorem　相反の定理　199
recombination processes　再結合過程　129
recombination rate　再結合速度　130
recording channel　録音チャネル　448
recording head　録音ヘッド　448
recording of sound　録音　447
rectangular pulse　矩形パルス　96
rectangular window　矩形窓　96
rectification efficiency　整流効率　186
rectifier　整流器　185
rectifier filter　整流フィルタ　186
rectifier instrument　整流計器　186
rectifier leakage current　整流器漏れ電流　186

rectifier voltmeter　整流形電圧計　185
rectilinear scanner　直線走査器（放射線計測用）　224
rectilinear scanning　直線走査（放射線計測用）　224
recurrent-surge oscilloscope　反復サージオシロスコープ　332
recursive filters　巡回フィルタ　160
reduced instruction set computer　縮小命令セットコンピュータ　158
redundancy　冗長，冗長性，冗長度，重複　164
Reed-Solomon code　リード-ソロモンコード　436
reflected current　反射電流　327
reflected impedance　反射インピーダンス　326
reflected power　反射電力　327
reflected wave　反射波　327
reflection coefficient　反射係数　326
reflection error　反射誤差　326
reflection factor　反射率　327
reflection loss　反射損失　327
reflectometer　反射測定器　326
reflector　反射器　326
reflex bunching　反射集群作用　326
reflex circuit　レフレックス回路　445
reflex klystron　反射形クライストロン　326
refresh　リフレッシュ　437
regeneration　再生　130
regenerative receiver　再生受信機　130
register　レジスタ　443
register set　レジスタセット（レジスタ装置）　443
regulator　安定化電源　12
regulator　レギュレータ（安定化電源）　442
reignition voltage　再点弧電圧　131
rejector　除波器　167
relative permeability　比透磁率　346
relative permittivity　比誘電率　347
relaxation oscillator　し張発振器　146
relaxation time　緩和時間　78
relay　継電器（リレー）　103
relay　リレー（継電器）　440
reliability　信頼性，信頼度，安定品質　174
reluctance　磁気抵抗（リラクタンス）　140
reluctance　リラクタンス　440
reluctivity　磁気抵抗率　140
remanence　残留磁気　135
repeater　中継器　220

repeating coil　中継コイル　220
reproduction of sound　音の再生　53
request for comments　世界に公開されたインターネットに関する各種の規約　186
request for comments　リクエストフォーコメンツ　433
reset　リセット　434
residual charge　残留電荷　135
residual current　残留電流　135
residual pulse linear predictive coding (RPLPC)　残留パルス線形予測法　135
residual resistance　残留抵抗　135
resist　レジスト　443
resistance　抵抗　231
resistance-capacitance coupling (RC coupling)　抵抗容量結合　233
resistance coupling　抵抗結合　232
resistance drop　抵抗降下　232
resistance gauge　抵抗ゲージ　232
resistance strain gauge　抵抗ひずみゲージ　233
resistance thermometer　抵抗温度計　231
resistance wire　抵抗線　232
resistive component　抵抗成分　232
resistive coupling　抵抗結合　232
resistivity　抵抗率　233
resistor　抵抗器　232
resistor-transistor logic (RTL)　抵抗-トランジスタ論理回路　232
resolution　分解能　372
resolving time　分解時間　372
resonance　共振　89
resonance bridge　共振ブリッジ　90
resonant cavity　共振空洞　89
resonant circuit　共振回路　89
resonant frequency　共振周波数　89
resonant line　共振線路　90
resonator　共振器　89
restore　復元　358
retentivity　保磁力　390
return current　帰電流　81
return current　反射電流　327
return-current coefficient　帰電流係数　81
return interval　復帰間隔　360
return loss　反射減衰量　326
return stroke　主放電　160
return to zero (RZ)　ゼロ復帰　191
return trace　帰線　81
reverse active operation　逆接続動作　83
reverse bias　逆バイアス　83
reverse conducting thyristor (RCT)　逆導通サイリスタ　83
reverse current　逆電流　83
reverse direction　逆方向　83
reverse recovery time　逆回復時間　83
reverse saturation current　逆飽和電流　83
reverse voltage　逆電圧　83
reversible transducer　可逆変換器　63
RF (rf)　10
RFC　10
RF heating　高周波加熱　112
RFI　10
RHEED　10
rhumbatron　ランバトロン　432
ribbon microphone　リボンマイクロホン　437
Richardson-Dushman equation　リチャードソン-ダッシュマンの式　435
ridged waveguide　リッジ導波管　435
Rieke diagram　リーケ図　433
Righi-Leduc effect　リーギー-ルデュック効果　433
right-hand rule (for a dynamo)　右手の法則（発電機のための）　405
ringing　リンギング　440
ring junction　リング結合　441
ring modulator　リング変調器　441
ring network　環状ネットワーク　77
ripple　リプル（脈動）　437
ripple factor　脈動率（リプル率）　406
ripple factor　リプル率　437
ripple filter　リプルフィルタ　437
ripple frequency　リプル周波数　437
RISC　434
rise time (of a pulse)　立ち上がり時間（パルスの）　211
r.m.s. (RMS)　10
ROM　448
root-mean-square (r.m.s.) value　2乗平均平方根 (r.m.s.) 値　145
rope　ロープ　448
rotator　回転装置　59
rotor　回転子　58
router　ルータ　441
routing　経路指示　105
routing　ルーティング（経路指定）　441
RPLPC　11
RS-232 interface　RS-232インタフェース　10
R-S flip-flop　R-Sフリップフロップ　10

RTL 10
rumble ランブル（ごろごろ音） 432
run-length codes ランレングス符号 432
Rutherford back scattering (RBS) ラザフォードの後方散乱 430
RZ 10
RZ PCM 10

S

SAINT process SAINT プロセス 186
Sallen-Key filter サレン-キーフィルタ 133
S-ALOHA 36
SAM 133
sampling サンプリング 134
sampling 標本化（サンプリング） 348
sampling frequency 標本化周波数 348
sampling period 標本化周期 348
sampling synthesis 標本化合成 348
sapphire サファイア 133
sat 133
satellite 衛星 31
saturated mode 飽和モード 388
saturated velocity 飽和速度 388
saturation 飽和 388
saturation current 飽和電流 388
saturation resistance 飽和抵抗 388
saturation signal 飽和信号 388
saturation voltage 飽和電圧 388
SAW 194
SAW filter SAW フィルタ 202
sawing 切断 189
sawtooth oscillator のこぎり波発振器 303
sawtooth pulse のこぎり波形パルス 303
sawtooth waveform のこぎり波形 303
S-band S バンド 36
scaler 計数器 103
scaling factor 分周倍率 372
scaling tube 計数管 102
scanner 走査器（スキャナ） 197
scanning 走査 197
scanning Auger microprobe (SAM) 走査オージェマイクロプローブ 197
scanning electron microscope (SEM) 走査形電子顕微鏡 197
scanning-probe microscopy (SPM) 走査プローブ顕微鏡法 198
scanning-transmission electron microscope (STEM) 走査形透過電子顕微鏡法 197

scanning-tunnelling microscopy (STM) 走査形トンネル顕微鏡法 197
scanning yoke 走査ヨーク 198
scattering loss 散乱損失 134
scattering parameters 散乱パラメータ 135
schematic 回路図 59
Schering bridge シェーリングブリッジ 136
SCH laser 36
Schmitt trigger シュミットトリガ 160
Schottky barrier ショットキー障壁 166
Schottky clamp ショットキークランプ 165
Schottky diode ショットキーダイオード 166
Schottky effect ショットキー効果 166
Schottky-gate field-effect transistor ショットキーゲート電界効果トランジスタ 166
Schottky I^2L ショットキー-I^2L 165
Schottky noise ショットキー雑音 166
Schottky photodiode ショットキーホトダイオード 167
Schottky TTL ショットキーTTL 167
Schrödinger equation (Schrödinger's equation) シュレーディンガー方程式（シュレーディンガーの方程式） 160
scintillation シンチレーション 172
scintillation counter シンチレーション計数器 172
scintillation crystal シンチレーション結晶 172
scintillation spectrometer シンチレーション分光器 172
scintillator シンチレータ 172
SCR 36
scrambling スクランブリング 176
screen スクリーン 176
screened pair スクリーン付対線 177
screen grid 遮蔽格子 151
screening test ふるい分け試験 368
scribing スクライビング 176
scribing channel 切り分け用の隙間 92
s-domain circuit analysis s領域回路解析 37
search coil 探索コイル 214
SECAM 186
second 秒 347
secondary cell 二次電池 294
secondary electron 二次電子 294
secondary emission 二次電子放出 294
secondary-emission ratio 二次電子放出率

294

secondary failure 二次破壊（二次故障） 294
secondary-ion mass spectroscopy (SIMS) 二次イオン質量分析 293
secondary radiator 二次放射 294
secondary service area 二次有効領域 294
secondary standard 二次標準 294
secondary voltage 二次電圧 294
secondary winding 二次巻線 294
secondary X-rays 二次X線 293
second breakdown 二次降伏 293
second-order filter 二次フィルタ 294
second-order network 二次回路網 293
sectorization セクトライゼーション 187
Seebeck effect ゼーベック効果 190
seed crystal 種結晶 212
selective fading 選択性フェーディング 193
selective interference 選択的干渉 193
selective repeat ARQ 選択繰り返しARQ 193
selectivity 選択度 193
selenium セレン 190
selenium rectifier セレン整流器 190
self-aligned gate 自己整合ゲート 143
self-bias 自己バイアス 143
self-capacitance 自己容量 143
self-excited 自励 168
self-inductance 自己インダクタンス 143
self-quieting 自己沈静化 143
self-sustaining oscillations 自続発振 145
SEM 190
semianechoic chamber 準電波暗室 161
semianechoic chamber 半無響室 332
semiconductor 半導体 329
semiconductor device 半導体素子（半導体デバイス） 330
semiconductor diode 半導体ダイオード 330
semiconductor laser 半導体レーザ 330
semiconductor memory 半導体メモリ 330
sensing element センサ素子 193
sensitivity 感度 78
sensor センサ 193
separate confinement heterostructure laser 分離閉じ込め型ヘテロ接合レーザ（SCHレーザ） 373
sequencer シーケンサ 143
sequential circuit シーケンス回路 143
sequential circuit 順序回路 161

sequential control シーケンス制御 143
sequential scanning 順次走査 161
serial port 直列ポート 225
serial transfer 直列転送 225
serial transmission 直列伝送 225
series 直列 224
series feedback 直列帰還 225
series-gated ECL 直列ゲート形ECL 225
series network 直列回路網 225
series-parallel connection 直並列接続 224
series resonant circuit 直列共振回路 225
series stabilization 直列安定化 225
series supply 直列供給 225
series transformer 直列変圧器 225
service area 有効領域 423
servomechanism サーボ機構 133
settling time 整定時間 184
set-up scale instrument セットアップスケール計測器 189
shading シェイディング 136
shadow effect 影効果 64
shadow mask シャドウマスク 151
Shannon-Hartley theorem シャノン-ハートレイ定理 151
shaped-beam tube 成形ビーム管 183
sheet resistance シート抵抗 149
shell-type transformer 外鉄形変圧器 58
SHF 36
shield 遮蔽（シールド） 151
shielded pair 遮蔽対線 151
shielding effectiveness 遮蔽効果率 151
shift operator シフト演算子 149
shift register シフトレジスタ 149
Shockley emitter resistance ショックレイエミッタ抵抗 165
Shockley equation ショックレイの式 165
short 短絡 216
short circuit 短絡回路 216
short-circuit impedance 短絡インピーダンス 216
short-time duty 短時間デューティ 214
short-wave 短波 216
short-wave converter 短波変換器 216
shot noise ショット雑音 167
shunt 分流器（分路） 373
shunt feedback 並列帰還 376
shunt network 並列回路網 376
shunt stabilization 並列安定化 376
sideband 側帯波 200
sideband splatter 側波帯跳ね 201

side frequency　側周波数　200
side lobe　サイドローブ　131
siemens　ジーメンス　150
Siemen's electrodynamometer　ジーメンスの電気力計　150
signal　信号　169
signal flowgraph　シグナルフロー線図　142
signal generator　信号発生器　171
signal level　信号レベル　171
signal processing　信号処理　170
signal-to-noise ratio　SN比（信号対雑音比）　36
signal winding　制御巻線　183
sign bit　符号ビット　359
silent discharge　無声放電　407
silent zone　無音域　407
silica　シリカ　167
silica gel　シリカゲル　167
silicon　シリコン　167
silicon-controlled rectifier（SCR）　シリコン制御整流器　167
silicon-gate technology　シリコンゲート技術　167
silicon-on-insulator（SOI）　シリコンオンインシュレータ　167
silicon-on-sapphire　シリコン・オン・サファイア　167
silver　銀　93
silver mica capacitor　シルバーマイカコンデンサ　168
simple magnet　簡易磁石　76
simplex operation　単信方式　214
SIMS　135
simulator　シミュレータ　150
simultaneous equations　連立方程式　446
sinc function　sinc関数　168
sine potentiometer　正弦形ポテンショメータ　183
sine wave　正弦波　183
SINGAD　34
singing assessment and development　34
singing point　シンギングポイント　168
single crystal　単結晶　214
single current system　単流式システム　216
single drift device　単一ドリフトデバイス　214
single-electron device　単一電子デバイス　214
single-ended　シングルエンド　168
single-ended amplifier　シングルエンド形増幅器　169
single-loop feedback　シングルループフィードバック　169
single-mode fibre　シングルモードファイバ　169
single-phase system　単相系　216
single-shot multivibrator　単安定マルチバイブレータ　214
single-shot trigger　シングルショットトリガー　169
single-sideband transmission（SSB）　側波帯伝送　201
single-tuned circuit　単同調回路　216
sink　シンク　168
sinusoidal　正弦波曲線の　183
SIS　34
SI units　SI単位系　35
size effect　サイズ（寸法）効果　130
size quantization　サイズ量子化　130
skew　スキュー　176
skin depth　表皮深さ　348
skin effect　表皮効果　347
skip distance　跳躍距離　223
skip zone　スキップゾーン　176
sky wave　上空波　162
slave circuit　スレーブ回路　182
slew rate　スルーレート　182
slice　スライス　182
slicer　スライサ　182
slicing　スライシング　182
slide wire　滑り線　181
sliding window　スライディングウィンドウ　182
slope modulation　スロープ変調　182
slope overload　勾配過負荷　115
slope resistance　スロープ抵抗　182
slot antenna　スロットアンテナ　182
slotline　スロットライン　182
slotted line　スロットライン　182
slotted waveguide　スロット導波管　182
slot matrix tube　スロットマトリクス管　182
slow-break switch　緩動遮断スイッチ　78
slow-wave structure　遅波構造　219
slug tuning　スラグ同調　182
smalloutline package　スモールアウトラインパッケージ　181
small-scale integration（SSI）　小規模集積　161
small-signal　小信号　164
small-signal parameters　小信号パラメータ

164
smearer スミヤ 181
S meter Sメータ 36
Smith chart スミス図表 181
smoothing choke 平滑チョーク 373
smoothing circuit 平滑回路 373
snapback diode スナップバックダイオード 178
snow スノー 178
SOD 36
soft clipping ソフトクリッピング 202
software ソフトウェア 202
SOIC 36
solar cell 太陽電池 207
solar panel 太陽電池パネル 207
solenoid ソレノイド 202
solid conductor 固体導体 121
solid-state camera 固体カメラ 118
solid-state device 固体デバイス 121
solid-state memory 固体記憶装置 119
solid-state physics 固体物理学 121
sonar ソナー 201
sonde ゾンデ 203
sonogram ソノグラム 202
sonograph ソノグラフ 202
SOT 36
sound carrier 音声信号搬送波 56
sound-level meter 騒音計 195
sound pressure level (SPL) 音圧レベル 55
sound recording 音記録 53
sound reproduction 再生 130
sound wave 音波 56
source ソース（源） 201
source 源 406
source code ソースコード 201
source follower ソースホロワ 201
source impedance 電源インピーダンス 258
source routing ソースルーティング 201
space charge 空間電荷 95
space-charge density 空間電荷密度 95
space-charge limited region 空間電荷制限領域 95
space diversity 空間ダイバシティ 95
space wave 空間波 95
s-parameters sパラメータ 36
spark スパーク 178
spark gap スパークギャップ 178
spark interference 火花障害 346
speaker スピーカ 179

specific conductance 導電率 279
specific contact resistance 接触抵抗率 189
specific resistance 比抵抗 345
spectral analysis スペクトル解析 180
spectral characteristic スペクトル特性 181
spectral response スペクトル応答 180
spectrogram スペクトログラム 181
spectrograph スペクトログラフ 181
spectrum スペクトル 180
spectrum analyzer スペクトラムアナライザ 180
speech coder 音声符号器 56
speech recognition device 音声認識装置 56
speech synthesis 音声合成 56
speed of light 光速 112
SPICE model SPICE（スパイス）モデル 178
spike スパイク 178
spin スピン 179
spin-dependent electron scattering スピン依存電子散乱 179
spin electronics スピン電子工学 179
spin FET スピンFET 179
spin field-effect transistor (spin FET) スピン電界効果トランジスタ 179
spintronics スピントロニクス 179
spiral inductor スパイラルインダクタ 178
spiral scanning 渦巻走査 29
SPL 36
s-plane s平面 36
SPM 36
spontaneous emission 自然放出 145
spot 輝点 81
spot speed 輝点（スポット）スピード 81
spreading 拡散 64
spreading resistance 広がり抵抗 349
spread spectrum スプレッドスペクトラム（スペクトル拡散） 180
spurious rejection スプリアス除去 180
sputter etching スパッタエッチング 178
sputtering スパッタリング 178
square-law detector 二乗検波器 145
square wave 矩形波 96
square wave 方形波（矩形波） 385
square-wave response 矩形波応答 96
square-wave response 方形波（矩形波）応答 385
squegging oscillator 間欠発振器 76
squelch circuit スケルチ回路 177
SRAM 36

S-R flip-flop　S-R フリップフロップ　36
SS/TDMA　36
SSB　36
SSI　36
stabilization　安定化　12
stable circuit　安定回路　12
stable oscillations　安定発振　12
stack　スタック　177
stage　段　213
staggered antenna　スタガアンテナ　177
stagger tuned amplifier　スタガ同調増幅器　177
standard cell　標準電池　347
standardization　標準化　347
standing wave　定在波　233
standing-wave ratio　定在波比　234
star circuit　星形回路　389
star-delta transformation　星形-Δ形変換　389
star network　星状網・星状ネットワーク　184
starter electrode　スターター電極　177
starting current　始動電流　148
start-oscillation current　発振始動電流　315
start stop apparatus　調歩装置　223
state diagram　状態図　164
state variable filter　状態変数フィルタ　164
static characteristic　静特性　185
static memory　スタティックメモリ　177
static RAM　スタティック RAM　177
stationary orbit　静止軌道　184
stationary state　定常状態　239
stationary wave　定常波　239
stator　固定子　122
status register　状態レジスタ　164
STD　36
steady state　定常状態　239
steepness factor　峻度係数　161
steerable antenna　可動アンテナ　70
step-down transformer　降圧変圧器　111
step function　ステップ関数　177
step-recovery diode　ステップリカバリダイオード　177
step-stress life test　ステップストレス寿命試験　177
step-up transformer　昇圧変圧器　161
stereophonic　立体音響　435
stimulated emission　誘導放出　426
stochastic process　確率過程　64
Stokes' law　ストークスの法則　178

stopper　ストッパ　178
stopping potential　ストッピングポテンシャル　178
stop band　阻止帯域　201
storage battery　蓄電池　218
storage capacity　記憶容量　79
storage cathode-ray tube　蓄積陰極線管　217
storage cell　蓄電池　218
storage device　記憶装置　79
storage time　蓄積時間　218
storage tube　蓄積管　217
store　格納　64
STP　36
stray capacitance　浮遊容量　363
string electrometer　弦電位計　110
string galvanometer　単線検流計　216
stripline　ストリップ線路　178
strong electrolyte　強電解質　91
stub　スタブ　177
subcarrier　副搬送波　359
subcarrier modulation　副搬送波変調　359
subharmonic　低調波（分数調波）　240
subroutine　サブルーチン　133
subscriber's line　加入者回線　72
subscriber station　加入者設備　72
subsonic frequency　サブソニック周波数　133
substation　変電所　384
substrate　基板　82
subsystem　サブシステム　133
subtractive synthesis　減算合成　109
summation instrument　総和計　200
summing amplifier　加算増幅器　65
sum-of product　積和　187
Superalloy　スーパーアロイ　178
superconductivity　超伝導　222
superconductor　超伝導体　223
superheterodyne reception　スーパヘテロダイン受信　179
superhigh frequency (SHF)　超高周波　221
Supermendur　スーパーメンデュア　179
superparamagnetic limit　超常磁性の限界　221
superposition　重ね合わせ　65
super-regenerative reception　スーパー再生受信　178
supersensitive relay　高感度リレー（継電器）　112

suppressed-carrier modulation 搬送波抑圧変調 327
suppressed-zero instrument 零点抑制した計測器 190
suppressor 抑制器 428
suppressor grid 抑制格子 428
surface acoustic wave 表面弾性波（弾性表面波，表面音響波） 348
surface-channel FET 表面チャネルFET 348
surface charge density 表面電荷密度 348
surface conductivity 表面導電率 348
surface leakage 表面漏れ 348
surface mount technology 表面実装技術 348
surface resistance 表面抵抗 348
surface resistivity 表面抵抗率 348
surface wave 地表波 219
surge サージ 131
susceptance サセプタンス 131
susceptibility 感受率 77
SVGA 36
sweep 掃引 194
sweep frequency 掃引周波数 194
sweep generator 掃引発振器 194
sweep voltage 掃引電圧 194
swell pedal スウェルペダル 176
swinging choke スインギングチョーク 176
switch スイッチ 175
switched capacitor filter スイッチトキャパシタフィルタ 175
switched-mode power supply スイッチドモード電源装置 175
switching system スイッチングシステム 175
switching tube 切換管 92
syllable articulation score 音節明瞭度 56
symbols 記号 80
symmetric mode 対称モード 205
symmetric transducer 対称変換器 205
symmetric two-port network 対称二端子対回路 205
sync 同期 276
synchronism 同期性 276
synchronizing pulses 同期パルス 276
synchronometer 同期計 276
synchronous 同期（式） 276
synchronous alternating-current generator 交流同期発電機 116
synchronous clock 同期クロック 276
synchronous communications satellite 同期通信衛星 276
synchronous computer 同期式コンピュータ 276
synchronous gate 同期ゲート 276
synchronous generator 同期発電機 276
synchronous logic 同期論理 277
synchronous motor 同期電動機 276
synchronous orbit 同期軌道 276
synchronous timing 同期タイミング 276
synchronous transmission 同期伝送 276
synchrotron シンクロトロン 169
sync separator 同期分離器 277
syntax 構文（文法，シンタックス） 116
syntax シンタックス 172
syntax 文法 373
synthesis 合成 112
synthesizer シンセサイザ（合成器） 171
systems software システムソフトウェア 145

T

tandem 縦列（タンデム） 158
tandem タンデム 216
tandem exchange 中継交換局 220
tank-network タンク回路 214
tantalum タンタル 216
tantalum capacitor タンタルコンデンサ 216
tape automatic bonding テープ自動ボンディング 246
tape recording テープ録音 246
tapered window テーパーウィンドウ 246
tape unit テープ装置 246
tap changer タップ切換器 212
tapping タップ出し 212
tap weight タップ荷重 212
target ターゲット 209
target voltage ターゲット電圧 209
Tchebyshev filter チェビシェフフィルタ 217
T circuit (tee circuit) T形回路 231
TCP 239
TCP/IP 239
TDM 240
TDMA 240
TDR 240
TED 230
tee-pi (T-π) transform T-π 変換 240

Teflon　テフロン　246
telecommunications　電気通信　257
telecommunication system　遠距離通信システム　50
teleconference　テレビ会議　247
telegraphy　電信　266
telemeter　遠隔計器　50
telemetry　遠隔測定法　50
telephone line　電話線　275
telephone set　電話機　275
telephone station　電話局　275
telephony　電話　274
teleprinter　テレプリンタ　249
teletext　文字放送　413
television（TV）　テレビジョン　248
television camera　テレビカメラ　247
television receiver　テレビ受信機　248
telex　テレックス　247
temperature coefficient of resistance　抵抗の温度係数　233
temperature saturation　温度飽和　56
TEM wave　TEM波　230
tera-　テラ　247
terminal　ターミナル，端末，端子　213
terminal impedance　終端インピーダンス　154
terminal repeater　端中継器　216
termination　終端　154
tertiary winding　三次巻線　134
tesla　テスラ　244
test pattern　テストパターン　244
tetrode　四極管　428
TE wave　TE波　230
T flip-flop　T-フリップフロップ　241
TFT　230
T-gate　Tゲート　231
THD　230
thermal battery　熱電池　301
thermal breakdown　熱的破壊　298
thermal imaging　赤外線画像　186
thermal instrument　熱計器　298
thermal noise　熱雑音　298
thermal resistance　熱抵抗　298
thermal runaway　熱暴走　302
thermionic cathode　熱陰極　298
thermionic emission　熱電子放出　301
thermionic-field emission　熱電界放出　298
thermionic valve　熱電子管　299
thermistor　サーミスタ　133
thermocouple　熱電対　301

thermocouple instrument　熱電対計器　301
thermodynamic temperature　熱力学的温度　302
thermoelectric effects　熱電効果　298
thermoelectric series　熱電列　301
thermoelectron　熱電子　299
thermography　サーモグラフィ　133
thermojunction　熱接点　298
thermoluminescence　熱ルミネセンス　302
thermopile　熱電対列　301
thermostat　サーモスタット　133
Thevenin's theorem　テブナンの定理　246
thick-film circuit　厚膜回路　7
thin-film circuit　薄膜回路　310
thin-film transistor（TFT）　薄膜トランジスタ　311
Thomson bridge　トムソンブリッジ　282
Thomson effect　トムソン効果　282
thrashing　スラッシング　182
three-phase system　三相系　134
three-phase transformer　三相変圧器　134
threshold　しきい値　138
threshold frequency　限界周波数　108
threshold signal　限界信号　108
threshold voltage　しきい値電圧　138
throat microphone　咽マイクロホン　304
through path　スルーパス　182
thyratron　サイラトロン　131
tie line　タイライン　208
tightly coupled multiprocessor　密結合マルチプロセッサ　405
timber　音色　298
timebase　時間基準（時間軸）　137
timebase　時間軸　138
timebase generator　基準発振器　81
time-division duplexing　時分割二重　150
time-division multiplexing（TDM）　時分割多重方式　150
time-division multiple access（TDMA）　時分割多元接続　150
time constant　時定数　147
time delay　時間おくれ　137
time discriminator　時間弁別器　138
time diversity　時間ダイバシティ　138
time division switching　時分割スイッチング　150
time domain　時間領域　138
time domain reflectometer（TDR）　時間領域反射率計　138
time lag　時間おくれ　137

time sharing　時分割　150
timestamp　タイムスタンプ　207
time to flashover　フラッシュオーバまでの時間　364
time to puncture　破壊までの時間　310
time to trip　引き外し時間　339
timing diagram　タイミング図　207
tin　錫　177
tint control　色合い調整　22
T-junction　T接合　240
TM wave　TM波　231
toggle switch　トグルスイッチ　281
token ring　トークンリング　281
tolerance　許容範囲　92
tolerance　トレランス（許容範囲）　289
tone control　音質調整　56
tone jamming　音声妨害　56
top-down hierarchical design　トップダウン階層設計　282
top-down nanofabrication　トップダウンナノ製造技術　282
topside ionosphere　トップサイド電離層　282
total capacitance　全静電容量　193
total emission　全放出電流　194
total harmonic distortion（THD）　全高調波ひずみ　193
touch screen　タッチスクリーン　212
touch-sensitive keyboard　タッチセンサ式キーボード　212
Townsend avalanche　タウンゼントなだれ　209
Townsend discharge　タウンゼント放電　209
trace　トレース　289
trace interval　トレース間隔　289
trace interval　描線間隔（トレース間隔）　347
track　トラック　283
tracking　トラッキング　283
tracking generator　トラッキングジェネレータ　283
traffic intensity　トラフィック強度　283
trailing edge（of a pulse）　立ち下がり（パルスの）　211
training sequence　トレーニング系列　289
transadmittance　伝達アドミタンス　268
transadmittance amplifier　伝達アドミタンス増幅器　268
transceiver　トランシーバ　285

transconductance　伝達コンダクタンス　268
transconductance amplifier　伝達コンダクタンス増幅器　268
transducer　変換器　382
transduction element　変換要素　383
transductor　磁気増幅器　139
transfer characteristic　伝達特性　268
transfer constant　伝達定数　268
transfer current　転移電流　251
transfer function　伝達関数　268
transfer layer　転写層　265
transfer length　転送長　267
transfer parameter　伝達パラメータ　268
transformer　変圧器　381
transformer ratio　変圧比　382
transferred-electron device（TED）　電子遷移形デバイス　262
transient　過渡現象　71
transient response　過渡応答　71
transient suppression　過渡現象抑制　71
transient suppressor　過渡抑制器（過渡サプレッサ）　72
transimpedance　伝達インピーダンス　268
transimpedance amplifier　伝達インピーダンス増幅器　268
transistor　トランジスタ　283
transistor parameters　トランジスタパラメータ　285
transistor-transistor logic（TTL）　トランジスタ-トランジスタ論理回路　284
transition　遷移　191
transition band　遷移帯域　191
transition flux density　転移磁束密度　251
transition temperature　転移温度　251
transit time　走行時間　195
transit time mode　輸送時間モード　426
translator　受信中継器　159
transmission　伝送　267
transmission control protocol　伝送制御プロトコル　267
transmission electron microscope　透過型電子顕微鏡　276
transmission gain　伝送利得　267
transmission level　伝送レベル　267
transmission line　伝送線路　267
transmission line matrix（TLM）　伝送線路行列法　267
transmission loss　伝送損失　267
transmission mode　伝送モード　267
transmission primary　トランスミッション

プライマリー　287
transmit-receive switch（TR switch）　送受信スイッチ　198
transmittance　伝送　267
transmitted-carrier transmission　搬送波伝送　327
transmitted-reference spread spectrum　参照信号付加スペクトラム拡散　134
transmitter　送信機　198
transmitting antenna　送信空中線　198
transponder　トランスポンダ（中継器）　287
transposed transmission line　撚架伝送線路　302
transresistance　伝達抵抗　268
transversal filter　トランスバーサルフィルタ　285
transverse wave　横波　428
trapezium distortion　台形ひずみ　205
trapping recombination　トラッピング再結合　283
travelling wave　進行波　170
travelling-wave amplifier　進行波増幅器　171
travelling-wave tube（TWT）　進行波管　170
trellis code　トレリスコード　289
triac　トライアック　283
triboelectricity　摩擦電気　403
triboluminescence　摩擦発光　403
trickle charge　細流充電　131
trigger　トリガ　288
trilevel resist　3層レジスト　134
trimmer　トリマ　288
trimming capacitor　微調整用可変コンデンサ　344
Trinitron　トリニトロン　288
triode　三極管　134
triode-hexode　三極六極管　134
triode region　三極管領域　134
trip coil　引き外しコイル　339
tripler　周波数三倍器　156
tripler　トリプラ（周波数三倍器）　288
tripping device　引き外し装置　339
tristate logic gate　三状態論理ゲート　134
tropospheric ducting　対流圏ダクト　208
tropospheric scattering　対流圏散乱　208
TR switch　TRスイッチ　230
truncate　切り捨て　92
truncated test　短縮テスト　214

trunk　通信路　228
trunk feeder　トランクフィーダ（幹線）　283
trunk main　主幹線　158
trunk telephony　トランク電話　283
truth table　真理値表　174
T-section　T-セクション　240
TTL　240
tube　220
tunable magnetron　可調整マグネトロン　70
tuned amplifier　同調増幅器　278
tuned circuit　同調回路　278
tuner　チューナ　220
tungsten　タングステン　214
tuning　同調　278
tuning screw　同調ネジ　278
tunnel diode　トンネルダイオード　289
tunnel effect（or tunnelling）　トンネル効果　289
turbo-code　ターボ符号　213
Turing machine　チューリング機械　221
turns ratio　巻数比　400
turret tuner　タレットチューナ　213
tweeter　ツイーター　226
twin cable　対ケーブル　226
twin-T network　ツインTネットワーク　226
twisted pair　より対線　428
two-phase system　二相系　294
two-port analysis　二端子対回路解析　295
two-port network　二端子対回路　295
two-port parameters　二端子対回路パラメータ　295
two's-complement notation　2の補数表現　296
two-tone modulation　ツートーン変調　229
two-wire circuit　二線回路　294
TWT　240

U

UART　422
UHF　426
UJT　426
u-law　u法則　427
ultrahigh frequency（UHF）　極超短波　117
ultrasonic communication　超音波通信　221
ultrasonic delay line　超音波遅延線　221
ultrasonics　超音波　221

ultraviolet photoelectron spectroscopy (UPS)　紫外光電子分光法　137
ultraviolet radiation　紫外放射　137
ultra wide band transmission (UWB)　超広帯域伝送　221
unabsorbed field strength　非吸収電界強度　339
unbalanced two-port network　不平衡二端子対回路網　363
unclocked flip-flop　クロック無しフリップフロップ　101
undercoupling　不足結合　360
undercurrent release　アンダーカレントレリーズ（不足電流遮断器）　11
undercurrent release　不足電流遮断器　360
underdamping　不足減衰　360
underscanning　アンダスキャンニング　11
underscanning　走査不足　198
undershoot　アンダーシュート　11
unicast　ユニキャスト　427
uniconductor waveguide　単導体導波管　216
unidirectional current　一方向電流　20
unidirectional microphone　単一指向性マイクロホン　214
unidirectional transducer　単方向型変換器　216
uniform cable　均一ケーブル　93
uniform line　均一線路　93
uniform waveguide　均一導波管　93
uniform window　一様な窓　20
unijunction transistor (UJT)　単接合トランジスタ　215
unilateral network　単一回路　214
unilateral transducer　単方向性変換器　216
uninterrupted duty　無瞬断デューティ　407
unipotential cathode　同電位陰極　279
unit circle　単位円　214
unit delta function　デルタ関数　247
unit sample　単位標本　214
unit-step function　単位階段関数　214
unit-step function　ユニットステップ関数（単位階段関数）　427
universal active filter　万能能動フィルタ　331
universal asynchronous receiver/transmitter　万能非同期受信機/送信機　331
universal motor　交直両用電動機　113
universal serial bus　ユニバーサルシリアルバス　427
universal shunt　万能分流器　331

univibrator　ユニバイブレータ　427
unstable oscillation　不安定発振　351
up conversion　アップコンバージョン　7
uplink　アップリンク　7
upper sideband　上側波帯　164
UPS　427
upsampling　アップサンプリング　7
USB　426
useful life　耐用寿命　207
UTP　427
UWB　427

V

V＋　353
V－　353
vacancy　空格子点　96
vacuum evaporation　真空蒸着　168
vacuum microelectronics　真空マイクロエレクトロニクス　168
vacuum tube　真空管　168
VAD　352
valence band　価電子帯　70
valence electrons　価電子　70
valency　原子価　109
valley　谷　212
valley point　窪み点　97
valve　バルブ　323
valve diode　電子管ダイオード　260
valve voltmeter　真空管電圧計　168
Van de Graaff generator　ヴァンデグラーフ発電機　27
vapour phase epitaxy (VPE)　気相エピタキシ　81
vapour plating　真空蒸着　168
var　バール　320
varactor tuning　バラクタ同調　319
variable capacitance gauge　可変容量ゲージ　73
variable impedances　可変インピーダンス　73
variable inductance gauge　可変インダクタンスゲージ　73
variable resistance gauge　可変抵抗ゲージ　73
variac　バリアック　320
variation　変動　384
varistor　バリスタ　320
varying duty　変負荷連続使用　384
V-beam radar　Vビームレーダ　353

VCA　352
VCCS　352
VCO　352
VCR　352
VCVS　352
VCVS filter　VCVS フィルタ　352
VDR　353
VDU　353
vector field　ベクトル場　377
velocity microphone　ベロシティマイクロホン　381
velocity-modulated tube　速度変調管　201
velocity modulation　速度変調　200
velocity-sensitive keyboard　速度感知式キーボード　200
vertical blanking　垂直帰線消去　175
vertical FET（VFET）　縦型 FET　212
vertical hold　垂直同期　175
vertical surround sound　垂直サラウンド音　175
vertical sync　垂直同期　175
very high frequency（VHF）　超短波　222
very large scale integration　超大規模集積　222
very low frequency（VLF）　超低周波　222
vestigial sideband　残留側波帯　135
vestigial-sideband transmission　残留側波帯伝送　135
VFET　352
VGA　352
V-groove technique　V 字溝技術　352
VHDL　351
VHF　351
via　ビア　333
vibration galvanometer　振動検流計　173
vibrator　振動器　172
video　ビデオ　345
video amplifier　映像増幅器（ビデオ増幅器）　31
video amplifier　ビデオ増幅器　345
video camera　ビデオカメラ　345
video cassette recorder（VCR）　ビデオカセットレコーダ　345
videoconference　ビデオ会議　345
video frequency　映像周波数　31
video IF system　映像 IF システム　31
video mapping　ビデオマッピング　345
videophone　ビデオ電話　345
video recorder　ビデオレコーダ　345
video signal　映像信号　31

videotape　ビデオテープ　345
videotex　ビデオテックス　345
vidicon　ビジコン　340
virtual address　仮想アドレス　68
virtual cathode　仮想陰極　68
virtual circuit　仮想回線　68
virtual earth　仮想接地（バーチャルアース）　69
virtual earth　バーチャルアース　312
virtual memory　仮想記憶　68
virtual surround sound　仮想サラウンドサウンド　68
virtual value　仮想値　69
virus　ウイルス　27
visibility factor　視感度ファクタ　138
visual display unit（VDU）　ビジュアルディスプレイ装置　342
VLF　352
VLSI　超 LSI　221
VMOS　353
vocoder　ボコーダ　389
voder　ボーダ　390
voice activity detection　発話区間検出　317
voice activity detection（VAD）　音声区間検出（発話区間検出）　56
voiced（V＋）　有声音　423
voice-grade channel　音声品質チャネル　56
voiceless（V－）　無声音　407
volatile memory　揮発性記憶装置　82
volt　ボルト　396
voltage　電圧　249
voltage amplifier　電圧増幅器　250
voltage between lines　線間電圧　191
voltage-controlled amplifier（VCA）　電圧制御増幅器　250
voltage-controlled current source（VCCS）　電圧制御電流源　250
voltage-controlled voltage source（VCVS）　電圧制御電圧源　250
voltage divider　分圧器　371
voltage doubler　電圧倍増器　250
voltage doubler　倍電圧整流器（電圧倍増器）　305
voltage drop　電圧降下　250
voltage feedback　電圧帰還　249
voltage gain　電圧利得　250
voltage generator　電圧源　250
voltage jump　電圧急増　250
voltage level　電圧レベル　251
voltage-mode circuits　電圧モード回路　250

voltage multiplier 電圧増倍器 250
voltage reference diode 電圧基準ダイオード 250
voltage regulator 電圧調整器 250
voltage-regulator diode 定電圧ダイオード 240
voltage relay 電圧継電器 250
voltage selector 電圧選択器 250
voltage source 電源（電圧源） 258
voltage stabilizer 電圧安定器 249
voltage transformer 計器用変圧器 102
volt-ampere ボルト-アンペア 396
volt efficiency 電圧効率 250
voltmeter 電圧計 250
volt per metre ボルト/メータ 396
volume 音量 56
volume charge density 体積電荷密度 206
volume compressor 音量圧縮器 56
volume control 音量調節 57
volume expander 音量膨張器 57
volume lifetime 体積寿命 206
volume limiter 音量リミタ 57
volume resistivity 体積抵抗率 206
volumetric radar 三次元レーダ 134
von Hann window フォン・ハン窓 357
von Neumann machine フォンノイマン形コンピュータ 357
VPE 353
VSWR 352

W

wafer ウエハ 29
Wagner earth connection ワグナ接地（法） 452
wait state 待ち状態 403
walk-out ウォークアウト 29
WAN 212
warble 震音 168
warm-up ウォームアップ 29
watt ワット 452
watt-hour ワット時 452
watt-hour meter 電力量計 274
wave 波 292
wave analyzer 波形分析器 311
wave equation 波動方程式 317
wave form 波形 311
wave front 波面 319
wavefunction 波動関数 317
waveguide, wave duct 導波管 279

waveguide plunger 導波管プランジャ 280
waveguide resonator 導波管共振器 280
waveguide transformer 導波管変換器 280
wave impedance 波動インピーダンス 317
wavelength 波長 312
wavelength constant 波長定数 312
wave mechanics 波動力学 317
wave surface 波面 319
wavetail 波尾 318
wavetrain 波列 324
wavetrap ウェーブトラップ 29
wave vector 波動ベクトル 317
WCDMA 212
weak electrolyte 弱電解質 150
wear-out failure 摩耗故障 404
wear-out failure period 摩耗故障期間 404
weber ウェーバ 29
Weiss constant ワイス定数 451
Weston standard cell ウェストン標準電池 28
wet cell 湿電池 147
wet etching 湿式エッチング 146
Wheatstone bridge ホイートストンブリッジ 385
white compression 白圧縮 168
white noise 白色雑音 310
white peak 白ピーク 168
white recording ホワイトレコーディング 397
wide area network（WAN） 広域ネットワーク 111
wideband 広帯域（ワイドバンド） 113
wideband code division multiple access（WCDMA） 広帯域符号分割多元接続 113
wideband FSK 広帯域FSK 113
widescreen television ワイドスクリーンテレビジョン 451
Wiedemann effect ヴィーデマン効果 27
Wien bridge ウィーンブリッジ 28
Wiener-Hopf equation ウイナー-ホッフの方程式 27
Wi-fi 451
Wilson effect ウィルソン効果 28
Wimshurst machine ウィムズハースト起電機 27
window 窓 404
windowing ウィンドウ機能 28
wire bonding ワイヤボンディング 451
wireless ワイヤレス 452

wire-wound resistor　巻線抵抗器　400
wiring diagram　配線図　305
WLAN　212
wobbulator　ウォブレータ　29
Wollaston wire　ウォラストン線　29
woofer　ウーハー　29
word　語　111
word-addressable　語単位の番地付け　122
word line　ワード線　452
work function　仕事関数　143
workstation　ワークステーション　452
wound core　巻鉄心　400
wow　ワウ　452
wrist strap　リストストラップ　434
write　書き込む　63
wye circuit　Y字形回路　451

X

X-axis　X軸　37
X-band　X帯　38
XGA　37
X-guide　Xガイド　37
XPS　38
X-ray crystallography　X線結晶学　38
X-ray fluorescence (XRF)　蛍光X線　102
X-ray lithography　X線リソグラフィ　38
X-ray photoelectron spectroscopy (XPS)　X線光電子分光法　38
X-rays　X線　37
X-ray topography　X線トポグラフィ　38
X-ray tube　X線管　37
XRF　37
X series　Xシリーズ　37
X-Y plotter　X-Yプロッタ　38
X.21　38
X.25　38

Y

Yagi antenna　八木アンテナ　421
Y-axis　Y軸　451
Y circuit　Y回路　451
YIG　451
y parameters　yパラメータ　451

Z

Zener breakdown　ツェナー降伏　228
Zener diode　ツェナーダイオード　228
zero crossing　ゼロクロス　190
zero-crossing detector　ゼロクロス検出器　190
zero error　ゼロ誤差　190
zero IF　ゼロIF　190
zero level　ゼロレベル　191
zero potential　ゼロ電位　190
zeros (and poles)　零（極）　442
zinc　亜鉛　4
zip drive　ジップドライブ　147
zirconium　ジルコニウム　167
z-modulation　Z変調（陰極線管の）　190
zone refining　帯域精製法　203
z parameters　zパラメータ　189
z-plane　z平面　189
z transform operator　z変換演算子　189

π-mode operation　パイ・モード動作　310
π-section　πセクション　305

　　　　ペンギン
　　　電子工学辞典　　　　　　　　　定価はカバーに表示

2010年5月30日　初版第1刷

　　　　　　　　　　　　　訳　者　ペンギン電子工学辞典
　　　　　　　　　　　　　　　　　編　集　委　員　会

　　　　　　　　　　　　　発行者　朝　倉　邦　造

　　　　　　　　　　　　　発行所　株式会社　朝　倉　書　店
　　　　　　　　　　　　　　　　　東京都新宿区新小川町6-29
　　　　　　　　　　　　　　　　　郵便番号　162-8707
　　　　　　　　　　　　　　　　　電　話　03(3260)0141
　　　　　　　　　　　　　　　　　FAX　03(3260)0180
〈検印省略〉　　　　　　　　　　　　http://www.asakura.co.jp

　　　© 2010〈無断複写・転載を禁ず〉　　　　　壮光舎印刷・渡辺製本

　　　ISBN 978-4-254-22154-1　C 3555　　　　　Printed in Japan

東工大 藤井信生・理科大 関根慶太郎・東工大 高木茂孝・理科大 兵庫 明編

電子回路ハンドブック

22147-3　C3055　　　B5判 464頁 本体20000円

電子回路に関して，基礎から応用までを本格的かつ体系的に解説したわが国唯一の総合ハンドブック。大学・産業界の第一線研究者・技術者により執筆され，500余にのぼる豊富な回路図を掲載し，"芯のとおった"構成を実現。なお，本書はディジタル電子回路を念頭に入れつつも回路の基本となるアナログ電子回路をメインとした。〔内容〕I.電子回路の基礎／II.増幅回路設計／III.応用回路／IV.アナログ集積回路／V.もう一歩進んだアナログ回路技術の基本

前電通大 木村忠正・東北大 八百隆文・首都大 奥村次徳・電通大 豊田太郎編

電子材料ハンドブック

22151-0　C3055　　　B5判 1012頁 本体39000円

材料全般にわたる知識を網羅するとともに，各領域における材料の基本から新しい材料への発展を明らかにし，基礎・応用の研究を行う学生から研究者・技術者にとって十分役立つよう詳説。また，専門外の技術者・開発者にとっても有用な情報源となることも意図する。〔内容〕材料基礎／金属材料／半導体材料／誘電体材料／磁性材料・スピンエレクトロニクス材料／超伝導材料／光機能材料／セラミックス材料／有機材料／カーボン系材料／材料プロセス／材料評価／種々の基本データ

前東工大 森泉豊栄・東工大 岩本光正・東工大 小田俊理・日大 山本 寛・拓殖大 川名明夫編

電子物性・材料の事典

22150-3　C3555　　　A5判 696頁 本体23000円

現代の情報化社会を支える電子機器は物性の基礎の上に材料やデバイスが発展している。本書は機械系・バイオ系にも視点を広げながら"材料の説明だけでなく，その機能をいかに引き出すか"という観点で記述する総合事典。〔内容〕基礎物性（電子輸送・光物性・磁性・熱物性・物質の性質）／評価・作製技術／電子デバイス／光デバイス／磁性・スピンデバイス／超伝導デバイス／有機・分子デバイス／バイオ・ケミカルデバイス／熱電デバイス／電気機械デバイス／電気化学デバイス

前東京電機大 宅間 董・前電中研 高橋一弘・東京電機大 柳父 悟編

電力工学ハンドブック

22041-4　C3054　　　A5判 768頁 本体26000円

電力工学は発電，送電，変電，配電を骨幹とする電力システムとその関連技術を対象とするものである。本書は，巨大複雑化した電力分野の基本となる技術をとりまとめ，その全貌と基礎を理解できるよう解説。〔内容〕電力利用の歴史と展望／エネルギー資源／電力系統の基礎特性／電力系統の計画と運用／高電圧絶縁／大電流現象／環境問題／発電設備（水力・火力・原子力）／分散型電源／送電設備／変電設備／配電・屋内設備／パワーエレクトロニクス機器／超電導機器／電力応用

工学院大 曽根 悟・名工大 松井信行・東大 堀 洋一編

モータの事典

22149-7　C3554　　　B5判 520頁 本体20000円

モータを中心とする電気機器は今や日常生活に欠かせない。本書は，必ずしも電気機器を専門的に学んでいない人でも，モータを選んで活用する立場になった時，基本技術と周辺技術の全貌と基礎を理解できるように解説。〔内容〕基礎編：モータの基礎知識／電機制御系の基礎／基本的なモータ／小型モータ／特殊モータ／交流可変速駆動／機械的負荷の特性。応用編：交通・電気鉄道／産業ドライブシステム／産業エレクトロニクス／家庭電器・AV・OA／電動機設計支援ツール／他

P.S.アジソン著
電通大 新 誠一・電通大 中野和司監訳

図説 ウェーブレット変換ハンドブック

22148-0　C3055　　　A5判 408頁 本体13000円

ウェーブレット変換の基礎理論から，科学・工学・医学への応用につき，250枚に及ぶ図・写真を多用しながら詳細に解説した実践的な書。〔内容〕連続ウェーブレット変換／離散ウェーブレット変換／流体（統計的尺度・工学的流れ・地球物理学的流れ）／工学上の検査・監視・評価（機械加工プロセス・回転機・動特性・カオス・非破壊検査・表面評価）／医学（心電図・神経電位波形・病理学的な超音波と波動・血流と血圧・医療画像）／フラクタル・金融・地球物理学・他の分野

理科大 鈴木増雄・前東大 荒船次郎・
理科大 和達三樹編

物理学大事典

13094-2 C3542　　B5判 896頁 本体36000円

物理学の基礎から最先端までを視野に，日本の関連研究者の総力をあげて1冊の本として体系的に解説をなした金字塔。21世紀における現代物理学の課題と情報・エネルギーなど他領域への関連も含めて歴史的展開を追いながら明快に提起。〔内容〕力学／電磁気学／量子力学／熱・統計力学／連続体力学／相対性理論／場の理論／素粒子／原子核／原子・分子／固体／凝縮系／相転移／量子光学／高分子／流体・プラズマ／宇宙／非線形／情報と計算物理／生命／物質／エネルギーと環境

日本物理学会編

物理データ事典

13088-1 C3542　　B5判 600頁 本体25000円

物理の全領域を網羅したコンパクトで使いやすいデータ集。応用も重視し実験・測定には必携の書。〔内容〕単位・定数・標準／素粒子・宇宙線・宇宙論／原子核・原子・放射線／分子／古典物性(力学量，熱物性量，電磁気・光，燃焼，水，低温の窒素・酸素，高分子，液晶)／量子物性(結晶・格子，電荷と電子，超伝導，磁性，光，ヘリウム)／生物物理／地球物理・天文・プラズマ(地球と太陽系，元素組成，恒星，銀河と銀河団，プラズマ)／デバイス・機器(加速器，測定器，実験技術，光源)他

H.J.グレイ・A.アイザックス編
前東大 清水忠雄・前上智大 清水文子監訳

ロングマン物理学辞典（原書3版）

13072-0 C3542　　A5判 824頁 本体27000円

定評あるLongman社の"Dictionary of Physics"の完訳版。原著の第1版は1958年であり，版を重ね本書は第3版である。物理学の源流はイギリスにあり，その歴史を感じさせる用語・解説がベースとなり，物理工学・電子工学の領域で重要語となっている最近の用語も増補されている。解説も定義だけのものから，1ページを費やし詳解したものも含む。また人名用語も数多く含み，資料的価値も認められる。物理学だけにとどまらず工学系の研究者・技術者の座右の書として最適の辞典

理科大 福山秀敏・青学大 秋光 純編

超伝導ハンドブック

13102-4 C3042　　A5判 328頁 本体8800円

超伝導の基礎から，超伝導物質の物性，発現機構・応用までをまとめる。高温超伝導の発見から20年。実用化を目指し，これまで発見された超伝導物質の物性を中心にまとめる。〔内容〕超伝導の基礎／物性(分子性結晶，炭素系超伝導体，ホウ素系，ドープされた半導体，イットリウム系，鉄・ニッケル，銅酸化物，コバルト酸化物，重い電子系，接合系，USO等)／発現機構(電子格子相互作用，電荷・スピン揺らぎ，銅酸化物高温超伝導物質，ボルテックスマター)／超伝導物質の応用

前東大 矢川元基・京大 宮崎則幸編

計算力学ハンドブック

23112-0 C3053　　B5判 680頁 本体30000円

計算力学は，いまや実験，理論に続く第3の科学技術のための手段となった。本書は最新のトピックを扱った基礎編，関心の高いテーマを中心に網羅した応用編の構成をとり，その全貌を明らかにする。〔内容〕基礎編：有限要素法／CIP法／境界要素法／メッシュレス法／電子・原子シミュレーション／創発的手法／他／応用編：材料強度・構造解析／破壊力学解析／熱・流体解析／電磁場解析／波動・振動・衝撃解析／ナノ構造体・電子デバイス解析／連成問題／生体力学／逆問題／他

E.スタイン・R.ドゥボースト・T.ヒューズ編
九大 田端正久・東工大 萩原一郎監訳

計算力学理論ハンドブック

23120-5 C3053　　B5判 736頁 本体32000円

計算力学の基礎である，基礎的方法論，解析技術，アルゴリズム，計算機への実装までを詳述。〔内容〕有限差分法／有限要素法／スペクトル法／適応ウェーブレット／混合型有限要素法／メッシュフリー法／離散要素法／境界要素法／有限体積法／複雑形状と人工物の幾何学的モデリング／コンピュータ視覚化／線形方程式の固有値解析／マルチグリッド法／パネルクラスタリング法と階層型行列／領域分割法と前処理／非線形システムと分岐／マクスウェル方程式に対する有限要素法／他

東北大 八百隆文・東北大 藤井克司・産総研 神門賢二訳	**発光ダイオード** 22156-5 C3055　B5判 372頁 本体6500円	豊富な図と演習により物理的・技術的な側面を網羅した世界的名著の全訳版〔内容〕発光再結合／電気的特性／光学的特性／接合温度とキャリア温度／電流漏れの設計／反射構造／紫外発光素子／共振導波路発光ダイオード／白色光源／光通信／他
前阪大 浜口智尋著	**半導体物理** 22145-9 C3055　B5判 384頁 本体5900円	半導体物性やデバイスを学ぶための最新最適な解説。〔内容〕電子のエネルギー帯構造／サイクロトロン共鳴とエネルギー帯／ワニエ関数と有効質量近似／光学的性質／電子-格子相互作用と電子輸送／磁気輸送現象／量子構造／付録
前阪大 浜口智尋・阪大 谷口研二著	**半導体デバイスの基礎** 22155-8 C3055　A5判 224頁 本体3600円	集積回路の微細化，次世代メモリ素子，半導体の状況変化に対応させていねいに解説。〔内容〕半導体物理への入門／電気伝導／pn接合型デバイス／界面の物理と電界効果トランジスタ／光電効果デバイス／量子井戸デバイスなど／付録
前電通大 木村忠正著 電子・情報通信基礎シリーズ3	**電子デバイス** 22783-3 C3355　A5判 208頁 本体3400円	理論の解説に終始せず，応用の実際を見据え高容量・超高速性を念頭に置き解説。〔内容〕固体の電気伝導／半導体／接合／バイポーラトランジスタ／電界効果トランジスタ／マイクロ波デバイス／光デバイス／量子効果デバイス／集積回路
九大 宮尾正信・九大 佐道泰造著 電気電子工学シリーズ5	**電子デバイス工学** 22900-4 C3354　A5判 120頁 本体2400円	集積回路の中心となるトランジスタの動作原理に焦点をあてて，やさしく，ていねいに解説した。〔内容〕半導体の特徴とエネルギーバンド構造／半導体のキャリヤと電気伝導／バイポーラトランジスタ／MOS型電界効果トランジスタ／他
九大 都甲 潔著 電気電子工学シリーズ4	**電子物性** 22899-1 C3354　A5判 164頁 本体2800円	電子物性の基礎から応用までを具体的に理解できるよう，わかりやすくていねいに解説した。〔内容〕量子力学の完成前夜／量子力学／統計力学／電気抵抗はなぜ生じるのか／金属・半導体・絶縁体／金属の強磁性／誘電体／格子振動／光物性
静岡理工科大 志村史夫著 〈したしむ物理工学〉	**したしむ電子物性** 22767-3 C3355　A5判 200頁 本体3800円	量子論的粒子である電子（エレクトロン）のはたらきの基本的な理論につき，数式を最小限にとどめ，視覚的・感覚的理解が得られるよう図を多用していねいに解説〔目次〕電子物性の基礎／導電性／誘電性と絶縁性／半導体物性／電子放出と発光
東北大 安達文幸著 電気・電子工学基礎シリーズ8	**通信システム工学** 22878-6 C3354　A5判 176頁 本体2800円	図を多用し平易に解説。〔内容〕構成／信号のフーリエ級数展開と変換／信号伝送とひずみ／信号対雑音電力比と雑音指数／アナログ変調（振幅変調，角度変調）／パルス振幅変調・符号変調／ディジタル変調／ディジタル伝送／多重伝送／他
前東工大 辻井重男・東京工科大 河西宏之・東京工科大 坪井利憲著 電子・情報通信基礎シリーズ6	**ディジタル伝送ネットワーク** 22786-4 C3355　A5判 208頁 本体3400円	現実の高度な情報通信技術の基礎と実際を余すことなく解説した書。〔内容〕序論／伝送メディア／符号化と変復調／多重化と同期／中継伝送ディジタル技術／光伝送システム／無線通信システム／マルチメディアトランスポートネットワーク
前東京工科大 五嶋一彦・東京工科大 北見憲一著 電子・情報通信基礎シリーズ8	**情報通信網**（第2版） 22793-2 C3355　A5判 180頁 本体3000円	初版よりインターネットおよびプロトコル階層を充実させ，よりモダンな形でまとめた大学初年時の教科書〔内容〕情報通信網の概要／ネットワーク基盤技術／伝達網のアーキテクチャ／プロトコル階層／通信網の設計と評価技術／通信網の具体例
前農大 清水忠雄 基礎物理学シリーズ9	**電磁気学 I** 静電学・静磁気学・電磁力学 13709-5 C3342　A5判 216頁 本体3000円	初学者向けにやさしく整理した形で明解に述べた教科書。〔内容〕時間に陽に依存しない電気現象：静電気学／時間に陽に依存しない磁気現象：静磁気学／電場と磁場が共にある場合／物質と電磁場／時間に陽に依存する電磁現象：電磁力学／他
前農大 清水忠雄著 基礎物理学シリーズ10	**電磁気学 II** 遅延ポテンシャル・物質との相互作用・量子光学 13710-1 C3342　A5判 176頁 本体2600円	現代物理学を意識した応用的な内容を，理解しやすい流れと構成で学べるテキスト。〔内容〕マクスウェル方程式の一般解／運動する電荷のつくる電磁場／ローレンツ変換に対して共変な電磁場方程式／電磁波と物質の相互作用／電磁場の量子力学

上記価格（税別）は2010年4月現在